Bernd Künne

Köhler/Rögnitz Maschinenteile 2

9., überarbeitete und aktualisierte Auflage 2004

mit 494 Abbildungen, Tabellen und Diagrammen
sowie zahlreichen Beispielrechnungen

Teubner

B. G. Teubner Stuttgart · Leipzig · Wiesbaden

Bibliografische Information der Deutschen Bibliothek
Die Deutsche Bibliothek verzeichnet diese Publikation in der Deutschen Nationalbibliographie; detaillierte bibliografische Daten sind im Internet über <http://dnb.ddb.de> abrufbar.

Herausgegeben und bearbeitet von
Univ.-Prof. Dr.-Ing. **Bernd Künne**, Fachgebiet Maschinenelemente, Universität Dortmund.

Begründet von
Baudirektor Dipl.-Ing. **Günter Köhler**, Direktor der Staatl. Ingenieurschule Beuth, Berlin, und Oberbaurat Dr.-Ing. **Hans Rögnitz**, Staatl. Ingenieurschule Beuth, Berlin.

Ab der 4. Auflage herausgegeben und maßgeblich bearbeitet von
Professor Dr.-Ing. **Joachim Pokorny**, Universität Gesamthochschule Paderborn, ehem. Oberbaudirektor, Leiter der Staatl. Ingenieurschule für Maschinenwesen Soest.

Bearbeitet u.a. von
Professor Dipl.-Ing. **Karl-Heinz Küttner**, Technische Fachhochschule Berlin,
Professor Dipl.-Ing. **Erwin Lemke**, Technische Fachhochschule Berlin,
Professor Dipl.-Ing. **Gerhart Schreiner**, Fachhochschule für Technik, Mannheim
Professor Dipl.-Ing. **Udo Zelder**, Universität Gesamthochschule Paderborn,
Professor Dipl.-Ing. **Lothar Hägele**, Fachhochschule Aalen

1. Aufl. 1961
3. Aufl. 1965
4. Aufl. 1968
5. Aufl. 1976
6. Aufl. 1981
7. Aufl. 1986
8. Aufl. 1992
9. überarbeitete und aktualisierte Auflage 2004

Der B. G. Teubner Verlag ist ein Unternehmen von Springer Science+Business Media.
www.teubner.de

Umschlaggestaltung: Ulrike Weigel, www.CorporateDesignGroup.de
Druck und buchbinderische Verarbeitung: Lengericher Handelsdruckerei, Lengerich/Westfalen
Gedruckt auf säurefreiem und chlorfrei gebleichtem Papier.
Printed in Germany

ISBN 3-519-16342-X

Vorwort

Die vorliegende neunte Auflage von „Köhler/Rögnitz: Maschinenteile, Teil 2“ wurde in wesentlichen Bereichen unter Berücksichtigung der technischen Entwicklung überarbeitet und neu gestaltet. Wie bereits beim Teil 1 war auch hier die Zielsetzung, dieses traditionsreiche Werk wie schon in der Vergangenheit so aufzubauen, dass es einerseits eine wertvolle Hilfe für Studierende an Universitäten und Fachhochschulen darstellt, andererseits aber auch den in der beruflichen Praxis tätigen Konstrukteurinnen und Konstrukteuren eine wertvolle Hilfestellung bietet.

Hierbei bestand die Schwierigkeit, das Bewährte weiterzuführen und gleichzeitig den Aufbau und die Inhalte an aktuelle Bedürfnisse anzupassen. Mit den vom bisherigen Herausgeber, Herrn Professor Dr.-Ing. J. Pokorny, sowie den bisherigen Autoren erarbeiteten Kapiteln der achten Auflage bestand eine hervorragende Basis für diese Arbeit. Um die Anforderungen an ein modernes Lehrbuch erfüllen zu können, mussten neben inhaltlichen Überarbeitungen auch einige formale Änderungen vorgenommen werden. An erster Stelle ist hier die Einarbeitung der Inhalte der früheren Arbeitsblätter zu nennen. Hierdurch konnte eine kompakte und übersichtliche Darstellung des behandelten Stoffes erreicht werden.

Durch die Neuausgabe vieler der verwendeten Normen wurde ein erheblicher Aktualisierungsbedarf des vorliegenden Werkes bedingt. In Folge der Anpassung von Normen an internationale Standards in Form von Europanormen und ISO-Normen war es erforderlich geworden, die Inhalte dieses Werkes ebenfalls entsprechend anzupassen. Der Stand der aufgenommenen Normen entspricht dem Zeitpunkt der Drucklegung.

Dieses Buch soll dazu dienen, dem Leser die erforderlichen Kenntnisse über die wesentlichen Maschinenelemente zu vermitteln. Innerhalb der Abschnitte erfolgt dabei die Darstellung des Stoffes ausgehend von der Aufgabenstellung über die Funktion und über die Berechnung hin zur konstruktiven Gestaltung und zu Lösungsmöglichkeiten. Es werden die notwendigen Berechnungsgleichungen hergeleitet, die physikalischen Abhängigkeiten aufgezeigt und Problembereiche betrachtet.

Zu Beginn jedes Abschnittes sind die wichtigsten Normen, die die betrachteten Maschinenelemente betreffen, zusammengestellt; weitere Verweise auf Normen befinden sich innerhalb der Abschnitte. Der Leser erhält hierdurch einerseits die Möglichkeit, für ihn ggf. erforderliche Zusatzinformationen direkt den entsprechenden Normen zu entnehmen; andererseits soll er zur inhaltlichen Beschäftigung mit geltenden Normen angeregt werden. Empfehlenswert ist in diesem Zusammenhang das ebenfalls im B. G. Teubner Verlag erschienene Buch „Klein: Einführung in die DIN-Normen“ sowie die Internet-Seite „www.beuth.de“.

An die Zusammenstellung relevanter Normen schließt sich in jedem Abschnitt ein Verzeichnis der jeweils verwendeten Formelzeichen an. Es wurde versucht, diese möglichst einheitlich zu gestalten. Vereinzelt musste hierbei jedoch von den in den betreffenden DIN-Normen genannten Bezeichnungen abgewichen werden. Bei den angegebenen Gleichungen handelt es sich fast ausschließlich um Größengleichungen nach DIN 1313, in die die einzelnen physikalischen Größen in beliebiger Einheit (SI-Einheiten oder abgeleitete SI-Einheiten) eingesetzt werden können. Bei vielen dieser Gleichungen ist zur besseren Übersicht zusätzlich eine sinnvolle Einheit für die einzelnen Werte angegeben. Nur an den Stellen, an denen es unvermeidbar ist, werden auf bestimmte Einheiten zugeschnittene Größen- bzw. Zahlenwertgleichungen verwendet. Hier ist es unbedingt erforderlich, die Größen in der angegebenen Einheit einzusetzen, um ein sinnvolles Ergebnis zu erhalten.

Im Teil 2 des Werks „Köhler/Rögnitz Maschinenteile" werden zunächst im Abschnitt 1 „Achsen und Wellen" behandelt. Dabei wird auch die Wellenberechnung nach DIN 743 betrachtet. Die dargestellte Vorgehensweise soll die Beschäftigung mit der entsprechenden Norm nicht ersetzen, kann aber dabei helfen, einen ersten Einblick in das betreffende Berechnungsverfahren zu erhalten. Es wurde versucht, die Inhalte so aufzubereiten und zu vereinfachen, dass sie gut nachvollziehbar sind. Ausführlichere Informationen sind der Norm zu entnehmen.

Die Abschnitte 2 und 3 beinhalten die Funktion, den Aufbau, die Wirkungsweise und die Berechnung der „Gleitlager" und der „Wälzlager". Mehrere Gestaltungs- und Einbaubeispiele dienen dabei zur Verdeutlichung.

Im vierten Abschnitt werden „Kupplungen und Bremsen" behandelt, wobei die Reihenfolge der Darstellung der einzelnen Kupplungen in Anlehnung an die systematische Einteilung nach der VDI-Richtlinie 2240 erfolgt. Es werden die wichtigsten Kupplungsbauformen vorgestellt, ihre Funktionen erläutert und die wesentlichen Berechnungsgrundlagen beschrieben. Charakteristische Bauformen von Halte-, Stopp- und Belastungsbremsen werden anhand ihres Aufbaus und ihrer Berechnung behandelt.

Im fünften Abschnitt „Kurbeltrieb" werden nach der Vorstellung des Tauchkolbentriebwerks die Kinematik und die Dynamik des Kurbeltriebes sowie die Gestaltung der Triebwerksteile beschrieben. Die Berechnung der wesentlichen Triebwerksteile ist nicht nur in diesem Zusammenhang sinnvoll, sondern zeigt auch gleichzeitig auf andere Maschinenelemente übertragbare Ansätze zur Ermittlung der wirkenden Belastungen und Beanspruchungen auf.

Der relativ kurz gehaltene sechste Abschnitt „Kurvengetriebe" betrachtet die Funktion, die Kinematik und die Gestaltung von Nocken und Stößeln.

Wichtige Maschinenelemente in der modernen Antriebstechnik stellen die Umschlingungstriebe dar, die im siebten Abschnitt „Zugmittelgetriebe" vorgestellt werden. Neben den reibschlüssigen Getrieben gewinnen die formschlüssigen, insbesondere Zahnriemengetriebe, zunehmend an Bedeutung.

Der naturgemäß umfangreichste Abschnitt 8 hat das Themengebiet „Zahnrädergetriebe" zum Inhalt. Im Anschluss an die Übersicht über die unterschiedlichen Bauformen werden die Bedingungen erläutert, die für einen unter geometrischen Gesichtspunkten einwandfreien Lauf erforderlich sind. Tragfähigkeitsnachweise werden im nächsten Schritt dargestellt. Weiterhin werden die Besonderheiten der unterschiedlichen Bauformen der Zahnrädergetriebe erläutert.

Abschließend danke ich allen, die direkt oder indirekt zum Gelingen dieses Buches beigetragen haben. Hier sind zunächst die bisherigen Autoren und insbesondere der bisherige Herausgeber, Herr Professor Dr.-Ing. J. Pokorny, der leider im Herbst 2003 verstorben ist, zu nennen. Mein besonderer Dank gebührt auch allen studentischen Hilfskräften, die bei der Erfassung der Texte und bei der formalen Ausgestaltung mitgewirkt haben. Herrn Dr. Martin Feuchte vom B. G. Teubner Verlag danke ich für die stete Unterstützung und Förderung des Werkes.

Ich würde mich freuen, auch weiterhin Anregungen aus den Kreisen der Benutzer zu erhalten.

Dortmund, im Februar 2004 Bernd Künne

Inhalt

1 Achsen und Wellen

1.1 Aufgabe und Einteilungen 11

1.2 Festigkeitsberechnung von Achsen 13
1.2.1 Berechnen feststehender Achsen 13
1.2.2 Berechnen umlaufender Achsen 17

1.3 Festigkeitsberechnung von Wellen 20
1.3.1 Überschlägige Berechnung der Drehbeanspruchung 21
1.3.2 Genauere Berechnung der Dreh- und Biegebeanspruchung 22
1.3.3 Einführung in die Berechnung von Achsen und Wellen nach DIN 743 32

1.4 Verformung 45

1.5 Schwingungen und kritische Drehfrequenzen 52

1.6 Gestalten und Fertigen 57

1.7 Sonderausführungen 61

Literatur 63

2 Gleitlager

2.1 Allgemeine Grundlagen 66

2.2 Hydrodynamische Schmiertheorie 75

2.3 Hydrodynamisch geschmierte Radiallager 79
2.3.1 Reibung im Gleitlager, Tragfähigkeit, Kennzahlen, Wärme 79
2.3.2 Bemessen und Berechnen von Radiallagern 94
2.3.3 Werkstoffe 106

2.4 Gleitlagerbauarten, Einzelteile 109
2.4.1 Radiallager 110
2.4.2 Axiallager 114

2.5 Schmiermittel, Schmiereinrichtungen 120

Literatur 124

3 Wälzlager

3.1 Aufbau und Eigenschaften 127

3.2 Lagerdaten und Bauarten 133
3.2.1 Außenmaße (DIN 616) 133

3.2.2 Herstellgenauigkeit (DIN 620) 135
3.2.3 Normbezeichnungen (DIN 623) 136
3.2.4 Bauarten, Eigenschaften und Verwendung 140

3.3 Tragfähigkeit und Lebensdauer 149
3.3.1 Statische Tragfähigkeit (DIN ISO 76) 150
3.3.2 Lebensdauer (DIN ISO 281) 152
3.3.3 Äquivalente Lagerbelastung für veränderliche Bedingungen 156

3.4 Gestalten der Lagerung 159
3.4.1 Anordnung der Lager 160
3.4.2 Radiale Befestigung der Lager 161
3.4.3 Festlegen der Lager in Längsrichtung 165
3.4.4 Abdichtung 167

3.5 Schmierung 167

3.6 Beispiele 169
3.6.1 Berechnungsbeispiele 169
3.6.2 Einbaubeispiele 174

Literatur 193

4 Kupplungen und Bremsen

4.1 Kupplungen 196

4.2 Nichtschaltbare starre Kupplungen 198

4.3 Nichtschaltbare formschlüssige Ausgleichskupplungen 200
4.3.1 Bewegliche Kupplungen 201
4.3.2 Drehnachgiebige Kupplungen 204

4.4 Schaltbare Kupplungen 219
4.4.1 Verlustarbeit und Wärmebelastung 219
4.4.2 Formschlüssige Kupplungen 227
4.4.3 Kraftschlüssige (Reib-) Kupplungen 236
4.4.4 Elektrische Kupplungen 257
4.4.5 Hydrodynamische Kupplungen 258

4.5 Bremsen 261
4.5.1 Berechnung 261
4.5.2 Bauarten 262

Literatur 271

5 Kurbeltrieb

5.1 Tauchkolbentriebwerk 275

5.2 Berechnungsgrundlagen 277

5.3 Kinematik des Kurbeltriebes 279
5.3.1 Kolbenweg 279
5.3.2 Kolbengeschwindigkeit 282
5.3.3 Kolbenbeschleunigung 284
5.3.4 Geschränkter Kurbeltrieb 287
5.4 Dynamik des Kurbeltriebes 289
5.4.1 Stoffkräfte und Leistungen 289
5.4.2 Massenkräfte 291
5.4.3 Kräfte im Triebwerk 295
5.5 Aufbau, Funktion und Gestaltung der Triebwerksteile 304
5.5.1 Kolben 304
5.5.2 Schubstangen 309
5.5.3 Kurbelwellen 311
5.6 Festigkeitsberechnung der Triebwerksteile 314
5.6.1 Kolben 314
5.6.2 Schubstangen 315
5.6.3 Kurbelwellen 317
5.6.4 Lager 320
Literatur 321

6 Kurvengetriebe

6.1 Nockensteuerungen 323
6.2 Kreisbogennocken mit geradem Tellerstößel 323
6.2.1 Aufbau des Nockens 324
6.2.2 Stößelbewegung 325
6.2.3 Stößelabmessungen 326
6.2.4 Ruckfreier Nocken 327
6.2.5 Kräfte am Stößel 328
6.3 Gestaltung 331
Literatur 333

7 Zugmittelgetriebe

7.1 Einteilung und Verwendung 335
7.2 Reibschlüssige Zugmittelgetriebe 336
7.2.1 Berechnen von Riementrieben 336
7.2.2 Bauarten 344
7.2.3 Riemenformen und Werkstoffe 345
7.3 Formschlüssige Zugmittelgetriebe 348
7.3.1 Kettenbauarten 348
7.3.2 Kettenrad und Kette 349
7.3.3 Berechnen von Rollenketten 352

7.3.4 Bauformen der Kettentriebe ... 353
7.3.5 Zahnriementriebe ... 356

Literatur ... 361

8 Zahnrädergetriebe

8.1 Grundlagen ... 366

8.2 Zykloidenverzahnung ... 370

8.3 Evolventenverzahnung an Geradstirnrädern ... 372

8.3.1 Grundbegriffe ... 372
8.3.2 Profilverschiebung an Geradstirnrädern mit Evolventenverzahnung ... 381
8.3.3 Innenverzahnung ... 384
8.3.4 V-Getriebe mit Geradstirnrädern ... 385
8.3.5 Flankenspiel bei Geradstirnrad-Getrieben ... 391
8.3.6 Tragfähigkeitsberechnung der Geradstirnräder ... 397
8.3.7 Entwurf und Gestaltung von Geradstirnrad-Getrieben ... 417

8.4 Schrägstirnräder mit Evolventenverzahnung ... 426

8.4.1 Grundbegriffe ... 426
8.4.2 Tragfähigkeitsberechnung der Schrägstirnräder ... 430
8.4.3 Entwurf und Gestaltung von Schrägstirnrad-Getrieben ... 435

8.5 Kegelräder ... 452

8.5.1 Grundbegriffe für geradverzahnte Kegelräder ... 452
8.5.2 Tragfähigkeitsberechnung der geradverzahnten Kegelräder ... 456
8.5.3 Entwurf und Gestaltung von geradverzahnten Kegelrädern ... 458

8.6 Stirnrad-Schraubgetriebe ... 468

8.6.1 Grundbegriffe ... 468
8.6.2 Tragfähigkeitsberechnung der Stirnrad-Schraubgetriebe ... 472

8.7 Schneckengetriebe ... 476

8.7.1 Grundbegriffe ... 476
8.7.2 Wirkungsgrad ... 480
8.7.3 Tragfähigkeitsberechnung und Konstruktion ... 482

8.8 Prüfung der Verzahnung und der Zahnradgetriebe ... 493

8.8.1 Prüfen der Einzelabweichungen an Stirnrädern ... 493
8.8.2 Prüfen der Gesamtabweichungen an Stirnrädern ... 495

8.9 Aufbau der Zahnrädergetriebe ... 496

8.9.1 Gestaltung der Getriebe ... 496
8.9.2 Räderpaarungen ... 499
8.9.3 Gefährliche Zahnkräfte in Mehrwellengetrieben ... 501

8.10 Planetengetriebe ... 501

Literatur ... 513

Sachverzeichnis ... 515

Hinweise für die Benutzung des Werkes

1. Bei den angegebenen Formeln handelt es sich um Größengleichungen (s. DIN 1313). In diesen Gleichungen bedeuten die Formelzeichen physikalische Größen, also jeweils ein Produkt aus Zahlenwert (Maßzahl) und Einheit.

Werden Zahlenwertgleichungen benutzt, wird hierauf gesondert hingewiesen. Die entsprechenden Größen sind als Zahlenwerte einzusetzen, wobei die angegebenen Einheiten berücksichtigt werden müssen.

2. Angaben zum Internationalen Einheitensystem und Umrechnungsbeziehungen:

Masse: 1 kp s^2/m = 9,81 kg

Kraft: 1 N = 1 kg m/s^2 1 kp = 9,81 kg m/s^2 = 9,81 N ≈ 10 N

Die Gewichtskraft F_g, die auf den Körper der Masse $m = 1$ kg wirkt, beträgt:

$F_g = m \cdot g = 1\ \text{kg} \cdot 9{,}81\ \text{m/s}^2 = 9{,}81\ \text{N}$

Mechanische Spannung, Flächenpressung: 1 kp/mm^2 = 9,81 N/mm^2

Druck: 1 Pa = 1 N/m^2 = 1 · 10^{-5} bar
1 MPa = 1 N/mm^2 = 1 MN/m^2 = 10 bar ≈ 10 kp/cm^2
1 bar = 0,1 MPa = 0,1 N/mm^2
1 at = 1 kp/cm^2 = 9,81 · 10^4 N/m^2 = 0,981 bar ≈ 1 bar

Arbeit: 1 J = 1 Nm = 1 Ws 1 kpm = 9,81 Nm ≈ 10 Nm
1 kcal = 427 kpm = 4186,8 J

Leistung: 1 W = 1 J/s = 1 Nm/s 1 kpm/s = 9,81 J/s = 9,81 W
1 PS = 75 kpm/s ≈ 736 W 1 kW = 1,36 PS

Trägheitsmoment: 1 kpm s^2 = 9,81 Nm s^2 = 9,81 kg m^2

Magnetische Flussdichte: 1 T (Tesla) = 1 Vs/m^2 = 1 Nm/(m^2·A)

Dynamische Viskosität: 1 Pa s = 1 Ns/m^2 = 1 kg/(m·s) = 10^3 cP (Centipoise)

Kinematische Viskosität: 1 m^2/s = 1 Pa s m^3/kg = 10^4 St = 10^6 cSt (Centistokes)

3. Hinweise auf DIN-Normen in diesem Werk entsprechen dem Stand der Normung bei Abschluss des Manuskriptes. Maßgebend sind die jeweils neuesten Ausgaben der Normblätter des DIN Deutsches Institut für Normung e.V., die durch die Beuth-Verlag GmbH, Berlin und Köln, www.beuth.de, zu beziehen sind. Sinngemäß gilt das Gleiche für alle in diesem Buch erwähnten amtlichen Bestimmungen, Richtlinien, Verordnungen usw.

4. Bilder und Gleichungen sind abschnittsweise nummeriert. Es bedeuten z. B.:

a) Bild **6.1** das 1. Bild im Abschn. 6 (Abschn.-Nr. und Bild-Nr. fett), Hinweis im Buchtext (**6.1**)
b) Gleichung (6.2) die 2. Gleichung im Abschn. 6 (Abschn.-Nr. und Gl.-Nr. mager), Hinweise im Text Gl. (6.2)

Griechisches Alphabet (DIN ISO 3098-2)

$A\ \alpha$	*a* Alpha	$H\ \eta$	*e* Eta	$N\ \nu$	*n* Nü	$T\ \tau$	*t* Tau
$B\ \beta$	*b* Beta	$\Theta\ \vartheta$	*th* Theta	$\Xi\ \xi$	*x* Ksi	$Y\ \upsilon$	*ü* Ypsilon
$\Gamma\ \gamma$	*g* Gamma	$I\ \iota$	*j* Jota	$O\ o$	*o* Omikron	$\Phi\ \varphi$	*ph* Phi
$\Delta\ \delta$	*d* Delta	$K\ \kappa$	*k* Kappa	$\Pi\ \pi$	*p* Pi	$X\ \chi$	*ch* Chi
$E\ \varepsilon$	*e* Epsilon	$\Lambda\ \lambda$	*l* Lambda	$P\ \rho$	*r* Rho	$\Psi\ \psi$	*ps* Psi
$Z\ \zeta$	*z* Zeta	$M\ \mu$	*m* Mü	$\Sigma\ \sigma$	*s* Sigma	$\Omega\ \omega$	*o* Omega

1 Achsen und Wellen

DIN-Blatt Nr.	Ausgabe-datum	Titel
250	4.02	Radien
332 T1	4.86	Zentrierbohrungen 60°, Form R, A, B und C
332 T2	5.83	Zentrierbohrungen 60° mit Gewinde für Wellenenden elektrischer Maschinen
705	10.79	Stellringe
743 T1	10.00	Tragfähigkeitsberechnung von Wellen und Achsen - Teil 1: Einführung, Grundlagen
T2	10.00	-; Teil 2: Formzahlen und Kerbwirkungszahlen
T3	10.00	-; Teil 3: Werkstoff-Festigkeitswerte
Bbl.1	10.00	-; Beiblatt 1: Anwendungsbeispiele
747	5.76	Achshöhen für Maschinen
748 T1	1.70	Zylindrische Wellenenden; Abmessungen, Nenndrehmomente
748 T3	7.75	Zylindrische Wellenenden für elektrische Maschinen
1448 T1	1.70	Kegelige Wellenenden mit Außengewinde; Abmessungen
1449	1.70	Kegelige Wellenenden mit Innengewinde; Abmessungen
28154	10.83	Wellenenden für Rührer aus unlegiertem und nichtrostendem Stahl für Gleitringdichtungen; Maße
28159	10.83	Wellenenden für einteilige Rührer, Stahl emailliert; Maße
34311	4.77	Bohrung für Zentrierbolzen in hohlgebohrten Radsatzwellen
EN 10278	12.99	Maße und Grenzabmaße von Blankstahlerzeugnissen
ISO 6411	11.97	Technische Zeichnungen - Vereinfachte Darstellung von Zentrierbohrungen
ISO 10817 T1	11.99	Messeinrichtung für die Schwingungen rotierender Wellen - Teil 1: Erfassung der relativen und der absoluten Radialschwingungen

Normangaben über Toleranzen und Passungen s. Teil 1, Abschn. 3; Keilwellen-, Zahnwellen-Verbindungen, Wellen mit Polygonprofil, Sicherungsringe, -scheiben, Sprengringe und Bolzen s. Teil 1, Abschn. 6; Wellendichtringe s. Teil 1, Abschn. 10.

1.1 Aufgabe und Einteilung

Achsen tragen sich drehende Maschinenteile wie Laufräder, Rollen und Seiltrommeln. Sie werden - im Unterschied zu den Wellen - nur auf Biegung beansprucht, nicht jedoch auf Torsion.

Die feststehende Achse, um die sich z. B. ein Rad dreht, ist die zweckmäßigste Bauform: Die Biegebeanspruchung tritt nur ruhend oder schwellend auf. Feststehende Achsen werden z. B. mit kreisförmigem Querschnitt im Hebezeugbau oder zur Gewichtsersparnis mit Rohr- oder I-Querschnitt im Kraftfahrzeugbau verwendet, Bild **1.1**.

Formelzeichen

A	Querschnittsfläche
b	Größenbeiwert, Breite
c', c	Dreh- bzw. Biegesteifigkeit der Welle
d	Außendurchmesser
D	Achs- bzw. Wellendurchmesser
E	Elastizitätsmodul
F	Belastung, Kraft
F_A, F_B	Auflagerkraft bei A, B
F_g	Eigengewichtskraft
f, f_1, f_2	Durchbiegung, zulässige Durchbiegung
f_g	Durchbiegung infolge F_g
G	Schubmodul
G'	bezogenes Spannungsgefälle
g	Fallbeschleunigung
I, I_x	äquatoriales Flächenträgheitsmoment
I_p	polares Flächenträgheitsmoment
J_p	polares Massenträgheitsmoment
K_{1D}, K_{1d}	technologischer Größenbeiwert
K_{2b}, K_{2t}	statischer Stützfaktor
K_3	geometrischer Größenbeiwert
K_σ, K_τ	Gesamteinflussfaktoren
K_F	Einflussfaktor d. Oberflächenverfestigung
K_V	Einflussfaktor d. Oberflächenrauheit
l	Lagerentfernung
l_1	Buchsenlänge
M_b, M_v	Biege-, Vergleichs-Moment
m	Masse
n	Stützzahl
n, n_k	Betriebs- und kritische Drehzahl
P	Leistung
p	Flächenpressung
R_e, σ_S	Streckgrenze
R_m, σ_B	Zugfestigkeit
$R_{p\,0,2}$	0,2-Grenze
S	Sicherheit
S_D	Sicherheitszahl
$S_{k\,D}$	Sicherheitszahl einschl. Kerbwirkung
s	tragende Wanddicke
T	Drehmoment, Torsionsmoment
T_m	mittleres Drehmoment
W_b, W_x	Widerstandsmoment auf Biegung (äquatoriales)
W_p, W_t	polares Widerstandsmoment
α	Neigungswinkel der Biegelinie
α_0	Anstrengungsverhältnis nach Bach
α_σ, α_τ	Formzahl
$\beta_{k\,b}$, β_σ	Kerbwirkungszahl bei Biegung
$\beta_{k\,t}$	Kerbwirkungszahl bei Torsion
γ	Erhöhungsfaktor
σ_b	Biegebeanspruchung
$\sigma_{b\,W}$, $\sigma_{b\,Sch}$	Biegewechsel-, Biegeschwellfestigkeit
σ_l	Lochleibungsdruck
σ_m	Mittelspannung
σ_o, σ_u	Oberspannung, Unterspannung
σ_S	Zugstreckgrenze
σ_v	Vergleichsspannung
σ_{zd}	Zug-/Druckspannung
$\sigma_{zd\,W}$	Zug-/Druckfestigkeit, wechselnd
τ_t	Drehbeanspruchung (Torsionsbeanspruchung)
$\tau_{t\,Sch}$	Drehschwellfestigkeit (Torsionsschwellfestigkeit)
$\tau_{t\,W}$	Drehwechselfestigkeit
φ	Betriebsfaktor
ψ	Drehwinkel
ω, ω_0	Winkelgeschwindigkeit
ω_e, ω_k	Eigen-Kreisfrequenz, kritische Kreisfrequenz

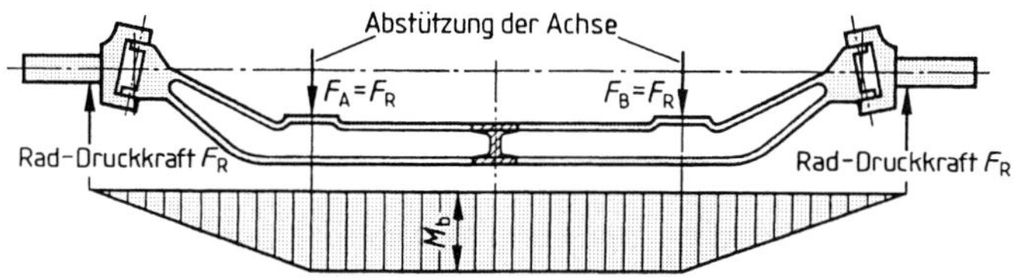

1.1
Starre Vorderachse eines Lastwagen

Die umlaufende Achse, die sich mit den auf ihr befestigten Rädern dreht, verwendet man besonders bei Schienenfahrzeugen, Bild **1.2**. Diese Bauform ermöglicht den Ein- bzw. Ausbau vollständiger Radsätze und eine günstige Übertragung von Seitenkräften. Nachteilig ist die wechselnd wirkende Biegebeanspruchung. Bolzen (kurze Achsen) in Hebegelenken stehen unter schwingender Belastung (s. Teil 1, Abschn. 6).

Wellen haben die Aufgabe, Drehmomente zu übertragen. Für die Einleitung bzw. Abgabe des Drehmomentes werden auf der Welle z. B. Kupplungen, Zahnräder, Riemenscheiben, Läufer von elektrischen Maschinen oder von Turbomaschinen fest angebracht. Es wirken oft große Biegemomente. Bei der Bemessung von Wellen sind neben den Beanspruchungen durch Dreh- und Biegemomente die elastischen Verformungen und möglichen Schwingungen zu berücksichtigen.

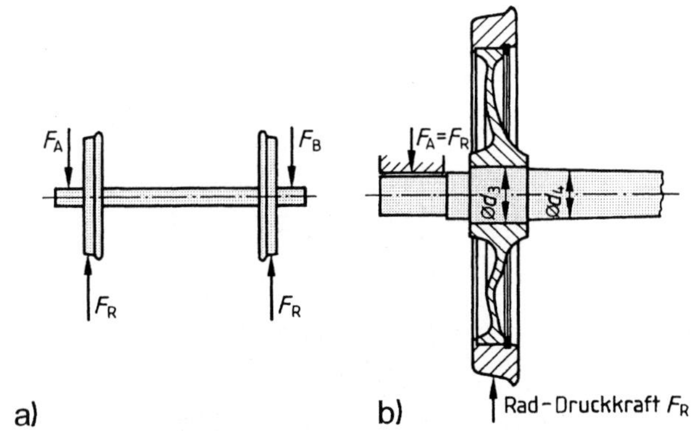

1.2
Umlaufende Radachse eines Schienenfahrzeuges

a) Gesamtanordnung
b) Schnitt durch eine Achshälfte

Bedeutung der Durchmesser d_3 und d_4 s. Abschn. 1.2.2 und Bild **1.8** und **1.9**

Zur Entlastung der Welle von Biegebeanspruchung kann man Welle und Achse ineinander schachteln: In Bild **1.3** übernimmt das steife rohrförmige Achsgehäuse *1* das Biegemoment aus dem Riemenzug; die Getriebewelle *2* erhält von der Riemenscheibe her nur ein Drehmoment. Die statisch unbestimmte Lagerung der Welle ist bei genauer Nachrechnung zu beachten.

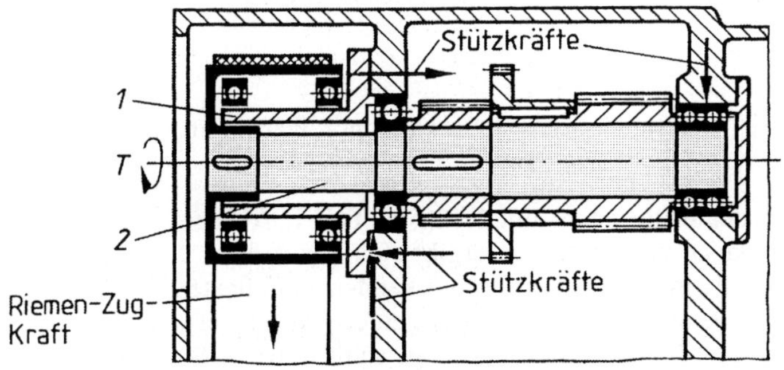

1.3
Von der Riemenzugkraft entlastete Welle: Getriebewelle einer Drehmaschine

1 Achsgehäuse
2 Getriebewelle

Gelenkwellen bzw. biegsame Wellen werden bei ortsveränderlicher Lage des antreibenden zum getriebenen Getriebeteil verwendet (s. Abschn. 1.4).

1.2 Festigkeitsberechnung von Achsen

1.2.1 Berechnen feststehender Achsen

Maßgeblich ist bei langen Achsen die Biegebeanspruchung, bei kurzen die Flächenpressung in den Gleitlagerbuchsen; ferner ist der Lochleibungsdruck im Achslager zu untersuchen. Die größte Biegebeanspruchung tritt bei Achsen mit glattem, nicht abgesetztem Querschnitt an der Stelle des größten Biegemomentes $M_{b\,max}$ auf. Dieses ist abhängig von der Last F, der Lastverteilung (Streckenlast oder Punktlast, s. Teil 1 Abschn. 2.4) und von der Stützweite l. In Bild **1.4** ist der Biegemomentverlauf für die feste Achse einer Seilrolle mit einer Gleitlagerbuchse von der Länge l_1 dargestellt, die eine Streckenlast F (hervorgerufen durch die Seilkräfte) auf die Achse abgibt. Die Streckenlastlänge ist gleich der Nabenlänge l_1. Bei der Lagerentfernung l zwischen Lager A und B ist das größte Biegemoment

$$M_{b\,max} = \frac{F}{2} \cdot \frac{l}{2} - \frac{F}{2} \cdot \frac{l_1}{4} = \frac{F}{4} \cdot \left(l - \frac{l_1}{2} \right)$$

Da l und l_1 nahezu gleich sind, kann näherungsweise gesetzt werden

$$M_{\mathrm{b\,max}} \approx F \cdot \frac{l}{8}$$

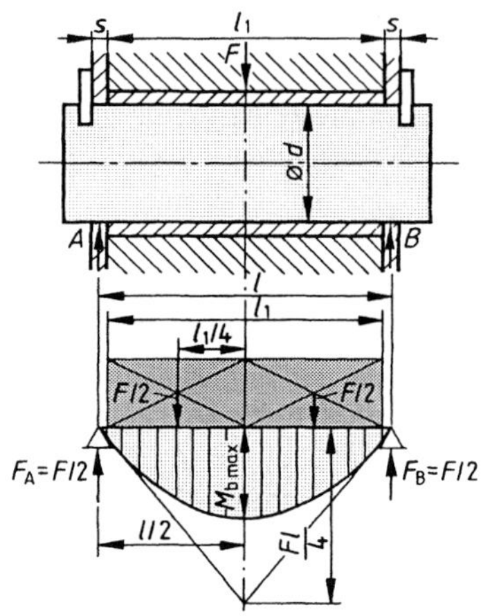

1.4
Seilrollennabe mit Gleitlagerbuchse, Biegemomentverlauf bei Streckenlast

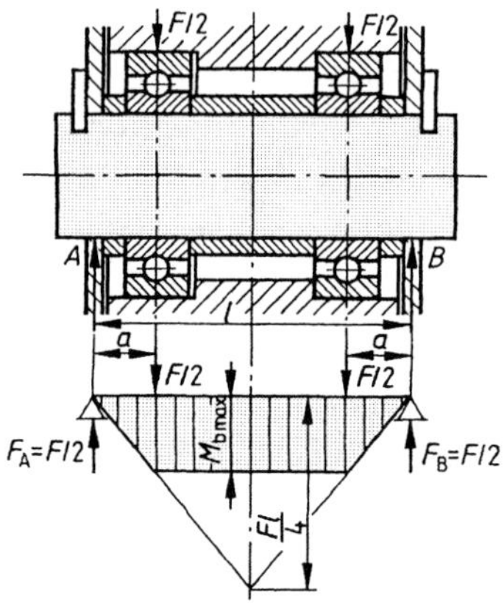

1.5
Seilrollennabe mit Wälzlagern, Biegemomentverlauf bei Punktlasten

Die Annahme einer Punktlast in der Mitte ist zu ungünstig (s. Teil 1, Abschn. 2.4). Werden statt einer Gleitlagerbuchse Wälzlager verwendet, so ergibt sich der in Bild **1.5** gezeichnete Biegemomentverlauf aus den jeweils in Wälzlagermitte wirkenden Punktlasten $F/2$. Das maximale Biegemoment ist geringer, wenn die Wälzlager dicht an die Achslager A und B herangerückt werden. Der Abstand a soll deshalb möglichst klein gewählt werden: $M_{\mathrm{b\,max}} = F \cdot a/2$.

Die **Biegebeanspruchung** σ_b an einer beliebigen Stelle der glatten Achse mit dem Biegemoment M_b bzw. $M_{\mathrm{b\,max}}$ und dem Widerstandsmoment W_b ist

$$\sigma_\mathrm{b} = \frac{M_\mathrm{b}}{W_\mathrm{b}} \quad \text{bzw.} \quad \sigma_{\mathrm{b\,max}} = \frac{M_{\mathrm{b\,max}}}{W_\mathrm{b}} \tag{1.1}$$

Die nach Gl. (1.1) berechnete Biegespannung ist die in der Randfaser auftretende Normalspannung unter der Annahme eines linearen Spannungsverlaufes durch den Querschnitt (s. Teil 1, Abschn. 2.1). Für die feststehende Achse ist die Richtung der Kraft F und damit auch die Richtung von M_b unverändert. Die Biegezug- bzw. Biegedruckspannung tritt daher immer an derselben Stelle der Achse auf. Die Achse unterliegt somit einer ruhenden oder meistens entsprechend der Zu- und Abnahme der Lastgröße einer schwellenden Biegebeanspruchung. Für die Bemessung ist sinngemäß die Biegeschwellfestigkeit $\sigma_{\mathrm{b\,Sch}}$ des Werkstoffs maßgebend. Sind die Abmessungen bekannt, so ermittelt man die vorhandene Sicherheit $S_\mathrm{D} = \sigma_{\mathrm{b\,Sch}}/\sigma_\mathrm{b}$. Die **zulässige Biegebeanspruchung** $\sigma_{\mathrm{b\,zul}}$ ist bei der üblichen Sicherheit $S_{\mathrm{k\,D}} = 3 \ldots 4 \ldots 5$, in der die Kerbwirkung eingeschlossen ist,

$$\sigma_{\mathrm{b\,zul}} = \frac{\sigma_{\mathrm{b\,Sch}}}{S_{\mathrm{k\,D}}} = \frac{\sigma_{\mathrm{b\,Sch}}}{3 \ldots 5} \tag{1.2}$$

Für den häufig verwendeten Werkstoff E295 (St50) ist $\sigma_{b\,Sch} = 370\ \text{N/mm}^2$ (s. auch Teil 1, Abschn. 1.3 u. 2.3) und somit

$$\sigma_{b\,zul} = \frac{370\ \text{N/mm}^2}{3 \ldots 5} = (123{,}5 \ldots 74)\ \text{N/mm}^2$$

Die Zahlenwerte entsprechen den Erfahrungswerten für Hebezeugachsen aus E295 (St50) mit $\sigma_{b\,zul} = (80 \ldots 120)\ \text{N/mm}^2$.

Das **erforderliche** Widerstandsmoment W_b bestimmt man aus Gl. (1.1)

$$\boxed{W_b = \frac{M_{b\,max}}{\sigma_{b\,zul}}} \tag{1.3}$$

Das **Widerstandsmoment W_b** gegen Biegung, das axiale Widerstandsmoment, beträgt für den **Kreisquerschnitt**

$$\boxed{W_b = \frac{\pi \cdot d^3}{32} \approx \frac{d^3}{10}} \tag{1.4}$$

und für den **Kreisring** (Rohr)

$$\boxed{W_b = \frac{\pi \cdot (d_a^4 - d_i^4)}{32 \cdot d_a}} \tag{1.5}$$

Die günstigste Querschnittsform ist im Hinblick auf den Leichtbau das Doppel-T-Profil (I) mit $W_b = I_x / e_{max}$ (I_x = axiales Trägheitsmoment, e_{max} = größter Randabstand vor der Schwerachse). Der **Achsdurchmesser d** der zylindrischen Vollachse kann aus $M_{b\,max}$ und $\sigma_{b\,zul}$ unmittelbar berechnet werden. Es gilt allgemein

$$\boxed{d \geq \sqrt[3]{\frac{32 \cdot M_{b\,max}}{\pi \cdot \sigma_{b\,zul}}}} \tag{1.6}$$

bzw. genähert

$$\boxed{d \geq \sqrt[3]{\frac{10 \cdot M_{b\,max}}{\sigma_{b\,zul}}}}$$

Hieraus folgt für E295 (St50) mit $\sigma_{b\,zul} = 100\ \text{N/mm}^2$ (s. oben) die Zahlenwertgleichung

$$\boxed{d \geq \sqrt[3]{0{,}1 \cdot M_{b\,max}}} \quad \text{in mm} \quad \text{mit } M_{b\,max} \text{ in Nmm} \tag{1.7}$$

Gewichtseinsparungen sind durch Verwendung von Hohlachsen bei nur geringer Vergrößerung des Außendurchmessers gegenüber einer gleichwertigen Vollachse möglich (Gewichtseinsparung z. B. 49% bei 19% Durchmesservergrößerung und dem Verhältnis $d_i/d_a = 0{,}8$; Hohl- und Vollachse für diese Werte sind in Bild **1.6** maßstäblich eingezeichnet).

Die Anpassung der Gestalt einer Achse an den Biegemomentverlauf (Bild **1.1**) durch Ausbildung als Träger gleicher Biegefestigkeit ergibt das geringste Konstruktionsgewicht, aber höhere Fertigungskosten.

Die **Flächenpressung** p in den Buchsen der sich um die Achse drehenden Teile ist mit der Belastung F, der Buchsenlänge l_1 und dem Achsdurchmesser d

$$p = \frac{F}{l_1 \cdot d} \tag{1.8}$$

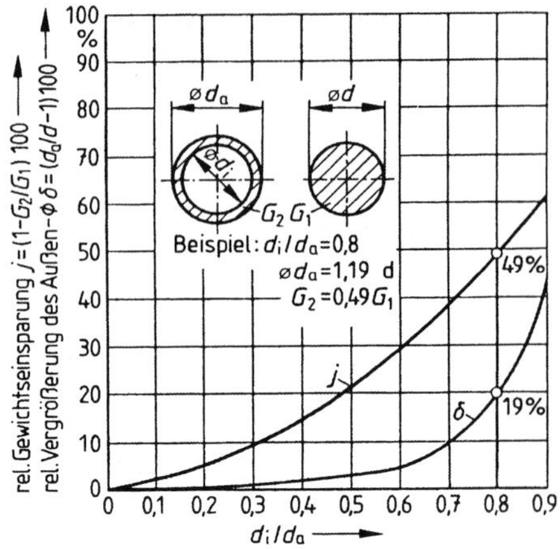

1.6
Vergleich der Abmessungen und Gewichte von Hohl- und Vollachsen bzw. -wellen mit gleichem Widerstandsmoment W_b

Die Werte von p_{zul} hängen ab vom gewählten Werkstoff (z. B. CuZn, CuSn, Kunststoff) und von den Betriebsverhältnissen. Bei bekannter Buchsenlänge (l_1 = 1 ... 1,5 · d) und gegebenem Wert für p_{zul} ist der Achsdurchmesser $d \geq F/(l_1 \cdot p_{zul})$. Diesen Wert vergleicht man mit dem Ergebnis aus Gl. (1.6) und führt dann den größten Wert von d aus. Die Flächenpressung, die in den Achslagern bei A und B von Bild **1.4** ohne Gleitbewegung auftritt, wird Lochleibungsdruck σ_l genannt. Im Vergleich zur Flächenpressung in Gleitflächen p kann der Lochleibungsdruck σ_l sehr hoch gewählt werden (s. Teil 1, Abschn. 4.3). So ist z. B. für ein Achslager im Steg eines Walzprofils aus S235 (St37) der zulässige Wert σ_{zul} = 80 bis 120 N/mm². Die tragende Auflagebreite s (Bild **1.4**) kann entsprechend schmal sein. Mit den Auflagerkräften F_A bzw. F_B wird der **Lochleibungsdruck**

$$\sigma_l = \frac{F_A}{d \cdot s} \quad \text{bzw.} \quad \sigma_l = \frac{F_B}{d \cdot s} \tag{1.9}$$

Die erforderliche Auflagebreite s muss dann, unter Berücksichtigung etwaiger Ansenkungen der Bohrungen, $s \geq F_A/(d \cdot \sigma_{l\,zul})$ bzw. $s \geq F_B/(d \cdot \sigma_{l\,zul})$ sein.

Beispiel 1

Die feststehende Achse für die vier Seilrollen einer 320 kN-Kranhakenflasche nach Bild **1.7** aus E295 (St50) ist zu berechnen.
Die Biegemomente betragen beim Punkt A

$$M_A = 80\ \text{kN} \cdot 75\ \text{mm} = 6\,000\ \text{kN mm}$$

und beim Punkt C

$$M_C = (80 \cdot 160 - 160 \cdot 85)\ \text{kN mm} = (12\,800 - 13\,600)\ \text{kN mm} = -\,800\ \text{kN mm}$$

Für die Berechnung ist das größte Moment $M_{b\,max}$ beim Punkt A maßgebend. Der erforderliche Achsdurchmesser d ist dann für E295 (St50) nach Gl. (1.6)

$$d \geq \sqrt[3]{\frac{10 \cdot M_{b\,max}}{\sigma_{b\,zul}}} \geq \sqrt[3]{\frac{10 \cdot 6000 \cdot 10^3\ \text{N mm}}{100\ \text{N/mm}^2}} \geq 10 \cdot \sqrt[3]{600}\ \text{mm} = 84{,}2\ \text{mm}$$

mit dem Zahlenwert für $\sigma_{b\,zul}$ nach Gl. (1.2)

Beispiel 1, Fortsetzung

$$\sigma_{\text{b zul}} = \frac{\sigma_{\text{b Sch}}}{3...5} = \frac{370\,\text{N/mm}^2}{3...5} = (123{,}5...74)\,\text{N/mm}^2 \approx 100\,\text{N/mm}^2$$

Gewählt wird im Hinblick auf Verwendung von blankem Rundstahl DIN EN 10278 der Achsdurchmesser $d = 90$ mm.

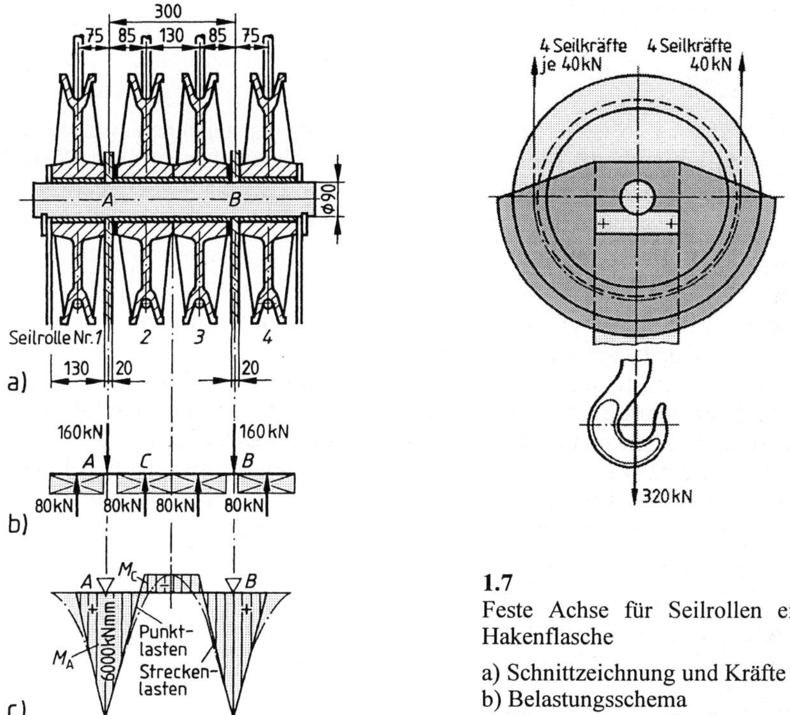

1.7
Feste Achse für Seilrollen einer 320 kN-Hakenflasche

a) Schnittzeichnung und Kräfte
b) Belastungsschema
c) Biegemomentverlauf

Die Nachrechnung der Flächenpressung in den Buchsen ergibt nach Gl. (1.8) p = 80 kN/(90 · 130 mm²) = 6,84 N/mm². Für Cu-Sn-Legierungen, z. B. CuSn8P nach ISO 4382-2, sind (6 ... 8) N/mm² zulässig. Der Lochleibungsdruck in den Achslagern bei *A* bzw. *B* beträgt nach Gl. (1.9) σ_l = 160 kN/(90 · 20 mm²) = 89 N/mm². Der Stahl S235 (St37) erlaubt hier Beanspruchungen von (80 ... 120) N/mm².

Die Achslagerung zwischen Seilrolle 1 und 2 bzw. 3 und 4 ist günstig. Eine Achslagerung außerhalb der ersten bzw. vierten Rolle würde bedeutend größere Biegemomente und damit einen größeren Achsdurchmesser ergeben. ■

1.2.2 Berechnen umlaufender Achsen

Den erforderlichen Achsquerschnitt bzw. das erforderliche Widerstandsmoment erhält man aus dem größten Biegemoment bzw. der größten Biegebeanspruchung und der zulässigen Biegebeanspruchung wie bei der feststehenden Achse [s. Abschn. 1.2.1; Gl. (1.1), (1.3) und (1.6)].

Im Gegensatz zur feststehenden Achse ändert sich die Richtung der Biegemomente fortwährend mit der Drehung der Achse. Auf der Achse wechseln Zug- und Druckseite mit jeder halben Umdrehung. Für die Bemessung ist daher die Biegewechselfestigkeit $\sigma_{b\,W}$, nicht die Biegeschwellfestigkeit $\sigma_{b\,Sch}$ wie bei der feststehenden Achse, maßgebend.

Die zulässige Biegebeanspruchung $\sigma_{b\,zul}$ erhält man mit der Sicherheit $S_{k\,D} = 4...6$, welche die Kerbwirkung einschließt, und aus der Biegewechselfestigkeit $\sigma_{b\,W}$ (Bild **1.21**)

$$\boxed{\sigma_{b\,zul} = \frac{\sigma_{bW}}{S_{kD}} = \frac{\sigma_{bW}}{4...6}} \tag{1.10}$$

Eine „Sicherheit" von 4 ... 6 ist - gegenüber 3 ... 5 bei der feststehenden Achse - erforderlich, weil die Gestaltung umlaufender Achsen mit Absätzen, Nuten usw. größere Kerbwirkungen zur Folge hat, die in Gl. (1.11) durch die Kerbwirkungszahl β_k, den Größenbeiwert b und den Oberflächenbeiwert κ genauer erfasst werden können (s. Teil 1, Abschn. 2.3 und Teil 2, Bild **1.15**).

$$\boxed{\sigma_{b\,zul} = \frac{b \cdot \kappa \cdot \sigma_{bW}}{\beta_k \cdot S_D} = \frac{b \cdot x \cdot \sigma_{bW}}{\beta_k \cdot (1{,}5...2)}} \tag{1.11}$$

In Gl. (1.11) ist S_D eine wirkliche Sicherheit, die mit 1,5 ... 2 einzusetzen ist. Fasst man die Sicherheit S_D in Gl. (1.11) mit dem β_k-Wert 2,0 und dem Größenbeiwert $b = 0{,}75$ zusammen, so erhält man mit $((1{,}5 ... 2) \cdot 2)/0{,}75 = 4 ... 5{,}3$ etwa die „Sicherheiten" in Gl. (1.10) und (1.2), die richtiger als scheinbare Sicherheiten $S_{k\,D}$ (einschließlich Kerbwirkung) bezeichnet würden; s. auch Teil 1, Bild **2.32**. Der Oberflächenbeiwert kann bei hoher Oberflächengüte $\kappa \approx 1$ gesetzt werden.

Es ist z. B. für E295 (St50) mit $\sigma_{b\,W} = 245\ \text{N/mm}^2$, für den Achsdurchmesser 100 mm mit dem Größenbeiwert $b = 0{,}64$, für $\beta_k = 1{,}5$ und $S_D = 2$ die zulässige Biegebeanspruchung

$$\sigma_{b\,zul} = \frac{0{,}64 \cdot 245\,\text{N/mm}^2}{1{,}5 \cdot 2} = 52{,}3\,\text{N/mm}^2$$

Nach Gl. (1.10) hätte man erhalten $\sigma_{b\,zul} = (245\ \text{N/mm}^2)/(4...6) \approx (60...40)\ \text{N/mm}^2$. ■

Die Gestaltfestigkeit ist für Eisenbahnachsen durch Dauerversuche an Bauteilen in natürlicher Größe ermittelt worden. Die hieraus abgeleitete zuverlässige Berechnung von Laufachsen bei günstiger Gestaltung der Übergänge als Korbbogen (Bilder **1.8** und **1.9**) ermöglicht eine Bemessung mit hoher Ausnutzung des Werkstoffes (Bild **1.10**) an den kritischen Stellen des Nabensitzes und des Achsschaftes (s. Bild **1.2**).

Beispiel 2

Nachrechnung der umlaufenden Achse (Bild **1.2**) eines Schienenfahrzeuges nach Bild **1.8**. Die gesamte Achslast 100 kN abzüglich des Radsatzgewichtes 9,35 kN ergibt die ruhende Achsschenkelbelastung $F_s = 90{,}65$ kN.

Beispiel 2, Fortsetzung

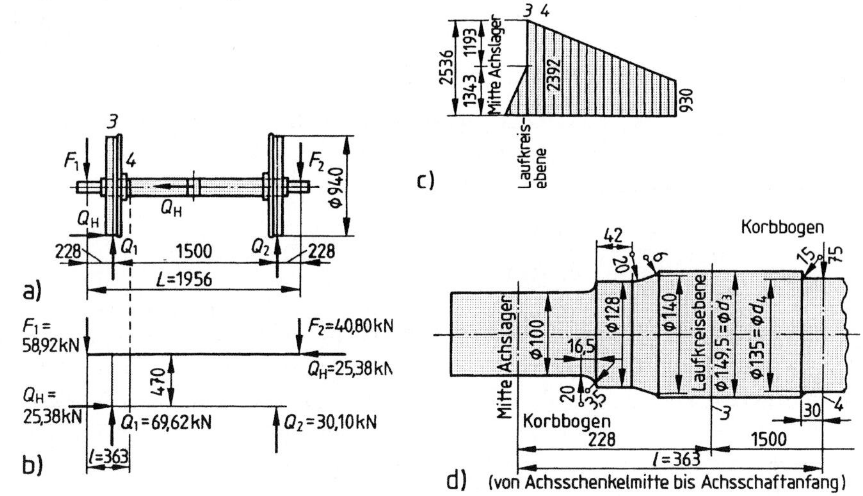

1.8
Umlaufende Radachse eines vierachsigen Dieseltriebwagens

a) Ansichtszeichnung und Kräfte, b) Belastungsschema, c) Biegemomentverlauf in kN cm, d) Achsschaft

3, 4 entsprechend den Bezeichnungen der amtlichen Berechnungsverfahren

Nach dem Formblatt Fw 28.02.08 der Bundesbahn ist dann die Seitenkraft Q_H bei 100 km/h Fahrgeschwindigkeit

$$Q_H = y \cdot F_s = 0{,}28 \cdot 90{,}65\,\text{kN} = 25{,}38\,\text{kN}$$

Nach demselben Berechnungsblatt ist die dynamische Belastung des kurvenäußeren Achsschenkels bei einem Stoßzuschlag von 10% und einem Zuschlag von 20% für die Momentwirkung der Zentrifugalkraft der Wagenmasse $F_1 = [(1 + 0{,}1 + 0{,}2) \cdot 90{,}65$ kN]/2 = 58,92 kN und die dynamische Belastung des kurveninneren Achsschenkels mit 10% Stoßzuschlag abzüglich der Momentwirkung der Zentrifugalkraft $F_2 = [(1 + 0{,}1 - 0{,}2) \cdot 90{,}65$ kN]/2 = 40,80 kN.

Die dynamischen Radlasten sind dann nach Bild **1.8b**

$$Q_1 = \frac{58{,}92\,\text{kN} \cdot (1{,}5 + 0{,}228)\text{m} + 25{,}38\,\text{kN} \cdot 0{,}47\,\text{m} - 40{,}80\,\text{kN} \cdot 0{,}228}{1{,}50\,\text{m}} = 69{,}62\,\text{kN}$$

$$Q_2 = 58{,}92\,\text{kN} + 40{,}80\,\text{kN} - 69{,}62\,\text{kN} = 30{,}10\,\text{kN}$$

Das größte Biegemoment ist bei Punkt 3 in der Laufkreisebene (**1.8c**)

$$M_3 = (58{,}92 \cdot 22{,}8 + 25{,}38 \cdot 47)\,\text{kN cm} = 2536\,\text{kN cm}$$

Am Achsschaftanfang *4* tritt die größte Beanspruchung auf. Hier ist das Biegemoment

$$M_4 = [58{,}92 \cdot 36{,}3 + 25{,}38 \cdot 47 - 69{,}62 \cdot (36{,}3 - 22{,}8)]\,\text{kN cm}$$
$$= (2139 + 1193 - 940)\,\text{kN cm} = 2392\,\text{kN cm}$$

Beispiel 2, Fortsetzung

Für die Durchmesser d_3 = 14,95 cm und d_4 = 13,5 cm ergeben sich die Widerstandsmomente Gl. (1.4)

$$W_{b3} = \frac{\pi \cdot (14{,}95\,\text{cm})^3}{32} = 328\,\text{cm}^3 \quad \text{und} \quad W_{b4} = \frac{\pi \cdot (13{,}5\,\text{cm})^3}{32} = 241{,}5\,\text{cm}^3$$

Die Beanspruchungen sind dann nach Gl. (1.1)

$$\sigma_{b3} = \frac{M_3}{W_{b3}} = \frac{2536\,\text{kN cm}}{328\,\text{cm}^3} = 7{,}73\text{kN/cm}^2 = 77{,}3\text{N/mm}^2$$

$$\sigma_{b4} = \frac{M_4}{W_{b4}} = \frac{2392\text{kN cm}}{241{,}5\,\text{cm}^3} = 9{,}90\text{kN/cm}^2 = 99\text{N/mm}^2$$

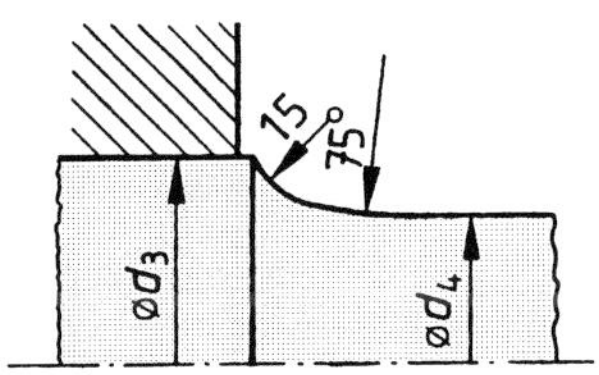

1.9
Übergangsbogen vom Nabensitz zum Achsschaft. Für d_3 und d_4 s. Bild **1.2** und **1.8**

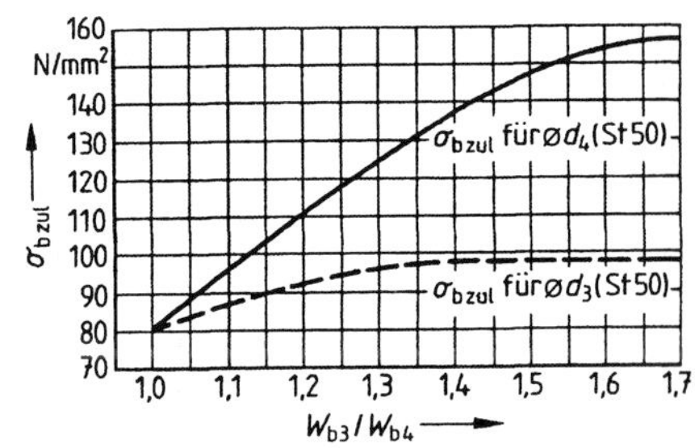

1.10
Zulässige Spannungen $\sigma_{b\,zul}$ in den Querschnitten d_3 und d_4 (**1.2**) mit Übergangsbogen nach Bild **1.9**

Die zulässigen Beanspruchungen für den Durchmesser d_3 bzw. d_4 sind abhängig von der Ausbildung des Übergangs, der nach Bild **1.9** als Korbbogen vorgeschrieben ist, und von dem Verhältnis W_{b3}/W_{b4} (**1.10**). Im Beispiel ist W_{b3}/W_{b4} = 327,8 cm³/241,3 cm³ = 1,36.

Man entnimmt hierfür als zulässige Werte bei E295 (St 50) für den Querschnitt bei d_3 den Wert $\sigma_{b\,zul}$ = 97,5 N/mm² und bei d_4 den Wert $\sigma_{b\,zul}$ = 132,5 N/mm². Die oben berechneten Beanspruchungen σ_{b3} bzw. σ_{b4} liegen damit jeweils unterhalb der für die betreffenden Querschnitte zulässigen Werte; die Achse ist also ausreichend bemessen. ■

1.3 Festigkeitsberechnung von Wellen

Diese werden in manchen Fällen auf Torsion, im allgemeinen aber auf Torsion und Biegung beansprucht. Liegt diese zusammengesetzte Beanspruchung vor, so ist die Bemessung des Wellendurchmessers unter Berücksichtigung der Drehbeanspruchung allein nur eine Überschlagsrechnung, die für den ersten Entwurf ausreichen mag. Eine genaue Nachrechnung auf Drehung und Biegung muss sich anschließen unter Berücksichtigung von Kerbwirkung, Größeneinfluss und Sicherheit. In vielen Fällen muss ferner die elastische Durchbiegung und seltener auch die elastische Verdrehung, bei schnelllaufenden Wellen außerdem die kritische Drehzahl untersucht werden.

1.3.1 Überschlägige Berechnung der Drehbeanspruchung

Diese darf nur unter Annahme sehr geringer zulässiger Beanspruchungen erfolgen, da in der Regel besonders bei großen Lagerabständen für die nicht erfassten Biegebeanspruchungen eine große Sicherheit ($S_{k\,D} = 10 \ldots 15$) erforderlich ist, die auch die Kerbwirkung (z. B. eine Passfeder) einschließt. Die **größte Drehbeanspruchung** τ_t, die in der Randfaser der Welle auftritt (s. Teil 1, Abschn. 2.1), errechnet man, unter Berücksichtigung von Stößen mit dem Betriebsfaktor φ (s. Abschnitt 4), aus dem größten **Drehmoment** $T_{max} = \varphi \cdot T$ und dem **polaren Widerstandsmoment** W_p

$$\boxed{\tau_t = \frac{T_{max}}{W_p}} \tag{1.12}$$

Die **zulässige Drehbeanspruchung** $\tau_{t\,zul}$ wird aus der Dauerfestigkeit bei schwellender Belastung $\tau_{t\,Sch}$, unter Berücksichtigung der Kerbwirkung (z. B. einer Passfeder, s. Teil 1, Abschn. 2.3 und 6.2.2) $b \cdot \kappa / \beta_{k\,t} = 1/2 \ldots 1/3$, die mit der Sicherheit (Unsicherheit) $S_D = 5$ zum Unsicherheitsfaktor $S_{k\,D} = 10 \ldots 15$ zusammengefasst wird,

$$\boxed{\tau_{t\,zul} = \frac{b \cdot \kappa \cdot \tau_{t\,Sch}}{\beta_{kt} \cdot S_D} = \frac{\tau_{t\,Sch}}{S_{kD}} = \frac{\tau_{t\,Sch}}{10 \ldots 15}} \tag{1.13}$$

So erhält man z. B. für E295 (St50) mit $\tau_{t\,Sch} = 190$ N/mm² (**1.21**) als zulässige Spannung einschließlich Kerbwirkung $\tau_{t\,zul} = (19{,}0 \ldots 12{,}5)$ N/mm².

Bei Wellen, die nur von einem Drehmoment beansprucht sind, kann die Sicherheit kleiner gewählt werden, z. B. $S_{k\,D} = 4 \ldots 6$. Es empfiehlt sich aber, die vorhandene Sicherheit zu bestimmen, $S_D = b \cdot \kappa \cdot \tau_{t\,Sch} / (\beta_{k\,t} \cdot \tau_t)$. Hierbei kann aus Sicherheitsgründen, z. B. bei längsgenuteten Wellen, die Torsionsspannung auf den dem genuteten Querschnitt einbeschriebenen Kreisdurchmesser bezogen werden (s. Teil 1, Abschn. 6.2.2, Passfederverbindungen).

Das erforderliche polare Widerstandsmoment einer Welle ist $W_p = T / \tau_{t\,zul}$ mit dem Drehmoment T und der zulässigen Drehbeanspruchung $\tau_{t\,zul}$. Für die gebräuchlichen Wellenquerschnitte von Kreis (Durchmesser d) und Kreisring (Hohlwelle; Außendurchmesser d_a, Innendurchmesser d_i) ist das polare Widerstandsmoment

$$\boxed{W_p = \pi \cdot d^3/16 \approx d^3/5} \quad \text{bzw.} \quad \boxed{W_p = \frac{\pi \cdot \left(d_a^4 - d_i^4\right)}{16 \cdot d_a}} \qquad (1.14) \quad (1.15)$$

Der erforderliche Wellendurchmesser (Außendurchmesser) ist dann bei kreisförmigem Querschnitt

$$\boxed{d \geq \sqrt[3]{\frac{16 \cdot T_{max}}{\pi \cdot \tau_{t\,zul}}}} \quad \text{oder angenähert} \quad \boxed{d \approx \sqrt[3]{\frac{5 \cdot T_{max}}{\tau_{t\,zul}}}} \tag{1.16}$$

Führt man bestimmte Zahlenwerte für τ_{zul} in N/mm² ein und fasst alle Zahlenwerte zu der Konstanten C vor der Wurzel, so erhält man die Zahlenwertgleichung

$$\boxed{d \geq C \cdot \sqrt[3]{T_{max}}} \quad \text{in mm mit } T_{max} \text{ in Nmm} \tag{1.17}$$

Drückt man auch T nach Umstellung der Gleichung für die Nennleistung $P = T \cdot \omega$ durch eine Zahlenwertgleichung mit der Drehzahl n und dem Betriebsfaktor φ aus, ergibt sich

$$\boxed{T_{\text{max}} = \varphi \cdot 9{,}55 \cdot 10^6 \cdot \frac{P}{n}} \quad \text{in Nmm} \tag{1.18}$$

mit der Leistung P in kW und der Drehzahl n in min^{-1}

Fasst man nun alle Zahlenwerte zu der Konstante C_1 zusammen, so entsteht die folgende Zahlenwertgleichung:

$$\boxed{d \geq C_1 \cdot \sqrt[3]{\varphi \cdot \frac{P}{n}}} \quad \text{in mm mit } P \text{ in kW und } n \text{ in min}^{-1} \tag{1.19}$$

Aus der Umkehrung der Gl. (1.17) findet man mit der Konstanten C_2 die Zahlenwertgleichung

$$\boxed{T_{\text{max zul}} \leq C_2 \cdot d^3} \quad \text{in Nmm mit } d \text{ in mm} \tag{1.20}$$

Die Beiwerte C, C_1 und C_2 sind Bild **1.11** zu entnehmen. Abmessungen kegeliger Wellenenden s. Bild **1.12**; Abmessungen und übertragbare Drehmomente für zylindrische Wellenenden nach DIN 748 s. Bild **1.13**.

$\tau_{\text{t zul}}$ in N/mm²	≈ 10	≈ 12,5	**≈ 15** [1])	≈ 20	**≈ 35** [2])
$C = \sqrt[3]{\frac{16}{\pi \cdot \tau_{\text{t zul}}}}$	0,80	0,74	**0,70**	0,64	**0,53**
$C_1 = \sqrt[3]{\frac{16 \cdot 9{,}55 \cdot 10^6}{\pi \cdot \tau_{\text{t zul}}}}$	170	157	**148**	135	**111**
$C_2 = \frac{\pi}{16} \cdot \tau_{\text{t zul}}$	2	2,5	**3**	4	**7**

[1]) Wert gilt für Biegung und Torsion (z. B. Riemenscheibe)
[2]) Wert gilt für reine Torsion (z. B. Kupplungsantrieb)

1.11
Gerundete Beiwerte C, C_1, C_2 für Gl. (1.17), (1.19) und (1.20) für verschiedene Werte von $\tau_{\text{t zul}}$

1.3.2 Genauere Berechnung der Dreh- und Biegebeanspruchung

Bei den meisten Wellen treten neben der Drehbeanspruchung erhebliche Biegebeanspruchungen durch einseitig wirkende Kräfte wie Riemen-, Seil- und Kettenzüge oder Umfangs-, Andrück- und Zahnkräfte auf. Die bei horizontaler Welle durch das Eigengewicht hervorgerufenen Biegemomente sind demgegenüber in der Regel vernachlässigbar klein, ausgenommen bei größeren Lagerentfernungen und schweren Läufern, z. B. von Turbomaschinen. Sind mehrere Räder auf einer Welle angebracht und ist die Richtung der angreifenden Kräfte verschieden, so zerlegt man zweckmäßigerweise alle Kräfte in horizontale und vertikale Komponenten und bestimmt daraus die Komponenten der Biegemomente in diesen Ebenen. Das resultierende Biegemoment gewinnt man nach Betrag und Richtung durch graphische Zusammensetzung der Komponenten der Biegemomente.

Die Biegemomente können durch konstruktive Maßnahmen beeinflusst werden. Zweckmäßig ist die Anordnung des Triebwerkteiles mit der größten biegenden Kraft dicht neben einem Lager. Unzweckmäßig dagegen ist die Anbringung auf einem fliegenden Wellenstück oder nahe der Mitte zwischen zwei Lagern.

Die **Biegebeanspruchung** σ_b tritt infolge der Drehbewegung der Welle **wechselnd** auf, sofern die Richtung der angreifenden Kraft unverändert bleibt. Diese Biegebeanspruchung σ_b ist bei dem größten Biegemoment $M_{b\,max}$ und dem Widerstandsmoment W_b

$$\sigma_b = \frac{M_{b\,max}}{W_b} \qquad (1.21)$$

Für die **Drehbeanspruchung** τ_t, die durch das größte Drehmoment T_{max} hervorgerufen wird, gilt mit dem Widerstandsmoment W_p

$$\tau_t = \frac{T_{max}}{W_p} \qquad (1.22)$$

Biege- und Drehbeanspruchungen treten gleichzeitig in der Außenfaser der Welle auf, s. Teil 1, Abschn. 2.1. Die Gesamtwirkung beurteilt man nach der aus der Hypothese der größten Gestaltänderungsenergie berechneten **Vergleichsspannung** σ_v (s. Teil 1, Abschn. 2.2, Gl. (2.25)). Diese muss mit der zulässigen Biegebeanspruchung verglichen werden.

Großer Kegel-Ø d_1	Außengewinde d_2	Längen l_1 lang	l_1 kurz	l_2 lang	l_2 kurz	l_3
6, 7	M 4	16	–	10	–	6
8, 9	M 6	20	–	12	–	8
10, 11	M 6	23	–	15	–	8
12, 14	M 8 x 1	30	–	18	–	12
16, 19	M10x1,25	40	28	28	16	12
20, 22, 24	M12x1,5	50	36	36	22	14

Großer Kegel-Ø d_1	Außengewinde d_2	Längen l_1 lang	l_1 kurz	l_2 lang	l_2 kurz	l_3
25, 28	M16x1,5	60	42	42	24	18
30, 32, 35	M20x1,5	80	58	58	36	22
38	M24x2	80	58	58	36	22
40, 42	M24x2	110	82	82	54	28
45, 48	M30x2	110	82	82	54	28
50, 55	M36x2	110	82	82	54	28

Bezeichnung eines Wellenendes mit d_1 = 100 mm und l_1 = 210 mm: „Wellenende 100 x 210 DIN 1448"

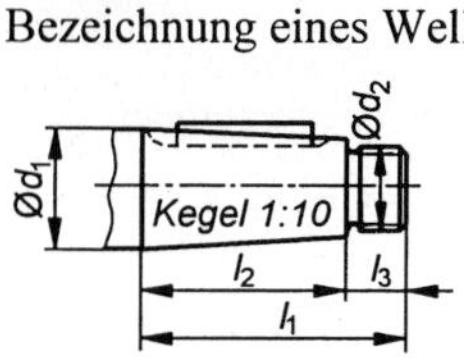

Passfeder parallel zur Achse bis d_1 = 220 mm

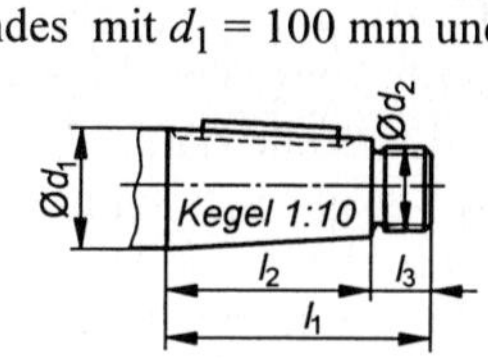

Passfeder parallel zum Kegelmantel von d_2 = 240 ... 630 mm

Hinweis:
Die Verwendung einer Passfeder im reibschlüssigen Kegel-Wellenende ist nicht sehr sinnvoll. Es sollte auch wegen der erhöhten Bruchgefahr die Passfeder weggelassen werden.

1.12
Kegelige Wellenenden mit Außengewinde, nach DIN 1448 T1 (Maße in mm)

$$\sigma_v = \sqrt{\sigma_b^2 + 3(\alpha_0 \cdot \tau_t)^2} \leq \sigma_{b\,zul} \tag{1.23}$$

Hierin bedeutet α_0 das sogenannte **Anstrengungsverhältnis** nach *Bach*

$$\alpha_0 = \frac{\sigma_{b\,grenz}}{1{,}73 \cdot \tau_{t\,grenz}} \tag{1.24}$$

In Gl. (1.24) sind die Grenzspannungen für den jeweils vorliegenden Belastungsfall einzusetzen; bei Wellen ist für Biegung der Lastfall III nach *Bach* (wechselnd), für Drehung dagegen der Lastfall II (schwellend) zutreffend (s. Teil 1, Abschn. 2.2 und 2.3).

Die zylindrischen Wellenenden sind bestimmt für die Aufnahme von Riemenscheiben, Kupplungen und Zahnrädern. Nicht angegebene Maße und Einzelheiten, z. B. Passfeder, Anfasung, Zentrierbohrung und Oberflächengüte sind entsprechend zu wählen. Bezeichnung eines Wellenendes mit d = 140 mm, Toleranz m6 und l =250 mm: „Wellenende 140 m6 x 250 DIN 748"

Toleranzfeld k6 für d = 6 ... 48 mm und m6 für $d \geq$ 55 mm

Durchmesser und Längen der Wellenenden nach DIN 748 T1

d	6 7	8 9	10	12 14	16 19	20 24	25 30	32 38	40 45
l lang	16	20	23	30	40	50	60	80	110
kurz			15	18	28	36	42	58	82
r max	0,6						1		

d	48 55	60 75	80 85 95	100 120	140	160 180	200
l lang	110	140	170	210	250	300	350
kurz	82	105	130	165	200	240	280

r max	1	1,6	2,5	4	6

Übertragbares Drehmoment T in Nm nach DIN 748 (Auswahl)

d	1.	2.	3.	d	1.	2.	3.
10	–	1,8	0,8	60	1650	975	462
12	–	3,5	1,6	70	2650	1700	800
16	–	9,7	4,5	80	3870	2650	1250
20	–	21,2	9,7	90	5600	4120	1900
24	–	40	18,5	100	7750	5800	2720
28	–	69	31,5	120	13200	11200	5150
35	325	150	69	140	21200	19000	
40	487	236	112	160	31500	30700	
45	710	355	170	180	45000	–	
50	950	515	243	200	61500	–	

Spalte 1.: Übertragung eines reinen Drehmomentes
Spalte 2.: gleichzeitige Übertragung eines Drehmomentes und eines bekannten Biegemomentes
Spalte 3.: gleichzeitige Übertragung eines Drehmomentes und eines nicht bekannten Biegemomentes

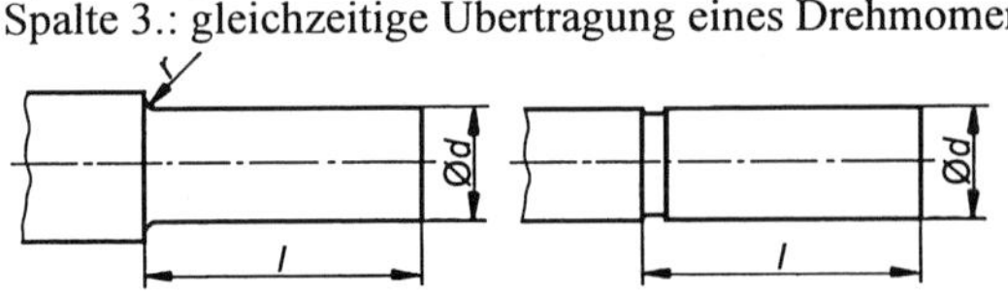

mit Wellenbund ohne Wellenbund

1.13
Abmessungen und übertragene Drehmomente für zylindrische Wellenenden nach DIN 748

Bei gleichbleibendem Drehmoment könnte für Drehung Lastfall I (ruhend) angenommen werden. In der Regel wird aber mit einem veränderlichen Drehmoment in einer Drehrichtung zu rechnen sein. Bei Fahrantrieben, z. B. von Hebezeugen, ändert sich von Zeit zu Zeit auch die Drehrichtung. Die Zahl der Richtungswechsel ist jedoch im Verhältnis zu den Dauerfestigkeits-Lastwechselzahlen so klein, dass man bei Annahme des Lastfalls II (schwellend) eine sichere Bemessung erhält.

Wenn man annimmt, dass das Verhältnis $\sigma_{\text{b grenz}} / \tau_{\text{t grenz}}$ dem Verhältnis der zugehörigen Dauerfestigkeitswerte entspricht, wird $\alpha_0 = \sigma_{\text{b W}}/(1{,}73 \cdot \tau_{\text{t Sch}})$. Beispielsweise für E295 (St50) mit $\sigma_{\text{b W}} = 245$ N/mm² und $\tau_{\text{t Sch}} = 190$ N/mm² wird $\alpha_0 = 0{,}75$; somit ist $3 \cdot \alpha_0^2 = 1{,}7$ und dann die Vergleichsspannung nach Gl. (1.23)

$$\sigma_{\text{v}} = \sqrt{\sigma_{\text{b}}^2 + 1{,}7 \cdot \tau_{\text{t}}^2}$$

Werte für R_{m}, $\sigma_{\text{b W}}$, $\sigma_{\text{b Sch}}$, $\tau_{\text{t W}}$, $\tau_{\text{t Sch}}$ enthält Bild **1.21**, s. auch Teil 1, Abschn. 1.3, Werkstoffe. Fasst man Dreh- und Biegemoment, ausgehend von Gl. (1.23), zu einem Vergleichsmoment

$$\boxed{M_{\text{v}} = \sqrt{M_{\text{b}}^2 + (3/4) \cdot (\alpha_0 \cdot T_{\text{max}})^2}} \qquad (1.25)$$

zusammen, so lässt sich der erforderliche Wellendurchmesser für eine bestimmte zulässige Biegebeanspruchung direkt berechnen (s. Teil l, Abschn. 2). Es ist

$$\boxed{d_{\text{erf}} \geq \sqrt[3]{\frac{32 \cdot M_{\text{v}}}{\pi \cdot \sigma_{\text{b zul}}}}} \quad \text{für} \quad \boxed{\sigma_{\text{v}} = \frac{M_{\text{v}}}{W_{\text{b}}} \leq \sigma_{\text{b zul}}} \qquad (1.26)\ (1.27)$$

Die **zulässige Biegebeanspruchung** $\sigma_{\text{b zul}}$ wird aus der **Biegewechselfestigkeit** $\sigma_{\text{b W}}$ unter Berücksichtigung des **Größenbeiwertes** b (Bild **1.14**), des **Oberflächenbeiwertes** κ (Bild **1.15**), der **Kerbwirkungszahl** $\beta_{\text{k b}}$ (Bild **1.16**) und der zu wählenden **Sicherheit** S_{D} bestimmt (s. auch Teil 1, Abschn. 2.3).

$$\boxed{\sigma_{\text{b zul}} = \frac{b \cdot \kappa \cdot \sigma_{\text{b W}}}{\beta_{\text{k b}} \cdot S_{\text{D}}}} \qquad (1.28)$$

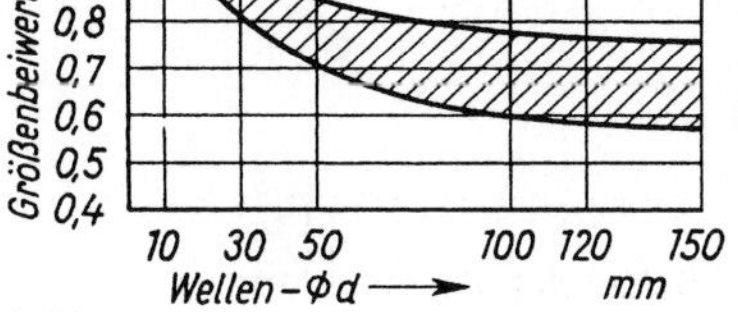

1.14
Größenbeiwert b in Abhängigkeit vom Wellendurchmesser d (Streubereich schraffiert)

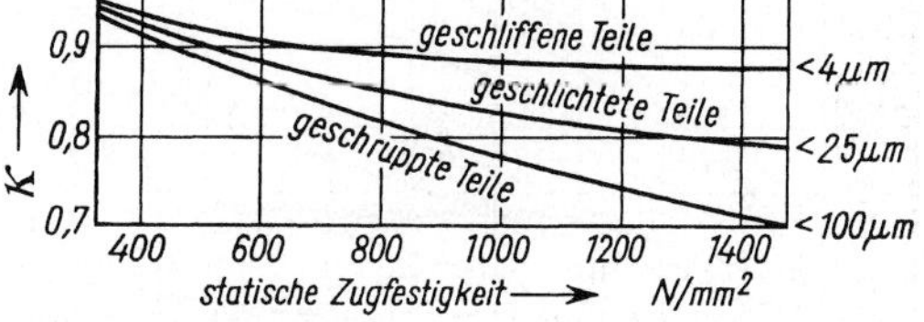

1.15
Oberflächenfaktor κ nach *E. Lehr*

Die Werte für $\sigma_{\text{b W}}$ (Bild **1.21**) sind untere Grenzwerte der Biegewechselfestigkeit für die Probestäbe mit dem genannten Durchmesser. Die Abnahme der Dauerfestigkeit für größere Durchmesser berücksichtigt der Größenbeiwert b [1] (Bild **1.14**). Für die zu wählende wirkliche Sicherheit kann $S_{\text{D}} = 1{,}5 \ldots 2 \ldots 3$ gesetzt werden für normale Bemessung und $S_{\text{D}} = 1{,}2 \ldots 1{,}5$ für Leichtbau sowie für solche Wellen, die bei niedriger Drehzahl (d. h. kleiner Biegewechselzahl bzw. niedriger prozentualer Häufigkeit der Höchstlast) nach der zugehörigen Zeitfestigkeit bemessen werden können [2]. Angenähert wird für eine Welle mit günstiger Formgebung ($\beta_{\mathrm{k\,b}} \leq 1{,}5$), hoher Oberflächengüte ($\kappa = 1$) und mittlerem Wellendurchmesser *(d = 50 ... 100 mm)* bei dem Größenbeiwert $b = 0{,}6 \ldots 0{,}7$ und einer zwei- bis dreifachen Sicherheit die zulässige Biegebeanspruchung

$$\sigma_{\mathrm{b\,zul}} = \frac{(0{,}6 \ldots 0{,}7) \cdot \sigma_{\mathrm{b\,W}}}{1{,}5 \cdot (2 \ldots 3)} = \frac{\sigma_{\mathrm{b\,W}}}{4{,}3 \ldots 5{,}7} \approx \frac{\sigma_{\mathrm{b\,W}}}{4 \ldots 6} \tag{1.29}$$

Man erhält z. B. für E295 (St50) mit $\sigma_{\mathrm{b\,W}} = 245$ N/mm² (Bild **1.21**) den Wert $\sigma_{\mathrm{b\,zul}} \approx (40 \ldots 60)$ N/mm². Dies entspricht dem Erfahrungswert für Hebezeugwellen aus E295 (St50). Rechnet man nicht mit Nennspannungen, sondern mit der Kerbwirkung (Formzahl α), so ändert sich Gl. (1.23) für die Vergleichsspannung

$$\sigma_{\mathrm{v}} = \sqrt{(\sigma_{\mathrm{ba}} \cdot \alpha_{\mathrm{kb}})^2 + 3(\alpha_0 \cdot \tau_{\mathrm{ta}} \cdot \alpha_{\mathrm{kt}})^2} \tag{1.30}$$

mit den Nennspannungsausschlägen $\sigma_{\mathrm{b\,a}}$ und $\tau_{\mathrm{t\,a}}$. Die vorhandene Sicherheit ist dann

$$S_{\mathrm{D}} = \frac{b \cdot \kappa \cdot \sigma_{\mathrm{ba}}}{\sigma_{\mathrm{v}}} \tag{1.31}$$

mit $\sigma_{\mathrm{b\,a}}$ als der Ausschlagfestigkeit eines glatten Probestabes. Leider ist auch dieser Ansatz unsicher, weil noch keine ausreichenden Kenntnisse über den Einfluss der Kerbwirkung bei der Überlagerung von Biegung und Torsion vorliegen (s. Teil 1, Abschn. 2).

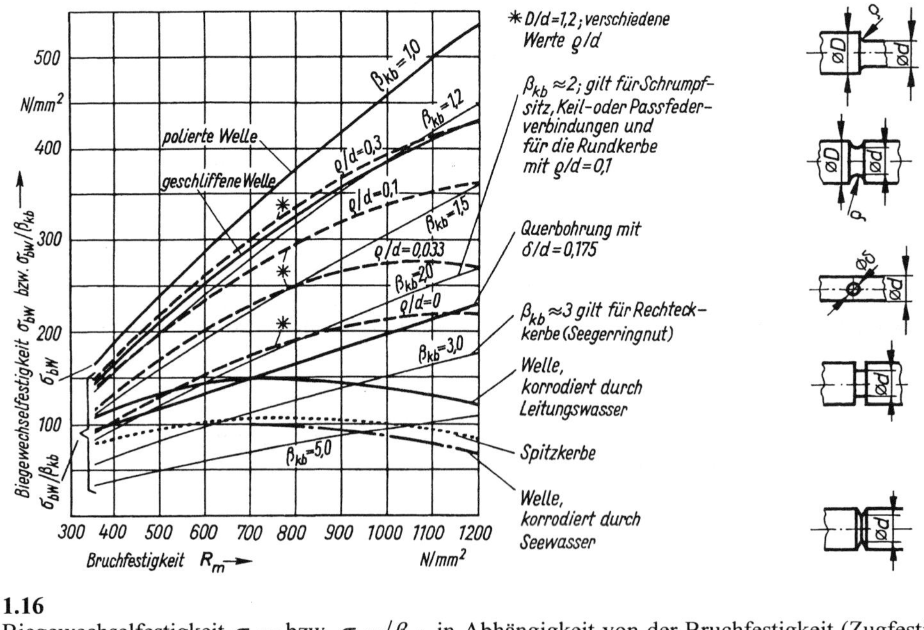

1.16
Biegewechselfestigkeit $\sigma_{\mathrm{b\,W}}$ bzw. $\sigma_{\mathrm{b\,W}}/\beta_{\mathrm{k\,b}}$ in Abhängigkeit von der Bruchfestigkeit (Zugfestigkeit) R_{m} für Wellen von 10 mm Durchmesser und verschiedene Kerbformen (s. auch Bild **1.17**)

Ist die Kerbwirkungszahl für Biegung $\beta_{k\,b}$ für die Bemessung der Wellen (und der Achsen) nicht bekannt, so kann sie durch den größeren Formfaktor für Biegung $\alpha_{k\,b}$ ersetzt werden. Die Bemessung bleibt auf der sicheren Seite, da $\alpha_{k\,b}$ größer als $\beta_{k\,b}$ ist. Für eine eingehendere Berechnung ist das Spannungsgefälle an der Kerbstelle [3] zu berücksichtigen (s. Teil 1, Abschn. 2.3). Die $\beta_{k\,b}$- und $\alpha_{k\,b}$-Werte werden, da sie von mehreren Faktoren abhängen, zweckmäßigerweise graphischen Darstellungen entnommen. Zahlentafeln können nur eingeschränkt, z. B. für bestimmte Werkstoffe, verwendet werden (Bild **1.18**, s. auch Teil 1, Bild **2.28** und **2.29**).

Kerbform		β_{kb} $R_m \approx 500$ N/mm²	β_{kb} $R_m \approx 1000$ N/mm²
polierte Oberfläche		1,0	1,0
geschliffene Oberfläche		1,15	1,25
Oberfläche korrodiert durch Leitungswasser		1,8	3,4
Oberfläche korrodiert durch Seewasser		2,5	5,4
umlaufende Halbkreiskerbe	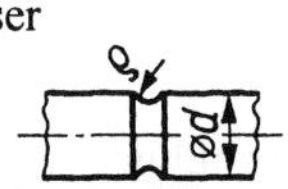	ρ/d: 0,1 0,05 0,01 β_{kb}: 2,0 2,6 4,5	
umlaufende Spitzkerbe (z. B. bei scharf geschnittenem Gewinde)	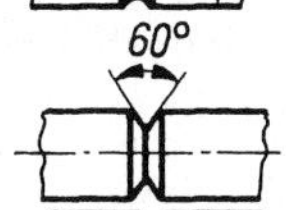	2,5	4,6
Rechteckkerbe (z. B. Sicherungsringnut)	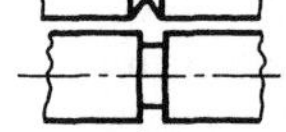	≈ 2,5 ... 3	–
Querbohrung	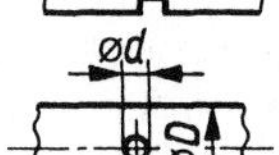	≥ 1,8 ($D/d = 5{,}7$)	≥ 2,3 ($D/d = 5{,}7$)
Wellenabsatz $D/d = 1{,}2$; ausgerundet mit Radius ρ [1])	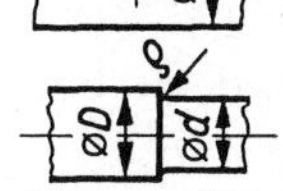	ρ/d: 0,3 0,1 0,03 0 β_{kb}: 1,1 1,2 1,4 1,8	ρ/d: 0,3 0,1 0,03 0 β_{kb}: 1,16 1,35 1,7 2,2
Verbindung mit Passfeder oder Einlegekeil	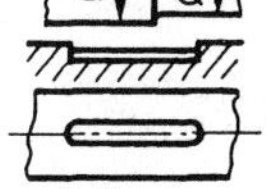	≥ (1,8) ... 2,0	–
Welle mit Auslaufnut	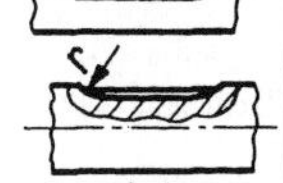	1,4	1,65 (für $\sigma_{bW} = 700$ N/mm²)
Schrumpfsitz, Nabe zylindrisch („steif")	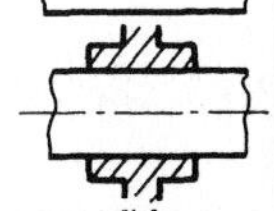	> 1,9 ... 2,0 [2])	–
Schrumpfsitz, Nabe kegelig („weich")	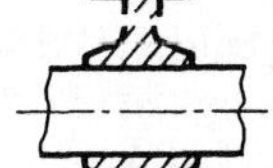	> 1,55 [2])	–

[1]) Werte sind mittels Bild **1.18** umgerechnet aus Versuchswerten mit $D/d = 2$

[2]) Zahlenwert ist eigentlich die sog. Spannungssteigerungszahl $\beta_{N\,b}$ für Nabenspitze; sie wird in Berechnungen wie $\beta_{k\,b}$-Werte eingesetzt.

1.17
Kerbwirkungszahlen $\beta_{k\,b}$ für Biegung bei verschiedenen Kerbformen und für die Werkstofffestigkeiten $R_m \approx 500$ N/mm² bzw. 1000 N/mm²; $\beta_{k\,t}$ für Torsion s. Teil 1, Abschn. 6 ($\beta_{k\,t} \approx 1{,}1 \ldots 2 \ldots 4$)

Bild **1.16** enthält die für Gl. (1.28) benötigten Zahlenwerte von $\sigma_{b\,W}$ bzw. $\sigma_{b\,W}/\beta_{k\,b}$ für verschiedene glatte und gekerbte Wellen, aufgetragen über der statischen Zugfestigkeit R_m. Mit Hilfe der eingezeichneten dünnen $\beta_{k\,b}$-Linien lassen sich auch die zugehörigen $\beta_{k\,b}$-Werte ermitteln. Der Größenbeiwert b ist Bild **1.14** zu entnehmen. Die Umrechnung der $\beta_{k\,b}$-Werte für Wellenabsätze mit anderen D/d-Werten als 1,2 (die Bild **1.16** zugrunde gelegt sind) erfolgt nach *Lehr* [4] mit Hilfe der Gleichung $\beta'_{k\,b} = 1 + C'\,(\beta_{k\,b} - 1)$ mit dem Faktor C' nach Bild **1.18**.

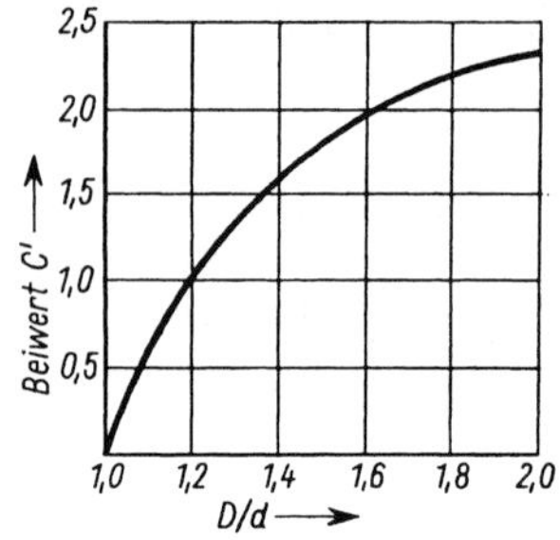

1.18
Beiwert C' zum Umrechnen von $\beta_{k\,b}$ auf $\beta'_{k\,b}$ bei anderen Werten D/d als in Bild **1.17** (nach *Lehr*)
Umrechnungsformel: $\beta'_{k\,b} = 1 + C'\,(\beta_{k\,b} - 1)$

Beispiel 3

Berechnung der zulässigen Biegebeanspruchung einer abgesetzten Welle; Durchmesser D = 100 mm und d = 60 mm, Rundungshalbmesser ρ = 6 mm, d. h. ρ/d = 0,1. Werkstoff E335 (St60), Sicherheit S_D = 3, Rundung poliert (κ = 1).

Aus Bild **1.16** wird für R_m=600 N/mm² und ρ/d = 0,1 abgelesen $\sigma_{b\,W}/\beta'_{k\,b}$ = 230 N/mm² und $\beta_{k\,b}$ = 1,2 (diese Werte gelten nur für D/d = 1,2). Die Umrechnung auf $\beta'_{k\,b}$ (nach Bild **1.18**) für

$$D/d = 100\text{ mm}/60\text{ mm} = 1{,}67$$

mit Beiwert C' = 2,1 liefert $\beta'_{k\,b} = 1 + 2{,}1 \cdot (1{,}2 - 1) = 1{,}42$. Für d = 60 mm ist der Größenbeiwert b = 0,67 (Bild **1.14**) und für E335 (St60) $\sigma_{b\,W}$ = 290 N/mm² (Bild **1.21**). Nach Gl. (1.28) wird dann

$$\sigma_{b\,zul} = \frac{0{,}67 \cdot 290\,\text{N/mm}^2}{1{,}42 \cdot 3} = 45{,}6\,\text{N/mm}^2$$

Die Berechnung von Wellen unter Berücksichtigung der Kerbwirkung s. auch Teil 1, Abschn. 2.3, Beispiel 3 bis 5. ■

Beispiel 4

Die Getriebewelle einer Fräsmaschine (Bild **1.19a**) mit zwei Zahnrädern *1* und *2* ist zu berechnen. Die zu übertragende Leistung ist 28,5 kW bei der Drehzahl 684 min⁻¹. Werkstoff der Welle: E335 (St60). Betriebsfaktor φ = 1.

Nach der Zahlenwert-Gl. (1.19) gilt:

$$d \geq C_1 \cdot \sqrt[3]{\varphi \cdot \frac{P}{n}} = 148 \cdot \sqrt[3]{1 \cdot \frac{28{,}5}{684}}\text{ mm} = 51{,}3\text{ mm}$$

mit C_1 = 148 nach Bild **1.11** für $\tau_{t\,zul}$ = 15 N/mm²

Da die Zahnräder auf der Welle Verschieberäder sind, wird eine Keilwelle 6 x 58 x 65 DIN 5472 (s. Teil 1, Abschn. 6) gewählt. Die Kerbwirkung der Keilwelle ist durch den niedrigen $\tau_{t\,zul}$-Wert in Gl. (1.19) und die Aufrundung des Durchmessers berücksichtigt.

Beispiel 4, Fortsetzung

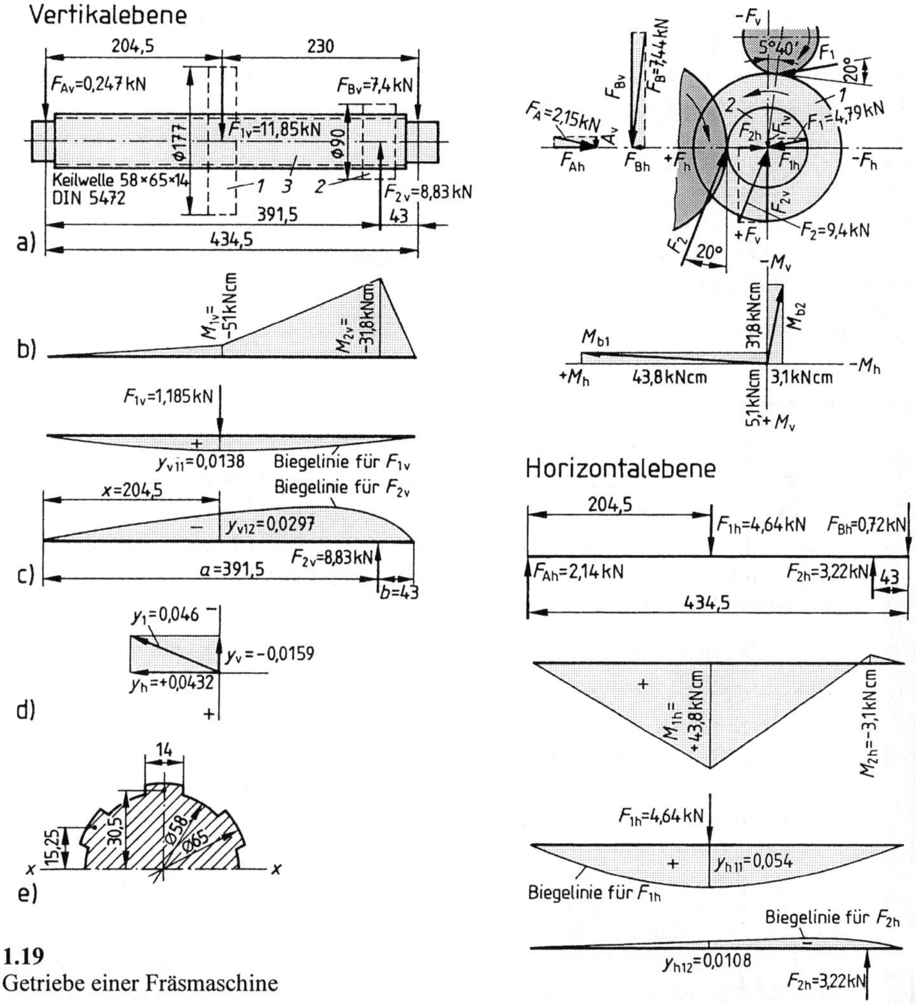

1.19
Getriebe einer Fräsmaschine

a) Ausgeführte Welle *3* mit Vertikal-Komponenten der Kräfte (*1* und *2* Zahnräder), Zerlegung der Lager- und Zahnkräfte in Komponenten, getrennte Darstellung der Horizontal-Komponenten
b) Biegemomentenverlauf in Vertikal und Horizontalebene, resultierende Biegemomente
c) Biegelinien in Horizontal und Vertikalebene
d) Resultierende Durchbiegung beim Zahnrad *1*
e) Schnitt durch die Keilwelle (zur Berechnung von I_x und W_x)

Nun erfolgt eine genaue Nachrechnung der Gesamtbeanspruchung aus Biegung und Drehung und die Feststellung der vorhandenen Sicherheit. In einer weiteren Nachrechnung wird die elastische Durchbiegung (Beispiel 7) untersucht. Für die Nachrechnung der Biegebeanspruchung ist die Kenntnis der Zahnkräfte der Zahnräder (mit Evolventenverzahnung 20°) erforderlich. Diese sind für das Zahnrad *1* mit dem Teilkreisdurchmesser r_1 = 177 mm (s. Abschn. Zahnräder, Normalkraft)

Beispiel 4, Fortsetzung

$$F_1 = \frac{T}{r_1 \cdot \cos 20°} = \frac{39{,}80\,\text{kN cm}}{8{,}85\,\text{cm} \cdot 0{,}94} = 4{,}79\,\text{kN}$$

und für das Zahnrad 2 mit dem Teilkreisdurchmesser $r_2 = 90$ mm

$$F_2 = \frac{T}{r_2 \cdot \cos 20°} = \frac{39{,}80\,\text{kN cm}}{4{,}5\,\text{cm} \cdot 0{,}94} = 9{,}40\,\text{kN}$$

Die Zahnkräfte sind zunächst in ihre Vertikal- und Horizontalkomponenten zu zerlegen (Vorzeichen s. Bild **1.19a**, Mitte).

$F_{1\,v} = 4{,}79$ kN · sin (20°- 5°40') = +1,185 kN

$F_{1\,h} = 4{,}79$ kN · cos (14° 20') = +4,64 kN

$F_{2\,v} = 9{,}40$ kN · sin 70° = –8,83 kN

$F_{2\,h} = 9{,}40$ kN · sin 20° = –3,22 kN

Bei der gewählten Ausführung der Welle, mit gleichbleibendem Profil über die ganze Länge, wird von der Anwendung graphischer Verfahren - auch zur Ermittlung der Durchbiegung - abgesehen und eine rein rechnerische Lösung gewählt. Die Komponenten der Auflagerkräfte F_A, F_B und die Biegemomente werden jeweils aus Gleichgewichtsbedingungen (s. Teil 1, Abschn. 2.4) berechnet:

Vertikalebene: Die Auflagerkraft $F_{A\,v}$ ist (nach dem Ansatz: Summe aller Momente um den Punkt B = Null)

$$F_{A\,v} = \frac{(1{,}185 \cdot 23 - 8{,}83 \cdot 4{,}3)\,\text{kN cm}}{43{,}45\,\text{cm}} = -0{,}247\,\text{kN}$$

Das negative Vorzeichen bedeutet, dass die Summe der Momente innerhalb der Klammer infolge des Überwiegens der Kraftwirkung von $F_{2\,v}$ negativ ist, dass somit $F_{A\,v}$ für den Gleichgewichtszustand ein entgegengesetzt zu $F_{2\,v}$ gerichtetes Moment hervorrufen muss, d. h. die Kraftrichtung von $F_{A\,v}$ ist, wie eingetragen, entgegengesetzt zu $F_{2\,v}$. Man beachte, dass das Vorzeichen aus der vorstehenden Rechnung nur zur Feststellung der Drehrichtung einer Kraft um einen gewählten Drehpunkt dient, dass bei den nachfolgenden Rechnungen aber das Vorzeichen einzusetzen ist, das aus der in Bild **1.19** angegebenen Vorzeichenwahl hervorgeht (z. B. $F_{1\,v}$ positiv, also auch $F_{A\,v}$ positiv). Die Auflagerkraft $F_{B\,v}$ wird entsprechend (nach dem Ansatz: Summe aller Kräfte in der Vertikalebene = Null)

$F_{B\,v}$ = (0,247 + 1,185- 8,83) kN = –7,4 kN

Ähnlich wie oben bedeutet das Minuszeichen: Die Kraftwirkungen infolge von $F_{A\,v}$, die Kräfte $F_{1\,v}$ und $F_{2\,v}$, ergeben eine negative resultierende, d. h. aufwärts gerichtete Kraft. Die Kraft $F_{B\,v}$ muss wegen des Kräftegleichgewichts entgegengesetzt, also senkrecht abwärts wirken, d. h. $F_{B\,v}$ hat dieselbe Richtung wie $F_{A\,v}$, und $F_{1\,v}$ ist entgegengesetzt zu $F_{2\,v}$ gerichtet.

$M_{1\,v}$ = –0,247 kN · 20,45 cm = –5,1 kN cm

$M_{2\,v}$= –7,4 kN · 4,3 cm= –31,8 kN cm

Beispiel 4, Fortsetzung

Die Biegemomente der Welle werden auf der Seite der gezogenen Faser aufgetragen (Vorzeichenwahl s. Bild **1.19**).

Horizontalebene: Hier betragen die Kräfte und Biegemomente

$$F_{\mathrm{A\,h}} = \frac{(4{,}64 \cdot 23 - 3{,}22 \cdot 4{,}3)\,\mathrm{kN\,cm}}{43{,}45\,\mathrm{cm}} = +2{,}14\,\mathrm{kN}$$

$$F_{\mathrm{B\,h}} = (4{,}64 - 3{,}22 - 2{,}14)\,\mathrm{kN} = -0{,}72\,\mathrm{kN}$$

$$M_{1\mathrm{h}} = +2{,}14\,\mathrm{kN} \cdot 20{,}45\,\mathrm{cm} = +43{,}8\,\mathrm{kN\,cm}$$

$$M_{2\mathrm{h}} = -0{,}72\,\mathrm{kN} \cdot 4{,}3\,\mathrm{cm} = -3{,}1\,\mathrm{kN\,cm}$$

Die resultierenden Biegemomente sind bei

Rad 1 $M_{\mathrm{b1}} = \sqrt{\mathrm{M}_{1\mathrm{v}}^2 + \mathrm{M}_{1\mathrm{h}}^2} = \sqrt{5{,}1^2 + 43{,}8^2}\,\mathrm{kN\,cm} = 44{,}1\,\mathrm{kN\,cm}$

Rad 2 $M_{\mathrm{b2}} = \sqrt{31{,}8^2 + 3{,}1^2}\,\mathrm{kN\,cm} = 32\,\mathrm{kN\,cm}$

Für die weitere Rechnung ist als größtes Biegemoment $M_{\mathrm{b\,1}} = 44{,}1$ kN cm maßgebend. Die resultierenden Lagerkräfte sind

$$F_{\mathrm{A}} = \sqrt{\mathrm{F}_{\mathrm{Av}}^2 + \mathrm{F}_{\mathrm{Ah}}^2} = \sqrt{(0{,}247\,\mathrm{kN})^2 + (2{,}14\,\mathrm{kN})^2} = 2{,}15\,\mathrm{kN}$$

$$F_{\mathrm{B}} = \sqrt{\mathrm{F}_{\mathrm{Bv}}^2 + \mathrm{F}_{\mathrm{Bh}}^2} = \sqrt{(7{,}4\,\mathrm{kN})^2 + (0{,}72\,\mathrm{kN})^2} = 7{,}44\,\mathrm{kN}$$

Ihre Richtungen können aus Bild **1.19a**, Mitte, entnommen werden.

Die Berechnungen des axialen Trägheits- und Widerstandsmomentes I_{x} bzw. W_{x} geschieht bei ungünstiger Lage des Wellenprofils, d. h. kleinstem Wert von I_{x} des Profils (**1.19e**)

$$I_{\mathrm{x}} = \frac{\pi \cdot 5{,}8^4\,\mathrm{cm}^4}{64} + 3 \cdot 3{,}05^2\,\mathrm{cm}^2 \cdot 1{,}4\,\mathrm{cm} \cdot 0{,}35\,\mathrm{cm} = (55{,}55 + 13{,}67)\,\mathrm{cm}^4 = 69{,}2\,\mathrm{cm}^4$$

$$W_{\mathrm{x}} = \frac{I_{\mathrm{x}}}{r_{\mathrm{a}}} = \frac{69{,}2\,\mathrm{cm}^4}{3{,}25\,\mathrm{cm}} = 21{,}3\,\mathrm{cm}^3$$

Das polare Trägheits- und Widerstandsmoment I_{p} bzw. W_{p} ist

$$I_{\mathrm{p}} = 2 \cdot I_{\mathrm{x}} = 2 \cdot 69{,}2\,\mathrm{cm}^4 = 138{,}4 \quad \text{bzw.} \quad W_{\mathrm{p}} = 2 \cdot 21{,}3\,\mathrm{cm}^3 = 42{,}6\,\mathrm{cm}^3$$

Biege- und Drehbeanspruchung sind nach Gl. (1.21) und (1.22)

$$\sigma_{\mathrm{b}} = \frac{44100\,\mathrm{N\,cm}}{21{,}3\,\mathrm{cm}^3} = 2070\frac{\mathrm{N}}{\mathrm{cm}^2} \quad \text{bzw.} \quad \tau_{\mathrm{t}} = \frac{39800\,\mathrm{N\,cm}}{42{,}6\,\mathrm{cm}^3} = 934\frac{\mathrm{N}}{\mathrm{cm}^2}$$

Aus Gl. (1.23) erhält man für E335 (St60) mit $\sigma_{\mathrm{b\,W}} = 290$ N/mm² und $\alpha_0 = 0{,}74$ nach Gl. (1.24) und $\beta_{\mathrm{k\,b}} = 1{,}8$ die Vergleichsspannung

Beispiel 4, Fortsetzung

$$\sigma_v = \sqrt{\sigma_b^2 + 3 \cdot (\alpha_0 \cdot \tau_t)^2} = \sqrt{2070^2 + 3 \cdot (0{,}74 \cdot 934)^2}\,\frac{N}{cm^2} = 2390\frac{N}{cm^2} = 23{,}9\frac{N}{mm^2}$$

und die vorhandene Sicherheit S_D durch Auflösen der Gl. (1.28) und mit dem Größenbeiwert $b = 0{,}66$ (s. Bild **1.14**)

$$S_D = \frac{b \cdot \sigma_W}{\beta_{kb} \cdot \sigma_v} = \frac{0{,}66 \cdot 280\,\text{N/mm}^2}{1{,}8 \cdot 23{,}9\,\text{N/mm}^2} = 4{,}3$$

Die Sicherheit wird bei Werkzeugmaschinen zur Erzielung glatter, ratterfreier Werkstück-Oberflächen höher angesetzt als sonst im Maschinenbau. Die Sicherheit kann auch nach Teil 1, Abschn. 2.3 oder aus Gl. (1.30) und (1.31) bestimmt werden. ■

1.3.3 Einführung in die Berechnung von Achsen und Wellen nach DIN 743

Prinzipielle Vorgehensweise

Der Tragfähigkeitsnachweis für Achsen und Wellen ist in DIN 743 genormt. Die dort beschriebene Methode ist für alle Stähle anwendbar, und zwar im Temperaturbereich von −40 ... 150 °C, in korrosionsfreien Medien und ohne Knickung. Die Festigkeitskennwerte gelten für 10^7 Lastspiele (entsprechend einer Dauerfestigkeit). Die im Folgenden dargestellte Vorgehensweise ist an DIN 743 angelehnt; zur besseren Verständlichkeit sind einige Größen und Formelzeichen umbenannt worden. Näheres ist der Norm zu entnehmen.

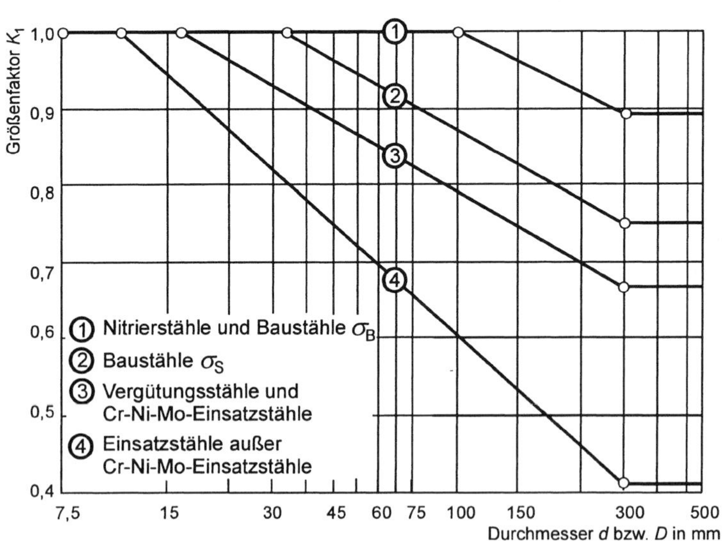

1.20
Technologischer Größenbeiwert $K_{1\,d}$ in Abhängigkeit vom Wellendurchmesser d an der berechneten Stelle bzw. $K_{1\,D}$ abhängig vom größten Wellendurchmesser D; die Werkstoffkennlinien sind zu beachten

Werkstoff Kurzname	Alte Bezeichnung	Zug-festigkeit σ_B (R_m)	Zug-Streck-grenze σ_S (R_e, $R_{m0,2}$)	Zug-/Druck-Fest. wechselnd $\sigma_{zd\,W}$	Biegefestigkeit		Torsionsfestigkeit	
					wechselnd $\sigma_{b\,W}$	schwellend $\sigma_{b\,Sch}$ [1])	wechselnd $\tau_{t\,W}$	schwellend $\tau_{t\,Sch}$ [1])
Allgemeine Baustähle für Bezugsdurchmesser 16 mm DIN EN 10025								
S235JR	St 37-2	360	235	140	180	260	105	140
S275JR	St 44-2	430	275	170	215	300	125	160
E295	St 50-2	490	295	195	245	370	145	190
S355JO	St 52-3	510	355	205	255	380	150	195
E335	St 60-2	590	335	235	290	430	180	220
E360	St 70-2	690	360	275	345	500	205	260
Schweißgeeignete Feinkornbaustähle für Bezugsdurchmesser 16 mm nach DIN EN 10113								
S275N	StE 275	370	275	150	185	260	110	140
S355N	StE 355	470	355	190	235	350	140	175
S420N	StE 420	520	420	210	260	380	155	200
S460N	StE 460	550	460	220	275	400	165	210
Blindgehärtete Einsatzstähle für Bezugsdurchmesser 11 mm nach DIN EN 10084								
C10E		750	430	300	375		225	
17Cr3		1050	750	420	525		315	
16MnCr5		900	630	360	450	820	270	370
20MnCr5		1100	730	440	550	800	330	400
20MnCrS4		900	630	360	450	650	270	320
18CrNiMo7-6		1150	830	460	575	920	345	490
Vergütungsstähle für Bezugsdurchmesser 16 mm nach DIN EN 10083								
2C22		500	340	200	250	420	150	210
1C25		550	370	220	275	460	165	230
1C30		600	400	240	300	500	180	250
1C40		650	460	260	325	550	200	285
1C50		750	520	300	375	600	220	300
46Cr2		900	650	360	450	950	270	480
41Cr4		1000	800	400	500	1100	300	550
34CrMo4		1000	800	400	500	720	300	360
50CrMo4		1100	900	440	550	850	330	450
30CrNiMo8		1250	1050	500	625	950	375	500
Nitrierstähle für Bezugsdurchmesser 100 mm nach DIN 17211								
31CrMoV9		1000	800	400	500		300	
15CrMoV59		900	750	360	450		270	
34CrAlMo5		800	600	320	400		240	
34CrAlNi7		850	650	340	425		255	

1.21
Festigkeitskennwerte in N/mm² [1]) Werte für schwellende Belastung als Anhaltswerte

Der Tragfähigkeitsnachweis muss gegen die Überschreitung einerseits der Fließgrenze und andererseits der Dauerfestigkeit geführt werden. Es gilt näherungsweise die Festigkeitsbedingung

$$\boxed{\sigma_{max} \leq \sigma_{zul} = \frac{K_{1D}}{S} \cdot \sigma_S} \qquad (1.32)$$

Die **Beanspruchung** σ_{max} ergibt sich aus den wirkenden Kräften und Momenten unter Berücksichtigung von Stößen usw. Die **zulässige Beanspruchung** σ_{zul} wird aus der Zugstreckgrenze σ_S unter Berücksichtigung mehrerer Unsicherheitsfaktoren ermittelt.

Die Werte für σ_S (Bild **1.21**) sind untere Grenzwerte, die an Probestäben mit definierten Durchmessern ermittelt werden, siehe DIN 743. Die Abnahme der Zugstreckgrenze für größere Durchmesser in Folge von Wärmebehandlung berücksichtigt der technologische Größenbeiwert $K_{1\,D}$, der für den maximalen Wellendurchmesser D aus Bild **1.20** zu ermitteln ist. DIN 743 schlägt vor, nicht den Spannungsvergleich zu führen, sondern die Sicherheit S zu berechnen und zu beurteilen. Die Norm nennt Unsicherheiten in der Berechnung, die durch einen zusätzlichen Sicherheitsbeiwert von 1,2 berücksichtigt werden sollten. Damit können etwa folgende Werte angesetzt werden: $S \approx 1{,}8 \ldots 2{,}5 \ldots 3{,}5$ für normale Bemessung (tatsächliche Sicherheit ohne Berechnungsungenauigkeiten 1,5 ... 2 ... 3) und $S = 1{,}5 \ldots 1{,}8$ für Leichtbau (tatsächliche Sicherheit 1,2 ... 1,5) sowie für solche Wellen, die bei niedriger Drehzahl (d. h. kleiner Biegewechselzahl bzw. niedriger prozentualer Häufigkeit der Höchstlast) nach der zugehörigen Zeitfestigkeit bemessen werden können.

Die auftretenden Spannungen werden gemäß Bild **1.22** berechnet. Die Bedeutung der einzelnen Spannungen für ruhende, schwellende und wechselnde Belastungen sowie im allgemeinen Fall ist in Bild **1.23** dargestellt.

Beanspruchung	Wirkende Spannung: Maximalwert	Amplituden	Mittelwerte	Fläche bzw. Widerstandsmoment
Zug/ Druck	$\sigma_{zd\,max} = \frac{F_{zd\,max}}{A}$	$\sigma_{zd\,a} = \frac{F_{zd\,a}}{A}$	$\sigma_{zd\,m} = \frac{F_{zd\,m}}{A}$	$A = \frac{\pi}{4} \cdot \left(d^2 - d_i^2\right)$
Biegung	$\sigma_{b\,max} = \frac{M_{b\,max}}{W_b}$	$\sigma_{b\,a} = \frac{M_{b\,a}}{W_b}$	$\sigma_{b\,m} = \frac{M_{b\,m}}{W_b}$	$W_b = \frac{\pi}{32} \cdot \frac{\left(d^4 - d_i^4\right)}{d}$
Torsion	$\tau_{t\,max} = \frac{T_{max}}{W_t}$	$\tau_{t\,a} = \frac{T_a}{W_t}$	$\tau_{t\,m} = \frac{T_m}{W_t}$	$W_t = \frac{\pi}{16} \cdot \frac{\left(d^4 - d_i^4\right)}{d}$

1.22
Ermittlung der wirkenden Spannungen

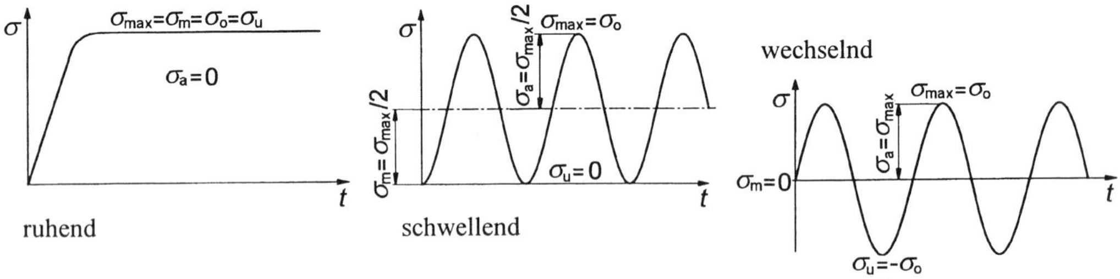

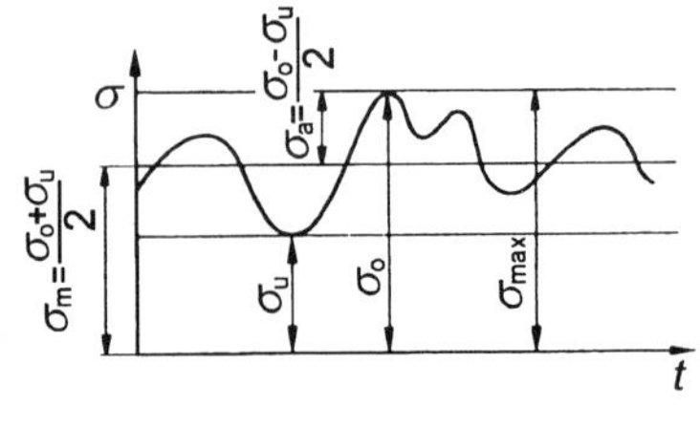

1.23
Bedeutung der wirkenden Spannungen in den Lastfällen ruhend, schwellend und wechselnd sowie im allgemeinen Fall (rechts)

Sicherheit gegen Gewaltbruch (Verformung, Anriss)

Treten gleichzeitig Zug-Druckspannungen, Biegespannungen und Torsionsspannungen auf, kann näherungsweise zunächst die Vergleichsspannung berechnet werden:

$$\sigma_v = \sigma_{max} = \sqrt{(\sigma_{zd\,max} + \sigma_{b\,max})^2 + 3 \cdot \tau_{t\,max}^2} \tag{1.33}$$

Wird diese in Gleichung (1.32) eingesetzt, so ergibt sich nach Auflösen nach der Sicherheit S

$$S = \frac{K_{1D} \cdot \sigma_S}{\sqrt{(\sigma_{zd\,max} + \sigma_{b\,max})^2 + 3 \cdot \tau_{t\,max}^2}} \tag{1.34}$$

Dieser Wert muss die oben genannten Mindestwerte überschreiten.

Die tatsächlichen Verhältnisse sind günstiger als in Gl. (1.32) und (1.34) angenommen, so dass die zulässige Spannung höher ist. Die entsprechende Korrektur erfolgt mittels zweier Hilfswerte, die in Gl. (1.35) aufgenommen sind:

$$\sigma_{max} \le \sigma_{zul} = \frac{K_{1D} \cdot K_2 \cdot \gamma}{S} \cdot \sigma_S \tag{1.35}$$

Der statische Stützfaktor K_2 berücksichtigt, dass durch die örtliche plastische Verformung an oder unter der Randschicht die Stützwirkung innerhalb des Bauteils verbessert wird. Er kann für die Berechnung von Vollwellen und Hohlwellen mit oder ohne harte Randschicht aus Bild **1.24** entnommen werden und ist für Biegung und Torsion unterschiedlich ($K_{2\,b}$ $K_{2\,t}$).

Durch den Erhöhungsfaktor γ wird berücksichtigt, dass durch mehrachsigen Spannungszustand bei Umdrehungskerben und örtlicher Verfestigung höhere Spannungen ertragen werden können. Er ist abhängig von der Kerbzahl bei Zug/Druck $\beta_{\sigma\,zd}$ bzw. bei Biegung $\beta_{\sigma\,b}$ (s. später). Der Erhöhungsfaktor ist hierfür jeweils aus Bild **1.25** zu ermitteln; es gelten dann auch hierfür unterschiedliche Werte für Zug/Druck und Biegung (γ_{zd}, γ_b).

Beanspruchung		Vollwelle	Hohlwelle
Biegung	ohne harte Randschicht	$K_{2\,b} = 0{,}83$	$K_{2\,b} = 0{,}91$
	mit harter Randschicht	$K_{2\,b} = 0{,}91$	$K_{2\,b} = 1{,}0$
Torsion	ohne harte Randschicht	$K_{2\,t} = 0{,}83$	$K_{2\,t} = 1{,}0$
	mit harter Randschicht	$K_{2\,t} = 0{,}91$	$K_{2\,t} = 1{,}0$

1.24
Statischer Stützfaktor $K_{2\,b}$ bzw. $K_{2\,t}$

Beanspruchung		
Zug/Druck oder Biegung γ_{zd} bzw. γ_b	$\beta_\sigma < 1{,}5$	$\gamma = 1{,}00$
	$1{,}5 \le \beta_\sigma < 2{,}0$	$\gamma = 0{,}95$
	$2{,}0 \le \beta_\sigma < 3{,}0$	$\gamma = 0{,}91$
	$\beta_\sigma \ge 3{,}0$	$\gamma = 0{,}87$

1.25
Erhöhungsfaktor γ_{zd} bzw. γ_b in Abhängigkeit von der Kerbzahl $\beta_{\sigma\,zd}$ bzw. $\beta_{\sigma\,b}$

Die wirkenden Spannungen sind mit den entsprechenden Werten zu multiplizieren. Für die Sicherheit S gilt dann:

$$S = \frac{K_{1D} \cdot \sigma_S}{\sqrt{(\gamma_{zd} \cdot \sigma_{zd\,max} + \gamma_b \cdot K_{2b} \cdot \sigma_{b\,max})^2 + 3 \cdot (K_{2t} \cdot \tau_{t\,max})^2}} \tag{1.36}$$

Es müssen die bereits genannten Mindestwerte eingehalten werden: $S \approx 1{,}8 \ldots 2{,}5 \ldots 3{,}5$ für normale Bemessung bzw. $S = 1{,}5 \ldots 1{,}8$ für Leichtbau.

Die Kerbwirkungsfaktoren $\beta_{\sigma\,zd}$ bei Zug/Druck, $\beta_{\sigma\,b}$ bei Biegung und β_τ bei Torsion für Passfedern, Presssitze, Keil- und Zahnwellen sowie Rechtecknuten sind in Bild **1.26** zu finden.

		Zug/Druck, Biegung	Torsion
Passfeder	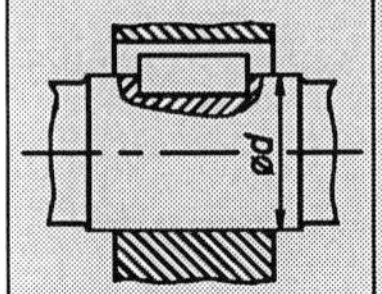	$\beta_\sigma = 3{,}0\cdot\left(\frac{\sigma_B\cdot K_{1d}}{1000\,N/mm}\right)^{0{,}38}$ $\beta_{\sigma zd} = \beta_{\sigma b}$	$\beta_\tau = 0{,}56\cdot\beta_\sigma + 0{,}1$
		Bei 2 Passfedern sind β_σ und β_τ um den Faktor 1,15 zu erhöhen	
Presssitz	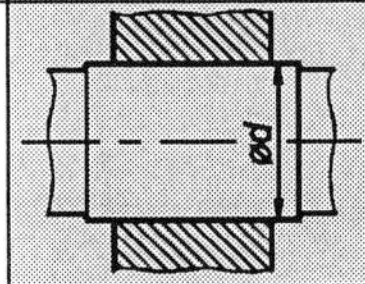	$\beta_\sigma = 2{,}7\cdot\left(\frac{\sigma_B\cdot K_{1d}}{1000\,N/mm}\right)^{0{,}43}$ $\beta_{\sigma zd} = \beta_{\sigma b}$	$\beta_\tau = 0{,}65\cdot\beta_\sigma$
Presssitz direkt an einem Absatz	Kerbwirkungszahl für den Absatz bestimmen, dabei die Höhe des Absatzes um 10% höher ansetzen (d. h. größerer Durchmesser 20% größer angenommen).		
Keilwellen	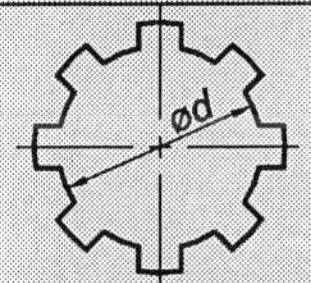	$\beta_\sigma = 1 + 0{,}45\cdot(\beta_\tau^* - 1)$ $\beta_{\sigma zd} = \beta_{\sigma b}$	$\beta_\tau = \beta_\tau^* = e^{4{,}2\cdot10^{-7}\cdot\left(\frac{\sigma_B\cdot K_{1D}}{N/mm^2}\right)^2}$
Kerbzahnwellen	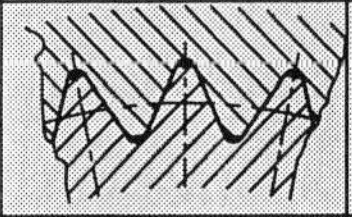	$\beta_\sigma = 1 + 0{,}65\cdot(\beta_\tau^* - 1)$ $\beta_{\sigma zd} = \beta_{\sigma b}$	$\beta_\tau = \beta_\tau^* = e^{4{,}2\cdot10^{-7}\cdot\left(\frac{\sigma_B\cdot K_{1D}}{N/mm^2}\right)^2}$
Zahnwellen mit Evolventenprofil	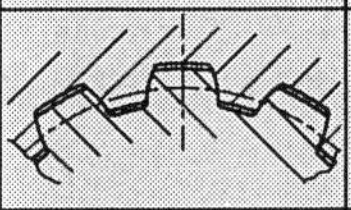	$\beta_\sigma = 1 + 0{,}49\cdot(\beta_\tau^* - 1)$ $\beta_{\sigma zd} = \beta_{\sigma b}$	$\beta_\tau = 1 + 0{,}75\cdot(\beta_\tau^* - 1)$
Spitzkerbe (z. B. Gewinde)	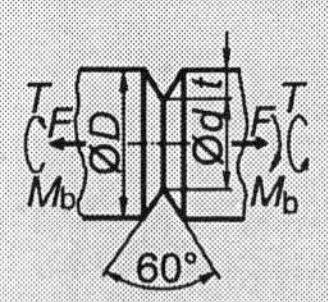	$\beta_{\sigma zd} = 0{,}109\cdot\frac{\sigma_B\cdot K_{1D}}{100\,Nmm^2} + 1{,}074$ $\beta_{\sigma b} = 0{,}0923\cdot\frac{\sigma_B\cdot K_{1D}}{100\,Nmm^2} + 0{,}985$	$\beta_\tau = 0{,}8\cdot\beta_\sigma$
Rechtecknut	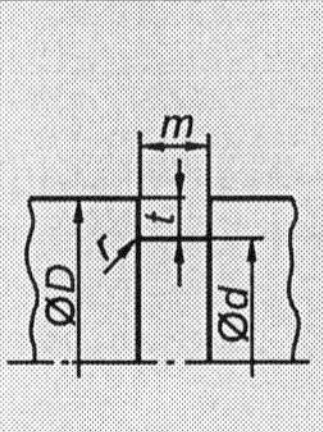	$\beta_{\sigma zd}^* = 0{,}9\cdot(1{,}27 + 1{,}17\cdot\sqrt{t/r_f})$ $\beta_{\sigma b}^* = 0{,}9\cdot(1{,}14 + 1{,}08\cdot\sqrt{t/r_f})$	$\beta_\tau^* = (1{,}48 + 0{,}45\cdot\sqrt{t/r_f})$
		mit $r_f = r + 2{,}9\cdot\rho^*$ und $\rho^*/mm = 10^{-(0{,}514+0{,}00152\cdot K_{1d}\cdot\sigma_S/N/mm^2)}$ $\beta_{\sigma,\tau} = \beta_{\sigma,\tau}^*$ für $m/t \geq 1{,}4$; $\beta_{\sigma,\tau} = \beta_{\sigma,\tau}^*\cdot 1{,}08\cdot(m/t)^{-0{,}2}$ für $m/t < 1{,}4$ für $\beta_\sigma > 4$ ist $\beta_\sigma = 4$ zu setzen, für $\beta_\tau > 2{,}5$ ist $\beta_\tau = 2{,}5$ zu setzen	

1.26
Kerbwirkungsfaktoren $\beta_{\sigma\,zd}$ bei Zug/Druck, $\beta_{\sigma\,b}$ bei Biegung und β_τ bei Torsion für Welle-Nabe-Verbindungen, Spitzkerben (Gewinde) und Rechtecknuten (Sicherungsringnuten)

	Zug/Druck, Biegung	Torsion
Rundnut 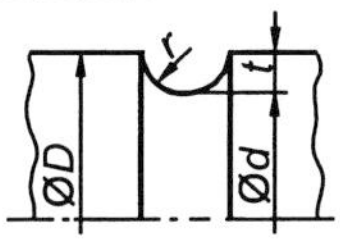	$G' = 2 \cdot \left(\frac{1}{r} + \frac{1}{4 \cdot \sqrt{t \cdot r} + 4 \cdot r}\right)$ für $d/D > 0{,}67$ und $r > 0$ $G' = \frac{2}{r}$ für $d/D \leq 0{,}67$ oder $r = 0$ $\alpha_{\sigma zdR} = 1 + \frac{1}{\sqrt{0{,}22 \cdot \frac{r}{t} + 2{,}74 \cdot \frac{r}{d} \cdot \left(1 + 2 \cdot \frac{r}{d}\right)^2}}$ $\alpha_{\sigma bR} = 1 + \frac{1}{\sqrt{0{,}2 \cdot \frac{r}{t} + 5{,}5 \cdot \frac{r}{d} \cdot \left(1 + 2 \cdot \frac{r}{d}\right)^2}}$	$G' = \frac{1}{r}$ $\alpha_{\tau R} = 1 + \frac{1}{\sqrt{0{,}7 \frac{r}{t} + 20{,}6 \frac{r}{d} \left(1 + 2 \frac{r}{d}\right)^2}}$
Wellenabsatz 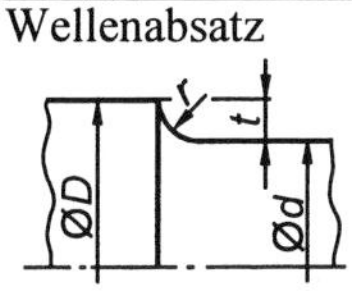	$G' = 2{,}3 \cdot \left(\frac{1}{r} + \frac{1}{4 \cdot \sqrt{t \cdot r} + 4 \cdot r}\right)$ für $d/D > 0{,}67$ und $r > 0$ $G' = \frac{2{,}3}{r}$ für $d/D \leq 0{,}67$ oder $r = 0$ $\alpha_{\sigma zdA} = 1 + \frac{1}{\sqrt{0{,}62 \cdot \frac{r}{t} + 7 \cdot \frac{r}{d} \cdot \left(1 + 2 \cdot \frac{r}{d}\right)^2}}$ $\alpha_{\sigma bA} = 1 + \frac{1}{\sqrt{0{,}62 \cdot \frac{r}{t} + 11{,}6 \cdot \frac{r}{d} \cdot \left(1 + 2 \cdot \frac{r}{d}\right)^2 + 0{,}2 \cdot \left(\frac{r}{t}\right)^3 \cdot \frac{d}{D}}}$ $\alpha_{\tau A} = 1 + \frac{1}{\sqrt{3{,}4 \cdot \frac{r}{t} + 38 \cdot \frac{r}{d} \cdot \left(1 + 2 \cdot \frac{r}{d}\right)^2 + \left(\frac{r}{t}\right)^2 \cdot \frac{d}{D}}}$ für $\alpha_\sigma > 6$ ist $\alpha_\sigma = 6$ zu setzen, für $\alpha_\tau > 6$ ist $\alpha_\tau = 6$ zu setzen	$G' = \frac{1{,}15}{r}$
dto. mit Freistich 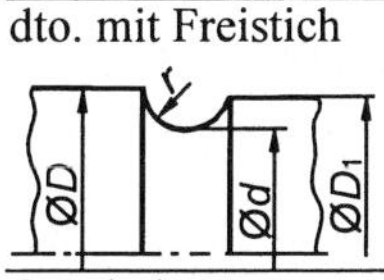	Interpolation zwischen Absatz und Rundnut nach folgenden Formeln $\alpha_\sigma = \left(\alpha_{\sigma R} - \alpha_{\sigma A}\right) \cdot \sqrt{\frac{D_1 - d}{D - d}} + \alpha_{\sigma A}$	$\alpha_\tau = 1{,}04 \cdot \alpha_{\tau A}$
Querbohrung 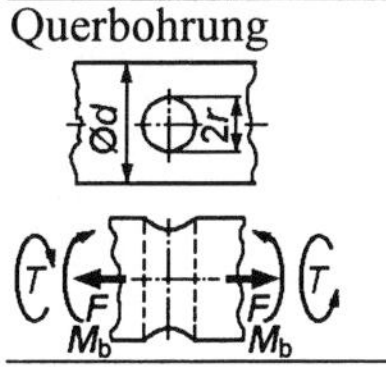	$G' = 2{,}3 / r + 2 / d$ $\alpha_{\sigma zd} = 3 - (2r / d)$ $\alpha_{\sigma b} = 1{,}4 \cdot \left(2 \cdot \frac{r}{d}\right) + 3 - 2{,}8 \cdot \sqrt{2 \cdot \frac{r}{d}}$	$G' = 1{,}15 / r + 2 / d$ $\alpha_\tau = 2{,}023 - 1{,}125 \cdot \sqrt{2 \cdot \frac{r}{d}}$

1.27
Bezogenes Spannungsgefälles G' und Formzahlen α_σ, α_τ für Rundnuten, Wellenabsätze ohne und mit Freistich und für Querbohrungen

Für Rundnuten, Wellenabsätze, Wellenabsätze mit Freistich und Querbohrungen sind zunächst das bezogene Spannungsgefälle G' und die Formzahlen α_σ, α_τ zu bestimmen, Bild **1.27**. Aus diesen Hilfsgrößen können dann im nächsten Schritt die Kerbwirkungsfaktoren berechnet werden. Hierzu erfolgt zunächst die Bestimmung der Stützzahl n. Es gilt für vergütete oder normalisierte oder einsatzgehärtete Wellen mit nicht aufgekohlter Randschicht:

$$n = 1 + \sqrt{G' \cdot \mathrm{mm}} \cdot 10^{-\left(0{,}33 + \frac{\sigma_S \cdot K_{1d}}{712\,\mathrm{N/mm^2}}\right)} \tag{1.37}$$

Für einsatzgehärtete Wellen mit harter Randschicht gilt:

$$n = 1 + \sqrt{G' \cdot \mathrm{mm}} \cdot 10^{-0{,}7} \tag{1.38}$$

Sollte n größer als α_σ bzw. α_τ sein, ist $n = \alpha_\sigma$ bzw. $n = \alpha_\tau$ zu setzen.

Damit können die Kerbwirkungsfaktoren $\beta_{\sigma\,zd}$ für Zug/Druck, $\beta_{\sigma\,b}$ für Biegung und β_τ für Torsion bestimmt werden:

$$\beta_{\sigma\,zd} = \frac{\alpha_{\sigma\,zd}}{n} \qquad \beta_{\sigma\,b} = \frac{\alpha_{\sigma\,b}}{n} \qquad \beta_\tau = \frac{\alpha_\tau}{n} \qquad (1.39)\ (1.40)\ (1.41)$$

Sicherheit gegen Dauerbruch

Bei dynamischer Belastung ist neben der Sicherheit gegen Überschreitung der Fließgrenze auch die Sicherheit gegen Überschreitung der Dauerfestigkeit zu überprüfen. Die folgende Berechnung gilt für den Fall, dass die Mittelspannung konstant bleibt, dass also eine gleichbleibende schwellende oder wechselnde Belastung vorliegt.

$$S = \frac{1}{\sqrt{\left(\frac{\sigma_{zd\,a}}{\sigma_{zd\,ertr}} + \frac{\sigma_{b\,a}}{\sigma_{b\,ertr}}\right)^2 + \left(\frac{\tau_{t\,a}}{\tau_{t\,ertr}}\right)^2}} \tag{1.42}$$

Hierin bedeuten $\sigma_{zd\,a}$, $\sigma_{b\,a}$ und $\tau_{t\,a}$ die jeweiligen Ausschlagspannungen. Die Sicherheit S muss die bereits genannten Mindestwerte überschreiten. Die Werte $\sigma_{zd\,ertr}$, $\sigma_{b\,ertr}$ und $\tau_{t\,ertr}$ sind die jeweiligen ertragbaren Spannungen und werden wie folgt berechnet:

$$\sigma_{zd\,ertr} = \left(\frac{K_{1D}}{K_{\sigma\,zd}} - \frac{\sigma_{mv}}{2 \cdot K_{\sigma\,zd} \cdot \sigma_B - \sigma_{zd\,W}}\right) \cdot \sigma_{zd\,W} \tag{1.43}$$

$$\sigma_{b\,ertr} = \left(\frac{K_{1D}}{K_{\sigma b}} - \frac{\sigma_{mv}}{2 \cdot K_{\sigma b} \cdot \sigma_B - \sigma_{b\,W}}\right) \cdot \sigma_{b\,W} \tag{1.44}$$

$$\tau_{t\,ertr} = \left(\frac{K_{1D}}{K_\tau} - \frac{\sigma_{mv}}{2 \cdot \sqrt{3} \cdot K_\tau \cdot \sigma_B - \tau_{t\,W}}\right) \cdot \tau_{t\,W} \tag{1.45}$$

Die Zugfestigkeit σ_B (R_m), die Zug-/Druckwechselfestigkeit $\sigma_{zd\,W}$, die Biegewechselfestigkeit $\sigma_{b\,W}$ und die Torsionswechselfestigkeit $\tau_{t\,W}$ für den verwendeten Werkstoff können Bild **1.21** entnommen werden; der technologischer Größenbeiwert K_1 kann mit Hilfe von Bild **1.20** ermittelt werden.

Die Vergleichsmittelspannung wird analog zu Gleichung (1.33) berechnet:

$$\sigma_{m\,v} = \sqrt{(\sigma_{zdm} + \sigma_{bm})^2 + 3 \cdot \tau_{tm}^2} \tag{1.46}$$

Die Gesamteinflussfaktoren $K_{\sigma\,zd}$ für Zug/Druck, $K_{\sigma\,b}$ für Biegung und K_τ für Torsion beinhalten die wesentlichen Kerbfaktoren, die die ertragbare Spannung beeinflussen. Hierzu gehören die Verfestigung der Oberfläche, der Größeneinfluss, die Rauheit der Bauteiloberfläche und die Kerbwirkung, die durch die konstruktiven Kerben hervorgerufen wird.

$$K_{\sigma\,zd} = \left(\frac{\beta_{\sigma\,zd}}{K_3} + \frac{1}{K_F} - 1\right) \cdot \frac{1}{K_V} \tag{1.47}$$

$$K_{\sigma\,b} = \left(\frac{\beta_{\sigma\,b}}{K_3} + \frac{1}{K_F} - 1\right) \cdot \frac{1}{K_V} \tag{1.48}$$

$$K_\tau = \left(\frac{\beta_\tau}{K_3} + \frac{1}{0{,}575 \cdot K_F + 0{,}425} - 1\right) \cdot \frac{1}{K_V} \tag{1.49}$$

Die Abnahme der Zugstreckgrenze für größere Durchmesser in Folge von Verringerung der Wechselfestigkeiten wird durch den Geometrischen Größenbeiwert K_3 berücksichtigt, der für den Durchmesser d im berechneten gekerbten Querschnitt aus Bild **1.28** ermittelt werden kann.

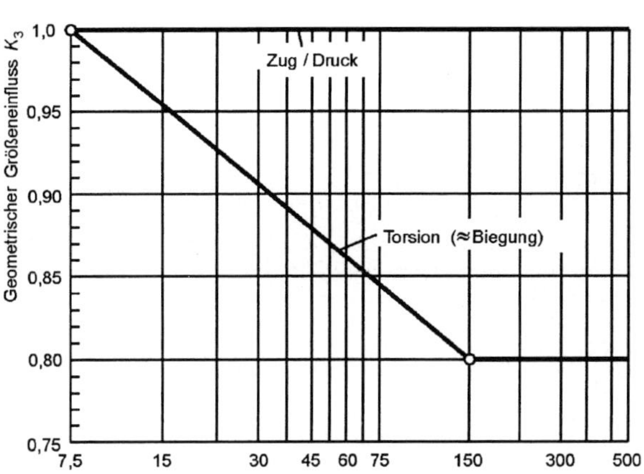

1.28
Geometrischer Größeneinflussfaktors K_3 in Abhängigkeit vom Durchmesser d an der berechneten Stelle

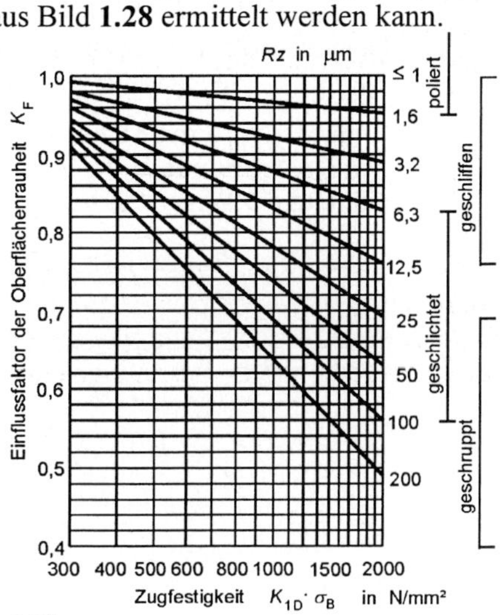

1.29
Einflussfaktors der Oberflächenrauheit K_F in Abhängigkeit von der Festigkeit $K_{1\,D} \cdot \sigma_B$

Oberflächenfehler, beispielsweise in Form von Bearbeitungsriefen, können als Ursprung von Rissen wirken. Aus diesem Grunde ist ein Bauteil mit einer glatten Oberfläche höher belastbar als ein Teil mit einer rauen Oberfläche. Dieser Zusammenhang wird durch den Einflussfaktor der Oberflächenrauheit K_F ausgedrückt, der aus Bild **1.29** in Abhängigkeit von der gemittelten Rautiefe Rz und von der um den technologischen Größenbeiwert $K_{1\,D}$ korrigierten Zugfestigkeit σ_B des verwendeten Werkstoffs entnommen werden kann.

Der Einflussfaktor der Oberflächenverfestigung K_V berücksichtigt, dass die Oberfläche durch technologische Verfahren wie Kugelstrahlen bzw. Rollen oder durch Verfahren wie Nitrieren, Einsatzhärten o. ä. verfestigt werden kann, so dass die ertragbare Spannung größer wird. Durch Kugelstrahlen im Bereich einer Kerbe kann beispielsweise die Festigkeit um den Faktor 1,4 erhöht werden. Näherungsweise sollten jedoch aus Sicherheitsgründen die Werte nach Bild **1.30** verwendet werden.

$d < 40$ mm	40 mm $\le d \le$ 250 mm	$d > 250$ mm
$K_V = 1$	$K_V = 1{,}1$	$K_V = 1$

1.30
Einflussfaktor der Oberflächenverfestigung K_V (näherungsweise)

Beispiel 5

An der Sicherungsringnut einer Welle aus E295 (St50) gemäß Bild **1.31a** wirken ein wechselndes Biegemoment $M_{b\,max} = 200$ Nm, ein schwellendes Drehmoment $T_{max} = 200$ Nm und eine wechselnde Zug-/Druckkraft $F_{zd\,max} = 12$ kN; $Rz = 3{,}2$ µm. Wie hoch ist die Sicherheit gegen Gewaltbruch? Wie hoch ist die Sicherheit gegen Dauerbruch? Wie hoch sind beide Sicherheitswerte für eine Rundnut gemäß Bild **1.31b**?

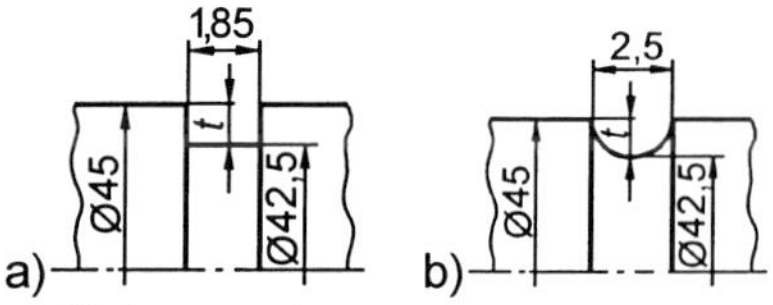

a) Sicherungsringnut
b) Rundnut

1.31
Darstellung der Nuten

Zunächst wird die **Sicherheit gegen Gewaltbruch** bestimmt. Hierzu müssen die wirkenden Spannungen nach Bild **1.22** ermittelt werden; es werden die Querschnittsfläche und die Widerstandsmomente benötigt ($d = 42{,}5$ mm; $d_i = 0$, da Vollwelle):

$$A = \frac{\pi}{4} \cdot \left(d^2 - d_i^{\,2}\right) = \frac{\pi}{4} \cdot 42{,}5^2\ \text{mm}^2 = 1418{,}6\,\text{mm}^2$$

$$W_b = \frac{\pi}{32} \cdot \frac{\left(d^4 - d_i^{\,4}\right)}{d} = \frac{\pi}{32} \cdot d^3 = \frac{\pi}{32} \cdot 42{,}5^3\ \text{mm}^3 = 7\,536{,}4\,\text{mm}^3$$

$$W_t = \frac{\pi}{16} \cdot \frac{\left(d^4 - d_i^{\,4}\right)}{d} = \frac{\pi}{16} \cdot d^3 = \frac{\pi}{16} \cdot 42{,}5^3\ \text{mm}^3 = 15\,072{,}9\,\text{mm}^3$$

Damit können die Spannungen wie folgt berechnet werden:

$$\sigma_{zd\,max} = \frac{F_{zd\,max}}{A} = \frac{12\,000\,\text{N}}{1418{,}6\,\text{mm}^2} = 8{,}5\,\frac{\text{N}}{\text{mm}^2}$$

$$\sigma_{b\,max} = \frac{M_{b\,max}}{W_b} = \frac{200\,\text{Nm}}{7\,536{,}4\,\text{mm}^3} = 26{,}5\,\frac{\text{N}}{\text{mm}^2}$$

Beispiel 5, Fortsetzung

$$\tau_{\mathrm{t\,max}} = \frac{T_{\max}}{W_{\mathrm{t}}} = \frac{200\,\mathrm{Nm}}{15072{,}9\,\mathrm{mm}^3} = 13{,}3\,\frac{\mathrm{N}}{\mathrm{mm}^2}$$

Die Sicherheit gegen Gewaltbruch wird nach (1.36) berechnet:

$$S = \frac{K_{1\mathrm{D}} \cdot \sigma_{\mathrm{S}}}{\sqrt{\left(\gamma_{\mathrm{zd}} \cdot \sigma_{\mathrm{zd\,max}} + \gamma_{\mathrm{b}} \cdot K_{2\mathrm{b}} \cdot \sigma_{\mathrm{b\,max}}\right)^2 + 3 \cdot \left(K_{2\mathrm{t}} \cdot \tau_{\mathrm{t\,max}}\right)^2}}$$

Die Zug-Streckgrenze σ_S (R_e, $R_{m0,2}$) ist nach Bild **1.21** $\sigma_S = 295$ N/mm² für E295 (vgl. Werkstoffbezeichnung). Bild **1.20** liefert den technologischen Größenbeiwert an der berechneten Stelle und für den Rohteildurchmesser, der zu $D = 60$ mm angenommen wird. Es gilt der Linienzug 2 für Baustähle und Berechnung mit σ_S. Es werden folgende Werte abgelesen: $K_{1\,D} = 0{,}93$ für ∅60 mm und $K_{1\,d} = 0{,}97$ für ∅42,5 mm. Zur Bestimmung der Erhöhungsfaktoren γ_{zd} und γ_b sind die Kerbwirkungsfaktoren $\beta_{\sigma\,zd}$ und $\beta_{\sigma\,b}$ mit Hilfe von Bild **1.26** zu ermitteln. Für die Rechtecknut gilt

$$\rho^* = 10^{-(0{,}514+0{,}00152\,\cdot K_{1\,\mathrm{d}}\cdot\sigma_{\mathrm{S}}/\mathrm{N/mm^2})}\,\mathrm{mm} = 10^{-(0{,}514+0{,}00152\,\cdot\,0{,}97\cdot 295)}\,\mathrm{mm}$$

$$= 10^{-0{,}95}\,\mathrm{mm} = 0{,}11\,\mathrm{mm}$$

Die **Rechtecknut** ist $t = (45 - 42{,}5)/2$ mm = 1,25 mm tief und $m = 1{,}85$ mm breit; sie ist nicht ausgerundet, sondern scharfkantig ($r = 0$):

$$r_{\mathrm{f}} = r + 2{,}9 \cdot \rho^* = 0 + 2{,}9 \cdot 0{,}11\,\mathrm{mm} = 0{,}32\,\mathrm{mm}$$

$$\beta^*_{\sigma\mathrm{zd}} = 0{,}9 \cdot (1{,}27 + 1{,}17 \cdot \sqrt{t/r_{\mathrm{f}}}) = 0{,}9 \cdot (1{,}27 + 1{,}17 \cdot \sqrt{1{,}25/0{,}32}) = 3{,}22$$

$$\beta^*_{\sigma\mathrm{b}} = 0{,}9 \cdot (1{,}14 + 1{,}08 \cdot \sqrt{t/r_{\mathrm{f}}}) = 0{,}9 \cdot (1{,}14 + 1{,}08 \cdot \sqrt{1{,}25/0{,}32}) = 2{,}95$$

$$\beta_{\sigma\mathrm{zd}} = \beta^*_{\sigma\mathrm{zd}} = 3{,}22 \quad \text{und} \quad \beta_{\sigma\mathrm{b}} = \beta^*_{\sigma\mathrm{b}} = 2{,}95 \quad \text{für } m/t = 1{,}85/1{,}25 = 1{,}48 \geq 1{,}4$$

Beide β_σ-Werte sind kleiner als 4 und werden daher für die weitere Rechnung unverändert übernommen.

$$\beta^*_\tau = (1{,}48 + 0{,}45 \cdot \sqrt{t/r_{\mathrm{f}}}) = (1{,}48 + 0{,}45 \cdot \sqrt{1{,}85/1{,}25}) = 2{,}37$$

$$\beta_\tau = \beta^*_\tau = 2{,}37 \quad \text{für } m/t = \geq 1{,}4 \qquad \text{(dieser Wert wird später benötigt)}$$

Der β_τ-Wert ist kleiner als 2,5 und wird daher unverändert übernommen.

Gemäß Bild **1.25** werden die Erhöhungsfaktoren ermittelt. Es gilt $\gamma_{zd} = 0{,}87$ für $\beta_{\sigma\,zd} \geq 3{,}0$ und $\gamma_b = 0{,}91$ für $2{,}0 \leq \beta_{\sigma\,b} < 3{,}0$. Aus Bild **1.24** werden die statischen Stützfaktoren für eine Vollwelle ohne harte Randschicht entnommen: $K_{2\,b} = 0{,}83$ und $K_{2\,t} = 0{,}83$.

$$S = \frac{K_{1\mathrm{D}} \cdot \sigma_{\mathrm{S}}}{\sqrt{\left(\gamma_{\mathrm{zd}} \cdot \sigma_{\mathrm{zd\,max}} + \gamma_{\mathrm{b}} \cdot K_{2\mathrm{b}} \cdot \sigma_{\mathrm{b\,max}}\right)^2 + 3 \cdot \left(K_{2\mathrm{t}} \cdot \tau_{\mathrm{t\,max}}\right)^2}}$$

$$= \frac{0{,}93 \cdot 295\ \mathrm{N/mm^2}}{\sqrt{(0{,}87 \cdot 8{,}5 + 0{,}91 \cdot 0{,}83 \cdot 26{,}5)^2 + 3 \cdot (0{,}83 \cdot 13{,}3)^2}\ \mathrm{N/mm^2}}$$

$$S = 8{,}2$$

Beispiel 5, Fortsetzung

Die Sicherheit sollte für normale Bemessung $S \approx 1{,}8 \ldots 2{,}5 \ldots 3{,}5$ betragen; die Welle ist also hinreichend dimensioniert; ein Gewaltbruch ist nicht zu erwarten.

Für die **Rundnut** gilt mit d/D = 42,5 mm/45 mm = 0,94 > 0,67 und $r > 0$ sowie mit $r = t$ = 1,25 mm bei Zug/Druck- und Biegebelastung nach Bild **1.27**:

$$G' = 2 \cdot \left(\frac{1}{r} + \frac{1}{4 \cdot \sqrt{t \cdot r} + 4 \cdot r} \right)$$

$$= 2 \cdot \left(\frac{1}{1{,}25\,\text{mm}} + \frac{1}{4 \cdot \sqrt{1{,}25\,\text{mm} \cdot 1{,}25\,\text{mm}} + 4 \cdot 1{,}25\,\text{mm}} \right) = 1{,}8\,\text{mm}$$

$$\alpha_{\sigma\,\text{zd}} = 1 + \frac{1}{\sqrt{0{,}22 \cdot \frac{r}{t} + 2{,}74 \cdot \frac{r}{d} \cdot \left(1 + 2 \cdot \frac{r}{d}\right)^2}} = 1 + \frac{1}{\sqrt{0{,}22 \cdot \frac{1{,}25}{1{,}25} + 2{,}74 \cdot \frac{1{,}25}{42{,}5} \cdot \left(1 + 2 \cdot \frac{1{,}25}{42{,}5}\right)^2}}$$

$$\alpha_{\sigma\,\text{zd}} = 2{,}80$$

$$\alpha_{\sigma\text{b}} = 1 + \frac{1}{\sqrt{0{,}2 \cdot \frac{r}{t} + 5{,}5 \cdot \frac{r}{d} \cdot \left(1 + 2 \cdot \frac{r}{d}\right)^2}} = 1 + \frac{1}{\sqrt{0{,}2 \cdot \frac{1{,}25}{1{,}25} + 5{,}5 \cdot \frac{1{,}25}{42{,}5} \cdot \left(1 + 2 \cdot \frac{1{,}25}{42{,}5}\right)^2}}$$

$$\alpha_{\sigma\text{b}} = 2{,}62$$

$$\alpha_{\tau} = 1 + \frac{1}{\sqrt{0{,}7 \cdot \frac{r}{t} + 20{,}6 \cdot \frac{r}{d} \cdot \left(1 + 2 \cdot \frac{r}{d}\right)^2}} = 1 + \frac{1}{\sqrt{0{,}7 \cdot \frac{1{,}25}{1{,}25} + 20{,}6 \cdot \frac{1{,}25}{42{,}5} \cdot \left(1 + 2 \cdot \frac{1{,}25}{42{,}5}\right)^2}}$$

$$\alpha_{\tau} = 1{,}85$$

Die Stützzahl n wird mit Gleichung (1.37) für Wellen ohne harte Randschicht berechnet:

$$n = 1 + \sqrt{G' \cdot \text{mm}} \cdot 10^{-\left(0{,}33 + \frac{\sigma_\text{S} \cdot K_{1\,\text{d}}}{712\,\text{N/mm}^2}\right)} = 1 + \sqrt{1{,}8\,\text{mm} \cdot \text{mm}} \cdot 10^{-\left(0{,}33 + \frac{295\,\text{N/mm}^2 \cdot 0{,}97}{712\,\text{N/mm}^2}\right)}$$

$$n = 1{,}25$$

Mittels der Gleichungen (1.39), (1.40) und (1.41) können die Kerbwirkungsfaktoren bestimmt werden:

$$\beta_{\sigma\,\text{zd}} = \frac{\alpha_{\sigma\,\text{zd}}}{n} = \frac{2{,}80}{1{,}25} = 2{,}24$$

$$\beta_{\sigma\text{b}} = \frac{\alpha_{\sigma\text{b}}}{n} = \frac{2{,}62}{1{,}25} = 2{,}10$$

Beispiel 5, Fortsetzung

$$\beta_\tau = \frac{\alpha_\tau}{n} = \frac{1{,}85}{1{,}25} = 1{,}48$$

Mit Hilfe von Bild **1.25** werden die Erhöhungsfaktoren bestimmt. Es gilt $\gamma_{zd} = \gamma_b = 0{,}91$ für $2{,}0 \le \beta_{\sigma\,zd} < 3{,}0$ bzw. $2{,}0 \le \beta_{\sigma\,b} < 3{,}0$. Alle übrigen Werte wurden bereits bei der Berechnung der Rechtecknut ermittelt.

$$S = \frac{K_{1D} \cdot \sigma_S}{\sqrt{\left(\gamma_{zd} \cdot \sigma_{zd\max} + \gamma_b \cdot K_{2b} \cdot \sigma_{b\max}\right)^2 + 3 \cdot \left(K_{2t} \cdot \tau_{t\max}\right)^2}}$$

$$= \frac{0{,}93 \cdot 295\ \text{N/mm}^2}{\sqrt{(0{,}91 \cdot 8{,}5 + 0{,}91 \cdot 0{,}83 \cdot 26{,}5)^2 + 3 \cdot (0{,}83 \cdot 13{,}3)^2}\ \text{N/mm}^2}$$

$$S = 8{,}1$$

Auch an dieser Stelle ist die Sicherheit hinreichend bzw. relativ hoch.

Für die Berechnung der **Sicherheit gegen Dauerbruch** müssen zunächst die Ausschlagspannungen gemäß Bild **1.23** ermittelt werden; das Biegemoment und die Zug-/Druckkraft treten wechselnd auf, das Torsionsmoment schwellend.

$$\sigma_{zd\,a} = \sigma_{zd\max} = 8{,}5\,\frac{\text{N}}{\text{mm}^2} \qquad \sigma_{zd\,m} = 0$$

$$\sigma_{ba} = \sigma_{b\max} = 26{,}5\,\frac{\text{N}}{\text{mm}^2} \qquad \sigma_{bm} = 0$$

$$\tau_{ta} = \frac{\tau_{t\max}}{2} = \frac{13{,}3}{2}\,\frac{\text{N}}{\text{mm}^2} = 6{,}6\,\frac{\text{N}}{\text{mm}^2} \qquad \tau_{tm} = \frac{\tau_{t\max}}{2} = \frac{13{,}3}{2}\,\frac{\text{N}}{\text{mm}^2} = 6{,}6\,\frac{\text{N}}{\text{mm}^2}$$

Für die Vergleichsmittelspannung gilt nach Gleichung (1.46):

$$\sigma_{mv} = \sqrt{\left(\sigma_{zdm} + \sigma_{bm}\right)^2 + 3 \cdot \tau_{tm}^2} = \sqrt{(0)^2 + 3 \cdot 6{,}6^2}\,\frac{\text{N}}{\text{mm}^2} = 11{,}4\,\frac{\text{N}}{\text{mm}^2}$$

Die Gesamteinflussfaktoren $K_{\sigma\,zd}$ für Zug/Druck, $K_{\sigma\,zd}$ für Biegung und K_τ für Torsion werden mittels der Gleichungen (1.47), (1.48) und (1.49) berechnet. Zuvor müssen jedoch der geometrischen Größenbeiwert K_3 für $d = 42{,}5$ mm aus Bild **1.28** und der Einflussfaktor der Oberflächenrauheit K_F für $K_{1\,D} \cdot \sigma_B = 0{,}93 \cdot 490\ \text{N/mm}^2 = 456\ \text{N/mm}^2$ und für $Rz = 3{,}2\ \mu\text{m}$ aus Bild **1.29** ermittelt werden: $K_3 = 0{,}89$; $K_F = 0{,}96$.

Der Einflussfaktor der Oberflächenverfestigung für $40\ \text{mm} \le d \le 250\ \text{mm}$ ist $K_V = 1{,}1$, s. Bild **1.30**. Mit diesen und den bereits zuvor ermittelten Werten gilt für die **Rechtecknut**:

$$K_{\sigma zd} = \left(\frac{\beta_{\sigma zd}}{K_3} + \frac{1}{K_F} - 1\right) \cdot \frac{1}{K_V} = \left(\frac{3{,}22}{0{,}89} + \frac{1}{0{,}96} - 1\right) \cdot \frac{1}{1{,}1} = 3{,}3$$

$$K_{\sigma b} = \left(\frac{\beta_{\sigma b}}{K_3} + \frac{1}{K_F} - 1\right) \cdot \frac{1}{K_V} = \left(\frac{2{,}95}{0{,}89} + \frac{1}{0{,}96} - 1\right) \cdot \frac{1}{1{,}1} = 3{,}1$$

Beispiel 5, Fortsetzung

$$K_\tau = \left(\frac{\beta_\tau}{K_3} + \frac{1}{0{,}575 \cdot K_F + 0{,}425} - 1\right) \cdot \frac{1}{K_V} = \left(\frac{2{,}37}{0{,}89} + \frac{1}{0{,}575 \cdot 0{,}96 + 0{,}425} - 1\right) \cdot \frac{1}{1{,}1} = 2{,}7$$

Mit diesen Faktoren und den Werkstoffkennwerten $\sigma_{zd\,W}$, $\sigma_{b\,W}$ und $\tau_{t\,W}$ aus Bild **1.21** können die ertragbaren Spannungen nach den Gleichungen (1.43), (1.44) und (1.45) sowie die Sicherheit nach Gleichung (1.42) ermittelt werden:

$$\sigma_{zdertr} = \left(\frac{K_{1D}}{K_{\sigma zd}} - \frac{\sigma_{mv}}{2 \cdot K_{\sigma zd} \cdot \sigma_B - \sigma_{zdW}}\right) \cdot \sigma_{zdW} = \left(\frac{0{,}93}{3{,}3} - \frac{11{,}4}{2 \cdot 3{,}3 \cdot 490 - 195}\right) \cdot 195 \frac{\text{N}}{\text{mm}^2}$$

$$\sigma_{zdertr} = 54{,}2 \frac{\text{N}}{\text{mm}^2}$$

$$\sigma_{bertr} = \left(\frac{K_{1D}}{K_{\sigma b}} - \frac{\sigma_{mv}}{2 \cdot K_{\sigma b} \cdot \sigma_B - \sigma_{bW}}\right) \cdot \sigma_{bW} = \left(\frac{0{,}93}{3{,}1} - \frac{11{,}4}{2 \cdot 3{,}1 \cdot 490 - 245}\right) \cdot 245 \frac{\text{N}}{\text{mm}^2}$$

$$\sigma_{bertr} = 72{,}5 \frac{\text{N}}{\text{mm}^2}$$

$$\tau_{tertr} = \left(\frac{K_{1D}}{K_\tau} - \frac{\sigma_{mv}}{2 \cdot \sqrt{3} \cdot K_\tau \cdot \sigma_B - \tau_{tW}}\right) \cdot \tau_{tW} = \left(\frac{0{,}93}{2{,}7} - \frac{11{,}4}{2 \cdot \sqrt{3} \cdot 2{,}7 \cdot 490 - 145}\right) \cdot 145 \frac{\text{N}}{\text{mm}^2}$$

$$\tau_{tertr} = 49{,}6 \frac{\text{N}}{\text{mm}^2}$$

$$S = \frac{1}{\sqrt{\left(\frac{\sigma_{zda}}{\sigma_{zdertr}} + \frac{\sigma_{ba}}{\sigma_{bertr}}\right)^2 + \left(\frac{\tau_{ta}}{\tau_{tertr}}\right)^2}} = \frac{1}{\sqrt{\left(\frac{8{,}5}{54{,}2} + \frac{26{,}5}{72{,}5}\right)^2 + \left(\frac{6{,}6}{49{,}6}\right)^2}} = 1{,}9$$

Im Gegensatz zur Sicherheit gegen Gewaltbruch ist die Sicherheit gegen Dauerbruch eher knapp bemessen, aber noch hinreichend.

Entsprechend der obigen Berechnung für die Rechtecknut gilt für die **Rundnut**:

$$K_{\sigma zd} = \left(\frac{\beta_{\sigma zd}}{K_3} + \frac{1}{K_F} - 1\right) \cdot \frac{1}{K_V} = \left(\frac{2{,}24}{0{,}89} + \frac{1}{0{,}96} - 1\right) \cdot \frac{1}{1{,}1} = 2{,}3$$

$$K_{\sigma b} = \left(\frac{\beta_{\sigma b}}{K_3} + \frac{1}{K_F} - 1\right) \cdot \frac{1}{K_V} = \left(\frac{2{,}1}{0{,}89} + \frac{1}{0{,}96} - 1\right) \cdot \frac{1}{1{,}1} = 2{,}2$$

$$K_\tau = \left(\frac{\beta_\tau}{K_3} + \frac{1}{0{,}575 \cdot K_F + 0{,}425} - 1\right) \cdot \frac{1}{K_V} = \left(\frac{1{,}48}{0{,}89} + \frac{1}{0{,}575 \cdot 0{,}96 + 0{,}425} - 1\right) \cdot \frac{1}{1{,}1} = 1{,}53$$

Beispiel 5, Fortsetzung

$$\sigma_{\mathrm{zd\,ertr}} = \left(\frac{K_{1\mathrm{D}}}{K_{\sigma\mathrm{zd}}} - \frac{\sigma_{\mathrm{mv}}}{2 \cdot K_{\sigma\mathrm{zd}} \cdot \sigma_{\mathrm{B}} - \sigma_{\mathrm{zdW}}}\right) \cdot \sigma_{\mathrm{zdW}} = \left(\frac{0{,}93}{2{,}3} - \frac{11{,}4}{2 \cdot 2{,}3 \cdot 490 - 195}\right) \cdot 195 \frac{\mathrm{N}}{\mathrm{mm}^2}$$

$$\sigma_{\mathrm{zd\,ertr}} = 77{,}8 \frac{\mathrm{N}}{\mathrm{mm}^2}$$

$$\sigma_{\mathrm{b\,ertr}} = \left(\frac{K_{1\mathrm{D}}}{K_{\sigma\mathrm{b}}} - \frac{\sigma_{\mathrm{mv}}}{2 \cdot K_{\sigma\mathrm{b}} \cdot \sigma_{\mathrm{B}} - \sigma_{\mathrm{bW}}}\right) \cdot \sigma_{\mathrm{bW}} = \left(\frac{0{,}93}{2{,}2} - \frac{11{,}4}{2 \cdot 2{,}2 \cdot 490 - 245}\right) \cdot 245 \frac{\mathrm{N}}{\mathrm{mm}^2}$$

$$\sigma_{\mathrm{b\,ertr}} = 102{,}1 \frac{\mathrm{N}}{\mathrm{mm}^2}$$

$$\tau_{\mathrm{t\,ertr}} = \left(\frac{K_{1\mathrm{D}}}{K_{\tau}} - \frac{\sigma_{\mathrm{mv}}}{2 \cdot \sqrt{3} \cdot K_{\tau} \cdot \sigma_{\mathrm{B}} - \tau_{\mathrm{tW}}}\right) \cdot \tau_{\mathrm{tW}} = \left(\frac{0{,}93}{1{,}5} - \frac{11{,}4}{2 \cdot \sqrt{3} \cdot 1{,}5 \cdot 490 - 145}\right) \cdot 145 \frac{\mathrm{N}}{\mathrm{mm}^2}$$

$$\tau_{\mathrm{t\,ertr}} = 89{,}2 \frac{\mathrm{N}}{\mathrm{mm}^2}$$

$$S = \frac{1}{\sqrt{\left(\frac{\sigma_{\mathrm{zda}}}{\sigma_{\mathrm{zdertr}}} + \frac{\sigma_{\mathrm{ba}}}{\sigma_{\mathrm{bertr}}}\right)^2 + \left(\frac{\tau_{\mathrm{ta}}}{\tau_{\mathrm{tertr}}}\right)^2}} = \frac{1}{\sqrt{\left(\frac{8{,}5}{77{,}8} + \frac{26{,}5}{102{,}1}\right)^2 + \left(\frac{6{,}6}{89{,}2}\right)^2}} = 2{,}7$$

Die Sicherheit gegen Dauerbruch ist bei der Rundnut in jeder Hinsicht ausreichend. Erkennbar ist, dass trotz Überdimensionierung bezüglich der Gewaltbruchgefahr bei der Rechtecknut die Sicherheit gegen Dauerbruch gerade ausreichend ist. Die Rundnut, die nicht so scharfe Kerben aufweist, ist im Hinblick auf die Dauerbruchgefahr erheblich günstiger. ■

1.4 Verformung

Jede Welle verformt sich unter den einwirkenden Kräften bzw. Momenten oder in Folge Erwärmung bzw. Abkühlung. Es entstehen Verdrehung, Durchbiegung oder Durchmesser- bzw. Längenänderungen. Solange die mit der Verformung verbundene Beanspruchung die Elastizitätsgrenze nicht überschreitet, ist die Verformung „elastisch" und verursacht keine bleibende Gestaltänderung. (Bleibende Verformung kann dagegen auftreten bei der mechanischen Bearbeitung der Welle infolge Auslösung von Eigenspannungen, z. B. beim Nutenfräsen oder bei Wärmebehandlung wie Härten usw.)

Elastische Verdrehung. Die elastische Verdrehung einer Welle ist für den Betrieb einer Maschine meist bedeutungslos, ausgenommen bei langen Steuer- oder Fahrwerkswellen, z. B. im Kranbau.

Gefährlich können elastische Drehschwingungen bei rhythmisch sich ändernden Drehmomenten (s. Abschn. 1.5) werden. In der Messtechnik nutzt man die elastische Verdrehung einer Welle zur Drehmomentmessung aus.

Der **Verdrehungswinkel** ϑ (in rad/m, auch Drillung genannt, s. Bild **1.32**) zwischen zwei Wellenquerschnitten im Abstand der Längeneinheit hat die Dimension eines Winkels in rad, dividiert durch eine Länge. Er ist mit dem Drehmoment T, dem Gleitmodul (Schubmodul) G und dem polaren Trägheitsmoment I_p

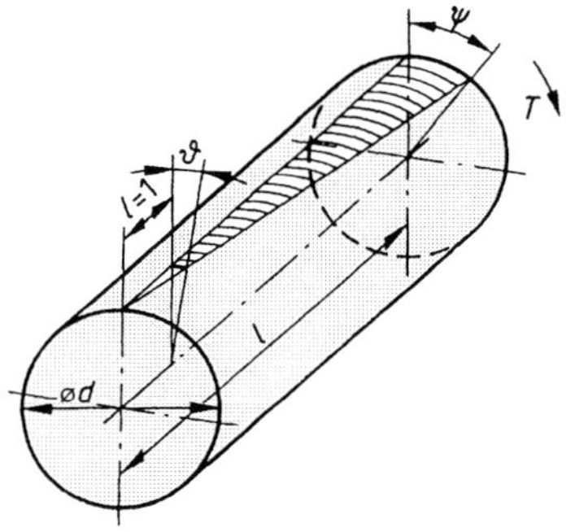

1.32
Elastische Verdrehung einer Welle

$$\vartheta = \frac{T}{G \cdot I_p} \tag{1.50}$$

Entsprechend ist der **Verdrehungswinkel** ψ in rad im Abstand l:

$$\psi = \vartheta \cdot l = \frac{T \cdot l}{G \cdot I_p} \tag{1.51}$$

$$\frac{\psi}{°} = \frac{\psi}{\text{rad}} \cdot \frac{360°}{2\pi} \tag{1.52}$$

Das polare Trägheitsmoment I_p beträgt für den Kreisquerschnitt $\pi \cdot d^4/32$ und für den Kreisring $\pi \cdot (d_a^4 - d_i^4)/32$. Der Gleitmodul G ist für Stahl 80 000 bis 85 000 N/mm², für Gusseisen 20 000 bis 60 000 N/mm² je nach der Gusseisensorte.

Begrenzt man die Verdrehung auf einen **zulässigen Wert** ψ_{zul} in rad und sucht den hierzu erforderlichen **Wellendurchmesser** d_{erf} bei einem bestimmten Drehmoment, so erhält man aus Gl. (1.51) durch Umformung die Gleichung

$$d_{erf} = \sqrt[4]{\frac{32 \cdot T \cdot l}{\pi \cdot \psi_{zul} \cdot G}} \tag{1.53}$$

Im Kranbau setzt man den für 1 m Wellenlänge zulässigen Winkel $\psi_{1m\ zul}$ mit 0,5° ... 0,25° an, je nach der Länge der Fahrwerkswelle und der Höhe der Fahrgeschwindigkeit.

Die Gesamtverdrehung einer abgesetzten Welle, die in den einzelnen Wellenabschnitten verschieden großen Drehmomenten ausgesetzt ist, errechnet man aus der Summe der Teilverdrehungen der einzelnen Abschnitte. Mit G = 80 000 (in N/mm²) ergibt sich aus Gl. (1.52) der Zusammenhang

$$\psi = \frac{32}{\pi \cdot G} \cdot \sum \left(T \cdot \frac{l_x}{d_x^4} \right) \tag{1.54}$$

mit d_x und l_x als Durchmesser und Längen der einzelnen Wellenabschnitte.

Elastische Durchbiegung. Diese beeinträchtigt häufig Arbeitsweise und Güte der Maschinen, z. B. in Werkzeugmaschinen, in elektrischen Maschinen, Turbinen und Getrieben. In diesen

Fällen müssen die zulässigen Durchbiegungen bei der Bemessung berücksichtigt werden. Auch der Neigungswinkel der Mittellinie der durchgebogenen Welle gegen ihre Ausgangslage (α_1 in Bild **1.33a**), z. B. an einem Lager oder an der Eingriffsstelle von zwei Zahnrädern, darf Grenzwerte nicht überschreiten. Die Biegesteifigkeit $E{\cdot}I$ bestimmt wesentlich die Größe der Durchbiegung und damit die biegekritische Drehzahl.

Die Durchbiegung wird z. B. von Zahn- und Riemenkräften, von Fliehkräften, sowie - bei horizontaler Welle - vom Eigengewicht der Bauteile hervorgerufen.

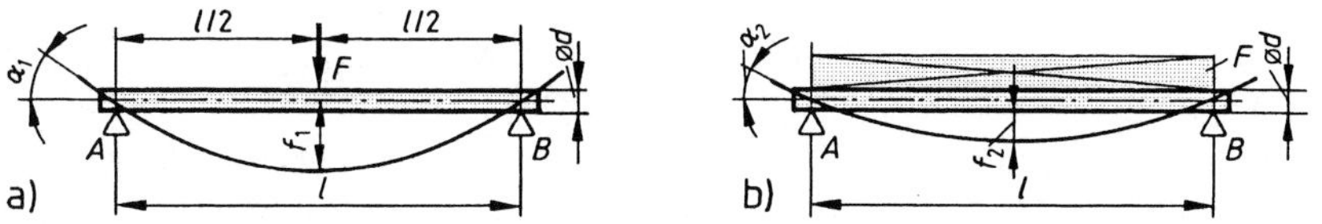

a) unter einer Punktlast F b) unter einer Streckenlast F $f_2 = \frac{5}{8} \cdot f_1$; $\alpha_2 = \frac{2}{3} \cdot \alpha_1$

1.33
Durchbiegung einer Welle unter gleich großer Last F bei verschiedener Lastverteilung

Das Eigengewicht kann bei kurzen Wellen vernachlässigt werden. Bei elektrischen Maschinen ist die Wirkung der magnetischen Kräfte und die Durchbiegung zu beachten. Das Ermitteln der Durchbiegung erfordert einen gewissen Rechenaufwand, da abgesetzte Wellen in den einzelnen Wellenabschnitten verschiedene Biegesteifigkeit und zumeist auch eine unregelmäßig verteilte Belastung aufweisen.

Biegelinie bei Belastung in einer Ebene und zweifacher Lagerung (1.33). Der allgemeine Zusammenhang zwischen Durchbiegung f und Belastung F wird für eine Welle mit über die Lagerentfernung l konstantem Durchmesser d durch die folgende Gleichung beschrieben

$$\boxed{f = \frac{F \cdot l^3}{K \cdot E \cdot I}} \tag{1.55}$$

Die Konstante K hängt von der Lastverteilung ab; E ist der Elastizitätsmodul. Mit dem Trägheitsmoment $I = \pi{\cdot}d^4/64$ erhält man gemäß Gl. (1.55) die folgenden Gleichungen:

1. bei mittiger Punktlast F **(1.33a)**

$$\boxed{f_1 = \frac{F \cdot l^3}{48 \cdot E \cdot I} = \frac{F \cdot l^3}{E \cdot d^4}} \tag{1.56}$$

2. bei Streckenlast F **(1.33b)**

$$\boxed{f_2 = \frac{5 \cdot F \cdot l^3}{384 \cdot E \cdot I} = 0{,}265 \cdot \frac{F \cdot l^3}{E \cdot d^4}} \tag{1.57}$$

Der Elastizitätsmodul E ist für alle Stahlsorten, auch für die höherfesten, nahezu gleich und beträgt 210 000 N/mm^2. Bei Wellen, die nach ihrer elastischen Durchbiegung zu bemessen sind, bringen somit Stähle höherer Festigkeit keinerlei Vorteil gegenüber allgemeinen Baustählen, wie z. B. E295 (St50).

Alle übrigen metallischen Werkstoffe mit niedrigeren E-Werten haben daher bei gleicher Belastung größere Verformungen. Aluminium z. B. mit $E = 70\,000$ N/mm² würde die dreifache Durchbiegung gegenüber Stahl ergeben. Für Gusseisen ist $E = 118\,000 \ldots 175\,000$ N/mm²; eine Welle aus Gusseisen verformt sich also stärker als eine Stahlwelle.

Ein Abschätzen bzw. Eingrenzen der wirklichen Durchbiegung gelingt mit zwei einfachen Rechnungen. Man nimmt zunächst einen mittleren Durchmesser der abgesetzten Welle an (der Einfluss der Durchmesser nahe der Wellenmitte überwiegt) und denkt sich alle Lasten zusammen ersetzt

1. durch eine mittige Punktlast F; man berechnet hierfür die Durchbiegung f_1
2. durch eine gleichmäßig verteilte Gesamtbelastung F; hierfür berechnet man die Durchbiegung f_2

Der genaue Wert wird sicher kleiner als f_1 und größer als f_2 sein sowie meist näher bei f_2 liegen.

Die genaue Ermittlung der Biegelinie erfolgt mittels entsprechender Rechnerprogramme, früher auch nach dem graphisch-rechnerischen Verfahren von *Mohr*. Dieses Verfahren ist relativ aufwändig und daher heutzutage nicht mehr gebräuchlich. Grundsätzlich gilt bei einem wirkenden Biegemoment M für die Durchbiegung y im Abstand x vom Auflager die Beziehung

$$\boxed{\frac{\mathrm{d}^2 y}{\mathrm{d}x^2} = -\frac{M}{E \cdot I}} \qquad (1.58)$$

Die Gestaltung einer Welle als belasteter Kragarm ist nicht nur für die Lagerbelastung und Biegebeanspruchung, sondern auch für die Durchbiegung und den Neigungswinkel am Kragarm wie am benachbarten Lager sehr ungünstig. Aus Bild **1.34** kann man diese nachteiligen Einflüsse für eine Welle mit konstantem Durchmesser erkennen.

$$f_2 = \frac{F \cdot a^2 \cdot (l + a)}{3 \cdot E \cdot I}$$

$$\alpha_A = \frac{F \cdot a \cdot l}{6 \cdot E \cdot I} \qquad \alpha_F = \alpha_A \cdot \left(2 + 3 \cdot \frac{a}{l}\right)$$

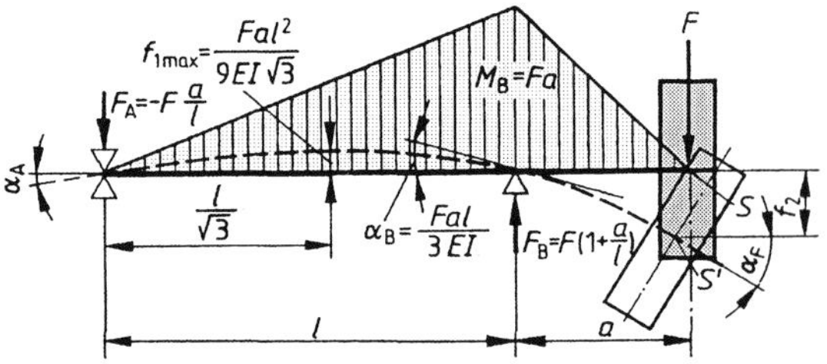

1.34
Welle mit Kragarm; Durchbiegung

Die **Biegelinie bei dreifacher Lagerung**, d. h. bei statischer Unbestimmtheit, kann man z. B. mit Hilfe des **Superpositionsgesetzes** der Statik durch Zusammensetzen aus geeigneten Teillösungen bestimmen:

1. Teillösung: Eine Biegelinie y_1 wird nach Bild **1.35b** für die nur in den Lagern A und B gestützte Welle, also unter Weglassen des Mittellagers C, mit der gegebenen Belastung in bekannter Weise ermittelt. Im Punkt C entsteht die Durchbiegung y_c.
2. Teillösung: Anstelle des weggelassenen Lagers C wird die Kraft F_c angebracht, welche die Durchbiegung y_c der Welle in C aus Teillösung 1 wieder rückgängig macht (**1.35d**). Da F_c aber noch unbekannt ist, setzt man vorläufig in C eine Belastung von 10 kN an. Eine Biegelinie $y_2{}'$ wird für die in A und B gestützte und mit $F = 10$ kN in C belastete Welle ermittelt. Die Durchbiegung in C sei y_{c1} (**1.35c**). Die wirkliche Auflagerreaktion in C, die Kraft F_c, muss dann zur Aufhebung der Durchbiegung y_c aus Teillösung 1 wegen der Proportionalität

zwischen Last und Durchbiegung $F_c = y_c/y_{c1} \cdot 1$ kN sein. Die proportional vergrößerte Biegelinie y_2 zeigt Bild **1.35d**.

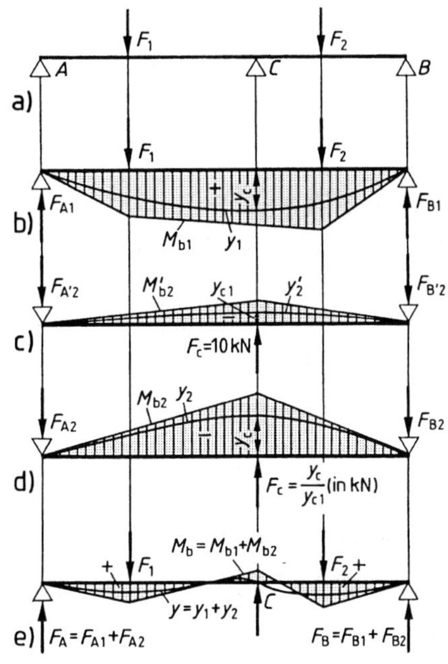

1.35
Ermitteln der Biegelinie einer Welle mit drei Lagern

a) Welle mit Belastung und drei Lagern
b) Biegelinie y_1 der Welle mit Belastung und zwei Lagern (ohne Lager *C*)
c) Biegelinie der Welle mit einer Einheitslast F_c=10 kN in *C* und zwei Lager *A* und *B*
d) Biegelinie y_2 der Welle mit einer Last $F_c = y_c/y_{c1} \cdot 1$ kN in *C* und zwei Lagern *A* und *B*
e) Resultierende Biegelinie *y* der Welle mit Belastung und drei Lagern

Die Zusammensetzung der Biegelinien y_1 (**1.35b**) und y_2 (**1.35d**) unter Beachtung der verschiedenen Richtungen von y_1 und y_2 liefert dann die resultierende Biegelinie *y* (**1.35e**), die bei Lager *C* natürlich den Wert $y = 0$ ergeben muss. In gleicher Weise ergeben sich die resultierenden Biegemomente und Lagerreaktionen als Summe der Werte aus den Teillösungen.

Die Auflagerreaktion in *C* kann auch als eine äußere Kraft F_c aufgefasst werden. Für die nur in *A* und *B* gestützte Welle unter den äußeren Belastungen F_1 und F_2 und der Kraft F_c kann dieselbe endgültige Biegelinie gefunden werden, wobei als Kontrolle die Schlusslinie des Seilecks die Biegelinie bei *C* schneiden muss.

Die **Biegelinie bei Belastungen in verschiedenen Ebenen** wird, ebenfalls nach dem Superpositionsgesetz, so ermittelt, dass man die Kräfte in zwei Komponenten F_h und F_v in der horizontalen und vertikalen Ebene zerlegt und die Projektionen der Biegelinien auf diese Ebenen y_h und y_v in bekannter Weise bestimmt (**1.36a** bzw. **b**). Durch Punktweise geometrische Addition der Durchbiegungen y_h und y_v erhält man die resultierende Durchbiegung *y* (**1.36c**) nach Betrag und Richtung (Tangens des Richtungswinkels φ; φ ist bezogen auf eine Schnittebene senkrecht zur Welle)

$$\boxed{y = \sqrt{y_h^2 + y_v^2}} \qquad (1.59)$$

$$\boxed{\tan \varphi = \frac{y_v}{y_h}} \qquad (1.60)$$

Die resultierende Biegelinie ist meist eine Raumkurve, dick ausgezogene Linie in Bild **1.36d**, die durch Verdrehen der Wellenquerschnitte als ebene Kurve dargestellt werden kann (**1.36c**).

Beispiel 6

Nachrechnung der Getriebewelle in Beispiel 4 auf elastische Verformung (**1.19**). Es werden zunächst vier Teilwerte der Durchbiegungen bestimmt, die zu den je zwei Komponenten der beiden Kräfte F_1 und F_2 nach den folgenden Gleichungen errechnet werden. In der Vertikalebene beträgt die Durchbiegung $y_{v\,1\,1}$ bei Rad 1 infolge der Kraft $F_{1\,v}$

$$y_{v11} = \frac{F_{1v} \cdot a^2 \cdot b^2}{E \cdot I \cdot 3 \cdot l} = \frac{1185\,\text{N} \cdot 204{,}5^2\,\text{mm}^2 \cdot 230^2\,\text{mm}^2}{210\,000\,\text{N/mm}^2 \cdot 692\,000\,\text{mm}^4 \cdot 3 \cdot 434{,}5\,\text{mm}} = 0{,}0138\,\text{mm}$$

Beispiel 6, Fortsetzung

Die Durchbiegung $y_{v\,1\,2}$ bei Rad *1* infolge der Kraft $F_{2\,v}$ ist gegeben durch die Gleichung

$$y_{v12} = \frac{F_{2v} \cdot a^2 \cdot b^2}{E \cdot I \cdot 6 \cdot l} \cdot \left(\frac{2 \cdot x}{a} + \frac{x}{b} - \frac{x^3}{a^2 \cdot b} \right)$$

$$= \frac{-8830\,\text{N} \cdot 39{,}15^2\,\text{mm}^2 \cdot 4{,}3^2\,\text{mm}^2}{210000\,\text{N/mm}^2 \cdot 692000\,\text{N/mm}^2 \cdot 6 \cdot 434{,}5\,\text{mm}}$$

$$\cdot \left(2 \cdot \frac{204{,}5}{391{,}5} + \frac{204{,}5}{43} - \frac{204{,}5^3}{391{,}5^2 \cdot 43} \right) = -0{,}0297\,\text{mm}$$

Entsprechend findet man in der Horizontalebene am Rad *1* die Durchbiegungen infolge der Kräfte $F_{1\,h}$ und $F_{2\,h}$

$$y_{h11} = 0{,}054\,\text{mm}$$

$$y_{h12} = -0{,}0108\,\text{mm}$$

Die Gesamtdurchbiegung am Rad *1* in der Vertikal- und Horizontalebene $y_{v\,1}$ bzw. $y_{h\,1}$ und die resultierende Durchbiegung y_1 sind dann

$$y_{v1} = y_{v11} + y_{v12} = (0{,}0138 - 0{,}0297)\,\text{mm} = -0{,}0159\,\text{mm}$$

$$y_{h1} = y_{h11} + y_{h12} = (0{,}054 - 0{,}0108)\,\text{mm} = 0{,}0432\,\text{mm}$$

$$y_1 = \sqrt{y_{h1}^2 + y_{v1}^2} = \sqrt{(0{,}0432\,\text{mm})^2 + (0{,}0159\,\text{mm})^2} = 0{,}046\,\text{mm}$$

Für das Verhältnis *y/l*, hier 0,046 mm/434,5 mm = 1/9430, wird im Werkzeugmaschinenbau ein Wert bis zu 1/5000 zugelassen. ■

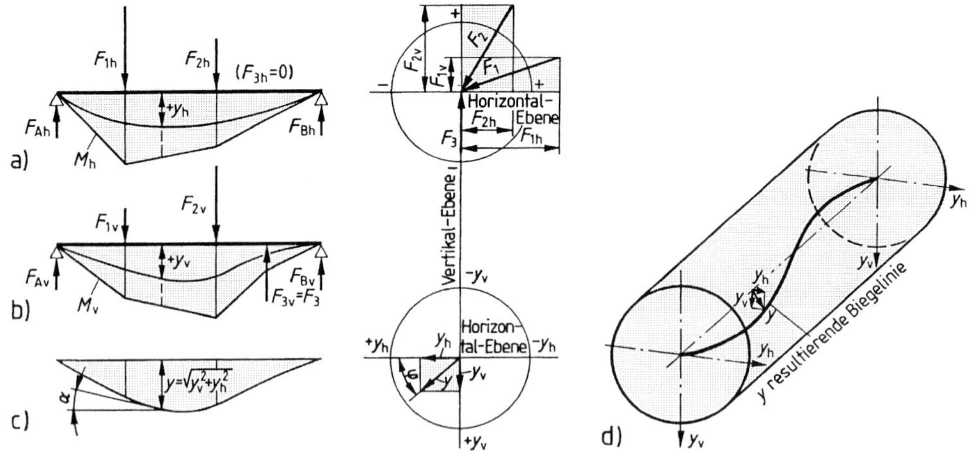

1.36
Ermitteln der Biegelinie bei Belastung in verschiedenen Ebenen

a) Horizontalebene und Zerlegung der Belastung in Komponenten; b) Vertikalebene; c) resultierende Durchbiegung; d) räumliche Darstellung (nicht maßstäblich)

Zulässige Durchbiegung und zulässiger Neigungswinkel. Die Werte für f_{zul} und α_{zul} werden je nach den Güteanforderungen an die einzelnen Maschinen gewählt. So lässt man z. B. bei Werkzeugmaschinen $f_{zul} = 1/5000$ und $\alpha_{zul} = 0{,}001$ rad zu. Bei elektrischen Maschinen ist f_{zul} abhängig vom theoretischen Luftspalt s zwischen dem Rotor und Stator, z. B. $f_{zul} \leq s/10$. Sofern keine besonderen Forderungen bestehen, kann man im allgemeinen Maschinenbau nach dem Erfahrungswert $f_{zul} \leq l/3000$ bemessen.

Für die Einhaltung einer zulässigen relativen Durchbiegung zur Lagerentfernung lässt sich aus Gl. (1.56) bei gegebenem Lagerabstand l der erforderliche Wellendurchmesser d oder bei gegebenem Wellendurchmesser der größtzulässige Lagerabstand l errechnen, wenn man $f_{zul}/l \leq 1/3000$, $E_{Stahl} = 2{,}1 \cdot 10^5\,\text{N/mm}^2$ und die Gesamtbelastung F als mittig angeordnete Punktlast annimmt. Dies führt auf die Zahlenwertgleichungen

$$\boxed{d = \sqrt[4]{\frac{F \cdot l^2}{165}} \text{ in mm}} \qquad \boxed{l \leq \frac{12{,}85 \cdot d^2}{\sqrt{F}} \text{ in mm}} \qquad (1.61)\quad(1.62)$$

mit F in N und l in mm. Für $f_{zul}/l \leq 1/5000$ ist in Gl. (1.61) die Zahl 100 (statt 165), in Gl. (1.62) die Zahl 10 (statt 12,85) zu setzen.

Welche Neigungswinkel α, z. B. an den Lagern, zulässig sind, muss nach den jeweiligen Verhältnissen (Lagerpläne, Passung, Lagerart) oder beispielsweise im Hinblick auf den Eingriff zwischen zwei Zahnrädern nach der geforderten Güte des Getriebes beurteilt werden. Erfahrungsgemäß kann für den Neigungswinkel am Auflager tan $\alpha_{zul} \approx 1/1000$ rad gesetzt werden.

Der Einfluss der auf der Welle angebrachten Räder oder örtlicher Querschnittsänderungen, z. B. durch Nuten, auf die Durchbiegung ist schwer zu erfassen; i. A. ergeben die Naben der Räder eine Versteifung (und damit eine Verringerung der Durchbiegung), die Nuten eine Schwächung der Welle.

Wärmedehnung. Die radiale Wärmeausdehnung eines Lagerzapfens kann zur Veränderung des Lagerspieles führen, wenn Welle und Lager sich nicht gleichmäßig erwärmen. Ebenso ändert sich die Passung am Nabensitz eines Rades bei ungleichmäßiger Wärmeausdehnung, die entweder durch eine Temperaturdifferenz zwischen beiden Teilen oder durch unterschiedliche Wärmeausdehnungszahlen der Werkstoffe von Welle und Nabe hervorgerufen wird. Eine Temperaturdifferenz im Lager kann ihre Ursache z. B. in der notwendigen Kühlung haben (s. Abschn. 2). Einen großen Unterschied in den Wärmeausdehnungszahlen findet man z. B. zwischen Grauguss und Messing bzw. Rotguss (Bild **1.37**).

Stahl	Grauguss	Rotguss, Messing	Al-Legierungen	Kunststoffe
12	9	19...20	22...25	15...30

1.37
Lineare Wärmeausdehnungszahlen α in 10^{-6}/K

Die Durchmesseränderung Δd bei der Temperaturdifferenz $\Delta\vartheta$ beträgt für eine Welle mit dem Durchmesser d und der Wärmeausdehnungszahl α

$$\boxed{\Delta d = \alpha \cdot d \cdot \Delta\vartheta} \qquad (1.63)$$

Die Längenänderung $\Delta l = \alpha \cdot l \cdot \Delta\vartheta$ einer Welle mit der Länge l kann zu Verspannungen in den Lagern führen, wenn keine Ausdehnungsmöglichkeit zwischen Welle und Gehäuse bzw. Lager gegeben ist. Zweckmäßig ordnet man deshalb ein Fest- und ein Loslager an (s. Abschn. 3.3.5.2).

1.5 Schwingungen und kritische Drehfrequenzen

(s. Abschn. 4.3.2 und Teil 1, Abschn. 8)

Jede Welle kann bei geeigneter Anregung in elastische Dreh- oder Biegeschwingungen versetzt werden. Sie besitzt je nach ihrer Dreh- bzw. Biegesteifigkeit eine bestimmte Eigenschwingungszahl für Dreh- bzw. Biegeschwingungen. Da die anregende Frequenz gewöhnlich durch die Drehfrequenz der Welle gegeben ist, spricht man von der kritischen Drehfrequenz bei Resonanz mit der Eigenschwingungszahl, weil bei längerem Verbleiben in dieser Drehfrequenz eine „kritische", oft nicht zu beherrschende Steigerung der Ausschläge eintritt, die zum Bruch führen kann.

Zur Anfachung von gefährlichen Drehschwingungen sind rhythmisch sich wiederholende Änderungen des Drehmomentes Voraussetzung, wie sie besonders in Kolbenmaschinen auftreten. Die Ermittlung der torsionskritischen Drehfrequenz bzw. Drehfrequenzen einer Welle ist daher für Kolbenmaschinen eine sehr wichtige Aufgabe (s. Abschn. Kurbeltrieb). Biegeschwingungen werden durch Fliehkräfte an der sich drehenden Welle hervorgerufen. Die biegekritische Drehfrequenz einer Welle ist deshalb unabhängig von der Achsenlage, ob horizontal, vertikal oder in beliebiger Anordnung, und für alle schnelllaufenden Wellen von Bedeutung.

Drehschwingungen. Die **Eigen-Kreisfrequenz** (Winkelfrequenz) ω_e eines **Einmassensystems** für Drehschwingungen ist abhängig von der Drehsteife c' des Wellenstücks und dem polaren Massenträgheitsmoment J_p

$$\omega_e^2 = \frac{c'}{J_p} \quad \text{bzw.} \quad \omega_e = \sqrt{\frac{c'}{J_p}} \tag{1.64}$$

Hierin ist die **Drehsteife c'** der Quotient aus dem Drehmoment T und dem an dem Wellenstück hervorgerufenen **Verdrehungswinkel ψ**. Das Drehmoment T kann nach Gl. (1.50) und (1.51) durch den Gleitmodul G und das polare Flächenträgheitsmoment I des Wellenquerschnitts ausgedrückt werden. Dann ergibt sich mit $\psi = \vartheta \cdot l$ nach Gl. (1.51) die **Drehsteife**

$$c' = \frac{T}{\psi} = \frac{T}{\vartheta \cdot l} = \frac{G \cdot I_p}{l} \tag{1.65}$$

Setzt man in diese Größengleichung z. B. T in Nm, G in N/m², I_p in m⁴ und l in m ein, so hat c' die Einheit Nm/rad. Das **Massenträgheitsmoment J_p** der Drehmasse eines zylindrischen Körpers wird mit dem Außendurchmesser D, der Breite b (**1.38**) und der Dichte ρ angegeben durch die Gleichung

$$J_p = \frac{\pi}{32} \cdot \rho \cdot D^4 \cdot b \tag{1.66a}$$

Für eine ringförmige Masse mit dem Außen- bzw. Innendurchmesser D_a und D_i und der Breite b wird das Massenträgheitsmoment

$$J_p = \frac{\pi}{32} \cdot \rho \cdot (D_a^4 - D_i^4) \cdot b \tag{1.66b}$$

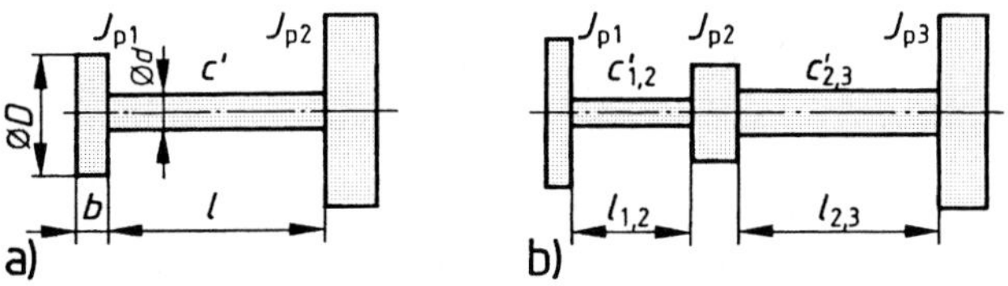

1.38
Drehschwingsysteme

a) mit zwei Massen. Drehsteifigkeit $c' = G \cdot I_p/l$

b) mit drei Massen. $c'_{1,2}$ bzw. $c'_{2,3}$ sind die Drehstreifen der Wellenstücke zwischen den Drehmassen J_{p1} und J_{p2} bzw. J_{p2} und J_{p3}

Gl. (1.64) gilt für ein System mit nur einer Drehmasse. Das einfachste schwingungsfähige System einer Welle besteht aber aus zwei Drehmassen mit J_{p1} und J_{p2}, die durch ein Wellenstück von der Länge l mit der Drehsteife c' verbunden sind (**1.38**). Für dieses **Zweimassensystem** ist die Eigen-Kreisfrequenz ω_e (hier und im folgenden wird die Masse der Welle selbst vernachlässigt)

$$\omega_e^2 = c' \cdot \left(\frac{1}{J_{p1}} + \frac{1}{J_{p2}} \right) \quad \text{bzw.} \quad \omega_e = \sqrt{c' \cdot \left(\frac{1}{J_{p1}} + \frac{1}{J_{p2}} \right)} \tag{1.67}$$

Wenn das Massenträgheitsmoment J_{p2} im Vergleich zu J_{p1} sehr groß wird, geht Gl. (1.67) mit $J_p = J_{p2}$ in Gl. (1.64) über (J_{p1} wird vernachlässigt).

Systeme mit mehr als zwei Drehmassen, verschieden langen Wellenstücken und verschiedenen Drehstreifen der einzelnen Stücke (**1.38b**) besitzen auch mehrere Eigenkreisfrequenzen. Allgemein hat ein System mit n Massen und n-1 Wellenstücken zwischen diesen Massen n-1 verschiedene Eigenkreisfrequenzen. Die Bestimmung dieser Frequenzen ist bei Systemen mit mehr als drei Massen sehr umständlich und wird mittels rechnerischer Näherungsverfahren durchgeführt.

Biegeschwingungen entstehen an Wellen meist durch Fliehkraftwirkungen von kleinen Unwuchten der sich drehenden Massen. Die Grundformel für die Eigen-Kreisfrequenz ω_e von Biegeschwingungen lässt sich verhältnismäßig leicht ableiten, wenn man vereinfachend den Fall annimmt, dass eine „glatte“ Welle (zylindrisch, ohne Absätze, Bohrungen oder Nuten, d. h. mit konstantem Trägheitsmoment I) mit der Biegesteife c, vernachlässigbar kleiner Eigenmasse und einer aufgesetzten Masse m umläuft, deren Schwerpunkt S von der Wellenmitte M die Exzentrizität e hat (**1.39**). Auf die mit der Winkelgeschwindigkeit ω umlaufenden Masse m wirkt die Fliehkraft F. Unter dieser Fliehkraft biegt sich die Welle um den Betrag y durch. Der Schwerpunkt S der Masse bewegt sich nun um die Drehachse 0-0 auf einer angenommenen Kreisbahn mit dem Radius r (**1.39**); $r = y + e$. Die Fliehkraft ist

$$F = m \cdot r \cdot \omega^2 = m \cdot (y + e) \cdot \omega^2 \tag{1.68}$$

Die Biegesteife c ist definiert als Quotient aus der Kraft F und der durch diese hervorgerufenen Wellendurchbiegung y: $c = F/y$. Die Biegesteife wird z. B. in N/m angegeben. Bei einer elastischen Auslenkung y der Welle mit der Biegesteife c tritt als Reaktion eine Rückstellkraft F_R auf, die der Auslenkung y und Biegesteife c proportional ist; es gilt $F_R = c \cdot y$. Die Rückstellkraft F_R wirkt der Fliehkraft F entgegen. Aus dem Gleichgewicht $F = F_R$ folgt mit $F = m \cdot (y + e) \cdot \omega^2$ und $F_R = c \cdot y$

$$\boxed{\omega^2 = \frac{c \cdot y}{m \cdot (y+e)}} \tag{1.69}$$

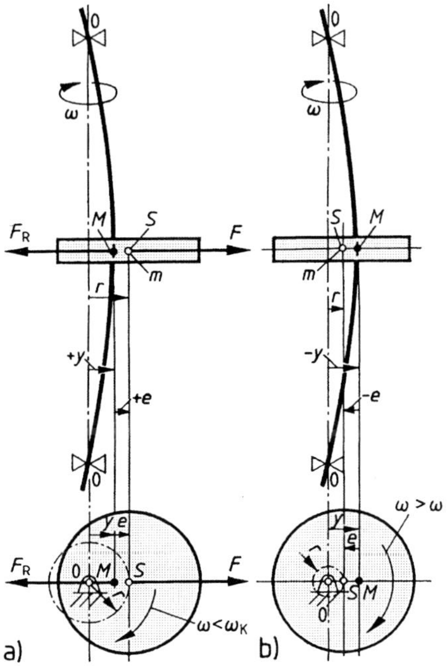

1.39
Einzelmasse auf biegesteifer, masseloser Welle
a) bei unterkritscher Winkelgeschwindigkeit ω; $r = y + e$
b) bei überkritischer Winkelgeschwindigkeit ω; $r = y - e$

Die **Durchbiegung** ist dann

$$\boxed{y = \frac{e \cdot \omega^2}{\frac{c}{m} - \omega^2}} \tag{1.70}$$

Erreicht das Quadrat der Winkelgeschwindigkeit ω^2 in Gl. (1.70) den Wert c/m, so wächst die Durchbiegung y ins Unendliche. Es liegt dann die gefährliche Resonanz mit der Eigen-Kreisfrequenz ω_e, die **kritische Kreisfrequenz** ω_k, vor

$$\boxed{\omega_k^2 = \omega_e^2 = \frac{c}{m}} \quad \text{bzw.} \quad \boxed{\omega_k = \sqrt{\frac{c}{m}}} \tag{1.71}$$

Die **biegekritische Drehfrequenz** $\boldsymbol{f_k}$ bzw. $\boldsymbol{n_k}$ des Einmassensystems ist gegeben durch die folgende Zahlenwertgleichung (ω_k in s^{-1}, c in N/m und m in kg bzw. Ns^2/m)

$$\boxed{f_k = \frac{\omega_k}{2\pi} \text{ in } s^{-1} \qquad n_k = \frac{30}{\pi} \cdot \sqrt{\frac{c}{m}} \text{ in min}^{-1}} \tag{1.72}$$

Wird ω größer als ω_k, so wird, wie Gl. (1.70) zeigt, y negativ. Die Durchbiegung y ist in diesem „überkritischen Bereich" entgegengesetzt zur Exzentrizität e gerichtet, und der Massenschwerpunkt S liegt demnach zwischen Wellenmitte M und Drehachse 0-0 (**1.39b**).

Bei weiterer Steigerung von ω wird r im überkritischen Bereich immer kleiner und nähert sich schließlich dem Wert $r = 0$: Die Welle zentriert sich selbst und läuft ruhiger als im unterkritischen Bereich. Hier ist das Verhältnis r/e (Bild **1.40**) immer größer als 1 und steigt oberhalb von $\omega/\omega_k = 0{,}8$ sehr rasch an. Im überkritischen Bereich sinkt dagegen r/e sehr schnell und erreicht bereits bei $\omega/\omega_k = \sqrt{2}$ den Wert $r/e = 1{,}0$ und bei $\omega/\omega_k = \sqrt{3}$ den Wert 0,5. Trotz Drehfrequenzsteigerung verringert sich die Fliehkraft. Bei Anwachsen des Drehfrequenzverhältnisses $n/n_k = \omega/\omega_k$ von z. B. 1,1 auf 1,41 sinkt r/e von 4,762 auf 1,0 und die Fliehkraft $m \cdot r \cdot \omega^2$ auf den 2,88ten Teil.

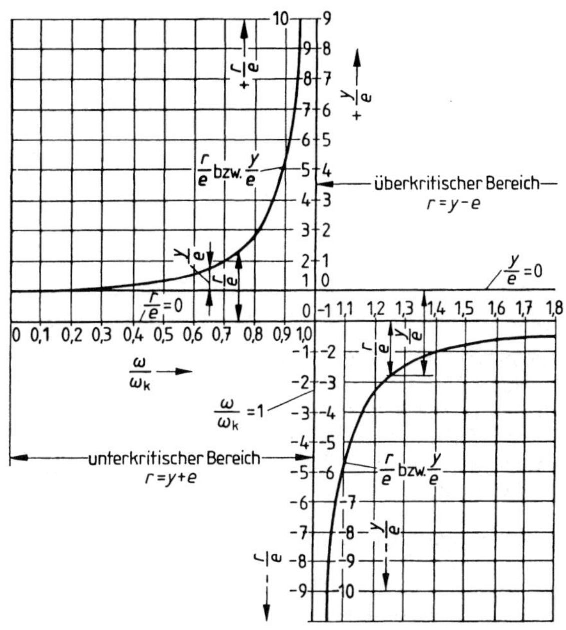

1.40
Unter- und überkritischer Drehfrequenzbereich von Wellen. Verhältnis r/e und y/e (**1.39a** und **b**) in Abhängigkeit von ω/ω_k

Die **Biegesteife c** errechnet man aus der zu einer äußeren Belastung F der Welle gehörigen elastischen Durchbiegung y, wobei die Belastungsweise (Einzellast, mehrere Lasten, Streckenlast) der wirklichen Massenverteilung auf der Welle entsprechen muss. Als äußere Belastung wählt man zweckmäßigerweise die Eigengewichtskraft F_g der Welle und Scheibe. Daraus folgt bei waagerechter Wellenlage die Durchbiegung f_g. Die Biegesteife ist dann

$$\boxed{c = \frac{F}{y} = \frac{F_g}{f_g}} \tag{1.73}$$

Setzt man diesen Ausdruck und die Beziehung $F_g = m \cdot g$ (mit der Fallbeschleunigung $g = 9{,}81$ m/s^2 und der Masse m in kg) in Gl. (1.72) ein, so ergibt sich die als Näherungsformel gebräuchliche Zahlenwertgleichung für die **biegekritische Drehfrequenz**

$$n_k \approx 300 \cdot \sqrt{\frac{1}{f_g}} \quad \text{in min}^{-1} \quad \text{mit } f_g \text{ in cm} \tag{1.74}$$

Gl. (1.74) liefert nur dann ein brauchbares Ergebnis, wenn für f_g lediglich die Durchbiegung infolge einer gedachten Belastung durch die Eigengewichtskraft der Welle und der sich drehenden Massen, die die Fliehkraftwirkung hervorrufen, eingesetzt wird. Nicht dagegen darf die Durchbiegung aus etwa vorhandenen einseitig wirkenden Kräften wie Zahndrücken, Riemenzügen usw. in diese Gleichung eingeführt werden, da diese äußeren Kräfte keine Fliehkräfte verursachen und somit keinen Einfluss auf die kritische Drehfrequenz haben. Die Lage der Welle (waagerecht oder senkrecht) ist ebenfalls gleichgültig, denn die Fliehkraftwirkungen sind bei allen Wellenlagen gleich groß, die kritische Drehfrequenz hat immer denselben Wert. Bemerkenswert ist, dass auch die Exzentrizität e die kritische Drehfrequenz nicht beeinflusst. Mit Rücksicht auf die Fliehkräfte ist durch Auswuchten der Welle jedoch eine möglichst kleine Exzentrizität anzustreben.

Man erkennt die **Einflussgrößen auf die kritische Kreisfrequenz** am besten aus Gl. (1.71), aus der sich für eine Welle mit einer mittig sitzenden Scheibe die folgende Gleichung ergibt

$$\omega_k = \sqrt{\frac{c}{m}} = \sqrt{\frac{48 \cdot E \cdot I}{m \cdot l^3}} = \sqrt{\frac{3 \cdot \pi \cdot E}{4}} \cdot \sqrt{\frac{d^4}{m \cdot l^3}} \tag{1.75}$$

Mit der Biegesteife c (= $48 \cdot E \cdot I/l^3$) in N/m, dem Elastizitätsmodul E in N/m^2, dem axialen Trägheitsmoment der Vollwelle I (=$\pi \cdot d^4/64$) in m^4, der Masse m in kg bzw. Ns^2/m und Wellendurchmesser d sowie Lagerabstand l in m erhält man in dieser Größengleichung ω_k in s^{-1}. Die kritische Kreisfrequenz ω_k (und hiermit proportional die kritische Drehfrequenz n_k) einer Welle lässt sich somit durch Ändern der Biegesteife c beeinflussen, z. B. erhöhen. Dies kann am wirksamsten durch Heraufsetzen des Wellendurchmessers d oder – weniger wirksam – durch Verringern des Lagerabstandes l erreicht werden (ω_k erhöht sich hierbei proportional mit d^2 bzw. $1/l^{3/2}$). Auch durch Verkleinern von m lässt sich ω_k erhöhen (der Einfluss wirkt proportional mit $\sqrt{1/m}$). Der Elastizitätsmodul E bewirkt eine Änderung von ω_k proportional $E^{1/2}$; z. B. hat die kritische Drehfrequenz ω_k einer Welle aus GG etwa das 0,7fache des Wertes einer Stahlwelle. Eine Erhöhung der Biegefestigkeit und der kritischen Drehfrequenz tritt auch ein, wenn die Welle mit einem dritten Lager versehen wird.

Die vorstehenden Gleichungen gelten aber nur für glatte Wellen mit zwei Lagern und mit einer Scheibe, wobei die Masse der Welle vernachlässigt ist (masselose Welle).

Für die Grund-Kreisfrequenz $\omega_{e\,0}$ der glatten, massebehafteten Welle ohne aufgesetzte Scheibe gilt

$$\omega_{e0} = \sqrt{\frac{\pi^4 \cdot E \cdot I}{l^4 \cdot \rho \cdot A}} \tag{1.76}$$

Mit dem Wellenquerschnitt A in m^2, E in N/m^2, I in m^4, ρ in kg/m^3 = Ns^2/(m·m^3) und dem Lagerabstand l in m ergibt sich in dieser Größengleichung $\omega_{e\,0}$ in s^{-1}.

Theoretisch kann eine glatte Welle mit gleichmäßig verteilter Eigenmasse ohne aufgesetzte Scheibe unendlich viele, verschiedene Schwingungsformen (ähnlich wie eine Saite) annehmen.

Praktische Bedeutung hat aber nur die in Gl. (1.76) angegebene sog. Grundkreisfrequenz (die Schwingung ersten Grades) mit je einem Schwingungsknoten an den beiden Lagern. Selten spielt auch noch die Schwingung zweiten Grades mit halber Schwingungslänge $l/2$ und vierfacher Kreisfrequenz ω eine Rolle.

Die **Eigen-Kreisfrequenz** ω_e einer glatten Welle **mit mehreren Scheiben** bestimmt man nach der Näherungsformel von *Dunkerley*, indem man zunächst, jeweils für sich, die Eigen-Kreisfrequenz der Welle allein $\omega_{e\,0}$ nach Gl. (1.76) und jeder Scheibe mit masseloser Welle $\omega_{e\,1}, \omega_{e\,2}, \ldots$ nach Gl. (1.71) bzw. (1.74) errechnet. Mit diesen Werten ist

$$\frac{1}{\omega_e^2} \approx \frac{1}{\omega_{e0}^2} + \frac{1}{\omega_{e1}^2} + \frac{1}{\omega_{e2}^2} + \frac{1}{\omega_{e3}^2} \ldots \quad (1.77)$$

Der nach dieser - empirisch gefundenen - Formel errechnete Wert ω_e liegt meist um 5 ... 10% unterhalb des tatsächlichen Wertes.

Die **Betriebsdrehfrequenz** $\boldsymbol{n}$ wählt man mit n_k nach Gl. (1.74) entweder unterkritisch $n \leq (0{,}90 \ldots 0{,}95) \cdot n_k$ oder überkritisch $n \geq (1{,}10 \ldots 1{,}15) \cdot n_k$.

Bei überkritischer Betriebsdrehfrequenz ist das Durchfahren der kritischen Drehfrequenz beim Anlauf möglichst schnell auszuführen, ggf. sind ein Schwingungsdämpfer oder eine mechanische Begrenzung für die entstehenden Ausschläge der Welle vorzusehen. Sind Drehfrequenzschwankungen aus betrieblichen oder konstruktiven Gründen (s. Gelenkwellen) zu erwarten, so muss die mittlere Betriebsdrehfrequenz um den Betrag der Schwankung weiter von den oben genannten Mindestwerten abgerückt werden. Im überkritischen Bereich sind Drehfrequenzen in der Nähe ganzzahliger Vielfacher von n_k zu vermeiden.

Das statische bzw. dynamische Auswuchten aller schnelllaufenden Achsen und Wellen ist sehr wichtig. Für das statische Auswuchten genügt ein Massenausgleich, bei dem an der ruhenden Welle in jeder Drehlage ein Gleichgewichtszustand besteht. Für ein dynamisches Auswuchten muss der Massenausgleich durch Anbringen oder Entfernen kleiner Massen an bestimmten Stellen vorgenommen werden, damit vorhandene Unwuchten bestmöglich und derart ausgeglichen werden, dass auch bei umlaufender Welle die Lagerkräfte konstant bleiben und ferner Fliehkraftwirkungen wie Durchbiegungen, Schwingungsausschläge usw. auf einen Kleinstwert herabgesetzt werden. Auch bei größter Sorgfalt kann Unwucht in der Praxis nicht völlig beseitigt werden.

1.6 Gestalten und Fertigen

Für die Gestaltung und die Werkstoffwahl von Achsen und Wellen sind vorgegebene oder geforderte Hauptabmessungen, Belastungsweise, Betriebsverhältnisse, Fertigungsverfahren und Stückzahl maßgebend. Da die Hauptabmessungen (Durchmesser, Lagerentfernung) häufig die gesamte Konstruktion einer Maschine mitbestimmen, entsteht im Bestreben nach kleinen Baumaßnahmen leicht die falsche Annahme, dass bei der Werkstoffwahl die Verwendung eines Stahles hoher Festigkeit immer günstig sei. Die Mehrzahl der auftretenden Wellenbrüche hat ihre Ursache jedoch nicht in der Verwendung eines Werkstoffes zu geringer Festigkeit, sondern in der Unterschätzung der Kerbwirkungen, also in einer fehlerhaften Gestaltung oder mangelhaften Fertigung. Die Vorteile von Werkstoffen hoher Festigkeit werden oft durch höhere Kerbempfindlichkeit (s. Teil 1, Abschn. 2) gemindert; hinsichtlich elastischer Verformung im Betrieb bringen diese Werkstoffe überhaupt keine Verbesserung gegenüber den Stählen mittlerer Festigkeit. Bei der Werkstoffauswahl bzw. Oberflächenbearbeitung spielt für Lagerzapfen die Werkstoffpaarung Welle/Lager eine große Rolle.

Für Achsen und Wellen mit mittlerer Beanspruchung werden unlegierte Stähle nach DIN EN 10025, z. B. E295 (St50) als blanker Rundstahl verwendet, bei geringeren Ansprüchen genügt der weniger verschleißfeste S275 (St44). Wenn höhere Festigkeit notwendig ist, stehen die Stähle E335 (St60) und E360 (St70) zur Verfügung, die mit zunehmendem Kohlenstoffgehalt leichter zu härten, aber schwieriger zu bearbeiten sind. Für hochbeanspruchte Wellen ist es, auch wegen der Bearbeitbarkeit, vorteilhafter, Vergütungsstähle nach DIN EN 10083, z. B. C35, oder Einsatzstähle nach DIN EN 10084, z. B. 17Cr3 oder 16MnCr5 bzw. 20MnCr5, zu verwenden. Sowohl bei Einsatzstählen als auch bei Vergütungsstählen soll man die Wellen nur an den Lagerlaufflächen, Nocken usw. mit der verschleißfesten Oberfläche versehen, z. B. durch Flammhärtung. Warmfeste Stähle sind für Dampfturbinenwellen und ähnliche Betriebsverhältnisse notwendig.

Die zweckmäßige Gestaltung von Achsen und Wellen unter Vermeidung vor allem der gefährlichen Kerbstellen ist eine wichtige Aufgabe des Konstrukteurs (s. Teil 1, Abschn. 2). In den Bildern **1.41** und **1.42** werden Hinweise für zweckmäßige Gestaltung gegeben.

<table>
<tr><th>unzweckmäßig</th><th>zweckmäßig</th><th>Erläuterung</th></tr>
<tr><td>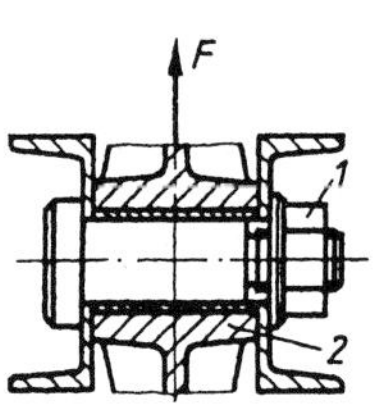
</td><td>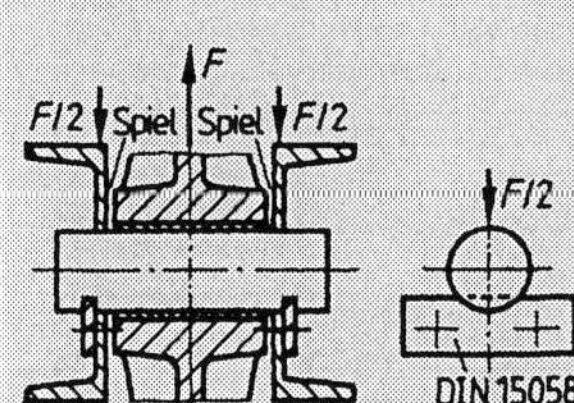
</td><td>Längsführung und Drehsicherung für Achsen und Bolzen
Die Schraubenverbindung 1 ist teuer, wirkt verspannend und behindert die Drehung der Seilrolle 2. Der genormte Achshalter (rechts, liegt in gefräster Nut der Achse auf der unbelasteten Achsenseite) sichert einwandfrei gegen Längsverschiebung und Drehung (s. auch Bild 1.7)</td></tr>
<tr><td>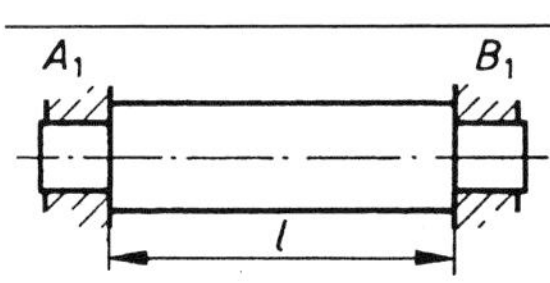

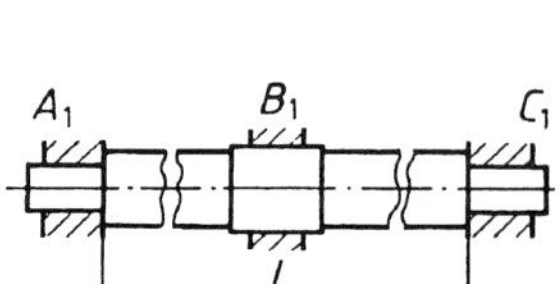
</td><td>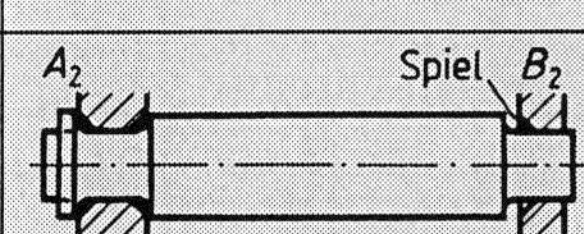

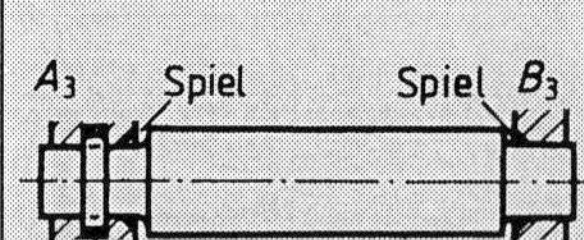

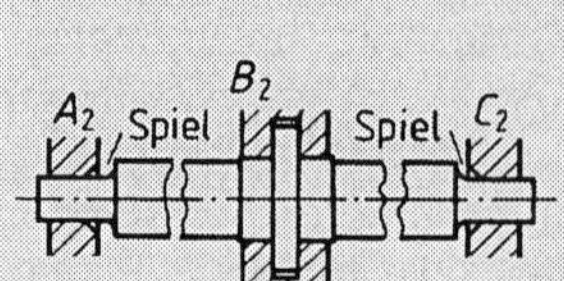
</td><td>Längsführung an Wellen
Die einseitige Führung sowohl im Lager A_1 als auch im Lager B_1 ergibt bei Wärmeausdehnung eine Verspannung. Das Maß l muss mit einer teuren Passung gefertigt werden. Bei Spielpassung wandert die Welle. Dasselbe gilt für die gezeigte dreifach gelagerte Welle (unten) mit Führung in Lager A_1 und C_1.
Abhilfe durch Längsführung in beiden Richtungen an einem Lager mit Außenführung – bei Lager A_2 z. B. durch Stellring und Wellenschulter – oder mit Innenführung wie beim Lager A_3 durch Kamm oder Stellring (Mitte). Die entspr. Lösung mit mittlerem „Fest“-Lager und Längsspiel in den beiden Außenlagern ist bei der dreifach gelagerten Welle möglich (unten).</td></tr>
</table>

1.41
Gestalten von Achsen und Wellen (Fortsetzung s. nächste Seiten)

unzweckmäßig	**zweckmäßig**	Erläuterung
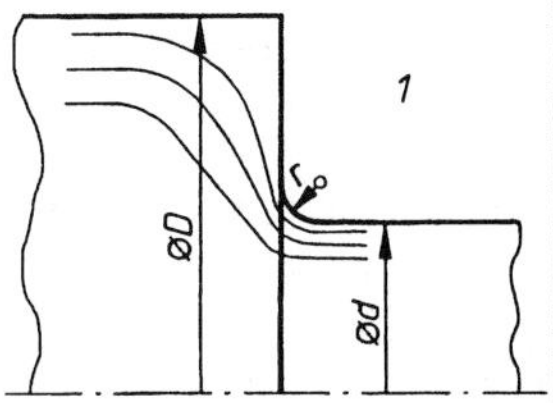	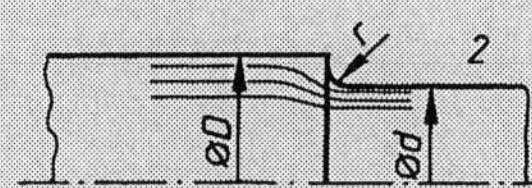	**Querschnittsänderungen an Wellenschultern** Bei Form *1* ist $D/d > 2$ zu groß. Ausrundung r mit $r < d/50$ zu klein (s. ungünstigen Kraftlinienverlauf). Zweckmäßig sind wie bei Form *2* die Werte $D/d \leq 1{,}1$ (bis 1,25); $r \geq d/10$ (... $d/20$). Werte für r nach DIN 250: r = 1,6; 2,5; 4; 6; 10 mm. Zum Schleifen Freistich nach DIN 509 vorsehen. Oberfläche der Ausrundungen möglichst glatt ausführen. (kalt gerollt, poliert, nitriert).
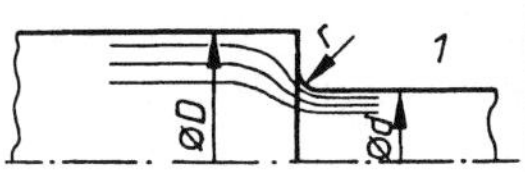	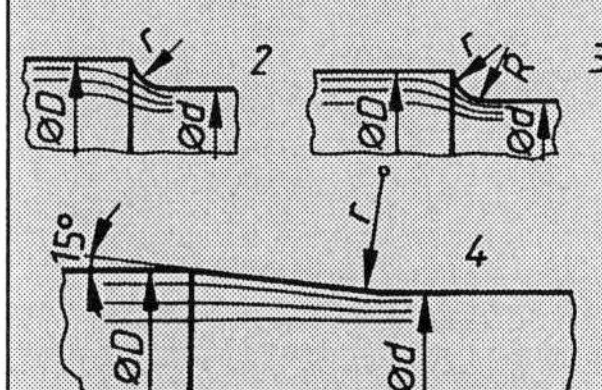	**Übergänge, hohe Oberflächengüte** Form 1. Rundung r nur geschruppt, Durchmesserverhältnis D/d mit $D/d > 1{,}5$ zu groß, Ausrundung r mit $r < d/10$ zu klein. Zweckmäßig wie bei Form *2* sind $D/d \leq 1{,}1$; $r \geq d/5$ (... $d/10$) oder Korbbogen nach Form *3* mit $R = d/5$; $r = R/4$. Beste Gestaltung nach Form *4* mit Kegel bei halbem Kegelwinkel von 15° und Ausrundung $r = d/5$. Rundungen möglichst kalt gerollt, poliert oder nitriert; auch das Aufbringen einer ringförmigen Entlastungsmulde vor Beginn einer Rundung wird empfohlen.
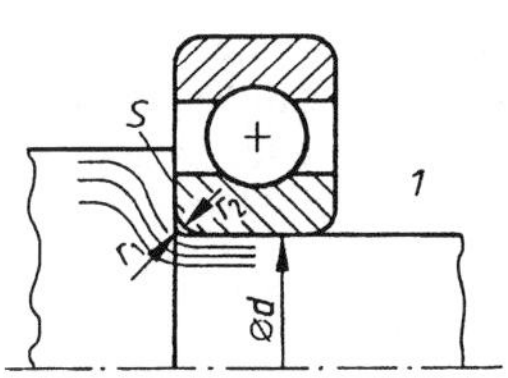	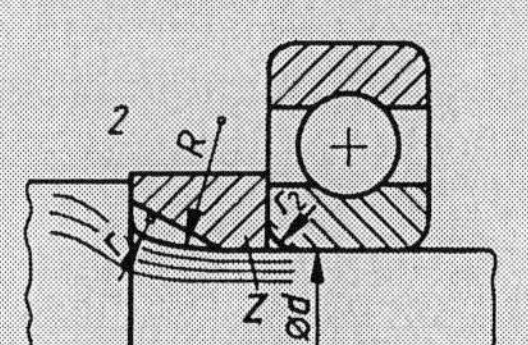	**Schulter für Kugellager** Mängel von Form *1*; Anliegen des Wälzlagerinnenringes mit Radius r_2 verlangt noch einen kleineren Radius r_1. Stirnfläche S kann nicht geschliffen werden. Zweckmäßig ist statt der Rundung mit r_1 ein Freistich nach DIN 509 (Bild **1.46**). Am zweckmäßigsten ist die Form *2* gestaltet mit Zwischenring; darunter genügende Ausrundung oder Korbbogen mit $R = d/5$ und $r = R/4$.

1.41
Gestalten von Achsen und Wellen (Fortsetzung)

Die **Fertigung** der Achsen und Wellen erfolgt bei kleiner Stückzahl und kleinen Abmessungen entweder aus dem Vollen oder besser – vor allem bei größeren Abmessungen – zunächst spanlos durch Freiform- oder Gesenkschmieden. Dies ergibt einen günstigeren Faserverlauf und verringert die anschließende Zerspanungsarbeit und Fertigbearbeitung auf Dreh-, Fräs- und Schleifmaschinen. Bei größeren Stückzahlen, z. B. im Getriebebau, werden zuerst Gesenkschmiedeteile gefertigt, diese dann auf Kopierdreh- bzw. Fräsmaschinen bearbeitet und nach dem Vergüten geschliffen. Zu beachten ist, dass sich insbesondere Wellen aus gezogenem Stahl aufgrund der Eigenspannungen beim Einfräsen von Nuten leicht verziehen. Das Fräsen muss deshalb vor der Fertigbearbeitung erfolgen.

Für die Serienfertigung wird vorteilhafter Weise auch Gusseisen mit Kugelgraphit nach DIN EN 1563 wegen seiner hohen Gestaltfestigkeit und guten Bearbeitbarkeit bei leichter Gestaltungsmöglichkeit verwendet, z. B. für Kurbelwellen und Hohlwellen. Das Verdichten der Oberflächen (Prägepolieren), Drücken und Sandstrahlen wird mit Erfolg zur Erhöhung der Dauerfestigkeit, die besonders an den Übergängen erwünscht ist, angewendet. Nitrierte Wellen besitzen eine außerordentlich geringe Kerbempfindlichkeit, die eine Steigerung der zulässigen Beanspruchung auf fast das Doppelte erlaubt. Nitrieren oder Nitrierhärten ist ein Glühen in Stickstoff abgebenden Mitteln zum Erzielen hoher Oberflächenhärte.

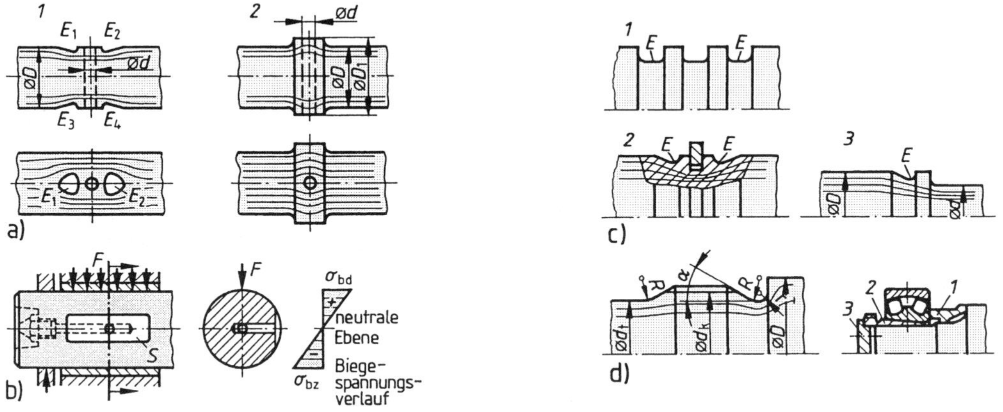

1.42
Beispiele zweckmäßiger Gestaltung zur Verminderung der Kerbwirkung durch Entlastungskerben und andere Gestaltungsmöglichkeiten

a) Querbohrungen. Man sieht örtlich eingefräste oder besser eingepresste Entlastungskerben vor ($E_{1 \dots 4}$ bei Form *1*) oder eine ringförmige Verstärkung der Welle (Form *2*).

b) Querbohrung und Schmiertasche an feststehenden Achsen. Querbohrung möglichst in die neutrale, spannungslose Ebene, also senkrecht zur Kraftrichtung F legen. Eine ebene Schmiertasche S ist bezüglich Schmierung und Kerbwirkung günstiger als eine Schmiernute.

c) Notwendige schroffe Durchmesseränderungen. Wird eine Sicherung gegen Längsbewegung durch einen Sicherungsring (DIN 471) erforderlich, so sieht man wie bei Form *1* und *2* zwei ringförmige Entlastungskerben E vor. Form *1* hat die größere Entlastungswirkung. Eine einzelne ringförmige Entlastungskerbe wie bei Form *3* ermöglicht auch große Durchmessersprünge D/d mit einer Schulter.

d) Gewinde sollen an hoch beanspruchten Stellen von Wellen vermieden werden. Gestaltung der Form *1*: Kegelige Übergänge mit ($\alpha = 15°$ auf einem kleineren Wellendurchmesser d_t (Taillendurchmesser) als dem Gewindekerndurchmesser d_k; ($d_t \approx 0{,}9 \cdot d_k$). Gewinde möglichst gerollt und nitriert, Gewindegrund gerundet; übliche metrische Gewinde sind günstiger als spitze Feingewinde. Gestaltung der Form *2*: Ersatz eines kerbempfindlichen Gewindes durch einen Zwischenring *1* mit einer Spannverbindung (geschlitzte Kegelhülse *2* und Spannschrauben *3* am unbelasteten Wellenende, s. Abschn. 3.3.5.3).

Die **Normung** auf dem Gebiete der Achsen und Wellen erstreckt sich auf allgemeine Daten: Durchmesser, Drehzahlen, Achshöhen, Werkstoffe, Rundstähle.

Maßnahmen für den Zusammenbau: Zylindrische und kegelige Wellenenden (Bilder **1.12** und **1.13**), Wellennuten für Passfedern und Keile, Keil- und Kerbzahnwellen, Zahnwellenprofile (s. Teil 1, Abschn. 6)

Einzelheiten für die Fertigung: Zentrierbohrungen, Schleifeinstiche, Rundungen und Zubehörteile, Achshalter, Stellringe (Bild **1.47**), Freistiche (Bild **1.46**).

Eine Normung vollständiger Achsen und Wellen ist nur vereinzelt durchgeführt worden (Bolzen in verschiedenen Formen). Für Sonderausführungen liegen Normen von Wellengelenken und biegsamen Wellen vor.

1.7 Sonderausführungen

Gelenkwellen dienen der Übertragung von Drehbewegungen, wenn die Mittellinien der Lagerungen auf An- und Abtriebsseite nicht fluchten. Die Abweichung der Mittellinien voneinander kann entweder konstruktiv bedingt (dauernd gleichbleibend) oder betriebsmäßig bedingt (veränderlich) sein, z. B. parallel verschoben oder winklig (Gelenkwellen s. Abschn. 4.3.1). Biegsame Wellen kommen in Betracht zur Übertragung kleinerer Leistungen bei häufiger Lageveränderung der getriebenen Wellen, wenn sie ohne feste Lagerung, z. B. von Hand, geführt werden.

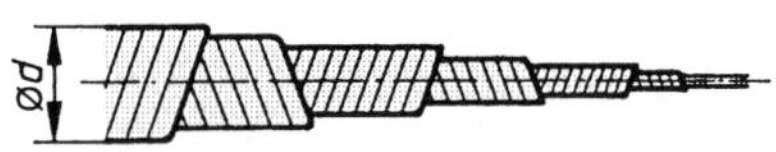

1.43
Aufbau einer biegsamen Welle für Rechtslauf
d Wellendurchmesser

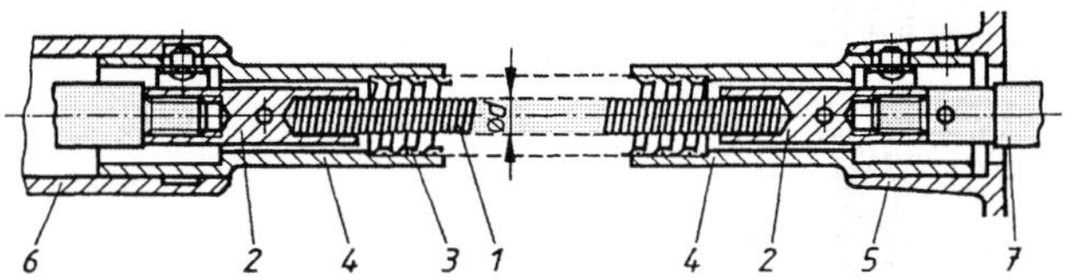

1.44
Biegsame Welle *1* mit Durchmesser *d* für Elektrowerkzeuge
2 Wellenkupplung
3 Schutzschlauch
4 Schlauchhülse
5 Führungsmuffe auf der Antriebsseite (rechts)
6 Handstückhülse
7 Wellenende der Maschine

Biegsame Wellen werden vorwiegend zur Übertragung kleiner Drehmomente bzw. Leistungen bei Elektrowerkzeugen und Messgeräten verwendet. Sie bestehen aus mehrlagigen, mit wechselnder Schlagrichtung übereinander gewickelten, vergüteten Federstahldrähten mit 2...12 Lagen je nach Wellendurchmesser. Die normale Ausführung ist für Rechtslauf geeignet, entsprechend der entgegengesetzt gerichteten Schlagrichtung der äußeren Drahtlage, welche durch die Drehbewegung nicht aufgewickelt werden darf (**1.43**). Die Wellen sind mit einem Schutzschlauch (**1.44**) zur Führung gegen seitliches Ausknicken und zur Aufnahme etwa auftretender Zugkräfte umgeben. Die Zuordnung der Wellendurchmesser *d*, der Drehzahlen *n* und der übertragbaren Leistungen *P* zeigt Bild **1.45**. Im Betrieb ist darauf zu achten, dass die Biegeradien der Welle möglichst groß sind, für Elektrowerkzeuge größer als $20 \cdot d$, für Messwerkzeuge größer als $(30 \dots 50) \cdot d$. Regelmäßige Schmierung innerhalb des Schutzschlauches ist erforderlich. An den Wellenenden werden genormte Kupplungsteile (**1.44**) weich angelötet, bei kleinen Wellendurchmessern auch aufgepresst.

Für wechselnde Drehrichtungen, z. B. bei Fernbedienung von Geräten, kommen Sonderausführungen zur Anwendung, die aus vielen Drahtlagen mit dünnen Drähten in wechselnden Schlagrichtungen gefertigt sind. Die elastische Verdrehung dieser biegsamen Wellen ist im Verhältnis zur Verdrehung normaler Biegewellen infolge besonderer konstruktiver Maßnahmen und durch Zuordnung kleinerer Nenndrehmomente sehr gering. Sie beträgt nur ≈ 1/3 bis 1/8 des Wertes üblicher Biegewellen je nach Drahtrichtung, wobei die bevorzugte Drehrichtung mit der kleinsten elastischen Verdrehung durch die (entgegengesetzte) Schlagrichtung der äußeren Drahtlage bestimmt ist. Für ein genaues Anzeigen von Messwerten sind biegsame Wellen im Messgerätebau fest zu verlegen und dabei möglichst große Biegeradien anzuwenden.

Leistung P in kW	Drehzahl n in min^{-1}												
	100	200	500	800	1000	1400	2000	2800	4000	5000	10000	20000	30000
0,04	13	10	10	8	8	6	6	5	5	3,2			
0,075	20	15	13	12	10	10	8	6	6	3,2	3,2		
0,18	25	25	20	15	15	13	12	10	8	5	4	3,2	3,2
0,37	35	30	25	20	20	15	13	12	10	6	5	4	3,2
0,75	40	35	30	30	25	20	20	15	13	10	6	5	5
1,1	45	40	35	35	30	25	20	15	15	12	8	5	5
1,5	50	45	40	35	35	30	25	20	15	13	10	6	–
2,2	60	55	50	45	40	35	30	25	20	20	12	7	–
3,7 ... 4,4	–	60	55	50	50	45	40	35	30	25	–	–	–
6,0 ... 7,3	–	–	60	60	55	50	45	40	35	–	–	–	–

1.45
Wellendurchmesser biegsamer Wellen d in mm, abhängig von Drehzahl n und Leistung P (GEMO, Krefeld-Uerdingen)

Form	r ± 0,1	t_1 + 0,1	f + 0,2	g ≈	t_2 + 0,05	nach-formbar	empfohlene Zuordnung zum Durchmesser d_1 für Werkstücke mit üblicher Beanspruchung	mit erhöhter Wechselfestigkeit
E und F	0,2	0,1	1	0,9	0,1	nein	über 1,6 bis 3	–
E und F	0,4	0,2	2	1,1	0,1		über 3 bis 18	
G			1	1,2	0,2			
E und F	0,6	0,2	2	1,4	0,1	ja	über 18 bis 80	
	0,6	0,3	2,5	2,1	0,2			
	0,8	0,3		2,4				
H			2	1,1	0,05			
E und F	1	0,4	4	3,2	0,3		über 80	
	1,2			3,4				
	1	0,2	2,5	1,8	0,1	ja	–	über 18 bis 50
	1,2			2				
H	1,2	0,3		1,5	0,05			
E und F	1,6	0,3	4	3,1	0,2			über 50 bis 80
	2,5	0,4	5	4,8	0,3			über 80 bis 120
	4	0,5	7	6,4				über 125

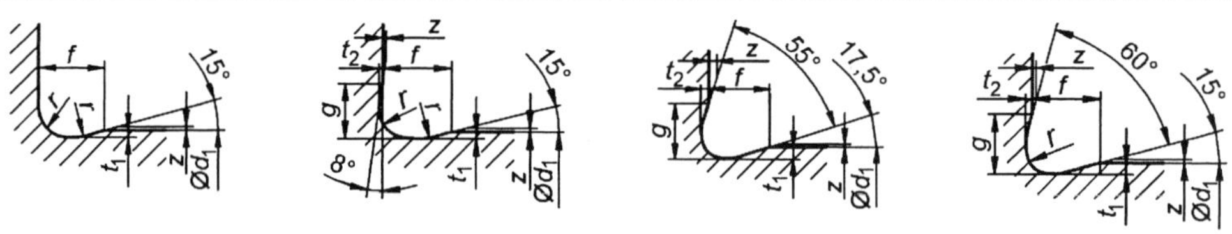

Form E für Werkstücke mit **einer** Bearbeitungsfläche

Form F für Werkstücke mit **zwei** rechtwinklig zueinander stehenden Bearbeitungsflächen

Form G für Werkstücke mit **zwei** rechtwinklig zueinander stehenden Bearbeitungsflächen

Form H für Werkstücke mit **zwei** rechtwinklig zueinander stehenden Bearbeitungsflächen

Bezeichnung eines Freistiches der Form E mit dem Halbmesser r_1= 0,6 mm und der Tiefe t_1 = 0,2 mm:
Freistich E 0,6 x 0,2 DIN 509

1.46
Freistiche nach DIN 509

d_1 H8	b	d_2	Form A Gewindestift DIN EN 27434	Form B d_4 für Kegelstift
12	12	22	M 6 x 8	4 x 26
14 15		25		4 x 30
16		28		4 x 32
18 20	14	32		5 x 36
22		36	M 6 x 10	5 x 40
24 25 26	16	40	M 8 x 10	6 x 45
28 30		45	M 8 x 12	6 x 50
32 34		50		8 x 55
35 36 38		56		8 x 60
40 42	18	63	M 10 x 15	8 x 70
45 48		70		8 x 80

Form A Befestigung durch Gewindestifte
Form B Befestigung durch Kegelstift DIN EN 22339 oder Kegel-Kerbstift DIN EN 28744

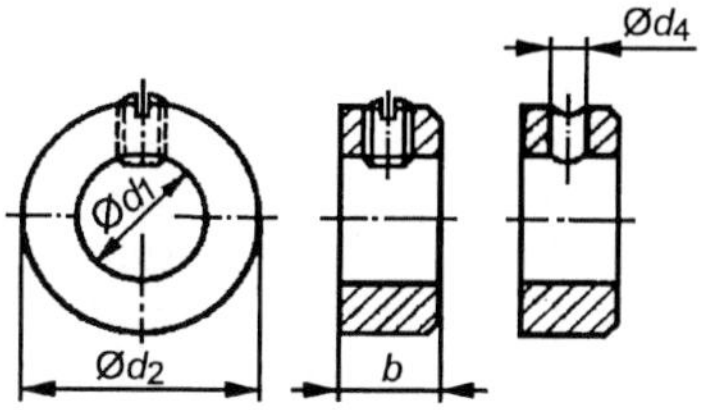

d_1 = 2...70 ein Gewindestift
d_2 = 72...200 zwei Gewindestifte, 135° versetzt
Weitere Stellringe s. Normblätter

1.47
Blanke Stellringe, leichte Reihe nach DIN 705 (Auswahl; Maße in mm)

Literatur

[1] Eccarius, M.: Untersuchung zur Berechnung und optimierten Gestaltung von Wellen und Achsen mit konstruktiven Kerben. Dissertation. Inst. für Maschinenelemente u. -konstruktion, TU Dresden, 2000.

[2] Freund, H.: Konstruktionselemente I. Grundlagen, Verbindungselemente, Federn, Achsen und Wellen. Heidelberg: Springer, 1995.

[3] Hänchen, R.: Neue Festigkeitsberechnung für den Maschinenbau. 3. Aufl. München 1967.

[4] Hempel, M.: Stand der Erkenntnisse über den Einfluss der Probengröße auf die Dauerfestigkeit. Z. Draht (1957), H. 9, S. 385 bis 394.

[5] Holzmann, G.; Meyer, H.; Schumpich, G.: Technische Mechanik, Teil 3: Festigkeitslehre. 8. Aufl. Stuttgart 2002.

[6] Siebel, E.; Meuth, H. O.: Die Wirkung von Kerben bei schwingender Beanspruchung. VDI-Z. 91 (1949) H. 13, S. 319 bis 323.

[7] Kissling, U.: Tragfähigkeitsnachweis aus einem Programm. Festigkeitsberechnung von Wellen und Achsen. In: Schweizer Maschinenmarkt (1998), Heft 21, S. 116-118, 120.

[8] Lehr, E.: Formgebung und Werkstoffausnutzung. Z. Stahl und Eisen (1941) S. 965.

[9] Linke, H.; Römhild, I.: Die Belastbarkeit von Wellen und Achsen nach DIN 743. In: VDI-Berichte. Band 1384 (1998), S. 1-17.

[10] Schlecht, B.: Tragfähigkeitsnachweis von Wellen und Achsen nach DIN 743. Teil I und II. In: Antriebstechnik. Band 42 (2003), Heft 3, S. 52-56, und Heft 5, S. 47-49.

[11] Schmidt, F.: Berechnung und Gestaltung von Wellen. Konstruktionsbücher Bd. 10, 2. Aufl. Berlin-Heidelberg-New York 1967.

[12] Sturmath, R.: Leichtbau. Torsionsschwingungsketten mit optimiertem Wellengewicht. In: Maschinenmarkt (2003), Heft 9, S. 34-37.

[13] Tauscher, H.: Berechnung der Dauerfestigkeit. 9. Aufl. Leipzig 1967.

[14] Sperling, E.: Festigkeitsversuche an Eisenbahnwagenachsen als Grundlage für deren Berechnung. VDI-Z 91 (1949) Nr. 6, S. 134ff.

[15] VDI-Richtlinie 2060: Beurteilungsmaßstäbe für den Auswuchtzustand rotierender starrer Körper.

[16] Ziegler, H.: Das Auswuchten der Radsätze von Schienenfahrzeugen. VDI-Z 105 (1963) S. 45 bis 50.

2 Gleitlager

DIN-Blatt Nr.	Ausgabe-datum	Titel
38	12.83	Gleitlager; Lagermetallausguss in dickwandigen Verbundgleitlagern
118 T1	7.77	Antriebselemente; Steh-Gleitlager für allgemeinen Maschinenbau
322	12.83	Gleitlager; Lose Schmierringe für allgemeine Anwendung
502	9.02	Antriebselemente; Flanschlager; Befestigung mit 2 Schrauben
504	7.73	Antriebselemente; Augenlager
505	7.73	Antriebselemente; Deckellager, Lagerschalen, Lagerbefestigung mit 2 Schrauben
506	7.73	Antriebselemente; Deckellager, Lagerschalen, Lagerbefestigung mit 4 Schrauben
1850 T5	7.98	Gleitlager; Teil 5: Buchsen aus Duroplasten
3401	6.66	Tropföler und Ölgläser; Hauptmaße
3405	5.86	Trichter-Schmiernippel
3410	12.74	Öler; Haupt- und Anschlussmaße
3412	10.72	Stauferbüchsen; schwere Bauart
7473	12.83	Gleitlager; Dickwandige Verbundgleitlager mit zylindrischer Bohrung, ungeteilt
31651 T1	1.91	Gleitlager; Teil 1: Formelzeichen, Systematik
T2	1.91	-; Teil 2: Formelzeichen, Anwendung
31652 T1	4.83	Gleitlager; Hydrodynamische Radial-Gleitlager im stationären Betrieb; Teil 1: Berechnung von Kreiszylinderlagern
T2	2.83	-; -; Teil 2: Funktionen für die Berechnung von Kreiszylinderlagern
T3	4.83	-; -; Teil 3: Betriebsrichtwerte für die Berechnung von Kreiszylinderlagern
31653 T1	5.91	Gleitlager; Hydrodynamische Axial-Gleitlager im stationären Betrieb; Teil 1: Berechnung von Axialsegmentlagern
T2	5.91	-; -; Teil 2: Funktionen für die Berechnung von Axialsegmentlagern
T3	6.91	-; -; Teil 3: Betriebsrichtwerte für die Berechnung von Axialsegmentlagern
31654 T1	5.91	Gleitlager; Hydrodynamische Axial-Gleitlager im stationären Betrieb; Teil 1: Berechnung von Axial-Kippsegmentlagern
T2	5.91	-; -; Teil 2: Funktionen für die Berechnung von Axial-Kippsegmentlagern
T3	6.91	-; -; Teil 3: Betriebsrichtwerte für die Berechnung von Axial-Kippsegmentlagern

DIN-Normen, Fortsetzung

DIN-Blatt Nr.	Ausgabe-datum	Titel
31655 T1	6.91	Gleitlager; Hydrostatische Radial-Gleitlager im stationären Betrieb; Teil 1: Berechnung von ölgeschmierten Gleitlagern ohne Zwischennuten
T2	4.91	-; -; Teil 2: Kenngrößen für die Berechnung von ölgeschmierten Gleitlagern ohne Zwischennuten
31661	12.83	Gleitlager; Begriffe, Merkmale und Ursachen von Veränderungen und Schäden
31690	9.90	Gleitlager; Gehäusegleitlager; Stehlager
31693	9.90	Gleitlager; Gehäusegleitlager; Seitenflanschlager
31696	2.78	Axialgleitlager; Segment-Axiallager, Einbaumaße
31697	2.78	Axialgleitlager; Ring-Axiallager, Einbaumaße
31698	4.79	Gleitlager; Passungen
51519	8.98	Schmierstoffe; ISO-Viskositäts-Klassifikation für flüssige Industrie-Schmierstoffe
51562 T1	1.99	Viskosimetrie; Messung der kinetischen Viskosität mit dem Ubbelohde-Viskosimeter; Teil 1: Bauform und Durchführung der Messung
53015	2.01	Viskosimetrie; Messung der Viskosität mit dem Kugelfall-Viskosimeter nach Höppler
53018 T1	3.76	Viskosimetrie; Teil 1: Messung der dynamischen Viskosität newtonschen Flüssigkeiten mit Rotationsviskosimetern, Grundlagen
ISO 2909	10.97	Mineralölerzeugnisse; Berechnung des Viskositätsindex aus der kinematischen Viskosität
ISO 3547 T1	11.00	Gleitlager; gerollte Buchsen; Teil 1: Maße
ISO 4379	10.95	Gleitlager; Buchsen aus Kupferlegierungen
ISO 4381	2.01	Gleitlager; Blei- und Zinn-Gusslegierungen für Verbundgleitlager
ISO 4382 T1	11.92	Gleitlager; Kupferlegierungen; Teil 1: Kupfer-Gusslegierungen für Massiv- und Verbundgleitlager
T2	11.92	-; -; Teil 2: Kupfer-Knetlegierungen, für Massivgleitlager
ISO 4383	2.01	Gleitlager; Verbundwerkstoffe für dünnwandige Gleitlager
ISO 12128	7.98	Gleitlager; Schmierlöcher, Schmiernuten und Schmiertaschen; Maße, Formen, Bezeichnung und ihre Anwendung für Lagerbuchsen
VDI-Richtlinien		
VDI 2202	11.70	Schmierstoffe und Schmiereinrichtungen für Gleit- und Wälzlager
VDI 2204 Bl.1	9.92	Auslegung von Gleitlagerungen; Blatt 1: Grundlagen
Bl.2	9.92	-; Blatt 2: Berechnung
Bl.3	9.92	-; Blatt 3: Kennzahlen und Beispiele für Radiallager
Bl.4	9.92	-; Blatt 4: Kennzahlen und Beispiele für Axiallager
VDI 2541	10.75	Gleitlager aus thermoplastischen Kunststoffen
VDI 2543	4.77	Verbundlager mit Kunststoff-Laufschicht

Formelzeichen

A	Wärmeabgebende Oberfläche des Lagers
a_1, a_2	Maße in Bild
b	Lagerbreite
c	Spezifische Wärme des Schmier- oder Kühlmittels
c_w	Spezifische Wärme des Wassers
D_a	Lagerschalen-, Lagerbuchsen-Außendurchmesser
d	Radiallager-Nenndurchmesser
d_1	Wellendurchmesser
d_2	Lagerbohrungsdurchmesser
e	Exzentrizität
E	Elastizitätsmodul der Werkstoffpaarung
E_W, E_L	Elastizitätsmodul von Welle und Lagerschale
F_n	Lagerkraft (Belastungskraft)
h_0	kleinste Schmierfilmdicke im Betrieb
$h_{0\,min}$	kleinste Schmierfilmdicke an der unteren Drehfrequenzgrenze
$h_{0\,ü}$	kleinste Schmierfilmdicke bei Übergangsdrehfrequenz
k	Faktor der Reibungszahl
n	Betriebsdrehfrequenz
n_{min}	Untere Drehfrequenzgrenze bei Flüssigkeitsreibung
$n_ü$	Übergangsdrehfrequenz
M_b	Biegemoment am Lagerdeckel, Grundkörper
P_R	Reibungsleistung
$\overline{p}$	mittlerer Lagerdruck, mittlere Flächenpressung
p_0	*Hertz*sche Pressung
Q_s	Schmierstoffdurchsatz (Volumen je Zeiteinheit)
Q_k	Kühlmitteldurchsatz
Q_w	Kühlwasserdurchsatz
Rz	Rautiefe der Gleitflächen
s	Lagerspiel (bei Betriebstemperatur)
s_0	Fertigungsspiel
So	Sommerfeldzahl
T_f	Formtoleranz beim Zylinder
u	Umfangsgeschwindigkeit
$u_ü$	Umfangsgeschwindigkeit bei Übergangsdrehfrequenz
V	Lager-Zapfenvolumen
w	Luftgeschwindigkeit
W	Erwärmungsfaktor beim Radiallager im Bereich $So > 1$
W'	Erwärmungsfaktor beim Radiallager im Bereich $So < 1$
W_t	Welligkeit
z	Anzahl der Staufelder
α	Längenausdehnungskoeffizient
α^*	Wärmeabfuhrzahl
β	Lagerbreitenverhältnis im Radiallager
δ	relative Schmierfilmdicke
ε	relative Exzentrizität
η	Betriebsviskosität (dynamische Viskosität)
ϑ	Betriebstemperatur (mittlere Schmierfilmtemperatur)
ϑ_0	Umgebungstemperatur
ϑ_1	Schmierstoff-Eintrittstemperatur
ϑ_2	Schmierstoff-Austrittstemperatur
$\vartheta_{w\,1}$	Wasser-Eintrittstemperatur
$\vartheta_{w\,2}$	Wasser-Austrittstemperatur
μ	Reibungszahl
ρ	Dichte
σ_b	Biegespannung
τ	Schubspannung
ψ	relatives Lagerspiel (bei Betriebstemperatur)
ψ_0	relatives Lagerspiel (Fertigungsspiel)
ω	Winkelgeschwindigkeit

2.1 Allgemeine Grundlagen

Aufgabe: Gleitlager sollen zwei Maschinenteile, die sich relativ zueinander bewegen, mit möglichst großer Genauigkeit führen und die dabei auftretenden Kräfte übertragen. In diesem allgemeinen Sinne umfasst der Begriff außer der üblichen Lagerung von umlaufenden Wellen mit Führung in radialer (**2.1a**) und axialer Richtung (**2.1b**) z. B. auch die Führung eines Kolbens in der Zylinderbuchse, die Kreuzkopfführung und die Schlittenführung in einer Werkzeugmaschine.

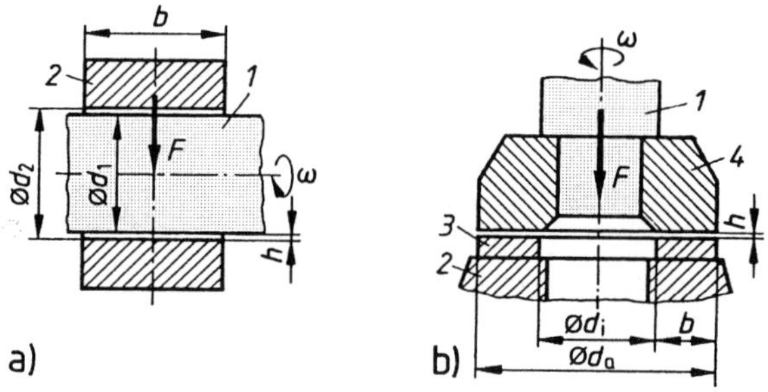

2.1
Gleitlagerarten

a) Radiallager, b) Axiallager

1 Welle *3* Axiallagerring
2 Lagerschale *4* Laufring

b tragende Länge
d_1 Wellendurchmesser
d_2 Lager-Bohrungsdurchmesser
d_i Lager-Innendurchmesser
d_a Lager-Außendurchmesser
F Belastungskraft
h Schmierspaltdicke

Berechnungsziel: Die Gleitflächen des Gleitlagers sollen sich während des Betriebs möglichst nicht berühren. Zur Trennung der beiden Gleitflächen sind Druckkräfte im Schmierspalt erforderlich, die der gesamten Belastungskraft entgegen wirken. Die Sicherstellung dieser Tragfähigkeit ist ein wichtiger Teil der Lagerberechnung. Hinzu kommt die Berechnung der notwendigen Wärmeabfuhr. Wegen der Reibung wird beim Gleitvorgang mechanische Energie aufgewendet, die sich in Wärme umsetzt. Der Energieverbrauch bestimmt den Wirkungsgrad des Lagers. Die Reibungswärme führt zu einer Temperaturerhöhung. Aus Gründen der Betriebssicherheit darf die Lagertemperatur zulässige Grenzen nicht übersteigen. Eine bestimmte Wärmemenge wird infolge des Temperaturgefälles an die Umgebung abgeführt, größere Wärmemengen verlangen zusätzlich Kühlung.

Gleitlager, die häufig oder ständig im Zustand der Grenzflächen- oder der Mischreibung betrieben werden, verschleißen; ihre Lebensdauer ist kurz. Der Verschleiß ist z. B. durch geeignete Werkstoffauswahl möglichst klein zu halten oder durch Flüssigkeitsreibung völlig zu vermeiden.

Kraftrichtung, Gleitflächen, Gleitgeschwindigkeit. Die Belastungskraft F wirkt beim Radiallager (Querlager) senkrecht zur Welle und beim Axiallager (Längslager) in Längsrichtung der Welle.

Die bewegte Gleitfläche eines Radiallagers (**2.1a**) ist im Allgemeinen eine zylindrische und die eines Axiallagers (**2.1b**) eine ebene, ringförmige Fläche, in Sonderfällen eine kegelige oder kugelige Fläche. Bei den Führungen für geradlinige Bewegungen sind die Gleitflächen kreiszylindrische, prismatische oder plane Flächen.

Die Geschwindigkeit des bewegten Teils ist durch die Gleitgeschwindigkeit u oder die Drehzahl n bzw. durch die Winkelgeschwindigkeit ω gekennzeichnet; $u = \pi \cdot d \cdot n$ bzw. $\omega = 2 \cdot \pi \cdot n$.

Äußere Gestalt, Größe und Anzahl der Gleitflächen von Radiallagern (**2.1a**) sind durch die Lagerart, den Bohrungsdurchmesser d_2 und die Lagerbreite b, bei Axiallagern durch den Außendurchmesser d_a und den Innendurchmesser d_i oder durch den mittleren Laufdurchmesser d_m und die Ringbreite b gegeben.

Bei Radiallagern wird das Verhältnis der Lagerbreite zum Lagerdurchmesser durch das **Breitenverhältnis** $\boldsymbol{\beta}$ ausgedrückt;

$$\boxed{\beta = b / d} \qquad (2.1)$$

Allgemein werden Verhältnisse $b/d = 0{,}5 \ldots 1{,}0$ angewendet, bei Axiallagern $d_i/d_a = 0{,}5 \ldots 0{,}8$.

Störungsfreies Gleiten setzt verschleißfeste und glatte Flächen voraus. Es ist vorteilhaft, die Rauheitsspitzen durch Glätten zu entschärfen. Im Allgemeinen werden Rauheiten im Bereich von $Rz = 4 \ldots 1$ µm angestrebt; bei Präzisionslagern und Lagern in Verbrennungsmotoren liegen sie unter 1 µm, bei fettgeschmierten Lagern und solchen mit Feststoffschmierung auch über 4 µm.

Lagerspiel und Gleitraum. Die Beweglichkeit der beiden Gleitteile wird durch einen Spielraum zwischen Welle und Lager ermöglicht, dessen Größe durch das **Lagerspiel *s*** gekennzeichnet ist (**2.2**):

$$\boxed{s = d_2 - d_1} \qquad \text{bzw. } s = h_1 + h_2 \tag{2.2}$$

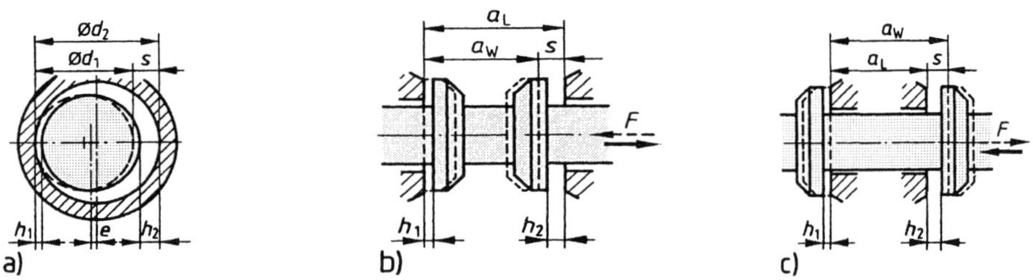

2.2
Lagerspiel *s* als Summe gegenüberliegender Gleitflächenabstände (Schmierspalte)

a) Radiallager, b) Axiallager mit zwei umschließenden festen Gleitflächen, c) Axiallager mit zwei eingeschlossenen festen Gleitflächen

a_L	Abstand der festen Gleitflächen	e	Exzentrizität
a_W	Abstand der rotierenden Gleitflächen	h_1, h_2	Spaltweiten zwischen zugeordneten Gleitflächen
d_2	Lager-Bohrungsdurchmesser	$s = h_1 + h_2$	Lagerspiel
d_1	Wellendurchmesser	F	Lagerkraft

Der Raum zwischen den Gleitflächen wird als Gleitraum bezeichnet. Um Verschleiß oder Betriebsstörung zu vermeiden, darf beim Gleiten der kleinste Abstand h_0 der beiden Gleitflächen an der engsten Stelle eines Gleitraumes (**2.6** und **2.14**) einen zulässigen kleinsten Grenzwert $h_{0\,min}$ nicht unterschreiten.

Es ist zweckmäßig, anstelle der absoluten Größen d_1, d_2, s und h_0 bezogene Größen einzuführen: Anstelle des **absoluten Lagerspiels** $\boldsymbol{s = d_2 - d_1}$ das **relative Lagerspiel** $\boldsymbol{\psi = s/d_2}$ oder auch

$$\boxed{\Psi = s/d} \tag{2.3}$$

mit $d = 2 \cdot r$ als Lagerdurchmesser und anstelle der absoluten Schmierschichtdicke (Spaltweite) h_0 die **relative Schmierschichtdicke**

$$\boxed{\delta = 2 \cdot h_0 / s = 2 \cdot h_0 / (d_2 - d_1) = h_0 / (\psi \cdot r)} \tag{2.4}$$

Richtwerte für das relative Lagerspiel ψ s. **2.3** und **2.4**. Für Überschlagsrechnungen haben sich Richtwerte für das mittlere relative Lagerspiel nach der Zahlenwertgleichung $\psi_m = 0{,}8 \cdot \sqrt[4]{u}$ in $^0/_{00}$ mit u in m/s als Gleitgeschwindigkeit bewährt.

Weißmetall	0,4 ... 0,6	Leichtmetall	1,3 ... 1,7	Sintermetall	2 ... 4
Bleibronze	2 ... 3	Grauguss	1 ... 2	Kunststoff	3 ... 4

2.3
Relatives Lagerspiel $\psi = s/d$ in $^0/_{00}$ abhängig vom Gleitwerkstoff

Wellendurchmesser d	mm	Gleitgeschwindigkeit der Welle u in m/s				
über		-	3	10	25	50
	bis	3	10	25	50	125
-	100	1,32	1,60	1,90	2,24	2,24
100	250	1,12	1,32	1,60	1,90	2,24
250	-	1,12	1,12	1,32	1,60	1,90

2.4
Erfahrungsrichtwerte für das mittlere Lagerspiel ψ_m in $^0/_{00}$ abhängig vom Wellendurchmesser nach DIN 31652 Teil 3

Lagerdruck: Da der Druck im Gleitraum nicht gleichmäßig verteilt ist, wird vereinfachend mit dem **mittleren Lagerdruck**

$$\boxed{\bar{p} = p_n = \frac{F_n}{d \cdot b}} \tag{2.5}$$

gerechnet, der die auf die Projektionsfläche $b \cdot d$ gleichmäßig verteilte Belastung $F_n = F$ darstellt (s. auch Teil 1, Abschn. 2.1).

Gleitreibung. Ursache für den Energieverbrauch im Lager ist die Reibung. Bewegt man zwei feste Körper mit der Relativgeschwindigkeit u gleitend aufeinander, dann wirkt die Reibungskraft F_R der Bewegung entgegen. Das Produkt aus F_R und u ergibt als Reibleistung den **Energieverlust**

$$\boxed{P_R = F_R \cdot u} \tag{2.6}$$

Coulomb stellte 1785 fest, dass beim Gleitvorgang zwischen zwei festen Körpern die **Reibungskraft F_R** in der Ebene der Gleitfläche und der Bewegung entgegen wirkt und dass sie der senkrecht zur Gleitfläche gerichteten Normalkraft F_n (das ist hier die durch das Lager zu übertragende Kraft) proportional ist. Der Proportionalitätsfaktor μ heißt Reibungszahl, Bild **2.5**.

$$\boxed{F_R = \mu \cdot F_n} \tag{2.7}$$

Temperatur, Viskosität des Schmiermittels, Flächenpressung, Gleitgeschwindigkeit, Oberflächenbeschaffenheit, Werkstoffpaarung und Verschleiß beeinflussen die Reibung entsprechend der Reibungsart: Es wird zwischen Grenzschicht- oder Grenzflächenreibung und Flüssigkeits- oder Schwimmreibung unterschieden.

Grenzflächenreibung liegt vor:

1. beim unmittelbaren Aufeinandergleiten fester Körper (Festkörperreibung),
2. beim Aufeinandergleiten fester, jedoch mit einer Grenzschicht überzogener Körper,

Die Grenzschicht kann gebildet werden z. B. durch Oxidation der Gleitflächen, aus Öl in molekularer Schichtdicke, aus Metallseife oder Verunreinigungen. Im allgemeinen wird diese Reibungsart auch als Trockenreibung bzw. als Festkörperreibung bezeichnet.

3. beim Gleiten auf einer Grenzschicht mit Schmiereigenschaften, bestehend z. B. aus Fett, Öl, Graphit, Molybdändisulfid, Abrieb oder Kunststoffen.

Reibungsart	Werkstoff, Art der Schmierung	μ
Trockene Reibung	Stahl oder Bronze auf grauem Gusseisen, Stahl auf Bronze	0,2
Misch- bis Flüssigkeitsreibung	Einfache Schmierlochschmierung Docht- und Tropfölschmierung Ringschmierung Pressölschmierung	0,08 0,06 0,02 0,01
Flüssigkeitsreibung	Erreichbare Werte je nach Ölviskosität, Druck und Bearbeitungsgüte der Gleitflächen	0,006...0,0015

2.5
Richtwerte für die Reibungszahl μ von Gleitlagern

Bei unmittelbarer Berührung der Gleitflächen (Festkörperreibung) entsteht Verschleiß durch Abscheren der Rauheitsspitzen, durch Ausbrechen verschweißter Teilchen, durch Ausschmelzen bei Überhitzung oder durch Ausbrechen überbeanspruchter Teilchen (**2.6**). Trockenlaufende Gleitflächen ergeben Reibungszahlen $\mu > 0{,}3$. Geringes Benetzen der Gleitflächen mit Öl setzt die Reibung beträchtlich herab, $\mu < 0{,}3$ (s. auch Abschn. 4.4.3. **Beachte die Gegensätzlichkeit:** Im Lagerbau wird möglichst geringe Reibung und im Kupplungs- sowie im Bremsenbau möglichst hohe Reibung angestrebt.)

Flüssigkeitsreibung oder Schwimmreibung liegt vor, wenn sich im Gleitraum ein zusammenhängender Schmierfilm aus Öl, Fett oder aus Gas befindet, der die Gleitflächen voneinander trennt. Dies ist mit Sicherheit dann der Fall, wenn die Schmierspaltdicke h_0 größer als die Summe der gemittelten Rautiefe Rz einschließlich der Welligkeit W_t von Welle und Lagerschale ist; $h_0 \geq h_{0\,\mathrm{zul}} > (Rz + W_t)_1 + (Rz + W_t)_2$ (Bild **2.6**). Eine gegenseitige Berührung der Rauheitsspitzen wird somit verhindert; Verschleiß ist ausgeschlossen.

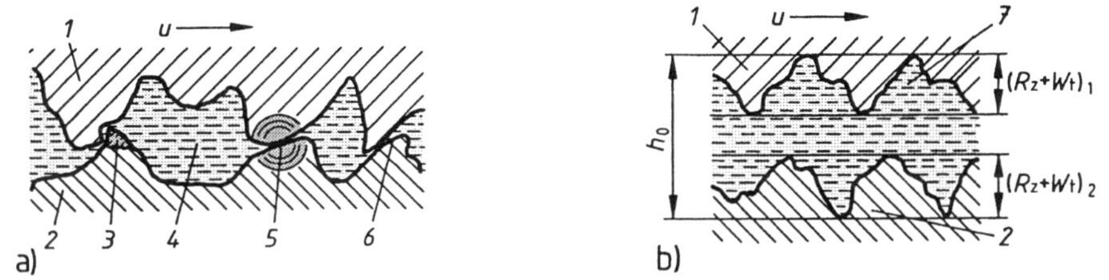

2.6
Reibungsarten
a) Mischreibung, b) Flüssigkeitsreibung

1 Welle, *2* Lagerschale
3; *5*; 6 Festkörperreibung
3 Abrieb durch Abscheren
4 örtliche Flüssigkeitsreibung
5 Verschweißung oder Ausschmelzen
6 elastische oder plastische Verformung
7 Gleitraum
h_0 (kleinste) Schmierfilmdicke
W_t Welligkeit
Rz Rauheit

Im Zustand der **Mischreibung** befinden sich zwei Reibflächen, wenn beim Gleiten an manchen Stellen Festkörper- bzw. Grenzflächenreibung und gleichzeitig an anderen Stellen Flüssigkeitsreibung herrscht (**2.6**). Entsprechend dem Anteil der Festkörperreibung verschleißen die Gleitflächen.

Gleitlager weisen im Dauerbetrieb bei Flüssigkeitsreibung kleine Reibungszahlen auf, μ = 0,005 ... 0,001. Den reibungsmindernden Einfluss des Schmiermittels erkennt man aus den Zahlenwerten für μ in Bild **2.5**. (Über Reibungsarten s. auch Abschn. 4.4.3.)

Die **Schmierung** soll:

1. Festkörperberührung zwischen den Gleitpartnern verhindern, um dadurch Verschleiß zu vermeiden und die Lagerreibung zu vermindern,
2. die Übertragung der Belastungskraft vom bewegten zum ruhenden Teil ermöglichen,
3. Reibungswärme abführen und
4. Stoß- und Schwingungsdämpfung bewirken.

Gleitlager werden durch Einbringen eines Schmierstoffes in den Gleitraum geschmiert, wodurch bei Vorhandensein eines Flüssigkeitsdruckes die Gleitflächen auseinandergedrängt werden (Flüssigkeitsreibung) oder die Bildung einer trennenden, am Gleitwerkstoff fest haftenden Grenzschicht ermöglicht wird (Grenzschichtreibung z. B. bei Trockenlagern oder ölgetränkten Sinterlagern).

Um die Trennung der Gleitflächen und damit die Flüssigkeitsreibung aufrecht zu erhalten, kann der notwendige Druck im Schmierfilm entweder von einer Pumpe außerhalb des Lagers als **hydrostatischer Druck** oder mittels zweckmäßiger Gestaltung der Gleitflächen beim Gleiten durch Flüssigkeitsstau im Gleitraum als **hydrodynamischer Druck** erzeugt werden. In beiden Fällen wird die gesamte Last vom Schmierfilm getragen.

Entsprechend der Gestaltung des Gleitraumes und der Art der Druckentwicklung werden hydrodynamisch und hydrostatisch tragende Gleitlager und Gleitlager mit Grenzschichtschmierung unterschieden.

Um hydrodynamischen Druck erzeugen zu können, ist es nötig,

1. dass der flüssige oder gasförmige Schmierstoff auf den Gleitflächen haftet und eine entsprechende Viskosität besitzt,
2. dass der Gleitraum eine sich verengende Gestalt hat und eine Relativgeschwindigkeit zwischen den gleitenden Teilen vorhanden ist.

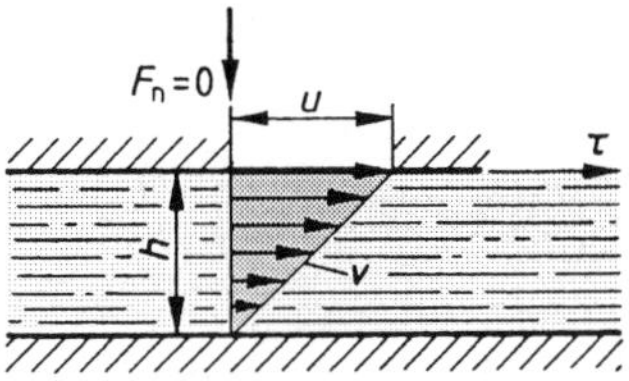

2.7
Schubspannung τ durch Zähigkeitsreibung zwischen zwei parallelen Flächen nach *Newton*

Viskosität (Zähflüssigkeit). Sie ist als die Kraft definiert, die benachbarte Flüssigkeitsschichten oder -teilchen in Folge ihrer inneren Reibung einer gegenseitigen laminaren Verschiebung entgegensetzen. Die für die Lagerfunktion und -berechnung wichtige Eigenschaft ist die **dynamische Viskosität η**. Sie ist von der **kinematischen Viskosität ν** zu unterscheiden, die das Viskositäts(η)-Dichte(ρ)-Verhältnis $\nu = \eta/\rho$ darstellt. Die **dynamische Viskosität η** ist ein Proportionalitätsfaktor, der die auf die Flächeneinheit A bezogene Schubkraft F beeinflusst, die zwei im konstanten Abstand h

parallel zueinander liegende Flüssigkeitsschichten einer laminaren Verschiebung entgegensetzen, wenn diese mit der Geschwindigkeit u gegeneinander bewegt werden (**2.7**). Die auf die Flächeneinheit A bezogene Schubkraft F ist die **Schubspannung** τ, die mit der Schubspannungsgleichung von *Newton* (Gl. (2.8)) berechnet werden kann.

$$\boxed{\tau = \eta \cdot \mathrm{d}v / \mathrm{d}h} \tag{2.8}$$

Der Differentialquotient dv/dh drückt das Geschwindigkeits- oder Schergefälle aus. Da Flüssigkeiten oder Gase an den Gleitflächen haften, ist bei sehr kleinem, gleichbleibendem Flächenabstand h und bei laminarer Strömung (Schleppströmung) das Geschwindigkeitsgefälle konstant: dv/dh = u/h. Die **dynamische Viskosität** ist dann

$$\boxed{\eta = \tau \cdot h / u} \tag{2.9}$$

in der SI-Einheit Ns/m^2 = Pa s (Pascalsekunde) mit τ in N/m^2, h in m und u in m/s. Als kleinere Einheit ist die Milli-Pascalsekunde, m Pa s = 10^{-3} Pa s = 10^{-3} Ns/m^2 gebräuchlich.

Früher wurde die aus dem physikalischen Maßstab (CGS-System) stammende Einheit Poise (P) bzw. Zentipoise (cP) verwendet: 1 cP = 1 m Pa s =10^{-3} Ns/m^2 bzw. 1 P = 100 cP = 0,1 Pa s = 0,1 Ns/m^2.

Die dynamische Viskosität η kann mit dem Kugelfallviskosimeter (DIN 53015) ermittelt werden. Hierbei wird die Zeit gemessen, die eine Kugel benötigt, um eine bestimmte Strecke durch ein mit Prüföl gefülltes Glasrohr zu fallen.

Die andere Möglichkeit, die dynamische Viskosität mit einem Rotationsviskosimeter zu ermitteln (DIN 53018), beruht auf der Messung der Schubspannung bei gegebenem Flächenabstand und bekannter Gleitgeschwindigkeit (vgl. Bild **2.7**). Bei beiden Messmethoden muss die Temperatur des Prüföls beachtet werden.

Im Handel benutzt man für Mineralöle die kinematische Viskosität, da sie leicht mit einem Kapillarviskosimeter zu messen ist. Gemessen wird die Ausflusszeit einer bestimmten Ölmenge aus einem Gefäß mit festgelegtem Auslaufröhrchen (Kapillare) unter Beachtung der Temperatur. Das Eigengewicht bzw. die Dichte ρ des Öls beeinflusst die Ausflusszeit.

Größen		Naphtenbasisch			Paraffinbasisch	
		Spindelöl	Leichtes Maschinenöl	Schweres Maschinenöl	Leichtes Maschinenöl	Schweres Maschinenöl
Dichte ρ bei 15 °C in g/cm^3		0,869	0,887	0,904	0,869	0,882
Dynamische Viskosität in Ns/m^2 bei	20 °C	0,034	0,087	0,405	0,102	0,340
	50 °C	0,0088	0,017	0,052	0,0205	0,054
	100 °C	0,0024	0,0039	0,0075	0,0043	0,0091
Viskositätsindex VI		92	68	38	95	95
Stockpunkt in °C		-43	-40	-29	-9	-9
Flammpunkt in °C		163	175	210	227	257

2.8
Physikalische Daten für Mineralöle (Anhaltswerte)

Die **kinematische Viskosität** ist $\nu = \eta/\rho$ in der SI-Einheit $(Ns/m^2)/(kg\ m^{-3}) = m^2/s$ bzw. als kleinere Einheit $1\ mm^2/s = 10^{-6}\ m^2/s$.

Für die Lagerberechnung ist die Umrechnung der kinematischen Viskosität in die dynamische nach der Gleichung $\eta = \rho \cdot \nu$ erforderlich. Für die näherungsweise Umrechung setzt man die mittlere Dichte $\rho = 900\ kg/m^3$ bei 40 °C ein. (Einige physikalische Daten für Mineralöle s. **2.8**)

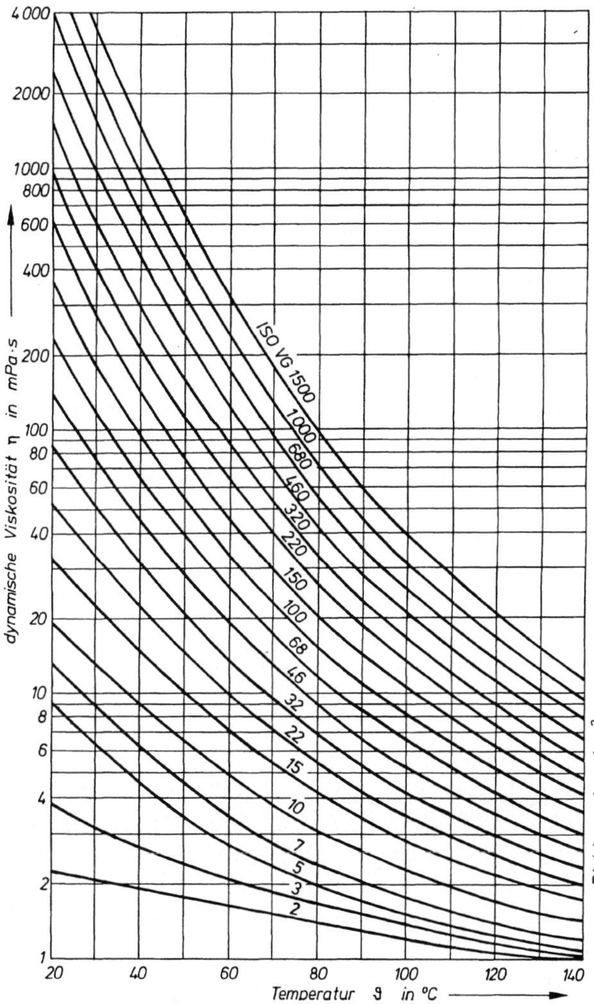

2.9
Dynamische Viskosität η in Abhängigkeit von der Temperatur ϑ für Schmieröle nach DIN 51 519 mit VI = 100 und $\rho = 900\ kg/m^2$

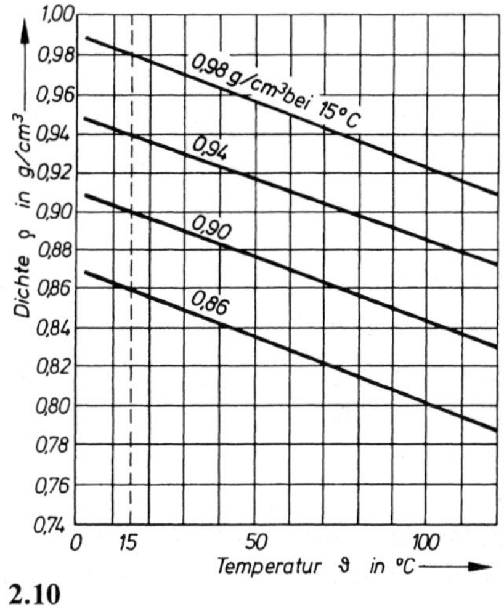

2.10
Abhängigkeit der Dichte der Mineralöle von der Temperatur (die Kennzeichnungszahl der Dichtelinien entspricht dem Dichtewert bei Atmosphärendruck) (nach VDI 2202)

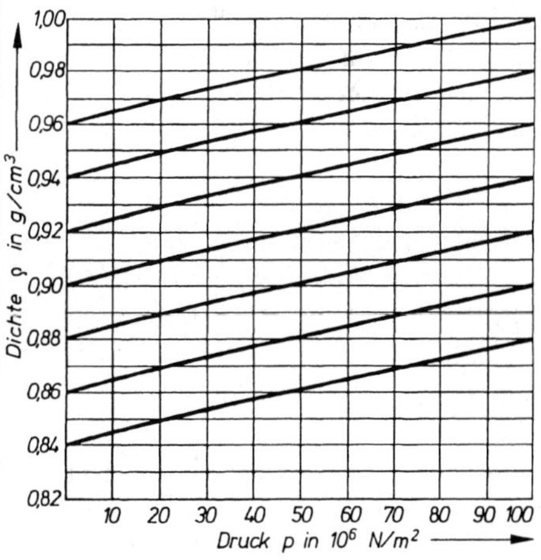

2.11
Abhängigkeit der Dichte der Mineralöle vom Druck (nach VDI 2202)

Viskosität-Temperatur-Verhalten. Die Viskosität von Mineralölen ist temperaturabhängig; sie nimmt mit steigender Temperatur ab. Bei der Viskositätsangabe darf daher die zugehörige Temperatur nicht fehlen. Für flüssige Industrie-Schmierstoffe besteht eine ISO-Viskositätsklassifikation (DIN 51 519) in Abhängigkeit von der kinematischen Viskosität (**2.12**). Diese Klassifikation definiert 18 Viskositätsklassen im Bereich von 2 bis 1500 mm²/s bei 40,0 °C. Sie überdeckt den Bereich vom Gasöl bis zu den Zylinderölen.

Jede Viskositätsklasse (VG) wird durch die ganze Zahl bezeichnet, die durch Runden des in der Einheit mm²/s ausgedrückten Zahlenwertes der Mittelpunktsviskosität bei 40,0 °C erhalten wird (**2.12**). Beispiel für die Bezeichnung: ISO VG 10 DIN 51 519 bezeichnet einen Schmierstoff mit der kinematischen Zähigkeit $\nu = 10$ mm²/s bei 40,0 °C. Die Klassifikation liefert nur eine Aussage über die Viskosität bei der Temperatur von 40,0 °C. Die Viskositäten bei anderen Temperaturen hängen von dem Viskosität-Temperatur-Verhalten der Schmierstoffe ab, das durch Viskosität-Temperatur-Kurven (DIN 51 563) dargestellt oder durch Zahlenwerte des Viskositätsindex (abgekürzt VI) (DIN ISO 2909) ausgedrückt wird.

Viskosität-klasse ISO	Viskositäts-bereich mm²/s bei 40 °C	Ungefähre Viskosität in mm²/s bei anderen Temperaturen für verschiedene Viskositätsindex-Werte					
		Viskositätsindex = 0		Viskositätsindex = 50		Viskositätsindex = 95	
		bei 20 °C	bei 50 °C	bei 20 °C	bei 50 °C	bei 20 °C	bei 50 °C
ISO VG 2	1,98 - 2,42	2,28 - 3,67	1,69 - 2,03	2,87 - 3,69	1,69 - 2,03	2,92 - 3,71	1,69 - 2,03
ISO VG 3	2,88 - 3,52	4,60 - 5,99	2,37 - 2,83	4,59 - 5,92	2,38 - 2,84	4,58 - 5,83	2,39 - 2,86
ISO VG 5	4,14 - 5,06	7,39 - 9,60	3,27 - 3,91	7,25 - 9,35	3,29 - 3,95	7,09 - 9,03	3,32 - 3,99
ISO VG 7	6,12 - 7,48	12,3 - 16,0	4,63 - 5,52	11,9 - 15,3	4,68 - 5,61	11,4 - 14,4	4,76 - 5,72
ISO VG 10	9,00 - 11,0	20,2 - 25,9	6,53 - 7,83	19,1 - 24,5	6,65 - 7,99	18,1 - 23,1	6,78 - 8,14
ISO VG 15	13,5 - 16,5	33,5 - 43,0	9,43 - 11,3	31,6 - 40,6	9,62 - 11,4	29,8 - 38,3	9,80 - 11,8
ISO VG 22	19,8 - 24,2	54,2 - 69,8	13,3 - 16,0	51,0 - 65,8	13,6 - 16,3	48,0 - 61,7	13,9 - 16,6
ISO VG 32	28,8 - 35,2	87,7 - 115	18,6 - 22,2	82,6 - 108	19,0 - 22,6	76,9 - 98,7	19,4 - 23,3
ISO VG 46	41,4 - 50,6	144 - 189	25,5 - 30,3	133 - 172	26,1 - 31,3	120 - 153	27,0 - 32,5
ISO VG 68	61,2 - 74,8	242 - 315	35,9 - 42,8	219 - 283	37,1 - 44,4	193 - 244	38,7 - 46,6
ISO VG 100	90,0 - 110	402 - 520	50,4 - 60,3	356 - 454	52,4 - 63,0	303 - 383	55,3 - 66,5
ISO VG 150	135 - 165	672 - 862	72,5 - 86,9	583 - 743	75,9 - 91,2	486 - 614	80,6 - 97,1
ISO VG 220	198 - 242	1080 - 1390	102 - 123	927 - 1180	108 - 129	761 - 964	115 - 138
ISO VG 320	288 - 352	1720 - 2210	144 - 172	1460 - 1870	151 - 182	1180 - 1500	163 - 196
ISO VG 460	414 - 506	2700 - 3480	199 - 239	2290 - 2930	210 - 252	1810 - 2300	228 - 274
ISO VG 680	612 - 748	4420 - 5680	283 - 339	3700 - 4740	300 - 360	2880 - 3650	326 - 393
ISO VG1000	900 - 1100	7170 - 9230	400 - 479	5960 - 7640	425 - 509	4550 - 5780	466 - 560
ISO VG1500	1350 - 1650	11900-15400	575 - 688	9850 -12600	613 - 734	7390 - 9400	676 - 812

2.12
Umrechnung der Grenzwerte der Viskositätsklassen ISO auf andere Messtemperaturen für Schmierstoffe mit verschiedenen Viskositätsindices (DIN 51 519). Kinematische Viskosität υ in mm²/s

Der **Viskositätsindex VI** ist eine rechnerisch ermittelte Zahl, die die Viskositätsänderung eines Mineralölerzeugnisses abhängig von der Temperatur charakterisiert. Ein hoher Viskositätsindex kennzeichnet eine geringe Änderung der Viskosität mit der Temperatur und ein niedriger Index eine große Änderung, unabhängig von der Viskositätsklasse ISO VG (vgl. miteinander in Bild **2.12** z. B. die Werte der Klasse ISO VG 1500 bei dem Viskositätsindex VI = 0, VI = 50, VI = 95 in Abhängigkeit der Temperatur).

Der Viskositäts-Temperatur-Verlauf der Mineralöle stellt sich im Diagramm nach *Ubbelohde-Walter* bzw. *Niemann* bei einer logarithmischen Achsenteilung für ν bzw. η und einer verzerrten Teilung für die Temperatur ϑ in einer Geraden dar (s. **2.13**). Das Bild **2.9** nach DIN 31 652 T2 zeigt die dynamische Viskosität in Abhängigkeit von der Temperatur für Schmieröle der Viskositätsklassen ISO VG 2 bis 1500 mit dem Viskositätsindex VI 100. In diesem Diagramm ist die η-Achse logarithmisch verzerrt und die ϑ-Achse linear aufgeteilt. Der Viskositäts-Temperatur-Verlauf stellt sich hierbei in abfallenden Kurven dar.

Viskositäts-Druck-Verhalten. Die Viskosität von Schmierölen hängt außer von der Temperatur auch vom Druck ab. Bei stationären Lagern und üblichen Lagerbelastungen ist die Druckabhängigkeit jedoch vernachlässigbar. Die Vernachlässigung stellt eine zusätzliche Auslegungssicherheit dar.

Die **Dichte** ρ eines Mineralöls ist von der Temperatur und vom Druck abhängig. Zur Berechnung der dynamischen Viskosität η aus der gegebenen kinematischen Viskosität ν muss die Dichte der Flüssigkeit bei der betreffenden Temperatur und dem betreffenden Druck bekannt sein. Die Dichteänderung in Abhängigkeit von der Temperatur kann aus Bild **2.10** und die Abhängigkeit vom Druck aus dem Bild **2.11** entnommen werden.

Die **spezifische Wärmekapazität** der Mineralöle ist von der Dichte und von der Temperatur abhängig. Bei der Lagerberechnung werden Mittelwerte für die mit der Dichte ρ in kg/m^3 multiplizierten Wärmekapazität c in Nm/(kg K) benötigt; man setzt für diese volumenspezifische Wärme $c \cdot \rho = (1670 \ldots 1800)$ Nm/(m^2 K) bzw. J/(m^2 K) ein.

2.2 Hydrodynamische Schmiertheorie

Es wurden mehrere Theorien der hydrodynamischen Schmierung entwickelt, die sich durch die gemachten Annahmen unterscheiden:

1. Die „klassische Hydrodynamik" setzt glatte starre Wandungen und einen Schmierstoff mit konstanter Viskosität voraus. Grundlage dieser Theorie ist die *Reynolds*sche Gleichung [12]; [30]; [33].

2. Die „erweiterte klassische Hydrodynamik" erfasst durch Mittelwertbildung die Änderung der Viskosität. Für den Übergang in den Mischreibungsbereich wird der Einfluss der Oberflächenrauheit berücksichtigt. Die rechnerische Behandlung der Wärmeabfuhr wird durch die erhebliche Temperaturabhängigkeit der Schmierstoffviskosität erschwert [6]; [42]; [43].

3. Die „Thermo-Hydrodynamik" berücksichtigt außer der *Reynolds*schen Gleichung die Energiegleichung zur Berechnung der Temperaturerhöhung im Spalt oder behandelt diese näherungsweise durch Kopplung von Viskositäts- und Spaltverlauf. Temperaturgradienten in Spalthöhenrichtung werden dabei vernachlässigt. Andernfalls ist eine modifizierte *Reynolds*sche Gleichung zu verwenden [8]; [13]; [20]; [39]; [40].

4. Die „Elastohydrodynamik" berücksichtigt den Einfluss elastischer Deformationen in Spalthöhenrichtung auf den Druckverlauf. Die Deformationen können das Betriebsverhalten (Tragfähigkeit, Reibung, Schmierstoffdurchfluss) erheblich beeinflussen [22]; [23]; [27]; [36].

5. Die „Thermo-Elasto-Hydrodynamik" behandelt die Einflüsse nach Punkt 3 und 4 unter Einschluss der thermischen Deformationen [17]; [21]; [24].

6. Die Theorie der turbulenten Schmierung berücksichtigt Änderungen der Strömungsvorgänge im Lager in Folge von Trägheitswirkungen. Sie kann bei sehr hohen Umfangsgeschwindigkeiten und großen Spalthöhen von Bedeutung sein [5]; [15]; [34].

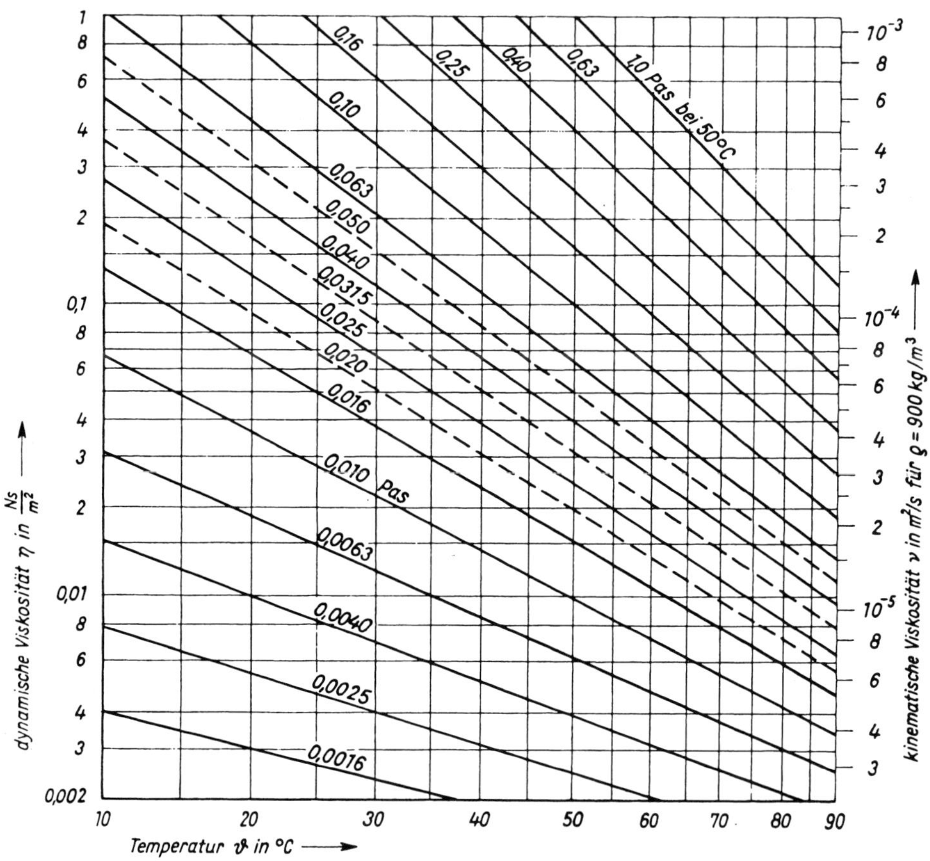

2.13
Normöle für die Lagerberechnung im Viskositäts-Temperatur-Diagramm nach *G. Niemann*

Die genannten Theorien umfassen sowohl stationäre als auch instationäre Vorgänge. Der Aufwand der Berechnungen steigt progressiv mit der Anzahl der Einflussparameter. Die gleichzeitige Behandlung aller hier genannten Größen ist z. Z. noch nicht möglich.

Um Gleitlager mit einem vertretbaren Aufwand zu berechnen, wird der Rechengang in den Normen DIN 31 652, DIN 31 653, DIN 31 654 und in den Richtlinien VDI 2204 entsprechend dem obengenannten Punkt 2 aufgebaut, wobei für den Betriebszustand Ergebnisse aus 3 verwendet werden.

Grundlagen. Zur Aufrechterhaltung eines zusammenhängenden Schmierfilms zwischen zwei Gleitflächen, die unter einer äußeren Belastung stehen, muss im Reibraum Druck vorhanden sein, der mit der Druckbelastung von außen im Gleichgewicht steht.

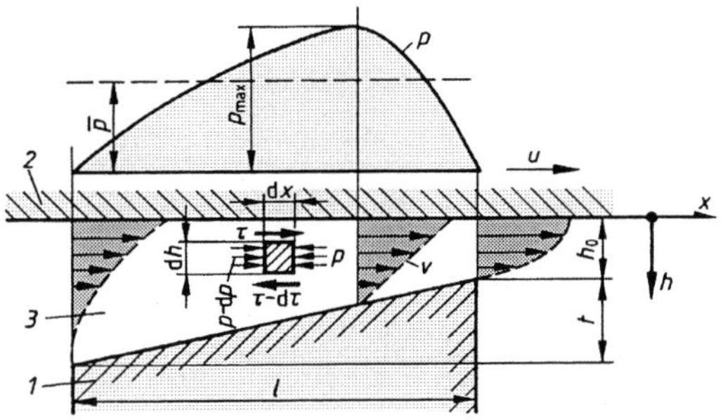

1 feststehender Teil
2 bewegter Teil
3 Keilspalt bzw. Staufeld

u Umfangsgeschwindigkeit
p Lagerdruck
$\bar{p}$ mittlerer Lagerdruck
h_0 kleinster Schmierspalt (Spaltweite an der engsten Stelle)
t Keiltiefe
l wirksame Keilspalt- oder Staufeldlänge
τ Schubspannung

2.14
Hydrodynamischer Druck und Geschwindigkeitsverteilung im ebenen Schmierkeil (mittlerer Längsschnitt)

Das Entstehen des hydrodynamischen Druckes in einem sich verengenden Gleitraum beruht auf dem Stauen der an den Gleitflächen haftenden und von der bewegten Gleitfläche mitgenommenen Flüssigkeit (Schleppströmung). In einem Gleitraum mit gleichbleibendem Durchflussquerschnitt (parallelem Flächenabstand) (**2.7**) entsteht kein hydrodynamischer Druck.

Die Schubspannungen τ zwischen zwei Schichten einer bewegten Flüssigkeit (**2.7**) sind proportional der Viskosität η und dem Geschwindigkeitsgefälle $\mathrm{d}v/\mathrm{d}h$; sie sind im Gleitraum mit gleichbleibendem Querschnitt entlang des Flüssigkeitsweges konstant, weil $\mathrm{d}v/\mathrm{d}h$ = konstant ist (Gl. (2.8)).

Das Geschwindigkeitsgefälle in einem Gleitraum, dessen Querschnitt entlang des Flüssigkeitsweges veränderlich ist, z. B. stetig enger wird, ist nicht mehr konstant; dementsprechend ändert sich auch die Schubspannung.

Wird vorausgesetzt, dass seitlich aus dem Gleitraum keine Flüssigkeit abfließt und dass jeder Querschnitt des Gleitraumes von dem gleichen Flüssigkeitsvolumen durchströmt wird, dann muss die mittlere Fließgeschwindigkeit v bei Querschnittsverengung zunehmen und bei Erweiterung abnehmen (**2.14**). Da die Randschichten der Flüssigkeit infolge des Haftens die Geschwindigkeit der Gleitflächen besitzen, können unterschiedliche mittlere Fließgeschwindigkeiten nur erreicht werden, wenn der Geschwindigkeitsverlauf über der Spalthöhe nicht mehr konstant ist (**2.14**).

Die Kurve für den Geschwindigkeitsverlauf über der Spalthöhe ist im Bereich der Querschnittsverengung konvex und bei Erweiterung konkav. An der Stelle des höchsten Druckes ist der Verlauf geradlinig. Mit dem Geschwindigkeitsverlauf ändert sich das Geschwindigkeitsgefälle $\mathrm{d}v/\mathrm{d}h$ von Schicht zu Schicht und davon abhängig auch die Schubspannung τ.

Die **hydrodynamische Schmiertheorie** beruht im Wesentlichen auf folgendem Grundgedanken (**2.14**): Um der Schubspannungsänderung $\mathrm{d}\tau$ das Gleichgewicht zu halten, muss eine Änderung des Flüssigkeitsdruckes von p auf $p + \mathrm{d}p$ eintreten. Auf ein Volumenelement $\mathrm{d}x \cdot \mathrm{d}h \cdot 1$ wirkt die Kraft $\mathrm{d}p \cdot \mathrm{d}h$ - $\mathrm{d}\tau \cdot \mathrm{d}x$, die der Masse des Volumenelementes $dx \cdot \mathrm{d}h \cdot \rho$ eine Beschleunigung $\mathrm{d}v/\mathrm{d}t$ erteilt (t = Zeit, ρ = Dichte). Die Bewegungsgleichung für das Volumenelement lautet demnach $\mathrm{d}p \cdot \mathrm{d}h - \mathrm{d}\tau \cdot \mathrm{d}x = \rho \cdot \mathrm{d}x \cdot \mathrm{d}h \cdot (\mathrm{d}v/\mathrm{d}t)$. Durch Vernachlässigung der Massenkraft, die klein gegenüber der Wirkung der Zähigkeit ist, vereinfacht sich die Bewegungsgleichung zu $\mathrm{d}p/\mathrm{d}x = \mathrm{d}\tau/\mathrm{d}h$. Setzt man darin nach der *Newton*schen Hypothese $\tau = \eta \cdot (\mathrm{d}v/\mathrm{d}h)$, also $\mathrm{d}\tau/\mathrm{d}h = \eta \cdot (\mathrm{d}^2 v/\mathrm{d}h^2)$ ein, so ergibt sich folgende Differentialgleichung:

$$\boxed{\frac{1}{\eta} \cdot \frac{\mathrm{d}p}{\mathrm{d}x} = \frac{\mathrm{d}^2 v}{\mathrm{d}h^2}} \qquad (2.10)$$

Aus dieser Gleichung lassen sich die wesentlichen Aussagen über Geschwindigkeits- und Druckverteilung, Schmierspalthöhe bzw. Gleitraumform sowie Reibungswiderstand und Reibungszahl ableiten (Lösungen der Gl. (2.10) s. Ten Bosch [38]).

***Reynolds*sche Gleichung**. Die Berechnung hydrodynamischer Radial-Gleitlager nach DIN 31 652 erfolgt zweckmäßig mit dem Rechner mit Hilfe der numerischen Lösungen der *Reynolds*schen Differentialgleichung für die Reibungsströmung im Schmierspalt

$$\boxed{\frac{\partial}{\partial x}\left(h^3 \frac{\partial p}{\partial x}\right) + \frac{\partial}{\partial z}\left(h^3 \frac{\partial p}{\partial z}\right) = 6 \cdot \eta \cdot (u_\mathrm{S} + u_\mathrm{B}) \cdot \frac{\partial h}{\partial x}} \qquad (2.11)$$

Es bedeuten: ∂ partielles Differential, partielle Ableitung, x Koordinate in Bewegungsrichtung (Umfangsrichtung), y Koordinate in Richtung Schmierspalthöhe (radial), z Koordinate quer zur Bewegungsrichtung (axial), h Spalthöhe, u_B Geschwindigkeit des Lagers, u_S Geschwindigkeit der Welle, η dynamische Viskosität des Schmierstoffs.

Zur Herleitung der *Reynolds*schen Differentialgleichung wird verwiesen auf die Literatur [30]; [35]; [43] und zur numerischen Lösung auf die Literatur [4]; [29]; [33].

Die *Reynolds*sche Gleichung ist umfassender als die Gl. (2.10). Sie gilt als Grundgleichung für die hydrodynamische Schmiertheorie. Aus Lösungen beider Gleichungen lässt sich u. a. auch die Erkenntnis bestätigen, dass zur Erzeugung einer tragfähigen Schmierschicht jeder Gleitraum geeignet ist, dessen Höhe in Richtung der Bewegung abnimmt, also einen Stauraum bildet (**2.14** und **2.17**). Es ist hierbei ohne wesentlichen Einfluss, in welcher Weise die Spalthöhe im Staufeld in Bewegungsrichtung abnimmt. In der Regel werden die Stauräume keilförmig ausgebildet, doch können sie auch ballig oder gestuft ausgeführt werden. Eine Auswahl möglicher Ausführungsformen des Gleitraumes zeigt das Bild **2.41**.

Druckverlauf im Gleitraum (2.14). Vor der Verengung bis kurz vor der engsten Stelle steigt der Druck an, dahinter fällt er ab. Das Verhältnis Maximaldruck p_max zum mittleren Druck $\bar{p}$ hängt von der Geometrie des Reibraumes ab. Im Radiallager mit keilförmigem Stauraum kann hinter der Druckzone Unterdruck entstehen.

2.3 Hydrodynamisch geschmierte Radiallager

2.3.1 Reibung im Gleitlager, Tragfähigkeit, Kennzahlen, Wärme

Im Folgenden wird der praktisch weitaus häufigste Fall des vollumschließenden Radial-Gleitlagers behandelt. (Aus ihm lassen sich die Vorgänge in anderen flüssigkeitsgeschmierten Lagern ableiten; s. DIN 31 652.) Es besteht aus dem zylindrischen Zapfen einer Welle, der sich in einer zylindrischen Bohrung dreht. Vom Zapfen wird eine radial gerichtete Normalkraft F_n (Gewicht der Welle, Zahnkraft, Riemenkraft usw.) auf die Bohrung übertragen. Bei Drehung der Welle bildet sich unter Last ein sich verengender und erweiternder Gleitraum, ein keilförmiger Schmierspalt, aus. Die kleinste und die größte Spaltweite liegen sich gegenüber; ihre Summe ergibt das Lagerspiel. (Die verschiedenen Lagerbauarten sind in Abschn. 2.4 erläutert.)

Reibung. Im Jahre 1902 wies *Stribeck* [Stribeck, R.: Die wesentlichen Eigenschaften der Gleit- und Rollenlager. VDI-Z. 46 (1904)] durch Versuche nach, dass für das flüssigkeitsgeschmierte Lager das *Coulomb*sche Gesetz, Gl. (2.7), nicht gilt. Die Reibungszahl μ ist nach *Stribecks* richtungweisenden Versuchen von der Drehzahl n des Zapfens (mit dem Durchmesser d und der Lagerbreite b) und von der **spezifischen Lagerbelastung** (Gl. (2.5)) $p_n = F_n/d \cdot b$ abhängig (Bild **2.15**); über weitere Einflüsse gaben spätere Untersuchungen Aufschluss. Das wichtigste Ergebnis der von *Stribeck* durchgeführten Versuche vermitteln Kurven in Bild **2.15**. Untersucht wurden Lager, die unter Verwendung eines bestimmten Schmiermittels bei konstanter spezifischer Belastung p_n vom Stillstand beginnend mit steigender Drehfrequenz gefahren wurden. Die Temperatur des Schmiermittels musste dabei möglichst gleich bleiben ($\eta \approx$ const.). Die **Reibungszahl** μ, bezogen auf den **Reibungsradius** $r = d/2$, kann durch das **Drehmoment (Reibungsmoment)** T_R bestimmt werden, das aufgewendet werden muss, um die Bewegung einzuleiten bzw. bei einer bestimmten Drehfrequenz aufrechtzuerhalten;

$$T_R = F_R \cdot r = \mu \cdot F_n \cdot r \qquad \mu = \frac{T_R}{F_n \cdot r_n} \tag{2.12}$$

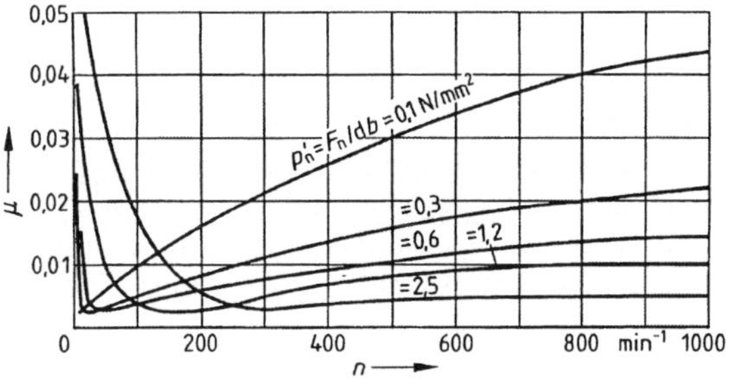

2.15
Reibungszahl μ bei verschiedenen Belastungen $p_n = F_n/(d \cdot b)$, abhängig von der Drehfrequenz n (nach Untersuchungen von *Stribeck* an einem Ringschmierlager mit $d = 70$ mm). Zähigkeit des Schmiermittels $\eta \approx$ const.

1. Im Stillstand liegt der Zapfen an der tiefsten Stelle der Bohrung auf (**2.16a**). An der Berührungsstelle sind die von der Bearbeitung herrührenden Rauheiten der Flächen verklammert. Die Rauheiten sind von der Bearbeitungsart abhängig. Sie betragen bei Gleitlagern 4 ... 0,5 μm.

Zur Einleitung der Bewegung muss der Zapfen aus der Verklammerung herausgehoben werden. Aus dem hierzu erforderlichen Drehmoment ergibt sich die Reibungszahl für die Festkörperreibung (Ruhereibung, Anlaufreibung). Sie ist relativ hoch und verringert sich nach Beginn der Bewegung schnell dadurch, dass das Schmiermittel seine Schmierwirkung entfaltet.

2. Der Gleitvorgang spielt sich zunächst zwischen den sehr dünnen Grenzschichten des Schmiermittels ab, die den Gleitflächen sehr fest anhaften. Örtlich, an den höchsten Erhebungen der Oberflächen, treten dabei Beanspruchungen auf, welche die Grenzschichten verletzen und zu metallischer Berührung und damit zu Verschleiß führen.

3. Mit zunehmender Gleitgeschwindigkeit wird vom Zapfen eine größere Schmiermittelmenge in den Spalt mitgerissen. In diesem Bereich der **Mischreibung** geht die metallische Berührung immer mehr zurück, der Zapfen beginnt auf der Flüssigkeitsschicht zu schwimmen (**Flüssigkeitsreibung**). Die Flüssigkeitsschicht im Schmierspalt h_0 unter dem Zapfen (**2.16b**) wird bei weiterer Drehfrequenzsteigerung dicker, der Reibungswiderstand steigt nun wieder langsam an.

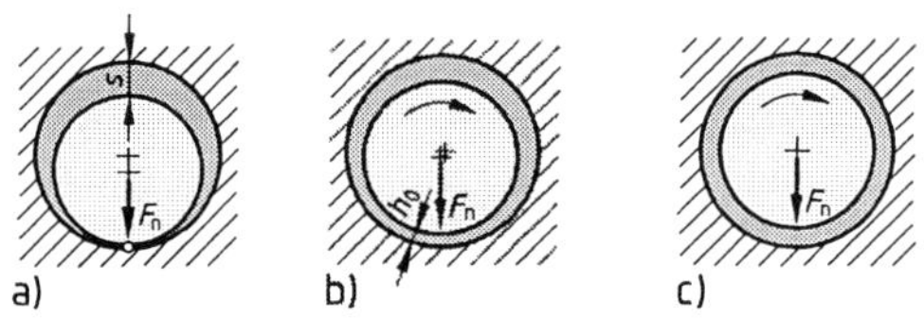

2.16
Wanderung des Zapfens in der Buchse bei steigender Umfangsgeschwindigkeit u bzw. Drehfrequenz n (schematisch); s Lagerspiel, h_0 engster Spalt, F_n Lagerbelastung
a) Stillstand (Drehfrequenz $n = 0$)
b) Ölkeil hat den Zapfen abgehoben (n groß)
c) Zapfen nahezu konzentrisch in der Buchse ($n \to \infty$)

Die von *Stribeck* ermittelten Kurven können folgendermaßen gedeutet werden:

Die Drehfrequenz, bei der die Reibungszahl den Kleinstwert erreicht hat (**2.15**), bei der also etwa die metallische Berührung aufhört, heißt **Übergangsdrehzahl $n_ü$**. Der Kurvenast rechts von dieser Drehfrequenz ($n > n_ü$) entspricht der Reibung im Bereich der Flüssigkeitsreibung, in welchem wegen Fehlens der metallischen Berührung keine Abnutzung der Werkstoffe eintritt. Die Kurve verläuft hier relativ flach, d. h. die Reibungszahl μ (und damit Reibungsleistung und Reibungswärme) bleibt über einen größeren Drehfrequenzbereich niedrig. Der Kurvenast links von der Übergangsdrehfrequenz ($n < n_ü$) entspricht der Reibung im Bereich der Mischreibung, die so benannt ist, weil hier Festkörperreibung, Grenzschichtreibung und Flüssigkeitsreibung gemeinsam vorhanden sind; infolge der metallischen Berührung tritt Werkstoffverschleiß und die Gefahr des Fressens auf. Im Gebiet der Mischreibung steigt die Reibungszahl mit abnehmender Drehfrequenz sehr stark an (s. auch Bild **2.20**).

Theoretisch ist die Übergangsdrehfrequenz der ideale Betriebspunkt eines Gleitlagers. Praktisch soll die niedrigste Betriebsdrehfrequenz um einen ausreichenden Sicherheitsabstand über der Übergangsdrehfrequenz liegen, damit z. B. auch bei Belastungsschwankungen Flüssigkeitsreibung gewährleistet bleibt. Der Bereich der Mischreibung wird beim An- und Abstellen der Maschinen unvermeidlich durchlaufen. Zwischen Maschinenteilen mit kleiner Geschwindigkeit, z. B. bei Steuerungsteilen von Kraftfahrzeugen und Gestängelagerungen, findet in der Regel ebenfalls Mischreibung statt.

In Fällen, in denen Mischreibung auch bei extrem langsamer Bewegung nicht auftreten darf, wendet man hydrostatische Schmierung an. Eine Presspumpe drückt Schmieröl unter den Zapfen und erzeugt damit einen Flüssigkeitsdruck, der hoch genug ist, um den Zapfen auch bei Stillstand anzuheben. Dies geschieht z. B. bei Spurzapfenlagern von Krananlagen und während des Anlaufvorgangs hochwertiger Turbinenlager.

Verhalten der Lager im Bereich der Flüssigkeitsreibung

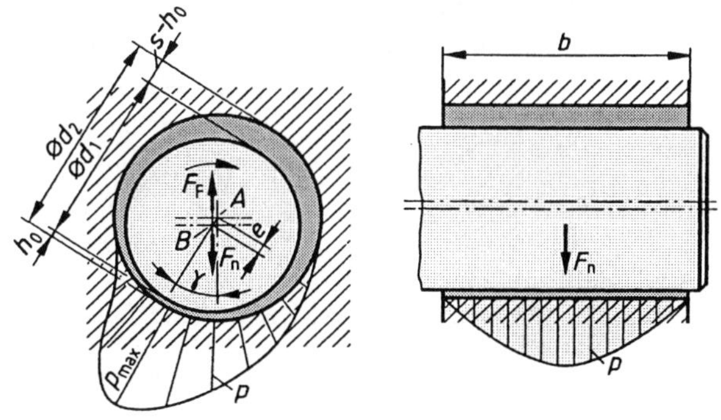

b	Lagerbreite
d_2	Bohrungsdurchmesser
d_1	Zapfendurchmesser, Mittelpunkt B
e	Exzentrizität
h_0	kleinste Schmierschichtdicke (Spaltdicke)
F_F	Flüssigkeitskraft
F_n	Lagerbelastung
p	Flüssigkeitsdruck
p_{max}	höchster Öldruck
γ	Verlagerungswinkel

2.17
Druckverteilung im Bereich des Druckfeldes am umlaufenden Lagerzapfen bei Flüssigkeitsreibung (schematisch). Querschnitt und Längsschnitt durch das Lager.

Belastung. Wenn sich zwischen Wellenzapfen und Lagerbohrung eine Flüssigkeitsschicht befindet, auf welcher der Zapfen schwimmt, dann muss Gleichgewicht bestehen zwischen der Lagerbelastung F_n und der vom Flüssigkeitsdruck p abhängigen, der Lagerbelastung entgegengesetzt gerichteten Tragkraft F_F der Flüssigkeit (**2.17**). Die Reaktionskraft F_F, die die Flüssigkeit aufbringen muss, um den Lagerzapfen zu tragen, resultiert aus der Summe aller Schmierfilmdruck-Komponenten in Richtung der Belastung (**2.17**). Er entspricht einem mittleren Flüssigkeitsdruck $\overline{p}$ (**2.14**) multipliziert mit der Projektion der Lagerfläche $b \cdot d$; der erforderliche Druck ist $\overline{p} = F_F / b \cdot d$. Wegen $F_n = F_F$ kann auch geschrieben werden $\overline{p} = = F_n / b \cdot d$, s. Gl. (2.5).

Der **Flüssigkeitsdruck** $\boldsymbol{p}$ bildet sich im verengenden Teil des Gleitlagers (s. Abschn. 2.2). Die Druckzunahme (**2.17**) beginnt beim Übergang der im Drehsinn vor dem Stauraum liegenden Schmiernut und endet mit einem Höchstwert hinter der Wirkungslinie der Kraft F_n. Der engste Schmierspalt h_0 liegt hinter dem Druckscheitel. In manchen Fällen stellt sich in dem sich wieder erweiternden Schmierspalt Unterdruck ein.

Die Schmiernut soll stets vor der Druckzone liegen, um den Druckverlauf nicht zu unterbrechen. Im Vergleich zum unendlich breiten Lager verringert sich der Höchstdruck in der Lagermittenebene und fällt nach beiden Seiten annähernd parabelförmig auf den Umgebungsdruck ab (**2.17** und **2.18**), weil dort die Flüssigkeit frei abfließen kann. Der Einfluss dieser Seitenabströmung kann durch das Breitenverhältnis $\beta = b/d$ erfasst werden; bei einem Lager mit kleinem Quotienten β kann eine größere Ölmenge seitlich abfließen als bei großem Wert von β (**2.18 a** und **b**).

Weitere Einflussgrößen für die Druckverteilung sind die mögliche Verkantung (**2.18c**), die eine Verzerrung des Druckfeldes in Längsrichtung des Zapfens ergibt, die Wellendurchbiegung (**2.18d**) und der Umschließungswinkel als der Winkel, über den die Gleitfläche eine ununterbrochene Ausbildung des Flüssigkeitsdruckes erlaubt. Er beträgt 360° bei dem hier betrachteten vollumschließenden Lager und 180° beim halbumschließenden Lager; bei Mehrflächenlagern (**2.37**) richtet er sich nach der Größe der Teilflächen.

Exzentrizität *e*. Mit zunehmender Drehfrequenz bewegt sich der Zapfenmittelpunkt nach Bild **2.16** etwa auf einem Halbkreis zum Bohrungsmittelpunkt hin. Seine Lage ist für jeden Be-

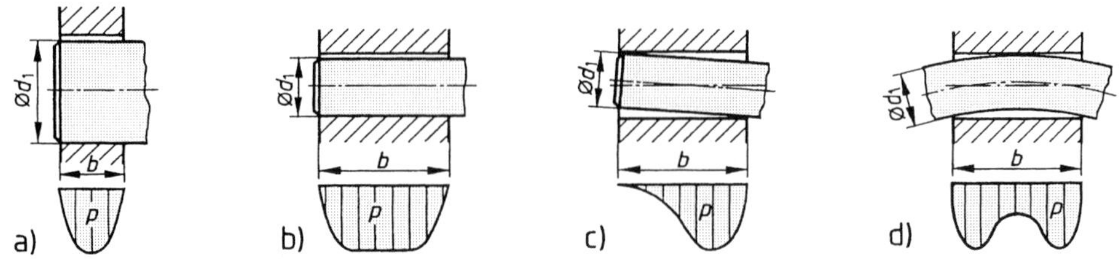

2.18
Verteilung des Öldrucks über den Längsschnitt bei gleichem Produkt $b \cdot d_1 = \varepsilon$
a) b/d klein b) b/d groß c) wie b), aber Zapfen verkantet d) wie b), aber Welle durchgebogen

triebszustand durch den Verlagerungswinkel γ und die Exzentrizität e definiert (**2.17**). Die Zusammenhänge zwischen Exzentrizität e und engstem Schmierspalt h_0 lassen sich durch Verhältniszahlen ausdrücken. Mit der relativen Exzentrizität

$$\boxed{\varepsilon = e/(s/2) = e/(\Psi \cdot r)} \tag{2.13}$$

mit dem relativen Lagerspiel $\psi = s/d$, Gl. (2.3), mit der relativen Schmierschichtdicke $\delta = h_0/(\psi \cdot r)$, Gl. (2.4), sowie mit dem Spiel s lassen sich die einfachen Beziehungen aufstellen

$$\boxed{h_0 = (s/2) - e = (\Psi \cdot d/2) - e = \Psi \cdot r - e = \Psi \cdot r \cdot (1 - \varepsilon)} \tag{2.14}$$

$$\boxed{\delta = 1 - \varepsilon} \qquad \boxed{h_0 = \psi \cdot r \cdot \delta} \qquad (2.15)\ (2.16)$$

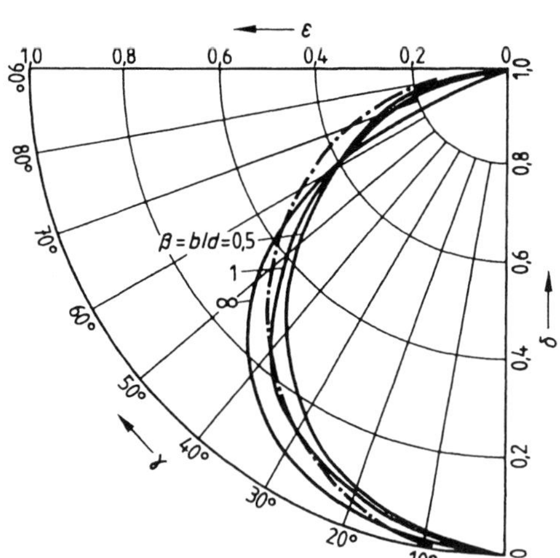

2.19
Lage des Zapfenmittelpunkts bei verschiedenen Breitenverhältnissen b/d nach *Sassenfeld* und *Walther*. Zum Vergleich Halbkreis (Strichpunktlinie)

γ Verlagerungswinkel ε relative Exzentrizität
δ relative Schmierschichtdicke

Zur Veranschaulichung s. Bild **2.19**: Bei $\varepsilon = 1$ bzw. bei $\delta = 0$ liegt die Welle auf der Lagerschale; es sind die Exzentrizität $e = s/2$ und die Spalthöhe $h_0 = 0$. Bei $\varepsilon = 0$ bzw. bei $\delta = 1$ fallen die Wellen- und Bohrungsmittelpunkte aufeinander, das bedeutet: $e = 0$ und $h_0 = s/2$.

Der kleinste Gleitflächenabstand h_0 muss stets größer sein als die Summe der Rautiefen der beiden Gleitflächen, wenn Festkörperreibung vermieden werden soll (**2.6b**). Eine wesentliche Vergrößerung von h_0 führt zu einer Erhöhung der Reibungsverluste sowie zu einer unstabilen Lage. Aus Gründen hoher Stabilität, d. h. zur Vermeidung von Schwingungen, ist eine große Exzentrizität e erforderlich; aus Gründen der Betriebssicherheit ist eine große Schmierschichtdicke h_0 und damit also eine kleine Exzentrizität anzustreben. Die Tragfähigkeitsgrenze ist erreicht, wenn $h_0 = h_{0\,\min}$ wird.

Eine Abschätzung dieser widersprüchlichen Forderung nach großer Exzentrizität e und großer Schmierspalthöhe h_0 ist mit Hilfe der dimensionslosen, nach *Sommerfeld* benannten Lagerkennzahl *So* möglich.

Die **Sommerfeld-Zahl *So*** beschreibt den Betriebszustand und die Tragfähigkeit eines Lagers im Bereich der Flüssigkeitsreibung durch die Beziehung

$$So = \frac{\overline{p} \cdot \psi^2}{\eta \cdot \omega} = \frac{F_n \cdot \psi^2}{d \cdot b \cdot \eta \cdot \omega} = f\left(\varepsilon, \frac{b}{d}, \Omega\right) \tag{2.17}$$

Hierin bedeuten: $\overline{p} = p_n = F_n/d\,b$ mittlerer Flüssigkeitsdruck bzw. spezifische Lagerbelastung p_n mit der Belastung F_n bezogen auf die Lagerbreite b und den Lagerdurchmesser d, ψ relatives Lagerspiel, η dynamische Viskosität und ω Winkelgeschwindigkeit der Welle.

Für ein Lager mit niedriger spezifischer Belastung p_n und kleinem relativem Lagerspiel ψ ergibt sich also bei Verwendung eines zähen Schmiermittels (η relativ groß) und bei hoher Drehzahl (ω ebenfalls relativ groß) ein kleiner Wert für *So*.

Die Sommerfeld-Zahl *So* lässt sich auch in Abhängigkeit (als Funktion f) von der relativen Exzentrizität ε, von der relativen Lagerbreite b/d und vom Umschließungswinkel Ω darstellen (s. Bild **2.24** und **2.25**; Formeln hierfür s. DIN 31 652 T2).

Vogelpohl [42]; [43] unterscheidet hoch belastete Lager ($So > 1$) und schnelllaufende Lager ($So < 1$). *Holland* [14] gibt folgende Hinweise (zur Veranschaulichung s. die Bilder **2.24** und **2.25**): Lager bis zum Breitenverhältnis $b/d = 1/3$ mit Sommerfeldzahl $So = 1 \ldots 10$ bei $\varepsilon = 0{,}6 \ldots 0{,}95$ lassen einen störungsfreien Betrieb erwarten. Lager mit Sommerfeldzahlen $So > 10$ sind bei normaler Oberflächengüte möglichst zu vermeiden, ebenso Lager mit $So > 50$, da diese trotz bester Oberflächengüte leicht in das Gebiet der Mischreibung geraten (für $\varepsilon > 0{,}98$ wird h_0 zu klein). Bei $So < 0{,}3$ wird die Wellenlage instabil, der Lagerzapfen läuft unruhig. Gleitlager mit $So < 0{,}1$ und Umfangsgeschwindigkeiten $u = r \cdot \omega \geq 100$ m/s lassen sich in der Regel als Mehrflächengleitlager (**2.37**) ausführen.

Reibungszahl im Bereich der Flüssigkeitsreibung. Erstmals wies *Gümbel* [10], [11] nach, dass sich die Ergebnisse der *Stribeck*schen Versuche vereinfacht darstellen lassen, wenn man die von *Stribeck* festgestellten Zahlenwerte für die Reibungszahl im Bereich der Flüssigkeitsreibung in Abhängigkeit von einer Kennzahl aufträgt, die außer der Drehfrequenz (Winkelgeschwindigkeit ω) noch die Zähigkeit des Schmieröls η und die spezifische Belastung p enthält (**2.20**). Der Kurvenverlauf entspricht dann der Gleichung $\mu = k \cdot \sqrt{\eta \cdot \omega / \overline{p}}$ bzw. der Gl. (2.22) und stimmt in seiner Tendenz sehr gut mit den *Stribeck*schen Kurven (**2.15**) überein.

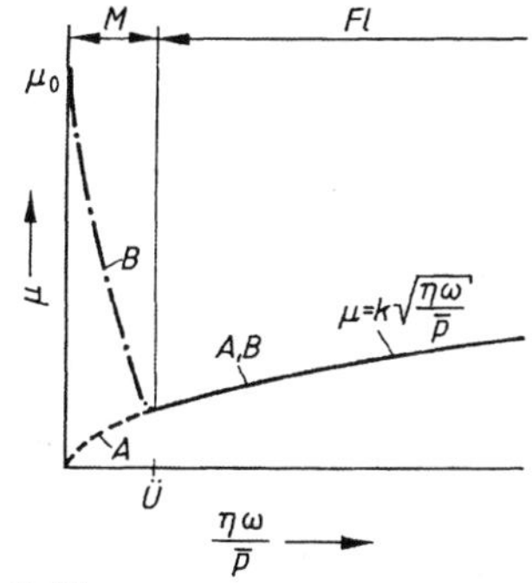

2.20
A Reibungsverlauf über der *Gümbel*schen Kennzahl
B Stribeck-Kurve für Gleitlager im Gebiet *So* > 1 (ohne Maßstab)
μ_0 Reibungszahl der Ruhereibung (Festkörperreibung)
M Mischreibung
Fl Flüssigkeitsreibung
Ü Übergangspunkt

Reibungskennzahl μ/ψ (bezogene Reibungszahl). Lässt man einen zylindrischen Körper konzentrisch in einem zylindrischen, mit Flüssigkeit gefüllten Gefäß rotieren, dann muss wegen der Flüssigkeitsreibung ein Drehmoment aufgewendet werden, wenn die Bewegung nicht zum Stillstand kommen soll. Das gleiche gilt für den in einer Lagerbohrung konzentrisch umlaufenden Wellenzapfen. Zwischen Bohrung und Zapfenoberfläche überträgt die Flüssigkeit die Umfangskraft F'_R. Diese ist nach der Schubspannungsgleichung von *Newton*, Gl. (2.8), proportional der Zapfenoberfläche $\pi \cdot d \cdot b$, der Zähigkeit der Flüssigkeit η, der Umfangsgeschwindigkeit des Zapfens $u = r \cdot \omega$ und umgekehrt proportional der Schichtdicke der Flüssigkeit $s/2$

$$F'_R = \pi \cdot d \cdot b \cdot \frac{\eta \cdot r \cdot \omega}{s/2} = \pi \cdot d \cdot b \cdot \frac{\eta \cdot \omega}{\psi} \tag{2.18}$$

wenn man $s/2r = \psi$ setzt. Die Kraft F'_R steht nach den angegebenen Voraussetzungen physikalisch nicht in Beziehung zur Lagerbelastung F_n. Trotzdem bemühte man sich schon frühzeitig (*Petroff* 1883), ähnlich der Reibungszahl μ bei Festkörperreibung auch bei der Flüssigkeitsreibung im Gleitlager mit der Größe $\mu = F'_R/F_n$ zu arbeiten. Es erleichtert das Verständnis, wenn dieser heute nur noch historisch wichtige Gedankengang hier wiedergegeben wird. Unter Verwendung der Gl. (2.17) und (2.18) kann für die **Reibungszahl** μ geschrieben werden

$$\mu = \frac{F'_R}{F_n} = \frac{\pi \cdot d \cdot b \cdot \eta \cdot \omega/\psi}{d \cdot b \cdot So \cdot \eta \cdot \omega/\psi^2} \tag{2.19}$$

Durch kürzen erhält man mit $\pi \approx 3$

$$\mu = \frac{\pi \cdot \psi}{So} \quad \text{oder} \quad \frac{\mu}{\psi} = \frac{3}{So} \tag{2.20}$$

Dieser Ausdruck stimmt gut mit Versuchsergebnissen an schnelllaufenden Lagern (**2.21**), also solchen mit hoher Drehfrequenz und geringer Belastung überein. Dagegen wurden um so größere Abweichungen festgestellt, je größer die Sommerfeld-Zahl wird, d. h. je stärker das Strömungsbild durch die Exzentrizität verzerrt wird und damit von der Strömung in einem konzentrischen Reibraum abweicht. Durch Vergleichen mit zahlreichen Versuchs- und Rechnungsergebnissen stellte *Vogelpohl* [42] folgende Näherungsgleichungen für die **Reibungskennzahl** μ/ψ auf, die im Bereich kleiner Sommerfeldzahlen noch die Ähnlichkeit mit der *Petroff*schen Formel erkennen lassen:

für **Schnellaufbereich** ($So < 1$)

$$\mu/\psi = k/So \quad \text{bzw.} \quad \mu = k \cdot \psi/So \tag{2.21}$$

für **Schwerlastbereich** ($So > 1$)

$$\mu/\psi = k/\sqrt{So} \quad \text{bzw.} \quad \mu = k \cdot \psi/\sqrt{So} \tag{2.22}$$

Nach *Falz* ist für vollumschließende Lager $k = 3{,}8$ zu setzen, nach *Vogelpohl* für halbumschließende Lager (die nur noch selten ausgeführt werden) $k = 2{,}0$. *Vogelpohl* empfiehlt, $\boldsymbol{k = 3}$ zu setzen. Für die praktische Berechnung ist dieser Wert zu wählen.

Die Gleitlagerberechnung nach DIN 31 652 T1, T2 unterscheidet die Bereiche $So < 1$ und $So > 1$ hinsichtlich der Reibungskennzahl nicht. Hier wird die bezogene Reibungszahl $\mu/\psi = 10^{Y} = f(\varepsilon, b/d, \Omega)$ gesetzt. Die Hochzahl Y kann aus einer geometrischen Reihe (s. DIN 31 652 T2) als Funktion von der Sommerfeld-Zahl und von dem Breitenverhältnis mit dem Rechner ermittelt werden. Den Verlauf der Reibungskennzahl μ/ψ über der Sommerfeld-Zahl bei verschiedenen Breitenverhältnissen zeigt Bild **2.22**. Ein Vergleich der Messergebnisse nach Bild **2.21** mit den gerechneten Werten (Bild **2.22**) lässt gute Übereinstimmung erkennen.

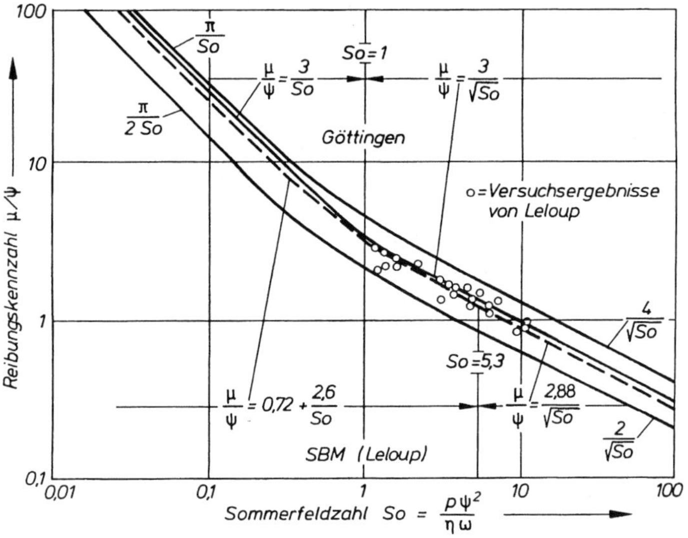

2.21
Diagramm nach *Vogelpohl*

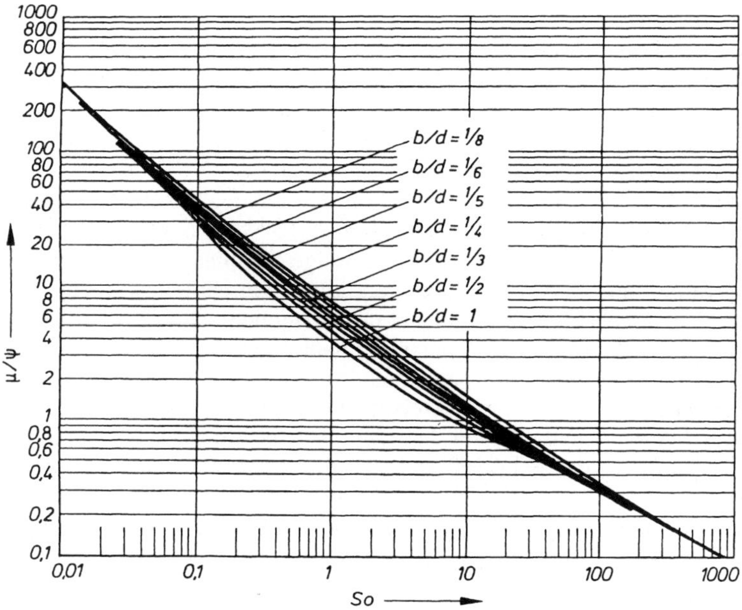

2.22
Bezogene Reibungszahl μ/ψ in Abhängigkeit von der Sommerfeld-Zahl *So* und der relativen Lagerbreite *b/d* für vollumschließende Lager, Ω = 360° (DIN 31 652 T2)

Übergangsdrehfrequenz, Schmierfilmdicke. Die von *Stribeck* gemessenen Kurven (**2.15**) für die Reibungszahl weisen, jede bei einer definierten Drehfrequenz, ein Minimum auf. Diese Grenzdrehfrequenz zwischen Mischreibung und Flüssigkeitsreibung wird als Übergangsdrehfrequenz bezeichnet. Sie lässt sich durch Messung des Reibmoments T_R ermitteln. Auch durch Messung des elektrischen Widerstandes zwischen Zapfen und Bohrung kann man mit guter Genauigkeit eine Drehfrequenz ermitteln, bei der die metallische Berührung der Gleitflächen aufhört.

Theoretisch würde die Übergangsdrehfrequenz bei einer Schmierfilmdicke $h_0 \rightarrow 0$ erreicht sein. Praktisch liegt sie bei sehr kleinen Werten von h_0, da Abweichungen zwischen der theoretisch exakten Form des Reibraumes und der Wirklichkeit nicht zu vermeiden sind. Ursache sind die Oberflächenrauheit der Laufflächen, Verkantung zwischen Lagerschale und Zapfen, Maßabweichungen von der zylindrischen Form beider Teile durch die Herstellung sowie durch Belastung und Wärmeausdehnung. Erschwerend kommt hinzu, dass ein Teil dieser Faktoren, z. B. die Oberflächenrauheit, die Verkantung durch Belastung (Wellendurchbiegung) und die Wärmedehnung, sich während des Betriebs ändern können.

Eine brauchbare Näherung zur Berechnung der kleinsten Schmierfilmdicke h_0 lässt sich mit der von *Falz* [6] hergeleiteten und von *Bauer* [1] für das endlich breite Lager bestimmten Formel in Abhängigkeit von der Sommerfeld-Zahl *So* ermitteln. Daraus ergibt sich mit der relativen Schmierfilmdicke $\delta = 2h_0/s$ und dem Lagerbreitenverhältnis $\boldsymbol{\beta = b/d}$ die **Schmierfilmdicke $\boldsymbol{h_0}$** an der engsten Stelle des Schmierspalts (h_0 in Bild **2.17**)

$$So > 1 \qquad \boxed{h_0 = \frac{s}{2} \cdot \frac{1}{2\,So} \cdot \frac{2\beta}{1+\beta}} \tag{2.23}$$

$$So < 1 \qquad \boxed{h_0 = \frac{s}{2} \cdot \left[1 - \frac{So}{2} \cdot \frac{1+\beta}{2\beta}\right]} \tag{2.24}$$

Die Gl. (2.23) stellt für $0 < \beta \leq 2$ und die Gl. (2.24) für $0{,}5 \leq \beta \leq 2$ eine brauchbare Näherung dar. Ein Gleitlager läuft danach dann im Gebiet der Flüssigkeitsreibung, wenn die diesem Betriebszustand entsprechende Schmierfilmdicke h_0 größer ist als die Schmierfilmdicke $h_{0\,\ddot{u}}$ bei der Übergangsdrehfrequenz, bei welcher die Rauheitsspitzen der Laufflächen sich gerade berühren.

Die VDI-Richtlinien 2204 von 9.92 geben Richtwerte für zulässige Schmierfilmdicken und für die Güte der Gleitflächenbearbeitung in Abhängigkeit vom Zapfendurchmesser d_1 an (Bild **2.31**). In dieser Darstellung bedeuten *Rz* die Rautiefe, in deren Bereich sich die Bearbeitung halten soll, und T_f Richtwerte für zulässige Formabweichung nach DIN ISO 286 T1. Hiernach ist T_f der radiale Abstand zweier konzentrischer Kreiszylinder, zwischen denen die Gleitflächen des Lagerzapfens bzw. der Lagerschale eines kreiszylindrischen Lagers liegen müssen. Die Kurve $h_{0\,\ddot{u}}$ entspricht der Schmierfilmdicke, bei der etwa der Übergang zur Mischreibung zu erwarten ist, und die Kurve $h_{0\,\min}$ der Schmierfilmdicke, die nicht unterschritten werden sollte, wenn Mischreibung im Betrieb mit Sicherheit nicht eintreten soll. Damit muss die im Betrieb auftretende kleinste Schmierfilmdicke $\boldsymbol{h_0 \geq h_{0\,\min}}$ sein. Die **Drehfrequenzen,** die der Schmierfilmdicke $\boldsymbol{h_{0\,\min}}$ bzw. $\boldsymbol{h_{0\,\ddot{u}}}$ entsprechen, ergeben sich aus der Beziehung

$$\boxed{n_{\min} = \frac{h_{0\,\min}}{h_0} \cdot n} \quad \text{bzw.} \quad \boxed{n_{\ddot{u}} = \frac{h_{0\,\ddot{u}}}{h_0} \cdot n} \quad (h_0 > h_{0\,\min} > h_{0\,\ddot{u}}) \qquad (2.25)\ (2.26)$$

Zur Ermittlung der Drehfrequenzgrenze $n_{\min}$ und der Übergangsdrehfrequenz $n_{\ddot{u}}$ für Lager im Bereich $So < 1$ wird in Gl. (2.25), (2.26) die Drehfrequenz nach Gl. (2.17)

$$n_{(So=1)} = \overline{p} \cdot \psi^2 /(\eta \cdot 2 \cdot \pi)$$

bei $So = 1$ und die kleinste Schmierfilmdicke h_0 bei $So = 1$ nach Gl. (2.23) eingesetzt:

$$h_{0(So=1)} = \frac{s}{4} \cdot [2\,\beta /(1+\beta)]$$

In Bild **2.23** sind Erfahrungsrichtwerte nach DIN 31 652 T3 für die kleinste minimale Schmierfilmdicke $h_{0\,\min}$ für Wellen mit einer gemittelten Rautiefe $Rz \leq 4$ µm in Abhängigkeit von dem Wellendurchmesser und von der Gleitgeschwindigkeit zusammengestellt.

Wellendurchmesser d in mm		Gleitgeschwindigkeit der Welle u in m/s				
über	bis	- / 1	1 / 3	3 / 10	10 / 30	30 / -
24	63	3	4	5	7	10
63	160	4	5	7	9	12
160	400	6	7	9	11	14
400	1000	8	9	11	13	16
1000	2500	10	12	14	16	18

2.23
Erfahrungsrichtwerte für die kleinstzulässige Schmierfilmdicke $h_{0\,\min}$ in µm nach DIN 31 652 T1

Nach DIN 31 652 TI bis T3 wird die Berechnung der kleinsten Schmierschichtdicke h_0 für einen bestimmten Betriebszustand auf eine andere als auf die nach VDI 2204 angegebenen Methode durchgeführt. Sie beruht auf dem Zusammenhang zwischen Exzentrizität und dem kleinsten Schmierspalt. Zunächst wird die relative Exzentrizität ε in Abhängigkeit von der durch vorgegebene Werte festgelegten Sommerfeld-Zahl So und von dem Lagerbreitenverhältnis b/d (Bild **2.24** und **2.25**) ermittelt. Der vorhandene kleinste Schmierspalt ergibt sich dann nach der Gleichung (2.14) zu $h_0 = \psi \cdot r \cdot (1 - \varepsilon)$. Dieser Wert ist mit dem Betriebsrichtwert $h_{0\,\min} = Rz_1 + Rz_2 + C$ nach DIN 31 652 T3 (**2.23**) zu vergleichen. Dieser berücksichtigt außer der Summe der gemittelten Rautiefen von Welle und Lagerschale, $Rz_1 + Rz_2$, auch die Welligkeit, die Verkantung und die Durchbiegung der Welle (hier als Faktor C bezeichnet).

Reibungsleistung. Zur Überwindung des Reibungswiderstandes muss Arbeit bzw. Leistung aufgewendet werden. Die Reibleistung ist mit der Reibungszahl μ

$$\boxed{P_R = \mu \cdot F_n \cdot u} \qquad (2.27)$$

Setzt man in diese allgemeingültige Gleichung $F_n = \overline{p} \cdot d \cdot b$ und $u = \pi \cdot d \cdot n$ (mit der Drehfrequenz n in s^{-1}) sowie $So = (\overline{p} \cdot \psi^2)/(\eta \cdot 2 \cdot \pi \cdot n)$ ein und berücksichtigt man für μ die Gl. (2.21) bzw. (2.22), dann wird die **Reibleistung** für $So > 1$

$$P_R = k \cdot \sqrt{32 \cdot \pi} \cdot \frac{\pi \cdot d^2 \cdot b}{4} \cdot \sqrt{\overline{p} \cdot n^3} \cdot \sqrt{\eta} \approx 30 \cdot V \cdot \sqrt{\overline{p} \cdot n^3} \cdot \sqrt{\eta} = \Phi \cdot \sqrt{\eta} \quad (2.28)$$

mit dem Verlustfaktor $\Phi = k \cdot \sqrt{32 \cdot \pi} \cdot V \cdot \sqrt{\overline{p} \cdot n^3} \approx 30 \cdot V \cdot \sqrt{\overline{p} \cdot n^3}$

und für $So < 1$

$$P_R = k \cdot 8 \cdot \pi \cdot n^2 \cdot \frac{\pi \cdot d^2 \cdot b}{4} \cdot \eta \approx 75 \cdot n^2 \cdot V \cdot \frac{1}{\psi} \cdot \eta = \Phi' \cdot \eta \quad (2.29)$$

mit dem Verlustfaktor $\Phi' = k \cdot 8 \cdot \pi \cdot n^2 \cdot V \cdot \frac{1}{\psi} \approx 75 \cdot n^2 \cdot V \cdot \frac{1}{\psi}$

Hierin bedeutet $V = (\pi \cdot d^2/4) \cdot b$ das Lagerzapfen-Volumen; es ergibt sich rechnerisch aus der Umfangsgeschwindigkeit u und der Zapfenfläche $\pi \cdot d_1 \cdot b$, hat aber nicht die physikalische Bedeutung eines Volumens. Es wurde $k \approx 3$ gesetzt, s. Gl. (2.22).

Gl. (2.28) lässt erkennen, dass für den Bereich $So > 1$ die Reibungsleistung unabhängig vom Lagerspiel ist. Allerdings darf ψ nur in bestimmten Grenzen variiert werden: Die untere Grenze ergibt sich für $So = 1$. Die obere Grenze für ψ wird durch die Betriebssicherheit des Lagers gesetzt (unruhiger Lauf).

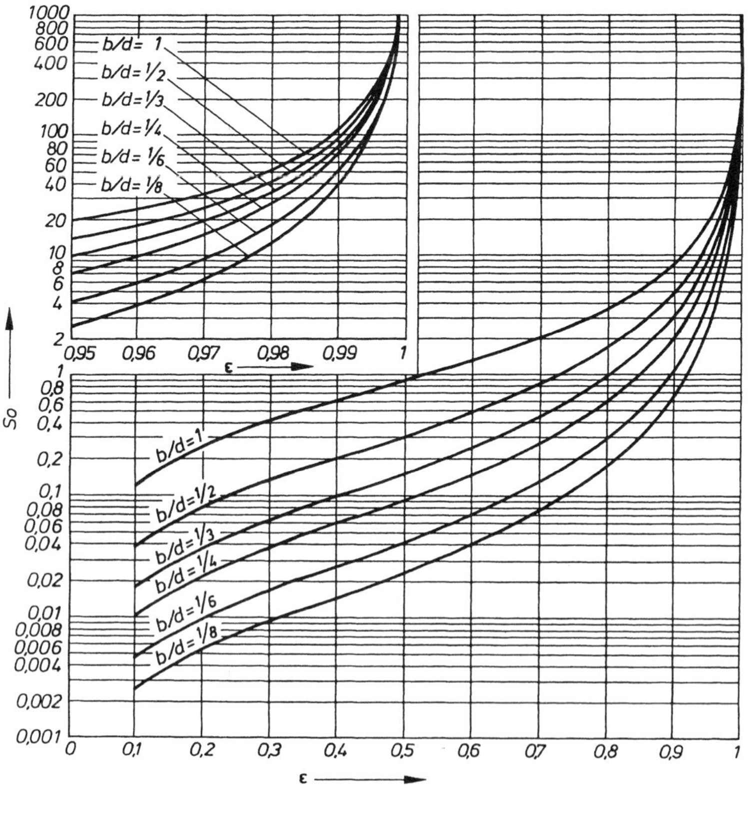

2.24
Sommerfeld-Zahl *So* in Abhängigkeit von der relativen Exzentrizität ε und der relativen Lagerbreite b/d für vollumschließende Lager, $\Omega = 360°$ (DIN 31 652 T2)

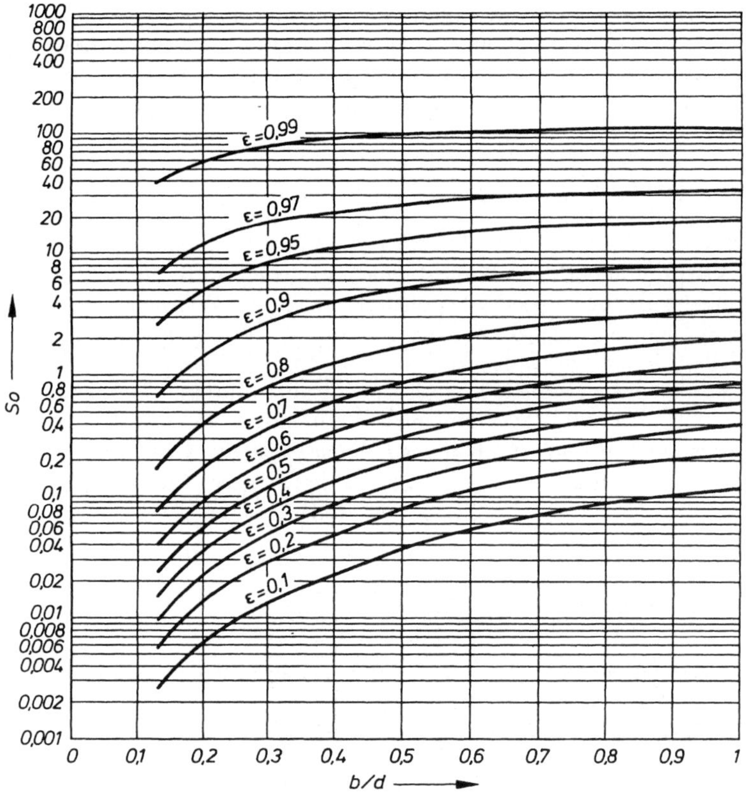

2.25
Sommerfeld-Zahl *So* in Abhängigkeit von der relativen Lagerbreite *b/d* und der relativen Exzentrizität ε für vollumschließende Lager, Ω = 360° (DIN 31 652 T2)

Für den Bereich $So < 1$ zeigt Gl. (2.28), dass die Reibungsleistung unabhängig von der Belastung ist. Dagegen spielt hier aber das Lagerspiel eine entscheidende Rolle.

Wärmebilanz. Die in Wärme umgesetzte Reibleistung muss abgeführt werden, wenn der Schmierstoff und das Lager nicht überhitzt werden sollen. Der thermische Zustand des Gleitlagers ergibt sich aus der Wärmebilanz, d. h. aus dem Gleichgewicht zwischen erzeugter und abgeführter Wärme; $\boldsymbol{P_R = P_A + P_Q}$. Von dem durch die Reibleistung P_R im Lager entstehenden Wärmestrom wird der eine Anteil P_A über die Lagergehäuseoberfläche an die Umgebung durch Konvektion und Strahlung und der andere Anteil P_Q durch den aus dem Lager austretenden Schmierstoff abgeführt.

In der praktischen Anwendung herrscht jeweils eine der beiden Wärmeabfuhren vor. Durch Vernachlässigung der jeweils kleineren abgeführten Wärmemenge ergibt sich eine zusätzliche Sicherheit bei der Auslegung.

Drucklos geschmierte Lager führen die Wärme überwiegend durch Konvektion und Strahlung an die Umgebung ab; $P_R - P_A = 0$, wogegen druckgeschmierte Lager (Umlaufschmierung) die Wärme überwiegend an den durchlaufenden Schmierstoff (Rückkühlung) abgeben; $P_R - P_Q = 0$.

Wärmeabfuhr über das Lagergehäuse. Der Wärmestrom, der durch das Lagergehäuse an die Gehäuseoberfläche geleitet wird, sowie der, der mit dem aus dem Schmierspalt austretenden Öl über den Ölvorrat im Lager zur Gehäuseoberfläche und von da durch **Konvektion** und **Strahlung** an die Umgebung abgegeben wird, ist proportional der Oberfläche des Lagerkörpers A und dem Temperaturgefälle zwischen der im Lager gemessenen mittleren Öltemperatur ϑ und der Temperatur der Umgebung des Lagers ϑ_0 Die aus dem Energiesatz abgeleitete **Wärmebilanz** lautet

$$\boxed{P_R = P_A} \quad \text{bzw.} \quad \boxed{\mu \cdot F_n \cdot u = \alpha^* \cdot A \cdot (\vartheta - \vartheta_0)} \tag{2.30}$$

Der **Proportionalitätsfaktor** $\boldsymbol{\alpha^*}$ (Wärmeabfuhrzahl) wird durch Versuche an vergleichbaren Lagern bestimmt. Er berücksichtigt außer der Wärmeabgabe an ruhende Luft alle zusätzlichen Einflüsse, die die Wärmeabgabe erschweren oder begünstigen, z. B. die Wärmezu- bzw. –abführung durch die Welle bei Dampfturbinen bzw. Kühlmaschinen, Bewegung der das Lager umgebenden Luft (zusätzliche Kühlung durch den Fahrwind, durch Ventilation) usw. Die Werte sind so abgestimmt, dass die damit errechnete Lagertemperatur der mittleren Temperatur im Schmierspalt sehr nahe kommt. Für alle vorkommenden Verhältnisse anwendbare Berechnungsgleichungen liegen wegen der sehr unterschiedlichen Verhältnisse nicht vor.

Die nachstehende Zahlenwertgleichung (VDI-Richtl. 2204) gilt für den Fall eines freistehenden Ringschmierlagers: $\alpha^* = 7 + 12\sqrt{w}$ in $\text{Nm/(m}^2\cdot\text{s}\cdot\text{K)}$ bzw. $\text{W/(m}^2\cdot\text{K)}$. Hierin ist w in m/s die Geschwindigkeit, mit der die Luft das Lager umstreicht. Mit Rücksicht auf die Rotation der Welle kann für den Normalfall eine Luftgeschwindigkeit $w = 1{,}25$ m/s angenommen werden; hierfür ergibt sich $\alpha^* = 20\ \text{Nm/(m}^2\cdot\text{s}\cdot\text{K)}$ bzw. $\text{W/(m}^2\cdot\text{K)}$.

Wärmeabfuhr durch das Schmiermittel. Den zur Kühlung erforderlichen Schmier- oder Kühlmitteldurchsatz bzw. auch die erforderliche Wassermenge zur Rückkühlung des Öls berechnet man ohne Berücksichtigung der Kühlung über die Oberfläche des Lagerkörpers. Durch die Vernachlässigung des Betrages $\alpha^* \cdot A \cdot (\vartheta - \vartheta_0)$ erhält man eine erwünschte Sicherheit für den Fall einer Lagerüberlastung. Die Lagertemperatur lässt sich später im Betrieb durch entsprechende Dosierung des den Ölkühler durchströmenden Kühlwassers genau einstellen (s. Abschn. 2.5). Die Wärmebilanz lautet: $\boldsymbol{P_R = P_Q}$ bzw. $\boldsymbol{\mu \cdot F_n \cdot u = C \cdot \rho \cdot Q_k \cdot (\vartheta_2 - \vartheta_1)}$. Der erforderliche **Kühlmitteldurchsatz** beträgt

$$\boxed{Q_k = \frac{P_R}{c \cdot \rho \cdot (\vartheta_2 - \vartheta_1)}} \tag{2.31}$$

Mit der Reibleistung P_R, mit c als spezifischer Wärme des Kühlmittels, ϑ_2 bzw. ϑ_1 als Temperatur des Kühlmittels am Lageraus- bzw. -eintritt und der Dichte des Kühlmittels ρ. Die Größen sind mit folgenden Einheiten einzusetzen: P_R in Nm/s, c in Nm/(kg·K), ρ in kg/m^3, ϑ in K; damit ergibt sich Q_k in m^3/s. Für $(\vartheta_2 - \vartheta_1)$ wird je nach Lagerart und Umgebung 10 ... 20 K eingesetzt. Der Kühler ist entsprechend zu bemessen.

Lagertemperatur bei Kühlung durch Konvektion. Im stationären Dauerbetrieb liegt ein konstantes Temperaturfeld mit einem geringen Temperaturgefälle vor. Die thermische Beanspruchung des Lagers kann daher durch die mittlere **Öltemperatur** ϑ beschrieben werden.

Durch Umstellung von Gl. (2.31) und unter Berücksichtigung von Gl. (2.28) und (2.29) lässt sich die Lager- bzw. Öltemperatur berechnen für $So > 1$ $$\boxed{\vartheta = \frac{\Phi \cdot \sqrt{\eta}}{\alpha^* \cdot A} + \vartheta_0} \tag{2.32}$$

und für $So < 1$ $$\boxed{\vartheta = \frac{\Phi' \cdot \eta}{\alpha^* \cdot A} + \vartheta_0} \tag{2.33}$$

Man kann hierin die das Lager kennzeichnenden Größen $\Phi/(\alpha^* \cdot A) = W$ bzw. $\Phi'/(\alpha^* \cdot A) = W'$ setzen und erhält dann die **Öltemperatur**

für $So > 1$ $$\boxed{\vartheta = W \cdot \sqrt{\eta} + \vartheta_0} \tag{2.34}$$

und für $So < 1$ $$\boxed{\vartheta = W' \cdot \eta + \vartheta_0} \tag{2.35}$$

Diese Formeln eignen sich zur Darstellung in Diagrammen (**2.26**, **2.27**), mit deren Hilfe der Zusammenhang zwischen den zu erwartenden Lagertemperaturen und dem nach seiner Betriebsviskosität geeigneten Schmieröl überblickt werden kann. Es muss geprüft werden, ob die gerechnete Lagertemperatur zulässige Werte nicht überschreitet.

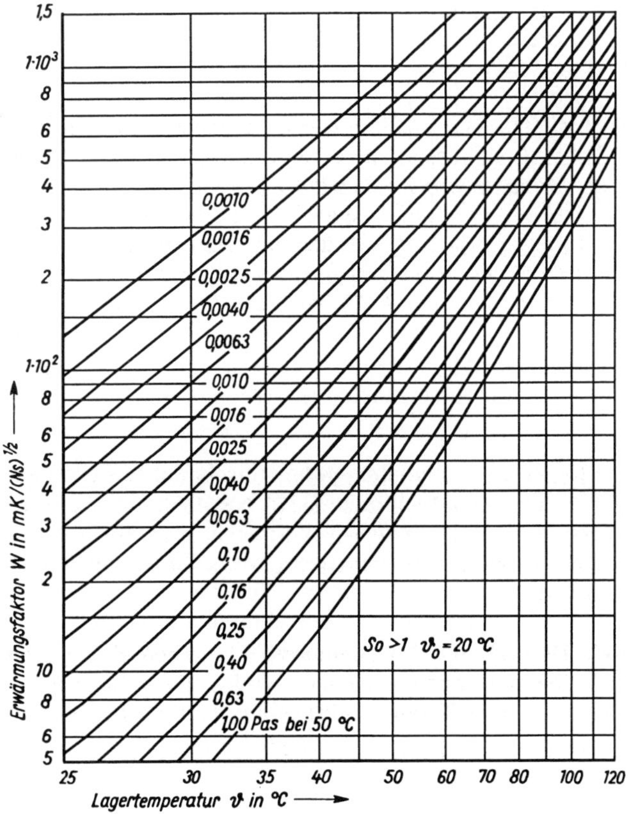

$$W = \Phi/(\alpha^* \cdot A) \approx \frac{30 \cdot V}{\alpha^* \cdot A} \cdot \sqrt{p \cdot n^3}$$

2.26
Diagramm zur Bestimmung der Lagertemperatur bei $So > 1$ und $\vartheta_0 = 20\,°C$

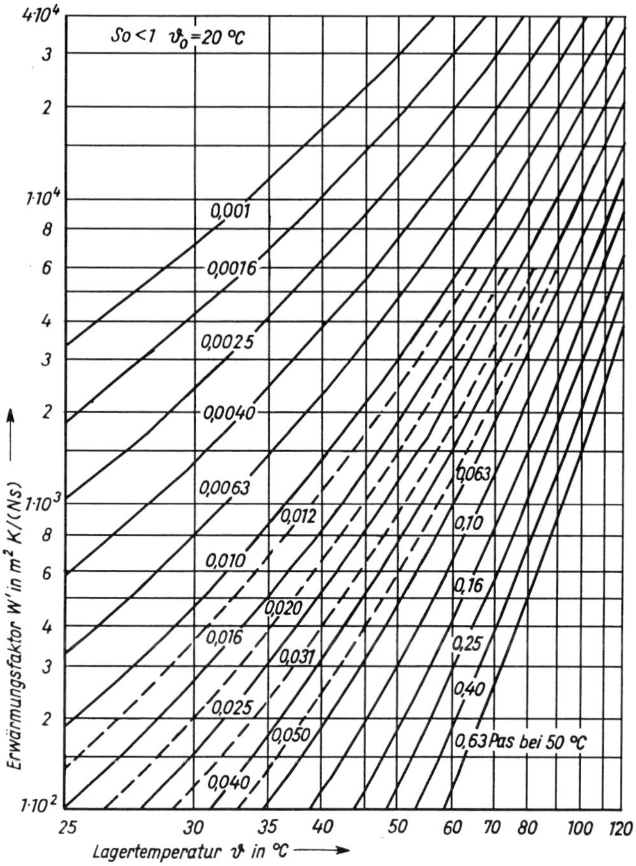

$$W' = \Phi'/(\alpha^* \cdot A) \approx \frac{75 \cdot n^2 \cdot V}{\alpha^* \cdot A \cdot \psi}$$

2.27
Diagramm zur Bestimmung der Lagertemperatur bei $So < 1$ und $\vartheta_0 = 20$ °C

Die Übereinstimmung der auf dem angegebenen Weg ermittelten Lagertemperatur ϑ mit der Wirklichkeit ist davon abhängig, wie weit die Voraussetzungen des Rechnungsganges mit der Wirklichkeit übereinstimmen.

Die Bilder **2.26** und **2.27** sind berechnet für das V-T-Verhalten der Normschmieröle (**2.13**) und für eine Umgebungstemperatur $\vartheta_0 = 20$ °C. Die VDI-Richtlinien 2204 enthalten weitere Netztafeln für $\vartheta_0 = 0$ °C und $\vartheta_0 = 40$ °C. Für Öle mit anderem V-T-Verhalten, z. B. für Mehrbereichsöle, können die Netztafeln nicht angewendet werden. Trotz dieser Einschränkungen ist es jedoch möglich, für alle Fälle, die nicht allzu sehr von den normalen Verhältnissen abweichen, die zu erwartende Lagertemperatur so weit abzuschätzen, dass Korrekturen am fertigen Lager einen zuverlässigen Betrieb herzustellen erlauben, sowie zu entscheiden, ob zusätzliche Kühlmaßnahmen erforderlich sind. Zusätzliche Kühlmaßnahmen sind: Erhöhung der Luftgeschwindigkeit durch Ventilation, Vergrößerung der Lageroberfläche durch Rippen, Vergrößerung des Ölvorratsraums (z. B. Kurbelwanne beim Kfz-Motor), Ölumlauf, Wasserkühlung innerhalb oder außerhalb des Lagerkörpers.

Lagertemperatur bei Ölkühlung. Durch Umstellung der Gl. (2.31) ergibt sich die Ölaustrittstemperatur

$$\vartheta_2 = \vartheta_1 + \frac{P_R}{c \cdot \rho \cdot Q_K} \tag{2.36}$$

Hierin sind die Größen wie in Gl. (2.31) einzusetzen. Die Betriebstemperatur des Lagers ist gleich der mittleren Öltemperatur $\vartheta = 0{,}5\ (\vartheta_1 + \vartheta_2)$.

Zulässige Lagertemperatur. Die höchstzulässige Lagertemperatur ist abhängig von dem Lagerwerkstoff und von dem Schmierstoff. Mit steigender Temperatur fallen Härte und Festigkeit der Lagerwerkstoffe ab. Auf Grund ihrer niedrigen Schmelztemperatur macht sich dies besonders stark bei den Pb- und Sn-Legierungen bemerkbar. Schmierstoffe auf Mineralölbasis altern in verstärktem Maße bei Temperaturen über 80 °C.

Es ist ausreichend, die thermische Lagerbeanspruchung bei natürlicher Kühlung (Konvektion) durch die Schmierstofftemperatur ϑ nach Gl. (2.32) bzw. Gl. (2.33) und bei Umlaufschmierung durch die Schmierstoff-Austrittstemperatur ϑ_2 zu beschreiben.

Erfahrungsrichtwerte für die höchstzulässige Lagertemperatur beziehen sich auf die für das Schmieröl noch zuträglichen Grenztemperaturen; bei druckloser Schmierung $\vartheta_{\text{lim}} = (80 \ldots 90)$ °C und bei Druckölschmierung (Umlaufschmierung, Bild **2.49**) $\vartheta_{2\,\text{lim}} = (80 \ldots 110)$ °C.

Ölbedarf im Schmierspalt. Der Raum zwischen Zapfen und Bohrung des Lagers muss im Bereich des Druckfeldes vollständig mit Öl gefüllt und frei von Luft sein. Der zur Aufrechterhaltung eines ununterbrochenen Schmierfilms erforderliche **Schmierstoffdurchsatz Q_s** ergibt sich aus dem Spaltquerschnitt an der Stelle h_0 und der mittleren Umfangsgeschwindigkeit u des Öls an der gleichen Stelle aus

$$Q_S \approx \varphi \cdot h_0 \cdot b \cdot \frac{u}{2} \tag{2.37}$$

Hierin ist φ der **Schmierstoff-Durchsatzfaktor**. Mit Rücksicht auf die seitlich austretende Ölmenge wird zur Sicherheit $\varphi = 1{,}5$ eingesetzt. Die im Betrieb tatsächlich benötigte Mindestölmenge ergibt sich durch Vergleich der Werte Q_k nach Gl. (2.31) und Q_S nach Gl. (2.37). Die größere der beiden Schmiermittelmengen ist vorzusehen.

Da das Frischöl in dem von hydrodynamischem Druck freien Bereich in den Spalt eintritt, ist der in der Frischölleitung erforderliche Öldruck nur gering, er muss lediglich die Reibungswiderstände der Zuleitung und die Zentrifugalkraft des umlaufenden Öls an der Eintrittsstelle überwinden. Bei den üblichen Umlaufpumpen entsteht der Druck in der Frischölleitung durch den Rückstau, wenn die Schluckfähigkeit der Verteilernut geringer ist als der Förderstrom der Pumpe. Die Druck- und Mengensteuerung erfolgt durch ein Überdruckventil in der Frischölleitung, Bild **2.49**.

Schmierstoffdurchsatz nach DIN 31 652. Hiernach wird die Schmierstoffmenge Q in m^3/s in zwei Anteile Q_1 und Q_2 aufgeteilt, in den:

1. durch die Eigendruckentwicklung im Schmierspalt seitlich aus dem Lager herausgeförderten Anteil

$$\boxed{Q_1 = d^3 \cdot \psi \cdot \omega \cdot q_1} \qquad (2.38)$$

Dieser Anteil ist abhängig von dem Lagerdurchmesser d, vom relativen Lagerspiel ψ, von der Winkelgeschwindigkeit ω sowie von einem bezogenen Schmierstoffdurchsatz-Faktor q_1. Dieser Faktor lässt sich nach DIN 31 652 T2 als Funktion von der relativen Exzentrizität ε und von dem Breitenverhältnis b/d für ein vollumschließendes Lager mit folgender Gleichung ermitteln:

$$\boxed{q_1 = (1/4) \cdot \left((b/d) - 0{,}223 \cdot (b/d)^3\right) \cdot \varepsilon} \qquad (2.39)$$

2. durch den Schmierstoff-**Zufuhrdruck** $\boldsymbol{p_E}$ zusätzlich seitlich aus dem Lager herausgeförderten Anteil

$$\boxed{Q_2 = \left(d^3 \cdot \psi^3 \cdot p_E / \eta\right) \cdot q_2} \qquad (2.40)$$

Hier ist q_2 auch eine Funktion von der relativen Exzentrizität ε, von dem Breitenverhältnis b/d sowie von der Art der Schmierstoffzufuhr. Es wird unterschieden zwischen Schmierstoffzufuhr z. B. durch ein Schmierloch, durch eine Schmiernut und über eine Schmiertasche (Gleichungen für q_2 s. DIN 31 652 T2). Der Schmierstoff-Durchsatzfaktor q_2 für die Schmierstoffzufuhr durch ein Schmierloch mit dem Durchmesser d_H, das entgegengesetzt zur Lastrichtung in der Mitte der Lagerschale angebracht ist, lautet

$$\boxed{q_2 = \frac{\pi}{48} \cdot \frac{(1+\varepsilon)^3}{\ln\left(\dfrac{b}{d_H}\right) \cdot q_H}} \qquad (2.41)$$

mit $$\boxed{q_H = 1{,}204 + 0{,}368 \cdot \left(\frac{d_H}{b}\right) - 1{,}046 \cdot \left(\frac{d_H}{b}\right)^2 + 1{,}942 \cdot \left(\frac{d_H}{b}\right)^3} \qquad (2.42)$$

und für die Schmierstoffzufuhr durch ein Schmierloch, das um 90° zur Lastrichtung in Richtung der Umfangsgeschwindigkeit gedreht, angeordnet ist,

$$\boxed{q_2 = \frac{\pi}{48} \frac{1}{\ln\left(\dfrac{b}{d_H}\right) \cdot q_H}} \quad \text{mit } q_H \text{ nach Gl. (2.42)} \qquad (2.43)$$

2.3.2 Bemessen und Berechnen von Radiallagern

Unter **Berechnung** ist die rechnerische Ermittlung der Funktionsfähigkeit anhand von Betriebskennwerten zu verstehen, die mit zulässigen Betriebsrichtwerten zu vergleichen sind. Dazu sind alle anhaltend gefahrenen Betriebszustände zu untersuchen. Betriebssicherheit ist dann gegeben, wenn das Lager nicht heiß läuft und kein unzulässiger Verschleiß eintritt.

Betrieb bei Grenz- und Mischreibung. Oft erreicht ein Gleitlager infolge sehr geringer Gleitgeschwindigkeit oder bei Verwendung als Lager mit Mangelschmierung den Bereich der hydrodynamischen Reibung nicht. Mangelschmierung ist vorhanden bei Trockenlauflagern, bei fettgeschmierten Lagern oder bei öl- bzw. fettgetränkten Sinterlagern. Solche Lager sollen möglichst in der Nähe des Reibungsminimums laufen. Eine Vorausberechnung der Betriebszustände ist mit Fehlern behaftet. Man verwendet daher hierfür Erfahrungswerte. Bei fettgeschmierten Lagern ist durch genau dosierte Schmierstoffzufuhr auf geringen Fettverbrauch und geringen Verschleiß zu achten. Trockenlauflager werden bei sehr niedrigen Gleitgeschwindigkeiten häufig bei Schwenkbewegungen des Lagerzapfens angewendet. Sie enthalten den Schmierstoff entweder in fester Form, oder die Abriebteilchen des Lagerwerkstoffes wirken als Schmierstoff.

Beim Anfahren und Auslaufen kommen ohnehin alle Lager in den Bereich niedriger Geschwindigkeiten. Sämtliche Lager müssen also so ausgebildet sein, dass sie auch bei Drehfrequenzen unter der Übergangsdrehfrequenz im Bereich der Grenz- und Mischreibung betriebssicher sind. Die Gleitvorgänge spielen sich hier innerhalb dünnster Schmiermittelschichten, zum Teil unmittelbar zwischen Lager- und Wellenwerkstoff, ab. Sie werden bestimmt durch das Verhalten der Werkstoffe zueinander und zum Schmiermittel, das zum Teil durch sein molekulares Verhalten, zum Teil durch chemische Einwirkung auf die Werkstoffoberfläche wirksam ist.

Zulässige spezifische Lagerbelastung p_{zul}. Die Bemessung des Lagers muss so erfolgen, dass die höchste spezifische Lagerbelastung so klein bleibt ($p \leq p_{zul}$), dass eine Deformation der Gleitflächen keine Beeinträchtigung der Funktionsfähigkeit und keine Haarrisse zur Folge haben darf. Der Verschleiß muss sich in tragbaren Grenzen halten. Außerdem dürfen keine den Lagerwerkstoff oder das Schmiermittel schädigende Temperaturen auftreten.

Einen Überblick über die Werkstoffbeanspruchung vermittelt die *Hertz*sche Gleichung für die Pressung p_0 zweier ineinander gelagerter Zylinder

$$\boxed{p_0 = 0{,}591 \cdot \sqrt{\frac{F_n}{b \cdot d} \cdot \psi \cdot \frac{2 \cdot E_1 \cdot E_2}{E_1 + E_2}}} \tag{2.44}$$

Für eine gegebene Lagerbelastung F_n wird die Pressung also um so kleiner, je größer die Flächenprojektion $b \cdot d$ und je kleiner das relative Lagerspiel ψ ist; E_1 und E_2 sind die Elastizitätsmoduln der Werkstoffe von Zapfen und Bohrung. Der Wert von p_0 darf die Quetschgrenze des weicheren der beiden Werkstoffe nicht überschreiten.

Gl. (2.44) wird hier nur zur Orientierung über die geometrischen Einflüsse diskutiert. Die praktische Berechnung geht z. Z. noch von der nominellen Lagerbelastung $F_n/(b \cdot d)$ aus, da für eine theoretisch exakte rechnerische Behandlung der Mischreibung ausreichende Formeln noch nicht verfügbar sind. Es muss gelten $F_n/(b \cdot d) \leq p_{zul}$; dabei leitet man p_{zul} von bewährten vergleichbaren Ausführungen ab. Hierbei ist zu beachten, dass p_{zul} außer von der Zusammensetzung des Lagerwerkstoffes noch von zahlreichen Einflussgrößen abhängt, wie z. B. von der Herstellungsart, vom Werkstoffgefüge, von der Lagerwerkstoffdicke, von der Form und Art des Lagerstützkörpers sowie von der Gleitgeschwindigkeit u_{zul}. Man kann sich bei der Wahl von p_{zul} und u_{zul} auf Angaben der Werkstoffhersteller stützen, die vielfach die Ergebnisse von Prüfstands-Reihenversuchen darstellen. Mit Rücksicht auf die Zuverlässigkeit der Lager auch im rauen Betrieb bei mangelhafter Pflege sollte man von diesen Werten noch einen angemessenen Sicherheitsabstand einhalten. Erfahrungsrichtwerte für die höchstzulässige spezifische Lagerbelastung $\bar{p}_{zul}$ Bild **2.28**. Als Richtwert wird für Weißmetalllager $\bar{p} \approx (1 \dots 5)$ N/mm² und für Bronzelager $\bar{p} \approx (1 \dots 8)$ N/mm² empfohlen.

Lagerwerkstoff-Gruppe	$\bar{p}_{zul}$ in N/mm² [1])	in N/m²
Pb- und Sn-Legierungen	5 (15)	$5 \cdot 10^6$
CuPb-Legierungen	7 (20)	$5 \cdot 10^6$
CuSn-Legierungen	7 (25)	$5 \cdot 10^6$
AlSn-Legierungen	7 (18)	$5 \cdot 10^6$
AlZn-Legierungen	7 (20)	$5 \cdot 10^6$

[1]) Klammerwerte nur für sehr niedrige Gleitgeschwindigkeiten

2.28
Erfahrungsrichtwerte für die höchstzulässige spezifische Lagerbelastung $\bar{p}_{zul}$ nach DIN 31652 T3

Lagerbreite *b* und Verhältnis $\beta = b/d$ = Breite zu Durchmesser. Die tragende Breite *b* soll in einem zweckmäßigen Verhältnis zum Zapfendurchmesser *d* stehen: Je kleiner das Verhältnis *b/d* ist, um so stärker wirkt sich der Druckabfall im tragenden Ölfilm an den Stirnseiten des Lagers vermindernd auf die Gesamttragkraft des Ölfilms aus (s. die *p*-Diagramme in den Bildern **2.18 a** und **b**), um so besser ist andererseits die Kühlwirkung des Öls, da infolge stärkerer seitlicher Abströmung eine größere Ölmenge das Lager durchströmt. Bei Lagern mit hoher Umfangsgeschwindigkeit wählt man deshalb *b/d* klein (**2.18a**), da hier der Bereich der Flüssigkeitsreibung ohne Schwierigkeiten erreicht wird. Bei Lagern mit kleiner Umfangsgeschwindigkeit und hoher Belastung sorgt man durch große Werte *b/d* für eine möglichst große und zuverlässige Tragfähigkeit des Ölfilms (**2.18b**). Je größer der Wert *b/d* wird, um so größer sind allerdings die Folgen der Kantenpressung (**2.18c**), durch die die Tragfähigkeit des Ölfilms beeinträchtigt wird. Lager mit großem Verhältnis *b/d* sind deshalb einstellbar auszuführen (**2.33d**). Kleine Werte *b/d* und damit kleine Breite des Zapfens ist erforderlich, wenn eine Welle hohen Biegebcanspruchungen ausgesetzt ist, so z. B. eine mehrfach gelagerte Kurbelwelle. Eine Verkürzung der Zapfenbreite *b* ergibt dann u. a. eine Verringerung der Biegemomente. Richtwerte für $\beta = b/d$ liegen beim Radiallager zwischen 0,3 und 1,2.

Korrektur am fertigen Lager. Das einwandfreie Verhalten eines Gleitlagers ist äußerlich u. a. an der Lagertemperatur erkennbar. Diese soll im Dauerbetrieb etwa die vorausberechnete Höhe ohne Schwankungen beibehalten. Temperaturunterschreitungen sind unbedenklich.

1. Übertemperaturen treten insbesondere dann auf, wenn ein hydrodynamisches Lager nicht nur vorübergehend, also beim Anfahren und Abstellen der Maschine, sondern während längerer Betriebszeiten im Bereich der Mischreibung gefahren wird. Bei Verringerung der Drehfrequenz steigt dann die Lagertemperatur an. Mischreibung kann aber auch bei einwandfreiem Zusammenbau eintreten, wenn die rechnerischen Voraussetzungen im Betrieb nicht ausreichend genau eingehalten worden sind.

Abhilfe ist oft in einfacher Weise durch Verwendung eines Öls mit höherer Viskosität möglich: Nach Gl. (2.17) wird hierdurch die Sommerfeldzahl herabgesetzt; bei Lagern in den Bereichen $So < 1$ bzw. $So > 1$ steigt mit abnehmender Sommerfeldzahl die absolute Schmierschichtdicke h_0 nach Gl. (2.23) bzw. (2.24).

Die zunächst naheliegende Maßnahme, zur Herabsetzung der Lagertemperatur das Spiel *s* zu vergrößern, würde in diesem Fall das Gegenteil bewirken, wie man ebenfalls aus Gl. (2.17) erkennt. Eine Vergrößerung von *s* bedeutet eine Vergrößerung von ψ und damit eine Erhöhung der Sommerfeldzahl. Dadurch wird die Schmierschichtdicke h_0 noch kleiner und die Gefahr der Mischreibung größer. Eine Verringerung des Lagerspiels würde zwar im richtigen Sinne wirken, ist aber ohne neue Lagerschalen nicht zu verwirklichen.

(Der beschriebene Zusammenhang lässt sich auch auf folgende Weise erklären: Wenn *So* ansteigt, weil ψ größer wird, Gl. (2.17), so nimmt nach Bild **2.24** oder Bild **2.25** bei gleichbleibendem b/d auch ε zu. Wachsen ε und s, so wird die Exzentrizität e größer, Gl. (2.13), und damit nach Gl. (2.14) oder nach Bild **2.17** und **2.19** der Gleitflächenabstand h_0 kleiner.)

2. Selten und weniger gefährlich ist eine Übertemperatur durch Betrieb des Lagers zu weit rechts auf der *Stribeck*kurve in Bild **2.15** bzw. in Bild **2.20**.

Die einfachste und zugleich wirkungsvollste Abhilfemaßnahme ist in diesem Fall die Verwendung eines Öls mit geringerer Viskosität. Die Sommerfeldzahl wird dadurch angehoben, entsprechend sinkt der Wert μ und damit die Reibungsleistung P_R. Eine Vergrößerung von ψ würde nach Gl. (2.17) ebenfalls eine wirksame Besserung bringen; der Wert dieser Maßnahme wird aber dadurch abgeschwächt, dass die Reibungszahl μ nach Gl. (2.22) ebenfalls von ψ abhängt: Zur Berechnung von μ müssen die Funktionswerte mit ψ multipliziert werden. Im üblichen Betriebsbereich, also zwischen $h_0 = 3 \cdot 10^{-3}$ mm und $\delta = 0{,}5$, ergeben sich dadurch nur unwesentliche Verbesserungen, wenn nicht die untere Grenze $h_0 = 3 \cdot 10^{-3}$ mm unerwünscht unterschritten werden soll.

3. Einen gewissen automatischen Temperaturausgleich liefert im übrigen die Temperaturabhängigkeit der Viskosität. Mit steigender Temperatur sinkt die Viskosität. So kann sich die Lagertemperatur auf einen Wert einspielen, der zwar höher liegt als der berechnete, der aber in vielen Fällen noch tragbar ist.

4. Es besteht die Möglichkeit, bei zusätzlich gekühlten Lagern die Kühlwirkung zu regulieren.

Rechnungsgang

Lagerbelastung F_n und **Drehfrequenz n** sind vorgegeben, die Umgebungstemperatur des Lagers ϑ_0 wird notfalls geschätzt. In vielen Fällen ist die Ölsorte gegeben. Die vorgegebenen Werte können, abhängig oder unabhängig voneinander, auch veränderlich sein. Die Berechnungen sind dann für die ungünstigsten Betriebsverhältnisse durchzuführen. Der folgende Rechnungsgang wird nach den VDI-Richtlinien 2204 mit den Einheiten des internationalen Maßsystems durchgeführt.

Aus der Festigkeitsberechnung der Welle (s. Abschn. Achsen und Wellen) ergibt sich der Mindestwert für den Zapfendurchmesser *d.* Festzulegen sind die Lagerbreite *b,* das Lagerspiel *s* und die Bearbeitungsgenauigkeit (die letzteren möglichst mit Passungs- bzw. Toleranzangaben), das Schmiermittel und der Lagerwerkstoff, unter Beachtung des meist vorgeschriebenen Wellenwerkstoffs. Das Lagerspiel *s* kann i. allg. zweckmäßig gewählt werden; in bestimmten Fällen darf es mit Rücksicht auf die Führungsgenauigkeit einen bestimmten Höchstwert nicht überschreiten, z. B. bei Werkzeugmaschinenspindeln. Außerdem ist die erzeugte Reibungswärme zu berechnen; sie bestimmt die Art der Schmierung und damit die Lagerbauart, gegebenenfalls den Kühlmittelbedarf und die Betriebsviskosität des gewählten Öls.

Der Betrieb im Bereich der Flüssigkeitsreibung ist stets anzustreben. Mit Rücksicht auf An- und Auslauf und zur Vermeidung großer Schäden beim vorübergehenden Ausfall der Schmierung müssen die Lager auch die Bedingungen bei Betrieb mit Mischreibung erfüllen. Für Mehrflächen-Radiallager (**2.37c**) und hydrodynamisch arbeitende Axiallager gelten die gleichen Grundsätze (VDI 2204).

Lager im Bereich *So* > 1

In diesen Bereich gehören Lager mit hoher Belastung und niedriger Umdrehungsfrequenz. Ist von vornherein nicht zu erkennen, in welchen Bereich das Lager gehört, so beginnt man den Rechnungsgang für den Bereich $So > 1$. Das dann z. B. aus Bild **2.29** ermittelte Lagerspiel ist entscheidend dafür, ob die Rechnung fortgesetzt werden kann oder ob wegen der Wahl eines kleineren Lagerspiels die Berechnung für den Bereich $So < 1$ erforderlich wird. Die Betriebstemperatur ϑ und die Betriebsviskosität η werden zunächst bestimmt. Hierzu wird als Teil der Wärmebilanz-Gleichung (2.32) der Erwärmungsfaktor W für $k \approx 3$ und mit dem Lagerzapfenvolumen $V = 0{,}25 \cdot \pi \cdot d^2 \cdot b$ ermittelt. Für den Normalfall setzt man $\alpha^* = 20$ Nm/(m²·s·K) in die Berechnung ein. Die Lagererwärmung folgt aus Gl. (2.32).

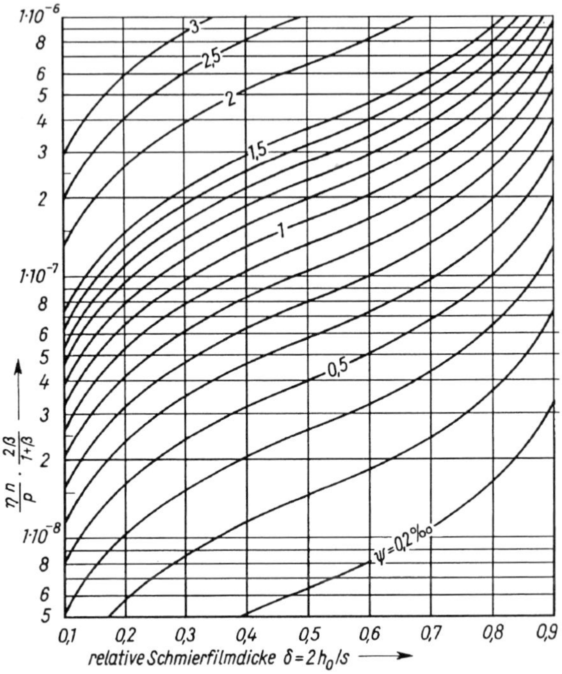

2.29
Zusammenhang zwischen Lagerspiel und relativer Schmierfilmdicke; gilt für $\beta \neq 1$ im Bereich $\beta = 0{,}5 \ldots 2{,}0$ mit ausreichender Näherung

Ausgehend vom bereits bekannten Wert für W wird im Diagramm **2.26** für ein vorgesehenes Öl mit der Viskosität in Pa s bei 50 °C die Betriebstemperatur ϑ in °C abgelesen. Mit der bekannten Betriebstemperatur ϑ ergibt sich aus Gl. (2.34) oder aus Bild **2.13** die Betriebsviskosität des gewählten Öls

$$\boxed{\eta = \left(\frac{\vartheta - \vartheta_0}{W}\right)^2} \qquad (2.45)$$

Ergab die Rechnung eine für die Betriebsverhältnisse zu hohe Temperatur ϑ, so muss das Lager zusätzlich gekühlt werden. In diesem Falle kann die Betriebstemperatur mit $\vartheta \approx 60$ °C angenommen werden. Für diese wird dann aus Bild **2.13** für das vorgesehene Öl die Betriebsviskosität η abgelesen.

Lagerspiel. Nach Gl. (2.23) bzw. Gl. (2.24) besteht mit $\delta = 2 \cdot h_0/s$ die Beziehung für die **relative Schmierfilmdicke** in den Bereichen

$$So > 1 \qquad \boxed{\delta = \frac{1}{2 \cdot So} \cdot \frac{2 \cdot \beta}{1 + \beta}} \qquad (2.46)$$

$$So < 1 \quad \boxed{\delta = 1 - \frac{So}{2} \cdot \frac{1+\beta}{2 \cdot \beta}} \qquad (2.47)$$

Daraus ergibt sich bei $\beta = 1$ und mit $\omega = 2 \cdot \pi \cdot n$ in rad/s mit n in s^{-1} das **relative Lagerspiel**

$$So > 1 \quad \boxed{\psi^2 = \frac{\pi}{\delta} \cdot \frac{\eta \cdot n}{\overline{p}}} \quad \text{und für } So < 1 \quad \boxed{\psi^2 = 4 \cdot \pi \cdot (1-\delta) \cdot \frac{\eta \cdot n}{\overline{p}}} \qquad (2.48) \quad (2.49)$$

Die Kurven im Bild **2.29**, aus dem das relative Lagerspiel ψ entnommen werden kann, verlaufen im Bereich $0 < \delta < 0{,}5$ nach Gl. (2.48) und im Bereich $0{,}5 \leq \delta < 1$ nach Gl. (2.49). Gehört das Lager in den Bereich $So > 1$, dann muss das relative Lagerspiel ψ in Bild **2.29** auch dem Bereich $So > 1$ entnommen werden. Die Grenze $So = 1$, die nach rechts nicht überschritten werden darf, liegt mit $\beta = b/d$ bei der relativen Schmierfilmdicke

$$\boxed{\delta_{(So=1)} = 0{,}5 \cdot \frac{2 \cdot \beta}{1+\beta}} \qquad (2.50)$$

Im Bild **2.29** wird über der relativen Schmierfilmdicke δ, zweckmäßig im Bereich zwischen $\delta = 0{,}2 \ldots 0{,}4$, und mit dem **Ordinatenwert**

$$\boxed{\frac{\eta \cdot n}{\overline{p}} \cdot \frac{2 \cdot \beta}{1+\beta}} \qquad (2.51)$$

das relative Lagerspiel ψ ausgesucht und damit die Sommerfeld

$$\boxed{So = \frac{\overline{p} \cdot \psi^2}{\eta \cdot 2 \cdot \pi \cdot n} > 1} \qquad (2.52)$$

sowie das Lagerspiel $s = \psi \cdot d$ errechnet, das beim betriebswarmen Lager notwendig ist.

Zur Fertigung der Lagerteile, die bei Raumtemperatur erfolgt, ist das Fertigungsspiel s_0 zu beachten: $s_0 = s + \Delta s$. Es berücksichtigt die Wärmedehnung der Welle $\Delta s_1 = \alpha_W (\vartheta - \vartheta_0) \cdot d$ und die Aufweitung der Lagerschale $\Delta s_2 = \alpha_L \cdot 0{,}7 \cdot (\vartheta - \vartheta_0) \cdot d$ unter Annahme einer gegenüber dem Lager um etwa 30 % verminderten Erwärmung. Hierbei ist α_W bzw. α_L der Ausdehnungskoeffizient des Wellenwerkstoffes bzw. der Lagerschale. Somit ist das **relative Fertigungsspiel**

$$\boxed{\psi_0 = \psi + \left[\alpha_W \cdot (\vartheta - \vartheta_0) - \alpha_L \cdot 0{,}7 \cdot (\vartheta - \vartheta_0)\right]} \qquad (2.53)$$

und das **Fertigungsspiel**

$$\boxed{s_0 = \psi_0 \cdot d} \qquad (2.54)$$

Die Bearbeitungsgüte soll so gewählt werden, dass das Lagerspiel s bzw. So möglichst dem Mittelwert der Toleranzfelder entspricht. Wenn auch die Paarung der extremen Toleranzwerte selten ist, empfiehlt sich eine Nachrechnung mit dem Kleinst- und Größtspiel. Zuordnung von Toleranzfeldern von ISO-Passungen zu relativen Lagerspielen s. Bild **2.30.**

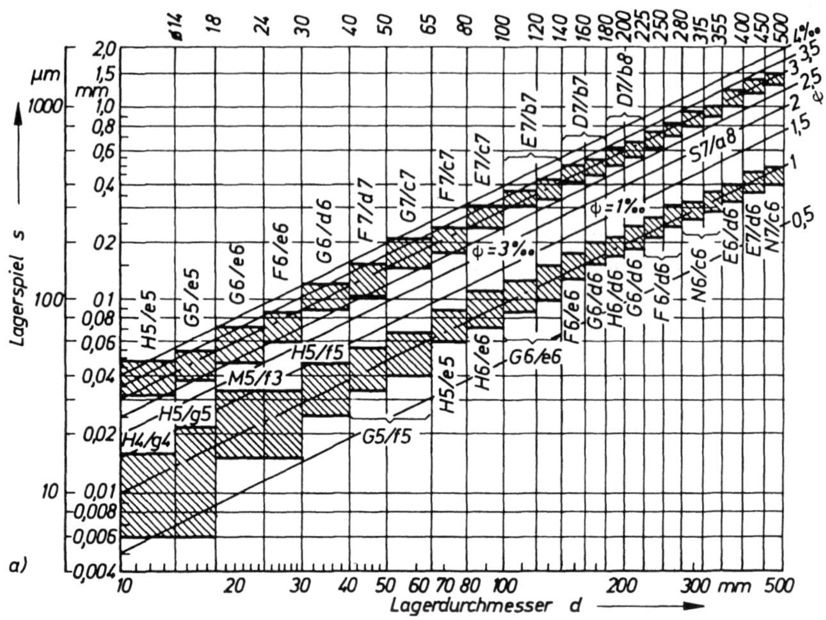

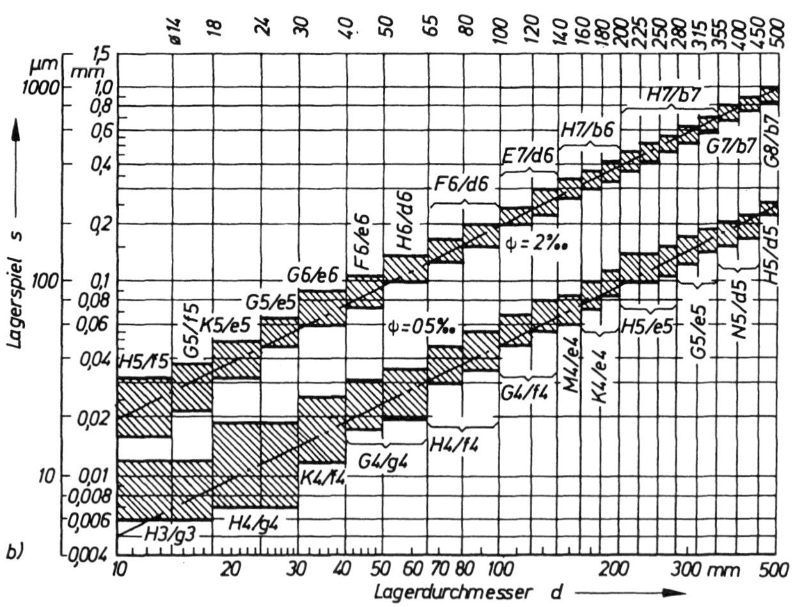

2.30
Zuordnung von Toleranzfeldern von ISO-Passungen zu relativen Lagerspielen ψ in ‰ (nach VDI 2201)

Überdurchschnittliche Gütewerte können nur mit höheren Kosten für Bearbeitung und Kontrolle erreicht werden. Während der ersten Betriebszeit schleifen sich bei jedem Durchgang durch den Bereich der Mischreibung Rauheitsspitzen ab; dies führt zu einer Vergrößerung des Lagerspiels, die mit der Zeit zum Stillstand kommen kann. Dieser Fall liegt z. B. bei Lagern von Kraftwerksturbinen vor, die bei gleichbleibender Belastung und Drehfrequenz mit seltenen Unterbrechungen laufen, wogegen z. B. bei Lagern von Kraftfahrzeugmotoren infolge der stark wechselnden Betriebsverhältnisse und häufigen Stillstandszeiten mit fortlaufender Vergrößerung des Spiels durch Verschleiß gerechnet werden muss. Bei Kunststoff- und Holzlagern beeinflusst außerdem die unvermeidliche Quellung das Betriebsspiel.

Das **Lagerspiel** s soll mit Rücksicht auf die Führungsgenauigkeit so klein wie möglich gestaltet werden. Die untere Grenze ist dabei durch die Herstellungsgenauigkeit gegeben. Sie umfasst die Genauigkeit der zylindrischen Form, der Parallelität der Achsen von Zapfen und Bohrung und die Rautiefen der Gleitflächen. Die Achsparallelität ist nicht nur von der Bearbeitung, sondern auch von der Montage und von unvermeidbarer Wellendurchbiegung abhängig. Die Rautiefen sind durch das Bearbeitungsverfahren gegeben; Bild **2.31** liefert hierfür Anhaltswerte.

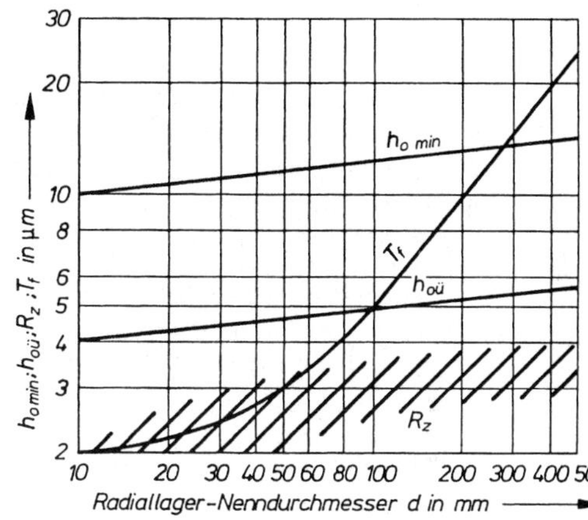

2.31
Richtwerte für zulässige Schmierfilmdicken und die Güte der Gleitflächenbearbeitung

$h_{0\,min}$ kleinste Schmierfilmdicke an der unteren Drehfrequenzgrenze
$h_{0\,ü}$ kleinste Schmierfilmdicke bei Übergangsdrehfrequenz
R_z Rautiefe der Gleitflächen
T_f Formtoleranz beim Zylinder

Schmierfilmdicke, Übergangsdrehfrequenz, Reibungszahl, Schmierstoff- und Kühlmitteldurchsatz

Die kleinste Schmierfilmdicke ergibt sich für $So > 1$ zu $h_0 = [s/(4 \cdot So)] \cdot [2\beta/(1+\beta)]$ gemäß Gl. (2.23). Die niedrigste zulässige Drehfrequenz wird nach Gl. (2.25) zu $n_{min} = n \cdot h_{0\,min}/h_0$ und die Übergangsdrehfrequenz nach Gl. (2.26) zu $n_ü = n \cdot h_{0\,ü}/h_0$ errechnet. Die zulässigen Werte für $h_{0\,min}$ und $h_{0\,ü}$ werden in Abhängigkeit vom Durchmesser aus Bild **2.31** entnommen. Nach Gl. (2.37) ist der erforderliche Schmierstoffdurchsatz $Q_S \approx 0{,}75 \cdot h_0 \cdot b \cdot u$.

Für das Gebiet $So > 1$ folgt aus Gl. (2.22) mit $k \approx 3$ die Reibungszahl $\mu = 3 \cdot \psi / \sqrt{So} = 7{,}5/\sqrt{\eta \cdot n/\overline{p}} = 3/\sqrt{\eta \cdot \omega/\overline{p}}$ und aus Gl. (2.28) $P_R = \Phi \cdot \sqrt{\eta}$.

Bedarf das Lager einer zusätzlichen Kühlung, so berechnet man die erforderliche Kühlmittelmenge nach Gl. (2.31) $Q_k = P_R/[c \cdot \rho \cdot (\vartheta_2 - \vartheta_1)]$, wobei für $c \cdot \rho = 1670 \cdot 10^3$ Nm/(m^{3}K) als Mittelwert für Maschinenöl auf Mineralölbasis und je nach Kühler für $(\vartheta_2 - \vartheta_1) \approx (10...20)$ K eingesetzt werden. Zur Berechnung der Wassermenge für die Ölrückkühlung wählt man die Temperaturdifferenz $(\vartheta_2 - \vartheta_1) = 5$ K; für Wasser ist $c \cdot \rho = 4189 \cdot 10^3$ Nm/(m^{3}K) einzusetzen.

Beanspruchung. Wirkt auch im Stillstand die volle Belastung F_n, so muss noch die Beanspruchung des Gleitlagerwerkstoffes mit Hilfe der Gl. (2.44) $p_0 = 0{,}591 \cdot \sqrt{\psi \cdot p \cdot E}$ überprüft werden, wobei für $E = 2 \cdot E_1 \cdot E_2/(E_1 + E_2)$ einzusetzen ist. Der Elastizitätsmodul E_1 für das Lagermetall kann Werkstofftabellen entnommen werden; für Weißmetall ist $E_1 \approx 6{,}3 \cdot 10^{10}$ N/m². Der Elastizitätsmodul für die Stahlwelle beträgt $E_2 = 21 \cdot 10^{10}$ N/m².

Beispiel 1

Es ist ein Lager für einen Walzmotor mit 2900/5100 kW bei 60 ... 180 min^{-1} als Radiallager im Bereich $So > 1$ auszulegen. Es sind folgende Daten gegeben: Lager-Nenndurchmesser d = 0,4 m; tragende Lagerbreite b = 0,32 m; Belastungskraft F_n = 200 000 N; Drehfrequenz n = 3 s^{-1}; wärmeabgebende Oberfläche A = 2,55 m² und Umgebungstemperatur ϑ_0 = 20 °C; Werkstoffpaarung: Stahl/Weißmetall.

Aus den gegebenen Größen werden folgende Werte berechnet: Das Lagerbreitenverhältnis $\beta = b/d$ = 0,32 m/0,4 m = 0,8; der mittlere Druck $\overline{p} = F_n/(b \cdot d)$ = 200 000 N/(0,32 m · 0,4 m) = $15{,}6 \cdot 10^5$ N/m²; das Lagerzapfenvolumen $V = 0{,}25 \cdot \pi \cdot d^2 \cdot b$ = $0{,}25 \cdot \pi \cdot 0{,}16\ \text{m}^2 \cdot 0{,}32$ m = 0,0402 m³ und die Umfangsgeschwindigkeit $u = \pi \cdot d \cdot n$ = $\pi \cdot 0{,}4\ \text{m} \cdot 3\ \text{s}^{-1}$ = 3,77 m/s. Angenommen wird die Wärmeabfuhrzahl normal α^* = 20 Nm/m²·s·K und ein Öl mit 0,0315 Pa s bei 50 °C.

Gesucht: Betriebstemperatur ϑ, Lagerspiel s, Reibleistung P_R, untere Drehfrequenzgrenze n_{min}, Übergangsdrehfrequenz $n_ü$ und Schmierstoffdurchsatz Q_s.

1. Erwärmungsfaktor für $So > 1$, Bild **2.26**:

$$W = \frac{30 \cdot V}{\alpha^* \cdot A} \cdot \sqrt{\overline{p} \cdot n^3} = \frac{30 \cdot 0{,}0402\text{m}^3}{20\text{Nm/(m}^2\text{sK)} \cdot 2{,}55\text{m}^2} \cdot \sqrt{15{,}6 \cdot 10^5\,\text{N/m}^2 \cdot 3^3\text{s}^{-3}} = 153{,}5\,\text{mK/(Ns)}^{1/2}$$

Mit diesen Wert findet man im Bild **2.26** für das vorgegebene Öl die Betriebstemperatur ϑ = 48 °C.

2. Betriebsviskosität aus Bild **2.12** oder nach Gl. (2.45):

$$\eta = \left(\frac{\vartheta - \vartheta_0}{W}\right)^2 = \left(\frac{48-20}{153{,}5}\right)^2 \frac{\text{Ns}}{\text{m}^2} = 34 \cdot 10^{-3}\ \text{Ns/m}^2 = 0{,}034\,\text{Pas}$$

3. Ordinatenwert für Bild **2.29** ist nach Gl. (2.51):

$$\frac{\eta \cdot n}{\overline{p}} \cdot \frac{2 \cdot \beta}{1+\beta} = \frac{34 \cdot 10^{-3}\ \text{Ns/m}^2 \cdot 3\text{s}^{-1}}{15{,}6 \cdot 10^5\ \text{N/m}^2} \cdot \frac{2 \cdot 0{,}8}{1+0{,}8} = 5{,}82 \cdot 10^{-8}$$

Die relative Schmierfilmdicke δ, für die aus Bild **2.29** das relative Lagerspiel ψ entnommen wird, muss für $So > 1$ unterhalb $\delta_{(So=1)}$ liegen, s. Gl. (2.50)

$$\delta_{(So=1)} = 0{,}5 \cdot \frac{2 \cdot \beta}{1+\beta} = 0{,}5 \cdot \frac{2 \cdot 0{,}8}{1+0{,}8} = 0{,}45$$

Beispiel 1, Fortsetzung

Aus Bild **2.29** ergibt sich das relative Lagerspiel $\psi = 0{,}8 \cdot 10^{-3}$ und das Betriebslagerspiel $s = \psi \cdot d = 0{,}8 \cdot 10^{-3} \cdot 0{,}4\ \text{m} = 0{,}32 \cdot 10^{-3}\ \text{m}$.

4. Sommerfeldzahl Gl. (2.17):

$$So = \frac{\bar{p} \cdot \psi^2}{\eta \cdot 2 \cdot \pi \cdot n} = \frac{15{,}6 \cdot 10^5\ \text{N/m}^2 \cdot 0{,}64 \cdot 10^{-6}}{34 \cdot 10^{-3}\ \text{N s/m}^2 \cdot 2 \cdot \pi \cdot 3\,\text{s}^{-1}} = 1{,}56$$

5. Reibungszahl Gl. (2.22):

$$\mu = k \cdot \psi / \sqrt{So} = 3 \cdot 0{,}8 \cdot 10^{-3} / \sqrt{1{,}56} = 1{,}92 \cdot 10^{-3}$$

6. Reibleistung:

$$P_\text{R} = \mu \cdot F_\text{n} \cdot u = 1{,}92 \cdot 10^{-3} \cdot 200\,000\,\text{N} \cdot 3{,}77\,\text{m/s} = 1450\,\text{Nm/s} = 1{,}45\,\text{kW}$$

7. Kleinste Schmierfilmdicke Gl. (2.23):

$$h_0 = \frac{s}{2} \cdot \left(\frac{1}{2 \cdot So} \cdot \frac{2 \cdot \beta}{1 + \beta} \right) = \frac{0{,}32 \cdot 10^{-3}\,\text{m}}{2} \cdot \left(\frac{1}{2 \cdot 1{,}56} \cdot \frac{2 \cdot 0{,}8}{1 + 0{,}8} \right) = 45{,}6 \cdot 10^{-6}\,\text{m}$$

8. Untere Drehfrequenzgrenze bei Flüssigkeitsreibung, Gl. (2.25), mit $h_{0\,\text{min}} = 14 \cdot 10^{-6}$ m aus Bild **2.19**:

$$n_\text{min} = \frac{h_{0\,\text{min}}}{h_0} \cdot n = \frac{5{,}5 \cdot 10^{-6}\,\text{m}}{45{,}6 \cdot 10^{-6}\,\text{m}} \cdot 3\,\text{s}^{-1} = 0{,}922\,\text{s}^{-1}$$

9. Übergangsdrehfrequenz, Gl. (2.26), mit $h_{0\,\text{ü}} = 5{,}5 \cdot 10^{-6}$ m aus Bild **2.19**:

$$n_\text{ü} = \frac{h_{0\,\text{ü}}}{h_0} \cdot n = \frac{5{,}5 \cdot 10^{-6}\,\text{m}}{45{,}6 \cdot 10^{-6}\,\text{m}} \cdot 3\,\text{s}^{-1} = 0{,}362\,\text{s}^{-1}$$

10. Schmierstoffdurchsatz, Gl. (2.37):

$$Q_\text{s} \approx 0{,}75 \cdot h_0 \cdot b \cdot u = 0{,}75 \cdot 45{,}6 \cdot 10^{-6}\,\text{m} \cdot 0{,}32\,\text{m} \cdot 3{,}77\,\text{m/s} = 0{,}041 \cdot 10^{-3}\,\text{m}^3/\text{s} \quad \blacksquare$$

Lager im Bereich *So* < 1

Zu diesem Bereich zählen die Lager mit niedriger Belastung und hoher Drehfrequenz. Man errechnet aus Gl. (2.29) und Bild **2.27** den Erwärmungsfaktor

$$\boxed{W' = \frac{\varphi'}{\alpha^* \cdot A}} \qquad \text{mit} \qquad \varphi' = 75 \cdot n^2 \cdot V \cdot \frac{1}{\psi} \tag{2.55}$$

Der weitere Rechnungsgang erfolgt wie der für Lager im Bereich $So > 1$, jedoch unter Beachtung der für den vorliegenden Bereich $So < 1$ geltenden Formeln, s. folgendes Beispiel.

Beispiel 2

Das Lager eines Asynchronmotors mit 5700 kW bei 1500 min^{-1} ist als Radiallager zu berechnen. Es sind folgende Daten gegeben: Lager-Nenndurchmesser $d = 0{,}2$ m; Lagerbreite $b = 0{,}16$ m; Belastung $F_n = 18\,200$ N; Drehfrequenz $n = 25\ s^{-1}$; wärmeabgebende Oberfläche $A = 1\ m^2$; Öl mit der Zähigkeit 0,02 Pa s bei 50 °C.

Aus den gegebenen Größen wird berechnet: $\beta = b/d = 0{,}16\ m/0{,}20\ m = 0{,}8$; der mittlere Druck $\bar{p} = F_n/(b \cdot d) = 18\,200\ N/(0{,}16\ m \cdot 0{,}2\ m) = 5{,}68 \cdot 10^5\ N/m^2$; das Lagerzapfenvolumen $V = 0{,}25 \cdot \pi \cdot d^2 \cdot b = 0{,}25 \cdot \pi \cdot 0{,}2^2\ m^2 \cdot 0{,}16\ m = 5{,}03 \cdot 10^{-3}\ m^3$ und die Winkelgeschwindigkeit $\omega = 2 \cdot \pi \cdot n = 2 \cdot \pi \cdot 25\ s^{-1} = 157\ s^{-1}$. Gesucht sind die Reibungsleistung P_R, die untere Drehfrequenzgrenze n_{min}, die Übergangsdrehfrequenz $n_ü$, Schmierstoffdurchsatz Q_s, Kühlmitteldurchsatz Q_k und Lagerspiel s.

1. Erwärmungsfaktor für $So > 1$, Bild **2.26**:

$$W = \frac{30 \cdot V \cdot \sqrt{\bar{p} \cdot n^3}}{\alpha^* \cdot A} = \frac{30 \cdot 5{,}03 \cdot 10^{-3} m^3 \cdot \sqrt{5{,}68 \cdot 10^5 N/m^2 \cdot 25^3 s^{-3}}}{20\,Nm/(m^2 s K) \cdot 1 m^2} = 706\,m\,K/(Ns)^{1/2}$$

Für diesen Wert und für das Öl mit 0,02 Pa s bei 50 °C entnimmt man aus Bild **2.26** die Betriebstemperatur $\vartheta = 80$ °C und hierfür aus Bild **2.12** die Viskosität $\eta = 0{,}007$ Ns/m^2.

2. Ordinatenwert für Bild **2.29** ist nach Gl. (2.51):

$$\frac{\eta \cdot n}{\bar{p}} \cdot \frac{2 \cdot \beta}{1+\beta} = \frac{7 \cdot 10^{-3} Ns/m^2 \cdot 25^3 s^{-1}}{5{,}68 \cdot 10^5 N/m^2} \cdot \frac{2 \cdot 0{,}8}{1+0{,}8} = 2{,}74 \cdot 10^{-7}$$

Die Grenze für den Geltungsbereich $So > 1$ liegt in Bild **2.29** bei

$$\delta_{(So=1)} = 0{,}5 \cdot \frac{2 \cdot \beta}{1+\beta} = 0{,}5 \cdot \frac{2 \cdot 0{,}8}{1+0{,}8} = 0{,}45$$

Will man das Lager im Bereich $So > 1$ betreiben, so ergibt sich ein relatives Lagerspiel $\psi > 1{,}5‰$ bzw. ein Lagerspiel $s = \psi \cdot d > 1{,}5 \cdot 10^{-3} \cdot 2 \cdot 10^2$ mm $> 0{,}3$ mm. Dieses Lagerspiel ist für den Asynchronmotor, der einen Luftspalt von nur 1,8 mm besitzt, zu groß. Das Lagerspiel wird deshalb mit $s = 0{,}2$ mm gewählt. Damit ergibt sich das relative Lagerspiel $\psi = s/d = 0{,}2\ mm/200\ mm = 0{,}001$. Aus Bild **2.29** geht hervor, dass hierfür die Grenze von $\delta_{(So=1)} = 0{,}45$ nach rechts überschritten ist. Das Lager fällt also in den Bereich $So < 1$. Die nachfolgende Berechnung wird daher mit den für den Bereich $So < 1$ geltenden Formeln durchgeführt.

3. Erwärmungsfaktor für $So < 1$ nach Gl. (2.55) bzw. Bild **2.27**:

$$W' = \frac{\phi'}{\alpha^* \cdot A} = \frac{75 \cdot n^2 \cdot V}{\alpha^* \cdot A \cdot \psi} = \frac{75 \cdot 625 s^{-2} \cdot 5{,}03 \cdot 10^{-3} m^3}{20\,Nm/(m^2\,s\,K) \cdot 1 m^2 \cdot 1 \cdot 10^{-3}} = 1{,}188 \cdot 10^4\,m^2 K/(Ns)$$

Beispiel 2, Fortsetzung

Mit diesen Wert wird aus Bild **2.27** die Betriebstemperatur $\vartheta = 90$ °C für 0,02 Pa s bei 50 °C abgelesen. Da diese Temperatur zu hoch ist, benötigt das Lager zusätzliche Kühlung. Das Lager soll mit $\vartheta = 60$ °C betrieben werden. Für das gewählte Öl beträgt damit nach Bild **2.12** die Betriebsviskosität $\eta = 13 \cdot 10^{-3}$ Ns/m².

4. Sommerfeldzahl:

$$So = \frac{\bar{p} \cdot \psi^2}{\eta \cdot \omega} = \frac{5{,}68 \cdot 10^5\ \mathrm{N/m^2} \cdot 1 \cdot 10^{-6}}{13 \cdot 10^{-3}\ \mathrm{Ns/m^2} \cdot 157\,\mathrm{s^{-1}}} = 0{,}278$$

5. Reibungszahl, Gl. (2.20):

$$\mu = \frac{3 \cdot \psi}{So} = \frac{3 \cdot 1 \cdot 10^{-3}}{0{,}278} = 10{,}78 \cdot 10^{-3}$$

6. Reibleistung, Gl. (2.27):

$$P_\mathrm{R} = \mu \cdot F_\mathrm{n} \cdot u = 10{,}78 \cdot 10^{-3} \cdot 18\,200\,\mathrm{N} \cdot 15{,}7\,\mathrm{m/s} = 3\,080\,\mathrm{Nm/s} = 3{,}08\,\mathrm{kW}$$

7. kleinste Schmierfilmdicke nach Gl. (2.24) für $So < 1$:

$$h_0 = \frac{s}{2} \cdot \left(1 - \frac{\mathrm{So}}{2} \cdot \frac{1+\beta}{2\beta}\right) = \frac{0{,}2\,\mathrm{mm}}{2}\left(1 - \frac{0{,}278}{2} \cdot \frac{1+0{,}8}{2 \cdot 0{,}8}\right) = 0{,}084\,\mathrm{mm} = 0{,}084 \cdot 10^{-3}\,\mathrm{m}$$

8. Nur zu rechnen für Lager im Bereich $So < 1$; Drehfrequenz und kleinste Schmierschichtdicke bei $So = 1$:

$$n_{(So=1)} = \frac{\bar{p} \cdot \psi^2}{2 \cdot \pi \cdot \eta} = \frac{5{,}68 \cdot 10^5\,\mathrm{N/m^2} \cdot 1 \cdot 10^{-6}}{2 \cdot \pi \cdot 13 \cdot 10^{-3}\,\mathrm{Ns/m^2}} = 7\,\mathrm{s^{-1}}$$

$$h_{0\,(\mathrm{So}=1)} = \frac{s}{4} \cdot \frac{2\beta}{1+\beta} = \frac{0{,}2\,\mathrm{mm}}{4} \cdot \frac{2 \cdot 0{,}8}{1+0{,}8} = 44{,}5 \cdot 10^{-6}\,\mathrm{m}$$

9. untere zulässige Drehfrequenz nach Gl. (2.25) mit $h_{0\,\mathrm{min}} = 0{,}012$ mm über $d = 0{,}2$ m aus Bild **2.31**:

$$n_\mathrm{min} = \frac{h_{0\mathrm{min}}}{h_{0(So=1)}} \cdot n_{(So=1)} = \frac{0{,}012\,\mathrm{mm}}{0{,}04\,\mathrm{mm}} \cdot 7\,\mathrm{s^{-1}} = 2{,}1\,\mathrm{s^{-1}}$$

10. Übergangsdrehfrequenz, Gl. (2.26):

$$n_\mathrm{ü} = \frac{h_{0\,\mathrm{ü}}}{h_{0(So=1)}} \cdot n_{(So=1)} = \frac{0{,}0052\,\mathrm{mm}}{0{,}0445\,\mathrm{mm}} \cdot 7\,\mathrm{s^{-1}} = 0{,}82\,\mathrm{s^{-1}}$$

Beispiel 2, Fortsetzung

11. Schmierstoffdurchsatz, Gl. (2.37):

$$Q_s = 0{,}75 \cdot h_0 \cdot b \cdot u = 0{,}75 \cdot 0{,}084 \cdot 10^{-3}\,\text{m} \cdot 0{,}16\,\text{m} \cdot 15{,}7\,\text{m/s} = 0{,}158 \cdot 10^{-3}\,\text{m}^3/\text{s}$$

12. Der erforderliche Kühlöldurchsatz wird nach Gl. (2.31) mit $c \cdot \rho$ = 1 670·10³ Nm/(m³ K) als Mittelwert für Maschinenöle und mit der Erwärmung $\vartheta_2 - \vartheta_1$ = 10 K

$$Q_k = \frac{P_R}{c \cdot \rho \cdot (\vartheta_2 - \vartheta_1)} = \frac{3080\,\text{Nm/s}}{1670 \cdot 10^3\,\text{Nm/(m}^3\,\text{K)} \cdot 10\,\text{K}} = 0{,}184 \cdot 10^{-3}\,\text{m}^3/\text{s}$$

13. Die Wassermenge für die Ölrückkühlung ergibt sich mit $c_w \cdot \rho_w$ = 4 189·10³ Nm/(m³ K) und mit $\vartheta_{w\,2} - \vartheta_{w\,1}$ = 5 K nach Gl. (2.31) zu

$$Q_w = \frac{P_R}{c_w \cdot \rho_w \cdot (\vartheta_{w\,2} - \vartheta_{w\,1})} = \frac{3080\,\text{Nm/s}}{4189 \cdot 10^3\,\text{Nm/(m}^3\,\text{K)} \cdot 5\,\text{K}} = 0{,}147 \cdot 10^{-3}\,\text{m}^3/\text{s}$$

■

2.3.3 Werkstoffe

Eigenschaften für die Eignung eines Werkstoffes als Gleitlagermaterial sind: gute Einlauf-, Gleit- und Notlaufeigenschaften, hohe Verschleiß-, Druck- und Dauerfestigkeit, hohe Schmiegsamkeit und ausreichende Temperaturbeständigkeit.

Beim Versagen der Schmierung und im Gebiet der Mischreibung lässt sich eine Berührung von Zapfen- und Lagerwerkstoff nicht verhindern. Deshalb müssen auch bei Lagern, die sonst im Gebiet der Flüssigkeitsreibung laufen, diese Werkstoffe gute Laufeigenschaften besitzen. Wesentlich ist hierbei auch die richtige Werkstoffpaarung. Geeignete Werkstoffe bilden während der Einlaufzeit eine glatte, polierte Oberfläche, den Laufspiegel, ungeeignete rauen sich auf und neigen zum "Fressen". Hierbei können selbst bei richtiger Werkstoffwahl, z. B. durch Versagen der Schmierung, örtlich an den Berührungsstellen Temperaturen auftreten, die den Schmelzpunkt von Stahl erreichen. Für die Lagerung wertvoller Maschinenteile, z. B. von Turbinenläufern, verwendet man aus diesem Grund einen Lagerwerkstoff mit niedrigem Erweichungs- bzw. Schmelzpunkt, z. B. Weißmetall. Dieses schmilzt bei Temperaturen, die für den Zapfen noch keine Gefahr bedeuten. Um nach dem Auslaufen des Lagermetalls bis zum Stillstand der Maschine noch eine gewisse Führung des Zapfens zu sichern und schwere Schäden zu verhüten, wird das Weißmetall in Form eines Lagerausgusses auf eine tragfähige Stütz- bzw. Lagerschale aufgebracht, deren Werkstoff ebenfalls gute Laufeigenschaften besitzt (**2.35**). Ein so ausgebildetes Lager besitzt "Notlaufeigenschaften".

Zur Beurteilung des Gleitverhaltens von Werkstoffen gelten folgende Grundregeln: Ohne Rücksicht auf den Gegenwerkstoff sind die zähen und weichen Werkstoffe, Kupfer, Reinaluminium, weicher Stahl und austenitischer Stahl ungeeignet. Gut geeignet sind harte und spröde

Stoffe, gehärteter Stahl, hochzinnhaltige Bronze, Grauguss. Für die Gefügebestandteile der Eisenwerkstoffe gilt: Ferrit, Austenit, Phosphid sind unzweckmäßig, Martensit, Perlit und Graphit zweckmäßig. Bei den typischen Lagerwerkstoffen Weißmetall und Bleibronze wurde die Einbettung härterer Trägerkristalle in eine weiche Grundmasse als zweckmäßig erkannt; hervorstehende und dadurch überbelastete Kristalle werden durch den Zapfen in die weiche Bettung zurückgedrückt, die Oberfläche des Lagerausgusses passt sich der Zapfenoberfläche an, die Belastung verteilt sich gleichmäßig. Zusätze sind: Antimon, Cadmium, Nickel, Blei, Mangan, Eisen.

Gute Paarungen ergeben sich zwischen zwei Werkstoffen mit großem Härteunterschied. Eine Ausnahme von dieser Regel bilden sehr harte Werkstoffe (gehärteter Stahl, Hartmetall), die in poliertem Zustand geringe Reibungswerte liefern. Bei Störungen sind allerdings die Schäden erheblich; infolgedessen werden Paarungen dieser Art nur bei geringen Gleitgeschwindigkeiten verwendet. Uhrenlager z. B. zeichnen sich durch sehr geringe Reibung und Abnutzung aus (gehärtete Stahlzapfen in Lagern aus Edelsteinen).

Lagerschalen aus Kunststoff haben den Nachteil, dass ihre Wärmeausdehnungskoeffizienten wesentlich größer sind als die der metallischen Werkstoffe. Infolgedessen besteht die Gefahr, dass die Lager bei Erwärmung durch Verringerung des vorgegebenen Lagerspiels klemmen; auch Maßänderungen infolge des Feuchtigkeitsgehaltes im Betrieb können sich störend auswirken. Diese Gefahren werden noch durch die schlechte Wärmeleitfähigkeit der Kunststoffe vergrößert. Vorteilhaft sind die Notlaufeigenschaften der Kunststoffe.

Verbundlager mit Kunststoff-Laufschicht bestehen aus einer Kombination von metallischen Werkstoffen mit Kunststoffen und Zusätzen. Man verwendet z. B. dünne Schalen aus Stahl mit porös aufgesinterter Zinn-Bronze-Schicht mit einer Füllung und Deckschicht aus Polytetrafluoräthylen (PTFE) und Zusätzen aus Blei, Graphit oder MoS_2 oder Zinnbronzegewebe, eingelagert in PTFE-Folie mit den genannten Zusätzen unter Zugabe von Glasfasern. Als Stütze kann auch Gewebe aus Polyester, Glasfaser oder Baumwolle eingelegt und in manchen Fällen auch Phenolharz als Füllung benutzt werden.

Durch den Verbund Kunststoff/Metall ergeben sich im Vergleich zu reinen Kunststofflagern folgende vorteilhafte Eigenschaften: höhere Belastbarkeit, bessere Wärmeableitung, kleinere Lagerspiele, kein Quellen durch Wasseraufnahme und nur sehr geringe Spielverengung durch Temperaturerhöhung. Je nach Aufbau und Kunststoff werden dennoch die Vorteile der reinen Kunststoffe genutzt: Möglichkeit des Trockenlaufs (hierbei kein Verschweißen mit der Welle), Wartungsfreiheit, niedrige Reibungszahl, nur geringe Empfindlichkeit gegen Fremdkörper, Korrosionsbeständigkeit, Chemikalienbeständigkeit, Schmierung durch Wasser, Laugen, Säuren möglich und Dämpfung von Schwingungen.

Grundsätzlich sind die genannten Eigenschaften nicht nur vom Lagerwerkstoff abhängig, sondern auch vom Gegenlaufwerkstoff, seiner Oberflächenbeschaffenheit und von dem umgebenden Medium.

In Bild **2.32** sind einige wichtige Lagerwerkstoffe zusammengestellt. Ausführliche Angaben über Lagerwerkstoffe sind in den Normen DIN ISO 4381, DIN ISO 4382 TI und T2, sowie DIN ISO 4383 zu finden.

Werkstoff	Verwendung	Ausführung
Lager-Weißmetall	Lager für hochwertig Teile, wie Dampfturbinenläufer, Kurbelwellen, Kreiselpumpen, auch für Transmissionen	Ausguss auf Stützschale aus Bronze oder Grauguss, Dicke des Ausgusses 0,1 ... 0,3 mm je nach Verwendung und Zapfendurchmesser
Bleibronze	hochbeanspruchte Lager mit hoher Flächenpressung, Kurbelwellenlager von Kfz-Motoren, Turbinenlängslager	Ausguss auf Stützschale bzw. Blech, Dicke des Ausgusses 0,2 ... 3 mm
Bronze	Getriebe, Werkzeugmaschinen, auch als Stützschale mit guten Notlaufeigenschaften für Weißmetall und Bleibronze	massive Buchsen, Halbschalen, Blech gerollt
Rotguss	wie für Bronze angegeben, aber bei geringeren Anforderungen, insbesondere geringerer Belastung	massive Buchsen
Messing	gewöhnliches Messing, z. B. Ms 58, für einfache Lagerungen, z. B. von Gestängen; Sondermessing als Austauschwerkstoff für Bronze	möglichst aus Rohr mit genormten Abmessungen hergestellte Buchsen, auch Blech gerollt; Sondermessing als Guss für Buchsen und Schalen
Grauguss	einfache, billige Lagerung, meist unmittelbar im Gehäuse, z. B. von Landmaschinen	möglichst mit Lagergehäuse in einem Stück; selten als Buchsen; auch als Stützschalen mit geringen Notlaufeigenschaften
Sintermetall	wartungsfreie Lager geringer Umfangsgeschwindigkeit; Haushaltsmaschinen, Landmaschinen, Baumaschinen	Buchsen oder Ringe aus gesintertem Metall (Eisen, Bronze) mit Blei- oder Graphitzusatz, mit Schmieröl getränkt
Holz	wassergeschmierte Lager; Propellerwellen von Schiffen, Baggerbau, Pumpen, Walzen	Stäbe aus Pockholz oder einheimischen Hartholz in Graugussschalen; möglichst Hirnholzseite als Lauffläche
Kunststoff (Phenolharz mit Füllstoffen)	wie Holz	Buchsen, Halbschalen, Stäbe in Stützschale; maßgebend für die Güte ist die Art des Füllstoffes (hochwertig; geschichtete Gewebebahnen)
Weichgummi	in Wasser laufende Lager z. B. bei Pumpen	auf Stahl-Stützschale oder Stahlbuchse vulkanisiert
Kunststoff/Metall Verbundlager	wartungsfreie Lager ähnlich Sintermetall, auch für Betrieb in Flüssigkeiten	einbaufertig gepresste Buchsen, Ringe, Kugelschalen aus Polytetrafluorethylen o. ä. mit Sinterwerkstoff, Gewebeeinlagen und Zusatz von Blei- oder Graphitpulver bzw. Molybdändisulfid
Leichtmetall	Kurbelwellenlager von Kraftfahrzeugmotoren	Halbschalen plattiert oder massiv; Wärmeausdehnung beachten; Gefahr bei Kantenpressung, Ölmangel oder Ölverschmutzung; gute Wärmeleitung

2.32
Gleitlagerwerkstoffe

2.4 Gleitlagerbauarten, Einzelteile

Die Einteilung der Gleitlager kann nach der Belastungsrichtung geschehen. Lager, bei denen die Belastung F_R senkrecht zur Welle wirkt, heißen Radiallager, Querlager oder Traglager (**2.33**). Als Axial- oder Längslager werden solche Lager bezeichnet, die eine Belastung in Längsrichtung der Welle (Axialschub) aufnehmen (**2.40**). Die Axiallager werden nach der Bauart eingeteilt in Spurzapfenlager, Bundlager und Segmentlager.

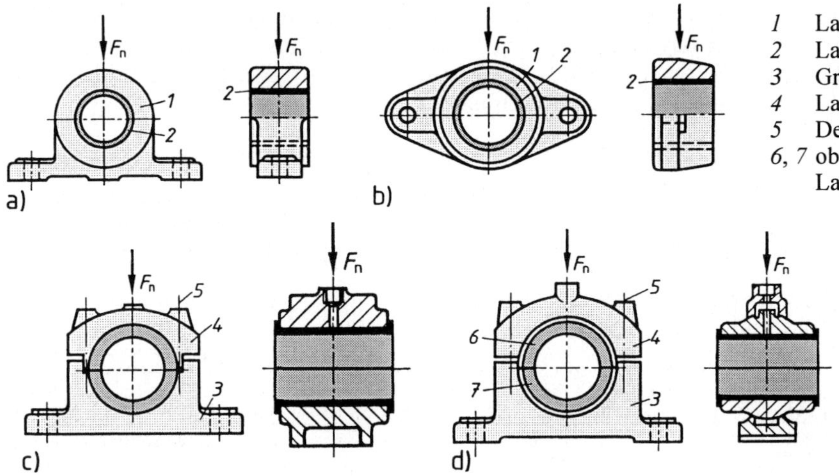

1 Lagerkörper
2 Laufbuchse
3 Grundkörper
4 Lagerdeckel
5 Deckelschrauben
6, 7 obere bzw. untere Lagerschale

2.33
Übersicht über Radiallager
a) ungeteiltes Stehlager; b) ungeteiltes Flanschlager; c) geteiltes Lager; d) geteiltes Einstelllager; die Lagerschalen werden im Gehäuse in einer Kugelfläche gehalten

Bei den Radiallagern unterscheidet man weiterhin nach der **Ausbildung der Laufflächen**:

1. **Einteilige oder ungeteilte Lager**. Sie heißen Augenlager und werden mit oder ohne Laufbuchse aus Gleitlagerwerkstoff ausgeführt (**2.33 a** und **b**).

2. **Offene oder geteilte Lager**. Sie besitzen etwa in der Ebene der Lagerschale eine Teilfuge. In einfachen Fällen werden sie ohne Lagerschalen ausgeführt, i. allg. erhalten sie Halbschalen, bei denen die Lauffläche aus Gleitlagerwerkstoff besteht. Das Gehäuse besteht aus Grundkörper und Lagerdeckel (**2.33 c** und **d**)

Die **Art der Anbringung** der Gleitlager ergibt folgende Einteilung:

1. **Selbständige Lager**. Das sind solche Lagereinheiten, die - in sich vollständig - auf Fundamenten oder an Maschinen befestigt werden. Sie werden z. B. zur Lagerung von Transmissionswellen oder Gestängen verwendet, aber auch bei Großmaschinen wie Wasserturbinen, liegenden Dampfmaschinen oder großen Pumpen (**2.33 a** bis **d**).

2. **Unselbständige Lager**. Bei diesen bildet der Lager-Grundkörper eine Einheit mit einem Teil der Maschine, so z. B. beim Kurbelwellenlager der Motoren, beim Pleuellager, Kolben-

bolzenlager usw. Unselbständige Lager werden statt selbständiger Lager in zunehmendem Maß verwendet, da sie größere Laufgenauigkeit und eine Gewichtsersparnis bieten (s. Abschn. 5 Kurbeltrieb).

2.4.1 Radiallager

Bild **2.34** zeigt als Beispiel für ein vollständiges Radiallager ein Ringschmierlager. Bisweilen sind die Radiallager vereinfacht. Es werden dann einige Einzelteile zusammengefasst, andere auch fortgelassen. So besteht das einfachste Lager z. B. lediglich aus einer Bohrung im Auge eines Maschinengehäuses mit einem offenen Schmierloch. Solche Lager findet man bei Haushalts- oder einfachen landwirtschaftlichen Maschinen.

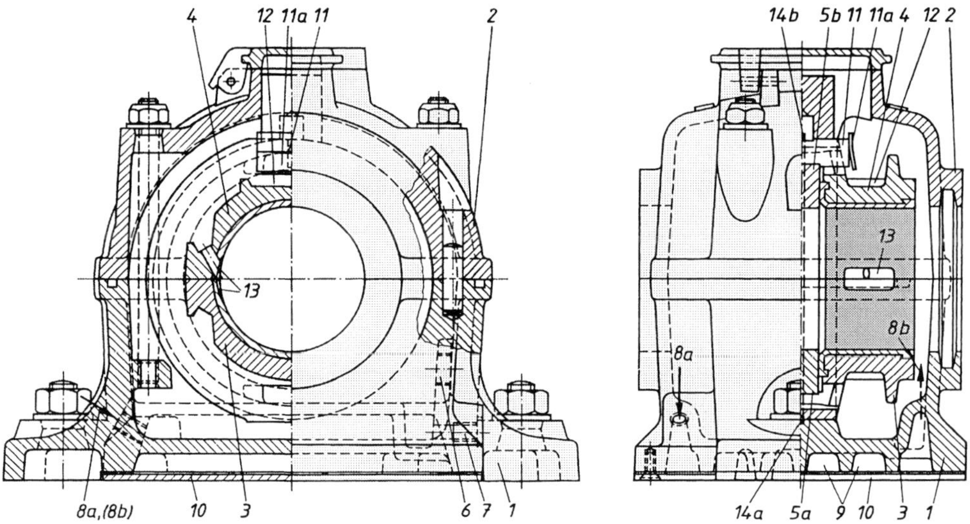

2.34
Ringschmierlager mit Festringschmierung (Lager mit wassergekühltem Boden)

1 Grundkörper
2 Deckel
3 untere Lagerschale
4 obere Lagerschale
5a, b Festring, zweiteilig
6 Ölstand-Kontrollschraube
7 Öl-Ablassschraube
8a, b Kühlwasser-Eintritt bzw. Austritt
9 schlangenförmiger Kühlwasserkanal im Boden des Grundkörpers, gebildet durch Gussrippen und Abdeckblech *10*
11 Öl-Abstreifer mit *11a* Spritzschutz
12 Ölfangbehälter
13 Schmiertaschen
14a, b zweiteiliger Haltering zur Führung zwischen Lagerschalen und Lagerkörper

Laufbuchsen und Lagerschalen. Der Teil des Lagers, der die Lauffläche enthält, heißt, wenn er ungeteilt (oder lediglich geschlitzt) ist, Laufbuchse (**2.33 a** und **b**). Ist er geteilt, dann bezeichnet man die Hälften als Lagerschalen (**2.33 c** und **d**, **2.34** und **2.37 a** bis **c**; die Werkstoffe sind in Abschn. 2.3.3 behandelt). Die Wanddicke von Buchse bzw. Schale wird nach Erfahrung gewählt. Einen Anhaltspunkt ergeben die beiden Faustformeln (Zahlenwertgleichungen, D_a Außendurchmesser, d_2 Bohrung in mm): Lagerbuchse $D_a = 1{,}1 \cdot d_2 + 5$ mm und Lagerschale $D_a = 1{,}1 \cdot d_2 + 6$ mm.

Buchsen oder Schalen aus grauem Gusseisen werden wenige Millimeter dicker gewählt. Diese Formeln gelten für Lager im allgemeinen Maschinenbau, nicht aber für Lager kleinerer Durchmesser, z. B. Kurbelwellenlager von Kraftfahrzeugen oder Lager in Landmaschinen.

Lager kleinerer Durchmesser erhalten heute vielfach dünnere Buchsen oder Schalen aus gerolltem Blech (**2.35**) oder gezogenem Rohr. Die Wanddicken liegen dann etwa zwischen 0,8 und 2,0 mm. Vorteile: Gewicht und Platzbedarf gering, billiges und schnelles Auswechseln abgenutzter Stücke; infolge der bei Massenherstellung erreichbaren Genauigkeit Austausch fast oder ganz ohne Nachbearbeitung.

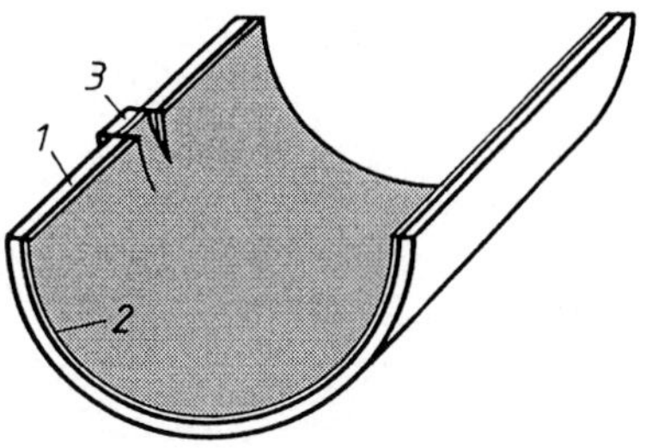

2.35
Aus Bronzeblech gerollte Lager-Halbschale mit Ausklinkung zur Lagersicherung *3*, Lagerausguss aus Weißmetall *2*

Angaben über Wanddicke und Aufbau der Kunststoff-Lager (**2.36**), Kunststoff/Metall-Verbundlager oder der Sintermetall-Lager sind beim Hersteller zu erfragen.

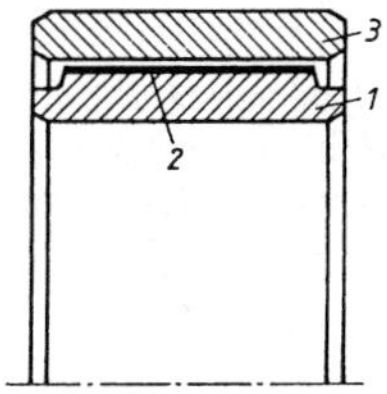

2.36
Kunststofflager

1 Stahlstützbuchse, außen 0,1...0,3 mm tief gerändelt
2 aufgesinterte 0,3 mm dicke Polyamidschicht (Ultramid) als Gleitschicht
3 Stahllaufbuchse mit gehärteter und geschliffener Lauffläche, Lagerspiel vergrößert dargestellt

Schmiernuten: Anordnung und Form. Die richtige Anordnung und Form oder Schmiernuten ist für einwandfreies Arbeiten des Lagers von entscheidender Bedeutung. Beim Radiallager mit umlaufendem Zapfen, das im Bereich der Flüssigkeitsreibung (hydrodynamische Schmierwirkung) arbeitet, darf die Ausbildung des tragenden Ölfilms nicht durch Unterbrechungen der Lagerlauffläche gestört werden: Jede Nut würde zum Zusammenbrechen des Öldrucks führen und die Tragfähigkeit beeinträchtigen. Geteilte Lager ordnet man deshalb so an, dass die Teilebene senkrecht zur Richtung der Lagerbelastung F liegt (**2.37a**): Die Unterschale bleibt frei von Nuten, die Ölzuführung erfolgt durch eine Bohrung und eine Längsnut in der Oberschale. Die Längsnut dient der gleichmäßigen Verteilung des Öls über die Lagerbreite. Ihr Profil entspricht dem Schmierstoffdurchsatz (DIN ISO 12128). Die Kanten der Nut und der Teilfugen sind sehr gut zu runden, damit sie nicht wie Ölabstreifer wirken. Für gleichbleibenden Drehsinn ist ein asymmetrisches Nutprofil und für wechselnden Drehsinn ein symmetrisches Profil zweckmäßig. Beim asymmetrischen Profil erhält die Nut in Drehrichtung einen abgeschrägten Übergang, die andere Kante wird abgerundet.

In Lagern, bei denen das Öl eine erhöhte Kühlwirkung haben soll, wird die Nut zu einer Tasche erweitert, die im äußersten Fall bis an die Teilfugen reichen darf (**2.37b**). Hierdurch wird eine gute Durchmischung des aus der Unterschale austretenden Öls mit einem größeren Vorrat von frischem, kühlem Öl erreicht.

Das **Mehrflächen-Gleitlager** ist besonders für Werkzeugmaschinenspindeln geeignet, die mit hoher Geschwindigkeit und geringer Belastung bei geringstem Spiel laufen sollen. Es besitzt mehrere, z. B. vier, tragende Streifen. Die verbleibende Lauffläche wird durch das Schmieröl intensiv gekühlt (**2.37c**).

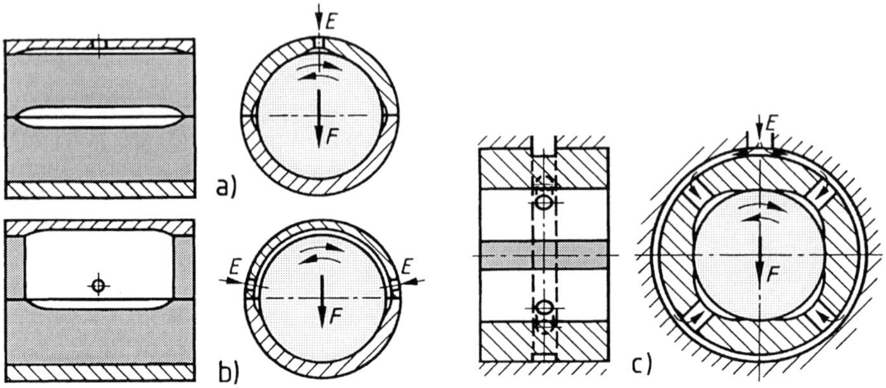

2.37
Anordnung und Form der Schmiernuten in Lagerschalen (*E* Öleintritt)
a) Ölverteilungsnut bei hydrodynamischer Umlaufschmierung
b) Öltasche in der Oberschale bei hydrodynamischer Umlaufschmierung (zusätzliche Kühlung)
c) Mehrflächen-Gleitlager mit ungeteilter Buchse

Lager, die hydrostatisch, d. h. durch Drucköl, geschmiert werden, weil sich infolge geringerer Umfangsgeschwindigkeit die hydrodynamische Schmierwirkung nicht einstellen kann, erhalten die Ölzuführung naturgemäß an der Stelle, an der die Lagerbelastung aufgenommen werden soll (**2.40a**; Axiallager). Ähnlich liegen die Verhältnisse bei Lagern mit wechselnder Kraftrichtung, wie z. B. bei Pleuelstangenlagern. Auch hier wird das Schmieröl der tragenden Fläche unmittelbar zugeführt und durch Nuten verteilt.

Lagensicherung. Sie erfolgt bei ungeteilten und geschlitzten Buchsen durch Presssitz; ein Bund verteuert die Herstellung und wird nur vorgesehen, wenn er als Anlauffläche dienen soll. Geteilte Lagerschalen werden an beiden Enden durch Bunde gegen Deckel und Grundkörper festgelegt.

Damit ein Herausnehmen der Schalen bei Reparaturen möglich ist, ohne dass eine Welle angehoben werden muss, erfolgt die Sicherung gegen Umlaufen nicht im Grundkörper, sondern im Deckel. Vielfach benutzt man hierfür das Ölzuführungsrohr, das in eine entsprechende Bohrung der Schale hineinragt.

Halbschalen aus Blech haben eine Ausklinkung (**2.35**), die sich in eine Nut des Grundkörpers einlegt und gegen den nicht ausgesparten Deckel stößt. Die Ausklinkung sichert gleichzeitig gegen Längsverschiebung.

Grundkörper selbständiger Lager bestehen in der Regel aus grauem Gusseisen (Grauguss), neuerdings werden sie häufig aus Blech geschweißt, die Verwendung von Stahlguss ist selten. Der Grundkörper stellt die Verbindung mit dem Fundament oder der Maschine her und dient gleichzeitig als Ölfang-, bei Ringschmierlagern auch als Ölvorratsbehälter (**2.34**). Je nach der Bedeutung des Lagers und nach dem Schmierverfahren sind vorzusehen: ein Ölstandglas oder eine Ölkontrollöffnung, die in solcher Höhe angebracht wird, dass sie als Überlauf gegen eine Überfüllung des Lagers schützt, sowie eine Ölablassverschraubung. Der Wellenzapfen darf nicht in den Ölvorrat eintauchen.

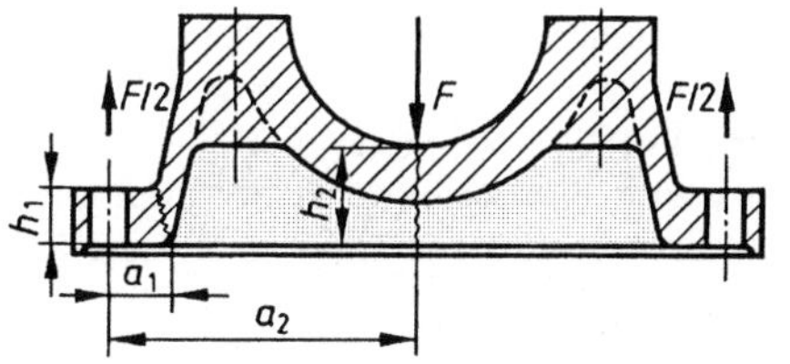

2.38
Zur Festigkeitsberechnung des Grundkörpers

Festigkeitsberechnung: In der Regel kann bei den üblichen gegossenen Stücken ausreichende Festigkeit angenommen werden, so dass sich eine Nachrechnung erübrigt. Bei besonders leicht gebauten Lagerkörpern ist eine Kontrolle der Biegespannung an den in Bild **2.38** gekennzeichneten gefährdeten Querschnitten nach den folgenden Gleichungen nötig $\sigma_{b\,1} = M_{b\,1}/W_{b\,1} \leq \sigma_{b\,zul}$ mit $M_{b\,1} = (F/2) \cdot a_1$ und $\sigma_{b\,2} = M_{b\,2}/W_{b\,2} \leq \sigma_{b\,zul}$ mit $M_{b\,2} = (F/2) \cdot a_2$.

Bei grauem Gusseisen (Grauguss) ist $\sigma_{b\,zul} = 30\ N/mm^2$, bei Stahlguss und Schweißkonstruktionen $\sigma_{b\,zul} = 50\ N/mm^2$ zu setzen.

Lagerdeckel. Als Werkstoff wählt man graues Gusseisen (Grauguss), Stahl geschweißt oder Stahlguss. Der Lagerdeckel dient der Verbindung von Oberschale, Unterschale und Grundkörper. Die Festlegung des Deckels auf dem Grundkörper geschieht durch Passstifte oder auch durch Ausbildung der Deckelschrauben als Passschrauben im Bereich der Teilfuge. In der Regel wird das Schmiermittel dem Lager durch den Lagerdeckel hindurch zugeführt. Eine besondere Abdichtung zwischen Lagerdeckel und Grundkörper erfolgt häufig nicht (**2.34**); wenn sie vorgesehen wird, ist eine Weichdichtung zu verwenden, damit die Aufgabe des Lagerdeckels, die Lagerschalen gegeneinander zu führen, nicht gestört wird. Eine Abdichtung gegen Spritzöl wird auch dadurch erreicht, dass man die Unterkante des Lagerdeckels so ausbildet, dass sie das Öl der Teilfuge fernhält (Übergreifen der inneren Deckelkante über die Teilfuge nach unten).

Festigkeitsberechnung: In der Regel werden Gleitlager so angeordnet und gebaut, dass die Lagerbelastung vom Grundkörper aufgenommen wird; der Lagerdeckel bleibt dann frei von Betriebslasten. Bei Wellen mit wechselnder Belastungsrichtung, z. B. bei Kurbelwellen doppeltwirkender Kolbenmaschine, ist dies nicht der Fall. Hier hat der Lagerdeckel die gleichen Betriebslasten aufzunehmen wie der Grundkörper. Ohne Rücksicht auf die tatsächliche Richtung der Lagerbelastung wird in allen Fällen der Lagerdeckel so stark ausgebildet, dass er die volle Betriebsbelastung aufnehmen kann. Die Berechnung erfolgt ähnlich wie die des Grundkörpers (**2.39**). Demnach muss die Biegespannung $\sigma_b = M_b/W_b$, mit $M_b = (F/2) \cdot (e/2 - d/4)$, kleiner sein als $\sigma_{b\,zul}$ (Zahlenwerte s. Angaben für den Grundkörper). Das Widerstandsmoment W_b ist aus den Abmessungen des im Entwurf vorgesehenen Profils (z. B. Kastenprofil oder U-Profil) zu berechnen.

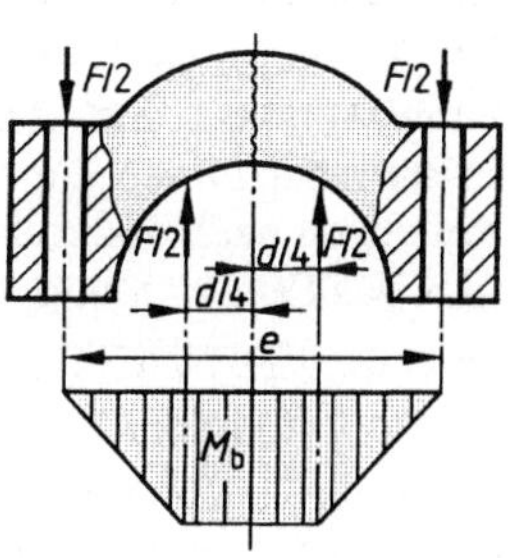

2.39
Zur Festigkeitsberechnung des Lagerdeckels

Bei der Leichtbauweise, also z. B. bei Lagern von Fahrzeug-Kolbenmaschinen, wird der Deckel zur Gewichtsersparnis oft in Annäherung an einen Körper gleicher Biegefestigkeit, also mit einem nach den Seiten hin abnehmenden Widerstandsmoment, ausgebildet. Zur Verminderung des Biegemoments sind ferner die Deckelschrauben so nahe wie möglich zur Mitte hin zu legen, das Maß *e* in Bild **2.39** ist deshalb klein zu halten.

Deckelschrauben. Man verwendet hochwertige Schrauben der Festigkeitsklassen 5.6 bis 12.9 (DIN 267). Um zu vermeiden, dass Schrauben kleinerer Lager beim Anziehen abgerissen werden, sieht man häufig - auch bei geringerer Betriebslast - einen Werkstoff hoher Festigkeit (z. B. bei M 10 die Festigkeitsklasse 8.8) vor. Die Schrauben sollen möglichst nicht Stiftschrauben, sondern Durchgangsschrauben großer Dehnlänge sein. (Berechnung s. Teil 1, Abschn. Schraubenverbindungen.) Die Deckelschrauben sind stets zu sichern. Bei ruhig laufenden Wellen genügt kraftschlüssige Sicherung, z. B. durch Kontermuttern, bei stoßhaftem Betrieb (z. B. Kurbelwellenlager) ist eine formschlüssige Sicherung zu wählen, z. B. eine Kronenmutter mit Splint.

Fußschrauben. Sie dienen der Verbindung des Lagers mit dem Fundament und sind so zu bemessen, dass auch bei Erschütterungen die Lage allein durch Reibung gesichert ist.

Lagerabdichtung. Zweck und Ausführung entsprechen den Wellenabdichtungen bei Wälzlagern (ausführliche Angaben s. Teil l, Abschn. Dichtungen). Im allgemeinen genügen bei Gleitlagern die einfacheren Formen dieser Abdichtung. Allerdings müssen Stoffe, die das Schmiermittel schädigen, dem Lager zuverlässig ferngehalten werden; dies sind in erster Linie Schmutz, Dampf und Wasser. Deshalb ist z. B. bei Dampfturbinen, Pumpen und ähnlichen Maschinen auf der Welle außerhalb des Lagers ein Schleuderring vorzusehen.

2.4.2 Axiallager

Spurlager. Als Beispiel eines hydrostatischen Spurlagers zeigt Bild **2.40a** das Lager einer Kransäule. Das Ende der Welle stützt sich auf eine Spurplatte aus Bronze, die im Lagergehäuse kugelig gelagert und gegen Drehen gesichert ist. In das Wellenende ist eine Platte aus gehärtetem Stahl eingesetzt. Das Drucköl tritt durch die Mitte der Spurplatte ein, hebt die Welle an und wird über die ringförmigen, glatten und parallelen Laufflächen nach außen gedrückt. Damit werden metallische Berührung verhindert und die Reibung auf die geringe Zähigkeitsreibung reduziert. Bei senkrecht stehenden Wellen wird das Lagergehäuse als Topf ausgebildet, so dass der ganze Zapfen vom Ölvorrat bespült wird. Der Öldruck p_i nimmt im ringförmigen Reibraum nach außen logarithmisch auf $p = 0$ ab. Die axiale Tragkraft wird mit den Halbmessern des Ringes r_i und r_a

$$\boxed{F_2 = (\pi/2) \cdot p_i \cdot \left(r_a^2 - r_i^2\right) / \ln\left(r_a/r_i\right)} \qquad (2.56)$$

Bundlager. Zur Aufnahme geringer Längskräfte wird eines der Traglager mit Laufflächen auf den Stirnseiten der Buchsen oder Schalen ausgerüstet, gegen die sich entsprechende Wellenbunde legen (**2.40b**). Die Schmierung erfolgt durch das an den Enden des Traglagers austretende Öl, Belastungswerte $(p \cdot u) \leq 4$ Nm/(s mm²).

Hydrodynamische Axiallager (**2.40c** und **2.42**) werden bei höherer Belastung und größerer Umfangsgeschwindigkeit benutzt. Der erforderliche Druck, der den äußeren Kräften das

Gleichgewicht hält und somit die Trennung der Gleitflächen bewirkt, wird, wie beim Radiallager, infolge der Relativbewegung der Gleitflächen und der Haftung des Schmierstoffs an den Oberflächen selbsttätig erzeugt, sofern das Lager hinreichend mit Schmierstoff versorgt wird, der Gleitraum richtig ausgebildet und die Gleitgeschwindigkeit genügend groß ist. Da hydrodynamischer Druck nur in einem sich verengenden Reibraum entstehen kann (**2.14**), müssen in eine der beiden Laufflächen Staustufen oder Keilflächen eingearbeitet sein (**2.41**).

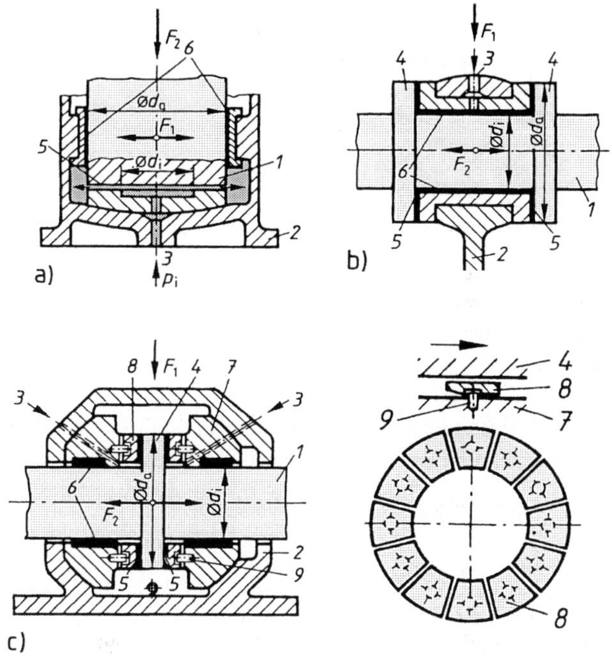

2.40
Übersicht über Axiallager (schematisch)
a) Spurzapfenlager
b) Bundlager
c) Segmentlager
(rechts unten Anordnung der Segmente)

F_1 Radiallast F_2 Axiallast

1 (Bild a...c) Welle
2 (Bild a...c) Lagerkörper
3 (Bild a...c) Ölzuführung
4 (Bild b...c) Wellenbund
5 (Bild a...c) Gleitflächen zur Aufnahme der Axialkraft
6 (Bild a...c) Gleitflächen zur Aufnahme der Radialkraft
7 (Bild c) Tragring für Segmente *8*
8 (Bild c) Segmente zur Aufnahme der Axialkraft
9 (Bild c) Führungsstifte für Segmente

Der keilförmige Gleitraum kann auch durch ebene oder leicht gewölbte kippbeweglich gelagerte Segmente erzeugt werden (**2.40c**, **2.41c** und **2.42**). Um beim Stillstand oder Anlauf der Welle hohe Flächenpressung an den Austrittskanten der Keilspalte zu vermeiden, sind Rastflächen parallel zur Lauffläche vorgesehen. Bei höherer Belastung wird Umlauf- oder Druckschmierung mit Ölkühlung vorgesehen. Bei Umlaufschmierung kann $(p \cdot u) \leq 2$ Nm/s mm^2, bei Druckschmierung $(p \cdot u) \leq 6$ Nm/s mm^2 gesetzt werden.

Segmentlager (Michellager, Klotzlager). Die Funktion des Segmentlagers (**2.40**, **2.41c** und **2.42**) beruht auf der Ölkeilbildung, d. h. auf der Anwendung der hydrodynamischen Schmiertheorie auf ebene Flächen. Belastungswerte: $p \leq 3$ N/mm^2, $u \leq 60$ m/s. (In Einzelfällen wurden wesentlich höhere Werte erreicht.) Die Welle besitzt einen Bund, der sich auf einen in Einzelsegmente unterteilten Lagerring stützt. Die Rückseite jedes Einzelsegments hat eine radial verlaufende Kante (*5* in Bild **2.42**), die - in Umlaufrichtung gesehen - kurz hinter der Mitte der Segmentfläche liegt und eine Kippbewegung ermöglicht. Mit ihr liegt das Segment auf der ringförmigen Tragfläche des Lagerkörpers auf, und die Lauffläche des Segments kann ihre Schrägstellung dem Ölkeil anpassen. Die gegenseitige Lage der Segmente auf der Tragfläche ist durch Zapfen gesichert.

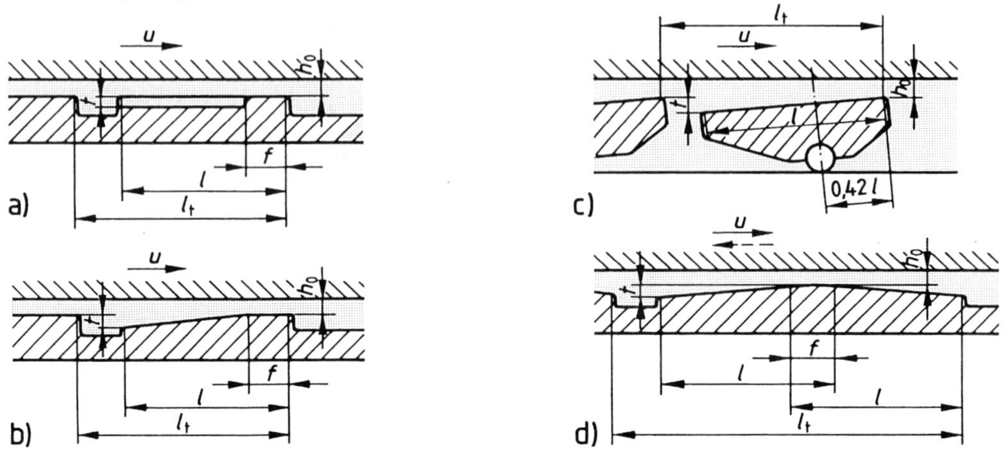

2.41
Gleitraumformen bei Axiallagern

a) gestufter Stauspalt
b) ebener Keilspalt durch eingearbeitete Keilflächen
c) ebener Keilspalt durch selbsttätige Einstellung kippbeweglicher Segmente
d) wie b), jedoch für beide Drehrichtungen

l wirksame Keilspalt- oder Staufeldlänge
f Länge der Rastfläche
h_0 kleinster Schmierspalt
t Keiltiefe bzw. Staufeldtiefe
l_t Segment-, Keilspalt- bzw. Staufeldteilung
u Umfangsgeschwindigkeit

Die volle Ausnutzung der Leistungsfähigkeit des Lagers nach Bild **2.42** ist wegen der erforderlichen außermittigen Anordnung der Kante nur bei einer Drehrichtung möglich. Lager, die bei Vor- und Rückwärtslauf gleiche Längskräfte aufnehmen sollen, erhalten statt der bereits erwähnten Kante einen nach Erfahrung gestalteten Wulst, der unter der Mitte des Segments liegt.

Die Ölzuführung muss wegen der Zentrifugalwirkung von innen erfolgen (**2.42**). Ein Teil des Öls tritt durch die Zwischenräume zwischen den Segmenten hindurch und bewirkt eine gute Kühlung. Als Werkstoff für die Gleitfläche des Segments verwendet man Weißmetall, bei höherer Flächenbelastung Bleibronze; der Wellenbund besteht aus gehärtetem oder im Einsatz gehärtetem Stahl, die Lauffläche ist feinstbearbeitet. Wechselt die Längskraft ihre Richtung, dann wird auf der Gegenseite des Wellenbundes ein zweites Segmentlager angeordnet.

Das **Spiralrillen-Kalottenlager** mit geprägten Rillen in einer Kalotte ist ein Lagerelement zur Aufnahme vorwiegend axialer Belastungen bei hoher Drehfrequenz. In diesem Endlager findet der Druckaufbau statt, wenn die Drehrichtung der Kugel mit der Richtung der Spiralrillen vom Kalottenflansch zum Kalottenscheitel übereinstimmt. Wegen der sphärischen Ausbildung kann dieses Lager auch radiale Belastungen aufnehmen. Anwendungsgebiete: Klein-Elektromotoren, hochtourige Kreiselpumpen und Gebläse, Zentrifugen sowie Hochgeschwindigkeitssysteme aus der Textiltechnik. Als Axial- und Radiallager wird das Spiralrillen-Scheibenlager zusammen mit einem Nadellager in einer Baueinheit hergestellt.

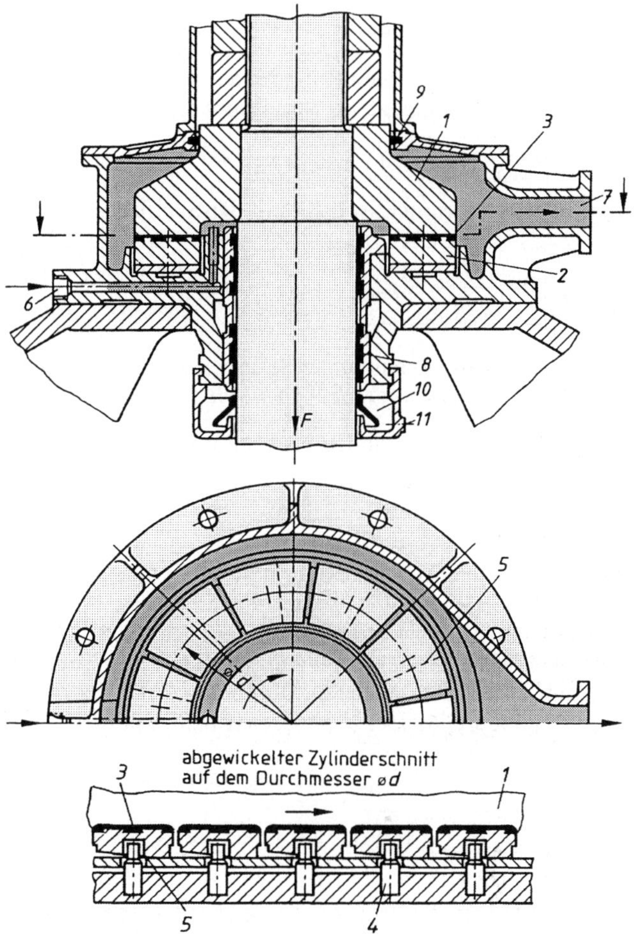

2.42
Beispiele für ein Axial- bzw. Längslager: Segmentlager für senkrechte Welle (Lager einer Wasser-Turbine)

1 Druckring auf der Welle
2 Lagerring und Segmente mit Ausguss
3 Weißmetall-Ausguss der Segmente
4 Führungszapfen für Segmente
5 radiale Kante der Segmentfläche
6, 7 Ölzu- bzw. –abfluss
8 an gleicher Stelle eingebautes Radiallager
9, 10 obere bzw. untere Lagerdichtung
11 Ölablauf für Radiallager

Berechnungsgang für Axiallager. Die Grundlagen für die Berechnung der Axiallager sind die gleichen wie bei den Radiallagern, jedoch unterscheiden sich die Gleichungen in ihrem Aufbau infolge der anderen geometrischen Verhältnisse. In der Regel sind die Axialkraft F und die Drehfrequenz (Drehzahl) n, der Innendurchmesser d_i und der Außendurchmesser d_a vorgegeben. Der zulässige Lagerdruck p_{zul} kann aus Bild **2.28** in Abhängigkeit von der Werkstoffpaarung ermittelt werden. Die Umgebungstemperatur kann zu $\vartheta_0 = 20$ °C angenommen werden.

Zunächst sind die geometrischen Daten zu berechnen, nämlich der mittlere Durchmesser d_m, der Schwerpunktdurchmesser d_s (die Fläche innerhalb dieses Durchmessers ist gleich der Fläche außerhalb davon) und die radiale Ringbreite b

$$\boxed{d_m = (d_a + d_i)/2} \tag{2.57}$$

$$\boxed{d_s = \sqrt{0{,}5 \cdot (d_a^2 + d_i^2)}} \tag{2.58}$$

$$\boxed{b = (d_a - d_i)/2} \tag{2.59}$$

Das Verhältnis der radialen Ringbreite b zur Keilspaltlänge l eines Segmentes sollte im Bereich $b/l \approx 0{,}7 \ldots 1{,}2$ festgelegt werden. Damit ergibt sich die Keilspaltlänge

$$\boxed{l = b \cdot (l/b)} \tag{2.60}$$

Der mittlere Lagerdruck ist dann mit der Staufeldanzahl (Segmentanzahl) z

$$\boxed{\bar{p} = \frac{F}{b \cdot z \cdot l} \le p_{zul}} \quad \text{bzw.} \quad \boxed{l \ge \sqrt{\frac{F}{p_{zul} \cdot z} \cdot \left(\frac{l}{b}\right)}} \tag{2.61}$$

Sind die Geometriedaten zunächst unbekannt, ist mit der rechten Form der Gl. (2.61) zu rechnen, wobei (l/b) und z vorgegeben werden müssen.

Für die Umfangsgeschwindigkeit u am mittleren Durchmesser d_m gilt

$$\boxed{u = \pi \cdot d_m \cdot n} \tag{2.62}$$

Für Lager mit kippbeweglichen Segmenten ist der Abstand vom Unterstützungspunkt zur ablaufenden Kante entscheidend; er wird mit x bezeichnet; wird diese Größe auf die Keilspaltlänge l bezogen, trägt sie das Formelzeichen ξ. Eine optimale Tragfähigkeit ergibt sich für Lager, die in nur einer Drehrichtung laufen, bei $\xi = 0{,}42$, vgl. Bild **2.41c**. Bei Lagern für beide Drehrichtungen sollte der Unterstützungspunkt in der Segmentmitte liegen, $\xi = 0{,}5$. Da die Keilspaltlänge l auf den mittleren Durchmesser d_m bezogen ist, der Abstand x jedoch auf dem Schwerpunktdurchmesser d_s gemessen wird, gilt

$$\boxed{x = \xi \cdot l \cdot d_s / d_m} \quad \text{für Lager für eine Drehrichtung} \tag{2.63}$$

$$\boxed{x = 0{,}5 \cdot l \cdot d_s / d_m} \quad \text{für Lager für beide Drehrichtungen} \tag{2.64}$$

ε	0	0,5	0,8	1,0	1,25	1,5	2,0	2,5
ξ	0,5	0,462	0,445	0,432	0,420	0,408	0,390	0,378

2.43
Relativer Unterstützungsabstand ξ abhängig vom Keilspaltverhältnis ε

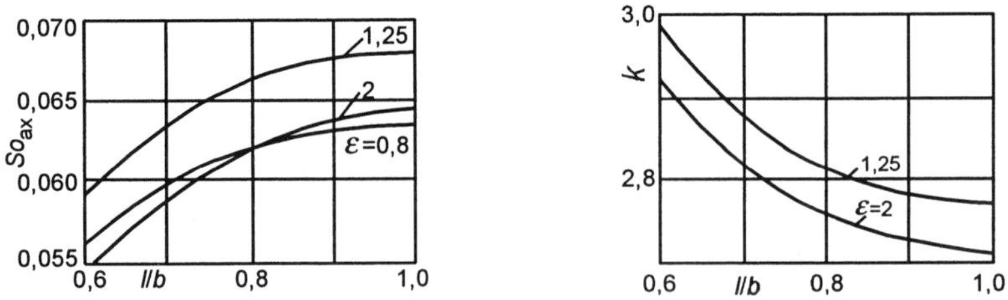

2.44
Sommerfeldzahl So_{ax} nach *Drescher* (links) und Faktor k der Reibungszahl (rechts) nach *A. Steller* für Axiallager; beide Werte in Abhängigkeit von l/b

Das Keilspaltverhältnis ε kann aus Bild **2.43** ermittelt werden; die Sommerfeldzahl *So* sowie der später benötigte Faktor *k* der Reibungszahl sind für das entsprechende Keilspaltverhältnis und in Abhängigkeit von *k*/*b* Bild **2.44** zu entnehmen.

Für die Berechnung der Reibleistung muss zunächst die Reibungszahl μ gemäß dem folgenden Zusammenhang berechnet werden:

$$\mu = k \cdot \sqrt{\frac{\eta \cdot u}{b \cdot \bar{p}}} \tag{2.65}$$

Für die kleinste Schmierspalthöhe h_0 gilt

$$h_0 = \sqrt{So_{ax} \cdot \frac{\eta \cdot u \cdot b}{\bar{p}}} \tag{2.66}$$

Der Schmierstoffdurchsatz wird wie folgt berechnet, wobei der Durchsatzfaktor zu 0,7 angesetzt wird:

$$Q_s = 0{,}7 \cdot b \cdot h_0 \cdot u \cdot z \tag{2.67}$$

Den Kühlöldurchsatz bei zusätzlicher Kühlung berechnet man nach Gl. (2.68). Hierbei kann die Temperaturdifferenz $\vartheta_2 - \vartheta_1$ näherungsweise mit 10 K ... 20 K angenommen werden. Der Faktor im Nenner ergibt sich als Anhaltswert für das Produkt aus spezifischer Wärme *c* des Öls und seiner Dichte ρ.

$$Q_k = \frac{P_R}{1670 \cdot 10^3\ \text{Nm/(m}^3\text{K)} \cdot (\vartheta_2 - \vartheta_1)} \tag{2.68}$$

Entsprechend ergibt sich mit den Werten *c* und ρ für Wasser der Kühlwasserdurchsatz bei Ölrückkühlung nach Gl. (2.69), wobei als erste Näherung $\vartheta_{w2} - \vartheta_{w1}$ = 5 K angenommen werden kann.

$$Q_w = \frac{P_R}{4189 \cdot 10^3\ \text{Nm/(m}^3\text{K)} \cdot (\vartheta_{w2} - \vartheta_{w1})} \tag{2.69}$$

Beispiel 3

Es ist das Axiallager eines 60-MW-Wasserkraftgenerators mit senkrechter Welle und kippbeweglichen Segmenten zu berechnen, s. (**2.42**). Werkstoffpaarung: Stahl/Weißmetall. Gegeben sind folgende Werte: d_a = 1,484 m; d_i = 0,866 m; l/b = 0,7; z = 12; F = 2 300 000 N; n = 5,55 s^{-1}; ϑ_0 = 20 °C; Öl: 0,0315 Pa s bei 50 °C.

Es werden folgende Größen berechnet: $d_s = \sqrt{0{,}5 \cdot (d_a^2 + d_i^2)} = \sqrt{0{,}5 \cdot (1{,}484^2 + 0{,}866^2)}$ m = 1,215 m; $d_m = (d_a + d_i)/2$ = (1,484 m + 0,866 m)/2 = 1,175 m; $b = (d_a - d_i)/2$ = (1,484 m – 0,866 m)/2 = 0,309 m. Die Keilspaltlänge *l* beträgt $l = b \cdot (l/b)$ = 0,309 m·0,7 = 0,216 m; $\bar{p} = F/(b \cdot z \cdot l)$ = 2 300 000 N/(0,309 m·12·0,216 m) = 28,7·105 N/m^2; $u = \pi \cdot d_m \cdot n = \pi \cdot 1{,}175\ \text{m} \cdot 5{,}55\ \text{s}^{-1}$ = 20,5 m/s. Für ξ = 0,42 (optimale Tragfähigkeit) gilt nach Bild **2.43** ε = 1,25.

Beispiel 3, Fortsetzung

Gemäß Gl. (2.63) (nur eine Drehrichtung angenommen) wird $x = \xi \cdot l \cdot d_s/d_m = 0{,}42 \cdot 0{,}216\ \text{m} \cdot 1{,}215\ \text{m}/1{,}175\ \text{m} = 0{,}094\ \text{m}$.

Für die Nachrechnung des Lagers sind folgende Größen zu bestimmen: Reibungsleistung P_R, kleinste Schmierfilmdicke h_0, Schmierstoffdurchsatz Q_s und Kühlmitteldurchsatz Q_k.

Axiallager dieser Größe benötigen eine zusätzliche Kühlung. Die Betriebstemperatur wird mit $\vartheta = 60\ °\text{C}$ festgelegt, hierfür ergibt sich aus Bild **2.13** $\eta = 0{,}02\ \text{Ns/m}^2$. Aus Bild **2.44** rechts kann für $l/b = 0{,}7$ und $\varepsilon = 1{,}25$ der Wert $k = 2{,}875$ bestimmt werden. Die Reibungszahl μ kann mit Hilfe der Gleichung (2.65) wie folgt berechnet werden:

$$\mu = k \cdot \sqrt{(\eta \cdot u)/(b \cdot \bar{p})} = 2{,}875 \cdot \sqrt{(0{,}02\,\text{Ns/m}^2 \cdot 20{,}5\,\text{m/s})/(0{,}309\,\text{m} \cdot 28{,}7 \cdot 10^5\,\text{N/m}^2)} = 1{,}95 \cdot 10^{-3}.$$

Für die Reibleistung gilt nach Gl. (2.27) $P_R = \mu \cdot F \cdot u = 1{,}95 \cdot 10^{-3} \cdot 2\,300\,000\ \text{N} \cdot 20{,}5\ \text{m/s} = 92\ \text{kW}$.

Aus Bild **2.44** links wird für $l/b = 0{,}7$ und $\varepsilon = 1{,}25$ die Sommerfeldzahl zu $So_{ax} = 0{,}063$ bestimmt. Wird dies in Gl. (2.66) eingesetzt, ergibt sich die kleinste Schmierspalthöhe

$$h_0 = \sqrt{So_{ax} \cdot \eta \cdot u \cdot b / \bar{p}} = \sqrt{0{,}063 \cdot 0{,}02\,\text{Ns/m}^2 \cdot 20{,}5\,\text{m/s} \cdot 0{,}309\,\text{m}/28{,}7 \cdot 10^5\,\text{N/m}^2)} = 0{,}0528 \cdot 10^{-3}\,\text{m}$$

Für den Schmierstoffdurchsatz gilt nach Gl. (2.67) $Q_s = 0{,}7 \cdot b \cdot h_0 \cdot u \cdot z = 0{,}7 \cdot 0{,}309\ \text{m} \cdot 0{,}0528 \cdot 10^{-3}\ \text{m} \cdot 20{,}5\ \text{m/s} \cdot 12 = 2{,}81 \cdot 10^{-3}\ \text{m}^3/\text{s}$. Der Kühlöldurchsatz bei zusätzlicher Kühlung wird mittels Gl. (2.68) mit einer Temperaturdifferenz von $\vartheta_2 - \vartheta_1 = 15\ \text{K}$ berechnet: $Q_k = P_R/(1670 \cdot 10^3 (\text{Nm/m}^3\text{K}) \cdot (\vartheta_2 - \vartheta_1)) = 92000\ \text{W}/(1670 \cdot 10^3\ \text{Nm/m}^3\text{K} \cdot 15\ \text{K}) = 3{,}67 \cdot 10^{-3}\ \text{m}^3/\text{s}$.

Gl. (2.69) liefert den Kühlwasserdurchsatz bei Ölrückkühlung; mit $\vartheta_{w2} - \vartheta_{w1} = 5\ \text{K}$ gilt: $Q_w = P_R/(4189 \cdot 10^3\ (\text{Nm/m}^3\text{K}) \cdot (\vartheta_{w2} - \vartheta_{w1})) = 92\,000\ \text{W}/(4189 \cdot 10^3\ \text{Nm/m}^3\text{K} \cdot 5\ \text{K}) = 4{,}4 \cdot 10^{-3}\ \text{m}^3/\text{s}$. ■

2.5 Schmiermittel, Schmiereinrichtungen

Schmiermittelarten. Mineralöl, das wichtigste flüssige Schmiermittel, wird aus Erdöl gewonnen. Viskosität und übrige Eigenschaften lassen sich in weiten Grenzen auf die verschiedenen Verwendungszwecke abstimmen. Neben den für zahlreiche Zwecke genormten Ölen (s. für den allgemeinen Bedarf insbesondere DIN 51 501, Normalschmieröle) werden Spezialöle geliefert, bei denen bestimmte Eigenschaften durch besondere Zusätze hochgezüchtet sind, z. B. die "Einlauföle". Viskosität und Verwendungszweck s. Bild **2.8**.

Pflanzliche und tierische Öle (Knochenöl, Rizinusöl, Specköl usw.) zeichnen sich durch sehr gute, auch bei höheren Temperaturen wirksame Schmierfähigkeit aus. Im Vergleich zu den Mineralölen haben sie den Nachteil, dass sie an der Luft oxidieren, dadurch altern und unbrauchbar werden. Sie eignen sich nicht für Umlaufschmierung, bei der dasselbe Öl der Schmierstelle immer wieder zugeführt wird. Mischungen von Mineralöl und pflanzlichem oder tierischem Öl heißen Verbundöle.

Die Schmierfette sind Aufquellungen von Mineralölen und Seife. Ihre Eigenschaften werden maßgeblich durch die Art der verwendeten Seife bestimmt. Anwendungsbeispiele für Schmierfette: Wälzlager sowie Gelenke bzw. Lager mit geringer Gleitgeschwindigkeit und hoher Flächenbelastung, bei denen nur geringe Schmiermittelmengen erforderlich sind (genormte Schmierfette s. DIN 51 818, 51 825).

Schmierfähigkeit. Ein einfacher Zusammenhang zwischen Schmierfähigkeit und Viskosität besteht nicht. Die Schmierfähigkeit entscheidet über die Eignung eines Schmiermittels im Bereich der Mischreibung und ist gut, wenn das Schmiermittel die Gleitflächen festhaftend benetzt, einen auch bei hohem Druck und hoher örtlicher Temperatur nicht zerstörbaren Schmierfilm bildet und zugleich möglichst geringe innere Reibung besitzt. Diese sich teilweise widersprechenden Eigenschaften können durch ein sie umfassendes, zahlenmäßig einfach auswertbares Prüfverfahren bis jetzt nicht ermittelt werden. Man ist auf praktische Erfahrungen angewiesen, die z. B. besagen, dass pflanzliche und tierische Schmiermittel (Knochenöl, Rizinusöl usw.) eine bessere Schmierfähigkeit haben als Mineralöle.

Viskosität. Über Viskositätsindex und ISO-Viskositätsklassifikation für flüssige Industrie-Schmierstoffe s. DIN ISO 2909 bzw. DIN 51 519 sowie Abschn. 2.1 und Bild **2.9**, **2.10**, **2.11**, **2.12**.

Fettschmierung. Schmierköpfe (nach DIN 3401 ... 3405, Bild **2.45a**) werden durch Handschmierpressen bedient. Staufferbuchsen (DIN 3410 ... 3412, Bild **2.45b**) halten einen begrenzten Fettvorrat an der Schmierstelle bereit, der nach Bedarf durch Drehen des Deckels dem Lager zugeführt wird. Fettbuchsen (**2.45c**) sind den Staufferbuchsen ähnlich, das Fett wird aber durch einen unter Federdruck stehenden Kolben ständig unter Druck an die Schmierstelle herangeführt. Fettpressen oder zentrale Fettpumpen werden durch die Maschine selbst angetrieben, sie haben einen größeren Schmiermittelvorrat und arbeiten wartungsfrei. Der Förderstrom ist für die Schmierstellen einzeln einstellbar.

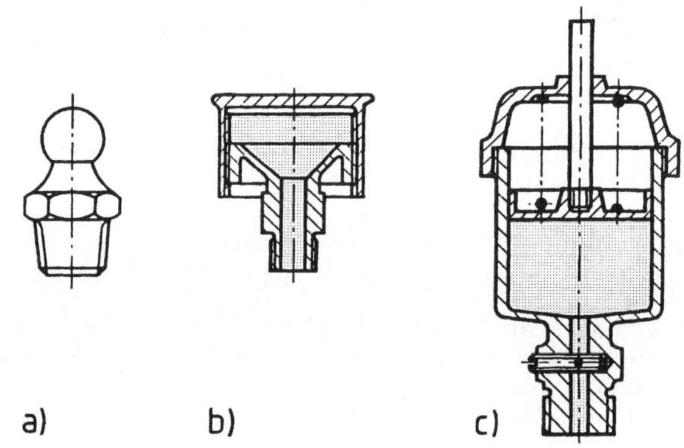

2.45
a) Kugelwulstschmierkopf nach DIN 3403, Schmierdruck > 150 bar
b) Staufferbuchse nach DIN 3411
c) Fettbuchse

Bei der Brikettschmierung ist der Lagerdeckel als Kasten ausgebildet, in den ein Fettbrikett eingelegt wird. Dieses wird durch sein Eigengewicht oder durch Federdruck gegen die Welle gedrückt, die ihren Bedarf abstreift. Kennzeichnende Anwendungsfälle für Schmierköpfe sind Gelenkbolzen (z. B. beim Kraftfahrzeug), für Staufferbuchsen: Laufrollen; für Fettbuchsen, Fettpressen und Fettpumpen: Maschinenlager, bei denen kontinuierliche Fettzuführung erforderlich ist; für Brikettschmierung: vorwiegend Walzenlager (z. B. in Druckereimaschinen).

Ölschmierung. Die einfachste Form eines Ölers ist eine Bohrung in der Laufbuchse, die mit einem Handöler von Zeit zu Zeit nachgefüllt wird. Der Tropföler (**2.46**) ist ein Behälter, aus dessen Boden durch eine konische Nadel regelbar das Öl ausläuft; er muss bei Stillstand der Maschine abgestellt werden.

Bei der Filzkissenschmierung (**2.47**) und bei der Dochtschmierung (**2.48**) wird das Öl durch die Saugwirkung der Faserstoffe dem Vorratsbehälter entnommen und der Schmierstelle zugeführt.

Anwendungsbeispiele für die einfache Ölbohrung: Nähmaschinenlager; für Tropföler und Dochtschmierung: einfache Maschinenlager mit geringem Ölbedarf im Bereich der Mischreibung; für die Filzkissenschmierung: Achslager von Schienenfahrzeugen.

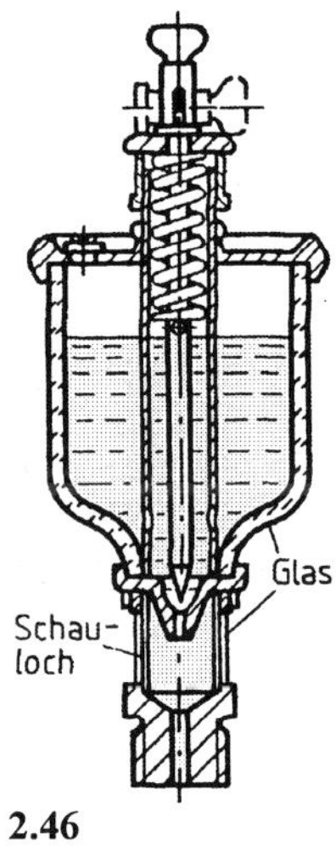

2.46
Tropföler

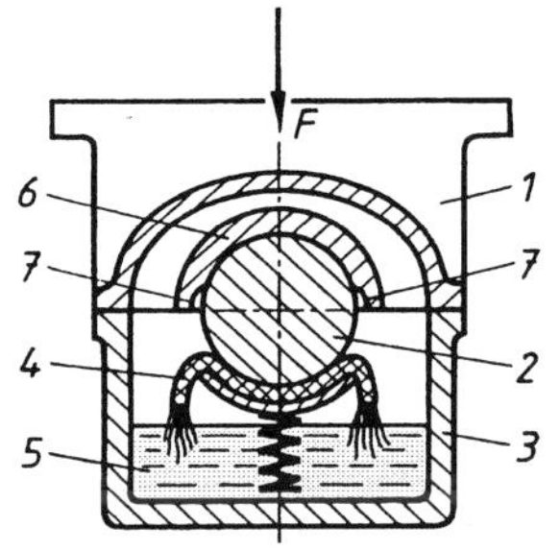

2.47
Filzkissenschmierung für Achslager von Schienenfahrzeugen (schematisch). Diese Lager benötigen keine Unterschalen; das Fahrzeuggewicht *F* belastet über den Grundkörper *1* den Zapfen der umlaufenden Achse *2*

1 Grundkörper
2 Achse bzw. Zapfen
3 Ölvorratsbehälter
4 Filzkissen mit Saugfransen
5 Ölvorrat
6 obere Lagerschale
7 Ölverteilernut

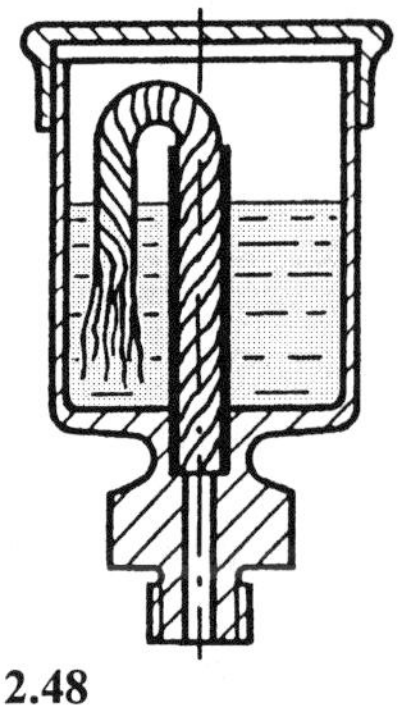

2.48
Dochtschmierung

Für größeren Ölbedarf, insbesondere bei Lagern mit Flüssigkeitsreibung, eignen sich außer der Filzkissenschmierung auch noch andere Verfahren: Bei der Ringschmierung z. B. (**2.49**) und ihrer Abart, der Kettenschmierung, liegt ein loser Ring (bzw. eine Kette) auf der Welle. Der Lagergrundkörper ist als Öl-Vorratsbehälter ausgebildet, der Ring taucht in den Ölvorrat ein. Dreht sich die Welle, dann wird er mitgenommen und fördert Öl auf die Lauffläche der Welle (**2.49a**). Die Schleuderschmierung benutzt einen auf der Welle befestigten Ring (**2.49b**, **2.34**), ein einfaches Schaufelrädchen oder auch eine Kurbelkröpfung, um Öl im Lagergehäuse hochzuschleudern. Der Lagerdeckel ist mit Fangrillen versehen, von denen das Öl der Lauffläche zugeführt wird.

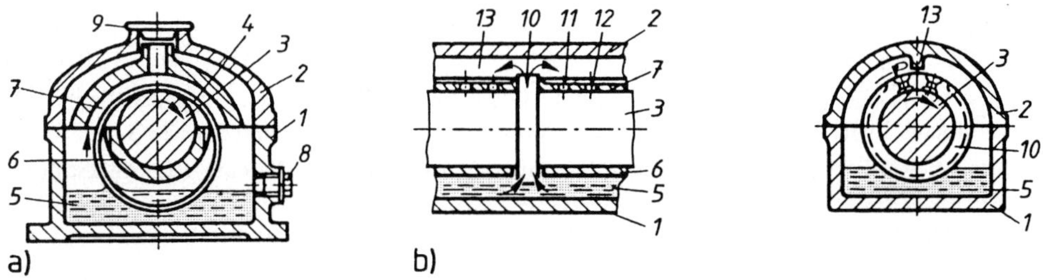

2.49
Ringschmierung
a) mit losem Schmierring

1 Gehäuse-Unterteil
2 Gehäuse-Oberteil
3 Wellenzapfen
4 Loser Schmierring
5 Ölvorrat
6 Untere Lagerschale
7 Obere Lagerschale

b) mit festem Schmierring (Schleuderschmierung)

8 Ölstand-Kontrollschraube
9 Öleinfüllstutzen
10 Schmierring, konzentrisch auf der Welle befestigt
11 Öl-Verteilerrinnen
12 Bohrungen für die Ölzuführung zur Lauffläche
13 Abstreifleiste

Die intensivste Schmierung wird bei der Öl-Umlaufschmierung (**2.50**) erreicht. Eine Ölpumpe fördert aus dem Vorratsbehälter das Öl über einen Ölfilter durch Leitungen zu den Schmierstellen; von diesen wird es durch die Öl-Rücklaufleitung wieder dem Behälter zugeführt. Die Förderströme können beliebig groß gewählt werden, so dass dieses Verfahren sich auch für Lager mit Ölkühlung eignet. In diesem Fall wird in den Kreislauf ein Ölkühler eingeschaltet. Der Öldruck wird durch ein Überdruckventil eingestellt (je nach Art der Anlage 0,5 bis 5 bar).

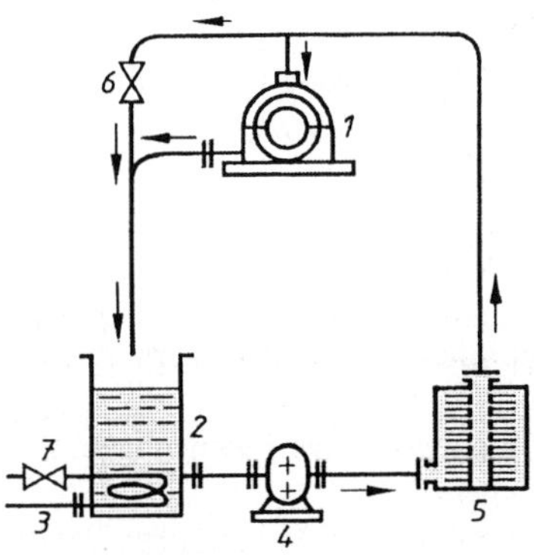

2.50
Öl-Umlaufschmierung

1 Lager
2 Ölbehälter
3 Kühlschlange
4 Kreislaufpumpe
5 Filter
6 Kurzschlussventil zur Reglung des Öldurchlaufs durch das Lager (auch als Überdruckventil ausgebildet)
7 Drosselventil in der Kühlwasserleitung zur Reglung der Öl-Vorratstemperatur

Entwickelt die Pumpe höhere Drücke, so wird aus der Umlaufschmierung die Druckölschmierung. Anwendungsbeispiele: Die Ringschmierung wird bei Lagern von Elektromotoren, Pumpen und zahlreichen vergleichbaren Maschinen, auch bei Transmissionslagern, angewendet, die Schleuderschmierung z. B. in Motoren (die Kurbelwelle schleudert das Öl nach oben) zur Schmierung der Zylinderwände. Bei hochbeanspruchten Kurbelwellenlagern von den Grundlager des Kraftfahrzeugs bis zu den größten Einheiten bei Dampf- und Wasserturbinen wendet man Umlauf- oder Druckölschmierung an.

Literatur

[1] Bobach, L.; Bartel, D.; Deters, L.: Zeiteffiziente Berechnung instationärer Radialgleitlager bei Mischreibung. In: Tribologie und Schmierungstechnik. Band 50 (2003), Heft 3, S. 28-33.

[2] Bowden, F. P.; Tabor, D.: Reibung und Schmierung fester Körper. 2. Aufl. Berlin-Göttingen-Heidelberg 1959.

[3] Butenschön, H.-J.: Das hydrodynamische, zylindrische Gleitlager endlicher Breite unter instationärer Belastung; Dissertation TU Karlsruhe 1976.

[4] Drescher, H.: Zur Berechnung von Axialgleitlagern mit hydrodynamischer Schmierung. Z. Konstruktion 8 (1856) H. 3, S. 94/104.

[5] Floberg, L.: The two-groove journal bearing, considering cavitation. Trans. Chalmers Univers.; Gothenburg, Sweden 1970.

[6] Frössel, W.: Berechnung axialer Gleitlager mit ebenen Gleitflächen. Z. Konstruktion 13 (1961) S. 138 und S. 192.

[7] Fuchs, A.: Schnelllaufende Radialgleitlagerungen im instationären Betrieb. Dissertation. Institut für Maschinenelemente und Fördertechnik, TU Braunschweig, 2002.

[8] Fut, A.: Dreidimensionale thermohydrodynamische Berechnung von Axialgleitlagern mit punktförmig abgestützten Segmenten. Inst. f. Grundl. der Maschinenkonstruktion. ETH Zürich 1981.

[9] Gersdorfer, O.: Werkstoffe für Gleitlager. VDI-Ber. Nr. 141. Düsseldorf: VDI-Verl. 1970.

[10] Gümbel, L.: Einfluß der Schmierung auf die Konstruktion. In: Jahrbuch der Schiffbautechnischen Gesellschaft 18, 1917.

[11] Gümbel, L.: Everling, E.: Reibung und Schmierung im Maschinenbau. Berlin 1925.

[12] Hermes, G. F.: Die Grenztragfähigkeit hochbelasteter hydrodynamischer Radialgleitlager. Dissertation RWTH Aachen 1986.

[13] Hirs, G. G.: A bulk-flow theory for turbulcncc in lubricant films. Trans. ASME, Scr. F (Journ. of Lubr. Technology) Vol. 95 (1974) No. 1.

[14] Holland, J.: Die Ermittlung der Kenngrößen für zylindr. Gleitlager. Z. Konstruktion 13 (1961) S. 100.

[15] Hüber, W., und Hallstedt, G.: Berechnung und Anwendung von Spiralrillen-Kalottenlagern. Z. Konstruktion 24 (1972) H. 10, S. 393 bis 397.

[16] Jarchow, F.; Röper, H.: Erhöhung der Tragfähigkeit von Gleitlagern für Planetenräder durch verformungsangepaßte Gestaltung von Zapfen, Bolzen oder Bohrung. Z. Konstruktion 33 (1981) Nr. 11. S. 449/445 und S. 489/492.

[17] Kanarachos, A.: Ein Beitrag zur thermoelastohydrodynamischen Analyse von Gleitlagern. Z. Konstruktion 29 (1977), S. 101/106.

[18] Knoll, G.: Tragfähigkeit zylindrischer Gleitlager unter elastohydrodynamischer Bedingungen. Dissertation RWTH Aachen 1974.

[19] Köhler, B; Redemann, C.: Elektromagnetische Lagerung. Trend im Pumpenbau. CIT plus, Band 5 (2002), Heft 7, S. 29-30.

[20] Krause, W.: Gleit-Zeit. Schadensfälle bei wartungsfreien Gleitlagern. In: F + M Mechatronik, Band 10 (2002), Heft 9, S. 37-39.

[21] Kühl, A.; Brodersen, S.: Neue Lagergeneration für wellendichtungslose Pumpen. Hart und mit dem richtigen Design. In: CIT plus, Band 5 (2002), Heft 4, S. 33-35.

[22] Lehmann, D. et al.: Neue PTFE-Polyamid-Materialien für verschleißarme, wartungsfreie Gleitlager. Teil 1: Chemie der Polyamide. In: 13th International Colloquium Tribology. Band 3 (2002). Ostfildern: Techn. Akad. Esslingen, 2002. S. 2309-2314.

[23] Müller, F.; Berger, M; Deters, L.: Grundlagen und Berechnungsverfahren für wartungsfreie trockenlaufende Gleitlager. In: 13th International Colloquium Tribology. Band 2 (2002). Ostfildern: Techn. Akad. Esslingen, 2002. S. 987-995.

[24] Nilsson, L. R. K.: The influence of bearing flexibility on the dynamic performance of radial oil film bearings. Symposium, Elastohydrodynamic and related Topics, Paper IX, pp. 331/319. University of Leeds, Sept. 1978.

[25] Ott, H. H.: Elastohydrodynamische Berechnung der Übergangsdrehzahl von Radialgleitlagern. Z. VDI 118 (Mai 1976), Nr. 10, S. 456/459.

[26] Palmberg, J. O.: On thermo-elasto-hydrodynamic fluid film bearings. Doctoral Thesis Chalmers Univers. Gothenburg/Schweden 1975.

[27] Peeken, H.: Verformungsgerechte Konstruktion steigert die Gleitlagertragfähigkeit. Z. Antriebstechnik 21 (1981) Nr. 11, S. 558/563.

[28] Peeken, H.; Benner, J.: Berechnung von hydrostatischen Radial- und Axiallagern. In: Goldschmidt informiert 61 (1984) Nr. 2, S. 42/148.

[29] Peeken, H.; Knoll, G.: Zylindrische Gleitlager unter elastohydrodynamischen Bedingungen. Z. Konstruktion 27 (1975) S. 176/181.

[30] Reynolds, O.: On the theory of lubrication and its application to Mr. Beauchamp Tower's experiments, including an experimental determination of the viscosity of olive oil; Phil. Trans (1866) 177, Seite 157 bis 234; Ostwalds Klassiker der exakten Wissenschaften Nr. 218, Leipzig 1927.

[31] Rodermund, H.: Berechnung der Temperaturabhängigkeit der Viskosität von Mineralölen aus dem Viskositätsgrad. Z. Schmiertechnik & Tribologie (1978), Nr. 2, S. 56/57.

[32] Rodermund, R; Hagenhoff, M.: Untersuchungen des Betriebsverhaltens schnell laufender Gleitlager. In: 13th International Colloquium Tribology. Band 2 (2002). Ostfildern: Techn. Akad. Esslingen, 2002. S. 1551-1555.

[33] Sauer, B; Huber, M.: Hydrodynamisch arbeitende Radialgleitlager – Berechnung und Versuch. In: VDI-Berichte. Band 1706 (2002), S. 527-545.

[34] Singh, D.V.; Sinhasan, R.: Static and dynamic analysis of hydrodynamic bearings in laminar an superlaminar flow regimes by finite element method. ASME-Trans. Vol. 26 (April 1983) No. 2, pp. 255/163.

[35] Sommerfeld, A.: Zur hydrodynamischen Theorie der Schmiermittelreibung; Zeitschrift für Mathematik und Physik (1904) 40, S. 97 bis 155.

[36] Spiegel, K.: Über den Einfluß elastischer Deformation auf die Tragfähigkeit von Radialgleitlagern. Z. Schmiertechnik-Tribologie 20 (1973) Nr. 1, S. 3/9.

[37] Spiegel et al.: Schmierstoffrückführung in fettgeschmierten Radialgleitlagern. In: 13th International Colloquium Tribology. Band 2 (2002). Ostfildern: Techn. Akad. Esslingen, 2002. S. 1557-1563.

[38] Spiegel, K; Fricke, J.: Bemessungs- und Gestaltungsregeln für Gleitlager: Optimierungsfragen. In: Tribologie und Schmierungstechnik, Band 50 (2003), Heft 1, S. 5-14.

[39] Stribeck, R.: Die wesentliche Eigenschaften der Gleit- und Rollenlager. Z. VDI 46 (1902); VDI-Forschungsheft 7 (1903).

[40] Theißen, J.: Steigerung der Grenzdrehzahl von Zahnräder-Umlaufgetrieben durch zusätzlichen Wärmeentzug aus den Planetenradgleitlagern. Diss. Ruhruniversität Bochum 1977.

[41] Vogelpohl, G.: Betriebssichere Gleitlager. Bd. 1, 2. Aufl. Berlin-Heidelberg- New York 1967.

[42] Vogelpohl, G.: Beiträge zur Gleitlagerberechnung: VDI-Forschungsheft Nr. 386, Düsseldorf 1954.

[43] Vogelpohl, G.: Der Übergang der Reibungswärme von Lagern aus der Schmierschicht in die Gleitfläche. VDI-Forschungsheft 425. Düsseldorf: VDI-Verlag 1949.

3 Wälzlager

DIN-Blatt Nr.	Ausgabe-datum	Titel
615	1.93	Wälzlager; Schulterkugellager
616	6.00	Wälzlager; Maßpläne
617	1.93	Wälzlager; Nadellager mit Käfig, Maßreihen 48 und 49
620 T1	5.91	Wälzlager; Teil 1: Messverfahren für Maß- und Lauftoleranzen
T2	10.99	-; Wälzlagertoleranzen; Teil 2: Toleranzen für Radiallager
T3	6.82	-; Teil 3: Toleranzen für Axiallager
T4	1.02	-; Teil 4: Wälzlagertoleranzen, Radiale Lagerluft
T6	1.02	-; Teil 6: Metrische Lagerreihen; Grenzmaße für Kantenabstände
623 T1	5.93	Bezeichnung für Wälzlager; Teil 1: Allgemeines Lagereihenzeichen für Kugellager, Zylinderrollen und Pendelrollenlager
625 T1	4.89	Wälzlager; Teil 1: Rillenkugellager, einreihig
625 T3	9.94	-; Teil 3: (Radial-) Rillenkugellager, zweireihig
628 T1	12.93	Wälzlager; Teil 1: Radial-Schrägkugellager, einreihig, selbsthaltend
628 T3	12.93	Wälzlager; Teil 3: Radial-Schrägkugellager, zweireihig, mit Käfig
628 T4	12.93	Wälzlager; Teil 4: Radial-Schrägkugellager, einreihig, nicht selbsthaltend; Vierpunktlager mit geteiltem Innenring
628 T5	6.94	Wälzlager; Teil 5: Radial-Schrägkugellager; zweireihig, mit Trennkugeln
630	11.93	Wälzlager; Radial-Pendelkugellager; zweireihig, zylindrische und kegelige Bohrung
635 T1	8.87	Wälzlager; Teil 1: Pendelrollenlager; Tonnenlager, einreihig
635 T2	11.84	-; Teil 2: Pendelrollenlager, zweireihig
711	2.88	Wälzlager; Axial-Rillenkugellager, einseitig wirkend
715	8,87	Wälzlager; Axial-Rillenkugellager, zweiseitig wirkend
720	2.79	Wälzlager; Kegelrollenlager
Bbl. 1	2.79	-; Kegelrollenlager, DIN- und ISO-Kurzzeichen
722	8.87	Wälzlager; Axial-Zylinderrollenlager, einseitig wirkend
728	2.91	Wälzlager; Axial-Pendelrollenlager, einseitig wirkend, mit unsymmetrischen Rollen
5412 T1	4.00	Wälzlager; Teil 1: Zylinderrollenlager, einreihig, mit Käfig, Winkelringe
5412 T4	4.00	-; Teil 4: Zylinderrollenlager, zweireihig mit Käfig, erhöhte Genauigkeit
5412 T9	6.82	-; Teil 9: Zylinderrollenlager, zweireihig, vollrollig, nicht zerlegbar; Maßreihen 48 und 49
5418	2.93	Wälzlager; Maße für den Einbau
5425 T1	11.84	Wälzlager; Teil 1: Toleranzen für den Einbau; Allgemeine Richtlinien

DIN-Normen, Fortsetzung

DIN-Blatt Nr.	Ausgabe-datum	Titel
ISO 76	10.88	Wälzlager; Statische Tragzahlen
ISO 281 T1	1.93	Wälzlager; Teil 1: Dynamische Tragzahlen und nominelle Lebensdauer
ISO 355	6.78	Wälzlager; Metr. Kegelrollenlager, Maße, Reihenbezeichnungen

Formelzeichen

B (u. T)	Lagerbreite
C	Ringbreite: Dynamische Tragzahl
C_0	statische Tragzahl
D	Lageraußendurchmesser, Raddurchmesser
D_g	Außendurchmesser der Gehäusescheibe
D_1	Innendurchmesser des Außenrings, der Gehäusescheibe
d	Wellendurchmesser
d_1	Außendurchmesser des Innenrings der Wellenscheibe
d_w	Innendurchmesser der Wellenscheibe
E	Innendurchmesser des Außenrings ohne Borde bei Rollenlagern
e	Grenzwert bei der Ermittlung der Faktoren X und Y
F	Außendurchmesser des Innenrings ohne Borde bei Rollenlagern
$F, F_1 ... F_i$	Belastungen
F_a	Axiallast
F_m	mittlere äquivalente Belastung
F_r	Radiallast
H	Einbaubreite des Axiallagers
L_{10}	nominelle Lebensdauer in 10^6 Umdrehungen
L_h	Lebensdauer in Betriebsstunden
L_s	Lebensdauer in Fahrkilometer
n	Drehfrequenz der Welle, äquivalente Drehfrequenz
$n_1 ... n_i$	zu den Belastungen $F_1 ... F_i$ gehörige Drehfrequenzen
n_{osz}	Schwenkfrequenz in min^{-1}
P, P_a	äquivalente Belastung in radialer bzw. axialer Richtung
P_V	Verlustleistung
p	Exponent
$q_1 ... q_i$	Anteil der Wirkungsdauer von $F_1 ... F_i$ in %
R_a	Mittelrauwert
R_z	gemittelte Rautiefe
r	Kantenabstand
T (u. B)	Lagerbreite
T_R	Reibungsmoment
X, X_0	Radialfaktor
X_1, X_2	Radialfaktor
Y, Y_0	Axialfaktor
Y_1, Y_2	Axialfaktor
α	Berührungswinkel
γ	halber Schwenkwinkel
μ	Reibungszahl
ω	Winkelgeschwindigkeit

3.1 Aufbau und Eigenschaften

Bauarten. Wälzlager ermöglichen die Bewegung zwischen einem stillstehenden und einem umlaufenden Maschinenteil durch Abwälzen auf Wälzkörpern. Man unterteilt die Wälzlager: nach der Art der Wälzkörper in Kugellager, Zylinderrollenlager, Nadellager, Kegelrollenlager sowie in Tonnenlager und nach der vorwiegenden Belastbarkeit in Radial- und Axiallager. Zu einem Wälzlager gehören die Wälzkörper, ein Außen- und Innenring, in der Regel ein Käfig zur Führung der Wälzkörper in Umfangsrichtung und in besonderen Fällen Elemente zur Lagensicherung (Federringe), zur Befestigung (Spannhülsen) oder zur Erleichterung des Ausbaus (Abziehhülsen). Bei Axiallagern heißen die Ringe, zwischen denen die Wälzkörper laufen, entsprechend ihrer Form Scheiben. Die Benennung der Wälzlagerteile s. Bild **3.1** und **3.2**.

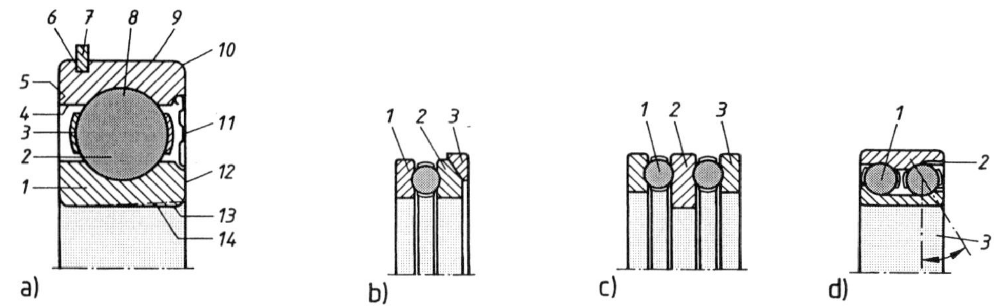

3.1
Benennung der Kugellager

a) einreihiges Lager
1 Innenring
2 Kugel
3 Käfig
4 Schulter
5 Außenring
6 Ringnut
7 Sprengring
8 Laufbahn
9 Mantelfläche
10 Kantenkürzung
11 Deckscheibe, Dichtscheibe
12 Planfläche
13 zylindrische Bohrung
14 kegelige Bohrung

b) einseitig wirkendes Axiallager
1 Wellenscheibe
2 kugelige Gehäusescheibe
3 Unterlegscheibe

c) zweiseitig wirkendes Axiallager
1 Kugelkranz
2 Mittelscheibe
3 ebene Gehäusescheibe

d) zweireihiges Lager
1 Wälzkörper
2 Füllnut
3 Druckwinkel

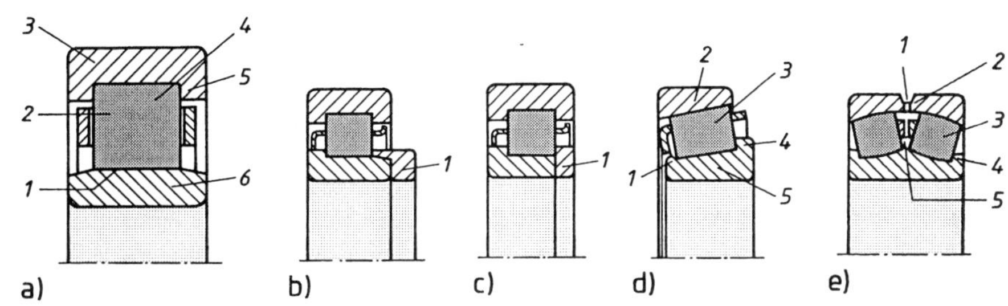

3.2
Benennung der Rollenlager

a) Rollenlager
1 Laufbahn
2 Zylinderrolle
3 Außenring mit festen Borden
4 Rollenkranz
5 Bord
6 Innenring ohne Borde
(freier Lagerring)

b) Rollenlager
1 Winkelring

c) Rollenlager
1 Bordscheibe

d) Kegelrollenlager
1 Haltebord
2 Außenring
3 Kegelrolle
4 Führungsbord
5 Innerring mit Rollenkranz
6 Innenring ohne Borde
(freier Lagerring)

e) Tonnenlager
1 Schmiernut
2 Schmierloch
3 Tonnenrolle
4 Haltebord
5 Mittelbord

Wälzlager werden in Massenfertigung mit sehr großer Genauigkeit hergestellt. Herstellgenauigkeit und Einbaumaße sind international genormt. Hierdurch ist die Austauschbarkeit in sehr weiten Grenzen gewährleistet. Die große Herstellungsgenauigkeit erlaubt ihre bevorzugte Verwendung bei höchsten Anforderungen an die Laufgenauigkeit. Andererseits sind sie empfindlich gegen unsachgemäße Behandlung, insbesondere gegen unsachgemäßen Ein- und Ausbau und gegen Verschmutzung, sowie gegen höhere Temperaturen und Temperaturunterschiede zwischen Gehäuse und Welle. Diese Einflüsse sind durch zweckmäßige Gestaltung der Lagerstelle und Auswahl eines passenden Wälzlagers zu mildern. Die Reibungsverluste sind wesentlich geringer als die der Gleitlager. Die Anlaufreibung ist im Allgemeinen sehr gering (s. Abschn. 2 und 3.1).

Werkstoffe. Von Stählen für Lagerringe bzw. -scheiben und für Wälzkörper werden ausreichende Härtbarkeit sowie hohe Ermüdungs- und Verschleißfestigkeit verlangt. Die Gefüge- und Maßstabilität der Wälzlagerteile müssen der Betriebstemperatur entsprechen. Verwendet werden durchhärtende Stähle und Einsatzstähle. Der gebräuchlichste durchhärtende Stahl ist ein Chromstahl mit etwa 1% Kohlenstoff und 1,5% Chromgehalt. Für Wälzlager mit größeren Querschnitten sind wegen der besseren Durchhärtbarkeit mangan- und molybdänlegierte Stahlsorten üblich. Als Einsatzstähle kommen Chrom-Nickel- und Mangan-Chrom-Stähle mit etwa 0,15% Kohlenstoff in Frage. Für korrosionsbeständige Lager verwendet man Chromstähle oder Chrom-Molybdän-Stähle. Derartige Lager haben jedoch wegen der geringeren Härte dieser rostfreien Stähle nicht die hohe Tragfähigkeit wie Lager aus dem üblichen Wälzlagerstahl.

Werkstoffwahl und Formgebung der Käfige bestimmen die Eignung der Lager für den Betrieb bei hohen Umfangsgeschwindigkeiten und für geräuscharmen Lauf. Die üblichen Blechkäfige werden aus Eisenblech gestanzt. Massivkäfige für besondere Anforderungen werden aus Stahl, Kupferlegierungen, Leichtmetall oder Kunststoff hergestellt. Stahlkäfige sind für Betriebstemperaturen bis 300 °C geeignet. Leichtmetall und Kunststoff eignen sich infolge ihres geringen spezifischen Gewichtes bevorzugt für hohe Umfangsgeschwindigkeiten. Kunststoff, z. B. glasfaserverstärktes Polyamid 66, besitzt sehr gute Dämpfungsfähigkeit gegen Geräusche, niedrige Käfigreibung und gute Notlaufeigenschaften bei Versagen der Schmierung. Polyamidkäfige sind nicht geeignet für Betriebstemperaturen über 120 °C und unter –40 °C.

Kräfte zwischen Laufbahn und Wälzkörper. Bei unbelastetem Lager erfolgt die Berührung zwischen einer Kugel bzw. Tonne und den Laufbahnen in einem Punkt, zwischen der Zylinderrolle bzw. einer Kegelrolle und den Laufbahnen in einer Linie, der Mantellinie des Wälzkörpers. Beim belasteten Lager bilden sich entsprechend geformte Berührungsflächen, die mit zunehmender Last größer werden (**3.3**). Die Werkstoffanstrengung (*Hertz*sche Flächenpressung) wird um so kleiner, je größer die konstruktiv bedingte Berührungsfläche bei gleich großer Belastung ist.

Je besser sich die Laufbahnfläche der Oberfläche des Wälzkörpers im unbelasteten Zustand anschmiegt, um so größer ist die Belastbarkeit (vgl. Kugel gegen Zylinder und Kugel gegen Rillennut, Bild **3.3 b** und **c**). Ein Zylinderrollenlager ist wegen der größeren Berührungsfläche höher belastbar als ein vergleichbares Kugellager. Zylinderrollenlager werden im Allgemeinen mit verjüngten Zylinderrollen (**3.3f**) angefertigt. Sie ertragen wegen des allmählichen Abfallens der Flächenpressung zu den Außenrändern der Berührungsflächen hin bedeutend höhere Belastungen als Lager mit durchgehend zylindrischen Rollen (**3.3d**). Aus Bild **3.3e** erkennt man die ungünstige Auswirkung einer verkanteten Zylinderrolle.

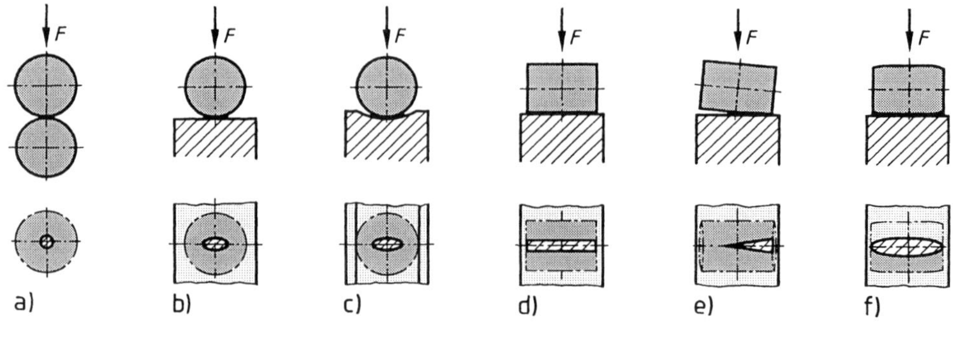

3.3
Berührungsflächen verschiedener Wälzkörperformen bei Belastung durch die Kraft F (schematisch)

a) Kugel gegen Kugel
b) Kugel gegen Zylinder
c) Kugel gegen Rillennut
d) Zylinderrolle gegen Zylinder
e) Verkantete Zylinderrolle gegen Zylinder
f) Zylinderrolle mit verjüngten Enden gegen Zylinder

Verteilung des radialen Lastübergangs. Wird ein spielfrei eingebautes Lager durch eine über den Innenring wirkende Vertikalkraft belastet, so platten sich die Wälzkörper und Laufbahnringe an den Kraftübergangsstellen im unteren Lagerteil elastisch ab. Der größte Kraftanteil wird über den Wälzkörper geleitet, der genau in der Richtung der Vertikalkraft, also in der Mitte des unteren Lagerteils, liegt. Nach den Seiten hin nimmt die Kraftübertragung ab. In Folge der Verformung senkt sich der Innenring, die Wälzkörper in der oberen Hälfte des Lagers bekommen Spiel, sie nehmen an der Kraftübertragung nicht teil. Bei einem Lager, das bereits im unbelasteten Zustand Spiel hatte, werden noch weniger seitliche Wälzkörper an der Kraftübertragung beteiligt als beim spielfrei eingebauten Lager. Die Beanspruchung der unten liegenden Wälzkörper wird hierbei größer. Da jeder Wälzkörper periodisch die Stelle der höchsten Beanspruchung durchläuft, ist das mit Spiel eingebaute Lager ungünstiger beansprucht als das spielfrei eingebaute. In bestimmten Fällen lässt sich die Tragfähigkeit durch Herstellung mit leichter Vorspannung steigern. Über die Lastverteilung s. auch Teil 1, Bild **1.1**.

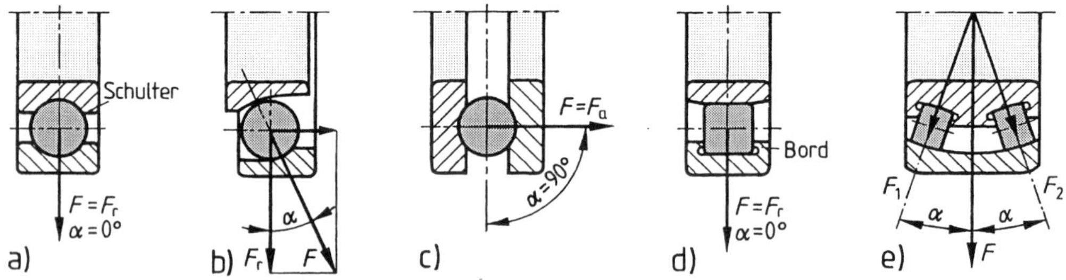

3.4
Berührungswinkel α bei verschiedenen Lagerarten

a) Radialkugellager, b) Schrägkugellager, c) Axialkugellager, d) Zylinderrollenlager, e) Pendelrollenlager
F Richtung der (resultierenden) Lagerkraft
F_a Kraftkomponente in Achsrichtung
F_r Kraftkomponente in Radialrichtung (senkrecht zur Lagerachse)

Berührungswinkel. Vernachlässigt man die bei Wälzlagern geringe Reibung, so kann zwischen einem Wälzkörper und seiner Laufbahn nur eine senkrecht zur Berührungsfläche wirkende Kraft F übertragen werden. Den Winkel zwischen dieser idealen Richtung von F und der Radialebene des Lagers bezeichnet man als Berührungswinkel (**3.4**). Bei Kugeln, Zylinderrollen, Nadeln und symmetrischen Tonnen erfährt die Kraftwirkungslinie beim Durchgang durch den Wälzkörper keine Ablenkung. Bei kegelförmigen Wälzkörpern und unsymmetrischen Tonnen laufen die Mantellinien nicht parallel. Der Winkel α_a (**3.5**), unter dem die Kraft F_a vom Außenring auf den Wälzkörper übergeht, ist ein anderer als der Winkel α_j beim Übergang der Kraft F_i vom Wälzlager auf den Innenring. Hieraus ergibt sich eine Schubkraft, die den Wälzkörper in Richtung auf sein dickeres Ende hin zu verschieben sucht. Sie muss durch eine Reaktionskraft R' am Bord des Innenringes abgefangen werden.

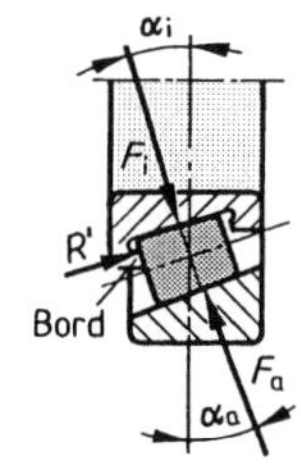

3.5
Berührungswinkel α_a und α_i beim Kegelrollenlager

F_a Richtung für den Kraftübergang vom Außenring auf den Wälzkörper
F_i Richtung für den Kraftübergang vom Innenring auf den Wälzkörper
R' Schraubenkomponente

Wird einem Wälzlager die Kraftübertragung in einer Richtung aufgezwungen, die dem Berührungswinkel α nicht gerecht wird (z. B. bei Belastung eines Radiallagers durch eine zusätzliche Axialkraft), so versuchen die beiden Lagerringe, sich in Richtung der Zusatzkomponente gegeneinander zu verschieben. Beim Zylinderrollenlager kann diese Verschiebung durch Borde abgefangen werden. Zwischen den Wälzkörpern und den Borden entsteht dann aber Reibung, die Verluste bedingt. Die axiale Belastbarkeit der Zylinderrollenlager ist von der Tragfähigkeit der Gleitfläche an der Rollenstirnseite und an dem Bord abhängig.

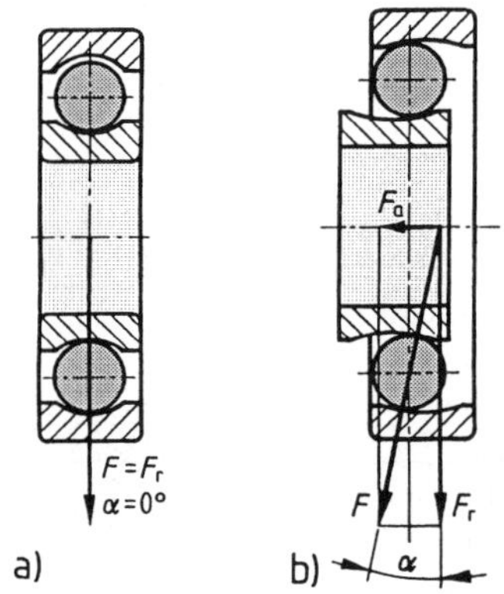

3.6
Berührungswinkel α bei einem Radialkugellager mit Spiel

Bei Radialkugellagern bewirkt die Relativverschiebung zwischen Innen- und Außenring (sofern Lagerspiel vorhanden ist, das diese Verschiebung erlaubt) eine Verlagerung des Kraftangriffspunktes und damit eine Änderung des Berührungswinkels (**3.6**). Das Lager ist dadurch in der Lage, zusätzlich Axialkräfte aufzunehmen. Ähnlich verhalten sich Schrägkugellager. Eine aus Radial- und Axialkomponente zusammengesetzte Kraft kann aber nur dann einwandfrei übertragen werden, wenn Berührungswinkel und Richtung der resultierenden Lagerkraft übereinstimmen. Anderenfalls treten Zusatzbeanspruchungen in den Ringen und Wälzkörpern auf, welche die Tragfähigkeit des Lagers herabsetzen. Die Verringerung der Tragfähigkeit wird durch die Koeffizienten in der Gleichung für die äquivalente Belastung berücksichtigt.

Schiefstellung (Schwenkwinkel). Biegt sich eine Welle durch, oder fluchten hintereinanderliegende Lagerstellen nicht, dann entsteht zwischen den Mittellinien von Welle und Lagergehäuse ein geringer Schwenkwinkel, und die Radialebenen von Innen- und Außenring liegen nicht mehr genau parallel. Die meisten Wälzlagerarten arbeiten aber dann nicht mehr einwandfrei; bereits geringere Abweichungen führen zu einer schnellen Zerstörung des Lagers.

Schiefstellungen werden von Pendelkugellagern (1,5° ... 4°), von Pendelrollenlagern (1,5° ... 2,5°) sowie von Axial-Pendelrollenlagern (2° ... 3°) sehr gut und von Rillenkugellagern durch größere Lagerluft in begrenztem Ausmaß (2' ... 10') ausgeglichen. Für zweireihige Rillenkugellager sind nur kleine Schiefstellungen bis etwa 2 Winkelminuten zulässig. Zylinderrollenlager und Kegelrollenlager werden durch modifizierte Linienberührung zwischen den Laufbahnen und Rollen unempfindlicher gegen Schiefstellungen (2' ... 4' bzw. l' ... 3'). Schrägkugellager, Axial-Rillenkugellager und Axial-Zylinderrollenlager gleichen Schiefstellungen nicht aus.

Reibung. Die Reibung in einem Wälzlager ist ausschlaggebend für die Wärmeentwicklung im Lager und damit für die Betriebstemperatur. Die Gesamtreibung im Lager setzt sich zusammen aus:

1. Rollreibung zwischen Wälzkörpern und Laufbahn,
2. Gleitreibung (partielles Gleiten) zwischen den Berührungsflächen der Wälzkörper und Laufringe, bei Bordlagern zwischen den Wälzkörpern und Borden,
3. Gleitreibung zwischen Käfig und Wälzkörpern und auch zwischen Käfig und Innenring, wenn der Käfig auf dem Innenring geführt wird,
4. Verdrängungswiderstand des Schmiermittels,
5. Gleitreibung schleifender Dichtungen.

Anlaufreibung tritt bei Wälzlagern nicht so ausgeprägt wie bei Gleitlagern auf. Die Wälzlagerverluste sind, bis auf den Verdrängungswiderstand, weitgehend unabhängig von der Umfangsgeschwindigkeit. Im Allgemeinen ist beim Anlaufbeginn die Reibungszahl doppelt so hoch wie im Dauerbetrieb; bei Kegelrollenlagern kann sie bis zu viermal und bei Axial-Pendelrollenlagern bis achtmal größer sein. Für praktische Berechnungen können durch Versuche ermittelte durchschnittliche Reibungszahlen verwendet werden (**3.7**). Das **Reibungsmoment** wird nach der Gleichung

$$\boxed{T_R = \frac{\mu \cdot T_1}{d/2}} \tag{3.1}$$

berechnet. Hierin sind F_r die radiale Lagerbelastung, d der Bohrungsdurchmesser des Lagers und μ die Reibungszahl.

Rillenkugellager	0,0015	Zylinderrollenlager	0,0011	Kegelrollenlager	0,0018
Pendelkugellager	0,0010	Nadellager	0,0025	Axial-Rillenkugellager	0,0013
Schrägkugellager, einreihig	0,0020	Pendelrollenlager	0,0018	Axial-Pendelrollenlager	0,0018
Schrägkugellager, zweireihig	0,0024				

Ölbad oder Öldurchlaufschmierung erhöht die Reibungszahlen um 100%

3.7
Richtwerte für die Reibungszahlen μ von Wälzlagern

Die **Verlustleistung** ergibt sich dann als Produkt aus Reibungsmoment und Winkelgeschwindigkeit

$$\boxed{P_V = T_R \cdot \omega} \tag{3.2}$$

Unterschreitet das Spiel eines Wälzlagers infolge zu strammer Passung oder zu großer Schwenkbewegung der Welle den zulässigen Mindestwert, dann klemmt es. Die Voraussetzungen für rein elastische Verformung beim Abrollen der Wälzkörper sind dann nicht mehr gegeben. Sobald plastische Verformung einsetzt, erwärmt sich das Lager oft unzulässig, was schließlich zur Zerstörung führt. Erwärmung durch Überschmierung und Verklemmen werden durch unsachgemäße Behandlung verursacht.

Drehfrequenz (Drehzahl). Die Drehfrequenzgrenze eines Wälzlagers wird beeinflusst durch: Art und Größe des Lagers, Art und Größe der Belastung, Größe der Lagerluft, Bauart des Käfigs, Art des Schmiermittels und der Schmierung, Wärmeabfuhr (Betriebstemperatur), Zentrifugalkraft. Am ungünstigsten wirkt die Zentrifugalkraft auf Kugeln von Axiallagern.

Im Allgemeinen wird die Drehfrequenz durch die Betriebstemperatur des Lagers begrenzt, die mit Rücksicht auf den verwendeten Schmierstoff oder den Werkstoff zulässig ist. Die Betriebstemperatur hängt von der erzeugten Reibungswärme, von der dem Lager von außen zugeführten Wärme und von der abgeführten Wärmemenge ab. Es ist nicht möglich, eine präzise Drehfrequenzgrenze festzulegen. In den Lagertabellen sind meistens Bezugsdrehfrequenzen für Fett- und für Ölschmierung angegeben. Sie sind jeweils auf eine bestimmte Lebensdauer und Betriebstemperatur festgelegt. Bei abweichenden Bedingungen kann die zulässige Drehfrequenz nach Angaben der Hersteller berechnet werden. Es gelten etwa folgende Grenz-Umfangsgeschwindigkeiten, bezogen auf den Wellendurchmesser:

- auf Rollkörpern geführter gestanzter Blechkäfig 15 m/s
- auf Rollkörpern geführter massiver Käfig 20 m/s
- auf Schultern und Borden geführter massiver Käfig 5 m/s
- Käfige aus Leichtmetall, Sonderbronze, Faserstoff bis 50 m/s

Bei sehr niedrigen Drehfrequenzen und im Umkehrpunkt bei oszillierender Drehbewegung bildet sich kein hydrodynamischer Schmierfilm aus, der die Wälzkörper von den Berührungsflächen trennt. Es kommt zur Festkörperreibung. Der dabei entstehende Verschleiß setzt die Lebensdauer des Lagers herab. In Anwendungsfällen mit niedrigen Betriebsdrehzahlen oder mit Schwenkbewegungen sollte daher ein Schmierstoff mit Zusätzen verwendet werden, der im Bereich der Mischreibung (bei Festkörperberührung) schmierend wirkt.

3.2 Lagerdaten und Bauarten

3.2.1 Außenmaße (DIN 616)

Die inneren Abmessungen der Wälzlager sind für den Konstrukteur, der ein Wälzlager als Bauteil bezieht, ohne Bedeutung. Sie sind auch nicht genormt. Genormt sind durch DIN 616 bzw. DIN ISO 355 die Außenmaße (**3.10**). Das Normblatt DIN 616 umfasst in vier Maßplänen die Einbaumaße der Radiallager, der Kegelrollenlager und der Axiallager (Scheibenlager). Die deutschen Maßpläne entsprechen den Normen ISO 15 für Radiallager außer Kegelrollenlager, ISO 355 für metrische Kegelrollenlager und ISO 104 für Axiallager, so dass die Austauschbarkeit international gesichert ist. Nur wenige Sonderformen sind in DIN 616 nicht erfasst.

DIN 616 ist ein systematisch ausgearbeitetes Schema, es umfasst die Durchmesser $d = 0{,}6$ mm bis $d = 2500$ mm; nicht alle Abmessungen, die darin aufgeführt sind, werden in der Praxis hergestellt. Bei Neuentwicklungen dürfen aber keine Typen geschaffen werden, die nicht DIN 616 entsprechen. Die tatsächlich verfügbaren Lager ergeben sich aus den Normblättern für die verschiedenen Lagerarten (s. Abschn. 3.2.3) bzw. aus den Listen der Hersteller.

Grundlage für den Aufbau der Maßpläne nach DIN 616 ist der Nenndurchmesser d der Lagerbohrung, der dem Wellendurchmesser entspricht. Jedem Bohrungsdurchmesser d sind mehrere Außendurchmesser D zugeordnet (entsprechend der Gehäusebohrung), jedem Durchmesserpaar d und D mehrere Breiten B. Je größer bei gleichem Wert von d der Außendurchmesser D ist, um so größer ist die Tragfähigkeit; dasselbe gilt bezüglich der Breite bei Lagern mit gleichem Wert von d und D.

Bei den Radiallagern z. B. wurden für die Außendurchmesser D neun Durchmesserreihen gebildet; jeder Durchmesserreihe sind mehrere Breitenreihen zugeordnet; jede Durchmesserreihe ist mit den zugehörigen Breitenreihen zu verschiedenen Maßreihen zusammengefasst (Bild **3.43**). Ein Lager ist also in den Maßplänen durch die Angabe seines Bohrungsdurchmessers und der Bezeichnung für die Maßreihe eindeutig festgelegt. Das Aufbauschema der Maßpläne nach DIN 616 s. Bild **3.8**. (Ausnahme für Kegelrollenlager nach DIN ISO 355 s. Bild **3.10**.)

Die Durchmesserreihen führen die Kennziffern 7 – 8 – 9 – 0 – 1 – 2 – 3 – 4 – 5, wobei die Durchmesser D von links nach rechts zunehmen.

Die Breitenreihen führen die Kennziffern 7 – 9 – 0 – 1 – 2 – 3 – 4 – 5 – 6, wobei die Breite von links nach rechts zunimmt.

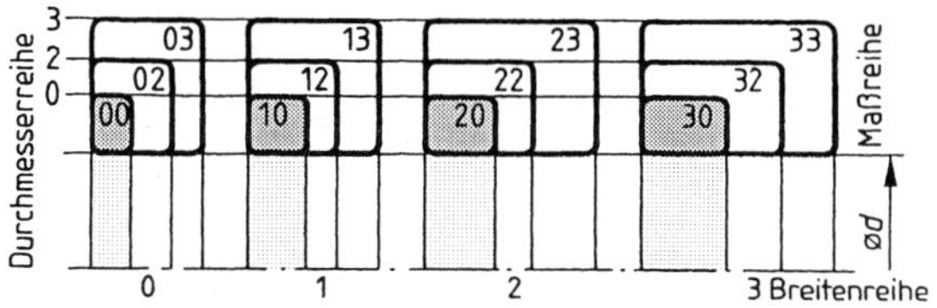

3.8
Aufbau der Maßpläne nach DIN 616

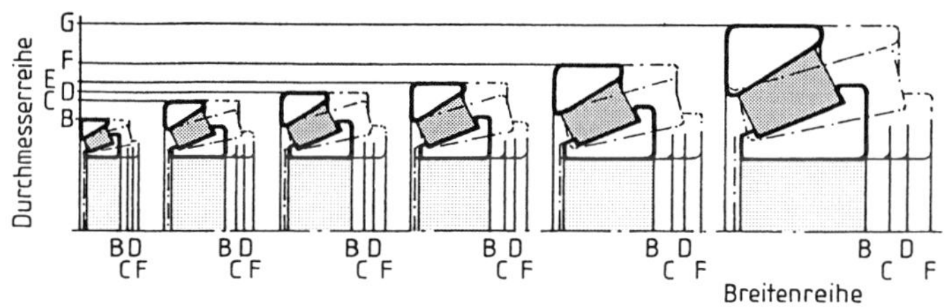

3.9
Aufbau der Maßpläne nach DIN ISO 355 für Kegelrollenlager

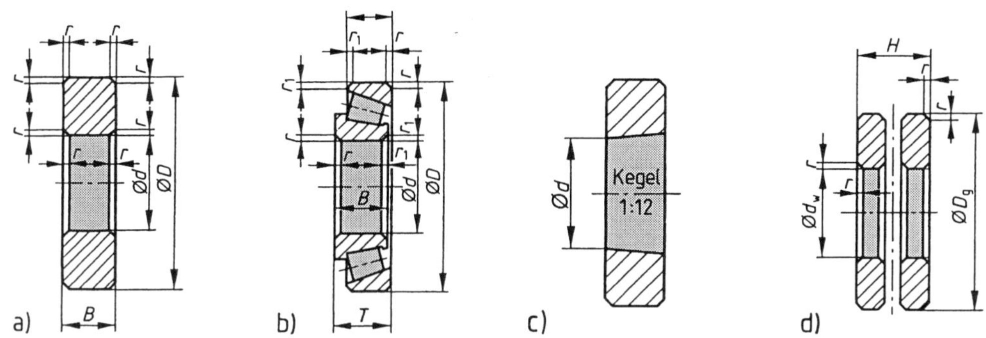

3.10
Einbaumaße der Wälzlager nach DIN 616

a) Radiallager, ausgenommen Kegelrollenlager, b) Kegelrollenlager, c) kegelige Bohrung für Radiallager, d) Axiallager

B, T	Breite des Lagers
B, C	Breite des Innen- bzw. des Außenrings
D, D_g	Außendurchmesser des Lagers bzw. der gehäuseseitigen Scheibe
D	Durchmesser der Lagerbohrung (bei kegeliger Bohrung kleinster Durchmesser an der Stirnseite des Lagers)
d_W	Durchmesser der auf der Welle sitzenden Scheibe
H	Höhe des Axiallagers = Abstand zwischen Wellenbund und Gehäuseauflage
r, r_1	Kantenabstand

Die zweiziffrige Kennzahl für die **Maßreihe** setzt sich aus den Ziffern der **Breitenreihe** und der **Durchmesserreihe** zusammen, in der die linke Ziffer die Breitenreihe und die rechte Ziffer die Durchmesserreihe angibt.

Erläuterungsbeispiel. Für eine Lagerbohrung mit $d = 100$ mm sind folgende Durchmesser D genormt:

Durchmesserreihe	8	9	0	1	2	3	4
Außendurchmesser D in mm	125	140	150	165	180	215	250

Für das Lager mit der Bohrung $d = 100$ mm und dem Außendurchmesser $D = 150$ mm, entsprechend der Durchmesserreihe 0, sind folgende Breiten genormt:

Durchmesserreihe	0	0	0	0	0	0	0
Breitenreihe	0	1	2	3	4	5	6
Maßreihe	00	10	20	30	40	50	60
Breite B in mm	16	24	30	37	50	67	90

Die systematische Ordnung nach DIN 616 bietet zwei Vorteile:

1. Lager, die hinsichtlich der Bohrung und der Maßreihe übereinstimmen, sind gegeneinander austauschbar. Man kann also z. B. ein Radial-Kugellager, dessen Tragfähigkeit sich als nicht ausreichend herausgestellt hat, ohne Änderung der Konstruktion durch ein Zylinderrollenlager ersetzen, das bei gleichen Abmessungen eine größere Tragfähigkeit besitzt.

2. Ist man gezwungen, eine bestimmte Lagerform, z. B. ein einreihiges Radial-Kugellager, zu verwenden, kann man für einen vorgeschriebenen Wellendurchmesser zwischen Lagern verschiedener Maßreihen so auswählen, dass sich bei voller Ausnutzung der Tragfähigkeit die kleinsten Abmessungen ergeben. (Maßplan für Maßreihen s. Bild **3.43**.)

3.2.2 Herstellgenauigkeit (DIN 620)

Toleranzen. Für Hauptabmessungen und für die Laufgenauigkeit von Wälzlagern sind in internationalen Normen Toleranzen festgelegt. Sie sichern die Funktionsfähigkeit und Austauschbarkeit von Wälzlagern. Direkte Rückschlüsse von diesen Toleranzen auf die Lauftoleranzen von Lagern sind nicht möglich. Die Norm DIN 620 T2 nennt Toleranzwerte für Radiallager (außer für Kegelrollenlager) der Toleranzklassen P0 (Normaltoleranz), P6, P5, P4, P2. Für Kegelrollen gelten die Toleranzklassen P0, P6X, P5, P4. Für kegelige Bohrungen ist nur die Klasse P0 vorgesehen. Für Axiallager sind Werte für die Toleranzklassen P0, P6, P5, P4 in der Norm DIN 620 T3 festgelegt.

Die Toleranzklasse P0 beinhaltet die größten Toleranzwerte, wogegen sie bei den anderen Toleranzklassen kleiner sind. Die Herstellgenauigkeit steigt mit fallender Ziffer. Die Bezeichnung der Toleranzklasse wird als Nachsetzzeichen an das Kurzzeichen des Lagers angehängt. Wälzlager der Normal-Toleranzklasse P0 werden nicht gekennzeichnet (Nachsetzzeichen s. Bild **3.14**).

Wälzlager mit eingeengten Toleranzen stellen höhere Anforderungen an den Einbau. Wellen, Gehäuse und Anschlussteile müssen in derselben Genauigkeit gefertigt werden wie die Lager. Für besondere Lagerungsfälle, wie z. B. für Werkzeugmaschinenspindeln, werden Lager mit noch höherer Genauigkeit, als es die Toleranzklassen fordern, angefertigt (Genauigkeitslager). (Toleranzangaben s. Kataloge der Hersteller).

Lagerluft ist das Maß, um das sich ein Lagerring gegenüber dem anderen in radialer Richtung (Radialluft) oder in axialer Richtung (Axialluft) von einer Grenzstellung in die andere verschieben lässt.

Man unterscheidet zwischen der Lagerluft des nicht eingebauten Lagers und der Lagerluft des eingebauten, betriebswarmen Lagers (Betriebsspiel). Die Lagerluft des nicht eingebauten Lagers ist meistens größer als die Betriebslagerluft. Feste Passungen (Übermaßpassung) sowie unterschiedliche Wärmedehnung der Lagerringe und der benachbarten Teile bestimmen das Betriebsspiel.

Allgemein sollte bei Kugellagern das radiale Betriebsspiel etwa Null sein, oder es darf eine geringe Vorspannung vorliegen. Bei Zylinder-, Kegel- und Pendelrollenlagern sollte dagegen immer ein (wenn auch geringes) Betriebsspiel verbleiben. Ist aber Steifigkeit der Lagerung erwünscht, z. B. bei Ritzellagerungen, so werden die Lager mit Vorspannung eingebaut.

Die Norm DIN 620 T4 legt Werte für die radiale Lagerluft fest, die in verschiedene Bereiche (Gruppen) unterteilt sind: C2, C0, C3, C4, (C5), (Werte für C5 s. ISO 5753 - 1991). In der Gruppe C2 ist die radiale Lagerluft kleiner als in der Gruppe C0 (Normalbereich). In den Gruppen C3 bis C5 wird sie mit steigender Ziffer zunehmend größer. Lager mit anderer als der normalen Luft-Gruppe C0 werden durch die Zusatzzeichen C2 bis C5 (Nachsetzzeichen an das Kurzzeichen des Lagers) gekennzeichnet. Die normale Lagerluft ist so bemessen, dass bei den allgemein empfohlenen Passungen und normalen Betriebsverhältnissen ein zweckmäßiges Betriebsspiel verbleibt.

3.2.3 Normbezeichnungen (DIN 623)

In der Norm DIN 623 T1 sind Regeln für das Bilden normgerechter Bezeichnungen für Wälzlager festgelegt. Diese Bezeichnungen beziehen sich auf Bauart, Maßreihe, Bohrungsdurchmesser, Genauigkeit, Lagerluft und andere konstruktive Merkmale des Wälzlagers.

Die Benennungen lassen die Art des Wälzkörpers und die Laufbahngeometrie erkennen, z. B. Rillenkugellager, Pendelrollenlager. (Die genormten Benennungen für Wälzlager s. Bild **3.16**). Die Benennungen können auch abgekürzt geschrieben werden; Zyl. Rollenlager, Ax. Pen. Rollenlager, Ax. Zyl. Rollenlager, Ax. Rill. Kugellager.

Das **Kurzzeichen** für ein Wälzlager besteht aus einem Merkmale-Block, der sich aus drei Zeichengruppen zusammensetzt: 1. Vorsetzzeichen, 2. Basiszeichen, 3. Nachsetzzeichen. Die Stellenanzahl für die einzelnen Zeichnungsgruppen innerhalb des Merkmale-Blockes ist nicht festgelegt. Das Basiszeichen bezeichnet Art und Größe des Lagers. Es besteht aus je einem Zeichen oder einer Zeichengruppe für Lagerreihe und Lagerbohrung. Den Aufbau des Basiszeichens s. Bild **3.11**.

<table>
<tr><td colspan="3">Lagerreihe</td><td rowspan="4">Zeichen für Lagerbohrung s. auch Bild 3.12</td></tr>
<tr><td rowspan="3">Lagerart
s. Bild 3.16</td><td colspan="2">Maßreihe</td></tr>
<tr><td>Breiten- oder Höhenreihe</td><td>Durchmesserreihe</td></tr>
<tr><td colspan="2">s. DIN 616</td></tr>
</table>

3.11
Prinzip der Bildung der Basiszeichen aus Zeichen für Lagerarten, Breiten- oder Höhenreihe, Durchmesserreihe und Durchmesserangabe

Basiszeichen müssen vollständig angegeben werden. Vorsetzzeichen und Nachsetzzeichen können im Kurzzeichen fehlen:

1. wenn die durch sie bezeichneten Eigenschaften nicht vorhanden sind,
2. wenn über diese Eigenschaften keine Festlegungen gemacht werden und
3. wenn die durch solche Zeichen beschriebenen Eigenschaften eindeutig durch eine Maßnorm in Wort oder Bild festgelegt sind. (Vor- und Nachsetzzeichen s. Bild **3.14**.)

Die Zeichengruppe für die Lagerreihe wird durch Zeichen für die Lagerart und Maßreihe zusammengesetzt (s. Bild **3.11**). Eine Gruppe von Ziffern oder Buchstaben bzw. eine Kombination von Ziffern und Buchstaben kennzeichnet die Lagerreihe. Für ein Pendelrollenlager der Lagerart 2 und der Maßreihe 30 lautet die Lagerreihe 230. Hierbei setzt sich die Maßreihe aus der Breitenreihe 3 und der Durchmesserreihe 0 zusammen.

Das **Zeichen für die Lagerbohrung** besteht aus Ziffern und wird im allgemeinen direkt oder in bestimmten Fällen mit einem Schrägstrich an das Zeichen für die Lagerreihe angehängt. Dieses Kurzzeichen wird nicht einheitlich gebildet. In dem meist gebrauchten Durchmesserbereich 20 ... 480 mm ergibt es sich dadurch, dass man das Bohrungsmaß in Millimetern durch die Zahl 5 dividiert, z. B. Bohrung 30 mm : 5 ergibt das Kurzzeichen 06. Einzelheiten sind Bild **3.12** zu entnehmen.

Vorsetzzeichen, Nachsetzzeichen. Weitere Merkmale eines Lagers werden im Bedarfsfall durch Kurzzeichen angegeben, die entweder vor (Vorsetzzeichen) oder hinter (Nachsetzzeichen) dem Zeichen für Lagerreihe und Bohrung stehen. Durch Vorsetzzeichen werden Einzelteile eines Lagers bezeichnet. Beispiel NU 207: Vollständiges Zylinderrollenlager der Reihe

<table>
<tr><th colspan="2">Bohrungsdurchmesser in mm</th><th rowspan="2">Zeichen für die Lagerbohrung</th><th colspan="2" rowspan="2">Beispiele</th></tr>
<tr><th>über</th><th>bis</th></tr>
<tr><td rowspan="4">–</td><td rowspan="4">10</td><td>Das Bohrungsmaß in mm wird unverschlüsselt mit Schrägstrich an das Kurzzeichen für die Lagerreihe angehängt, auch bei Dezimalbruchmaßen</td><td>Rillenkugellager der Lagerreihe 618 mit 3 mm Bohrungsdurchmesser des Innenrings</td><td>618 / 3
Lagerreihe – Bohrungsdurchmesser

617 / 1,5</td></tr>
<tr><td rowspan="3">In folgenden Ausnahmen wird der Schrägstrich weggelassen:
Rillenkugellager
604, 607, 608, 609, 623, 624, 625, 626, 627, 628, 629, 634, 635
Pendelkugellager
108, 126, 127, 129, 135
Schrägkugellager
705, 706, 707, 708, 709</td><td>Rillenkugellager der Lagerreihe 62 mit 5 mm Bohrungsdurchmesser des Innenrings</td><td>62 5
Lagerreihe – Bohrungsdurchmesser</td></tr>
<tr><td>Pendelkugellager der Lagerreihe 12 mit 6 mm Bohrungsdurchmesser des Innenrings</td><td>12 6
Lagerreihe – Bohrungsdurchmesser</td></tr>
<tr><td>Schrägkugellager der Lagerreihe 70 mit 6 mm Bohrungsdurchmesser des Innenrings</td><td>70 6
Lagerreihe – Bohrungsdurchmesser</td></tr>
</table>

3.12
Zeichen für die Lagerbohrung, DIN 623 T1 (Fortsetzung s. nächste Seite)

Bohrungsdurchmesser in mm über	bis	Zeichen für die Lagerbohrung	Beispiele	
10	17	Bohrungskennzahl 00 ≙ 0 mm Bohrung 01 ≙ 2 mm Bohrung 02 ≙ 5 mm Bohrung 03 ≙ 7 mm Bohrung an Lagerreihe. Für alle Lagerreihen mit ausnahmen der Reihen E, BO, L, M, UK, UL, UM	Rillenkugellager der Lagerreihe 62 mit 12 mm Bohrung des Innenrings	62 01 01 — Bohrungsdurchmesser 62 — Lagerreihe
			Zylinderrollenlager der Lagerreihe NU 49 mit 15 mm Bohrung des Innenrings	NU49 02 02 — Bohrungsdurchmesser NU49 — Lagerreihe
17	480	Bohrungskennzahl = 1/5 des Bohrungsdurchmessers in mm an Lagerreihe. Für alle Lagerreihen mit Ausnahme der Reihen E, BO, L, M, UK, UL, UM und der Bohrungen 22, 28 und 32 mm. Für Durchmesser bis 45 mm wird vor die Bohrungskennzahl eine Null gesetzt.	Pendelrollenlager der Lagerreihe 232 mit 120 mm Bohrung des Innenrings	232 24 24 — Bohrungsdurchmesser 232 — Lagerreihe
			Schrägkugellager der Lagerreihe 73 mit 30 mm Bohrung des Innenrings	73 06 06 — Bohrungsdurchmesser 73 — Lagerreihe
Zwischengrößen		Bohrungsdurchmesser in mm für Zwischengrößen mit 22, 28 und 32 mm Lagerbohrung; Bohrungsdurchmesser durch Schrägstrich getrennt an Lagerreihe	Rillenkugellager der Lagerreihe 62 mit 22 mm Bohrung des Innenrings	62 / 22 22 — Bohrungsdurchmesser 62 — Lagerreihe
480	alle Größen	Bohrungsdurchmesser in mm durch Schrägstrich getrennt an Lagerreihe	Pendelrollenlager der Lagerreihe 230 mit 500 mm Bohrung des Innenrings	230 500 500 — Bohrungsdurchmesser 230 — Lagerreihe
alle Größen		Bohrungsdurchmesser in mm an die Lagerreihen E, BO, L, M, UK, UL und UM	Schulterkugellager der Lagerreihe BO mit 17 mm Bohrung des Innenrings	BO 17 17 — Bohrungsdurchmesser BO — Lagerreihe

3.12
Zeichen für die Lagerbohrung, DIN 623 T1 (Fortsetzung)

NU 2 mit dem Bohrungsdurchmesser 35 mm; KNU 207 ist der Käfig mit den Wälzkörpern dieses zerlegbaren Lagers. Durch Nachsetzzeichen werden zusätzliche Angaben über innere Konstruktion, Außenmaße und äußere Form, Abdichtung, Käfig, Maß-, Form- und Laufgenauigkeit, Lagerluft oder Wärmebehandlung gemacht. Die Bedeutung der Zeichen ist Bild **3.14** zu entnehmen. Beim Zusammentreffen mehrerer Nachsetzzeichen sind diese in der durch Bild **3.14** gegebenen Reihenfolge anzugeben. Bild **3.13** zeigt ein Bezeichnungsbeispiel für ein Pendelrollenlager.

Zeichen	Bedeutung	Zeichen	Bedeutung
Pendelrollenlager	Benennung	K 30	Lager mit kegeliger Bohrung, Kegel 1:30
DIN 635	DIN-Nummer		
2	Lagerart Pendelrollenlager	MAS	Am Außenring geführter Massivkäfig aus Kupfer-Zink-Legierung mit Schmiernuten in den Führungsflächen
41	Maßreihe 41		
/500	Bohrungsdurchmesserangabe		
C	Innere Konstruktion (z. B. Rollenmaße, Rollenführung usw.)	/P 63	Toleranzklasse und Lagerluft
		S2	Wärmebehandlung

3.13
Bezeichnungsbeispiel: Pendelrollenlager DIN 635-2 41/500 C K 30 MAS/P 63 S2

Vorsetzzeichen	
K	Käfig mit Wälzkörpern eines zerlegbaren Lagers
L	freier Ring eines zerlegbaren Lagers
R	Ring mit Wälzkörpersatz eines zerlegbaren Lagers
Nachsetzzeichen	
Innere Konstruktion	
A, B, C	Bedeutung im Einzelnen nicht vereinbart, vom Hersteller meist vorübergehend angegeben, um bestimmte Konstruktionsmerkmale (z. B. Änderung der inneren Maße im Zuge der Weiterentwicklung) zu kennzeichnen
Außenmaße und äußere Form	
X	Lager und Zubehörteile, deren Außenmaße in Anpassung an internationale Normen geändert wurden. Zeichen wird nur während einer Übergangszeit verwendet
K	Lager mit kegeliger Bohrung, Kegel 1:12
K 30	Lager mit kegeliger Bohrung, Kegel 1:30
N	Lager mit Ringnut im Mantel
Abdichtung	
RS bzw. 2RS	Lager mit Dichtscheibe auf einer Seite bzw. auf beiden Seiten
Z bzw. 2Z	Lager mit Deckscheibe auf einer Seite bzw. auf beiden Seiten

Käfigwerkstoffe

F	Stahl oder Sondergusseisen	J	Stahlblech	T	Kunststoff mit Gewebeeinlage (Phenoplast)
L	Leichtmetall	Y	Messingblech		
M	Messing			TN	Kunststoff (Polyamid)

Lager ohne Käfig	
V	Vollkugeliges oder vollrolliges Lager
Maß,- Form- und Laufgenauigkeit [1])	
P6, P5, P4	Toleranzklasse nach DIN 620 T2 und T3. Die Toleranzklasse **P0** (Normaltoleranz) wird **nicht** bezeichnet
Radiale Lagerluft (Lagerspiel) (DIN 620 T4) [1])	
C2	radiale Lagerluft kleiner als normal
C0	Lagerluft **normal** wird nicht gekennzeichnet
C3	radiale Lagerluft größer als normal
C4	radiale Lagerluft größer als C3
C5	radiale Lagerluft größer als C4 (Werte s. ISO 5753-1981)

Wärmebehandlung, Innen und Außenring stabilisiert
S0 bis 150 °C S1 bis 200 °C S2 bis 250 °C S3 bis 300 °C Betriebstemperatur
S0B Nur Innenring bzw. Wellenscheibe stabilisiert bis 150 °C

[1]) Für Lager, deren Ausführung besonderen Anforderungen sowohl an Maß-, Form- oder Laufgenauigkeit als auch an der Lagerluft entspricht, werden die Zeichen zusammengezogen, z. B. P63 = p6 + C3

3.14
Vorsetzzeichen und Nachsetzzeichen nach DIN 623 T1 (Auswahl)

3.2.4 Bauarten, Eigenschaften und Verwendung

Die Form des Außen- und Innenringes bestimmt die Richtung der übertragbaren Kraft: Radiallager übertragen Kräfte senkrecht zur Lagerachse. Radiallager, die zunächst Axialkräfte in beiden Richtungen übertragen können, heißen Führungslager. Erlaubt die Bauart die Übertragung einer zusätzlichen Axialkraft nur in einer Richtung, dann spricht man von Stützlagern. Einstelllager können in keiner Richtung Längskräfte übertragen. Axiallager dienen der Übertragung von Kräften in Richtung der Lagerachse. Zusatzkräfte in radialer Richtung können sie nicht übertragen. Schräglager übertragen Kräfte, die sich aus einer radialen und einer axialen Komponente zusammensetzen. Sie werden, nach der Richtung der größeren Kraftkomponente, jeweils den Radial- oder den Axiallagern zugerechnet. Zur Übertragung reiner Radialkräfte sind sie nicht geeignet, sofern sie nicht paarweise so angeordnet werden, dass sich die Axialkomponenten aufheben.

Bild **3.16** gibt einen Überblick über die wichtigsten genormten Bauarten sowie über deren symbolische Darstellung. (Diese Symbole sind nicht genormt. Sie werden zweckmäßig bei der Anfertigung erster Konstruktionsentwürfe benutzt.) Im einzelnen wird zu den Angaben des Bildes folgendes bemerkt:

Radial-Kugellager

(Radial-)Rillenkugellager nach DIN 625, Lagerart 6. (Der Zusatz Radial entfällt, wenn Verwechslungen ausgeschlossen sind). Gebräuchlichstes: Kugellager. Die Führung zwischen "Schultern" (**3.4**) erlaubt die Aufnahme größerer Längskräfte. Bei hohen Drehfrequenzen ist es zur Aufnahme von Längskräften besser geeignet als ein Axial-Kugellager. Bei mehrfach gelagerten Wellen kann eines der Lager als Festlager (s. Abschn. 3.4) eingebaut werden; Innen- und Außenring sind dann festzulegen. Die übrigen Lager sind als Loslager einzubauen; die Lager müssen genau fluchten.

Schiefstellung (Schwenkbewegung) ist möglichst zu vermeiden, da sie hohe Laufgeräusche und Verringerung der Lebensdauer zur Folge hat. Eine mögliche Schiefstellung des Außenringes gegenüber dem Innenring, bei der noch keine unzulässigen Zusatzbeanspruchungen wirken, hängt ab vom Betriebsspiel im Lager, von der Lagergröße, vom inneren Aufbau und von den auf das Lager wirkenden Kräften. Bei normalen Betriebsverhältnissen sind geringe Schiefstellungen (2 ... 10 Winkelminuten) zulässig. (Lager- und Maßreihen genormter Lager s. Bild **3.16**, **3.43** und **3.44**.)

Verwendung: Breite Anwendung im Maschinen- und Fahrzeugbau. (Radial-)Rillenkugellager werden auch mit Deck- oder Dichtscheiben hergestellt, die das Eindringen von Fremdkörpern bzw. das Austreten der Fettfüllung verhindern sollen (**3.1a**) (s. auch Abschn. Dichtungen, Teil 1); Nachsetzzeichen Z und RS. Zur axialen Festlegung der Außenringe werden diese Lager mit Ringnuten für Sprengringe versehen (**3.1a**); Nachsetzzeichen N und NR.

(Radial-)Schrägkugellager, einreihig, nach DIN 628, Lagerart 7. Innen- und Außenring besitzen nur eine Schulter. Die Kraftübertragung erfolgt unter einem Winkel von 20° bis 40° gegen die Radialebene. Zusätzliche Axialkräfte können besser aufgenommen werden als von Rillenkugellagern. Wenn das dauernde Wirken einer Axialkraft nicht gesichert ist, ist zur Abstützung ein zweites Lager spiegelbildlich einzubauen. Die Ausführungen 72.. und 73.. sind nicht zerlegbar, 173.. kann zur Erleichterung des Ein- und Ausbaus zerlegt werden. Schwenkbewegungen sind nicht zulässig.

Verwendung: Werkzeugmaschinen; Laufrollen; Kraftfahrzeuge.

Zusammengepasste Schrägkugellager. Für Lagerungen, bei denen die Tragfähigkeit eines Lagers nicht ausreicht oder bei denen die Lagerung ein vorgegebenes Spiel in beide Richtungen aufweisen soll, werden vom Hersteller einreihige Schrägkugellager als zusammengepasste Lagerpaare geliefert. Diese Lager werden bereits in der Fertigung bezüglich Lastaufnahme und Lagerspiel aufeinander abgestimmt. Je nach Anforderung können die Lager in O-, X- oder Tandem-Anordnung eingebaut werden (**3.15**).

Bei der O-Anordnung (**3.15a**) laufen die Berührungslinien zu der Mittellinie hin auseinander. Axialbelastungen werden in beiden Richtungen, aber jeweils nur von einem Lager aufgenommen. Lager in O-Anordnung ergeben eine starre Lagerung, die Kippmomente aufnehmen kann.

Bei der X-Anordnung (**3.15b**) laufen die Berührungslinien zur Mittellinie hin zusammen. Axialbelastungen werden in beiden Richtungen und ebenfalls nur von einem Lager aufgenommen. Das Lagerpaar ist nicht so starr wie die O-Anordnung und eignet sich nicht zur Aufnahme von Kippmomenten.

Bei der Tandem-Anordnung (**3.15c**) verlaufen die Berührungslinien parallel zueinander. Das Lagerpaar kann Axialbelastungen in nur einer Richtung aufnehmen; diese verteilen sich etwa gleichmäßig auf beide Lager. Damit Axialbelastungen auch in der entgegengesetzten Richtung aufgenommen werden können, muss das Lagerpaar gegen ein drittes Lager angestellt werden.

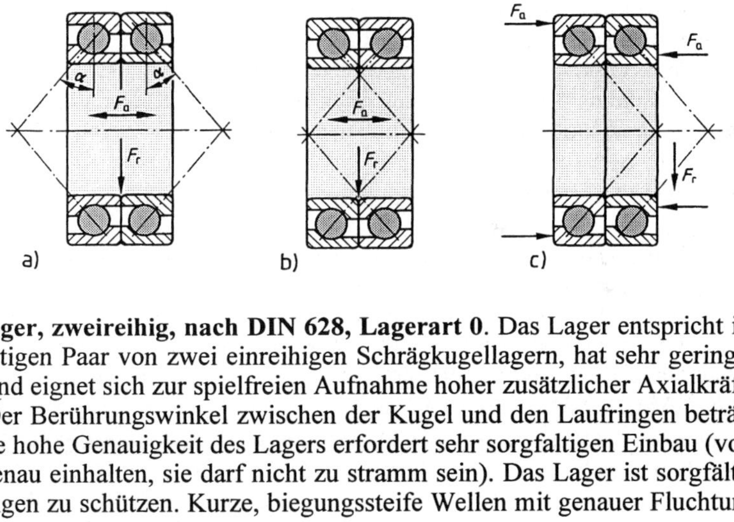

3.15
Schrägkugellager
a) O-Anordnung
b) X-Anordnung
c) Tandem-Anordnung

(Radial-)Schrägkugellager, zweireihig, nach DIN 628, Lagerart 0. Das Lager entspricht im Aufbau einem einbaufertigen Paar von zwei einreihigen Schrägkugellagern, hat sehr geringes Axial- und Radialspiel und eignet sich zur spielfreien Aufnahme hoher zusätzlicher Axialkräfte in beiden Richtungen. Der Berührungswinkel zwischen der Kugel und den Laufringen beträgt im Allgemeinen 32°. Die hohe Genauigkeit des Lagers erfordert sehr sorgfaltigen Einbau (vorgeschriebene Passung genau einhalten, sie darf nicht zu stramm sein). Das Lager ist sorgfältig gegen Schwenkbewegungen zu schützen. Kurze, biegungssteife Wellen mit genauer Fluchtung sind Voraussetzung für einwandfreies Arbeiten.

Verwendung: Lagerung von Kegelrädern; Zahnradlagerung bei Kraftfahrzeug-Getrieben.

(Radial-)Pendelkugellager nach DIN 630, Lagerart 1. Die Rollbahnfläche des Außenrings hat Kugelform, der Innenring zwei Rillen. Hierdurch ist der Außenring schwenkbar. Das Lager kann Axialkräfte in beiden Richtungen spielfrei übertragen. Zulässige Schiefstellung 1,5° ... 3°.

Verwendung: Das Lager ist neben dem einreihigen Rillenkugellager am weitesten verbreitet; es eignet sich vornehmlich zur Lagerung von Wellen mit größerer Durchbiegung und zum Einbau an Stellen, an denen mit Fluchtungsfehlern gerechnet werden muss, z. B. bei Landmaschinen, Transmissionen, Holzbearbeitungsmaschinen, Textilmaschinen, Schiffswellen, im Mühlen- und Kranbau.

Radial-Rollenlager

(Radial-)Zylinderrollenlager nach DIN 5412, Lagerart N. Seine Tragfähigkeit ist infolge "linienförmiger" Berührung zwischen zylindrischen Wälzkörpern und Rollbahnen größer als bei Kugellagern gleicher Abmessungen, bei denen nur "punktförmige" Berührung stattfindet. Schwenkbewegung ist nur in geringem Maße bei modifizierter Linienführung zulässig: z. B. bei logarithmischem Kontaktprofil ca. 3 bis 4 Winkelminuten. Radial-Zylinderrollenlager werden mit Käfig oder ohne Käfig, d. h. vollrollig bzw. vollrollig mit selbsthaltendem Rollensatz, gebaut. Die Aufnahme geringer zusätzlicher Axialkräfte erfolgt durch Borde (**3.2**, **3.4**). Ihre axiale Belastbarkeit wird nicht von der Ermüdungsfestigkeit des Werkstoffes, sondern von der Tragfähigkeit der Gleitflächen an Rollenstirnseite und Bord bestimmt. Sie hängt somit von der Schmierung und Temperatur ab. Je nach Anordnung werden die Lager als Fest-, Stütz- oder Einstelllager (s. Abschn. 3.4.1) verwendet.

Verwendung: Getriebe, Elektromotoren mittlerer und größerer Leistung, Achslager von Schienenfahrzeugen und Straßenfahrzeugen, Werkzeugmaschinen.

Nadellager nach DIN 617, Lagerart NA. Kennzeichnend ist der kleine Wälzkörperdurchmesser und in Folge dessen ein geringer Raumbedarf in radialer Richtung. Um ihn weiter zu verkleinern, erfolgt der Einbau häufig nur mit einem Ring, mit einer dünnwandigen Laufbuchse oder ohne Rollbahnringe. Voraussetzung hierfür: Die Gegenstücke sind aus einem Werkstoff hergestellt, der eine hochwertige, möglichst gehärtete Lauffläche besitzt. Wegen der geringen Wälzkörperdurchmesser ist die Führung der Nadeln in Längsrichtung durch Borde nur am Außen- oder Innenring möglich. Axialschübe sind daher durch zusätzlich eingebaute Kugellager aufzunehmen. Zu diesem Zweck werden auch Nadellager hergestellt, bei denen ein Längs- oder Schräg-Kugellager mit dem Nadellager zu einer baulichen Einheit verbunden ist (**3.36**).

Der geringe Durchmesser der Nadeln erlaubt die Unterbringung einer großen Zahl von Nadeln und ergibt eine relativ hohe Tragfähigkeit, vor allem bei käfiglosen Lagern. Käfiglose Lager sind aber nur für geringe Drehfrequenzen oder bei Pendelbewegungen geeignet (z. B. bei Kolbenbolzenlagern von Motoren), weil sie zum Verkanten der Nadeln neigen. Um den Anwendungsbereich auch auf übliche Drehfrequenzen auszudehnen, wurden Käfige entwickelt, die die Nadeln einwandfrei führen. Solche Käfige mit Nadeln werden einbaufertig, in Form von Ringen oder Halbschalen, geliefert.

Verwendung: Vollnadelig, d. h. ohne Käfig: bei Pleuellagern, Kipphebeln, Kardangelenken, Losrädern; als Käfiglager: in Schleifmaschinen, Werkzeugmaschinen, Schneckenwellen und Getrieben (**3.35**).

(Radial-)Kegelrollenlager nach DIN 720, Lagerart 3. Die Achse der kegelförmigen Wälzkörper ist bei diesen Radiallagern nur wenig gegen die Wellenachse geneigt. Die Lager sind zur Aufnahme zusätzlicher Axialkräfte sehr gut geeignet. Einbaubedingungen ähnlich wie beim Schräg-Kugellager. (Wenn zusätzliche Axialkräfte nicht dauernd wirken, muss ein zweites, spiegelbildlich angeordnetes Lager für die erforderliche Andruckkraft sorgen.) Schiefstellung des Innenringes gegenüber dem Außenring ist bei einreihigen Kegelrollenlagern nur bei modifizierter Linienberührung in geringem Maße zulässig; z. B. bei logarithmischem Kontaktprofil bis 3 Winkelminuten. Die Lager sind zerlegbar: Der Wälzkörper mit Käfig und Innenring sind zu einer einbaufertigen Einheit verbunden, der Außenring kann getrennt eingebaut werden. Dies erlaubt, aber verlangt auch ein feinfühliges Einstellen des optimalen Spiels.

Verwendung: Vor allem bei Radnaben von Kraftfahrzeugen und Förderwagen, in Getrieben mit starkem Axialschub und gleichzeitig hohen Anforderungen an Spielfreiheit in axialer und radialer Richtung.

Tonnenlager, (Radial-)Pendelrollenlager nach DIN 635, Lagerart 2. Die Lager sind ein- und zweireihig, schwenkbar und eignen sich sehr gut zum Ausgleich von Fluchtungsfehlern und zum Einbau bei Wellen mit starker Durchbiegung. Die Achsen der Wälzkörper sind bei den zweireihigen Lagern ähnlich wie beim Kegellager gegen die Wellenachse geneigt. Beide Wälzkörperreihen sind spiegelbildlich zueinander angeordnet. Axialkräfte sind in jeder Richtung über die Mantelfläche der Wälzkörper übertragbar. In der Regel besitzt der Innenring Führungsborde (nur zur Führung der Wälzkörper, nicht zur Kraftübertragung).

Verwendung: Schiffswellen, schwere Stützrollen, Ruderschäfte, Steinbrecher, Kurbelwellen, Walzwerksmaschinen.

Axial-Kugellager

Axial-Rillenkugellager, einseitig wirkend, nach DIN 711, Lagerart 5. Die Kugeln bewegen sich in den Rillen zweier gegeneinander gestellter Scheiben, von denen sich die eine gegen das Gehäuse, die andere gegen einen Wellenabsatz stützt. Die Kraftübertragung erfolgt ausschließlich in Richtung der Wellenachse. Radialkräfte sind nicht übertragbar. Die Kugeln werden durch wirkende Zentrifugalkraft nach außen gedrängt (Klemmgefahr). Axial-Kugellager sind daher für große Drehfrequenzen nicht geeignet.

Bei der Konstruktion ist zu beachten, dass der Innendurchmesser der Gehäusescheibe größer als der Innendurchmesser der Wellenscheibe ist. Die Außendurchmesser beider Scheiben sind jedoch nur bei größeren Wellendurchmessern unterschiedlich (Bild **3.48**).

Die Wälzkörper können nur gleichmäßig tragen, wenn beide Scheiben genau parallel zueinander und senkrecht zur Wellenachse liegen. Um eine entsprechende Einstellmöglichkeit zu schaffen, sind die gehäuseseitigen Scheiben der Lager 532 ..., 533 ... und 534 ... ballig ausgeführt und in einer Scheibe mit entsprechend geformter Innenfläche gelagert. Die aufeinander gleitenden Kugelflächen müssen gut geschmiert sein; die Schwenkbewegung muss um einen Punkt erfolgen, der im Kugelmittelpunkt der balligen Flächen liegt, andernfalls stellt sich das Lager nicht selbständig ein.

Verwendung: In allen Fällen, in denen Radiallager zusätzlich Axialkräfte nicht aufnehmen können, oder wenn größere Führungsgenauigkeit in Achsrichtung mit Radiallagern nicht erreichbar, aber erforderlich ist. Werkzeugmaschinenspindeln, Kranhaken.

Axial-Rillenkugellager, zweiseitig wirkend, nach DIN 715, Lagerart 5. Ihre Eigenschaften sind die gleichen wie die der einseitig wirkenden Lager; der Verwendungsbereich ist derselbe, wenn Längskräfte in beiden Richtungen aufzunehmen sind.

Axial-Zylinderrollenlager

Axial-Zylinderrollenlager, einseitig wirkend, nach DIN 722, Lagerart 8. Sie ermöglichen axial sehr hoch belastbare, stoßunempfindliche und steife Lagerungen bei geringem axialem Platzbedarf. Die Lager bestehen aus einer Wellen- und einer Gehäusescheibe sowie aus dem Axial-Rollenkranz. Möglich ist auch die alleinige Verwendung des Axialrollenkranzes. Als Standardlager sind die einreihigen Axial-Rollenlager der Lagerreihe 811 und 812 gebräuchlich. Für höhere Belastungen wurden zweireihige Axial-Zylinderrollenlager der Lagerreihe 893 und 894 sowie mehrreihige Axial-Zylinderrollenlager der Lagerreihe 874 entwickelt. Bei der Verwendung von Axial-Zylinderrollenlagern sind die Durchmesserunterschiede zwischen Gehäuse- und Wellenscheibe zu beachten. Schiefstellungen sind nicht zulässig.

Ein **zweiseitig wirkendes Axial-Zylinderrollenlager** lässt sich auf einfache Weise zusammenstellen, wenn zwei Axial-Rollenkränze mit einer Zwischenscheibe und den beiden Lagerscheiben kombiniert werden.

Axial-Pendelrollenlager nach DIN 728, Lagerart 2. Die Wälzkörper sind asymmetrische Rollen, ihre Achse steht unter einem Winkel von etwa 45° zur Wellenachse. Die Laufbahn des Innen- und Außenringes entspricht der Mantellinie der Wälzkörper; hierdurch ist das Lager pendelnd einstellbar. Es kann außer hohen Radialkräften auch beträchtliche Axialkräfte aufnehmen; es wird daher als Axiallager für schweren Betrieb bei Einsparung eines Radiallagers verwendet.

Verwendung: Schiffsdrucklager, Spurlager im Kranbau, schwere Schneckengetriebe.

Besondere Bauarten

Außer den bisher beschriebenen Lagerarten gibt es noch eine Anzahl besonderer Bauarten, auf die hier nur hingewiesen werden kann.

Im Flugwerk- und Flugantriebsbau für Luft und Raumfahrt werden an die Wälzlager besondere Anforderungen, wie Leichtbau, Korrosions- und Wärmebeständigkeit, gestellt. Die für diese Zwecke entwickelten Lager sind in DIN-Normen und LN-Normen zusammengestellt.

Vielseitige Anwendung finden Kombinationen aus je einem Nadel- und Kugellager bzw. aus einem Nadel- und Rollenlager in einer gemeinsamen Lagereinheit als Nadel-Schrägkugellager (**3.36**), Nadel-Axial-Kugellager sowie als Nadel-Axial-Zylinderrollenlager.

Für den Einbau in Rundtische, Planscheiben, Fräsköpfe oder Mess- und Prüfanlagen im Durchmesserbereich von 80 mm bis 950 mm eignen sich Axial-Radiallager oder Axial-Schrägkugellager. Axial-Radiallager sind große zweiseitig wirkende Axiallager, bestehend aus zwei Nadelkränzen, kombiniert mit einem Radial-Zylinderrollenlager. Die Axial-Schrägkugellager sind zweireihig wirkende Lager, bestehend aus zwei zu einer einzigen Lagereinheit in O-Anordnung zusammengestellten Schrägkugellagern. Diese beiden Lagerarten nehmen Axial- und Radialkräfte und Kippmomente auf.

Drehverbindungen werden als Vierpunktlager mit Kugeln, als Kreuzrollenlager oder als Axial-Axial-Radialrollenlager gebaut. Zu den Vierpunktlagern zählen auch die Drahtlager, bei denen die Kugeln auf vier gehärteten angeschliffenen Stahldrahtringen laufen, die in Ausnehmungen der beiden Lagerringe eingesetzt sind. Drehverbindungen werden mit Wälzkörper-Laufkranzdurchmessern von 100 mm bis 2000 mm und darüber hinaus bis einige Meter hergestellt. Drehverbindungen werden in Hebe- und Förderanlagen, Baumaschinen, Windenergieanlagen, Werkzeugmaschinen, Robotern und Drehtürmen eingesetzt; außerdem werden sie in der Medizintechnik und Raumfahrt verwendet.

Für **Geradführungen** wurden Wälzlagereinheiten mit Kugeln, Nadeln oder Rollen entwickelt, z. B. die Linear-Kugellager zur Wellenführung, die Laufrollen, Kugel- und Rollenumlaufeinheiten oder Flachkäfigführungen für Schienen-Linearführungen.

DIN	Benennung, Ausführung	Lagerart	Maßreihe	Kurzzeichen: Lager-Reihe	Kurzzeichen: Durchmesserzeichen	Kurzzeichen: Varianten; Zwischengrößen
628 T1	Schrägkugellager, zweireihig mit Füllnut (Bild **3.46**) 	0 [1]) 0 [1])	32 33	32 33	00...22 02...22	
630 T1	Pendelkugellager, zweireihig (Bild **3.47**) 	1 1 1 1 1	02 22 03 23 10	12 [2]) 22 [3]) 13 [2]) 23 [3]) 10 [1])	6; 7; 9; 00...22 00...22 5; 00...22 02...22 8	00K...22K 00K...22K 00K...22K 02K...22K
T2	Pendelkugellager zweireihig, mit breitem Innenring 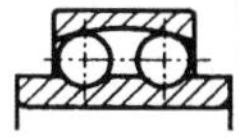	1 1	2 [4]) 3 [4])	112 113	04...10 04...10	
T2	Pendelkugellager mit Klemmhülse 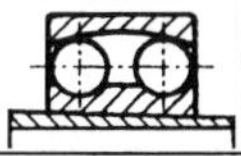	1 1	[5]) [5])	115 116	04...10 04...10	
635 T1	Tonnenlager, einreihig 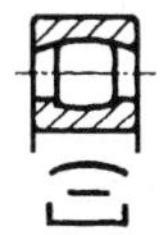	2 2 2	02 03 04	202 203 204	05...56 04...48 05...22	05K...56K 05K...48K
T2	Pendelrollenlager, zweireihig (Bild **3.55**) 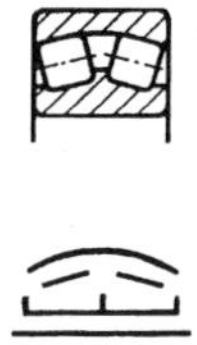	2 2 2 2 2 2 2 2	30 40 31 41 22 32 03 23	230 240 231 241 222 232 213 [6]) 223	22.../500 24...72 22.../500 22...60 05...64 18; 20 22.../500 04...22 08...56	24K.../500K 24K 30...72K 30 22K.../500K 22K 30...60K 30 08K...64K 08K...22K 08K...56K
728 T1	Axial-Pendel-Rollenlager, einseitig wirkend, unsymmetrische Rollen 	2 2 2	92 93 94	292 293 294	40.../1060 17.../950 12.../800	
720	Kegelrollenlager, einreihig (Bild **3.54**) 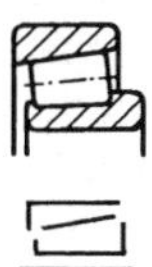	3 3 3 3 3 3 3 3 3	20 30 31 32 02 03 13 22 23	320 330 331 320 302 303 313 322 323	04...48 09...30 08...24 05...21 03...30 02...24 05...14 06...24 02...24	

3.16
Genormte Wälzlager, Bezeichnung nach DIN 623 T1
(Maße für Maßreihen s. Bild **3.43** und Hauptmaße Bild **3.44** bis **3.56**); symbolische Darstellung ggf. zur Verwendung bei Vorentwürfen (Fortsetzung und Fußnoten s. nächste Seiten)

DIN	Benennung, Ausführung	Lager-art	Maß-reihe	Kurzzeichen Lager-Reihe	Durch-messer-zeichen	Varianten; Zwischengrößen
625 T3	Rillenkugellager, zweireihig, mit Füllnut 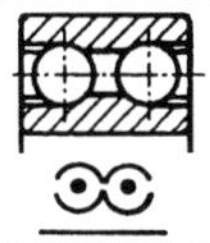	4	22	42 2)	00...18	08K...14K
711	Axial-Rillenkugellager, einseitig wirkend, ebene Gehäusescheibe (Bild **3.48**) 	5	11	511	00...18; 20; 22...72	
		5	12	512	/8; 00...18; 20; 22...72	
		5	13	513	05...18; 20; 22...40	
		5	14	514	05...18; 20; 22...72	
	Axial-Rillenkugellager, einseitig wirkend, kugelige Gehäusescheibe 7);  mit kugeliger Gehäusescheibe und Unterlegscheibe (U)	5	2 4)	532	00...18; 20; 22...72	00U...18U; 20U; 22U...72U
		5	3 4)	533	05...18; 20; 22...40	05U...18U; 20U; 22U...40U
		5	4 4)	534	05...18; 20; 22...36	05U...18U; 20U; 22U...36U
715	Axial-Rillenkugellager, zweiseitig wirkend, ebene Gehäusescheiben (Bild **3.49**) 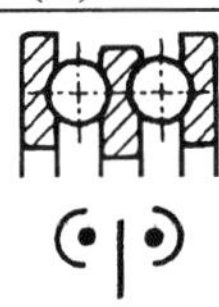					
	Axial-Rillenkugellager, zweiseitig wirkend, mit kugeligen Gehäusescheiben 7) 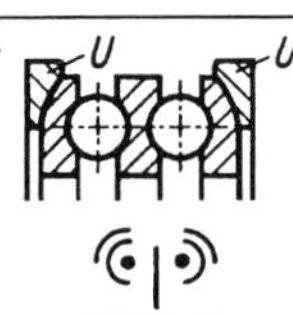 mit kugeligen Gehäusescheiben und Unterlegscheiben (U)	5	2 4)	542	02; 04...18; 20; 22...44	02U; 04U...18U; 20U; 22U...44U
		5	3 4)	543	05...18; 20; 22...24	05U...18U; 20U; 22U...24U
		5	4 4)	544	05...18; 20	05U...18U; 20U
625 T1	Rillenkugellager, einreihig, ohne Füllnut (Maße s. Bild **3.43** und Bild **3.44**) 	6	18	618	/1,5.../600	ohne 19 u. 20
		6	19	619	/1,5...00	
		6	00	160 2)	02...76	
		6	10	60 2)	/7.../500	/7Z...20Z; 24Z /7-2Z...20-2Z; 24-2Z /7RS...15RS /7-2RS...15-2RS 03N...26N

3.16
Genormte Wälzlager, Bezeichnung nach DIN 623 T1 (Fortsetzung)
(Maße für Maßreihen s. Bild **3.43** und Hauptmaße Bild **3.44** bis **3.56**); symbolische Darstellung ggf. zur Verwendung bei Vorentwürfen (Fortsetzung und Fußnoten s. nächste Seiten)

DIN	Benennung, Ausführung	Lager-art	Maß-reihe	Kurzzeichen: Lager-Reihe	Kurzzeichen: Durch-messer-zeichen	Kurzzeichen: Varianten; Zwischengrößen
625 T1	Rillenkugellager, einreihig, ohne Füllnut (Maße s. Bild **3.43** und Bild **3.44**) 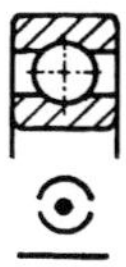	6	02	62 [2]	/3...64	/3Z.../7Z /9Z...18Z /3-27.../7-2Z /9-2Z...18-2Z /6RS.../7RS /9RS...16RS /6-2RS.../7-2RS /9-2RS...16-2RS 01N...22N
		6	03	63 [2]	/3; /4; 00...38	/3Z; /4Z; 00Z...18Z /3-2Z; /4-2Z 00-2Z...18-2Z 00RS...15RS 00-2RS...15-2RS 01N...15N; 17N...19N
		6	04	64 [2]	03...18	07N...13N
628 T1	Schrägkugellager, einreihig; ohne Füllnut; nicht zerlegbar (Maße s. Bild **3.45**) 	7 7	02 03	72 73	00...22 00...22	
T2	Schrägkugellager, einreihig, zerlegbar	7	03	173	02...10	/22; /28; /32
722	Axialzylinder-Rollenlager, einseitig wirkend (Maße s. Bild **3.50**) 	8 8	11 12	811 812	06.../600 06.../600	
5412 T1	Zylinderrollenlager, einreihig, zwei feste Borde am Innenring, bordfreier Außenring (Maße s. Bild **3.51**) 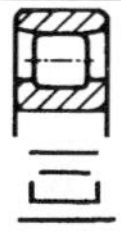	N N	02 03	N 2 [2] N 3 [2]	03...64 03...56	
	Zylinderrollenlager, einreihig, zwei feste Borde am Außenring, ein fester Bord am Innenring (Maße s. Bild **3.51**) 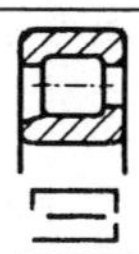	NJ NJ NJ NJ NJ	02 22 03 23 04	NJ 2 [2] NJ 22 NJ 3 [2] NJ 23 NJ 4 [2]	02...56 03...40 03...32 04...40 06...32	Zusätzlich Winkelringe HJ; Lager auch in verstärkter Ausführung (E): z. B. NJ 20.. E [8]
	Zylinderrollenlager, einreihig, zwei feste Borde am Außenring, eine lose Bordscheibe am Innenring 	NJP NJP NJP	10 02 23	NJP 10 NJP 2 [2] NJP 23	05.../500 02...64 15...18; 20	

3.16
Genormte Wälzlager, Bezeichnung nach DIN 623 T1 (Fortsetzung)
(Maße für Maßreihen s. Bild **3.43** und Hauptmaße Bild **3.44** bis **3.56**); symbolische Darstellung ggf. zur Verwendung bei Vorentwürfen (Fortsetzung und Fußnoten s. nächste Seiten)

DIN	Benennung, Ausführung	Lager-art	Maß-reihe	Kurzzeichen		
				Lager-Reihe	Durch-messer-zeichen	Varianten; Zwischengrößen
	Zylinderrollenlager, einreihig, zwei feste Borde am Außenring, bordfreier Innenring (Bild **3.51**) 	NU NU NU NU NU NU	10 02 22 03 23 04	NU 10 NU 2 [1]) NU 22 NU 3 [2]) NU 23 NU 4 [2])	05.../500 02...64 03...64 03...56 04...56 06...32	NU 2 .. E [8]) NU 20 .. E NU 22 .. E NU 3 .. E NU 23 .. E
	Zylinderrollenlager, einreihig, zwei feste Borde am Außenring, ein fester Bord und eine lose Bordscheibe am Innenring (Maße s. Bild **3.51**) 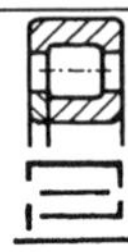	NUP NUP NUP NUP NUP	02 22 03 23 04	NUP 2 [1]) NUP 22 NUP 3 [2]) NUP 23 NUP 4 [1])	02...48 03...32 03...36 04...32 06...18	NUP 2 .. E [8]) NUP 22 .. E NUP 23 .. E
T4	Zylinderrollenlager, zweireihig, drei feste Borde am Innenring, bordfreier Außenring 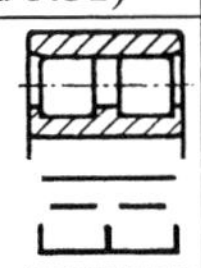	NN	30	NN 30	06...30	05 K...76 K
	Zylinderrollenlager, zweireihig, drei feste Borde am Außenring, bordfreier Innenring 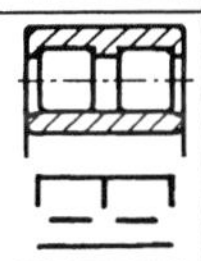	NNU	49	NNU 49	20.../710	20 K.../600 K
T9	Zylinderrollenlager, zweireihig, nicht zerlegbar, vollrollig (V) Übertragung axialer Kräfte in beiden Richtungen möglich (Festlager) (Maße s. Bild **3.53**) 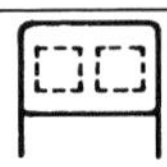	NNC NNC	48 49	NNC 48 NNC 49	30.../500 12.../500	
	Zylinderrollenlager, zweireihig, nicht zerlegbar, vollrollig (V). Übertragung axialer Kräfte nur in einer Richtung möglich (Stützlager) (Maße s. Bild **3.53**)	NNCF NNCF	48 49	NNCF 48 NNCF 49	30.../500 12.../500	
	Zylinderrollenlager, zweireihig, nicht zerlegbar, vollrollig (V), axiale Kräfte nicht übertragbar (Loslager) (Maße s. Bild **3.53**)	NNCL NNCL	48 49	NNCL 48 NNCL 49	30.../500 12.../500	
617	Nadellager (Bild **3.56**) 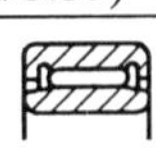	NA NA	48 49	NA 48 NA 49	22...72 00...20 22...28	 22; /28; 32
	Nadellager ohne Innenring	RNA RNA	48 49	RNA 48 RNA 49	22...72 00...20 22...28	 22; /28; 32

3.16
Genormte Wälzlager, Bezeichnung nach DIN 623 T1 (Fortsetzung)
(Maße für Maßreihen s. Bild **3.43** und Hauptmaße Bild **3.44** bis Bild **3.56**); symbolische Darstellung ggf. zur Verwendung bei Vorentwürfen (Fortsetzung und Fußnoten s. nächste Seiten)

DIN	Benennung, Ausführung	Lager-art	Maß-reihe	Kurzzeichen		
				Lager-Reihe	Durch-messer-zeichen	Varianten; Zwischengrößen
628 T1	Schrägkugellager, einreihig, geteilter Innenring, Vierpunktlager 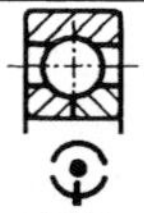	QJ QJ	02 03	QJ 2 [2]) QJ 3 [2])		
	Schrägkugellager, zweireihig, geteilter Außenring mit Trennkugeln 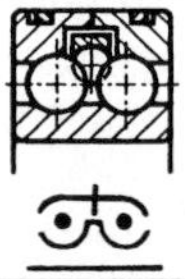	UK UL UM	20 02 30	UK [9]) UL [9]) UM [9])	20...200 15...170 20...100	
615	Schulterkugellager 	E Bo L M	Nicht nach ISO 15	E [10]) Bo L M	3; 4...13; 15; 19; 20 15; 17 17; 20; 25; 30 20	

Fußnoten:

[1]) Das Zeichen für die Lagerart „0“ wird bei der Bildung der Zeichengruppe für die Lagerreihe unterdrückt.

[2]) Das Zeichen für die Baureihe wird bei der Bildung der Zeichengruppe für die Lagerreihe unterdrückt.

[3]) Das Zeichen für die Lagerart „1“ wird bei der Bildung der Zeichengruppe für die Lagerreihe unterdrückt.

[4]) Entspricht dem Maßplan nur hinsichtlich der Durchmesserreihe.

[5]) Das Verhältnis vom Bohrungsdurchmesser der Hülse zum Manteldurchmesser ist nicht durch den Maßplan festgelegt.

[6]) Die Lagerreihenbezeichnung wäre theoretisch 203; sie ist in 213 geändert, um eine Unterscheidung mit Tonnenlagern gleicher Maßreihe zu ermöglichen.

[7]) Sollen die Lager dieser Ausführung einschließlich zugehöriger Unterlegscheiben bezeichnet werden, so wird dem Basiszeichen ein „U“ angehängt. Beispiel 533 20U.

[8]) E wird zur Hervorhebung einer verstärkten Ausführung benutzt, die sich durch abweichende Maße vom Hülsenkreisdurchmesser unterscheiden kann: z. B. NJ22 .. E. Die Punkte (..) stehen für die Bohrungskennzahl.

[9]) Die Zeichen für die Maßreihe werden bei der Bildung der Zeichengruppe für die Lagerreihe unterdrückt.

[10]) Die Kurzzeichen für die Grundausführung sind historisch erklärbar und folgen keinem System. Vor- und Nachsetzzeichen nach dieser Norm können sinngemäß angewendet werden.

3.16
Genormte Wälzlager, Bezeichnung nach DIN 623 T1 (Fortsetzung)

3.3 Tragfähigkeit und Lebensdauer

In einer ausgereiften Konstruktion soll die Funktionsfähigkeit aller Einzelteile auf eine für den Verwendungszweck als wirtschaftlich erkannte Benutzungsdauer begrenzt sein. Je nach der Art der Konstruktion wird die Benutzungsdauer z. B. durch Abrostung (Korrosion), durch Verschleiß oder durch Dauerbruchgefahr (Zeitfestigkeit) beeinflusst. Man ist bestrebt, die Erlebenswahrscheinlichkeit (Gebrauchsdauer) eines Wälzlagers so genau wie möglich vorausbestimmen zu können. Wenn ein Auswechseln leicht möglich ist, kann es zweckmäßig sein, die Erlebenswahrscheinlichkeit des Lagers als Bruchteil derjenigen der Gesamtkonstruktion zu wählen. In Fällen, in denen der Ausfall des Lagers bzw. das Auswechseln erhebliche Betriebsstörungen verursacht, wird es jedoch überdimensioniert; man wählt dann seine Erlebenswahrscheinlichkeit größer als diejenige der Maschine und setzt dadurch die Wahrscheinlichkeit eines vorzeitigen Ausfalls herab.

Die Gebrauchsdauer von Wälzlagern hängt, von vermeidbaren Einbau- und Wartungsfehlern abgesehen, von den im Betrieb auftretenden Kräften oder vom unvermeidlichen Verschleiß ab; die Kräfte führen bei umlaufenden Lagern zu Ermüdungsbrüchen, bei stillstehenden Lagern oder solchen mit langsamer Umlauf- oder Pendelbewegung zu plastischen Verformungen der Laufflächen an Wälzkörpern oder Ringen bzw. Scheiben. Verschleiß, auch in Verbindung mit Korrosion, führt zu einer Vergrößerung des Lagerspiels und dadurch zur Minderung der Führungsgenauigkeit und der Tragfähigkeit. (Richtwerte für die Wahl der nominellen Lebensdauer von Wälzlagern s. Bild **3.18** und **3.19**.)

Die notwendigen Grundlagen für die Berechnung der statischen Tragfähigkeit bzw. der Lebensdauer bieten die Normen DIN ISO 76 und DIN ISO 281.

3.3.1 Statische Tragfähigkeit (DIN ISO 76)

Die **statische Belastung** ist die auf ein Lager wirkende Belastung in dem Falle, dass die Drehgeschwindigkeit der Lagerringe im Verhältnis zueinander Null ist. Unter statischer Belastung entstehen an den Wälzkörpern und an den Laufbahnen der Wälzlager bleibende Verformungen.

Die Erfahrung zeigt, dass eine bleibende Gesamtverformung vom 0,0001fachen des Wälzkörperdurchmessers im Mittelpunkt der am höchsten belasteten Berührungsstelle zwischen Wälzkörper und Laufbahn in den meisten Anwendungsfällen ohne Beeinträchtigung des Betriebsverhaltens zugelassen werden kann.

Die **statische radiale Tragzahl** $C_{0\,r}$ bzw. die **statische axiale Tragzahl** $C_{0\,a}$ ist die statische radiale bzw. axiale Belastung, die einer errechneten Beanspruchung an der Berührstelle im Mittelpunkt der am höchsten belasteten Berührstelle zwischen Wälzkörper und Laufbahn von 4600 MPa bei Pendelkugellagern, 4200 MPa bei Radial- und Axial-Kugellagern und von 4000 MPa bei Radial- und Axial-Rollenlagern entspricht. Diese Beanspruchungen verformen Wälzkörper und Laufbahn bleibend um das 0,0001fache des Wälzkörperdurchmessers.

Die Norm DIN ISO 76 gibt für jede Lagerart Gleichungen an, nach denen der Hersteller die statischen Tragzahlen berechnet, um diese z. B. in Katalogen dem Anwender bereitzustellen (s. auch Bild **3.44** bis **3.56**).

Statisch äquivalente Lagerbelastung. Statische Belastungen, die sich aus einer Radial- und aus einer Axialbelastung zusammensetzen, müssen in eine äquivalente statische Lagerbelastung umgerechnet werden.

Die **statische äquivalente radiale Belastung** $P_{0\,r}$ für Radiallager bzw. die **statische äquivalente axiale Belastung** $P_{0\,a}$ für Axiallager ist die statische radiale bzw. zentrische axiale Belastung, die die gleiche Beanspruchung an der Berührstelle im Mittelpunkt der am höchsten belasteten Berührstelle zwischen Wälzkörper und Laufbahn verursacht wie die, die sich unter den tatsächlichen Belastungsbedingungen ergibt.

Die statische äquivalente **radiale Belastung** für Radial-Rillenkugellager, Schrägkugellager, Pendelkugellager $\alpha \neq 0°$ und für Rollenlager mit $\alpha \neq 0°$ ist der größte der beiden folgenden Werte

$$\boxed{P_{0\mathrm{r}} = X_0 \cdot F_\mathrm{r} + Y_0 \cdot F_\mathrm{a}} \tag{3.3}$$

$$\boxed{P_{0\mathrm{r}} = F_\mathrm{r}} \tag{3.4}$$

Hierin bedeuten:
F_r in N Radialkomponente der statischen Belastung
F_a in N Axialkomponente der statischen Belastung
X_0 Axialfaktor (Bild **3.39** bis **3.41**)
Y_0 Axialfaktor (Bild **3.39** bis **3.41**)

Lagerkombination. Bei der Berechnung der statischen äquivalenten radialen Belastung für zwei gleichartige einreihige Radial-Kugellager, Schrägkugellager oder Schrägrollenlager, die nebeneinander so auf derselben Welle angeordnet sind, dass sie als Einheit in X- oder O-Anordnung wirken, sind die X_0- und Y_0-Werte für zweireihige Lager und die F_r- und F_a-Werte für die Gesamtbelastung der Lageranordnung einzusetzen. Für zwei oder mehr gleichartige Lager der genannten Arten, die so angeordnet sind, dass sie als Doppel- oder Mehrfachlager in Tandem-Anordnung wirken, sind die X_0- und Y_0-Werte für einreihige Lager und die F_r- und F_a-Werte für die Gesamtbelastung der Lageranordnung einzusetzen. Für Schrägkugellager mit $\alpha = 40°$ ist die äquivalente Belastung bei Tandem-Anordnung $P_0 = 0{,}5 \cdot F_\mathrm{r} + 0{,}26 \cdot F_\mathrm{a}$ und bei X- oder O-Anordnung $P_0 = F_\mathrm{r} + 0{,}52 \cdot F_\mathrm{a}$. Wird bei Tandem-Anordnung $P_0 < F_\mathrm{r}$, so ist mit $P_0 = F_\mathrm{r}$ zu rechnen.

Die statische äquivalente axiale Belastung für Axial-Kugel- und Axial-Rollenlager mit $\alpha \neq 90°$ ergibt sich aus der Gleichung

$$\boxed{P_{0\mathrm{a}} = 2{,}3 \cdot F_\mathrm{r} \cdot \tan\alpha + F_\mathrm{a}} \tag{3.5}$$

Diese Gleichung gilt bei zweiseitig wirkenden Lagern für alle Verhältnisse von Radial- zu Axialbelastungen. Für einseitig wirkende Lager gilt sie, wenn $F_\mathrm{r}/F_\mathrm{a} \leq 0{,}44 \cdot \cot\alpha$ ist; sie gibt zufriedenstellende, aber weniger sichere Werte von $P_{0\,\mathrm{a}}$ für $F_\mathrm{r}/F_\mathrm{a}$ bis zu $0{,}67 \cdot \cot\alpha$. Axialkugellager mit $\alpha = 90°$ können nur axiale Belastungen aufnehmen.

Erforderliche statische Tragzahl. Die statische Tragzahl C_0 sollte der Auswahl eines Wälzlagers dann zugrunde gelegt werden, wenn einer der nachstehend genannten Betriebsfälle vorliegt:

1. Das Lager steht still und wird dabei dauernd oder kurzzeitig (stoßartig) belastet.
2. Das Lager führt langsame Schwenk- oder Einstellbewegungen unter Belastung aus.
3. Das Lager läuft unter Belastung mit sehr niedriger Drehzahl um und muss nur für eine kurze Lebensdauer ausgelegt werden.
4. Das Lager läuft um und muss zusätzlich zur normalen Betriebsbelastung während des Bruchteils einer Umdrehung eine hohe Stoßbelastung aufnehmen.

Die erforderliche statische Tragzahl kann ermittelt werden aus der Gleichung

$$\boxed{C_0 = S_0 \cdot P_0} \tag{3.6}$$

Hierin ist C_0 die statische Tragzahl, P_0 die statische äquivalente radiale bzw. axiale Belastung und S_0 die Sicherheit bei statischer Belastung (Richtwerte für die Sicherheit s. Bild **3.17**). Die Tragzahl des gewählten Lagers muss gleich oder größer als die erforderliche Tragzahl sein. (Statische Tragzahlen s. in Herstellerkatalogen oder in Bild **3.44** bis **3.56**.)

Betriebsweise	Umlaufende Lager Anforderungen an die Laufruhe gering		normal		hoch		Nicht umlaufende Lager	
	Kugellager	Rollenlager	Kugellager	Rollenlager	Kugellager	Rollenlager	Kugellager	Rollenlager
ruhig erschütterungsfrei	0,5	1	1	1,5	2	3	0,4	0,8
normal	0,5	1	1	1,5	2	3,5	0,5	1
stark stoßbelastet	≧ 1,5	≧ 2,5	≧ 1,5	≧ 3	≧ 2	≧ 4	≧ 1	≧ 2

3.17
Richtwerte für die statische Tragsicherheit S_0

Kontrolle der statischen Tragfähigkeit. Bei dynamisch belasteten Lagern, die nach der Lebensdauer ausgewählt wurden, sollte die statische Tragsicherheit nach Gl. (3.6) kontrolliert werden. Ist die ermittelte Sicherheit $S_0 = C_0 / P_0$ kleiner als der empfohlene Richtwert, dann muss ein Lager mit höherer statischer Tragzahl gewählt werden.

3.3.2 Lebensdauer (DIN ISO 281)

Begriffe

Lebensdauer. Für ein einzelnes Lager diejenige Anzahl von Umdrehungen, die ein Lagerring (Lagerschale) in Bezug auf den anderen Lagerring (Lagerscheibe) ausführt, bevor das erste Anzeichen von Materialermüdung an einem der beiden Ringe (Scheiben) oder am Wälzkörper sichtbar wird.

Erlebenswahrscheinlichkeit. Der Prozentsatz einer Gruppe offensichtlich gleicher, unter gleichen Bedingungen laufender Lager, der erwartungsgemäß eine bestimmte Lebensdauer erreicht oder überschreitet. Die Erlebenswahrscheinlichkeit eines einzelnen Wälzlagers ist die Wahrscheinlichkeit, dass das Lager eine bestimmte Lebensdauer erreicht oder überschreitet.

Nominelle Lebensdauer. Die mit 90% Erlebenswahrscheinlichkeit erreichte rechnerische Lebensdauer für ein einzelnes Wälzlager oder für eine Gruppe von offensichtlich gleichen, unter gleichen Bedingungen laufenden Wälzlagern, bei heute allgemein verwendetem Werkstoff normaler Herstellqualität und üblichen Betriebsbedingungen. Die Zahlenwertgleichung für die **nominelle Lebensdauer** lautet

$$L_{10} = \left(\frac{C}{P}\right)^{p} \quad \text{in } 10^6 \text{ Umdrehungen} \tag{3.7}$$

Hierin bedeuten:

L_{10}		nominelle Lebensdauer in Millionen Umdrehungen
C	in N	dynamische radiale bzw. axiale Tragzahl (Bild **3.41** und **3.42** und Kataloge)
P	in N	dynamische äquivalente Radial- bzw. Axiallast
p		Exponent der Lebensdauer: für Kugellager $p = 3$, für Rollenlager $p = (10/3)$

Häufig ist es sinnvoller, mit der nominellen Lebensdauer in Betriebsstunden nach folgender Zahlenwertgleichung zu rechnen.

$$L_h = \frac{L_{10} \cdot 10^6}{60 \cdot n} = \frac{16666}{n} \cdot \left(\frac{C}{P}\right)^p \quad \text{in Stunden} \tag{3.8}$$

Hierin bedeuten:

L_h		Lebensdauer in Stunden (s. Bild **3.18**)
L_{10}		nominelle Lebensdauer in Millionen Umdrehungen
n	in min^{-1}	Drehfrequenz (Drehzahl)
C	in N	dynamische Tragzahl
P	in N	dynamische äquivalente Belastung
p		Exponent; für Kugellager $p = 3$, für Rollenlager $p = (10/3)$

Betriebsverhältnisse	**L_h in h**
Selten benutzte Vorrichtungen und Geräte: Haushaltsgeräte, Instrumente	500 ... 2 000
Kurzzeitbetrieb: Personenkraftwagen	2 000 ... 4 000
Mittlere tägliche Betriebszeit, Betriebsstörungen ohne größere Bedeutung: Landwirtschaftsmaschinen, Baumaschinen	4 000 ... 8 000
Mittlere tägliche Betriebszeit, große Betriebssicherheit: Aufzüge, Stückgutkrane	8 000 ... 12 000
Längere tägliche Betriebszeit, nur teilweise ausgelastet: Fördereinrichtungen, Zahnradgetriebe	12 000 ... 20 000
Längere tägliche Betriebszeit, meist voll ausgelastet: Werkzeugmaschinen, Schienenfahrzeuge	20 000 ... 40 000
Dauerbetrieb: Walzwerksgetriebe, Textilmaschinen Großmotoren, Kompressoren, Pumpen	40 000 ... 80 000
Dauerbetrieb mit großer Betriebssicherheit: Papiermaschinen, öffentliche Kraftanlagen	80 000 ... 200 000

3.18
Erfahrungswerte für die Lebensdauer L_h in Betriebsstunden

Bei Fahrzeugen wird die Lebensdauer vorzugsweise in Fahrkilometern angegeben.

$$L_s = \pi \cdot \frac{D \cdot 10^6 \cdot L_{10}}{(1 \cdot 10^6 \,\text{mm/km})} = \pi \cdot D \cdot L_{10} \quad \text{in km} \tag{3.9}$$

In dieser Zahlenwertgleichung bedeuten:

L_s nominelle Lebensdauer in km
L_{10} nominelle Lebensdauer in Millionen Umdrehungen
D Laufraddurchmesser in mm

Übliche Betriebsbedingungen sind die Bedingungen, die erwartungsgemäß bei einem Lager vorherrschen, das sachgemäß eingebaut, vor Fremdkörpern geschützt und normal geschmiert ist, das keinen extremen Belastungen und Temperaturen ausgesetzt ist und nicht mit außergewöhnlich niedriger oder hoher Umlaufgeschwindigkeit betrieben wird.

Art des Fahrzeuges	**L_s in km**
Radlagerungen für Straßenfahrzeuge	
Personenkraftwagen	100 000
Lastkraftwagen, Omnibusse	200 000 ... 300 000
Achslagerungen für Schienenfahrzeuge:	
Güterwagen (bei ständig wirkender Achslast)	80 000
Nahverkehrsfahrzeuge, Straßenbahnen	1 500 000
Reisezugwagen für Fernverkehr	3 000 000
Triebwagen für Fernverkehr	3 000 000 ... 4 000 000
Diesel- und Elektrolokomotiven für Fernverkehr	3 000 000 ... 5 000 000

3.19
Erfahrungswerte für die Lebensdauer L_s in Fahrkilometern

Modifizierte Lebensdauer. Für bestimmte Anwendungsfälle kann es wünschenswert sein, eine andere als die 90% Erlebenswahrscheinlichkeit zu berechnen. Dies ist insbesondere dann der Fall, wenn besondere Lager ausgeführt werden sollen oder nicht übliche Betriebsbedingungen vorliegen. Die Gleichung für die modifizierte Lebensdauer, d. h. für die nominelle Lebensdauer einer Erlebenswahrscheinlichkeit von (100- n)%, lautet

$$\boxed{L_{\mathrm{n\,a}} = a_1 \cdot a_2 \cdot a_3 \cdot L_{10}} \qquad (3.10)$$

Hierin sind:

$L_{\mathrm{n\,a}}$ Die modifizierte nominelle Lebensdauer in Millionen Umdrehungen. Der Index n bezeichnet die Differenz zwischen der geforderten Erlebenswahrscheinlichkeit und 100%.

a_1 Beiwert für die geforderte Erlebenswahrscheinlichkeit (a_1 = 1 für 90% und a_1 = 0,21 für 99%) (s. Bild **3.20)**

a_2 Beiwert für den Werkstoff

a_3 Beiwert für die Betriebsbedingung

Der Beiwert a_1 wird zur Ermittlung von Lebensdauern verwendet, die mit größerer Wahrscheinlichkeit als 90% erreicht wird. Mit steigender Prozentzahl fällt die Anzahl der möglichen Umdrehungen.

Erlebenswahrscheinlichkeit in %	$L_{\mathrm{n\,a}}$	a_1	Erlebenswahrscheinlichkeit in %	$L_{\mathrm{n\,a}}$	a_1
90	$L_{10\,\mathrm{a}}$	1	97	$L_{3\,\mathrm{a}}$	0,44
95	$L_{5\,\mathrm{a}}$	0,62	98	$L_{2\,\mathrm{a}}$	0,33
96	$L_{4\,\mathrm{a}}$	0,53	99	$L_{1\,\mathrm{a}}$	0,21

3.20
Beiwert a_1 für die Erlebenswahrscheinlichkeit in der modifizierten Lebensdauergleichung, Gl. (3.10)

Der Werkstoffbeiwert wird für die aus Standardstählen gefertigten Lager a_2 = 1 gesetzt. Nach dem Stand der gegenwärtigen Wissenschaft ist es nicht möglich, Abhängigkeiten zwischen a_2-Werten und den Eigenschaften von Lagerwerkstoff und Geometrie der Lagerlaufbahn genormt festzulegen. Die Werte für a_2 müssen als Erfahrungswerte gefunden und vom Hersteller des Lagers erfragt werden. Dies gilt insbesondere beim Einsatz eines Wälzlagers aus Sonderstahl.

Der Beiwert a_3 berücksichtigt z. B. die Angemessenheit der Schmierung (bei Betriebsgeschwindigkeit und -temperatur), das Vorhandensein von Fremdkörpern und Bedingungen, die Änderungen der Werkstoffeigenschaften verursachen (z. B. hohe Temperatur, die die Härte vermindert). Werte $a_3 < 1$ sollten z. B. erwogen werden, wenn im Betrieb die kinematische Viskosität $v > 23$ mm²/s bei Kugellagern oder $v < 20$ mm²/s bei Rollenlagern ist und/oder wenn die Drehfrequenz außergewöhnlich niedrig ist. Empfehlungen für geeignete Werte für den Faktor a_3 sind vom Lagerhersteller zu erfragen.

Dynamische radiale Tragzahl C_r bzw. dynamisch axiale Tragzahl C_a. Die in der Größe und Richtung unveränderliche Radiallast bzw. zentrische Axiallast, die ein Wälzlager theoretisch für eine nominelle Lebensdauer von **einer Million Umdrehungen** aufnehmen kann. Im Falle eines einreihigen Schräglagers bezieht sich die radiale Tragzahl auf die radiale Komponente der Last, die eine rein radiale Verschiebung der Lagerringe gegeneinander verursacht.

Die mit den Gleichungen der Norm DIN ISO 281 vom Lagerhersteller ausgerechneten Werte für die dynamische Tragzahl C werden in Wälzlagerkatalogen angegeben; s. auch Bild **3.44** bis **3.56**. Im allgemeinen wird in Wälzlagerkatalogen sowohl für die dynamischen radialen Tragzahlen als auch für die dynamischen axialen Tragzahlen das Formelzeichen C benutzt. Um welche Belastungsrichtung es sich handelt, erkennt man aus der Angabe der Lagerart (Radial- oder Axiallager).

Die Eignung eines Lagers durch Erprobung einer genügenden Anzahl von Lagern für einen bestimmten Anwendungsfall festzustellen, ist oft nicht durchführbar. Die Lebensdauerberechnung, wie sie DIN ISO 281 angibt, wird als angemessener Ersatz für Eignungsprüfungen angesehen. Mit der dynamischen Tragzahl und der äquivalenten Belastung wird die nominelle Lebensdauer des Lagers berechnet, Gl. (3.7).

Lagerkombination und dynamische radiale Tragzahl. Bei der Berechnung der radialen Tragzahl C_r für zwei gleichartige, einreihige Radial-Rillenkugellager bzw. Schrägkugellager oder Radialrollenlager, die nebeneinander auf der Welle so angeordnet sind, dass sie als Einheit arbeiten (Doppel-Anordnung bzw. X- oder O-Anordnung), wird das Paar als ein zweireihiges Lager angesehen.

Die dynamische radiale Tragzahl C_r für zwei oder mehr gleichartige, einreihige Radial- oder Schrägkugellager, die nebeneinander so auf die Welle gesetzt sind, dass sie als Einheit (Doppel- oder Mehrfachlager) in Tandem-Anordnung wirken, und die so hergestellt und montiert sind, dass gleichmäßige Lastverteilung gewährleistet ist, ergibt sich aus der Tragzahl eines einreihigen Lagers, multipliziert mit der 0,7ten Potenz der Anzahl der Lager. Bei Verwendung einreihiger Radialrollenlager wird die Tragzahl des einreihigen Lagers mit der (7/9)ten Potenz der Anzahl der Lager multipliziert.

Lagerkombination und dynamische axiale Tragzahl. Die axiale Tragzahl C_a für zwei oder mehr gleichartige, einseitig wirkende Axial-Rollenlager, die auf der Welle in Tandem-Anordnung wirken, ergibt sich aus der Tragzahl eines Lagers, multipliziert mit der (7/9)ten Potenz der Anzahl der Lager.

Dynamische äquivalente Radiallast P_r bzw. **dynamische äquivalente Axiallast P_a** (DIN ISO 281) ist die in der Größe und Richtung unveränderliche Radiallast bzw. Axiallast, unter deren Einwirkung ein Wälzlager die gleiche nominelle Lebensdauer erreichen würde wie unter den tatsächlich vorliegenden Belastungsverhältnissen.

Wenn die Lagerbelastung in Größe und Richtung unveränderlich ist und bei Radiallagern rein radial, bei Axiallagern rein axial und zentrisch wirkt, dann wird an Stelle der dynamischen äquivalenten Lagerbelastung P in die Lebensdauergleichung (3.7) die Kraft F eingesetzt ($P = F = F_a$ bzw. F_r).

Häufig wird ein Wälzlager radial und axial belastet. Man zerlegt die konstante wirkliche Belastung in eine Radialkomponente F_r und in eine Axialkomponente F_a und ermittelt die dynamische äquivalente Belastung für Radiallager P_r bzw. für Axiallager P_a nach der Gleichung

$$\boxed{P_r \text{ bzw. } P_a = X \cdot F_r + Y \cdot F_a} \tag{3.11}$$

Hierin sind X der Radialfaktor des Lagers und Y der Axialfaktor. Die Zahlenwerte für diese Faktoren sind der Norm DIN ISO 281, Lagerkatalogen bzw. den Bildern **3.41**, **3.42** zu entnehmen. Die Angaben $X = 0$ oder $Y = 0$ bedeuten, dass in der entsprechenden Richtung diese Kraftkomponente nicht berücksichtigt wird.

Bei einreihigen Radiallagern wirkt sich eine axiale Belastungskomponente erst dann auf die äquivalente Belastung P aus, wenn das Verhältnis F_a/F_r einen bestimmten Grenzwert e überschreitet. Bei zweireihigen Radiallagern dagegen sind auch kleine Axialbelastungen von Bedeutung. Axial-Kugel- und -Rollenlager mit $\alpha = 90°$ können nur Axiallasten aufnehmen ($P = F_a$; $P_0 = F_a$; gilt für die Axiallager der Bilder **3.48**, **3.49** und **3.50**).

In der Berechnung ist es oft zweckmäßig, die Radial- und Axialfaktoren für das Belastungsverhältnis $F_a/F_r \leq e$ von den Faktoren für das Verhältnis $F_a/F_r > e$ durch die Indizes 1 bzw. 2 zu unterscheiden. Die Gl. (3.11) lautet hiermit für

$$\boxed{\frac{F_a}{F_r} \leq e \Rightarrow P = X_1 \cdot F_r + Y_1 \cdot F_a} \quad \text{und für} \quad \boxed{\frac{F_a}{F_r} > e \Rightarrow P = X_2 \cdot F_r + Y_2 \cdot F_a} \tag{3.12 a, b}$$

Zur Berechnung der äquivalenten Radiallast P_r für zwei gleichartige, einreihige Schrägkugellager oder Schrägrollenlager, die nebeneinander in X- oder O-Anordnung auf dieselbe Welle gesetzt sind, ist das Paar als ein zweireihiges Lager zu betrachten; die X- und Y-Faktoren werden für zweireihige Lager bestimmt. So ist für Schrägkugellager mit $\alpha = 40°$ die äquivalente Belastung $P_r = F_r + 0{,}55 \cdot F_a$ bei $F_a/F_r \leq 1{,}14$ und $P_r = 0{,}57 \cdot F_r + 0{,}93 \cdot F_a$ bei $F_a/F_r > 1{,}14$; s. Bild **3.42**. Für zwei gleichartige, einreihige Radial-Kugellager und Schrägrollenlager in Tandem-Anordnung werden die X- und Y-Faktoren für einreihige Lager benutzt.

Erforderliche Mindestbelastung. Der schlupffreie Betrieb eines Wälzlagers ist nur möglich, wenn eine Mindestlast auf das Lager wirkt. Sie ist besonders bei Lagern mit hohen Beschleunigungen oder hohen Drehfrequenzen von Bedeutung. Üblich ist für Rollenlager eine Mindestbelastung $P = 0{,}02 \cdot C$ und für Kugellager $P = 0{,}01 \cdot C$.

3.3.3 Äquivalente Lagerbelastung für veränderliche Bedingung

Die Berechnung der nominellen Lebensdauer nach Gl. (3.7) setzt voraus, dass die dynamische äquivalente Last P, die Drehfrequenz n sowie die Lastrichtung konstant sind. Diese Bedingungen sind nicht oft erfüllt. Für diese Fälle müssen äquivalente Belastungswerte bestimmt werden, welche die gleiche Auswirkung auf die Lebensdauer haben wie die tatsächlich wirkenden veränderlichen Beanspruchungen. Zunächst wird eine mittlere Belastung ermittelt, die den gleichen Einfluss auf das Lager hat wie die tatsächlich wirkende veränderliche Belastung.

Wirkt die ermittelte Last F_m rein radial (für Radiallager) oder axial (für Axiallager), dann wird für die äquivalente Belastung $P = F_m$ in die Gl. (3.7) eingesetzt. Wirkt F_m in einer beliebigen unveränderlichen Richtung, so wird die mittlere Last F_m in ihre radiale und axiale Komponente $F_{m\,r}$ und $F_{m\,a}$ zerlegt. Mit diesen Werten bestimmt man nach Gl. (3.11) die dynamische äquivalente Belastung P zur Berechnung der nominellen Lebensdauer nach Gl. (3.7).

Veränderliche Lagerbelastung, konstante Drehfrequenz und konstante Lastrichtung (**3.21a**). Für eine über den Zeitraum T mit der Zeit t veränderliche Last $F(t)$ ergibt sich aus den Bedingungen für die nominelle Lebensdauer die **mittlere äquivalente Lagerbelastung**

$$F_m = \sqrt[p]{\frac{1}{T}\int_0^T F^p(t)\,dt} \tag{3.13}$$

mit dem Exponenten der Lebensdauer für Kugellager $p = 3$ und für Rollenlager $p = (10/3)$.

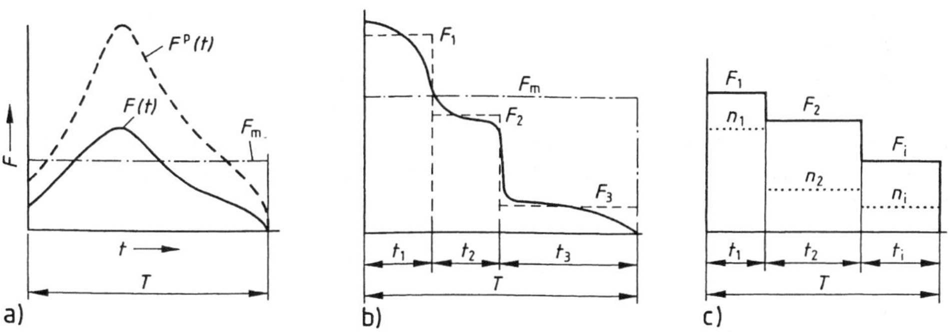

3.21
Lagerbelastung bei veränderlichen Bedingungen
a) veränderliche Belastung, konstante Drehfrequenz
b) stufenweise veränderliche Belastung, konstante Drehfrequenz
c) Belastung und Drehfrequenz stufenweise veränderlich

Stufenweise veränderliche Lagerbelastung und konstante Drehfrequenz (3.21b). Bei stufenweiser Belastung F_i im Zeitraum T, oder wenn eine stetig veränderliche Belastung näherungsweise durch eine Reihe von konstanten Einzelkräften ersetzt werden kann, wird die allgemeine Gleichung (3.13) durch die Summenformel über die z Zeitabschnitte Δt_i ersetzt, wobei $q_i = (\Delta t_i / T) \cdot 100$ der jeweilige Anteil an der gesamten Wirkungsdauer in % bedeutet

$$F_m = \sqrt[p]{\frac{q_1 \cdot F_1^p + q_2 \cdot F_2^p + \cdots + q_z \cdot F_z^p}{100}} \tag{3.14}$$

Linear veränderliche Last bei konstanter Drehfrequenz und gleichbleibender Lastrichtung. Ändert sich die Last in einem bestimmten Zeitabschnitt stetig zwischen einem Kleinstwert F_{min} und einem Größtwert F_{max}, dann kann für die mittlere Belastung gesetzt werden

$$F_m = \frac{F_{min} + 2 \cdot F_{max}}{3} \tag{3.15}$$

Veränderliche Drehfrequenz und veränderliche Lagerbelastung. Sind die Drehfrequenz und die Last im Zeitraum T Zeitfunktionen $n(t)$ und $F(t)$, so wird die äquivalente Drehfrequenz nach Gleichung (3.19) bestimmt. Die mittlere äquivalente Lagerbelastung ergibt sich aus der Beziehung

$$F_m = \sqrt[p]{\frac{\int_0^T n(t) \cdot F^p(t)\,dt}{\int_0^T n(t)\,dt}} \qquad (3.16)$$

Belastung und Drehfrequenz stufenweise veränderlich (3.21c). Die mittlere Lagerbelastung ist über z Zeitabstände Δt_i mit den jeweiligen Anteilen an der Wirkungsdauer $q_i = (\Delta t_i / T) \cdot 100$ in % und den Drehfrequenzen $n_1 \ldots n_z$

$$F_m = \sqrt[p]{\frac{q_1 \cdot n_1 \cdot F_1^p + \cdots + q_z \cdot n_z \cdot F_z^p}{q_1 \cdot n_1 + \cdots + q_z \cdot n_z}} \qquad (3.17)$$

Veränderliche Lastrichtung und Drehfrequenz. Die Belastung im Zeitraum T wird in konstante Teilkräfte F_1, F_2 ... entsprechend der Drehfrequenzen n_1, n_2 ... aufgeteilt, die dann in ihre axiale und radiale Komponenten $F_{1\,r}$, $F_{1\,a}$, $F_{2\,r}$, $F_{2\,a}$ ... zerlegt werden. Mit diesen Komponenten werden gesondert nach Gl. (3.11) die äquivalenten Belastungen P_1, P_2 ... bestimmt und entsprechend Gl. (3.17) zu einer mittleren äquivalenten Belastung zusammengestellt

$$P_m = \sqrt[p]{\frac{q_1 \cdot n_1 \cdot P_1^p + \cdots + q_z \cdot n_z \cdot P_z^p}{q_1 \cdot n_1 + \cdots + q_z \cdot n_z}} \qquad (3.18)$$

An Stelle der jeweiligen Anteile q_i in % an der Wirkungsdauer bzw. für das Produkt $q_i \cdot n_i$ kann auch die jeweilige Anzahl der Umdrehungen $U_i = n_i \cdot t_i$ in den Gleichungen (3.13), (3.16), (3.17) verwendet werden. In den Nenner der Gleichungen wird die gesamte Anzahl der Umdrehungen U eingesetzt.

Veränderliche Drehfrequenz. Liegt eine während des Zeitraumes T mit der Zeit t veränderliche Drehfrequenz $n(t)$ vor, so ist in die Gleichung (3.8) zur Berechnung der Lebensdauer in Betriebsstunden die mittlere wirksame Drehfrequenz nach folgender Beziehung einzusetzen

$$n = \frac{1}{T} \int_0^T n(t)\,dt \qquad (3.19)$$

Bei stufenweise veränderlicher Drehfrequenz n_i im Zeitraum T kann die Gleichung (3.19) durch die Summenformel über die z Zeitabschnitte Δt_i ersetzt werden, wobei $q_i = (\Delta t_i / T) \cdot 100$ der jeweilige Anteil an der Wirkungsdauer in % ist.

$$n = \frac{q_1 \cdot n_1 + q_2 \cdot n_2 + \cdots + q_z \cdot n_z}{100} \qquad (3.20)$$

Oszillierende Lagerbewegung. Die Lebensdauer nach Gl. (3.8) wird mit folgender äquivalenter Drehfrequenz ermittelt

$$n = n_{\text{osz}} \cdot \frac{\gamma}{90°} \tag{3.21}$$

Hierin bedeuten:
n in min^{-1} äquivalente Drehfrequenz
n_{osz} in min^{-1} Frequenz der Hin- und Herbewegung
γ in Grad Schwenkamplitude (halber Schwenkwinkel)

Ist die Schwenkamplitude kleiner als der Teilungswinkel der Wälzkörper, besteht die Gefahr der Riffelbildung. Die Berechnung der nominellen Lebensdauer nach Gl. (3.8) ist in diesem Fall nicht sinnvoll.

3.4 Gestalten der Lagerung

Die Empfindlichkeit der Wälzlager gegen Winkelbewegung, Fluchtungsfehler, Verkanten, Abweichungen vom vorgeschriebenen Lagerspiel und geringförmige Verformungen setzt voraus, dass die Lagerstellen im Gehäuse genau fluchten und dass das Gehäuse nach Möglichkeit weder in der Ebene der Wellenachse noch senkrecht dazu (z. B. zwischen zwei Lagerstellen) geteilt ausgeführt wird. Andererseits sollen die Wellen mit den zugehörigen Teilen (Ritzel, Ankerwicklungen usw.) einfach und ohne Beschädigung irgendeines Teiles aus- und eingebaut werden können. Häufig lassen sich diese Bedingungen nicht in idealer Form gleichzeitig erfüllen.

Hinweise für die zweckmäßige Gestaltung der Lagerstellen:

1. Die Endbearbeitung aller Sitzstellen für die Wälzlagerringe zur Lagerung einer Welle soll in einem Arbeitsgang erfolgen. Geteilte Gehäuse müssen vor der Endbearbeitung der Sitzflächen zusammengebaut werden, und die Lage der Teile muss durch Passstifte oder dgl. reproduzierbar festgelegt sein. Können die Lagerstellen nicht in einem Maschinenteil, z. B. in der Grundplatte einer Maschine, untergebracht werden, dann müssen Pendellager verwendet werden, die den Ausgleich von Fluchtungsfehlern ermöglichen (**3.33** und **3.34**).

2. Eine Teilung des Gehäuses in der Ebene der Wellenachse soll dann vermieden werden, wenn noch andere konstruktive Lösungen für den einwandfreien Ein- und Ausbau der Teile möglich sind.

Beispiel: Die Möglichkeit, eine Ritzelwelle in ein Getriebegehäuse von der Seite einzubauen, ergibt sich dadurch, dass man in der Gehäusewand eine seitliche Öffnung vorsieht, deren Durchmesser etwas größer ist als der größte Durchmesser des einzubauenden Werkstückes. In diese Öffnung wird ein genau zentrierter Ring eingesetzt, der seinerseits die Bohrung zur Aufnahme des Wälzlager-Außenrings enthält (*5* in Bild **3.31** und *14* in Bild **3.35**). Diese Lösung hat zugleich den Vorteil, dass der Ring mit Gewindebohrungen zur Aufnahme einer Abziehvorrichtung versehen werden kann (*13* in Bild **3.35**). Häufig erleichtert die Verwendung zerlegbarer Wälzlager den Ein- und Ausbau (**3.37**).

3. Kann eine Teilung des Gehäuses in der Wellenebene nicht vermieden werden, dann sind Ober- und Unterteil des Lagergehäuses so starr auszuführen, dass beim Anziehen der Deckelschrauben eine Verformung des Lager-Außenrings nicht möglich ist. Die Endbearbeitung der Bohrung hat mit betriebsmäßig angezogenen Deckelschrauben zu erfolgen. Die Verwendung

von Zwischenlagern zwischen Deckel und Gehäuse-Unterteil ist nicht zulässig. Man kann bei "weichen" Wälzlager-Außenringen das Wälzlager auch in einen Verstärkungsring aus Stahl einsetzen, der dann beim Einbau in das geteilte Gehäuse das Lager vor Verformungen schützt.

4. Für den Fall von Reparaturen an Maschinen ist bereits beim Entwurf der Lagerstelle darauf zu achten, dass die Lager bzw. die Lagerringe, die mit Passung eingesetzt sind, durch zweckmäßige, möglichst handelsübliche Vorrichtungen abgezogen und unbeschädigt wieder eingebaut werden können. Keinesfalls darf die Abziehkraft oder die Aufpresskraft von dem einen Ring über die Wälzkörper auf den anderen Ring übertragen werden. Zum Lösen größerer Lager wird Drucköl durch eine von außen zugängliche Bohrung in die Sitzfläche zwischen Lagerring und Welle bzw. Gehäusebohrung eingepresst, bis der betreffende Ring leicht verschieblich wird.

3.4.1 Anordnung der Lager

Für die Lagerung eines umlaufenden Maschinenteiles sind im allgemeinen zwei Lagerstellen, ein Festlager und ein Loslager, erforderlich, die es gegenüber dem stillstehenden Teil in radialer und axialer Richtung abstützen und führen (**3.22**).

Das **Festlager** (z. B. an einem Wellenende) übernimmt die radiale Abstützung und gleichzeitig die axiale Führung in beiden Richtungen (**3.22 a** bis **d**). Das Lager wird sowohl auf der Welle als auch im Gehäuse gegen seitliche Verschiebung festgelegt. Als Festlager eignen sich Radiallager, die radiale und axiale Belastungen aufnehmen können. Auch Kombinationen aus einem Radiallager für rein radiale Belastungen mit einem Axiallager für rein axiale Belastungen können vorgesehen werden; z. B. ein Zylinderrollenlager mit bordfreiem Innenring und ein Rillenkugellager (**3.22b**). Als Festlager können ebenfalls zweiseitig wirkende Axiallager verwendet werden. Mehrfach gelagerte Wellen dürfen nur an einer Stelle gegen Verschieben in Längsrichtung festgelegt werden, sie dürfen nur ein Festlager besitzen. Alle anderen Lager sind als Loslager auszubilden. Welche Lager sich als Festlager eignen, ergibt sich aus Abschn. 3.2.4.

Das **Loslager** übernimmt nur die radiale Abstützung. Es muss axiale Verschiebungen zulassen, damit ein gegenseitiges Verspannen der Lager an beiden Wellenenden, z. B. bei Längenänderungen der Welle durch Wärmeeinfluss, verhindert wird. Die Axialverschiebung erfolgt im Lager selbst, z. B. bei Zylinderrollenlagern mit bordlosem Innenring, oder meistens zwischen Außenring und Gehäuse (**3.22 a** bis **d**). Abhängig von den zu verwendenden Passungen kann auch die Verschiebbarkeit zwischen Innenring und Welle erforderlich sein, s. Bild **3.23**. Grundsätzlich muss der verschiebbare Lagerring einen losen Sitz aufweisen (Spielpassung), da anderenfalls bei festem Sitz keine axiale Verschiebung möglich wäre.

Bei der **"gegenseitigen Führung"** wird die Welle von jedem der beiden Lager nur in einer Richtung axial geführt (**3.22e**). Diese Lagerung kommt hauptsächlich für kurze Wellen (Ritzellagerung) in Frage. Geeignet dafür sind alle Arten von Radiallagern, die mindestens in einer Richtung axial belastet werden können. Bei Verwendung von Kegelrollenlagern oder einreihigen Schrägkugellagern ist in bestimmten Fällen Vorspannung erforderlich.

Schwimmende Lagerung (**3.22 f, g**). Um zwecks billigerer Fertigung die Gehäusebohrungen in einem Arbeitsgang durchgehend bohren zu können, werden Wellen einfacher Getriebe schwimmend gelagert; beide Lager werden als Loslager mit geringem seitlichem Spiel ausgebildet, wodurch eine begrenzte Verschiebung der Welle in Längsrichtung, z. B. durch Wärmedehnung, ermöglicht wird.

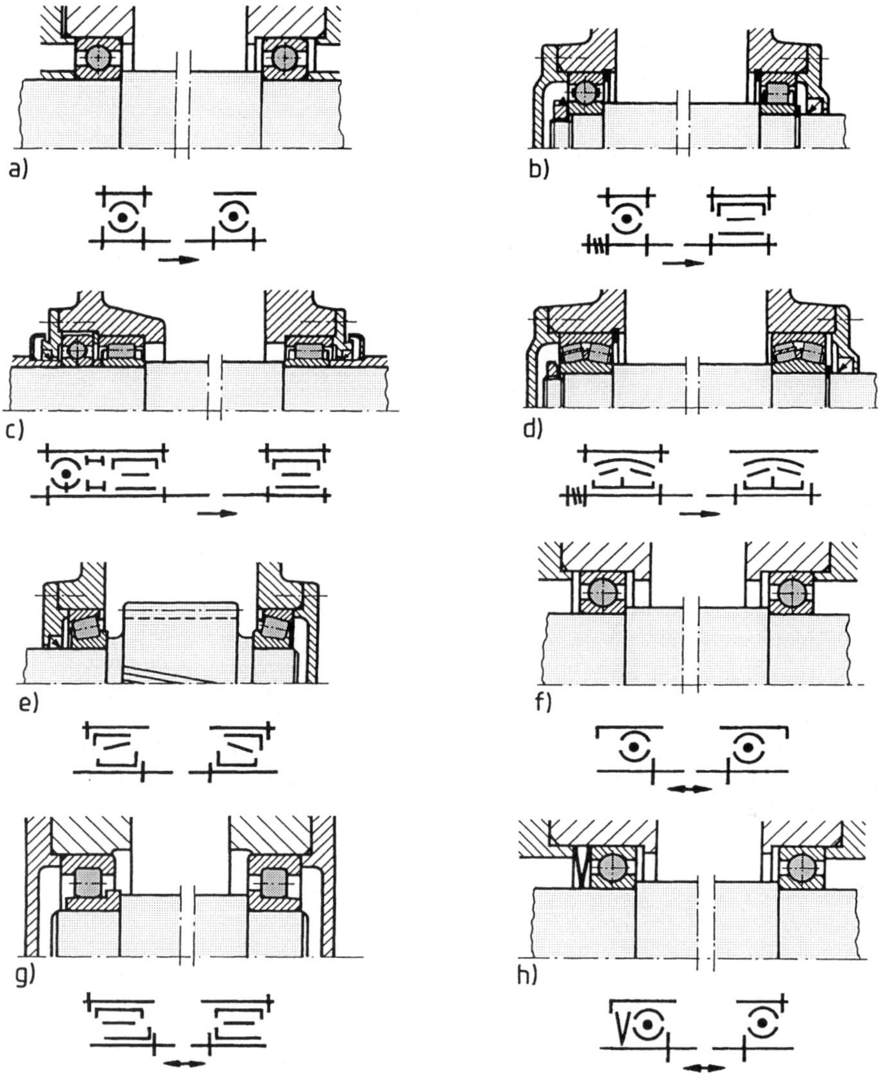

3.22
Anordnung der Lager
a) bis d) Loslager (rechts) und Festlager (links)
e) gegenseitige Führung; hauptsächlich zur Lagerung kurzer Wellen geeignet
f), g) schwimmende Lagerung
h) schwimmende Lagerung mit elastischer Verspannung

3.4.2 Radiale Befestigung der Lager

Um die Tragfähigkeit der Lager voll ausnutzen zu können, müssen ihre Ringe oder Scheiben auf dem ganzen Umfang bzw. auf der ganzen Auflagefläche gleichmäßig unterstützt werden.

Auch darf im Allgemeinen die Sitzfläche nicht durch Nuten oder Ausnehmungen unterbrochen sein. Darüber hinaus müssen die Lagerringe im Gehäuse und auf der Welle allein durch ihren Sitz so befestigt sein, dass eine Lockerung und ein Wandern in Umfangsrichtung ausgeschlossen ist und dass im Betrieb das optimale Lagerspiel erreicht wird. Diese Anforderungen lassen sich nur durch eine entsprechende feste Passung erreichen. Eine zu stramme Passung kann das Spiel zwischen Ringen und Wälzkörpern unzulässig verkleinern. Eine feste Passung kann dann nicht vorgesehen werden, wenn einfacher Ein- und Ausbau oder bei einem Loslager die axiale Verschieblichkeit sichergestellt sein muss.

Bei der **Auswahl einer Passung** ist zu beachten:

1. Die Ringe sind unter Berücksichtigung der hohen Genauigkeit als "weich" anzusehen, d. h. sie passen sich z. B. einer unrunden Welle oder Gehäusebohrung an und werden dabei selbst unrund; das vorgeschriebene Lagerspiel ist dann nicht mehr erreichbar.

Die Herstellgenauigkeit der Sitzflächen für Lagerringe muss der Genauigkeit der Lager selbst entsprechen. Starre, dickwandige Gegenstücke (z. B. Vollwellen, dickwandige Lagergehäuse) verformen die "weichen" Wälzlagerringe bei gleichem Passungsmaß mehr als weiche Gegenstücke. Ein Gegenstück ist nicht nur bei geringer Wanddicke weich, sondern im Vergleich zum Wälzlagerring auch dann, wenn es aus einem Werkstoff mit niedrigerem Elastizitätsmodul besteht, also aus Leichtmetall, Bronze usw.

Bei dünnwandigen Gehäusen, bei Gehäusen aus Leichtmetall oder bei Hohlwellen sind festere Passungen zu wählen als bei dickwandigen Stahl- und Gusseisengehäusen oder bei Vollwellen.

2. Die Ringe neigen dazu, sich in Folge des Wälzvorgangs im Betrieb aufzuweiten. Hierdurch wird der Sitz des Innenrings während des Betriebs loser, der Sitz des Außenrings fester als im Einbauzustand. Unter dem Einfluss der Umfangslast kann hierbei der lose Innenring zu wandern beginnen. Die Passung des Innenrings muss deshalb beim Einbau strammer gewählt werden als die des Außenrings. Hierbei ist zusätzlich zu beachten, dass ein unter der Last umlaufender Ring stärker aufgeweitet wird als ein relativ zur Last ruhender Ring. Zur Unterscheidung dienen die Begriffe "Umfangslast" und "Punktlast". Umfangslast wirkt auf den Ring, der relativ zur Last umläuft; Punktlast wirkt auf den Ring, an dem die Last stets im gleichen Punkt angreift, der also relativ zur Lastrichtung stillsteht (s. Bild **3.23**).

Beispiele

Bei einer Transmissionswelle steht das Lagergehäuse und mit ihm der Außenring des Wälzlagers still, die Last (Riemenzug) wirkt unverändert in der gleichen Richtung; der Innenring, der mit der Welle umläuft, dreht sich relativ zur Lastrichtung. Es wirkt Punktlast auf den Außenring, Umfangslast auf den Innenring.

Die Achse eines Fahrradlagers steht relativ zur Betriebslast still, die Nabe dreht sich mit dem Rad. Es wirkt Punktlast auf den Innenring, Umfangslast auf den Außenring. ■

3. Das Betriebsspiel des Lagers ist abhängig von der Passung. Eine zu feste Passung zwischen Innenring und Welle bzw. Außenring und Bohrung verringert die ursprüngliche Lagerluft des noch nicht eingebauten Lagers (s. Abschn. 3.2.2).

4. Hohe und stoßartige Belastung eines Ringes bei Umfangslast verlangen eine festere Passung, damit Lockerung vermieden wird.

Bewegungsverhältnisse			Innenring / Welle					Außenring / Gehäuse				
Beschreibung	Schema	typische Beispiele	Lastfall	Passung	Belastung F	Toleranzlage [1]) für Welle: Kugellager	Toleranzlage [1]) für Welle: Rollenlager	Lastfall	Passung	Belastung F	Toleranzlage [1]) für Welle: Kugellager	Toleranzlage [1]) für Welle: Rollenlager
Innenring rotiert Außenring steht still Lastrichtung unveränderlich		Stirnrad-getriebe, Elektro-motoren	Umfangs-last für Innenring	fester Sitz erforder-lich	$< 0{,}07 \cdot C$	h k	k m	Punktlast für Außenring, geteilte Gehäuse möglich	loser Sitz zulässig	beliebig	J [2]) H G [3]) F [3])	
					0,07 bis $0{,}15 \cdot C$	j k m	k m n p					
Innenring steht still Außenring rotiert Lastrichtung rotiert		Naben-lagerung mit großer Unwucht			$> 0{,}15 \cdot C$	m n	n p r					
Innenring steht still Außenring rotiert Lastrichtung unveränderlich		Laufräder mit still-stehender Achse, Seilrollen	Punktlast für Innenring	loser Sitz zulässig	beliebig	j h g f		Umfangs-last für Außenring, nur unge-teilte Gehäuse	fester Sitz erforder-lich	$< 0{,}07 \cdot C$	J	K
										0,07 bis $0{,}15 \cdot C$	K M	M N
Innenring rotiert Außenring steht still Lastrichtung rotiert		Schwing-siebe, Unwucht-schwinger								$> 0{,}15 \cdot C$	-	N P
Kombination von verschiedenen Bewegungsverhältnissen oder wechselnde Bewegungsverhältnisse		Kurbel-triebe	unbe-stimmt	Passung und Toleranzlage für die Welle werden bestimmt von dem dominierenden Lastfall sowie Montierbarkeit und Einstellbarkeit der Lagerung				unbe-stimmt	Passung und Toleranzlage für das Gehäuse werden bestimmt von dem dominierenden Lastfall sowie Montierbarkeit und Einstellbarkeit der Lagerung			

[1]) Die Reihenfolge der Toleranzlage (von oben nach unten) ist nach steigender Lagergröße geordnet
[2]) Nicht für geteilte Gehäuse
[3]) Die Toleranzlagen „G“ und „F“ werden auch bei Wärmezufuhr von der Welle angewendet

3.23
Toleranzlagen für Radiallager in zylindrischer Lagerbohrung, DIN 5425 T1

5. Temperaturunterschiede zwischen Welle und Gehäuse im Betriebszustand sind bei der Wahl der Passung zu berücksichtigen. Oft werden die Lagerringe wärmer als die Welle und das Gehäuse. Dadurch lockert sich der Innenring, wogegen der Außenring fester wird. Bei Loslagern kann dies die axiale Verschiebung behindern.

6. Loslager. Die Passung muss die Verschiebung eines der beiden Lagerringe, meist die des Außenrings, zulassen.

7. Die elastische Verformbarkeit der Ringe ist nicht bei allen Lagerarten gleich. Es können auch zwischen Lagern der gleichen Bauart verschiedener Hersteller Unterschiede vorhanden sein, da die inneren Abmessungen nicht genormt sind.

8. Zwischen der Passung des Innen- und Außenrings muss schließlich noch ein solcher Unterschied bestehen, dass sich bei der Zerlegung der Lagerstelle das Wälzlager entweder zuerst aus dem Gehäuse oder von der Welle löst. Der Ausbauvorgang, insbesondere die Reihenfolge der Zerlegung einer Lagerstelle, ist durch konstruktive Maßnahmen festzulegen.

Lagerbefestigung	**Toleranzfeld für Welle [1])**
Mit Abziehhülse nach DIN 5416	h7/IT 5 h8/IT 6
Mit Spannhülse nach DIN 5415	h7/IT 5 h8/IT 6 h9/IT 7

[1]) IT 5, IT 6, IT 7 bedeutet, dass außer der jeweiligen Maßtoleranz eine Zylinderformtoleranz des entsprechenden Genauigkeitsgrades empfohlen wird.

3.24
Toleranzlagen für Radiallager in kegeligen Lagerbohrungen DIN 5425 T1

Belastungsart	Lager Bauform	Wellenscheibe/Welle Lastfall	Wellenscheibe/Welle Passung	Wellenscheibe/Welle Toleranzlage [1]) für Welle	Gehäusescheibe/Gehäuse Lastfall	Gehäusescheibe/Gehäuse Passung	Gehäusescheibe/Gehäuse Toleranzlage [1]) für Gehäuse
Kombinierte Last	Axial-Schrägkugellager, Axial-Pendelrollenlager, Axial-Kegelrollenlager	Umfangslast	fester Sitz erforderlich	j k m	Punktlast	loser Sitz zulässig	H J
		Punktlast	loser Sitz zulässig	j	Umfangslast	fester Sitz erforderlich	K M
Reine Axiallast	Axial-Kugellager, Axial-Rollenlager	–		h j k	–		H G E

[1]) Die Reihenfolge der Toleranzlagen (von oben nach unten) ist nach steigender Lagergröße geordnet.

3.25
Toleranzlagen für Axiallager DIN 5425 T1

Für den Konstrukteur ist es in der Regel nicht leicht, die günstigste Passungsvorschrift in jedem Einzelfall so festzulegen, dass alle Gesichtspunkte richtig berücksichtigt sind. Einen Anhalt bietet DIN 5425 T1, s. Bild **3.23** bis **3.26**; eingehende Angaben findet man in den Listen der Hersteller, Abmaße der ISO-Toleranzen s. Teil 1. Empfohlene Werte für die Oberflächenrauheit von Passflächen s. Bild **3.27**.

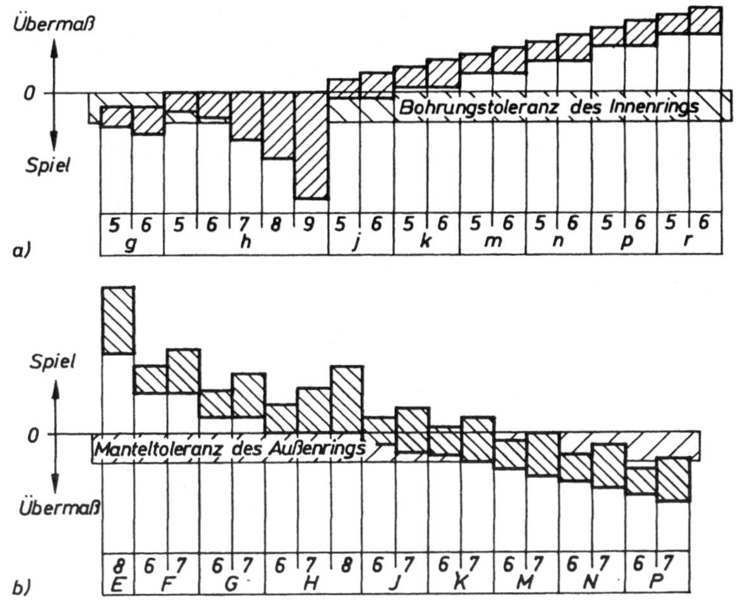

3.26
Toleranzfeldlage und Toleranzgrade für: a) Wellenpassungen und b) Gehäusepassungen

Wellentoleranzen sollen im Allgemeinen dem Grundtoleranzgrad IT 6, Gehäusetoleranzen dem Grundtoleranzgrad IT 7 nach DIN ISO 286-2 entsprechen. Bei erhöhten Anforderungen werden auch bessere Genauigkeiten angewendet. Für geringere Anforderungen (Stehlager im allgemeinen Maschinenbau) genügt bei Wellenpassungen der Grundtoleranzgrad IT 8.

Wellen- oder Gehäuse-Durchmesser in mm		Toleranzgrad der Durchmessertoleranz von Wellen- oder Gehäusepassflächen								
		IT 7			IT 6			IT 5		
		Oberflächenrauheit in µm nach DIN 4768								
		Rz	*Ra*		*Rz*	*Ra*		*Rz*	*Ra*	
über	bis		geschliffen	gedreht		geschliffen	gedreht		geschliffen	gedreht
–	80	10	1,6	3,2	6,3	0,8	1,6	4	0,4	0,8
80	500	16	1,6	3,2	10	1,6	3,2	6,3	0,8	1,6
500	1250	25	3,2	6,3	16	1,6	3,2	10	1,6	3,2

3.27
Empfohlene Werte für die Oberflächenrauheit von Passflächen; *Rz* gemäß DIN EN ISO 4287; *Ra* nach DIN EN ISO 4288

3.4.3 Festlegen der Lager in Längsrichtung

Lager, die Längskräfte übertragen sollen, müssen im Gehäuse und auf der Welle so festgelegt werden, dass sie der höchstmöglichen Axialkraft mit Sicherheit widerstehen können. Eine feste Passung allein reicht hierfür nicht aus. Geeignete Befestigungsmittel sind Wellenabsätze, Sicherungsringe, Gehäuseschultern, Lagerdeckel, Ringmuttern oder an den Stirnflächen der Wellen angeschraubte Endscheiben. Die axiale Befestigung mit Sicherungsringen, insbesondere bei Verwendung von Lagern mit einer Ringnut im Außenring, ist platzsparend und ermöglicht einen schnellen Ein- und Ausbau. Um bei der Übertragung großer Kräfte die Biegebeanspruchung der Sicherungsringe zu verringern, wird zwischen Lagerung und Sicherungsring ein Stützring eingebaut.

Die genaue Einstellung der Lager in Längsrichtung und das **Vorspannen** erfolgen mit Distanzscheiben, Distanzbuchsen, Passscheiben, Federn oder durch das Anstellen von Ringmuttern, die wegen der notwendigen Einstellgenauigkeit Feingewinde und eine in jeder Stellung wirksame Mutternsicherung besitzen müssen. Beispiele für die Lagensicherung s. Bild **3.22** und Bilder in Abschn. 3.6.2.

Loslager werden nur mit einem Laufring, meist auf der Welle, in Längsrichtung festgelegt, der andere Laufring muss sich einstellen können (s. Bild **3.22 a**, **d**: Außenring im Gehäuse einstellbar). Bei Einstelllagern (Wälzkörper gegenüber mindestens einem Laufring axial verschiebbar) sind stets beide Laufringe festzulegen (*9* in Bild **3.31**).

Befestigung auf langen Wellen. Zur Schonung des Lagers beim Einbau und insbesondere bei blank gezogenen langen Wellen sollen die Wälzlager bis an die Stelle ihres Sitzes lose über die Welle geschoben werden können. Die Welle muss also bis zum Lagersitz einen kleineren Durchmesser besitzen als die Bohrungen des Wälzlagers. Andererseits würde die Bearbeitung langer Wellen gegenüber blank gezogenen und kalibrierten Wellen eine wesentliche Verteuerung bedeuten. Für diese Fälle sind Lager mit Spannhülsen zu verwenden; sie lassen sich lose über die Welle schieben und werden an der Einbaustelle durch die Spannhülse festgeklemmt (**3.33**). Da die Spannhülsen infolge des sehr kleinen Kegelwinkels erhebliche Radialspannungen und Aufweitungen im Innenring auslösen können, sind Spannhülsenlager bei größeren Ansprüchen an die Genauigkeit des Lagerspiels nicht geeignet.

Vorspannen. Jc nach Anwcndungsfall soll in Wälzlagern das Betriebsspiel positiv oder negativ sein. In den meisten Anwendungsfällen ist ein positives Spiel erforderlich. Bei Spindellagerungen von Werkzeugmaschinen, Ritzellagerungen in Achsantrieben der Kraftfahrzeuge oder bei Lagerungen mit oszillierendem Betrieb wird dagegen ein negatives Betriebsspiel angestrebt, das durch Vorspannen erreicht wird.

Wälzlager werden vorgespannt, um eine starre, genaue Wellenführung durch höhere Steifigkeit des Lagers zu erzielen, Schwingungsdämpfung, geräuscharmen Lauf, bessere Lastverteilung auf die Wälzkörper zu gewährleisten, eine längere Lebensdauer zu erreichen und Wärmedehnungen auszugleichen.

Vorspannung durch Federn wird z. B. dann vorgesehen, wenn Lager in bestimmten Betriebszuständen ohne oder mit nur geringer Belastung, aber mit hoher Drehzahl umlaufen (**3.22h**, **3.29**). Durch die Federkraft wird eine Mindestbelastung der Lager sichergestellt und damit schädliche Gleitbewegung verhindert.

Zylinderrollenlager können aufgrund ihrer Konstruktion nur radial, Axial-Rillenkugellager dagegen nur axial vorgespannt werden. Die mit einem zweiten Lager gleicher Art in O- und X-Anordnung eingebauten einreihigen Schrägkugellager (**3.15**) oder Kegelrollenlager werden axial vorgespannt. Hierbei hat dieser Vorgang gleichzeitig eine radiale Vorspannung zur Folge. Wird im Betrieb die Welle wärmer als das Gehäuse, so steigt die eingestellte Lagervorspannung an, und zwar bei X-Anordnung stärker als bei O-Anordnung mit großen Lagerabständen. Hierbei verringert sich das Betriebsspiel bei X-Anordnung, wogegen es sich bei O-Anordnung und großem Lagerabstand vergrößert.

Die Vorspannung kann durch die Vorspannkraft oder durch den Vorspannweg ausgedrückt werden. Je nach Anstellverfahren (Einstellen der Lagerluft) kann die vorhandene Vorspannung auch aus dem Reibungsmoment ermittelt werden. Dem entsprechend unterscheidet man

1. Anstellen mit direkter Kraftmessung,
2. Anstellen über den Vorspannweg und
3. Anstellen über das Reibungsmoment.

Die zweckmäßige Vorspannung richtet sich nach der Lagerbelastung. Oft liegen Erfahrungswerte über die optimalen Vorspannkräfte von bewährten Konstruktionen vor, die sich auf vergleichbare Lagerungen übertragen lassen. Die Zuverlässigkeit der rechnerisch ermittelten Vorspannkraft hängt davon ab, wie weit die getroffenen Annahmen mit den Betriebsbedingungen übereinstimmen. Über die erforderliche Vorspannkraft für Wälzlager geben die Hersteller Auskunft.

3.4.4 Abdichtung

Die Abdichtung der Lagerstelle soll das Austreten von Schmiermitteln verhindern und außerdem Schmutz vom Lager fernhalten. Zu diesem Zweck werden z. B. Radial-Rillenkugellager auch mit Deck- oder schleifenden Dichtscheiben geliefert (Nachsetzzeichen Z, 2 Z, RS, 2 RS, Bild **3.16**). In einigen Fällen, z. B. bei Kraftfahrzeug-Getrieben, müssen Wälzlager vor Überschmierung durch das in großer Menge im Getriebegehäuse herumgeschleuderte Öl geschützt werden (s. Teil 1 Abschn. Dichtungen).

3.5 Schmierung

Um einen störungsfreien Betrieb der Wälzlager zu gewährleisten, ist eine ausreichende Schmierung erforderlich. Zur Schmierung eignen sich Öle, Fette und für besondere Fälle auch Festschmierstoffe. Der Schmierstoff verhindert im Wälzlager die metallische Berührung der Wälzkörper mit den Laufbahnen und dem Käfig. Er mindert so den Verschleiß und schützt vor Korrosion. Das Schmiermittel kann auch die Aufgabe der Kühlung und der Abdichtung gegen Schmutz übernehmen.

Fettschmierung ist die häufigste Art der Wälzlagerschmierung. Lediglich Axial-Pendelrollenlager erfordern im allgemeinen aufgrund ihrer Konstruktion Ölschmierung. Die Benetzung aller den Verschleiß ausgesetzten Teile ist bei Fettschmierung voll ausreichend. Überflüssiges Fett wird in die vorhandenen Hohlräume gedrängt. Es stört den Wälzvorgang nicht, wirkt schmutzbindend, geräuschdämpfend, ist wasserabweisend und verhindert das Eindringen von Feuchtigkeit. Bei zu großer Schmierstoffmenge steigt mit zunehmender Drehfrequenz die Betriebstemperatur stark an. Daher soll zwar das Lager ganz, aber der freie Raum im Gehäuse nur zum Teil mit Fett gefüllt werden. Gehäuse werden aber dann ganz mit Fett gefüllt, wenn langsam laufende Lager gut gegen Korrosion geschützt sein müssen.

Mechanische Beanspruchung und chemische Alterung begrenzen die Lebensdauer eines Schmierfettes. Es wird unterschieden zwischen Dauerschmierung und Nachschmierung.

Dauerschmierung ist dann sinnvoll, wenn die Lebensdauer des Schmierfettes gleich oder größer als die Lebensdauer der Lager ist. Zu den Lagern mit Dauerschmierung zählen beidseitig abgedeckte bzw. abgedichtete Lager.

Die **Nachschmierung** soll nach festgelegten Fristen erfolgen. Die Nachschmierfrist hängt von der Bauart, der Größe des Lagers, von der Drehfrequenz und von der Betriebstemperatur ab. Hat das Fett neben der Aufgabe zu schmieren noch die der Abdichtung zu erfüllen, so vermindert sich die Nachschmierfrist. Richtwerte für Nachschmierfristen und Berechnungsgleichungen findet man im allgemeinen in den Informationsschriften der Hersteller. Bei Nachschmierung muss der Schmierraum um das Lager so gestaltet sein, dass das neue Fett mit Sicherheit in das Lager gelangt und das verbrauchte verdrängt wird.

Fettschmierung trägt nicht zur Kühlung der Lagerstelle bei. Die Berechnung der zulässigen Drehfrequenz gibt Aufschluss darüber, ob eine besondere Kühlung erforderlich wird. Die Lagertemperatur sollte +70 °C nicht überschreiten.

Zur **Auswahl** des geeigneten Schmierfettes dienen Datenblätter der Hersteller. Gesichtspunkte für die Auswahl sind: Gebrauchsdauer, Art des Schmierfettes, Viskosität des Grundöls, Konsistenz, Verhalten gegen Wasser, Druckbelastung, zulässige Temperatur, Mischbarkeit und Lagerfähigkeit.

Schmierfette für Wälzlager sind durch Dickungsmittel (Metallseifen) eingedickte Mineral- oder Syntheseöle. Einige gebräuchliche Fettarten sind:

- Lithiumseife/Mineralöl, Lithiumseife/Siliconöl,
- Natrium-Komplexseife/Mineralöl, Kalzium-Komplexseife/Mineralöl und Polyharnstoff/Mineralöl.

Ölschmierung wird für Wälzlager dann angewendet, wenn bereits benachbarte Maschinenteile (Zahnräder usw.) mit Öl versorgt werden, Wärme aus dem Lager abgeführt werden soll oder wenn hohe Drehfrequenzen oder hohe Temperaturen die Fettschmierung nicht mehr zulassen.

Die gebräuchlichsten Schmiersysteme sind: Tauch- oder Ölbadschmierung, Umlauf- oder Durchlaufschmierung, Öleinspritzschmierung, Ölnebel-, Öl-Luft-Schmierung, Spritzölschmierung, Minimalschmierung (Frischölschmierung) und Feststoffschmierung.

Bei der **Tauch- oder Ölbadschmierung** soll der Ölstand bei stillstehendem Lager etwa bis zur Mitte des untersten Wälzkörpers reichen und durch ein Ölstandsglas oder durch eine Kontrollschraube überwacht werden können. Das Schmieröl wird von den umlaufenden Lagerteilen mitgenommen, im Lager verteilt und fließt anschließend wieder in das Ölbad zurück. Der Ölstand darf bei kleineren Drehfrequenzen höher sein, ohne dass die Lagertemperatur unzulässig ansteigt und das Öl zu rasch altert.

Ölumlaufschmierung. Die durch höhere Drehfrequenzen bedingte höhere Temperatur beschleunigt die Alterung des Schmieröls. Durch Ölumlaufschmierung wird häufiger Ölwechsel vermieden. Auf einfache Weise wird die Umlaufschmierung durch Schmierringe, Schleuderscheiben oder Schöpfeinrichtungen, welche auf der Welle sitzen und das Öl aus dem Ölsumpf zum Lager fördern, bewirkt. Der Ölumlauf kann auch durch eine Pumpe aufrecht erhalten werden. Nachdem das Schmieröl die Lager durchlaufen hat, wird es gefiltert und, falls notwendig, gekühlt und wieder dem Lager zurückgefördert. Der Bedarf an Schmieröl zur eigentlichen Schmierung der Laufflächen ist sehr gering. Die größte Ölmenge dient dem Wärmetransport.

Öleinspritz-Schmierung ist besonders bei hohen Drehfrequenzen und hohen Temperaturen wirksam. Das Schmieröl wird unter hohem Druck seitlich in das Lager gespritzt. Der Ölstrahl muss in der Lage sein, den mit dem Käfig umlaufenden Luftwirbel zu durchbrechen (erforderliche Ölstrahl-Geschwindigkeit > 15 m/s).

Ölnebelschmierung eignet sich besonders für hohe Drehfrequenzen. Kühlung entsteht durch den Luftstrom, der außerdem einen Überdruck im Lager erzeugt und dadurch das Eindringen von Schmutz und Feuchtigkeit verhindert. In einem Zerstäuber wird Öl trockener Druckluft zugeführt und zu kleinsten Tröpfchen vernebelt, dann durch Rohre geleitet und durch besondere Düsen auf die Schmierstelle gebracht.

Bei der Öl-Luft-Schmierung wird mit äußerst geringen, genau dosierten Ölmengen geschmiert. Mit dieser Schmierart können niedrige Lagertemperaturen oder höhere Drehfrequenzen erreicht werden als bei anderen Verfahren. Das Schmieröl wird in bestimmten Zeitabständen in eine Druckluftleitung eingespritzt. Es verteilt sich längs der Rohrwandung und wird durch die Luftströmung in Richtung Schmierstelle befördert. Hier wird das Schmieröl über eine Düse in das Lager eingespritzt.

Spritzölschmierung ist dann zweckmäßig anwendbar, wenn in einem Gehäuse Maschinenteile eingebaut sind, die durch ihre Bewegung Öl verspritzen, das zu den Wälzlagern gelangen kann. Das Spritzöl zusammen mit dem Öldunst reicht im allgemeinen aus, die Lager zu schmieren. Damit die Wälzlager während der Anlaufphase genügend Öl erhalten, sind z. B. Fangtaschen, Stauscheiben und Stauränder vorzusehen.

Minimalschmierung, Frischölschmierung. Dem Lager wird lediglich die zur Schmierung erforderliche Ölmenge zugeführt. Bei senkrechter oder schräg stehender Welle werden Tropföler vorteilhaft verwendet. Eine besondere Lösungsmöglichkeit der Frischölschmierung stellt die Schmierung der Wälzlager in Kurbelkästen der Zweitakt-Ottomotoren dar. Der mit Schmieröl vermischte Kraftstoff gelangt während des Ansaugtaktes in das Kurbelgehäuse und damit auch zu den Lagern.

Festschmierstoffe werden dann eingesetzt, wenn Schmierfett und Schmieröl ihre Funktion nicht mehr erfüllen (z. B. bei hohen Temperaturen) oder wenn fettige Schmierstoffe nicht erwünscht oder unzulässig sind. Die bekanntesten Festschmierstoffe sind Graphit, Molybdändisulfid, Wolframdisulfid und Polytetrafluoräthylen.

3.6 Beispiele

3.6.1 Berechungsbeispiele

Beispiel 1

Für das Rillenkugellager 6320 DIN 625 ist nach Bild **3.44** die dynamische Tragzahl $C = 174$ kN. Es soll die nominelle Lebensdauer in 10^6 Umdrehungen und die Anzahl der erreichbaren Betriebsstunden für die Radiallast $P = F_r = 100$ kN bei der Drehfrequenz $n = 3000\ \text{min}^{-1}$ berechnet werden.

Nach Gl. (3.7) ist $L_{10} = (174/100)^3 = 5{,}27 \cdot 10^6$ Umdrehungen und
nach Gl. (3.8) $L_h = [1 \cdot 10^6 \cdot 5{,}27/(60 \cdot 3000)] = 29{,}27$ Betriebsstunden.

Die niedrige Betriebsstundenzahl lässt erkennen, dass die vorgesehene Belastung zu hoch ist. ■

Beispiel 2

Das Lager nach Beispiel soll bei $n = 3000\ \text{min}^{-1}$ die Lebensdauer von $L_h = 4000$ Betriebsstunden erreichen. Wie hoch darf das Lager belastet werden?

$$P_{zul} = C\cdot[16\,666/(n \cdot L_h)]^{1/3} = 174\ \text{kN}\cdot[16\,666/(3000 \cdot 4000)]^{1/3} = 19{,}41\ \text{kN}.$$ ■

Beispiel 3

Für die radiale Belastung $P = F_r = 10$ kN, die Drehfrequenz $n = 3000\ \text{min}^{-1}$ und für die erforderliche Lebensdauer $L_h = 5000$ Stunden ist ein Radiallager auszuwählen. Wellendurchmesser $d = 55$ mm.

Man errechnet nach Umstellung der Zahlenwertgleichung Gl. (3.8) die erforderliche Tragzahl $C = P\cdot(n \cdot L_h/16\,666)^{1/3} = 10\ \text{kN} \cdot (3000 \cdot 5000/16\,666)^{1/3} = 96{,}6\ \text{kN}$.

Für den Durchmesser $d = 55$ mm findet man in Bild **3.44** das Radialkugellager 6411 mit $C = 99{,}5$ kN, in Bild **3.51** das einreihige Zylinderrollenlager NU 2211 EC mit $C =$ 99 kN und in Bild **3.55** das Pendelrollenlager 222 11 mit $C = 115$ kN. ■

Beispiel 4

Ein Wälzlager soll bei konstanter Drehfrequenz einer periodisch zwischen 6 und 12 kN ansteigenden Belastung ausgesetzt sein. Es ist die äquivalente Belastung zu bestimmen.

Nach Gl. (3.15) ist die mittlere äquivalente Belastung

$$P = F_m = (6 + 2\cdot 12)/3\ \text{kN} = 10\ \text{kN}.$$ ■

Beispiel 5

Ein Fahrstuhl fährt während 10% seiner Lebensdauer mit halber Geschwindigkeit und voller Belastung, während 60% seiner Lebensdauer mit voller Geschwindigkeit und 3/4 Belastung und während 30% seiner Lebensdauer mit halber Geschwindigkeit und halber Belastung, vgl. (**3.21**). Die volle Drehfrequenz der zu lagernder Welle ist $n_{max} = 3\,000\ \text{min}^{-1}$, die volle Belastung des zu berechnenden Wälzlagers (z. B. durch Zahnradkräfte) $F_{max} = 1{,}0$ kN. Die Lebensdauer des Lager soll bei täglicher zweistündiger Benutzung 10 Jahre betragen. Für welche Tragzahl muss das Wälzlager ausgewählt werden? In Gl. (3.17) sind einzusetzen

$F_1 = 1{,}0$ kN	$n_1 = 1500\ \text{min}^{-1}$	$q_1 = 10\%$
$F_2 = 0{,}75$ kN	$n_2 = 3000\ \text{min}^{-1}$	$q_2 = 60\%$
$F_3 = 0{,}5$ kN	$n_3 = 1500\ \text{min}^{-1}$	$q_3 = 30\%$

Für den Betriebsfall der stufenweise veränderlichen Belastung und Drehfrequenz beträgt nach Gl. (3.17) die mittlere äquivalente Belastung

$$P = F_m = \sqrt[3]{\frac{10\cdot 1500\cdot 1^3 + 60\cdot 3000\cdot 0{,}75^3 + 30\cdot 1500\cdot 0{,}5^3}{10\cdot 1500 + 60\cdot 3000 + 30\cdot 1500}} = 0{,}738\,\text{kN}$$

Die Lebensdauer L_h ist (2 Stunden/Tag)·(365 Tage/Jahr)·10 Jahre = 7300 Stunden. Nach Gl. (3.8) erhält man die erforderliche Tragzahl $C = P\cdot(n\cdot L_h/16\,666)^{1/3} = 0{,}738\cdot(2400 \cdot 7300/16\,666)^{1/3} = 7{,}5$ kN; hierbei wurde mit der mittleren Drehfrequenz nach Gl. (3.20) $n = (10\% \cdot 1500\ \text{min}^{-1} + 60\% \cdot 3000\ \text{min}^{-1} + 30\% \cdot 1500\ \text{min}^{-1})/100\% = 2400\ \text{min}^{-1}$ gerechnet. ■

Beispiel 6

Für einen bestimmten Einbaufall ist der Wellendurchmesser $d = 75$ mm vorgeschrieben. Auf das Lager wirkt die Radiallast $F_r = 10$ kN und die zusätzliche Axiallast $F_a =$ 2,8 kN. Die Verhältnisse an der Einbaustelle verlangen ein Rillenkugellager nach DIN 625. Es stehen die Lager 6215 und 6315 zur Wahl. Die Lebensdauer soll $L_h =$ 6000 h bei $n = 850\ \text{min}^{-1}$ betragen.

Zunächst errechnet man für eines der beiden Lager die erreichbare Lebensdauer: Für das Lager 6215 ist in Bild **3.44** die dynamische Tragzahl $C = 66{,}3$ kN und die statische Tragzahl $C_0 = 49$ kN angegeben. Für die äquivalente Belastung gilt gemäß Gl. (3.11) $P = X{\cdot}F_r + Y{\cdot}F_a$. Zur Bestimmung der Faktoren X und Y aus Bild **3.42** berechnet man den Quotienten $F_a/F_r = 2{,}8/10 = 0{,}28$ und den Quotienten $F_a/C_0 = 2{,}8/49 =$ 0,0571. Durch Interpolation ergibt sich aus Bild **3.42** für $F_a/C_0 = 0{,}0571$ der Wert $e =$ 0,261. Da F_a/F_r größer als e ist, liest man, ebenfalls interpolierend, aus der zugehörigen Spalte in Bild **3.42** den Wert $Y_2 = 1{,}70$ ab. Für X_2 findet man in derselben Tabelle $X_2 = 0{,}56$. Setzt man diese Werte in Gl. (3.11) ein, so erhält man für die äquivalente Belastung $P = 0{,}56 \cdot 10\ \text{kN} + 1{,}70\ \text{kN} \cdot 2{,}8\ \text{kN} = 5{,}6\ \text{kN} + 4{,}76\ \text{kN} = 10{,}36\ \text{kN}$

Die Lebensdauer ist nach der Zahlenwertgleichung (3.8)

$$L_h = (16\,666/850)\cdot(66{,}3/10{,}36)^3 = 5138\ \text{Stunden.}$$

Die erforderlich Lebensdauer von 6000 h wird von dem Lager 6215 um etwa 14% unterschritten. Für 6000 Stunden Lebenszeit müsste die äquivalente Belastung folgenden Wert haben: $P = 66{,}3\cdot[16\,666/(850\cdot 6000)]^{1/3} = 9{,}83$ kN. Die tatsächliche Belastung ist um $[(10{,}36 - 9{,}83)\ \text{kN}/9{,}83\ \text{kN}]\cdot 100 \approx 5\%$ größer.

Der gleiche Rechnungsgang wird für das Lager 6315 mit den Tragzahlen $C = 114$ kN und $C_0 = 76{,}5$ kN (Bild **3.44**) durchgeführt.

Für $F_a/C_0 = 2{,}8\ \text{kN}/76{,}5\ \text{kN} = 0{,}037$ ist $e \approx 0{,}23$. Damit sind für $F_a/F_r = 2{,}8 > e$ die Faktoren $X_2 = 0{,}56$; $Y_2 = 1{,}90$ (s. Bild **3.42**), die äquivalente Belastung $P = 0{,}56\cdot 10\ \text{kN} +$ $1{,}9\cdot 2{,}8\ \text{kN} = 10{,}92$ kN und die Lebensdauer $L_h = (16\,666/850)\cdot(114/10{,}92)^3 = 22\,308$ Betriebsstunden, Gl. (3.8). Das Lager 6315 ist weit überbelastet. Für die Betriebsdauer von 6000 Stunden darf die äquivalente Belastung nach der umgestellten Gl. (3.8)

$$P = 114\cdot[16\,666/(850\cdot 6000)]^{1/3} = 16{,}9\ \text{kN}$$

betragen.

Wurden die Belastungswerte F_r und F_a hoch genug festgelegt, so wird im allgemeinen das Lager 6215 den Anforderungen genügen. ■

Beispiel 7

In einem Umkehrgetriebe (Bild **3.28**) sind auf Grund zwingender Vorgaben (z. B. Durchmesser der Wellen) folgende Zylinderrollenlager eingebaut:

Lagerstelle A, B	NJ 211 mit $C = 84{,}2$ kN	Bild **3.51**
Lagerstelle C	NJ 212 mit $C = 93{,}5$ kN	
Lagerstelle D	NJ 210 mit $C = 64{,}4$ kN	

Es soll die zu erwartende Lebensdauer dieser Lager festgestellt werden.

Gegeben: Belastung. Antriebsdrehmoment $T_{max} = 1{,}4$ kNm bei Drehfrequenz $n_1 = 800$ min^{-1} während 60% der Betriebszeit und $T_{min} = 1{,}0$ kNm bei $n_2 = 1000\ \text{min}^{-1}$ während

Beispiel 7, Fortsetzung

40% der Betriebszeit. Zusätzlich wirkt während der Betriebszeit die axiale Belastung F_a = 10 kN an beiden Wellen. Die Axialkraft wird über die Borden abgeleitet.

Maße. Teilkreisdurchmesser d_1 = 184 mm, d_2 = 152 mm, Eingriffswinkel $\alpha = 20°$, Abstand ab Mitte der Lager A, B, C und D bis zur Mittellinie der Zahnräder $a = b = c = 33$ mm und $d = 48$ mm.

Rechnungsgang: 1. Zahn- und Lagerkräfte, 2. äquivalente Belastung durch die größte und kleinste Radialkraft, 3. äquivalente Belastung durch die Axial- und Radialkraft, 4. Lebensdauer.

1. Zahnrad- und Auflagekräfte (s. Abschn. 8.3.6).

Umfangskraft am Teilkreis $F_t = 2 \cdot T/d_1$, s. Abschn. 8,

$$F_{t\,max} = 2 \cdot 1{,}4 \text{ kNm}/0{,}184 \text{ m} = 15{,}22 \text{ kN}$$

$$F_{t\,min} = 2 \cdot 1{,}0 \text{ kNm}/0{,}184 \text{ m} = 10{,}87 \text{ kN}$$

Normalkraft auf die Zahnflanken $F_n = F_t/\cos \alpha$, Abschn. 8, mit $\alpha = 20°$

$$F_{n\,max} = 15{,}22 \text{ kN}/0{,}94 = 16{,}2 \text{ kN}$$

$$F_{n\,min} = 10{,}87 \text{ kN}/0{,}94 = 11{,}6 \text{ kN}$$

Lager A, B. Radialkraft F_r. Die Normalkraft auf die Zahnflanken wird von den Lagern abgestützt. Weil die Abstände beider Lager von der Mittellinie des Zahnrades gleich hoch sind, $a = b$, wirkt auf jedes Lager die halbe Normalkraft.

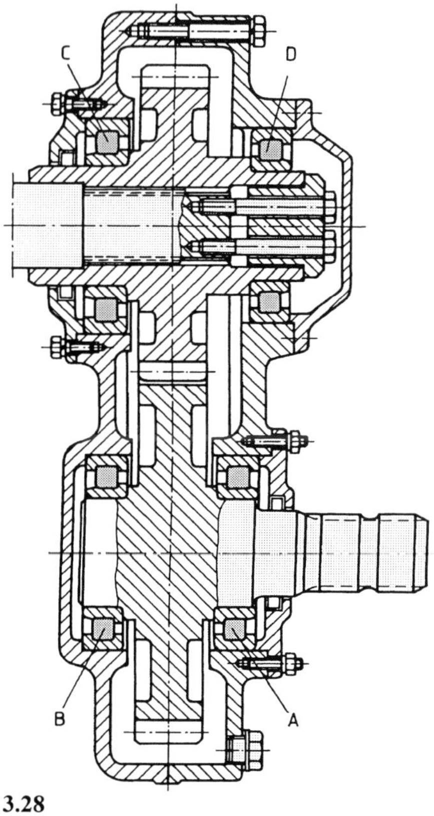

3.28
Umkehrgetriebe mit Zylinderrollenlagern

(Im folgenden werden an Stelle von max und min die Ziffern 1 und 2 gesetzt.)

$$F_{r\,1} = F_{n\,max}/2 = 16{,}2 \text{ kN}/2 = 8{,}1 \text{ kN}$$
$$F_{r\,2} = 11{,}66 \text{ kN}/2 = 5{,}8 \text{ kN}$$

Lager C. Radialkraft, mit $c = 33$ mm und $d = 48$ mm

$$F_{r\,1} = F_{n\,max} \cdot d/(c + d) = 16{,}2 \text{ kN} \cdot 48 \text{ mm}/(33 + 48) \text{ mm} = 9{,}6 \text{ kN}$$
$$F_{r\,2} = 11{,}6 \text{ kN} \cdot 33 \text{ mm}/(33 + 48) \text{ mm} = 6{,}9 \text{ kN}$$

Lager D. Radialkraft, mit $c = 33$ mm und $d = 48$ mm

$$F_{r\,1} = F_{n\,max} \cdot c/(c + d) = 16{,}2 \text{ kN} \cdot 33 \text{ mm}/(33 + 48) \text{ mm} = 6{,}6 \text{ kN}$$
$$F_{r\,2} = 11{,}6 \text{ kN} \cdot 33 \text{ mm}/(33 + 48) \text{ mm} = 4{,}7 \text{ kN}$$

2. Mittlere radiale äquivalente Belastung der Lager durch die größte und kleinste Radialkraft, Gl. (3.17)

Beispiel 7, Fortsetzung

Lager A und B

$F_{r\,1} = 8{,}1$ kN, $n_1 = 800\ \text{min}^{-1}$, Belastungsdauer $q_1 = 60\%$, $F_{r\,2} = 5{,}8$ kN, $n_2 = 1000\ \text{min}^{-1}$, $q_2 = 40\%$, für Zylinderrollenlager $p = 10/3$.

$$F_{r\,m} = \left(\frac{q_1 \cdot n_1 \cdot F_{r1}^{p} + q_2 \cdot n_2 \cdot F_{r2}^{p}}{q_1 \cdot n_1 + q_2 \cdot n_2} \right)^{1/p} = \left(\frac{60 \cdot 800 \cdot 8{,}1^{10/3} + 40 \cdot 1000 \cdot 5{,}83^{10/3}}{60 \cdot 800 + 40 \cdot 1000} \right)^{3/10} \text{kN}$$
$$= 7{,}3\,\text{kN}$$

Lager C

Abtriebsfrequenzen

$$n'_1 = n_1 \cdot d_1/d_2 = 800\ \text{min}^{-1} \cdot 184\ \text{mm}/152\ \text{mm} = 968\ \text{min}^{-1}$$
$$n'_2 = n_2 \cdot d_1/d_2 = 1000\ \text{min}^{-1} \cdot 184\ \text{mm}/152\ \text{mm} = 1210\ \text{min}^{-1}$$

$F_{r\,1} = 9{,}6$ kN, $n'_1 = 968\ \text{min}^{-1}$, $q_1 = 60\%$, $F_{r\,2} = 6{,}9$ kN, $n_2 = 1210\ \text{min}^{-1}$

$$F_{r\,m} = \left(\frac{60 \cdot 968 \cdot 9{,}6^{10/3} + 40 \cdot 1210 \cdot 6{,}9^{10/3}}{60 \cdot 968 + 40 \cdot 1210} \right)^{3/10} \text{kN} = 8{,}6\ \text{kN}$$

Lager D

$F_{r\,1} = 6{,}6$ kN, $n'_1 = 968\ \text{min}^{-1}$, $q_1 = 60\%$, $F_{r\,2} = 4{,}7$ kN, $n'_2 = 1210\ \text{min}^{-1}$, $q_2 = 40\%$.

$$F_{r\,m} = \left(\frac{60 \cdot 968 \cdot 6{,}6^{10/3} + 40 \cdot 1210 \cdot 4{,}7^{10/3}}{60 \cdot 968 + 40 \cdot 1210} \right)^{3/10} \text{kN} = 5{,}9\ \text{kN}$$

Die radiale äquivalente Belastung wirkt bei der mittleren Drehfrequenz nach Gl. (3.20)

$$n^* = (q_1 \cdot n_1 + q_2 \cdot n_2)/100$$

auf die Lager A, B

$$n^* = (60\% \cdot 800\ \text{min}^{-1} + 40\% \cdot 1000\ \text{min}^{-1})/100\% = 880\ \text{min}^{-1}.$$

Auf die Lager C, D

$$n^* = (60\% \cdot 968\ \text{min}^{-1} + 40\% \cdot 1210\ \text{min}^{-1})/100\% = 1065\ \text{min}^{-1}.$$

3. Äquivalente Belastung durch die Radial- und Axialkraft, Gl. (3.11)

Die axiale Belastung $F_a = 10$ kN wirkt während der gesamten Betriebszeit. Nach Gl. (3.11) ist die äquivalente Belastung $P = X \cdot F_{r\,m} + Y \cdot F_a$ mit den Faktoren X, Y aus Bild **3.42**.

Lager A und B

In Bild **3.42** findet man bei $F_a/F_r = 10\ \text{kN}/7{,}3\ \text{kN} \approx 1{,}4 > e = 0{,}2$ für Zylinderrollenlager der Reihe 2 die Faktoren $X_2 = 0{,}92$ und $Y_2 = 0{,}6$. Hiermit ist

Beispiel 7, Fortsetzung

$$P = X_2 \cdot F_{\mathrm{r\,m}} + Y_2 \cdot F_{\mathrm{a}} = 0{,}92 \cdot 7{,}3\ \mathrm{kN} + 0{,}6 \cdot 10\ \mathrm{kN} = 12{,}7\ \mathrm{kN}$$

Lager C

$$F_{\mathrm{a}}/F_{\mathrm{r}} = 10\ \mathrm{kN}/8{,}6\ \mathrm{kN} \approx 1{,}2 > e = 0{,}2; \quad X_2 = 0{,}92, \quad Y_2 = 0{,}6$$

$$P = 0{,}92 \cdot 8{,}6\ \mathrm{kN} + 0{,}6 \cdot 10\ \mathrm{kN} = 13{,}9\ \mathrm{kN}$$

Lager D

$$F_{\mathrm{a}}/F_{\mathrm{r}} = 10\ \mathrm{kN}/5{,}9\ \mathrm{kN} \approx 1{,}7 > e = 0{,}2; \quad X_2 = 0{,}92, \quad Y_2 = 0{,}6$$

$$P = 0{,}92 \cdot 5{,}9\ \mathrm{kN} + 0{,}6 \cdot 10\ \mathrm{kN} = 11{,}42\ \mathrm{kN}$$

4. Lebensdauer, Gl. (3.8)

Lager A und B

NJ 211 EC mit $C = 84{,}2$ kN, $P = 12{,}7$ kN, $n^* = 880\ \mathrm{min}^{-1}$, $p = 10/3$

$$L_{\mathrm{h}} = (16\,666/n^*) \cdot (C/P)^{10/3} = (16\,666/880) \cdot (84{,}2/12{,}7)^{10/3}$$
$$= 10\,368 \text{ Betriebsstunden}$$

Lager C

NJ 212 EC mit $C = 93{,}5$ kN, $P = 13{,}9$ kN, $n^* = 1065\ \mathrm{min}^{-1}$, $p = 10/3$

$$L_{\mathrm{h}} = (16\,666/1065) \cdot (93{,}5/13{,}9)^{10/3} = 8991 \text{ Betriebsstunden}$$

Lager D

NJ 210 EC mit $C = 64{,}5$ kN, $P = 11{,}42$ kN, $n^* = 1065\ \mathrm{min}^{-1}$, $p = 10/3$

$$L_{\mathrm{h}} = (16\,666/1065) \cdot (64{,}5/11{,}42)^{10/3} = 4995 \text{ Betriebsstunden}$$

Bemerkung durch den Einsatz des breiteren Lagers NJ 2210 EC an Stelle des Lagers NJ 210 EC könnte die Lebensdauer des Lagers D an die der anderen Lager angepasst werden. ■

3.6.2 Einbaubeispiele

S. auch Bilder in den Abschnitten: Dichtungen, Achsen und Wellen, Kupplungen und Zahnrädergetriebe.

Reitstockspitze (3.29). Radiale Führung durch Zylinderrollen-Einstelllager *1* und Schrägkugellager *3*. Aufnahme des Axialschubs durch unmittelbar neben *1* befindliches Rillenkugellager *2*. Das Schräg-Kugellager *3* am anderen Ende der Spindel sichert Spielfreiheit in Achsrichtung durch Federspannung *6*. Ausbau der Spitze nach links: Lösen der Ringmutter *4*, die gleichzeitig Labyrinthabdichtung darstellt, und der Sicherungsringe *5* und *8*. Schmierung: nach Lösen der Schlitzschraube *7*.

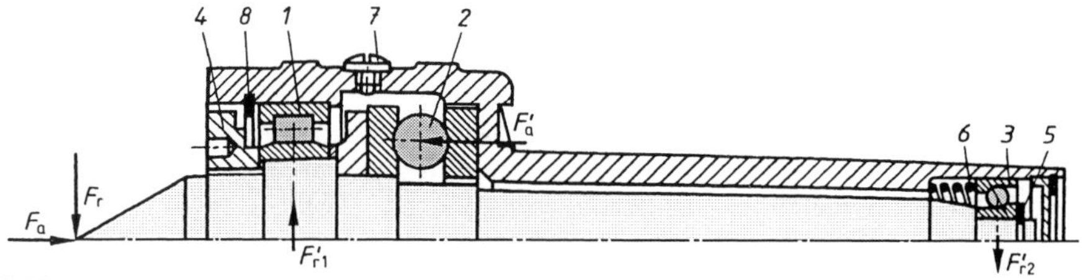

3.29
Reitstockspitze (SKF); Kraftpfeile nicht maßstäblich

Lagerkräfte: Auf die Reitstockspitze wirken von außen: In axialer Richtung F_a (Anstellkraft), in radialer Richtung F_r (vom Drehmeißel her). Die Reaktionskräfte in den Lagern sind: Axialkraft F_a', aufzunehmen vom Lager *2*, und die Radialkräfte $F_r'{}_1$ (Lager *1*) und $F_r'{}_2$ (Lager *3*); Radialspiel bei Lager *2* (darf keine Radialkräfte aufnehmen).

Achslager für Eisenbahnwagen (3.30). Zwei Zylinderrollenlager *1* spiegelbildlich nebeneinander sichern ausreichend breite Auflage gegen Kippmoment und axiale Führung bei Kurvenfahrt. Einfacher Ausbau: Abnehmen des Deckels *2* und der Ringmutter *3*. Austauschbarkeit ist bei diesem Lager vom Hersteller zu gewährleisten: Innenringe bleiben auf der Achse *4*, Außenringe mit Käfigen und Wälzkörpern im Gehäuse *5*. Auswechseln der Achsen oder Gehäuse ohne Abnehmen der zugehörigen Wälzlagerringe ist möglich (!). Abdichtung gegen die Welle: Filzring *6* und einfaches Labyrinth *7*. Fettfüllung wird bei Inspektion nach etwa 300 000 km erneuert. Kein Nachschmieren in der Zwischenzeit, keine Schmieröffnung. Distanzbuchse *8* überbrückt Hohlkehle der Welle.

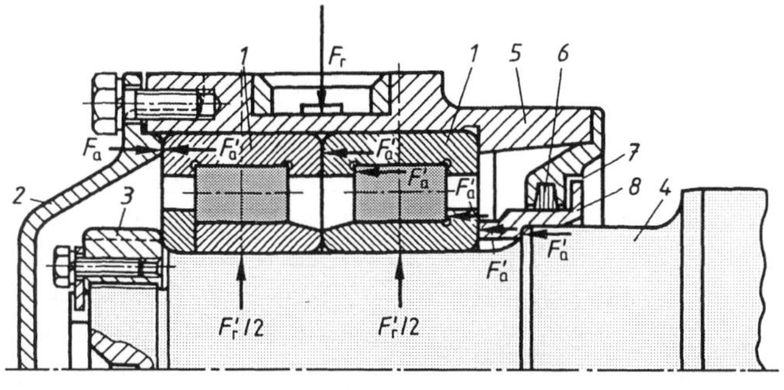

3.30
Achslager für Eisenbahnwagen (Bundesbahn-Einheitslager)

Lagerkräfte: Das Lagergehäuse *5* wirkt mit dem Anteil des Fahrzeuggewichts, der auf diese Lagerstelle entfällt, senkrecht von oben nach unten als Radiallast F_r. Diese verteilt sich auf die beiden Lager *1* gleichmäßig; Reaktionskräfte im Wellenzapfen $F_r'/2$. Bei Geradeausfahrt keine zusätzliche Axialkraft. Bei Kurvenfahrt drückt das Gehäuse z. B. über den Bund des Deckels *2* mit F_a von links nach rechts. Die Kraftübergangsstellen durch die einzelnen Teile der Lagerstelle bis zum Wellenbund sind die Ringflächen, in denen jeweils die Reaktionskräfte F_a' wirken. Bei Fahrt durch die Gegenkurve drückt das Gehäuse sinngemäß umgekehrt, d. h. auf den Außenring des rechten Lagers. Die Kraftaufnahmestelle der Welle ist die Ringmutter *3*.

Schneckenlagerung (3.31). Anforderungen: Aufnahme großer Kräfte in radialer und axialer Richtung, genaue Einstellbarkeit des Schneckeneingriffs, Schutz gegen Überschmierung, da Schneckenverzahnung starke Schmierung verlangt. Spielfreie Axialführung durch Gegeneinanderstellen von zwei Kegellagern *1a*, *1b*; Einstellung der Spielfreiheit durch kalibrierte Unterlegscheiben *2*, *14* und *15* zwischen Lager *1b*, Lagerdeckel *4* und Lagertopf *5*; Ausbau: Nach

Lösen der Befestigungsschrauben *7* am Gehäuse *6* lässt sich der Lagertopf *5* ohne Veränderung der Lagereinstellung mit den beiden Kegellagern und der Schneckenwelle *8* ausbauen. Der Innenring des Zylinderrollen-Einstelllagers *9* der anderen Seite verbleibt beim Ausbau auf der Welle. Schutz beider Lager gegen Überschmierung durch Öl-Abspritzringe *10a*, *10b*; Abdichtung des Zylinderlagers gegen Schmutz von außen durch Radialdichtung mit Gummimanschette *11* (Wellendichtring). Lagerstelle *1* ist Festlager, Lagerstelle *9* ist Loslager.

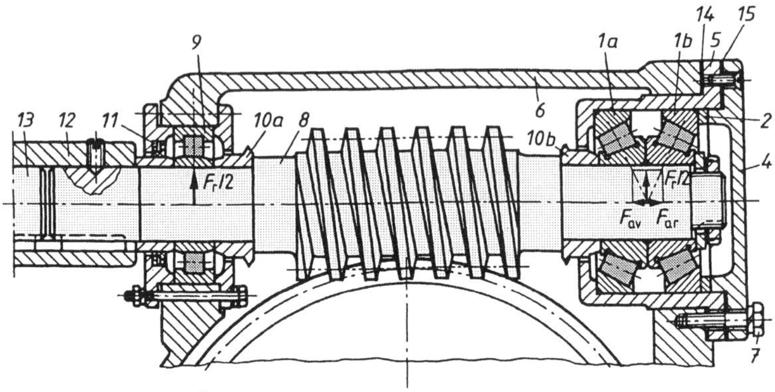

3.31
Schneckenlagerung (SKF)

Lagerkräfte: Schneckeneingriff ergibt Radial- und relativ hohe Axialkräfte. Radialkraft verteilt sich gleichmäßig auf die Lagerstellen *1* (Lager *1a* und *1b)* und *9* mit je $F_r/2$. Axialkräfte $F_{a\,v}$ oder $F_{a\,r}$ - je nach Drehsinn der Schnecke - werden von den Lagern *1a* bzw. *1b* aufgenommen. Richtung der Resultierenden aus $F_{a\,v}$ bzw. $F_{a\,r}$ und $F_r/2$ soll möglichst mit der durch den Berührungswinkel α des Lagers gegebenen Richtung zusammenfallen. Der Wellendurchmesser im Bereich der Kupplungshülse *12* ist etwas kleiner als der im Bereich des Lagers *9*, um Beschädigungen des Lager-Innenrings bei der Montage zu vermeiden.

Kraftwagenkupplung (3.32). Lagerung der Kupplungswelle mit Rillenkugellagern *2*, *5* im Getriebegehäuse bzw. Schwungrad. Lager *2* ist Festlager (Festlegung außen durch Sicherungsring *4*, innen durch Wellenbund und Sicherungsring); Lager *5* ist Loslager.

Radialkräfte in diesen Lagern $F_{z\,1}$ und $F_{z\,2}$ ergeben sich nur durch Zahnkraft F_z im Getrieberad *3*. Axialkraft durch Schrägverzahnung von Rad *3* wird durch Lager *2* aufgenommen. Kupplung im Ruhezustand eingekuppelt. Kupplungskraft F_n durch mehrere Federn *9*. Zum Auskuppeln bewegt der Schalthebel *10* die Buchse *11* mit dem Rillenkugellager *1* nach links. Leerhub (zur Schonung des Lagers *1*), bis Druckplatte *14* an den (drei oder mehr) Kupplungsfingern *7* zur Anlage kommt. Dann wirkt auf das Lager *1* die Schaltkraft F_a, die der Federkraft F_n über den Hebel *7* in Lager *8b* das Gleichgewicht hält ($F_{n\,1}$). Hebel *7* ist durch seinen Drehpunkt (Lager *8a*) mit dem Schwungscheibendeckel *15* verbunden.

Lagerkräfte: Belastung des Rillenkugellagers *1* nur axial durch F_a, keine Radialkomponente. Belastung der Lager *8a* und *8b* nur radial durch F_r bzw. $F_{n\,1}$, geringe Pendelbewegungen, daher Nadellager.

Lagerschmierung: Lager *2* durch Getriebeöl. Lager *1*: Durch Betätigen der Zentralschmierung des Fahrzeugs wird Öl in die Fangschale der Buchse *11* gespritzt, das von dem Filzring *16* aufgefangen wird. Der Filzring schmiert die Lauffläche der Buchse *11*. Lediglich der Ölüberschuss gelangt durch die oben sichtbare Nut von der Fangschale zum Wälzlager *1*. Lager *5* wird mit Fett eingesetzt und läuft ohne Nebenschmieren wartungsfrei.

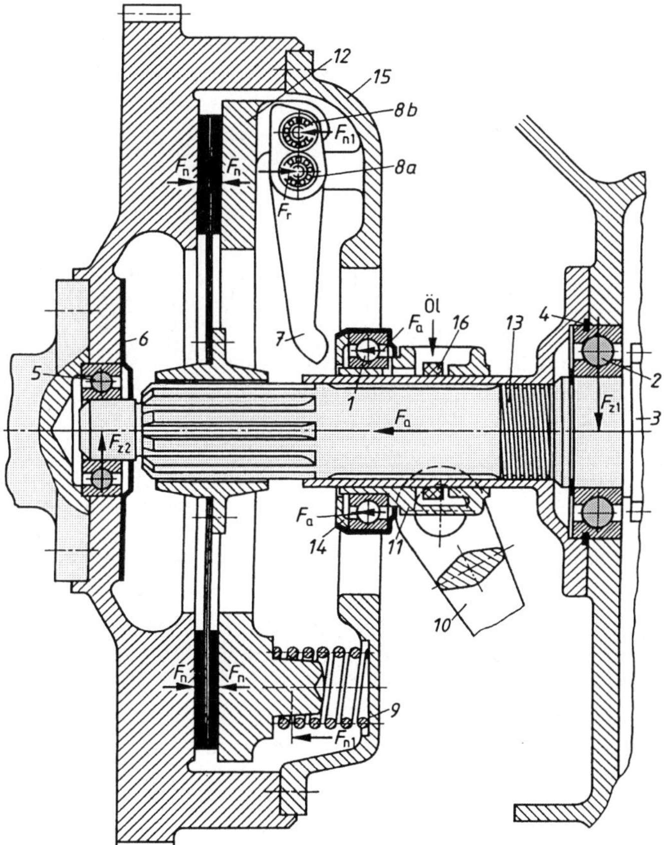

3.32
Kraftwagenkupplung

Lagerabdichtung: (wichtig, damit kein Abrieb der Kupplungsbeläge eindringen kann): Lager *5* durch Blechkappe *6*, Lager *1* durch Druckplatte *14* und Blechkappe, Lager *2* keine Abdichtung zum Getriebe, Ölrücklaufgewinde *13* trennt Kupplungsraum sicher vom Getrieberaum.

Lagerung einer Transmissionswelle (3.33). Anforderungen: Einbau des Lagers an beliebiger Stelle der kalibrierten, blank gezogenen Welle ohne spangebende Nachbearbeitung, daher Befestigung des Lagers durch Spannhülse *4*, Einbau der durchlaufenden Welle *1* in das Lagergehäuse *2* verlangt geteiltes Gehäuse; Fluchtung der Welle ist nicht gesichert (Gehäuse auf Träger befestigt), daher Pendellager. Axiale Kräfte dürfen nicht auftreten, daher Außenring *5* in Längsrichtung nicht festgelegt.

Einbaubeispiel für Abziehhülse (3.34). Lager ist starken Erschütterungen ausgesetzt, die festen Sitz des Innenrings verlangen; Abziehhülse, damit axiale Anlage an der Labyrinthscheibe *3* gewährleistet und da Abziehen des Innenrings sonst nicht ohne Beschädigung der Labyrinthscheiben *3* möglich. Schmiermittelzuführung durch Bohrung *1*; Schmierölstandregelung durch Überlaufschraube *4*. Labyrinthdichtung dient nur dem Fernhalten von Schmutz (Gesteinsstaub), Fett für Schmutzbindung wird durch Bohrung *2* zugeführt; Abdichtung zwischen Fett- und Innenraum des Lagers durch Filzring *5* oder Lippendichtung.

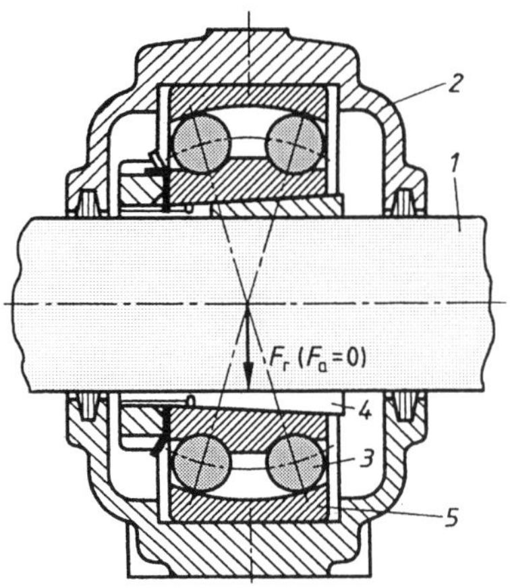

3.33
Lagerung einer Transmissionswelle

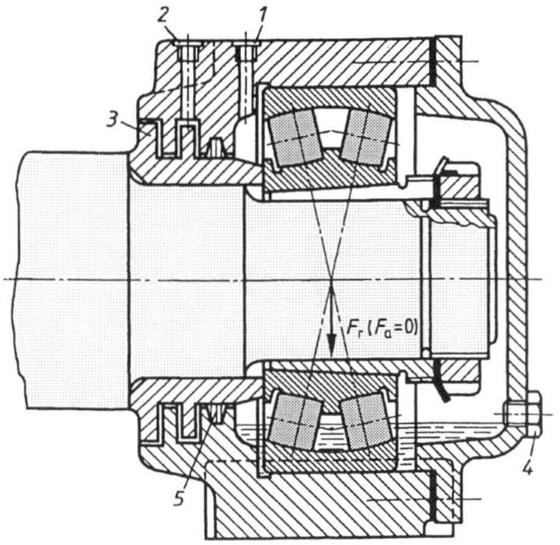

3.34
Einbaubeispiel für Abziehhülse

Grundlager und Pleuellager eines Kompressors (3.35). Pleuellager: Zweireihiges Nadellager mit geteiltem Käfig *4* ohne Innen- und Außenring, Kurbelzapfen und Pleuelbohrung gehärtet und geschliffen. Kurbelwelle *2* ungeteilt, Pleuelkopf *3* geteilt. Die Teilfuge im Pleuelkopf stört hier nicht, da in ihrem Bereich keine nennenswerte Kraftübertragung erfolgt. Der Nadelkäfig übernimmt die Axialführung der Nadeln. Ein- und Ausbau des Pleuellagers von unten nach Abnehmen des Deckels *10*.

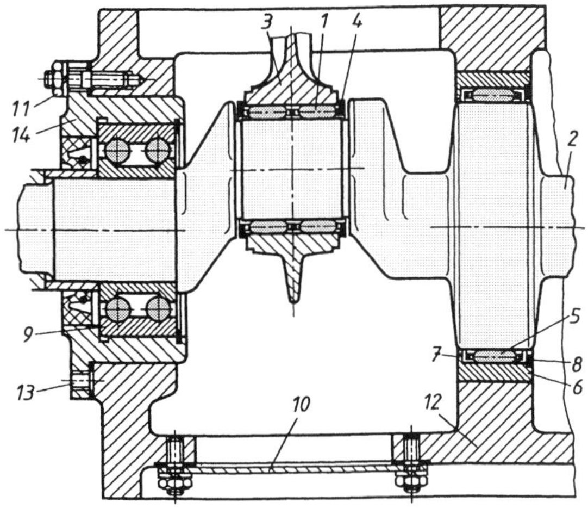

3.35
Pleuel- und Kurbelwellenlagerung eines Kompressors (ähnlich INA)

Grundlager *5* (Loslager): Nadeln laufen auf gehärtetem und geschliffenem Kurbelwellenzapfen ohne Innenring. Außenring *6* aus Stahl in das Gehäuse eingesetzt, da Grauguss keine ausreichenden Laufeigenschaften für Nadeln bietet. Außenring *6* dient außerdem der Axialführung des Nadelkäfigs durch Bund *7* und Sprengring *8*.

Kurbelwellenendlager *9* übernimmt als Festlager die axiale Führung der Kurbelwelle; zweireihiges Schrägkugellager. Ausbau der Kurbelwelle nach links: nach Lösen der Deckelmuttern *11* wird der Lagerkörper *14* durch Abdrückschrauben *13* zusammen mit dem Lager *9* abgezogen - Verteilung des Schmieröls durch Schleuderwirkung der Kurbelkröpfung auf sämtliche Lager; keine weiteren Schmiereinrichtungen (s. Abschn. Kurbelgetriebe).

Nadel-Schrägkugellager (3.36). Der Magnetkörper *1* einer schleifringlosen Elektromagnet-Kupplung mit dem übertragbaren Drehmoment von 5 Nm ist auf einem Nadel-Schrägkugellager *2* gelagert.

Der Magnetkörper stützt sich am Maschinenrahmen gegen Drehung ab. Die axialen Kräfte zwischen Magnetkörper und Polring *3* werden über den Axialteil des Lagers aufgenommen. Nach dem Einschalten der Erregerspule *4* wird der magnetische Kraftschluss zwischen dem Anker *5* und dem mit der Welle verbundenen Polring über den Reibbelag *6* hergestellt. Das Lager ist mit Schmierfett eingesetzt und somit auf Lebensdauer geschmiert.

Axial-Nadellager (3.37). Für die Radiallagerung der Schwenkachse eines Bohrwerkrundtisches ist ein Nadellager *1* eingesetzt. Die axiale Führung übernimmt ein zweiseitig wirkendes, außenzentriertes Axial-Nadellager *2*, welches über eine Mutter *3* spielfrei eingestellt wird. Die Mutter muss fein einstellbar und in jeder Stellung zu sichern sein.

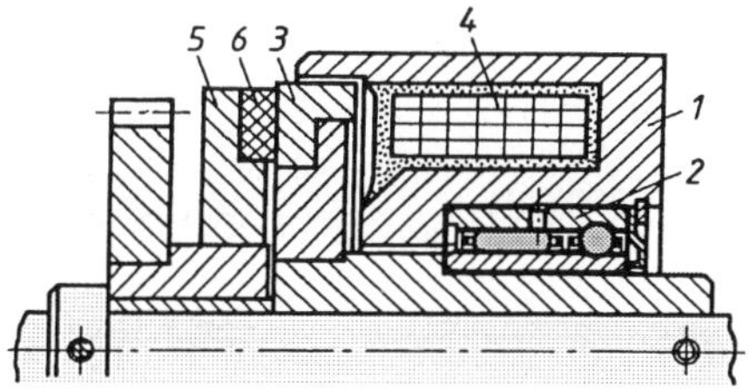

3.36
Nadel-Schrägkugellager (INA) (mit Bohrung und Nutring für die Schmierung) in einer Polreibungskupplung

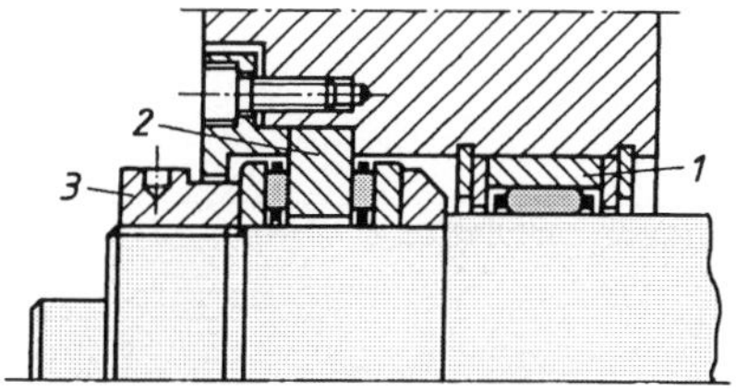

3.37
Axial-Nadellager (INA)

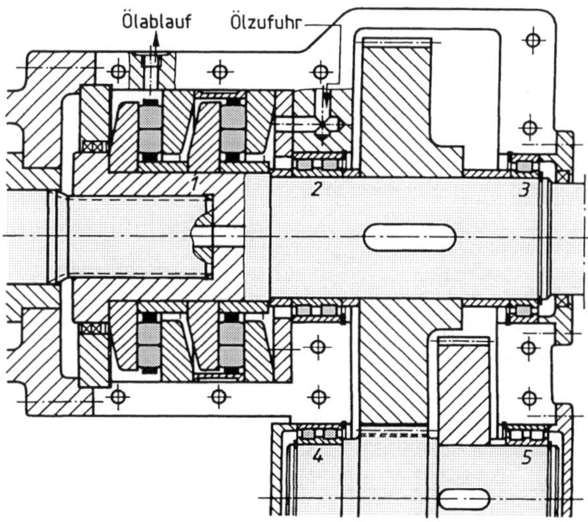

3.38
Einschneckenpresse

Einschneckenpresse (3.38). Sie dient zur Herstellung stranggepresster Rohre und anderer Profile aus Kunststoff. Das notwendige hohe Drehmoment wird von einem mehrstufigen Zahnradgetriebe erzeugt.

Verwendete Lager und Einbautoleranzen.

Lagerstelle *1*: Zur Aufnahme des hohen Rückschubes der Schnecke, INA-Tandemlager T2 AR, Welle f6, Gehäuse F7.

Lagerstelle *2* und *4*: Loslager, INA-Zylinderrollenlager SL 02 49 (DIN 5412; NNCL 49 ..V); Welle m6, Gehäuse H7.

Lagerstelle *3*: Stützlager, INA-Zylinderrollenlager SL 18 49, Welle m6, Gehäuse H7.

Lagerstelle *5*: Festlager, INA-Zylinderrollenlager SL 01 49 (DIN 5412; NNC 49 ..V) Welle m6, Gehäuse H7.

Die Wälzlager und Zahnräder werden im abgedichteten Getriebegehäuse von der Zentralschmierung mit Öl versorgt. Bei der Konstruktion ist auf den Fluss des Öls entsprechend der Pumpwirkung des Tandemlagers von innen nach außen zu achten.

Lagerart	X_0	Y_0	Lagerart	X_0	Y_0
Radial-Rillenkugellager; Einzellager, in Tandem-Anordnung			Pendelrollenlager (DIN 635 T2)	1	Bild **3.40**
und zweireihige Lager	0,6	0,5	Kegelrollenlager, einreihig	0,5	Bild **3.40**
bei $P_0 < F_r$	1	0			
O- oder X-Anordnung	1	1,7	bei $P_0 < F_r$	1	0
Schrägkugellager, Einzellager und in Tandem-Anordnung	0,5	0,26	X-Anordnung	1	Bild **3.40**
bei $P_0 < F_r$	1	0	Axial-Rillenkugellager, einseitig und zweiseitig wirkend	0	1
O- oder X-Anordnung	1	0,52			
Schrägkugellager, zweireihig	1	0,63	Axial-Rollen- und Nadellager	0	1
Radial Pendelkugellager	1	Bild **3.41**	Axial-Pendelrollenlager für $F_r \leq 0{,}55\ F_a$	2,7	1
Zylinderrollenlager, einreihig, zweireihig, auch vollrollig	1	0	Wenn das Lager die Welle axial und radial führt, ist für $F_r \leq 0{,}55\ F_a$	1,06	0,88
Nadellager	1	0			

3.39
Radialfaktor X_0 und Axiallager Y_0 nach SKF-Listen (Übersicht)

Kegelrollenlager, einreihig (DIN 720)			Pendelrollenlager, zweireihig (DIN 635 T2)		
Kurzzeichen	X_0	Y_0	Kurzzeichen	X_0	Y_0
30203...30206; 32205...32208	0,5	0,9	21312...21330	1	2,8
30308...30330; 32308...32390	0,5	0,9	22211; 22213; 22214...22220	1	2,8
30209...30230; 32209...32230	0,5	0,8	21307...21311	1	2,5
30303...30307; 32309...32307	0,5	1,1	22208...22210; 22213; 22222	1	2,5
einreihige Kegelrollenlager zusammengepasst in X-Anordnung			22207	1	2,5

3.40
Radialfaktor X_0 und Axialfaktor Y_0 nach SKF-Listen

Kurzzeichen	e	Y_1	Y_2	Y_0	Kurzzeichen	e	Y_1	Y_2	Y_0	Kurzzeichen	e	Y_1	Y_2	Y_0
1203	0,31	2	3,1	2,2	1209	0,21	3	4,6	3,2	1215	0,17	3,7	5,7	4
2203	0,43	1,5	2,3	1,6	2209	0,26	2,4	3,7	2,5	2215	0,25	2,5	3,9	2,5
1303	0,30	2,1	3,3	2,2	1309	0,23	2,7	4,2	2,8	1315	0,22	2,9	4,5	2,8
2203	0,52	1,2	1,9	1,3	2309	0,33	1,9	3	2	2315	0,37	1,7	2,6	1,8
1204	0,30	2,1	3,3	2,2	1210	0,21	3	4,6	3,2	1216	0,16	3,9	6,1	4
2204	0,40	1,6	2,4	1,6	2210	0,23	2,7	4,2	2,8	2216	0,22	2,9	4,5	2,8
1304	0,28	2,2	3,5	2,5	1310	0,24	2,6	4,1	2,8	1316	0,22	2,9	4,5	2,8
2304	0,52	1,2	1,9	1,3	2310	0,43	1,5	2,3	1,6	2316	0,37	1,7	2,6	1,8
1205	0,28	2,2	3,5	2,5	1211	0,19	3,3	5,1	3,6	1217	0,17	3,7	5,7	4
2205	0,35	1,8	2,8	1,8	2211	0,23	2,7	4,2	2,8	2217	0,25	2,5	3,9	2,5
1305	0,28	2,2	3,5	2,5	1311	0,23	2,7	4,2	2,8	1317	0,22	2,,9	4,5	2,8
2305	0,48	1,3	2	1,4	2311	0,40	1,6	2,4	1,6	2317	0,37	1,7	2,6	1,8
1206	0,25	2,5	3,9	2,5	1212	0,19	3,3	5,1	3,6	1218	0,17	3,7	5,7	4
2206	0,33	1,9	3	2	2212	0,24	2,6	4,1	2,8	2218	0,27	2,3	3,6	2,5
1306	0,25	2,5	3,9	2,5	1312	0,23	2,7	4,2	2,8	1318	0,22	2,9	4,5	2,8
2306	0,44	1,4	2,2	1,4	2312	0,33	1,9	3	2	2318	0,37	1,7	2,6	1,8
1207	0,23	2,7	4,2	2,8	1213	0,18	3,5	5,4	3,6	1219	0,17	3,7	5,7	4
2207	0,31	2	3,1	2,2	2213	0,24	2,6	4,1	2,8	2219	0,27	2,3	3,6	2,5
1307	0,25	2,5	3,9	2,5	1313	0,22	2,9	4,5	2,8	1319	0,23	2,7	4,2	2,8
2307	0,46	1,35	2,1	1,4	2313	0,37	1,7	2,6	1,8	2319	0,37	1,7	2,6	1,8
1208	0,22	2,9	4,5	2,8	1214	0,18	3,5	5,4	3,6	1220	0,17	3,7	5,7	4
2208	0,28	2,2	3,5	2,5	2214	0,27	2,3	3,6	2,5	2220	0,27	2,3	3,6	2,5
1308	0,23	2,7	4,2	2,8	1314	0,22	2,9	4,5	2,8	1320	0,23	2,7	4,2	2,8
2308	0,40	1,6	2,4	1,6	2314	0,37	1,7	2,6	1,8	2320	0,37	1,7	2,6	1,8

für $F_a/F_r \leq e$: $P = F_r + Y_1 \cdot F_a$ für $F_a/F_r > e$: $P = 0{,}65 \cdot F_r + Y_2 \cdot F_a$ $P_0 = F_r + Y_0 \cdot F_a$

3.41
Pendelkugellager (DIN 630 T1); Berechnungsfaktoren nach SKF

Lagerart	$\frac{F_a}{C_0}$	e 2)	einreihig $\frac{F_a}{F_r} \leq e$		einreihig $\frac{F_a}{F_r} > e$		zweireihig $\frac{F_a}{F_r} \leq e$		zweireihig $\frac{F_a}{F_r} > e$	
			X_1	Y_1	X_2	Y_2	X_1	Y_1	X_2	Y_2
Rillenkugellager 3) mit Lagerluft "normal" für Einzellager und Lagerpaare in Tandem-Anordnung sowie für zweireihige Lager	0,014	0,19	1	0	0,56	2,30	1	0	0,56	2,30
	0,028	0,22	1	0	0,56	1,99	1	0	0,56	1,99
	0,056	0,26	1	0	0,56	1,71	1	0	0,56	1,71
	0,084	0,28	1	0	0,56	1,55	1	0	0,56	1,55
	0,11	0,30	1	0	0,56	1,45	1	0	0,56	1,45
	0,17	0,34	1	0	0,56	1,31	1	0	0,56	1,31
	0,28	0,38	1	0	0,56	1,15	1	0	0,56	1,15
	0,42	0,42	1	0	0,56	1,04	1	0	0,56	1,04
	0,56	0,44	1	0	0,56	1,00	1	0	0,56	1,00
Lagerpaare in O- oder X-Anordnung	00,3	0,32					1	2	0,75	2,80
	0,10	0,40					1	1,55	0,75	2,20
	0,25	0,47						1,3	0,75	1,85

3.42
Radialfaktor X und Axialfaktor Y für dynamisch belastete Radiallager 1) (Fortsetzung s. nächste Seite)

Lagerart	$\frac{F_a}{C_0}$	e [2]	einreihig				zweireihig			
			$\frac{F_a}{F_r} \le e$		$\frac{F_a}{F_r} > e$		$\frac{F_a}{F_r} \le e$		$\frac{F_a}{F_r} > e$	
			X_1	Y_1	X_2	Y_2	X_1	Y_1	X_2	Y_2
Schrägkugellager, als Einzellager (Bild **3.45**) oder in Tandem-Anordnung $\alpha = 40°$		1,14	1	0	0,35	0,57				
O- oder X-Anordnung $\alpha = 40°$		1,14					1	0,55	0,57	0,93
Zweireihige Schrägkugellager (Bild **3.46**) $\alpha = 32°$		0,86					1	0,73	0,63	1,17
Zylinderrollenlager (Bild **3.51**)										
als Loslager			1	0	1	0				
mit Borden am Innen- und Außenring:										
Reihe 10; 2; 3 und 4		0,2	1	0	0,92	0,6				
Reihe 22 und 23		0,3	1	0	0,92	0,4				
Zylinderrollenlager, vollrollig (Bild **3.52**)										
als Loslager			1	0	1	0	1	0	1	0
mit Borden an Innen- und Außenring:										
Reihe 18		0,2	1	0	0,92	0,6				
alle übrigen Lager		0,3	1	0	0,92	0,4				
zweireihige Lager (Bild **3.53**)		0,15					1	0	0,92	0,53
Kegelrollenlager (Bild **3.54**)										
30302; 30303; 32303		0,29	1	0	0,4	2,1				
30304...30305; 32304		0,3	1	0	0,4	2,0				
30306...30307; 32306...32307		0,31	1	0	0,4	1,9				
30203...30204; 30308...30330		0,35	1	0	0,4	1,7				
32308...30330		0,35	1	0	0,4	1,7				
30205...30208; 32206...32208		0,37	1	0	0,4	1,6				
30209; 30211...30213; 32209		0,40	1	0	0,4	1,5				
32211...32213		0,40	1	0	0,4	1,5	Kegelrollenlager, einreihig, zusammengestellt in X-Anordnung			
30210; 30214...30244; 32210		0,43	1	0	0,4	1,4				
32214...32230		0,43	1	0	0,4	1,4				
30218; -20; -24; -30; 32216...32220		0,43					1	1,6	0,67	1,6
Pendelrollenlager (Bild **3.55**)										
21320; 22215...22217		0,23					1	3	0,67	4,6
21315...21319; 22214		0,23					1	2,9	0,67	4,4
21312...21314; 22211; 22212		0,24					1	2,8	0,67	4,2
22218...22220		0,24					1	2,8	0,67	4,2
21310; 21311; 22213; 22222		0,25					1	2,7	0,67	4
21308; 21309; 22209; 22210		0,26					1	2,6	0,67	3,9
21307; 22208		0,28					1	2,4	0,67	3,6
22207		0,31					1	2,2	0,67	3,3
22314; 22317...22322		0,33					1	2	0,67	3
22311...22313; 22315; 22316		0,35					1	1,9	0,67	2,9
22308...22310		0,37					1	1,8	0,67	2,7

[1]) Für Kugellager nach DIN ISO 281 T1, für Schrägkugellager, Zylinderrollenlager, Kegelrollen- und Pendelrollenlager nach SKF-Wälzlagerliste. Zwischenwerte für X, Y, e durch Interpolieren. C_0 Bild **3.44**

[2]) e Berechnungsgrenze für das angegebene Verhältnis F_a/F_r

[3]) Angaben gelten nur für Lager ohne Füllnut. Bei Lagern mit Füllnut sollen keine Kraftkomponenten zugelassen werden, welche die Wälzkörper auf die Füllnut hin verschieben würden.

3.42
Radialfaktor X und Axialfaktor Y für dynamisch belastete Radiallager [1]) (Fortsetzung)

Durchmesser *d* in mm	Kennzahl	Durchmesserreihe 9			Durchmesserreihe 0						Durchmesserreihe 2					Durchmesserreihe 3					Durchmesserreihe 4		
				Breitenreihe 4 Maßreihe 49				Breitenreihe 0 | 1 | 3 Maßreihe 00 | 10 | 30					Breitenreihe 0 | 2 | 3 Maßreihe 02 | 22 | 33					Breitenreihe 0 | 2 | 3 Maßreihe 03 | 23 | 33					Breitenreihe 0 Maßreihe 4
		D	*r*	*B*	*D*	*r* für Maßreihen 00 10 30		*B* 60 *)			*D*	*r*	*B* 62 *)			*D*	*r*	*B* 63 *)			*D*	*r*	*B* 64 *)
20	04	37	0,5	17	42	0,5	1	8	12	16	47	1	14	18	20,6	52	2	15	21	22,2	72	2	19
22	/22	39	0,5	17	44	0,5	1	8	12	16	50	1,5	14	18	20,6	56	2	16	21	25	-	-	-
25	05	42	0,5	17	47	0,5	1	8	12	16	52	1,5	14	18	20,6	62	2	17	24	25,4	80	2,5	21
28	28	45	0,5	17	52	0,5	1	8	12	18	58	1,5	16	19	23	68	2	18	24	30	-	-	-
30	06	47	0,5	17	55	0,5	1,5	9	13	19	62	1,5	16	20	23,8	72	2	19	27	30,2	90	2,5	23
32	32	52	1	20	58	0,5	1,5	9	13	20	65	1,5	17	21	25	75	2	20	28	32	-	-	-
35	07	55	1	20	62	0,5	1,5	9	14	20	72	2	17	23	27	80	2,5	21	31	34,9	100	2,5	25
40	08	62	1	22	68	0,5	1,5	9	15	21	80	2	18	23	30,2	90	2,5	23	33	36,5	110	3	27
45	09	68	1	22	75	1	1,5	10	16	23	85	2	19	23	30,2	100	2,5	25	36	39,7	120	3	29
50	10	72	1	22	80	1	1,5	10	16	23	90	2	20	23	30,2	110	3	27	40	44,4	130	3,5	31
55	11	80	1,5	25	90	1	2	11	18	26	100	2,5	21	25	33,3	120	3	29	43	49,2	140	3,5	33
60	12	85	1,5	25	95	1	2	11	18	26	110	2,5	22	28	36,5	130	3,5	31	46	54	150	3,5	35
65	13	90	1,5	25	100	1	2	11	18	26	120	2,5	23	31	38,1	140	3,5	33	48	58,7	160	3,5	37
70	14	100	1,5	30	110	1	2	13	20	30	125	2,5	24	31	39,7	150	3,5	35	51	63,5	180	4	42
75	15	105	1,5	30	115	1	2	13	20	30	130	2,5	25	31	41,3	160	3,5	37	55	68,3	190	4	45
80	16	110	1,5	30	125	1	2	14	22	34	140	3	26	33	44,4	170	3,5	39	58	68,3	200	4	48
85	17	120	2	35	130	1	2	14	22	34	150	3	28	36	49,2	180	4	41	60	73	210	5	52
90	18	125	2	35	140	1,5	2,5	16	24	37	160	3	30	40	52,4	190	4	43	64	73	225	5	54
95	19	130	2	35	145	1,5	2,5	16	24	37	170	3,5	32	43	55,6	200	4	45	67	77,8	240	5	55
100	20	140	2	40	150	1,5	2,5	16	24	37	180	3,5	34	46	60,3	215	4	47	73	82,6	250	5	58

3.43
Maßplan für Radiallager (Bezeichnungen s. Bild **3.7** u. Bild **3.9**) (Auszug aus DIN 616) *) genormte Lagerreihe

Abmessungen					Tragzahlen		Kurz-
d	D	B	d_1	D_1	C	C_0	zeichen
17	35	10	22,7	29,5	6,05	3,25	6003
	40	12	24,2	32,9	9,56	4,75	6203
	47	14	26,5	37,6	13,5	6,55	6303
	62	17	32,4	47,4	22,9	10,8	6403
20	42	12	27,2	35,1	9,36	5,0	6004
	47	14	28,5	38,7	12,7	6,55	6204
	52	15	30,3	42,1	15,9	7,8	6304
	72	19	37,1	55,6	30,7	15	6404
25	47	12	32	40,2	11,2	6,55	6005
	52	15	34	44,2	14	7,8	6205
	62	17	36,6	50,9	22,5	11,6	6205
	80	21	45,4	63,8	35,8	19,3	6405
30	55	13	38,2	47,1	13,3	8,3	6006
	62	16	40,3	52,1	19,5	11,2	6206
	72	19	44,6	59,9	28,1	16	6306
	90	23	50,3	70,7	43,6	23,6	6406
35	62	14	43,7	53,6	15,9	10,2	6007
	72	17	46,9	60,6	25,5	15,3	6207
	80	21	49,5	66,1	33,2	19	6307
	100	25	57,4	80,6	55,3	31	6407
40	68	15	49,2	59,1	16,8	11,6	6008
	80	18	52,6	67,9	30,7	19	6208
	90	23	56,1	74,7	41	24	6308
	110	27	62,8	88	63,7	36,5	6408
45	75	16	54,7	65,6	20,8	14,6	6009
	85	19	57,6	72,9	33,2	21,6	6209
	100	25	62,1	83,7	52,7	31,5	6309
	100	29	68,9	96,9	76,1	45	6409
50	80	16	59,7	70,6	21,6	16	6010
	90	20	62,5	78,1	35,1	23,2	6210
	110	27	68,7	92,1	61,8	38	6310
	130	31	75,4	106	87,1	52	6410
55	90	18	66,3	79,1	28,1	21,2	6011
	100	21	69	86,6	43,6	29	6211
	120	29	75,3	101	71,5	45	6311
	140	33	81,5	115	99,5	62	6411
60	95	18	71,3	84,1	29,6	23,2	6012
	110	22	75,3	94,2	47,5	32,5	6212
	130	31	81,8	109	81,9	52	6312
	150	35	88,1	123	108	69,5	6412
65	100	18	76,3	89,1	30,7	25	6013
	120	23	83,3	103	55,9	40,5	6213
	140	33	883	118	92,3	60	6313
	160	37	94	132	119	78	6413

Abmessungen					Tragzahlen		Kurz-
d	D	B	d_1	D_1	C	C_0	zeichen
70	110	20	82,8	97,6	37,7	31	6014
	125	24	87	109	60,5	45	6214
	150	35	94,9	126	104	68	6314
	180	42	103	147	143	104	6414
75	115	20	87,8	103	39,7	33,5	6015
	130	25	92	114	66,3	49	6215
	160	37	101	135	114	76,5	6315
	190	45	110	156	153	114	6415
80	125	22	94,4	112	47,5	40	6016
	140	26	101	123	70,2	55	6216
	170	39	108	143	124	86,5	6316
	200	48	116	164	163	125	6416
85	130	22	99,4	117	49,4	43	6017
	150	28	106	131	83,2	64	6217
	180	41	114	152	133	96,5	6317
	210	52	123	173	174	137	6417
90	140	24	105	125	58,5	50	6018
	160	30	112	139	95,6	73,5	6218
	190	43	121	160	143	108	6318
	225	54	132	182	186	150	6418
95	145	24	110	130	60,5	54,5	6019
	170	32	118	148	108	81,5	6219
	200	45	127	169	153	118	6319
100	150	24	115	135	60,5	54	6020
	180	34	124	157	124	93	6220
	215	47	135	181	174	140	6320
105	160	26	122	144	72,8	65,5	6021
	190	36	131	164	133	104	6221
	225	49	141	189	182	153	6321
110	170	28	129	152	81,9	73,5	6022
	200	38	138	174	143	118	6222
	340	50	149	201	203	180	6322
120	180	28	139	162	85,2	80	6024
	215	40	150	185	146	118	6224
	200	55	164	216	208	186	6324
130	200	33	152	179	106	100	6026
	230	40	160	199	156	132	6226
	280	58	177	233	229	216	6326
140	210	33	162	189	111	108	6028
	250	42	175	214	165	150	6228
	300	62	190	350	251	245	6328
150	225	35	174	220	125	125	6030
	270	45	192	229	174	166	6230
	320	65	205	265	276	285	6330

3.44
Radial-Rillenkugellager, einreihig (DIN 625). Hauptmaße in mm (s. Bild **3.10**), Tragzahlen in kN nach SKF-Listen, Kurzzeichen (DIN 623)

Abmessungen *d*	*D*	*B*	d_1	D_1	Tragzahlen *C*	C_0	Kurzzeichen
35	72	17	49,3	59	30,7	20,8	7207
	80	21	52,4	64,2	39	24,5	7307
40	80	18	55,9	66,3	36,4	26	7208
	90	23	59,4	72,4	49,4	33,5	7308
45	85	19	60,5	70,9	37,7	28	7209
	100	25	66,3	80,7	60,5	41,5	7309
50	90	20	65,5	75,9	39	30,5	7210
	110	27	73,5	89,7	74,1	51,0	7310
55	100	21	72,4	84,1	48,8	38	7211
	120	29	80	97,6	85,2	60	7311
60	110	22	79,3	92,5	57,2	45,5	7212
	130	31	87	106	95,6	69,5	7312
65	120	23	86,3	101	66,3	54	7213
	140	33	93,8	114	108	80	7313
70	125	24	91,3	106	71,5	60	7214
	150	35	100	123	119	90	7314

Abmessungen *d*	*D*	*B*	d_1	D_1	Tragzahlen *C*	C_0	Kurzzeichen
75	130	25	96,5	111	72,8	64	7215
	160	37	108	130	133	106	7315
80	140	26	103	119	83,2	73,5	7216
	170	39	114	139	143	118	7316
85	150	28	110	128	95,6	83	7217
	180	41	121	147	153	132	7317
90	160	30	117	136	108	96,5	7218
	190	43	128	155	165	146	7318
95	170	32	124	144	124	108	7219
	200	45	135	163	178	163	7319
100	180	34	131	152	135	122	7220
	215	47	144	176	203	190	7320
105	190	39	138	160	148	137	7221
	225	49	151	183	203	193	7321
110	200	38	145	169	163	153	7222
	240	50	160	195	225	224	7322

3.45
Einreihige Schrägkugellager (DIN 628). Hauptmaße in mm (s. Bild **3.10**), Tragzahlen in kN nach SKF-Listen, Kurzzeichen (DIN 623), $\alpha = 40°$

Abmessungen *d*	*D*	*B*	d_1	D_1	Tragzahlen *C*	C_0	Kurzzeichen
10	30	14	17,7	23,6	7,61	4,3	3200
12	32	15,9	19,1	26,5	10,1	5,6	3201
15	35	15,9	22,1	29,5	11,2	6,7	3202
	42	19	25,6	34,3	15,1	9,3	3302
17	40	17,5	25,2	33,6	14,3	8,8	3203
	47	22,2	27,6	38,8	21,6	12,7	3303
20	47	20,6	29,6	39,5	19	12	3204
	52	22,2	31,8	42,6	22,5	15	3304
25	52	20,6	34,6	44,5	20,8	14,3	3205
	62	25,4	38,4	51,4	30,7	20,4	3305
30	62	23,8	41,4	53,2	28,6	20,8	3206
	72	30,2	39,8	64,1	41,6	29	3306
35	72	27	48,1	61,9	37,7	27,5	3207
	80	34,9	44,6	70,1	49,4	35,5	3307
40	80	30,2	47,8	72,1	44,9	34	3208
	90	36,5	50,8	80,1	60,5	43	3308
45	85	30,2	52,8	77,1	48,8	39	3209
	100	39,7	63,8	86,3	72,8	53	3309
50	90	30,2	57,8	82,1	48,8	39	3210
	110	44,4	73,3	97	85,2	64	3310

Abmessungen *d*	*D*	*B*	d_1	D_1	Tragzahlen *C*	C_0	Kurzzeichen
55	100	33,3	70,4	88,3	57,2	47,5	3211
	120	49,2	81	106	106	81,5	3311
60	110	36,5	78	98,3	70,2	58,5	3212
	130	54	87,2	115	121	95	3312
65	120	381	83,7	105	80,6	73,5	3213
	140	58,7	92,5	122	138	108	3313
70	125	39,7	90,6	110	88,4	80	3214
	150	63,5	99,2	131	153	125	3314
75	130	41,3	94,7	116	95,8	88	3215
	160	68,3	106	139	168	140	3315
80	140	44,4	102	127	106	95	3216
	170	68,3	113	148	182	156	3316
85	150	49,2	107	133	124	110	3217
	180	73	120	157	195	176	3317
90	160	52,4	115	143	130	120	3218
	190	73	128	169	195	180	3318
95	170	55,6	124	154	152	146	3219
	200	77,8	135	178	225	216	3319
100	180	60,3	129	160	178	166	3220
	215	82,6	142	187	255	255	3320
110	200	69,8	143	178	212	212	3222
	240	92,1	155	205	291	305	3322

3.46
Zweireihige Schrägkugellager (DIN 628). Hauptmaße in mm (DIN 616) (s. Bild **3.10**), Tragzahlen in kN nach SKF-Listen ($\alpha = 32°$), Kurzzeichen (DIN 623), d_1 = Innenring-Außendurchmesser, D_1 = Außenring-Innendurchmesser

Abmessungen					Tragzahlen		Kurz-
d	D	B	d_1	D_1	C	C_0	zeichen
12	32	10	18,2	26,4	6,24	1,43	1201
	32	14	17,5	26,5	8,52	1,9	2201
	37	12	20	30,8	9,36	2,16	1301
	37	17	16,6	30	11,7	2,7	2301
15	35	11	21,2	29,6	7,41	1,76	1202
	35	14	20,9	30,2	8,71	2,04	2202
	42	13	23,9	35,3	10,8	2,6	1302
	42	17	23,2	35,2	11,9	2,9	2302
17	40	12	24	33,6	8,84	2,2	1203
	40	16	23,8	34,1	10,6	2,55	2203
	47	14	28,9	41	12,7	3,4	1303
	47	19	25,8	39,4	14,6	3,55	2303
20	47	14	28,9	41	12,7	3,4	1204
	47	18	27,4	41	16,8	4,15	2204
	52	15	33,3	45,6	14,3	4	1304
	52	21	28,8	43,7	18,2	4,75	2304
25	52	15	33,3	45,6	14,3	4	1205
	52	18	32,3	46,1	16,8	1,4	2205
	62	17	37,8	52,5	19	5,4	1305
	62	24	35,2	52,5	24,2	6,55	2305
30	62	16	40,1	53	15,6	4,65	1206
	62	20	38,8	55	23,8	6,7	2206
	72	19	44,9	60,9	22,5	6,8	1306
	72	27	41,7	60,9	31,2	8,8	2306
35	72	17	47	62,3	19	6	1207
	72	23	45,3	64,2	30,7	8,8	2207
	80	21	51,5	69,5	26,5	8,5	1307
	80	31	46,5	68,4	39,7	11,2	2307
40	80	18	53,6	68,8	19,9	6,95	1208
	80	23	52,4	71,6	31,9	10	2208
	90	23	61,5	81,5	33,8	11,2	1308
	90	33	53,7	79,2	54	16	2308
45	85	19	57,5	73,7	22,9	7,8	1209
	85	23	55,3	74,6	32,5	10,6	2209
	100	25	67,7	89,5	39	13,4	1309
	100	36	60,1	87,4	63,7	19,3	2309
50	90	20	62,3	79,5	26,5	9,15	1210
	90	23	61,5	81,5	33,8	11,2	2210
	110	27	70,1	95	43,6	14	1310
	110	40	65,8	94,4	63,7	20	2310
55	100	21	70,1	88,4	27,6	10,6	1211
	100	25	67,7	89,5	39	13,4	2211
	120	29	77,7	104	50,7	18	1311
	120	43	72	103	76,1	24	2311
60	110	22	78	97,6	31,2	12,2	1212
	110	28	74,5	98,6	48,8	17	2212
	130	31	87	115	58,5	22	1312
	130	46	76,9	112	87,1	28,5	2312
65	120	23	85,3	106	35,1	14	1213
	120	31	80,7	107	57,2	20	2213
	140	33	89	127	65	255	1313
	140	48	85,5	122	95,6	32,5	2313
70	125	24	87,4	109	35,8	14,6	1214
	125	31	87,5	111	44,2	17	2214
	150	35	97,7	129	74,1	27,5	1314
	150	51	91,6	130	111	37,5	2314
75	130	25	93	116	39	15,6	1215
	130	31	93,1	117	44,2	18	2215
	160	37	104	138	79,3	30	1315
	160	55	97,8	139	124	43	2315
80	140	26	101	125	39,7	17	1216
	140	33	99	127	65	25,2	2216
	170	39	109	1747	88,4	33,5	1316
	170	58	104	148	125	49	2316
85	150	28	107	134	48,8	20,8	1217
	150	36	105	133	58,5	23,6	2217
	180	41	117	158	97,5	38	1317
	180	60	111	157	140	51	2317
90	160	30	112	142	57,2	23,6	1218
	160	40	112	142	70,2	28,5	2218
	190	43	122	165	117	44	1318
	190	64	115	164	153	57	2318
95	170	32	120	151	63,7	27	1219
	170	43	118	151	83,2	34,5	2219
	200	45	127	174	133	51	1319
	200	67	121	173	165	64	2319
100	180	34	127	159	68,9	30	1220
	180	46	124	160	97,5	40,5	2220
	215	47	136	185	143	57	1320
	215	73	130	186	190	80	2320
105	190	36	134	167	74,1	32,5	1221
	190	50	131	168	108	45	2221
110	200	38	140	176	88,4	39	1222
	200	53	137	177	124	52	2222
	240	50	154	206	163	72	1322
	240	80	145	206	206	95	2322

d_1 Außendurchmesser des Innenringes, D_1 Innendurchmesser des Außenringes

3.47

Pendelkugellager (DIN 630 T1), Hauptmaße in mm (s. Bild **3.10**), Tragzahlen in kN nach SKF-Listen, Kurzzeichen (DIN 623)

Abmessungen					Tragzahlen		Kurz-
d	D	B	d_1	D_1	C	C_0	zeichen
17	30	9	30	18	11,4	21,2	51103
	35	12	35	19	17,2	30	51203
20	35	10	35	21	12,7	22,8	51104
	40	14	40	22	22,5	40,5	51204
25	42	11	42	26	18,2	39	51105
	47	15	47	27	27,6	55	51205
	52	18	52	27	34,5	60	51305
	60	24	60	27	55,3	96,5	51405
30	47	11	47	32	17,4	39	51106
	52	16	52	32	25,5	51	51206
	60	21	60	32	37,7	71	51306
	70	28	70	32	72,8	137	51406
35	52	12	52	37	20,3	51	51107
	62	18	62	37	35,1	73,5	51207
	68	24	68	37	49,4	96,5	51307
	80	32	80	37	87,1	170	51407
40	60	13	60	42	27	68	51108
	68	19	68	42	46,8	106	51208
	78	26	78	42	61,8	122	51308
	90	36	90	42	112	224	51408
45	65	14	65	47	28,1	75	51109
	73	20	73	47	39	86,5	51209
	85	28	85	47	76,1	153	51309
	100	39	100	47	130	265	51409
50	70	14	70	52	28,6	81,5	51110
	78	22	78	52	49,4	116	51210
	95	31	95	52	88,4	190	51310
	110	43	110	52	159	340	51410
55	78	16	78	57	35,1	102	51111
	90	25	90	57	61,8	146	51211
	105	35	105	57	104	224	51311
	120	48	120	57	178	390	51411
60	85	17	85	62	41,6	122	51112
	95	26	95	62	62,4	150	51212
	110	35	110	62	101	224	51312
	130	51	130	62	199	430	51412
65	90	18	90	67	41,6	127	51113
	100	27	100	67	63,7	163	51213
	115	36	115	67	106	240	51313
	140	36	140	67	216	490	51413
70	95	18	95	72	43,6	137	51114
	105	27	105	72	65	137	51214
	125	40	125	72	135	320	51314
	150	60	150	73	234	550	51414
75	100	19	100	77	44,2	146	51115
	110	27	110	77	67,6	183	51215
	135	44	135	77	163	390	51315
	160	65	160	78	251	610	51415
80	105	19	105	82	44,9	153	51116
	115	28	115	82	76,1	208	51216
	140	44	140	82	159	390	51316
	170	68	170	83	270	670	51416
85	110	19	110	87	46,2	163	51117
	125	31	125	88	97,5	275	51217
	150	49	150	88	190	465	51317
	180	72	177	88	286	750	51417
90	120	22	120	92	59,2	208	51118
	135	35	135	93	106	305	51218
	155	50	155	93	195	500	51318
	190	77	187	93	307	815	51418
100	135	25	135	102	85,2	290	51120
	150	38	150	103	124	345	51220
	170	55	170	103	229	610	51320
	210	85	205	103	371	1060	51420
110	145	25	145	112	87,1	315	51122
	160	38	160	113	130	390	51222
	190	63	187	113	276	780	51322
	230	95	225	113	410	1220	51422
120	155	25	155	122	88,4	335	51124
	170	39	170	123	140	440	51224
	210	70	205	123	325	980	51324
	250	102	245	123	423	1320	51424
130	170	30	170	132	111	425	51126
	190	45	187	133	186	585	51226
	225	75	220	134	358	1140	51326
	270	110	265	134	520	1600	51426
140	180	31	178	142	111	440	51128
	200	46	197	143	190	620	51228
	240	80	235	144	397	1320	51328
	280	112	275	144	520	1600	51428
150	190	31	188	152	111	440	51130
	215	50	212	153	238	800	51230
	250	80	245	154	410	1400	51330
	300	120	295	154	559	1800	51430

d_1 Außendurchmesser der Wellenscheibe, D_1 Innendurchmesser der Gehäusescheibe

3.48
Axial-Rillenkugellager, einseitig wirkend (DIN 711), Hauptmaße in mm (s. Bild **3.10**), Tragzahlen in kN nach SKF-Listen, Kurzzeichen (DIN 623)

Abmessungen					Tragzahlen		Kurz-
d_w	D_g	H	D_1	B	C	C_0	zeichen
25	52	29	32	7	25,5	51	52206
	60	38	32	9	37,7	71	52306
	80	59	37	14	87,1	170	52407
30	62	34	37	8	35,1	73,5	52207
	68	36	42	9	46,8	106	52208
	68	44	37	10	49,4	96,5	52307
	78	49	42	12	61,8	122	52308
	90	65	42	15	112	224	52408
35	73	37	47	9	39	86,5	52209
	85	52	47	12	76,1	153	52309
	100	72	47	17	130	265	52409
40	78	39	52	9	49,4	116	52210
	95	58	52	14	88,4	190	52310
45	90	45	57	10	61,8	146	52211
	105	64	57	15	104	224	52311
	120	87	57	20	178	390	52411
50	95	46	62	10	62,4	150	52212
	110	64	62	15	101	224	52312
	130	93	62	21	199	430	52412

d_w Innendurchmesser der Mittelscheibe

Abmessungen					Tragzahlen		Kurz-
d_w	D_g	H	D_1	B	C	C_0	zeichen
55	100	47	67	10	63,7	163	52213
	115	65	67	15	106	240	52313
	125	72	72	16	135	320	52314
60	110	47	77	10	67,6	183	52215
	135	79	77	18	163	390	52315
65	115	48	82	10	76,1	208	52216
	140	79	82	18	159	390	52316
70	125	55	88	12	97,5	275	52217
75	135	62	93	14	106	305	52218
85	150	67	103	15	124	345	52220
	170	97	103	21	229	610	52320
95	160	67	113	15	130	390	52222
100	170	68	123	15	140	440	52224
	210	123	123	27	325	915	52324

D_g Außendurchmesser der Gehäusescheibe
D_1 Innendurchmesser der Gehäusescheibe
H Gesamthöhe des Lagers
B Dicke der Gehäusescheibe, außen

3.49
Axial-Rillenkugellager, zweiseitig wirkend (DIN 715), Hauptmaße in mm (s. Bild **3.10**), Tragzahlen in kN nach SKF-Listen, Kurzzeichen (DIN 623)

Abmessungen					Tragzahlen		Kurz-
d_w	D_g	H	D_1	B	C	C_0	zeichen
25	42	11	42	26	25	69,5	81105
30	47	11	47	32	27	78	81106
	52	16	52	32	50	134	81206
35	52	12	52	37	29	93	81107
	62	18	62	37	62	190	81207
40	60	13	60	42	42,5	137	81108
	68	19	68	42	83	255	81208
45	65	14	65	47	40,5	132	81109
	73	20	73	47	86,5	270	81209
50	70	14	70	52	47,5	166	81110
	78	22	78	52	91,5	300	81210
55	78	16	78	57	69,5	285	81111
	90	25	90	57	122	390	81211
60	85	17	85	62	80	300	81112
	95	26	95	62	137	465	81212

Abmessungen					Tragzahlen		Kurz-
d_w	D_g	H	D_1	B	C	C_0	zeichen
65	90	18	90	67	83	320	81113
	100	27	100	67	140	490	81213
70	95	18	95	72	86,5	345	81114
	105	27	105	72	146	530	81214
75	100	19	100	77	75	290	81115
	110	27	110	72	125	440	81215
80	105	19	105	82	76,5	300	81116
	115	28	115	82	160	610	81216
85	110	19	110	87	88	365	81117
	125	31	125	88	153	550	81217
90	120	22	120	92	104	415	81118
	135	35	135	93	232	865	81218
100	135	25	135	102	146	585	81120
	150	38	150	103	224	830	81220
110	145	25	145	112	153	630	81122
	160	38	169	113	240	915	81222

d_1 Außendurchmesser der Wellenscheibe, D_1 Innendurchmesser der Gehäusescheibe

3.50
Axial-Zylinderrollenlager (DIN 722), (DIN 623)

Abmessungen							Tragzahlen		Kurz-
d	D	B	d_1	D_1	F	E	C	C_0	zeichen
17	40	12	25	32,4	22,1	35,1	17,2	14,3	NU 203 EC
	40	16	25	32,4	22,1		23,8	21,6	NU 2203 EC
	47	14	27,7	37	24,2	40,2	24,6	20,4	NU 303EC
20	47	14	29,7	38,8	26,5	41,5	25,1	25,2	NU 204 EC
	47	18	29,7	38,8	26,5		29,7	27,5	NU 2204 EC
	52	15	31,2	42,4	27,5	45,5	30,8	26,0	NU 304 EC
	52	21	31,2	42,4	27,5		41,3	38	NU 2304 EC
25	47	12	–	38,8	30,5		14,2	13,2	NU 1005
	52	15	34,7	43,8	31,5	46,5	28,6	27	NU 205 EC
	52	18	34,7	43,8	31,5		34,1	34	NU 2205 EC
	62	17	38,1	50,7	34	54	40,2	36,2	NU 305 EC
	62	24	38,1	50,7	34		56,1	55	NU 2305 EC
30	55	13	–	45,6	36,5		17,9	17,3	NU 1006
	62	16	41,2	52,5	37,5	55,5	38	36,5	NU 206 EC
	62	20	41,2	52,5	37,5	55,5	48,4	49	NU 2206EC
	72	19	45	58,9	40,5	62,5	51,2	48	NU 306 EC
	72	27	45	58,9	40,5		73,7	75	NU 2306 EC
	90	23	50,5	66,6	45		60,5	53	NU 406
35	62	14	–	54,5	42		35,8	38	NU 1007 EC
	72	17	48,1	60,7	44	64	48,4	48	NU 207 EC
	72	23	48,1	60,7	44	64	59,4	63	NU 2207 EC
	80	21	51	66,3	46,2	70,2	64,4	63	NU 307 EC
	80	31	51	66,3	46,2		91,3	98	NU 2307 EC
	100	25	59	76,1	53		76,5	69,5	NU 407
40	68	15	–	57,6	47		25,1	26	NU 1008
	80	18	54	67,9	49,5		53,9	53	NU 208 EC
	80	23	54	67,9	49,5		70,4	75,4	NU 2208 EC
	90	23	57,5	75,6	52	80	80,9	78	NU 308 EC
	90	33	57,5	75,6	52		112	120	NU 2308 EC
	110	27	64,8	84,2	58		96,8	90	NU 408

Abmessungen							Tragzahlen		Kurz-
d	D	B	d_1	D_1	F	E	C	C_0	zeichen
45	75	16	–	65,3	52,5		44,6	52	NU 1009 EC
	85	19	59	73	54,5	76,5	60,5	64	NU 209 EC
	85	23	59	73	54,5	76,5	73,7	81,5	NU 2209 EC
	100	25	64,4	83,8	58,5	88,5	99	100	NU 309 EC
	100	36	64,4	83,8	58,5		138	153	NU 2309 EC
	120	29	71,8	92,2	64,5		106	102	NU 409
50	80	16	–	68,9	57,5		30,8	34,5	NU 1010
	90	20	64	78	59,5	81,5	64,4	69,5	NU 210 EC
	90	23	64	78	59,5		78,1	88	NU 2210 EC
	110	27	71,2	92,1	65	97	110	112	NU 310 EC
	110	40	71,2	92,1	65		161	186	NU 2310 EC
	130	31	78,8	102	70,8		130	127	NU 410
55	90	18	–	79	64,5		57,2	69,5	NU 1011 EC
	100	21	70,8	86,3	66	90	84,2	95	NU 211 EC
	100	25	70,8	86,3	66	90	99	118	NU 2211 EC
	120	29	77,5	101	70,5	106,5	138	143	NU 311 EC
	120	43	77,5	101	70,5		201	132	NU 2311 EC
	140	33	85,2	108	77,2		142	140	NU 411
60	95	18	–	81,6	69,5		37,4	44	NU 1012
	110	22	77,5	95,7	72	100	93,5	102	NU 212 EC
	110	28	77,5	95,7	72	100	128	153	NU 2212 EC
	130	31	84,3	110	77	115	151	160	NU 312 EC
	130	46	84,3	110	77		224	265	NU 2312 EC
	150	25	91,8	117	83		168	173	NU 412

Hauptmaße und Tragzahlen der Bauformen NU, NJ, NUP, N sind gleich groß

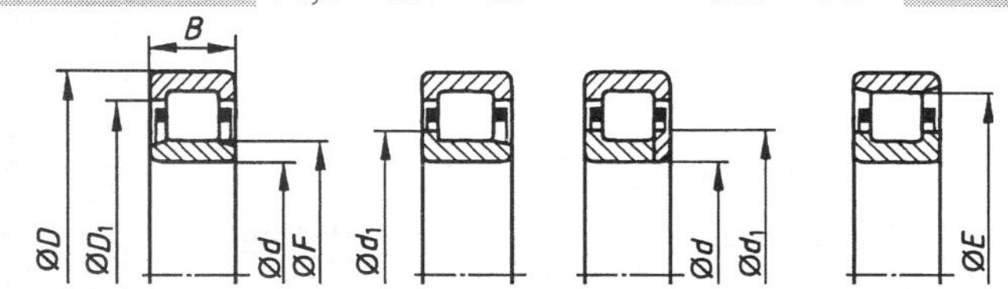

3.51
Zylinderrollenlager, einreihig (DIN 5412 T1). Hauptmaße in mm (DIN 616), Tragzahlen in kN nach SKF-Listen, Kurzzeichen; EC mit verstärktem Rollensatz und höherer axialer Tragfähigkeit

Abmessungen						Tragzahlen		Kurz-
d	*D*	*B*	d_1	D_1	*E*, *F*	*C*	C_0	zeichen
20	42	16	27,4	34,6	37	28,1	28,5	NCF 3004 V
25	47	16	33	40,3	42,7	31,9	35,5	NCF 3005 V
	62	24	36,1	48,2	31,7	68,2	68	NJG 2305 V
30	55	19	38,6	47	49,8	39,6	44	NCF 3006 V
	72	27	43,2	56,4	38,4	84,2	86,5	NJG 2306 VH
35	62	20	43,7	52,7	55,7	48,4	56	NCF 3007 V
	72	23	46,5	59,8	63,97	73,7	78	NCF 2207 V
	80	31	50,4	65,8	44,8	108	114	NJG 2307 VH
40	68	21	49,1	58,7	61,9	57,2	69,5	NCF 3008 V
	90	33	57,6	75,2	51,2	145	156	NJG 2308 VH
	75	23	54,9	65	68	60,5	78	NCF 3009 V
45	85	23	57	70,3	74,43	84,2	98	NCF 2209 V
	100	36	62,5	80,1	56,1	172	196	NJG 2309 VH
50	80	23	60,3	70,5	73,9	76,5	98	NCF 3010 V
	90	23	64	77,3	81,4	91,3	110	NCF 2210 V
	110	40	68,3	89,2	60,7	198	220	NJG 2310 VH
55	90	26	67,7	79,7	83,7	105	140	NCF 3011 VH
	120	43	75,5	98,6	67,1	233	260	NJG 2311 VH
60	85	16	69,5	76,1	79,3	53,9	83	NCF 2912 V
	95	26	70,9	82,9	86,9	106	146	NCF 3012 V

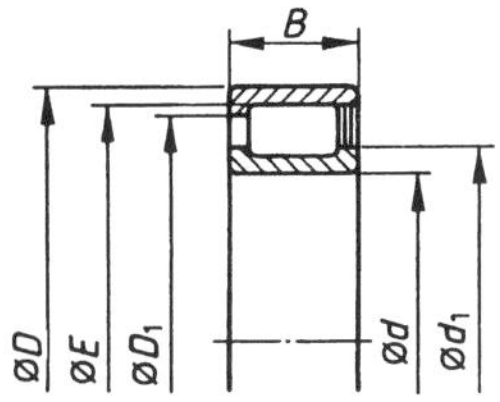

Bauform NCF

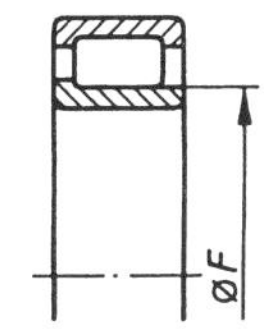

Bauform NJG

3.52
Vollrollige Zylinderrollenlager, einreihig. Hauptmaße in mm (s. Bild **3.10**), Tragzahlen in kN nach SKF-Listen, Kurzzeichen; V für vollrollig, VH für vollrollig mit selbsthaltendem Rollensatz

Abmessungen						Tragzahlen		Kurz-
d	*D*	*B*	d_1	D_1	*E*	*C*	C_0	zeichen
60	85	25	69,7	76,3	78,9	76,5	137	NNCF 4912 V
65	100	46	77,6	89,3	93,3	128	224	NNCF 5013 V
70	100	30	81,8	88,8	92,3	105	193	NNCF 4914 V
75	115	54	89,1	104	108	201	355	NNCF 5015 V
80	110	30	90,7	97,7	101,2	112	216	NNCF 4916 V
85	130	60	99,6	116	121,6	251	430	NNCF 5017 V
90	125	35	103	112	115,5	151	300	NNCF 4918 V
100	140	40	116	126	130	194	400	NNCF 4920 V
	150	67	116	134	140	308	570	NNCF 5020 V
110	150	40	125	135	138,6	201	430	NNCF 4922 V
120	165	45	139	149	154	224	480	NNCF 4924 V
	180	80	139	161	168	402	880	NNCF 5024 V
130	180	50	149	161	166	255	530	NNCF 4926 V
140	190	50	159	171	176,4	264	570	NNCF 4928 V

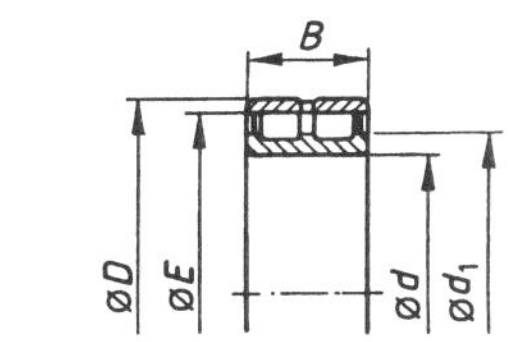

Bauform NNCL

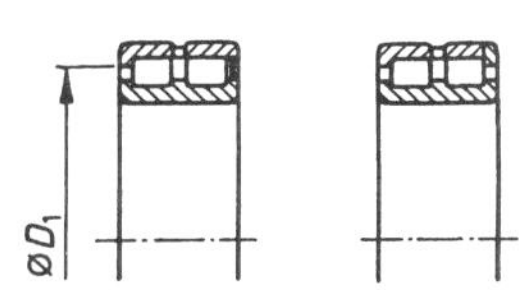

Bauform NNCF Bauform NN

Maße und Tragzahlen gelten entsprechend für die Bauformen NNC 49 und NNCL 49 der Maßreihen 16; 18; 24; 28 und für die Bauform NNC 49 der Maßreihen 20; 22 und 26.

3.53
Vollrollige Zylinderrollenlager, zweireihig (DIN 5412, T9), Hauptmaße in mm (s. Bild **3.10**), Tragzahlen in kN nach SKF-Listen, Kurzzeichen (DIN 623); V für vollrollig

Abmessungen					Tragzahlen		Kurz-
d	*D*	*T*	*C*	*B*	*C*	C_0	zeichen
17	40	13,5	11	12	19	18,6	30203
	47	15,25	12	14	28,1	25	30303
	47	20,25	16	19	34,7	33,5	32303
20	47	15,25	12	14	27,5	28	30204
	52	16,25	13	15	34,1	32,5	30304
	52	22,25	18	21	44	45,5	32304
25	52	16,25	13	15	30,8	33,5	30205
	52	19,25	15	18	35,8	44	32205
	62	18,5	15	17	44,6	43	30305
	62	25,25	20	24	60,5	63	32305
30	62	17,25	14	16	40,2	44	30206
	62	21,25	17	20	50,1	57	32206
	72	20,75	16	19	56,1	56	30306
	72	28,75	23	37	76,5	85	32306
35	72	18,25	15	17	51,2	56	30207
	72	24,25	19	23	66	78	32207
	80	22,75	18	21	72,1	73,5	30307
	80	32,75	25	31	95,2	106	32307
40	80	19,75	16	18	61,6	68	30208
	80	24,75	19	23	74,8	86,5	32208
	90	25,25	20	23	85,8	95	30308
	90	35,25	27	33	117	140	32308
45	85	20,75	16	19	66	76,5	30209
	85	24,75	19	23	80,9	98	32209
	100	27,25	22	25	108	120	30309
	100	38,25	30	36	140	170	32309
50	90	21,75	17	20	76,5	91,5	30210
	90	24,75	19	23	82,5	100	32210
	110	29,25	23	27	125	140	30310
	110	42,25	33	40	172	212	32310
55	100	22,75	18	21	89,7	106	30211
	100	26,75	21	25	106	129	32211
	120	31,5	25	29	142	163	30311
	120	45,5	35	43	198	250	32311
60	110	23,75	19	22	99	114	30212
	110	29,75	24	28	125	160	32212
	130	33,5	26	31	168	196	30312
	130	48,5	37	46	229	290	32312
65	120	24,75	20	23	114	134	30213
	120	32,75	27	31	151	193	32213
	140	36	28	33	194	228	30313
	140	51	39	48	264	335	32313
70	125	26,25	21	24	125	156	30214
	125	33,25	27	31	157	208	32214
	150	38	30	35	220	260	30314
	150	54	42	51	297	380	32314
75	130	27,25	22	25	140	176	30215
	130	33,25	27	31	161	212	32215
	160	40	31	37	246	290	30315
	160	58	45	55	336	440	32315
80	140	28,75	22	26	151	183	30216
	140	35,25	28	33	187	245	32216
	170	42,5	33	29	270	320	30316
	170	61,5	48	58	380	500	32316
85	150	30,5	24	28	176	220	30217
	150	68,5	30	36	212	285	32217
	180	44,5	34	41	303	365	30317
	180	63,5	49	60	402	530	32317
90	160	32,5	26	30	194	245	30218
	160	42,5	34	40	251	340	32218
	190	46,5	36	43	330	400	30318
	190	67,5	53	64	457	610	32318
95	170	34,5	27	32	216	275	30219
	170	45,5	37	43	281	390	32219
	200	49,5	38	45	330	390	30319
	200	71,5	55	67	501	670	32319
100	180	37	29	34	246	320	30220
	180	49	39	46	319	440	32220
	215	51,5	39	47	402	490	30320
	215	77,5	60	73	572	780	32320
105	190	39	30	36	270	355	30221
	190	53	43	50	358	510	32221
	225	53,5	41	49	429	530	30321
	225	81,5	63	77	605	815	32321
110	200	41	32	38	308	405	30222
	200	56	46	53	402	570	32222
	240	54,5	42	50	473	585	30322
	240	84,5	65	80	627	830	32322
120	215	43,5	34	40	341	465	30224
	215	61,5	50	58	468	695	32224
	260	59,5	46	55	561	710	30324
	260	90,5	69	86	792	1120	32324
130	230	43,75	34	40	369	490	30226
	230	67,75	54	64	550	830	32226
	280	63,7	49	58	627	800	30326
	280	98,75	78	93	858	1180	32326
140	250	45,75	36	42	418	570	30228
	250	71,75	58	68	644	1000	32228
	300	67,75	53	62	737	950	30328
150	270	49	38	45	429	560	30230
	270	77	60	73	737	1140	32230
	320	72	55	65	825	1060	30330
	320	114	90	108	1170	1660	32330

3.54
Einreihige Kegelrollenlager (DIN 720). Hauptmaße in mm (DIN 616) (s. Bild **3.10**), Tragzahlen in kN nach SKF, Kurzzeichen (DIN 623)

Abmessungen					Tragzahlen		Kurz-
d	D	B	d_1	D_1	C	C_0	zeichen
35	72	23	43	62	76,5	73,5	22207
	80	21	47,2	66,1	65,6	72	21307
40	80	23	49,1	70,3	96,5	90	22208
	90	23	54	74,8	82,8	98	21308
	90	33	49,7	75,4	150	140	22308
45	85	23	54	75,6	90	88	22209
	100	25	60,4	83,8	125	127	21309
	100	36	56,3	84,6	183	183	22309
50	90	23	60,6	81,5	96,5	100	22210
	110	27	66,9	92,4	156	166	21310
	110	40	62,1	93,3	220	224	22310
55	100	25	65,3	89,7	125	127	22211
	120	29	73,3	102	156	166	21311
	120	43	70,1	103	270	280	22311
60	110	28	71,6	98	156	166	22212
	130	31	79,7	113	212	240	21312
	130	46	77,9	112	310	335	22312
65	120	31	77,5	107	193	216	22213
	140	33	86	119	236	270	21313
	140	48	81,7	120	340	360	22313

Abmessungen					Tragzahlen		Kurz-
d	D	B	d_1	D_1	C	C_0	zeichen
70	125	31	83	112	208	228	22214
	150	35	92,6	127	285	325	21314
	150	51	90,3	130	400	430	22314
75	130	31	87,8	117	212	240	22215
	160	37	99,1	135	285	325	21315
	160	55	92,7	136	440	475	22315
80	140	33	94,2	127	236	270	22216
	170	39	105	145	325	375	21316
	170	58	98,2	144	431	540	22316
85	150	36	101	135	285	325	22217
	180	41	111	153	325	375	21317
	180	60	108	155	550	620	22317
90	160	40	106	143	325	375	22218
	190	43	118	163	380	450	21318
	190	64	113	162	610	695	22318
95	170	43	112	152	380	450	22219
	200	45	124	171	425	490	21319
	200	67	118	170	670	765	22319
100	180	46	118	161	425	490	22220
	215	47	132	182	425	490	21320
	215	73	130	186	815	950	22320

3.55
Pendelrollenlager (DIN 635) T2. Hauptmaße in mm (DIN 616) (s. Bild **3.10**), Tragzahlen in kN nach SKF, Kurzzeichen (DIN 623)

Kenn-			Lagerreihe NA 49				Lagerreihe NA 69			
zahl	d	d_r	D	B	C	C_0	D	B	C	C_0
03	17	22	30	13	11,4	16,3	30	23	18,7	30,5
04	20	25	37	17	21,6	28	37	30	35,2	53
05	25	30	42	17	24,2	34,5	42	30	38	62
06	30	35	47	17	25,5	39	47	30	42,9	75
07	35	42	55	20	31,9	54	55	36	48,4	93
08	40	48	62	22	42,9	71	62	40	67,1	125
09	45	52	68	22	45,7	78	68	40	70,4	137
10	50	58	72	22	47,3	85	72	40	73,7	150
11	55	63	80	25	57,2	106	80	45	89,7	190
12	60	68	85	25	60,5	114	85	45	93,5	204
13	65	72	90	25	61,6	120	90	45	95,2	212
14	70	80	100	30	84,2	163	100	54	128	285
15	75	85	105	30	84,2	170	105	54	130	290
16	80	90	110	30	88	183	110	54	134	315
17	85	100	120	35	108	250				
18	90	105	125	35	112	265				
19	95	110	130	35	114	270				

NA 69 ab 07 doppelreihig

Kenn-			Lagerreihe NA 49			
zahl	d	d_r	D	B	C	C_0
22	110	120	140	30	130	300
24	120	130	150	30	176	405
26	130	145	165	35	198	480
28	140	155	175	35	205	510
30	150	165	190	40	152	400
32	160	175	200	40	160	435
34	170	185	215	45	185	510
36	180	195	225	45	194	550
38	190	210	240	50	227	690
40	200	220	250	50	230	720

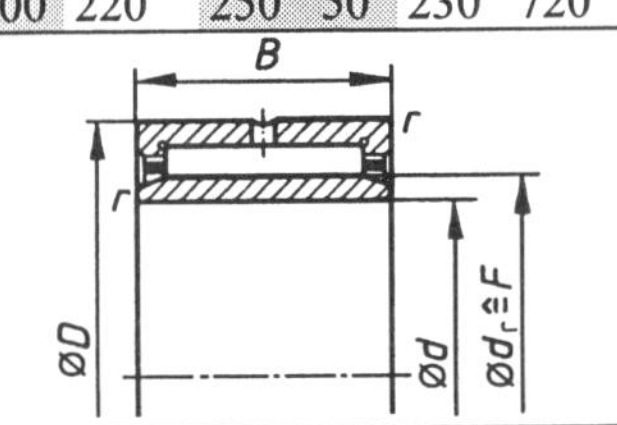

[1]) Maß d_r gilt für Lager ohne Innenring und stimmt mit Maß F (Außendurchmesser des Innenrings) überein.

3.56
Nadellager NA 48, NA 49 DIN 167, Lagerreihe NA 69 nach INA. Tragzahlen in kN nach INA-Listen, Kurzzeichen, Hauptmaße in mm

Literatur

[1] Eschmann, P.; Hasbargen, L; Brändlein, J.: Die Wälzlagerpraxis. 3. Aufl. Mainz: Vereinigte Fachverlage, 1995.

[2] Cornu, O.: Schmierung extrem beanspruchter Wälzlager. In: Schweizer Maschinenmarkt. Band 104 (2003), Heft 20, S. 19-20.

[3] Kampf, R.; Perret, H.: Lager- und Schmiertechnik. Düsseldorf 1970.

[4] Krazer, M.: Bausteine für Maschinen, Anlagen und Fahrzeuge. Neues aus der Wälzlagertechnik. In: Technica. Band 52 (2003), Heft 9, S. 20-24.

[5] Klein, M.: Einführung in die DIN- Normen. 13. Aufl. Stuttgart 2001.

[6] Palmgren, A.: Grundlagen der Wälzlagertechnik. 3. Aufl. Stuttgart 1963.

[7] Trojahn, W.: Leistungsfähigkeit und Zuverlässigkeit von Wälzlagern aus 100Cr6. In: HTM – Härterei-Technische Mitteilungen. Band 57 (2002), Heft 3, S. 164-167.

4 Kupplungen und Bremsen

DIN-Blatt Nr.	Ausgabe-datum	Titel
115 T1	9.73	Antriebselemente; Schalenkupplungen; Maße, Drehmomente, Drehzahlen
T2	9.73	-; Schalenkupplungen, Einlegeringe
116	12.71	Antriebselemente; Scheibenkupplungen; Maße, Drehmomente, Drehzahlen
740 T1	8.86	Antriebstechnik; Nachgiebige Wellenkupplungen; Anforderungen, Technische Lieferbedingungen
T2	8.86	-; Nachgiebige Wellenkupplungen; Begriffe und Berechnungsgrundlagen
808	1.03	Wellengelenke; Baugrößen, Anschlussmaße, Belastbarkeit, Einbau
15431	4.80	Antriebstechnik; Bremstrommeln, Hauptmaße
15432	1.89	Antriebstechnik; Bremsscheiben, Hauptmaße
E 15433 T1	4.80	Antriebstechnik; Scheibenbremsen, Anschlussmaße
T2	4.92	-; Scheibenbremsen, Bremsbeläge mit formschlüssig verbundenen Bremsbelagträgern
15434 T1	1.89	Antriebstechnik; Trommel- und Scheibenbremsen, Berechnungsgrundsätze
T2	1.89	-; Trommel- und Scheibenbremsen, Überwachung im Gebrauch
15435 T1	4.92	Antriebstechnik; Trommelbremsen; Maße und Anforderungen
T2	4.92	-; Trommelbremsen, Bremsbacken
T3	4.92	-; Trommelbremsen, Bremsbeläge
28155	2.92	Kupplungen für Rührwellen aus unlegiertem und nichtrostendem Stahl; Kupplung im Rührbehälter; Maße
73451	4.94	Kupplungsbeläge; Grenzabmaße
DIN ISO 6313	8.81	Straßenfahrzeuge; Bremsbeläge; Maß- und Formbeständigkeit von Scheibenbremsbelägen unter Wärmeeinwirkung; Prüfverfahren
VDMA-Einheitsblätter		
VDMA 15434	3.63	Krane; Berechnung von Doppelbackenbremsen, Zuordnung der Bremsen zu üblichen Drehstrom-Asynchronmotoren mit Schleifring für Aussetzbetrieb
VDI-Richtlinien		
VDI 2240	6.71	Wellenkupplungen; Systematische Einteilung nach ihren Eigenschaften
VDI 2241 Bl.1	6.82	Schaltbare fremdbetätigte Reibkupplungen und -bremsen; Begriffe, Bauarten, Kennwerte, Berechnungen
Bl.2	9.84	Schaltbare fremdbetätigte Reibkupplungen und -bremsen; Systembezogene Eigenschaften, Auswahlkriterien, Berechnungsbeispiele

Formelzeichen

A	Reibfläche, gesamte Polfläche
A_O	Spulenoberfläche
A_P	$= A/2$, Fläche je Pol
A_a	Oberfläche, kühlende (Kupplung)
a	Tiefe (Spulenraum), Temperaturleitzahl, Hebellänge (Bremse)
B_E, B_L	Flussdichte in Eisen bzw. Luft
b	Wickel-, Kegelstumpfhöhe
b_1, b_2	Breite (Spulenisolierung)
c	spezifische Wärme, Höhe (Spulenraum), Hebellänge (Bremse)
c'	Drehsteife (Federkonstante)
D	Durchmesser, Draht-
D_a, D_i	-, Außenpol-Außen- bzw. Außenpol-Innen-
d	-, Klemmrollen-
d_a, d_i	-, Innenpol-Außen- bzw. Innenpol-Innen-
d_m	-, mittl. (Spule)
d_w	-, Wellen-
F	Kraft
F_F	-, Feder-
F_M	-, Halte- (Elektromagnet)
$F_{M\,aus,ein}$	-, Magnet-, erf., zum Anziehen der Ankerscheibe bei Luftspalt $l_{L\,aus,ein}$
F_R	-, Reibungs-
F_S	-, Schrauben-
$F_{S\,1}$, $F_{S\,2}$	- im Bremsband
F_a	Kraft, Axial-, Eindrück-, Scher-
F_g	-, der Senklast (Bremsen)
F'_g	-, Zug- am Lüftergestänge
$F_{g\,1}$	-, Bremsgewichts-
$F_{g\,2}$	-, Anteil des Bremslüfters
F_n, F_{n1}, F_{n2}	-, Normal- an Bremsbacken 1, 2
$F_{t\,1}$, $F_{t\,2}$	-, Tangential-
F_u	-, Umfangs-
F'_u	-, -, in der Gleitführung
F_1, F_2	Bremskraft, an Bremsbacken 1, 2
F_r, F_l	-, für Rechts- bzw. Linkslauf
H_E, H_L	Magnet. Feldstärke in Eisen bzw. Luft
h	Wickelhöhe
h_1, h_2	Höhe der Spulenisolierung
I	Stromstärke
I_w	Durchflutung
i	Ordnungs- bzw. Reibflächenzahl, Gestängeübersetzung, Stromdichte
J	Massenträgheitsmoment
J_1	- der Antriebs- bzw. Erregerseite
J_2	- der Abtriebs- bzw. Kupplungsseite ohne Erregermomente
k'	Faktor für Anfahrtbelastung
l	Draht-, Klemmrollen-, Hebellänge
l_E, l_L	Kraftlinienweg in Eisen bzw. Luft (Luftspalt)
$l_{L\,ein}$, $l_{L\,aus}$	Luftspalt bei ein- bzw. ausgeschalteter Kupplung
l_m	mittl. Windungslänge
m	Masse, geradlinig bewegte, der wärmespeichernden Kupplungsteile, Verhältnis der Massenträgheitsmomente (Drehschwingungen)
n	Betriebsdrehfrequenz
n_e	Eigenfrequenz
n_k	Drehfrequenz, kritische
n_1	- der Antriebswelle
P	Leistungsaufnahme (Spule)
P_O	Oberflächenbelastung der Spule
P_n	Nennleistung (Abtriebsmaschine)
p	Flächenpressung
Q_s	Je Zeiteinheit entwickelte Wärmemenge
q	Spez. Wärmebelastung, Drahtquerschnitt
q_a	Wärmeabgabewert
R	Bremsradius, Ohmscher Widerstand
R_m	Radius, mittlerer, der Reibfläche (Anlagefläche bei Scheibenkupplungen)
R_1, R_2	-, -, der Planverzahnung bzw. Gleitführung auf der festen Nabe
r_a, r_i	-, äußerer bzw. innerer (ringförmige Reibfläche; beim Klemmrollenfreilauf bezieht sich r_a auf den Außenring)
r_ϑ	Drahtwiderstand je Längeneinheit bei Betriebstemperatur ϑ
r_{20}	- je Längeneinheit bei 20 °C
T	Drehmoment
$T_{A\,S}$, $T_{L\,S}$	-, maximales beim Anfahren mit antriebs- bzw. lastseitigem Stoß
T_B	-, Beschleunigungs-
T_{Br}, T'_{Br}	-, Brems-, wirkliches bzw. aufzubringendes
T_K	-, v. d. Kupplung übertragbares
$T_{K\,max}$	-, - Maximal-Drehmoment
T_L	-, Last-
T_M	-, Motor-
T_R	- durch Triebwerksreibung
$T_{S\,zul}$	-, zulässiges beim Anfahren
T_V	-, Verzögerungs-
T_{WK}	-, Dauerwechselfestigkeit
T_{WK10Hz}	-, - bei 10 Lastwechseln je Sekunde
$T_{a\,i}$	- Ausschlag *i*-ter Ordnung der Kraft- oder Arbeitsmaschine
$T_{a\,K}$	-, Wechsel- der Kupplung
T_m	-, Dreh-, mittleres
T_{max}	-, max. Betriebs-
T_{max}	-, maximales, bei Diesel- bzw. Elektromotoren
T_n	-, Nenn-
$T_{n\,K}$	-, Kupplungsnenn-
t_A	Anlaufzeit

Formelzeichen, Fortsetzung

t_{Br}	Bremszeit
U	Spulengleichspannung
u	Hebellänge
V	Vergrößerungsfaktor
v	Geschwindigkeit, Umfangsgeschw. des äußeren Kupplungs- bzw. Bremsendurchmessers
W_V	ges. Verlustarbeit (Anlaufvorgang)
w	Windungszahl (Spule)
w_1, w_2	- je Lage (Breite b bzw. Höhe h)
z	Schraubenzahl auf An- bzw. Abtriebsseite (Schalenkupplung), Zahl der Schaltungen je Zeiteinheit (Schaltkupplung), Klemmrollenzahl (Freilauf)
α	Winkel, Umschlingungswinkel (Bandbremse), Temperaturfaktor
α'	Eingriffswinkel der Gleitführung
ε	Klemmbahn-Schrägungswinkel (= 2α)
ξ	verhältnismäßige Dämpfung
η	Umsetzungsgrad des Gestänges
ϑ_e	Temperatur, Kupplungsend-
ϑ_{max}	-, größte Reibflächen-
ϑ_{sp}	- spitze
ϑ_u	-, Umgebungs-
ϑ_{zul}	-, zul. mittl. Kupplungs- bzw. Reibflächen-
κ	Korrekturfaktor
μ	Reibungszahl, allg. (der Ruhe- oder Gleitreibung bzw. nur der Gleitreibung)
μ'	- der Gleitführung
μ_r	- der Ruhereibung
μ_{gr}	-, Grenzwert
ρ	Dichte, spezifischer Drahtwiderstand, Reibungswinkel
φ	Betriebsfaktor (Stoßzahl)
ω	Winkelgeschwindigkeit
ω_e	Eigenkreisfrequenz
$\omega_{rel\,0}$	Relativwinkelgeschwindigkeit (Anlauf)
$\omega_{1,2}$	Winkelgeschw. (An- bzw. Abtriebswelle)

4.1 Kupplungen

Kupplungen (Unterteilung s. [13] und VDI-Richtlinie 2240), auch Wellenschalter genannt, dienen zur Übertragung von Leistungen bzw. Drehmomenten zwischen fluchtenden oder nahezu fluchtenden Wellenenden und zwischen parallelen oder sich kreuzenden Wellen, Bild **4.1**.

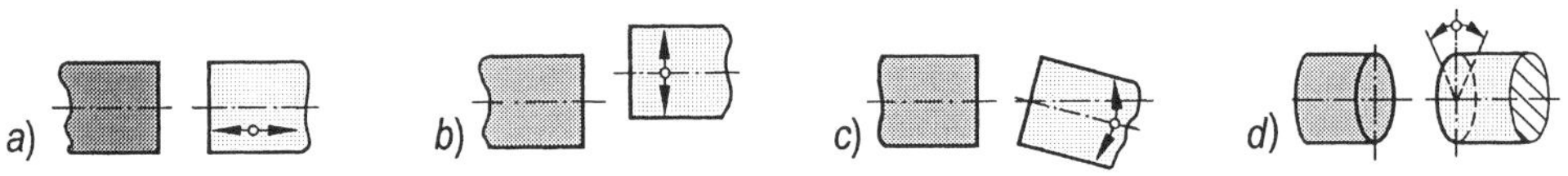

4.1
Wellenverlagerungen, Richtungspfeile zeigen Verschiebbarkeit der Wellen gegeneinander an

Die Kupplungen werden in nichtschaltbare Kupplungen und schaltbare Kupplungen unterteilt (Bild **4.2**). Die Übertragung der Kräfte zwischen den zu kuppelnden Bauelementen erfolgt

1. formschlüssig
2. kraftschlüssig
3. hydrostatisch, hydrodynamisch oder elektromagnetisch, d. h. elektrostatisch oder –dynamisch

Bei formschlüssigen Kupplungen ist das übertragbare Drehmoment durch die Festigkeit der Übertragungsmomente begrenzt. Schlupf zwischen Kupplungshälften ist nicht möglich.

Bei kraftschlüssigen Kupplungen ist das übertragbare Drehmoment von der Anpresskraft der zu kuppelnden Teile und von den Reibungsverhältnissen abhängig. Schlupf ist beim Einschalten und bei Überbelastung möglich.

Bei hydrostatischen und hydrodynamischen Kupplungen ist im Betrieb ständig ein Schlupf vorhanden. Elektrische Kupplungen übertragen das Drehmoment elektromagnetisch; entweder

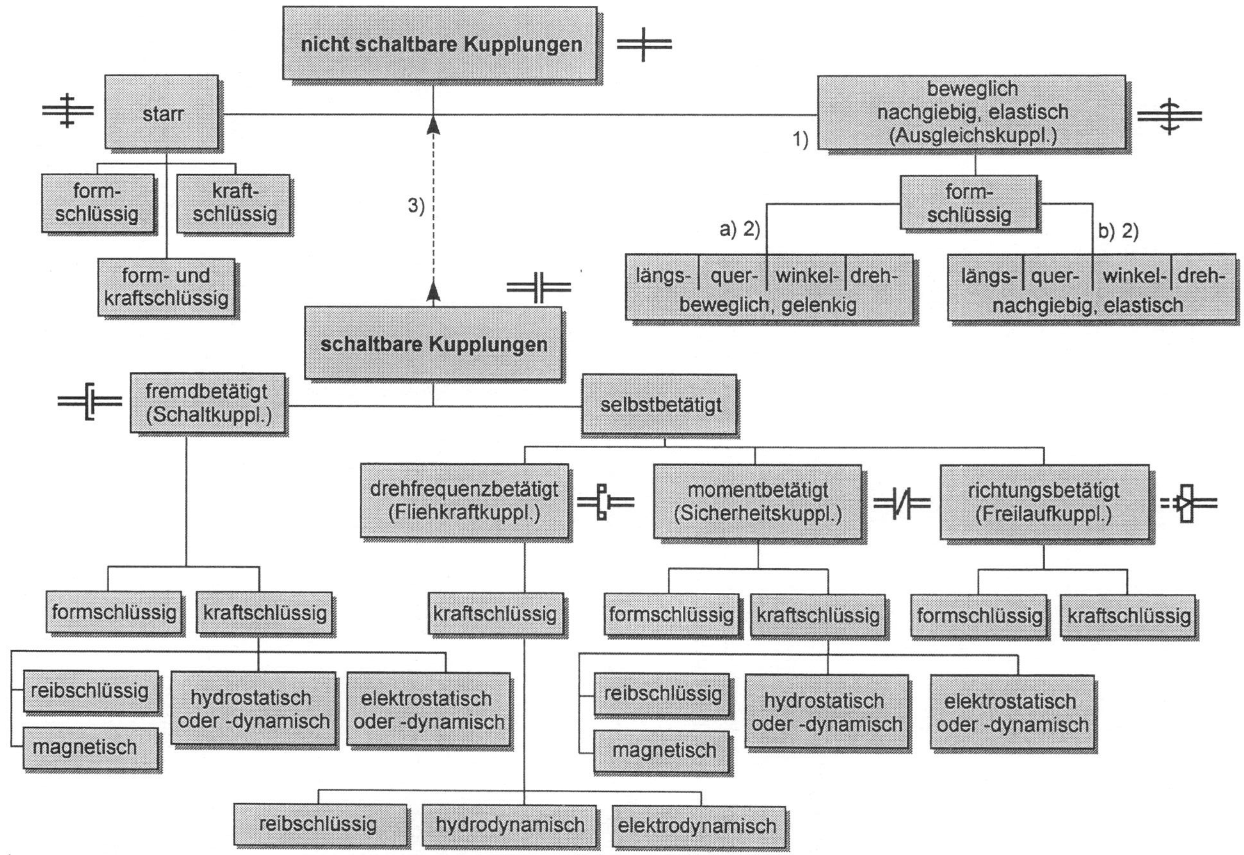

[1]) Der Begriff nachgiebig beinhaltet hier Elastizitäts- und Dämpfungseigenschaft im Vergleich zu beweglich oder gelenkig
[2]) Eigenschaften von a) und b) lassen sich in einer Kupplung vereinigen
[3]) Im geschalteten Zustand können schaltbare Kupplungen auch Eigenschaften der starren und/oder beweglichen bzw. der elastisch nachgiebigen Kupplung aufweisen.

4.2
Systematische Einteilung nicht schaltbarer und schaltbarer Kupplungen nach ihren Eigenschaften; Kupplungssymbole

nur mit Dauerschlupf (elektrodynamisch) oder sowohl mit Schlupf als auch ohne Schlupf (elektrostatisch). Der Schlupf steigt mit dem zu übertragenden Drehmoment an.

Nichtschaltbare Kupplungen werden in feste oder starre und in Ausgleichskupplungen unterteilt. Ausgleichskupplungen nehmen als bewegliche (gelenkige) Kupplungen Wellenverlagerungen auf oder dämpfen als drehnachgiebige Kupplungen Drehmomentstöße und Schwingungen. Eine vollkommene Ausgleichskupplung ist allseitig beweglich und drehnachgiebig. (Der Begriff drehnachgiebig beinhaltet hier Elastizitäts- und Dämpfungseigenschaft.)

Bei Wellenverlagerungen werden Längsverlagerung (**4.1a**), Querverlagerung (**4.1b**), Winkelverlagerung (**4.1c**) und Verlagerung um einen Drehwinkel (**4.1d**) unterschieden. Längsverlagerung wird z. B. durch Temperaturdehnung oder bei elektrischen Maschinen durch Ankerverschiebung hervorgerufen. Quer- und Winkelverlagerung sind durch Montageungenauigkeiten, Fundamentsenkung, Verziehen von Maschinenrahmen oder elastische Lagerung bedingt. Drehmomentstöße und Drehschwingungen verursachen die Verlagerung um einen Drehwinkel. In manchen Antriebsfällen treten alle Verlagerungsarten gleichzeitig auf.

Bei den schaltbaren Kupplungen erfolgt eine Einteilung nach dem Schaltimpuls. Die eigentlichen Schaltkupplungen sind fremdbetätigte Kupplungen, bei denen der Schaltimpuls von außen entweder mechanisch, hydraulisch, pneumatisch oder elektromagnetisch bewirkt wird. Zu den selbstbetätigten Kupplungen zählen drehfrequenzbetätigte oder Fliehkraftkupplungen, momentbetätigte oder Sicherheitskupplungen und richtungsbetätigte oder Freilaufkupplungen. Fliehkraftkupplungen erhalten ihren Schaltimpuls in Abhängigkeit von der Drehfrequenz der treibenden Welle, Sicherheitskupplungen von der Größe des zu übertragenden Moments, Freilaufkupplungen von der relativen Drehrichtung der kuppelnden Wellen. Schaltkupplungen können bei Drehfrequenzgleichheit oder -differenz geschaltet werden. Bei manchen Schaltkupplungen ist das Drehmoment steuerbar.

4.2 Nichtschaltbare starre Kupplungen

Starre Kupplungen verbinden zwei Wellenenden fest und drehstarr. Die fluchtende Wellenlage muss gewährleistet sein, sonst entstehen zusätzliche Beanspruchungen. Zur formschlüssigen Übertragung kleiner Drehmomente eignen sich einfache Stiftkupplungen (**4.3**). Der Kerbstift (s. Teil 1) wird auf Abscheren beansprucht.

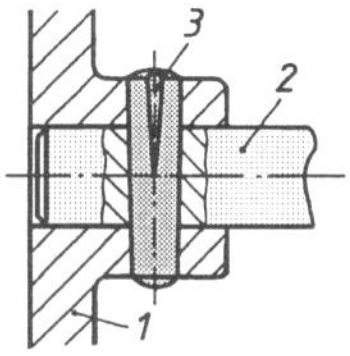

4.3
Stiftkupplung
1 Nabe
2 Zapfen
3 Kerbstift

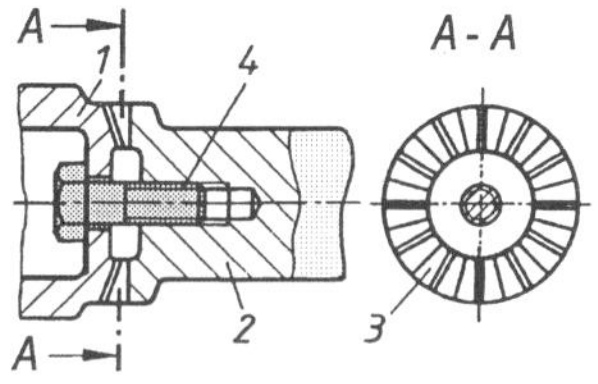

4.4
Plan-Kerb-Verzahnung
(Hirth-Verzahnung)

Die **Schalenkupplung** (DIN 115) ist für die leichte und mittlere Beanspruchung gebräuchlich (**4.5**). Sie besteht aus zwei gleichen Schalenhälften *1*, die durch Verbindungsschrauben *2* auf die Wellenenden gepresst werden. Für einen zuverlässigen Sitz der Schalenkupplung auf beiden Wellenenden ist eine genaue Übereinstimmung der Wellendurchmesser Bedingung. Das Drehmoment wird durch Reibung kraftschlüssig übertragen. Größere Kupplungen (mit über 50 mm Bohrungsdurchmesser) erhalten zur Sicherung eine Passfeder *3*.

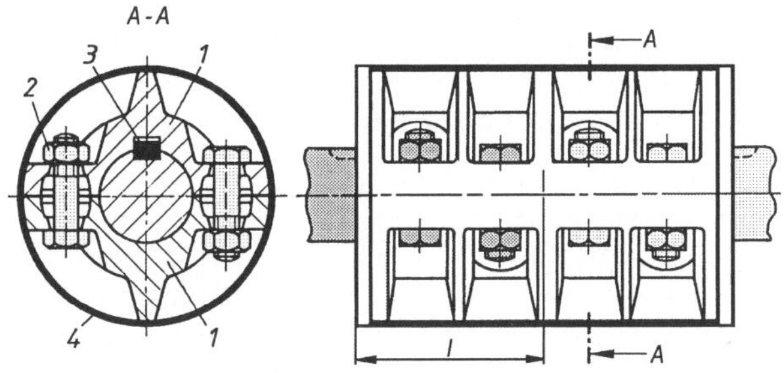

4.5
Schalenkupplung

Das Montieren der Kupplung geschieht einfach und ohne die Wellenenden zu verschieben. Zur Erhöhung der Unfallsicherheit kann die Kupplung mit einem Stahlblechmantel *4* verkleidet werden. (Zugängliche Kupplungen dürfen keine vorspringenden Teile aufweisen. Schutzkappen, -bleche, -ränder vorsehen!)

Berechnen einer Schalenkupplung

Nach Bild **4.6** wirkt auf ein Flächenelement $\mathrm{d}A = r \cdot d \cdot \varphi \cdot l$ der Welle die Normalkraft $\mathrm{d}F_n = p \cdot r \cdot d \cdot \varphi \cdot l$, wenn l (**4.5**) die Sitzlänge einer Kupplungsseite bedeutet. Die auf das Flächenelement bezogene Reibungskraft $\mathrm{d}F_R$ ist von der Ruhereibungszahl μ_r abhängig: $\mathrm{d}F_R = \mu_r \cdot \mathrm{d}F_n = \mu_r \cdot p \cdot r \cdot \mathrm{d}\varphi \cdot l$. Die gesamte Reibungskraft am Umfang wird demnach

$$F_R = \mu_r \cdot p \cdot r \cdot l \cdot \int_0^{2\pi} \mathrm{d}\varphi = 2\pi \cdot \mu_r \cdot p \cdot r \cdot l = \pi \cdot \mu_r \cdot p \cdot d_w \cdot l = \frac{\pi \cdot \mu_r \cdot F \cdot d_w \cdot l}{d_w \cdot l} = \pi \cdot \mu_r \cdot F \qquad (4.1)$$

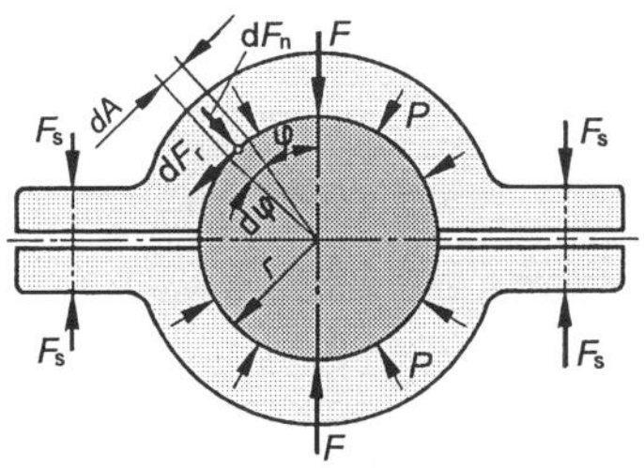

4.6
Kräfte bei einer Schalenkupplung

wenn die Flächenpressung $p = F/(d_w \cdot l)$ mit dem Wellendurchmesser $d_w = 2 \cdot r$ gesetzt wird. Es muss sein $F_R > F_u = T/r$, wenn F_u die zu übertragende Umfangskraft ist.

Die Anpresskraft F für die Länge l einer Kupplungsseite ist, auf das Drehmoment $T = F_u \cdot r$ bezogen,

$$F = \frac{T}{\pi \cdot \mu_r \cdot r} = \frac{2T}{\pi \cdot \mu_r \cdot d_w} \qquad (4.2)$$

Bedeutet z die Anzahl der Schrauben auf der An- bzw. Abtriebsseite der Kupplung, so ist die von jeder Schraube aufzubringende Schraubenkraft

$$F_S = \frac{F}{z} = \frac{2T}{\pi \cdot \mu_r \cdot d_w \cdot z} \qquad (4.3)$$

(s. Teil 1 Abschn. Reibschlüssige Verbindungen). Die Reibungszahl der Ruhereibung μ_r ist von der Rauhigkeit abhängig. Bei glatten Wellen ist $\mu_r \approx 0{,}15 \ldots 0{,}25$.

Die **Scheibenkupplung (4.7)** eignet sich zur Übertragung kleiner bis größter Drehmomente und wird für Wellendurchmesser bis etwa 250 mm serienmäßig hergestellt. Sie besteht entweder aus einfachen Scheiben *1* oder aus längeren Naben (DIN 116). Die Scheiben sind auf die Wellenenden aufgeschrumpft, angeschweißt oder angeschmiedet. Die Kupplungsnaben werden meist auf die Wellen aufgetrieben oder bei schweren Anlagen warm aufgezogen. Zur Sicherung der Kraftübertragung erhalten die Naben Passfedern *3* oder Keile. Schrauben *2* verbinden die Kupplungshälften miteinander. Sie müssen so fest angezogen werden, dass die Momentübertragung ausschließlich durch Reibung erfolgt.

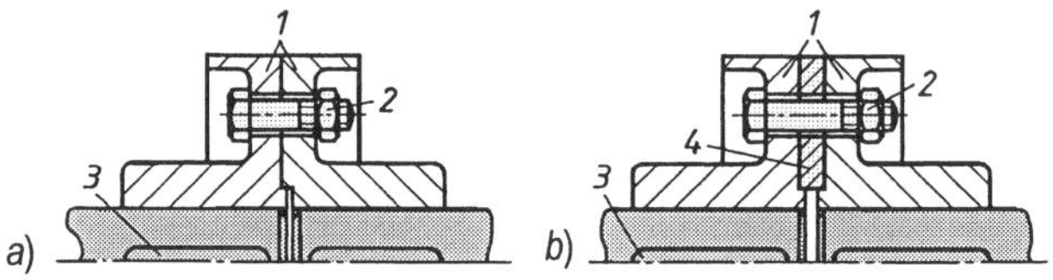

4.7
Scheibenkupplung
a) einfache
b) mit geteiltem Zentrierring

Die Kupplungshälften werden gegenseitig zentriert **(4.7a)**, oder es wird, um eine Längsverschiebung der Welle oder des Maschinensatzes bei der Montage zu vermeiden, ein zweiteiliger Zentrierring *4* vorgesehen **(4.7b)**. Sind die Kupplungshälften mit der Welle fest verbunden, so müssen Lager oder später aufzubringende Scheiben und Räder zweiteilig sein.

Berechnen einer Scheibenkupplung (4.8)

Durch Reibung wird das Moment $T = F_R \cdot R_m = \mu_r \cdot F_n \cdot R_m = \mu_r \cdot z \cdot F_s \cdot R_m$ übertragen (F_R Reibungskraft am Umfang, R_m mittlerer Radius der Anlagefläche bzw. Reibfläche beider Kupplungshälften, F_n gesamte Anpresskraft). Die Zugkraft in jeder Schraube ist

$$\boxed{F_S = \frac{F_n}{z} = \frac{T}{\mu_r \cdot z \cdot R_m}} \tag{4.4}$$

z Anzahl der Schrauben, μ_r Reibungszahl der Ruhereibung, $\mu_r \approx 0{,}15 \ldots 0{,}25$.

4.8
Kräfte an der Scheibenkupplung $R_m = (r_a + r_i)/2$; hier fällt R_m mit dem Lochkreisradius zusammen

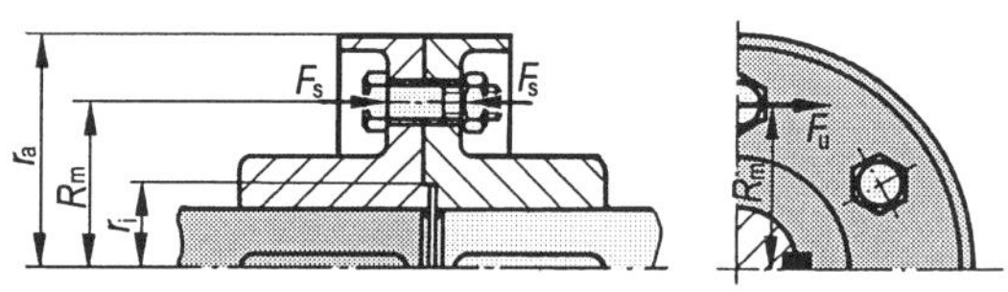

Sicherheitshalber sind die Schrauben auf Abscheren zu berechnen. Die zu übertragende Umfangskraft F_u verteilt sich auf die Schrauben als **Scherkraft**

$$\boxed{F_a = \frac{F_u}{z} = \frac{T}{z \cdot R_m}} \tag{4.5}$$

4.3 Nichtschaltbare formschlüssige Ausgleichskupplungen

Ausgleichskupplungen werden hauptsächlich zwischen Kraft- und Arbeitsmaschinen eingebaut. Sie sollen Wellenverlagerungen, Drehmomentstöße und Schwingungen ausgleichen. Zu diesem Zweck müssen die Kupplungen beweglich und drehnachgiebig sein. Die Beweglichkeit wird durch Spiel in den Kupplungsteilen, durch gleitende oder sich drehende Gelenkteile und ebenso wie die Drehnachgiebigkeit durch elastische Verbindungselemente erreicht. Maßgebend für die Auswahl und Ausbildung von Ausgleichskupplungen sind Art und Größe der Wellenverlagerungen. Bei manchen Kupplungsarten ist die Ausgleichsfähigkeit sehr beschränkt.

4.3.1 Bewegliche Kupplungen

Bewegliche Kupplungen, die nur in der Längsrichtung beweglich sind, dienen als Ausdehnungskupplungen zum Ausgleichen von Längenänderungen der Wellen bis etwa 10 mm. Diese werden durch Temperaturschwankungen, veränderliche Axialkräfte u. a. verursacht (**4.1a**).

Eine Ausdehnungskupplung für Wellendurchmesser bis etwa 200 mm ist die **Klauenkupplung** (**4.9**). Die Kupplungshälften *1* werden mit einem Ring *2* zentriert, auf dem die ineinandergreifenden Klauen *3* gleiten. Zur Vermeidung von Reibungsverlusten werden die Klauen geschmiert. Bei der **Bolzenkupplung** (**4.10**) erfolgt die Drehmomentübertragung über sechs bis acht Bolzen, die in der gegenüberliegenden Kupplungshälfte genau geführt sein müssen. Die Bolzen, wie auch die Klauen, werden auf Biegung und Abscheren berechnet.

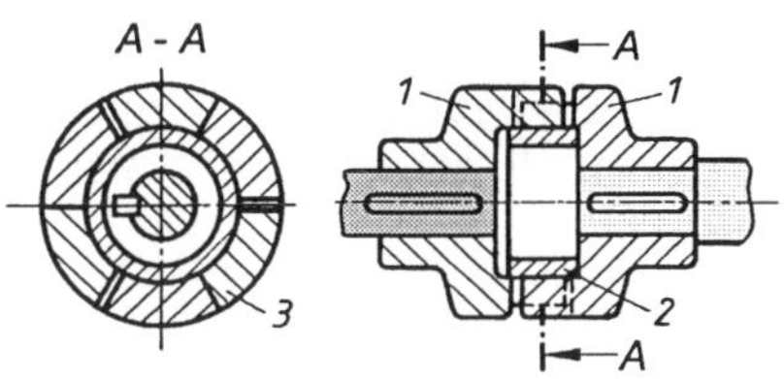

4.9
Klauenkupplung

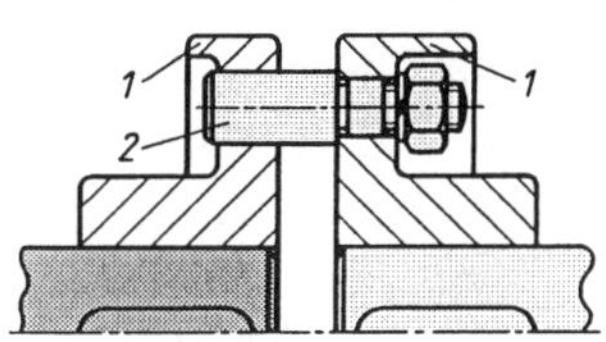

4.10
Bolzenkupplung
1 Naben
2 Passbolzen

Wellen, die neben der Längenänderung noch eine Querverlagerung aufweisen, können mit der **Oldham-Kreuzscheibenkupplung** verbunden werden (**4.11**). Die Kupplung arbeitet mit einem Gleitstein *1*, der frei beweglich zwischen den Naben bzw. Kupplungshälften *2* sitzt und zwei um 90° versetzte Gleitführungen trägt. Zur Verminderung der Reibungsverluste ist eine gute Schmierung nötig (kinematische Eigenheiten).

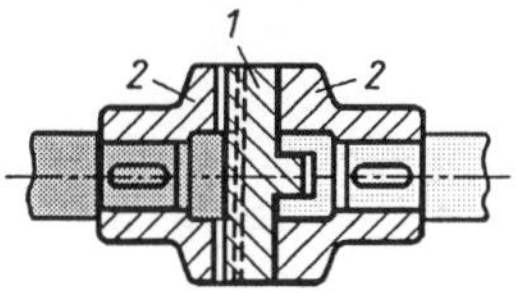

4.11
Oldham-Kreuzscheibenkupplung

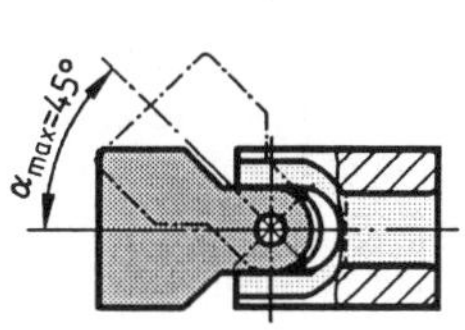

4.12
Einfach-Wellengelenk nach DIN 808

Winkelverlagerungen von Wellen werden durch winkelbewegliche Kupplungen überbrückt. Ist nur ein **Einfach-Wellengelenk** (**4.12**) eingebaut, so entsteht eine ungleichförmige Drehbewegung der getriebenen Welle. Bei jeder Umdrehung schwankt das Verhältnis der Winkelgeschwindigkeiten ω_2/ω_1 zwischen den Werten l/cos α und cos α; die Schwankung nimmt mit dem Ablenkungswinkel α (**4.13**) zu. Diese zeitlich sinusförmige Drehfrequenzschwankung ist wegen der dadurch verursachten Schwingungen unerwünscht. Die Betriebsdrehfrequenz n wähle man bedeutend höher als die kritische Drehfrequenz n_k, ($n \approx (1{,}6...1{,}8) \cdot n_k$). Um Gleichlauf der An- und Abriebswelle ($\omega_1 = \omega_2$) zu erzielen, müssen zwei einfache Gelenke in bestimmter Anordnung oder besondere Gleichgangsgelenke eingebaut werden. Die Anordnung der Gabeln an den Enden der Zwischenwelle ist zunächst dann richtig, wenn sie gleiche Lage haben (**4.13**). Ferner müssen die treibende und die getriebene Welle, ob parallel oder unter einem Beugungswinkel zueinander stehend, an der Zwischenwelle an beiden Enden den gleichen Ablenkungswinkel α aufweisen, der damit halb so groß wie der Beugungswinkel 2α zwischen An- und Abtriebswelle ist. Nur die Zwischenwelle (**4.13**) behält die oben beschriebene Ungleichförmigkeit der Drehfrequenz. Die hierdurch entstehenden Massenkräfte haben Rückwirkungen auf die anschließenden Wellen.

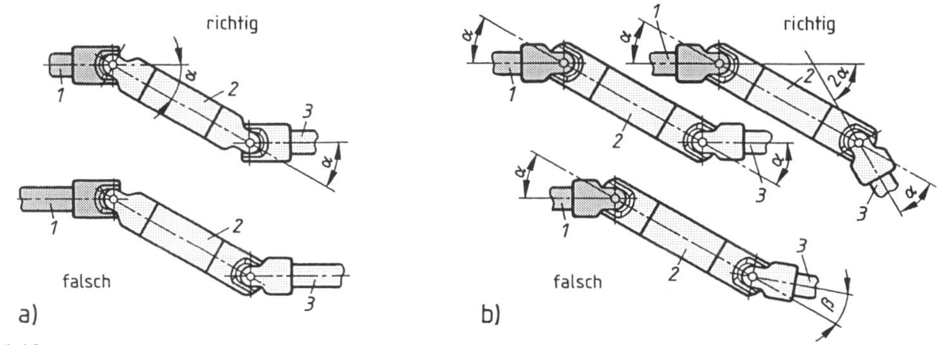

4.13
Wellengelenke. Gabelstellung und Ablenkungswinkel (nach DIN 808)
a) richtige, gleiche Gabelstellung (oben) und falsche Stellung (unten) an der Zwischenwelle (*2*)
b) richtige Anordnung (oben) mit gleichen Ablenkungswinkeln α von treibender (*1*) und getriebener Welle (*3*) zur Zwischenwelle (*2*) und falsche Anordnung (unten); $\beta \neq \alpha$

Kugelgelenke und Wellengelenke nach DIN 808 (**4.12**) eignen sich für Werkzeugmaschinen und zur Übertragung kleinerer Drehmomente. Ihre Befestigung auf der Welle erfolgt mit Kegelstiften, Passfeder oder Vierkant.

Für größere Drehmomente kommen nur **Kreuzgelenke**, auch Kardangelenke genannt, zur Anwendung, bei denen die unter 90° zueinander stehenden beiden Zapfen (**4.14**), deren Achsen sich schneiden müssen, meist mit Nadellagern versehen sind. Die Zwischenwelle ist zur Verkleinerung der Massen und damit der Rückwirkungen infolge der Ungleichförmigkeit rohrförmig gestaltet und ausgewuchtet. Das eine Ende ist an ein Gelenk angeschweißt, das andere mit Keilwellenprofil versehen, um eine Längsverschiebung in der Zwischenwelle zu ermöglichen, die für eine parallele Achsverlagerung (Querbeweglichkeit) erforderlich ist. Der Ablenkungswinkel von Kreuzgelenken kann 15° ... 20°, bei Sonderausführungen 35° betragen. Bei gleichsinniger Abbiegung (W-Beugung) von An-, Zwischen- und Abtriebswelle ist eine Gesamtbeugung bis 45° zulässig.

Baut man die beiden Gelenke einer Zwischenwelle dicht zusammen, so entsteht das Doppel-Wellen-Gelenk (**4.15**). Es hat wegen oft notwendiger gegenseitiger Zentrierung beider Wellen genauen Gleichlauf nur bei bestimmtem Beugungswinkel und geringe Winkelgeschwindigkeitsschwankungen bei anderen Winkeln (Gleichgangsgelenke mit beliebigen Ablenkungswinkeln).

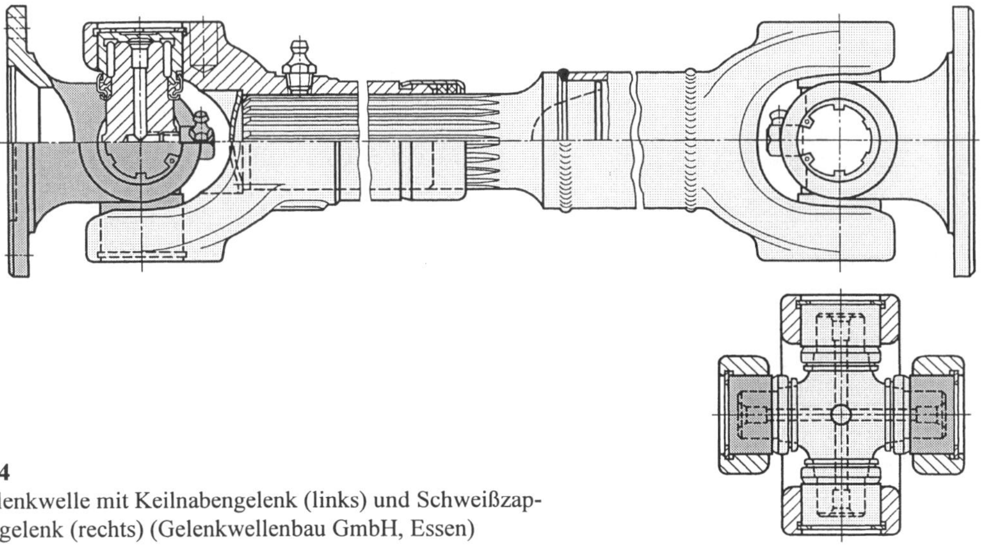

4.14
Gelenkwelle mit Keilnabengelenk (links) und Schweißzapfengelenk (rechts) (Gelenkwellenbau GmbH, Essen)

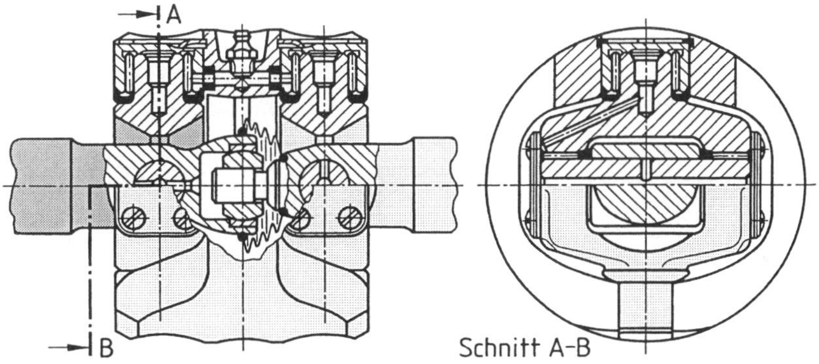

4.15
Doppelgelenk mit Zentrierung

Ähnlich wie die Doppel-Kreuzgelenke arbeitet die mehrgelenkige **Zahnkupplung** mit balligen Zähnen (**4.16**). Sie wird in Stahl oder Stahlguss für Drehmomente bis 4000 kNm hergestellt. Der Zahnkranz *1* der Kupplungsnabe *2* greift in ein innenverzahntes Gehäuse *3* mit Deckel *4* ein. Hierdurch ist die Längsbeweglichkeit gegeben. Die allseitige Winkelbeweglichkeit wird durch die bogenförmig und ballig ausgebildeten Zähne der Kupplungsnabe gewährleistet, die in der geradverzahnten Innenverzahnung des Gehäuses gleiten. Der Kreisbogenmittelpunkt der Zahnköpfe und des Zahnlückengrundes liegt in der Wellenachse. Die Querbeweglichkeit wird durch die zweite Zahnkupplung (**4.16**) erreicht. Die Drehmomentübertragung erfolgt hierbei von einer Kupplungsnabe auf die andere über ein quergeteiltes Gehäuse. Die Kupplung ist mit Öl gefüllt, das beim Lauf in die Verzahnung geschleudert wird und dort einen stoßdämpfenden Ölfilm bildet. Dadurch ist eine Drehnachgiebigkeit in geringem Maße gegeben.

Die Ringspann-Wellen-Ausgleichskupplung (**4.17**) wird für Drehmomente bis über 18 000 Nm gebaut. Sie ermöglicht die Verbindung von Wellen, die radial bis zu 2% des Kupplungsdurchmessers und bis zu 3° winklig gelagert sind. Die Drehbewegung wird winkelgetreu und spielfrei übertragen.

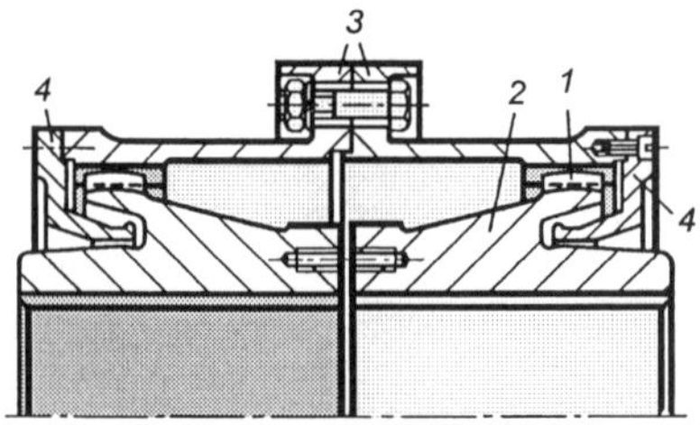

4.16
Zahnkupplung mit balligen Zähnen (Flender GmbH, Bocholt)

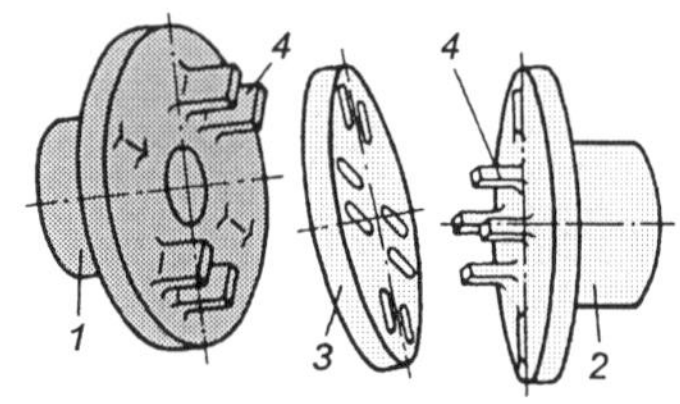

4.17
Ringspann-Wellen-Ausgleichskupplungen (Ringspann A. Maurer KG, Bad Homburg)

1, *2* Kupplungsflansche
3 Zwischenscheibe aus verschleißfestem Kunststoff
4 Mitnehmer, um 90° gegeneinander versetzt

4.3.2 Drehnachgiebige Kupplungen

Drehnachgiebige, drehfedernde oder drehelastische Kupplungen haben die Aufgabe, Drehstöße in der Wellenleitung durch kurzzeitiges Speichern der Stoßenergie zu mildern und schädliche Drehschwingungen in der Wellenanlage zu vermeiden.

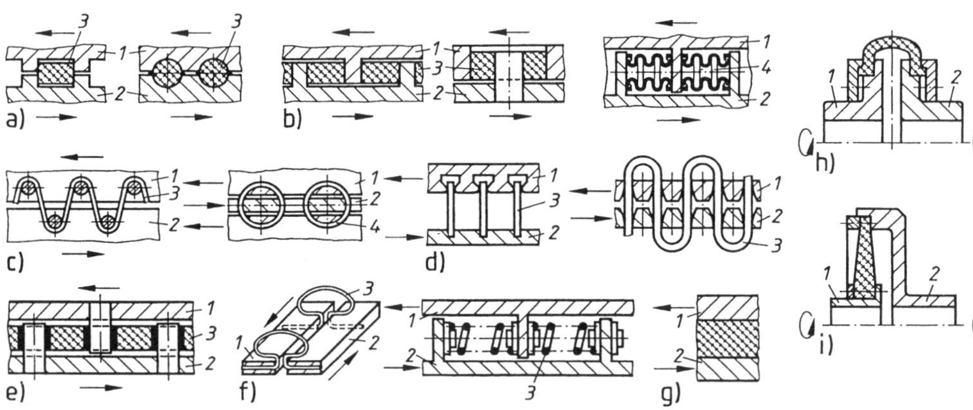

4.18
Anordnung elastischer Bauelemente zwischen den beiden Kupplungshälften *1* und *2*

a) auf Abscheren beanspruchte Gummifedern *3* (**4.24**)
b) auf Druck beanspruchte Gummifedern *3* (**4.25**) bzw. Luft-Gummifedern *4*
c) auf Zug beanspruchte Leder-, Gummi- oder Kunststoffbänder *3* oder -ring *4*
d) auf Biegung beanspruchte Stahlfedern *3*; die Federkennlinie kann u. a. durch die Einbauart verändert werden (**4.21**)
e) auf Druck bzw. Zug beanspruchte einteilige Gummifeder *3* (**4.28**)
f) auf Drehung beanspruchte Einzel- und Schraubenfedern *3* (**4.22** und **4.23**)
g) Zylinder-Drehschubfeder (s. Maschinenteile Teil 1) aus Gummi (**4.30**)
h) Drehschubfeder aus ein- oder mehrteiligem Gummiwulst (**4.31**)
i) allseitig eingespannte elastische Platte, z. B. aus Gummi oder Vulkollan (Polyurethan); kein Axialschub bei Torsion vorhanden (**4.34**)

Diese Aufgabe erfüllen federnde Bauteile aus Stahl oder Gummi zwischen den Kupplungshälften. Sie bestehen aus Torsionsfedern, Biegefedern oder elastischen Bauelementen, die auf Druck, Zug oder Schub beansprucht werden. Die Bauformen drehnachgiebiger Kupplungen sind durch die Federform und die Anordnung der Federn zueinander bedingt (**4.18**).

Kennzeichnend für das Betriebsverhalten einer drehnachgiebigen Kupplung ist die T-Ψ-Kennlinie, in der über dem **Verdrehungswinkel Ψ** beider Kupplungshälften gegeneinander das Drehmoment T aufgetragen ist (**4.19**). Aus dieser Kennlinie berechnet man für den jeweiligen Betriebspunkt die **Drehsteife** (s. Abschnitt 1.2.2.4).

$$\boxed{c' = \frac{\mathrm{d}T}{\mathrm{d}\psi}} \tag{4.6}$$

Sie ist bei der Ermittlung der Eigenkreisfrequenz der Wellenanlage von Bedeutung. Die Drehsteifigkeit gibt das Moment an, das zur Verdrehung der Kupplungshälften um eine Winkeleinheit (z. B. 1 rad = 57,2°) notwendig ist. Bei dynamischer Belastung ist die Drehsteifigkeit der Gummikupplungen je nach ihrer Shore-Härte (s. Teil 1) und je nach der Frequenz der periodischen Drehmomentschwankungen um 30% ... 120% größer als bei statischer Belastung.

Um viskoelastische Einflüsse bei der Aufnahme der statischen Kupplungskennlinie weitgehend auszuschalten, ist es zweckmäßig, die vollständige Hysteresisschleife vom negativen zum positiven Maximalmoment punktweise mit Wartezeiten für jeden Messpunkt aufzunehmen. Die statische Kennlinie wird dann aus dem arithmetischen Mittel der beiden Kurvenzüge ermittelt.

Die **Dämpfung** von Drehschwingungen erfordert eine drehnachgiebige Kupplung, die möglichst viel Schwingungsenergie vernichtet. Die innere Reibung (infolge der Formänderung des elastischen Bauteiles) oder besondere Einrichtungen ermöglichen eine Umformung der Schwingungsenergie in Wärme. Die Dämpfung ist u. a. vom Federwerkstoff abhängig. Gummi und elastische Kunststoffe (z. B. aus Polyurethan, Vulkollan) besitzen eine große Dämpfung, bei Stahlfedern ist sie dagegen sehr gering. Die Dämpfung stellt sich in der Kennlinie (Bild **4.19**) durch den Flächeninhalt der Dämpfungsschleife zwischen Linie *1* und *2* dar.

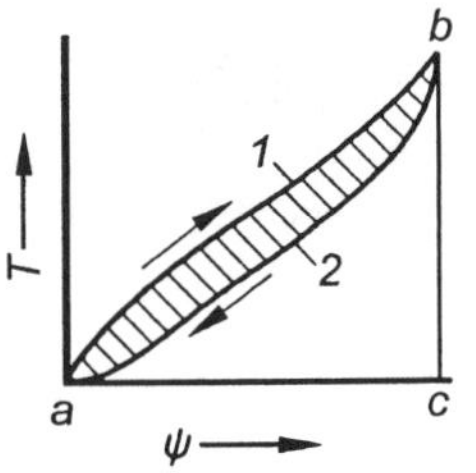

4.19
T-Ψ-Kennlinie einer Gummiwulstkupplung bei zügiger Belastung
Kurve *1* Belastung, Kurve *2* Entlastung der Kupplung
Fläche *a*, *b*, *c*, bei der Belastung zugeführte Arbeit
Fläche unter Kurve *2* bei Entlastung von der Kupplung zurückgegebene Arbeit
Fläche zwischen Linie *1* und *2* (schraffiert) von der Kupplung zurückgehaltene und in Wärme umgesetzte Arbeit

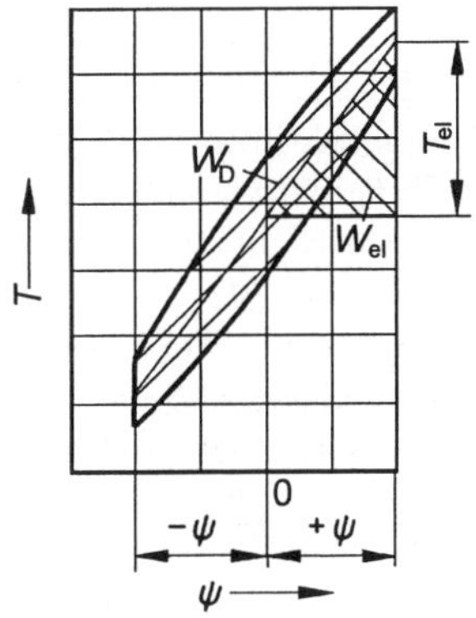

4.20
Hysteresisschleife einer drehnachgiebigen Kupplung zur Bestimmung der verhältnismäßigen Dämpfung

Die Werkstoffdämpfung gummielastischer Bauteile wird, wie meist üblich, als verhältnismäßige Dämpfung angegeben und als Dämpfungsfaktor ζ in die Schwingungsrechnung eingesetzt. Die verhältnismäßige Dämpfung ζ lässt sich durch Versuche ermitteln. Bei Verdrehung der Kupplung um einen kleinen Winkel $\pm\,\psi$ wird das in Bild **4.20** dargestellte Diagramm durchlaufen. Die Verlust- bzw. Dämpfungsarbeit W_D bei einer Schwingung entspricht dem Flächeninhalt der Hysteresisschleife. Die elastische Formänderungsarbeit $W_{el} = T_{el} \cdot \psi/2$ wird durch den Inhalt des schraffierten Dreiecks in Bild **4.20** dargestellt. Die **verhältnismäßige Dämpfung** ist dann $\zeta = W_D/W_{el}$. Sie sind mit zunehmender Belastung und Frequenz kleiner. Bei genauer Schwingungsrechnung sollte diese Abhängigkeit berücksichtigt werden.

Die verhältnismäßige Dämpfung ζ kann auf einfache Weise auch aus dem logarithmischen Dekrement D bestimmt werden. Dazu wird eine Kupplungsseite fest eingespannt. An die andere Kupplungshälfte wird ein Hebelarm mit einem Gewicht angebracht, das die Kupplung mit einem Moment belastet. Die Kupplung führt gedämpfte Drehschwingungen aus, sobald der Hebel aus der Gewichtslage herausgebracht und wieder losgelassen wird. Mit einem Zeiger können diese gedämpften Drehschwingungen auf einem Papierstreifen, der sich mit konstanter Geschwindigkeit bewegt, aufgezeichnet werden. Aus dem Verhältnis der Absolutbeträge zweier aufeinanderfolgender Schwingungsausschläge s_1, s_2 berechnet man zunächst das logarithmische Dekrement $D = \ln\,(s_1/s_2)$. Für die verhältnismäßige Dämpfung gilt dann die vereinfachte Beziehung $\zeta = 2D$.

Gestaltung

Folgende Forderungen sind zu beachten:

1. Die Kupplung soll nicht nur drehnachgiebig, sondern auch längs-, quer- und winkelbeweglich sein.

2. Die Kupplung soll möglichst weich sein. Sie muss daher eine kleine Federsteife (-konstante) c' haben. Eine T-ψ-Kennlinie mit zunehmender Steigung und eine große Dämpfung sind vorteilhaft.

3. Die Drehnachgiebigkeit einer Kupplung soll durch Austausch oder Hinzufügen elastischer Bauteile veränderlich sein.

4. Bei der Verdrehung der Kupplung sollen keine oder nur geringe Axialkräfte entstehen.

5. Die Rückstellkräfte bei der Längs-, Quer- und Winkelbeweglichkeit sollen klein bleiben.

6. Für eine gute Abfuhr der Wärme, die durch Schwingungsdämpfung oder durch die Walkarbeit bei Wellenverlagerung entsteht, ist zu sorgen. (Die höchstzulässige Dauertemperatur im elastischen Bauteil hängt vom Werkstoff ab. Für Gummi ist etwa 80 °C zulässig (s. Teil 1, Abschnitt Gummifedern).

7. Die Kupplung darf bei Schadhaftwerden eines elastischen Bauteiles nicht sofort ausfallen. Ist nur ein elastisches Bauteil vorhanden, so soll das völlige Versagen einer Kupplung bereits längere Zeit vorher an Teilbrüchen oder Anrissen erkennbar sein. Kupplungen für Lasthebemaschinen erhalten zusätzlich eine Sicherung, z. B. durch Klauen, so dass beim Bruch der elastischen Verbindung eine starre Verbindung hergestellt wird.

8. Schadhafte elastische Bauteile sollen schnell auswechselbar sein, möglichst ohne dabei die Kupplung ausbauen oder die Wellen axial verschieben zu müssen.

9. Ein spielfreier Drehrichtungswechsel soll gewährleistet sein.

10. Zur Erhöhung der Unfallsicherheit dürfen zugängliche Kupplungen keine vorspringenden Teile aufweisen.

Bei der Vielfalt der Antriebsfälle ist es nicht notwendig, dass eine Kupplung alle genannten Forderungen erfüllt. Oft muss beim Entwurf einer Kupplung eine Forderung zugunsten der anderen zurückgestellt werden. Einige Beispiele ausgeführter drehnachgiebiger Kupplungen zeigen die Bilder **4.21** bis **4.35**. Zur schaltbaren elastischen Verbindung von Wellen werden drehnachgiebige Kupplungen mit Schaltkupplungen (s. Abschnitt 4.4) kombiniert.

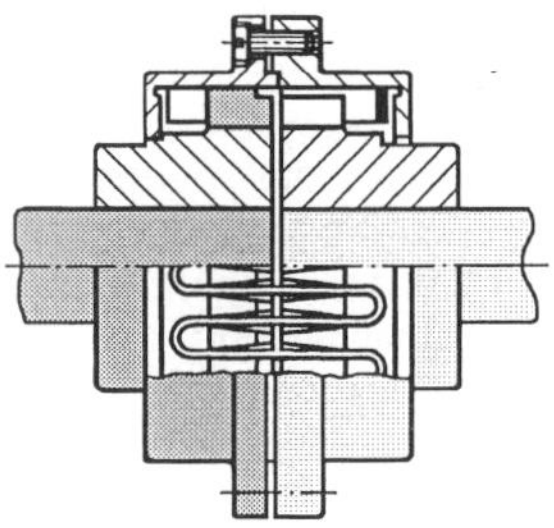

4.21
Bibby-Kupplung (Malmedie & Co., Düsseldorf)

In den beiden Kupplungshälften sind in Segmente unterteilte, schlangenförmige gebogene Stahlfedern eingesetzt. Die Schlitze der Kupplungsnaben sind kreisförmig erweitert (**4.18**). Hierdurch wird die Einspannlänge der Federn mit zunehmendem Verdrehwinkel verkleinert und die Federsteife vergrößert. Die Kupplung wird für Drehmomente bis 8600 kNm gebaut.

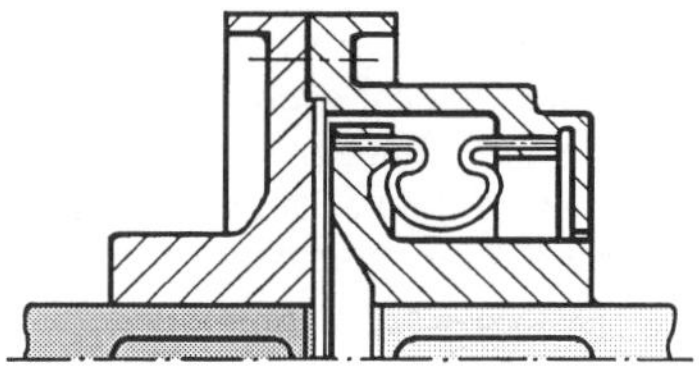

4.22
Voith-Mauer-Kupplung

Bügelförmig gebogene Stahlfedern (Torsionsfedern) verbinden die Kupplungshälften (**4.18**).

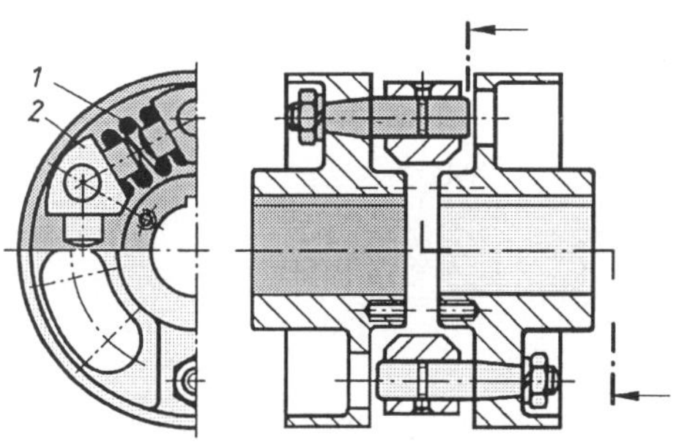

4.23
Cardeflex-Kupplung (Hochreuter & Baum, Ansbach)

Das Drehmoment wird durch tangential angeordnete, auf Drehung beanspruchte Schraubendruckfedern *1* übertragen, die unter Vorspannung zwischen schwenkbar gelagerten Führungskörpern *2* aus Grauguss sitzen (**4.18**). Die Kupplung ist allseitig beweglich. Verdrehungswinkel $\Psi = \pm 5° \ldots 10°$. Der Drehrichtungswechsel erfolgt spielfrei.

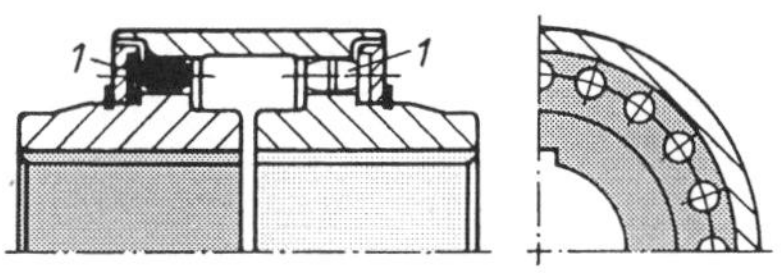

4.24
Elastoflex-Kupplung mit elastischen Bolzen (**4.18**) (Malmedie & Co., Düsseldorf)

Die Kupplungsbolzen *1* bestehen aus Kunststoff, z. B. Polyurethan (u. a. mit der Markenbezeichnung Vulkollan). Spielfreier Drehrichtungswechsel ist möglich.

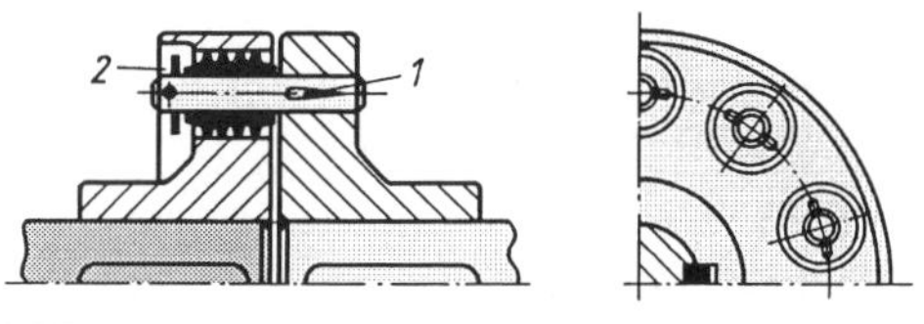

4.25
Elastische Bolzenkupplung (Renk, Werk Hannover)

Das freie Ende der Kerbstifte *1* steckt in einer elastischen Gummihülse *2* (**4.18**). Die Kupplung ist allseitig beweglich. Bei größeren Kupplungen treten an Stelle der Kerbstifte durch Verschraubung lösbare Stahlbolzen.

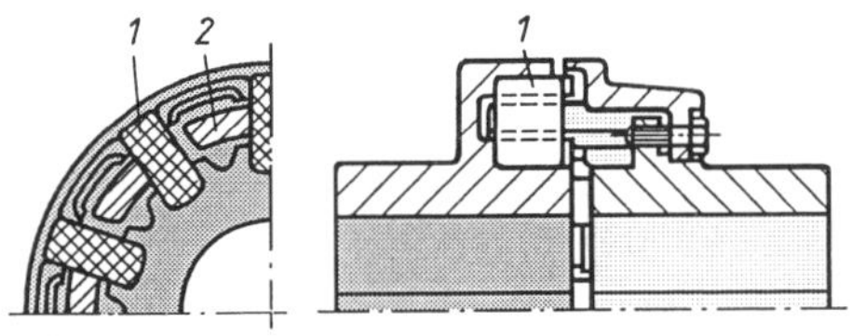

4.26
Eupex-Kupplung (Flender GmbH, Bocholt) mit rechteckigen Paketen *1* aus elastischem und dämpfungsfähigem Werkstoff (z. B. Hartgummi, Hartgewebe, Leder). Die Mitnehmer *2* greifen mit allseitigem Spiel hinter die Kupplungspakete. Ein spielfreier Gang bei Drehrichtungswechsel wird durch den Einbau verdickter Kupplungspakete erzielt.

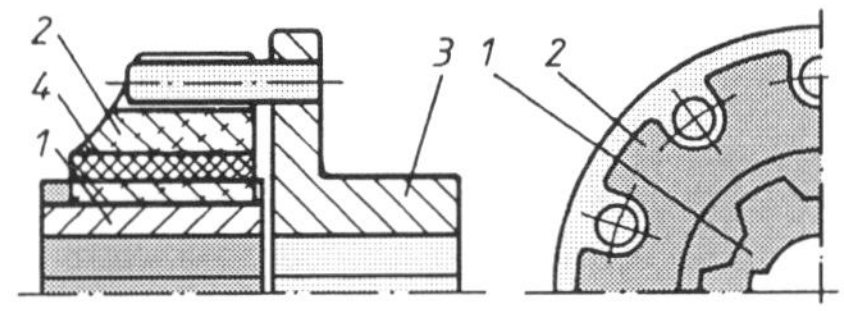

4.27
Gummi-Zahnkupplung

Auf einer profilierten Kupplungsnabe *1* ist ein Gummiring *2* aufgepresst. In die Aussparungen des Gummikörpers greifen die Bolzen der zweiten Kupplungshälfte *3* ein. Die Kupplung ist allseitig beweglich und drehnachgiebig; *4* Gewebeeinlage.

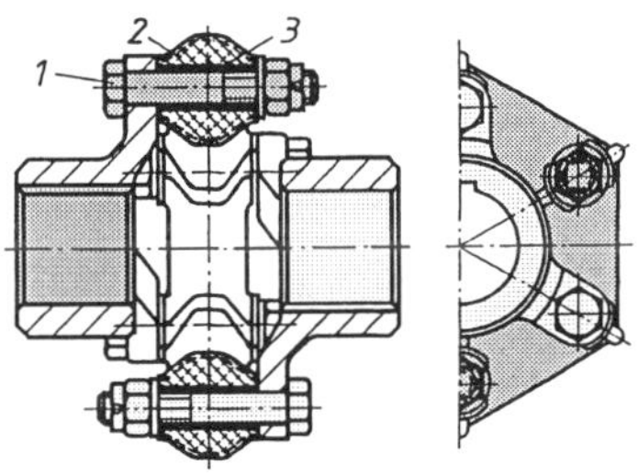

4.28
Kupplung mit eckigem Gummiring (**4.18**)

Zur Aufnahme der Schraubenbolzen *1* sind im Gummiring *2* Abstandsbuchsen *3* einvulkanisiert. Um unzulässige Zugbeanspruchungen zu vermeiden, steht der Ringquerschnitt im unbelasteten Zustand unter Druckvorspannung. Die Kupplung ist allseitig nachgiebig.

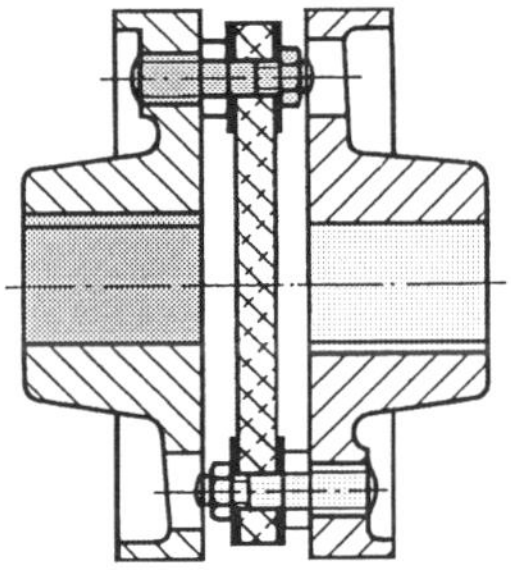

4.29
Kupplung mit Gummigewebescheibe zum Ausgleich geringer Wellenverlagerungen (Lohmann & Stolterfoht AG, Witten/Ruhr)

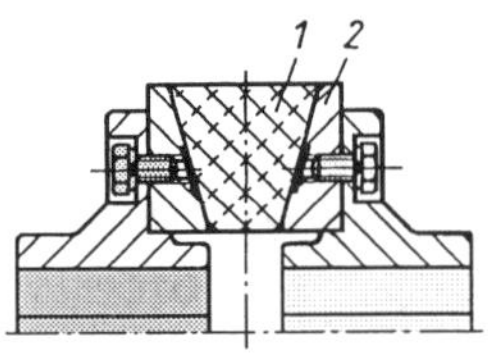

4.30
Kupplung mit Drehfederungsglied aus Gummi *1*, das auf Stahlringe *2* aufvulkanisiert ist (**4.18**).

Zur gleichmäßigen Spannungsverteilung wird die Gummischicht nach außen hin verbreitert. Der Ausgleich von Längs-, Quer- und Winkelverlagerungen ist in geringem Umfang möglich.

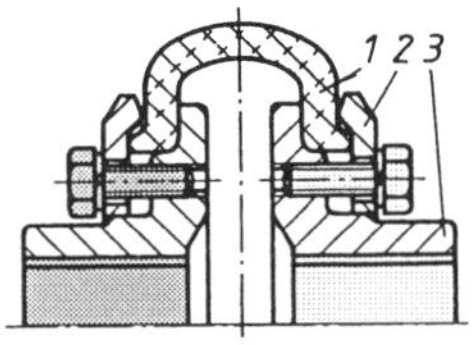

4.31
Periflex-Wellenkupplung (Stromag, Unna)

Ein bogenförmiger, senkrecht zur Umfangsrichtung aufgeschnittener oder geteilter Reifen *1* (**4.18**) aus elastischem Werkstoff, z. B. Gummi mit Gewebeeinlage, Gummifasergemisch oder Polyurethan (Vulkollan), überträgt das Drehmoment. Der Reifen *1* wird mit Druckringen *2* fest an die Kupplungsnaben *3* gepresst. Die Übertragung der Drehkraft erfolgt durch Reibung zwischen Reifen und Nabe. Die Kupplung ist allseitig beweglich und hochelastisch. Sie wird für Dauerbelastungen bis zu 40 000 Nm hergestellt.

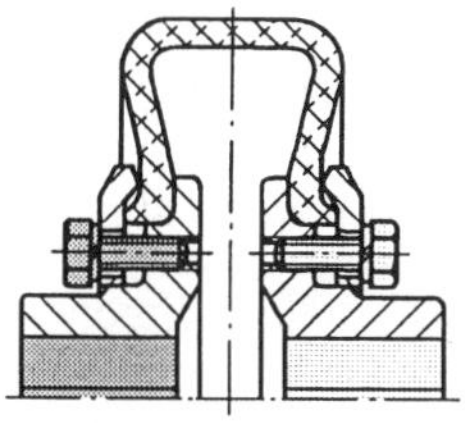

4.32
Periflex-Wellenkupplung (Stromag GmbH, Unna)
Ähnlich Bild (**4.31**), aber für besonders große axiale und winklige Verlagerungen

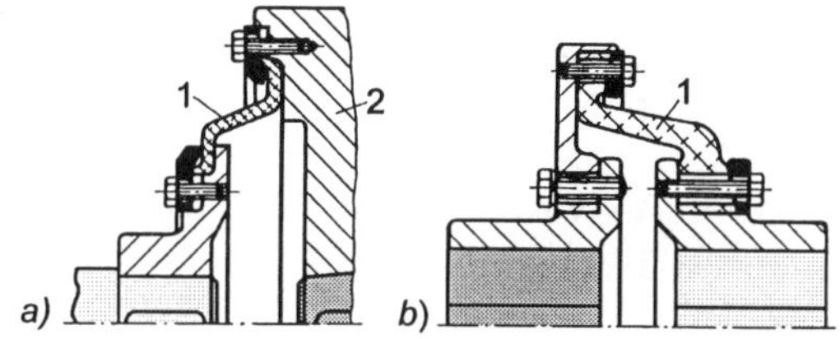

4.33
Periflex-Flanschkupplung (Stromag GmbH, Unna)
Der tellerartige Flanschreifen *1* ist ungeteilt. Als Werkstoff wird Gummi mit Gewebeeinlage und Gummifasergemisch (a) oder – für hohe Drehzahlen – Polyurethan (Vulkollan) verwendet (b). *2* Schwungrad

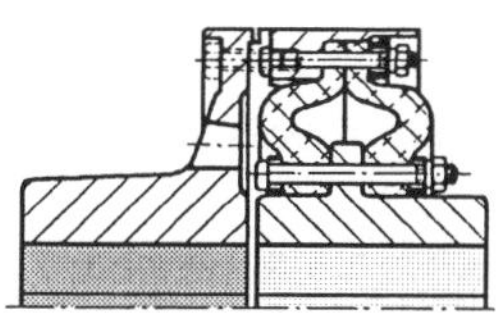

4.34
Vulkan-EZ-Kupplung (Vulkan-Kupplungs- und Getriebebau, Wanne-Eickel)
Die Einspannschellen der wellenförmig gebogenen Gummischeiben liegen übereinander (**4.18**).

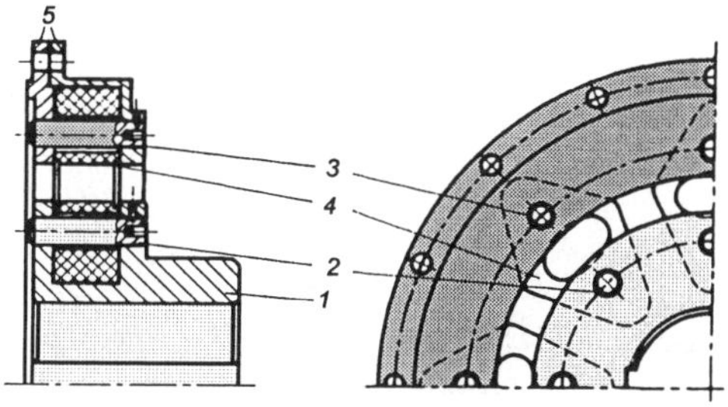

4.35
Gummi-Elementkupplung (Stromag GmbH, Unna)
Das Drehmoment wird vom Außenteil *5* über mehrere parallel geschaltete, sternförmig zur Drehachse auf zwei Zylinderstifte *2* und *3* gesteckte, mit Traggeweben armierte Gummielemente *4* auf die Nabe *1* übertragen. Jedes Gummielement ist ein auf Zug beanspruchter, rhombusförmiger flacher Körper mit einer durchgehenden ovalen Aussparung in der Körpermitte. Der Zylinderstift *2* befindet sich im Innenkörper *1* und der Zylinderstift *3* im Außenkörper *5* der Kupplung (ähnlich **4.18**). Geschlitzte Hülsen, die im Element eingebettet sind, legen sich bei Belastung fest an die Zylinderstifte und verhindern so Bewegung und Verschleiß. Bei Verdrehung der Kupplung entsteht kein Axialschub.

Berechnung

Maßgebend für die einsatzgerechte Auslegung einer drehnachgiebigen Kupplung sind neben der Drehsteife und Dämpfung die Festigkeitseigenschaften der federnden Bauteile. Sie werden vom Hersteller angegeben und beziehen sich auf eine Umgebungstemperatur von 10 °C bis 30 °C. Manche Kennwerte ändern sich unter Einfluss von Belastung, Temperatur und Umdrehungsfrequenz.

Zum Nachweis der statischen Festigkeit der Kupplung wird ein Prüfdrehmoment T_{KP} festgelegt, das bei zügiger oder bei fortschreitender Belastung mit Wartezeiten ohne Beschädigung der Kupplung erreicht werden kann, das also noch unter dem Zerreißmoment liegt.

Das von der Kupplung übertragbare größte Drehmoment $T_{K\,max}$ ist kleiner als das Prüfdrehmoment. Es ist das Drehmoment, das kurzzeitig mindestens 10^5 mal als schwellender Drehmomentstoß bzw. mindestens 5 ... 10^4 mal als wechselnder Drehmomentstoß ohne Beschädigung ertragen werden kann. Dabei darf die Erhöhung der Kupplungstemperatur 30 °C nicht überschreiten.

Das Nenndrehmoment $T_{n\,K}$ bestimmt die Baugröße und darf im gesamten zulässigen Drehzahlbereich dauernd übertragen werden. Manche Hersteller setzen für das Nenndrehmoment der Kupplung $T_{n\,K} = (0{,}5 \ldots 0{,}3) \cdot T_{K\,max}$. Die Faktoren 0,5 ... 0,3 entsprechen der möglichen Überlastbarkeit der Kupplung in Antrieben mit Drehstrommotoren bis zum Kippmoment, das etwa 2 bis 3 mal größer als das Motornennmoment ist.

Die Verdreh-Dauerwechselfestigkeit einer Kupplung wird durch das ertragbare Dauerwechseldrehmoment $T_{W\,K}$, auch ertragbarer Drehmomentausschlag genannt, ausgedrückt. Sie wird aus Versuchen bestimmt. Die Prüfungsergebnisse lassen sich in Form einer Wöhlerkurve und im Dauerfestigkeitsdiagramm darstellen. Das ertragbare Dauerwechseldrehmoment gibt die Ausschläge der dauernd zulässigen periodischen Drehmomentschwankungen bei einer Frequenz von 10 Hz und einer Grundlast bis zum Wert vom Nenndrehmoment $T_{n\,K}$ an.

Versuche mit Gummikupplungen haben ergeben, dass für Lastwechsel über 10 Hz die Erwärmung des Gummikörpers die Dauerwechselfestigkeit stark beeinflusst. Wurde der ertragbare Momentausschlag bei 10 Lastwechsel je Sekunde ermittelt, so errechnet sich mit guter Näherung der **ertragbare Ausschlag** für eine beliebige Zahl von Lastwechseln je Sekunde aus der Zahlenwertgleichung

$$\boxed{T_{WK} = \pm T_{WK(10Hz)} \cdot \sqrt{\frac{600}{i \cdot n}}} \quad \text{in Nm} \qquad (4.7)$$

Es bedeuten:

$T_{W\,K\,(10Hz)}$ ertragbarer Momentenausschlag für 10 Lastwechsel je Sekunde in Nm
n Umdrehungsfrequenz in min^{-1}
i Zahl der Impulse je Umdrehung

Wird eine drehnachgiebige Kupplung bei höherer Umgebungstemperatur als 30 °C eingesetzt, so muss das Absinken der Festigkeit von gummielastischen Werkstoffen durch Wärmeeinwirkung berücksichtigt werden. Herrschen in unmittelbarer Umgebung der Kupplung Temperaturen von + 40 °C bis 80 °C, so setzt man bei Naturgummielementen 90% bis 55% der Ausgangskennwerte $T_{K\,max}$, $T_{n\,K}$ und $T_{W\,K}$ in die Rechnung ein. Bei Polyurethanelementen fallen die Werte auf 83% bei 40 °C, und auf 66% bei 60 °C.

Das **Rechenverfahren 1** stützt sich auf Erfahrung. Die Bestimmung der Kupplungsgröße für einen beliebigen Antrieb richtet sich nach dem größten Drehmoment, das die betreffende Kraftmaschine über die Kupplung auf die Arbeitsmaschine überträgt. Das mittlere Lastmoment T_m oder das Nennmoment T_n wird mit einem Betriebsfaktor φ multipliziert und mit dem größten ertragbaren Drehmoment der Kupplung $T_{K\,max}$ verglichen.

Die Art der zu kuppelnden Maschinen wird näherungsweise durch den **Betriebsfaktor φ** (Unsicherheitsfaktor, Stoßzahl, s. Teil 1) berücksichtigt, Bild **4.36**. Dieser Betriebsfaktor ist von der Ungleichförmigkeit des Moments abhängig.

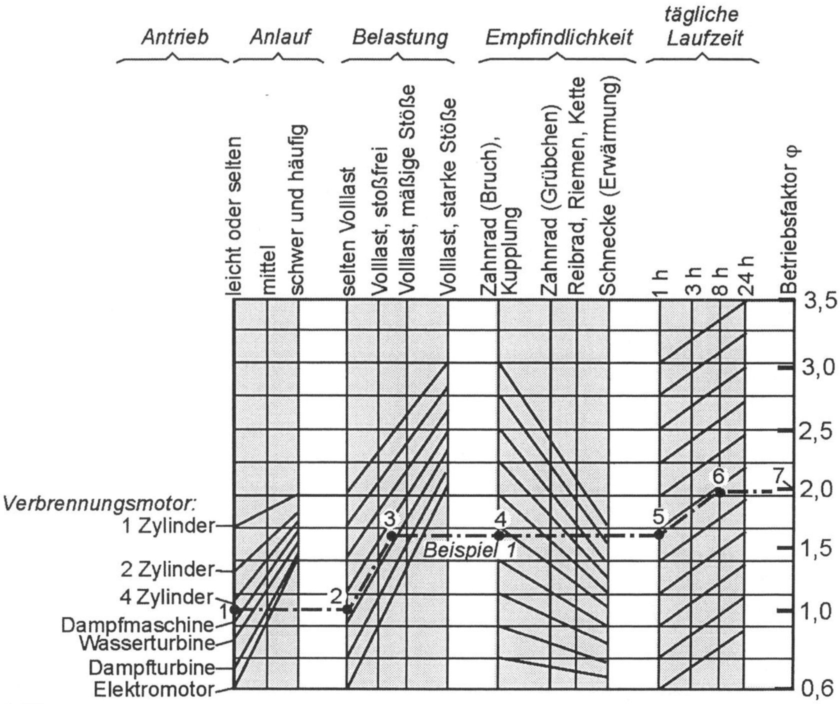

4.36
Diagramm zur Abschätzung des Betriebsfaktors φ (Richter, W., und Ohlendorf, H.: Kurzberechnung von Leistungsgetrieben. Z. Konstruktion 11 (1959) H. 11)

Der Betriebsfaktor φ berücksichtigt das bei den verschiedenen Maschinen auftretende größte Drehmoment T_{max} gegenüber dem Nenndrehmoment T_n (bzw. T_1). Es ist $\varphi = T_{max}/T_n$ (bzw. $\varphi = T_{1\,max}/T_1$). Er erfasst den Ungleichförmigkeitsgrad der An- und Abtriebsmaschine sowie die Bedingungen von Anlauf, Belastung, Empfindlichkeit der Kupplungen bzw. Getriebe und Laufzeit.

Bei Rechnungsanhängen, in denen Betriebsdauer bzw. Laufzeit bereits anderweitig berücksichtigt wird, empfiehlt es sich, unabhängig von der wirklichen Laufzeit für die Ermittlung des Betriebsfaktors nach dem Diagramm eine achtstündige tägliche Laufzeit zugrunde zu legen.

Die Ermittlung von φ ist für Beispiel 1 eingetragen:

Antrieb	Sechszylinder-Verbrennungsmotor: Antriebspunkt 1 für Sechszylinder (interpoliert) 1
Anlauf	leicht (unbelasteter Generator): Anlaufpunkt und Antriebspunkt sind für Beispiel 1 identisch
Belastung	Volllast mit geringen Stößen: Hilfspunkt 2, Belastungspunkt 3
Empfindlichkeit	Kupplung: Empfindlichkeitspunkt 4
Laufzeit	8 Stunden täglich: Hilfspunkt 5, Laufzeit 6
Betriebsfaktor	Ablesepunkt 7, hier $\varphi \approx 2$

Die Kraftmaschinen geben nämlich entweder ein gleichbleibendes Drehmoment (Elektromotor, Turbine) oder ein periodisch veränderliches Drehmoment (Kolbenkraftmaschine (s. Abschnitt Kurbelgetriebe)) ab. Die angetriebenen Arbeitsmaschinen arbeiten ebenfalls entweder mit einem gleichbleibenden Drehmoment (Kreiselpumpe, Gebläse) bzw. mit einem periodisch veränderlichen Drehmoment (Kolbenkompressor und Kolbenpumpe) oder sogar mit stoßweiser Belastung (Hebezeuge, Walzwerkantriebe).

Das größte Betriebsmoment T_{max} ergibt sich näherungsweise aus dem mittleren Lastdrehmoment T_m zu $T_{max} = \varphi \cdot T_m$. Häufig kann für T_m das Nenndrehmoment T_n der Antriebs- oder Abtriebsseite gesetzt werden. Das **Betriebsmoment T_{max}** errechnet sich somit aus dem der Nennleistung P_n entsprechenden Drehmoment $T_n = P_n/\omega$ zu $T_{max} = \varphi \cdot T_n$ oder nach der Zahlenwertgleichung zu

$$\boxed{T_{max} = \varphi \cdot 9550 \cdot \frac{P_n}{n}} \quad \text{in Nm} \tag{4.8}$$

Hier bedeuten:

P_n Nennleistung der Antriebsmaschine in kW
n Drehfrequenz der Kupplungswelle bei der Nenndrehfrequenz n_n der Antriebsmaschine in min^{-1}
φ Betriebsfaktor

Das größte zu übertragende Drehmoment T_{max} muss aus Sicherheitsgründen möglichst kleiner als das ertragbare Maximalmoment $T_{K\,max}$ der Kupplung sein, die für diesen Antriebsfall vorgesehen werden soll.

In manchen Antriebsfällen arbeitet eine nach Verfahren *1* berechnete Kupplung nicht zuverlässig. Die vorstehende Berechnungsmethode berücksichtigt nämlich nicht, dass die Momentungleichförmigkeit vom Massenverhältnis der zu kuppelnden Maschine abhängt und dass die gekuppelten Massen mit der elastischen Kupplung ein schwingungsfähiges System bilden. Periodische Drehmomentimpulse der Maschinen können heftige Drehschwingungen anregen, die die drehnachgiebige Kupplung zerstören. Daher ist es zweckmäßig, die Kupplungsgröße für Kolbenmaschinen durch eine Schwingungsrechnung zu bestimmen, auf der das folgende Rechnungsverfahren *2* beruht.

Nach dem **Rechnungsverfahren 2** wird die Kupplungsgröße nach der im Betrieb vorkommenden ungünstigsten Lastart ermittelt und entweder nach dem Nenndrehmoment $T_{n\,K}$ oder nach ihrer Dauerwechselfestigkeit $T_{W\,K}$ und nach ihrem übertragbaren Maximaldrehmoment $T_{K\,max}$ ausgelegt.

Im Allgemeinen soll das aus der Nennleistung und der Nennumdrehungsfrequenz der Antriebs- oder Abtriebsseite bestimmte Nenndrehmoment $T_n < T_{n\,K}$, das selten auftretende größte Drehmoment $T_{max} < T_{K\,max}$ und ein dauernd auftretendes Wechseldrehmoment $T_{a\,K} < T_{W\,K}$ sein, Bild **4.38**.

Belastung durch Drehmomentstöße. Beim Starten von Maschinenanlagen wie Dieselmotor-Generatoren, Dieselmotor-Schiffspropellern, Elektromotor-Kolbenkompressoren und Asynchronmotor-Arbeitsmaschinen wird die drehnachgiebige Kupplung durch den Anfahrstoß stark beansprucht. Als Ursache für die hohe Anfahrbelastung im Drehschwingungssystem ist der instationäre, pendelnde Verlauf des Moments der Kraft- bzw. Arbeitsmaschine während der Anlaufphase anzusehen. So regt z. B. auch das ungleichförmige Luftspaltmoment eines Asynchronmotors während der Anlaufphase das Antriebssystem zu hohen Schwingungsausschlägen an, die von der Kupplungskennlinie, der Dämpfung, dem Massenverhältnis und von der Erregerfrequenz abhängen. Hierbei können die Drehmomentspitzen in der drehnachgiebigen Kupplung das Nennmoment des antreibenden Motors um ein Vielfaches überschreiten.

Überschlägig kann für die **Anfahrbelastung** bei antriebsseitigem bzw. lastseitigem Stoß

$$\boxed{T_{\mathrm{AS}} = k' \cdot T_{\max} \cdot \frac{J_2}{J_1 + J_2}} \quad \text{bzw.} \quad \boxed{T_{\mathrm{LS}} = k' \cdot T_{\max} \cdot \frac{J_1}{J_1 + J_2}} \qquad (4.9)\ (4.10)$$

gesetzt werden. In den vorstehenden Gleichungen bedeuten J_1 das Massenträgheitsmoment der Antriebsseite und J_2 das Massenträgheitsmoment der Abtriebsseite. Der Faktor $k' = 1{,}5 \ldots 2{,}0$ gibt die Vergrößerung des antriebs- bzw. lastseitigen Drehmomentstoßes an.

Für Gleichung (4.9) ist das größte Motormoment $T_{\max}$ für Dieselmaschinen aus **4.37** zu entnehmen. Bei Elektromotoren und bei Kompressoranlagen mit Elektromotorenantrieb ist das Kippmoment als $T_{\max}$ einzusetzen. Lastseitiger Stoß kann z. B. bei Laständerungen und bei Bremsungen auftreten. In Gleichung (4.10) werden daher für $T_{\max}$ die Spitzenwerte der entsprechenden Drehmomente eingesetzt. Die Anfahrbelastung $T_{\mathrm{A\,S}}$ bzw. $T_{\mathrm{L\,S}}$, und bei beidseitigem Stoß die Summe $T_{\mathrm{A\,S}} + T_{\mathrm{L\,S}}$, sollte je nach Anfahrhäufigkeit das für Stöße zulässige Drehmoment $T_{\mathrm{S\,zul}} = (0{,}75...0{,}1) \cdot T_{\mathrm{K\,max}}$ nicht überschreiten, wobei bei $T_{\mathrm{K\,max}}$ noch die Minderung der Festigkeit durch Wärme zu berücksichtigen ist.

Zylinderzahl	Zweitaktmotor			Viertaktmotor			Kompressor, einstufig einfachwirkend, einreihig		
	i	$\frac{T_{\mathrm{ai}}}{T_{\mathrm{m}}}$	$\frac{T_{\max}}{T_{\mathrm{m}}}$	i	$\frac{T_{\mathrm{ai}}}{T_{\mathrm{m}}}$	$\frac{T_{\max}}{T_{\mathrm{m}}}$	i	$\frac{T_{\mathrm{ai}}}{T_{\mathrm{m}}}$	$\frac{T_{\max}}{T_{\mathrm{m}}}$
1	1	3,8	11,6	0,5	3,3	19,0	1	2,3	5,15
2	2	3,3	5,8	0,5	2,3	9,5	2	0,66	2,30
2				2	2,9	9,5	4	0,77	2,30
3	3	2,3	3,8	1,5	2,9	6,3	3	0,92	2,15
4	4	1,5	2,9	2	2,9	4,7	4	0,72	1,88
5	5	0,9	2,4	2,5	2,4	3,8			
6	6	0,67	2,0	3	2,0	3,1			
7	7	0,46	1,8	3,5	1,6	2,7			
8	8	0,33	1,6	4	1,3	2,3			

4.37
Anhaltswerte für den Drehstromausschlag (Wechseldrehmoment) $\pm\, T_{\mathrm{a\,i}}$ und das größte Drehmoment $T_{\max}$ beim Dieselmotor und Kompressor in Abhängigkeit vom mittleren Drehmoment T_{n} bei Nennleistung P_{n} ohne Berücksichtigung der Massendrehkräfte (i Ordnungszahl)

Der **Geschwindigkeitsstoß** wird dadurch hervorgerufen, dass zwei Maschinen, die mit verschiedener Winkelgeschwindigkeit laufen, gekuppelt werden, so dass im Augenblick des Zusammenschaltens eine Relativgeschwindigkeit vorliegt. Ein solcher Geschwindigkeitsstoß tritt auch auf, wenn in der Kupplung, in den Zahnrädern oder in den Gelenken Spiel vorhanden ist.

Besonders gefürchtet ist der Fall, bei dem die Antriebs- oder die Arbeitsmaschine blockiert, d. h. schlagartig oder in einer sehr kurzen Stoßzeit zum Stillstand kommt. Blockieren bedeutet eine große Verzögerung, somit eine sehr große Relativwinkelgeschwindigkeit und ein sehr hohes Stoßmoment. Die elastische Kupplung wird dadurch fast immer zerstört.

Belastung durch ein Wechseldrehmoment. Das durch Schwingungsrechnung zu ermittelnde Wechseldrehmoment $T_{\mathrm{a\,K}}$ muss im Resonanzpunkt kleiner als das größte übertragbare Kupplungsmoment $T_{\mathrm{K\,max}}$ sein. Bei längerem Fahren im Resonanzbereich bzw. im Dauerbetrieb mit niedrigster Betriebsumdrehungsfrequenz darf die Wechselfestigkeit $T_{\mathrm{W\,K}}$ vom Wechseldrehmoment nicht überschritten werden. Es muss $T_{\mathrm{a\,K}} < T_{\mathrm{W\,K}}$ sein, Bild **4.38**. Es ist zweckmäßig, unter Beachtung der Festigkeitsbedingungen eine möglichst „weiche" nachgiebige Kupplung, d. h. eine Kupplung mit kleiner Drehsteife, zu wählen, damit die kritische Drehfrequenz der Anlage weit unterhalb der Betriebsdrehfrequenz zu liegen kommt.

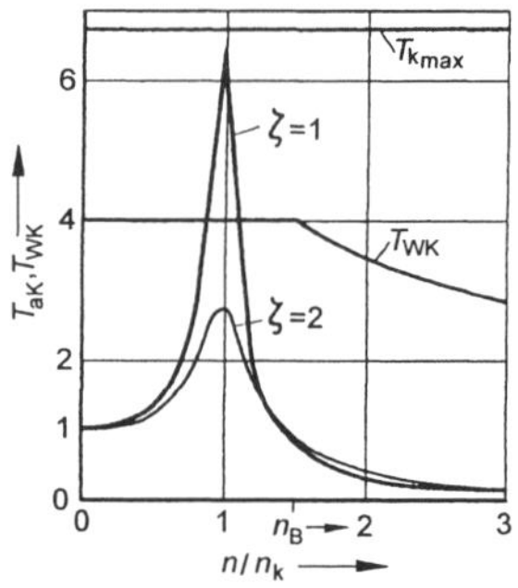

4.38
Wechseldrehmoment der Kupplung $T_{\mathrm{a\,K}}$ in Abhängigkeit von der verhältnismäßigen Dämpfung ζ und von dem Verhältnis der Drehfrequenz n zur kupplungskritischen Drehfrequenz n_{k}

$T_{\mathrm{W\,K}}$ Dauerwechselfestigkeit einer drehnachgiebigen Kupplung; zweckmäßiger Bereich der Betriebsfrequenz $n_{\mathrm{B}} > 1{,}5 \cdot (n/n_{\mathrm{k}})$. $T_{\mathrm{K\,max}}$ größtes übertragbares Kupplungsmoment

Schwingungsrechnung (siehe auch Beispiel 1). Hierbei wird die Eigenkreisfrequenz ersten Grades ω_{e} eines drehfedernden Zweimassensystems und die kupplungskritische Drehfrequenz ersten Grades i-ter Ordnung berechnet. Die kritische Drehfrequenz n_{K} muss weit unter der Betriebsumdrehungsfrequenz liegen, wenn der Momentausschlag $\pm\, T_{\mathrm{a\,K}}$ (Wechseldrehmoment), der dem mittleren Drehmoment T_{m} überlagert ist und die Kupplung beansprucht, möglichst klein bleiben soll (T_{m} = mittleres Drehmoment der Kolbenmaschine) (Drehmomentverlauf siehe Abschnitt Kurbeltrieb).

Für die **Eigenkreisfrequenz** eines drehelastischen Zweimassensystems gilt die Gleichung

$$\omega_{\mathrm{e}} = \sqrt{c' \cdot \left(\frac{1}{J_1} + \frac{1}{J_2}\right)} = \sqrt{\frac{c'}{J_1}} \cdot \sqrt{m+1} \tag{4.11}$$

mit Massenträgheitsmoment der Erregerseite J_1 (z. B. Dieselmotor mit Schwungrad und Kupplungshälfte oder Kompressor mit Kupplungshälfte), Massenträgheitsmoment der Kupplungsseite ohne Erregermomente J_2 (z. B. Kupplungshälfte mit Arbeitsmaschine wie Generator oder Kupplungshälfte mit Elektromotor als Antrieb eines Kolbenkompressors), Verhältnis der Trägheitsmomente $m = J_1/J_2$ und der Drehsteife c' der Kupplung (Bestimmung von J in kgm^2 Bild **4.39**. Über Drehschwingungen s. auch Abschnitt 1.2.2.4).

Mit der Eigenkreisfrequenz ω_{e} ergibt sich die **Eigenfrequenz** aus der Zahlenwertgleichung

$$f_{\mathrm{e}} = \frac{\omega_{\mathrm{e}}}{2\pi} \text{ in s}^{-1} \quad \text{bzw.} \quad n_{\mathrm{e}} = \frac{30}{\pi} \cdot \omega_{e} \text{ in min}^{-1} \text{ mit } \omega_{\mathrm{e}} \text{ in s}^{-1} \tag{4.12}$$

Bei einem Wechseldrehmoment i-ter Ordnung $T_{\mathrm{a\,i}}$ (Zahlenwerte s. Bild **4.37**) kommen i Impulse auf eine Umdrehung. Daher ist die **kritische Drehfrequenz** i-ter Ordnung

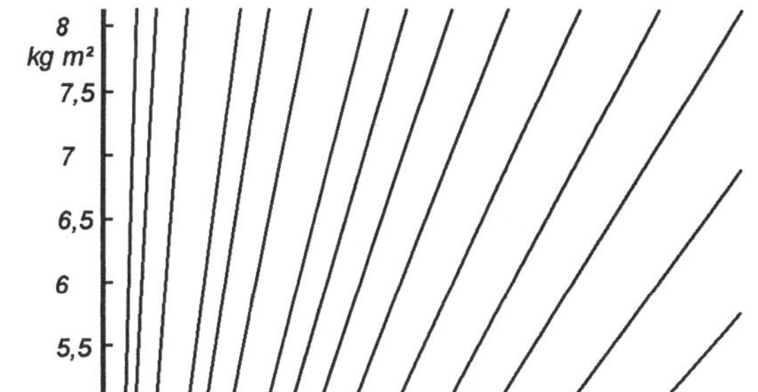

4.39
Massenträgheitsmoment J für zylindrische Körper aus Stahl mit Durchmesser d und Breite b.

Zur Umrechnung auf andere Werkstoffe bzw. auf das Masserträgheitsmoment einer Erregerspule im Polkörper einer Kupplung sind die Zahlenwerte mit den folgenden Faktoren zu mulitplizieren:

0,92 für EN-GJL bzw. EN-GJS (GG)
0,76 für Al
0,35 für die Spule

$J = \frac{\pi}{32} \cdot \rho \cdot d^4 \cdot b = m \cdot d^2/8$ für Vollzylinder.

Dichte $\rho = 7850$ kg/m³ für Stahl
m = Masse des Zylinders

Das von einer Welle a auf eine andere Welle b reduzierte Trägheitsmoment ist $J_b = J_a \cdot \omega_a^2/\omega_b^2$. Das Ersatz-Trägheitsmoment einer linear bewegten Masse ist $J_{ers} = m \cdot r^2/\omega^2$. (Abschnitt 4.5.1)

$$f_k = \frac{\text{Eigenfrequenz}}{\text{Ordnungszahl}} = \frac{f_e}{i} \quad \text{in s}^{-1} \quad \text{bzw. } n_k = \frac{n_e}{i} \quad \text{in min}^{-1} \tag{4.13}$$

Der Drehmomentausschlag ± T_{ai}, der von der Kraft- oder Arbeitsmaschine ausgeht, beansprucht die Kupplung durch ein **Wechseldrehmoment**

$$T_{aK} = \pm T_{ai} \cdot \frac{J_2}{J_1 + J_2} \cdot V = \pm T_{ai} \cdot \frac{1}{m+1} \cdot V \tag{4.14}$$

Hierin ist V der Vergrößerungsfaktor, der die Vergrößerung eines erregenden Drehmomentes in einem Schwingungssystem angibt (s. Gleichung (4.16) bis (4.18) und Bild **4.40**).

Das Wechseldrehmoment T_{aK} ist dem mittleren Drehmoment T_m überlagert. Somit wird die Kupplung bei der Betriebsdrehfrequenz n mit dem schwellenden Moment

$$T = T_m \pm T_{ai} \cdot \frac{1}{m+1} \cdot V \tag{4.15}$$

belastet.

$\frac{n}{n_k}$	Vergrößerungsfaktor V für $\zeta=1$	$\zeta=1{,}2$	$\zeta=1{,}5$	$\zeta=2{,}0$	$\zeta=2{,}5$	$\frac{n}{n_k}$	Vergrößerungsfaktor V für $\zeta=1$	$\zeta=1{,}2$	$\zeta=1{,}5$	$\zeta=2{,}0$	$\zeta=2{,}5$
0,4	1,184	1,182	1,177	1,168	1,158	1,6	0,646	0,648	0,651	0,659	0,669
0,5	1,321	1,315	1,306	1,288	1,268	1,7	0,534	0,536	0,540	0,548	0,557
0,6	1,535	1,524	1,505	1,468	1,428	1,8	0,451	0,453	0,456	0,464	0,473
0,7	1,895	1,896	1,826	1,746	1,664	1,9	0,387	0,389	0,392	0,399	0,408
0,8	2,573	2,498	2,380	2,184	2,006	2,0	0,337	0,339	0,342	0,348	0,256
0,9	4,085	3,779	3,370	2,831	2,441	2,2	0,263	0,265	0,267	0,272	0,279
1,0 [1]	6,362	5,331	4,307	3,297	2,705	2,4	0,213	0,214	0,216	0,220	0,225
1,1	3,843	3,587	3,234	2,752	2,392	2,6	0,176	0,177	0,178	0,182	0,186
1,2	2,164	2,122	2,054	1,932	1,814	2,8	0,148	0,149	0,150	0,153	0,157
1,3	1,430	1,422	1,408	1,381	1,351	3,0	0,127	0,127	0,128	0,131	0,134
1,4	1,041	1,040	1,039	1,038	1,036	3,4	0,096	0,096	0,097	0,099	0,102
1,5	0,804	0,805	0,808	0,814	0,820						

4.40
Vergrößerungsfaktor V in Abhängigkeit von der verhältnismäßigen Dämpfung ζ und dem Verhältnis der Betriebsdrehfrequenz n zur kupplungskritischen Drehfrequenz n_K

[1]) Bei $n/n_k = 1$ fällt die Betriebsdrehfrequenz n mit der kritischen Drehfrequenz n_k der Anlage zusammen, s. Bild **4.38**

Der **Vergrößerungsfaktor**

$$V = \sqrt{\frac{1+\dfrac{\zeta^2}{4\pi^2}}{\left[1-\left(\dfrac{n}{n_k}\right)^2\right]^2+\dfrac{\zeta^2}{4\pi^2}}} \tag{4.16}$$

ist von der **verhältnismäßigen Dämpfung** ζ und vom Verhältnis der Betriebsdrehfrequenz n zur kritischen Drehfrequenz n_k abhängig (Zahlenwerte s. Bild **4.40**). Wird das Verhältnis $n/n_k > 3$, so kann näherungsweise

$$V \approx \left(\frac{n_k}{n}\right)^2 \tag{4.17}$$

gesetzt werden. Bei Resonanz ($n = n_k$) hat der Vergrößerungsfaktor seinen **Größtwert**

$$V_{max} = \sqrt{\frac{4\pi^2}{\zeta^2}+1} \tag{4.18}$$

Bei Gummikupplungen ist die verhältnismäßige Dämpfung ζ von der Belastung abhängig. Im Allgemeinen kann mit $\zeta = 0{,}8 \ldots 2{,}0$ gerechnet werden.

Zur Berechnung der Wechselbelastung $T_{a\,K}$ nach Gl. (4.14) ist die Kenntnis des Drehmomentausschlages (Wechseldrehmoment) $\pm\ T_{a\,i}$ der Kolbenmaschine erforderlich (Anhaltswerte s. Bild **4.37**). Bei einem Verbrennungsmotor oder einem Kolbenkompressor ist das mittlere Drehmoment T_m nur ein Bruchteil des größten Momentes T_{max} , das während des Arbeitstaktes auftritt. Die harmonische Analyse des Drehmomentverlaufs ergibt beim Zweitaktmotor und beim Kolbenkompressor harmonische Komponenten mit den Ordnungszahlen 1, 2, 3 usw. und beim Viertaktmotor Komponenten mit den Ordnungszahlen 0,5, 1, 1,5, 2 usw.

Für die Berechnung einer drehnachgiebigen Kupplung hinter einem Dieselmotor bzw. zwischen Elektromotor und Kolbenkompressor kommen hauptsächlich die in Bild **4.37** verzeichneten Ordnungszahlen in Frage.

Die Gl. (4.14) und (4.9) zeigen, dass die Beanspruchung einer drehnachgiebigen Kupplung durch Vergrößern der Schwungmasse (Trägheitsmoment) J_1 herabgedrückt werden kann. Reicht eine "weiche" drehnachgiebige Kupplung nicht aus, die Eigenkreisfrequenz ω_e auf einen geforderten niedrigen Wert zu bringen, so besteht nach Gl. (4.11) die Möglichkeit, durch Vergrößern von J_2, z. B. durch eine Zusatzschwungmasse, die Eigenkreisfrequenz der Anlage zu vermindern. Dabei ist zu beachten, dass das Anfahrmoment $T_{A\,S}$ nach Gl. (4.9) und der Momentausschlag der Kupplung $T_{a\,K}$ nach Gl. (4.14) in den zulässigen Grenzen bleibt. Ein unzulässig hohes Anfahrmoment lässt sich mit Hilfe einer Rutschkupplung (s. Abschnitt 4.4.2.2) auffangen. Die Rutschkupplung wird vor die drehnachgiebige Kupplung geschaltet.

Beispiel 1

Berechnen einer drehnachgiebigen Kupplung zwischen Dieselmotor und Generator. (Die Kenngrößen der Kupplung entsprechen etwa denen einer Periflex-Flanschkupplung nach Bild **4.33a**) Nenndaten des vorgegebenen Sechszylinder-Viertakt-Dieselmotors: Motornennleistung P_n = 56,5 kW, Nenndrehfrequenz n_n = 1500 min^{-1}, mittleres Motordrehmoment (Zahlenwertgleichung mit P_n in kW und n in min^{-1}) $T_m = 9550 \cdot P_n / n_n = 360$ in Nm, Massenträgheitsmoment des Motorschwungrades J_M = 2,5 kgm^2 und des Generators J_G = 1,25 kgm^2.

(Es genügt im Allgemeinen, das Massenträgheitsmoment des Motorschwungrades zu berücksichtigen; die Trägheitsmomente der anderen umlaufenden Triebwerksteile sind meist vernachlässigbar.)

Größenauswahl der Kupplung. Das größte Betriebsmoment, das die Kupplung nach Berechnungsverfahren *1* auf Torsion beansprucht, ist nach Gl. (4.8) und mit $\varphi = 2$ aus Bild **4.36** hier $T_{max} = \varphi \cdot T_m = 2 \cdot 360$ Nm = 720 Nm. (Der Bestimmung des Betriebsfaktors φ wurde leichter Anlauf mit unbelastetem Generator und tägliche Laufzeit von 8 Stunden unter Volllast mit geringen Stößen zugrunde gelegt.) Das übertragbare Maximal-Drehmoment der Kupplung muss gleich oder größer als das größte Betriebsmoment sein: $T_{K\,max} > T_{max}$. Es wird eine Kupplung mit einem Maximalmoment $T_{K\,max}$ = 2000 Nm gewählt. Die Kenngrößen der Kupplung, die einschlägigen Katalogen der Hersteller entnommen wurden, sind

übertragbares Maximal-Drehmoment	$T_{K\,max}$	$= 2 \cdot T_{n\,K}$ = 2000 Nm
Drehsteife	c'	$= 10 \cdot 10^3$ Nm/rad
Dämpfungsfaktor	ζ	= 1,0
Dauerwechselfestigkeit	$T_{W\,K\,(10Hz)}$	= ± 300 Nm

Beispiel 1, Fortsetzung

Massenträgheitsmoment der Kupplung
auf der Motorseite $J_{K1} = 1{,}25\ \text{kgm}^2$
auf der Generatorseite $J_{K2} = 0{,}125\ \text{kgm}^2$

Kritische Drehfrequenz und Kupplungsbeanspruchung nach Verfahren 2. Mit dem Massenträgheitsmoment auf der Motorseite $J_1 = J_M + J_{K1} = (2{,}50 + 1{,}25)\ \text{kgm}^2 = 3{,}75\ \text{kgm}^2 = 3{,}75\ \text{Nms}^2$ und mit dem Massenträgheitsmoment auf der Generatorseite $J_2 = J_G + J_{K2} = (1{,}25 + 0{,}125)\ \text{kgm}^2 = 1{,}375\ \text{kgm}^2 = 1{,}375\ \text{Nms}^2$ errechnet sich das Verhältnis der Trägheitsmomente $m = J_1/J_2 = 2{,}73$. Damit wird nach Gl. (4.11) die Eigenkreisfrequenz

$$\omega_e = \sqrt{\frac{c'}{J_1}} \cdot \sqrt{m+1} = \sqrt{\frac{10 \cdot 10^3\ \text{Nm}}{3{,}75\ \text{Nm}\,\text{s}^2}} \cdot \sqrt{(1+2{,}37)} = 99{,}7\ \text{s}^{-1}$$

und nach Gl. (4.12) die Eigenfrequenz $n_e = 30 \cdot \pi/\omega_e = 952\ \text{min}^{-1}$.

Nach Bild **4.37** wird beim 6-Zylinder-Motor die kritische Drehfrequenz ersten Grades dritter Ordnung berücksichtigt, die nach Gl. (4.13) $n_k = 317\ \text{min}^{-1}$ ist. Das Wechseldrehmoment dritter Ordnung des Motors ist nach Bild **4.37** $T_{a\,i} = \pm\ 2{,}0 \cdot T_m = \pm\ 720$ Nm. Es belastet nach Gl. (4.14) die Kupplung mit dem Wechseldrehmoment $T_{a\,K} = T_{a\,i} \cdot V/(m+1) = \pm 720\ \text{Nm} \cdot 0{,}044/3{,}37 = \pm 9{,}4\ \text{Nm}$, wenn für die Betriebsdrehfrequenz $n = n_n$ der Vergrößerungsfaktor nach Gl. (4.17) $V \approx (n_k/n)^2 = (317/1500)^2 = 0{,}044$ gesetzt wird. Das Wechseldrehmoment $T_{a\,K}$ ist somit wesentlich kleiner als die zulässige Dauerwechselfestigkeit $T_{W\,K} = \pm\ T_{W\,K\,(10\text{Hz})} \cdot \sqrt{600/(i \cdot n)} = \pm 300\ \text{Nm} \cdot \sqrt{600/(3 \cdot 1500)} = \pm 110$ Nm nach Gl. (4.7) mit $i = 3$ nach Bild **4.37**. Bei der Betriebsdrehfrequenz n_n wird die Kupplung nach Gl. (4.15) mit dem Moment $T = T_m \pm T_{a\,i} \cdot V/(m+1) = 360\ \text{Nm} \pm 720\ \text{Nm} \cdot 0{,}044/3{,}37 = 360 \pm 9{,}4\ \text{Nm}$ belastet. Beim unbelasteten Anfahren durch den Resonanzbereich bleibt das Wechseldrehmoment nach Gl. (4.14) mit $V_{max} = \sqrt{4\pi^2/\zeta^2} + 1 = \sqrt{4\pi^2/1^2} + 1 = 7{,}28$ nach Gl. (4.18) kleiner als das größte ertragbare Drehmoment: $T_{a\,K} = T_{a\,i} \cdot V/(m+1) = \pm 720\ \text{Nm} \cdot 7{,}28/3{,}37 = 1555\ \text{Nm} < T_{K\,max} = 2000\ \text{Nm}$. Der Verdrehungswinkel der Kupplung beträgt bei der Normalbelastung, s. Gl. (4.6)

$$\psi = \frac{180}{\pi} \cdot \frac{T}{c'} = \frac{180}{\pi} \cdot \frac{360\ \text{Nm}}{10 \cdot 10^3\ \text{Nm}} \approx 2°$$

Mit dem größten Drehmoment des Motors $T_{max} = 3{,}1 \cdot 360\ \text{Nm} \approx 1100\ \text{Nm}$ (nach Bild **4.37**) und dem Faktor $k' = 1{,}8$ ergibt sich nach Gl. (4.9) das größte Anfahrmoment $T_{A\,S} = k' \cdot T_{max} \cdot J_2/(J_1+J_2) = 1{,}8 \cdot 1100\ \text{Nm} \cdot 1{,}375/(3{,}75+1{,}375) = 531\ \text{Nm}$. Zulässig ist $T_{S\,zul} = (0{,}75...1) \cdot T_{k\,max}$, also für diese Kupplung 1500...2000 Nm.

Ungleichförmigkeitsgrad des Generators. Für die Lichtstromerzeugung ist der Ungleichförmigkeitsgrad des Generators von Bedeutung. Der Ungleichförmigkeitsgrad der Generatormasse (Trägheitsmoment) J_2 ist

$$\boxed{\delta = \delta_{starr} \cdot V = \frac{2T_{a\,i}}{(J_1+J_2) \cdot i \cdot \omega^2} \cdot V} \qquad (4.19)$$

Beispiel 1, Fortsetzung

Hierin bedeuten δ_{starr} Ungleichförmigkeitsgrad mit starrer Kupplung und ω Winkelgeschwindigkeit bei der Betriebsdrehfrequenz. Im Vergleich zur starren Kupplung verbessert die elastische Kupplung nur dann den Ungleichförmigkeitsgrad, wenn der Vergrößerungsfaktor kleiner als 1 ist. Die Betriebsdrehfrequenz muss daher weit über der kritischen Drehfrequenz liegen. Um flimmerfreies Licht zu erhalten, soll $\delta \geq$ 1/75...1/300 sein. Im Beispiel ist bei $n_n = 1500\ \text{min}^{-1}$ der Ungleichförmigkeitsgrad $\delta \approx$ 1/6000; im Vergleich zu $\delta_{starr} = 1/270$ ist damit die vorstehende Forderung erfüllt. ■

4.4 Schaltbare Kupplungen

Schaltkupplungen ermöglichen es, die Übertragung von Drehmomenten zwischen zwei Wellen durch einen Schaltvorgang jederzeit herstellen oder unterbrechen zu können. Werden zwei Maschinen mit unterschiedlicher Drehfrequenz (z. B. Motor- und Arbeitsmaschine) kraftschlüssig gekuppelt (**4.41**), so wird die beim Anlauf- oder Schaltvorgang in der Kupplung verlorene Arbeit in Wärme umgesetzt. Die Auswahl der passenden Kupplungsgröße muss daher für einen bestimmten Antrieb u. a. auch nach thermischen Gesichtspunkten erfolgen (s. a. Abschnitt 4.4.2).

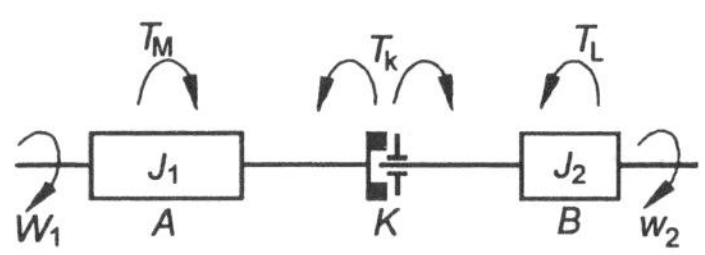

4.41
Anlaufvorgang
A Antrieb (Motor), *B* Abtrieb (Arbeitsmaschine), *K* Schaltkupplung
Die Massen mit den Trägheitsmomenten J_1 und J_2 werden auf gleiche Winkelgeschwindigkeit gebracht

4.4.1 Verlustarbeit und Wärmebelastung

Schaltvorgang. Wird angenommen, dass die Arbeitsmaschine bereits belastet anfährt, so sind

1. der Beschleunigungswiderstand der zu bewegenden Massen und
2. der Lastwiderstand (Nutzwiderstand + Reibungswiderstand) der zu kuppelnden Abtriebsseite

zu überwinden.

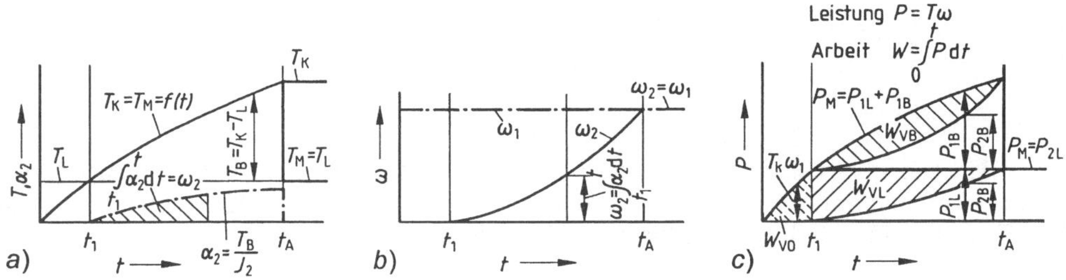

4.42
Arbeitsverluste beim Anlaufvorgang (ω_1, T_1 = konst.; $T_K = f(t)$)

Der Lastwiderstand und damit das Lastmoment T_L sei konstant (**4.42a**). Nach dem Einschalten, von der Zeit $t = 0$ an, soll das von der Kupplung auf die getriebene Welle übertragene Moment T_K beliebig nach der Funktion $T_K = f(t)$ ansteigen. (Bei Reibungskupplungen verursacht die Änderung der Reibungszahl ein veränderliches Moment. Ein ansteigendes Moment ist auch durch Steigerung der Anpresskraft zu erreichen.) Während der Anlaufzeit, von $t = 0$ bis $t = t_A$, soll die Winkelgeschwindigkeit der treibenden Welle ω_1 = konst. bleiben. (SI-Einheit für die Winkelgeschwindigkeit in rad/s, für die Winkelbeschleunigung rad/s^2. Da 1 rad = 1 m/1 m = 1 ist, wird zur Vereinfachung in die folgenden Berechnungen für 1 rad = 1 eingesetzt.) Somit geht das Massenträgheitsmoment des Motors J_1 in die Berechnung nicht ein (s. aber Gl. (4.29)), und das vom Motor abgegebene Drehmoment ist $T_M = T_K$.

Nach dem Einschalten der Kupplung bleibt die Abtriebseite noch so lange in Ruhe, bis das von der Kupplung übertragene Moment T_K größer als das Lastmoment T_L geworden ist. Erst dann, also vom Zeitpunkt t_1 an, kann der Motor über die Kupplung ein Überschuss- und damit **Beschleunigungsmoment $T_B = T_K - T_L$** abgeben, das die Massen auf der Abtriebsseite beschleunigt. Es gilt

$$T_B = T_K - T_L = J_2 \cdot \alpha_2 = J_2 \cdot d\omega_2/dt \tag{4.20}$$

Die Winkelbeschleunigung α_2 ist also proportional dem Beschleunigungsmoment T_B, wenn das Massenträgheitsmoment J_2 konstant bleibt (zur Bestimmung von J s. Bild **4.39**).

Befindet sich ein Getriebe in der Anlage, so müssen die entsprechenden Massenträgheitsmomente auf die Kupplungswelle reduziert werden; s. Abschnitt 4.5.1.

Die von der α_2-Kurve und der Abszisse eingeschlossene Fläche in Bild **4.42a** ist gleich der **Winkelgeschwindigkeit auf der Abtriebsseite**

$$\omega_2 = \int_{t_1}^{t} \alpha_2 \, dt = \int_{t_1}^{t} \frac{T_K - T_L}{J_2} \, dt \tag{4.21}$$

Der Beschleunigungsvorgang ist beendet bei $\omega_2 = \omega_1$ (**4.42b**). Hier sinkt das Motormoment T_M auf das Lastmoment T_L ab.

Verlustleistung. Zur Beschleunigung der Massen steht die Leistung $P_{1\,B} = T_B \cdot \omega_1 = (T_K - T_L) \cdot \omega_1$ zur Verfügung (**4.42c**). Davon wird jedoch nur die Leistung $P_{2\,B} = T_B \cdot \omega_2 = (T_K - T_L) \cdot \omega_2$ zur Beschleunigung verwendet (Indizes 1 und 2 gelten für An- bzw. Abtriebsseite). Somit ergibt sich ein Leistungsverlust $P_{V\,B} = P_{1\,B} = T_B \cdot (\omega_1 - \omega_2) = (T_K - T_L) \cdot (\omega_1 - \omega_2)$.

Um dem Lastmoment T_L das Gleichgewicht zu halten, steht die Leistung $P_{1\,L} = T_L \cdot \omega_1$ zur Verfügung. Davon wird nur der Teil $P_{2\,L} = T_L \cdot \omega_2$ ausgenutzt. Die Leistung $P_{V\,L} = P_{1\,L} - P_{2\,L} = T_L \cdot (\omega_1 - \omega_2)$ geht als Wärme verloren. Bis zum Anlaufen ($t = t_1$) ist $\omega_2 = 0$. Demnach geht bis zu diesem Zeitpunkt die gesamte Leistung $T_K \cdot \omega_1$ verloren.

Verlustarbeit (Die Einführung der Einheit rad/s für ω ermöglicht eine Unterscheidung zwischen der Arbeit als Produkt aus Kraft und Weg (Nm) und der Arbeit eines Moments bei drehender Bewegung (Nm·rad) bzw. nach dem Energiesatz (Nm·rad^2).). Bis zur Zeit t_A ist die vom Motor **aufgewendete Gesamtarbeit (4.42c)**

$$W = \int_{0}^{t_A} T_K \cdot \omega_1 \, dt = W_{V0} + W_{1B} + W_{1L} \tag{4.22}$$

Zur Beschleunigung steht die Arbeit

$$W_{1B} = \int_{t_1}^{t_A} (T_K - T_L) \cdot \omega_1 \, dt \tag{4.23}$$

oder, mit Gl. (4.20),

$$W_{1B} = J_2 \cdot \omega_1 \int_0^{\omega_2 = \omega_1} d\omega_2 = J_2 \cdot \omega_1^2 \tag{4.24}$$

zur Verfügung. Hiervon wird für die Beschleunigung die Arbeit

$$W_{2B} = \int_{t_1}^{t_A} (T_K - T_L) \cdot \omega_2 \, dt = J_2 \cdot \int_0^{\omega_2 = \omega_1} \omega_2 \, d\omega_2 = \frac{J_2 \cdot \omega_1^2}{2} \tag{4.25}$$

verwendet. Somit ist der Arbeitsverlust während der Massenbeschleunigung

$$W_{VB} = W_{1B} - W_{2B} = J_2 \cdot \omega_1^2 / 2 = W_{1B}/2 \tag{4.26}$$

Der Arbeitsverlust bis zum Einsetzen der Beschleunigung ist

$$W_{V0} = \int_0^{t_1} T_K \cdot \omega_1 \, dt \tag{4.27}$$

Von der Arbeit

$$W_{1L} = \int_{t_1}^{t_A} T_L \cdot \omega_1 \, dt = T_L \cdot \omega_1 \cdot (t_A - t_1) \tag{4.28}$$

die für das Lastmoment T_L zur Verfügung steht, wird nur der Teil

$$W_{2L} = \int_{t_1}^{t_A} T_L \cdot \omega_2 \, dt \tag{4.29}$$

verbraucht; verloren geht die Arbeit

$$W_{VL} = W_{1L} - W_{2L} = T_L \cdot \left[\omega_1 \cdot (t_A - t_1) - \int_{t_1}^{t_2} \omega_2 \, dt \right] \tag{4.30}$$

Der **gesamte Arbeitsverlust W_V beim Anlaufvorgang** setzt sich somit zusammen aus den Verlusten

1. vor dem Beschleunigen W_{V0},
2. beim Beschleunigen W_{VB} und
3. bei der Überwindung der Lastwiderstände W_{VL}

$$W_V = W_{V0} + W_{VB} + W_{VL} = \omega_1 \cdot \int_0^{t_1} T_K \, dt + \frac{J_2 \cdot \omega_1^2}{2} + T_L \cdot \left[\omega_1 \cdot (t_A - t_1) - \int_{t_1}^{t_A} \omega_2 \, dt \right] \tag{4.31}$$

Beeinflussung der Verlustarbeit. Ein kleiner Arbeitsverlust W_V ist unter folgenden Bedingungen zu erreichen, s. Gl. (4.31) und Bild **4.42**.

1. Wenn das Kupplungsmoment T_K vom Schaltbeginn an größer als das Lastmoment T_L ist. Hierbei setzt der Anlauf der getriebenen Welle sofort beim Kuppeln ein, und der Verlust W_{V0} wird gleich Null.

2. Wenn die Arbeitsmaschine unbelastet angefahren wird. Dadurch bleibt der Arbeitsverlust W_{VL} klein. Er kann in der Rechnung vernachlässigt werden, wenn die Reibungswiderstände gering sind. Bei $T_L = 0$ und $t_1 = 0$ ist der **Arbeitsverlust** nur noch von den zu beschleunigenden Massen und von der Antriebsdrehzahl abhängig

$$W_V = W_{VB} = J_2 \cdot \omega_1^2 / 2 \tag{4.32}$$

oder in Form einer Zahlenwertgleichung mit den in der Praxis gebräuchlichen Einheiten

$$W_V = \frac{J_2 \cdot n_1^2}{182{,}4} = 5{,}48 \cdot 10^{-3} \cdot J_2 \cdot n_1^2 \tag{4.33}$$

mit Massenträgheitsmoment J_2 in kgm^2 bzw. Nms^2 und Drehfrequenz n_1 in min^{-1}. Es ist zu beachten, dass der Verlust bei der Beschleunigung unabhängig von Momentanverlauf ist und immer die Hälfte der ganzen aufgewendeten Beschleunigungsarbeit beträgt.

3. Wenn das Kupplungmoment T_K sofort beim Einschalten seinen Höchstwert erreicht und danach konstant bleibt. Unter dieser Voraussetzung verkürzt sich die Anlaufzeit t_A, und es steigt wegen $\alpha_2 = T_B/J_2 = \text{const}$ die Funktion $\omega_2 = f(t)$ geradlinig an. Dadurch wird der Arbeitsverlust W_{VL} verkleinert. (Drehmomentenanstieg bei Reibscheibenkupplungen s. Abschn. 4.4.3.)

Oft ist die Funktion $T_K = f(t)$ unbekannt. In einem solchen Fall wird der Arbeitsverlust unter der Annahme errechnet, dass das Kupplungsmoment T_K vom Schaltbeginn an größer als das Lastmoment T_L ist und dass beide Momente konstant bleiben. Somit ist von $t = 0$ an das Beschleunigungsmoment $T_B = T_K - T_L = \text{const}$. Eine Anlaufverzögerung von $t = 0$ bis $t = t_1$ wie in Bild **4.42a** tritt nicht ein. Außerdem ist $\alpha_2 = \text{const}$ und ω_2 steigt geradlinig über der Anlaufzeit an.

Weiter ist mit Gl. (4.20) und (4.21)

$$\omega_2 = \frac{T_B}{J_2} \cdot \int_0^{t_A} dt = \frac{T_B}{J_2} \cdot t_A \tag{4.34}$$

Mit $\omega_2 = \omega_1$ am Ende der **Anlaufzeit**

$$t_A = J_2 \cdot \omega_1 / T_B \tag{4.35}$$

Betrachtet man diesen Zusammenhang als Zahlenwertgleichung

$$t_A = \frac{J_2 \cdot n_1}{9{,}55 \cdot T_B} = 0{,}1047 \cdot \frac{J_2 \cdot n_1}{T_B} \tag{4.36}$$

mit J_2 in kgm^2, n_1 in min^{-1} und T_B in Nm errechnet sich die aufgewendete Arbeit zu

$$W_{2L} = T_L \cdot \int_0^{t_A} \omega_2 \, dt = T_L \cdot \int_0^{t_A} \omega_1 \cdot \frac{t}{t_A} dt = \frac{T_L \cdot \omega_1 \cdot t_A}{2} = \frac{W_{1L}}{2} \tag{4.37}$$

Die gesamte Verlustarbeit, die unter der Bedingung $T_K > T_L = \text{const}$ und $\omega_1 = \text{const}$ beim Anlaufvorgang in der Kupplung in Wärme übergeht, ist mit Gl. (4.31)

$$W_V = \frac{J_2 \cdot \omega_1^2 \cdot t_A}{2} + \frac{T_L \cdot \omega_1 \cdot t_A}{2} = \frac{T_B \cdot \omega_1 \cdot t_A}{2} + \frac{T_L \cdot \omega_1 \cdot t_A}{2} = \frac{T_K \cdot \omega_1 \cdot t_A}{2} \tag{4.38}$$

Schaltvorgang unter Berücksichtigung des Motormomentes T_M und des Trägheitsmomentes J_1

Ist die Winkelgeschwindigkeit ω_1 während des Schaltens mit der Zeit veränderlich (**4.43**), dann wird das Motormoment T_M und auch das Massenträgheitsmoment des Motors J_1 (**4.41**) in die Berechnung einbezogen. Zur Vereinfachung wird vorausgesetzt, dass das Motormoment T_M, das Kupplungsmoment T_K und das Lastmoment T_L während der Anlaufzeit von $t = 0$ bis $t = t_A$ konstant bleiben. Beim Einschalten im Zeitpunkt $t = 0$ haben die Winkelgeschwindigkeiten der antreibenden und getriebenen Seite die Werte $\omega_1 = \omega_{1\,0}$ und $\omega_2 = \omega_{2\,0}$. Für den An- und Abtrieb gelten dann die Beziehungen

$$T_{1B} = T_M - T_K = J_1 \cdot \frac{d\omega_1}{dt} \qquad T_{2B} = T_K - T_L = J_2 \cdot \frac{d\omega_2}{dt} \tag{4.39}$$

Bei Berücksichtigung der Anfangsbedingungen ergeben sich durch Integration der Gl. (4.39)

$$\frac{T_M - T_K}{J_1} \cdot \int_0^t dt = \int_{\omega_{10}}^{\omega_1} d\omega_1 \quad \text{und} \quad \frac{T_K - T_L}{J_2} \cdot \int_0^t dt = \int_{\omega_{20}}^{\omega_2} d\omega_2$$

die Winkelgeschwindigkeiten

$$\omega_1 = \omega_{10} + \frac{T_M - T_K}{J_1} \cdot t \qquad \omega_2 = \omega_{20} + \frac{T_K + T_L}{J_2} \cdot t \qquad (4.40)\ (4.41)$$

Durch Umstellen der Gleichung (4.40) bzw. (4.41) erhält man die Zeit t, die vergeht, bis sich eine bestimmte Winkelgeschwindigkeit ω_1 bzw. ω_2 einstellt

$$t = \frac{J_1 \cdot \omega_1}{T_M - T_K} - \frac{J_2 \cdot \omega_{10}}{T_M - T_K} \qquad t = \frac{J_2 \cdot \omega_2}{T_K - T_L} - \frac{J_2 \cdot \omega_{20}}{T_K - T_L} \qquad (4.42)\ (4.43)$$

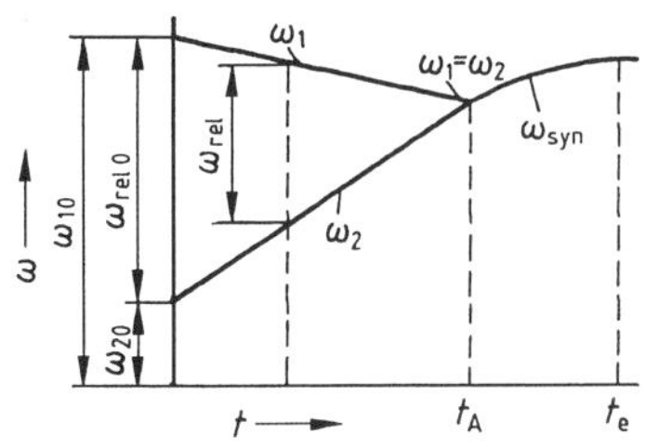

4.43
Verlauf der Winkelgeschwindigkeiten ω_1 und ω_2 beim Anlaufvorgang
t_A Schlupfzeit t_e Erholzeit

Aus Gleichung (4.40) ist zu ersehen, dass für $T_K = T_M$ die Winkelgeschwindigkeit $\omega_1 = \omega_{1\,0}$ konstant bleibt. Sie wird für $T_K > T_M$ mit der Zeit t kleiner (**4.43**). Die Winkelgeschwindigkeit ω_2 nimmt bei $T_K > T_L$ mit der Zeit t zu, siehe Gl. (4.41) und Bild **4.43**. Im Zeitpunkt t_A erreichen beide Seiten die gleiche Winkelgeschwindigkeit $\omega_{syn\,A} = \omega_1 = \omega_2$.

Durch Gleichsetzen der beiden Gleichungen für die Zeit t, Gl. (4.32) und (4.33), und für $\omega_1 = \omega_2 = \omega_{synA}$ ergibt sich die **gemeinsame Winkelgeschwindigkeit** $\omega_{syn\,A}$ nach beendeter Schaltzeit t_A

$$\omega_{syn\,A} = \frac{\omega_{10} \cdot J_1 \cdot (T_K - T_L) + \omega_{20} \cdot J_2 \cdot (T_K - T_M)}{J_1 \cdot (T_K - T_L) + J_2 \cdot (T_K - T_M)} \tag{4.44}$$

Nach der Synchronisierung steigt die gemeinsame Winkelgeschwindigkeit ω_{syn} an, solange das Motormoment $T_M > T_L$ ist und dadurch die Massen $J_1 + J_2$ beschleunigt werden. Für den Zeitabschnitt von t_A bis t_e ist die Beschleunigung für das Gesamtsystem

$$\mathrm{d}\omega_{syn}/\mathrm{d}t = (T_M - T_L)/(J_1 + J_2) > 0 \tag{4.45}$$

Nach Abschluss des Erholvorganges im Zeitpunkt t_e muss $T_M = T_L$ sein, da keine Beschleunigung mehr vorhanden ist.

Bei einem Drehstrom-Asynchronmotor ist das Motordrehmoment nicht konstant über dem Drehfrequenzbereich. Es fällt nach Überschreiten des Kippmomentes mit zunehmender Drehzahl ab, s. Bild **4.79**. Bei der Erholzeit t_e stellt sich in Abhängigkeit von der Größe des Motormomentes $T_M = T_L$ entweder die Lehrlaufdrehfrequenz, die Nenndrehfrequenz oder eine entsprechende Betriebsdrehfrequenz ein.

Die Erholzeit entfällt, wenn bereits bei Erreichen der Zeit t_A das Motormoment $T_M = T_L$ wird. In diesem Falle bleibt die Synchronwinkelgeschwindigkeit $\omega_{syn\,A}$ konstant.

Die für die Wärmeerzeugung maßgebende Relativwinkelgeschwindigkeit ist nach Gl. (4.40) und (4.41)

$$\omega_{rel} = \omega_1 - \omega_2 = \omega_{10} - \omega_{20} + \left(\frac{T_M - T_K}{J_1} - \frac{T_K - T_L}{J_2} \right) \cdot t \tag{4.46}$$

Der Anlaufvorgang ist beendet bei $\omega_{rel} = 0$. Hierfür beträgt dann mit $\omega_{1\,0} - \omega_{2\,0} = \omega_{rel\,0}$ die **Anlaufzeit**

$$t_A = \frac{\omega_{rel\,0}}{\dfrac{T_M - T_K}{J_1} - \dfrac{T_K - T_L}{J_2}} \tag{4.47}$$

Wird zur Vereinfachung $T_M = T_K$ gesetzt, dann stimmen die Gleichungen (4.47) und (4.35) überein:

$$t_A = J_2 \cdot \omega_{rel\,0}/(T_K - T_L) = J_2 \cdot \omega_{rel\,0}/T_B$$

Um eine geforderte Anlaufzeit t_A zu erhalten, wird nach Umformen der Gleichung (4.47) das hierfür notwendige **konstante Kupplungskennmoment** (Nennmoment)

$$T_{K\,n} = \frac{J_1 \cdot J_2}{J_1 + J_2} \cdot \frac{\omega_{rel\,0}}{t_A} + \frac{J_1}{J_1 + J_2} \cdot T_L + \frac{J_2}{J_1 + J_2} \cdot T_M \qquad (4.48)$$

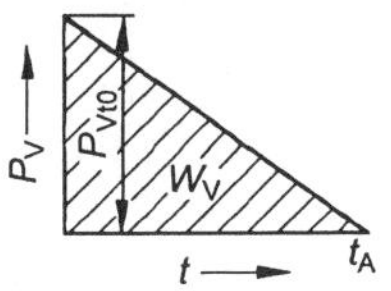

4.44
Verlustleistung bzw. Wärmezufuhr je Zeiteinheit beim Anlaufvorgang (T_K, T_L = const.; $T_K > T_L$). Die Fläche W_V stellt die gesamte Verlustarbeit dar.

Schaltarbeit. Die je Zeiteinheit der Kupplung zugeführte Wärme bzw. die Verlustleistung $P_V = T_K \cdot (\omega_1 - \omega_2)$ ist beim Einschalten $P_{V\,t\,0} = T_K \cdot \omega_{rel\,0}$. Sie fällt mit der Zeit t ab und ist Null im Zeitpunkt t_A (**4.44**). Die **gesamte Verlustarbeit**, die in der Kupplung in Wärme übergeht, beträgt somit mit Gl. (4.38)

$$W_V = \frac{P_{V\,t\,0} \cdot t_A}{2} = \frac{T_K \cdot \omega_{rel\,0} \cdot t_A}{2} \qquad (4.49)$$

Mit der Anlaufzeit t_A aus Gl. (4.37) lautet Gl. (4.39) für die **Schaltarbeit (Verlustarbeit)** nach beendeter Schaltzeit

$$W_V = \frac{\omega_{rel\,0}^2}{2} \cdot \frac{J_1 \cdot J_2}{J_1 \cdot (1 - (T_L/J_K)) + J_2 \cdot (1 - (T_M/T_K))} \qquad (4.50)$$

Wird zur Vereinfachung $T_M = T_K$ gesetzt, so ergibt sich in Übereinstimmung mit Gl. (4.38) und in Verbindung mit Gl. (4.35)

$$W_V = \frac{\omega_{rel\,0}^2}{2} \cdot \frac{J_2}{1 - (T_L/J_K)} = \frac{\omega_{rel\,0}^2 \cdot J_2 \cdot T_K}{2 \cdot (T_K - T_L)} \qquad (4.51)$$

Werden zwei Massenträgheitsmomente gekuppelt, ohne dass ein Motor- bzw. Antriebsmoment T_M und ein Lastmoment T_L vorhanden ist ($T_M = 0$, $T_L = 0$), so gilt nach Gl. (4.50) für die Verlustarbeit die Beziehung

$$W_V = \frac{J_1 \cdot J_2}{J_1 + J_2} \cdot \frac{\omega_{rel\,0}^2}{2} \qquad (4.52)$$

Thermische Belastung. Aus Gl. (4.49) bzw. (4.50) errechnet sich die **pro Sekunde entwickelte Wärme** nach der Gleichung

$$Q_s = W_V \cdot z = \frac{T_K \cdot \omega_{rel\,0} \cdot t_A \cdot z}{2} \quad \text{in Nm/s bzw. in W} \qquad (4.53)$$

mit T_K in Nm, $\omega_{rel\,0}$ in rad/s, t_A in s und z als Zahl der Schaltungen je Sekunde in s^{-1}.

Für Gl. (4.53) wird t_A nach Gl. (4.35) bzw. (4.47) bestimmt und $\omega_{rel\,0} = \omega_{1\,0}$ bzw. ω_1 gesetzt, wenn $\omega_{2\,0} = 0$ ist. Soll die Kupplungstemperatur in zulässigen Grenzen bleiben, so muss $Q_s \leq Q_{s\,zul}$ sein.

Kupplungen mit geringen Schaltzahlen z werden oft als **Wärmespeicher** gebaut, der sich zwischen den langen Schaltpausen abkühlt. Für eine solche Kupplung ist die entwickelte Schaltarbeit mit der zulässigen Wärmemenge je Schaltung zu vergleichen

$$\boxed{W_V \leq Q_{zul} = m \cdot c \cdot (\vartheta_{zul} - \vartheta_u)} \tag{4.54}$$

Bedeutet m die Masse der wärmespeichernden Kupplungsteile in kg, c die spezifische Wärme in J/(kg K) – für Stahl ist $c = 420$ J/(kg K) –, ϑ_u die Umgebungstemperatur und ϑ_{zul} die zulässige mittlere Temperatur der Kupplung in °C, so erhält man in der vorstehenden Größengleichung Q_{zul} in J (Joule) bzw. in Ws^{-1} (1 J = 1 Nm = 1 Ws).

Für häufiges Schalten oder Dauerschlupf werden die Kupplungen als **Wärmeaustauscher** ausgebildet, die bei guter Kühlung die entsprechende Wärme schnell abgeben. Bei einer Kupplung mit der kühlenden Oberfläche A ist die pro Sekunde entwickelte **zulässige Wärmemenge Q** gleich oder kleiner dem nach außen abfließenden **Wärmestrom Φ** zu setzen

$$\boxed{Q_{s\,zul} \leq \Phi = q_a \cdot A_a \cdot (\vartheta_{zul} - \vartheta_u)} \tag{4.55}$$

Die Wärmemenge $Q_{s\,zul}$ ergibt sich in W, wenn man die Außenfläche A_a in m^2, ϑ_{zul} als die zu $Q_{s\,zul}$ gehörige Temperatur und ϑ_u als Umgebungstemperatur in °C und den Wärmeabgabewert q_a in $W/(m^2K)$ einsetzt; q_a berücksichtigt die Wärmeabgabe durch Konvektion und Strahlung sowie durch Leitung über die Welle und die angeflanschten Teile. Sein Zahlenwert ist von Einbau- und Kühlungsverhältnissen und von der Umfangsgeschwindigkeit der Kupplung abhängig. Der Wärmeabgabewert q_a wird durch Versuche ermittelt. Bei Luftkühlung beträgt $q_a \approx$ 5…9 $W/(m^2K)$ für eine Umfangsgeschwindigkeit $v < 1$ m/s und $q_a = 9 \cdot v^{0,2} \ldots 9 \cdot v^{0,7}$ für $v > 1$ m/s (Bild **4.45**).

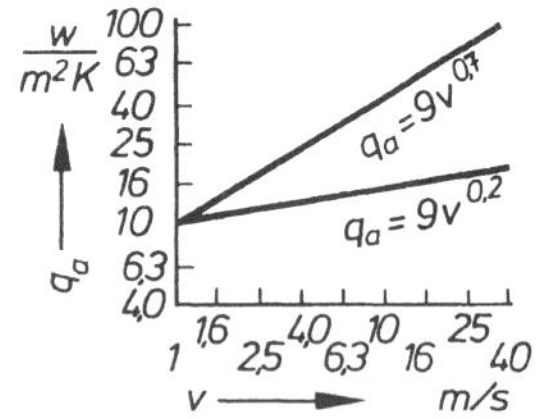

4.45
Wärmeabgabewert q_a an Luft, abhängig von der Umfangsgeschwindigkeit v.

Die **Zeit t**, die vergeht, bis die Kupplungstemperatur ϑ_{zul} erreicht ist, hängt hauptsächlich von der je Zeiteinheit zugeführten Wärme Q_s und vom Verhältnis der zu erwärmenden Masse m zur kühlenden Oberfläche ab.

Es ist (Einheiten s. Gl. (4.54) und (4.55).)

$$\boxed{t = \frac{m \cdot c}{q_a \cdot A_a} \cdot \ln \frac{1}{1 - \frac{q_a \cdot A_a}{Q_s} \cdot (\vartheta_{zul} - \vartheta_u)}} \tag{4.56}$$

4.4.2 Formschlüssige Kupplungen

Formschlüssige Kupplungen lassen sich nur bei Stillstand, bei Drehfrequenz-Gleichheit oder bei geringen Relativdrehfrequenzen der beiden Kupplungshälften gegeneinander schalten. Nach dem Einschalten, das mechanisch über ein Gestänge oder elektromagnetisch erfolgt, ist eine Relativbewegung der starren Kupplungshälften zueinander nicht mehr möglich; somit kann in der Kupplung auch keine Wärme durch Verlustarbeit entstehen.

Zur formschlüssigen schaltbaren Verbindung dienen Bolzen, Klauen oder Zähne. Ihre hohe Festigkeit erlaubt die Übertragung großer Drehmomente bei kleinen Kupplungsabmessungen. Daher finden diese Kupplungen u. a. im Schwermaschinenbau Verwendung.

Die einfachen schaltbaren Klauenkupplungen bestehen aus zwei Kupplungshälften, deren Stirnseite mit Klauen versehen ist. Die eine Kupplungshälfte sitzt drehfest und axial gesichert auf der treibenden Welle, die andere lässt sich mit einem Schaltring entlang zweier Gleitfedern auf dem Wellenende axial verschieben. Ist die Kupplung eingeschaltet, so greifen die Klauen beider Kupplungshälften formschlüssig ineinander. Zahnkupplungen besitzen an Stelle der Klauen eine Verzahnung, die entweder an der Stirnseite oder am Umfang der Kupplungshälften angeordnet ist. Klauen- und Zahnkupplungen lassen sich auch bei geringer Relativdrehfrequenz nur dann einschalten, wenn die Klauen bzw. Zähne abgeschrägt sind (elastisch einrastende Zahnkupplungen). Bei elektromagnetisch betätigten Zahnkupplungen erzeugt ein Elektromagnet die Schaltkraft und bewirkt die Verbindung oder die Lösung der zu kuppelnden Teile. Ein Schaltgestänge wie bei mechanisch betätigten Kupplungen ist also nicht nötig. Elektromagnetisch geschaltete Kupplungen können von beliebigen Stellen aus bei unbegrenzter Anzahl der Schaltstellen betätigt werden. Die Erregerspule wird entweder über gleitende Kontakte, also über Bürsten und Schleifringe, oder bei den schleifringlosen Kupplungen über feste Kontakte mit Gleichstrom gespeist. Als Zusatzgeräte sind deshalb vor allem Gleichrichter, daneben Schnellschaltgerät, Vorschaltwiderstand, Schütz und Schalter nötig. Die Kupplungen werden auf der Gleichstromseite des Netzgleichrichters geschaltet. Größere Kupplungen erfordern einen Schutz gegen die beim Ausschalten entstehende Selbstinduktions-Überspannung.

Gestaltungsbeispiele. Die Bilder **4.46** und **4.47** zeigen elektromagnetisch betätigte **Zahnkupplungen**. Bei der Zahnkupplung (**4.46**) sind der Polkörper *1* und die Nabe *2* auf den Wellenenden mit Passfedern fixiert und gegen axiale Verschiebung gesichert. Der Polkörper nimmt in einer Ringnut die Erregerspule *3* auf. Beide Teile sind durch isolierendes Gießharz fest miteinander verbunden. Die Spule wird über zwei auf einem Isolierring *4* sitzende Schleifringe *5* erregt. Die Nabe führt in einer Verzahnung mit Evolventenprofil *6* (s. Teil 1) den Ankerkörper *7*. Auf diesem sowie auf dem Polkörper ist je ein Ring *8* mit einer Planverzahnung befestigt.

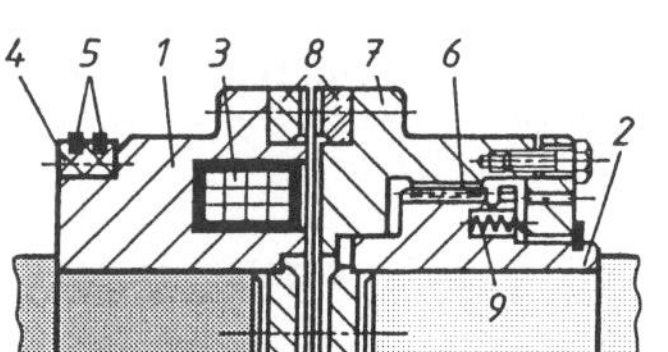

4.46
Elektromagnetisch betätigte Zahnkupplung mit Schleifringen (Stromag)

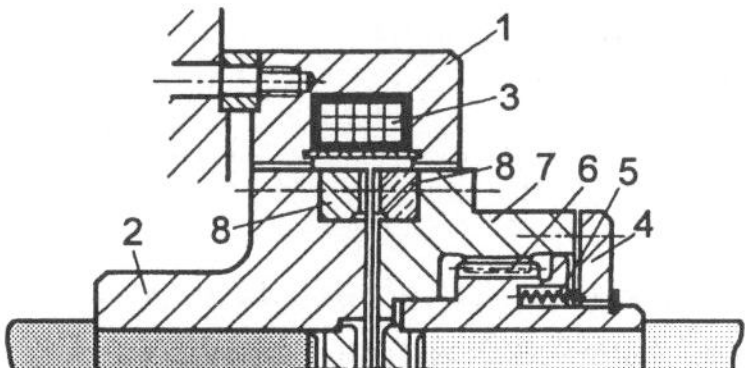

4.47
Elektromagnetisch betätigte, schleifringlose Zahnkupplung (Stromag)

Bei Erregung der Spule zieht die Magnetkraft den Ankerkörper bis auf den Betrag eines kleinen Luftspaltes gegen den Polkörper, wobei die Verzahnung der beiden Ringe *8* ineinander greift und eine formschlüssige Verbindung bildet. Nach Abschalten des Spulenstromes drücken die Abdruckfedern *9* den Ankerkörper aus dem Eingriff heraus. Umgekehrt kuppelt die Federdruckzahnkupplung durch Federkraft ein und durch Magnetkraft aus.

Die schleifringlose Zahnkupplung (**4.47**) kuppelt durch Magnetkraft ein und durch Federkraft aus. Der Polkörper *1* mit der Spule *3* ist als feststehender Ringmagnet ausgebildet. Die Stromzuführung erfolgt über ruhende Kontakte. Die Nabe *2* und der Ankerkörper *7* laufen um. Beim Schließen des Stromkreises zieht die Magnetkraft den Ankerkörper *7*, der in der Evolventenverzahnung *6* gleitet, gegen die Nabe *2* und bringt so die Planverzahnung *8* in Eingriff. Nach dem Öffnen des Stromkreises bewirkt die sich gegen den Ring *4* abstützende Abdruckfeder *5* das Entkuppeln.

Berechnung

Die Berechnung formschlüssiger Kupplungen wird für den häufig vorkommenden Fall der elektromagnetisch betätigten Zahnkupplung entwickelt (s. Beispiel 2). Die Zugkraft des Elektromagneten fällt mit größer werdendem Luftspalt zwischen Polfläche und Ankerscheibe stark ab. Dadurch wird der nutzbare Verschiebeweg der Ankerscheibe praktisch auf wenige Millimeter begrenzt. Vom Verschiebeweg hängt die Höhe der Planverzahnung ab. Um ein schnelles Ausschalten der Kupplung mit kleinen Kräften zu erreichen, wird zwischen Ankerscheibe und Polflächen ein Restluftspalt l_L vorgesehen und einer der beiden Zahnringe aus Bronze hergestellt (Restmagnetismus).

In vielen Fällen sollen Zahnkupplungen unter Last ausgeschaltet werden. Dies gelingt mit kleinem Kraftaufwand nur dann, wenn die Zähne der Planräder abgeschrägt sind. Bei der Festigkeitsberechnung der Planverzahnung ist zu beachten, dass die Umfangskraft beim Ausschalten unter Volllast am Ende des Schalthubes an den Kanten der Zähne angreift.

Kräfte an Zahnkupplungen. Wird eine Zahnkupplung nach Bild (**4.46**) oder (**4.47**) mit einem Drehmoment T belastet, so wirkt im mittleren Radius R_1 (**4.48**) der Planverzahnung die Umfangskraft

$$\boxed{F_u = T/R_1} \tag{4.57}$$

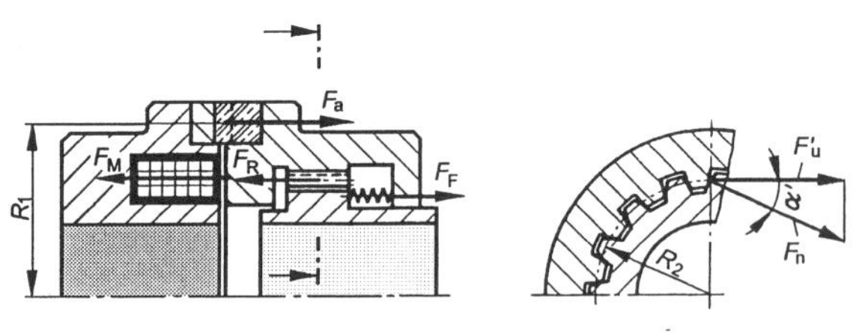

4.48
Kräfte an einer Zahnkupplung
$F_R \perp F'_u$, $F'_u = T/R_2$
(Angriffpunkt von F_a s. a. Bild **4.49**)
$F_R \perp F_a$, $F_u = T/R_1$

Sie ergibt bei Zähnen mit dem Flankenwinkel α eine Kraftkomponente F_a in axialer Richtung, die die Planräder auseinander drückt (**4.49**). (In der Kupplung nach Bild (**4.46**) entfernt sich der Ankerkörper *7* vom Spulenkörper *1* in axialer Richtung.) Die Axialkomponente der Reibungskraft $\mu \cdot F_n$ zwischen den Planzähnen wirkt dieser Bewegungsrichtung entgegen. Unter Berücksichtigung der Reibung durch den Reibungswinkel ρ ergibt sich an der Planverzahnung die Axialkraft $F_a = F_u \cdot \tan(\alpha - \rho)$.

Da die Reibungszahl $\mu = \tan \rho$ stark streut, kann bei Flankenwinkeln bis $\alpha \approx 25°$ mit genügender Genauigkeit für die **Axialkraft**

$$\boxed{F_a \approx F_u \cdot (\tan \alpha - \mu)} \tag{4.58}$$

gesetzt werden. Bei $\mu < \tan \alpha$ bzw. $\rho < \alpha$ drückt F_a die Zahnscheiben auseinander (**4.49a**). Ist $\mu > \tan \alpha$ bzw. $\rho > \alpha$, so wirkt F_a gegen die Bewegungsrichtung der Ankerscheibe beim Ausschalten (**4.49b**).

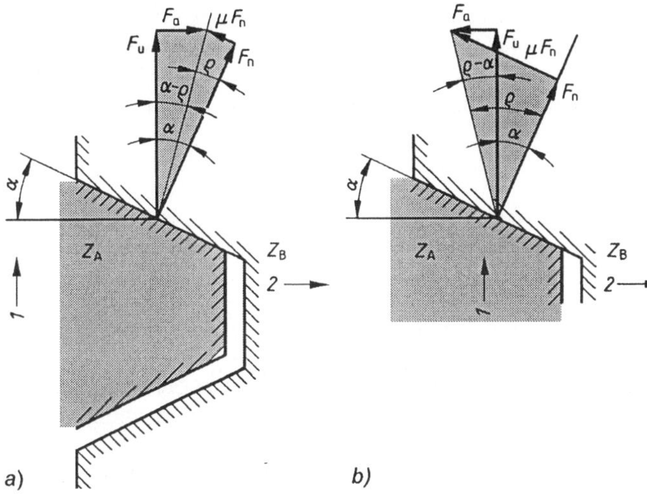

4.49
Kräfte an der Planverzahnung (s. *8* in Bild **4.46** und **4.47**)
a) für $\rho < \alpha$
b) für $\rho > \alpha$
Z_A, Z_B Zahnscheibe auf der An- bzw. Abtriebsseite
F_a Normalkraft
1 Drehrichtung der Antriebsseite
2 Bewegungsrichtung des schaltbaren Planrades beim Entkuppeln

Im mittleren Radius R_2 der Gleitführung (**4.48**) ergibt das Moment T eine Umfangskraft

$$\boxed{F'_u = T / R_2 = F_u \cdot \frac{R_1}{R_2}} \tag{4.59}$$

Ihre Normalkomponente erzeugt in der Gleitführung mit Evolventenprofilen die Reibungskraft

$$\boxed{F_R = \mu' \cdot F'_u / \cos \alpha'} \tag{4.60}$$

die beim Ausschalten gegen die Bewegungsrichtung der Ankerscheibe wirkt (μ' ist Reibungszahl in der Gleitführung, α' Eingriffswinkel der Evolventenverzahnung).

Die **Federkraft F_F** drückt beim Ausschalten der Kupplung in die Bewegungsrichtung der Ankerscheibe. Die erforderliche Federkraft zum Lüften der unter Volllast laufenden Kupplung ist somit nach Abschalten der Spule (Magnetkraft $F_M = 0$)

$$\boxed{F_F = F_R - F_a = F_u \cdot \left[\frac{R_1}{R_2} \cdot \frac{\mu'}{\cos \alpha'} - (\tan \alpha - \mu) \right]} \tag{4.61}$$

Zur Vereinfachung darf mit $\mu' \approx \mu$ gerechnet werden. Die zum Lüften erforderliche Federkraft wird mit zunehmendem Wert μ größer. Bei Vergrößerung des Flankenwinkels α der Planzähne wird die erforderliche Federkraft kleiner.

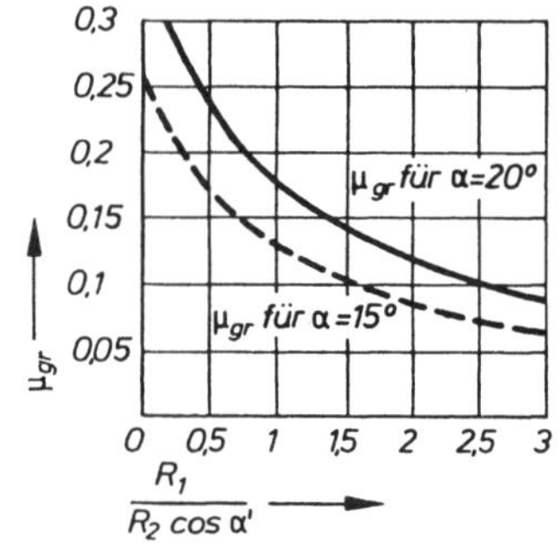

4.50
Grenzwert der Reibungszahl μ_{gr} nach Gl. (4.62) für Selbsthemmung bei elektromagnetisch betätigten Zahnkupplungen und für $\mu' \approx \mu$ als Funktion von $R_1/(R_2 \cos\alpha')$; μ', μ Reibungszahl in der Gleitführung bzw. Planverzahnung, α Flankenwinkel der Planzähne, α' Eingriffswinkel der Gleitführung, R_1, R_2 mittlerer Radius der Planverzahnung bzw. der Gleitführung nach Bild **4.48**

Eine Federkraft ist zum Lüften nur dann notwendig, wenn $F_R > F_a$ ist. Dies ist je nach dem Verhältnis R_1/R_2 der Fall bei (Bild **4.50**)

$$\mu > \mu_{gr} = \frac{\tan\alpha'}{\left(1 + \frac{R_1}{R_2 \cdot \cos\alpha'}\right)} \tag{4.62}$$

Beim Grenzwert μ_{gr} ist $F_R = F_a$. In die Konstruktionsberechnung wird $\mu > \mu_{gr}$ eingesetzt. Obgleich bei geringer Reibung im praktischen Einsatz beim Ausschalten unter Last keine Federkraft notwendig ist, sind dennoch Rückholfedern vorzusehen, um die Ankerscheibe in Stellung "Aus" zu halten. Zudem sind Rückholfedern für das Schalten bei unbelasteter Kupplung notwendig.

Die Planverzahnung soll bei Belastung der Zahnkupplung im Eingriff bleiben. Die erforderliche Haltekraft eines Elektromagneten hierzu ist

$$F_M = F_a - F_R + F_F = F_u \cdot \left(\tan\alpha - \mu - \frac{R_1}{R_2} \cdot \frac{\mu'}{\cos\alpha'}\right) + F_F \tag{4.63}$$

Damit die Kupplung das Drehmoment auch bei verölten Zähnen (bei kleiner Reibungszahl) mit Sicherheit überträgt, ist in der Entwurfsrechnung $\mu < \mu_{gr}$ zu setzen.

Elektromagnetisch geschaltete Zahnkupplungen mit großen Zahnwinkeln (bis 30°) werden oft als Sicherheitskupplungen eingesetzt, die bei Überschreiten eines bestimmten Drehmomentes ausrücken (es wird $F_a - F_R + F_F > F_M$).

Elektromagnet. Die erforderliche Zugkraft des Elektromagneten für die Zahnkupplung ist nach Gl. (4.63) bekannt. Hierfür ist die Erregerspule des Elektromagneten zu berechnen.

Magnetischer Kreis. Für die Zugkraft eines Magneten gilt als Näherung die folgende Zahlenwertgleichung (abgeleitet aus $F_M = 0{,}5 \cdot A \cdot B_L/\mu_0$ in N mit A in m², B_L in Vs/m² und mit der magnetischen Feldkonstanten $\mu_0 = 1{,}26 \cdot 10^{-6}$ Vs/Am)

$$F_M = 40 \cdot B_L^2 \cdot A \quad \text{in N} \tag{4.64}$$

wobei die im Luftspalt vorhandene Flussdichte B_L in T (Tesla) und die gesamte Polfläche A in cm² einzusetzen sind. Dann ist die Fläche je Pol

$$A_p = A/2 \tag{4.65}$$

Die Werte für B_L liegen bei den heute im Kupplungsbau verwendeten Werkstoffen (Grauguss und Stahlguss nach DIN EN 1561) zwischen 0,65 T und 1,4 T (1 T (Tesla) = 1 Vs/m^2 = 1 Nm/(cm^{2}A)), so dass sich spezifische Zugkräfte F_M/A von ≈ (17...80) N/cm^2 erreichen lassen. Der erforderliche Platzbedarf für die Spule, die Sättigung des Eisens und die vorhandene Polfläche A bestimmen die Grenzwerte von B_L. Ist B_L gewählt, so lässt sich die Polfläche A aus Gl. (4.64) errechnen. Sie wird bei der Zahnkupplung nach Bild **4.46** zu gleichen Teilen auf die beiden Pole des Polkörpers verteilt (Gl. (4.65) und Beispiel 2). Für die Erzeugung der Flussdichte B_L ist nach dem Durchflutungsgesetz

$$\boxed{I \cdot w = \sum H \cdot l = \left(H_L \cdot 2l_L\right) + \left(H_E \cdot l_E\right)} \qquad (4.66)$$

der magnetische Kreis (Bild **4.51**) zu berechnen. In Gl. (4.66) sind I Spulenstrom, w Windungszahl der Spule, H_L (≈ $8 \cdot 10^3 \cdot B_L$) und H_E magnetische Feldstärke in Luft ($H_L = B_L/\mu_0 \approx 0{,}8 \cdot 10^3 \cdot B_L$ in A/cm mit B_L in T und $\mu_0 = 1{,}26 \cdot 10^{-4}$ T cm/A) bzw. Eisen, $2l_L$ gesamter Kraftlinienweg in Luft (er ist gleich der zweifachen Luftspaltbreite l_L) und l_E Kraftlinienweg im Eisen. (Führt man in diese Größengleichung in der üblichen Weise H_L bzw. H_E in A/cm und l_L bzw. l_E in cm ein, so ergibt sich die Durchflutung $I \cdot w$ in A.)

Für die Anordnung nach Bild **4.51** ist längs des gesamten Eisenweges die Flussdichte des Eisens

$$\boxed{B_E \approx B_L / 0{,}75} \qquad (4.67)$$

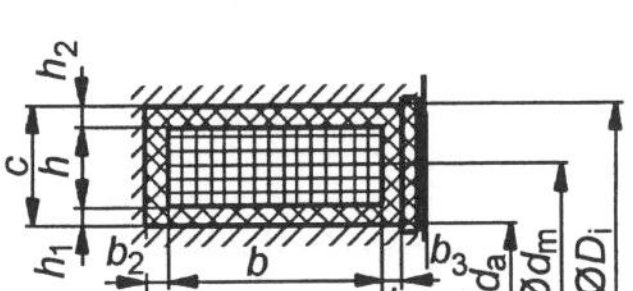

Spulen-Innen-durchmesser d_m in mm	mittlere Windunglänge l_m in m	b_1	b_2	b_3	h_1	h_2
bis 80	bis 0,25	3,5	1	1	0,8	0,8
80...100	0,25...0,35	3,5	1	1	0,9	0,9
100...130	0,35...0,44	3,5	1	1	1,0	1,0
130...200	0,44...0,68	3,7	1,2	1,2	1,2	1,2
200...350	0,68...1,17	4,0	1,5	1,5	1,5	1,5
350...500	1,17...1,65	5,5	2	2	2	2
über 500	über 1,65	5,5	3	3	3	3

4.51
Spulenabmessungen

H_E ergibt sich dann aus der Magnetisierungskurve der verwendeten Eisensorte (Bild **4.52**).

Erregerspule. Bei vorgegebener bzw. gewählter Spannung U und mittlerer Windungslänge $l_m = \pi \cdot d_m$ (d_m mittlerer Spulendurchmesser) ist nach dem Ohmschen Gesetz $U = I \cdot R = I \cdot w \cdot l_m \cdot \rho / q$ der je Längeneinheit des Spulendrahtes bei der Betriebstemperatur ϑ erforderliche Widerstand

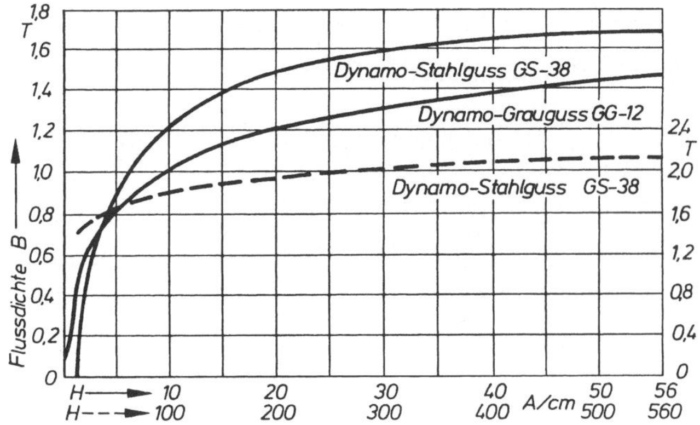

4.52
Magnetisierungskennlinien $B = f(H)$; 1T = 1 Vs/m^2 =1 Nm/(m^{2}A)

$$r_\vartheta = \rho / q = \frac{U}{I \cdot w \cdot l_\mathrm{m}} \tag{4.68}$$

In diesen Beziehungen bedeuten neben den schon erläuterten Größen R Ohmscher Widerstand, ρ spezifischer Widerstand, q Drahtquerschnitt. (Setzt man wie üblich ρ in $\Omega\mathrm{mm}^2/\mathrm{m}$, q in mm^2, U in V, $I{\cdot}w$ in A und l_m in m ein, so erhält man r_ϑ in Ω/m.)

Es ist nun ein Drahtdurchmesser zu ermitteln, dessen Widerstand je Längeneinheit bei der Betriebstemperatur ϑ höchstens gleich dem vorstehend berechneten Wert r_ϑ ist. (Infolge des mit der Betriebstemperatur wachsenden Ohmschen Widerstandes fällt die Zugkraft des Elektromagneten bei steigender Spulentemperatur ab.) Aus DIN 46 431 (Auszug daraus s. Bild **4.53**) lässt sich für den Widerstand je Meter r_{20} (bezogen auf die Temperatur von 20 °C) der Durchmesser von Spulendrähten entnehmen. Der Widerstand r_{20} für die Temperatur von 20 °C ist mit r_ϑ nach Gl. (4.68) in Ω/m, dem Temperaturkoeffizienten α in l/K (für Kupfer ist α = 0,0039/K) und der Betriebstemperatur ϑ in °C (Zahlenwertgleichung)

$$r_{20} = \frac{r_\vartheta}{1 + \alpha \cdot (\vartheta - 20)} \quad \text{in}\,\Omega/\mathrm{m} \tag{4.69}$$

Stromdichte i in A/mm²	Drahtdurchmesser blank in mm	Querschnitt blank in mm²	Gewicht in g/m	Widerstand bei 20 °C r_{20} in Ω/m
≤ 8,0	0,14	0,01539	0,137	1,14
≤ 6,5	0,18	0,02545	0,226	0,689
	0,22	0,03801	0,338	0,4615
	0,26	0,05309	0,473	0,3304
≤ 5,6	0,30	0,07069	0,629	0,2482
	0,34	0,09079	0,808	0,1932
	0,38	0,1134	1,01	0,1547
≤ 5,2	0,45	0,1590	1,42	0,1103
	0,50	0,1964	1,75	0,0894
≤ 4,4	0,60	0,2827	2,52	0,0621
≤ 4,0	0,80	·0,5027	4,47	0,0349
≤ 3,6	1,00	0,7854	6,99	0,02234

4.53
Zahlenwerte für Dynamodraht nach DIN 46431

Überschlägig darf bei Kupplungen mit $r_{20} \approx 0{,}8{\cdot}r_\vartheta$ gerechnet werden. Dies entspricht dann einer Betriebstemperatur von $\vartheta \approx$ 84 °C. Zulässig sind Betriebstemperaturen von (80...100...120) °C.

Es wird nun ermittelt, wie viele Windungen w unter Berücksichtigung der Isolation im Spulenraum untergebracht werden können (für den Platzbedarf der Spulenisolierung s. Bild **4.51**).

Aus der Drahtlänge $l = w{\cdot}l_\mathrm{m}$ ergibt sich der Widerstand

$$R = l \cdot r \tag{4.70}$$

Für die Temperatur von 20 °C ist $r = r_{20}$ und für den betriebswarmen Zustand $r = r_\vartheta$ einzusetzen. Mit R und der Spannung U ergeben sich der **Strom**

$$\boxed{I = U/R} \tag{4.71}$$

und die von der Spule aufgenommene Leistung

$$\boxed{P = U \cdot I} \tag{4.72}$$

Es bleibt noch zu prüfen, ob im Hinblick auf die Spulenwärmung die Stromdichte im Spulendraht

$$\boxed{i = I / q} \tag{4.73}$$

und die spezifische Wärmebelastung der Spulenoberfläche A_O, also

$$\boxed{P_O = P / A_O = \frac{U \cdot I}{A_O}} \tag{4.74}$$

in den zulässigen Grenzen bleibt. Zulässig sind $i = (3{,}6...8)$ A/mm² und $P_O = (10...15)$ W/dm².

Beispiel 2

Berechnen einer elektromagnetisch betätigten Zahnkupplung für ein Drehmoment von $T = 400$ Nm nach Bild **4.54**.

Kräfte an der Verzahnung. Mit dem mittleren Radius der Planverzahnung $R_1 = (D_{pa} + D_{pi})/4 = 7{,}75$ cm, wobei $D_{pa} = 17$ cm und $D_{pi} = 14$ cm der Außen- bzw. Innendurchmesser der Planverzahnung sind, ergibt sich die Umfangskraft an der Planverzahnung $F_u = T/R_1 = 40\,000$ Ncm/7,75 cm = 5160 N.

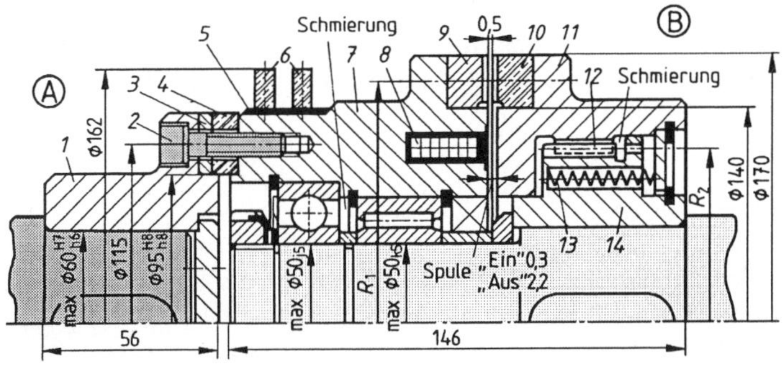

4.54
Elektromagnetisch betätigte Zahnkupplung

A Antrieb; *B* Abtrieb (In diesem Abschnitt sind An- und Abtriebsseite durch *A* bzw. *B* gekennzeichnet, falls beide Seiten nicht vertauschbar sind. Außerdem sind Wellen oder Bohrungen der An- bzw. Abriebsseite dunkel- bzw. hellgrau gekennzeichnet.)

1 Antriebsnabe
2 Schrauben M8, um 30° versetzt
3 geteilter Zwischenring
4 ungeteilter Zentrierring (nichtmagnetischer Werkstoff)
5 Isolierring
6 Schleifringe (z. B. aus Bronze)
7 Polkörper
8 Erregerspule
9 Planradverzahnung (Stahl)
10 Planradverzahnung (nichtmagnetischer Werkstoff. z. B. Bronze)
11 Ankerscheibe
12 Gleitführung (Evolventenverzahnung)
13 Rückholfeder
14 Abtriebsnabe

Beispiel 2, Fortsetzung

Die Umfangskraft in der Gleitführung mit dem Radius R_2 = 5,5 cm ist $F_u = T/R_2$ = 40 000 N cm/5,5 cm = 7270 N. Für das Verhältnis $R_1/(R_2 \cdot \cos \alpha') = 1{,}5$ mit dem Flankenwinkel der Planzähne und der Gleitführung von $\alpha = \alpha' = 20°$ wird der Grenzwert der Reibungszahl μ_{gr} aus Bild **4.50** zu 0,14 entnommen oder nach Gl. (4.62) berechnet. Unter der Annahme, dass in der Verzahnung die Reibungszahl $\mu = \mu' > \mu_{gr}$, hier z. B. $\mu = 0{,}16$, ist, ergeben sich die Axialkomponente der Umfangs- und Reibungskraft an der Planverzahnung nach Gl. (4.58) zu

$$F_a = F_u \cdot (\tan \alpha - \mu) = 5160\ \text{N} \cdot (\tan 20° - 0{,}156) = 1100\ \text{N}$$

und die Reibungskraft in der Gleitführung nach Gl. (4.60) zu

$$F_R = \mu' \cdot F_u / \cos \alpha = 0{,}16 \cdot 7270\ \text{N} / \cos 20° = 1240\ \text{N}$$

Die erforderliche Federkraft zum Lüften der unter Volllast laufenden Kupplung nach Abschalten der Erregerspule wird somit nach Gl. (4.61)

$$F_F = F_R - F_a = 1240\ \text{N} - 1100\ \text{N} = 140\ \text{N}$$

Magnetischer Kreis bei eingeschalteter Kupplung (Stellung „Ein“). Damit die Kupplung das Drehmoment mit Sicherheit überträgt, wird in Gl. (4.63) für die Haltekraft des Elektromagneten F_M die Reibungszahl $\mu' = \mu = 0{,}055 < \mu_{gr}$ eingesetzt. Hiermit ergibt sich nach vorstehendem Berechnungsgang F_a = 1600 N, F_R = 425 N und damit

$$F_M = F_a - F_R + F_F = 1600\ \text{N} - 425\ \text{N} + 140\ \text{N} \approx 1320\ \text{N}$$

Für die Haltekraft F_M = 1320 N und mit einer angenommenen Flussdichte in Luft von B_L = 0,72 T ergibt sich aus der Zahlenwertgleichung (4.64) die erforderliche Gesamtpolfläche zu

$$A = \frac{F_M}{40 \cdot B_L^2} = \frac{1320}{40 \cdot 0{,}519} = 64 \quad \text{in cm}^2$$

Somit ist für jeden Pol die Fläche $A_p = A/2 = 32\ \text{cm}^2$. Damit wird bei einem Außenpol-Außendurchmesser von D_a = 13,7 cm der Außenpol-Innendurchmesser

$$D_i = \sqrt{\frac{4}{\pi} \cdot \left(\frac{\pi \cdot D_a^2}{4} - A_P \right)} = \sqrt{\frac{4}{\pi} \cdot \left(\frac{\pi \cdot (13{,}7\,\text{cm})^2}{4} - 32\,\text{cm}^2 \right)} = 12{,}2\,\text{cm} \qquad (4.75)$$

Der Innenpol-Innendurchmesser ist durch Wellen- und Lagerdurchmesser bestimmt. Er betrage hier d_i = 8 cm. Somit bleibt für den Innenpol-Außendurchmesser

$$d_a = \sqrt{\frac{4}{\pi} \cdot \left(\frac{\pi \cdot d_i^2}{4} - A_P \right)} = \sqrt{\frac{4}{\pi} \cdot \left(\frac{\pi \cdot (8\,\text{cm})^2}{4} - 32\,\text{cm}^2 \right)} = 10{,}2\,\text{cm} \qquad (4.76)$$

Zur Berechnung der gesamten erforderlichen Durchflutung nach Gl. (4.66) wird zunächst mit der magnetischen Feldstärke in Luft $H_L = 8 \cdot 10^3 \cdot B_L = 8 \cdot 10^3 \cdot 0{,}72 = 5760$ A/cm

Beispiel 2, Fortsetzung

und mit dem „Ein"-Luftspalt zwischen Polkörper und Ankerscheibe und 0,01 cm Sicherheitszuschlag

$$l_L = l_{L\,ein} = (0{,}03 + 0{,}01)\ \text{cm} = 0{,}04\ \text{cm} \tag{4.77}$$

die Durchflutung im Luftspalt zu $I{\cdot}w = H_L{\cdot}2l_L = 5760$ A/cm·2·0,04 cm = 461 A ermittelt. Aus der Magnetisierungslinie für Stahlguss (s. Bild **4.52**) entnimmt man bei einer Flussdichte von $B_E = B_L/0{,}75 = 0{,}72$ T/0,75 = 0,96 T die magnetische Feldstärke H_E = 5,8 A/cm. Hiermit ergibt sich die Durchflutung im Eisen zu $H_E{\cdot}l_E$ = 5,8 A/cm·11,5 cm = 67 A, wenn der konstruktive Entwurf für den Kraftlinienweg im Eisen l_E = 11,5 cm ergibt. Die gesamte erforderliche Durchflutung bei eingeschalteter Kupplung und bei Betriebstemperatur ist somit

$$I{\cdot}w = H_L{\cdot}2l_L + H_E{\cdot}l_E = 461\ \text{A} + 67\ \text{A} = 528\ \text{A} \tag{4.78}$$

Magnetischer Kreis bei ausgeschalteter Kupplung (Stellung „Aus"). Es muss noch nachgeprüft werden, ob ein Magnet mit der vorstehend berechneten Durchflutung ausreicht, um beim Einschalten der Erregerspule die Ankerscheibe über den „Aus"-Luftspalt gegen die Kraft der Rückholfedern anzuziehen. Soll der Magnet die Zugkraft

$$F_{M\,aus} = 1{,}1{\cdot}F_{F\,min} = 34\ \text{N} \tag{4.79}$$

aufbringen, dann ist hierfür nach der Zahlenwertgleichung (4.64) mit der Gesamtpolfläche $A = 64\ \text{cm}^2$ die Flussdichte in Luft

$$B_L = \sqrt{\frac{F_{M\,aus}}{40 \cdot A}} = \sqrt{\frac{34}{40 \cdot 64}} = 0{,}115 \quad \text{in T} \tag{4.80}$$

erforderlich. Mit $H_L = 8{\cdot}10^3{\cdot}B_L = 8{\cdot}10^3{\cdot}0{,}115 = 920$ in A/cm und einem Luftspalt $l_{L\,aus}$ = 0,22 cm ergibt sich die Durchflutung im Luftspalt zu $H_L{\cdot}2{\cdot}l_{L\,aus}$ = 920 A/cm·0,44 cm = 404 A. Für eine Flussdichte im Eisen von $B_E = B_L/0{,}75$ = 0,115 T/0,75 = 0,153 T liest man in der Magnetisierungslinie für Stahlguss (Bild **4.52**) die magnetische Feldstärke $H_E \approx 1{,}2$ A/cm ab. Hiermit wird die Durchflutung im Eisen $H_E{\cdot}l_E$ = 1,2 A/cm · 11,5 cm = 14 A. Die erforderliche Durchflutung bei ausgeschalteter Kupplung $I \cdot w = H_L{\cdot}2{\cdot}l_{L\,aus} + H_E{\cdot}l_E$ = (404 + 14) A = 418 A ist somit kleiner als die Durchflutung bei eingeschalteter Kupplung (418 A < 528 A).

Erregerspule. Wird für die Spule eine Gleichspannung von 110 V vorgesehen, so ist mit der mittleren Windungslänge

$$l_m = \pi{\cdot}d_m = \pi{\cdot}(D_i + d_a)/2 = \pi{\cdot}(0{,}122\ \text{m} + 0{,}102\ \text{m})/2 = 0{,}352\ \text{m} \tag{4.81}$$

für die Durchflutung $I{\cdot}w$ = 528 A nach Gl. (4.68) bei der Betriebstemperatur 84 °C ein Drahtwiderstand je Längeneinheit

$$r_\vartheta = \frac{U}{I \cdot w \cdot l_m} = \frac{110\,\text{V}}{528\,\text{A} \cdot 0{,}352\,\text{m}} = 0{,}592\,\Omega/\text{m}$$

nötig. Dem erforderlichen Widerstand bei 20 °C von $r_{20} = 0{,}8{\cdot}r_\vartheta = 0{,}474\ \Omega/\text{m}$ entspricht

Beispiel 2, Fortsetzung

nach Bild **4.53** ein Draht von 0,22 mm Durchmesser mit r_{20} = 0,4615 Ω/m. Der Außendurchmesser des lackierten Drahtes beträgt D = 0,255 mm. Unter Berücksichtigung der Abmessungen der Spulenisolierung b_1, b_2, h_1, h_2 (Bild **4.51**) bleibt von der gewählten Tiefe des Spulenraumes von a = 26 mm für die Wickelbreite $b = a - (b_1 + b_2)$ = 2,6 mm – (3,5 mm + 1 mm) = 21,5 mm und von der Höhe des Spulenraumes c = 10 mm für die Wickelhöhe $h = c - (h_1 + h_2)$ = (10 – 2) mm = 8 mm übrig. Bei diesen Abmessungen des Spulenraumes lassen sich in der Breite $w_1 = b/D$ = 21,5 mm/0,255 mm = 84 Windungen und in der Höhe $w_2 = h/(D + 0{,}05)$ = 8 mm/0,305 mm = 26 Windungen, also insgesamt $w = w_1 \cdot w_2 = 84 \cdot 26 = 2184$ Windungen, unterbringen. Der Strom durch die Spule beträgt nach dem Ohmschen Gesetz

$$I = \frac{U}{R} = \frac{U}{l \cdot r} = \frac{U}{w \cdot l_{\mathrm{m}} \cdot r} = \frac{110\,\mathrm{V}}{2184 \cdot 0{,}352\,\mathrm{m} \cdot 0{,}592\,\Omega/\mathrm{m}} = 0{,}242\,\mathrm{A}$$

Mit q = 0,038 mm² Querschnitt wird dann die Stromdichte im Leiter $i = I/q$ = 0,242 A/0,038 mm² = 6,37 A/mm². Die Stromdichte liegt demnach unter dem zulässigen Wert von 6,5 A/mm². Die Leistungsaufnahme der Spule von $P = U \cdot I$ = 110 V·0,242 A = 26,6 W ergibt auf die Spulenoberfläche $A_O = 2 \cdot (a+c) \cdot l_m$ =2·(0,26 dm + 0,10 dm)·3,52 dm = 2,55 dm² bezogen die spezifische Belastung $P_O = P/A_O$ = 26,6 W/2,55 dm² = 10,4 W/dm². Sie liegt unter der zulässigen Belastung von 15 W/dm². ■

4.4.3 Kraftschlüssige (Reib-)Kupplungen

Entsprechend der großen Bedeutung der Reibkupplungen in der Antriebstechnik als Schalt-, Wende- oder Überlastungskupplungen wurden zahlreiche Bauformen entwickelt, einschließlich der fliehkraftabhängigen Füllgutkupplungen, die wegen ihrer Besonderheit außerhalb der folgenden Betrachtung bleiben (s. aber Abschn. 4.4.3.3). Reibkupplungen lassen sich nach Anordnung der Reibflächen in drei Grundformen, in Scheiben-, Kegel- und Zylinderreibungskupplungen einteilen. Außerdem wird noch zwischen Nass- und Trockenkupplungen unterschieden, je nachdem ob die Reibflächen geölt werden oder trocken bleiben müssen. Die Erzeugung der Anpresskraft erfolgt durch Hebel, Federn, Elektromagnete, Pressluft, Drucköl oder durch Fliehkraft (s. Abschn. 4.1).

Kraftschlüssige Schaltkupplungen ermöglichen ein Schalten auch bei Drehfrequenzdifferenz der beiden Wellen. Die Kraftübertragung erfolgt durch Gleitreibung oder bei Gleichlauf durch Ruhereibung. Sinngemäß wird das von der Kupplung übertragene Moment als Gleitmoment, Schaltmoment $T_{\mathrm{K\,S}}$ oder dynamisches Moment bzw. als Ruhemoment $T_{\mathrm{K\,R}}$ oder statisches Moment bezeichnet.

Der charakteristische Drehmomentverlauf einer Reibscheibenkupplung beim Schalten ist im Bild **4.55** dargestellt (vgl. auch Bild **4.42**). Vor dem Einschalten der Kupplung läuft die Antriebsseite mit der Winkelgeschwindigkeit $\omega_{\mathrm{rel\,0}}$; hierbei kann die Winkelgeschwindigkeit der Abtriebsseite $\omega_2 = 0$ sein. Die Kupplung überträgt nur ein geringes Leerlaufdrehmoment $T_{\mathrm{K\,l}}$, das im Bild **4.55** vernachlässigt wurde. Vom Schaltbeginn $t = 0$ an steigt das Drehmoment der Kupplung T_{K} stark an und verändert sich im weiteren Verlauf nur wenig, bis es bei geringerem Drehzahlunterschied wieder ansteigt und bei Erreichen der Synchrondrehzahl in das Ruhemoment $T_{\mathrm{K\,R}}$ übergeht. Das Ruhemoment, auch statisches, übertragbares oder Synchronmoment genannt, wird durch Ruhereibung übertragen.

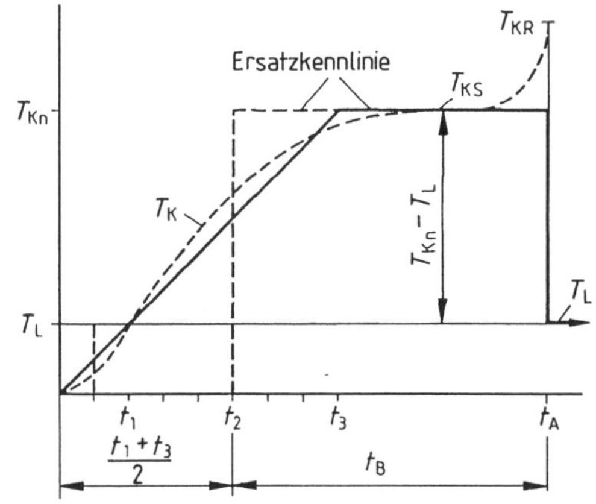

4.55
Ersatzkennlinie zur Ermittlung der Anstiegszeit t_3 und des Nennmomentes $T_{K\,n}$

T_K Kupplungsmoment
$T_{K\,S}$ Schaltmoment
$T_{K\,R}$ Ruhemoment, Synchronmoment
T_L Lastmoment
t_A Anlaufzeit

Das im Synchronlauf größte zulässige übertragbare Moment $T_{K\,max}$ einer Reibscheibenkupplung muss kleiner als das Ruhemoment sein, $T_{K\,max} < T_{K\,R}$. Wird das Ruhemoment $T_{K\,R}$ vom Lastmoment T_L überschritten, dann rutscht die Kupplung durch, weil die Gleitreibung kleiner als die Ruhereibung ist.

Das bei schlupfender Kupplung nach Abschluss der Anstiegszeit wirkende Drehmoment nennt man Schaltmoment $T_{K\,S}$. Nach ihm richtet sich das Kennmoment der Kupplung $T_{K\,n}$, das wie folgt ermittelt wird (s. Bild **4.55**):

Der experimentell ermittelte Drehmomentverlauf wird durch eine aus zwei Geraden bestehende Ersatzkennlinie so angenähert, dass der Drehmomentanstieg durch eine schräge und der darauf folgende Bereich durch eine waagerechte Linie ersetzt werden.

Dabei sollten die vom tatsächlichen bzw. vom angenäherten Drehmomentverlauf eingeschlossenen Flächen möglichst gleich sein.

Von den Kupplungsherstellern werden das Nennmoment für das Schalten $T_{K\,n}$ sowie das Nennmoment für die Dauerbelastung $T_{K\,max}$ angegeben.

Anlaufzeit und Verlustarbeit unter Berücksichtigung der Anstiegszeit t_3 (s. Bild **4.55**). Zur Vereinfachung wird bei dieser Berechnung angenommen, dass die Winkelgeschwindigkeit ω_1 konstant bleibt und dementsprechend das Motormoment $T_M = T_{K\,n}$ gesetzt werden kann (s. Bild **4.42**).

Aus dem Verlauf der Ersatzkennlinie **4.55** geht hervor, dass sich die Anlaufzeit t_A aus der Zeit $t_2 = (t_1/2) + (t_3/2)$ und aus der Beschleunigungszeit t_B zusammensetzt. Während der Zeit t_2 rutscht die Kupplung, beschleunigt aber die Abtriebsseite noch nicht. Mit der Beziehung $t_1 = t_3 \cdot (T_L/T_{Kn})$ und mit t_B aus Gl. (4.47) bzw. nach Gl. (4.35) ergibt sich für die **Anlaufzeit**

$$\boxed{t_A = \frac{J_2 \cdot \omega_{rel0}}{T_{K\,n} - T_L} + \frac{t_3}{2} \cdot \left(\frac{T_L}{T_{K\,n}} + 1 \right)} \tag{4.82}$$

Zur Ermittlung der Verlustarbeit wird die schräge Kennlinie (**4.55**) von $t = 0$ bis $t = t_1$ durch eine senkrechte Kennlinie ersetzt, so als würde das Kupplungsmoment im Zeitpunkt $t_1/2$ einsetzen und ohne Verzögerung das Lastmoment erreichen. In diesem Fall dauert die Zeit bis die

Beschleunigung einsetzt $t_3/2 = t_2 - t_1/2$. Als Summe der in dieser Zeit verlorenen Arbeit $W_{V0} = T_L \cdot \omega_{rel\,0} \cdot (t_3/2)$ und der Verlustarbeit nach Gl. (4.51) ergibt sich die **gesamte Verlustarbeit**

$$W_V = \frac{\omega_{rel0} \cdot J_2 \cdot T_{Kn}}{2 \cdot (T_{Kn} - T_L)} + \omega_{rel0} \cdot T_{Kn} \cdot \frac{t_3}{2} \qquad (4.83)$$

Um die Gleichungen (4.82) und (4.83) zur Berechnung der Wärmebelastung einer Schaltkupplung auswerten zu können, muss die Anstiegszeit t_3 bekannt sein. Sie wird im Allgemeinen experimentell ermittelt und vom Hersteller angegeben.

Berechnung von Reibscheibenkupplungen. Ihr liegt die Gleichung von *Amontons* und *Coulomb*, μ bzw. $\mu_r = F_R/F_n$, zugrunde. Hier sind μ Reibungszahl der Gleitreibung und μ_r die der Ruhereibung, F_R Reibungskraft und F_n Normalkraft. Flächenpressung, Temperatur, Gleitgeschwindigkeit, Oberflächenbeschaffenheit, Werkstoffpaarung und Verschleiß beeinflussen die Reibung zwischen trockenen oder geölten Reibflächen.

Die Reibscheiben (**4.56**) und (**4.60**) übertragen das **Drehmoment**

$$T_K = i \cdot \mu \cdot F_n \cdot R_m = i \cdot \mu \cdot p \cdot A \cdot R_m \qquad (4.84)$$

Hierin bedeuten:

i Zahl der Reibflächen, μ Reibungszahl, F_n Normalkraft (Anpresskraft) an der Reibfläche, R_m mittlerer Halbmesser der Reibfläche, *A* Größe einer Reibfläche, *p* Flächenpressung.

Die **Flächenpressung** ist

$$p = \frac{F_n}{A} = \frac{F_n}{\pi \cdot (r_a^2 - r_i^2)} \qquad (4.85)$$

Für die Kreisringfläche mit den Halbmessern r_a und r_i ist der mittlere Radius

$$R_m \approx (r_a + r_i)/2 \qquad (4.86)$$

Es ist i. Allg. nicht erforderlich, in Gl. (4.84), der genauen Ableitung entsprechend, den Schwerpunkthalbmesser der Reibfläche $R_m = (2/3) \cdot [(r_a^3 - r_i^3)/(r_a^2 - r_i^2)]$ einzusetzen.

Reibungszahlen werden experimentell ermittelt.

Die Reibungszahl der Ruhereibung μ_r ist unabhängig von der Flächenpressung. Sie steigt mit zunehmender Oberflächenrauhigkeit an. Bei Reibpaarungen mancher Reib- oder Sinterbronzewerkstoffe gegen Stahl oder Gusseisen ist im Trockenlauf $\mu_r \leq \mu$. Gleitgeschwindigkeit, Temperatur oder Verschleiß können das Verhältnis μ_r/μ während des Betriebs stark ändern. Bei geölten Reibflächen (Nasslauf) ist im Allgemeinen $\mu_r > \mu$.

Die Reibung zwischen geölten Reibflächen lässt sich anhand der *Stribeck*-Kurve (s. Abschn. Gleitlager) erklären. Die Reibungszahl μ fällt mit zunehmender *Gümbel*scher Kennzahl $\eta \cdot \omega / p$ im Mischreibungsgebiet zunächst ab und steigt dann im Gebiet der Flüssigkeitsreibung wieder an. (In der dimensionslosen *Gümbel*schen Kennzahl sind η Viskosität des Öles, ω relative Winkelgeschwindigkeit der Reibscheiben und *p* Flächenpressung.)

Im Gebiet der Flüssigkeitsreibung gilt die Formel von *Gümbel* und *Falz* für den Reibwert $\mu = k \cdot \sqrt{\eta \cdot \omega / p}$. Die Reibungsvorzahl (Wurzelbeiwert) k ist von der Oberflächenform, von Fehlern in der Planparallelität, von der Verwerfung durch Wärmedehnung, von der Rauhigkeit und von der Reibflächenbreite abhängig. Schmale Reibflächen und Lamellen mit Spiralnuten ergeben hohe Reibungsvorzahlen, $k > 20$.

Werkstoffpaarungen, bei denen $\mu_r > \mu$ ist, erzeugen bei geringerer Gleitgeschwindigkeit Rattern und somit Schwingungen, die sich nachteilig auf den Maschinensatz auswirken können.

Handelt es sich um die Auslegung einer Schaltkupplung, so ist das Schaltmoment $T_{K\,S}$ (Gleitmoment) von Bedeutung, das durch Einsetzen einer experimentell ermittelten Gleitreibungszahl μ in die Gleichung (4.84) berechnet wird. Für die Auslegung von Sicherheitskupplungen und Haltebremsen ist das statische Moment $T_{K\,R}$ mit der Reibungszahl der Ruhereibung μ_R maßgebend. Reibungszahlen s. Bild **4.56**. Ist die Reibungszahl beim praktischen Einsatz der Kupplung kleiner als angenommen wurde, dann lässt sich das geforderte Moment i. Allg. durch Erhöhen der Anpresskraft erreichen. Maßgebend für die Wahl der Flächenpressung p sind Erwärmung (s. Gl. (4.44), (4.45) und (4.88)) und Verschleiß. Für Schaltkupplungen und Bremsen mit den Werkstoffpaarungen Reibwerkstoff-Stahl oder Stahl-Stahl geölt beträgt $p = (0{,}2 \ldots 0{,}6)$ N/mm² und mit Sinterbronze-Stahl bis 1,0 N/mm² (Bild **4.57**). Für Kupplungen und Bremsen mit geringer Wärmeentwicklung sind höhere Flächenpressungen zulässig.

Werkstoffpaarung	trocken			ölbenetzt			ölberieselt			
	μ_r	μ	ϑ_{zul}	μ_r	μ	ϑ_{zul}	μ_r [1]) 17°C	μ_r [1]) 80°C	μ	ϑ_{zul}
Sinterbronze glatt – St geläppt	0,17 … 0,20	0,15 … 0,25	400 … 450	0,17 … 0,20	0,08	180	0,25	0,14 … 0,20	0,05	180
Sinterbronze glatt – St geschliffen	0,20 … 0,25	0,15 … 0,25	400 … 450	0,20 … 0,25	0,09	180	0,17 … 0,20	0,25 … 0,35	0,06	180
Sinterbronze mit Spiral- und Radialnuten – St geläppt				0,17 … 0,20	0,1	180	0,25	0,14 … 0,20	0,08	180
Sinterbronze mit Radialnuten – St geläppt	0,17 … 0,20	0,17 … 0,35	400 … 450	0,17 … 0,20	0,08	180	0,25	0,14 … 0,20	0,02	180
St geläppt – St geläppt				0,17	0,09	100	0,23	0,18	0,06	120
St geschliffen – St geschliffen				0,25	0,1	100	0,20	0,27 … 0,35	0,07	120
Reibwerkstoffe – St bzw. GG	0,20 … 0,35 … 0,45	0,20 … 0,30 … 0,40	180 … 200 … 350							

Nach Pokorny J.: Untersuchung der Reibungsvorgänge in Kupplungen mit Reibscheiben aus Stahl und Sintermetall. Diss. TH Stuttgart 1960.

[1]) Werte gelten für ein Öl von 0,022 Ns/m².

4.56
Reibungszahlen für glatte und genutete Reibscheiben; μ_r Reibungszahl der Ruhereibung, μ Reibungszahl der Gleitreibung (mittlere Werte), ϑ_{zul} zulässige Reibflächentemperatur in °C

Bauart	Werkstoffpaarung	p_{zul} in N/cm²	q_{zul} in W/cm²
Ein- oder Zweiflächen-Reibscheibenkupplung oder -Bremse (Bild **4.58, 4.60, 4.94**)	Reibwerkstoff – St trocken	20...80	0,2...1,0...4,0
Bandbremse	Sinterwerkstoff – St trocken	20...100	1,0...3,0
Scheibenbremse (Bild **4.95, 4.96**)	Reibwerkstoff – St trocken	200...800	2,0...12
Vielflächen-Reibscheibenkupplung (Lamellenkupplung) bzw. –Bremse	Reibwerkstoff – St trocken	20...60	0,2...0,25...0,3
	St – St geölt (im Getriebe)	20...50	0,1...0,3 ...0,6
	Sinterwerkstoff – St geölt	20...100	0,5...0,9
Backenbremse	Reibwerkstoff – St bzw. GG	20...120	0,2...1,0...3,0
	Sinterwerkstoff – St bzw. GG	20...150	1,5...3,5

4.57
Richtwerte für Flächenpressung p_{zul} und spezifische Wärmebelastung q_{zul} der Reibfläche (maßgebend für die Wahl der Flächenpressung sind Erwärmung und Verschleiß. Für Kupplungen mit geringer Wärmeentwicklung sind höhere Flächenpressungen zulässig.)

Die **Wärmeberechnung** wird nach Gl. (4.31), (4.38), (4.50), (4.53) und (4.87) durchgeführt. Die **zulässige Temperatur** ϑ_{zul} ist von der Werkstoffpaarung abhängig. Bei elektromagnetisch betätigten Reibscheibenkupplungen ist zu berücksichtigen, dass die Temperatur der Erregerspule i. Allg. nicht mehr als kurzzeitig 120 °C betragen darf. Es ist gebräuchlich, die in einer Sekunde erzeugte Reibungswärme Q_s auf die Reibfläche A zu beziehen und mit Erfahrungswerten

$$\boxed{q_{zul} \geq Q_s / i \cdot A} \tag{4.87}$$

zu rechnen (Werte hierfür s. Bild **4.57**). Die spezifische Wärmebelastung q_{zul} lässt nicht erkennen, welche Temperatur in der Reibfläche herrscht. Sie ist daher nicht immer zu verwerten.

Die größte **Temperatur** ϑ_{zul} **in einer Reibfläche** ergibt sich aus der Endtemperatur ϑ_e und der Übertemperatur (Temperaturspitze) ϑ_{sp}, die kurzzeitig bei jeder Schaltung entsteht. Es ist

$$\boxed{\vartheta_{max} = \vartheta_e + \vartheta_{sp} \leq \vartheta_{zul}} \tag{4.88}$$

Für Ein- oder Zweiflächen-Reibscheibenkupplungen, Kegelkupplungen und Backen- oder Bandbremsen (s. Abschn. 4.5) lässt sich die Temperaturspitze bei kurzer Anlaufzeit (bzw. Bremszeit bei Bremsen) nach folgender Zahlenwertgleichung berechnen

$$\boxed{\vartheta_{sp} = 0{,}266 \cdot \frac{R \cdot \kappa \cdot T_K \cdot \omega_1}{\rho \cdot c \cdot i \cdot A} \cdot \sqrt{\frac{t_A}{a}} \text{ in °C mit } R = \frac{3 \cdot (1 - r_i^2 / r_a^2)}{2 \cdot (1 - r_i^3 / r_a^3)}} \tag{4.89}$$

Für die Formelzeichen gilt folgende Einheitenvorschrift:

$\kappa = 1{,}946$	Faktor, Zahlenwert gilt für Reibung zwischen Stahl und Faserreibbelag o. ä. Reibwerkstoff
$a = 0{,}139$ in cm²/s	Temperaturleitzahl für Stahl
$\rho = 7{,}85 \cdot 10^{-3}$ in kg/cm³	Dichte für Stahl
$c = 465$ in J/(kg K)	spezifische Wärme für Stahl
T_K in Nm	Kupplungsmoment, das als konstant angenommen wird
ω_1 in rad/s	Winkelgeschwindigkeit der Antriebsseite
A in cm²	Reibflächengröße
i	Anzahl der Reibflächen
r_i, r_a in cm	Innen- bzw. Außenradius der Kreisringfläche
t_A in s	Anlaufzeit, s. Gl. (4.35), (4.47) und (4.82)

Werden die Konstanten der Gl. (4.89) zusammengefasst, so ergibt sich mit dem Faktor $R = 1{,}1$ für Ein- oder Zweiflächen-Reibscheibenkupplungen mit schmalen Ringflächen bei kurzer Anlaufzeit die **Spitzentemperatur** nach der Zahlenwertgleichung

$$\vartheta_{sp} = 2{,}63 \cdot \frac{T_K \cdot n_1}{i \cdot A} \cdot \sqrt{t_A} \quad \text{in °C} \tag{4.90}$$

mit T_K in Nm, n_1 in s^{-1}, A in cm^2 und t_A in s.

Werkstoffe. Eine hohe Reibungszahl ist nicht allein für die Wahl einer Werkstoffpaarung ausschlaggebend; z. B. muss der Verschleiß in angemessenen Grenzen bleiben. Die Paarung darf weder im Trockenlauf noch bei geringer Schmierung fressen (verschweißen) oder rattern. Gutes Wärmeleitvermögen und große spezifische Wärme der Werkstoffe erhöhen die zulässige Schalthäufigkeit einer Kupplung. Hohe mechanische Festigkeit der Reibwerkstoffe ist erforderlich, um die oft stoßartigen Drehmomente betriebssicher zu übertragen. Folgende Paarungen haben sich bewährt:

Trockenlauf	Nasslauf (z. B. in Getrieben)
Gusseisen – Stahl	Stahl – Stahl
Sinterbronze – Stahl	Sinterbronze – Stahl
Fasern mit Kunststoff o. ä. – Stahl oder Gusseisen	Kork – Stahl

Gusseisen mit seinem hohen Graphitgehalt hat gute Gleit- und Verschleißeigenschaften. Sinterbronze wurde als Reibwerkstoff entwickelt. Durch Beimischen von Graphit, Blei, Eisen oder Quarz lassen sich die Gleit- und Verschleißeigenschaften der Sinterbronze beeinflussen.

Die Herstellung z. B. von Sinterbronze-Reibscheiben erfolgt nach zwei Verfahren:

1. Aus einem Stahlblech, auf das beidseitig der Sinterwerkstoff aufgewalzt ist, wird die fertige Reibscheibe ausgestanzt.
2. Auf bereits ausgestanzte Stahlscheiben (Lamellen) wird der Werkstoff aufgesintert. Um Planparallelität zu erzielen, werden die Gleitflächen geschliffen.

Reibbeläge aus Fasern (Hanf o. ä.) in Verbindung mit Kunststoff befinden sich für verschiedene Ansprüche in vielfältigen Arten im Handel. Sie sind besonders durch die Verwendung in Kraftfahrzeugbremsen und -kupplungen bekannt. Reibbeläge aus Fasern o. ä. werden entweder aufgenietet oder aufgeklebt.

Gestaltung. Folgende allgemeine Forderungen sind zu berücksichtigen:

1. Bei Kupplungen mit großer Schalthäufigkeit ist für gute Kühlung zu sorgen: Kurze Wege für die Wärmeableitung, für Luft und Öl Durchlässe vorsehen, ggf. Kühlrippen anbringen.
2. Der Kraftfluss sollte sich in der Kupplung schließen, um Axialkräfte auf die gekuppelten Wellen zu vermeiden.
3. Das erforderliche Drehmoment soll durch Änderung der Anpresskraft einstellbar bzw. bei Verschleiß nachstellbar sein. Die Einstellvorrichtung soll sich bequem und eindeutig bedienen lassen.
4. Die sich reibenden Teile sollen bei Verschleiß leicht auswechselbar sein.
5. Das Schwungmoment der angetriebenen Kupplungsseite soll möglichst klein sein.
6. Die Leerlaufreibung muss gering sein.

Je nach Antriebsfall und Kupplungsart treten zu diesen allgemeinen Forderungen noch die verschiedensten besonderen hinzu. Es sollen z. B. die Schaltkräfte am Hand- oder Fußhebel klein sein. Elektromagnetisch betätigte Kupplungen für Werkzeugmaschinen müssen kurze Schaltzeiten aufweisen. Das Gleitmoment einer Sicherheitskupplung soll sich nach Überschreiten des statischen Moments auf einen möglichst kleinen Wert einstellen.

Größenauswahl. Bei der Größenbestimmung einer Kupplung sind sowohl die zu erreichenden bzw. erforderlichen Werte wie das Nennmoment $T_{\mathrm{K\,n}}$ nach Gl. (4.48) oder die Anlaufzeit t_{A} nach Gl. (4.47), (4.82), als auch die thermische Belastung zu berücksichtigen, wobei diese für die Größenauswahl meistens entscheidend ist. Die entwickelte Reibungswärme kann mit den Gleichungen (4.31), (4.38), (4.50), (4.51), (4.53) und (4.57) berechnet werden. Die Kupplung muss so gewählt werden, dass die zulässige Schaltbarkeit $Q_{\mathrm{s\,zul}}$ (4.55) größer ist als die auftretende Schaltarbeit Q_{s} (s. Gl. (4.53)). Die Hersteller liefern für die Kupplungsgrößen entsprechende Angaben, die zu beachten sind.

Beispiel 3

Ein Drehstrom-Asynchronmotor (Nenndrehfrequenz $n_{\mathrm{n}} = 1430\ \mathrm{min}^{-1}$) treibt über eine elektromagnetisch betätigte **Einflächen**-Reibscheibenkupplung (**4.58**) eine Arbeitsmaschine an. Der Motor wird im Leerlauf angefahren und bleibt dauernd eingeschaltet. Mit der Kupplung sollen 120 Schaltungen je Stunde ($z = 0{,}0333\ \mathrm{s}^{-1}$) ausgeführt werden, wobei jedes Mal das Massenträgheitsmoment der Arbeitsmaschine $J_2 = 0{,}64\ \mathrm{kgm}^2$ in maximal 0,6 s zu beschleunigen ist. Während der Anlaufzeit beträgt das Lastmoment der Arbeitsmaschine $T_{\mathrm{L}} = 30$ Nm, danach erhöht es sich auf 210 Nm. Zur Vereinfachung wird $T_{\mathrm{M}} = T_{\mathrm{K}} = \mathrm{const}$ und $\omega_1 = \mathrm{const}$ angenommen (s. Abschn. 4.4.1).

Motorleistung und Kupplungsgröße. Für die Anlaufzeit $t_{\mathrm{A\,zul}} = 0{,}6$ s ist nach Gl. (4.35) bei der Betriebsdrehfrequenz $n_1 = n_{\mathrm{n}}$ bzw. für $\omega_1 = 2 \cdot \pi \cdot n_1 = 150$ rad/s mit $n_1 = 23{,}8\ \mathrm{s}^{-1}$ ein Beschleunigungsmoment

$$T_{\mathrm{B}} = \frac{J_2 \cdot \omega_1}{t_{\mathrm{A}}} = \frac{0{,}64\,\mathrm{kg\,m}^2 \cdot 150\,\mathrm{s}^{-1}}{0{,}6\,\mathrm{s}} = 160\,\frac{\mathrm{kg\,m}^2}{\mathrm{s}^2} = 160\,\mathrm{Nm}$$

erforderlich. Die Kupplung muss somit beim Beschleunigen das Moment $T_{\mathrm{K}} = T_{\mathrm{B}} + T_{\mathrm{L}} = 160\ \mathrm{Nm} + 30\ \mathrm{Nm} = 190$ Nm aufbringen. Da nach dem Anlauf das Lastmoment $T_{\mathrm{L}} = 210$ Nm ist, wird eine Kupplung mit einem übertragbaren Moment von $T_{\mathrm{K}} = 250$ Nm gewählt. Mit diesem Moment ergibt sich die erforderliche Nennleistung des Motors nach der Gleichung

$$P_{\mathrm{n}} = T_{\mathrm{n}} \cdot \omega_1 = 250\ \mathrm{Nm} \cdot 150\ \mathrm{s}^{-1} = 37\,500\ \mathrm{Nm/s} = 37{,}5\ \mathrm{kW}$$

Der Drehstrom-Asynchronmotor kann bei Überlastung der Arbeitsmaschine das 1,5...2,5fache seines Nennmomentes abgeben. Da hier Kupplungs- und Motorenmoment gleich sind, rutscht die Kupplung bei Überlastung durch und schützt so die Anlage.

Reibfläche. Die notwendige Reibfläche A ist nach Gl. (4.84) mit der Annahme $\mu_{\mathrm{r}} \approx \mu = 0{,}3$ für Reibwerkstoff-Stahl (Bild **4.56**) mit $p = 40\ \mathrm{N/cm}^2$ (Bild **4.57**) und mit $R_{\mathrm{m}} = 120$ mm

$$A = \frac{T_{\mathrm{K}}}{i \cdot \mu \cdot p \cdot R_{\mathrm{m}}} = \frac{25\,000\,\mathrm{N\,cm}}{1 \cdot 0{,}3 \cdot 40\,\mathrm{N/cm}^2 \cdot 12\,\mathrm{cm}} = 175\,\mathrm{cm}^2$$

Beispiel 3, Fortsetzung

Zur Abführung des Verschleißabriebs wird der Reibbelag mit Radialnuten versehen, wodurch sich die wirksame Reibfläche um ≈ 10% verkleinert. Die erforderliche Reibflächenbreite ist somit

$$b = \frac{1{,}1 \cdot A}{2\pi \cdot R_m} = \frac{1{,}1 \cdot 175\,\text{cm}^2}{2\pi \cdot 12\,\text{cm}} = 2{,}6\,\text{cm}$$

Damit wird (Bild **4.58**) $r_a = R_m + b/2 = (120 + 13)$ mm = 133 mm und $r_i = R_m - b/2 = (120 - 13)$ mm = 107 mm. Die Haltekraft des Elektromagneten muss nach Gl. (4.85)

$$F_n = p \cdot A = 40\,\frac{\text{N}}{\text{cm}^2} \cdot 175\,\text{cm}^2 = 7000\,\text{N}$$

betragen. Die Auslegung des Elektromagneten erfolgt nach Abschn. 4.4.2.

Wärmebelastung. Das Massenträgheitsmoment der zu beschleunigenden Kupplungsscheibe wird berücksichtigt. Es ist mit $J = 0{,}06$ kg m^2 aus der Entwurfszeichnung ermittelt worden (Bild **4.39**). Somit beträgt die gesamte zu beschleunigende Masse $J_2 = 0{,}7$ kgm^2 = 0,7 Nm s^2.

Zur Beschleunigung steht das Moment $T_B = T_K - T_l = (250 - 30)$ Nm = 220 Nm zur Verfügung. Die Schaltzeit wird nach Gl. (4.35)

$$t_A = \frac{J_2 \cdot \omega_1}{T_B} = \frac{0{,}7\,\text{Nm}\,\text{s}^2 \cdot 150\,\text{s}^{-1}}{220\,\text{Nm}} = 0{,}47\,\text{s}$$

Mit $\omega_{\text{rel}\,0} = \omega_1$ ergibt die Zahlenwertgleichung (4.53) die sekündlich entwickelte Wärmemenge

$$Q_s = \frac{T_K \cdot \omega_1 \cdot t_A \cdot z}{2} = \frac{250\,\text{Nm} \cdot 150\,\text{s}^{-1} \cdot 0{,}47\,\text{s} \cdot 0{,}0333\,\text{s}^{-1}}{2} = 293\,\frac{\text{Nm}}{\text{s}} = 293\,\text{W}$$

Auf die Reibfläche bezogen beträgt die spezifische Wärmebelastung, Gl. (4.77),

$$q = Q_s/A = 293\ \text{W}/175\ \text{cm}^2 = 1{,}68\ \text{W/cm}^2$$

Damit bleibt q unter dem zulässigen Wert von 2,3 W/cm^2 (Bild **4.57**). Die Temperaturspitze bei jeder Schaltung ist nach der Zahlenwertgleichung (4.90)

$$\vartheta_{sp} = 2{,}63 \cdot \frac{T_K \cdot n_1}{i \cdot A} \cdot \sqrt{t_A} = 2{,}63 \cdot \frac{250 \cdot 23{,}8}{175} \cdot \sqrt{0{,}47} = 61{,}5 \text{ in °C}$$

Die **Kühlfläche** wird nach Gl. (4.55) berechnet. Mit dem Wärmeabgabewert (nach Bild **4.45**) $q_a = 16$W/(m^2 K) bei der Umfangsgeschwindigkeit $v = 17{,}6$ m/s, bezogen auf R_m, und mit der Kupplungsendtemperatur $\vartheta_{e\,zul} = 100$ °C bei $\vartheta_u = 20$ °C wird die erforderliche Kupplungsoberfläche

$$A_a = \frac{Q_s}{q_a \cdot (\vartheta_{e\,zul} - \vartheta_u)} = \frac{293\,\text{W}}{16\,\text{W}/(\text{m}^2\text{K}) \cdot (100 - 20)\,\text{K}} = 0{,}23\,\text{m}^2$$

Beispiel 3, Fortsetzung

Um zusätzlich auch die Spulenwärme abführen zu können, muss die Kühlfläche entsprechend größer als vorstehend berechnet ausgeführt werden.

Temperatur. Mit der gewählten Kupplungsendtemperatur und der berechneten Spitzentemperatur ergibt sich die höchste Reibflächentemperatur zu

$$\vartheta_{max} = \vartheta_e + \vartheta_{sp} = 100\,°C + 61{,}5\,°C = 161{,}5\,°C$$

Dieser Wert liegt unter der zulässigen Temperatur von 200 °C (Bild **4.56**). ■

4.4.3.1 Fremdbetätigte Reibscheibenkupplungen

Einflächenbauart

Den grundsätzlichen Aufbau einer elektromagnetisch betätigten Einflächen-Reibscheibenkupplung für Trockenlauf zeigt Bild **4.56**. Der Polkörper *1* ist über die Nabe *2* drehfest mit der Antriebswelle (Antriebsseite *A*) verbunden. Die Erregerspule *3* wird über zwei Schleifringe *4* erregt. Der Reibscheibenring *5* lässt sich über ein Gewinde auf dem Polkörper verstellen und mittels Gegenmutter *6* und Ziehkeilen *7* gegen Verdrehung sichern. Die Abtriebswelle (Abtriebsseite *B*) trägt aufgefedert die Mitnehmernabe *8*, auf der die Ankerscheibe *9* in der Verzahnung *10* axial beweglich geführt ist. Auf der Ankerscheibe ist leicht auswechselbar der mehrteilige Reibbelag *11* befestigt. Die Distanzscheiben *12* verhindern ein Anlaufen der beiden Kupplungsnaben. Bei ausgeschalteter Erregerspule halten die Druckfedern *13* die Ankerscheibe vom Polkörper *1* fern.

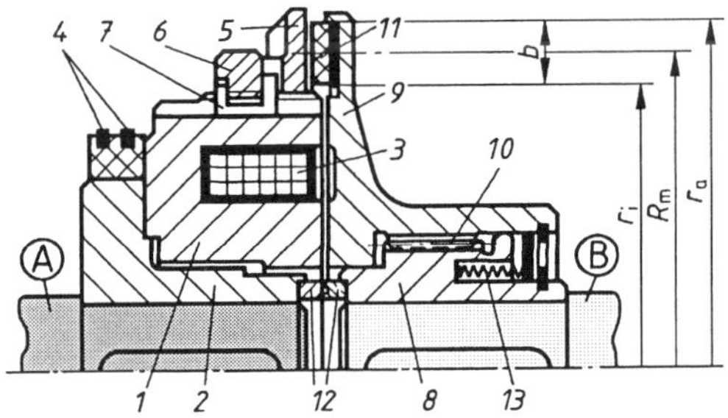

4.58
Elektromagnetisch betätigte Einflächen-Reibscheibenkupplung (Stromag)

Die Kupplung ist kraftschlüssig. Sie übt daher keine Axialkraft auf die Wellen aus. Im eingeschalteten Zustand bleibt zwischen Ankerscheibe und Magnetpolen ein Restluftspalt („Ein"-Luftspalt) bestehen, der durch Reibscheibenverschleiß kleiner wird. Mit abnehmendem Restluftspalt steigt die Magnetkraft und damit das Kupplungsmoment an. Soll ein bestimmtes Moment eingehalten werden, so ist zeitweilig eine Nachstellung der Reibscheibe am Polkörper erforderlich.

Elektromagnetisch betätigte Einflächenkupplungen werden auch schleifringlos mit feststehender Erregerspule hergestellt (**4.59**) (s. auch Bild **4.47** und Bild **3.35**).

Die Berechnung des magnetischen Kreises für elektromagnetisch betätigte Reibungskupplungen kann nach Abschn. 4.4.2 erfolgen.

Zweiflächenbauart

Bei der in Bild **4.60** dargestellten Zweiflächen-Reibscheibenkupplung für Trockenlauf erfolgt die Schaltung über ein Gestänge mit dem Schaltring *1*, der die Schaltmuffe *1* und Buchse *3* ge-

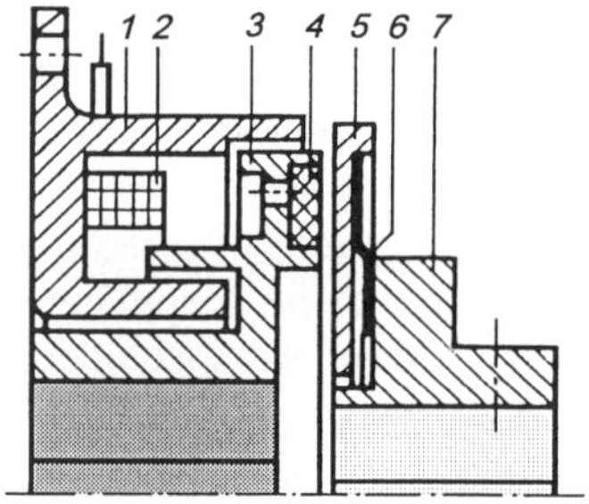

4.59
Polreibungskupplung mit Membran (Stromag)

Der Spulenkörper *1* muss an einer geeigneten, stillstehenden Gegenfläche zentriert und befestigt werden

2 Spule
3 Rotor
4 Träger mit Reibbelag
5 Ankerscheibe
6 Membran
7 Nabe

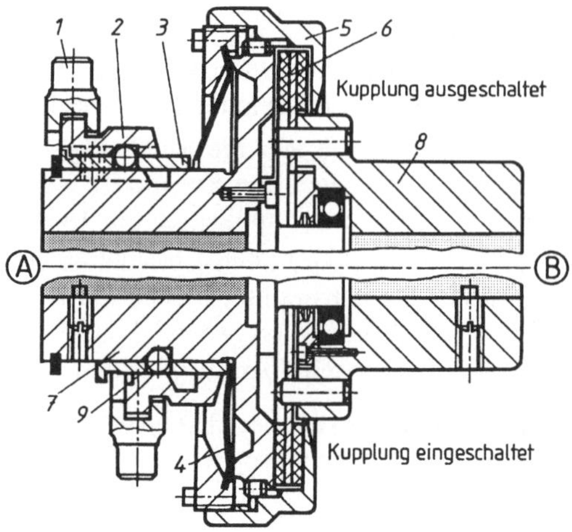

4.60
Ringspann-Zweiflächen-Reinscheibenkupplung (Ringspann A. Maurer KG, Bad Homburg)

gen eine radialgeschlitzte Tellerfeder *4* (s. Maschinenteile Teil 1) drückt. Dadurch wird diese Ringfeder gespannt und rückt dabei den Kupplungsring *5* und die Reibscheibe *6* gegen die Reibfläche der Nabe *7*, die in der Nabe *8* zentriert ist. Die Tellerfeder übersetzt durch Hebelwirkung die Schaltkraft in eine vielfach größere Anpresskraft. Bei eingeschalteter Kupplung liegt die Schaltkugel *9* zur Hälfte in einer Nut der Nabe und sperrt den Rückgang des Kupplungsringes. Wird der Schaltring ausgerückt, so gelangt die Schaltkugel zur Hälfte in die Aussparung der Schaltmuffe und gibt den Weg zur Federentspannung frei.

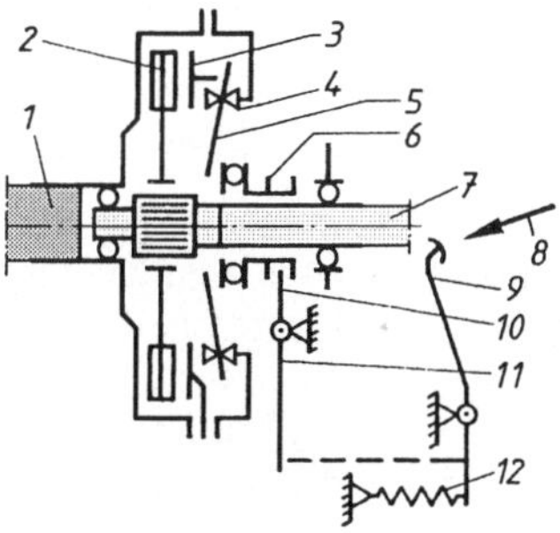

4.61
Kraftfahrzeug-Membranfeder-Kupplung: zum Öffnen mechanisch betätigt

1 Motorwelle
2 Reibscheibe
3 Anpressplatte
4 Kippkreis (Lagerung)
5 Membranfeder
6 Ausrücker
7 Getriebewelle
8 Fußkraft
9 Kupplungspedal
10 Ausrückgabel
11 Ausrückhebel
12 Rückzugfeder

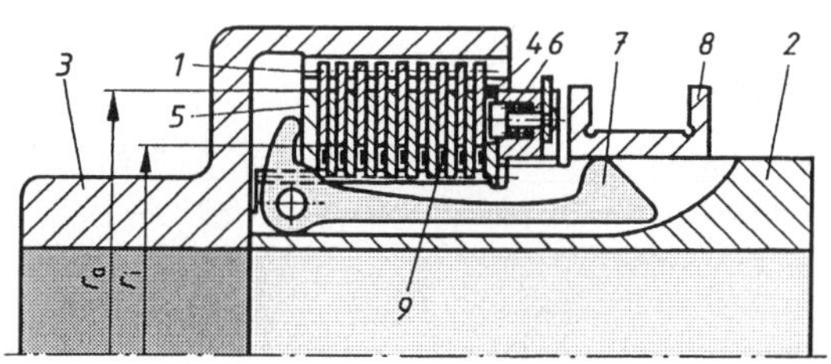

4.62
Handbetätigte Lamellenkupplung (für r_a und r_i s. Gl. (4.86)) (Stromag)

Federbelastete Zweiflächen-Reibscheibenkupplungen sind im Kraftfahrzeugbau gebräuchlich. Im Allgemeinen ist bei diesen Kupplungen die Kupplungsscheibe axial verschiebbar oder elastisch angeordnet, um die Einstellung der Reibscheiben zwischen den Druckscheiben zu ermöglichen. Die Anpresskraft kann auf zweierlei Weise aufgebracht werden:

1. Die Federkraft drückt die Reibbeläge zusammen. Ausschalten erfolgt durch Abheben der Reibscheiben gegen die Federkraft. Die Federn sind dauernd belastet. Diese Kupplungen, z. B. Kraftfahrzeugkupplungen (**4.61** und **3.31**), sind leicht ein- und schwer auszuschalten.
2. Die Federkraft wird beim Einschalten erzeugt (**4.60**). Beim Ausschalten werden die Federn entlastet. Diese Kupplungen sind schwer ein- und leicht auszuschalten.

Vielflächen-Reibscheibenkupplungen

Mit diesen lassen sich bei kleinen Abmessungen hohe Drehmomente übertragen, da das übertragbare Drehmoment proportional der Reibflächenzahl zunimmt (s. Gl. (4.84)).

Lamellenkupplung. Bild **4.62** zeigt eine von Hand betätigte Lamellenkupplung. Das Lamellenpaket *1* besteht aus hintereinander angeordneten dünnen Reibscheiben nach Bild **4.63**. Sie werden in Nuten oder Zähnen abwechselnd als Innenlamelle auf dem Innenkörper *2* und als Außenlamelle im Außenkörper *3* axial verschieblich geführt. Druckscheiben *4* und *5* begrenzen das Lamellenpaket. Vor der Druckscheibe *4* sitzt auf einem Gewinde des Innenkörpers die Stellmutter mit Sicherheitsbolzen *6*. Der Anpressdruck wird von drei symmetrisch zur Kupplungsachse angeordneten Hebeln *7* (Biegefedern) erzeugt. Der kurze Hebelarm presst die Lamelle zusammen, sobald bei Einschalten die Schiebemuffe *8* den längeren Hebelarm in Richtung zur Wellenmitte drückt. Die Kupplung ist selbstsperrend und die Schaltmuffe von rückwirkenden Kräften entlastet.

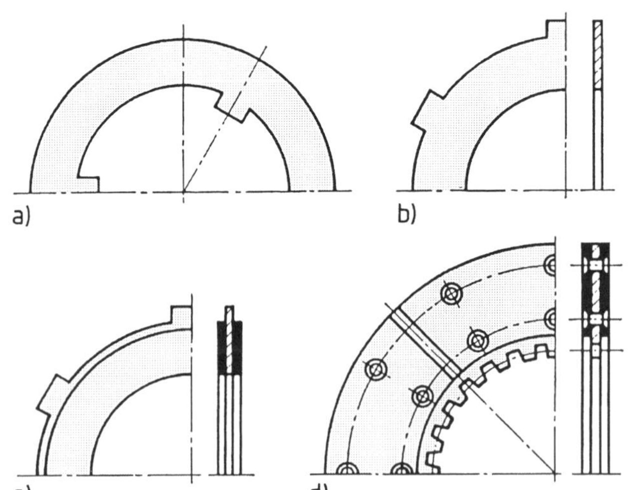

4.63
Lamellen mit Nocken bzw. Verzahnung
a) Innenlamelle aus Stahl
b) Außenlamelle aus Stahl
c) Außenlamelle mit Reibbelag, geklebt
d) Innenlamelle mit Reibbelag, genietet

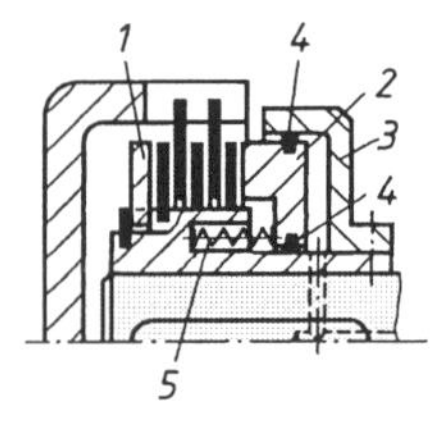

4.64
Öldruckbetätigte Kupplung

Nach dem Ausschalten kleben geölte Lamellen zusammen. Der geringe Lamellenabstand hat ein hohes Leerlaufmoment zur Folge. (Das Leerlaufmoment ist vom Lamellenabstand, von der Ölzähigkeit und von der Gleitgeschwindigkeit abhängig.) Um ein geringes Leerlaufmoment zu erreichen, müssen die Lamellen durch axiale Kräfte getrennt werden. Diese Axialkräfte werden in Bild **4.62** durch gewellte Ringfedern *9* aufgebracht, die zwischen zwei Innenlamellen auf dem Innenkörper sitzen. Die Rückstellkräfte können auch von federnden Lamellen erzeugt werden. Zu diesem Zweck sind z. B. die Innenlamellen in Umfangsrichtung wellenförmig durchgebogen (Sinus-Lamellen). Reibscheiben mit Radial- oder Tangentialnuten schleudern das Öl aus dem Reibraum und vermindern so bei ölberieselten Lamellen die Leerlaufreibung.

Bei öldruck- oder druckluftbetätigten Kupplungen (**4.64**) befindet sich das Lamellenpaket zwischen einer kräftigen Endscheibe *1* und einem Ringkolben *2*, der axial beweglich in einem Druckzylinder *3* sitzt. Der Kolben ist mit Metall- oder Gummiring *4* gegen den Zylinder abgedichtet. Das Druckmittel wird dem Zylinder i. Allg. durch die drehende Welle zugeleitet. Es presst den Kolben gegen die Lamellen und erzeugt die Axialkraft für das Drehmoment. Beim Ausschalten wird der Zylinderraum mit dem freien Ablauf verbunden. Rückstellfedern *5* drücken den Kolben in seine Ausgangsstellung zurück (Vakuumkupplung).

Öldruck- oder druckluftbetätigte Kupplungen gestatten Fernbedienung. Bei Verwendung elektromagnetischer Schieber für die Druckmittelverteilung können diese Kupplungen in elektrisch gesteuerte Arbeitsläufe einbezogen werden. Das Kupplungsmoment ist durch Druckänderung einstellbar. Der Lamellenverschleiß wird durch den Kolbenhub selbsttätig ausgeglichen. Um kurze Schaltzeiten erreichen zu können, muss das Hubvolumen möglichst klein bzw. der Rohrleitungsquerschnitt möglichst groß gewählt werden.

Zum Schalten der Öldruckkupplungen wird das im Getriebe vorhandene Öl verwendet und der erforderliche Öldruck durch Zahnradpumpen erzeugt. Der Betriebsdruck beträgt (5...30) bar.

Bei der Berechnung öldruckgeschalteter Kupplungen ist zu beachten, dass die Fliehkraft in mit Öl gefüllten rotierenden Zylindern zusätzlich eine Axialkraft erzeugt.

$$F_a = \frac{\pi}{4} \cdot \rho \cdot \omega^2 \cdot (R_a^4 - R_i^4) \qquad (4.91)$$

In dieser Gleichung sind ρ die Dichte der Druckflüssigkeit, ω die Winkelgeschwindigkeit der Welle, R_a und R_i äußerer bzw. innerer Radius des Druckzylinders.

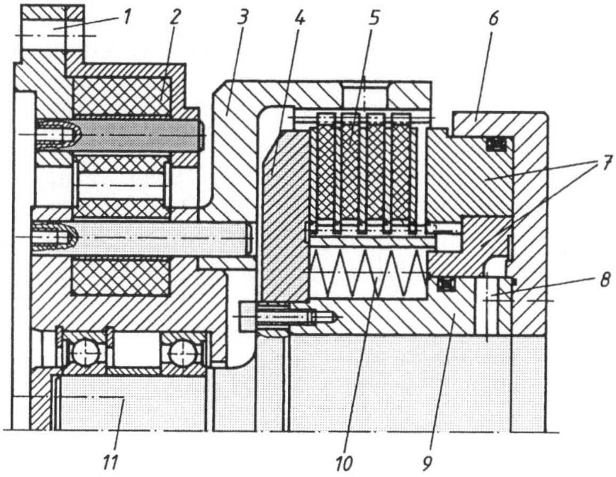

4.65
Druckluftgeschaltete Reibscheibenkupplung mit Gummi-Elementkupplung (Stromag GmbH, Unna)

1 Außenteil, Flansch für den Antrieb
2 Gummielement
3 Außenteil der Schaltkupplung verbunden mit dem Innenteil der Gummi-Elementkupplung
4 Endscheibe
5 Trockenlamellen
6 Druckzylinder
7 Kolben
8 Druckluftzufuhr
9 Mitnehmernabe (Abtrieb)
10 Rückstellfeder
11 Flanschwelle

Druckluftgeschaltete Kupplungen werden zweckmäßig für einen Druck von (4...8) bar ausgelegt. Sie finden am häufigsten in Pressen und Scheren Verwendung. Die im Bild **4.65** dargestellte druckluftgeschaltete Trocken-Reibscheibenkupplung in Verbindung mit einer drehnachgiebigen Gummi-Elementkupplung (**4.35**) wird hauptsächlich im Schiffsbau zum Antrieb des Propellers zwischen Dieselmotor und Getriebe eingesetzt und für Nenndrehmomente von (3200 ...7000) Nm gebaut.

Elektromagnetisch betätigte Lamellenkupplungen werden meist in Haupt- und Vorschubgetrieben von Werkzeugmaschinen eingebaut. Wegen ihrer einfachen Fernbedienbarkeit eignen sie sich für den Einsatz in automatisch gesteuerten Werkzeugmaschinen. Die Bilder **4.66** und **4.67** zeigen elektromagnetisch betätigte Kupplungen, die sich durch die Art der Kraftlinienführung voneinander unterscheiden.

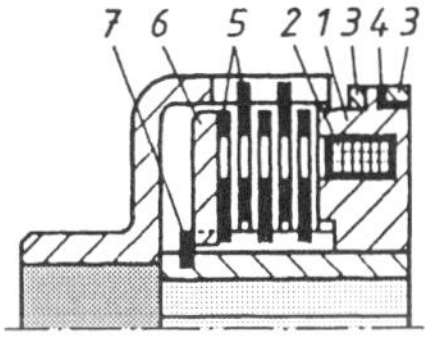

4.66
Elektromagnetisch betätigte Lamellenkupplung (Ortlinghaus-Werke GmbH, Wermelskirchen)

1 Polkörper
2 Spule
3 Schleifring (Stahl)
4 Isolierung
5 Lamellenpaket Stahl-Stahl
6 Ankerscheibe
7 Haltering

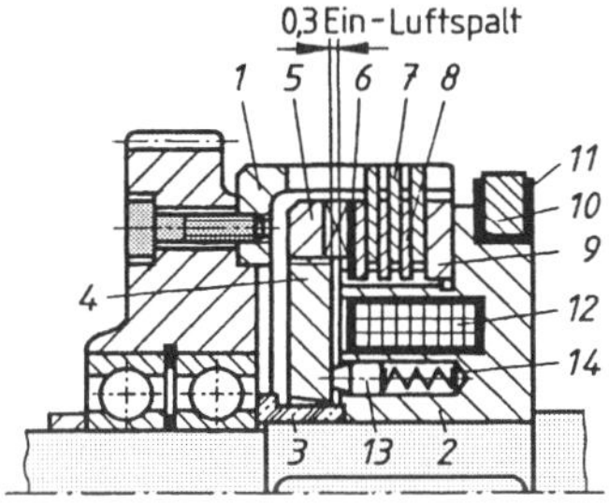

4.67
Elektromagnetisch betätigte Lamellenkupplung (Stromag)

1 Außenkörper
2 Polkörper
3 Buchse
4 Ankerscheibe
5 Stellmutter
6 Abschirmlamelle
7 Außenlamelle
8 Innenlamelle
9 Druckscheibe
10 Schleifring (Stahl)
11 Isolierung
12 Spule
13 Lüftbolzen
14 Lüftfeder

Bei der Kupplung nach Bild **4.66** befindet sich das Lamellenpaket im magnetischen Kreis, der sich über die Ankerscheibe *6* schließt. Die Lamellen *5* sind durch eine ausgestanzte Ringzone in eine äußere und innere Ringpolfläche unterteilt, die durch schmale Stege miteinander verbunden bleiben. Voraussetzung für die unbehinderte Ausbildung des magnetischen Flusses ist die Verwendung von ferromagnetischem Lamellenwerkstoff. Mit zunehmender Reibflächenzahl wachsen der Widerstand im magnetischen Kreis und die Anzahl der magnetischen Kurzschlüsse über die Verbindungsstege. Daher ist die Anpresskraft in der Reibfläche neben dem Spulenkörper größer als in der Reibfläche neben der Ankerscheibe. Das Kupplungsmoment nimmt nicht im gleichen Verhältnis mit der Reibflächenzahl *i* zu. Beträgt die Lamellendicke z. B. ≈ (0,8...1,2) mm, so erreicht das Moment bei einer Lamellenzahl von ≈ 10 seinen größten Wert. Dünne Lamellen können im Vergleich zu dicken Lamellen ein größeres Moment übertragen. Der Lamellenverschleiß wird durch Nachrücken der Ankerscheibe im eingeschalteten Zustand selbsttätig ausgeglichen.

Bei der Kupplung nach Bild **4.67** liegt das Lamellenpaket außerhalb des magnetischen Kreises. Der Magnet zieht eine Ankerscheibe *4* an, die die Kraft auf das Lamellenpaket überträgt. Die Anpresskraft ist unabhängig vom Lamellenwerkstoff. Zwischen Ankerscheibe und Polkörper *2* bleibt ein Luftspalt (≈ 0,3 mm) bestehen, der sich mit zunehmendem Verschleiß verringert und daher zeitweilig nachgestellt werden muss.

Die Berechnung des magnetischen Kreises für elektromagnetisch betätigte Reibungskupplungen kann nach Abschn. 4.4.2 erfolgen.

Elektromagnetisch betätigte Lamellenkupplungen werden für (12...24) V Gleichspannung ausgelegt. Bei Nasslauf werden bis zu 6 A über einen Schleifring und Masse (Bild **4.67**), größere Stromstärken über zwei Schleifringe (**4.58**) zugeführt. Auf den gehärteten Stahlschleifring wird eine Kupfergewebebürste (**4.68**) gepresst. Je nach Gleitgeschwindigkeit, spezifischer Flächenpressung, Ölviskosität und Schmierung kann sich zwischen Bürste und Schleifring ein Ölfilm ausbilden; Funkenbildung und Zerstörung der Schleifringe sind dann die Folge. Um Betriebssicherheit zu gewährleisten, soll die Gleitgeschwindigkeit nicht über 12 m/s betragen und die Gleitfläche nur sparsam geschmiert sein. Bei Trockenlauf auf Bronzeschleifringen sind für Köcher- oder Schenkelbürstenhalter mit Bronzekohle Gleitgeschwindigkeiten von (30...40) m/s zulässig.

Völlige Gewähr für störungsfreie Stromzuführung bietet die schleifringlose Lamellenkupplung mit feststehender Erregerwicklung. Hierbei kann der Polkörper entweder als Ringmagnet vom mechanischen Teil getrennt (**4.47**) oder neben diesem auf Wälzlager zentriert (**4.69**) angeordnet werden (s. auch **3.35**, **4.59**).

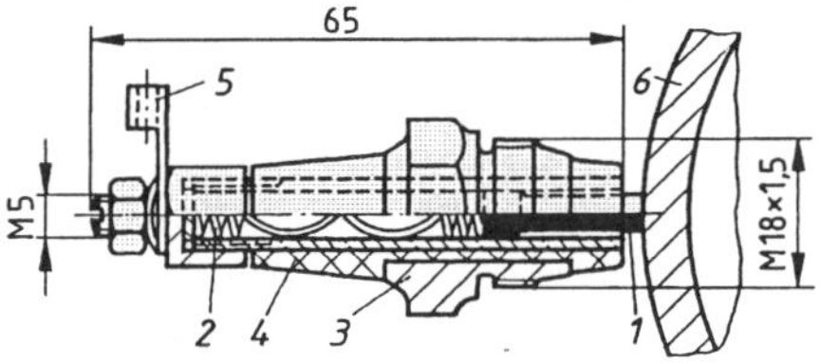

4.68
Köcherbürstenhalter (Stromag)
1 Bürste für Nasslauf aus Kupfergewebe (Belastung 6 Ampere) oder für Trockenlauf aus Bronzekohle (Belastung 3 Ampere)
2 Feder
3 Schraube
4 Isolationsrohr
5 Kabelschuh
6 Schleifring

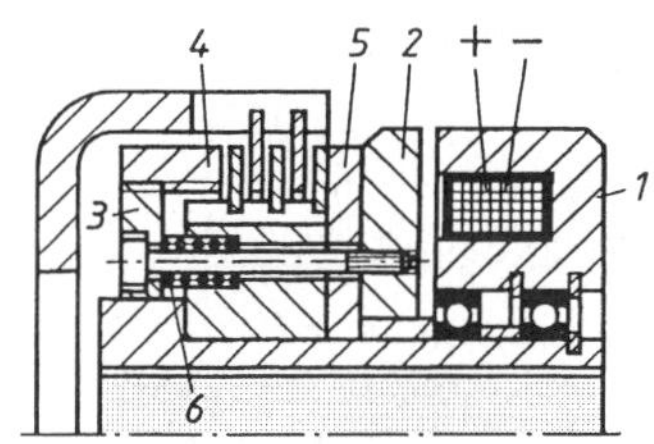

4.69
Schleifringlose Lamellenkupplung
1 festestehende Polkörper
2 axialbewegliche Ankerscheibe
3 Druckscheibe
4 Stellmutter
5 Endscheibe
6 Abdrückfeder

Während der Einschaltzeit ist das Moment einer geölten Reibscheibenkupplung nicht konstant (s. Bild **4.55**). Die Kupplung überträgt ein Gleitmoment, das von Null ansteigt und am Ende der Beschleunigungszeit im stationären Zustand den Höchstwert, das Ruhemoment, erreicht. (Das mittlere Moment wird oft als Schaltmoment bezeichnet.) Der Gleitmomentverlauf ist von der Reibwert- und Anpresskraftänderung abhängig. "Hartes oder weiches Fassen" einer Nasskupplung ist auf einen steilen bzw. flachen Gleitmomentanstieg nach dem Einschaltbeginn zurückzuführen. Ein schnell ansteigendes Moment wird dann erreicht, wenn in kürzester Zeit Mischreibung mit überwiegender Grenzflächenreibung entsteht. Zu diesem Zweck werden die Gleitflächen der Sinterbronze-Reibscheiben mit ≈ 1 mm breiten Spiralnuten versehen. Lamellen mit glatter Oberfläche schalten weich. Bei elektrisch betätigten Kupplungen kann der Anpressdruck z. B. durch elektrische Widerstände im Erregerkreis so beeinflusst werden, dass weiches oder hartes Anfahren, schnelles Kuppeln und schnelles Lüften möglich ist.

Sonderbauarten. Die einfache mechanisch betätigte **Kegelreibungskupplung** (**4.70**) besteht aus einem Hohlkegel *1*, der auf der treibenden Welle befestigt ist. Gegen diesen wird ein auf der Abtriebswelle axialverschiebbarer, kegelförmiger Kupplungskörper *2* mit Reibbelag gepresst. In die Ringnut *3* greift ein Schaltring ein. Das **Kupplungsmoment** T_K wird mit der Axialkraft (Einrückkraft) $F_a = F_n \cdot \sin \alpha$ nach Gl. (4.84) berechnet.

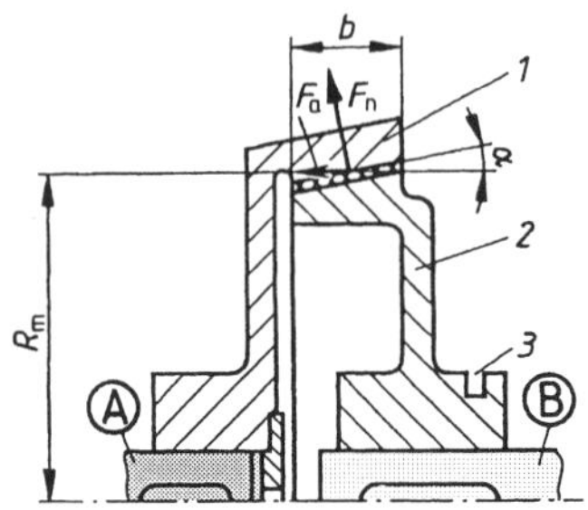

4.70
Kegelreibungskupplung
Normalkraft F_n und Axialkraft F_a wirken auf Hohlkegel *1*

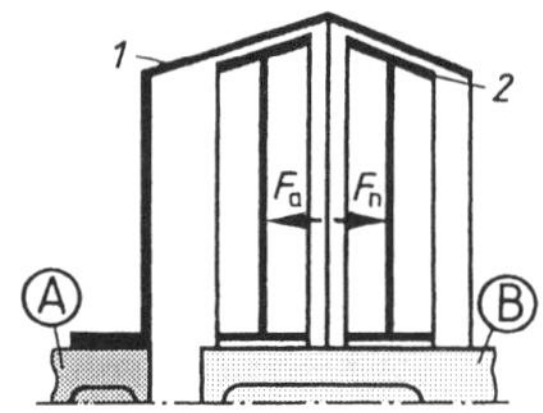

4.71
Doppelkegel-Reibungskupplung
1 Doppelhohlkegel
2 axialverschiebbare, drehfeste Kegelreibscheiben; Axialkraft F_a wird durch Hebelübersetzung aufgebracht

Das **Kupplungsmoment** ist

$$T_K = \frac{i \cdot \mu \cdot F_a \cdot R_m}{\sin \alpha} \tag{4.92}$$

Auf die Reibfläche

$$A = 2 \cdot \pi \cdot R_m \cdot b / \cos \alpha \tag{4.93}$$

wirkt die Pressung

$$p = \frac{F_n}{A} = \frac{F_a}{2\pi \cdot R_m \cdot b \cdot \tan \alpha} \tag{4.94}$$

Im Allgemeinen wird der Winkel α (**4.70**) zwischen 10°...20° ausgeführt. Die erforderliche Anpresskraft ist umso kleiner, je kleiner α wird. Die Reibflächenzahl ist $i = 1$ bei der Einfach- und $i = 2$ bei der Doppelkegelkupplung. Mechanisch geschaltete Doppelkegelkupplungen (**4.71**) werden für große Drehmomente in verschiedenen Ausführungen hergestellt.

Die im Bild **4.72** dargestellte druckluftgeschaltete Doppelkegel-Reibungskupplung in Verbindung mit einer Gummi-Elementkupplung wird vornehmlich in drehschwingungsgefährdeten Antrieben eingesetzt, z. B. in Schiffsantrieben zwischen Dieselmotor und Getriebe. Diese Kupplungskombination wird für Nenndrehmomente von (700...360 000) Nm gebaut. Wegen der guten Kühlung besitzt diese Schaltkupplung eine hohe zulässige Schaltarbeit (Wärmebelastung).

Die Außenteile der elastischen Kupplung *1* im Bild **4.72** sind mit der Antriebsmaschine verbunden. Die Nabe *2* der elastischen Kupplung wird mit dem Konusmantel *3* bzw. -flansch *4* der Schaltkupplung verschraubt. Nabe *2* und Konusmantel *3* bzw. -flansch *4* sind auf der Flanschwelle *5* wartungsfrei gelagert. Die Flanschwelle *5* ist mit der Mitnehmernabe *6* zu einer

Einheit verschraubt. Auf der Mitnehmernabe *6* sind die Reibbelagträger *7* und *8* zwangsweise radial geführt und ohne metallische Berührung, weil die Außenverzahnung der Mitnehmernabe eine Polyamidschicht trägt.

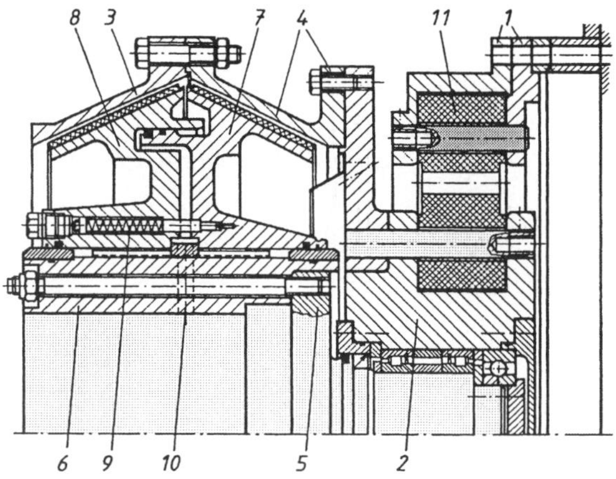

4.72
Druckluftgeschaltete Doppel-Reibungskupplung mit Gummi-Elementkupplung (Stromag GmbH, Unna)

1 Außenteil (Antrieb)
2 Nabe
3 Konusmantel
4 Konusflansch
5 Mitnehmernabe (Abtrieb)
7, 8 Reibbelagträger
9 Rückzugfeder
10 Luftzuführung
11 Gummielement

Hierdurch wird folgendes ausgeschlossen:

1. Verklemmen des Reibbelagträgers im Konusmantel bzw. -flansch,
2. Unwucht der Reibbelagträger,
3. axiale und radiale Verlagerung und ein Schrägstellen der Reibbelagträger.

Die Mitnehmernabe ist auf der abtriebsseitigen Welle befestigt. Die Reibbeläge sind mit dem Reibbelagträger verschraubt und verklebt. Der Konusmantel bzw. -flansch kann die entstehende Reibungswärme ungehindert abführen.

Im ausgeschalteten Zustand besitzt die Kupplung kein Restdrehmoment. Es treten also kein Verschleiß und keine Erwärmung auf. Notbetrieb ist durch Verschraubung der Reibbelagträger möglich.

Eine Vereinigung von Kegel- und Zylinder-Reibungskupplungen stellt die Kupplung mit schwimmendem Reibring dar (**4.73**). Sie überträgt die Wechseldrehmomente der Kolbenmaschinen spielfrei. Die Gefahr des Ausschlages formschlüssig verbundener Kupplungselemente, z. B. durch das Zahnflankenspiel bei Lamellenkupplungen, besteht hierbei nicht.

Eine druckluftbetätigte, allseitig bewegliche, drehnachgiebige Trockenkupplung mit zylindrischen Reibflächen ist in Bild **4.74** dargestellt, Zwischen zwei konzentrischen Trommeln *1*, *2* befindet sich ein **Gummischlauch** *3*, der entweder auf der inneren oder äußeren Trommel fest aufvulkanisiert ist. Die freie Schlauchfläche trägt einen Segmentreibbelag *4*. Dieser legt sich fest an die gegenüberliegende Trommelfläche, sobald beim Einschalten Druckluft über die Rohrleitung *5* in den Schlauch gedrückt wird. Die Wärmebelastung der Kupplung hängt von der zulässigen Schlauchtemperatur ab.

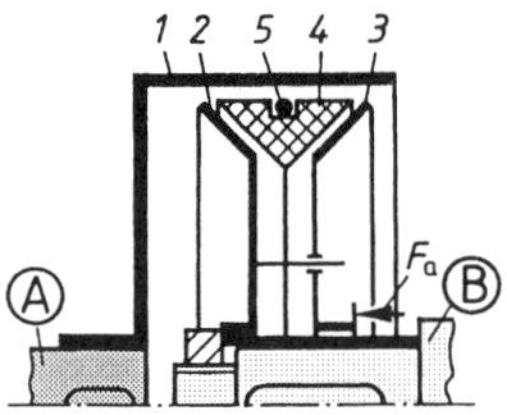

4.73
Kupplung mit schwimmendem Reibring
(H. Desch GmbH, Neheim-Hüsten)

1 Außenkörper als Reibfläche
2 aufgefederte Kegelreibscheibe
3 axialverschiebbare Reibscheibe
4 Reib-Segmentring durch Zugfeder *5* zusammengehalten und gegen die Flächen *2, 3* gezogen
F_a Axialkraft, durch Hebel und Feder erzeugt, rückt Keilflächen *2, 3* zusammen und Reibring *4* nach außen

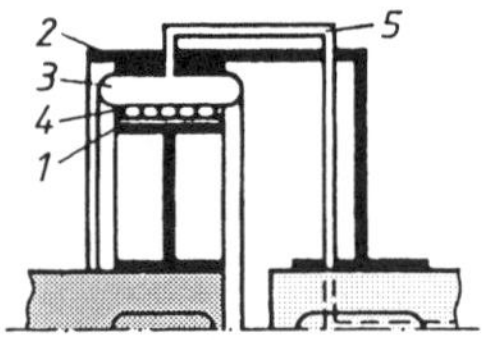

4.74
Luftschlauch-Zylinder-Reibungskupplung
(Kauermann KG, Düsseldorf-Gerresheim)

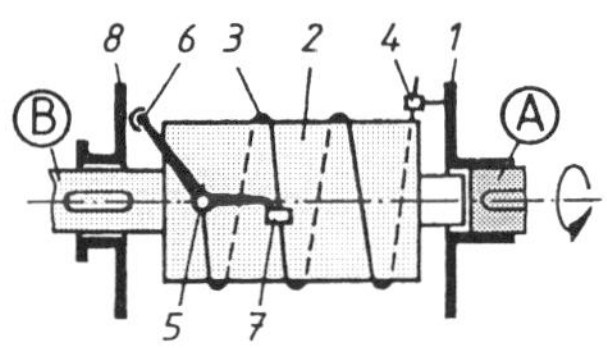

4.75
Stahlfederband-Kupplung

Die mechanisch betätigte **Stahlfederband-Kupplung (4.75)** ist eine Zylinder-Reibungskupplung, die sich durch ihre robuste Bauweise auszeichnet. Sie hat sich besonders dort bewährt, wo starke Stöße im Betrieb auftreten. Ihre Arbeitsweise beruht auf der "Seilreibung".

Die Treibscheibe *1* sitzt auf der treibenden Welle *A* und die Muffe *2* auf der Antriebswelle *B*. Das lose um die Muffe geschlungene Schraubenfeder-Stahlband *3* ist an einem Ende mit einem Federbandnocken *4* in die Treibscheibe *1* eingehängt. Das freie Ende *5* nimmt einen drehbar gelagerten Winkelhebel *6* auf (Drehung um *5*). Der kurze Hebelarm stützt sich über eine Einstellschraube gegen einen Nocken *7* des Federbandes ab, wenn beim Einschalten der Kupplung die Schaltscheibe *8* gegen den langen Hebelarm drückt. Er zieht dabei die letzte Bandwindung um die noch stillstehende Muffe, wobei die Reibungskräfte die Drehbewegung dieser Windung verzögern. Gleichzeitig zieht die Treibscheibe die übrigen Windungen immer fester um die Muffe. Hierbei wird zwischen Federband und Muffe zunächst ein Gleitmoment und, sobald kein Gleiten mehr vorhanden ist, ein statisches Moment übertragen. Die Schaltvorrichtung ist nicht selbstsperrend, so dass im Betrieb der Einrückdruck auf die Schaltscheibe beibehalten werden muss. Beim Ausschalten wird die Schaltscheibe zurückgezogen. Dabei federt das Schraubenband in sich zurück und löst den Reibungsschluss.

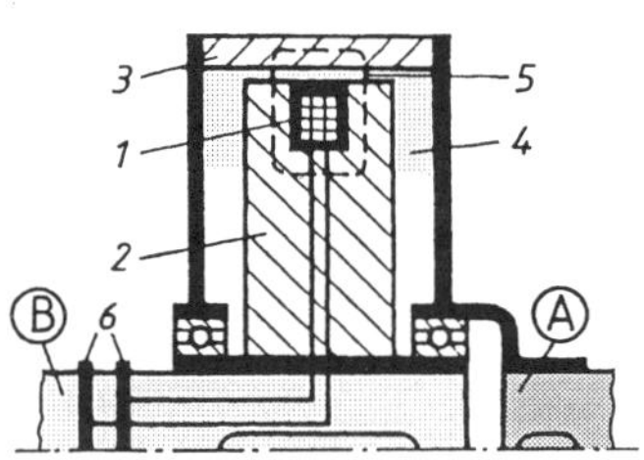

4.76
Magnetölkupplung
(Elektro-Mechanik GmbH, Wendenerhütte/Olpe)

1 Ringspule
2 zylindrischer Polkörper
3 Außenkörper (Anker)
4 Arbeitsspalt mit magnetisierbarer Flüssigkeit
5 Weg der magnetischen Kraftlinien
6 Schleifring

Um ein Heißlaufen zu vermeiden, müssen die Gleitflächen geschmiert werden. Die Drehrichtung der Welle ist durch die Windungsrichtung des Federbandes festgelegt. Das Kupplungsmoment errechnet sich zu $T_K = \ddot{u} \cdot F_a \cdot (e^{\mu\alpha} - 1) \cdot R$. Hierin bedeuten F_a Einrückkraft am langen Hebelarm, *ü*

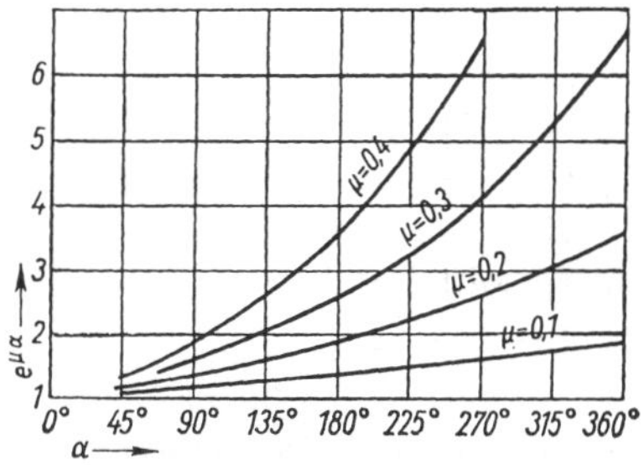

4.77
Umschlingungswinkel $\alpha = f(e^{\mu\alpha})$

Hebelübersetzung, α Umschlingungswinkel, μ Reibungszahl, R Muffendurchmesser (Zahlenwerte für $e^{\mu\alpha}$ s. Bild **4.77**).

Die Magnetöl- oder **Magnetpulver-Kupplung** (**4.76**) überträgt das Moment durch Zähigkeitsreibung. Zwischen zwei Gleitflächen, die einen Abstand von (1,5...2,5) mm haben, befindet sich eine magnetisierbare Flüssigkeit (oder Eisenpulver), deren Zähigkeit durch Magnetisierung vergrößert wird. Hierdurch nimmt die innere Reibung der Flüssigkeit, und damit das Kupplungsmoment, zu. Es wächst in einem großen Bereich linear mit dem Erregerstrom für das Magnetfeld an und ist fast unabhängig von der Relativgeschwindigkeit der Gleitflächen. Die Anlaufzeit eines Antriebs kann durch entsprechende Wahl des Erregerstromes in weiten Grenzen geändert werden. Im Allgemeinen ist ein Dauergleiten bei 100% Schlupf vorübergehend bis zu einer Minute möglich. Die zulässige Wärmebelastung hängt hauptsächlich von der zulässigen Temperatur der Erregerspule ab.

4.4.3.2 Drehmomentbetätigte Kupplungen

Drehmomentbetätigte Kupplungen haben die Aufgabe, das übertragbare Drehmoment zu begrenzen, um Maschinen vor Schäden durch Überlastung zu bewahren oder um Wechseldrehmomente zu dämpfen. Bei Überschreiten des Höchstmomentes löst die drehmomentgeschaltete Kupplung entweder ganz, dann muss das Wiedereinschalten von außen erfolgen (Brechbolzenkupplung, Ausklinkorgane), oder sie schlupft so lange, bis ein Momentrückgang eintritt. Die zulässige Schlupfzeit ist von der Wärmeentwicklung und von der Kühlung abhängig.

Als drehmomentgeschaltete Kupplung ist jede Kupplung verwendbar, die eine möglichst genaue Einstellung des Höchstdrehmomentes zulässt und zuverlässig schaltet (z. B. Brechbolzen-, Reibungs-, Magnetpulver-, Fliehkraft-, elektrische und Flüssigkeitskupplungen).

Reibscheibenkupplungen, die als Sicherheits- oder Rutschkupplungen ausschließlich zur Drehmomentbegrenzung benutzt werden, besitzen keine Schaltvorrichtung. Die Anpresskraft wird entweder durch mehrere kleine Federn (**4.78a**) oder durch eine große Feder erzeugt (**4.78b**) Die Federn können mit dem Außen- oder mit dem Innenkörper verbunden sein; s. auch (**7.29**).

4.78
Reibscheibenkupplung zur Drehmomentbegrenzung

a) mit mehreren Federn *1* auf dem Umfang
b) mit einer Feder *1*

2 Außenkörper
3 Außenlamelle
4 Innenkörper
5 Innenlamelle
6 Stellmutter

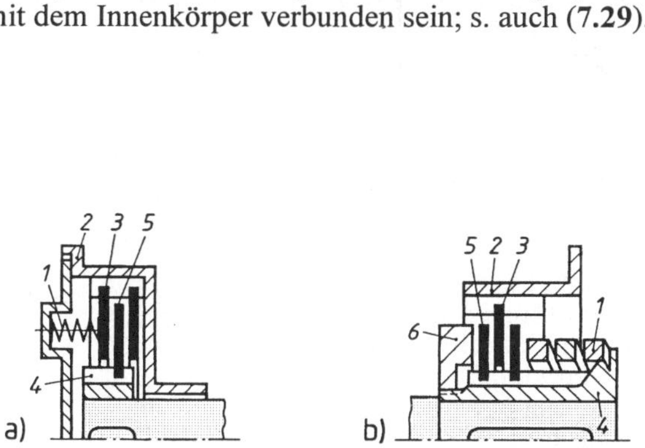

4.4.3.3 Drehfrequenzbetätigte Kupplungen

Drehfrequenzbetätigte bzw. „Anlauf"-Kupplungen wirken kraftschlüssig. Sie arbeiten entweder als Reibflächenkupplungen, bei denen die Anpressung durch Fliehkörper hervorgerufen wird, oder mit Füllgut (z. B. Stahlsand- oder Stahlkugeln), das unter Einwirkung der Fliehkraft eine kraftschlüssige Verbindung herstellt. Das übertragbare Drehmoment ist von der Fliehkraft abhängig.

Drehfrequenzbetätigte Kupplungen werden mit Vorteil als Anlaufkupplungen hinter Verbrennungskraftmaschinen und Drehstrom-Kurzschlussmotoren verwendet (**4.79**). Sie ermöglichen es dem Motor, zunächst fast unbelastet in seiner Drehfrequenz hochzulaufen und erst dann die anzutreibenden Massen auf die Betriebsdrehfrequenz zu beschleunigen. Die Anlaufzeit ist von der Betriebsdrehfrequenz, von den zu beschleunigenden Massen und vom Kupplungsdrehmoment abhängig (s. Gl. (4.35), (4.47) und (4.82)).

Die Verwendung von Anlaufkupplungen hat im Vergleich zur starren Verbindung den Vorteil, dass kleinere, besser ausgenutzte Motoren eingesetzt werden können. Bei Drehstrom-Kurzschlussläufermotoren entfällt die Polumschaltung. Der hohe Anlassstrom hält nur Bruchteile einer Sekunde an, wodurch unerwünschte Rückwirkungen auf Netz und Motorsicherungen vermieden werden.

Kennlinie Käfigläufermotor und Fliehkraftkupplung (4.79). Vor dem Einschalten des Motors steht die Abtriebsseite still. Sie ist bereits mit einem Lastmoment T_L belastet. Nach dem Einschalten des Motors (Punkt A) beschleunigt das Moment $T_{1B} = T_M - T_K$ die gesamte Antriebsseite (Motor und Antriebsseite der Kupplung). Die Winkelgeschwindigkeit des Motors ω_1 steigt an. Durch Fliehkraft wird in der Kupplung das Moment T_K erzeugt, das bei Annahme einer konstanten Gleitreibungszahl mit dem Quadrat der Winkelgeschwindigkeit ω_1^2 ansteigt. Die Abtriebsseite wird erst mitgenommen, wenn $T_K > T_L$ ist. Dies geschieht ab Punkt B bei $T_K = T_L$. Die Abtriebsseite wird dann mit T_{2B} und die Antriebsseite mit T_{1B} so lange beschleunigt, bis $T_K = T_M$ ist (Punkt C).

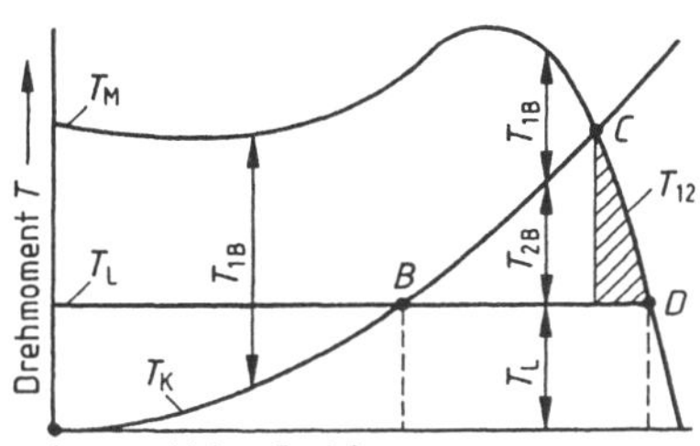

4.79
Kennlinie Käfigankermotor und Fliehkraftkupplung

T_M Motor-, T_L last-, T_K Kupplungsmoment.
T_{1B} Beschleunigungsmoment der Antriebsseite
T_{1B} Beschleunigungsmoment der Abtriebsseite
T_{12B} gemeinsames Beschleunigungsmoment der An- und Abtriebsseite.
Punkt A: Einschalten des Motors
Punkt B: $T_L = T_K$ Abtriebsseite läuft an.
Punkt C: $T_L = T_M$ D: Betriebspunkt

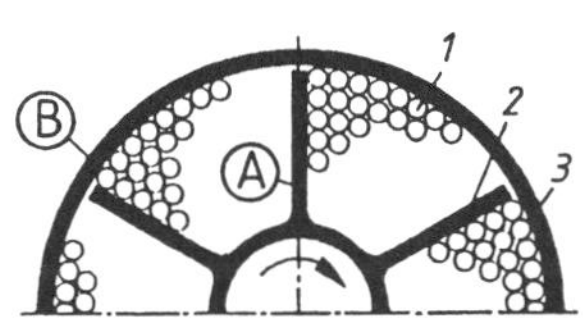

4.80
Metalluk-Fliehkraftkupplung mit Stahlkugelführung (J. Cawe, Bamberg)

Zur Vereinfachung wird angenommen, dass das Motormoment und damit die Winkelgeschwindigkeit ω_1 des Antriebs bis zur Beendigung des Schaltvorganges (bei $\omega_2 = \omega_1$) konstant bleiben. Anschließend steigt die gemeinsame Winkelgeschwindigkeit ω_{syn} durch das Beschleunigungsmoment $T_{1\,2\,B} = T_M - T_L$ so lange an, bis T_M auf T_L gesunken und damit dann die Betriebsdrehfrequenz n_B erreicht ist (Punkt *D*).

Bild **4.80** zeigt eine Kupplung mit **Stahlkugelfüllung** (Metalluk-Kupplung). Die geölten Stahlkugeln *1* von ≈ (5...10) mm Durchmesser befinden sich zu gleichen Gewichtsteilen in Kammern verteilt, die von den Schaufeln des antreibenden Innenkörpers *2* gebildet werden. Die Fliehkraft drückt die Kugeln gegen den zylindrischen Außenkörper *3*. Während der Schlupfzeit wird das Drehmoment durch Rollreibung übertragen. Im Augenblick des Gleichlaufes der beiden Kupplungshälften tritt Ruhereibung ein. Hierbei steigt das übertragbare Drehmoment an. Durch Ändern des Füllungsgewichtes lässt sich das Kupplungsmoment einstellen. Der auf der Nabe des Schaufelrades frei drehbar gelagerte Außenkörper *3* wird je nach Bedarf als Flach- oder Keilriemenscheibe, Ritzelantrieb oder als Wellenkupplung ausgebildet. (Kupplung in beiden Drehrichtungen verwendbar.)

Bei der **Granulat-Kupplung** (**4.81**) dient als Kraftübertragungsmittel ein mit Graphit vermengter Stahlsand. Der Außenkörper besteht aus einem mit Kühlrippen versehenen, zweiteiligen Leichtmetallgehäuse *1*, das mit der Antriebsnabe *2* verschraubt ist. In dem innen glattwandigen Gehäuse befindet sich der gewellte Stahlblechrotor *3*. Dieser ist auf der Abtriebsnabe *4* befestigt. Beide Kupplungshälften sind durch Wälzlager ineinander gelagert. Eine Füllschraube am Gehäuse dient zum Ein- und Nachfüllen des erforderlichen Stahlsandes.

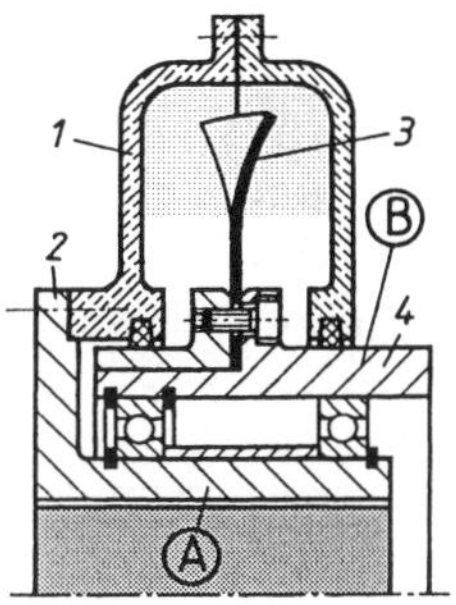

4.81
Granulat-Anlaufkupplung mit Stahlsandfüllung

Beim Stillstand der Kupplung befindet sich der Sand im unteren Teil des Gehäuses. Wird das Gehäuse vom Motor in Drehung versetzt, so verteilt sich der Sand im Gehäuse und wird durch die Fliehkraft gegen die Wandungen gepresst. Es bildet sich ein fester Ring aus, der durch Reibungsschluss den Rotor langsam mitnimmt und mit konstantem Moment beschleunigt. Nach erfolgtem Anlauf wird das Drehmoment ohne Schlupf übertragen. Hierbei ist das übertragbare Drehmoment ≈ 1,2 mal größer als das bei Schlupf. Das Moment hängt vom Gewicht der Sandfüllung ab und ändert sich mit dem Quadrat der Motordrehfrequenz.

4.4.3.4 Richtungsbetätigte Kupplungen

Richtungsbetätigte Kupplungen haben als Überhol- oder Freilaufkupplungen die Aufgabe, das Drehmoment nur in einer Drehrichtung zu übertragen. Sie wirken entweder form- oder kraftschlüssig. Eine einfache formschlüssige Freilaufkupplung ist die **Klinke** (**4.82**). Sie hat i. Allg. beim Schalten einen großen toten Gang und kann nur da verwendet werden, wo kleine Massenkräfte auftreten. Die kraftschlüssigen **Klemmklotz-** und **Klemmrollen-Freiläufe** (**4.83** und **4.84**) vermeiden diesen Nachteil durch einen weichen, stoßfreien Eingriff.

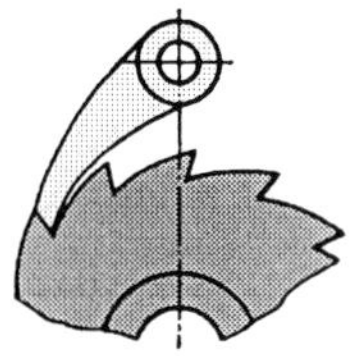

4.82
Klinkenfreilauf

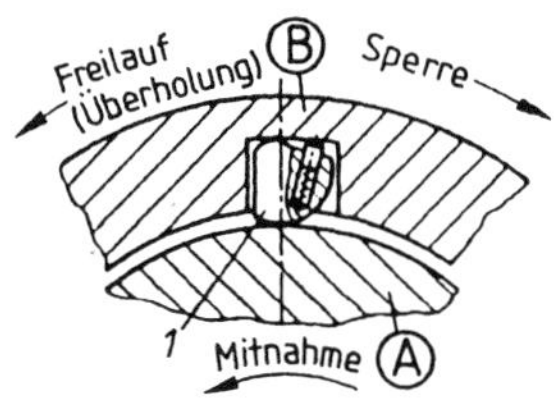

4.83
Stieber-Klemmklotzfreilauf
(Stieber KG, Heidelberg)

1 Klemmstück mit Federn (mehrere auf dem Umfang verteilt)

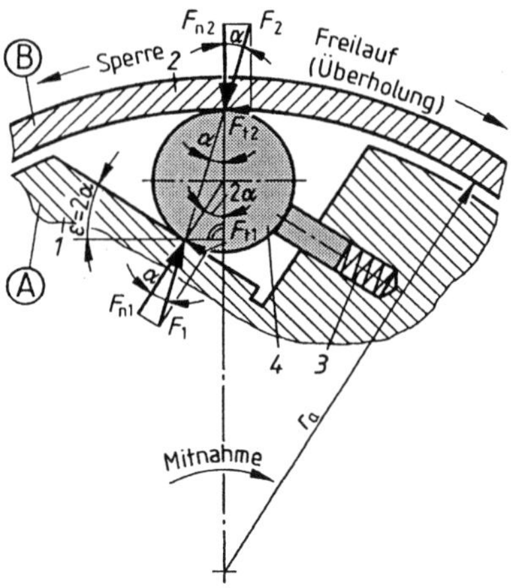

4.84
Klemmrollen-Freilauf in eingekuppeltem Zustand

1 Innenkörper mit gerader Klemmbahn
2 Außenring
3 Druckfeder (hält die Rolle *4* in Eingriffsbereitschaft)

Die Kräfte wirken auf die Rolle und befinden sich im Gleichgewicht: $F_1 = F_2$; $F_{n\,1}$, $F_{n\,2}$ Normalkräfte, $F_{t\,1}$, $F_{t\,2}$ Tangentialkräfte, $\varepsilon = 2\alpha$ Neigungswinkel der geraden Klemmbahn

Der Außenring dieser Kupplungen kann sich gegenüber dem Innenring in einer Richtung frei drehen. Bei Drehung in entgegengesetzter Richtung verspannen die Klemmstücke bzw. die Rollen Innen- und Außenring gegeneinander. Durch diese radiale Verspannung ist eine schlupffreie Kraftübertragung gewährleistet. Um Raum zu sparen, können die Laufbahnen an den zu kuppelnden Maschinenteilen selbst vorgesehen werden. Eine genaue Zentrierung der einzelnen Teile ist hierbei Bedingung. Freilaufkupplungen dieser Art werden für Drehmomente bis über 50 000 Nm hergestellt. Die Berechnung des Klemmrollen-Freilaufs nach Bild **4.84** erfolgt gemäß Gl. (4.95) bis (4.97). Für das übertragbare Drehmoment gilt

$$\boxed{T = z \cdot F_{t2} \cdot r_a = z \cdot F_{n2} \cdot \tan\alpha \cdot r_a} \qquad (4.95)$$

Hierin bedeutet z Klemmrollenzahl, r_a und α s. Bild **4.84**. Für die Reibpaarung St-St gilt $\tan\alpha = \mu_r \approx 0{,}1$.

Die zulässige Belastung einer Rolle mit dem Durchmesser d und der Länge l wird durch die Flächenpressung p_{zul} bestimmt, für die bei den üblichen Rollen und einer Klemmbahnhärte von HB 700 bzw. HRC 62...70 etwa $p_{zul} = 70\ \text{N/mm}^2$ gesetzt werden kann

$$\boxed{F_{n\,2\,zul} = p_{zul} \cdot d \cdot l} \qquad (4.96)$$

Der erforderliche Schrägungswinkel der geraden Klemmbahn ist

$$\boxed{\varepsilon = 2\alpha < 2\rho} \qquad (4.97)$$

Für $\mu_r \approx 0{,}1$ ist $\varepsilon < 12°$.

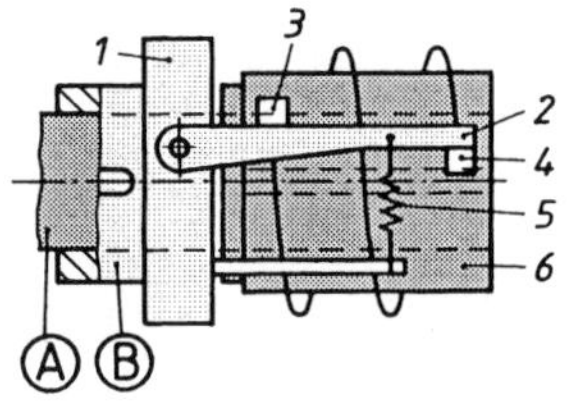

4.85
Federband-Feilaufkupplung

Die kraftschlüssige **Federband**-Freilaufkupplung nach Bild **4.85** (s. a. Bild **4.75**) trägt auf der Kupplungsseite *1*, die frei auf der Welle der Antriebsseite *A* läuft, einen drehbar gelagerten Hebel *2*, gegen den sich die Nocken *3*, *4* der Federbandenden anlegen. Durch eine Erregerfeder *5* wird der erste Gang des Federbandes dauernd mit einer geringen Reibung gegen die auf der Welle aufgefederte Muffe *6* gedrückt. Bei entsprechender Drehrichtung der Muffe zieht sich das Federband durch Reibung zu. Eine Drehrichtungsumkehr löst den Reibungsschluss.

4.4.4 Elektrische Kupplungen

Die elektrische (elektrodynamische) **Schlupfkupplung (4.86)** besteht aus Außen- und Innenläufer *1*, *2*, die voneinander durch einen kleinen Luftspalt getrennt sind. Der Innenläufer ist als gleichstromerregtes Polrad mit Einzelspulen *3*, der Außenläufer als Kurzschlusskäfiganker *4* ausgebildet. Der Außenläufer kann auch als Polrad und der Innenläufer als Käfiganker ausgebildet werden. Der Strom wird über Schleifringe *5* zugeführt.

Elektrische Schlupfkupplungen werden für große Drehmomente gebaut. Da sie infolge elektromagnetischer Verluste Drehschwingungen dämpfen, können sie vorteilhaft in Schiffsanlagen mit Dieselmotorantrieb eingesetzt werden. Bei der Auslegung einer Schlupfkupplung für einen bestimmten Antrieb ist die Wärmeentwicklung durch den Schlupfverlust zu beachten.

Die elektrische Schlupfkupplung nach Bild **4.86** arbeitet wie ein Asynchronmotor. Das konstant erregte drehfelderzeugende Polrad ist mit dessen Ständer und der Käfiganker mit dem Läufer dieses Motors vergleichbar. Bei Relativbewegungen beider Kupplungshälften gegeneinander wird durch Änderung des magnetischen Flusses in den Käfigstäben eine Wechselspannung induziert. Da die Stäbe durch Kurzschlussringe miteinander verbunden sind, fließt in ihnen ein Wirbelstrom, der zusammen mit dem Drehfeld des umlaufenden Polrades die kuppelnde Tangentialkraft entwickelt. Diese nimmt den stehenden bzw. langsamer drehenden Kupplungsteil mit. Es ist hierbei gleichgültig, welche der beiden Kupplungshälften angetrieben wird.

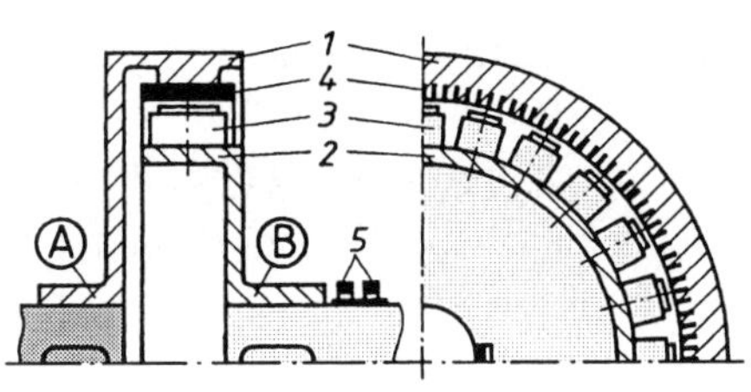

4.86
Elektrische Schlupfkupplung

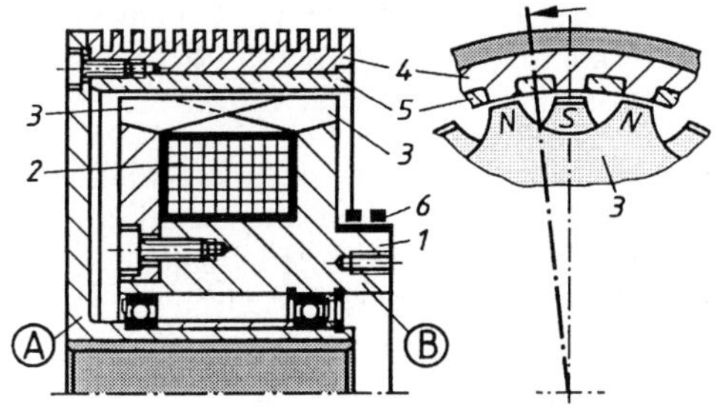

4.87
Stromag-Induktions-Kupplung

Eine elektrische Kupplung, bei der das Polrad mit einer Ringspule erregt wird, zeigt Bild **4.87**. Am äußeren Umfang des Polrades bzw. Innenläufers *1* sind beiderseits der Ringspule *2* die Magnetpole *3* angeordnet. Im Außenläufer (Käfiganker) *4* befinden sich nur so viele kurzgeschlossene Käfigstäbe *5*, dass die Anzahl der dazwischen befindlichen Felder (Pole) mit der Polzahl des Innenläufers übereinstimmt. Mit einer solchen Polanordnung überträgt die Kupplung das Drehmoment nicht nur im Schlupf, sondern auch schlupffrei. Die Gleichstromerregung geschieht über die Schleifringe *6*. Die Kühlringe am Außenläufer *4* dienen der Vergrößerung der kühlenden Oberfläche. Diese Kupplung eignet sich als Anlauf- und Sicherheitskupplung.

Für Antriebe, bei denen die Kupplung dauernd unter Schlupf laufen muss, wie z. B. beim Aufwickeln von Draht oder Papier, wird der Außenläufer zweckmäßig als glatter Ankerring ohne Kurzschlusskäfig ausgeführt. Das umlaufende Magnetfeld durchflutet den Ankerring und erzeugt in ihm Wirbelströme, die das Drehmoment hervorrufen.

Kennlinien elektrischer Schlupfkupplungen. Der Drehmomentverlauf einer elektrischen Schlupfkupplung in Abhängigkeit vom Schlupf s hängt hauptsächlich von der Art des Käfigankers ab. Es gelten die gleichen Verhältnisse wie beim Drehmomentverlauf eines Asynchronmotors. Durch Vergrößern der Erregung wird das übertragbare Drehmoment erhöht.

Die Momentkennlinien (übertragbares Moment $T_K = f(s)$) für Schlupfkupplungen mit Einzelspulen-Polrad in Bild **4.88** beziehen sich auf einen Doppelkäfiganker (Kennlinie *1*) und auf einen Tiefstab-Käfiganker (Kennlinie *2*). Das Nennmoment liegt bei Schlupf $s \approx (1...3)$ %.

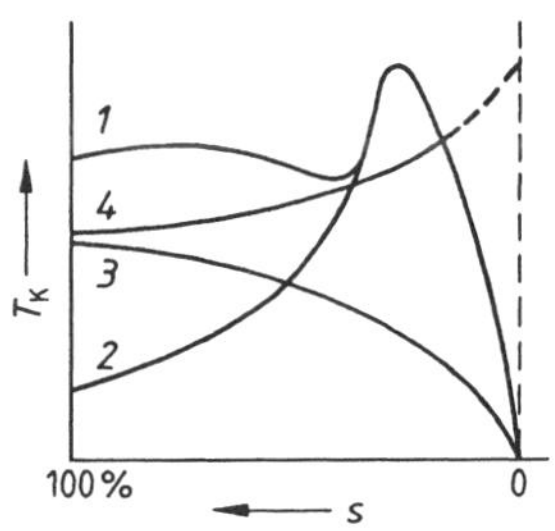

4.88
Kennlinien elektrischer Kupplungen

Wird durch Belastung das Nennmoment überschritten, dann steigt bei gleichzeitiger Schlupfvergrößerung das übertragbare Drehmoment bis zu einem Höchstwert (Kippmoment) und fällt dann wieder ab. Dieser Kennlinienverlauf bietet einen wirksamen Schutz gegen schädliche Überbelastung der Anlage. Das bei großem Schlupf übertragbare Drehmoment kann je nach Ausbildung des Kurzschlusskäfigs verschiedene Werte annehmen (vgl. Kennlinie *1* und *2*). Dieses Verhalten beruht auf der bei großem Schlupf unterschiedlichen Wirkung der Stromverdrängung im Anker.

Die Kennlinie *3* in Bild **4.88** kennzeichnet den Momentverlauf einer Schlupfkupplung mit Ringspule nach Bild **4.87**, aber mit glattem Ankerring ohne Käfigstäbe.

Bei einer elektrischen Schlupfkupplung muss immer ein gewisser Drehfrequenzunterschied zwischen Polrad und Anker vorhanden sein, damit im Käfig eine Spannung induziert werden kann. Reine Schlupfkupplungen übertragen bei Drehfrequenzgleichheit also kein Drehmoment (s. Kennlinien *1*, *2*, *3* in Bild **4.88**).

Ist die Polzahl des Innen- und Außenläufers gleich groß (**4.87**), dann steigt das Drehmoment mit abnehmendem Schlupf an (Kennlinie *4* in Bild **4.88**). Bei Drehfrequenzgleichheit stellen sich die Pole der beiden Kupplungsteile so zueinander ein, dass der Leitwert des magnetischen Kreises möglichst groß wird. Durch die elektrostatische Magnetkraft wird ein statisches Drehmoment übertragen, das größer als das Moment bei Schlupf ist. Das statische Moment und das Schlupfmoment hängen von der Erregung ab, die elektronisch geregelt werden kann.

4.4.5 Hydrodynamische Kupplungen

Die hydrodynamischen Kupplungen (**4.89**), häufig auch Strömungs-, Turbo- oder Föttinger-Kupplungen genannt, bestehen aus einem Pumpenrad *1* und einem Turbinenrad *2*, die beide radial beschaufelt sind. Die Pumpe fördert die Betriebsflüssigkeit (dünnflüssiges, nicht schäumendes Öl) unmittelbar in die Turbine, von der aus sie wieder zur Pumpe zurückfließt. Die Massenkraft der Flüssigkeit bewirkt die Kraftübertragung. In der Pumpe erfolgt eine Beschleunigung und in der Turbine eine Verzögerung der Flüssigkeitsmasse. Hierbei geht die in der Pumpe aufgenommene Strömungsenergie im Turbinenlaufrad in mechanische Arbeit über. Ein Flüssigkeitsumlauf wird erreicht, wenn ein Druckunterschied zwischen den beiden Laufrädern vorhanden ist. Dies ist aber nur bei einem Drehzahlunterschied zwischen An- und Abtriebsseite der Fall. Beim Gleichlauf der Räder überträgt die Strömungskupplung kein Drehmoment. Das auf der Antriebsseite eingeleitete Drehmoment T_1 ist so groß wie das an die Abtriebswelle abgegebene Drehmoment T_2.

Das Verhältnis der abgegebenen zur aufgenommenen Leistung ergibt den Wirkungsgrad $\eta = T_2 \cdot n_2/(T_1 \cdot n_1)$, wobei n_1 Antriebs- und n_2 Abtriebsdrehfrequenz bedeuten. Da das übertragbare Drehmoment T_K bzw. $T_2 = T_1$ ist, wird unter Vernachlässigung geringer Luftreibungsverluste der Wirkungsgrad $\eta = n_2/n_1$. Unter Einführung des Schlupfes $s = 100 \cdot (1 - n_2/n_1)$ in % wird auch $\eta = (100 - s)$ in % erhalten.

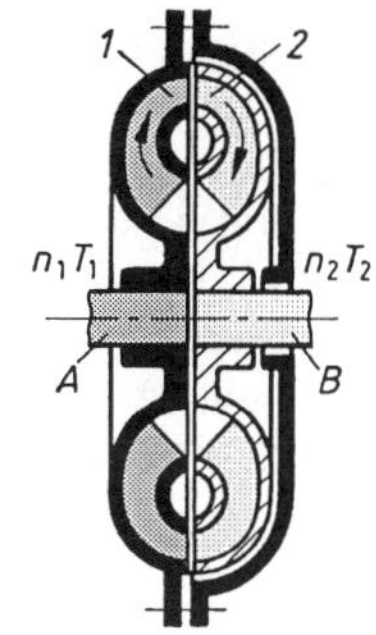

4.89
Hydrodynamische Kupplung (Voith-Turbo KG, Crailsheim)

Die je Zeiteinheit der Kupplung zugeführte Wärme bzw. die **Verlustleistung P_V** ist die Differenz zwischen An- und Abtriebsleistung P_1 bzw. P_2. Sie erwärmt die Betriebsflüssigkeit.

$$P_V = P_1 - P_2 = \left(1 - \frac{n_2}{n_1}\right) \cdot P_1 = \left(\frac{n_1}{n_2} - 1\right) \cdot P_2 = T_1 \cdot \omega_1 - T_2 \cdot \omega_2 = T_K \cdot \omega_{rel} \tag{4.98}$$

Das übertragbare Drehmoment T_K einer Strömungskupplung ist gleich dem Produkt aus der je Zeiteinheit umlaufenden Flüssigkeitsmasse und der Dralländerung in den Laufrädern. Hierfür gilt die Eulersche Gleichung $T_K = \rho \cdot \dot{V} \cdot (r_a \cdot c_{ua} - r_i \cdot c_{ui})$.

Hierin bedeuten:
$\dot{V}$ umlaufendes Flüssigkeitsvolumen je Zeiteinheit, ρ Dichte, r_i und r_a mittlere Radien am Pumpenradein- und -austritt, c_{ui} bzw. c_{ua} Komponenten der Absolutgeschwindigkeit in Umfangsrichtung am Ein- bzw. Austritt.

Für die Vorausberechnung der Drehmomente fehlt insbesondere bei größerem Schlupf die Kenntnis des umlaufenden Flüssigkeitsvolumens. Das übertragbare Drehmoment und der hierbei auftretende Schlupf werden daher fast ausschließlich durch den praktischen Versuch bestimmt und nach dem Modellgesetz auf andere Kupplungen bezogen. Wie bei allen Strömungsmaschinen gilt auch für die Kupplung bei geometrisch ähnlicher Strömung zwischen Drehmoment, Drehzahl und einem Bezugsdurchmesser die Beziehung $T_K = \text{const} \cdot n^2 \cdot D^5$.

Bei gegebener Antriebsfrequenz n_1 ändert sich das übertragbare Drehmoment T_K mit dem Schlupf. Es steigt bei gleichbleibendem Schlupf mit dem Quadrat der Antriebsdrehfrequenz an (**4.90a**). Die Kupplung wird so ausgelegt, dass beim Nennmoment der Schlupf (2...3) % beträgt. Eine Verminderung der Flüssigkeitsfüllung hat bei konstantem Schlupf ein kleineres Drehmoment bzw. bei konstantem Moment einen größeren Schlupf zur Folge (**4.90b**).

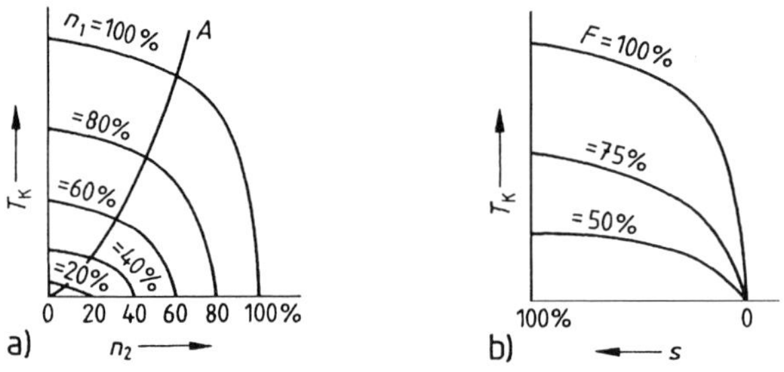

4.90
Stömungskupplung
a) Kennlinien $T_K = f(n_2)$ bei n_1 = const. Parabel $O\ A$ bei Steigerung von n_1 und gleichbleibendem Schlupf s
b) Kennlinien $T_K = f(s)$ bei verschiedener Füllung F

Durch Füllungsänderung ist es möglich, die Momentkennlinie den Erfordernissen verschiedenartiger Antriebe anzugleichen. So soll z. B. bei Verwendung als Anfahrkupplung in Verbindung mit Kurzschluss- oder Dieselmotoren oder als Sicherheitskupplung das übertragbare Moment beim Anfahren und im Bereich größeren Schlupfes klein sein. Ein lastfreies Anfahren des Motors wird bei der Voith-Turbokupplung mit Hilfe einer Füllungsverzögerung erreicht (**4.91**). Beim Stillstand sammelt sich in einer Kammer *3* ein Teil der Betriebsflüssigkeit, der dann beim Anfahren zunächst fehlt. Nach kurzer Zeit gelangt diese Flüssigkeit durch Düsen in den Arbeitskreislauf. Durch entsprechende Bemessung der Düsen kann die Anlaufzeit beeinflusst werden.

Das sonst hohe Drehmoment bei großem Schlupf wird dadurch herabgesetzt, dass mit zunehmendem Schlupf die Strömung im langsamer laufenden Turbinenrad *2* immer mehr zur Achse hin abgedrängt wird. Hierbei füllt sich die Staukammer *4* mit Flüssigkeit, während die Füllung im Pumpenrad *1* sowie im Turbinenrad geringer wird. Der Antrieb erfolgt über eine Ausgleichskupplung *5*.

Das Betriebsverhalten kann auch durch von außen gesteuerte Füllungsänderung beeinflusst werden. In Bild **4.92** ist das Schema einer Kupplung mit pumpengesteuerter Füllungsänderung dargestellt. Das ständig aus dem Arbeitskreislauf (Pumpe *1*, Turbine *2*) durch Düsen *3* ausspritzende Öl bildet im äußeren Kupplungsgehäuse infolge der Fliehkräfte einen Flüssigkeitsring. In diesen taucht ein feststehendes Schöpfrohr *4* ein. Der Staudruck treibt die Flüssigkeit durch einen Ölkühler *5* wieder in die Kupplung zurück. An diesen Kreislauf ist eine Zahnradpumpe *6* angeschlossen, die Flüssigkeit aus dem Behälter *7* entweder entnimmt oder diesem zusetzt. Hierdurch wird während des Betriebes die Füllung der Kupplung und damit bei konstanter Motordrehfrequenz die Abtriebsfrequenz verändert, so dass eine stufenlose Drehfrequenzregelung möglich ist.

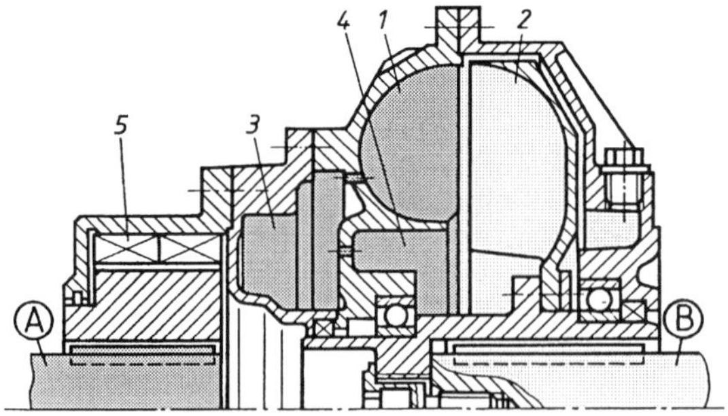

4.91
Voith-Turbokupplung

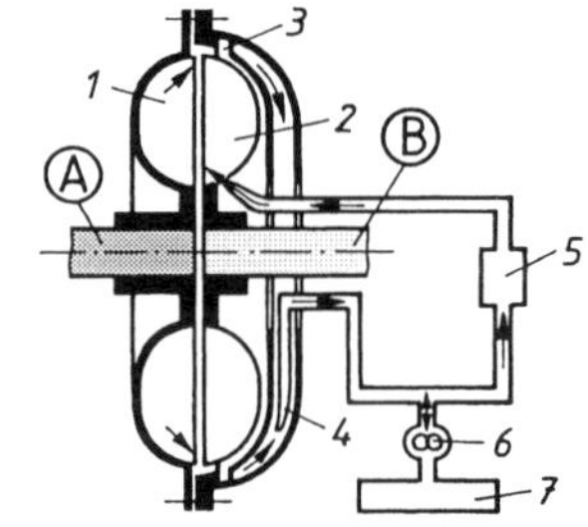

4.92
Turbokupplung mit pumpengesteuerter Füllungsänderung

Bei Kupplungen mit gleichbleibender Füllung, bei denen die Kühlung nur durch die Oberfläche erfolgt, sorgt insbesondere beim Einsatz unter Tage eine Schmelzsicherungsschraube dafür, dass eine zulässige Höchsttemperatur nicht überschritten wird. Bei etwa 180 °C schmilzt ein Sicherungspfropfen durch, worauf die Flüssigkeit vollständig ausläuft.

Die Strömungskupplung dämpft Stöße und Schwingungen besonders gut. Sie wird daher vorteilhaft bei Antrieben mit Verbrennungsmotoren eingesetzt.

4.5 Bremsen

Bremsen dienen zum Sperren, Stoppen oder Regeln einer Bewegung oder zum Belasten einer Kraftmaschine auf dem Prüfstand. Während der Bewegung wird in der Bremse Arbeit in Wärme umgesetzt. Jede schaltbare Kupplung lässt sich auch als Bremse verwenden. Hierbei muss sich das Drehmoment an einer feststehenden Kupplungsseite abstützen können. Die Ausbildung und Bedienung der Bremsen richtet sich nach ihrer Verwendung (Bild **4.93**).

In der Fördertechnik wird bei elektrischen Antrieben häufig die einstellbare, betriebssichere elektrische Bremsung benutzt. Hierbei wird dann der Motor als Generator angetrieben. Die Bremsenergie wird entweder in Widerständen in Wärme umgesetzt oder als elektrische Energie ins Leitungsnetz zurückgeführt.

Verwendungszweck und Aufgabe	Vergleich mit Kupplungsbauarten
Sperre. Verhindert die Bewegung in einer bestimmten Drehrichtung	Richtungsbetätigte Kupplung. (s. Abschn. 4.4.3.4)
Haltebremse. Verhindert die Bewegung in beiden Drehrichtungen. Wird zum Festhalten einer Last verwendet und oft nur im Stillstand geschaltet.	Formschlüssige Schaltkupplung (s. Abschn. 4.4.2); fremdbetätigte Reibungskupplung (s. Abschn. 4.4.3.1); elektrische Kupplung mit gleicher Polzahl am Innen- und Außenläufer. (**4.87**)
Stoppbremse. Bremst eine Bewegung bis zum Stillstand ab. Das Bremsmoment ist bis zum Stillstand vorhanden.	Fremdbetätigte Reibungskupplung (s. Abschn. 4.4.3.1); elektrische Kupplung mit gleicher Polzahl am Innen- und Außenläufer (**4.87**)
Regelungsbremse. Zur Geschwindigkeits- bzw. Drehfrequenzregelung.	Fremd- und Drehfrequenzbetätigte Reibungskupplung (s. Abschn. 4.4.3.1 und 4.4.3.3; elektrische und Flüssigkeitskupplung (s. Abschn. 4.4.4 und 4.4.5)
Belastungsbremse. Zur Belastung einer Kraftmaschine (bei Leistungsmessung).	Fremdbetätigte Reibungskupplung (s. Abschn. 4.4.3.1); elektrische und Flüssigkeitskupplung (s. Abschn. 4.4.4 und 4.4.5)

4.93
Einteilung der Bremsen nach ihrem Verwendungszweck und Vergleich mit Kupplungsbauarten

4.5.1 Berechnung

Berechnungsgrundsätze für Trommel- und Scheibenbremsen sind in der Norm DIN 15434 festgelegt. Wärmebelastung und Bremszeit siehe auch die Abschnitte 4.4.1 und 4.4.3.

Die Gleichung für das aufzubringende Bremsmoment entspricht der für das Kupplungsmoment (Gl. (4.20) bzw. (4.48)). An die Stelle der Beschleunigung tritt die Verzögerung. Außerdem wirkt das Lastmoment T_L im gleichen Sinne wie das Bremsmoment. Somit ist das **aufzubringende Bremsmoment**

$$T'_{Br} = T_V - T_L = J \cdot \alpha + m \cdot a \cdot R - T_L = J \cdot \frac{\omega}{t_{Br}} + m \cdot \frac{v}{t_{Br}} \cdot R - T_L \quad (4.99)$$

Hierin bedeuten:
T_V Moment zur Verzögerung der umlaufenden und geradlinig bewegten Massen, auf Bremswelle bzw. auf Bremsradius R bezogen, $\alpha = \omega/t_{Br}$ Winkelverzögerung, $a = v/t_{Br}$ Verzögerung der geradlinig bewegten Massen m, t_{Br} Bremszeit, ω Winkelgeschwindigkeit, v geradlinige Geschwindigkeit, J Massenträgheitsmoment der umlaufenden Teile, auf die Bremswelle reduziert (s. Bild **4.39**).

Beim Abbremsen einer **sinkenden Last** von der Masse m (z. B. bei Hubwerken) wirkt das Lastmoment $T_L = F_g \cdot R$ gegen und das Moment der Triebwerkreibung T_R im gleichen Sinne wie das Bremsmoment. Also ist das **erforderliche Bremsmoment**

$$T'_{Br} = T_V + T_L - T_R \quad (4.100)$$

Das erzeugte Bremsmoment T_{Br} muss mindestens so groß wie das erforderliche (aufzubringende) Bremsmoment T'_{Br} sein: $T_{Br} \geq T'_{Br}$.

Reduzieren eines Trägheitsmomentes und einer geradlinig bewegten Masse. Ist das Trägheitsmoment J_2 einer mit der Winkelgeschwindigkeit ω_2 sich drehenden Welle *2* auf die mit ω_1 sich drehende Welle *1* zu reduzieren, so ergibt sich wegen der Bedingung gleicher kinetischer Energie $W = J_2 \cdot \omega_2^2/2 = J_{red} \cdot \omega_1^2/2$ und mit $i = \omega_1/\omega_2$ das reduzierte Trägheitsmoment $J_{red} = J_2 \cdot (\omega_2/\omega_1)^2 = J_2/i^2$.

Soll eine mit der Geschwindigkeit v_2 geradlinig bewegte Masse m (z. B. die Last an einem Kranhaken) durch ein gleichwertiges Trägheitsmoment J_2 bei der Winkelgeschwindigkeit ω_2 ersetzt und dann auf die Welle *1* reduziert werden, so ist wegen $W = m \cdot v_2^2/2 = J_2 \cdot \omega_2^2/2$ das reduzierte Trägheitsmoment $J_{red} = m \cdot (v_2/\omega_1)^2$.

4.5.2 Bauarten

4.5.2.1 Scheibenbremsen

Einflächen-Reibscheibenbremse. Bild **4.94** zeigt die Verbindung einer Einflächen-Reibscheibenbremse mit einer elektromagnetisch betätigten Einflächen-Reibscheibenkupplung. Die Anpresskraft für die Bremse wird durch Federn *5* erzeugt. Sie drücken den auf der längsbeweglichen Ankerscheibe *6* befestigten Reibbelag *2* gegen einen feststehenden Reibring *1*. Magnetkraft löst die Bremse und schaltet gleichzeitig die Kupplung mit Reibbelag *3* und Reibscheibe *4* ein.

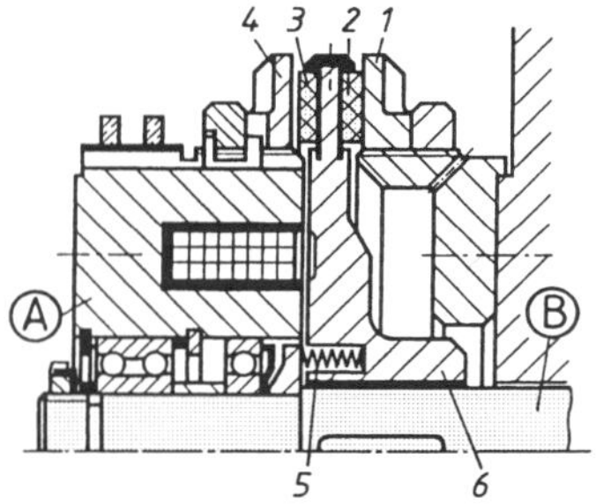

4.94
Elektromagnetisch betätigte Einflächen-Reibscheibenbremse und –kupplung (Stromag)

Öldruckbetätigte Scheibenbremse. Im Kraftfahrzeugbau ist u. a. eine öldruckbetätigte Scheibenbremse (**4.95**) mit selbsttätiger Nachstellung und mit leicht auswechselbaren Reibklötzen, die zangenartig von beiden Seiten auf die Bremsscheibe wirken, gebräuchlich.

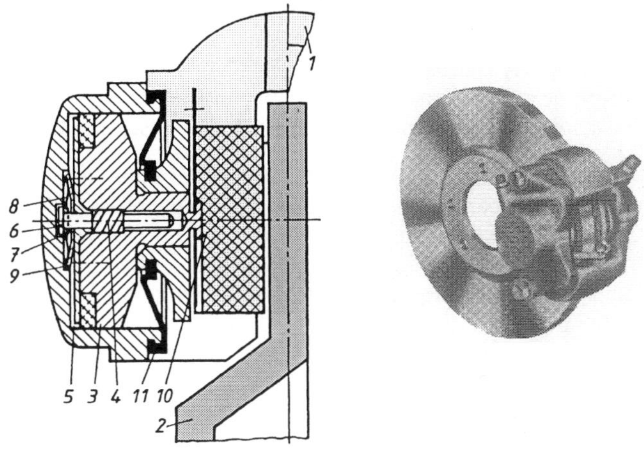

4.95
Öldruckbetätigte Scheibenbremse für Kraftfahrzeuge (Alfred Teves, Maschinen- und Armaturenfabrik KG, Frankfurt/Main)

In der Bauart nach Bild **4.95** werden der Kolben *3* und die Rückzugbuchse *4* vom Flüssigkeitsdruck im Zylinder *5* zur Bremsscheibe *2* (die sich mit dem Rad dreht) bewegt. Die spiralig um den Stift *6* liegende Rückzugbuchse nimmt diesen Stift durch Reibungskraft mit. Die unter dem Stauchkopf des Stiftes befindliche Buchse *7* spannt hierbei die Scheibenfeder *8*. Der Weg des Stiftes wird von der Kappe *9* begrenzt. Hat der Reibklotz *10* die Bremsscheibe noch nicht erreicht, so muss die Rückzugbuchse zwangsläufig auf dem Stift gleiten, bis der Klotz fest auf die Scheibe gepresst wird. Geht der Flüssigkeitsdruck zurück, so entspannt sich die Scheibenfeder. Der Kolben wird um den Weg des Lüfterspiels zwischen Buchse und Kappe zurückgezogen, und der Klotz hebt sich von der Bremsscheibe ab. Die Rückzugbuchse bleibt dem Abrieb des Klotzes entsprechend in ihrer neuen Stellung auf dem Stift haften. Eine Gummikappe *11* schützt die Zylinderbohrung gegen Eindringen von Wasser und Staub (Sattel *1* ist mit der Fahrzeugachse fest verschraubt). Wegen ihrer hohen Bremsleistung werden öldruckbetätigte Scheibenbremsen auch in Hebezeugen eingebaut.

Federkraftbetätigte Scheibenbremse (4.96), (4.97), (4.98). Für die Abbremsung horizontaler und vertikaler Bewegungsabläufe sowie als Haltebremsen, sei es im allgemeinen Maschinenbau, in Kranhubwerken, Winden, Hütten- und Walzwerkmaschinen, in Förderanlagen oder in Baumaschinen, eignen sich federkraftbetätigte, elektrohydraulisch gelüftete Scheibenbremsen. Sie werden für große Drehmomente ausgelegt und besitzen wegen der guten Wärmeabfuhr eine hohe thermische Belastbarkeit. Im Vergleich zu Trommelbremsen kann die Wärmebelastung der Reibklötze auf den einhundertfachen Wert gesteigert werden. Diese Bremsen können auch bei sehr rauem Betrieb und bei starkem Schmutzanfall eingesetzt werden.

Die Berechnung der Scheibenbremsen kann mit den Gleichungen der Abschnitte 4.4.1 und 4.4.3 erfolgen, s. auch DIN 15434. Die Gleit- und Ruhereibungszahl wird mit $\mu = 0{,}35...0{,}45$ angenommen.

Aufbau (**4.97**): Die Bremszange besitzt ein einteiliges Gehäuse *1* aus Stahlguss, welches mit den beiden Hauptzylinderräumen *2* (in jeder Bremseinheit ein Raum) die Bremsscheibe beidseitig umfasst. An der Seite der Geberkolben *3* wird eine elektrohydraulische Lüfteinheit *4* angebaut. Für jeden Hauptzylinder ist ein eigener Geberkolben vorgesehen. Der Geberkolben *3* bewegt sich axial im Zylinderraum *5*, der über eine Bohrung mit dem Hauptzylinderraum *2* verbunden ist. Die Federn *6* drücken den Hauptkolben *7* mit dem Bremsbelag *8* gegen die Bremsscheibe *9*. Von einer Radialbohrung *10* im Geberzylinderraum *5* besteht eine Verbindung zu einem drucklosen Raum im Ausgleichsbehälter *11* der elektrohydraulischen Lüfteinheit. Das Hydraulikaggregat besteht im Wesentlichen aus einem Drehstrom-Kurzschlussläufermotor, der Pumpe, dem Druckspeicher, den Ventilen und dem Behälter (s. Bild **4.96**). Im Druckspeicher steht ständig der erforderliche Betätigungsdruck zur Verfügung.

Lüften: Durch Einschalten des Stromes wird vom Druckspeicher über das Schaltventil Drucköl mit (35...45) bar auf den Geberkolben *3* gegeben (**4.97**). Dieser überfährt mit der vorderen Kante die Radialbohrung und drückt das Öl in den Hauptzylinderraum *2*. Dort wird der Hauptkolben *7* gegen die Federanpresskraft nach außen geschoben. Der Bremsbelag *8* hebt dadurch von der Bremsscheibe *9* ab; die Bremse ist gelüftet. Der Luftweg beträgt 1 mm und die Lüftzeit 90 ms.

4.96
Federkraftbetätigte Scheibenbremse (Stromag GmbH, Unna) (s. a. Bild **4.97**, **4.98**)

Bremszange mit Bremsbelag; Hydraulikaggregat: Motor, Pumpe, Druckspeicher und Behälter

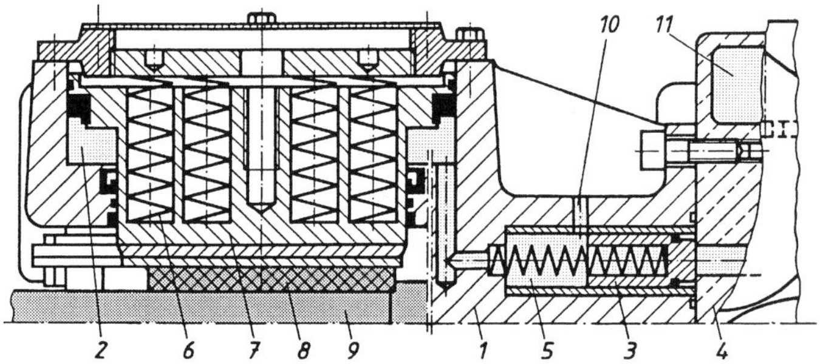

4.97
Federkraftbetätigte Scheibenbremse (Stromag GmbH, Unna) (s. a. Bild **4.96**, **4.98**)

1 Bremszange
2 Hauptzylinder
3 Geberkolben
4 Lüfteinheit
5 Zylinderraum für den Geberkolben
6 Federn
7 Hauptkolben
8 Bremsbelag
9 Bremsscheibe
10 Radialbohrung
11 Ausgleichsbehälter

Bremsen: Das Einfallen der Bremse erfolgt durch Ausschalten des Stromes über das Schaltventil. Der Druck wird vom Geberkolben *3* genommen (**4.97**). Die Federn *6* pressen über den Hauptkolben *7* das Öl aus dem Hauptzylinderraum *2* in den Geberkolbenraum *5* und bringen gleichzeitig den Bremsbelag an der Bremsscheibe *9* zur Anlage.

Die automatische Verschleißnachstellung hält den Lüftweg konstant. Der zulässige Verschleiß beträgt bis 9 mm je Zangenseite. Bei eintretendem Verschleiß drücken die Federn *6* den Hauptkolben *7* um den Verschleißweg weiter in Richtung auf die Bremsscheibe *9* (**4.97**). Der Hauptzylinderraum *2* verkleinert dadurch zwangsläufig sein Volumen. Die entsprechende überschüssige Menge Öl wird aus dem Hauptzylinderraum *2* in den Geberzylinderraum *5* gedrückt.

Der Geberkolben bewegt sich in seine Endstellung und hat dadurch die Radialbohrung *10* freigegeben. Durch die Bohrung fließt das verdrängte Öl in den drucklosen Ausgleichsbehälter *11* ab. Im Hauptzylinderraum 2 ist jeweils soviel Öl, wie es der Verschleißzustand der Bremsbeläge *8* erfordert. Beim Lüften der Zange steht stets das erforderliche, konstante Ölvolumen zur Verfügung, da der Geberkolben *3* die Bohrung *10* überfährt und verschließt.

4.98
Innengekühlte Bremsscheibe zur Bremse nach Bild **4.96** und **4.97** in Verbindung mit einer drehnachgiebigen Kupplung (Stromag GmbH, Unna)

Die Bremsscheiben (**4.98**) für die beschriebenen Bremsen nach Bild **4.96** und **4.97** werden aus einem speziellen Sphäroguss gefertigt. Dieser Werkstoff ist mit dem Reibbelagmaterial zur Erreichung optimaler Reib- und Verschleißeigenschaften aufeinander abgestimmt.

Der Sphäroguss enthält einen hohen Ferrit-Anteil. Hierdurch wird erreicht, dass sich bei großer thermischer Belastung und Erwärmung kein Reibmartensit bildet, der zur Zerstörung der Bremsscheibenreibfläche führen kann.

Die Bremsscheibe, die im Normalfall als Vollscheibe ausgeführt wird, besitzt eine große Wärmekapazität für hohe zulässige Temperaturen und im Gegensatz zu Trommel- bzw. Backenbremsen eine gute Wärmeabfuhr, da die Bremsflächen offen liegen.

Für extrem große Belastungen durch hohe Schalthäufigkeiten stehen belüftete Scheiben zur Verfügung. Sie bestehen aus zwei gleichen flachen Tellern, die durch eingegossene radiale Kanäle verbunden sind. Diese Kanäle sind an der Nabe geöffnet, damit die Kühlluft eintreten und zum Außendurchmesser abströmen kann, um auf diesem Wege die Wärme abzuführen. Das geringe Massenträgheitsmoment der Scheiben-Bremsscheibe ist ein bedeutender Vorteil im Vergleich zu z. B. Trommelbremsen. Der Anteil der Scheibe am Massenträgheitsmoment aller Antriebsteile ist wesentlich geringer als bei Trommelbremsen. Die daraus resultierenden günstigen Beschleunigungs- und Bremszeiten ermöglichen eine optimale und wirtschaftliche Dimensionierung des gesamten Antriebssystems. Durch die Verbindung der Bremsscheibe mit der drehnachgiebigen und spielfreien Periflex-Kupplung (**4.98**) werden die Triebwerksteile gegen Stoßbeanspruchung geschützt und Wellenverlagerungen ausgeglichen. Die Konstruktion ist so ausgeführt, dass die Bremsscheiben radial ausgewechselt werden können, ohne die verbundenen Wellen, also die gekuppelten Antriebsteile, auseinander zu rücken.

Für Hubwerke usw. werden die Kupplungen mit Sicherheitsklauen durchschlagsicher ausgeführt.

4.5.2.2 Trommelbremsen

Außenbacken-Trommelbremsen finden hauptsächlich im Hebezeugbau Verwendung. Sie haben gute Kühlwirkung. Für kleine Bremsleistung ist die einfache Backenbremse geeignet (**4.99a**).

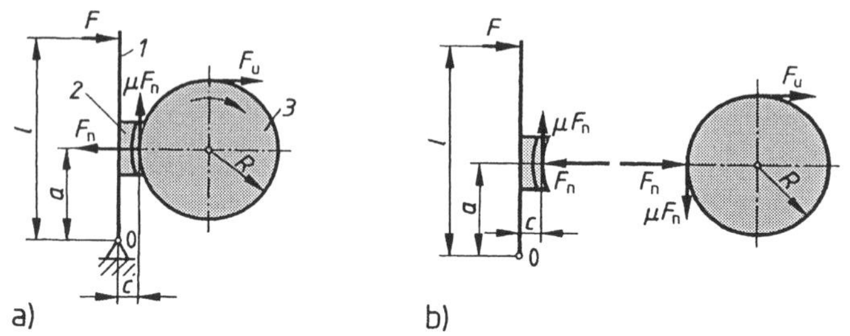

4.99
a) Einfache Backenbremse
b) freigemachte Backenbremse

Die zum Bremsen erforderliche Kraft F greift am Bremshebel *1* an. Sie kann durch Federn, von Hand oder bei waagerechter Hebellage durch Gewichte erzeugt werden. Die Anpresskraft F_n drückt einen Klotz mit Reibbelag *2*, die Bremsbacke, gegen die umlaufende Bremstrommel *3* und ruft die Reibungskraft $\mu \cdot F_n = F_R$ hervor, die mindestens so groß wie die abzubremsende Umfangskraft $F_u = T'_{Br}/R$ sein muss. Durch Freimachen der Einzelteile (s. Teil 1) erhält man die Kräfte, die an den einzelnen Bauteilen angreifen (**4.99b**). Unter Annahme gleicher Flächenpressung auf der ganzen Reibfläche lautet die Momentgleichung in Bezug auf den Drehpunkt des Bremshebels O

$$\boxed{\sum M_O = F \cdot l - F_n \cdot a - \mu \cdot F_n \cdot c = 0} \tag{4.101}$$

Somit ist die **Bremskraft**

$$\boxed{F = F_n \cdot \frac{a \pm \mu \cdot c}{l} = F_R \cdot \frac{a}{l} \cdot \left(\frac{1}{\mu} \pm \frac{c}{a} \right)} \tag{4.102}$$

Hierbei gilt das Pluszeichen für Rechts- und das Minuszeichen für Linksdrehung. Für $c/a = 1/\mu$ ist bei Linksdrehung die erforderliche Bremskraft $F = 0$. Die Bremse wirkt dann selbsttätig als Reibungssperre. Um mit gleicher Bremskraft für beide Drehrichtungen das gleiche Bremsmoment $T_{Br} = \mu \cdot F_n \cdot R$ zu erreichen, muss der Hebel *1* so abgekröpft werden, dass sein Drehpunkt O auf der Bremsscheibentangente liegt. Somit wird $c = 0$, und der Faktor $\mu \cdot F_n \cdot c$ ist ohne Einfluss auf die Drehrichtung; Gl. (4.101) gilt jeweils für die entgegengesetzte Drehrichtung, wenn der Drehpunkt O innerhalb der Tangente angeordnet ist (c negativ). Die Welle einer Einbackenbremse wird durch die einseitige Anpresskraft auf Biegung beansprucht.

Doppelbacken-Trommelbremsen (4.100, 4.101) vermeiden den Nachteil einer in beiden Drehrichtungen biegebeanspruchten Welle und einer ungleichmäßigen Belastung der Bremsbacken bzw. -beläge bei gleicher Bremskraft F, wenn $c = 0$ ist (Bremsbacken und -beläge s. DIN 74308, DIN 74309 und DIN 74263); Doppelbacken-Trommelbremsen werden durch Gewichte (**4.101**) oder durch Federn (**4.100**) belastet und elektromagnetisch oder hydraulisch gelüftet.

Wirkt an jedem Bremsklotz (**4.101**) die gleiche Reibungskraft $\mu \cdot F_n$, so ist das **Bremsmoment**

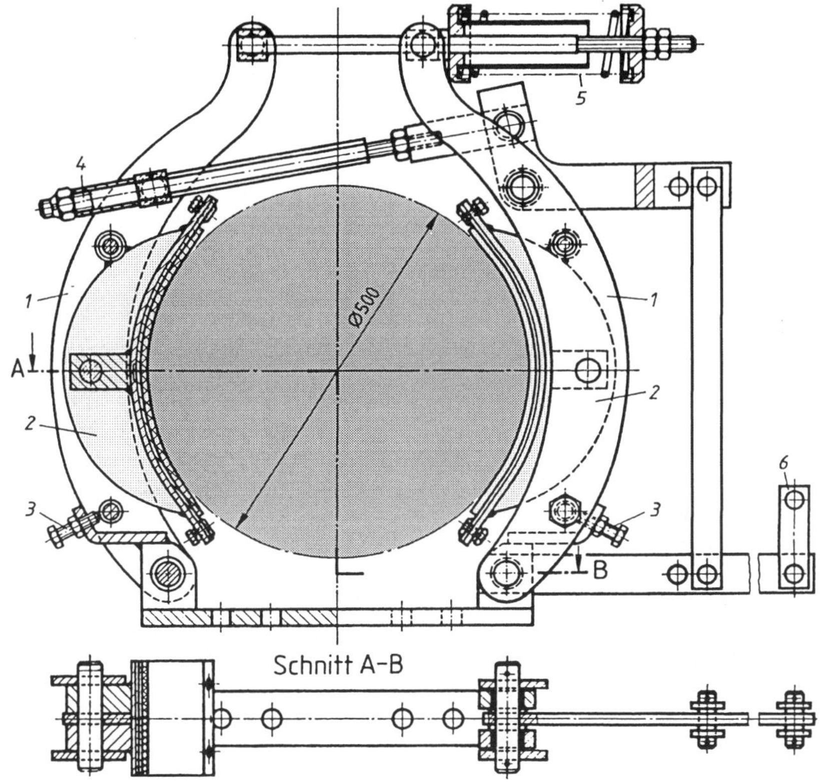

4.100
Federbelastete Doppelbackenbremse mit Bremslüfter

1 Backenhebel
2 Bremsbacken mit Reibbelag
3 Stellschrauben zum Einstellen des Lüftweges
4 nachstellbare Zugstange
5 Druckfeder
6 Anschluss des Lüfters

$$\boxed{T_{\mathrm{Br}} = 2\mu\cdot F_{\mathrm{n}}\cdot R = 2\mu\cdot i\cdot\eta\cdot F'_{\mathrm{g}}\cdot R} \quad \text{mit} \quad \boxed{i = \frac{l}{a}\cdot\frac{a_2}{a_1}\cdot\frac{u}{u_2}} \tag{4.103}$$

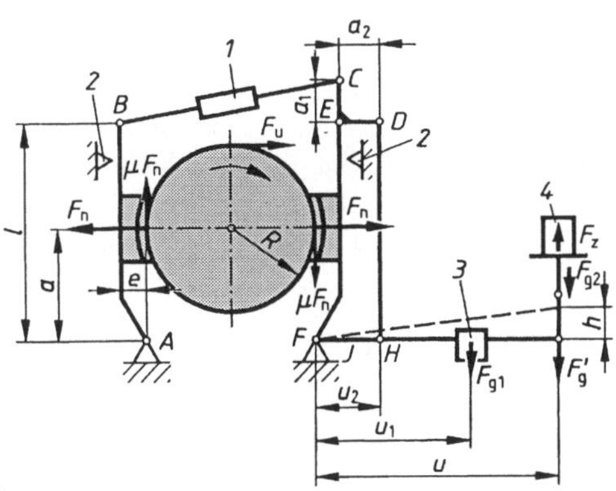

4.101
Gewichtsbelastete Doppelbackenbremse mit Bremslüfter

1 Nachstellung
2 Anschlag
h Lüftweg
3 Gewicht
4 Lüftgerät

In Gl. (4.103) bedeuten: i Übersetzung des Gestänges bis zum Angriff des Lüfters, $\eta \approx 0{,}9$ Wirkungs- oder Umsetzungsgrad des Gestänges und F'_g Belastungskraft am Angriff des Lüfters. Die Kräfte in Bild **4.101** erhält man durch systematisches Freimachen (s. Teil 1) aller Einzelteile der Bremse und entsprechendes Zusammenfassen der in Bild **4.102** angeschriebenen Gleichungen. Mit F'_g nach Gl. 4.89 und unter Berücksichtigung des Gewichtskraftanteils F_{g2} des Lüfters ergibt sich die Bremsgewichtskraft zu

$$\boxed{F_{\mathrm{g1}} = \frac{(F'_{\mathrm{g}} - F_{\mathrm{g2}})\cdot u}{u_1}} \tag{4.104}$$

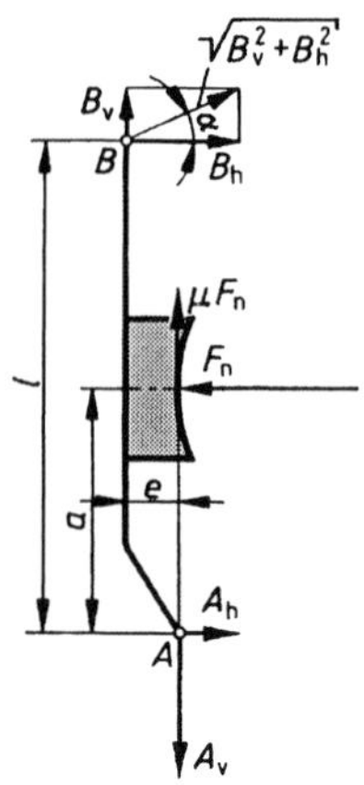

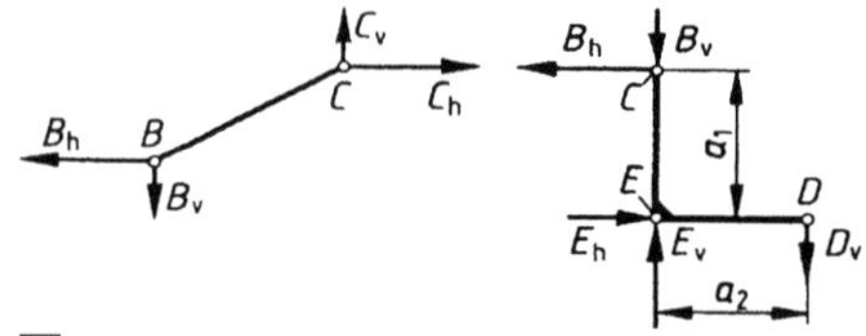

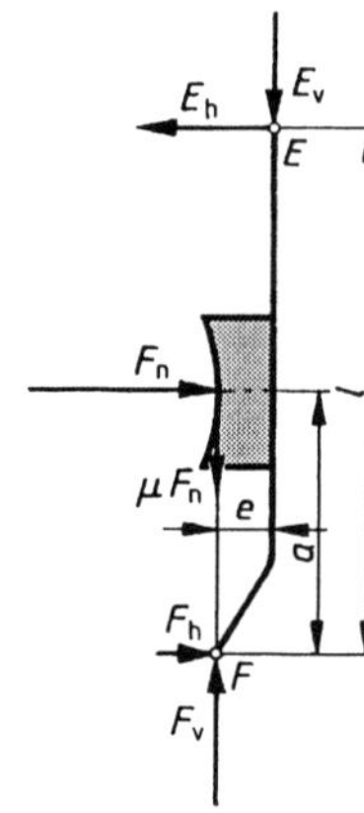

$$\sum X \;= B_h - F_n + A_h = 0 \qquad \text{(a)}$$
$$\sum Y \;= B_v + \mu \cdot F_n - A_v = 0 \qquad \text{(b)}$$
$$\sum M_A = F_n \cdot a - B_h \cdot l - B_v \cdot e = 0 \qquad \text{(c)}$$

$$\sum X \;= B_h - E_h = 0 \qquad \text{(d)}$$
$$\sum Y \;= B_v + E_v + D_v = 0 \qquad \text{(e)}$$
$$\sum M_E = F_h \cdot a_1 - D_v \cdot a_2 = 0 \qquad \text{(f)}$$

$$\sum X \;= E_h - F_n - F_n = 0 \qquad \text{(d)}$$
$$\sum Y \;= E_v + \mu \cdot F_n - F_v = 0 \qquad \text{(h)}$$
$$\sum M_F = F_n \cdot a - E_h \cdot l - E_v \cdot e = 0 \qquad \text{(i)}$$

Bremsgewichtskraft $F_{g\,1}$ und
Lüftergewichtskraft $F_{g\,2}$
werden zunächst vernachlässigt

$$\sum Y \;= D_v - H_v = 0 \qquad \text{(j)}$$

$$\sum X \;= 0 \qquad \text{(k)}$$
$$\sum Y \;= J_v - H_v + F_g' = 0 \qquad \text{(l)}$$
$$\sum M_F = H_v \cdot u_2 - F_g' \cdot u = 0 \qquad \text{(m)}$$

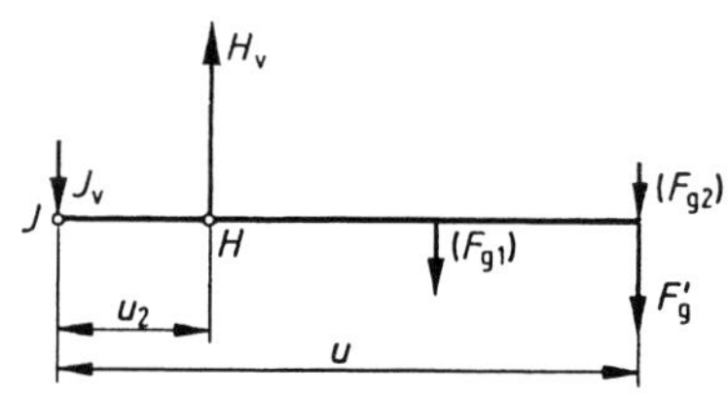

4.102
Doppelbacken-Trommelbremse mit Gewichtsbelastung nach Bild **4.101** freigemacht

Die Kräfte im Bild **4.102** sind nicht maßstäblich, sondern nur nach Lage und Richtung eingezeichnet. (Geometrische Punkte und andere Bezeichnungen entsprechen Bild **4.101**; Indizes v und h für Vertikal- und Horizontalkräfte, Br für Bremse.)

Das Bremsmoment ist unter Berücksichtigung der Gl. (a) bis (m) $T_{Br} = 2 \cdot \mu \cdot F_n \cdot R$ und mit F_n aus Gl. (c)

$$T_{Br} = 2 \cdot \mu \cdot \frac{B_h \cdot l + B_h \cdot e}{a} \cdot R .$$

Bei Vernachlässigung von $B_v \cdot e$ und mit B_h aus Gl. (f) und mit $D_v = H_v$ folgt

$$T_{Br} = 2 \cdot \mu \cdot \frac{H_v \cdot a_2 \cdot l}{a_1 \cdot a} \cdot R \quad \text{und mit } H_v \text{ aus Gl. (m)} \quad T_{Br} = 2 \cdot \mu \cdot \frac{F_g' \cdot u \cdot a_2 \cdot l}{u_2 \cdot a_1 \cdot a} \cdot R = 2 \cdot \mu \cdot i \cdot F_g' \cdot R .$$

Innenbacken-Trommelbremsen werden als Simplex-, Duplex- und Servobremsen hergestellt (**4.103, 4.104**) und hauptsächlich im Fahrzeugbau verwendet. Die Bremskraft wird bei mechanisch betätigten Bremsen über Gestänge und Seilzug auf einen Bremsnocken übertragen, der die Backen gegen die Bremstrommel spreizt. Hydraulische Bremsen erzeugen die Bremskraft mittels Öldruck über einen Kolben.

Simplexbremsen (4.103a) bestehen aus zwei Bremsbacken *1*, *2*, die auf einem Bolzen *5* drehbar gelagert sind. Der Bolzen ist mit dem (feststehenden) Bremsgehäuse verbunden. Eine Rückholfeder *3* lüftet die Bremsbacken. Bei Linksdrehung der Bremstrommel *4*, entsprechend der Drehrichtung bei Vorwärtsfahrt von Fahrzeugen, sind nach der Momentgleichung (4.101) Bremskraft und **Bremsmoment**

$$\boxed{F_1 = F_{n1} \cdot \frac{a - \mu \cdot c}{l} \qquad F_2 = F_{n2} \cdot \frac{a + \mu \cdot c}{l}} \quad \text{und} \quad \boxed{T_{Br} = \mu \cdot (F_{n1} + F_{n2}) \cdot R} \qquad (4.105) \quad (4.106)$$

Bei gleicher Bremskraft an beiden Backen ($F_1 = F_2$) ist das Bremsmoment an der Auflaufbacke *1* größer als das an der Ablaufbacke *2*. Für das Verhältnis der Bremskräfte $F_1/F_2 = (a - \mu \cdot c)/(a + \mu \cdot c)$ ergeben sich gleiche Belastungen für beide Bremsbacken ($F_{n\,1} = F_{n\,2}$). Bei Rückwärtsfahrt, entsprechend einer Trommeldrehrichtung nach rechts, ist die Backe *2* Auflauf- und die Backe *1* Ablaufbacke. Die Vorzeichen für den Faktor $\mu \cdot c$ in Gl. (4.102) kehren sich um. Somit bleibt das gesamte Bremsmoment in beiden Drehrichtungen gleich.

Duplexbremsen (4.103b) haben zwei Einzelbacken *1*, *2* mit versetztet Drehpunkten (Bolzen *5* und *6*; zur Lüftung dienen Rückholfedern *3*). Bei Linksdrehung der Bremstrommel *4* (Vorwärtsfahrt) wirken beide Backen als Auflaufbacken selbsttätig verstärkend auf die Anpresskraft. Hierfür ist die **Bremskraft**

$$\boxed{F_1 = F_2 = F_{n1,2} \cdot (a - \mu c)/l} \qquad (4.107)$$

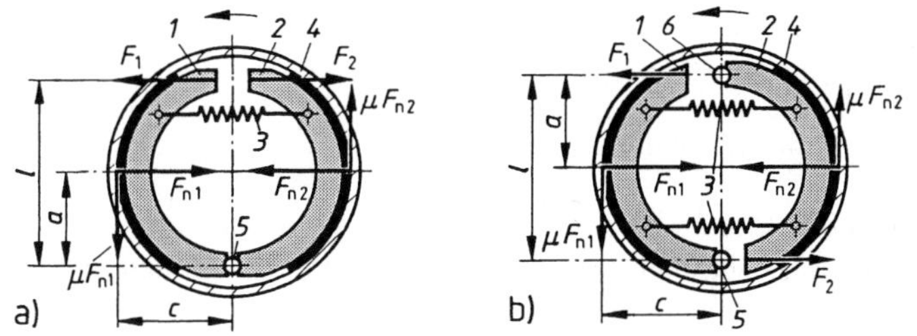

4.103
a) Simplexbremse
b) Duplexbremse

Bei der Rechtsdrehung (Rückwärtsfahrt) werden beide Backen zu Ablaufbacken mit $F_1 = F_2 = F_{n1,2} \cdot (a + \mu \cdot c)/l$. Wird in beiden Drehrichtungen die gleiche Bremskraft aufgebracht, so ergibt sich ein unterschiedliches Gesamtbremsmoment.

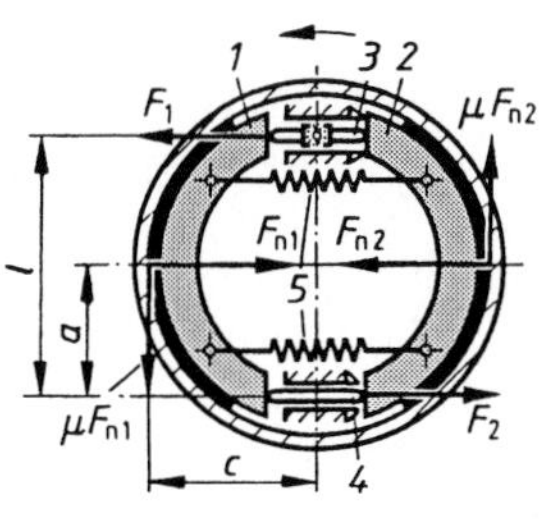

4.104
Servobremse für Kraftfahrzeuge (Alfred Teves, Frankfurt/Main)

Servobremsen (4.104) bestehen aus zwei hintereinandergeschalteten Backen *1*, *2*, die z. B. mit einem hydraulischen Bremszylinder *3* betätigt und durch Rückholfedern *5* gelöst werden. Bei

Linksdrehung (Vorwärtsfahrt) stützt sich nach Einleitung der Kraft F_1 Backe *1* auf Backe *2* ab. Diese legt sich mit ihrem Ende gegen einen Anschlag am Bremszylinder. Beide Backen wirken hierbei als Auflaufbacken wie bei der Duplexbremse. Bei Rechtsdrehung (Rückwärtsfahrt) stützt sich die Backe *2* am Anschlag des Führungsstückes *4* ab, so dass Backe *2* als Auflaufbacke eine größere Anpresskraft als die Ablaufbacke *1* liefert. Hierdurch wird die Servobremse zur Simplexbremse.

4.5.2.3 Bandbremsen

Die Bandbremsen **4.105** haben an Bedeutung verloren. Sie wurden im Hebezeugbau verwendet. Ein mit einem Bremsbelag bewehrtes Stahlband wird über eine Scheibe gelegt und durch Gewichte, Federn oder von Hand angezogen (s. Abschn. 4.4.3.1 und 4.4.3.4).

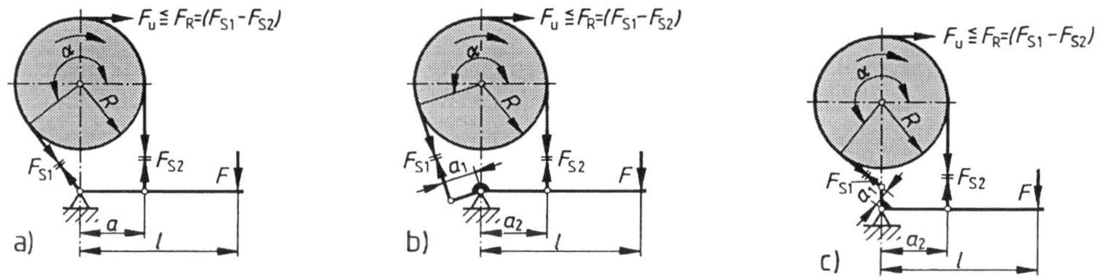

4.105
a) Einfache Bandbremse
b) Differentialbandbremse
c) Summenbandbremse

Für die Kräfte F_s im Bremsband gilt $F_{s\,1} = F_{s\,2} \cdot e^{\mu\alpha}$ und für die Reibungskraft $F_R = F_{s\,1} - F_{s\,2} \geq F_u$. Hierin bedeuten $F_{s\,1}$, $F_{s\,2}$ Zugkraft im auflaufenden bzw. im anlaufenden Bandende, α Umschlingungswinkel, F_u abzubremsende Umfangskraft. Man unterscheidet zwischen einfacher (**4.105a**), Differential- (**4.105b**) und Summenbandbremse (**4.105c**). Die Berechnungsgleichungen für die verschiedenen Bauarten der Bandbremsen können aus den Kräften und Abmessungen in Bild **4.105** entwickelt werden. Bei entgegengesetzter Drehrichtung vertauschen sich die Bandkräfte. Damit ergeben sich die Betätigungskräfte $F = F_r$ für Rechtslauf bzw. $F = F_l$ für Linkslauf für die einfache Bandbremse

$$F_r = F_{S2} \cdot \frac{a}{l} = F_R \cdot \frac{a}{l \cdot (e^{\mu\alpha} - 1)} \tag{4.108}$$

$$F_l = F_{S1} \cdot \frac{a}{l} = F_R \cdot e^{\mu\alpha} \cdot \frac{a}{l \cdot (e^{\mu\alpha} - 1)} \tag{4.109}$$

Entsprechend gilt für die Differentialbandbremse

$$F_r = \frac{F_{S2} \cdot a_2 - F_{S1} \cdot a_1}{l} = F_R \cdot \frac{a_2 - a_1 \cdot e^{\mu\alpha}}{l \cdot (e^{\mu\alpha} - 1)} \tag{4.110}$$

$$F_l = \frac{F_{S1} \cdot a_2 - F_{S2} \cdot a_1}{l} = F_R \cdot \frac{e^{\mu\alpha} \cdot a_2 - a_1}{l \cdot (e^{\mu\alpha} - 1)} \quad (4.111)$$

Bei der Summenbandbremse sind die Betätigungskräfte bei beiden Drehrichtungen gleich, wenn $a_1 = a_2 = a$ ist.

$$F_r = F_l = (F_{S1} + F_{S2}) \cdot \frac{a}{l} = F_R \cdot \frac{a \cdot (e^{\mu\alpha} + 1)}{l \cdot (e^{\mu\alpha} - 1)} \quad (4.112)$$

Die **Flächenpressung** zwischen einem Band mit der Breite b und einer Bremstrommel mit dem Radius R ist am auflaufenden Bandende am Größten (p_{zul} s. Bild **4.57**) und beträgt

$$p_{max} = \frac{F_R}{b \cdot R} \cdot \frac{e^{\alpha\mu}}{(e^{\mu\alpha} - 1)} \leq p_{zul} \quad (4.113)$$

Die Bremswelle wird durch die Resultierende aus den Bandkräften $F_{s\,1}$ und $F_{s\,2}$ auf Biegung beansprucht.

Literatur

[1] Albers, A; Arslan, A; Herbst, D.: Keramik für den Einsatz in Bremsen und Kupplungen. In: Automobiltechnische Zeitschrift – ATZ, Band 103 (2001), Heft 5, S. 414-419.

[2] Aubele, T; Feinle, P.: Reibuntersuchungen an Bremsenmaterialien mit einem neuen Modellprüfstand. In: Tribologie-Fachtagung 2001, Reibung, Schmierung und Verschleiß, Forschung und praktische Anwendungen, Band 1 (2001), S. 34.1-34.12. Moers: Gesellschaft für Tribologie, 2001.

[3] Beisel, W.: zum Betriebsverhalten nasslaufender Lamellenkupplungen. Diss. TU Berlin 1983.

[4] Breuer, B.; Bill, K.-H.: Bremsenhandbuch. Braunschweig, Wiesbaden: Vieweg, 2003.

[5] Bunte, P.: Reibung bei Beschleunigung am Beispiel von Sicherheitskupplungen. Fortschr.-Ber. VDI Reihe 1 Nr. 118. Düsseldorf 1985.

[6] Capelle, D.: Zwischen Motor und Getriebe. Kupplungen und Getriebe mit diplomatischen Eigenschaften. In: Scope (2000), Heft 7, S. 22-24, 27.

[7] Cober, G.: Clutches and brakes. Everything you need to know about sizing and applying. In: PT design, Band 42 (2000), Heft 2, S. 38-40.

[8] Duminy: Beurteilung des Betriebsverhaltens schaltbarer Reibkupplungen. Diss. TU Berlin 1979.

[9] Falz, E.: Grundzüge der Schmiertechnik. 2. Auflage Berlin-Göttingen-Heidelberg 1931.

[10] Füller, K.-H.: Tribologisches, mechanisches und thermisches Verhalten neuer Bremsenwerkstoffe in Kfz-Scheibenbremsen. Dissertation. Universität Stuttgart, 1998.

[11] Geilker, U.: Industriekupplungen. Funktion, Auslegung, Anwendungen. Landsberg/Lech: Verlag Moderne Industrie, 1999.

[12] Hasselgruber, H.: Die Berechnung der Temperaturen an Reibungskupplungen. Diss. TH Aachen 1953.

[13] Hasselgruber, H.: Temperaturberechnung für mechanische Reibkupplungen. Schriftenreihe Antriebstechnik Bd. 21. Braunschweig 1959.

[14] Huitenga, H.: Gezielte Beeinflussung der Kennlinie von hydrodynamischen Kupplungen auf der Grundlage numerischer Stromfelduntersuchungen. In: Konferenz-Einzelbericht: VDI-Berichte, Band 1592 (2001), S. 373-394. Düsseldorf: VDI-Verlag.

[15] Japs, D.: Ein Beitrag zur analytischen Bestimmung des statischen und dynamischen Verhaltens gummielastischer Wulstkupplungen unter Berücksichtigung von auftretenden Axialkräften. Diss. Uni. Dortmund 1979.

[16] Jaschke, P.; Waller, H.: Hybride Modellierung des dynamischen Betriebsverhaltens hydrodynamischer Kupplungen für Antriebsstrangsimulationen. In: Konferenz-Einzelbericht: VDI-Berichte, Band 1550 (2000), S. 651-670, Düsseldorf: VDI-Verlag.

[17] Kickbusch, E.: Föttinger-Kupplungen und Föttinger-Getriebe. (Konstruktionsbücher Bd. 21.) Berlin-Heidelberg-New York 1963.

[18] Klamt, J.: Elektrische Schlupfkupplungen für Schiffsantriebe. Tagungsheft Kupplungen. Essen 1957.

[19] Kößler, P.: Berechnung von Innenbackenbremsen für Kraftfahrzeuge. 7. Auflage Stuttgart 1958.

[20] Künne, B.: Konstruktive Einflüsse auf Reibvorgänge unter reversierender Belastung am Beispiel von Sicherheitskupplungen. Fortschr.-Ber. VDI Reihe 1 Nr. 122. Düsseldorf 1985.

[21] Künne, B.: Einführung in die Maschinenelemente. Gestaltung – Berechnung – Konstruktion. 2. Aufl. Stuttgart: Teubner, 2001.

[22] Martyrer, E.: Arten und Aufgaben der nachgiebigen und schaltbaren Kupplungen. Schriftenreihe Antriebstechnik Bd. 12. Braunschweig 1954.

[23] Niemann, G.: Maschinenelemente. Bd. 1. 3. Auflage Berlin 2001.

[24] N. N.: Kupplungen und Kupplungssysteme in Antrieben 2003: Erfahrungen, Methoden und Innovationen in Maschinenbau und Fahrzeugtechnik, Tagung Fellbach, 7. und 8. Oktober 2003. Düsseldorf: VDI, 2003.

[25] Porkorny, J.: Untersuchung der Reibungsvorgänge in Kupplungen mit Reibscheiben aus Stahl und Sintermetall. Diss. TH Stuttgart 1960.

[26] Schalitz, A.: Kupplungs-Atlas. Bauarten und Auslegung von Kupplungen und Bremsen. 4. Auflage Ludwigsburg/Württemberg 1975.

[27] Scheffels, G.: Maßgeschneiderte Kupplungen und Bremsen. In: Antriebstechnik, Band 39 (2000), Heft 2, S. 20-23.

[28] Schmid, M.: Das stationäre thermische Verhalten von hydrodynamischen Kupplungen. Aachen: Shaker, 2003.

[29] Severin, D.: Der Reibmechanismus in thermisch hoch belasteten Reibkupplungen und Scheibenbremsen. In: Konferenz-Einzelbericht: Reihe III: IFSL, Ber. a. d. Inst. f. Förder- u. Baumaschinentechnik, Stahlbau, Logistik. Tagungsbericht, Band 16 (2002), S. 197, 199-220. Magdeburg: Logisch, 2002.

[30] Stölzle, K.; Hart, S.: Freilaufkupplungen (Konstruktionsbücher Bd. 19). Berlin-Göttingen-Heidelberg 1961.

[31] Stübner /Rüggen: Kupplungen, Einsatz und Berechnung. München 1961.

[32] Winkelmann, S.; Rüggen, H.: Schaltbare Reibkupplungen (Konstruktionsbücher Bd. 34). Berlin-Heidelberg-New York-Tokyo 1985.

[33] Wirth, A.; McClure, S; Anderson, D.: Thermally sprayed surface coatings suitable for use in automotive brake and clutch applications. In: Brakes 2000, Automotive Braking for the 21st century, International Conference, S. 175-184.

5 Kurbeltrieb

DIN-Blatt Nr.	Ausgabe-datum	Titel
34110	9.80	Kolbenringe für den Maschinenbau; R-Ringe, Rechteckringe mit 10 bis 1200 mm Nenndurchmesser
73124	8.79	Kolbenbolzen für Dieselmotoren im Kraftfahrzeugbau; nicht für Neukonstruktion
73125	8.79	Kolbenbolzen für Ottomotoren im Kraftfahrzeugbau; nicht für Neukonstruktion
73126	3.87	Kolbenbolzen für Hubkolbenmaschinen, Maße, Ausführung, Anforderungen, Prüfungen
ISO 6621 T3	6.90	Verbrennungsmotoren, Kolbenringe; Werkstoffe
T4	6.90	-; Allgemeine Anforderungen
ISO 6622 T1	6.90	-; Rechteckringe
ISO 6623	6.90	-; Abstreifringe
ISO 6624 T1	6.90	-; Trapezringe
ISO 6625	6.90	-; Ölabstreifringe

Formelzeichen

A	Fläche, Querschnitt
A_D	-, Indikatordiagramm
A_K	-, Kolben
A_S	-, Arbeitsvermögen
A_{St}	-, Schubstangenschaft
a_K	Kolbenbeschleunigung
a_{OT}	-, im oberen Totpunkt
a_{UT}	-, im unteren Totpunkt
a_T	Taktzahl
b	Wangenbreite
c_K	Kolbengeschwindigkeit
c_m	-, mittlere
c_{max}	-, maximale
c_Z	Umlaufgeschwindigkeit des Kurbelzapfens
D, d	Durchmesser
D_I	Amplitude Massenmoment I. Ordnung
D_{II}	-, II. Ordnung
e	Abstand, Hohlkehle Lagermitte
F	Kraft, Belastung
F_B	-, Kolbenbolzen
F_{BL}	-, Kolbenbolzenlager
F_K	-, Kolben-
F_{KL}	-, Kurbelzapfenlager-
F_{KZ}	-, Kurbelzapfen-
F_M	-, Wellenzapfen-
F_N	-, Normal-
F_R	-, Radial-
F_S	-, Stoff-
F_{St}	-, Stangen-
F_T	-, Tangential-
F_Z	-, Zünd-
F_{max}	-, Gestänge-
F_o	oszillierende Massenkraft
F_{oK}	-, Kolben
F_r	rotierende Massenkraft
F_{rSt}	-, Schubstange
F_I	Massenkraft I. Ordnung
F_{II}	-, II. Ordnung
h	Hebelarm für Massenmomente, Wangendicke
J	Trägheitsmoment
l	Auflagerentfernung, Schubstangenlänge
l_D	Diagrammlänge
M_b	Biegemoment
M_o	Massenmoment, oszillierend
M_r	-, rotierend
M_I	-, I. Ordnung

Formelzeichen, Fortsetzung

M_{II}	-, II. Ordnung
m	Masse
m_K	-, Kolben-
m_{Ks}	-, Kolbenstangen-
m_{St}	-, Schubstangen-
m_W	-, Kurbelwangen-
m_Z	-, Kurbelzapfen-
m_o	oszillierende Masse
$m_{o\,St}$	-, Schubstange
m_r	rotierende Masse
m_{rKW}	-, Kurbelwelle
m_{rSt}	-, Schubstange
$\overline{m}_T$	Maßstab, Drehmoment
$\overline{m}_\varphi$	-, Kurbelwinkel
n	Drehzahl
P_e	effektive Leistung
P_I	Amplitude, Massenkraft I. Ordnung
P_{II}	-, II. Ordnung
p	Druck, Flächenpressung
p_Z	-, Zünd-
p_a	-, atmosphärisch
p_e	-, effektiv
p_i	-, indiziert
p_{max}	-, maximal
q	Exzentrizität
r	Kurbelradius
r_S	Schwerpunktradius, Schubstangenkopf
r_{St}	Schwerpunktabstand, Schubstange

r_w	-, Kurbelwange
S	Knicksicherheit
s	Kolbenhub, Stärke
T	Drehmoment
T_m	-, mittleres
T_A	Dauer eines Arbeitsspiels
T_Z	Umlaufzeit
u	Überschneidung
V_h	Hubvolumen
W_b	Widerstandsmoment
W_s	Arbeitsvermögen
x_K	Kolbenweg
z	Zylinderzahl
α_b	Formzahl, Biegung
β	Schubstangenwinkel
δ	Ungleichförmigkeitsgrad
λ	Schubstangenverhältnis
λ_S	Schlankheitsgrad
ρ	Radius, Hohlkehle, Kurbelzapfen
σ_b	Biegespannung
σ_d	Druckspannung
σ_k	Knickspannung
σ_z	Zugspannung
φ	Kurbelwinkel, Federmaßstab
φ_P	Drehmomentenperiode
ω	Winkelgeschwindigkeit
ω_{max}	-, maximale
ω_{min}	-, minimale

Der Kurbeltrieb (Bild **5.1** und **5.2**) verwandelt die geradlinige hin- und hergehende Bewegung des Kolbens *1* in eine rotierende Bewegung der Kurbel *2* und umgekehrt. Beide Teile sind hierzu mit der Schubstange *3* verbunden. In der Getriebelehre heißt er auch gerades bzw. geschränktes Schubkurbelgetriebe (s. Abschn. 5.3.4).

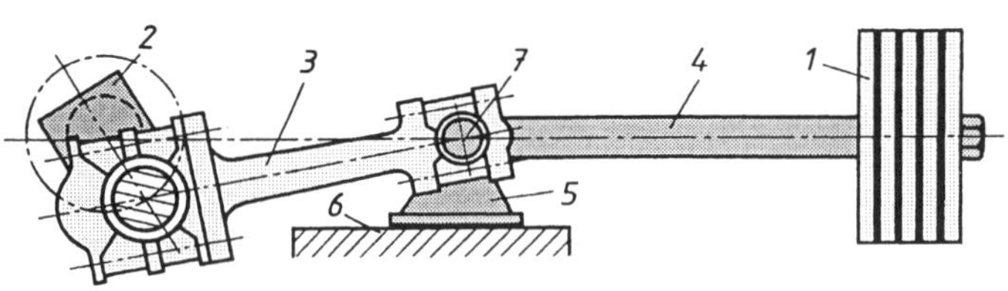

5.1
Triebwerk eines doppelt wirkenden Verdichters

Nach den AWF-Getriebeblättern [1] ist als Kennzeichen für den festen Drehpunkt *M* der Kurbel ein kleiner geschwärzter Kreis und für die in einer Ebene beweglichen Drehpunkte *B* und *K* der Schubstange ein Nullenkreis üblich, Bild **5.2**.

Der Kurbeltrieb, im Maschinenbau kurz Triebwerk genannt, dient zur Energieübertragung und Steuerung. Triebwerke werden in Brennkraft- und Dampfmaschinen, Verdichtern, Pumpen und Pressen sowie für hydraulische und pneumatische Antriebe verwendet [11].

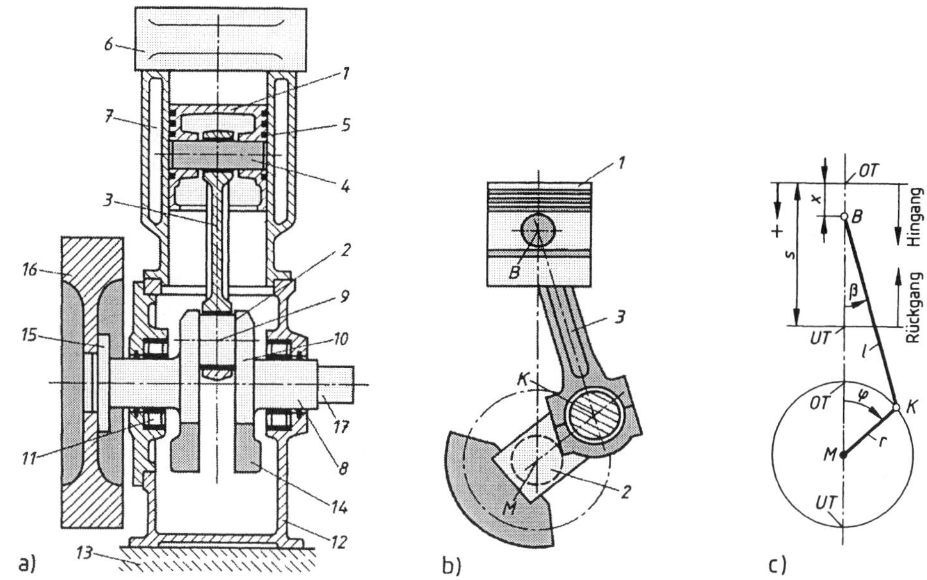

5.2
Kolbenmaschine a) Maschine; b) Triebwerk; c) Triebwerkschema

Bauarten. Es werden Tauchkolben- und Kreuzkopf-Triebwerke unterschieden. Beim Tauchkolben-Triebwerk (Bild **5.2**) ist der Kolben *1* durch den Kolbenbolzen *4* mit der Schubstange *3* direkt verbunden. Diese einfache Konstruktion hat geringe Massen und ist für Leistungen $\leqq$ 300 kW pro Triebwerk und Drehzahlen $\leqq$ 10 000 min^{-1} geeignet. Beim Kreuzkopf-Triebwerk (Bild **5.1**) wird der Kolben *1* durch die Kolbenstange *4* geführt, die mit dem Kreuzkopf *5*, der sich auf der Gleitbahn *6* bewegt, verschraubt ist.

Im Kreuzkopfzapfen *7* lagert die Schubstange *3*, die mit der Kurbel *2* verbunden ist. Die Schubstangenlagerung im Kreuzkopf entlastet den Kolben von Kräften, die senkrecht zu seiner Bewegungsrichtung wirken. Beide Kolbenseiten sind zur Energieübertragung benutzbar. Kreuzkopfmaschinen werden bei großen Dieselmotoren, Hochdruckverdichtern und Pumpen verwendet, die pro Triebwerk Leistungen $\leqq$ 1800 kW und Drehzahlen $\leqq$ 1000 min^{-1} [12]; [15] und [17] aufweisen.

5.1 Tauchkolbentriebwerk

Diese Triebwerke erfordern wenig Raum und Material und sind daher besonders leicht und für hohe Drehzahlen geeignet. Sie werden häufig in Kraftfahrzeugmotoren und kleineren Kompressoren benutzt und in großen Serien preisgünstig hergestellt.

Aufbau und Wirkungsweise

Gerader Kurbeltrieb (Bild **5.2**). Der Kolben *1* mit dem Bolzen *4* und den Kolbenringen *5* gleitet in dem vom Kopf *6* abgeschlossenen Zylinder *7*. Dieser durch die Kolbenringe abgedichtete Raum wird mit einem Arbeitsmedium gefüllt. Die Kolbenbewegung erstreckt sich beim Hingang vom oberen Tot- oder Umkehrpunkt *OT* in Richtung der Kurbel zum unteren Totpunkt *UT*, beim Rückgang vom *UT* zum *OT*. Die Verbindungslinie der beiden Totpunkte, die Zylindermittellinie, geht beim geraden Kurbeltrieb durch den Kurbeldrehpunkt *M*. Der Kolbenweg x zählt vom *OT* aus, und sein Maximalwert ist der Hub s.

Die Kurbel *2* besteht aus den Wellenzapfen *8* und dem Kurbelzapfen *9*, die durch die Wangen *10* verbunden sind. Die Wellenzapfen liegen in den Grundlagern *11* (Mittelpunkt *M*) des Gestells *12*, das den Zylinder *7* aufnimmt und mit dem Fundament *13* verbunden ist. Die Wangen *10* tragen gegenüber dem Kurbelzapfen *9* die Gegengewichte *14* zum Ausgleich von Massenkräften. An einem Wellenende befindet sich die Kupplung *15* zur Energieübertragung und zur Aufnahme des Schwungrades *16*, das die Winkelgeschwindigkeitsschwankungen ausgleicht. Am anderen Ende liegt der Zapfen *17* zur Aufnahme der Hilfsantriebe. Der Mittenabstand von Kurbel- und Wellenzapfen heißt Kurbelradius r. Der Drehwinkel φ der Kurbel zählt vom *OT* aus.

Die Schubstange *3* ist im Kolbenbolzen *4* (Punkt *B*) und im Kurbelzapfen *9* (Punkt *K*) gelagert. Den Abstand der Lagermitten nennt man Schubstangenlänge l. Der Schubstangenwinkel β wird von der Zylinder- und von der Schubstangenmittellinie gebildet. Die einzelnen Punkte der Schubstange laufen gemäß der Kolben- und Kurbelbewegung auf elliptischen Bahnen.

Geschränkter Kurbeltrieb (Bild **5.11**). Bei dieser auch exzentrisch genannten Ausführung geht die Verlängerung des Kolbenweges im Abstand q am Kurbelwellendrehpunkt *M* vorbei. Hierdurch wird bei Motorkolben das beim Kippen bzw. Wechseln der Anlage entstehende Geräusch vermieden (Desaxierung) und während des Rücklaufs die Normalkraft verringert. Für Spezialpumpen und Stellglieder ergibt sich ein schnellerer Rücklauf.

Anordnung der Triebwerke

Geringes Gewicht und kleiner Raumbedarf der Maschinen erfordern hohe Drehzahlen. Um die Massenkräfte der Triebwerke, die quadratisch mit der Drehzahl ansteigen, in ertragbaren Grenzen zu halten, müssen die Massen durch Verteilen der Gesamtleistung auf mehrere Triebwerke verringert werden. Die einzelnen Kurbeln werden dann zur Kurbelwelle zusammengesetzt. Ihre Versetzung zueinander wird in einem Kurbelschema (**5.3d**) festgelegt, in welchem die Triebwerke von der Kupplung aus zu zählen sind. Von den vielen möglichen Triebwerksanordnungen [11] werden hauptsächlich folgende verwendet:

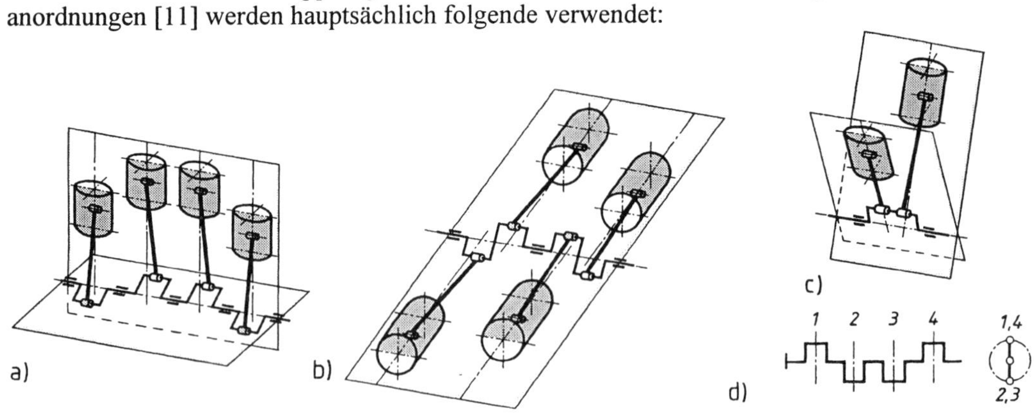

5.3
Triebwerksanordnungen

a) Reihen-, b) Boxer-, c) *V*-Anordnung, d) Kurbelschema zu a); bei a), b) und c) sind die Kurbelwellen um etwa 8° geneigt (s. auch Bild **5.14a**) und bei d) liegt die Kurbelwelle waagerecht.

Reihenanordnung (**5.3a**). Die Triebwerke liegen nebeneinander, und ihre Mittellinien bilden mit der Kurbelwellenachse eine Ebene.

Boxeranordnung (**5.3b**). Die Triebwerke liegen einander gegenüber, und ihre Mittellinien bilden mit der Kurbelwellenachse eine Ebene.

V-Anordnung (**5.3c**). Mittellinien zweier Triebwerke, die eine gemeinsame Kurbel haben, bilden ein V, sie schneiden die Kurbelwellenachse im Abstand einer Schubstangenbreite.

5.2 Berechnungsgrundlagen

Kurbel. Bei konstanter Drehzahl oder -frequenz n durchläuft die Kurbel den vollen Drehwinkel $\varphi = 2 \cdot \pi$ rad in der Umlaufzeit $T_Z = 1/n$. Die Drehfrequenz, die Winkelgeschwindigkeit und die Umlaufgeschwindigkeit des Kurbelzapfens betragen mit dem Hub $s = 2 \cdot r$. Die SI-Einheit für die Winkelgeschwindigkeit ist rad/s, abgeleitet aus $\omega = 2 \cdot \pi$ rad (1/s). Als Zahlenwertgleichung: $\omega = 2 \cdot \pi \cdot n$ in rad/s mit n in s^{-1}. Da 1 rad = 1m/1m =1 ist, wird zur Vereinfachung in den Rechnungen für rad/s = 1/s gesetzt.

$$\boxed{n = 1/T_Z} \qquad \boxed{\omega = \frac{2 \cdot \pi}{T_Z} = 2 \cdot \pi \cdot n} \qquad \boxed{c_Z = \omega \cdot r = \pi \cdot n \cdot s} \qquad (5.1)\ (5.2)\ (5.3)$$

Kolben. Seine mittlere Geschwindigkeit beträgt, da er während der Umlaufzeit T_Z zweimal den Hub s durchläuft, mit Gl. (5.1)

$$\boxed{c_m = \frac{2 \cdot s}{T_Z} = 2 \cdot s \cdot n = \frac{2 \cdot c_Z}{\pi}} \qquad (5.4)$$

Gebräuchliche Werte für die mittlere Kolbengeschwindigkeit sind $c_m = (7 \ldots 15)$ m/s bei Verbrennungsmotoren und $c_m = (3 \ldots 6)$ m/s bei Verdichtern.

Das **Hubvolumen** V_h, das die Stirnfläche $A_K = \pi \cdot D^2/4$ des Kolbens vom Durchmesser D während eines Hubs s durchläuft, ist mit dem Hubverhältnis s/D

$$\boxed{V_h = A_K \cdot s = \frac{\pi \cdot D^2 \cdot s}{4} = \frac{\pi}{4} \cdot D^3 \cdot \left(\frac{s}{D}\right)} \qquad (5.5)$$

Das Hubverhältnis beträgt bei Verbrennungsmotoren $s/D = 0{,}8 \ldots 1{,}4$.

Schubstange. Eine kennzeichnende Größe ist das Schubstangenverhältnis

$$\boxed{\lambda = \frac{r}{l}} \qquad (5.6)$$

Hierbei bedeuten: $r = s/2$ Kurbelradius und l Schubstangenlänge. Zur Verringerung der Abmessungen wird der Wert λ möglichst groß gewählt: λ = 1:3,3 ... 1:4,5; die kleineren Werte gelten für V-Maschinen.

Kupplung. Die mittlere Arbeit an der Kupplung errechnet sich mit dem effektiven Druck p_e und mit dem Hubvolumen V_h nach Gl. (5.5) bei z Triebwerken bzw. z Zylindern zu

$W_m = z \cdot p_e \cdot A_K \cdot s$ bzw. $W_m = z \cdot p_e \cdot V_h$ pro Arbeitsspiel mit der Dauer $T_A = a_T/n$. Die Leistung $P_e = W_m / T_A$ und das Drehmoment $T = P_e/\omega$ betragen dann mit Gl. (5.1) und (5.2)

$$\boxed{P_e = \frac{z \cdot p_e \cdot V_h \cdot n}{a_T}} \quad \boxed{T = \frac{P_e}{2 \cdot \pi \cdot n} = \frac{z \cdot p_e \cdot V_h}{2 \cdot \pi \cdot a_T}} \qquad (5.7) \quad (5.8)$$

Die Taktzahl ist $a_T = 2$ bei Viertaktmotoren. Bei den übrigen Kolbenmaschinen, die **ein** Arbeitsspiel pro Umdrehung ausführen, gilt $\boldsymbol{a_T = 1}$.

Bei Zweitakt-Verbrennungsmotoren beträgt der effektive Druck $p_e = (5 \ldots 10)$ bar und bei Viertaktmotoren $p_e = (8 \ldots 15)$ bar (1 bar = 10^5 Pa = 0,1 MPa = 10^5 N/m^2; 1 Pa = 1 N/m^2; 1 at ≈ 1 bar). Kraftmaschinen geben die Leistung an die Kurbelwelle ab, Arbeitsmaschinen nehmen sie dort auf. Abgesehen von der Viertakt-Brennkraftmaschine arbeiten alle Kolbenmaschinen nach dem Zweitaktverfahren. Sie haben also ein Arbeitsspiel pro Kurbelumdrehung.

Beispiel 1

Das Triebwerk eines Viertakt-Ottomotors mit $z = 6$ Zylindern, der Leistung $P_e = 80$ kW und der Drehzahl $n = 5000\ \text{min}^{-1}$ ist auszulegen. Der effektive Druck soll $p_e = 9{,}0$ bar, das Hub- und Schubstangenverhältnis $s/D = 0{,}9$ und $\lambda = 1{:}3{,}5$ betragen. Gesucht: Hub, Durchmesser und mittlere Geschwindigkeit des Kolbens, Schubstangenlänge und Radius, Umlaufzeit, Winkelgeschwindigkeit der Kurbel, Geschwindigkeit des Kurbelzapfens und Drehmoment.

Mit $n = 5000\ \text{min}^{-1}/(60\ \text{s/min}) = 83{,}3\ \text{s}^{-1}$, 80 kW = $80 \cdot 10^3$ Nm/s, $p_e = 9{,}0$ bar = $9{,}0 \cdot 10^5$ N/m^2 und $a_T = 2$ folgt:

Hubvolumen nach Gl. (5.5)

$$V_h = \frac{2 \cdot P_e}{z \cdot p_e \cdot n} = \frac{2 \cdot 80 \cdot 10^3\ \text{Nm/s}}{6 \cdot 9{,}0 \cdot 10^5\ \text{N/m}^2 \cdot 83{,}3\text{s}^{-1}} = 3{,}55 \cdot 10^{-4}\,\text{m}^3 = 355\,\text{cm}^3$$

Kolbendurchmesser nach Gl. (5.9)

$$D^3 = \frac{4 \cdot V_h}{\pi \cdot (s/D)} = \frac{4 \cdot 355\,\text{cm}^3}{\pi \cdot 0{,}9} = 502\,\text{cm}^3 \qquad D \approx 80\,\text{mm}$$

Hub, Kurbelradius

$$s = D \cdot \left(\frac{s}{D}\right) = 80\,\text{mm} \cdot 0{,}9 = 72\,\text{mm} \qquad r = \frac{s}{2} = 36\,\text{mm}$$

Kolbengeschwindigkeit nach Gl. (5.4)

$$c_m = 2 \cdot s \cdot n = 2 \cdot 0{,}072\,\text{m} \cdot 83{,}3\,\text{s}^{-1} = 12\,\text{m/s}$$

Schubstangenlänge nach Gl. (5.6)

$$l = \frac{r}{\lambda} = 36\,\text{mm} \cdot 3{,}5 = 126\,\text{mm}$$

Beispiel 1, Fortsetzung

Umlaufzeit der Kurbel nach Gl. (5.1)

$$T_Z = \frac{1}{n} = \frac{1}{83{,}3\,\mathrm{s}^{-1}} = 0{,}012\,\mathrm{s} = 12\,\mathrm{ms}$$

Winkelgeschwindigkeit nach Gl. (5.2)

$$\omega = 2 \cdot \pi \cdot n = 2 \cdot \pi \cdot 83{,}3\,\mathrm{s}^{-1} = 524\,\mathrm{s}^{-1}$$

Kurbelzapfengeschwindigkeit nach Gl. (5.3)

$$c_Z = \omega \cdot r = \pi \cdot n \cdot s = \pi \cdot 83{,}3\,\mathrm{s}^{-1} \cdot 72\,\mathrm{mm} = 18{,}8\,\mathrm{m/s}$$

Drehmoment nach Gl. (5.13)

$$T = \frac{P_e}{2 \cdot \pi \cdot n} = \frac{80 \cdot 10^3\,\mathrm{Nm/s}}{2 \cdot \pi \cdot 83{,}3\,\mathrm{s}^{-1}} = 152{,}8\,\mathrm{Nm}$$

■

5.3 Kinematik des Kurbeltriebes

Die Kinematik ermittelt den Weg, die Geschwindigkeit und die Beschleunigung des Kolbens bei konstanter Winkelgeschwindigkeit der Kurbelwelle. Dabei wird nur der Punkt *B* (**5.2 b**, **c**) betrachtet, da alle anderen Punkte des Kolbens die gleiche Bewegung mit einer konstanten Versetzung ausführen. Die Bewegungsgleichungen werden zunächst in ihrer exakten, aber komplizierten Form [3] (ohne Index) angegeben, deren Auswertung z. B. mit programmierbaren Taschenrechnern erfolgen kann. In der Praxis werden oft Näherungsgleichungen (Index K), für die die Fehler angegeben sind, benutzt. Die einfachsten Gleichungen (Index KS), für deren Berechnung eine unendlich lange Schubstange, also $\lambda = 0$, zugrunde gelegt ist, entsprechen den Bewegungen einer Kreuzschubkurbel.

5.3.1 Kolbenweg

Der Kolbenweg x und der Kurbelwinkel φ zählen vom *OT* aus. Daher ist für den Hin- bzw. Rückgang (**5.4**)

$$x = a + f = r \cdot (1 - \cos\varphi) + f$$

Hieraus folgt mit dem Fehlerglied $f = \overline{BN} - \overline{BL} = \overline{BK} - \overline{BL} = l \cdot (1 - \cos\beta)$, das die Abweichung des Kolbenweges x von der Projektion des Kurbelzapfenweges auf die Mittellinie angibt, und mit $\lambda = r/l$

$$\boxed{x = r \cdot (1 - \cos\varphi) + l \cdot (1 - \cos\beta) = r \cdot \left(1 - \cos\varphi + \frac{1 - \cos\beta}{\lambda}\right)} \tag{5.9}$$

Für den Schubstangenwinkel β ergibt sich aus der gemeinsamen Höhe $\overline{KL}$ der Dreiecke *BKL* und *MKL* der Wert $l \cdot \sin\beta = r \cdot \sin\beta$ bzw. mit $\lambda = r/l$

$$\boxed{\sin\beta = \lambda \cdot \sin\varphi} \tag{5.10}$$

Mit $\cos\beta = \sqrt{1-\sin^2\beta} = \sqrt{1-\lambda^2\cdot\sin^2\varphi}$ nach Gl. (5.10) folgt dann

$$\boxed{x = r\cdot\left[1-\cos\varphi+\frac{1}{\lambda}\cdot\left(1-\sqrt{1-\lambda^2\cdot\sin^2\varphi}\right)\right]} \tag{5.11}$$

Wird der Wurzelausdruck in die Potenzreihe $\sqrt{1-y} = 1-\frac{1}{2}y-\frac{1}{8}y^2-\frac{1}{16}y^3-\ldots$ bzw. $\sqrt{1-\lambda^2\cdot\sin^2\varphi} = 1-\frac{1}{2}\lambda^2\cdot\sin^2\varphi-\frac{1}{8}\lambda^4\cdot\sin^4\varphi-\frac{1}{16}\lambda^6\cdot\sin^6\varphi-\ldots$ entwickelt, so ergibt sich der exakte Wert für den

Kolbenweg x

$$\boxed{x = r\cdot\left(1-\cos\varphi+\frac{\lambda}{2}\cdot\sin^2\varphi+\frac{\lambda^3}{8}\cdot\sin^4\varphi+\frac{\lambda^5}{16}\cdot\sin^6\varphi+\ldots\right)} \tag{5.12}$$

$$\boxed{x_K = r\cdot\left(1-\cos\varphi+\frac{\lambda}{2}\cdot\sin^2\varphi\right)} \tag{5.13}$$

$$\boxed{x_{KS} = r\cdot(1-\cos\varphi)} \tag{5.14}$$

Die übliche **Näherung** x_K berücksichtigt nur die ersten drei Glieder der Gl. (5.12). Beim Weg x_{KS} der **Kreuzschubkurbel** mit $\lambda = 0$ ist das Fehlerglied $f = l\cdot(1-\cos\beta)$ der exakten Gl. (5.9) vernachlässigt.

Fehler. Sein Maximalwert, der sich als Differenz zwischen den exakten Werten des Kolbenwegs nach Gl. (5.12) und den Näherungswerten nach Gl. (5.13) bzw. nach Gl. (5.14) darstellt, tritt bei $\varphi = 90°$ auf. Er beträgt unter Berücksichtigung der ersten drei Sinusglieder der Gl. (5.12)

$$\boxed{x-x_K \approx r\cdot\frac{\lambda^3}{8}\cdot\left(1+\frac{\lambda^2}{2}\right)} \quad \text{bzw.} \quad \boxed{x-x_{KS} = r\cdot\left[\frac{\lambda}{2}+\frac{\lambda^3}{8}\cdot\left(1+\frac{\lambda^2}{2}\right)\right]} \tag{5.15}$$

Für das praktisch kaum erreichbare Schubstangenverhältnis $\lambda = 1/3$ werden die Höchstwerte der Differenzen $x-x_K \approx r/200$ und $x-x_{KS} \approx r/6$.

Graphisches Verfahren (5.4). Hierzu wird mit der Länge der Schubstange $\overline{BK} = l$ als Radius von der Kurbel K aus der Punkt B auf der Zylindermittellinie gezeichnet. Die Länge $\overline{OTB}$ ist dann der Kolbenweg x. Der Kurbelwinkel bzw. seine Schrittweite betragen, wenn der Kurbelkreis $k = 0$ bis i Teile umfasst:

$$\boxed{\varphi = k\cdot\varphi_P / i} \tag{5.16}$$

Die Periode φ_P beträgt z. B. 360° für eine Umdrehung, 720° bei einem Viertaktmotor mit zwei Umdrehungen pro Arbeitstakt. In Bild **5.4** ist $\varphi_P = 360°$ und $k = 1$ bis 24, also $\Delta\varphi = 360°/24 = 15°$ und $\varphi = k \cdot 15°$.

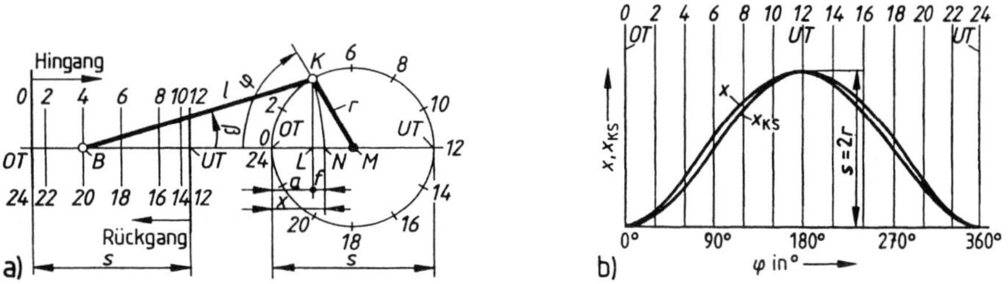

5.4
a) Kurbeltrieb, b) Kolbenweg
$\lambda = r/l = 1/3$

Beispiel 2

Eine Zweitakt-Dieselmaschine (**5.5**), bei der die Spülluftzufuhr so lange erfolgt, wie die Kolbenoberkante die Spülschlitze freigibt, hat den Hub s = 180 mm, ein Schubstangenverhältnis λ = 1/4 und läuft mit einer Drehzahl $n = 2000\ \text{min}^{-1}$.

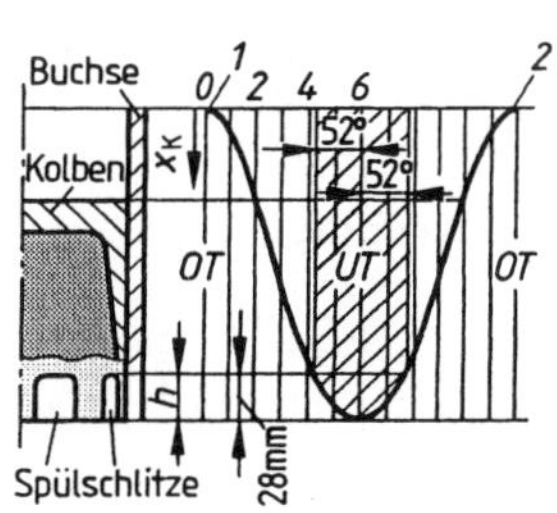

5.5
Ermittlung des Kolbenweges eines Zweitakt-Dieselmotors

Gesucht sind:

1. Abstand Kolbenbolzen-Kurbelwelle für die Kolbenstellung *OT*
2. Höhe der Spülschlitze in Prozent vom Kolbenhub, wenn die Spülung 52° vor *UT* beginnen soll
3. Zeit für das Einbringen einer Ladung
4. Kolbenwegdiagramm als Funktion des Kurbelwinkels und der Zeit

Zu 1. Nach Bild **5.4** gilt, wenn der Kolben in *OT* steht

$$\overline{BM} = r + l = \frac{s}{2} \cdot (1 + 1/\lambda) = 90\,\text{mm} \cdot (1 + 4) = 450\,\text{mm}$$

Zu 2. Für den Kolbenweg gilt nach Gl. (5.13)

$$x_K = 90\,\text{mm} \cdot \left(1 - \cos\varphi + 0{,}125 \cdot \sin^2\varphi\right)$$

Die Schlitzhöhe beträgt dann, da die Schlitze am *UT* liegen, $h = 2{\cdot}r - x_K$ für $\varphi = (180 \pm 52)°$, also $h = 27{,}5$ mm. Somit ist $100{\cdot}h/s = 100{\cdot}27{,}5\ \text{mm}/180\ \text{mm} = 15{,}3\%$.

Zu 3. Die Ladung wird beim Durchlaufen eines Kurbelwinkels von $2{\cdot}52° = 104°$ bei der Drehzahl $n = 2000\ \text{min}^{-1} = 33{,}3\ \text{s}^{-1}$ eingebracht. Für die Zeit folgt dann mit Gl. (5.1)

$$t = T_Z \cdot \frac{\varphi}{360°} = \frac{\varphi}{n \cdot 360°} = \frac{104°}{33{,}3\ \text{s}^{-1} \cdot 360°} = 0{,}0087\ \text{s} = 8{,}7\ \text{ms}$$

Zu 4. Das Kolbenwegdiagramm (**5.5**) wird nach der Gleichung (5.13) für $k = 1$ bis 12, also $\Delta\varphi = 30°$, berechnet. ■

5.3.2 Kolbengeschwindigkeit

Die **Kolbengeschwindigkeit** beträgt mit $\varphi = \omega \cdot t$

$$\boxed{c = \frac{dx}{dt} = \frac{dx}{d\varphi} \cdot \frac{d\varphi}{dt} = \omega \cdot \frac{dx}{d\varphi}} \qquad (5.17)$$

Der **exakte Wert** folgt hieraus mit Gl. (5.9) und (5.11) zu

$$\boxed{c = r \cdot \omega \cdot \frac{\sin(\varphi + \beta)}{\cos\beta} \qquad c = r \cdot \omega \cdot \left(\sin\varphi + \frac{\lambda}{2} \cdot \frac{\sin 2\varphi}{\sqrt{1 - \lambda^2 \cdot \sin^2\varphi}} \right)} \qquad (5.18)$$

Aus Gl. (5.12) und Gl. (5.17) ergibt sich mit den geometrischen Beziehungen

$\sin^2\varphi = \frac{1}{2} \cdot (1 - \cos 2\varphi) \qquad \sin^4\varphi = \frac{1}{8} \cdot (3 - 4 \cdot \cos 2\varphi + \cos 4\varphi)$ und

$\sin^6\varphi = \frac{1}{32} \cdot (10 - 15 \cdot \cos 2\varphi + 6 \cdot \cos 4\varphi - \cos 6\varphi)$ für die harmonische Analyse der

Geschwindigkeit *c*

$$\boxed{c = r \cdot \omega \cdot \left[\sin\varphi + \left(\frac{\lambda}{2} + \frac{\lambda^3}{8} + \frac{15\lambda^5}{256} \right) \cdot \sin 2\varphi - \left(\frac{\lambda^3}{16} + \frac{3\lambda^5}{64} \right) \cdot \sin 4\varphi + \frac{3\lambda^5}{256} \cdot \sin 6\varphi + \ldots \right]} \qquad (5.19)$$

$$\boxed{c_{\mathrm{K}} = r \cdot \omega \cdot \left(\sin\varphi + \frac{\lambda}{2} \cdot \sin 2\varphi \right)} \qquad (5.20)$$

$$\boxed{c_{\mathrm{KS}} = r \cdot \omega \cdot \sin\varphi} \qquad (5.21)$$

Die **Näherung c_K** folgt aus Gl. (5.13) und (5.17) und der Wert c_{KS} für die **Kreuzschubkurbel** aus Gl. (5.13) bzw. (5.14) [5], [6].

Fehler. Dies ist die Differenz der Geschwindigkeiten nach Gl. (5.19) und Gl. (5.20) bzw. Gl. (5.21); sie wird bei $\varphi = 45°$ am größten. Bei Berücksichtigung der ersten vier Glieder der Gl. (5.19) ist der Maximalwert

$$\boxed{c - c_{\mathrm{K}} = r \cdot \omega \cdot \frac{\lambda^3}{8} \cdot \left(1 + \frac{3}{8}\lambda^2 \right)} \qquad \boxed{c - c_{\mathrm{K}} = r \cdot \omega \cdot \left[\frac{\lambda}{2} + \frac{\lambda^3}{8} \cdot \left(1 + \frac{3}{8}\lambda^2 \right) \right]} \qquad (5.22) \quad (5.23)$$

Für $\lambda = 1/3$ ergeben sich die Höchstwerte $c - c_K = r \cdot \omega/207$ und $c - c_{KS} = r \cdot \omega/6$.

Funktionsverlauf. Die Kolbengeschwindigkeit (**5.6**) wächst nach Gl. (5.18) bis (5.21) mit der Kurbelzapfengeschwindigkeit $c_Z = r \cdot \omega$ an und ändert sich periodisch mit dem doppelten Hub. Ihre Wirkungslinie (**5.6a**) ist die Zylindermittellinie $\overline{OTM}$. Die Richtung (**5.6a**) beim Hingang vom *OT* nach *M* zählt positiv. Die Nullstellen der Kolbengeschwindigkeit (**5.6 b** und **c**) treten in den Totpunkten auf. Der Maximalwert (**5.6a**) liegt kurz hinter der Stelle, wo die Schubstange $\overline{BK}$ an den Kurbelkreis tangiert, also $\varphi + \beta = 90°$ ist. Setzt man in Gl. (5.18) gemäß Dreieck *BKM* die Werte $\tan\beta = r/l = \lambda$ bzw. $\cos\beta = 1/\sqrt{1+\lambda^2}$ und $\sin(\varphi+\beta) = 1$ ein, so folgt für die größte Kolbengeschwindigkeit

$$\boxed{c_{max} \approx r \cdot \omega \cdot \sqrt{1+\lambda^2} = c_Z \cdot \sqrt{1+\lambda^2}} \tag{5.24}$$

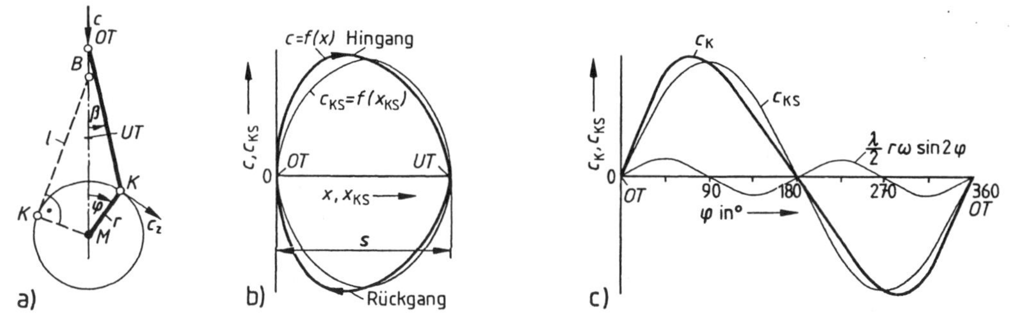

5.6
Geschwindigkeiten; $\lambda = 1/3$
a) Kurbeltrieb mit Vektoren (Tangentiallage der Schubstange gestrichelt)
b) und c) Kolbengeschwindigkeit als Funktion des Kolbenweges bzw. des Kurbelwinkels

Der Schubstangenwinkel, bei dem die Kolbengeschwindigkeit ihren Höchstwert c_{max} hat, folgt mit $\tan\beta = \lambda$, da β klein ist, angenähert zu $\beta = \lambda$ bzw. aus der Zahlenwertgleichung $\beta = 180°\cdot\lambda/\pi = 57{,}3°$. Nach *Vogel* [18] ist der genauere Wert $\beta = 56{,}5°\cdot\lambda$.

Die Kurbelzapfengeschwindigkeit c_Z (**5.6a**) hat den konstanten Betrag $r \cdot \omega$ und steht im Punkt *K* senkrecht zur Kurbel $\overline{MK}$. Ihre Pfeilspitze zeigt die Drehrichtung der Kurbel an.

Zur graphischen Ermittlung der Kolbengeschwindigkeit ist das Verfahren der gedrehten Geschwindigkeiten am einfachsten durchzuführen (**5.7**). Die Kurbelzapfengeschwindigkeit c_Z wird vom Drehpunkt *M* aus in Richtung der Kurbel $\overline{MK}$, also um 90° entgegen dem Uhrzeigersinn gedreht, aufgetragen (**5.7**). Die Parallele zur Schubstange $\overline{BK}$ durch ihre Spitze *U* schneidet auf der Senkrechten zur Zylindermittellinie $\overline{OTM}$ durch den Punkt *M* die Strecke $\overline{MV}$ ab. Diese stellt die gedrehte Kolbengeschwindigkeit dar. Die tatsächliche Geschwindigkeit *c* ist beim Hingang vom *OT* nach *M* hin und beim Rückgang entgegengesetzt gerichtet. Als Beweis folgt aus dem Dreieck *MUV* mit dem Sinussatz

$$c/\sin(\varphi+\beta) = c_Z/\sin(90° - \beta)$$

Hieraus ergibt sich mit $c_Z = r \cdot \omega$ die Gl. (5.18). Die Konstruktion liefert also die exakte Kolbengeschwindigkeit *c*.

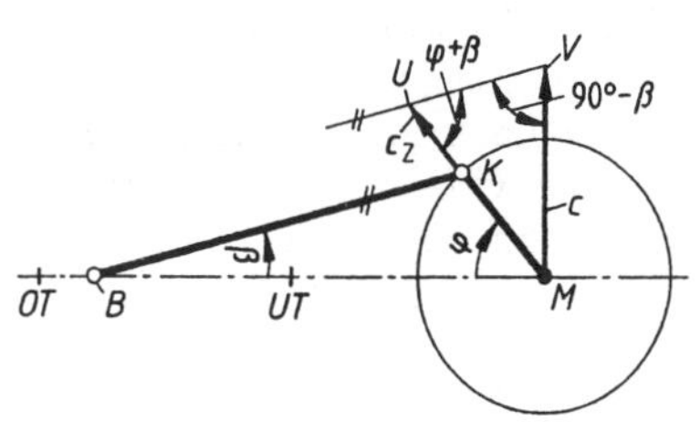

5.7
Graphische Ermittlung der Kolbengeschwindigkeit

Beispiel 3

Ein Viertakt-Ottomotor hat die Drehzahl $n = 5000\ \text{min}^{-1}$, den Hub $s = 60$ mm und das Schubstangenverhältnis $\lambda = 1/3{,}5$. Seine Einlassventile öffnen beim Kurbelwinkel $\varphi_ö = 30°$ und schließen bei $\varphi_s = 270°$.

Beispiel 3, Fortsetzung

Gesucht sind die hierbei auftretenden Kolbengeschwindigkeiten, die mit dem Maximal- und dem Mittelwert zu vergleichen sind.

Aus der Kurbelzapfengeschwindigkeit nach Gl. (5.3)

$$c_Z = r \cdot \omega = \pi \cdot n \cdot s = \frac{\pi \cdot 5000\,\text{min}^{-1} \cdot 0{,}06\,\text{m}}{60\,\text{s/min}} = 15{,}70\ \frac{\text{m}}{\text{s}}$$

folgt die Kolbengeschwindigkeit nach Gl. (5.20) für das Öffnen und Schließen der Ventile

$$c_{\text{K ö}} = 15{,}70\ \frac{\text{m}}{\text{s}} \cdot \left(\sin 30° + \frac{1}{2 \cdot 3{,}5} \cdot \sin 60° \right) = 9{,}80\ \frac{\text{m}}{\text{s}}$$

$$c_{\text{K s}} = 15{,}70\ \frac{\text{m}}{\text{s}} \cdot \left(\sin 270° + \frac{1}{2 \cdot 3{,}5} \cdot \sin 540° \right) = -15{,}70\ \frac{\text{m}}{\text{s}}$$

Das Minuszeichen bei $c_{\text{K s}}$ deutet auf den Kolbenrückgang hin.

Die mittlere und maximale Kolbengeschwindigkeit betragen dann nach Gl. (5.4) und (5.24)

$$c_\text{m} = 2 \cdot s \cdot n = \frac{2 \cdot 0{,}06\,\text{m} \cdot 5000\,\text{min}^{-1}}{60\,\text{s/min}} = 10\ \frac{\text{m}}{\text{s}}$$

$$c_{\max} \approx \frac{\pi}{2} \cdot c_\text{m} \cdot \sqrt{1+\lambda^2} = \frac{\pi}{2} \cdot 10\ \frac{\text{m}}{\text{s}} \cdot \sqrt{1 + \frac{1}{3{,}5^2}} = 16{,}35\ \frac{\text{m}}{\text{s}}$$

Die Kolbengeschwindigkeiten beim Öffnen und Schließen der Ventile betragen demnach 60% bzw. 96% des Maximal- oder 98% bzw. 157% des Mittelwertes. ■

5.3.3 Kolbenbeschleunigung

Die **Kolbenbeschleunigung** beträgt mit $\varphi = \omega \cdot t$

$$a = \frac{\text{d}c}{\text{d}t} = \frac{\text{d}c}{\text{d}\varphi} \cdot \frac{\text{d}\varphi}{\text{d}t} = \omega \cdot \frac{\text{d}c}{\text{d}\varphi} = \omega^2 \cdot \frac{\text{d}^2 x}{\text{d}\varphi^2} \tag{5.25}$$

Mit den Werten aus Gl. (5.18) und (5.19) ergibt die Gl. (5.25) den exakten Wert

$$a = r \cdot \omega^2 \cdot \left[\frac{\cos(\varphi + \beta)}{\cos\beta} + \frac{r}{l} \cdot \frac{\cos^2\varphi}{\cos^3\beta} \right] \tag{5.26}$$

$$a = r \cdot \omega^2 \cdot \left[\cos\varphi + \lambda \frac{\cos 2\varphi + \lambda^2 \cdot \sin^4\varphi}{\sqrt{(1 - \lambda^2 \cdot \sin^2\varphi)^3}} \right] \tag{5.27}$$

Aus Gl. (5.25) und (5.19) folgt die Gleichung für die harmonische Analyse der Kolbenbeschleunigung a

$$\boxed{a = r \cdot \omega^2 \cdot \left[\cos\varphi + \left(\lambda + \frac{\lambda^3}{4} + \frac{15\lambda^5}{128}\right)\cdot \cos 2\varphi - \left(\frac{\lambda^3}{4} + \frac{3\lambda^5}{16}\right)\cdot \cos 4\varphi + \frac{9\lambda^5}{128}\cdot \cos 6\varphi + \ldots\right]} \tag{5.28}$$

$$\boxed{a_K = r \cdot \omega^2 \cdot (\cos\varphi + \lambda \cdot \cos 2\varphi)} \tag{5.29}$$

$$\boxed{a_{KS} = r \cdot \omega^2 \cdot \cos\varphi} \tag{5.30}$$

Der **Näherungswert** $\boldsymbol{a_K}$ ergibt sich aus Gl. (5.20) und Gl. (5.25), die Beschleunigung a_{KS} der Kreuzkurbel aus Gl. (5.21) und Gl. (5.25) [5], [6].

Fehler. Die Differenz zwischen dem exakten Wert der Beschleunigung nach Gl. (5.28) und dem Näherungswert nach Gl. (5.29) bzw. nach Gl. (5.30) ist für $\varphi = 90°$ am größten. Er beträgt bei Berücksichtigung der vier ersten Glieder der Gl. (5.28)

$$\boxed{a - a_K = -r \cdot \omega^2 \cdot \frac{\lambda^3}{2} \cdot \left(1 + \frac{3}{4}\lambda^2\right)} \quad \boxed{a - a_{KS} = -r \cdot \omega^2 \cdot \left[\lambda + \frac{\lambda^3}{2} \cdot \left(1 + \frac{3}{4}\lambda^2\right)\right]} \quad (5.31) \quad (5.32)$$

Das Minuszeichen bedeutet, dass hier die Näherungswerte zu groß sind. Für $\lambda = 1/3$ werden die Höchstwerte der Differenzen $a - a_K = -r \cdot \omega^2/50$ und $a - a_{KS} = -r \cdot \omega^2/2{,}83$.

Funktionsverlauf. Die Kolbenbeschleunigung (**5.8**) verläuft periodisch mit der Umlaufzeit T_Z der Kurbel. Sie ist proportional dem Betrag der Normalbeschleunigung $a_Z = r \cdot \omega^2 = c_Z^2/r$, die in der Kurbel $\overline{KM}$ zum Punkt M hin gerichtet wirkt. Die Wirkungslinie der Kolbenbeschleunigung a (**5.8a**) ist die Zylindermittellinie $\overline{OTM}$. Die Richtung von OT nach M zählt positiv. In den Totpunkten betragen die Kolbenbeschleunigungen nach Gl. (5.26) bis (5.28) mathematisch exakt

in OT $\boxed{a_{OT} = r \cdot \omega^2 \cdot (1 + \lambda)}$ mit $\varphi = \beta = 0°$ (5.33)

in UT $\boxed{a_{UT} = -r \cdot \omega^2 \cdot (1 - \lambda)}$ mit $\varphi = 180°$ $\beta = 0°$ (5.34)

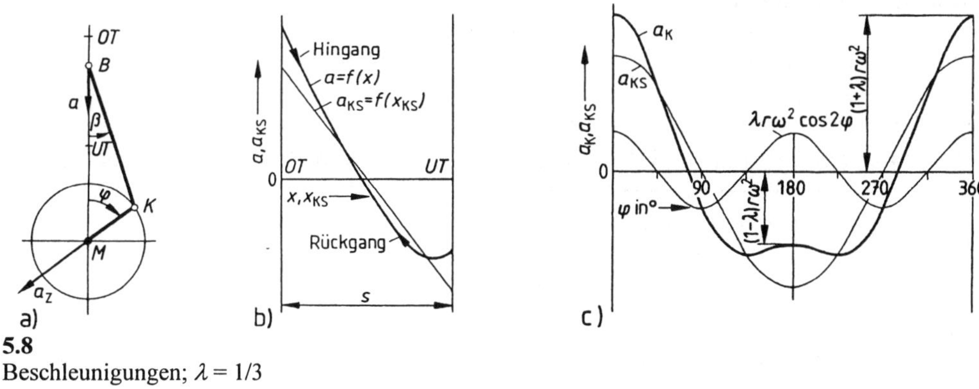

5.8
Beschleunigungen; $\lambda = 1/3$
a) Kurbeltrieb mit Vektoren
b) und c) Kolbenbeschleunigung als Funktion des Kolbenweges bzw. des Kurbelwinkels

Die Näherungsgleichung (5.29) liefert diese Werte für die Totpunkte ebenfalls exakt. Die Gl. (5.33) und (5.34) stellen die Extremwerte der Beschleunigung dar; für das Minimum allerdings nur, falls $\lambda = 1/4$ ist. Bei größeren λ-Werten liegen die Minima vor und hinter *UT* und betragen

$$a_{\mathrm{K\,min}} = -r \cdot \omega^2 \cdot \frac{1+8\lambda^2}{8\lambda} \qquad \text{bei} \qquad \cos\varphi = -\frac{1}{4\lambda}$$

Die Nullstellen der Kolbenbeschleunigung stimmen mit der Lage der größten Kolbengeschwindigkeit (**5.6**) überein. Dort wechselt die Beschleunigung ihr Vorzeichen.

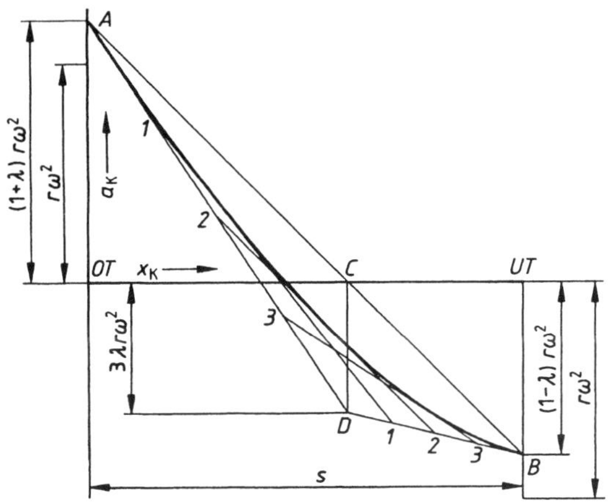

5.9
Beschleunigungsparabel; $\lambda = 1/5$

Graphisch wird die Kolbenbeschleunigung am schnellsten durch Aufzeichnen der sog. Beschleunigungsparabel (**5.9**) ermittelt. Diese stellt die Beschleunigung als Funktion des Weges dar und ist hinreichend genau, falls $\lambda = 1/3{,}8$ ist. Zu ihrer Konstruktion werden die Beschleunigungen nach Gl. (5.33) und (5.34) ihrem Vorzeichen entsprechend über den Totpunkten mit dem Abstand s aufgetragen. Die Verbindungsgerade $\overline{AB}$ ihrer Endpunkte schneidet die Strecke $\overline{OT-UT}$ im Punkt *C*, von dem aus senkrecht nach unten die Strecke $\overline{CD} = 3 \cdot \lambda \cdot r \cdot \omega^2$ abzutragen ist. Dann werden die Strecken $\overline{AB}$ und $\overline{BD}$ je in die gleiche Anzahl von Teilstrecken aufgeteilt und diese von *A* bzw. von *D* aus beziffert. Die Verbindungslinien der Punkte gleicher Ziffern bilden dann die Einhüllende der Beschleunigungsparabel.

Die Konstruktion stellt die Parabel der Gleichung $a_K = f(a_K)$ dar, die sich durch Eliminieren des Parameters φ aus Gl. (5.13) und (5.29) ergibt.

Beispiel 4

Ein stehender Großdieselmotor hat den Hub $s = 1{,}6$ m, die Drehzahl ist $n = 115\ \mathrm{min}^{-1}$ und das Schubstangenverhältnis $\lambda = 1/5$. Seine wassergekühlten Kolben (**5.10**) sind mit hohlen Kolbenstangen verschraubt.

Gesucht sind: Die Kolbenbeschleunigung in den Totpunkten und die Drehzahl, bei der die Planschwirkung des Wassers, das den Kolbenboden kühlt, aufhört.

Mit der Winkelgeschwindigkeit nach Gl. (5.2)

$$\omega = 2 \cdot \pi \cdot n = \frac{2\pi \cdot 115\,\mathrm{min}^{-1}}{60\,\mathrm{s/min}} = 12{,}05\ \mathrm{s}^{-1}$$

und mit der Kurbelzapfenbeschleunigung bei $r = s/2$

$$a_Z = r \cdot \omega^2 = 0{,}8\,\mathrm{m} \cdot 12{,}05^2\,\mathrm{s}^{-2} = 116\,\mathrm{m/s}^2$$

Beispiel 4, Fortsetzung

folgt die Kolbenbeschleunigung im *OT* bzw. im *UT* nach Gl. (5.33) und (5.34)

$$a_{\text{OT}} = r \cdot \omega^2 \cdot (1+\lambda) = 116\,\text{m/s}^2 \cdot (1+1/5) = 139{,}2\,\text{m/s}^2$$

$$a_{\text{UT}} = -r \cdot \omega^2 \cdot (1-\lambda) = -116\,\text{m/s}^2 \cdot (1-1/5) = -92{,}8\,\text{m/s}^2$$

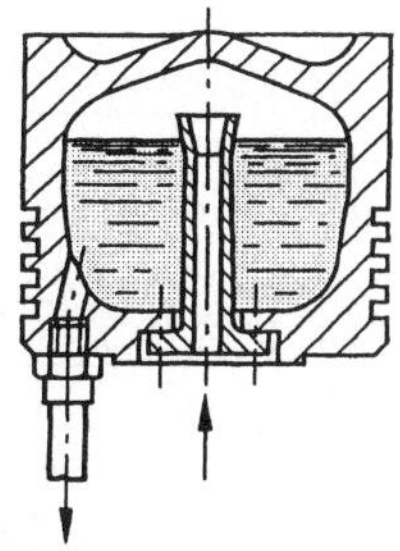

5.10 Wassergekühlter Kolben

Die Planschwirkung des Wassers hört auf, wenn die maximale Trägheitskraft des Wassers kleiner als seine ihr entgegengerichtete Schwerkraft wird. Dieser Fall tritt ein, wenn die Kolbenbeschleunigung im *OT* kleiner als die Fallbeschleunigung ist. Die Grenze liegt bei $r \cdot \omega^2 \cdot (1+\lambda) = \text{g}$ bzw. mit Gl. (5.2) bei der Drehzahl

$$n = \frac{\omega}{2\pi} = \frac{1}{2\pi} \cdot \sqrt{\frac{\text{g}}{r \cdot (1+\lambda)}} = \frac{60\,\text{s/min}}{2\pi} \cdot \sqrt{\frac{9{,}81\,\text{m/s}^2}{0{,}8\,\text{m} \cdot (1+1/5)}} = 30{,}5\,\text{min}^{-1}$$

Beim Unterschreiten dieser Drehzahl und Ausfall der Kühlmittelpumpe kann der Kolbenboden durchbrennen, da er dann nicht mehr gekühlt wird. ■

5.3.4 Geschränkter Kurbeltrieb

Der Kolben (**5.11**) bewegt sich zwischen den Endlagern *OT* und *UT*. Dabei hat die Verlängerung der Geraden $\overline{OT\,UT}$ vom Drehpunkt *M* den Abstand bzw. die Exzentrizität $q = \overline{EM}$, und $\mu = q/l$ heißt Schränkungsverhältnis.

Schubstangenwinkel. Mit $\overline{KL'} = l \cdot \sin\beta$ und $\overline{LL'} = r \cdot \cos\varphi$ folgt, da $\overline{EM} = \overline{LL'}$ ist

$$\boxed{\sin\beta = (q + r \cdot \sin\varphi)/l} \tag{5.35}$$

Für die Endlagen gilt dann mit $\beta_\text{o} = -\varphi_\text{o}$ und $\beta_\text{n} = 180° - \varphi_\text{u}$ nach dem Satz des Pythagoras

$$\boxed{\begin{array}{ll} \sin\beta_\text{o} = \dfrac{q}{l+r} & \cos\beta_\text{o} = \dfrac{\sqrt{(l+r)^2 - q^2}}{l+r} \\ \sin\beta_\text{u} = \dfrac{q}{l+r} & \cos\beta_\text{u} = \dfrac{\sqrt{(l-r)^2 - q^2}}{l-r} \end{array}} \tag{5.36}$$

Kolbenweg. Aus $\overline{BL'} = l \cdot \cos\beta$ und $\overline{LM} = \overline{L'E} = r \cdot \sin\varphi$ ergibt sich

$$\boxed{y = l \cdot \cos\beta + r \cdot \cos\varphi} \tag{5.37}$$

Hieraus folgt dann aus Gl. (5.36) für die Endlagen

$$\boxed{y_\text{o} = (l+r) \cdot \cos\beta_\text{o} = \sqrt{(l+r)^2 - q^2} \qquad y_\text{u} = (l-r) \cdot \cos\beta_\text{u} = \sqrt{(l-r)^2 - q^2}} \tag{5.38}$$

$$x = y_o - y = \sqrt{(l+r)^2 - q^2} - l \cdot \cos\beta - r \cdot \cos\varphi \tag{5.39}$$

Für den Hub gilt dann mit den Gl. (5.38)

$$s = y_o - y_u = \sqrt{(l+r)^2 - q^2} - \sqrt{(l-r)^2 - q^2} \tag{5.40}$$

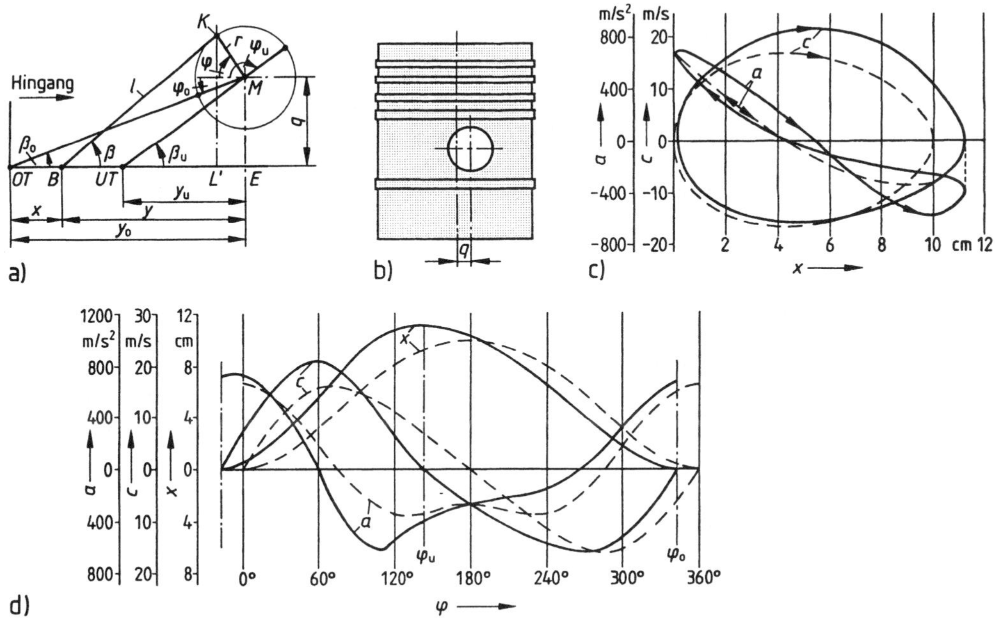

5.11
Geschränkter Kurbeltrieb; $r = 5$ cm; $l = 15$ cm; $q = 6$ cm; $n = 3000$ min^{-1}

a) Aufbau; b) desaxierter Kolben; c), d) Bewegungsablauf; gestrichelter Linien: gerader Kurbeltrieb $q = 0$; c) als Funktion des Kurbelwinkels; d) als Funktion des Kolbenweges

Kobengeschwindigkeit und -beschleunigung. Da die Gl. (5.10) und (5.35) den gleichen Differentialquotienten $\mathrm{d}\beta/\mathrm{d}\varphi = r \cdot \cos\varphi/(l \cdot \cos\beta)$ haben, gelten hier die Gl. (5.18) und (5.26), allerdings nur mit der Gl. (5.35) für den Winkel β. In den Endlagen ist die Kolbengeschwindigkeit Null, für die Beschleunigung wird dann

$$a_o = \frac{r \cdot \omega^2}{\sqrt{(l+r)^2 - q^2}} \cdot \frac{(l+r)^2}{l} \qquad a_u = -\frac{r \cdot \omega^2}{\sqrt{(l-r)^2 - q^2}} \cdot \frac{(l-r)^2}{l} \qquad (5.41)\ (5.42)$$

Für den Kurbelwinkel $\varphi = 0$ und 90° ergibt sich

$$a_0 = r \cdot \omega^2 \cdot \left\{1 + \frac{r/l}{\left[1 - (q/l)^2\right]^{3/2}}\right\} \qquad a_{90°} = -r \cdot \omega^2 \cdot \frac{q+r}{\sqrt{l^2 - (q+r)^2}} \qquad (5.43)\ (5.44)$$

Das Maximum a_{max} liegt kurz vor a_0, das Minimum a_{min} dahinter.

Bewegungsablauf (5.11 c und **d**). Infolge der Schränkung ist er nicht mehr zum Kurbelwinkel $\varphi = 180°$ symmetrisch, und die Extremwerte steigen an. Beim Hingang beträgt der Kurbelwinkel $\varphi_o + \varphi_u$, beim Rückgang $180° - (\varphi_o + \varphi_u)$. Der Hub wird also beim Hingang schneller als beim Rückgang durchlaufen. Die maximale Kolbengeschwindigkeit ist größer und tritt früher auf. Die Abweichungen nehmen mit der Exzentrizität q zu. Für $q = 0$ gelten die Gleichungen des geraden Kurbeltriebes.

5.4 Dynamik des Kurbeltriebes

In der Dynamik werden die Kräfte im Triebwerk als Funktion des Kurbelwinkels oder des Kolbenweges bei konstanter Winkelgeschwindigkeit behandelt. Dabei sind die primären oder Stoffkräfte und die sekundären oder Massenkräfte von Bedeutung, wogegen die verhältnismäßig kleinen Gewichtskräfte der Triebwerksteile vernachlässigbar sind. Die Stoffkräfte, vom Druck des im Zylinder eingeschlossenen Mediums erzeugt, werden vom Deckel aus durch Zylinder und Gestell sowie vom Kolben aus durch den Kurbeltrieb geleitet. Sie bewirken das an der Kupplung übertragene Drehmoment und hängen vom Kolbendurchmesser, von der Belastung und vom Arbeitsverfahren [11] ab. Die Massenkräfte entstehen im Triebwerk und werden von der Kurbelwelle über die Lager auf das Gestell und weiter über das Fundament auf die Umgebung übertragen. Sie hängen von den Abmessungen und Massen des Kurbeltriebes sowie vom Quadrat der Drehfrequenz ab. Obgleich der Mittelwert der Massenkräfte während einer Umdrehung Null ist, wirken sich ihre Amplituden aus und müssen daher besonders beachtet werden.

5.4.1 Stoffkräfte und Leistungen

Das im Zylinder eingeschlossene Medium wirkt mit seinem absoluten Druck p auf die Vorderseite und der atmosphärische Druck p_a auf die Rückseite der Fläche A_K des Tauchkolbens. Dabei entsteht die **Stoffkraft** F_S. Sie ist periodisch und wirkt in der Zylindermittellinie. Ihre Richtung zum Kurbeldrehpunkt hin zählt positiv. Negative Werte für $p < p_a$ treten meist beim Ansaugen auf und sind relativ klein.

Maximale Stoffkraft, das ist die **Gestängekraft** $F_{S\,max}$ beim Höchstdruck p_{max} bzw. bei Verbrennungsmotoren die **Zündkraft** F_Z beim Zünddruck p_Z, bildet nach Gl. (5.45) die Berechnungsgrundlage für die Maschine [11] und [12]. Es gilt also

$$F_S = (p - p_a) \cdot A_K \tag{5.45}$$

$$F_{Smax} = (p_{max} - p_a) \cdot A_K \qquad F_Z = (p_Z - p_a) \cdot A_K \qquad (5.46)\ (5.47)$$

Der Zünddruck beträgt $p_Z = (50...70)$ bar bei Otto- und $p_Z = (80...120)$ bar bei Dieselmotoren. Verdichter und Pumpen erreichen als Höchstdruck $p_{max} = 6000$ bar.

Der Druckverlauf im Zylinder ist vom Arbeitsverfahren und von der Belastung der Maschine abhängig. Er wird als Funktion der Zeit (**5.12a**) bzw. des Kurbelwinkels oder im Indikatordiagramm (**5.12b**) als Funktion des Weges mit Oszillographen oder rechnerunterstützten Messsystemen aufgenommen.

Für den Viertakt-Dieselmotor stellt sich der Druck im Zylinder in folgendem Ablauf dar (**5.12**): Ansaugen von Punkt *0* bis *1* beim ersten Takt (erster Hingang), Verdichten von *1* bis *2* und anschließender Gleichraumverbrennung von *2* bis *3* beim zweiten Takt (erster Rückgang), Gleichdruckverbrennung von *3* bis *4* und Expansion von *4* bis *5* beim dritten Takt (zweiter Hingang) und schließlich Ausschieben von *5* bis *0* beim vierten Takt (zweiter Rückgang). Das Arbeitsspiel umfasst demnach zwei Hin- und Rückgänge bzw. zwei Umdrehungen.

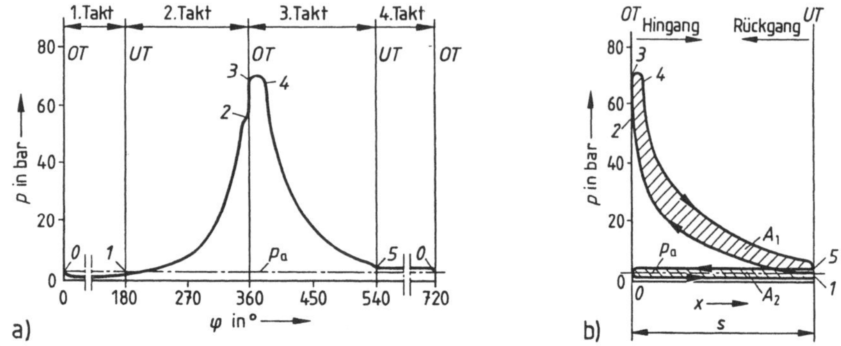

5.12
Druckverlauf in einem Viertakt-Dieselmotor als Funktion
a) des Kurbelwinkels
b) des Kolbenweges

Zur Leistungsbestimmung dient der mittlere **indizierte Druck**

$$p_i = \frac{A_D}{l_D \cdot \varphi} \tag{5.48}$$

Hierin ist A_D die vom Indikatordiagramm (**5.12b**) eingeschlossene Fläche, die durch Planimetrieren ermittelt wird, und l_D die Diagrammlänge; φ berücksichtigt den Druckmaßstab (z. B. in mm/bar). Im Indikatordiagramm (**5.12b**) eines Viertaktmotors ist die maßgebliche Diagrammfläche $A_D = A_1 - A_2$, die Differenz aus der Fläche A_1 für die technische Arbeit (nach rechts aufwärts schraffiert) und der Fläche A_2 für die verhältnismäßig kleine Drosselarbeit (links aufwärts schraffiert).

Wie die Gl. (5.11) für die effektive Leistung P_e, so wird auch die folgende Gl. (5.49) für die im Zylinder umgesetzte indizierte Leistung P_i abgeleitet. So beträgt für z Zylinder die indizierte Leistung mit $a_T = 1$ für den Zwei- bzw. $a_T = 2$ für den Viertaktmotor.

$$P_i = \frac{z \cdot p_i \cdot V_h \cdot n}{a_T} \tag{5.49}$$

Kraftmaschinen (Verbrennungsmotoren) wird die indizierte Leistung P_i vom Medium dem Kolben zugeführt. Sie wird dann nur zum Teil als effektive Leistung P_e über die Kupplung z. B. an einen Generator abgegeben, der andere Teil geht als Reibleistung P_{RT} im Triebwerk verloren. Die Leistungsbilanz lautet $P_i = P_e + P_{RT}$, wobei $P_i > P_e$.

Arbeitsmaschinen (Pumpen, Verdichtern) wird z. B. durch einen Elektromotor, die effektive Leistung P_e über die Kupplung zugeführt. Ein Teil davon wird vom Kolben an das Medium als indizierte Leistung P_i übertragen, wogegen der andere Teil als Reibleistung P_{RT} im Triebwerk verloren geht. Hierfür lautet die Bilanz: $P_e = P_i + P_{RT}$ mit $P_e > P_i$.

Zur Beurteilung der Reibungsverluste im Triebwerk ist der **mechanische Wirkungsgrad** η_m als das Verhältnis der abgegebenen zur zugeführten Leistung definiert. Demnach gilt für

Kraftmaschinen

$$\boxed{\eta_m = P_e/P_i} \quad \text{bzw.} \quad \boxed{\eta_m = p_e/p_i} \qquad (5.50)\ (5.51)$$

Arbeitsmaschinen

$$\boxed{\eta_m = p_i/p_e = P_i/P_e} \qquad (5.52)$$

Erfahrungswerte: $\eta_m = 0{,}85...0{,}92$ bei Großmaschinen und $\eta_m = 0{,}8...0{,}85$ bei kleineren Maschinen.

5.4.2 Massenkräfte

Im Kurbeltrieb führen der Kolben mit Stange und Kreuzkopf eine hin- und hergehende (oszillierende) und die Kurbel eine rotierende Bewegung aus, wogegen die Bewegung der Schubstange aus beiden Bewegungsformen zusammengesetzt ist. Die Beschleunigungen dieser beiden Formen sind unterschiedlich. Die Trägheitskräfte werden daher zweckmäßig in oszillierende, in der Zylindermittellinie $\overline{OTM}$ wirkende, und in rotierende, in der Kurbel $\overline{KM}$ wirkende, Massenkräfte aufgeteilt. Die Berechnung der Massenkräfte setzt die Bestimmung der Massen von Schubstange und Kurbelwelle voraus.

Massen. Die Masse der Schubstange (**5.13a**) wird entsprechend den Auflagerkräften ihrer im Stangenschwerpunkt S_{St} angreifenden Gewichtskraft aufgeteilt. Mit der Schubstangenmasse m_{St}, mit der Länge l und dem Schwerpunktabstand r_{St} ergibt sich für die Anteile der oszillierenden Masse in B und der rotierenden Masse in K

$$\boxed{m_{oSt} = m_{St} \cdot \frac{r_{St}}{l}} \quad \boxed{m_{rSt} = m_{St} \cdot \frac{l - r_{St}}{l}} \qquad (5.53)\ (5.54)$$

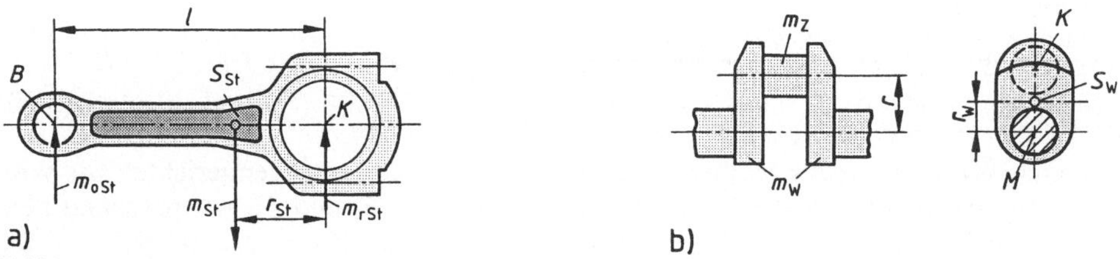

5.13
Oszillierende und rotierende Massen
a) Schubstange; b) Kurbel

Schubstangen von gleicher Bauart und mit gleichem Schubstangenverhältnis λ weisen eine ähnliche Massenverteilung auf. Für Schubstangen üblicher Bauart mit $\lambda = 1/4$ und $r_{St} \approx l/3$ folgt aus Gl. (5.53) und (5.54)

$$\boxed{m_{o\,St} = m_{St}/3} \quad \boxed{m_{r\,St} \approx 2 \cdot m_{St}/3} \qquad (5.55)\ (5.56)$$

Die rotierende Masse der Kurbel (**5.13b**) wird auf die Kurbelzapfenmittellinie bezogen. Da die Wellenzapfen durch ihre Lage in der Drehachse keinen Fliehkraftanteil bringen, ist lediglich die Masse m_W der beiden Kurbelwangen mit ihrem Schwerpunktradius r_W auf den Kurbelradius r zu reduzieren. Da die Fliehkraft durch die Reduktion nicht geändert werden darf, gilt für die reduzierte Masse der Wangen

$$m_{\text{red W}} \cdot r \cdot \omega^2 = m_W \cdot r_W \cdot \omega^2 \quad \text{oder} \quad m_{\text{red W}} = m_W \cdot r_W / r$$

Die Kurbel hat dann einschließlich der Kurbelzapfenmasse m_Z folgende rotierende Masse:

$$\boxed{m_{\text{rKW}} = m_Z + m_{\text{red W}} = m_Z + m_W \cdot r_W / r} \tag{5.57}$$

Die Massen werden für jedes einzelne Triebwerk in einen rotierenden Anteil m_r und in einen oszillierenden Anteil m_o zusammengefasst

$$\boxed{m_r = m_Z + m_W \cdot \frac{r_W}{r} + m_{St} \cdot \frac{l - r_{St}}{l}} \tag{5.58}$$

$$\boxed{m_o = m_K + m_{Ks} + m_{Kr} + m_{oSt}} \tag{5.59}$$

Zur **rotierenden Masse** zählen die Masse der Kurbelwelle nach Gl. (5.57) und der Massenanteil der Schubstange nach Gl. (5.54).

Die **oszillierende Masse** umfasst die Masse des Kolbens m_K, der Kolbenstange m_{Ks}, des Kreuzkopfes m_{Kr} und den Massenanteil der Schubstange $m_{o\,St}$ nach Gl. (5.53).

Massenkraft. Zu ihr zählen die oszillierende Kraft F_o mit ihren Anteilen F_1 und F_2 sowie die rotierende Kraft F_r.

$$\boxed{F_o = m_o \cdot a_K = m_o \cdot r \cdot \omega^2 \cdot (\cos\varphi + \lambda \cdot \cos 2\varphi)} \tag{5.60}$$

$$\boxed{F_I = m_o \cdot r \cdot \omega^2 \cdot \cos\varphi = P_I \cdot \cos\varphi} \tag{5.61}$$

$$\boxed{F_{II} = \lambda \cdot m_o \cdot r \cdot \omega^2 \cdot \cos 2\varphi = P_{II} \cdot \cos 2\varphi} \tag{5.62}$$

$$\boxed{F_r = m_r \cdot r \cdot \omega^2} \tag{5.63}$$

Die oszillierende Kraft F_o ist der Kolbenbeschleunigung a_K (**5.8**) entgegengerichtet. Sie wird nach Gl. (5.29) zweckmäßig in die Kräfte I. und II. Ordnung F_I und F_{II} entsprechend dem Kurbelwinkel φ aufgeteilt. Hierin sind $P_I = m_o \cdot r \cdot \omega^2$ und $P_{II} = \lambda \cdot m_o \cdot r \cdot \omega^2 = \lambda \cdot P_I$ die Amplituden der Massenkräfte. Die periodischen Kräfte I. und II. Ordnung (**5.14**) wirken in der Zylindermittellinie $\overline{OTM}$ und sind positiv, wenn sie zum $\overline{OT}$ zeigen. Ihre Darstellung (**5.14b**) erfolgt durch Vektoren der Länge P_I bzw. P_{II}, die mit der Kurbel bzw. ihrem doppelten Winkel umlaufen und auf die Zylindermittellinie projiziert werden. An Extremwerten treten auf: $F_{I\,max} = P_I$ bei $\varphi = 0°$ und $F_{I\,min} = -P_I$ bei $\varphi = 180°$ sowie $F_{II\,max} = P_{II}$ bei $\varphi = 0°$ und $180°$ und $F_{II\,min} = P_{II}$ bei $\varphi = 90°$ und $270°$. Nullstellen sind für F_I bei $\varphi = 90°$ und $270°$ sowie für F_{II} bei $\varphi = 45°$, $135°$, $225°$ und $315°$.

Rotierende Massenkraft. Da die Bewegung der umlaufenden Teile der Drehung des Kurbelzapfens entspricht, beträgt die rotierende Massenkraft $F_r = m_r \cdot r \cdot \omega^2$, Gl. (5.63). Sie ist also eine mit der Kurbel $\overline{MK}$ umlaufende Fliehkraft konstanten Betrages, ist nach K gerichtet und zählt im OT positiv. Ihre Komponente (**5.14b**) $F_r \cdot \cos\varphi$ wirkt in der Zylindermittellinie und die verbleibende Komponente $F_r \cdot \sin\varphi$ senkrecht dazu [8].

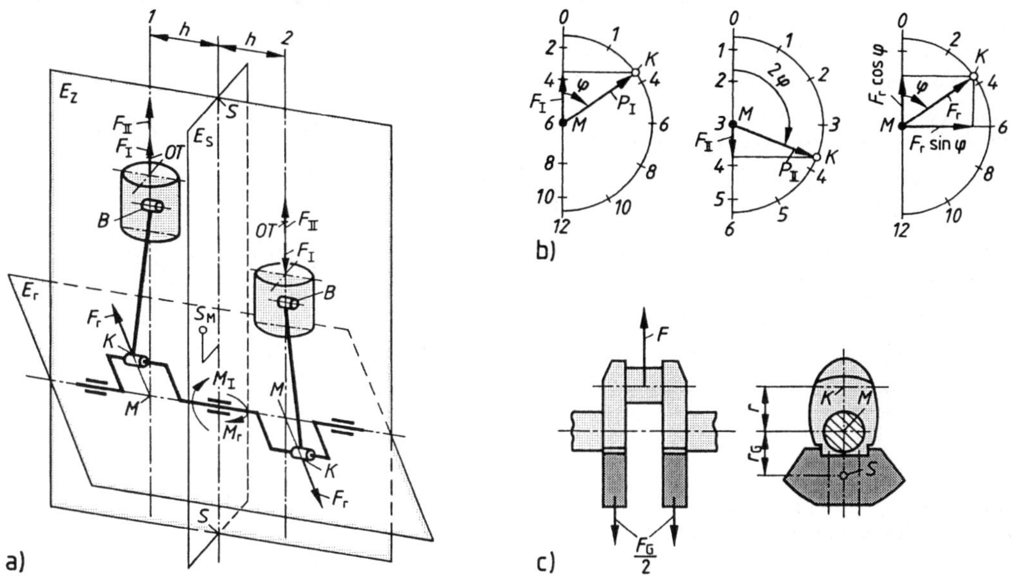

5.14
Massenkräfte und Momente
a) Zweizylinder-Reihenmaschine; b) Kräfte eines Triebwerkes; c) Kurbel mit Gegengewicht

Momente. Mehrzylindermaschinen (**5.14a**) werden durch die Massenkräfte um ihren Schwerpunkt S_M gekippt. Die Massenkräfte bilden Momente, von denen wegen ihrer Größe nur die von Bedeutung sind, welche auf die senkrecht zur Kurbelwellenachse $\overline{MM}$ stehenden Schwereebene E_S mit der Spur $\overline{SS}$ bezogen sind. Die Momente versetzen die Kräfte der einzelnen Triebwerke zur Addition in die Schwereebene, ihre Hebelarme h sind gleich dem Abstand der Zylindermittellinien $\overline{MOT}$ von der Schwerelinie $\overline{SS}$. Bei Drehung im Uhrzeigersinn zählen die Momente positiv.

Den Massenkräften entsprechend betragen mit Gl. (5.61) und (5.62) die **oszillierenden Momente I. und II. Ordnung M_I und M_{II}** sowie das **rotierende Moment M_r**

$$\boxed{M_I = m_o \cdot r \cdot \omega^2 \cdot h \cdot \cos\varphi = D_I \cdot \cos\varphi} \tag{5.64a}$$

$$\boxed{M_{II} = \lambda \cdot m_o \cdot r \cdot \omega^2 \cdot h \cdot \cos 2\varphi = D_{II} \cdot \cos 2\varphi} \tag{5.64b}$$

$$\boxed{D_I = m_o \cdot r \cdot \omega^2 \cdot h = P_I \cdot h} \tag{5.65a}$$

$$\boxed{D_{II} = \lambda \cdot m_o \cdot r \cdot \omega^2 \cdot h = \lambda \cdot D_I = P_{II} \cdot h = \lambda \cdot P_I \cdot h} \tag{5.65b}$$

$$\boxed{M_r = F_r \cdot h = m_r \cdot r \cdot \omega^2 \cdot h} \tag{5.66}$$

D_I und D_{II} sind die Amplituden der Massenmomente I. und II. Ordnung.

Die Momente M_I und M_{II} wirken in der von der Zylindermittellinie $\overline{OTM}$ und der Kurbelwellenachse $\overline{MM}$ gebildeten Ebene E_z (**5.14a**).

Das rotierende Moment nach Gl. (5.66) bzw. Gl. (5.63) ist dem Betrag nach konstant und läuft mit der von der Kurbel $\overline{MK}$ und der Kurbelwellenachse $\overline{MM}$ gebildeten Ebene E_r (**5.14a**) um.

Die Massenkräfte und auch die Massenmomente werden in voller Größe auf das Fundament und damit auf die Umgebung übertragen.

Haben Gebäude oder Maschinen Eigenschwingungszahlen, die mit den erregenden Frequenzen der Massenkräfte übereinstimmen, dann treten unerwünschte Resonanzschwingungen auf. Um diese zu verhindern, ist ein Aufheben bzw. Verringern der Massenkräfte notwendig. Letzteres wird durch Leichtbau des Triebwerkes erreicht.

Massenausgleich. Massenkräfte und deren Momente lassen sich bei Mehrzylindermaschinen durch die Triebwerksanordnung und Kurbelfolge [11], [16] oder durch die Fliehkraft umlaufender Gegengewichte ausgleichen. Die beiden Gegengewichte (**5.14c**) werden an den Wangen gegenüber den Kurbeln angebracht. Mit der Gesamtmasse m_G und mit ihrem Schwerpunktsradius r_G ergibt sich die zum Ausgleich der rotierenden Massenkraft erforderliche Fliehkraft $F_G = F_r$ oder $m_G \cdot r_G \cdot \omega^2 = m_r \cdot r \cdot \omega^2$ bzw. die erforderliche Gesamtmasse

$$\boxed{m_G = m_r \cdot \frac{r}{r_G}} \qquad (5.67)$$

In Sonderfällen lassen sich auch die oszillierende Massenkraft I. Ordnung und deren Momente teilweise ausgleichen.

Fundament. Bei manchen Triebwerksanordnungen lassen sich bestimmte Massenkräfte und Momente nicht ausgleichen. Es empfiehlt sich, diese Maschinen bzw. ihre Fundamente auf federnde Elemente zu stellen, wobei die Federsteifigkeit so gewählt werden muss, dass unerwünschte Resonanzschwingungen sich nicht ausbilden können oder aber z. B. durch Einsatz von Federn mit guter Dämpfung klein bleiben [13] (Gummifedern s. Teil I).

Beispiel 5

Ein Zweizylinder-Dieselmotor in Reihenanordnung (**5.14a**) hat die Drehzahl $n = 1800\ \text{min}^{-1}$, den Hub $s = 160$ mm und das Schubstangenverhältnis $\lambda = 1/4$. Der Abstand der Zylinder (**5.15**) beträgt $a = 200$ mm und der Abstand der Gegengewichte $b = 320$ mm. Die oszillierende Masse eines Kurbeltriebes ist $m_o = 6$ kg, seine rotierende Masse $m_r = 10$ kg. Der Schwerpunktradius der Gegengewichte sei $r_G = 120$ mm.

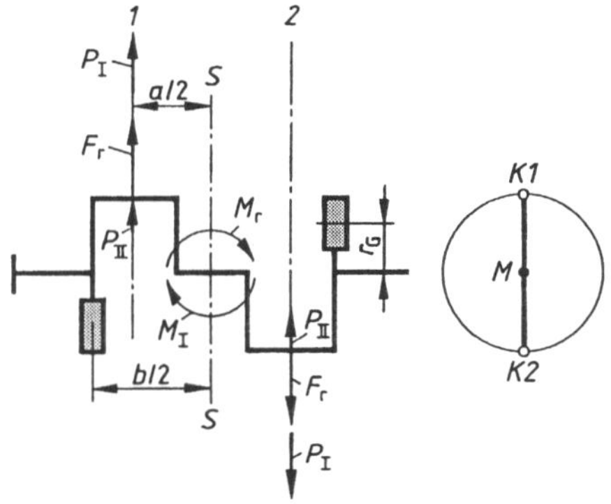

5.15
Kurbelschema einer Zweizylinder-Reihenmaschine mit Massenkräften und -momenten

Gesucht sind die Massenkräfte und Momente für die Stellung eines Kolbens im *OT* sowie die Masse der Gegengewichte zum Ausgleich der rotierenden Momente.

Mit dem Hub $r = s/2 = 0{,}08$ m und der Winkelgeschwindigkeit nach Gl. (5.2)

Beispiel 5, Fortsetzung

$$\omega = 2\pi \cdot n = \frac{2\pi \cdot 1800\,\text{min}^{-1}}{60\,\text{s/min}} = 188{,}5\,\text{s}^{-1}$$

folgt für die Amplituden der Massenkräfte I. und II. Ordnung nach Gl. (5.61) und (5.62) mit 1 N = 1 kgm/s²

$$P_\text{I} = m_\text{o} \cdot r \cdot \omega^2 = 6\,\text{kg} \cdot 0{,}08\,\text{m} \cdot 188{,}5^2\,\text{s}^{-1} = 17100\,\text{N}$$

$$P_\text{II} = \lambda \cdot P_\text{I} = \frac{17100\,\text{N}}{4} = 4260\,\text{N}$$

Und für die rotierende Kraft nach Gl. (5.63)

$$F_\text{r} = \frac{m_\text{r}}{m_\text{o}} \cdot P_\text{I} = \frac{10\,\text{kg}}{6\,\text{kg}} \cdot 17100\,\text{N} = 28500\,\text{N}$$

Resultierende Kräfte und Momente (5.14a). Steht der Kolben *1* im *OT*, so gilt mit $\varphi_1 = 0°$ für Zylinder *1* und $\varphi_2 = 180°$ für Zylinder *2* mit den Gl. (5.61), (5.62) und (5.63) für die Kräfte

$$F_{\text{r res}} = F_{\text{I res}} = 0 \qquad F_{\text{II res}} = 2 \cdot P_\text{II} = 8520\,\text{N}$$

Mit dem Hebelarm $h = a/2$ folgt mit Gl. (5.64) bis (5.66) für die Momente (**5.15**)

$$M_{\text{I res}} = 2 \cdot P_\text{I} \cdot h = P_\text{I} \cdot a = 17100\,\text{N} \cdot 0{,}2\,\text{m} = 3420\,\text{Nm} \qquad M_{\text{II res}} = 0$$

$$M_{\text{r res}} = F_\text{r} \cdot a = 28500\text{N} \cdot 0{,}2\,\text{m} = 5700\,\text{Nm}$$

Steht der Kolben 2 im *OT*, so wechseln die Momente ihre Richtung.

Gegengewichte. An jeder der beiden äußeren Wangen ist ein Gewicht angebracht. Um das rotierende Moment auszugleichen, muss das entgegenwirkende Moment der Gegengewichtsfliehkräfte $M_\text{G} = M_\text{r}$ oder $m_\text{G} \cdot r_\text{G} \cdot \omega^2 \cdot b = m_\text{T} \cdot r \cdot \omega^2 \cdot a$ sein. Also hat ein Gegengewicht die Masse

$$m_\text{G} = m_\text{r} \cdot \frac{r \cdot a}{r_\text{G} \cdot b} = 10\,\text{kg} \cdot \frac{80\,\text{mm} \cdot 200\,\text{mm}}{120\,\text{mm} \cdot 320\,\text{mm}} = 4{,}16\,\text{kg}$$

■

5.4.3 Kräfte im Triebwerk

Es werden die in den Drehpunkten *B*, *K* und *M* des Kurbeltriebes auftretenden Kräfte ohne Berücksichtigung der Lagerreibung und der geringen Gewichtskräfte in stehenden Triebwerken ermittelt (**5.16a**). Sie bilden die Grundlage zur Berechnung der Belastung der Triebwerkteile und des Drehmoments. Hierzu sind die am Kolben angreifenden und weitergeleiteten Kräfte in den Gelenkpunkten zu zerlegen. Es werden nur die für das Drehmoment wirksamen oszillierenden Massenkräfte berücksichtigt. Bei der Ermittlung der Wellenzapfen- bzw. Lagerbelastung müssen noch die rotierenden Massenkräfte hinzukommen [16].

Kolbenbolzen. Am Punkt B (Bild **5.16a**) greifen die **Kolbenkraft F_K**, die **Stangenkraft F_{St}** und die **Normalkraft F_N** an

$$\boxed{F_K = F_S - F_o} \qquad \boxed{F_{St} = \frac{F_K}{\cos\beta}} \qquad (5.68)\ (5.69)$$

$$\boxed{F_N = F_K \cdot \tan\beta} \qquad \boxed{F_{St} = \sqrt{F_K^2 + F_N^2}} \qquad (5.70)\ (5.71)$$

Die Kolbenkraft F_K ist die Differenz der Stoffkraft F_S nach Gl. (5.45) und der oszillierenden Massenkraft F_o nach Gl. (5.60).

Sie wirkt periodisch in der Zylindermittellinie. Als positive Richtung wird, da die Stoffkräfte überwiegen, die Richtung zum Drehpunkt M hin festgelegt. Bei Motoren, die aus der Atmosphäre ansaugen, liegt das Maximum der Kolbenkraft kurz hinter dem *OT* (**5.16b**), wenn das Verhältnis $F_Z/F_o > 2$ ist, wobei F_Z die Zündkraft nach Gl. (5.47) bedeutet. Sonst liegt ihr Maximum in der Nähe des *UT*.

Die Stangenkraft F_{St} und die Normalkraft F_N (**5.16 a** und **b**) sind die Komponenten der Kolbenkraft F_K, die in der Schubstangenrichtung $\overline{BK}$ und senkrecht zur Zylindermittellinie wirken.

Die Stangenkraft F_{St} weist bei $F_K = 0$ eine Nullstelle auf, wogegen die Normalkraft außer bei $F_K = 0$ noch im *OT* und *UT* eine Nullstelle hat.

Die Stangenkraft F_{St} wird an den Kurbelzapfen weitergeleitet, wo sie in eine tangentiale und radiale Komponente zerlegt werden kann.

Kurbelzapfen. Die von der Schubstange übertragene Stangenkraft F_{St} wird im Punkt K in die **Tangentialkraft F_T** und in die **Radialkraft F_R** zerlegt (Bild **5.16a**). Die Tangentialkraft F_T am Kurbelradius r bewirkt das **Drehmoment T** in der Welle

$$\boxed{F_T = F_{St} \cdot \sin(\varphi + \beta) = F_K = \frac{\sin(\varphi + \beta)}{\cos\beta}} \qquad (5.72)$$

$$\boxed{F_R = F_{St} \cdot \cos(\varphi + \beta) = F_K = \frac{\cos(\varphi + \beta)}{\cos\beta}} \qquad (5.73)$$

$$\boxed{F_{St} = \sqrt{F_T^2 + F_R^2}} \qquad \boxed{T = F_T \cdot r}. \qquad (5.74)\ (5.75)$$

Die Tangentialkraft zählt positiv, wenn ihr Pfeil in die Drehrichtung zeigt. Ihre Nullstellen liegen bei $F_K = 0$ sowie im *OT* und *UT*. (Da eine Kraftmaschine bei $F_T = 0$, also in *OT* oder *UT*, nicht anfahren kann, werden diese Punkte Totpunkte genannt.) Die Radialkraft ist positiv in Richtung des Drehpunktes M und wird Null für $F_K = 0$.

Kraftverlauf. Maßgebend hierfür sind die Kolbenkraft F_K und der Kurbelwinkel φ (Bild **5.16**). Mit $\cos\beta = \sqrt{1 - \lambda^2 \cdot \sin^2\varphi}$ nach Gl. (5.45) folgt für die **Stangenkraft F_{St}** nach Gl. (5.69) und die **Normalkraft F_N** nach Gl. (5.70)

$$\boxed{F_{St} = \frac{F_K}{\sqrt{1 - \lambda^2 \cdot \sin^2\varphi}}} \qquad \boxed{F_N = \frac{\lambda \cdot F_K \cdot \sin\varphi}{\sqrt{1 - \lambda^2 \cdot \sin^2\varphi}}} \qquad (5.76)\ (5.77)$$

Die **Tangentialkraft F_T** und die **Radialkraft F_R** betragen dann nach Gl. (5.72) und (5.73)

$$F_T = F_K \cdot \left(\sin\varphi + \frac{\lambda}{2} \cdot \frac{\sin 2\varphi}{\sqrt{1-\lambda^2 \cdot \sin^2\varphi}} \right) \tag{5.78}$$

$$F_R = F_K \cdot \left(\cos\varphi - \frac{\lambda \cdot \sin^2\varphi}{\sqrt{1-\lambda^2 \cdot \sin^2\varphi}} \right) \tag{5.79}$$

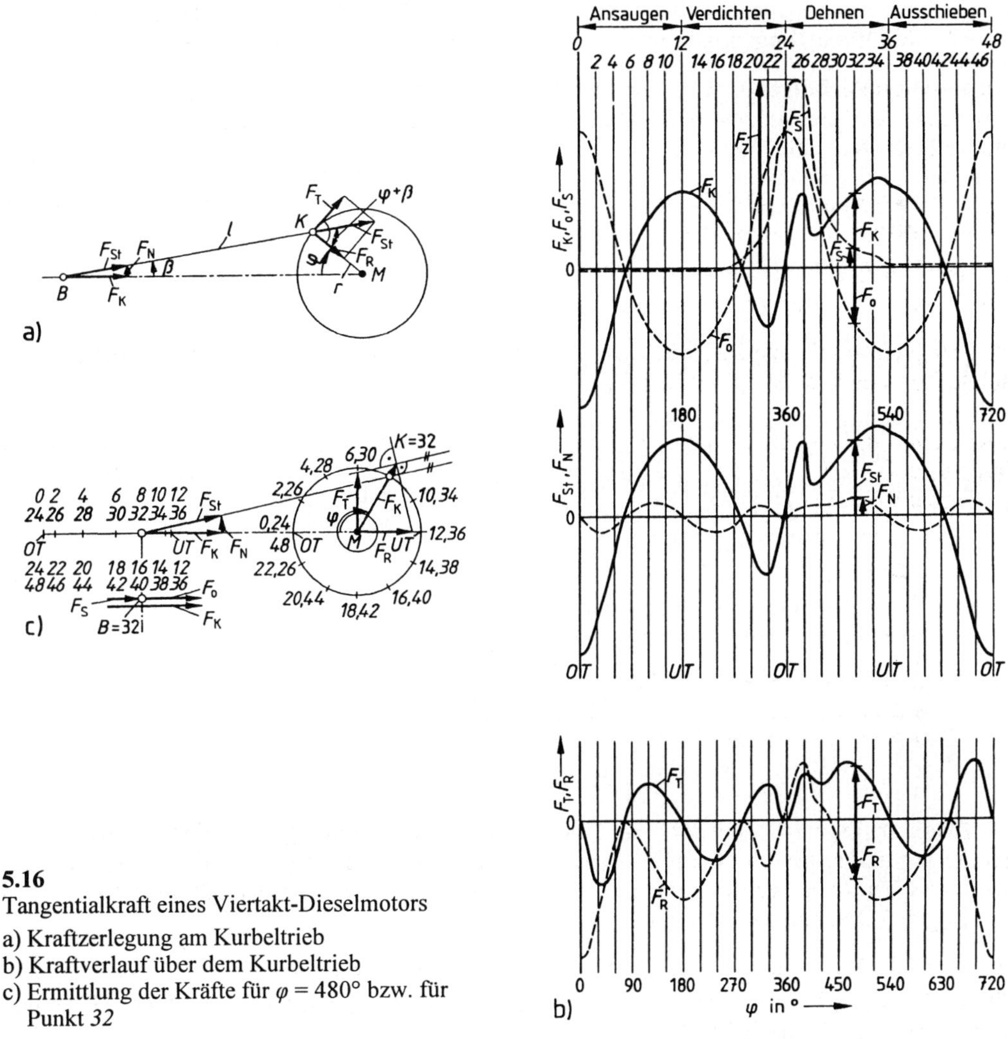

5.16
Tangentialkraft eines Viertakt-Dieselmotors
a) Kraftzerlegung am Kurbeltrieb
b) Kraftverlauf über dem Kurbeltrieb
c) Ermittlung der Kräfte für $\varphi = 480°$ bzw. für Punkt *32*

Die Kräfte F_{St}, F_N, F_T und F_R nach Gl. (5.76) bis (5.79) sowie das Drehmoment T nach Gl. (5.75) sind periodisch veränderlich. Ursache hierfür sind die Stoffkraft F_S, Gl. (5.45) und Bild **5.12**, die oszillierende Massenkraft F_o, Gl. (5.58), und der Drehwinkel φ nach Bild **5.16**. Das periodisch veränderliche Drehmoment regt die Kurbelwelle und die Wellenanlage zu Torsionsschwingungen an [6], [7], (s. auch Abschn. Kupplungen und Bremsen).

Näherungsgleichungen. Mit $\sqrt{1-\lambda^2 \cdot \sin^2 \varphi} \approx 1$ folgen die mit dem Index K gekennzeichneten Näherungen für die Kräfte am Kolbenbolzen nach Gl. (5.76) $F_{\mathrm{ST\,K}} \approx F_{\mathrm{K}}$ und nach Gl. (5.77) $F_{\mathrm{N\,K}} \approx \lambda \cdot F_{\mathrm{K}} \cdot \sin\varphi$ sowie für die Kräfte am Kurbelzapfen nach Gl. (5.78)

$$F_{\mathrm{TK}} \approx F_{\mathrm{K}} \cdot \left(\sin\varphi + \frac{\lambda}{2} \cdot \sin 2\varphi\right) \quad \text{und nach Gl. (5.79)} \quad F_{\mathrm{RK}} \approx F_{\mathrm{K}} \cdot \left(\cos\varphi - \lambda \cdot \sin^2\varphi\right).$$

Der größte relative Fehler für die Normalkraft beträgt $(F_{\mathrm{N}} - F_{\mathrm{N\,K}})/F_{\mathrm{N}} = 0{,}06$ für $\lambda = 1/3$ und $\varphi = 90°$ und für die Tangentialkraft $(F_{\mathrm{T}} - F_{\mathrm{T\,K}})/F_{\mathrm{T}} = 0{,}01$ bei $\lambda = 1/3$ und $\varphi = 45°$.

Graphisches Verfahren (5.17). Zur Ermittlung der Tangentialkraft F_{T} wird die positive Kolbenkraft F_{K} als Strecke $\overline{MS}$ in Richtung der Kurbel von M nach K, die negative entgegengesetzt aufgetragen. Die Parallele zur Schubstange $\overline{BK}$ durch die Spitze S der Kolbenkraft schneidet auf der Senkrechten zur Zylindermittellinie durch M die Strecke $\overline{MR}$ ab. Diese entspricht der Tangentialkraft, die in der Richtung von M nach K' positiv ist. Der Kurbelpunkt K'' tritt bei $\varphi = 90°$ auf. Zum Beweis (**5.17**) wird die Gl. (5.72) mit dem Sinussatz aus dem Dreieck MSR abgeleitet.

Zur Konstruktion der Radialkraft F_{R} wird durch die Spitze S der Kolbenkraft $\overline{MS}$ die Senkrechte zur Schubstange $\overline{BK}$ bis zu ihrem Schnittpunkt Q mit der Zylindermittellinie gezeichnet. Die Strecke $\overline{MQ}$ stellt dann die Radialkraft dar, die negativ ist, wenn der Punkt Q von M aus gesehen in der Richtung B liegt. Zum Beweis (**5.17**) ist aus dem Dreieck MSQ mit dem Sinussatz die Gl. (5.73) abzuleiten.

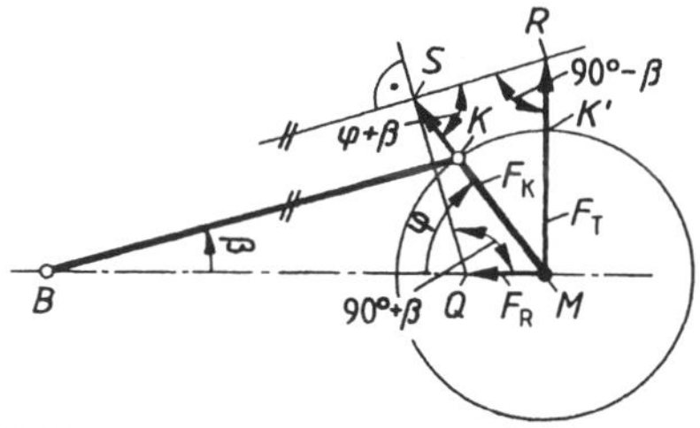

5.17
Konstruktion der Tangential- und Radialkraft

Geschränkter Kurbelbetrieb. Seine oszillierenden Massenkräfte $F_{\mathrm{o}} = m_{\mathrm{o}} \cdot a_{\mathrm{K}}$ nach Gl. (5.58) sind mit der Kolbenbeschleunigung nach Gl. (5.26) und Gl. (5.35) zu berechnen. Für die hier-

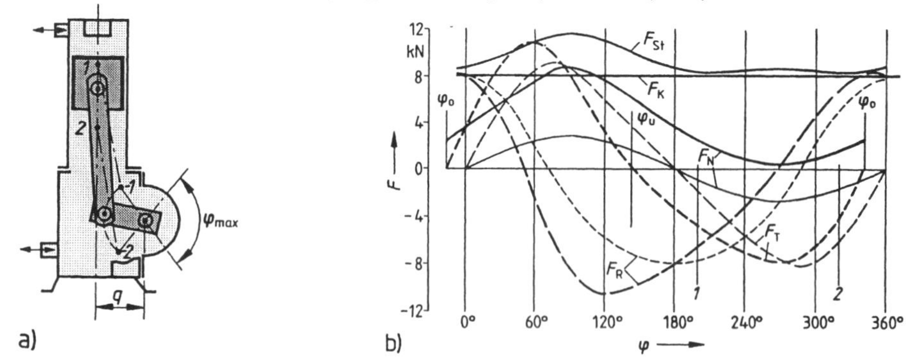

5.18
Kräfte im geschränkten Kurbeltrieb

a) Stellantrieb *1* und *2* Grenzanlagen

b) Kraftverlauf über dem Kurbelwinkel ($F_{\mathrm{K}} = 8000$ N; $r/l = 1/3$; $q/l = 0{,}4$); ausgezogen: F_{St}, F_{K} und F_{N}; gestrichelt: F_{R} und F_{T}; dünne Linien: gerader Kurbeltrieb

mit nach Gl. (5.68) ermittelte Kolbenkraft gelten die Gl. (5.69) bis (5.71) ebenso wie die graphischen Verfahren (**5.17**). Bild **5.18** zeigt einen sehr langsam laufenden hydraulischen Stellantrieb mit konstanter Kolbenkraft. Durch die Schränkung wird auch der Kraftverlauf unsymmetrisch. Nach Gl. (5.70) wechselt hier die Normalkraft ihr Vorzeichen nur, wenn $\beta < 0$ wird oder in Gl. (5.35) $q < r$ ist. Der Stellkolben (**5.18a**) hat einen Stellbereich *1* bis *2* mit möglichst großer mittlerer Tangentialkraft F_T.

Laufruhe und Schwungrad. Die während eines Arbeitsspiels periodisch veränderliche Tangentialkraft bewirkt Schwankungen des Drehmomentes bzw. des Energieflusses zwischen Kraft- und Arbeitsmaschine um einen Mittelwert. Diese regen die angekuppelten Massen zu Drehschwingungen an und verursachen dadurch zusätzliche Belastungen der Wellenanlage sowie durch den ungleichförmigen Lauf, z. B. beim Generator, Schwankungen der Spannung (s. Abschn. Kupplungen). Wie aus dem Energiesatz abgeleitet werden kann, lässt sich die Ungleichförmigkeit der Winkelgeschwindigkeit durch die zusätzliche Masse eines Schwungrades auf einen belanglosen Wert verringern.

Der Ungleichförmigkeitsgrad stellt die auf den Mittelwert bezogene größte Winkelgeschwindigkeitsänderung der Schwungmassen dar. Mit ω_{max} der größten und ω_{min} der kleinsten Winkelgeschwindigkeit, also mit dem Mittelwert $\omega_m = (\omega_{max} + \omega_{min})/2$, ist der Ungleichförmigkeitsgrad

$$\delta = \frac{\omega_{max} - \omega_{min}}{\omega_m} = 2 \cdot \frac{\omega_{max} - \omega_{min}}{\omega_{max} + \omega_{min}} \tag{5.80}$$

Folgende Erfahrungswerte sind gebräuchlich: Für Fahrzeugmotoren $\delta = 1/30 \ldots 1/300$, für Verdichter $\delta = 1/50 \ldots 1/100$, für Drehstromaggregate $\delta = 1/250 \ldots 1/300$.

Mit der durch die größte Energieänderung bewirkten Winkelgeschwindigkeitsänderung $\omega_{max} + \omega_{min}$ der bewegten Teile sowie mit ihrem Massenträgheitsmoment J folgt nach dem Energiesatz das **Arbeitsvermögen** W_S

$$W_S = \frac{J \cdot (\omega_{max}^2 - \omega_{min}^2)}{2} \tag{5.81}$$

$$T_m = \frac{1}{\varphi_P} \cdot \int_0^{\varphi_P} T \, d\varphi = \overline{m_T} \cdot \overline{m_\varphi} \cdot \frac{A_M}{\varphi_P} \tag{5.82}$$

Das **mittlere Drehmoment T_m** (**5.19**) nach Gl. (5.82) gilt für die Periode φ_P, wenn A_M die gesamte Fläche zwischen der Drehmomentenlinie und ihrer Abszissenachse ist und für m_T der Momenten- und für m_φ der Winkelmaßstab, z. B. in mm², Nm/mm und °/mm, eingesetzt werden.

Bei einer Anzahl von z Zylindern wird für die Momentenperiode $\omega_P = 360° \cdot a_T/z$ eingesetzt. Zur Kontrolle empfiehlt es sich, das mittlere Drehmoment auch aufgrund folgender Überlegung zu bestimmen:

Da die Ermittlung der Tangentialkraft ohne Berücksichtigung der Triebwerksreibung erfolgte, kann nach Gl. (5.51) $\eta_m = 1$ und $P_e = P_i$ gesetzt werden. Mit Gl. (5.49), (5.50) und (5.13) folgt das mittlere Drehmoment T_m

$$T_m = \frac{p_i \cdot z \cdot V_h}{2 \cdot \pi \cdot a_T} \tag{5.83}$$

mit $a_T = 1$ für den Zweitaktmotor und $a_T = 2$ für den Viertaktmotor.

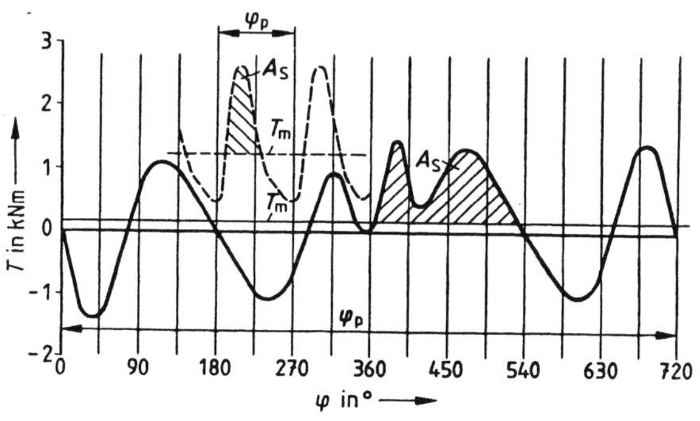

5.19
Drehmomentendiagramm eines Viertakt-Dieselmotors: $F_Z/F_o = 1{,}82$
ausgezogen: 1 Zylinder
gestrichelt: 8 Zylinder in Reihe

Die größte Energieänderung (**5.19**) entspricht der maximalen Fläche A_S (schraffiert) zwischen der Drehmomentenlinie und dem zu ihrer Abszissenachse parallelen Mittelwertφ

$$W_S = \max \int_0^{\varphi_P} (T - T_m)\,d\varphi = \overline{m_T} \cdot \overline{m_\varphi} \cdot A_S \tag{5.84}$$

Das Arbeitsvermögen W_S hängt von Arbeitsverfahren und Drehzahl, bei Mehrzylindermaschinen auch von Zahl und Anordnung der Triebwerke sowie Kurbelversatz ab.

Schwungradgröße. Aus dem Energiesatz, Gl. (5.81), ergibt sich bei einem bestimmten Arbeitsvermögen W_S des Triebwerks und bei einer vorgegebenen Drehfrequenz n das für einen gewählten Ungleichförmigkeitsgrad δ erforderliche Massenträgheitsmoment

$$J = \frac{W_S}{\delta \cdot \omega_m^2} = \frac{W_S}{4\pi^2 \cdot \delta \cdot n^2} \tag{5.85}$$

wenn in Gl. (5.81) für $\omega_{max} - \omega_{min} = \delta \cdot \omega_m$ und für $\omega_{max} + \omega_{min} = 2 \cdot \omega_m$ nach Gl. (5.80) sowie für $\omega_m = 2 \cdot \pi \cdot n$ eingesetzt wird.

Das Massenträgheitsmoment J umfasst das Trägheitsmoment J_T der Triebwerke und das Trägheitsmoment J_S des Schwungrades. Der Konstruktion des Schwungrades wird demnach das Trägheitsmoment $J_S = J - J_T$ zugrunde gelegt. Langsamlaufende Einzylindermaschinen mit großem Arbeitsvermögen erhalten sehr große Schwungräder. Ihre Größe nimmt mit steigender Zylinderzahl und Drehzahl schnell ab.

Belastungen der Triebwerksteile (5.20). Es werden die in den Einzelteilen eines Tauchkolbentriebwerkes wirkenden Kräfte unter Vernachlässigung der Reibung ermittelt. Hierzu werden die Massen m_K des Kolbens auf den Punkt B, die Massen $m_{o\,St}$ und $m_{r\,St}$ der Schubstange auf die Punkte B und K und die Masse $m_{r\,KW}$ der Kurbel auf K reduziert.

Kolben (5.20a). Auf den Kolbenboden wirkt die Stoffkraft F_S nach Gl. (5.45) und am Mantel die Normalkraft F_N nach Gl. (5.70), die den Kolben um seinen Schwerpunkt, der nicht im Punkt B liegt, kippt. Die Massenkraft des Kolbens ist mit seiner Beschleunigung a_K nach Gl. (5.29) $F_{o\,K} = m_K \cdot a_K$. Auf den Kolbenbolzen wirken die Kräfte $F_{o\,K}$, F_S und F_N. Die Bolzenkraft (**5.20d**) wird damit

$$\boxed{F_B = \sqrt{(F_S - F_{oK})^2 + F_N^2}} \qquad (5.86)$$

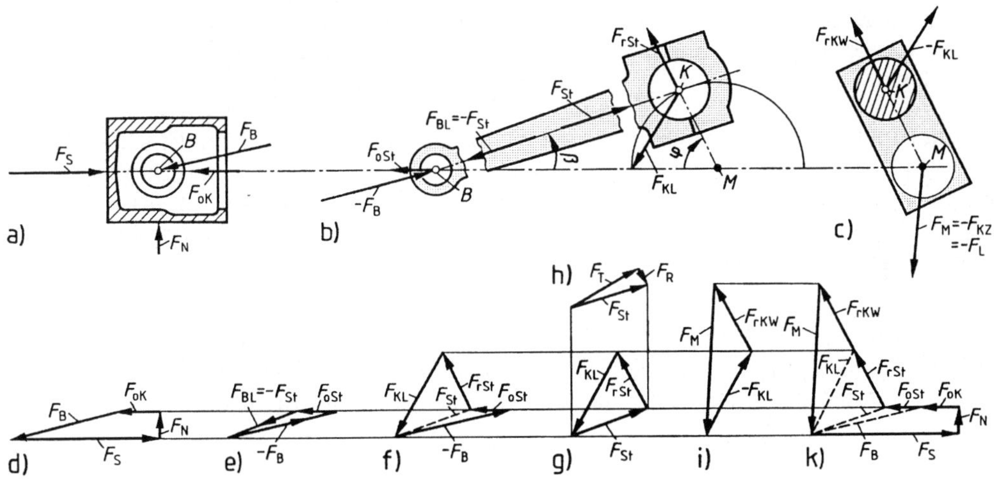

5.20
Kräfte im Kurbeltrieb
a) und d) Kolben
b) und f) Schubstange
c) und i) Kurbel
b), e) und f) oberer und unterer Schubstangenkopf
g), h) Stangenkraftzerlegung
k) gesamte Maschine

Schubstange (5.20b). Am oberen Kopf (Punkt B) greifen die Kraft F_B und die oszillierende Massenkraft der Stange $F_{o\,St} = m_{o\,St} \cdot a_K$ an. Da für Tauchkolbentriebwerke nach Gl. (5.59) $m_{o\,St} + m_K = m_o$ ist, wird $F_o = F_{o\,St} + F_{o\,K}$. Außerdem gilt nach Gl. (5.68) für die Kolbenkraft $F_K = F_S - F_o = F_S - F_{o\,St} - F_{o\,K}$. Die Lagerkraft (**5.20e**) beträgt also

$$\boxed{F_{BL} = \sqrt{(F_S - F_{oSt} - F_{oK})^2 + F_N^2} = \sqrt{F_K^2 + F_N^2} = -F_{St}} \qquad (5.87)$$

Sie ist der Stangenkraft F_{St} nach Gl. (5.69) entgegen gerichtet.

Der untere Kopf (Punkt K) nimmt die rotierende Kraft der Schubstange $F_{r\,St} = m_{r\,St} \cdot r \cdot \omega^2$ und die Stangenkraft $F_{St} = \sqrt{F_T^2 + F_R^2}$ auf. Hierbei sind F_T die Tangential- und F_R die Radialkraft, die aufeinander senkrecht stehen. Die Kraft F_R hat dabei die gleiche Wirkungslinie wie die rotierende Kraft $F_{r\,St}$. Für die Lagerbelastung (**5.20 g** und **h**) ergibt sich dann

$$\boxed{F_{KL} = \sqrt{F_T^2 + (F_R - F_{rSt})^2}} \qquad (5.88)$$

Der Stangenschaft wird durch die Kräfte F_{St} und $-F_{St}$ hauptsächlich auf Druck belastet.

Kurbelwelle (5.20c). Am Kurbelzapfen greifen die Massenkraft der Kurbel $F_{r\,KW} = m_{r\,KW} \cdot r \cdot \omega^2$ und die Kraft $-F_{KL}$ an. Mit der rotierenden Gesamtkraft $F_r = F_{r\,KW} + F_{r\,St}$, die sich aus $m_r = m_{r\,KW} + m_{r\,St}$ nach Gl. (5.58) ergibt, folgt die Kurbelzapfenbelastung **(5.20i)**

$$\boxed{F_{KZ} = \sqrt{F_T^2 + (F_R - F_r)^2}} \tag{5.89}$$

Die Wellenzapfen werden mit der Kraft $F_M = -F_{KZ}$, die Lager mit der Kraft $F_L = F_{KZ}$ belastet. Die Kräfte F_M und F_L werden durch Gegengewichte wesentlich verringert. Bei Ausgleich der rotierenden Kräfte wird die bei hohen Drehzahlen **(5.21)** sonst sehr große Kraft $F_r = 0$ also $F_m = -F_{St}$ und $F_L = F_{St}$. Die Zapfenkraft F_M steht mit den am Kurbeltrieb angreifenden Kräften **(5.20k)** $F_K = F_S - F_{o\,K} - F_{o\,St}$, $F_{r\,St}$ und $F_{r\,KW}$ im Gleichgewicht.

Zylinder und Gestell. Der Zylinderdeckel nimmt die Kraft $-F_S$, der Zylindermantel die Kraft $-F_N$, auf. Diese Kräfte beanspruchen Zylinder und Gestell auf Zug bzw. auf Biegung. Auf das Gestell wirkt noch das Moment $-F_N\,(l \cdot \cos\beta + r \cdot \cos\varphi) = F_T \cdot r$, das dem von der Kurbel übertragenen Moment $T = F_T \cdot r$ nach Gl. (5.75) entgegen gerichtet ist. Es wird von den Schrauben, die das Gestell mit dem Fundament verbinden, aufgenommen.

Gesamte Maschine. Gestell und Zylinder nehmen die Kräfte $-F_S$ und $-F_N$, der Kurbeltrieb **(5.20k)** die Kräfte F_S, $F_o = F_{o\,St} + F_{o\,K}$, F_N und $F_r = F_{r\,St} + F_{r\,KW}$ auf. Die für das Gleichgewicht fehlenden Kräfte $-F_o$ und $-F_r$ sind dann am Grundlager anzubringen. Die Massenkräfte F_o und F_r werden also auf das Fundament und die Umgebung übertragen.

Extremwerte. Sie sind für die Berechnung der Dauerfestigkeit maßgebend. Bei Brennkraftmaschinen treten sie oft in den Totpunkten auf, wenn die Stoffkraft F_S beim Ladungswechsel und die Abweichung ihres Maximalwertes der Zündkraft F_Z vom *OT* vernachlässigbar sind. In den Totpunkten ist mit $\varphi = 0$ im *OT* und $\varphi = 180°$ im *UT* nach Gl. (5.72) die Tangentialkraft $F_T = 0$ und nach Gl. (5.68) und (5.73) die Radialkraft $F_R = F_K = F_S - F_o$. Die oszillierenden Massenkräfte werden nach Gl. (5.58) bis (5.62) $F_{o\,OT} = P_I + P_{II}$ und $F_{o\,UT} = -P_I + P_{II}$. Die Kurbelzapfenbelastung des Zweitaktmotors beträgt dann mit $F_S = F_Z$ im *OT* und $F_S = 0$ im *UT* nach Gl. (5.89) mit der Abkürzung F für $F_{K\,Z}$

$$\boxed{F_{OT} = F_Z - P_I - P_{II} - F_T} \tag{5.90}$$

$$\boxed{F_{UT} = P_I - P_{II} + F_r} \tag{5.91}$$

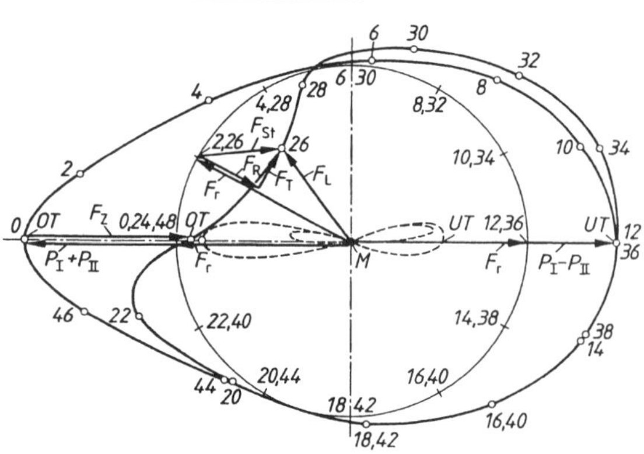

5.21
Belastung des Kurbelzapfens eines Einzylinder-Viertakt-Dieselmotors
—— ohne Gegengewichte
------ rotierende Massenkraft ausgeglichen

Bei der Viertaktmaschine (**5.21**) ergibt sich noch ein weiterer Extremwert im *OT* beim Ansaugen

$$\boxed{F_{\mathrm{OTS}} = -P_{\mathrm{I}} - P_{\mathrm{II}} - F_{\mathrm{r}}} \tag{5.92}$$

Liegen die Extremwerte nicht in den Totpunkten, so sind sie aus dem Kraftverlauf (**5.21**) zu ermitteln.

Beispiel 6

Ein Viertakt-Dieselmotor hat folgende Daten: Kolbendurchmesser $D = 75$ mm, Hub $s = 100$ mm, Schubstangenverhältnis $\lambda = 1/3{,}5$, Zünddruck $p_z = 76$ bar, oszillierende bzw. rotierende Masse $m_o = 0{,}8$ kg bzw. $m_r = 1{,}12$ kg. Die Drehzahlgrenzen liegen bei $n_{max} = 4000\ \mathrm{min}^{-1}$ und $n_{min} = 1000\ \mathrm{min}^{-1}$. Der Saugdruck beträgt $p_a = 1$ bar. Gesucht sind für die Drehzahlgrenzen die Belastungen des Wellenzapfens in den Totpunkten, ihre größte Differenz und ihr Mittelwert. Die Stoffkräfte beim Ladungswechsel sind hierbei zu vernachlässigen.

Die Zündkraft beträgt nach Gl. (5.47) mit 1 bar = $10^5\ \mathrm{N/m^2} = 10\ \mathrm{N/cm^2}$

$$F_Z = (p_Z - p_a)\cdot A_K = (p_Z - p_a)\cdot\frac{\pi}{4}\cdot D^2 = (760-10)\frac{\mathrm{N}}{\mathrm{cm}^2}\cdot\frac{\pi}{4}\cdot 7{,}5^2\,\mathrm{cm}^2 = 33100\,\mathrm{N}$$

Untere Drehzahlgrenze. Mit der Drehzahl $n = 1000\ \mathrm{min}^{-1} = 16{,}66\ \mathrm{s}^{-1}$, mit der Winkelgeschwindigkeit nach Gl. (5.2) und mit der Kurbelzapfenbeschleunigung

$$\omega = 2\pi\cdot n = 2\pi\cdot 16{,}66\,\mathrm{s}^{-1} = 104{,}5\,\mathrm{s}^{-1}$$

$$r\cdot\omega^2 = 0{,}05\,\mathrm{m}\cdot 104{,}5^2\,\mathrm{s}^{-2} = 546\,\mathrm{m\,s}^{-2}$$

betragen die Amplituden der Massenkräfte nach Gl. (5.61) bis (5.63)

$$P_{\mathrm{I}} = m\cdot r\cdot\omega^2 = 0{,}8\,\mathrm{kg}\cdot 546\,\mathrm{m\,s}^{-2} = 437\,\mathrm{N}$$

$$P_{\mathrm{II}} = \lambda\cdot P_{\mathrm{I}} = \frac{437\,\mathrm{N}}{3{,}5} = 125\,\mathrm{N}$$

und $F_r = m_r\cdot r\cdot\omega^2 = 1{,}12\,\mathrm{kg}\cdot 546\,\mathrm{m\,s}^{-2} = 612\,\mathrm{N}$

Für die Wellenzapfenbelastungen folgt damit für den *OT* Saugen und angenähert für den *OT* Zünden mit Gl. (5.63) bis (5.92)

$$F_{\mathrm{OT\,S}} = -P_{\mathrm{I}} - P_{\mathrm{II}} - F_{\mathrm{r}} = (-437-125-612)\,\mathrm{N} = -1174\,\mathrm{N}$$

$$F_{\mathrm{OT\,Z}} = F_Z - P_{\mathrm{I}} - P_{\mathrm{II}} - F_{\mathrm{r}} = (33100-1174)\,\mathrm{N} = 31926\,\mathrm{N}$$

für den *UT* gilt

$$F_{\mathrm{UT}} = P_{\mathrm{I}} - P_{\mathrm{II}} + F_{\mathrm{r}} = (437-125+612)\,\mathrm{N} = 924\,\mathrm{N}$$

Die größte Kraftdifferenz und ihr Mittelwert betragen dann

Beispiel 6, Fortsetzung

$$\Delta F_{K1} = F_{OT\,Z} - F_{OT\,S} = F_Z = 33100\,\text{N}$$

$$F_m = 0{,}5 \cdot (F_{OT\,Z} + F_{OT\,S}) = 0{,}5 \cdot (31926 - 1174)\,\text{N} = 15376\,\text{N}$$

Obere Drehzahlgrenze. Hier ist die Drehzahl viermal und die Massenkräfte sind sechszehnmal so groß wie an der unteren Grenze. Damit wird

$$P_I = 7000\,\text{N} \qquad P_{II} = 2000\,\text{N} \qquad F_r = 9800\,\text{N}$$

Für die Wellenzapfenbelastung im *OT* Saugen und Zünden bzw. im *UT* wird also

$$F_{OTS} = -P_I - P_{II} - F_r = -(7000 + 2000 + 9800)\,\text{N} = -18800\,\text{N}$$

$$F_{OTZ} = F_Z - P_I - P_{II} - F_r = (33100 - 18800)\,\text{N} = 14300\,\text{N}$$

$$F_{UT} = P_I - P_{II} + F_r = (7000 - 2000 + 9800)\,\text{N} = 14800\,\text{N}$$

Für die größte Kraftdifferenz und den Mittelwert ergibt sich

$$\Delta F_{K2} = F_{OTS} - F_{UT} = 2 \cdot (P_I + F_r) = -33600\,\text{N}$$

$$F_m = 0{,}5 \cdot (F_{OTS} + F_{UT}) = -P_{II} = -2000\,\text{N}$$

Diskussion. Das Maximum der Kraftdifferenz liegt hier bei der Höchstdrehzahl, bei welcher $\Delta F_{K2} > \Delta F_{K1}$ ist. Die Grenze liegt dann bei

$$\Delta F_{K1} = \Delta F_{K2}\text{, also bei} \quad F_Z = 2 \cdot (P_I + F_r) = 2 \cdot (m_o + m_r) \cdot r \cdot \omega^2$$

und damit bei der Drehzahl

$$n = \frac{1}{2\pi}\sqrt{\frac{F_Z}{2 \cdot (m_o + m_r) \cdot r}} = \frac{1}{2\pi}\sqrt{\frac{33100\,\text{kg m/s}^2}{2 \cdot (0{,}8 + 1{,}12)\,\text{kg} \cdot 0{,}05\,\text{m}}} = 66{,}1\,\text{s}^{-1} = 3965\,\text{min}^{-1}$$

Bis zu dieser Drehzahl ist ΔF_{K1} die größte Kraftdifferenz. ■

5.5 Aufbau, Funktion und Gestaltung der Triebwerksteile

5.5.1 Kolben

Aufbau. Der Kolben (**5.22**) besteht aus Boden und Mantel. Der Boden nimmt die Stoffkräfte Gl. (5.45) auf. Der Mantel dient als Geradführung, trägt die Elemente zur Abdichtung des Arbeitsraumes, meist Ringe, und gleitet geschmiert in Zylindern oder Laufbuchsen aus perlitischem Gusseisen, Stahlguss oder Leichtmetall. Bei gasförmigen Medien wird der Kolben stark erwärmt und daher nicht nur mechanisch, sondern auch thermisch hoch beansprucht. Die Wärme wird über die Kolbenringe an die Zylinderwand abgeführt. Da der Kolben die höhere Temperatur hat, dehnt er sich stärker als der Zylinder aus. Verschiedene Kolbenspiele sind daher notwendig: das radiale Kaltspiel für die Bearbeitung und den Einbau, das Warmspiel im Betrieb, das ein Laufsitzspiel sein soll, sowie das axiale Spiel, um ein Anstoßen des Bodens an den Deckel zu verhüten.

Bauarten. Die Grundformen sind der Tauch-, Scheiben-, Plunger- und der gebaute Kolben. Der Scheibenkolben (**5.22a**), dessen Bohrung die Kolbenstange aufnimmt, wird bei doppeltwirkenden Kreuzkopftriebwerken verwendet. Gebaute Kolben sind aus mehreren Scheiben zur Aufnahme ungeteilter Dichtelemente, wie Kohleringe oder Gummimanschetten, zusammengeschraubt. Beim Hydraulikkolben (**5.22b**) dichten die Nutringmanschetten *1* mit den Stützringen *2* den Zylinder und der Gummiring *3* die Stange ab. Der Plungerkolben (**5.22c**) gleitet in der Führungsbuchse *4* des Zylinders *5*. Sein glatter Mantel *6* wird durch die über eine Brille *7* von außen nachstellbare Packung *8* abgedichtet. Wegen des hierfür langen Mantels ist er schwer und nur für die Hydraulik brauchbar.

Tauchkolben. Der Kolbenkörper (**5.23**) mit dem Boden *1*, dem Mantel *2*, den Augen *3* und den Rippen *4* nimmt den Bolzen *5* mit seinen Sicherungen *6* sowie die Verdichtungsringe *7* und die Ölabstreifer *8* mit ihren Abflussbohrungen *9* auf. Als Werkstoff dient neben Stahl und perlitischem Gusseisen auch Aluminium mit Silizium-, Mangan- und Nickelzusätzen. Diese Legierung zeichnet sich durch eine geringe Dichte $\approx 2{,}85$ g/cm^3, gute Wärmeleitfähigkeit ≈ 125 W/(mK) und eine hohe Wechselbiegefestigkeit ≈ 80 N/mm^2 aus. Die hohe Wärmedehnzahl von $\approx 2 \cdot 10^{-5}$ 1/K erfordert aber besondere konstruktive Maßnahmen [2].

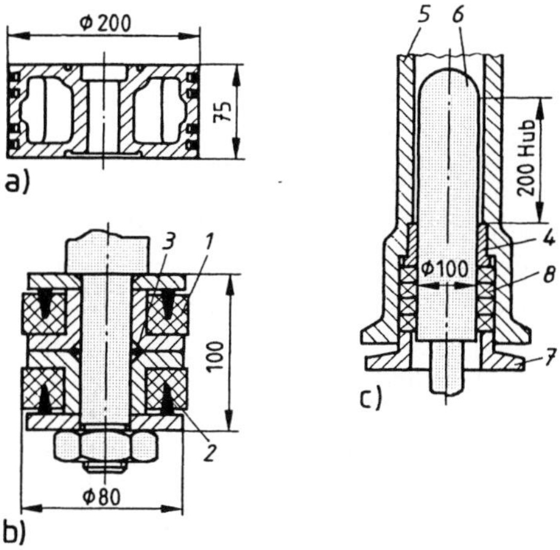

5.22
Kolbenformen
a) Scheibenkolben eines Verdichters
b) gebauter Hydraulikkolben
c) Plungerkolben einer Presspumpe

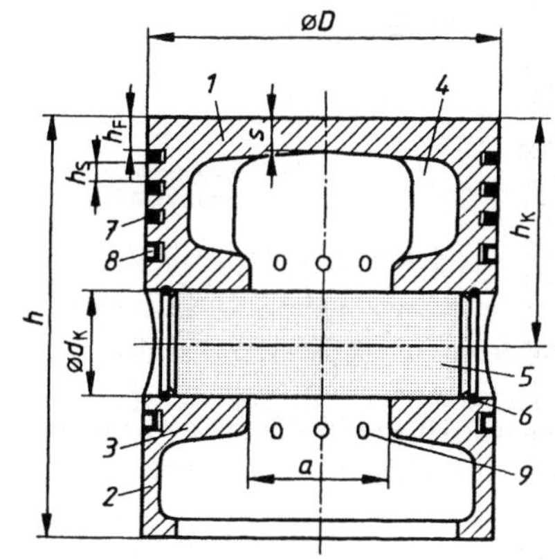

5.23
Kolben eines Verbrennungsmotors mit Hauptabmessungen

Gestaltung des Tauchkolbens. Der Kolbenboden (**5.23**) geht zur Abfuhr der Wärme, nach außen stärker werdend, mit großer Rundung in den Mantel über. Der Boden nimmt häufig Mulden für die Ventile und den Brennraum und bei größeren Abmessungen eingegossene Schlangen für die Ölkühlung auf. Der Mantel (**5.23**) ist oben zur Aufnahme der Kolbenringe, unten zum Einspannen bei der Bearbeitung verstärkt. Seine Länge ist durch die Flächenpressung von $\approx (0{,}4...1)$ N/mm^2 infolge der Normkraft, s. Gl. (5.70), festgelegt. Die Bolzenaugen (**5.23**) sind am Mantel angegossen. Da sie durch die Bolzenkraft nach Gl. (5.86) stark auf Biegung belastet werden, sind sie durch Rippen gegen den Kolbenboden abgestützt. Das radiale Laufspiel, bedingt durch den Temperaturverlauf (**5.24a**), erfordert einen Formschliff oder dehnungsregelnde Glieder. Beim Formschliff (**5.24b**) ist der Längsschnitt des Kolbens ballig ausgeführt. Der Durchmesser wird der im Betrieb zu erwartenden Temperaturverteilung angeglichen und zum höchsten Temperaturpunkt, zum Kolbenboden hin, kleiner gehalten. Der Querschnitt ist dabei ein Oval, dessen kleinster Durchmesser in der sich am stärksten dehnenden Bolzenachse *C* liegt. Beim Autothermikkolben (**5.24c**) bilden die Wand aus Aluminium und die darin eingegossenen Bleche *1* einen Bimetallstreifen. Dieser verringert die Dehnung senkrecht zur Bolzenachse, die sich sonst auf die Strecke ($2a + b$) auswirkt, auf die Länge $2a$.

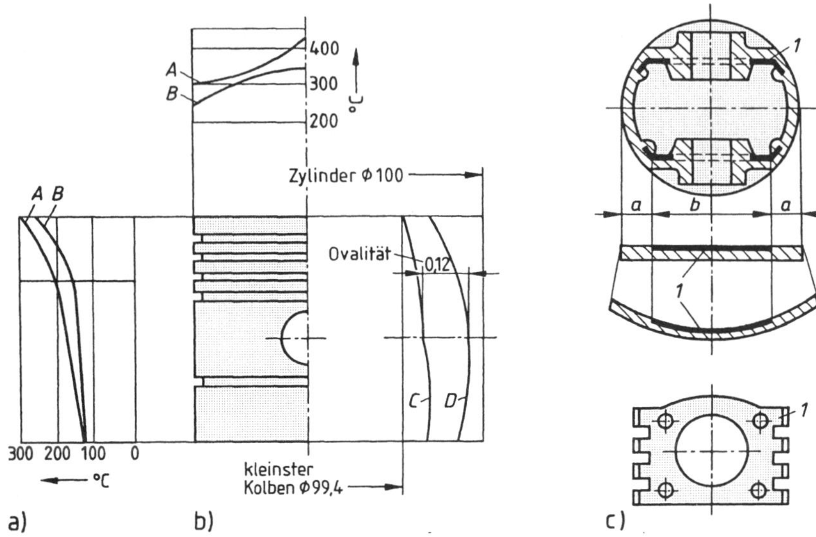

5.24
Temperaturen und Spiele der Kolben
a) Temperaturverlauf im Aluminiumkolben; *A* Diesel-, *B* Ottomotor
b) Laufsitzspiel beim Ottomotor (*C* in der Bolzenachse, *D* senkrecht dazu)
c) Autothermikkolben *1* Blecheinlage

Entwurfsmaße. Die Kolben der Verbrennungsmotoren werden meist vom Kolben- und Motorenhersteller gemeinsam entwickelt, da eine Reihe von Versuchen notwendig sind, um unerwünschte Spannungen und Verformungen des Kolbens auszuschließen. Für den Vorentwurf sind in Bild **5.25** die Hauptmaße des Kolbens (**5.23**) als Funktion seines Außendurchmessers *D* angegeben. Nach Fertigung einer Entwurfszeichnung müssen noch Kontrollrechnungen, z. B. für den Kolbenbolzen, erfolgen.

Bezeichnung	Formelzeichen	Ottomotor	Dieselmotor
Gesamthöhe	h/D	0,9 ... 1,3	1,1 ... 1,6
Kompressionshöhe	h_K/D	0,4 ... 0,6	0,55 ... 0,85
Augenabstand	a/D	0,3 ... 0,4	0,3 ... 0,4
kleinste Bodendicke	s/D	0,05 ... 0,07	0,08 ... 0,25
Feuersteghöhe	h_F/D	0,06 ... 0,1	0,1 ... 0,16
Steghöhe	h_S/D	0,03 ... 0,06	0,04 ... 0,07
Kolbenbolzendurchmesser	d_K/D	0,26 ... 0,28	0,33 ... 0,4
Anzahl der Kompressionsringe		2 ... 3	3 ...4
Anzahl der Ölabstreifringe		1 ... 2	2

5.25
Kolbenabmessungen, s. Bild **5.23**, nach *Mahle*

Kolbenzubehör. Hierzu zählen die Kolbenbolzen mit ihren Sicherungsringen sowie die Kolbenringe. Der Kolbenbolzen ist in Augen gelagert, nimmt den Schubstangenkopf auf und wird zur Gewichtsersparnis hohlgebohrt. Als Werkstoffe dienen Einsatz- und Vergütungsstähle, um bei größter Steifigkeit die hohen Beanspruchungen durch Biegung und Flächenpressung infolge der Bolzenkraft nach Gl. (5.86) aufzunehmen. Die Oberflächen sind gehärtet und mit Rautiefen von ≈ 0,3 µm feinstbearbeitet, da das Bolzenlager in der Schubstange nur kleine Pendelbewegungen bei sparsamster Schmierung ausführt. Das Bolzenspiel in den Augen nimmt beim Kolben aus Leichtmetall im Betrieb durch Erwärmung zu. Der Bolzen schwimmt also und wird durch Spreng- oder Federringe gegen Anlaufen am Zylinder gesichert. Die Passungen sind so bemessen, dass die Bolzen in den auf ≈ 60 °C erwärmten Kolben mit der Hand eingedrückt werden können. Dazu müssen Kolben und Bolzen nach Toleranzen sortiert sein oder sehr kleine Toleranzen eingehalten werden. Die Normung der Bolzen ist in DIN 73124, 73125 und 73126 durchgeführt.

Die Kolbenringe sitzen in Ringnuten des Kolbens und sind für den Einbau geschlitzt. Es werden Kompressionsringe (**5.26a**), die den Arbeitsraum abdichten, und Ölabstreifringe als Nasen- oder Schlitzringe (**5.26c**) unterschieden. Ihre Abmessungen, wie der Nenn- bzw. der Zylinderdurchmesser *D,* die Ringhöhe *h* und die radiale Stärke *a,* sind in DIN ISO 6622, 6623, 6624 und 6625 festgelegt.

Kompressionsringe. Zur Abdichtung (**5.26f**) im Betrieb drückt das Medium den Ring über seine Innenfläche an die Zylinderwand und über seine Flanke an die Gegenseite der Nut. Die axiale Passung hat nur das zum Einbau notwendige Spiel, das klein sein muss, damit die Ringe beim Richtungswechsel des Kolbens nicht die Nuten ausschlagen. Der Stoß (**5.26d**) wird gerade oder schräg ausgeführt. Kolbenringe für Zweitaktmotoren erhalten eine Stiftsicherung (**5.26e**), damit sich die im Betrieb aufbiegenden Stöße an den Steuerschlitzen nicht festhaken. Das Stoßspiel *s* darf wegen der Leckverluste nicht zu groß und wegen der Dehnungsbehinderung am Umfang nicht zu klein sein. Der Ringquerschnitt ist rechteckig, und seine Stärke *a* beträgt ≈ 1/25 des Nenndurchmessers. Als Werkstoff dient ein perlitisches Gusseisen, dessen Härte kleiner als die der Laufflächen ist, so dass sich die leichter ersetzbaren Ringe schneller abnutzen. Die Biegebeanspruchung ist beim Überstreifen der Ringe mit ≈ 400 N/mm^2 am größten.

Die Flächenpressung beträgt je nach Ringgröße $p = (0{,}04...0{,}2)$ N/mm^2. Sie bestimmt den Wälzlagerungsverlust der Ringe, der bis zu 10% der Zylinderleistung ansteigt. Um ein Verformen der Nuten zu vermeiden und die Ölkoksbildung zu mildern, liegt der oberste Ring im Kolbenmantel, um die Feuersteghöhe h_F (**5.23**) von der oberen Kolbenkante entfernt. Dann folgen ein bis zwei weitere Ringe mit dem Abstand der Steghöhe h_S (**5.23**). Zur Verkürzung der Einlaufzeit werden Minutenringe (**5.26b**) verwendet.

Ölabstreifringe. Zur Schmierung (**5.26g**) verteilen sie beim Hingang das Spritzöl vom Innern des Kolbens über die Bohrungen *1* und die Ringschlitze *2* an die Zylinderwand. Dabei schabt die Ringkante *3* das Öl, das durch die Bohrungen *4* abfließt, von der Wand ab. Üblich sind ein Ring oberhalb und oft ein zweiter unterhalb des Bolzens (**5.23**). Der untere Ring darf dabei mit seiner oberen Kante im *UT* die Zylinderunterkante nicht überschleifen, da sonst der Kolben festhakt.

Gestaltungsbeispiel. Der Tauchkolben (**5.27**) eines luftgekühlten Viertakt-Ottomotors der Leistung 4,5 kW je Triebwerk bei der Drehzahl 3000 min^{-1} hat den Durchmesser 72 mm und den Hub 72 mm. Weitere Daten sind: die Zündkraft ≈ 2300 N, die Massenkraft im *OT* ≈ 1500 N,

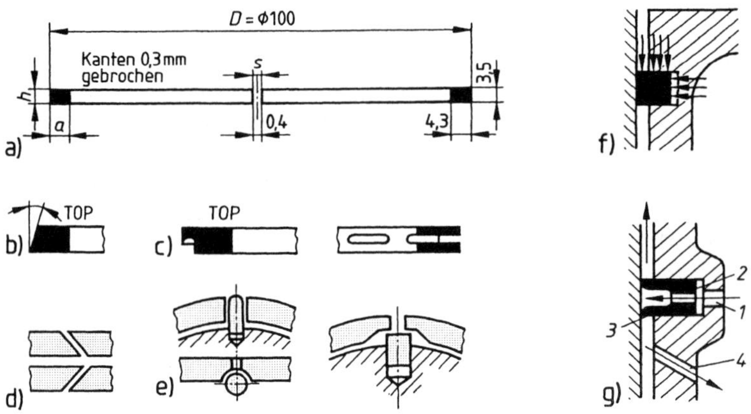

5.26
Kolbenringe

a) Kompressionsring: gerader Stoß, b) Minutenring, c) Nasen- und Ölschlitzring, d) schräger Stoß, links/rechts, e) Flanken- und Innensicherung, f) und g) Funktion des Kompressions- und Ölschlitzringes TOP ≙ zum Kolbenboden hin

die mittlere Temperatur am Rand des Bodens ≈ 250 °C und die Temperatur in der Kolbenbodenmitte ≈ 360 °C. Als Werkstoff dient eine Aluminiumlegierung mit 12% Silicium und je 1% Kupfer, Nickel und Magnesium. Der Boden *1* ist nach außen hin verstärkt und hat in der Mitte eine Zentrierung zur Bearbeitung. Der Kolbenmantel *2* trägt zwei Kompressionsringe *3* und einen Ölabstreifer *4* und ist mit Formschliff versehen. Die Bolzenaugen *5* sind mit je zwei Rippen *6* gegen den Kolbenmantel abgestützt. Der Kolbenbolzen ist schwimmend gelagert. Seine Achse *7* ist um 1,5 mm desaxiert bzw. gegenüber der Mittellinie versetzt, um Geräusche und Ölkoksbildung zu vermeiden. Das Schmieröl für den Ölabstreifer fließt über die Bohrungen *8* zu und über *9* ab. Der Bolzen wird über die Bohrung *10* geschmiert.

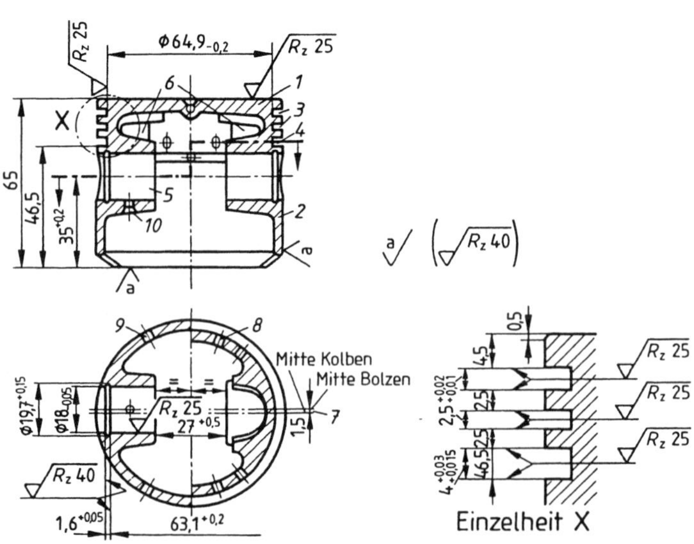

5.27
Kolben eines Viertakt-Ottomotors

5.5.2 Schubstangen

Die Schubstange überträgt die Stangenkraft vom Kolben auf die Kurbelwelle und vergrößert die Massenkraft im Triebwerk. Die Hauptteile (**5.28**) bilden der obere Kopf *1* mit dem Kolbenbolzenlager *2* und der untere Kopf *3* mit dem Kurbelzapfenlager *4*. Die Köpfe sind durch den Schaft *5* verbunden und können geteilt werden. Die abgetrennten Teile, die Deckel, werden durch Dehnschrauben mit der restlichen Kopfhälfte (**5.28 b** bis **d**) verbunden. Die umlaufende Stange wird von einer geigenförmigen Kurve (**5.29**) eingehüllt. Diese stellt den Grundriss der im Gestell und Zylinder für das Triebwerk freizuhaltenden Räume dar.

Köpfe. Die einfachste Form einer Schubstange entsteht durch ungeteilte Köpfe (**5.28a**). Sie erfordert aber Stirnkurbeln (**5.31e**) oder gebaute Kurbelwellen (**5.31d**), die in der Herstellung und Montage kompliziert sind. Daher wird der untere Kopf (**5.28 b** und **c**) meist geteilt ausgeführt, um Kurbelwellen aus einem Stück (**5.31 a** bis **c**) zu verwenden. Schräge Teilungen (**5.28c**) erhalten oft die wegen der großen Zündkräfte sehr starken Köpfe der Dieselmotoren. Die Stangen lassen sich dann durch die Zylinderbohrungen ausbauen. Eine Gabelung (**5.28d**) der oberen bzw. der unteren Köpfe kommt bei Kreuzkopf- bzw. bei V-Maschinen vor [16], [17]. Die Dehnschrauben zur Befestigung der Deckel (**5.28 b** und **c**) sind meist Kopfschrauben, die mit dem Stangenkopf verschraubt oder als Durchsteckschrauben ausgebildet werden. Zur Zentrierung der Deckel dienen bei Durchsteckschrauben Passbunde an der Teilfuge. Sonst sind Passstifte in den äußeren Ecken der Teilfuge, bei schräggeteilten Köpfen auch verzahnte Teilfugen üblich.

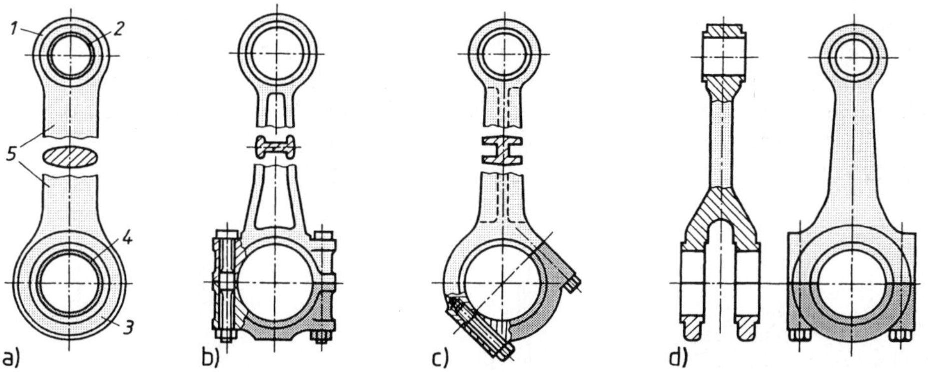

5.28
Schubstangenform
a) ungeteilte Köpfe, b) gerade Teilung, c) schräge Teilung, d) Gabelung und Teilung

Schaft. Bei Langsamläufern mit geringen Massenkräften erhält der Schaft einen Rechteck-, Kreis- oder Ovalquerschnitt. Bei Schnellläufern ist der *I*- oder *H*-Querschnitt (**5.28 b** und **c**) gebräuchlich, von denen der erste geringere Massen, der zweite aber bessere Übergänge zu den Köpfen hat.

Gestaltung der Schubstange. Hierfür sind Herstellung, Kraftfluss, Masse, Material und Lagerung maßgebend.

Herstellung. Sie richtet sich nach den Werkstoffen, wie Einsatzstahl, Gusseisen mit Kugelgraphit, ferritischer Stahlguss oder auch Leichtmetall. Stahlstangen werden im Gesenk, für das der *I*-Querschnitt zweckmäßige Formen ergibt, mit einem Schmiedeanzug von 5°...10° geschlagen. Die Kerbempfindlichkeit des Stahles soll gering sein. Der Rohling darf keine Kerbrisse oder Quetschfalten enthalten. Einfache, aus Stahlplatten gebrannte Stangen haben einen Rechteckquerschnitt. Stangen von Großmaschinen, die in der Freiformschmiede hergestellt werden, erhalten Kreisquerschnitte. Schubstangen aus Gusseisen sind, wegen der geringen Zugfestigkeit, nur bei Zweitaktmaschinen üblich. Eine spanabhebende Bearbeitung erfolgt bei kleineren Stangen nur an den Bohrungen und Anlaufflächen für die Lager, an den Löchern und Auflagen der Schrauben, sowie an den Teilfugen. Massenunterschiede der einzelnen Stangen werden an Bearbeitungszusätzen ausgeglichen.

Kraftfluss und Masse. Der Kraftfluss verlangt einen zu den Köpfen hin erweiterten Schaft mit weit ausgerundeten Übergängen, die besonders beim *H*-Querschnitt möglich sind. Schäfte mit kleinen Köpfen und geringen Massen ermöglicht der *I*-Querschnitt. Hierbei werden lange, schlanke Dehnschrauben aus hochlegierten Stählen ganz nahe an die Lager gelegt.

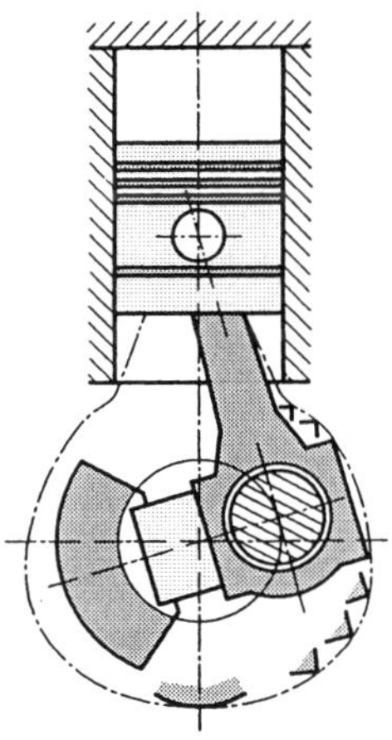

5.29
Platzbedarf der umlaufenden Schubstange

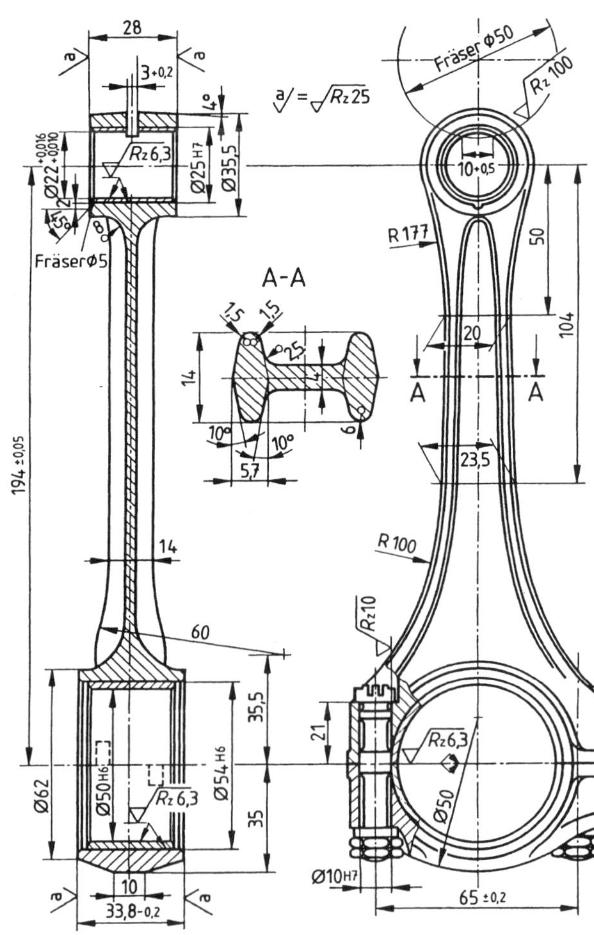

5.30
Schubstange eines Viertakt-Dieselmotors (Daimler-Chrysler AG) (s. Bild **5.36**)

Lagerung. Um Kantenpressungen und damit Heißlaufen der Lager zu vermeiden, müssen ihre Bohrungen genau parallel sein und dürfen sich, trotz exakter Bearbeitung, im Betrieb nicht verziehen. Dies setzt eine hohe Steifigkeit der Stange voraus.

Gleitlager: Sie bestehen aus einer Stahlstützschale von ≈ 2 mm Dicke, auf die eine 0,25 bis 0,5 mm dicke Laufschicht aufgebracht ist. Diese Bauweise ergibt kleine Köpfe.

Das Kolbenbolzenlager, eine in den oberen Pleuelkopf eingepresste Buchse, besitzt eine Laufschicht aus Guss-Zinnbronze. Zur Schmierung wird das Spritzöl im Kolbeninneren durch Bohrungen oder durch eine Ausfräsung (**5.30**) im Kopf aufgefangen und zum Lager geleitet. Zweckmäßiger ist jedoch der Anschluss an die Umlaufschmierung über eine Längsbohrung durch die Stange, die, falls erforderlich, dazu mit einer Wulst verstärkt werden muss.

Das Kurbelzapfenlager erhält meist eine Laufschicht aus Weißmetall oder Bleibronze. Im geteilten Kopf (**5.30**) werden die Lagerhälften durch je eine Nase, die in eine Ausfräsung des Kopfes eingreift, gesichert. Das Schmieröl wird über Bohrungen durch die Kurbelwelle mittels Umlaufschmierung zugeführt.

Wälzlager ergeben, selbst wenn ihre durch Käfige geführten Rollkörper in den gehärteten Bohrungen der Stange oder auf den Bolzen bzw. Zapfen laufen, größere Schubstangenköpfe.

Die Kolbenbolzen sind meist mit Nadellagern, die Kurbelzapfen mit Zylinderrollenlagern versehen. Sie erfordern ungeteilte Köpfe, wenn auf die Laufringe verzichtet wird. Zur Schmierung der Wälzlager genügt Spritzöl.

Gestaltungsbeispiel. Die Schubstange (**5.30**) gehört zu einem Viertakt-Dieselmotor mit der Leistung 7,5 kW pro Triebwerk, bei der Drehzahl 3000 min^{-1}. Der Zylinderdurchmesser beträgt 75 mm, der Hub 100 mm. Die Zündkraft ist 25 000 N, die rotierende Massenkraft 2500 N und die oszillierende Kraft im *OT* 1500 N. Der Schmiederohling aus dem Einsatzstahl Ck45 muss frei von Schmiedefalten und Kerbrissen sein. Der Schaft hat einen *I*-Querschnitt mit 10° Schmiedeanzug und geht, dem Kraftfluss entsprechend, im weiten Bogen auf die Köpfe über. Im oberen Kopf ist eine 1,5 mm dicke Bronzebuchse eingepresst und in den Nuten verstemmt. Ihre gerollte Lauffläche hat die zulässige Rautiefe 6 µm. Zur Schmierung wird Spritzöl über eine 3 mm breite Ausfräsung zugeführt. Beim unteren Kopf mit gerader Teilung wird der Deckel durch zwei Passschrauben mit Dehnschaft gehalten und zentriert. Am Schraubenkopf sitzt eine Kerbverzahnung, die sich zur Drehsicherung in den Schubstangenkopf eingräbt. Die Zugmutter hat das Anzugmoment 35 Nm, das die Schraube um 0,1 mm dehnt. In der gerollten Lagerbohrung sitzt ein 2 mm dickes, mit Nasen gesichertes Mehrstofflager. Für die Parallelität der Lagerbohrung ist die Abweichung 0,1 mm auf 100 mm zulässig.

5.5.3 Kurbelwellen

Kurbelwellen (**5.31a**) sind aus Kröpfungen zusammengesetzt. Diese bestehen aus den Wellenzapfen *1*, die in den Grundlagern liegen, den Kurbelzapfen *2* für die Schubstangenlager und die sie verbindenden Wangen *3*. Die Wangen tragen die Gegengewichte *4* zum Ausgleich der Massenkräfte und Momente. An den Kurbelwellenenden liegen die Kupplung *5*, die auch das Schwungrad trägt, und der Zapfen *6* für die Hilfsantriebe. An den Kurbelzapfen greifen die Stangenkräfte und die rotierenden Massenkräfte, in den Grundlagern die Lagerkräfte und an den Wangen die Fliehkräfte der Gegengewichte an. Die Kupplung überträgt das Drehmoment. Die Mittenentfernung zweier Kurbelzapfen entspricht dem Zylinderabstand a, der durch den Kolbendurchmesser D und die Bauart der Maschine bestimmt wird. Er beträgt $a = (1{,}2...1{,}6) \cdot D$. Der Abstand der Mittellinien von Wellen- und Kurbelzapfen ist der Kurbelradius r.

Kröpfungen. Zur Übertragung großer Kräfte eignet sich eine Welle, deren Kurbelzapfen zwischen je zwei Wellenzapfen liegen (**5.31a**). Eine Reihenmaschine (**5.3a**) mit z Zylindern bzw. Kurbelzapfen besitzt dann $z+1$ Grundlager bzw. Wellenzapfen. Diese Kurbelwellen sind sehr biege- und torsionssteif und werden bevorzugt in Verbrennungsmotoren eingebaut. Für kleinere Kräfte (**5.31b**) und gerade Zylinderzahlen genügt es, wenn zwischen zwei Wellenzapfen zwei Kurbelzapfen angeordnet und diese durch eine schrägliegende Wange verbunden werden. Die Reihenmaschine hat dann $1+z/2$ Wellenzapfen. Diese Bauart erfordert steife Gestelle. Sie wird bei Verdichtern und kleineren Brennkraftmaschinen verwendet.

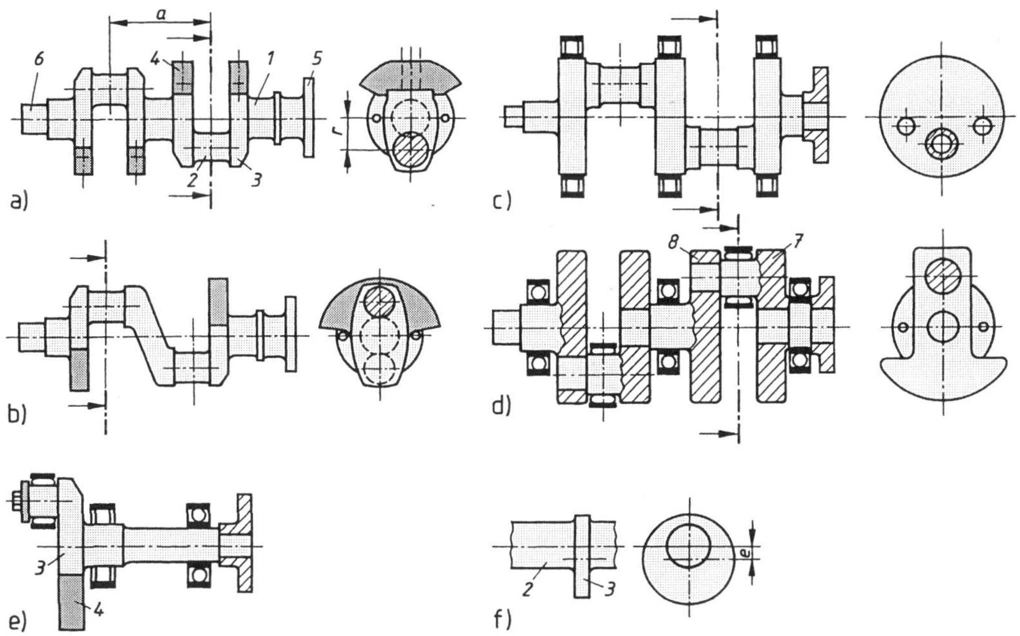

5.31
Kurbelwellenformen

a) und b) Gleitlagerung, c) Wälz- und Gleitlagerung, d) und e) Wälzlagerung, e) Stirnkurbel, f) Exzenter

Lagerung. Für Gleitlager (**5.31 a** und **b**), die beliebig teilbar sind, wird die Kurbelwelle aus einem Stück hergestellt. Geteilte Wälzlager nutzen sich an ihren Fugen oft zu schnell ab. Bei Wälzlagerung in den Grundlagern (**5.31c**) sind die Wellenzapfen *1* über die Kurbelzapfen *2* hinaus erweitert und übernehmen gleichzeitig die Funktion der Wangen. Die Kurbelwelle wird dann bei Verwendung von ungeteilten Zylinderrollenlagern mit den Laufringen zusammen ausgebaut. Zum Ausgleich der Massenkräfte sind die Kurbelzapfen hohl, und die Wellenzapfen erhalten zusätzliche Bohrungen. Bei vollständiger Wälzlagerung (**5.31d**) ist eine gebaute Kurbelwelle notwendig. Ihre Elemente, hier die Wange *7* mit Kurbelzapfen und Ansatz sowie

Bohrung für den Wellenzapfen bzw. Wange *8* mit Bohrung für den Kurbelzapfen und festem Wellenzapfen, ermöglichen nach dem Auseinanderbau das Abziehen der Lager. Die Elemente werden durch Schrauben oder Schrumpfverbindungen bzw. mit Hirth-Verzahnungen zusammengehalten. Das Auswechseln der Lager ist hierbei sehr schwierig, besonders da die Wangen wieder neu ausgerichtet werden müssen.

Sonderbauarten. Die Stirnkurbel (**5.31e**) ermöglicht Gleit- und Wälzlagerung. Die einzige Wange *3* muss hierfür jedoch kräftig ausgebildet werden.

Beim Exzenter (**5.31f**) ist der Kurbelzapfen *3* über den Wellenzapfen *2* hinaus erweitert und ersetzt gleichzeitig die Wange. Diese Bauart wird für sehr kleine Kurbelradien bzw. Exzentrizitäten *e* verwendet.

Herstellung. Maßgebend hierfür sind Werkstoff und Form der Kurbelwelle. Geschmiedete Wellen (**5.31 a** und **b**) aus Einsatz- und Vergütungsstahl werden meist in mehreren Gesenken hergestellt. Ihre Lagerzapfen werden gehärtet. Um die spanabhebende Bearbeitung einzuschränken, bleiben Wangen und angeschmiedete Gegengewichte meist roh. Gegossene Kurbelwellen (**5.32**) aus Gusseisen mit Kugelgraphit, ferritischem Stahl- oder Temperguss lassen sich wegen der leichteren Verformbarkeit des Werkstoffes freier gestalten. Sie erfordern aber mehr Bearbeitung. Durch bessere Gestaltung können sie trotz der geringeren Belastbarkeit der Werkstoffe die erforderlichen Beanspruchungen aufnehmen.

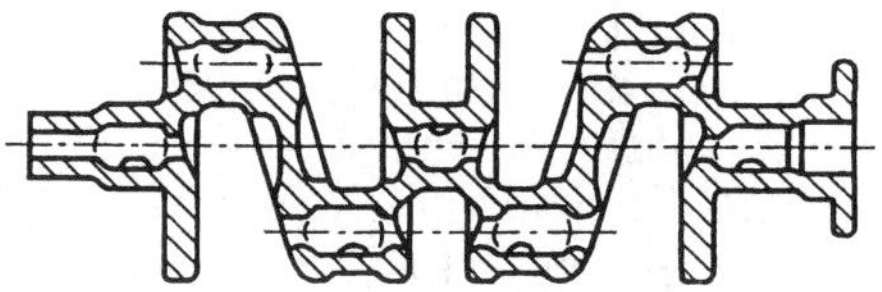

5.32
Gegossene Kurbelwelle nach *Thum*

Gestaltfestigkeit. Sie hängt vom Kraftfluss in der Kurbelwelle ab. An den Übergängen von Zapfen und Wangen liegen die schärfsten Umlenkungen und damit die Spannungsspitzen, die noch durch Anschneiden der Schmiedefaser bei der Bearbeitung erhöht werden. Um an diesen Stellen die Kerbwirkung herabzusetzen, soll das Verhältnis vom Rundungsradius ρ zum Zapfendurchmesser d mindestens $\rho/d = 0{,}05$ sein. Die Spannungen lassen sich auch durch ovale Wangen mit Abschrägungen an den Kurbelzapfen und durch dickere Wangen verringern. Üblich sind hierfür die Verhältnisse Wangenbreite $b/d = 1{,}2...1{,}8$ und Wangendicke $h/d = 0{,}3...0{,}5$. Weitere Verbesserungen (**5.33**) bringen elliptische Übergänge, Freistiche und Entlastungskerben.

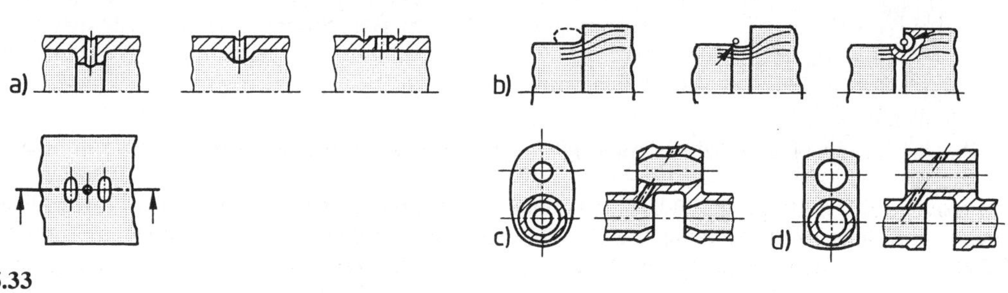

5.33
Maßnahmen zur Erhöhung der Festigkeit

a) Einziehung. Wulst und Entlastungskerben für Ölbohrungen
b) Elliptischer Übergang und Freistiche nach DIN 509
c) und d) Verbesserung der Gestaltfestigkeit nach *Mickel* bei c) 120 N/mm², bei d) 60 N/mm²

Werden bei hohlen Zapfen die Bohrungen tonnenförmig und die Wangen oval ausgebildet, so erhöht sich die Gestaltfestigkeit um das Doppelte. Auch Ölbohrungen sind die Ursache von Kerbwirkung. Um ihre Anzahl und Länge zu verringern, werden die Kurbelzapfen vom benachbarten Grundlager aus mit Öl versorgt. Zum Abbau der Spannungsspitzen sollen die Bohrungen möglichst weit von den Zapfenübergängen entfernt liegen. Weitere Verbesserungen werden durch Ausrunden der Bohrungen, Entlastungskerben und durch Einziehungen und Wülste bei Hohlzapfen erreicht (s. auch Abschn. 1).

Gestaltungsbeispiel. Die Kurbelwelle (**5.36**) aus dem Einsatzstahl Ck45 ist im Gesenk geschmiedet. Sie ist zweimal im geteilten Gehäuse gelagert und nimmt zwei Schubstangen (**5.30**) auf. Die Wellen- und Kurbelzapfen sind gehärtet. Ihre Radien zu den Wangen bleiben aber weich, um Kerbwirkung zu verhüten. Der Wellenzapfen *1* nimmt das Los-, der Zapfen *2* das Festlager auf. Von den geraden Wangen *3* und *4* ist wegen der zusätzlichen Stoßbeanspruchung des schweren Schwungrades die Wange *4* verstärkt. Die angeschmiedeten Gegengewichte *5* und *6*, von gleicher Dicke wie die Wangen, gleichen die rotierenden Momente und 50% der Momente I. Ordnung aus. Dabei hat das Gewicht *6* einen Absatz, damit es nicht an die Ölleitung anstößt. Die mittlere Wange *7* liegt schräg und ist, um der Kurbelwelle die nötige Steife zu geben, kräftig ausgebildet. Der angeschmiedete Flansch *8* trägt das Schwungrad, das die Kupplung aufnimmt. Auf den linken Zapfen *9* werden die Riemenscheibe für den Lüfter und das Zahnrad zum Nockenwellenantrieb aufgesetzt. Das Öl wird über die Bohrungen *10* von den Wellenzapfen- zu den Kurbelzapfenlagern geführt. Zur Erhöhung des Öldurchsatzes, also zur Verbesserung der Abfuhr der Reibungswärme, sind die geraden Wangen oben am Kurbelzapfen bei *11* angeschnitten. Zur Abdichtung des Kurbelraumes dient der Dichtring *12*. Eine Förderschnecke *13* transportiert das sich hier ansammelnde Öl an den Spritzring *14*, der es in den Kurbelraum zurückschleudert. (Darstellung der geschnittenen Kurbelwelle (**5.36**) s. Bild **5.37**.)

5.6 Festigkeitsberechnung der Triebwerksteile

Hierzu dienen heute "Finite Elemente" (**5.34**), meist in Schalenform, deren Zusammenhang durch die Randbedingungen ihrer Differentialgleichungen gegeben ist [14]. Sie erfordern einen großen Rechenaufwand, also komplizierte Computerprogramme. Dafür liefern sie aber Kurven konstanter Spannungen bzw. Verformungen für das gesamte Bauteil. Ähnliches leistet die Boundary-Methode, die auf Integral-Gleichungen basiert. Hier werden nur die einfachsten Berechnungsverfahren für den Konstrukteur zur Vorausbestimmung der Abmessungen angegeben. Zusätzlich sind aber Festigkeitskontrollen mit den "Finiten Elementen" oder optische Spannungsmessungen und die Berechnung der Lager nach der hydrodynamischen Theorie notwendig [2], [13]. Da die Triebwerksteile wechselnd mit Verspannung belastet sind, müssen für die Berechnung der Dauerfestigkeit [11] die Ober- und Unterspannungen und dazu die maximalen und minimalen Kräfte ermittelt werden (s. Abschn. 5.4.3).

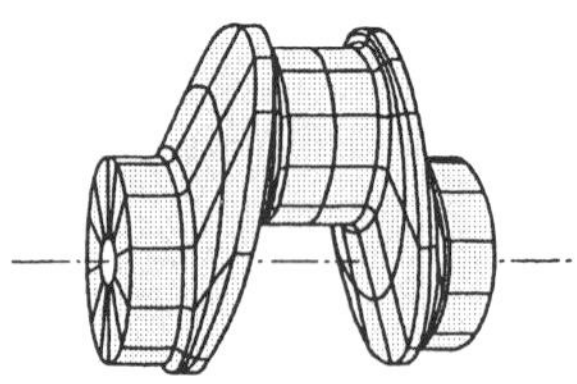

5.34
Aufteilung einer Kurbelkröpfung in finite Elemente

5.6.1 Kolben

Kolbenkörper. Der Boden wird auf Biegung wie eine Platte mit konstanter Druckbelastung beansprucht. Diese ist bei Tauchkolben am Rande, bei Scheibenkolben in der Mitte eingespannt. Die Beanspruchung des Mantels entspricht der eines Rohres mit äußerem Überdruck. Die Flächenpressung durch die Normalkraft soll (0,4...1,0) N/mm^2 nicht übersteigen. Wegen der schwer erfassbaren Wärmespannungen sind für den Kolbenentwurf meist Erfahrungswerte nach Bild **5.25** üblich, die am ausgeführten Kolben durch Versuche überprüft werden.

Kolbenbolzen (5.35a). Die Bolzenkraft F_B nach Gl. (5.86) beansprucht den Bolzen mit dem Durchmesser D und der Bohrung d auf Biegung. Der Bolzen entspricht einem Balken auf zwei Stützen, dessen Lagerentfernung l gleich dem Abstand der Mitten der Berührungsflächen von Bolzen und Auge ist. Die Bolzenkraft F_B ist als Streckenlast über die Breite b des Schubstangenkopfes verteilt. Das größte Biegemoment, das Widerstandsmoment und die Biegespannung betragen

$$M_b = \frac{1}{4} \cdot F_B \cdot \left(l - \frac{b}{2}\right) \qquad W_b = \frac{\pi}{32} \cdot \frac{D^4 - d^4}{D} \qquad \sigma_b = \frac{M_b}{W_b} \qquad (5.93)\ (5.94)\ (5.95)$$

Für Kolbenbolzen aus Vergütungsstählen beträgt die zulässige Biegewechselspannung $\sigma_{b\,zul} \approx 150\ N/mm^2$.

5.6.2 Schubstangen

Es werden die Beanspruchungen im Kopf, Deckel und Schaft von Schubstangen mit geteiltem unteren Kopf ermittelt, wie sie in Tauchkolben-Triebwerken verwendet werden.

Oberer Kopf (5.35b). Die Belastung F ist beim Zweitaktmotor die oszillierende Massenkraft der oberen Kopfhälfte, bei der Viertaktmaschine kommt noch im *OT* Ansaugen die Bolzenkraft F_B hinzu. Die größte Biegebeanspruchung tritt im Querschnitt A-A in der Stangenmittellinie auf. Zu ihrer vereinfachten Berechnung wird die obere Kopfhälfte als gerader Träger auf zwei Stützen mit der Auflagerentfernung $2 \cdot r_S$ angesehen, in dessen Mitte die Kraft F angreift. Mit dem Radius r_S des Schwerpunktes S des gefährdeten Querschnittes A-A und mit dem Widerstandsmoment W_b errechnet man das Biegemoment bzw. die Biegespannung

$$M_b = \frac{F \cdot r_S}{2} \qquad \sigma_b = \frac{M_b}{W_b} = \frac{F \cdot r_S}{2 \cdot W_b} \qquad (5.96)$$

Die größte Zugbeanspruchung liegt im Querschnitt B-B mit der Fläche A_B. Die Zugspannung ist

$$\sigma_Z = \frac{F}{2 \cdot A_B} \qquad (5.97)$$

Die Querschnitte sind bei Vernachlässigung des Schmiedeanzuges meist Rechtecke mit der Höhe h und der Dicke s. Ihre Fläche und ihr Widerstandsmoment sind dann

$$A_B = h \cdot s \qquad W_b = \frac{h \cdot s^2}{6} \qquad (5.98)$$

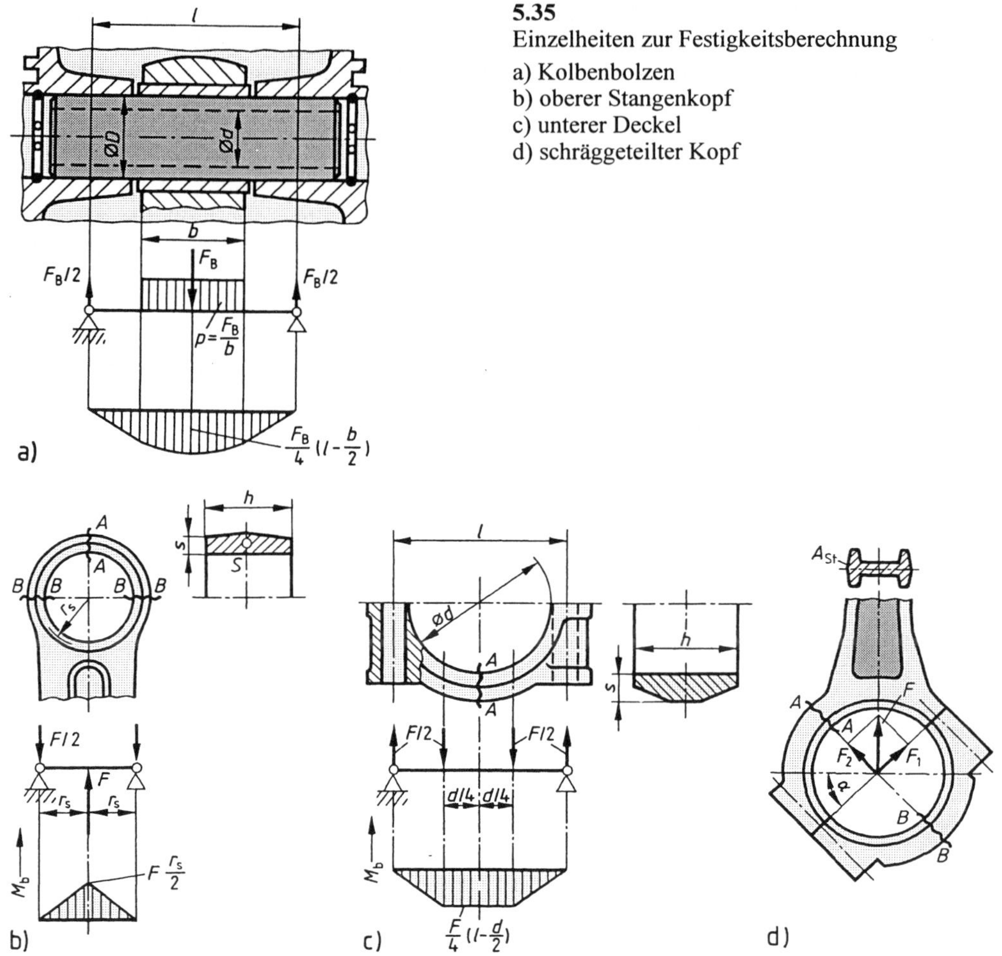

5.35
Einzelheiten zur Festigkeitsberechnung
a) Kolbenbolzen
b) oberer Stangenkopf
c) unterer Deckel
d) schräggeteilter Kopf

Deckel (5.35c). Ihre Belastung F erfolgt beim Zweitaktmotor durch die Fliehkraft des Deckels, beim Viertaktmotor durch die Lagerkraft $F_{\mathrm{K\,L}}$ nach Gl. (5.88) im *UT* Ansaugen. Die Biegebeanspruchung gleicht angenähert der eines geraden Trägers auf zwei Stützen, dessen Auflagerentfernung l gleich dem Abstand der Schraublöcher ist. Die Lagerschale liegt hierbei in der Deckelbohrung d zweimal im Abstand $d/4$ von der Mittellinie auf und überträgt die Kraft $F/2$. Das Biegemoment und die Biegespannung im Querschnitt A-A mit dem Widerstandsmoment W_{b} betragen dann bei senkrecht zur Stangenmittellinie geteilten Köpfen

$$M_{\mathrm{b}} = \frac{F}{4} \cdot \left(l - \frac{d}{2} \right) \qquad \sigma_{\mathrm{b}} = \frac{M_{\mathrm{b}}}{W_{\mathrm{b}}} \tag{5.99}$$

Für einen Rechteckquerschnitt der Höhe h und der Dicke s ist $W_{\mathrm{b}} = h \cdot s^2/6$.

Schräggeteilte Köpfe (**5.35d**) haben Teilungswinkel $\alpha = 38°...50°$. Die Kraft F wird in die Komponenten $F_1 = F \cdot \sin\alpha$ und $F_2 = F \cdot \cos\alpha$ aufgeteilt. Um die Dehnschrauben von Querkräften zu entlasten, wird die Kraft F_1 von Kerbstiften oder von einer Verzahnung in der Teilfuge aufgenommen. Mit der Kraft F_2 sind nach Gl. (5.99) die Biegespannungen im Querschnitt A-A der Kopfhälfte und im Querschnitt B-B des Deckels zu berechnen.

Die Dehnschrauben der Deckel werden bis zur doppelten Kraft F vorgespannt und im Schaft bis zu 70% der Streckgrenze belastet. Der Schaftdurchmesser beträgt ≈ 80% des Gewindekerndurchmessers.

Schaft. Die Stangenkraft F_{St} nach Gl. (5.69) beansprucht den Schaft auf Druck. Es besteht dadurch die Gefahr des Knickens. Die geringste Stabilität des Schaftes gegen Knicken liegt in der Bewegungsebene (**5.29**). Die gelenkige Lagerung der Stange im Kolbenbolzen und im Kurbelzapfen entspricht dem Fall 2 für die Knickbelastung nach *Euler*. Der Schaftquerschnitt A_{St} (**5.35d**) muss gegen diese Ausknickrichtung das größte Trägheitsmoment J_y erhalten. Der **Schlankheitsgrad** λ_S und die ***Euler*sche Knickspannung** σ_k betragen dann mit der Knick- oder der Schubstangenlänge l und dem Elastizitätsmodul E

$$\lambda_S = \frac{l}{\sqrt{J_y/A_{St}}} \qquad \sigma_k = \pi^2 \cdot \frac{E}{\lambda_S^2} \qquad (5.100) \quad (5.101)$$

Meist ist $\lambda_S < 90$, dann genügt die Berechnung der **Knickspannung nach *Tetmajer***, für Stahl

$$\sigma_k = 335 - 0{,}62 \cdot \lambda_S \quad \text{in N/mm}^2 \qquad (5.102)$$

Die Spannungen nach Gl. (5.101) und (5.102) werden mit der tatsächlichen **Druckspannung** infolge der Kraft F_{St} verglichen. Es muss sein

$$\sigma_d = \frac{F_{St}}{A_{St}} < \sigma_k \qquad (5.103)$$

Als Sicherheit gegen Knicken wird $S = \sigma_k/\sigma_d = 5...8$ gewählt, so dass die Stange auch ausreichend für die Querkräfte bemessen ist, die aus der Normalbeschleunigung der Stange entstehen. Ist $\lambda_S < 50$, genügt die Kontrolle der Druckspannung nach Gl. (5.103).

5.6.3 Kurbelwellen

Ihre Zapfen werden auf Biegung und Torsion, ihre Wangen zusätzlich auf Zug und Druck beansprucht. Nach Messungen sind die Biegespannungen in der Hohlkehle zwischen der Wange und dem Kurbelzapfen am größten, und zwar an der Stelle, die der Drehachse zugewendet ist. Hier liegt die schärfste Kraftumlenkung vor.

Biegung in der unteren Zapfenhohlkehle. An Kräften sind nur die Radialkraft F_R nach Gl. (5.73) und die rotierenden Kräfte F_r nach Gl. (5.63) wirksam. Für die Biegung durch die Tangentialkraft verläuft hier die neutrale Faser.

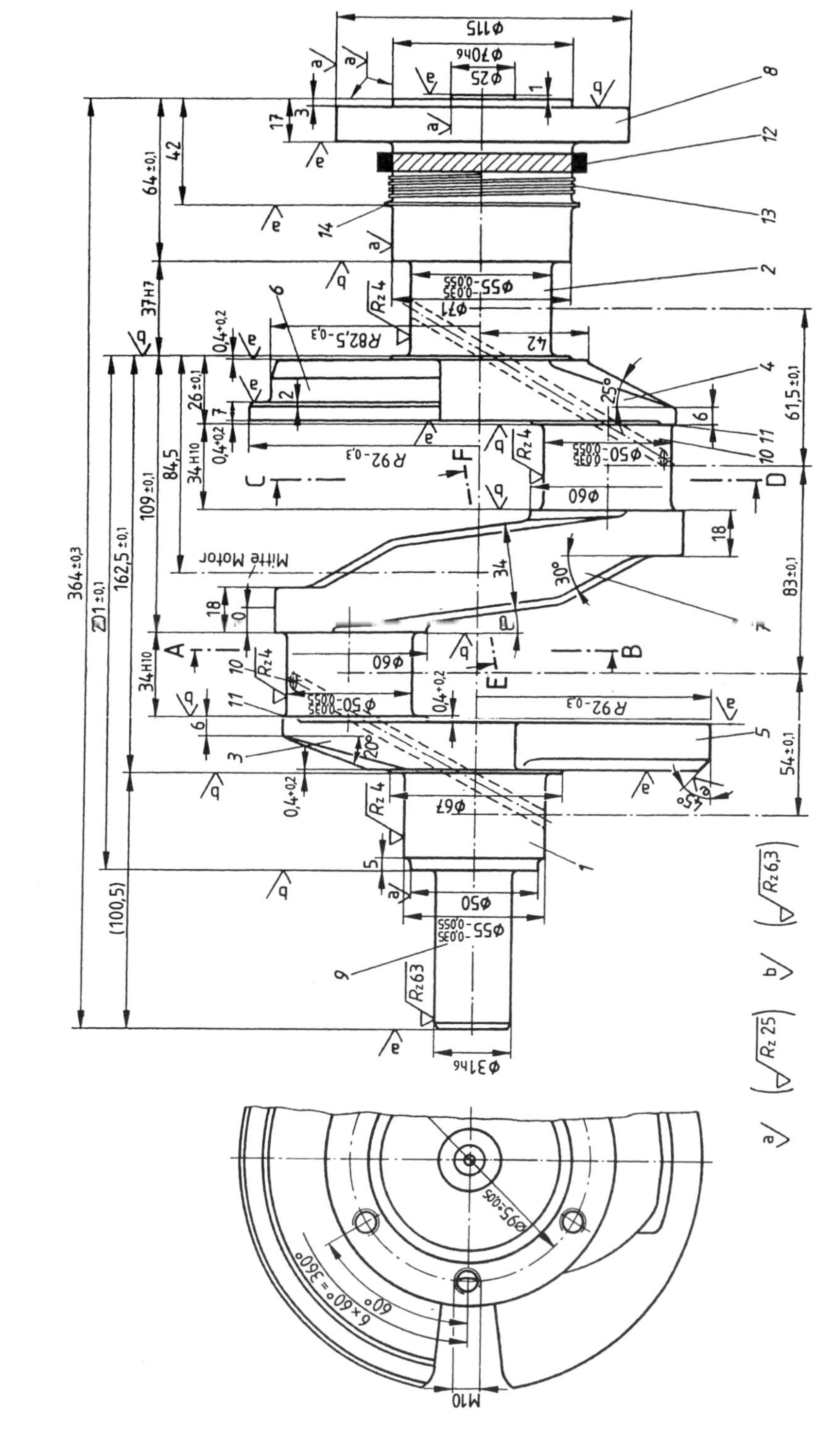

5.36
Kurbelwelle eines Zweizylinder-Viertakt-Dieselmotors (Daimler-Chrysler AG) (s. Bild **5.30** und Abschn. 5.5.3)

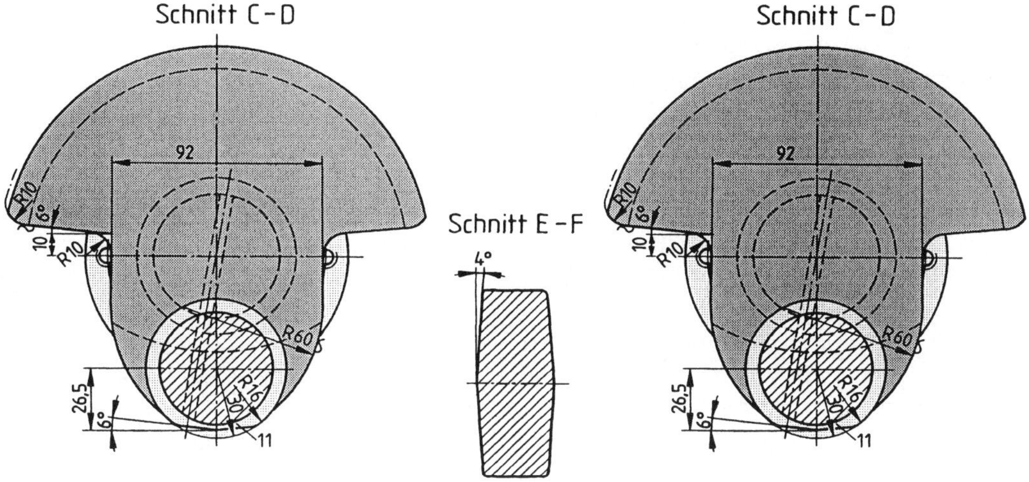

5.37
Schnitte der Kurbelwelle nach Bild **5.36**

Die Biegemomente werden aus den in ihren Zapfen als statisch bestimmt gelagerten Kröpfungen berechnet. Die Einspannmomente der statisch unbestimmten Lagerung verringern meist die Biegemomente und damit die Spannungen. Für eine Kröpfung (**5.38a**) mit dem Lagerabstand l, der Belastung $F = F_R - F_r$ in ihrer Mitte, den Lagerreaktionen A und B sowie dem Abstand e der Hohlkehle von der Lagermitte gilt dann

$$M_b = A \cdot e = F \cdot \frac{e}{2} \quad (5.104)$$

Die Kerbwirkung (**5.37**) ist hierbei beachtlich. Sie hängt vom Rundungsradius ρ der Hohlkehle, von der Breite b und der Dicke h der Wangen sowie von der Überschneidung u vom Kurbel- und Wellenzapfen ab. Sie wird mit Formzahlen f (**5.38b**) erfasst, die sich aus den auf den Kurbelzapfendurchmesser d bezogenen, dimensionslosen Kenngrößen ρ/d, h/d, b/d und u/d ergeben. Die Gesamtformzahl beträgt dann

$$\alpha_b = 11{,}0 \cdot f(\rho/d) \cdot f(h/d) \cdot f(b/d) \cdot f(u/d) \quad (5.105)$$

Die Biegespannung ist mit Gl. (5.104) und (5.105)

$$\sigma_b = \alpha_b \cdot \frac{M_b}{W_b} \quad (5.106)$$

Hierbei ist $W_b = \pi \cdot d^3/32$ das Widerstandsmoment des Kurbelzapfens bei vernachlässigten Bohrungen.

Torsionsbeanspruchungen entstehen infolge des periodisch veränderlichen Drehmoments nach Gl. (5.75) und führen im Resonanzgebiet zu Brüchen der Kurbelwelle [7]. Sie treten in langen Wellenleitungen wie bei Schiffs- und Generatorantrieben von Dieselmaschinen auf (s. Abschn. 4).

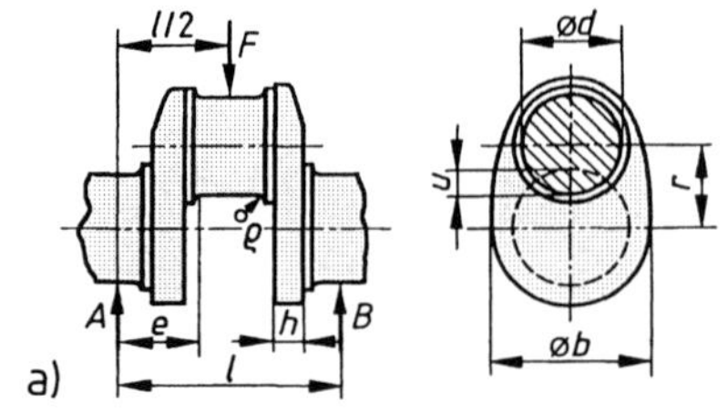

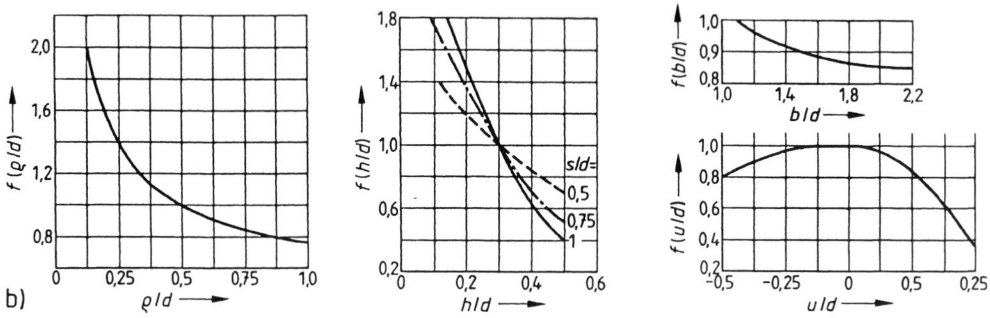

5.38
Kurbelwellenberechnung
a) Abmessungen und Belastung
b) Formzahlen nach *Petersen*

5.6.4 Lager

Ihre Belastungen F sind: für das Kolbenbolzenlager F_{BL} nach Gl. (5.87), für das Kurbelzapfenlager F_{KL} nach Gl. (5.88) und für das Wellenzapfenlager (**5.21**) F_{M} nach Gl. (5.89).

Gleitlager. Sie werden nach der Flächenpressung vordimensioniert. Mit dem Bohrungsdurchmesser D, der Lagerlänge l und mit der größten Lagerbelastung $F_{\max}$ ergibt sich die Flächenpressung bzw. mit p_{zul} aus Bild **5.39** die Fläche

$$p = \frac{F_{\max}}{l \cdot D} \qquad l \cdot D = \frac{F_{\max}}{p_{\mathrm{zul}}} \tag{5.107}$$

Die hieraus ermittelten Abmessungen sind nach der hydrodynamischen Schmiertheorie unter Beachtung des Verlaufs der Lagerkräfte als Funktion des Kurbelwinkels zu überprüfen [13], (s. Abschn. Gleitlager).

Lager	Flächenpressung p in N/mm²		Längenverhältnis
	Ottomotor	Dieselmotor	l/d
Kolbenbolzen	35 ... 45	40 ... 45	0,7 ... 1
Kurbelzapfen	15 ... 25	20 ... 35	0,35 ... 0,6
Wellenzapfen	10 ... 15	15 ... 20	0,4 ... 0,7

5.39
Flächenpressung für die Lagerberechnung von Verbrennungsmotoren

Wälzlager. Die Berechnungsgrundlage bildet hier der kubische Mittelwert der Lagerkraft F über ein Arbeitsspiel

$$F_{\mathrm{m}} = \sqrt[3]{\frac{1}{2\pi} \cdot \int_{0}^{2\pi} F^3 \, \mathrm{d}\varphi} \tag{5.108}$$

Dabei ist die Kraft F_{m} die äquivalente Belastung der Lager (s. Abschn. 3).

Literatur

[1] AWF-VDMA-VDI-Getriebehefte: Ebene Kurbelgetriebe mit einem Schubgelenk. AEF 512.

[2] Bensinger, W. D.; Meier, A.: Kolben, Pleuel und Kurbelwelle bei schnelllaufenden Verbrennungsmotoren. 2. Aufl. Berlin 1961.

[3] Biezeno, C. B.; Grammel, R.: Technische Dynamik. 2 Bde. Berlin 1971.

[4] Bollig, C; Habermann, K.; Marckwardt, H.; Yapicki, K.-I.: Kurbeltrieb für variable Verdichtung. In: Motortechnische Zeitschrift, Band 58 (1997), Heft 11, S. 706-711.

[5] Dubbel, H.: Taschenbuch für den Maschinenbau. 20. Aufl. Berlin - Heidelberg - New York 2001.

[6] Hafner, K. E.; Maass, H.: Theorie der Triebwerksschwingungen der Brennkraftmaschine. Wien - New York 1984.

[7] Hafner, K. E.; Maass, H.: Torsionsschwingungen in der Brennkraftmaschine. Wien - New York 1984.

[8] Holzmann, G.; Meyer, H.; Schumpich, G.: Technische Mechanik. Teil 2: Kinematik und Kinetik. 8. Aufl. Stuttgart 2000.

[9] Jamaly, F; Mayer, T; Woyand, H.-B.: Automatische Auslegung von Massenausgleichssystemen beliebiger Reihenmotoren anhand von CA-Techniken. In: Motortechnische Zeitschrift, Band 62 (2001), Heft 12, S. 1036-1042.

[10] Klanke, H.: Modellbildung, Simulation und Optimierung für geführte und nichtgeführte Bewegungen von Kurven-Kurbelgetrieben. Aachen: Mainz, 2000.

[11] Küttner, K. H.: Kolbenmaschinen. 6. Aufl. Stuttgart 1993.

[12] Küttner, K. H.: Kolbenverdichter. Berlin-Heidelberg 1992.

[13] Lang, O.: Triebwerke schnelllaufender Verbrennungsmotoren. Berlin - Heidelberg - New York 1966.

[14] Link, M.: Finite Elemente in der Statik und Dynamik. Stuttgart 1984.

[15] Maass, H.: Gestaltung und Hauptabmessungen der Brennkraftmaschine. Wien - New York 1979.

[16] Maass, H.; Klier, H.: Kräfte, Momente und deren Ausgleich in der Verbrennungskraftmaschine. Wien - New York 1981.

[17] Mayr, F.: Ortsfeste Dieselmotoren und Schiffsdieselmotoren. 3. Aufl. Wien 1960.

[18] Vogel, W.: Einfluss des Schubstangenverhältnisses. Z. Automobiltechn. 40 (1933) S. 336ff.

[19] Wambach, S.; Haats, J: Leichtbau im Kurbeltrieb durch geschmiedete Komponenten. In: Umformtechnik, Band 33 (1999), Heft 3, S. 18-20, 22.

6 Kurvengetriebe

Formelzeichen

a	Beschleunigung
Δa	-, Sprung-
b	Nockenwelle
c	Stößelgeschwindigkeit
D_{min}	kleinster Tellerdurchmesser
F_B	Betriebskraft
F_F	Federkraft
F_L	Reibungskraft der Lagerung
F_M	Massenkraft
F_N	Nockenkraft
F_{res}	resultierende Kraft
h	Stößelhub
l	Mittelpunktsabstand
p	Flächenpressung
p_L	Linienpressung
R	Grundkreisradius
r_S	Spitzenkreisradius
T	Umlaufzeit
t	Zeit
ρ	Flankenradius
σ_b	Biegebeanspruchung
φ	Drehwinkel
φ_N	Nockenwinkel
φ_{Sp}	Spielwinkel
$\varphi_ü$	Übergangswinkel
ω	Winkelgeschwindigkeit

Indizes

1	für Bewegung auf dem Flankenkreis
2	für Bewegung auf dem Spitzenkreis

Kurvengetriebe wandeln Bewegungen und Energien um. Ihre Hauptteile (**6.1a**) sind der Kurventräger *a,* das Eingriffsglied *b* und der Steg *c,* der vom Gestell gebildet wird. Der Kurventräger als Antrieb kann eine Dreh-, Schiebe- oder Schwingbewegung ausführen. Das Eingriffsglied als Abtrieb bewegt sich geradlinig oder schwingend. An der Eingriffsstelle *E* berühren sich der Kurventräger und das Eingriffsglied auf der Breite *b* (**6.1c**). Das Eingriffsglied besitzt zur Verringerung der Reibung eine Kuppe oder eine Rolle. Das Bewegungsgesetz ergibt sich aus dem Umriss des Kurventrägers und der Form des Eingriffsgliedes an der Eingriffsstelle.

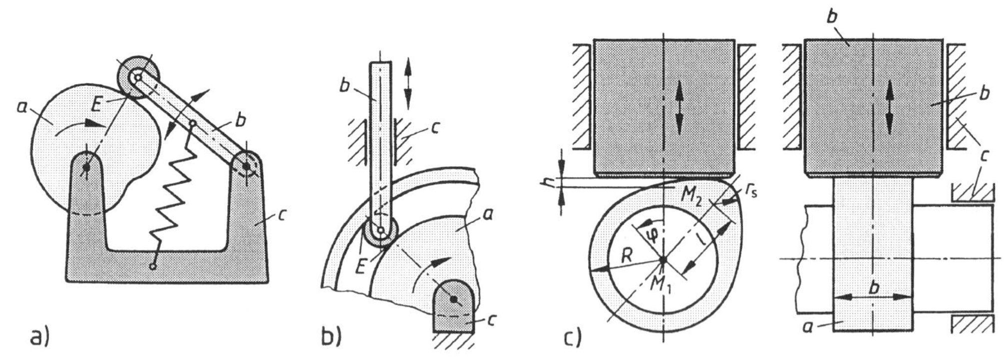

6.1
Formen der Kurvengetriebe
a) Kurvenscheibe mit Schwinghebel, b) Nutkurve mit Schieber, c) Nocken mit Flachstößel

Der Zwanglauf oder die Einhaltung des Bewegungsgesetzes erfordert eine ständige Berührung zwischen Kurventräger und Eingriffsglied. Diese wird durch Kraftschluss mit einer Feder (**6.1a**), durch Betriebskräfte oder durch Formschluss erzwungen. Der Formschluss entsteht z. B. durch eine Nut im Kurventräger (**6.1b**), in der die Rollen des Eingriffsgliedes laufen.

6.1 Nockensteuerung

Sie werden bei Brennkraftmaschinen für die Ventile, Einspritzpumpen und Zündverteiler, in Kühlschrankkompressoren sowie für Werkzeug- und Textilmaschinen verwendet. Der Nocken mit geradem Tellerstößel (**6.1c**) ist die einfachste Form der Nockensteuerungen. Der Nocken ist eine symmetrische Kurvenscheibe und besteht aus dem Grund- und Spitzenkreis mit den Radien R bzw. r_S, den Mittelpunkten M_1 und M_2 und dem Abstand $l = \overline{M_1M_2}$. Diese Kreise sind durch mindestens ein Paar Flankenkurven verbunden. Der Grundkreis, dessen Mittelpunkt M_1 in der Drehachse liegt, stellt dabei eine Rast oder einen Stillstand des Stößels dar.

Bewegungsgesetze. Der Drehwinkel φ (**6.1c**) des Nockens zählt in seiner Umlaufrichtung ohne Berücksichtigung der Rast im Grundkreis. Der Stößelhub h (**6.1c**) ist der Abstand der Gleitfläche des Stößels vom Grundkreis. Die Geschwindigkeit bzw. die Beschleunigung des Stößels ist der erste bzw. der zweite Differentialquotient des Hubes nach der Zeit. Die Übergänge von den Kreisen zu den Flankenkurven haben eine besondere Bedeutung. Liegt eine gemeinsame Tangente vor, so besitzt die Geschwindigkeit (**6.3c**) einen Knick und die Beschleunigung einen Sprung. Diese plötzliche Änderung von Größe und Richtung der Beschleunigung und damit der Massenkräfte heißt Ruck. Für hohe Drehzahlen ist jedoch der ruckfreie Nocken (s. Abschn. 6.2.4) vorzuziehen. Bei diesem haben die Übergangsstellen gleiche erste sowie zweite Differentialquotienten also gemeinsame Tangenten und Krümmungskreise. Dann weist lediglich die Beschleunigungskurve einen Knick auf.

6.2 Kreisbogennocken mit geradem Tellerstößel

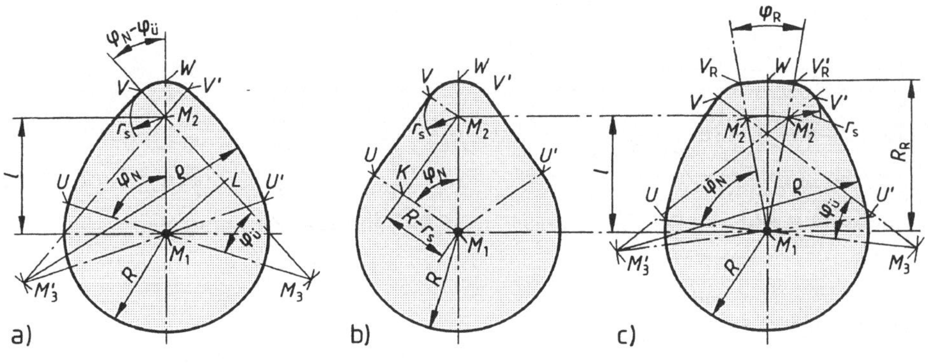

6.2
Aufbau harmonischer Nocken
Maße $R = 18$ mm, $r_s = 5$ mm, $l = 20$ mm, $h_{max} = 7$ mm
a) Kreisbogennocken $\rho = 43$ mm, $\varphi_N = 65{,}2°$, $\varphi_ü = 28{,}6°$
b) Tangentennocken $\varphi_N = 49{,}5°$
c) Rastnocken $\rho = 43$ mm, $\varphi_N = 65{,}2°$, $\varphi_ü = 28{,}6°$, $\varphi_r = 20°$

Bei diesen Nocken (**6.2**) besteht die Trägerkurve allein aus Kreisbögen, seine Herstellung ist daher einfach und seine Berechnung übersichtlich. Er erzeugt eine harmonische Bewegung, die durch sin- oder cos-Funktionen beschrieben wird und heißt daher harmonischer Nocken. Da aber Kreisbögen verschiedener Radien nur gemeinsame Tangenten besitzen, weist die Beschleunigung einen Sprung auf. Dieser Nocken ist daher nur stoß-, aber nicht ruckfrei.

6.2.1 Aufbau des Nockens

Trägerkurve (6.2). Die Flankenkreise mit dem Radius ρ und den Mittelpunkten M_3 und M_3' bilden die Verbindung zum Grund- und zum Spitzenkreis mit den Radien R und r_S, den Mittelpunkten M_1 und M_2 und dem Mittelpunktsabstand $l = \overline{M_1M_2}$. In ihren Übergangspunkten U, U' und V, V' haben die Kreise gemeinsame Tangenten und Normalen. Die Normalen sind durch die Strecken $\overline{UM_3}$ und $\overline{U'M_3'}$, auf denen der gemeinsame Drehpunkt M_1 liegt, und durch $\overline{VM_3'}$ und $\overline{V'M_3'}$ mit dem Schnittpunkt M_2, sämtlich von der Länge ρ festgelegt. Außerdem liegen auf den Normalen die Mittelpunktsabstände $\overline{M_1M_3} = \overline{M_1M_3'} = \rho - R$ und $\overline{M_2M_3} = \overline{M_2M_3'} = \rho - r_S$.

Konstruktion. Die Kreisbögen um die Punkte M_1 und M_2 vom Abstand l mit den Radien $\rho - R$ und $\rho - r_S$ schneiden sich in den Punkten M_3 und M_3'. Die Übergangspunkte U, U' und V, V' liegen im Abstand ρ von den Punkten M_3 und M_3' aus auf den Geraden durch $\overline{M_3M_1}$, $\overline{M_3'M_1}$, $\overline{M_3M_2}$ und $\overline{M_3'M_2'}$. Von ihren Mittelpunkten aus sind dann die betreffenden Kreisbögen zu zeichnen.

Winkel. Der Drehwinkel φ (**6.3**), gebildet von der Strecke $\overline{UM_1}$ und der Stößelmittellinie, zählt vom Punkt U aus bis maximal zum Punkt U'. Der Nockenwinkel φ_N (**6.3b**) entspricht der Nockendrehung vom Punkt U bis zum Nockengipfel W. Der Übergangswinkel $\varphi_ü$ (**6.3a**) ist der Zentriwinkel eines Flankenkreisbogens. Diese Winkel folgen aus dem Dreieck $M_1M_2M_3$ mit dem Kosinussatz

$$\cos\varphi_N = \frac{(\rho - r_s)^2 - (\rho - R)^2 - l^2}{2 \cdot l \cdot (\rho - R)} \tag{6.1}$$

$$\cos\varphi_ü = \frac{(\rho - R)^2 + (\rho - r_s)^2 - l^2}{2 \cdot (\rho - R) \cdot (\rho - r_s)} \tag{6.2}$$

Mit dem Sinussatz ergibt sich aus dem Dreieck $M_1M_2M_3$ folgender Zusammenhang:

$$\sin\varphi_ü = \frac{l}{\rho - r_S} \cdot \sin\varphi_N \tag{6.3}$$

Der Lagewinkel φ_L (**6.7**) wird von der Stößel- und Nockenmittellinie gebildet. Bei einer Steuerung mit mehreren Nocken dient er dazu, deren Lage zueinander festzulegen. Am Anfang und Ende der Stößelbewegung ermöglicht der Spielwinkel φ_{Sp} (**6.3c**) bei einer Ventilsteuerung das zum Dichten der Ventile notwendige Spiel.

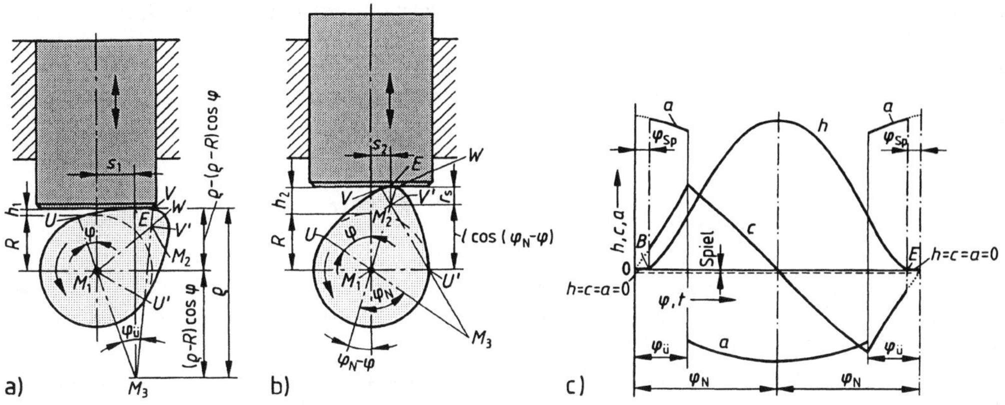

6.3
Kreisbogennocken mit geradem Tellerstößel
a) Hub beim Flankenkreiseingriff $0 \leq \varphi \leq \varphi_{ü}$
b) Hub beim Spitzenkreiseingriff $\varphi_{ü} \leq \varphi \leq 2\varphi_N - \varphi_{ü}$
c) Bewegungsschaubild mit Spiel

Sondernocken. Beim Tangentnocken (**6.2b**) sind die Flankenkreise durch die Tangente an den Spitzen- und Grundkreis ersetzt. Die Stößelbewegung erfolgt also nur auf dem Spitzenkreis, und der Flankenkreisradius ist unendlich lang. Für den Nockenwinkel gilt $\cos \varphi_N = (R - r_S)/l$ nach dem Dreieck M_1M_2K. Der Rastnocken (**6.2c**) hat eine zusätzliche Rast beim größten Stößelhub. Hierzu liegt zwischen den Hälften des Spitzenkreises beim Punkt W der Rastkreisbogen V_RV_R' mit dem Radius R_R dem Mittelpunkt M_1 und dem Rastwinkel $\varphi_R = \sphericalangle V_RM_1V_R'$. Für den Nockenwinkel gilt dann $\varphi_N = \sphericalangle UM_1V_R$.

6.2.2 Stößelbewegung

Beim geraden und zentrischen Tellerstößel (**6.3**) geht die Stößelmittellinie durch den Drehpunkt M_1. Sie ist parallel zur Berührungsnormalen, die durch den Eingriffspunkt E und durch den Mittelpunkt des im Eingriff stehenden Kreisbogens geht. Die Bewegung des Stößels zählt positiv, wenn er sich vom Nocken wegbewegt. Für den Index der Bewegungsgrößen, den vom Stößel berührten Kreisbogen und den Drehwinkel ergibt sich dann folgende Einteilung:

Index 1 für ersten Flankenreis $U...V$ $\quad 0 \leq \varphi \leq \varphi_{ü}$

Index 2 für Spitzenkreis $V...W$ $\quad \varphi_{ü} \leq \varphi \leq 2\varphi_N - \varphi_{ü}$

Die Bewegung zwischen den Punkten U und W und W und U' ist symmetrisch. So gelten für den zweiten Flankenkreis die Gleichungen mit dem Index 1, wenn hierin φ durch $2\varphi_N - \varphi$ ersetzt wird.

Bewegungsgesetze (6.3 a bis **c)**. Der Hub ist der Abstand der Stößelgrundfläche von der zur Stößelmittellinie senkrechten Tangente an den Grundkreis und beträgt

$$h_1 + r = \rho - (\rho - R) \cdot \cos\varphi \qquad \text{bzw.} \qquad h_2 + R = l \cdot \cos(\varphi_N - \varphi)$$

Hieraus ergibt sich für den **Hub *h***, die **Geschwindigkeit *c*** und die **Beschleunigung *a*** mit $c = dh/dt = \omega \cdot dh/d\varphi$ und $a = dc/dt = \omega \cdot dc/d\varphi$.

$$\boxed{h_1 = (\rho - R)\cdot(1-\cos\varphi)} \qquad \boxed{h_2 = l\cdot\cos(\varphi_N - \varphi) - R + r_S} \qquad (6.4)\ (6.5)$$

$$\boxed{c_1 = \omega\cdot(\rho - R)\cdot\sin\varphi} \qquad \boxed{c_2 = \omega\cdot l\cdot\sin(\varphi_N - \varphi)} \qquad (6.6)\ (6.7)$$

$$\boxed{a_1 = \omega^2\cdot(\rho - R)\cdot\cos\varphi} \qquad \boxed{a_2 = -\omega^2\cdot l\cdot\cos(\varphi_N - \varphi)} \qquad (6.8)\ (6.9)$$

Die Extremwerte betragen danach Gl. (6.4) bis (6.9)

$$\boxed{h_{2\max} = l + r_S - R} \qquad (6.10)$$

$$\boxed{c_{1\max} = c_{2\max} = \omega\cdot(\rho - R)\cdot\sin\varphi_ü = \omega\cdot l\cdot\sin(\varphi_N - \varphi_ü)} \qquad (6.11)$$

$$\boxed{a_{1\max} = \omega^2\cdot(\rho - R)} \qquad \boxed{a_{1\min} = -l\cdot\omega^2} \qquad (6.12)\ (6.13)$$

Der maximale Hub $h_{2\,max}$, Gl. (6.10), wird im Nockengipfel *W* bei $\varphi = \varphi_N$ erreicht. Die größte Geschwindigkeit $c_{1\,max}$, Gl. (6.11), tritt im Punkt *V* bei $\varphi = \varphi_ü$ auf. Das Maximum der Beschleunigung a_{1max}, Gl. (6.12), entsteht im Punkt *U* bei $\varphi = 0$ und ihr Minimum $a_{2\,min}$, Gl. (6.13), bei *W* bzw. $\varphi = \varphi_N$ (Bild **6.2a** und **6.3**). Der Beschleunigungssprung bzw. Ruck tritt im Punkt *V* bei $\varphi = \varphi_ü$ auf. Nach Gl. (6.8) und (6.9) ist hier $\Delta a = a_1 + |a_2| = \omega^2\cdot[(\rho - R)\cos\varphi_ü + l\cdot\cos(\varphi_N - \varphi_ü)]$. Hieraus folgt mit Hilfe der Dreiecke M_1M_2L und M_1M_3L des Bildes **6.2a**

$$\boxed{\Delta a = \omega^2\cdot(\rho - r_S)} \qquad (6.14)$$

6.2.3 Stößelabmessungen

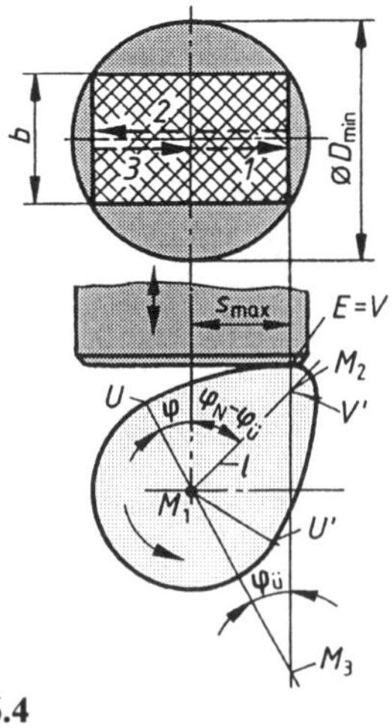

6.4
Kleinster Tellerdurchmesser bei gegebener Nockenbreite für $\varphi = \varphi_ü$; kreuzschraffiert: Gleitfläche des Nockens auf dem Teller

Der Nocken muss bei seiner seitlichen Bewegung auf der Stößelgrundfläche diese stets in voller Breite berühren, um Eingrabungen und Beschädigungen zu verhindern.

Seitliche Auswanderung (6.4). Sie ist der Weg *s* des Eingriffspunktes *E* auf der Stößeloberfläche, gemessen von der Stößelmittellinie aus, und beträgt

$$\boxed{s_1 = (\rho - R)\cdot\sin\varphi} \qquad (6.15)$$

$$\boxed{s_2 = l\cdot\sin(\varphi_N - \varphi)} \qquad (6.16)$$

Den Weg s_1 beschreibt die Bahn *1* des ersten Flankenkreises zwischen den Punkten *U* und *V*, der Weg s_2 gilt für die Bahn *2* des Spitzenkreises zwischen *V* und *V'*. Für die Bahn *3* des zweiten Flankenkreises zwischen *V'U'* gilt dann die Gl. (6.15), wenn der Winkel φ durch $2\varphi_N - \varphi$ ersetzt wird.

Kleinster Stößeldurchmesser (6.4). Er ergibt sich aus der größten Auswanderung nach Gl. (6.15) und (6.16)

$$s_{max} = (\rho - R) \cdot \sin \varphi_{ü} = l \cdot \sin(\varphi_N - \varphi_{ü}) \tag{6.17}$$

und beträgt bei der Nockenbreite b

$$D_{min} = \sqrt{b^2 + 4 s_{max}^2} \tag{6.18}$$

6.2.4 Ruckfreier Nocken

Der Beschleunigungssprung nach Gl. (6.14) entfällt bei der Zykloide mit dem **Hub** ***h***, der Geschwindigkeit c und mit der Beschleunigung a nach folgenden Beziehungen:

$$h = c_s \cdot t - \frac{h_{max}}{2\pi} \cdot \sin \frac{2\pi}{T} \tag{6.19}$$

$$c = c_s \cdot \left(1 - \cos \frac{2\pi \cdot t}{T}\right) \quad \text{und} \quad a = a_s \cdot \sin \frac{2\pi \cdot t}{T} \qquad (6.20)\ (6.21)$$

Hierbei bedeutet h_{max} den maximalen Nockenhub, der in der Zeit $t = T$ erreicht wird; $c_s = h_{max}/T$ ist die mittlere Nockengeschwindigkeit. Beim Aufwärtsgang des Nockens gilt Gl. (6.19), beim Abwärtsgang ist hierin t durch $2T - t$ zu ersetzen mit $a_s = 2\pi \cdot h_{max}/T^2$. Der Drehwinkel beträgt, wenn n die Drehzahl ist, $\varphi = 2\pi \cdot n \cdot t$ und $\varphi_N = 2\pi \cdot n \cdot T$ für den Hub h_{max}.

Ausgezeichnete Punkte sind (**6.5a**) $h = 0$ bei $t = 0$ und $2T$, $c = 0$ bei 0, T und $2T$ sowie $a = 0$ bei 0, $T/2$, T, $3T/2$ und $2T$. Als Extremwerte treten auf: h_{max} bei $t = T$, $c_{EX} = 2c_s$ bei $T/2$ und $3T/2$ sowie $a_{EX} = a_s$ bei $T/4$, $3T/4$, $5T/4$ und $7T/4$. Die Beschleunigung hat einen Knick bei $t =$ 0 und T.

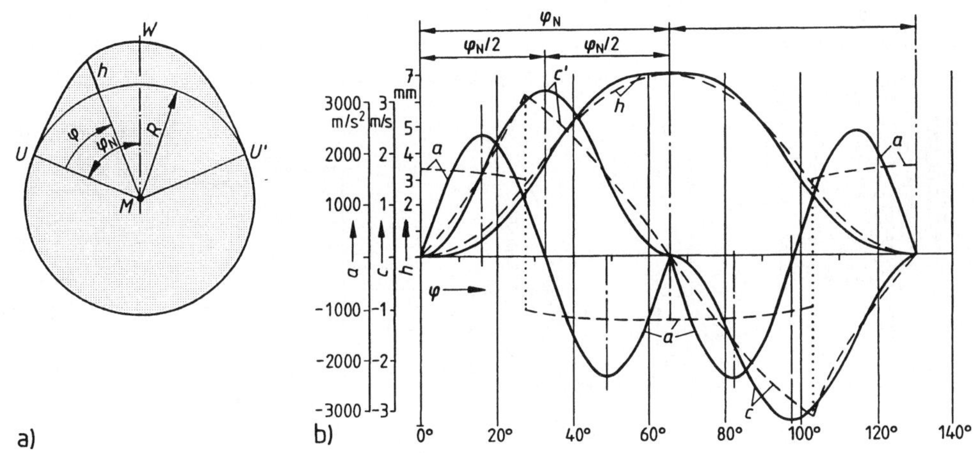

6.5
Ruckfreier Nocken
a) Aufbau $h_{max} = 7$ mm $R = 18$ mm $n = 2500\ \text{min}^{-1}$
b) Bewegungsablauf (gestrichelte Linien Kreisbogennocken (**6.2a**) mit $n = 2500\ \text{min}^{-1}$)

Beim Vergleich mit dem harmonischen Nocken (**6.3c**) sind die Maxima der Geschwindigkeit um 3%, der Beschleunigung um 55% größer. Dafür entfällt aber der Sprung, der um 12% größer als die Beschleunigung des ruckfreien Nockens ist. Die Nockenform (**6.5b**) folgt aus der **Polargleichung**

$$\boxed{r = R = h(\varphi)} \tag{6.22}$$

Hierbei ist R der Grundkreisradius und $h = h_{\max}\cdot[\varphi/\varphi_N - \sin(360°\cdot\varphi/\varphi_N)]$ mit φ in Grad.

6.2.5 Kräfte am Stößel

Am Stößel (**6.6**) greifen bei Vernachlässigung der Gewichtswirkung folgende Kräfte an: Von den in der Stößelmittellinie wirkenden Kräften zählen diejenigen positiv, die vom Nocken zum Stößel gerichtet sind.

Betriebskraft F_B: Sie hängt von der äußeren Kraft ab, die auf die angetriebenen Teile wirkt, z. B. bei einer Ventilsteuerung von der Kraft, die zum Öffnen und Schließen der Ventile erforderlich ist.

Federkraft: Für eine Druckfeder mit der Vorspannung F_0 und der Steife c_F ist beim Stößelhub h nach Gl. (6.4) und (6.5)

$$\boxed{F_F = F_0 + c_F \cdot h} \tag{6.23}$$

Massenkraft: Sie ist der Stößelbeschleunigung a nach Gl. (6.10) und (6.11) entgegengerichtet und beträgt, wenn m_{St} die auf den Stößel reduzierte Masse aller vom Nocken bewegten Teile ist,

$$\boxed{F_M = m_{St} \cdot a} \tag{6.24}$$

Auflagerkräfte A und B des Stößels wirken in seiner Führung.

Reibungskräfte: Die Reibungskraft F_E wird zwischen Stößel und Nocken am Eingriffspunkt E und die Reibungskraft F_L in der Lagerung des Stößels erzeugt. Die Reibungskraft F_L wirkt der

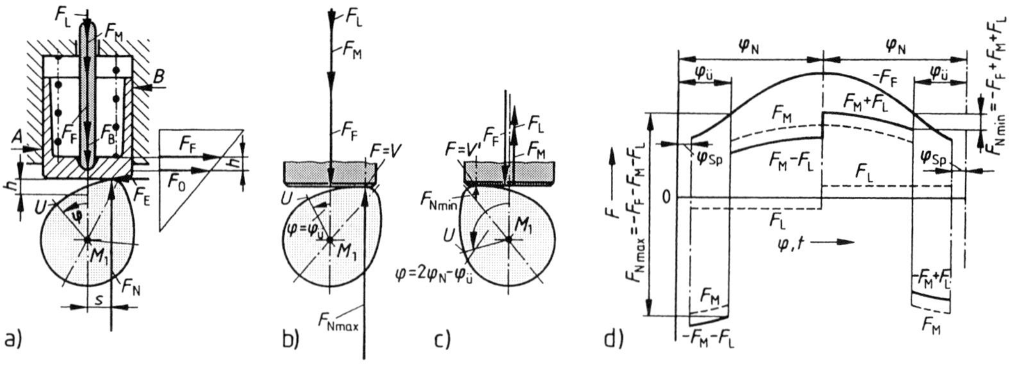

6.6
Kräfte am Stößel
a) Gesamtkräfte, b) max. Nockenkraft bei $\varphi = \varphi_ü$, c) Sicherheit gegen Abheben bei $\varphi = 2\varphi_N - \varphi_ü$, d) Belastung als Funktion des Kurbelwinkels

Geschwindigkeit c des Stößels nach Gl. (6.6) und (6.7) entgegen und wird auf dessen Mittellinie bezogen. Sie ergibt sich aus den Gleichgewichtsbedingungen. Meist werden jedoch wegen der schwer bestimmbaren Reibungszahlen konstante Erfahrungswerte $|F_R|$ benutzt. Man setzt

$$\boxed{F_L = -|F_R| \cdot \operatorname{sgn} c} \tag{6.25}$$

Nockenkraft F_N (**6.6**). Sie ist der Resultierenden der in der Stößelmittellinie wirkenden Kräfte

$$\boxed{F_{res} = F_B + F_F + F_M + F_L} \tag{6.26}$$

dem Betrage nach gleich, ihr aber entgegen gerichtet; $F_N = -F_{res}$. Ihre Wirkungslinie bildet die Berührungsnormale des eingreifenden Kreisbogens durch den Eingriffspunkt E. Ihr Verlauf hängt von der Größe und Richtung der einzelnen Kräfte ab. So ist die Federkraft immer zum Nocken hin gerichtet, die Massenkraft jedoch nur für die Drehwinkel $0...\varphi_ü$ und $(2\varphi_N - \varphi_ü)...2\varphi_N$ und die Reibungskraft nur für $\varphi < \varphi_N$.

Nockenbeanspruchung. Hierfür ist die Linienpressung $P_L = F_{N\,max}/b$ bei der maximalen Nockenkraft $F_{N\,max}$ und der Nockenbreite b maßgebend.

Kraftschluss besteht nur, wenn die Resultierende F_{res} zum Nocken hin gerichtet ist. Das Abheben des Stößels tritt bei ihrem Richtungswechsel ein. Dann ist aber keine Nockenkraft mehr vorhanden, und die Resultierende beschleunigt den Stößel unabhängig von der Nockendrehung. Wechselt die Resultierende später wieder ihr Vorzeichen, dann schlägt der Stößel auf den Nocken und beschädigt ihn. Als Sicherheit gegen das Abheben gilt daher die kleinste zum Stößel hin gerichtete Nockenkraft, die das Abheben noch bei Störungen, wie z. B. Überdrehzahlen, verhindert.

Beim Kreisbogennocken mit Flachstößel (**6.6**) ist die Betriebskraft vernachlässigbar klein. Zur deutlicheren Darstellung der Summen und Differenzen der Kräfte ist im Bild **6.6d** die Federkraft in entgegengesetzter Richtung aufgetragen. Die maximale Nockenkraft (**6.6 b** und **d**) tritt auf, wenn alle Kräfte zum Nocken hin gerichtet sind, und zwar bei $\varphi = \varphi_ü$ vor dem Massenkraftsprung. Sie beträgt

$$\boxed{F_{N\max} = -F_F - F_M - F_L} \tag{6.27}$$

Das Abheben kann eintreten, wenn die Massen- und die Reibungskraft vom Nocken weg gerichtet sind, und zwar zuerst bei $\varphi = 2\varphi_N - \varphi_ü$ vor dem Massenkraftsprung. Die Sicherheit (mindestens erforderliche Nockenkraft) beträgt hier

$$\boxed{F_{N\min} = -F_F + F_M + F_L} \tag{6.28}$$

Die Nockenkraft kann nach Gl. (6.23) durch Erhöhen der Vorspannkraft der Feder so vergrößert werden, dass die Kraft $F_{N\,min}$ zuverlässig überschritten wird.

Beispiel

Ein Kreisbogennocken (**6.7**) mit dem Grundkreisradius $R = 20$ mm ist für eine Rast von der Dauer $T_{U'AU} = 0{,}04$ s und für den maximalen Hub $h_{max} = 8$ mm nach der Laufzeit $T_{U'AU} = 0{,}025$ s vorzusehen. Die Umlaufzeit beträgt $T = 0{,}06$ s. Der gerade Tellerstößel mit der reduzierten Masse $m_{St} = 1$ kg hat die größte Beschleunigung $a_{1\,max} = 425$ m/s^2.

Beispiel, Fortsetzung

Die Federkonstante ist $c_F = 40$ N/mm, die Reibungskraft $F_L = 30$ N und die Sicherheit gegen das Abheben $F_{N\,min} = 60$ N. Gesucht sind die Antriebsdrehzahl, die Abmessungen des Nockens, die Vorspannkraft der Feder und die maximale Nockenkraft.

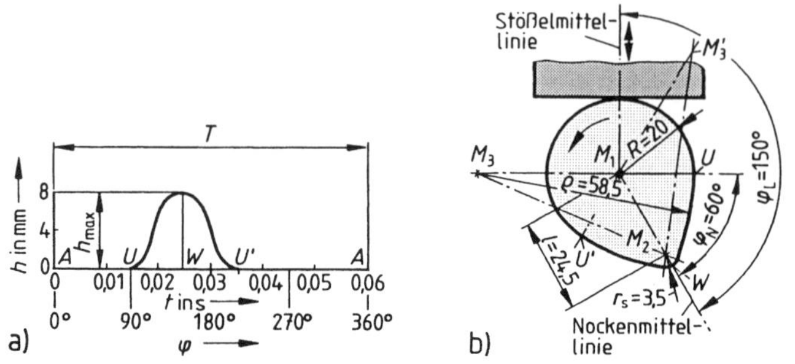

6.7 Kreisbogennocken mit Flachstößel

a) Weg-Zeit-Schaubild

b) Nocken in Ausgangslage

Drehzahl. Mit der Umlaufzeit $T = 0{,}06$ s nach Bild **6.7a** und der Winkelgeschwindigkeit nach Gl. (5.2) folgt

$$\omega = \frac{2\pi}{T} = \frac{2\pi}{0{,}06\,\text{s}} = 104{,}8\,\text{s}^{-1} \qquad \omega^2 = 1{,}1 \cdot 10^4\,\text{s}^{-2}$$

$$n = \frac{\omega}{2\pi} = \frac{104{,}8\,\text{s}^{-1}}{2\pi} = 1000\,\text{min}^{-1}$$

Nockenabmessungen. Der Nockenwinkel, um den sich der Nocken vom Rastende bis zum maximalen Hub, also in der Zeit $T_{U\,W} = 0{,}5 \cdot (T - T_{U'AU}) = 0{,}5 \cdot (0{,}06 - 0{,}04)$ s = 0,01 s, dreht, ist nach Gl. (5.2)

$$\varphi_N = \omega \cdot T_{UW} = 104{,}8\,\text{s}^{-1} \cdot 0{,}01\,\text{s} \cdot 180°/\pi = 60°$$

Der Flankenkreisradius folgt damit aus der Gl. (6.12)

$$\rho = R + \frac{a_{1\,max}}{\omega^2} = 20\,\text{mm} + \frac{425 \cdot 10^3\,\text{mm}\,\text{s}^{-2}}{1{,}1 \cdot 10^4\,\text{s}^{-2}} = 58{,}5\,\text{mm}$$

Für den Mittelpunktsabstand und Spitzenradius ergeben die Gl. (6.6) und (6.1)

$$l = h_{max} + R - r_S = (8 + 20)\,\text{mm} - r_S = 28\,\text{mm} - r_S$$

und $$\cos 60° = \frac{(58{,}5\,\text{mm} - r_S)^2 - (58{,}5\,\text{mm} - 20)^2\,\text{mm}^2 - (28\,\text{mm} - r_S)^2}{2 \cdot (28\,\text{mm} - r_S) \cdot (58{,}5 - 20)\,\text{mm}}$$

Hieraus folgt dann $r_S = 3{,}5$ mm und $l = (28 - 3{,}5)$ mm = 24,5 mm. Der Übergangswinkel ist dann nach Gl. (6.3)

$$\sin \varphi_ü = \frac{l}{\rho - r_S} \cdot \sin \varphi_N = \frac{24{,}5\,\text{mm}}{(58{,}5 - 3{,}5)\,\text{mm}} \cdot \sin 60° \qquad \varphi_ü = 22{,}7°$$

Beispiel, Fortsetzung

Der Lagewinkel zwischen der Nocken- und der Stößelmittellinie, um den sich der Nocken in der Zeit $T_{A\,W} = 0{,}025$ s gedreht hat, beträgt nach Gl. (5.2)

$$\varphi_L = \omega \cdot T_{A\,W} = 104{,}8\,\text{s}^{-1} \cdot 0{,}025\,\text{s} \cdot 180°/\pi = 150°$$

Mit diesen Werten kann der Nocken in seiner Ausgangslage **(6.7b)** nach Abschn. 6.2.1 aufgezeichnet werden.

Federvorspannkraft. Das Abheben kann beim Drehwinkel $\varphi = 2\varphi_N - \varphi_ü$ zuerst auftreten. Hier beträgt die Zunahme der Federkraft nach Gl. (6.5) und (6.23)

$$c_F \cdot h_2 = c_F \cdot [l \cdot \cos(\varphi_N - \varphi_ü) - (R - r_S)]$$

$$= 40\,\text{N/mm} \cdot [24{,}5\,\text{mm} \cdot \cos(60 - 22{,}7)° - (20 - 3{,}5)\,\text{mm}] = 120\,\text{N}$$

und die Massenkraft nach Gl. (6.9) und (6.24)

$$F_M = m_{St} \cdot a_2 = m_{St} \cdot \omega^2 \cdot l \cdot \cos(\varphi_N - \varphi) = 1\,\text{kg} \cdot 1{,}1 \cdot 10^4\,\text{s}^{-2} \cdot 24{,}5\,\text{mm}$$

$$\cdot \cos(60 - 22{,}7)° = 21{,}4 \cdot 10^4\,\text{kg mm s}^{-1} = 214\,\text{N}$$

Mit der Sicherheit gegen das Abheben **(6.6c)**

$$|F_{N\,min}| = F_F - F_M - F_L = F_0 + c_F \cdot h_2 - F_M - F_L = 60\,\text{N}$$

nach den Gl. (6.28) und (6.23) folgt dann für die Vorspannkraft

$$F_0 = F_M + F_L + F_{N\,min} - c_F \cdot h_2 = (214 + 30 + 60 - 120)\,\text{N} = 184\,\text{N}$$

Maximale Nockenkraft (6.6b). Sie tritt beim Drehwinkel $\varphi = \varphi_ü$ auf. Für die Federkraft gilt hier, da der Stößelhub den gleichen Wert wie bei $2 \cdot \varphi_N - \varphi_ü$ hat,

$$F_F = F_0 + c_F \cdot h_2 = (184 + 120)\,\text{N} = 304\,\text{N}$$

Mit der Massenkraft nach Gl. (6.8) und (6.24)

$$F_M = m_{St} \cdot a_1 = m_{St} \cdot \omega^2 \cdot (\rho - R) \cdot \cos\varphi_ü$$

$$= 1\,\text{kg} \cdot 1{,}1 \cdot 10^4\,\text{s}^{-2} \cdot (58{,}5 - 20)\,\text{mm} \cdot \cos 22{,}7° = 39 \cdot 10^4\,\text{kg mm s}^{-2} = 390\,\text{N}$$

ergibt sich dann

$$F_{N\,max} = F_F + F_M + F_L = (304 + 390 + 30)\,\text{N} = 724\,\text{N}$$

■

6.3 Gestaltung

Werkstoffe. Herstellung, Linienpressung an der Eingriffsstelle und Gleiteigenschaften bestimmen die Wahl des Werkstoffes. Als Linienpressung ist zulässig: für Grauguss ≤ 50 N/mm, für Stahlguss ≤ 100 N/mm und für gehärteten Stahl ≤ 750 N/mm. Bei der Wahl der

Pressungen sind übertriebene Breiten zu vermeiden. Sie verursachen Kantenpressung infolge Lagerspiel und Bearbeitungsgenauigkeit. Die Laufeigenschaften hängen von der Werkstoffpaarung ab, Stahl und Gusseisen haben sich hierfür besonders bewährt.

Große Kurvenscheiben bestehen häufig aus Stahlguss, die Stößel aus Gusseisen und ihre Rollen und Zapfen aus gehärtetem Stahl. Die Biegebeanspruchung in den Zapfen darf maximal 150 N/mm^2 und die Flächenpressung für Lagerbuchsen aus Bronzelegierungen höchstens 15 N/mm^2 betragen.

Kurvenscheiben und Nocken. Ihre Laufflächen werden häufig von Kopierschleifmaschinen nach einem Musternocken mit hoher Oberflächengüte geschliffen. Schwere Kurvenscheiben mit großer Exzentrizität werden zum Ausgleich der Fliehkräfte mit Gegengewichten oder Aussparungen versehen. Große Kurvenscheiben und Nocken werden geteilt ausgeführt. Ihre Teilfugen liegen in dem geringer belasteten Grundkreis. Die Wellen müssen sehr steif sein, um Verformungen zu vermeiden. Nocken werden im allgemeinen mit ihrer Welle vorgeschmiedet und dann gehärtet. Die Nockenwelle lässt sich ohne Teilung der Lager einbauen, wenn die Gipfel der Nocken (**6.8b**) in radialer Richtung die Zapfen nicht überragen.

Stößel. Um Kantenpressung zu verhindern, wird die Lauffläche etwas ballig geschliffen. Stößel erhalten trotz des erstrebten geringen Gewichtes lange Führungen, um ein Klemmen zu verhüten.

Tellerstößel werden meist etwas exzentrisch zur Drehachse des Nockens ausgeführt. Dies hat ein Drehen der Teller zur Folge, wodurch Eingrabungen der Nocken vermieden werden.

Rollenstößel dagegen sind, um den Eingriff zu garantieren, gegen Verdrehen zu sichern. Ihre Zapfen erhalten Gleit- oder Nadellager mit verstärktem Außenkäfig, deren Nadeln auf den gehärteten Zapfen laufen.

Ventilsteuerungen. Zwischen Nocken und Stößel treten hohe Beanspruchungen auf. Es ist zweckmäßig, die Flächenpressung nach den *Hertz*schen Gleichungen zu ermitteln. Pressungen bis 150 N/mm^2 sind zulässig. Da die Ventile für ihre Dichtung ein Spiel erfordern, sind die Nocken und Stößel beim Bewegungsbeginn und -ende Stößen ausgesetzt. Zu ihrer Milderung erhalten die Nocken entweder besondere Anlaufkurven, oder die Stößelgeschwindigkeit wird beim Anheben und Aufsetzen der Ventile auf $\approx$ 0,75 m/s herabgesetzt.

Gestaltungsbeispiel. Bild **6.8** zeigt den Ventilantrieb eines obengesteuerten Kraftfahrzeugmotors mit obenliegender Nockenwelle. Für günstige Herstellung und Montage sind der Stößel *1* und der Schaft *2* des hängenden Ventils getrennt ausgeführt. Hierdurch können geringe Abweichungen ihrer Mittellinien durch Herstellungsfehler oder Wärmedehnungen ohne große Kantenpressungen aufgenommen werden. Zum Einbau des Tellers *3* der Ventilfeder *4* ist das Haltestück *5* geteilt. Bei geöffnetem Ventil stellt die Feder den Kraftschluss zwischen Ventilschaft *2*, Stößel *1* und Nocken *6* her; seine Aufrechterhaltung zwischen Nocken und Stößel bestimmt die größte, die Notwendigkeit, ein Aufsaugen des Ventils bei Unterdruck zu verhindern, die kleinste Federkraft. Die Nockenwelle trägt die Ein- und Auslassnocken *6* und *7* und liegt mit den Lagerzapfen *8* in den geteilten Lagern *9*. Ihr Antrieb am Rad *10* kann durch Zahnräder, Ketten oder Zahnriemen erfolgen.

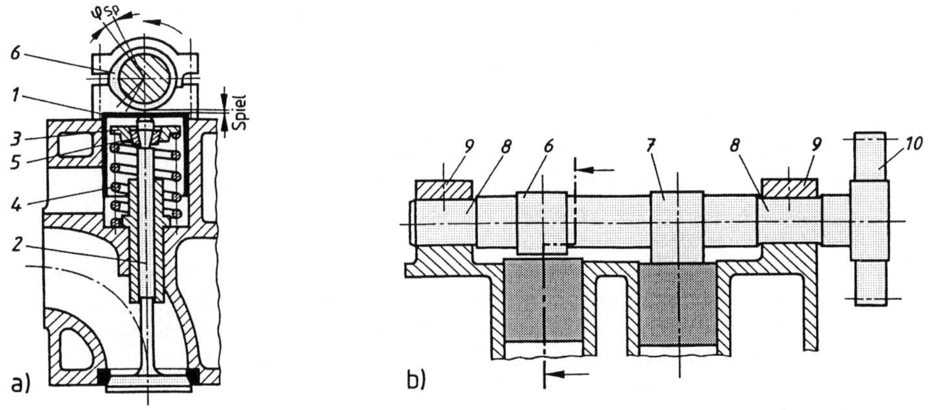

6.8
Ventilsteuerung eines Viertakt-Ottomotors
a) Ventilantrieb
b) Ausschnitt der Nockenwelle

Literatur

[1] Bensinger, W. D.: Die Steuerung des Gaswechsels in schnelllaufenden Verbrennungsmotoren. 2. Aufl. Berlin-Heidelberg-New York 1968.

[2] Hagedorn, L.: Konstruktive Getriebelehre. 5. Aufl. Hannover 1997.

[3] Jahr, W.; Knechtel, P.: Grundzüge der Getriebelehre. 2 Bde. 4. Aufl. Leipzig 1955-56.

[4] Kerle, H.; Pittschellis, R.: Einführung in die Getriebelehre. Stuttgart: Teubner, 2002.

[5] Kertscher, U.: Entwicklung eines webbasierten Berechnungs- und Gestaltungssystems für Kurvengetriebe zur Unterstützung der verteilten Produktentwicklung. Aachen: Shaker, 2003.

[6] Kraemer, 0.: Getriebelehre. 9. Aufl. Karlsruhe 1991.

[7] Kraus, R.: Getriebelehre und Getriebeaufbau. 3 Bde. 2. Aufl. Berlin 1951.

[8] Küttner, K. H.: Kolbenmaschinen. 6. Aufl. Stuttgart 1993.

[9] Lohse, G.: Konstruktion von Kurvengetrieben – Grundlagen für die erfolgreiche Entwicklung ungleichförmig übersetzender Getriebe. Renningen-Malmsheim: Expert, 1994.

[10] VDI 2143, Blatt 1: Bewegungsgesetze für Kurvengetriebe; Theoretische Grundlagen. Düsseldorf 1994.

[11] VDI 2149, Blatt 1: Getriebedynamik; Starrkörper-Mechanismen. Düsseldorf 1999.

7 Zugmittelgetriebe

DIN-Blatt Nr.	Ausgabe-datum	Titel
109 T1	12.73	Antriebselemente; Umfangsgeschwindigkeiten
T2	12.73	-; Achsabstände für Riementriebe mit Keilriemen
111	8.82	Antriebselemente; Flachriemenscheiben; Maße, Nenndrehmomente
2211 T1	3.84	Antriebselemente; Schmalkeilriemenscheiben; Maße, Werkstoff
T2	3.84	-; Schmalkeilriemenscheiben, Prüfung der Rillen
T3	1.86	-; Schmalkeilriemenscheiben, Zuordnung zu elektrischen Motoren
2215	8.98	Endlose Keilriemen; Klassische Keilriemen; Maße
2216	10.72	Endliche Keilriemen; Maße
2217 T1	2.73	Antriebselemente; Keilriemenscheibe, Maße, Werkstoff
T2	2.73	-, Keilriemenscheiben, Prüfung der Rillen
2218	4.76	Endlose Keilriemen für den Maschinenbau; Berechnung der Antriebe, Leistungswerte
7721 T1	6.89	Synchronriemengetriebe, metrische Teilung; Synchronriemen
T2	6.89	-; Zahnlückenprofil für Synchronscheiben
7722	6.82	Endlose Hexagonalriemen für Landmaschinen und Rillenprofile der zugehörigen Scheiben
7753 T1	1.88	Endlose Schmalkeilriemen für den Maschinenbau; Maße
T2	4.76	-; Berechnung der Antriebe, Leistungswerte
T3	2.86	Endlose Schmalkeilriemen für den Kraftfahrzeugbau; Maße der Riemen und Scheibenrillenprofile
8150	3.84	Gallketten
8153 T1	3.92	Scharnierbandketten, Form S, Form D
T2	3.92	-; Verzahnung der Kettenräder, Profilmaße
8154	9.99	Buchsenketten mit Vollbolzen
8164	8.99	Buchsenketten
8187 T1	3.96	Rollenketten; Europäische Bauart; Teil 1: Einfach-, Zweifach-, Dreifach-Rollenketten
T2	8.98	-; Teil 2: Einfach-Rollenketten mit Befestigungslaschen; Anschlussmaße
T3	8.98	-; Teil 3: Einfach-Rollenketten mit verlängerten Bolzen; Anschlussmaße
8188 T1	3.96	Rollenketten; Amerikanische Bauart; Teil 1: Einfach-, Zweifach-, Dreifach-Rollenketten
T2	8.98	-; Teil 2: Einfach-Rollenketten mit Befestigungslaschen; Anschlussmaße
T3	8.98	-; Teil 3: Einfach-Rollenketten mit verlängerten Bolzen; Anschlussmaße

DIN-Normen, Fortsetzung

DIN-Blatt Nr.	Ausgabe-datum	Titel
8196 T1	3.87	Verzahnung der Kettenräder für Rollenketten nach DIN 8187 und DIN 8188; Profilabmessungen
T2	3.92	Verzahnung der Kettenräder für Rollenketten, langgliedrig, nach DIN 8181, Profilabmessungen
ISO 5290	5.88	Rillenscheiben für Verbund-Schmalkeilriemen; Rillenprofile 9J, 15J, 20J und 25J
ISO 5294	5.96	Synchronriemengetriebe; Scheiben
ISO 5296 T1	5.91	Synchronriemengetriebe; Riemen; Zahnteilungskurzzeichen MXL, XL, L, H, XH und XXH; Metrische und Inch-Maße
T2		-; -; Zahnteilungskurzzeichen MXL und XXL; Metrische Maße
ISO 10823	6.01	Hinweise zur Auswahl von Rollenkettentrieben

Formelzeichen

allgemein

a	Achsabstand
F_W	Wellenbelastung
F_u	Umfangskraft
f_n	Biegefrequenz
g	Fallbeschleunigung
i	Übersetzung
n	Drehfrequenz
P_1, P_2	Antriebs-, Abtriebsnennleistung
v	Umfangsgeschwindigkeit
z_u	Anzahl der Riemenumlenkungen
β	Umschlingungswinkel
γ	Spezifisches Gewicht
η	Wirkungsgrad des Triebes
φ	Betriebsfaktor

Indizes

1, 2	kleine Scheibe, große Scheibe

Flachriemen

b, b'	Riemen- und Scheibenbreite
C, C_1	Korrekturfaktoren
d	Scheibendurchmesser
F'_u	spezifische Umfangskraft
L	Riemenlänge
P'	spezifische Riemenleistung

Keilriemen

C, C_3, C_K	Korrekturfaktoren
d_w	Wirkdurchmesser
L_w	genormte Wirklänge
P_N	Nennleistung eines Riemens
z	Anzahl der parallelen Riemen

Ketten

A	tragende Gelenkfläche
d_0	Teilkreisdurchmesser
F_B	Mindestbruchlast der Laschen
F_f	Fliehkraft in der Kette
F_{ges}	Gesamtzugkraft
P_D	Diagrammleistung
p_r, p_v	rechnerische Vergleichsflächenpressung
q	Kettengewicht (Masse in kg) je m
S_{stat}	statische Sicherheit in den Laschen
p	Kettenteilung
z..	Zähnezahl des Kettenrades

Korrekturfaktoren

c_h, k, t_v, y, λ_v

7.1 Einteilung und Verwendung

Im Gegensatz zum Zahn- und Reibradgetriebe berühren sich beim Zugmittelgetriebe die Räder nicht, so dass der Wellenabstand innerhalb gewisser Grenzen beliebig gewählt werden kann. Die Kraftübertragung übernimmt ein die Räder umhüllendes Band, das sog. Zugmittelglied. Die Übertragung der Umfangskraft vom Rad zum Zugmittel kann erfolgen:

1. Durch **Kraftschluss** (Reibungsschluss) beim Riemen- und Seiltrieb. Als Vorteile ergeben sich Stoßmilderung, Schwingungsdämpfung, große Laufruhe und Überlastungsschutz durch Rutschen des Riemens, als Nachteile eine (geringe) Schwankung der Übersetzung *i* und die Notwendigkeit gelegentlichen Nachspannens des Triebes.

2. Durch **Formschluss** beim Kettentrieb, wobei Stoßmilderung und Schwingungsdämpfung geringer sind, die Übersetzung *i* jedoch konstant bleibt. Eine Kombination aus Ketten- und Riementrieb stellt der Zahnriementrieb dar, der sowohl stoßmildernd als auch schwingungsdämpfend wirkt und der den Vorteil des Kettentriebs aufweist, nämlich die immer gleichbleibende Übersetzung.

Als Zugmittelglieder werden im Wesentlichen Flach-, Keil- und Zahnriemen sowie Gall-, Hülsen-, Rollen- und Zahnketten verwendet. Wird die Breite des Zugmittelgliedes sehr groß gemacht, so wird das Getriebe zum Transportband bzw. zur Förderkette.

Der früher verschiedentlich angewandte Seiltrieb hat heute praktisch keine Bedeutung mehr, da die Reibungszahl verhältnismäßig klein ist und sich nennenswerte Leistungen nicht übertragen lassen.

7.2 Reibschlüssige Zugmittelgetriebe

7.2.1 Berechnen von Riemengetrieben

Allgemeines

Die vom Drehmoment T_1 eines Motors *5* erzeugte Umfangskraft $F_u = 2 \cdot T_1 / d_1$ an der treibenden Scheibe *1* (**7.1**) soll durch den Riemen *3* auf die getriebene Scheibe *2* übertragen werden. Zur Übernahme von F_u durch den Riemen muss dieser mit der Normalkraft $F_n = F_u / \mu$ an die Scheiben gedrückt werden. Im Ruhezustand (stillstehender, unbelasteter Trieb) geschieht dies durch die Vorspannkraft F_0 in den beiden Trums; sie kann durch die Spannfeder *4*, durch Eigenfederung des Riemens oder auf andere Weise erzeugt werden und bestimmt die Wellenbelastung F_W.

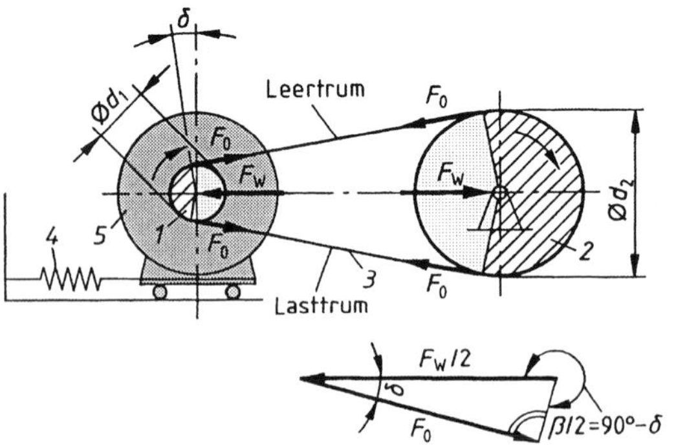

7.1
Riementrieb mit federnder Spannwelle, unbelastet, aber mit Vorspannung

Bei belastetem Trieb (**7.2**) steigt die Kraft im Lasttrum auf F_1 (> F_0) an, während sie im Leertrum auf F_2 (< F_0) abfällt.

Für die Beziehungen zwischen dem Umschlingungswinkel β, der Reibungszahl μ und den Kräften bzw. Spannungen im Last- und Leertrum gilt unter Vernachlässigung der Fliehkraft

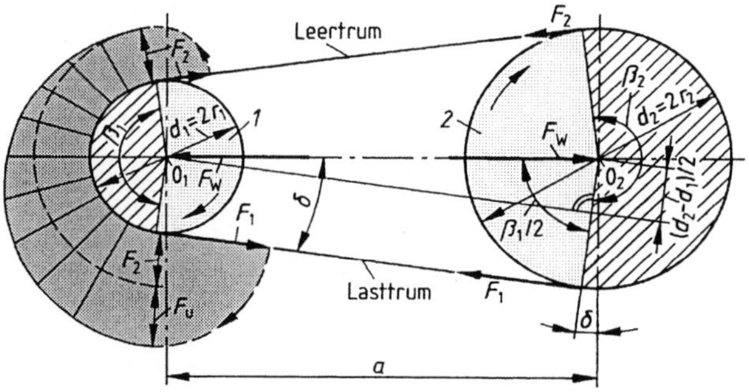

7.2
Kräfte am offenen Riementrieb (parallele Wellen mit gleicher Drehrichtung) bei Belastung

die ***Eytelwein*sche Gleichung**

$$\boxed{F_1 = F_2 \cdot e^{\mu\beta}} \quad \text{bzw.} \quad \boxed{\sigma_1 = \sigma_2 \cdot e^{\mu\beta}} \quad \text{mit} \quad e = 2{,}718 \quad e^{\mu\beta} = F_1/F_2 = m \tag{7.1}$$

Bei ungleichen Scheibendurchmessern (Regelfall) ist der kleinere Umschlingungswinkel einzusetzen; die Größe m wird als Spannungsverhältnis bezeichnet.

Der Kräfteunterschied in den Trums zwischen An- und Ablaufpunkt bewirkt an der treibenden Scheibe *1* eine Stauchung, an der getriebenen Scheibe *2* eine Dehnung des Riemens, so dass sich eine Relativbewegung zwischen Scheibe und Riemen einstellt, der sog. Dehnschlupf. (Eine glatte Oberfläche der Riemenscheibe vermeidet schnellen Riemenverschleiß bei Dehnschlupf.) Bei Überlastung tritt noch ein Gleitschlupf hinzu, der Riemen rutscht also auf der Scheibe. Der gesamte Schlupfverlust wird im **Schlupfwirkungsgrad** η_v erfasst und bestimmt u. a. die **tatsächliche Übersetzung**

$$\boxed{i = \frac{n_1}{n_2} = \frac{d_2 + s}{d_1 + s} \cdot \frac{1}{\eta_v}} \tag{7.2}$$

Hierin bedeuten: s Riemendicke; n_1 Antriebsfrequenz; n_2 Abtriebsfrequenz

Die zur Drehmomentübertragung erforderliche Umfangskraft ergibt sich in Bild **7.2** nach der Gleichgewichtsbedingung für Punkt O_1 bei gleichförmiger Drehbewegung ohne Berücksichtigung der Fliehkräfte aus $F_u \cdot r_1 + F_2 \cdot r_1 - F_1 \cdot r_1 = 0$ zu

$$\boxed{F_u = F_1 - F_2 = F_2 \cdot (e^{\mu\beta} - 1) = F_2 \cdot (m - 1)} \tag{7.3}$$

Beim Umlauf des Riemens um die Scheiben treten noch Fliehkräfte F_r bzw. F_z auf, die den Riemen von den Scheiben abheben wollen. Mit den Bezeichnungen aus Bild **7.3**, der Dichte ρ, der Riemenbreite b und dem Riemenquerschnitt $A = s \cdot b$ bestimmt sich ihre Größe je Scheibe aus der allgemeinen Fliehkraftgleichung $F_Z = m \cdot v^2/r$ wie folgt:

$$\mathrm{d}F_f = \mathrm{d}F_Z \cdot \sin\varphi \qquad \mathrm{d}F_Z = \mathrm{d}m \cdot \left(v^2/r\right) \qquad \mathrm{d}m = \rho \cdot A \cdot r \cdot \mathrm{d}\varphi$$

$$\mathrm{d}F_f = \left[\rho \cdot A \cdot v^2\right] \cdot \sin\varphi \cdot \mathrm{d}\varphi$$

$$F_f = \left[\rho \cdot A \cdot v^2\right] \cdot \int_{\delta}^{\delta+\beta} \sin\varphi \, d\varphi \qquad \delta + \beta = \pi - \delta$$

$$\int_{\delta}^{\delta+\beta} \sin\varphi \, d\varphi = -\cos\varphi \int_{\delta}^{\pi+\beta} = -\cos(\pi - \delta) + \cos\delta = 2\cos\delta$$

$$\boxed{F_f = \rho \cdot A \cdot v^2 \cdot 2 \cdot \cos\delta} \qquad (7.4)$$

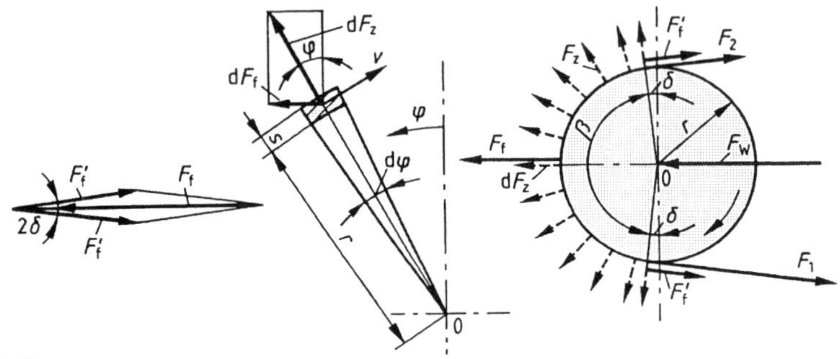

7.3
Fliehkräfte F_t und F_z des umlaufenden Riemens

Der Fliehkraftanteil F'_f im Trum und die Fliehspannung σ_f betragen demnach

$$\boxed{F'_f = F_f/(2 \cdot \cos\,\delta) = \rho \cdot A \cdot v^2 \qquad \sigma_f = \frac{F'_f}{A} = \rho \cdot v^2} \qquad (7.5)$$

Sie sind unabhängig vom Umschlingungswinkel β. Durch die Fliehkraft F_f (bzw. F_z) wird die Reibung vermindert, und die Trumkräfte werden gleichzeitig auf $F'_1 = F_1 + F'_f$ und $F'_2 = F_2 + F'_f$ vergrößert. Die **Umfangskraft F_u** (Nutzkraft) zur Drehmomentübertragung ist dann

$$\boxed{F_u = F_1' - F_2' = (F_1 + F_f') - (F_2 + F_f') = F_1 - F_2 = F_1 \cdot \frac{m-1}{m}} \qquad (7.6)$$

Die Kräfte F_1 und F_2 werden als freie Spannkräfte, das Verhältnis $F_u/F_1 = (m-1)/m$ als Ausbeute bezeichnet. Die **Wellenbelastung** lässt sich rechnerisch aus

$$\boxed{F_W = (F_1 + F_2)/\sin(\beta_1/2) \approx 2 \cdot F_0/\sin(\beta_1/2)} \qquad (7.7)$$

oder graphisch bestimmen.

Vom Riemenquerschnitt A müssen die auftretenden Zugspannungen σ_1 und σ_f sowie die infolge des Umlaufs des Riemens um die Scheibe auftretende Biegespannung σ_b aufgenommen werden. Die Biegespannung ist abhängig von s/d (bzw. h/d_w bei Keilriemen), dem sog. Biegemaß (s bzw. h Riemendicke, d bzw. d_w kleinster Scheibendurchmesser des Triebs), dem Elastizitätsmodul E_b des Riemenwerkstoffs und – bezüglich ihrer maximalen Größe – von der Biegefrequenz $f_B = z_u \cdot v/L$ (v Riemengeschwindigkeit, z_u Anzahl der Riemenumlenkungen, L Riemenlänge). Die **Maximalspannung σ_{max}** tritt im Lasttrum beim Anlaufen gegen die kleinere Scheibe auf und beträgt

$$\boxed{\sigma_{max} = \sigma_1 + \sigma_f + \sigma_b \leq \sigma_{zul}} \quad (7.8)$$

mit $\sigma_1 = \frac{F_1}{A} = \frac{F_u}{A} \cdot \frac{m}{m-1} = \sigma_N \cdot \frac{m}{m-1} \qquad \sigma_f = \rho \cdot v^2 \qquad \sigma_b = E_b \cdot (s/d)$

Zur Übertragung der Umfangskraft F_u (Nutzkraft) steht demnach nur die **Nutzspannung σ_N** zur Verfügung

$$\boxed{\sigma_N = \frac{F_u}{A} \leq (\sigma_{zul} - \sigma_f - \sigma_b) \cdot \frac{m-1}{m}} \quad (7.9)$$

Die **maximale Umfangskraft $F_{u\,max}$** (Nutzkraft), für die der Riemen ausgelegt werden soll, bestimmt sich aus der Nennleistung P_1, dem Triebwirkungsgrad η und dem Betriebsfaktor φ (Bild **4.36**) zu

$$\boxed{F_{u\,max} = \frac{\varphi \cdot P_1}{v} = \frac{\varphi \cdot P_2}{\eta \cdot v}} \quad (7.10)$$

Die Reibungszahl μ (bzw. $\mu' \approx 3\mu$ bei Keilriemen) wird als Mittelwert über dem umschlungenen Bogen angegeben und hängt wesentlich auch von der Riemengeschwindigkeit ab. Der Umschlingungswinkel β_1 wird gemäß Bild **7.2** bestimmt zu

$$\boxed{\cos(\beta_1/2) = (d_2 - d_1)/(2a)} \quad (7.11)$$

Für den sog. offenen Trieb nach Bild **7.2** beträgt für $\beta_1 = 140° \ldots 180°$ die Riemenlänge

$$\boxed{L \approx 2a + \frac{\pi}{2} \cdot (d_1 + d_2) + \frac{1}{4a} \cdot (d_2 - d_1)^2} \quad (7.12)$$

und der **Achsabstand** $\boxed{a = p + \sqrt{p^2 - q}}$ (7.13)

mit $p = L/4 - \pi \cdot (d_1 + d_2)/8$ und $q = (d_2 - d_1)^2/8$.

Da im Riemen beim Umlauf über die kleinere Scheibe die größte Biegespannung auftritt, geht die Berechnung stets von dieser aus, ohne Rücksicht auf den wirklichen Kraftfluss.

		i ≤	v in m/s ≤	f_n in s^{-1} ≤	σ_{zul} in N/mm²	ϑ in °C ≤
Lederriemen HGL			50	25	5,0	40
Mehrstoffriemen EXTREMULTUS	Bauart 80	20	80	80	50	80
	Bauart 81	20	120	100	50	80
Schmalkeilriemen		15	40	100		70
Flankenoffene Hochleistungsriemen		15	50	120		80

7.4
Kennwerte von Riemenarten

In Bild **7.4** sind Kenngrößen verschiedener Riemen gegenübergestellt. Es sind dies insbesondere die maximal möglichen Werte für das Übersetzungsverhältnis i, die Umfangsgeschwindigkeit v, die Biegefrequenz f_n, die Betriebstemperatur ϑ und die zulässige Zugspannung σ_{zul}.

Bemessen von Flachriemen

In den Berechnungsangaben der Riemenhersteller bzw. der DIN-Normen wird für die Art des Triebs bezüglich Gleichmäßigkeit, Stoßbelastung, täglicher Betriebsdauer u. a. meist ein besonderer Korrekturfaktor angegeben. In den nachstehenden Berechnungsformeln werden diese Einflüsse durch den **Betriebsfaktor** φ nach Bild **4.36** erfasst.

Für die Bemessung ermittelt man, ausgehend von der erforderlichen **maximalen Antriebsleistung,**

$$\boxed{P_{1\,max} = \varphi \cdot P_1 = \varphi \cdot P_2 / \eta} \tag{7.14}$$

über eine **spezifische Riemenleistung** P' in kW je cm Riemenbreite die notwendige **Breite** des Riemens zu

$$\boxed{b = P_{1\,max} / (C \cdot P')} \tag{7.15}$$

Der Korrekturfaktor C berücksichtigt den Umschlingungswinkel β, Bild **7.5**.

β	C	β	C	β	C
100°	0,73	130°	0,86	160°	0,95
110°	0,78	140°	0,89	170°	0,98
120°	0,82	150°	0,92	180°	1,0

7.5
Korrekturfaktor C in Abhängigkeit vom Umschlingungswinkel β

Die Diagramme für P' geben den Zahlenwert für den betreffenden Riementyp meist in Abhängigkeit von der Riemengeschwindigkeit v an.

Der Wert für P' (Bild **7.7**) wächst mit steigender Umfangsgeschwindigkeit, obwohl die Umfangskraft dabei nicht konstant bleibt. Die Größenänderung der ertragbaren Umfangsbelastung des Riemens, also der Nutzspannung, wird verursacht durch die auftretenden Fliehkraftspannungen und die Biegespannungen, wie Gl. (7.9) zeigt. Der Fliehkraftanteil steigt dabei mit der Umfangsgeschwindigkeit, wogegen der Biegeanteil mit größer werdendem Scheibendurchmesser und kleiner werdender Riemendicke abnimmt. Obwohl bei den heute größtenteils verwendeten Mehrstoffriemen (Bild **7.17**) das Biegemaß s/d nicht mehr direkt verwendet werden kann (der Querschnitt ist nicht homogen), lässt sich doch eine maximale spezifische Umfangskraft F'_u für diese Riemen bestimmen. Bild **7.8** zeigt die zulässige Biegefrequenz $f_{B\,zul}$.

Für die Bauart EXTREMULTUS 80 gibt der Hersteller Siegling, Hannover, folgende spezifische Umfangskraft an:

Riementyp ≙ $F_{u\,max}$ in N/mm	6	10	14	20	28	40	54	80
Zugfestigkeit in N/mm	135	225	315	450	630	900	1220	1800

Bruchdehnung ≈ 22% Auflagedehnung ≈ 1,5... 3%
$F_{u\,max}$ übertragbare Umfangskraft je mm Riemenbreite

7.6
Kennwerte von Mehrstoffriemen EXTREMULTUS Bauart 80

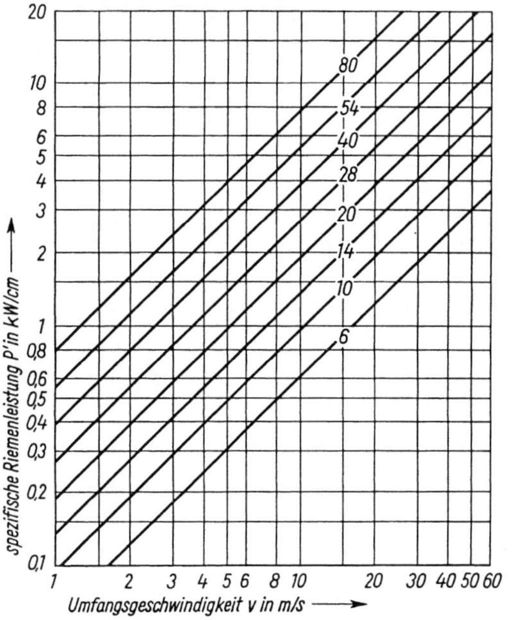

7.7
Spezifische Riemenleistung P' in Abhängigkeit von der Umfangsgeschwindigkeit v und vom Riementyp

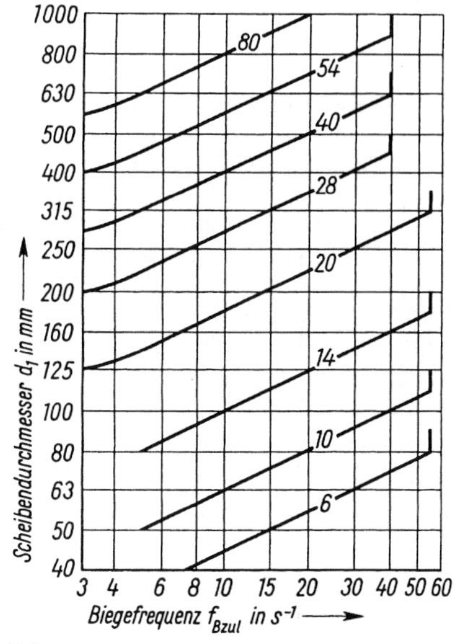

7.8
Grenzwerte der Biegefrequenz f_B in Abhängigkeit vom kleinsten Scheibendurchmesser d_1 und vom Riementyp

Diagrammwerte gelten nur für Mehrstoffriemen EXTREMULTUS Bauart 80

Für die Bauart EXTREMULTUS 80 gibt der Hersteller Siegling, Hannover, folgende spezifische Umfangskraft an:

$$\boxed{F'_u = C_1 \cdot d_1} \quad \text{in N/mm}^2 \quad \text{mit} \quad d_1 \text{ in mm} \qquad (7.16)$$

C_1 berücksichtigt dabei den Einfluss der Fliehkraft (Bild **7.9**) (diese ist wegen der kleineren Dichte ρ des Kunststoffes geringer als bei Leder), und d_1 erfasst den Anteil der Biegespannung in erster Näherung. Die zulässige Umfangskraft $F_{u\,max}$, Bild **7.6**, hängt von der Biegefrequenz f_B ab, die zulässige Biegefrequenz $f_{B\,zul}$, Bild **7.8**, wiederum vom Riemenaufbau des Mehrstoffriemens und vom kleinsten Scheibendurchmesser. Ist $f_B > f_{B\,zul}$, so ist der nächst kleinere, d. h. dünnere Riementyp zu wählen; hierdurch ist ein breiterer Riemen erforderlich (b wird größer).

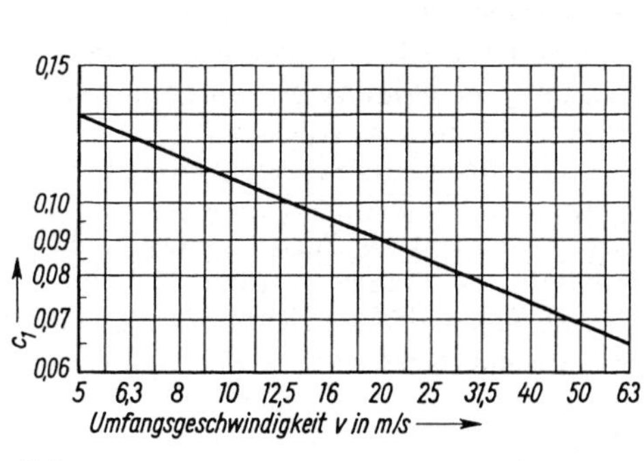

7.9
Beiwert C_1 zur Bestimmung der spezifischen Umfangskraft F_u eines Mehrstoffriemens

Nach dieser Kontrolle bzw. Korrektur wird die erforderliche **Riemenbreite** ermittelt aus

$$\boxed{b = F_{u\,max} / (C \cdot F'_u)} \quad \text{mit } C = f(\beta)\text{, Bild } \mathbf{7.5} \qquad (7.17)$$

Für die **Wellenbelastung** gilt

$$\boxed{F_w \approx 1{,}5 \cdot F_{u\,max}} \quad \text{mit} \quad \boxed{F_{u\,max} = P_{1\,max}/v} \tag{7.18}$$

Bild **7.10** zeigt die Abmessungen genormter Flachriemenscheiben.

d	h	$d \leq$	b'	b_{max}
40			25	20
50		40	32	25
63			40	32
71	0,3		50	40
80			63	50
90		50	80	71
100			100	90
112				
125		80	125	112
140	0,4		140	125
160		90	160	140
180	0,5		180	160
			200	180
200				
224	0,6		224	200
250		200	280	250
280	0,8		315	280
315		450	355	315
355	1,0		400	355
400			450	400
		weiter nach Normreihe		
R 20	*)		R 20	R 20

Armscheibe

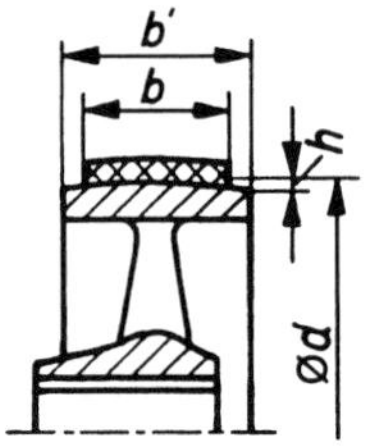

*) ab $d = 400$ gilt $h = f(b')$

7.10
Flachriemenscheiben nach DIN 111 (Auswahl; alle Maße in mm)

Bemessung von Keilriemen

Die Bestimmung der erforderlichen Riemengröße und **Riemenzahl** z erfolgt aufgrund der Nennleistung des Einzelriemens P_N und der zu übertragenden maximalen Antriebsleistung $P_{1\,max}$, Gl. (7.14), aus

$$\boxed{z = P_{1\,max} / (C_K \cdot P_N)} \tag{7.19}$$

Der Zahlenwert für P_N wird meist in Abhängigkeit von Drehfrequenz und kleinstem Scheibendurchmesser d_w (also v) sowie der Übersetzung i angegeben (Bild **7.11**). Der Umschlingungswinkel und die Biegefrequenz werden durch den Korrekturfaktor $C_K = 1/(C \cdot C_3)$ erfasst; da nur Spannwellenbetrieb ($z_u = 2$) möglich und v bereits in P_N ausreichend berücksichtigt ist, wird der Längeneinfluss auf f_B durch $C_3 = f(L_w)$, Bild **7.12**, erfasst.

Die **Wellenbelastung** $\boldsymbol{F_W}$ wird allgemein zu $F_W \approx (1{,}5 \ldots 2) \cdot F_{u\,max}$ angegeben. Es wird auch die folgende Formel verwendet, die mit $K = A \cdot \rho$ in kg/m und v in m s^{-1} die Fliehkraft genauer berücksichtigt.

$$\boxed{F_W \approx 1{,}7 \cdot F_{u\,max} + z \cdot K \cdot v^2} \quad \text{in N} \tag{7.20}$$

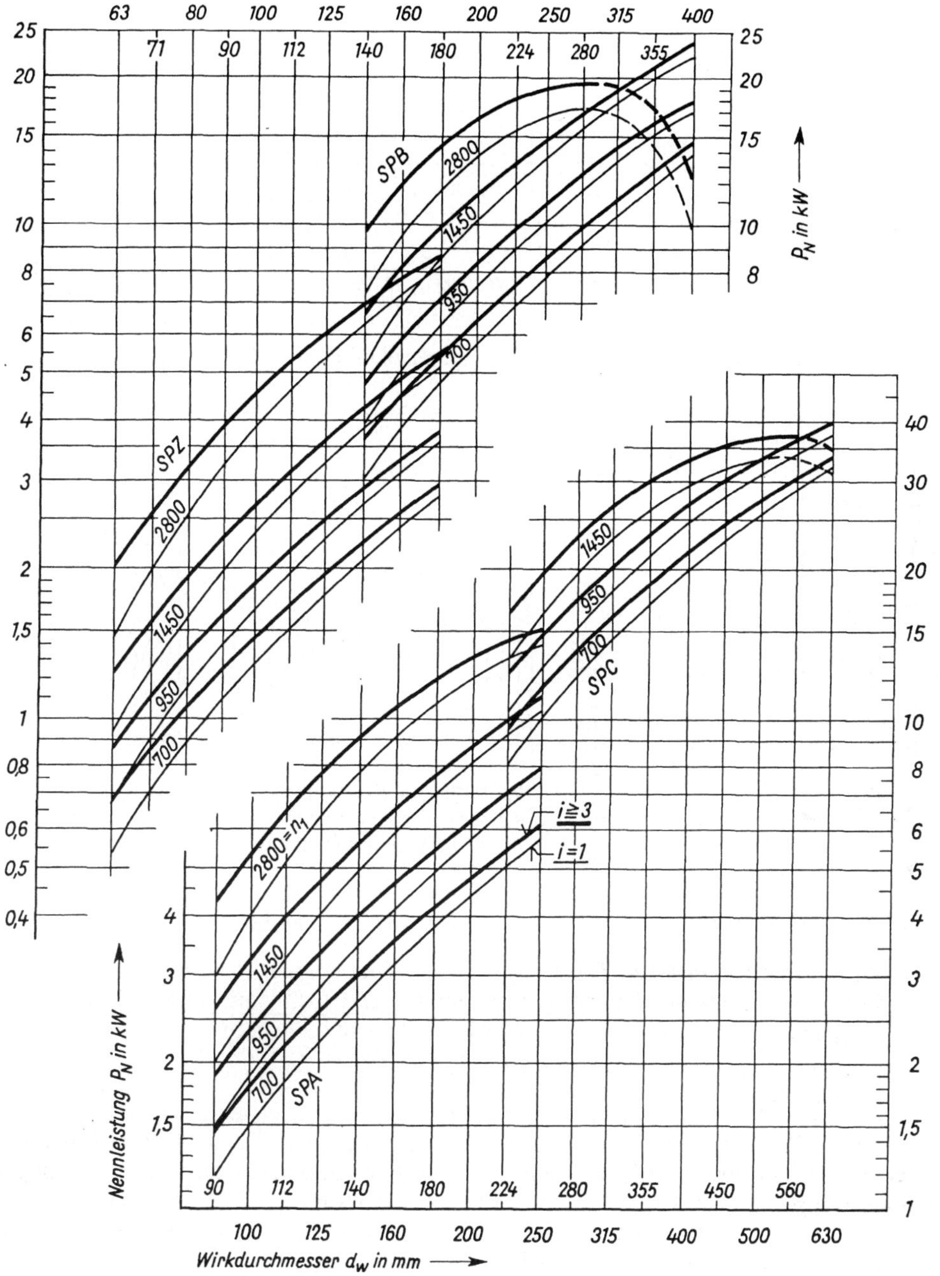

7.11
Nennleistung P_N je Schmalkeilriemen für die Profile SPZ, SPA, SPB, SPC in Abhängigkeit vom Wirkdurchmesser d_{w1} der kleineren Scheibe, der Lastdrehzahl n_1 und der Übersetzung i. Im Drehzahlfeld gilt: ━━ $i \geq 3$ —— $i = 1$

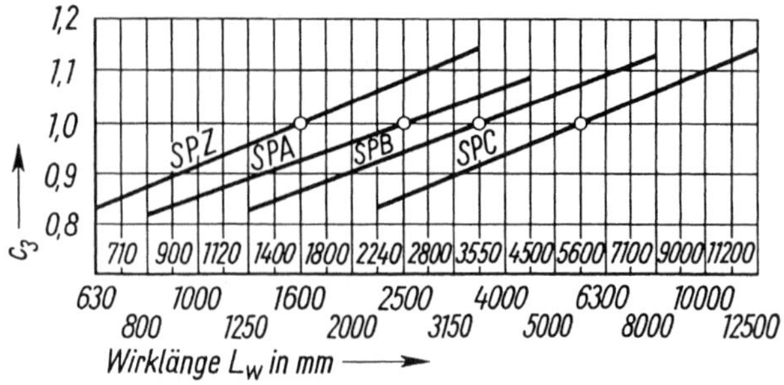

7.12
Längenfaktor C_3 in Abhängigkeit von Wirklänge L_w und Schmalkeilriemenprofil

Bild **7.13** zeigt die Abmessungen genormter Flachriemenscheiben.

Profil		SPZ	SPA	SPB	SPC
$b_0 = b_1$	≈	9,7	12,7	16,3	22
b_w		8,5	11	14	19
h	≈	8	10	13	18
h_w		2	2,8	3,5	4,8
c		2	2,8	3,5	4,8
e		12	15	19	25,5
f		8	10	12,5	17
t		11	14	18	24
d_w	$\alpha =$ 34°	63	90	140	224
		71	100	160	250
		80	112	180	280
		90	125	120	315
	$\alpha =$ 38°	100	140	224	355
		Weiter nach Normreihe R 20			
L_w		630	800	1250	2000
		710	900	1400	2240
		800	1000	1600	2500
		900	1120	1800	2800
		1000	1250	2000	3150
		Weiter nach Normreihe R 20 bis			
		3550	4500	8000	12500
$K = A \cdot \rho$ in kg/m		0,069	0,128	0,206	0,373

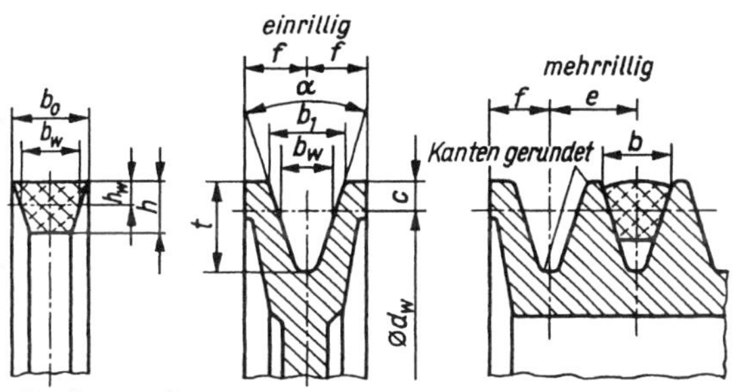

Rechengrößen
b_w wirksame Riemenbreite
d_w wirksamer Scheibendurchmesser
L_w Wirklänge des Riemens

Messgrößen
L_a Außenlänge des Riemens = $L_w + 2 \cdot \pi \cdot h_w$

Fliehkraftanteil pro Keilriemen
$F_f = \rho \cdot A \cdot v^2 = K \cdot v^2$ in kg m s^{-2} = N

7.13
Schmalkeilriemen- und Scheibenabmessungen nach DIN 2211 und 7753 (Auswahl; alle Maße in mm)

7.2.2 Bauarten

Die einfachste und auch am meisten verwendete Form ist der sog. offene Trieb mit Spannwelle. Hierbei wird die Vorspannkraft F_0 entweder durch eine Feder (Bild **7.1**) oder mittels Spannschrauben (s. Bild **7.14**) erzeugt, wobei die Eigenfederung des Riemens ausgenutzt wird. Da bei Mehrstoffriemen die elastische Dehnung – im Gegensatz zu Lederriemen – im Laufe der Zeit nicht nachlässt, erfolgt das Spannen und damit die Erzeugung der Wellenbelastung F_W durch Korrektur des Achsabstandes auf Grund der gemessenen Dehnung des aufgelegten Riemens; für die erforderliche Auflagedehnung geben die Hersteller entsprechende Werte an.

Die Wellenbelastung und damit auch die Lagerbelastung ist konstant und muss für das zu übertragende Maximaldrehmoment ausgelegt werden. Dem gegenüber haben die Trumkräfte F_1 und F_2 den in Bild **7.15** gezeigten Verlauf, bis bei $F_1/F_2 = e^{\mu\beta}$ der Riemen zu gleiten beginnt.

Der in Bild **7.16** gezeigte Spannrollenbetrieb für Flachriemen verwendet eine mitlaufende, das Leertrum mit der Andrückkraft F_R nach innen drückende Spannrolle *3*, so dass sich der Umschlingungswinkel β vergrößert, wogegen die Wellenbelastungen kleiner werden. Da hierbei jedoch die Zahl der Riemenumlenkungen z_u und damit die Biegefrequenz f_B steigt, wird diese Anordnung heute kaum noch verwendet.

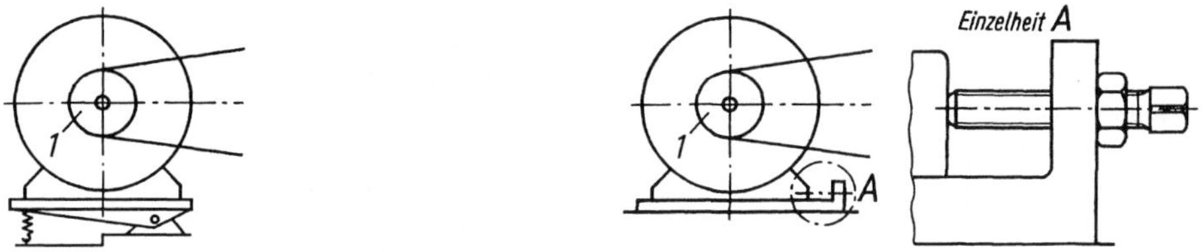

7.14
Spannwelle mit Feder (links) bzw. Spannung mittels Spannschrauben und Eigenfederung (rechts)
1 treibende Riemenscheibe

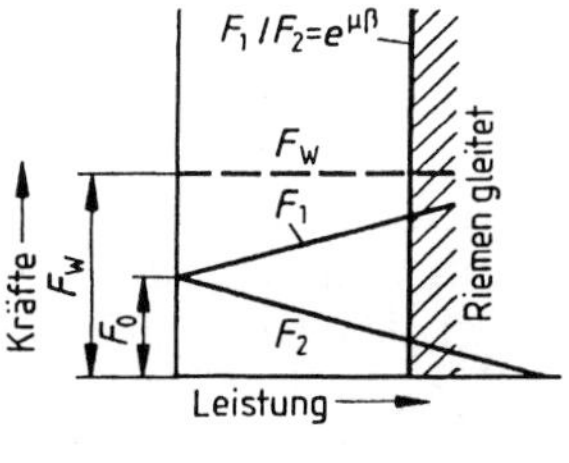

7.15
Trumkräfte F_1, F_2 und Wellenbelastung F_W in Abhängigkeit von der übertragenen Leistung bei offenem Trieb; F_1/F_2 steigt mit wachsender Belastung

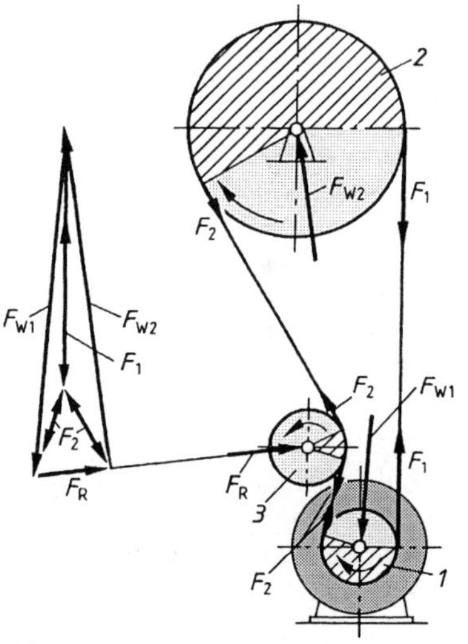

7.16
Kräfte am Spannrollentrieb

7.2.3 Riemenformen und Werkstoffe

Flachriemen

Die Riemendicke s soll möglichst klein, der kleinste Scheibendurchmesser d möglichst groß sein. Bei Lederriemen liegt die Grenze etwa bei $s/d \leq 0{,}05$ und die zulässige Biegefrequenz bei

f_B = (5 ... 10) s^{-1} (bei sehr dünnen Hochleistungsriemen $\leq$ 25 s^{-1}); die günstigste Umfangsgeschwindigkeit beträgt $v \leq$ (17 ... 25) m/s. Infolge der geringen Zugfestigkeit von Lederriemen ($\sigma_B \approx$ (20 ... 50) N/mm²) und der dadurch gegebenen Leistungsgrenze sind heute überwiegend Mehrstoffriemen (**7.17**) im Gebrauch. Hierbei werden die Zugkräfte durch einen Werkstoff hoher Festigkeit, z. B. Polyamidbänder ($\sigma_B \approx$ 450 N/mm²) oder Cordfäden aus Polyamid bzw. Polyester ($\sigma_B \approx$ 850 N/mm²) aufgenommen. Die Haftreibung wird durch eine besonders aufgebrachte Laufschicht erreicht. Eine Deckschicht schützt vor äußeren Einflüssen.

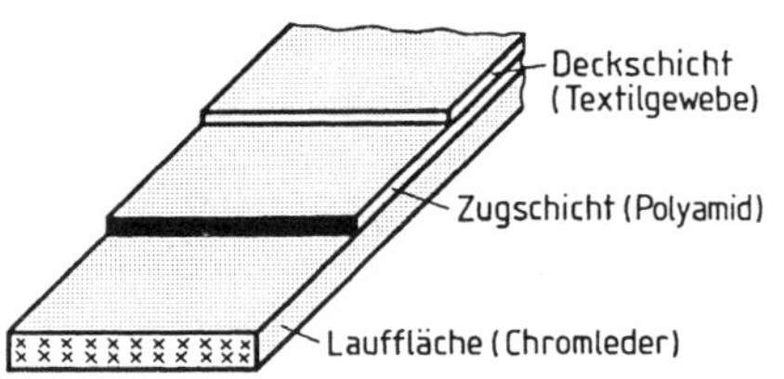

7.17
Aufbau eines Mehrstoffriemens

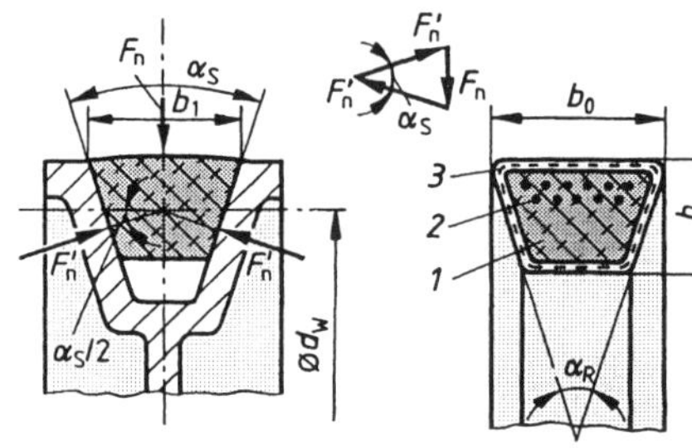

7.18
Kräfte am Keilriemen und Aufbau; Keil

Meist besteht die Laufschicht aus Chromleder mit einem Reibwert von $\mu \approx$ 0,4 ... 0,6, der auch bei ölhaltiger Luft oder Ölspritzern erhalten bleibt. Bei Gummi oder speziellen Kunststoffen als Laufschicht ist zur Aufrechterhaltung der Reibung mit $\mu \approx$ 0,8 trockene Luft erforderlich, da anderenfalls der Reibwert bis $\mu \approx$ 0,1 absinkt. Bei Polyamidband als Zugmittel bestehen keine Beschränkungen bezüglich Länge und Breite (Standardbreiten bevorzugen), da durch Verschweißen jedes Maß erreicht werden kann. Mit derartigen Riemen, z. B. EXTREMULTUS, werden Umfangsgeschwindigkeiten $\leq$ 120 m/s und Biegefrequenzen $\leq$ 100 s^{-1} bei Übersetzungen $i \leq 20$ und Achsabständen $a \approx (0{,}8 \ldots 5)\cdot(d_1 + d_2)$ erreicht.

Keilriemen

Er stellt eine schon lange bekannte Sonderform des Mehrstoffriemens dar (**7.18**). Auch hier werden die Zugkräfte durch Cordstränge *2* aufgenommen, die in dem aus Gummi bestehenden Kern *1* eingebettet sind; eine Gummigewebe-Schutzschicht *3* umhüllt den Kern. Die **Reibungskräfte** ergeben sich infolge der Keilwirkung der Rille zu

$$\boxed{F'_n = \frac{F_n}{2 \cdot \sin(\alpha_s/2)}} \qquad \boxed{F_u = 2 \cdot \mu \cdot F_n' = \frac{\mu}{\sin(\alpha_s/2)} \cdot F_n = \mu' \cdot F_n} \tag{7.21}$$

Die Gleichungen in Abschn. 7.2.1 gelten demnach auch für Keilriementriebe, wenn an Stelle von μ die sog. Keilreibungszahl $\mu' = \mu/(\sin \alpha_s/2)$ und statt d der wirksame Scheibendurchmesser d_w gesetzt werden.

Die "klassischen" Normalkeilriemen nach DIN 2215 werden mit der oberen Riemenbreite (gleichzeitig DIN-Kurzzeichen) 8, 10, 13, 17, 20, 22, 25, 32 und 40 mm verwendet, z. B. MULTIPLEX (Continental, Hannover) (**7.19**). Die maximale Riemengeschwindigkeit liegt bei 30 m/s.

Die Weiterentwicklung führte zum Schmalkeilriemen nach DIN 7753 T1 (**7.20**) mit dem Verhältnis von oberer Breite zu Höhe von ≈ 1,2 gegenüber ≈ 1,6 bei Normalkeilriemen. Die Keilriemen werden in 5 Profilen geliefert, obere Riemenbreite in Klammern: SPZ (9,7), SPA (12,7), SPB (16,3), SPC (22) und 19 (18,6), z. B. ULTRAFLEX – Keilriemen (Continental, Hannover).

Die maximale Riemengeschwindigkeit beträgt 40 m/s. Es ist wichtig, dass die Riemen satzgerecht eingebaut werden. Hierzu liefert der Hersteller jeweils einen Satz in engen Längentoleranzen. Beim Ausfall eines oder mehrerer Riemen sollte man immer den ganzen Satz auswechseln.

Die Normal- und Schmalkeilriemen weisen eine Gewebeummantelung auf, wogegen diese bei den neueren flankenoffenen Keilriemen fehlt, z. B. bei FO-Z Hochleistungskeilriemen (Continental, Hannover) (**7.21**). Die Zugstränge der Normal- und Schmalkeilriemen bestehen aus Kabelcord. Bei den flankenoffenen Riemen verwendet man Polyestercord hoher Festigkeit und geringer Dehnung. Eine Zahnung im Keilriemenunterbau verbessert die Biegefähigkeit und verringert die Wärmeentwicklung. Die Zahnung bewirkt eine stärkere Ventilation mit der Folge besserer Wärmeableitung über eine vergrößerte Oberfläche. Die im Keilriemenunterbau quer zur Laufrichtung ausgerichteten Elastomerfasern ergeben eine hohe Quersteifigkeit, wodurch das Schlupf-Leistungsverhalten gegenüber den ummantelten Standardriemen wesentlich verbessert wird. Üblich sind die Profile SPZ, SPA, SPB und SPC sowie 5 und 6 mit den Breiten 5 und 6 mm. Die maximale Riemengeschwindigkeit wird mit 50 m/s angegeben.

Für Antriebe, bei denen mehrere Scheiben mit gegenläufigem Drehsinn eingesetzt werden, verwendet man Doppelkeilriemen z. B. DUPLOFLEX–Doppelkeilriemen (Continental, Hannover) (**7.22**). Sie werden mit den Nennbreiten 13, 17 und 22 mm geliefert. Die maximale Riemengeschwindigkeit beträgt 30 m/s.

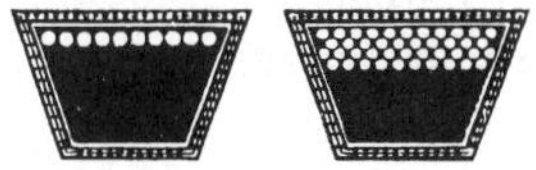

7.19
Keilriemen nach DIN 2215

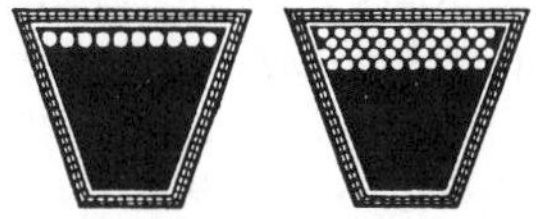

7.20
Schmalkeilriemen nach DIN 7753 T1

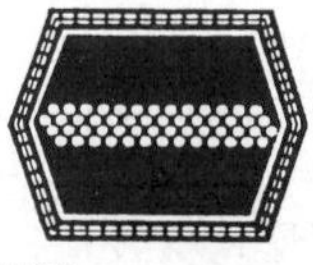

7.22
Doppelkeilriemen für gekreuzte Riemengetriebe

7.23
Verbundkeilriemen

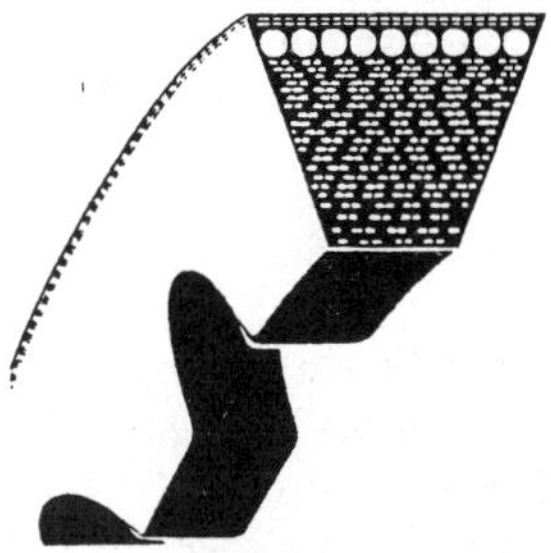

7.21
Hochleistungs-Schmalkeilriemen in flankenoffener Ausführung

Für besonders raue und stoßartige Einsatzfälle verwendet man Verbundkeilriemen, z. B. MULTIBELT–Verbundkeilriemen (Continental, Hannover) (**7.23**). Diese Keilriemen sind satzgerecht aufeinander abgestimmt und durch ein gemeinsames Deckband miteinander verbunden. Sie müssen jedoch vor Verunreinigungen durch Steine, andere Fremdkörper, starken Staubanfall geschützt werden, da der Selbstreinigungseffekt der Einzelriemen fehlt. Die maximale Riemengeschwindigkeit beträgt 30 m/s. Ein Verbund besteht aus 2 bis 5 Rippen. Antriebe mit mehr als 5 Rippen werden aus mehreren Verbundkeilriemen zusammengestellt.

Die maximale Biegefrequenz $f_{B\,max}$ beträgt für flankenoffene Hochleistungskeilriemen 120, für Schmalkeilriemen 100, für Normal- und Verbundkeilriemen 60 sowie für Doppelkeilriemen 80 s^{-1}.

7.3 Formschlüssige Zugmittelgetriebe

7.3.1 Kettenbauarten

Die Grundform der Gelenkkette (Laschenkette) bildet die sog. Gall-Kette (**7.24a**), wie sie z. B. in Hebezeugen als Lastkette bei kleinen Kettengeschwindigkeiten ($v \leq 0{,}3$ m/s) verwendet wird. Sie besteht aus Außen- und Innenlaschen *1*, *2*, die mit den Bolzen *3* so vernietet sind, dass eine Schwenkbewegung der Laschen möglich ist. Infolge der hohen Flächenpressung zwischen Laschen und Bolzen ist der Verschleiß verhältnismäßig hoch. Günstiger ist die Buchsen- oder Hülsenkette (**7.24b**), bei der die Innenlaschen *2* fest auf den Buchsen *4* sitzen, die sich auf den Bolzen *3* drehen können, wogegen die Außenlaschen *1* fest mit diesen vernietet sind. Durch die große Auflagefläche der Buchse können einerseits größere Kräfte übertragen werden, ohne die zulässige Flächenpressung zu überschreiten, andererseits ist auch eine größere Schwenkbewegung ohne allzu hohen Verschleiß möglich, so dass Kettengeschwindigkeiten bis $v \approx 5$ m/s erreicht werden können. Bei der Rollenkette (**7.24c**) ist über die Hülse *4* eine frei umlaufende Rolle *5* geschoben, wodurch sich noch günstigere Laufeigenschaften ergeben und Kettengeschwindigkeiten $v \approx 15$ m/s, in Sonderfällen bis $v \approx 25$ m/s und darüber erreichbar sind. Sie werden als Einfach- und Vielfachketten (bis zu 6fach) gebaut und gestatten die Übertragung sehr großer Drehmomente.

Die Zahnketten (**7.24d**) weisen verzahnte Laschen *1* mit geraden Flanken auf, die schwenkbar auf den Bolzen *3* gelagert sind. Die mittlere oder die beiden äußeren Laschen sind als Führungslaschen *2* ausgebildet, die in entsprechende Aussparungen der Kettenräder greifen.

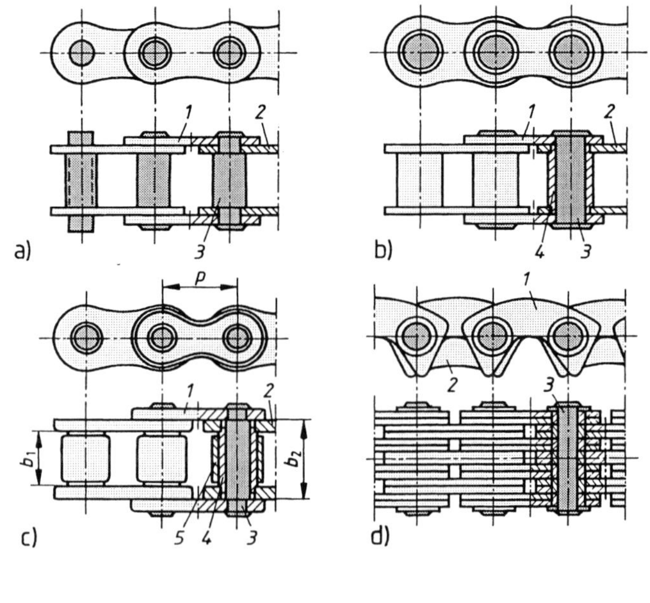

7.24
Kettenbauformen
a) Gallkette
b) Buchsenkette
c) Rollenkette
d) Zahnkette

Die erreichbare Kettengeschwindigkeit beträgt $v \leq (8 \ldots 12)$ m/s, in Sonderfällen bis $v \approx 20$ m/s. Sie wird begrenzt durch das größere Kettengewicht und die auftretenden Biegebeanspruchungen in den Laschen. Die Zahnkette findet Anwendung besonders als Transportkette, wobei beliebige Breiten erreicht und auch höhere Temperaturen, z. B. in Öfen und dgl., ertragen werden können.

Die weiteste Verbreitung im allgemeinen Maschinen- und Kraftfahrzeugbau hat die Rollenkette gefunden.

7.3.2 Kettenrad und Kette

Im Gegensatz zu den Zahnrädern (s. Abschn. 8) geschieht die formschlüssige Übertragung der Umfangskraft gleichzeitig durch mehrere Zähne des Kettenrades auf einem Umschlingungswinkel von $\beta \approx 100° \ldots 250°$, wobei die Kettenzugkraft allmählich von Zahn zu Zahn abgebaut wird.

Zahnform. Sie ist für das Einlaufverhalten der Kette in das Kettenrad und für die Rückwirkung der durch Verschleiß bedingten Kettenlängung bestimmend. Bild **7.25a** zeigt die theoretische Zahnform; hier sind die Fertigungstoleranzen der einzelnen Kettenglieder sowie die nach längerer Betriebszeit durch Verschleiß zwischen Bolzen und Hülse auftretende Längung der Kette – der Abstand der Innenglieder bleibt dabei konstant – nicht berücksichtigt. Die Anforderungen des Betriebes wurden bei der praktischen Zahnform **(7.25b)** durch zweckmäßige Wahl der Größe des Zahnfußradius r_1 ($\approx 0{,}51 \cdot d_1$), des geraden Übergangs h zur Zahnflanke bzw. des Zahnflankenwinkels γ ($\approx 15° \ldots 19°$) und des Zahnkopfradius r_2 ($\approx 0{,}8 \cdot p$) berücksichtigt und führten zu der Zahnform nach DIN 8196.

Zähnezahl z. Der z-Wert des kleinsten Kettenrades beeinflusst die Übertragungsgenauigkeit sowie das Ausmaß der Gelenkbewegung, also den Verschleiß, und hängt im wesentlichen von Kettengeschwindigkeit, Kettenlänge und den Betriebsbedingungen ab. Die zulässige Gelenkflächenpressung p_v (Bild **7.27**) wird bei optimalen Zähnezahlen von $z = 17 \ldots 25$ für das Kleinrad und $i \geq 3$ erreicht. Die Zähnezahl des Kleinrades soll erfahrungsgemäß ungerade gewählt werden, wobei die Abstufungen nach Bild **7.28** einzuhalten sind.

Beim Einlaufen führen die Kettenglieder nacheinander eine Schwingbewegung aus (**7.25a**), und die Kette liegt dann polygonförmig auf den Rädern. Dadurch verändert sich der wirksame Durchmesser am Kettenrad, und es ergibt sich trotz gleichförmiger Drehbewegung eine ungleichförmige Kettengeschwindigkeit. Diese Ungleichförmigkeit ist bei $z > 21$ kleiner als 1%. Sie wird bei $z < 17$ größer als 1,6% (bei $z = 11$ bereits 4%) und darf dann nicht mehr vernachlässigt werden.

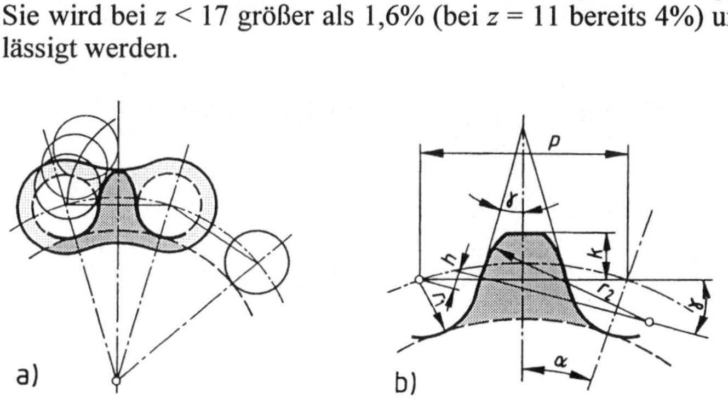

7.25
Theoretische Zahnform (a) und praktische Zahnform nach DIN 8196 (b)

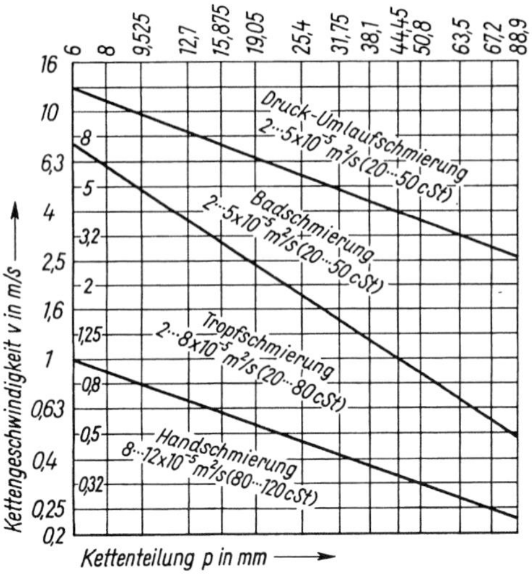

7.26
Günstigste Schmierungsart in Abhängigkeit von Kettenteilung p und Kettengeschwindigkeit v (Kinematische Viskosität: $1 \cdot 10^{-6}$ m²/s = 1 cSt)

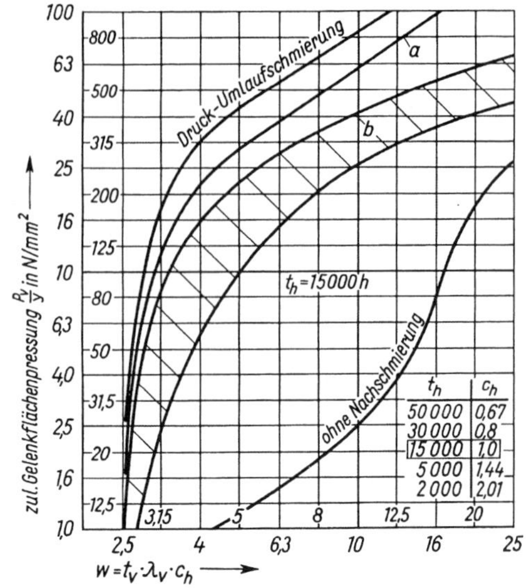

7.27
Richtwert für zul. Gelenkflächenpressung p_v/y nach DIN 8195; bei $t_h \neq 15000$ h ist w entsprechend zu korrigieren

a Linie für Bad-, Tropf- und Handschmierung innerhalb der Grenzen nach Bild **7.26**

b Bereich bei Überschreitung der Grenzlinien nach Bild **7.26**

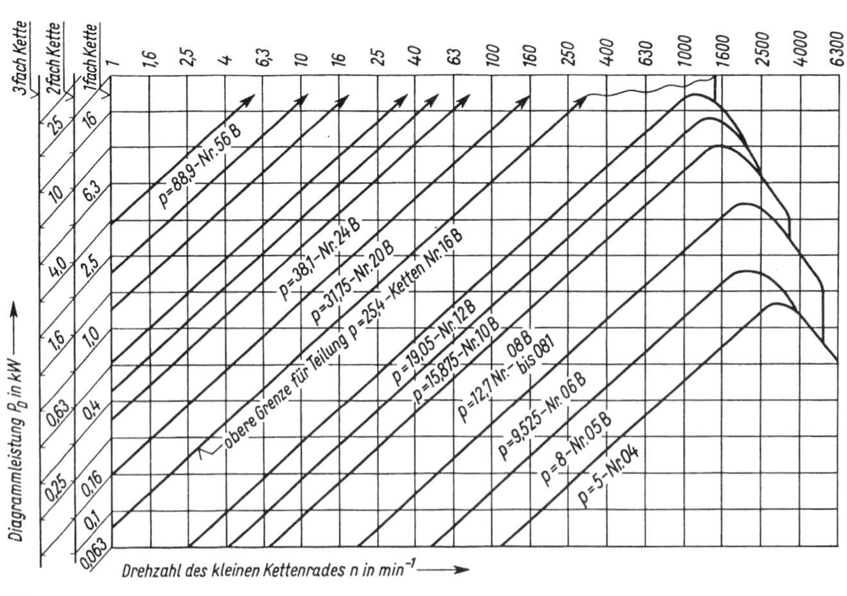

7.28
Leistungs- und Drehzahlbereich für Ketten nach DIN 8187 für Kettentrieb mit $z_1 = 19$, $X = 100$, $t_h = 15\,000$ h (aus DIN 8195)

Werkstoffe. Kettenräder werden im allg. als Fertigteil bzw. als Halbfertigteil mit vorgebohrter Nabe von Spezialfirmen hergestellt. Für die Kleinräder kommen je nach Umfangsgeschwindigkeit C45 ($v \leq 7$m/s), vergütete Stähle ($v \leq 12$ m/s) oder bei höheren Kettengeschwindigkeiten auch oberflächengehärtete Stähle (HRC = 52 nach Brenn- oder Induktionshärtung) in Frage. Für Großräder werden gewöhnlich GG und GS, bei Geschwindigkeiten von $v \leq 12$ m/s auch SonderGG, Perlitguss und oberflächengehärtete Stähle verwendet. Vielfach wird der Nabenkörper aus Guss hergestellt und das Kettenrad aus St aufgeschraubt oder anderweitig verbunden. Zwei Sonderausführungen zeigen die Bilder **7.29** und **7.30**.

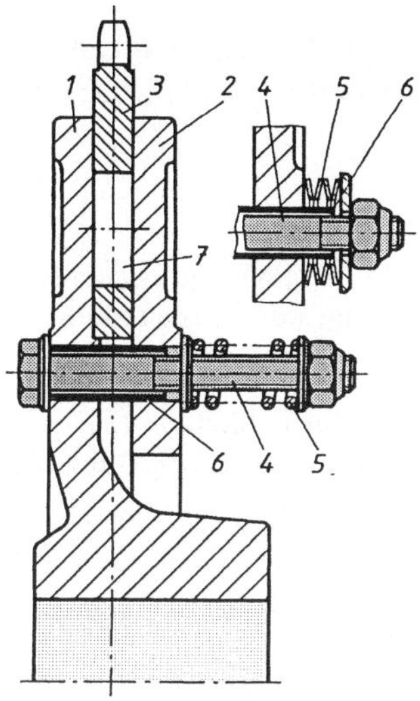

7.29
Kettenrad mit Rutschkupplung

1 Scheibennabe
2 Druckscheibe
3 Kettenscheibe
4 Spannschraube
5 Druckfeder (als Schrauben- oder Tellerfeder)
6 Schubhülse
7 Loch in Kettenscheibe mit Fettfüllung

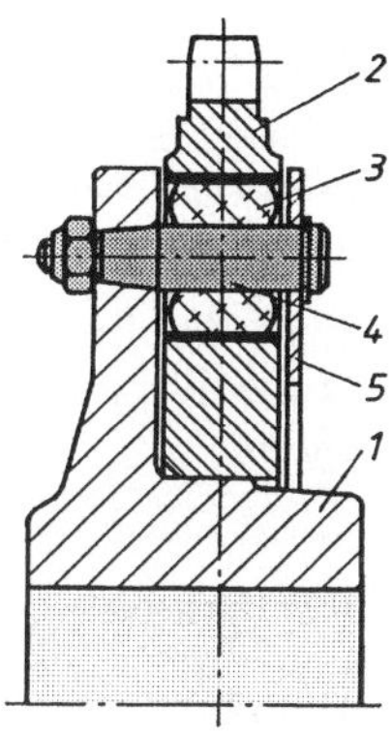

7.30
Elastisches Kettenrad

1 Nabe
2 Kettenscheibe
3 Silentblock mit eingepresstem Mitnehmerbolzen *4*
5 Deckscheibe

Verschleiß und Schmierung. Der durch die Reibung der Rollen am Zahnprofil der Kettenräder und in den Gelenken auftretende Verschleiß bestimmt die Lebensdauer mit, so dass gute Schmierung wichtig ist. Wesentlich ist, dass das Schmiermittel bis zu den Gelenkflächen – also zwischen Bolzen und Hülse – vordringen kann. Außerdem soll es, besonders bei hochbelasteten und Vielfachketten, bei denen Bolzentemperaturen bis 180° auftreten, die Reibungswärme abführen. Die Wärmeabstrahlung ist meist gering, da aus Sicherheitsgründen und gegen Verschmutzung geschlossene Kettenkästen oder weitgehende Abdeckungen verwendet werden.

Bis zu Kettengeschwindigkeiten von $v \approx 1$ m/s genügt häufig Handschmierung (Bild **7.26**), die aber in gewissen Zeitabständen eine gründliche Reinigung der Kette erfordert. Ölschmierung mittels Tropföler (4...14 Tropfen/min) ist jedoch günstiger und kann bei ≈ 20 Tropfen/min auch noch bis $v \approx 7$ m/s verwendet werden. Besser ist Badschmierung (bis $v \approx 12$ m/s), wobei die Kette nur bis zur Laschenhöhe des untersten Rades eintauchen soll, da sonst zu hohe

Planschverluste und vorzeitiges Altern des Öls eintreten. Vielfach taucht auch nur eine Spritzscheibe neben dem unten liegenden Kettenrad in das Öl, wodurch Ölnebelbildung auftritt, die den Schmierstoffaustausch in den Gelenken verbessert. Am günstigsten ist Druck-Umlaufschmierung ($v > 7$ m/s), bei der das Öl durch eine Spritzdüse am einlaufenden Trum (Leertrum) zwischen Kette und Großrad mit möglichst hoher Ölgeschwindigkeit eingespritzt wird; bei Umlaufschmierung ist ggf. auch Ölrückkühlung zweckmäßig.

7.3.3 Berechnen von Rollenketten

Die Auswahl der Kette (Kettenteilung) geschieht zunächst auf Grund der sog. **Diagrammleistung P_D**. Sie bestimmt sich aus $P_1 = P_2/\eta$ mit Hilfe des **Leistungsfaktors k** $= f(\varphi, z_1)$ (Bild **7.32**) zu

$$\boxed{P_D = P_1 / k} \qquad (7.22)$$

Dies ist die auf z_1 **= 19** korrigierte Leistung für Gliederzahl X **= 100** und Lebensdauer t_h **= 15 000 h.** Die Berücksichtigung anderer Werte für X und t_h erfolgt durch den Faktor w bei der Nachprüfung der Gelenkflächenpressung.

Es sollte nach Möglichkeit die Einfachkette gewählt werden; Mehrfachketten ($P_{D\ 3fach} = 2{,}5 \cdot P_{D\ 1fach}$) nur, wenn es die Platzverhältnisse erfordern oder wegen hoher Drehzahl kleine Teilungen notwendig werden.

Die **Gesamtzugkraft** der gewählten Kette ergibt sich aus der **Umfangskraft F_u = $2 \cdot T_1/d_{0\,1}$** und der Fliehkraft $F_f = q \cdot v^2$ mit q als Kettengewicht je m (Masse in kg/m) zu

$$\boxed{F_{ges} = F_u + F_f} \quad \text{in N} \qquad (7.23)$$

Aufgrund der in den Kettennormen festgelegten Mindestbruchkraft der Lasche F_B ergibt sich die vorgeschriebene statische Sicherheit zu

$$\boxed{S_{stat} = F_B / F_{ges} \geq 7} \qquad (7.24)$$

Die den Verschleiß verursachende rechnerische Gelenkflächenpressung $p_r = F_{ges}/A$ (mit $A = b_2 \cdot d_2$) hängt bezüglich ihrer zulässigen Größe im Wesentlichen von der Gelenkbewegung ab, also von Kettengeschwindigkeit v, Teilung p, Gliederzahl X, Übersetzung i und Zähnezahl z des kleineren Rades sowie von den Betriebsbedingungen (φ) und der Schmierungsart

$$\boxed{p_r/y \leq p_v/y} \quad \text{mit} \quad \boxed{y = f(\varphi)} \qquad (7.25)$$

Der zulässige Richtwert p_r/y wird in Abhängigkeit von $w = t_v \cdot \lambda_v \cdot c_h$ graphisch ermittelt, wobei $t_v = f(v, p)$ Bild **7.31**, $\lambda_v = f(z_1, X, i)$ Bild **7.33** und $c_h = f(t_h)$ Bild **7.27** (unten rechts) entnommen werden kann.

Für den **Achsabstand a** gilt

$$\boxed{a = \frac{p}{8} \cdot \left(T + \sqrt{T^2 - U}\right)} \quad \text{mit} \quad T = 2 \cdot X - z_1 - z_2 \quad \text{und} \quad U = 8 \cdot (z_2 - z_1)^2/\pi^2 \qquad (7.26)$$

v m/s	Kettenteilung p in mm 9,525	12,7	15,875	19,05	25,4
0,2	16,8	16,2	15,0	14,2	13,2
0,4	13,3	12,9	11,9	11,3	10,5
0,8	10,5	10,2	9,4	9,0	8,3
1	9,8	9,5	8,8	8,3	7,7
2	7,8	7,5	6,95	6,6	6,11
4	7,22	6,0	5,54	5,26	4,87
6	5,43	5,24	4,85	4,51	4,28
8	4,49	4,76	4,4	4,17	3,88
10	4,56	4,4	4,07	3,86	3,57
16	3,9	3,76	3,48	3,3	3,06
20	3,62	3,49	3,23	3,06	2,84
30	3,16	3,05	2,82	2,68	2,48
40	2,88	2,77	2,56	2,42	2,25

7.31
Teilungs-Geschwindigkeitsfaktor t_v

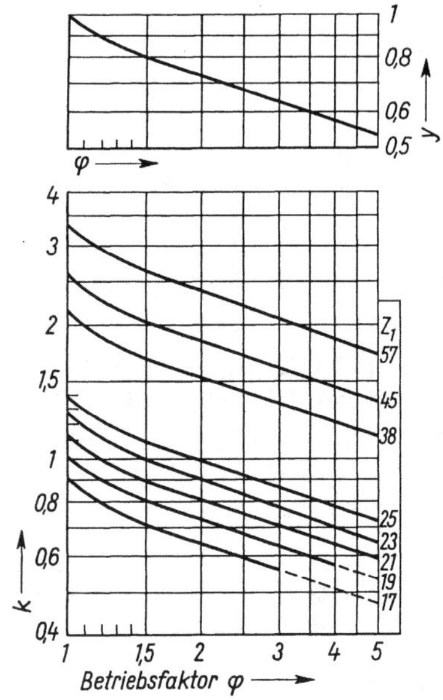

7.32
Leistungsfaktor k und Stoßbeiwertfaktor y in Abhängigkeit von den Betriebsbedingungen, d. h. von Betriebsfaktor φ nach Bild **4.36**

X	i	$z =$ 17	19	21	23	25	38	45	57
70	1	0,83	0,89	0,92	0,95	0,97	1,12		
	2	0,91	0,98	1,01	1,04				
	3	0,95	1,01						
100	1	0,93	1,0	1,03	1,07	1,1	1,26	1,33	1,44
	2	1,03	1,1	1,14	1,17	1,21	1,39		
	3	1,07	1,14	1,18	1,22	1,25			
	5	1,09	1,17						
200	1	1,17	1,26	1,3	1,34	1,38	1,58	1,67	1,81
	2	1,29	1,38	1,43	1,47	1,51	1,74	1,84	1,99
	3	1,34	1,43	1,48	1,52	1,57	1,81		
	5	1,37	1,47	1,52	1,57	1,61			

7.33
Reibbeiwertfaktor λ_v

7.3.4 Bauformen der Kettentriebe

Ein besonderer Vorteil der Kettentriebe liegt darin, dass nicht nur zwei, sondern viele Räder formschlüssig miteinander verbunden werden (**7.35**) und dadurch mit geringem getriebetechnischen Aufwand verschiedene aufeinander abgestimmte Drehfrequenzen verwirklicht werden können, z. B. in Spinnerei- und Verpackungsmaschinen, bei der Papierherstellung, in Werkzeugmaschinen usw. Der häufigste Fall ist der Antrieb von zwei Wellen (**7.36**); dabei hat sich gezeigt, dass größte Laufruhe erreicht wird, wenn die Ketten eine Neigung von 30°...60° zur Waagerechten aufweisen und das Lasttrum oben liegt. Das Leertrum (im Gegensatz zum Riemenbetrieb liegt es unten und ist spannungslos) soll einen Durchgang von (1...2)% der Trumlänge aufweisen.

Ketten-Nr. Reihe 1	1fach-Kette										Mehrfach-Kette F_B in N	
	p	b_1 ≥	b_2 ≤	d_1 ≤	g_1 ≤	h' ≥	a_1 ≤	A mm²	q kg/m	F_B N	2fach	3fach
05 B	8	3	4,77	5	7,11	7,37	8,6	11	0,18	4 600	8 000	11 400
06 B	9,525	5,72	8,53	6,35	8,26	8,52	13,5	28	0,41	9 100	17 300	25 400
081	12,7	3,3	5,8	7,75	9,91	10,17	10,2	21	0,28	8 200	–	–
082	12,7	2,38	4,6	7,75	9,91	10,17	8,2	16	0,26	10 000	–	–
083	12,7	4,88	7,9	7,75	10,3	10,56	12,9	32	0,42	12 000	–	–
084	12,7	4,88	8,8	7,75	11,15	11,41	14,8	35	0,59	16 000	–	–
085	12,7	6,38	9,07	7,75	9,91	10,17	14	32	0,38	6 800	–	–
08 B	12,7	7,75	11,3	8,51	11,81	12,07	17	50	0,70	18 200	31 800	45400
10 B	15,875	9,65	13,28	10,16	14,73	14,99	19,6	67	0,95	22 700	45 400	68100
12 B	19,05	11,68	15,62	12,07	16,13	16,39	22,7	89	1,25	29 500	59 000	88 500
16 B	25,4	17,02	25,45	15,88	21,08	21,34	36,1	210	2,7	65 000	124 000	185 000

7.34
Rollenkette nach DIN 8187, Kettenräder nach DIN 8196 (Auswahl; Maße in mm)

$d_0 = p/\sin\alpha$ $2\alpha = 360°/z$ $d_k = p\cdot\cot\alpha + 2\cdot k$ $d_f = d_0 - d_1$ $d_s = p\cdot\cot\alpha - g_1 - 2\cdot r_4$	$h, k, r_1, r_2, r_4, \gamma$ s. DIN 8196 $B_1 = 0{,}9\cdot b_1$ $c = 0{,}13\cdot d_1$ $r_3 = 1{,}5\cdot d_1$ $u = 0{,}02\cdot P$	F_B Ketten-Mindestbruchkraft q Kettengewicht je Längeneinheit $A = b_2\cdot d_2$ Fläche der Gelenkflächenpressung

$$X = 2\cdot\frac{a}{p} + \frac{z_1+z_2}{2} + \left(\frac{z_2-z_1}{2\pi}\right)^2\cdot\frac{p}{a}$$ = Gliederzahl der Kette mit Achsabstand a in mm

Bezeichnung der Kette durch „Ketten-Nr.“ und „Art x Gliederzahl“,
z. B. „Rollenkette 10 B – 1 x 100 DIN 8187“ (Einfachrollenkette Nr. 10 B mit 100 Gliedern)

7.35
Berechnungsformeln für Kettenräder nach DIN 8196 und Bezeichnung von Rollenketten nach DIN 8187

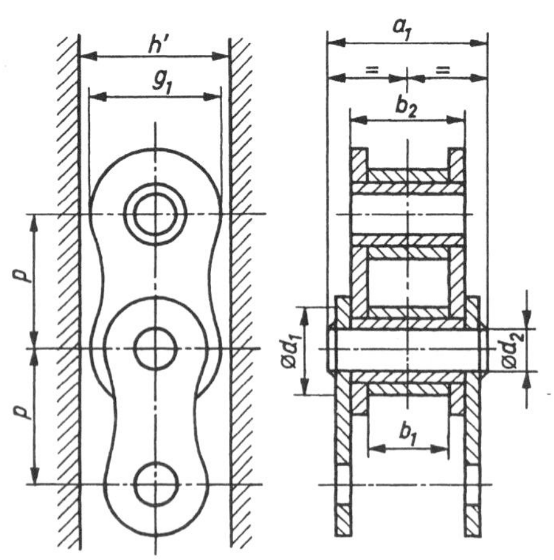

7.36
Rollenkette DIN 8187

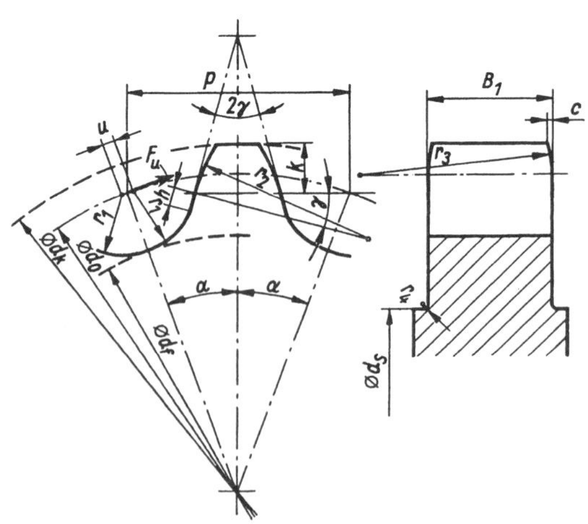

7.37
Kettenrad DIN 8196

Bei mehr als zwei Wellen werden zur Vergrößerung des Umschlingungswinkels oder zur Aufnahme des Eigengewichts der Kette oder zur Vermeidung des Abhebens der Kette vom Rad infolge der Fliehkraft Leit- oder Umlenkräder angeordnet (**7.35 b, c**), wogegen Spannräder (**7.35 a, d**) außerdem die Längenzunahme der Kette durch den Verschleiß ausgleichen. Sie werden mittels Feder, Gewicht oder hydraulisch gegen das Leertrum gedrückt. Für die Zähnezahlen dieser Räder gilt das gleiche wie bei den Kleinrädern; es sollen mindestens drei Zähne eingreifen. Wesentlich für Laufruhe und Lebensdauer des Kettentriebes ist das genaue Fluchten der einzelnen Kettenräder. Bild **7.34** enthält die Hauptabmessungen der Rollenketten nach DIN 8187.

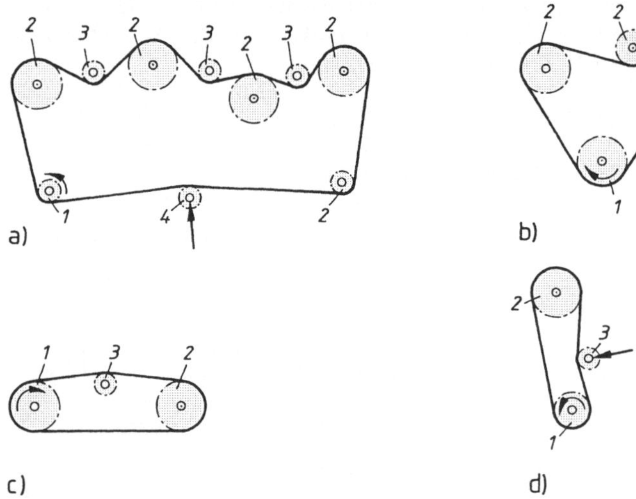

7.38
Kettenanordnungen
1 treibendes Rad
2 getriebene Räder
3 Leit- oder Umlenkräder
4 Spannräder

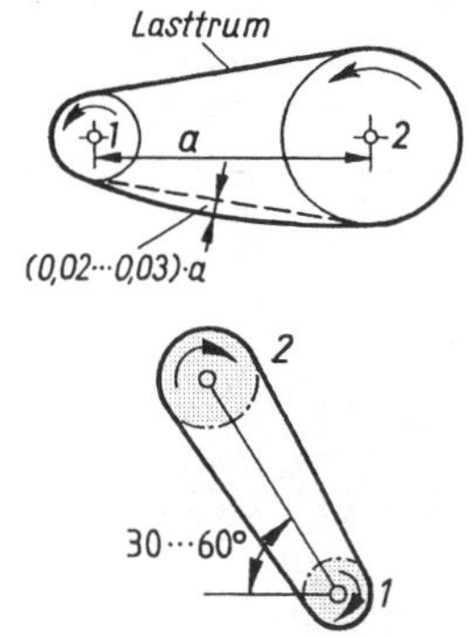

7.39
Durchhang und optimale Neigung des schrägliegenden Kettentriebes

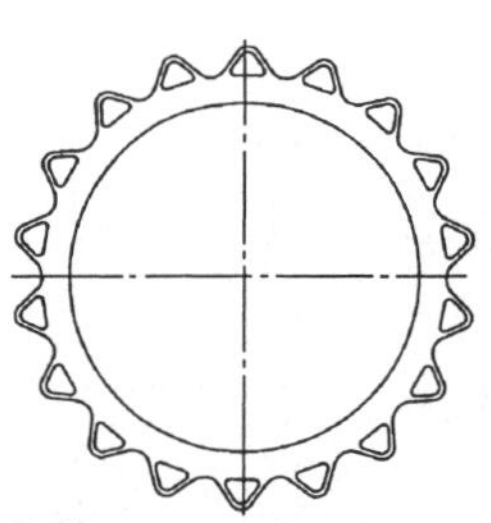

7.40
ROLL-RING-Kettenspanner

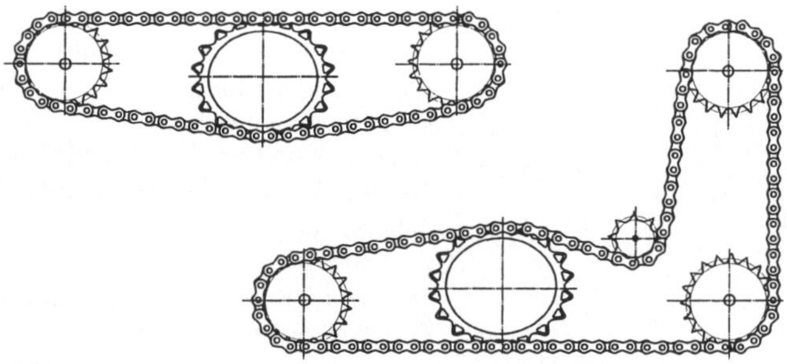

7.41
Einbaubeispiele für ROLL-RING-Kettenspanner

Der ROLL-RING-Kettenspanner, Bild **7.40**, (Ebert Kettenspanntechnik, Schkeuditz) ist ein elastischer Ring, der zwischen Last- und Leertrum des Kettengetriebes eingesetzt wird. Er verformt sich elliptisch und rollt aufgrund der entgegengesetzten Laufrichtungen so ab, dass er an derselben Stelle verbleibt. Vorteile liegen neben der schnellen Montage in der gleichzeitigen Kettenspannung und -dämpfung. Die Kette wird spielfrei gespannt, wodurch die Belastung gleichmäßiger auf die einzelnen Zähne der Kettenräder verteilt wird. ROLL-RING-Kettenspanner können für einreihige und mehrreihige Kettengetriebe verwendet werden. Bild **7.41** zeigt Einbaubeispiele.

7.3.5 Zahnriementriebe

Zu den formschlüssigen Zugmittelgetrieben gehört neben den Kettentrieben auch der Zahnriementrieb (Bild **7.42** und **7.43**). Dieser besitzt sowohl die Vorteile der Riementriebe als auch die der Kettentriebe. Es wird bei nur mäßiger Vorspannung eine synchrone, schlupflose Übertragung bei stoßdämpfendem, geräuscharmem und wartungsfreiem Lauf erreicht. Wie beim Zahnradantrieb greifen die Zähne des Riemens direkt in die Verzahnung der Antriebsräder. Die Zahnriemen sind nach DIN ISO 5296 genormt.

Zur Berechnung der Zahnriementriebe wird auf die Firmenschriften verwiesen. Da die Riemenlänge ein Vielfaches der Zähneteilung sein muss, ist gegebenenfalls der Achsenabstand der Riemenlänge anzupassen, falls auf eine Spannrolle verzichtet wird.

Das formschlüssige Antriebsprinzip garantiert den synchronen Lauf und eine jederzeit konstante Riemengeschwindigkeit. Auch bei kleinen Umschlingungswinkeln wird durch den Formschluss eine sichere Antriebsfunktion erreicht. Infolge der Verzahnung ist nur eine geringe Riemenvorspannung erforderlich, wodurch sich nur mäßige Achs- und Lagerbelastungen ergeben. Die kleinen Massenkräfte der dünnen Zahnriemen und ihre gute Biegetüchtigkeit erlauben hohe Riemengeschwindigkeiten bis zu 80 m/s.

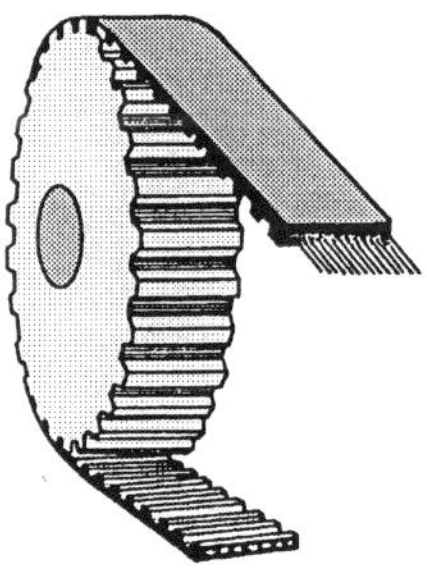

7.42
Zahnriemen

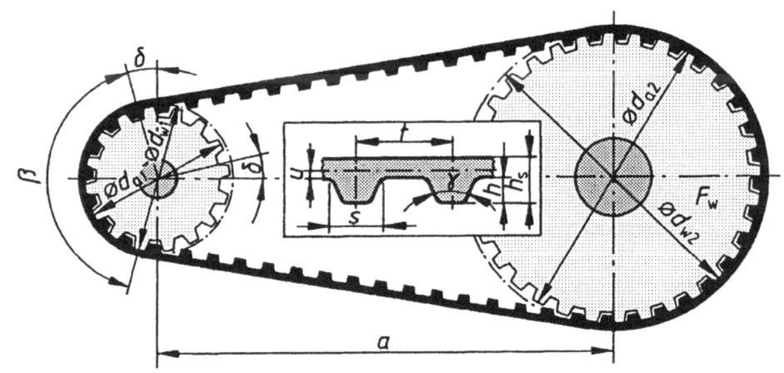

7.43
Bezeichnung am Zahnriementrieb

F_W Wellenbelastung — a Achsabstand
β Umschlingungswinkel — $2\delta + \beta = \pi$
d_{a1}, d_{a2} Kopfkreisdurchmesser der Räder
d_{w1}, d_{w2} Wirkdurchmesser der Räder

Zahnriemen:
t Teilung — s Zahndicke am Fuß
h Zahnhöhe — h_s Riemenhöhe
u Dicke zwischen Wirklinie — γ Flankenwinkel

Zahnriemen sind längenkonstant. Deshalb ist die Festigkeit des in den Riemen eingebetteten Zugstrangs von großer Bedeutung. Man verwendet z. B. beim SYNCHROBELT-Zahnriemen (Continental, Hannover) einen hochfesten Glascord-Zugstrang, der schraubenförmig über der gesamten Riemenbreite angeordnet ist. Die Riemenzähne und der Riemenrücken werden aus einer hochbeanspruchbaren Polychloropren-Gummimischung gefertigt. Die Zähne selbst sind mit einem abriebfesten Polyamidgewebe armiert. Die Zahnräder können aus Metall oder Kunststoff bestehen. Den seitlichen Ablauf verhindern Bordscheiben. Die Zahnlücken sind nach DIN ISO 5294 genormt.

Die Zahnriemen sind wartungsfrei. Voraussetzung ist eine ordnungsgemäße Montage. So müssen Wellen achsparallel und Zahnräder fluchtend angeordnet sein. Wenn eine Achsabstandsverstellung fehlt, dürfen die Riemen bei der Montage nicht über die Bordscheiben gezwängt werden. In einem solchen Fall sind die losen Räder und der Riemen zusammen zu montieren.

Der oben beschriebene SYNCHROBELT-Zahnriemen, der nach DIN ISO 5296 genormt ist, wurde weiterentwickelt zur Ausführung SYNCHROBELT HTD (HTD für High Torque Drive) (Bild **7.44**). Der normale Zahnriemen besitzt trapezförmige Zähne, wogegen die Zähne des Typs SYNCHROBELT HTD ein etwa halbrundes Profil aufweisen. Hierdurch ist die Kraftübertragung gleichmäßiger als beim Trapezprofil, und die Teilung ist kleiner als beim genormten Zahnriemen, so dass mehr Zähne im Eingriff sind. Die Riemengeschwindigkeiten werden mit 40 m/s angegeben.

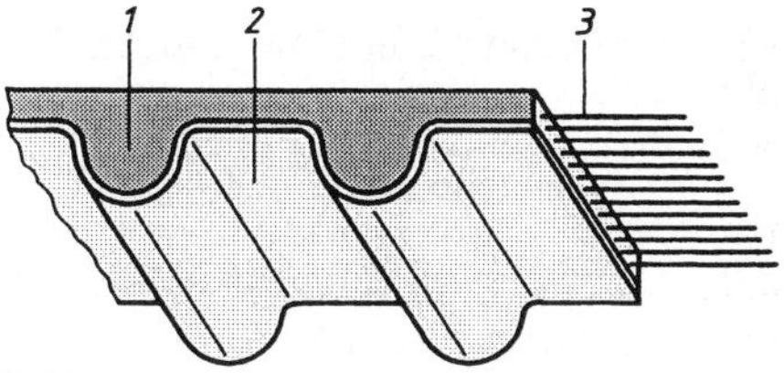

7.44
Zahnriemen SYNCHROBELT HTD (Continental Hannover)
1 Riemenrücken und Zähne aus Polychloropren
2 Polyamidgewebe-Armierung
3 Zugstränge aus Glascord

Beispiel

Für den Antrieb einer Arbeitsmaschine mit den Werten $P_2 = 16$ kW, $n_2 = 300$ min^{-1} durch den Drehstrommotor (Stern-Dreiecksschaltung) mit $n_1 = 1550$ min^{-1}, also $i = 5$, soll ein Zugmittelgetriebe als offener Trieb ($z_u = 2$) entworfen werden; Motorwelle $d_{w\,1} = 50$ mm, Nabendurchmesser $d_{Nabe} \approx 100$ mm.

Es werden angenommen: Mittlerer Anlauf, Volllast und mäßige Stöße (z. B. Kolbenpumpe), Betriebsdauer 8 Std./Tag; aus Bild **4.36** ergibt sich ein Betriebsfaktor $\varphi = 1{,}6$.

a) Ausgangsgrößen für den **Riementrieb**

Für die Motorwelle kommt ein Scheibendurchmesser von $\approx (2...2{,}5)\cdot d_{Nabe}$ in Frage; gewählt wird $d_1 = d_{w\,1} = 224$ mm $= 0{,}224$ m (Bild **7.10** bzw. **7.13**) und $d_2 = i\cdot d_1 = d_{w\,2}$ $= 5 \cdot 224$ mm $= 1120$ mm. Beide Werte sind Normdurchmesser.

Umfangsgeschwindigkeit bei Lastdrehfrequenz $n_1 = 1450$ min$^{-1} = 24{,}16$ s^{-1}.

$$v = \omega \cdot r = d \cdot \pi \cdot n = \pi \cdot 0{,}224\,\text{m} \cdot 24{,}16\,\text{s}^{-1} = 17\,\text{m/s}$$

Der Achsabstand wird mit Rücksicht auf Schwingungsdämpfung gewählt zu

$$a \approx 1{,}4 \cdot (d_1 + d_2) = 1{,}4 \cdot 1344\,\text{mm} = 1880\,\text{mm}$$

Riemenlänge nach Gl. (7.12)

$$L \approx 2a + \frac{\pi}{2} \cdot (d_1 + d_2) + \frac{1}{4a} \cdot (d_2 - d_1)^2$$

$$= 2 \cdot 1880\,\text{mm} + \frac{\pi}{2} \cdot 1344\,\text{mm} + \frac{1}{4 \cdot 1880\,\text{mm}} \cdot 896^2\,\text{mm}^2 = 5978\,\text{mm}$$

Korrektur der Riemenlänge auf eine Normlänge nach Bild **7.13**

$$L_w = 5600\,\text{mm} \quad \text{oder} \quad 6300\,\text{mm}$$

Beispiel, Fortsetzung

Endgültige Festlegung der Riemenlänge auf

$$L = L_w = 5600\,\text{mm}$$

Berechnung des endgültigen Achsabstands aus Gl. (7.13)

$$p = L/4 - \pi \cdot (d_1 + d_2)/8 = \frac{5600\,\text{mm}}{4} - \frac{\pi}{8} \cdot (224 + 1120)\,\text{mm} = 8{,}722 \cdot 10^2\ \text{mm}$$

$$q = (d_1 - d_2)^2/8 = (1120\,\text{mm} - 224\,\text{mm})^2/8 = 10{,}04 \cdot 10^4\ \text{mm}^2$$

$$a = p + \sqrt{p^2 - q} = 872{,}2\,\text{mm} + 10^2 \cdot \sqrt{8{,}722^2\ \text{mm}^2 - 10{,}04\,\text{mm}^2} = 5978\,\text{mm}$$

Umschlingungswinkel gemäß Gl. (7.11)

$$\cos(\beta_1/2) = (d_2 - d_1)/(2a) = \frac{1120\,\text{mm} - 224\,\text{mm}}{2 \cdot 1685\,\text{mm}} = 0{,}266 \qquad \beta_1/2 = 74{,}6^\circ \quad \beta_1 = 149{,}2^\circ$$

Biegefrequenz für 2 Riemenumlenkungen ($z_u = 2$):

$$f_B = \frac{z_u \cdot v}{L} = \frac{2 \cdot 17\,\text{m}\,\text{s}^{-1}}{5{,}6\,\text{m}} = 6{,}07\,\text{s}^{-1}$$

Riemenleistung mit $\eta = 0{,}97$ nach Gl. (7.14)

$$P_{1\,\max} = \varphi \cdot P_2/\eta = 1{,}6 \cdot 16\,\text{kW}/0{,}97 = 26{,}4\,\text{kW} = 26\,400\,\text{Nm}\,\text{s}^{-1}$$

Umfangskraft

$$F_{u\,\max} = \frac{p_{1\max}}{v} = 26\,400\,\text{Nm}\,\text{s}^{-1}/17\,\text{m}\,\text{s}^{-1} = 1553\,\text{N} \approx 1600\,\text{N}$$

b) Bestimmung eines **Mehrstoffriemens** EXTREMULTUS Bauart 80

Riemenvorwahl mit $C_1 = 0{,}09$ aus Bild **7.9** nach Gl. (7.16)

$$F'_{u\,\text{erf}} = 0{,}09 \cdot 224 = 20{,}16\,\text{N/mm}$$

gewählter Riementyp 20 aus Bild **7.6** mit

$$F'_{u\,\max} = 20\,\text{N/mm} \quad \text{und} \quad f_{B\,\text{zul}} = 20\,\text{s}^{-1} > 6{,}1 \quad (\text{Bild } \mathbf{7.8})$$

Riemenbreite mit $C = 0{,}92$ aus Bild **7.5** mit $\beta \approx 150^\circ$

$$b = \frac{F_{u\,\max}}{C \cdot F'_u} = \frac{1600\,\text{N}}{0{,}92 \cdot 20\,\text{N/mm}} = 87\,\text{mm} \quad \text{nach Gl. (7.17); gewählt } b = 90\,\text{mm}$$

Scheibenbreite gemäß Bild **7.10**

$$b' = 100\,\text{mm}$$

Beispiel, Fortsetzung

Wellenbelastung nach Gl. (7.18):

$$F_W \approx 1{,}5 \cdot 1600\,\text{N} = 2400\,\text{N}$$

c) Bestimmung eines **Keilriemens** (endlos); i. Allg. wird die Riemenanzahl $z > 1$ gewählt.

Riemengröße und spez. Riemenleistung aus Bild **7.11**:

SPA mit P_N = 10 kW je Riemen ist nicht möglich, da die größte Riemenlänge nach Bild **7.12** nur L_w = 4500 mm beträgt, 5600 mm aber erforderlich sind. Gewählt wird deshalb SPB mit P_N = 13 kW je Riemen.

Korrekturfaktor C_K (Erläuterungen zu Gl. (7.19)) mit C_3 = 1,07 aus Bild **7.12** und C = 0,92 aus Bild **7.5**

$$C_K = \frac{1}{C \cdot C_3} = \frac{1}{0{,}92 \cdot 1{,}07} = 1{,}015$$

Riemenzahl nach Gl. (7.19):

$$z = P_{1\,\text{max}} \,/\, (C_K \cdot P_N) = 26{,}4\,\text{kW} \,/\, (1{,}015 \cdot 13\,\text{kW}) = 2$$

Wellenbelastung (Gl. (7.18))

$$F_W \approx (1{,}5 \ldots 2) \cdot 1600\,\text{N} = (2400 \ldots 3200)\,\text{N}$$

oder gemäß Gl. (7.20) mit K = 0,206 kg/m für SPB aus Bild **7.13**

$$F_W \approx 1{,}7 \cdot F_{u\,\text{max}} + z \cdot K \cdot v^2 \approx 1{,}7 \cdot 1600\,\text{N} + 2 \cdot 0{,}206\,\text{kg/m} \cdot 17^2\,(\text{m/s})^2$$
$$= 2720\,\text{N} + 119\,\text{N} = 2840\,\text{N}$$

d) Bestimmung eines **Kettentriebs**. Für das Kleinrad auf der Motorwelle wird ein d_{01} von (150...200) mm angestrebt. Die Zähnezahl (Abstufungen s. Bild **7.33**) wird mit $z_1 = 23$ angenommen und k bestimmt zu $k = 0{,}98$ bei $\varphi = 1{,}6$ (**7.32**).

Antriebsleistung mit $\eta = 0{,}99$

$$P_1 = P_1/\eta = 16\,\text{kW} \,/\, 0{,}99 = 16{,}2\,\text{kW} = 16\,200\,\text{Nm}\,\text{s}^{-1}$$

Diagrammleistung, Gl. (7.22)

$$P_{D\,\text{erf}} = 16{,}2\,\text{kW} \,/\, 0{,}98 = 15{,}53\,\text{kW} = 16\,530\,\text{Nm}\,\text{s}^{-1}$$

Nach Bild **7.28** ergeben sich folgende Möglichkeiten bei n_1 = 1450 min^{-1} = 24,16 s^{-1}:

1fach Kette Nr. 16 B mit $P_D > 16$ kW 2fach Kette Nr. 12 B mit $P_D \approx 20$ kW

Da die 1fach Kette bereits an der Grenze liegt, wird die 2fach Kette Nr. 12 B gewählt; als Vergleich werden in der nachstehenden Rechnung die jeweiligen Zahlenwerte für die 1fach Kette Nr. 16 B in Klammern angegeben.

Beispiel, Fortsetzung

Kettenwerte (Bild **7.34**)

$F_B = 59000\ \text{N}\ \ (65000\ \text{N})$ $q = 2 \cdot 1{,}25\ \text{kg/m} = 2{,}5\ \text{kg/m}\ \ (2{,}7\ \text{kg/m})$

$A = 2 \cdot 89\ \text{mm}^2 = 178\ \text{mm}^2\ \ (210\ \text{mm}^2)$ $p = 19{,}05\ \text{mm}\ \ (25{,}4\ \text{mm})$

$\alpha_1 = 360°/(2 \cdot 23) = 7{,}82°$ $\sin\alpha_1 = 0{,}136$

$d_{01} = p/\sin\alpha_1 = 19{,}05\ \text{mm}/0{,}136 = 140\ \text{mm}\ \ (187\ \text{mm})$

der Wert für $d_{0\,1}$ ist für $d_{w\,1} = 50$ mm noch möglich

$z_2 = i \cdot z_1 = 5 \cdot 23 = 115$ $\alpha_2 = 360°/(2 \cdot 115) = 1{,}566°$ $\sin\alpha_2 = 0{,}0274$

$d_{02} = p/\sin\alpha_2 = 19{,}05\ \text{mm}/0{,}0274 = 695\ \text{mm}\ \ (927\ \text{mm})$

Gewählter Achsabstand (unter Berücksichtigung der Gegebenheiten): $a \approx 1000$ mm

Gliederzahl der Kette (Bild **7.34**)

$$X = 2 \cdot \frac{a}{p} + \frac{z_1 + z_2}{2} + \left(\frac{z_2 - z_1}{2\pi}\right)^2 \cdot \frac{p}{a}$$

$$= 2 \cdot \frac{1000}{19{,}05} + \frac{23 + 115}{2} + \left(\frac{115 - 23}{2\pi}\right)^2 \cdot \frac{19{,}05}{1000} = 175{,}58 \approx 176\ \ (153)$$

Kettengeschwindigkeit

$v = \omega \cdot r = d \cdot \pi \cdot n = \pi \cdot 0{,}140\ \text{m} \cdot 24{,}16\ \text{s}^{-1} = 10{,}63\ \text{m/s}$ $v^2 = 113\ \text{m}^2/\text{s}^2$

Umfangskraft

$F_u = P/v = 16200\ (\text{Nm/s}) / 10{,}6\ (\text{m/s}) = 1530\ \text{N}\ \ (1140\ \text{N})$

Fliehkraft

$F_f = q \cdot v^2 = 2{,}5\ \text{kg/m} \cdot 113\ \text{m}^2/\text{s}^2 = 288 \approx 300\ \text{N}\ \ (600\ \text{N})$

Gesamtzugkraft nach Gl. (7.23)

$F_{ges} = F_u + F_f = 1530\ \text{N} + 300\ \text{N} = 1830\ \text{N}\ \ (1440\ \text{N})$

Sicherheit in den Laschen gemäß Gl (7.24)

$S_{stat} = F_B/F_{ges} = 59000\ \text{N}/1830\ \text{N} = 32{,}2 > 7\ \ (45 > 7)$

Gelenkflächenpressung nach Gl. (7.25) mit $y = 0{,}79$ aus Bild **7.32**

$p_r = 1830\ \text{N} / 178\ \text{mm}^2 = 10{,}3\ \text{N/mm}^2\ \ (6{,}9\ \text{N/mm}^2)$

$p_r/y = 10{,}3\ (\text{N/mm}^2)/0{,}79 = 13\ \text{N/mm}^2\ \ (8{,}7\ \text{N/mm}^2)$

Schmierungsart (Bild **7.26**): Druck-Umlaufschmierung, Öl, Viskosität $(20...50) \cdot 10^{-6}\ \text{m}^2/\text{s}$

Beispiel, Fortsetzung

Korrekturfaktoren aus Bild **7.31** und **7.33**:

$t_v = 3{,}8 \quad (3{,}2) \qquad \lambda_v = 149 \quad (1{,}42)$

Angenommene Lebensdauer (**7.27**)

$t_h = 30\,000$ h $\qquad c_h = 0{,}8 \qquad w = t_v \cdot \lambda_v \cdot c_h = 3{,}8 \cdot 1{,}49 \cdot 0{,}8 = 4{,}53 \quad (3{,}63)$

Vergleichswerte aus Bild **7.27** und Gl. (7.25):

2fach Kette Nr. 12 B $p_v/y = 38$ N/mm² > 13

1fach Kette Nr. 16 B $p_v/y = 26$ N/mm² > 8,7

Beide Ketten erfüllen daher die Bedingungen. Aus Platzgründen wird die kleinere Kette gewählt.

Achsabstand für Nr. 12 B mit Gl. (7.26):

$$T = 2 \cdot X - z_1 - z_2 = 2 \cdot 176 - 23 - 115 = 214$$

$$U = 8 \cdot (z_2 - z_1)^2 / \pi^2 = 8 \cdot (115 - 23)^2 / \pi^2 = 6840$$

$$a = \frac{p}{8} \cdot (T + \sqrt{T^2 - U}) = \frac{19{,}05\,\text{mm}}{8} \cdot (214 + \sqrt{214^2 - 6840}) = 980\,\text{mm} \quad (997\,\text{mm})$$

■

Literatur

[1] Bauer / Schneider: Hülltriebe und Reibantriebe. 6. Aufl. Leipzig 1975.

[2] Berger, R.; Abel, H.: Nockenwellen-Zahnriemengetriebe für Motorlebensdauer. Entwicklungshistorie und aktueller Stand. In: Konferenz-Einzelbericht: VDI-Berichte (2003), Band 1758, S. 73-86.

[3] Gödecke, G.: Wartungsfreie Rollenketten. Fallbeispiel aus der praktischen Anwendung. In: Konferenz-Einzelbericht: VDI-Berichte (2003), Band 1758, S. 39-58.

[4] N. N.: FEM-Simulation in der Produktentwicklung von Polyurethan-Zahnriemen. In: Konferenz-Einzelbericht: VDI-Berichte (2003), Band 1758, S. 115-124.

[5] Pietsch, P.: Kettentriebe, Einbeck 1965.

[6] Quante, H.: Elastomerlösungen in der Entwicklung von Antriebsriemen. In: Konferenz-Einzelbericht: VDI-Berichte (2003), Band 1758, S. 59-71.

[7] Rachner, H.-G.: Stahlgelenkketten und Kettentriebe (Konstruktionsbücher Bd. 20). Berlin - Göttingen - Heidelberg 1962.

[8] Richter H.: Literaturdatenbank Zahnriemengetriebe. In: Konferenz-Einzelbericht: 6. Tagung Zahnriemengetriebe, „Produkte und Komponenten im Vergleich“ (2001), S. 1-4 (nicht durchgängig paginiert).

[9] Song, G.; Shen, Y.; Chandrashekhara, K.; Breig, W.-F.; Klein D.-L.; Oliver L.-R.: Thermal-mechanical finite element analysis of V-ribbed belt drive operation. In: Konferenz-Einzelbericht: SAE-SP, Band 1747 (2003), S. 175-190.

[10] Zollner, H.: Kettentriebe. München 1966.

[11] Vorobjew, N. V.: Kettentriebe. Berlin 1953.

8 Zahnrädergetriebe

DIN-Blatt Nr.	Ausgabe-datum	Titel
780 T1	5.77	Modulreihe für Zahnräder; Moduln für Stirnräder
T2	5.77	-; Moduln für Zylinderschneckengetriebe
781	12.73	Werkzeugmaschinen; Zähnezahlen der Wechselräder
782	2.76	Werkzeugmaschinen; Wechselräder, Maße
867	2.86	Bezugsprofile für Evolventenverzahnungen an Stirnrädern (Zylinderrädern) für den allgemeinen Maschinenbau und den Schwermaschinenbau
868	12.76	Allgemeine Begriffe und Bestimmungsgrößen für Zahnräder, Zahnradpaare und Zahngetriebe
1825	11.77	Schneidräder für Stirnräder; Geradverzahnte Scheibenschneidräder
1828	11.77	Schneidräder für Stirnräder; Geradverzahnte Schaftschneidräder
1829 T1	11.77	Schneidräder für Stirnräder; Bestimmungsgrößen; Begriffe, Kennzeichen
T2	11.77	-; Toleranzen, Zulässige Abweichungen
3960	3.87	Begriffe und Bestimmungsgrößen für Stirnräder (Zylinderräder) und Stirnradpaare (Zylinderpaare) mit Evolventenverzahnung
Bbl.1	7.80	-; Zusammenstellung der Gleichungen
3961	8.78	Toleranzen für Stirnradverzahnungen; Grundlagen
3962 T1	8.78	Toleranzen für Stirnradverzahnungen; Toleranzen für Abweichungen einzelner Bestimmungsgrößen
T2	8.78	-; Toleranzen für Flankenlinienabweichungen
T3	8.78	-; Toleranzen für Teilungs-Spannabweichungen
3963	8.78	Toleranzen für Stirnradverzahnungen; Toleranzen für Wälzabweichungen
3964	11.80	Achsabstandsmaße und Achslagetoleranzen von Gehäusen für Stirngetriebe
3965 T1	8.86	Toleranzen für Kegelradverzahnungen; Grundlagen
T2	8.86	-; Toleranzen für Abweichungen einzelner Bestimmungsgrößen
T3	8.86	-; Toleranzen für Wälzabweichungen
T4	8.86	-; Toleranzen für Achsenwinkelabweichungen und Achsenschnittpunktabweichungen
3966 T1	8.78	Angaben für Verzahnungen in Zeichnungen; Angaben für Stirnrad (Zylinderrad-) Evolventenverzahnungen
T2	8.78	-; Angaben für Geradzahn-Kegelradverzahnungen
T3	11.80	-; Angaben für Schnecken- und Schneckenradverzahnungen
3967	8.78	Getriebe-Passsystem; Flankenspiel, Zahndickenabmaße, Zahndickentoleranzen; Grundlagen
3968	9.60	Toleranzen eingängiger Wälzfräser für Stirnräder mit Evolventenverzahnungen

DIN-Normen, Fortsetzung

DIN-Blatt Nr.	Ausgabe-datum	Titel
3970 T1	11.74	Lehrzahnräder zum Prüfen von Stirnrädern, Radkörper und Verzahnung
T2	11.74	-; Aufnahmedorne
3971	7.80	Begriffe und Bestimmungsgrößen für Kegelräder und Kegelradpaare
3972	2.52	Bezugsprofile von Verzahnwerkzeugen für Evolventenverzahnung nach DIN 867
3975 T1	7.02	Begriffe und Bestimmgrößen für Zylinder-Schneckengetriebe mit sich rechtwinklig kreuzenden Achsen; Teil 1: Schnecke und Schneckenrad
3975 T2	7.02	-; Teil 2: Abweichungen
3976	11.80	Zylinderschnecken; Maße, Zuordnung von Achsabständen und Übersetzungen in Schneckenradsätzen
3977	2.81	Messstückdurchmesser für das radiale oder diametrale Prüfmaß der Zahndicke an Stirnrädern (Zylinderrädern)
3978	8.76	Schrägungswinkel für Stirnradverzahnungen
3979	7.79	Zahnschäden an Zahnradgetrieben; Bezeichnung; Merkmale, Ursachen
3990 T1	12.87	Tragfähigkeitsbeanspruchung von Stirnrädern; Einführung und allgemeine Einflussfaktoren
T2	12.87	-; Berechnung der Grübchentragfähigkeit
T3	12.87	-; Berechnung der Zahnfußtragfähigkeit
T4	12.87	-; Berechnung der Fresstragfähigkeit
T5	12.87	-; Dauerfestigkeitswerte und Werkstoffqualitäten
T6	12.94	-; Betriebsfestigkeitsberechnung
T21	2.89	-; Tragfähigkeitsberechnung von Stirnrädern; Anwendungsnorm für Schnelllaufgetriebe und Getriebe ähnlicher Anforderungen
T31	7.00	-; Tragfähigkeitsberechnung von Stirnrädern; Anwendungsnorm für Schiffsgetriebe
T41	5.00	-; Tragfähigkeitsberechnung von Stirnrädern; Anwendungsnorm für Fahrzeuggetriebe
3991 T1	9.88	Tragfähigkeitsberechnung von Kegelrädern ohne Achsversetzung; Einführung und allgemeine Einflussfaktoren
T2	9.88	-; Berechnung der Grübchentragfähigkeit
T3	9.88	-; Berechnung der Zahnfußtragfähigkeit
T4	9.88	-; Berechnung der Fresstragfähigkeit
3992	3.64	Profilverschiebung bei Stirnrädern mit Außenverzahnung
3993 T1	8.81	Geometrische Auslegung von zylindrischen Innenradpaaren mit Evolventenverzahnung; Grundregeln
T2	8.81	-; Diagramme über geometrische Grenzen für die Paarung Hohlrad-Ritzel
T3	8.81	-; Diagramme zur Ermittlung der Profilverschiebungsfaktoren
T4	8.81	-; Diagramme über Grenzen für die Paarung
3994	8.63	Profilverschiebung bei geradverzahnten Stirnrädern mit 05-Verzahnung; Einführung
3995 T1	5.67	Geradverzahnte Außen-Stirnräder mit 05-Verzahnung; Achsabstände und Betriebseingriffswinkel

DIN-Normen, Fortsetzung

DIN-Blatt Nr.	Ausgabe-datum	Titel
3995 T2	8.63	-; Fußkreisdurchmesser
T3	8.63	-; Kopfkreisdurchmesser
T4	8.63	-; Zahnweite
T5	8.63	-; Prüfmaß M_a
T6	8.63	-; Zahndickensehne und Zahnhöhe über der Sehne
T7	8.63	-; Überdeckungsgrade
T8	8.63	-; Gleitgeschwindigkeiten am Zahnkopf
3998 T1	9.76	Benennungen an Zahnrädern und Zahnradpaaren; Allg. Begriffe
T2	9.76	-; Stirnräder und Stirnradpaare (Zylinderräder und –radpaare)
T3	9.76	-; Kegelräder und Kegelradpaare, Hypoidräder und Hypoidradpaare
T4	9.76	-; Schneckenradsätze
Bbl.1	9.76	-; Stichwortverzeichnis
3999	11.74	Kurzzeichen für Verzahnungen
T1	1.82	Kurzzeichen für die Antriebstechnik; Verzahnungen
8000	10.62	Bestimmungsgrößen und Fehler an Wälzfräsern für Stirnräder mit Evolventenverzahnung; Grundbegriffe
8002	1.55	Maschinenwerkzeuge für Metall; Wälzfräser für Stirnräder mit Quer- oder Längsnut, Modul 1 bis 20
45635 T23	9.03	Geräuschmessung an Maschinen; Luftschallemission, Hüllflächenverfahren; Teil 23: Getriebe
51354 T1	4.90	Prüfung von Schmierstoffen; FZG-Zahnrad-Verspannungs-Prüfmaschine; Allgemeine Arbeitsgrundlagen
T2	4.90	-; -; Prüfverfahren A/8,3/90 für Schmieröle
51501	11.79	Schmierstoffe; Schmieröle L-AN, Mindestanforderungen
51509 T1	6.76	Auswahl von Schmierstoffen für Zahnradgetriebe; Schmieröle
T2	12.88	-; Plastische Schmierstoffe
58400	6.84	Bezugsprofil für Evolventenverzahnungen an Stirnrädern für die Feinwerktechnik
58405 T1	5.72	Stirnradgetriebe der Feinwerktechnik; Geltungsbereich, Begriffe, Bestimmungsgrößen, Einteilung
T2	5.72	-; Getriebepassungsauswahl, Toleranzen, Abmaße
T3	5.72	-; Angaben in Zeichnungen, Berechnungsbeispiele
T4	5.72	-; Tabellen
Bbl.1	5.72	-; Rechenvordruck
58411	11.87	Wälzfräser für Stirnräder der Feinwerktechnik mit Modul 0,1 bis 1 mm
58412	11.87	Bezugsprofile für Verzahnwerkzeuge der Feinwerktechnik; Evolventenverzahnung nach DIN 58400 und DIN 867
58413	11.87	Toleranzen für Wälzfräser der Feinwerktechnik
58420	8.81	Lehrzahnräder zum Prüfen von Stirnrädern der Feinwerktechnik; Radkörper und Verzahnung
EN ISO 1302	6.02	Geometrische Produktspezifikation (GPS) - Angabe der Oberflächenbeschaffenheit in der technischen Produktdokumentation
ISO 2203	6.76	Technische Zeichnungen; Darstellung von Zahnrädern

DIN-Normen, Fortsetzung

DIN-Blatt Nr.	Ausgabe-datum	Titel
ISO 701	5.98	Internationales Zahnradbezeichnungssystem - Zeichen für geometrische Größen
ISO 53	8.98	Stirnräder für den allgemeinen und Schwermaschinenbau - Standard-Bezugszahnstangen - Zahnprofile
VDI-Richtlinien		
VDI/VDE 2608	3.01	Einflanken- und Zweiflanken-Wälzprüfung an Zylinderrädern, Kegelrädern, Schnecken und Schneckenrädern
VDI 2157	9.78	Planetengetriebe; Begriffe, Symbole, Berechnungsgrundlagen

Formelzeichen [1])

a	Achsabstand
a_d	Achsabstand (Rechengröße)
b	Zahnbreite
c	Kopfspiel einer Radpaarung
c_{zul}	Belastungswert
d	Teilkreisdurchmesser
d_a	Kopfkreisdurchmesser
d_f	Fußkreisdurchmesser
d_b	Grundkreisdurchmesser
d_w	Betriebswälzkreisdurchmesser
d_m	mittlerer Durchmesser, Mittenkreisdurchmesser
d_n	Teilkreisdurchmesser des Ersatzstirnrades
d_v	Teilkreisdurchmesser (virtuell)
d_A	Außendurchmesser
d_{Wl}	Wellendurchmesser
e	Zahnlücke
e'	Eingriffslänge
inv α	Evolventenfunktion von α (involut α)
f_{pe}	Eingriffsteilungsfehler
g	Eingriffsstrecke
h	Zahnhöhe
h_a	Zahnkopfhöhe
h^*	Zahnhöhenfaktor
h_f	Zahnfußhöhe
h_F	Biegehebelarm am Zahn (**8.52**)
i	Übersetzung
i_0	Standübersetzung
k	Wälzpressung
m	Modul ($m = m_n$; m_n = Normalmodul)
m_t	Stirnmodul
m_m	mittlerer Modul (Rechengröße)
n	Drehfrequenz
p	Teilung
p_e	Eingriffsteilung
p_b	Grundkreisteilung
p_n	Normalteilung
p_t	Stirnteilung
p_z	Steigungsteilung
q_L	Hilfsfaktor
q_1	Kühlbeiwert
q_2	Übersetzungsbeiwert
q_3	Werkstoff-Paarungsbeiwert
q_4	Beiwert für Bauart
q_5	Beiwert für Steigungswinkel
q_T	Temperatur-Beiwert
s	Zahndicke am Teilkreis
s_a	Zahndicke am Kopfkreis
s_b	Zahndicke am Grundkreis
s_F	Zahndicke (**8.52**)
u	Zähnezahlverhältnis
v	Umfangsgeschwindigkeit am Teilkreis, Profilverschiebung
v_g	Gleitgeschwindigkeit
x	Profilverschiebungsfaktor
y	Beiwert für Kühlung
z	Zähnezahl
z_k	Kennzahl für Profilüberdeckung
z_n	Ersatzzähnezahl für Schrägstirnrad
z_v	Ergänzungszähnezahl (virtuell)
z_p	Planrad-, Planetenradzähnezahl
D_E	Einschaltdauer
E	Elastizitätsmodul
F_t	Umfangskraft am Teilzylinder
F_n	Zahnnormalkraft
F_r	Radialkraft am Teilzylinder
F_a	Axialkraft am Teilzylinder
$K_{F\alpha}$	Stirnlastverteilungsfaktor für die Zahnfußspannung
$K_{H\alpha}$	Stirnlastverteilungsfaktor für die *Hertz*sche Pressung
M_b	Biegemoment
P	Leistung
R	Teilkegellänge
S_d	Verdrehflankenspiel
S_e	Eingriffsflankenspiel

Formelzeichen, Fortsetzung [1])

S_T	Temperatur-Sicherheit	η	Wirkungsgrad
S_D	Durchbiegungs-Sicherheit	ϑ	Temperatur des Öls, Wirkungsgrad
T	Drehmoment (Torsionsmoment)	λ	Zahnbreitenverhältnis
Y_F	Zahnformfaktor	μ	Reibbeiwert, reduzierter Reibbeiwert
Y	Lastanteilfaktor	ρ	Krümmungshalbmesser
Z_H	Flankenformfaktor	ρ	Reibungswinkel
Z_M	Materialfaktor	ρ'	reduzierter Reibungswinkel
Z	Überdeckungsfaktor	ν	*Poisson*sche Konstante
W	Arbeit	σ_F	Zahnfußspannung
α	Eingriffswinkel am Teilkreis	$\sigma_{F\,P}$	zulässige Zahnfußspannung
α_W	Betriebseingriffswinkel	$\sigma_{F\,l}$	Dauerfestigkeit für Zahnfußspannung
S_F	Sicherheitsfaktor gegen Zahnfußdauerbruch	σ_H	*Hertz*sche Pressung im Wälzpunkt C
S_H	Sicherheitsfaktor gegen Grübchenbildung	$\sigma_{H\,P}$	zulässige *Hertz*sche Pressung
β	Schrägungswinkel am Teilkreis	$\sigma_{H\,l}$	Dauerfestigkeitswert für *Hertz*sche Pressung
β_b	Schrägungswinkel am Grundkreis		
γ	Steigungswinkel	τ_t	Verdrehspannung (Torsionsspannung)
δ	Kreuzungswinkel	Σ	Achsenwinkel
ε_α	Profilüberdeckung	φ	Zentriwinkel, Betriebsfaktor
ε_β	Sprungüberdeckung	ω	Winkelgeschwindigkeit
ε_k	Teilprofilüberdeckung		

[1]) Indizes: 1, 3, 5, … für treibende Räder; 2, 4, 6, … für getriebene Räder; n auf Normalschnitt, t auf Stirnschnitt, w auf Betriebswälzkreis, o auf Werkzeug bezogene Größen; keinen Index haben auf Teilkreis bezogene Größen.

8.1 Grundlagen

Zwei im Eingriff stehende Zahnräder bilden ein Zahnradgetriebe. Zahnradgetriebe übertragen Bewegungen und Drehmomente formschlüssig. Räderpaarungen kann man nach Form der Räder und Lage der Wellen zueinander unterscheiden (**8.1**).

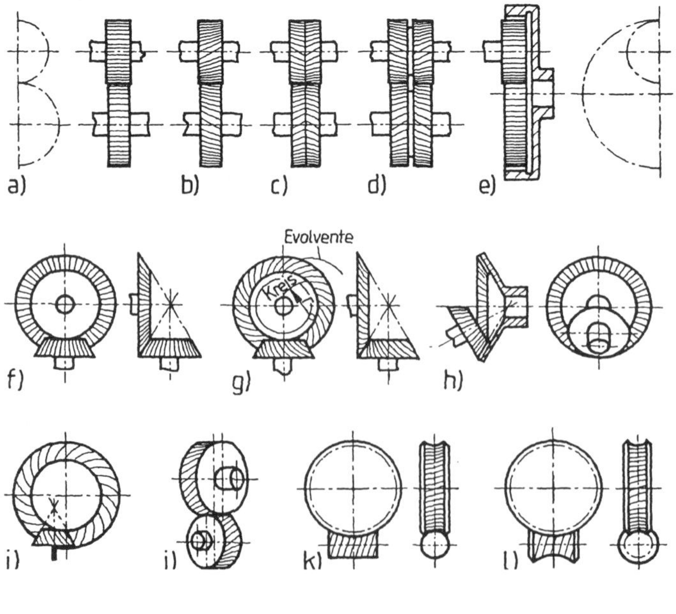

8.1
Zahnräderpaarungen

a) Geradstirnräder
b) Schrägstirnräder
c) Stirnräder mit Pfeilverzahnung
d) Doppelschrägzahnräder
e) Innenzahnradgetriebe, gerad- oder schrägverzahnt
f) Kegelräder, gerad- oder schrägverzahnt
g) Kegelräder, bogen- oder pfeilverzahnt
h) Innenkegelgetriebe
i) Kegelräder mit Achsenversetzung
j) Stirnrad-Schraubengetriebe
k) Schneckengetriebe mit Zylinderschnecke
l) Schneckengetriebe mit Globoidschnecke

Begriffe, Bezeichnungen und Kurzzeichen. (Begriffe und Bestimmungsgrößen für Stirnradpaare mit Evolventenverzahnung nach DIN 3960.) Die Wälzkreise (Wälzzylinder) (**8.2**) sind gedachte Kreise zweier im Eingriff stehender Räder, die bei der Übertragung der Bewegung mit gleicher Umfangsgeschwindigkeit aufeinander abrollen (entsprechend Reibrädern).

Der Wälzpunkt (Wälzachse) ist der Berührungspunkt der Wälzkreise (Betriebswälzkreise $d_{w\,1}$, $d_{w\,2}$).

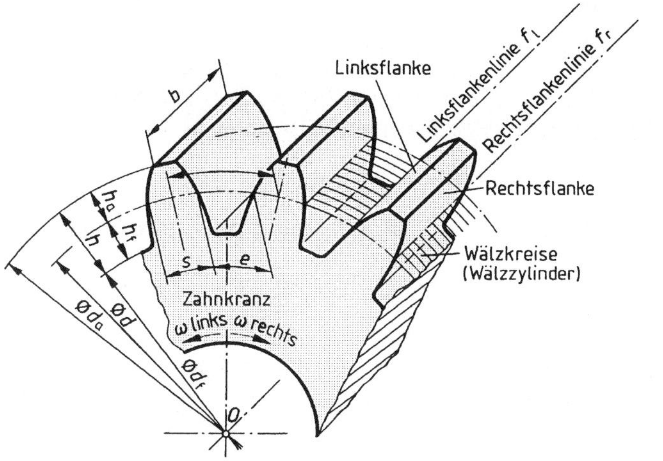

8.2
Bezeichnungen an Stirnrädern

Eine Radpaarung mit Außenverzahnung hat in Richtung des Kraftflusses und unter Berücksichtigung der Drehrichtung die **Übersetzung** (s. auch DIN 868)

$$i = \frac{+n_{an}}{-n_{ab}} = -\frac{n_1}{n_2} = -\frac{\omega_1}{\omega_2} = -\frac{z_2}{z_1} = -\frac{d_{w2}}{d_{w1}} \tag{8.1}$$

Die Bezeichnungen für das treibende Rad erhalten den (ungeraden) Index 1, 3, 5, ... und für das getriebene Rad den (geraden) Index 2, 4, 6, ... Bei einem Außenradpaar haben die beiden Stirnräder entgegengesetzten Drehsinn. Die Winkelgeschwindigkeiten bzw. Drehfrequenzen erhalten entgegengesetzte Vorzeichen, die Übersetzung ist negativ. Bei einem Innenradpaar haben beide Stirnräder gleichen Drehsinn. Die Winkelgeschwindigkeiten bzw. Drehfrequenzen erhalten gleiche Vorzeichen, die Übersetzung ist positiv. Die Gleichung (8.1) gilt auch für ein Innenradpaar, wenn die Drehfrequenz oder die Zähnezahl bzw. der Durchmesser der Innenverzahnung mit einem negativen Vorzeichen eingesetzt wird.

Ist eine Unterscheidung der Drehrichtung nicht erforderlich, so werden die Vorzeichen in Gl. (8.1) nicht beachtet, d. h. i ist mit positivem Vorzeichen in die Rechnung einzusetzen. Dies trifft aber nicht für die Berechnung von Planetenrädergerieben zu. Unabhängig von der Richtung des Kraftflusses besteht das **Zähnezahlverhältnis**

$$u = \frac{z_{Rad}}{z_{Ritzel}} \geq 1 \quad \text{bzw.} \quad < -1 \tag{8.2}$$

Hierin ist z_{Rad} die Zähnezahl des großen und z_{Ritzel} die des kleinen Rades. Die Zähnezahl z_{Rad} des Innenzahnrades wird mit negativem Vorzeichen eingesetzt (s. Beispiel 6). Hiermit wird $u < -1$.

Verzahnungsgesetz. Zahnrädergetriebe sollen in der Regel während der Bewegungsübertragung eine konstante Übersetzung haben. Bild **8.3** zeigt drei Berührungspunkte *B, C* und *B'* der Flanken F_1 und F_2, die während der Drehbewegung nacheinander auftreten. Rad *1* treibt mit ω_1. Der Kurvenverlauf der Flanken F_1 und F_2 muss so sein, dass die Normalgeschwindigkeiten c_1 und c_2 im jeweiligen Berührungspunkt gleich sind ($c_1 = c_2 = c$) und die Normalen zur Berührungstangente $\overline{tt}$ stets durch den Punkt *C* gehen. Wäre $c_1 > c_2$, so müssten die Flanken F_1 und F_2 ineinander eindringen; wäre $c_1 < c_2$, so müssten sich die Flanken F_1 und F_2 trennen. Die Umfangsgeschwindigkeiten der Zahnflanken im jeweiligen Berührungspunkt sind

$$v_1 = \omega_1 \cdot r_1 \quad \text{mit} \quad v_1 \perp r_1 \quad \text{und} \quad v_2 = \omega_1 \cdot r_2 \quad \text{mit} \quad v_2 \perp r_2$$

Die Geschwindigkeitskomponenten zu v_1 und v_2 sind nach Bild **8.3** c_1, c_2 als Normalkomponenten zur Tangente $\overline{tt}$ und w_1, w_2 als Tangentialkomponenten in Richtung $\overline{tt}$.

Aus Bild **8.3** geht hervor:

1. im Punkt *B* ist die Relativgeschwindigkeit $w = w_1 - w_2 < 0$, d. h. Flanke F_2 arbeitet gegen Flanke F_1, wodurch eine stemmende Gleitbewegung erfolgt,

2. im Punkt *C* ist die Relativgeschwindigkeit $w = w_1 - w_2 = 0$, d. h. im Punkt *C* (Wälzpunkt) findet reines Abrollen der Wälzkreise (Wälzzylinder) statt,

3. im Punkt *B'* ist die Relativgeschwindigkeit $w = w_1 - w_2 > 0$, d. h. auf der Auslaufseite des Flankeneingriffs erfolgt eine streichende Gleitbewegung.

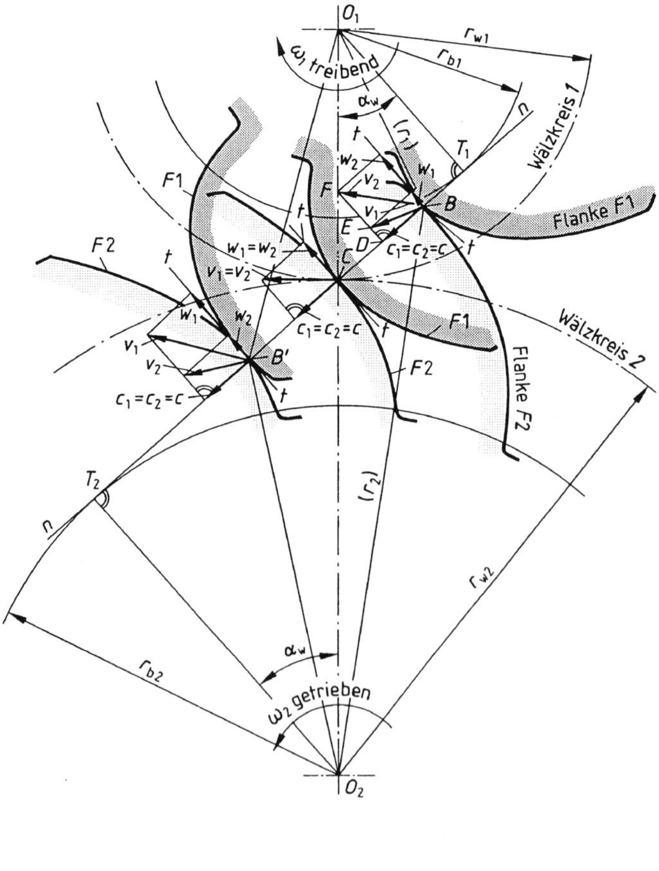

8.3
Zum Verzahnungsgesetz: Geometrische Bezeichnungen

Aus der Ähnlichkeit der Dreiecke (Punkt B) $\Delta O_1T_1B \sim \Delta BDE$ und $\Delta O_2T_2B \sim \Delta BDF$ folgen die Proportionen

$$\frac{c_1}{v_1} = \frac{r_{b1}}{r_1} \qquad \text{und} \qquad \frac{c_2}{v_2} = \frac{r_{b2}}{r_2}$$

Dabei ergibt sich

$$c = c_1 = c_2 = v_1 \cdot \frac{r_{b1}}{r_1} = v_2 \cdot \frac{r_{b2}}{r_2} = \omega_1 \cdot r_1 \frac{r_{b1}}{r_1} = \omega_2 \cdot r_2 \frac{r_{b2}}{r_2} = \omega_1 \cdot r_{b1} = \omega_2 \cdot r_{b2}$$

also ist die **Übersetzung**

$$\boxed{i = \frac{\omega_1}{\omega_2} = \frac{r_{b2}}{r_{b1}} = \frac{r_{w2}}{r_{w1}} = \text{konstant}} \tag{8.3}$$

Gl. (8.3) beschreibt das Verzahnungsgesetz: Zwei in steter Berührung stehende Zahnflanken übertragen die Drehbewegung mit konstanter Übersetzung i, wenn die gemeinsame Berührungsnormale $\overline{T_1T_2}$ durch den Wälzpunkt C geht. Der Wälzpunkt C teilt die Mittelpunktsverbindung $\overline{O_1O_2}$ $(= r_{w1} + r_{w2})$ reziprok zum Verhältnis der Winkelgeschwindigkeiten zweier kämmender Räder.

Eingriffslinie, Eingriffsstrecke und Eingriffsprofil. Die **Eingriffslinie** (Bild **8.4**) ist die Bahn (= geometrischer Ort), auf der sich der Berührungspunkt zweier im Eingriff befindlicher Zahnflanken bewegt.

1. Die Eingriffslinie ist eine Gerade, wenn die Kurven der Zahnflanken Evolventen sind (s. Abschn. 8.3).

2. Die Eingriffslinie besteht aus zwei Kreisbogen, wenn die Kurven der Zahnflanken Zykloiden sind (s. Abschn. 8.2).

3. Die Eingriffslinie ist eine gekrümmte Linie, wenn die zusammenarbeitenden Kurven keine Evolventen und keine Zykloiden sind.

Die Zahnprofile werden durch Kopfkreise d_{a1} und d_{a2} begrenzt (**8.4**). Die Schnittpunkte A und E der Kopfkreise mit der Eingriffslinie bestimmen die **Eingriffsstrecke** $g = \overline{AE}$.

Die bei der Bewegungsübertragung in Eingriff kommenden Flankenteile $K_1K'_1$ und $K_2K'_2$ bilden das **Eingriffsprofil**, das man für Rad *1* ermittelt (**8.4**), indem man um O_1 durch A einen Kreisbogen schlägt und den Schnittpunkt K'_1 erhält.

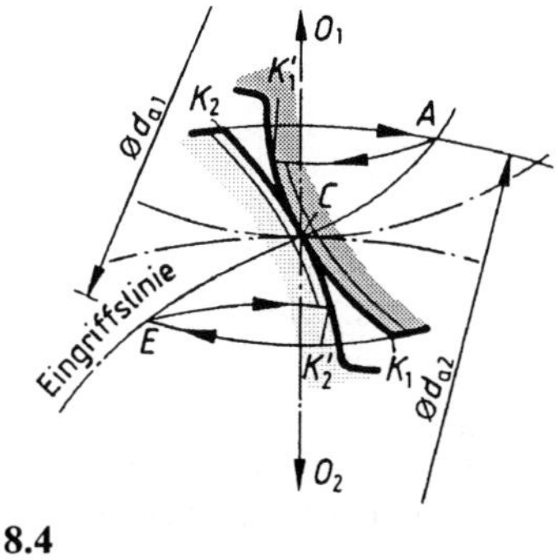

8.4
Eingriffslinie, Eingriffsstrecke und Eingriffsprofil

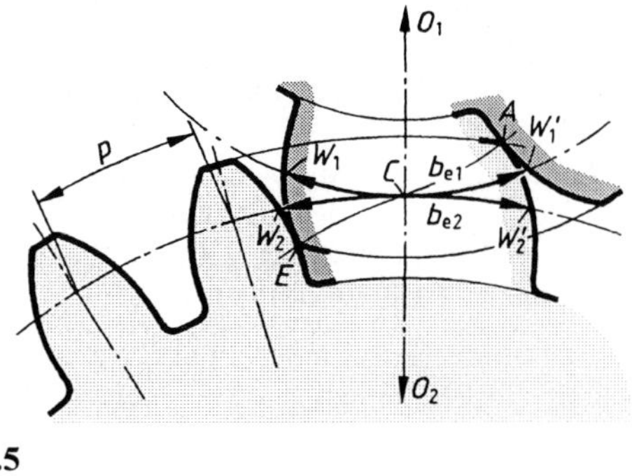

8.5
Eingriffsbogen und Teilung

Eingriffsbogen und Profilüberdeckung. Im Bild **8.5** sind Zahnflanken am Anfang (A) und Ende (E) des Eingriffs dargestellt. Die während des Eingriffs zweier Zahnflanken aufeinander abrollenden Bogenstücke der Wälzkreise sind die Eingriffsbogen b_e.

Es ist

$$b_{e1} = \overline{W_1C} + \overline{W'_1C} \quad \text{und} \quad b_{e2} = \overline{W_2C} + \overline{W'_2C}$$

Soll eine stete Bewegungsübertragung durch Zahnflanken erfolgen, so darf das Ende des Eingriffs zweier in Berührung stehender Zahnflanken frühestens mit dem Eingriffsbeginn der nachfolgenden Zahnflanken zusammenfallen. Darum müssen die Eingriffsbogen b_e mindestens gleich der Zahnteilung p auf den Wälzkreisen sein; $b_{e\,1} = b_{e\,2} \geq p$. Damit ist auch das Verhältnis Eingriffsbogen b_e zu Wälzkreisteilung p, also die Profilüberdeckung $\varepsilon_\alpha = b_e/p \geq 1$. Praktisch muss $\varepsilon_\alpha \geq 1{,}1$ sein, damit nicht durch Verzahnungsfehler und Verformungen der Zähne unter Belastung Kanteneingriff, also Eingriff außerhalb der Eingriffslinie, eintritt. Anzustreben ist $\varepsilon_\alpha \geq 1{,}1$; je größer die Profilüberdeckung, um so ruhiger ist der Lauf.

Ermittlung des Gegenprofils zu einem vorgegebenen Zahnprofil. Konstruktion des Profils *2* zum vorgegebenen Profil *1* unter Beachtung des Verzahnungsgesetzes nach Bild **8.6**:

1. Auf Profil *1* beliebige Punkte a_1, a_2, ... festlegen,

2. Normalen errichten zu den Tangenten in den Punkten a_1, a_2, ...; sie ergeben auf Walzkreis *1* die Schnittpunkte *1*, *2*, ...

3. Kreisbogen um O_1 durch a_1, a_2, ... und Kreisbogen um C mit Halbmesser $\overline{a_1 - 1}$, $\overline{a_2 - 2}$, schlagen. Sie ergeben die Schnittpunkte *I*, *II*, ... Nach dem Verzahnungsgesetz erfolgt die Berührung der Zahnflanken in den Punkten a_1, a_2, ... stets dann, wenn die Normale durch den Wälzpunkt C geht, d. h. wenn beim Abwälzen der Wälzkreise die Punkte *1*, *2*, ... mit dem Wälzpunkt C nacheinander zusammenfallen. Daher müssen die Punkte *I*, *II*, ... Punkte der Eingriffslinie sein.

4. Festlegen der Punkte *1'*, *2'*, ... auf Wälzkreis *2* durch Abtragen der Bogenlängen $C1 = C1'$, $C2 = C2'$, ...

5. Kreisbogen um O_2 durch *I*, *II*, ... und Kreisbogen um *1'*, *2'*, ... mit Halbmesser $\overline{a_1 - 1}$, $\overline{a_2 - 2}$, ... schlagen. Sie ergeben die Schnittpunkte b_1, b_2, ..., die auf dem gesuchten Profil *2* liegen.

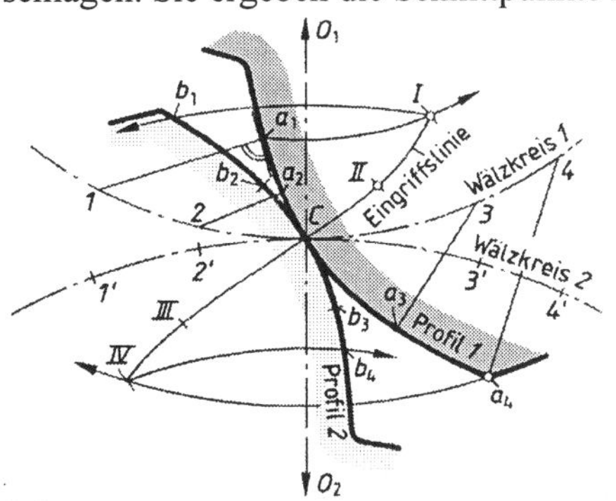

8.6
Ermittlung des Gegenprofils für i = const.

8.2 Zykloidenverzahnung

Grundbegriffe. Orthozykloide (**8.7**). Jeder Punkt eines Kreises, der auf einer Geraden abrollt, beschreibt eine Orthozykloide. Bei der Zahnstange sind Kopf- und Fußflanken Orthozykloiden.

Epizykloide (**8.8**). Jeder Punkt eines Kreises, der auf einem feststehenden Kreis abrollt, beschreibt eine Epizykloide.

Hypozykloide (**8.9**). Jeder Punkt eines Kreises, der in

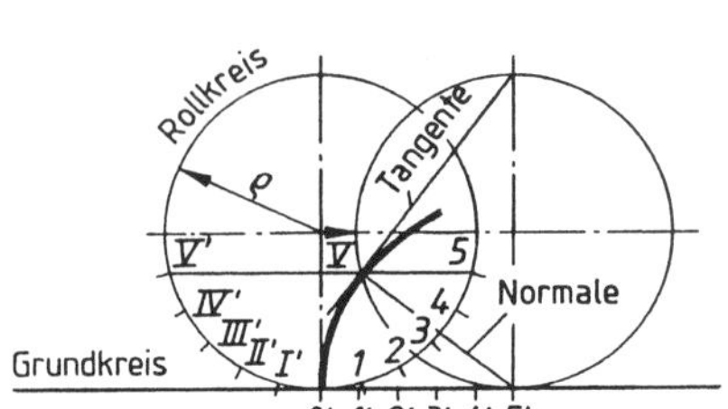

8.7
Orthozykloide

einem feststehenden Kreis abrollt, beschreibt eine Hypozykloide.

Konstruktion der Zykloidenverzahnung. Im Bild **8.10** sind die Wälzkreise *W*1, *W*2 und die Rollkreise *R*1, *R*2 die Erzeugenden der Zykloiden. Bei der Zykloidenverzahnung erhält man günstige Eingriffsverhältnisse, wenn die Rollkreishalbmesser $\rho = (1/3 \ldots 2/5) \cdot r$ gewählt werden.

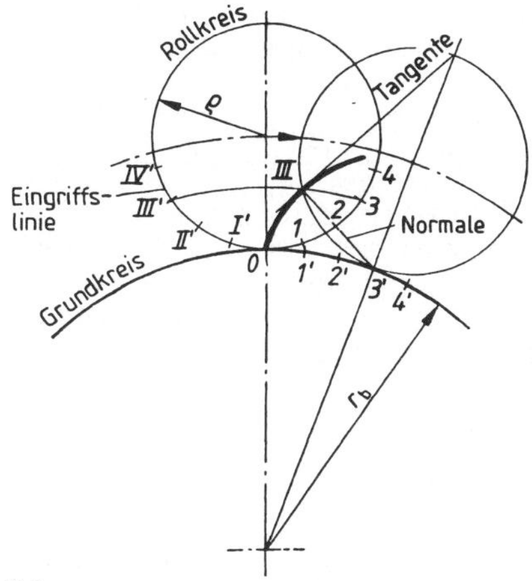

8.8
Epizykloide

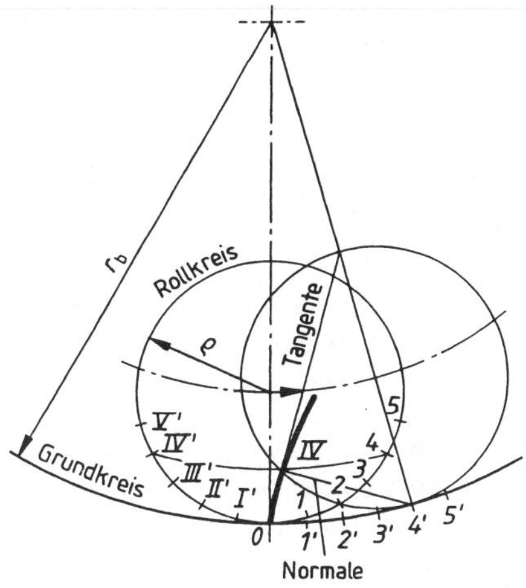

8.9
Hypozykloide

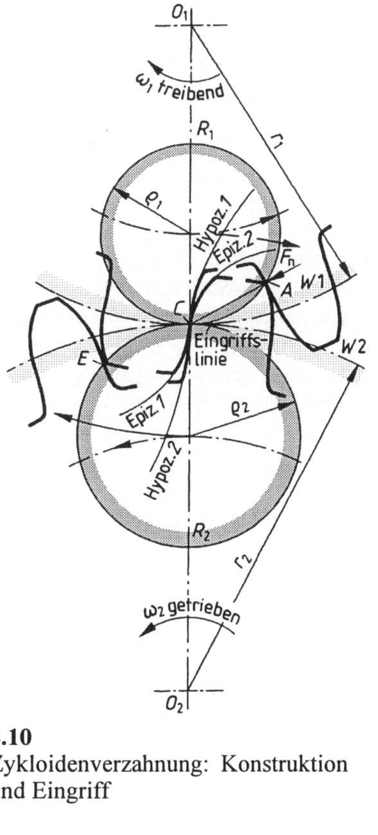

8.10
Zykloidenverzahnung: Konstruktion und Eingriff

Rollt *R*1 in *W*1 ab, so entsteht die Hypozykloide *1*; rollt *R*2 auf *W*1 ab, die Epizykloide *1*. Beide Kurven ergeben die Zahnflanken des Rades *1* mit dem Wendepunkt im Wälzpunkt *C*.

Rollt *R*2 in *W*2 und *R*1 auf *W*2 ab, so entsteht die Zahnflanke des Rades *2*. Die Eingriffslinie besteht aus Kreisbogen der Rollkreise. Die Eingriffsstrecke *g* ist durch die Punkte *A* und *E* gekennzeichnet.

Eigenschaften und Anwendung. Bei der Zykloidenverzahnung ist stets ein konvexer Zahnkopf mit einem konkaven Zahnfuß im Eingriff. Dadurch wird die Flankenpressung herabgesetzt und der Verschleiß verringert. Jedoch hat der Wendepunkt im Wälzpunkt *C* zur Folge, dass Zykloidenverzahnungen empfindlich gegen Abweichungen vom theoretischen Achsabstand sind.

Die Herstellung ist schwieriger als die der Evolventenverzahnung. Darum wird in der Regel die Evolventenverzahnung angewendet, deren besonderer Vorteil die Unempfindlichkeit gegen Achsabstandsänderungen ist (s. Abschn. 8.3.1).

Die Zykloidenzahnform wird vorwiegend bei Zahnrädern in Uhren und für Flügel von Kapselpumpen angewendet, wo es auf bestmöglichen Eingriff und geringsten Verschleiß besonders ankommt.

8.3 Evolventenverzahnung an Geradstirnrädern

8.3.1 Grundbegriffe

Kreisevolvente (8.12). Jeder Punkt einer Geraden, die sich auf einem Kreis abwälzt, beschreibt eine Kreisevolvente (Fadenkonstruktion). Die mathematische Beziehung an den Einheitsevolventen (**8.12**) ist $\widehat{AC} = \overline{DC} = \tan\,\alpha$ und $\widehat{AB} = \mathrm{inv}\;\alpha = \tan\,\alpha - \widehat{\alpha} = \widehat{\gamma}$. Die Evolventenfunktion inv α (sprich: involut) ist für Winkel $\alpha = 11° \ldots 50°$ in Bild **8.11** tabelliert.

α in °	,0	,1	,2	,3	,4	,5	,6	,7	,8	,9
10	0,0017941	0,001848	0,0019048	0,0019619	0,0020201	0,0020795	0,0021400	0,0022017	0,0022646	0,0023288
11	0,0023941	0,002460	0,0025285	0,0025975	0,0026678	0,0027394	0,0028123	0,0028865	0,0029620	0,0030389
12	0,0031171	0,003196	0,0032775	0,0033598	0,0034434	0,0035285	0,0036150	0,0037029	0,0037923	0,0038831
13	0,0039754	0,004069	0,0041644	0,0042612	0,0043595	0,0044593	0,0045607	0,0046636	0,0047681	0,0048742
14	0,0049819	0,005091	0,0052022	0,0053147	0,0054290	0,0055448	0,0056624	0,0057817	0,0059027	0,0060254
15	0,0061498	0,006276	0,0064039	0,0065337	0,0066652	0,0067985	0,0069337	0,0070706	0,0072095	0,0073501
16	0,0074927	0,007637	0,0077835	0,0079318	0,0080820	0,0082342	0,0083883	0,0085444	0,0087025	0,0088626
17	0,0090247	0,009188	0,0093551	0,0095234	0,0096937	0,0098662	0,0100407	0,0102174	0,0103963	0,0105773
18	0,010760	0,010964	0,011133	0,011323	0,011515	0,011709	0,011906	0,012105	0,012306	0,012509
19	0,012715	0,012923	0,013134	0,013346	0,013562	0,013779	0,013999	0,014222	0,014447	0,014674
20	0,014904	0,015137	0,015372	0,015609	0,015850	0,016092	0,016337	0,016585	0,016836	0,017089
21	0,017345	0,017603	0,017865	0,018129	0,018395	0,018665	0,018937	0,019212	0,019490	0,019770
22	0,020054	0,020340	0,020629	0,020921	0,021217	0,021514	0,021815	0,022119	0,022426	0,022736
23	0,023049	0,023365	0,023684	0,024006	0,024332	0,024660	0,024992	0,025326	0,025664	0,026005
24	0,026350	0,026697	0,027048	0,027402	0,027760	0,028121	0,028485	0,028852	0,029223	0,029600
25	0,029975	0,030357	0,030741	0,031129	0,031521	0,031916	0,032315	0,032718	0,033124	0,033534
26	0,033947	0,034364	0,034785	0,035209	0,035637	0,036069	0,036505	0,036945	0,037388	0,037835
27	0,038287	0,038742	0,039201	0,039664	0,040131	0,040602	0,041076	0,041556	0,042039	0,042526
28	0,043017	0,043513	0,044012	0,044516	0,045024	0,045537	0,046054	0,046575	0,047100	0,047630
29	0,048164	0,048702	0,049245	0,049792	0,050344	0,050901	0,051462	0,052027	0,052597	0,053172
30	0,053751	0,054336	0,054924	0,055518	0,056116	0,056720	0,057328	0,057940	0,058558	0,059181
31	0,059809	0,060441	0,061079	0,061721	0,062369	0,063022	0,063680	0,064343	0,065012	0,065685
32	0,066364	0,067048	0,067738	0,068432	0,069133	0,069838	0,070549	0,071266	0,071988	0,072716
33	0,073449	0,074188	0,074932	0,075683	0,076439	0,077200	0,077968	0,078741	0,079520	0,080306
34	0,081097	0,081894	0,082697	0,083506	0,084321	0,085142	0,085970	0,086804	0,087644	0,088490
35	0,089342	0,090201	0,091067	0,091938	0,092816	0,093701	0,094592	0,095490	0,096395	0,097306
36	0,098224	0,099149	0,100080	0,101019	0,101964	0,102916	0,103875	0,104841	0,105814	0,106795
37	0,107782	0,108777	0,109779	0,110788	0,111805	0,112829	0,113860	0,114899	0,115945	0,116999
38	0,118061	0,119130	0,120207	0,121291	0,122384	0,123484	0,124592	0,125709	0,126833	0,127965
39	0,129106	0,130254	0,131411	0,132576	0,133750	0,134931	0,136122	0,137320	0,138528	0,139743
40	0,140968	0,142201	0,143443	0,144694	0,145954	0,147222	0,148500	0,149787	0,151083	0,152388
41	0,153702	0,155025	0,156348	0,157700	0,159052	0,160414	0,161785	0,163165	0,164556	0,165956
42	0,167366	0,168786	0,170216	0,171656	0,173106	0,174566	0,176037	0,177518	0,179009	0,180511
43	0,182024	0,183547	0,185080	0,186625	0,188180	0,189746	0,191324	0,192912	0,194511	0,196122
44	0,197744	0,199377	0,201022	0,202678	0,204346	0,206026	0,207717	0,209420	0,211135	0,212863
45	0,21460	0,21635	0,21812	0,21989	0,22168	0,22348	0,22530	0,22712	0,22896	0,23081
46	0,23268	0,23456	0,23645	0,23835	0,24027	0,24220	0,24415	0,24611	0,24808	0,25006
47	0,25206	0,25408	0,25611	0,25815	0,26021	0,26228	0,26436	0,26646	0,26858	0,27071
48	0,27285	0,27501	0,27719	0,27938	0,28159	0,28381	0,28605	0,28830	0,29057	0,29286
49	0,29516	0,29747	0,29981	0,30216	0,30453	0,30691	0,30931	0,31173	0,31417	0,31663

8.11
Evolventenverzahnung $\mathrm{inv}\,\alpha = \tan\alpha - \widehat{\alpha}$

Fadenkonstruktion (**8.13**). Sie erfolgt punktweise, indem man sich einen Faden vom Grundkreis abzuwickeln denkt. Dazu sind die Strecken $\overline{O1} = \overline{O1'}$, $\overline{12} = \overline{1'2'}$, ... aufzutragen. Durch *1*, *2*, ... werden konzentrische Kreise zum Grundkreis gezogen. Kreisbogen mit den Halbmessern $\overline{O1}$, $\overline{O2}$, ... um *1'*, *2'*, ... ergeben auf den konzentrischen Kreisen die Punkte *I*, *II*, ... der gesuchten Evolvente.

Achsabstandsunempfindlichkeit und äquidistante Evolventenscharen. Die Eingriffslinie ist bei der Evolventenverzahnung eine Gerade und tangiert den Grundkreis (**8.12**). Alle Evolventen liegen außerhalb der Grundkreise. Die Äquidistanz der Evolventen (**8.14**) zeigt sich in der Grundkreisteilung p_b und Eingriffsteilung p_e. Aus den mathematischen Beziehungen (**8.12**) lässt sich nachweisen, dass $p_b = p_e$ ist.

Da für die Flankenform nur die Grundkreise maßgebend und durch sie die äquidistanten Evolventenscharen eindeutig bestimmt sind, ist die Evolventenverzahnung gegen Achsabstandsänderungen unempfindlich. Diese Eigenschaft ist ein besonderer Vorteil (s. Abschn. 8.3.2).

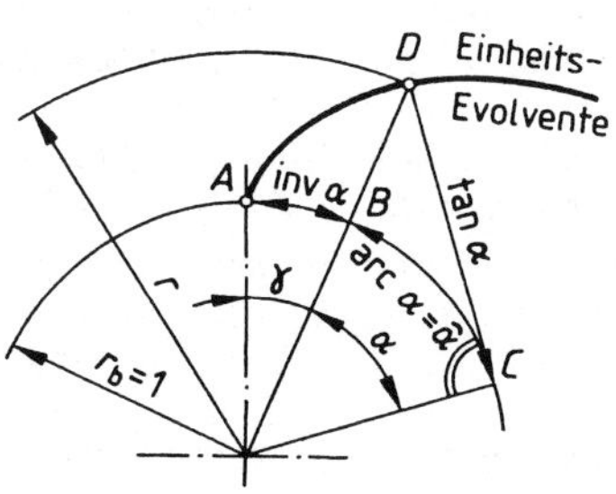

8.12
Einheitsevolvente

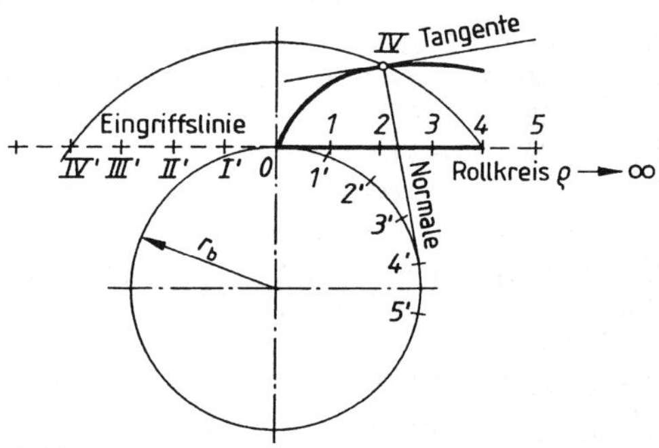

8.13
Fadenkonstruktion der Evolvente

Der Teilkreisdurchmesser d ist in der Verzahnungstechnik eine reine rechnerische Größe und darum fehlerfrei. Man unterscheidet

die **Teilkreisteilung**

$$\boxed{p = \frac{\pi \cdot d}{z}} \tag{8.4}$$

die Grundkreisteilung

$$\boxed{p_b = \frac{\pi \cdot d_b}{z}} \tag{8.5}$$

und die Eingriffsteilung

$$\boxed{p_e = p \cdot \cos\alpha} \tag{8.6}$$

Der **Eingriffswinkel *α*** ergibt sich aus der Beziehung in **Bild 8.14**

$$\boxed{\cos\alpha = \frac{r_{b1}}{r_1} = \frac{r_{b2}}{r_2} = \frac{p_b}{p}} \tag{8.7}$$

Der Eingriffswinkel ist mit $\alpha = 20°$ genormt (**8.18**).

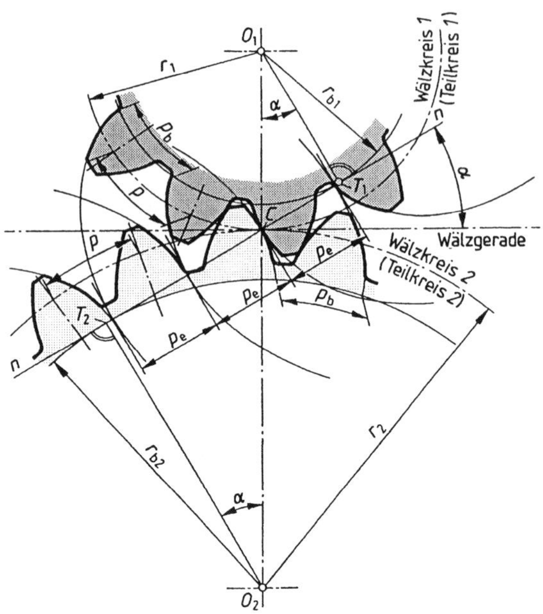

8.14
Evolventenverzahnung äquidistante Evolventenscharen

Der **Modul** ***m*** ist festgelegt durch das Verhältnis

$$\boxed{m = \frac{d}{z} = \frac{p}{\pi}} \tag{8.8}$$

Die Moduln für Stirn- und Kegelräder werden in mm angegeben. Sie sind in DIN 780 genormt, s. Bild **8.15**.

a) Stirn- und Kegelräder (Reihe 1: Vorzugsreihe)						
0,20	0,5	0,9	2	5	12	32
0,25	0,6	1,0	2,5	6	16	40
0,3	0,7	1,25	3	8	20	50
0,4	0,8	1,5	4	10	25	60

b) für Schnecken und Schneckenräder						
1,0	1,6	2,5	4	6,3	10	16
1,25	2,0	3,15	5	8	12,5	20

8.15
Modul m (m_n) in mm nach DIN 780

Betriebseingriffswinkel und Betriebswälzkreise ergeben sich, wenn der Achsabstand zweier Räder nicht gleich der Summe der Teilkreishalbmesser ist; es liegt dann Achsverschiebung vor (**8.16** und **8.17**). Der Achsabstand $a_d = r_1 + r_2$ (**8.16**) ist eine Rechengröße. Im Allgemeinen ist der Achsabstand gleich der Summe der Betriebswälzkreishalbmesser: $a = r_{w\,1} + r_{w\,2}$ (**8.17**).

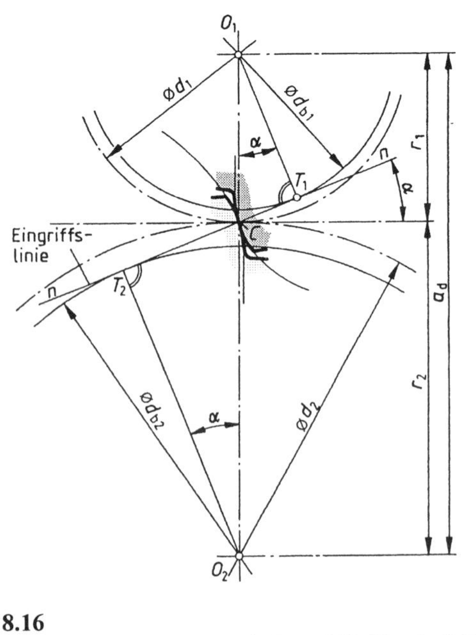

8.16
Achsabstand $a_d = r_1 + r_2$ bei $\alpha = 20°$ (Sonderfall)

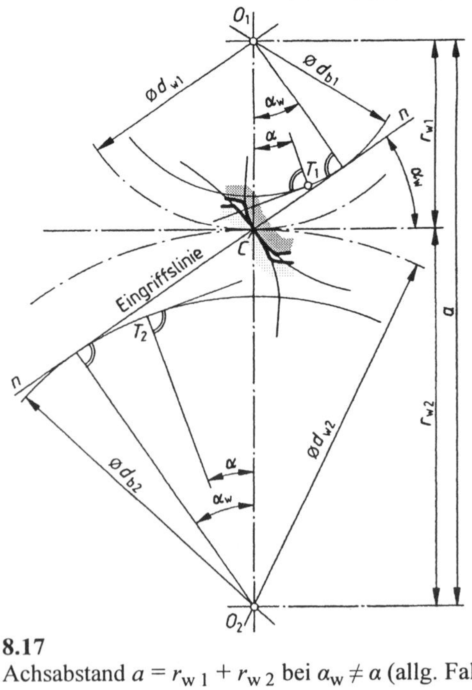

8.17
Achsabstand $a = r_{w\,1} + r_{w\,2}$ bei $\alpha_w \neq \alpha$ (allg. Fall)

Sind **Achsabstand *a*** und **Übersetzung *i*** bekannt, so können mit

$$i = \frac{r_{w2}}{r_{w1}} = \frac{r_2}{r_1} = \frac{z_2}{z_1} \quad \text{und} \quad a = r_{w1} + r_{w2}$$

die **Betriebswälzkreisdurchmesser** errechnet werden

$$\boxed{d_{w1} = \frac{2 \cdot a}{1+i}} \quad \text{und} \quad \boxed{d_{w2} = \frac{2 \cdot a \cdot i}{1+i}} \qquad (8.9)\ (8.10)$$

Aus Bild **8.17** ergibt sich

$$\boxed{\cos\alpha_w = \frac{r_{b1} + r_{b2}}{a}} \qquad (8.11)$$

Mit Gl. (8.7) und (8.8) folgt die Beziehung für den **Betriebseingriffswinkel α_w**

$$\boxed{\cos\alpha_w = \frac{d_{b1} + d_{b1}}{2 \cdot a} = \frac{d_1 + d_2}{2a} \cdot \cos\alpha = \frac{z_1 + z_2}{2 \cdot a} \cdot m \cdot \cos\alpha} \qquad (8.12)$$

Eingriffsverhältnisse an Geradstirnrädern. Das Zahnstangenprofil (**8.23**), auch Planverzahnung genannt, stellt das Bezugsprofil nach DIN 867 (gilt für den allgemeinen Maschinenbau; DIN 58412 gilt für die Feinwerktechnik).

Die Zahnflanken der Zahnstange sind gerade, weil die Zahnstange als Zahnrad mit unendlich großem Teilkreis- und Grundkreisdurchmesser anzusehen ist. Die Profilmittellinie $\overline{BB}$ (s. Bild **8.18**) schneidet das Bezugsprofil so, dass auf ihr die Zahndicke gleich der Zahnlückenbreite gleich der halben Teilung ist: $s_p = e_p = p/2$.

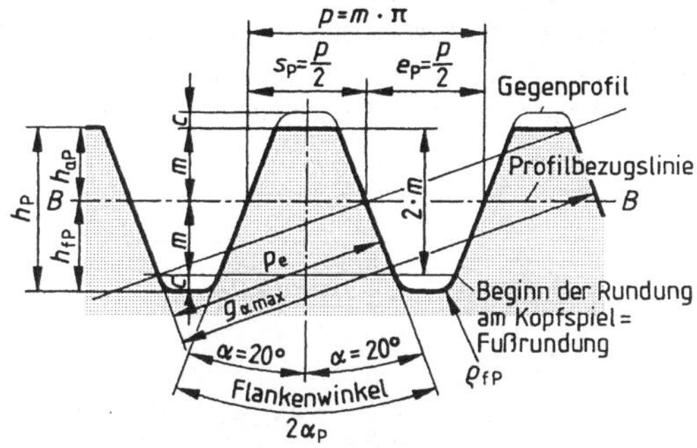

8.18
Bezugsprofil für Stirnräder nach DIN 867

Die Zahnhöhe h_p (gleich Lückentiefe) ist die Summe aus Kopfhöhe h_{aP} und Fußhöhe h_{fP}

$$\boxed{h_p = h_{aP} + h_{fP} = 2m + c} \qquad (8.13)$$

Hierbei wurde $h_{fP} = 1 \cdot m + c$ mit dem Kopfspiel c eingesetzt, das vom Verzahnungswerkzeug (**8.23**) abhängt und $(0{,}1....0{,}3) \cdot m$ betragen soll. DIN 867 schlägt den Wert $c = 0{,}25 \cdot m$ vor. Beim V-Getriebe ist als kleinstes rechnerisches Kopfspiel $c_{min} = 0{,}12 \cdot m$ zulässig (s. Gl. (8.33)).

Die Relativgeschwindigkeit $w = w_1 - w_2$ (s. Abschn. 8.1.1) nimmt proportional zum Abstand $\overline{CE}$ (**8.3**) zu. Für den Wälzpunkt C ist $w = 0$.

Daraus folgt, dass bei zwei im Eingriff befindlichen Zahnflanken das Gleiten und der dadurch verursachte Verschleiß um so größer wird, je näher der Berührungspunkt B an den Grundkreis herankommt. Die Verhältnisse der Gleitbewegung beim Abwälzen zweier Zahnflanken sind in Bild **8.19** dargestellt. Danach ist Flanke *1* in die Teile l_1, l_2, ... aufgeteilt. Auf diesen Teilen gleiten die Teile l'_1, l'_2, ... der Gegenflanke *2*. Für die Teile l_1 und l'_1 ist der Konstruktionsverlauf mit Pfeilen gekennzeichnet (s. auch Abschn. 8.1).

Die relative Gleitgeschwindigkeit kann z. B. für den Berührungspunkt B' aus Bild **8.20** (s. auch Bild **8.3**) analytisch ermittelt werden. Aus der Ähnlichkeit der Dreiecke $\Delta O_1T_1B' \sim \Delta B'DG$ und $\Delta O_2T_2B' \sim \Delta B'DH$ folgen

$$\frac{w_1}{v_1} = \frac{\overline{T_1B'}}{r_1} = \frac{\rho_1}{r_1} \quad \text{und} \quad \frac{w_2}{v_2} = \frac{\overline{T_2B'}}{r_2} = \frac{\rho_2}{r_2}$$

Hierin sind $\rho_1 = \overline{T_1B'}$ und $\rho_2 = \overline{T_2B'}$ die Krümmungshalbmesser der Flanken im Berührungspunkt B'. Damit ergeben sich

$$w_1 = v_1 \cdot \frac{\rho_1}{r_1} \quad \text{und} \quad w_2 = v_2 \cdot \frac{\rho_2}{r_2}$$

Mit $v_1 = r_1 \cdot \omega_1$ und $v_2 = r_2 \cdot \omega_2$ erhält man die Gleitgeschwindigkeiten

$$w_1 = \rho_1 \cdot \omega_1 \quad \text{und} \quad w_2 = \rho_2 \cdot \omega_2$$

und die Relativgeschwindigkeit

$$\boxed{w = w_1 - w_2 = \rho_1 \cdot \omega_1 - \rho_2 \cdot \omega_2} \tag{8.14}$$

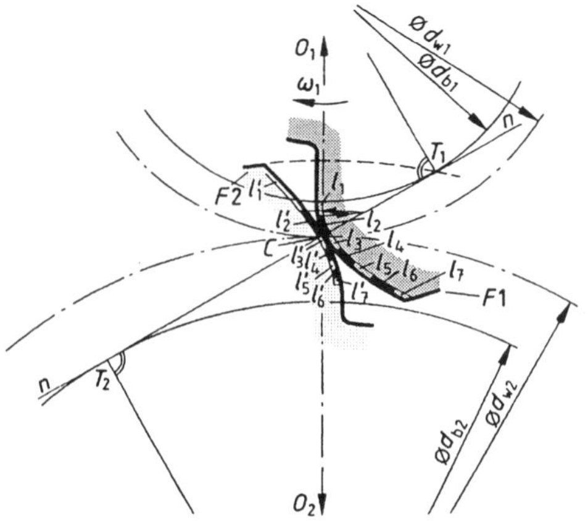

8.19
Wälzgleiten bei der Evolventenverzahnung

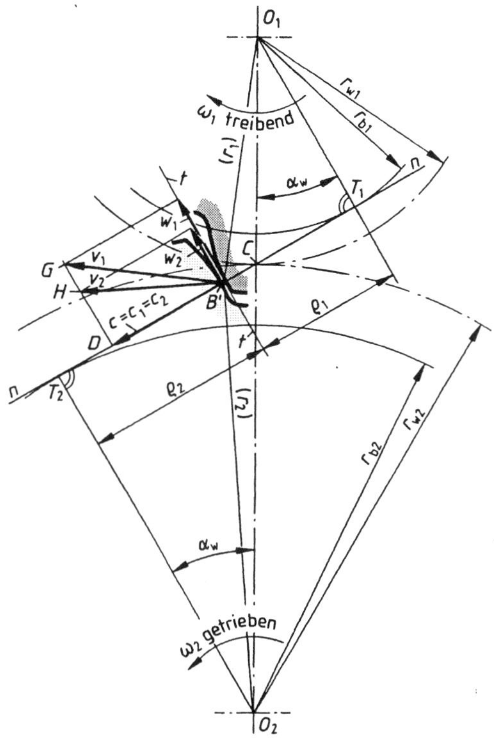

8.20
Relativgeschwindigkeit beim Wälzgleiten

Im Wälzpunkt C wechselt die Relativgeschwindigkeit ihre Richtung. Aus Gl. (8.14) und Bild **8.19** geht hervor, dass mit zunehmender Krümmung der Evolvente das Wälzgleiten zweier Zahnflanken ungünstiger wird. Darum ist das Eingriffsprofil soweit wie möglich vom Grundkreis entfernt zu wählen.

Eingriffsstrecke und Eingriffslänge (8.22) (s. auch Abschn. 8.1). Während der Berührungspunkt zweier im Eingriff stehender Zahnflanken die Eingriffsstrecke $g_\alpha = \overline{ACE}$ durchläuft, legen die Wälzkreise auf der Wälzgeraden die Eingriffslänge $e' = \overline{A_w CE_w}$ zurück. Die an einer Zahnstange vorhandene Eingriffslänge entspricht danach dem Eingriffsbogen am Zahnrad. Durch den Wälzpunkt C wird die Eingriffslänge e' in die Teillängen e'_1 und e'_2 unterteilt.

Damit wird $e' = e'_1 + e'_2 = \dfrac{\overline{AE}}{\cos\alpha} = \dfrac{g_\alpha}{\cos\alpha}$

Profilüberdeckung. Nach Abschn. 8.1 ist die Profilüberdeckung

$$\varepsilon_\alpha = \frac{\text{Eingriffsbogen}}{\text{Wälzkreisteilung}} = \frac{b_e}{p}$$

also bei der Evolventenverzahnung

$$\varepsilon_\alpha = \frac{\text{Eingriffslänge}}{\text{Teilung}} = \frac{e'}{p} = \frac{\text{Eingriffsstrecke}}{\text{Eingriffsteilung}} = \frac{\overline{AE}}{p_e} = \frac{\overline{AE}}{p \cdot \cos\alpha}$$

Hierin ist

$$\overline{AE} = \overline{T_1 E} + \overline{T_2 A} - \overline{T_1 T_2}$$

Mit

$$\overline{T_1 E} = \sqrt{r_{a1}^2 - r_{b1}^2}$$

$$\overline{T_2 A} = \sqrt{r_{a2}^2 - r_{b2}^2}$$

$$\overline{T_1 T_2} = a \cdot \sin\alpha_w = \sqrt{a^2 - (r_{b1} + r_{b2})^2}$$

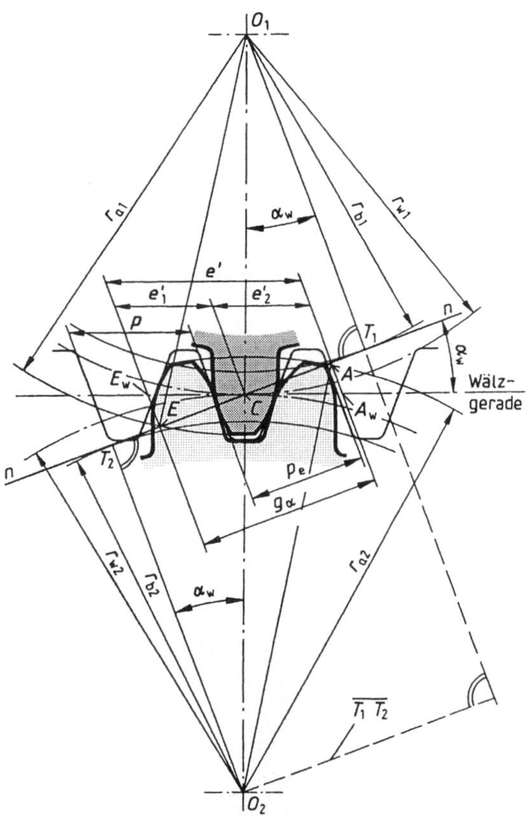

8.21
Eingriffsverhältnisse

wird die **Profilüberdeckung**

$$\boxed{\varepsilon_\alpha = \frac{\overline{AE}}{p \cdot \cos\alpha} = \varepsilon_1 + \varepsilon_2 - \varepsilon_a = \frac{\sqrt{r_{a1}^2 - r_{b1}^2}}{p \cdot \cos\alpha} + \frac{\sqrt{r_{a2}^2 - r_{b2}^2}}{p \cdot \cos\alpha} - \frac{a \cdot \sin\alpha}{p \cdot \cos\alpha}} \qquad (8.15)$$

Die theoretisch größte Profilüberdeckung ergibt sich, wenn die Zähnezahlen z_1, z_2 gegen unendlich gehen (**8.18**). Mit

$$g_{\alpha\max} = \frac{2m}{\sin\alpha} \quad \text{(aus } \mathbf{8.18}\text{)}$$

wird $$\varepsilon_{\alpha\max} = \frac{g_{\alpha\max}}{p\cdot\cos\alpha} = \frac{g_{\alpha\max}}{m\cdot\pi\cdot\cos\alpha} = \frac{2\cdot m}{m\cdot\pi\cdot\cos\alpha\cdot\sin\alpha} = \frac{4}{\pi\cdot\sin 2\alpha}$$

Für $\alpha = 20°$ ergibt sich $\varepsilon_{\alpha\,\max} = 1{,}98$, d. h. für Geradstirnradgetriebe ist die Profilüberdeckung $\varepsilon_\alpha < 1{,}98$.

Unterschnitt und Grenzzähnezahl. Bei Zahnrädern mit kleiner Zähnezahl entsteht Unterschnitt, wenn die Verzahnung im Wälzverfahren (**8.25**) mit einem Zahnstangenwerkzeug hergestellt wird. Nach Bild **8.22** kommt dann der Eingriffspunkt (*A* oder *E*) außerhalb des Tangentenpunktes T (T_1 oder T_2) zu liegen.

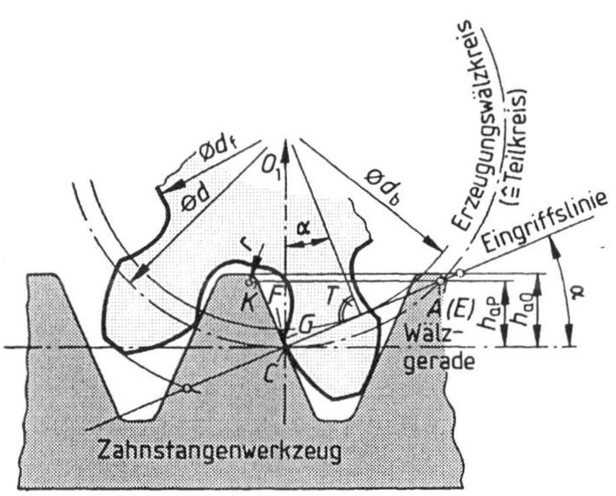

8.22
Entstehung von Unterschnitt

Dabei schneidet das Werkzeug das Fußstück $\widehat{FG}$ von der Evolvente ab und höhlt den anschließenden Teil des zum Radmittelpunkt gerade weiterlaufenden Zahnfußes aus. Dadurch wird neben der Schwächung des Zahnfußes die Eingriffsstrecke verkürzt und die Profilüberdeckung verringert.

Grenzzähnezahl z_g eines Rades ist die Zähnezahl, bei der noch gerade kein Unterschnitt auftritt, wenn die Verzahnung mit einem Zahnstangenwerkzeug erfolgt (**8.23**). Dabei liegen Kopfeckpunkt *K* und Tangentenpunkt *T* zusammen in einem Punkt auf einer Parallelen zur Wälzgeraden des Zahnstangenwerkzeuges. Mit $h_{a\,P} = h^*\cdot m$ ergibt sich

$$\sin\alpha = \frac{h^*\cdot m}{\overline{TC}} \quad \text{und} \quad \sin\alpha = \frac{\overline{TC}}{r}$$

Hieraus folgt mit

$$\overline{TC} = \frac{h^*\cdot m}{\sin\alpha} \quad \text{und} \quad r = \frac{z_g\cdot m}{2}$$

die **Grenzzähnezahl**

$$z_g = \frac{2}{\sin^2\alpha}\cdot h^* \qquad (8.16a)$$

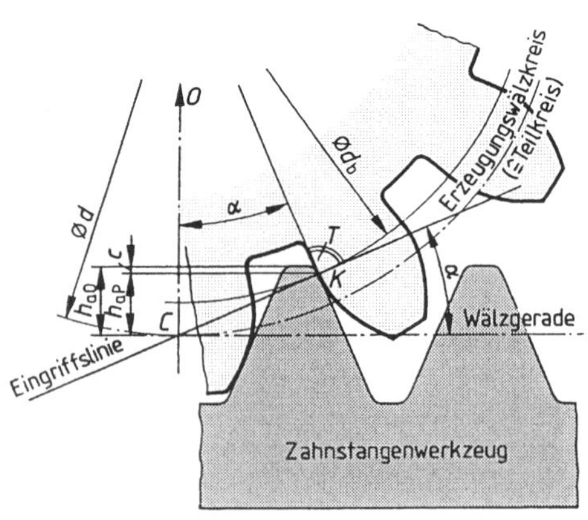

8.23
Grenzrad für genormte Verzahnung (nach DIN 867)

Damit wird für die genormte Verzahnung mit dem Zahnhöhenfaktor $h^* = 1$ die **Grenzzähnezahl**

$$\boxed{z_g = \frac{2}{\sin^2\alpha}} \qquad (8.16b)$$

Also beträgt die theoretische Grenzzähnezahl bei

$\alpha = 20°$ $\quad z_g = 17{,}097 \approx 17$ Zähne

Wählt man für den Entwurf die Zähnezahl $z < z_g$, so ist stets die Profilüberdeckung ε_α der im Eingriff befindlichen Räder zu prüfen.

Praktisch ist ein geringer Unterschnitt oft bedeutungslos. Darum wählt man als praktische Grenzzähnezahl $z'_g \approx (5/6) \cdot z_g$. Für $\alpha = 20°$ wird $z'_g = 14{,}24 \approx 14$ Zähne. Man kann auch die Kopfhöhe des Zahnstangenwerkzeugs $h_{a\,P} = h^* \cdot m$ kleiner wählen; z. B. für $h^* = 5/6$ wird $z_g \approx 14$, s. Gl. (8.16a). Unterschnitt wird durch eine Korrektur der Verzahnung vermieden. Dabei wird das Verzahnungswerkzeug vom Radkörper so weit abgerückt, dass beim nachfolgenden Abwälzverzahnen der Kopfeckpunkt *K* des Werkzeugs höchstens auf der Höhe des Normalpunktes *T* (**8.23**) wirksam wird. Diesen Verzahnungsvorgang nennt man Profilverschiebung (s. Abschn. 8.3.2).

Satzräder sind Austauschräder gleichen Moduls mit verschiedener Zähnezahl, die zu einem "Satz" gehören und sich zum Zusammenlauf untereinander beliebig paaren lassen (im Sinne eines Baukastens). Im Gegensatz hierzu nennt man Räder, die nur mit einem bestimmten Gegenrad kämmen können, Einzelräder.

Man erhält Satzräderverzahnungen mit Hilfe von Bezugsprofilen, bei denen die Eingriffslinien auf 180° Umschlag um den Wälzpunkt *C* symmetrisch sind. Dann ist die Zahnform am Zahnstangen-, Bezugs- und Werkzeugprofil um 180° gedreht gleich der Lückenform. Für alle herzustellenden Räder gleichen Moduls ist nur ein einziges Werkzeug erforderlich. Das DIN-Bezugsprofil für die Evolventenverzahnung ist mit seinen geraden und symmetrischen Eingriffslinien und mit den daher auch vollkommen symmetrischen Zähnen eine einfache Form eines Satzräder-Bezugsprofils. Mit ihm hergestellte und beliebig gepaarte Null-Räder zeichnen sich aus durch:

1. gemeinsame, durch den Wälzpunkt *C* gehende Profilmittellinie $\overline{BB}$
2. gleiche Rechnungs-, Herstellungs- und Betriebseingriffswinkel
3. gleiche Grundkreisteilung $p_b = p \cdot \cos\alpha$
4. gleiche Zahnhöhen und gleiche Zahndicken sowie Lückenweiten auf den Wälzkreisen
5. symmetrische Zähne

Wenn nicht besondere Gründe für die Null-Verzahnung sprechen, werden Satzräder jedoch mit 05-Verzahnung ausgeführt (s. Abschn. 8.3.2).

Zahnflanken können entweder im Form- oder im Wälzverfahren hergestellt werden. Zum Erzeugen der Verzahnung nach DIN 867 gilt als Bezugsprofil für das Verzahnwerkzeug die Norm DIN 3972. Es werden 4 Bezugsprofile unterschieden. Bezugsprofil II gilt für die Fertigbearbeitung mit einer Fußhöhe $h_{f\,P} = 1{,}25 \cdot m$ (**8.18**). Die Bezugsprofile III und IV gelten für Vorbearbeitungen zum Schleifen oder Schaben bzw. zum Schlichten.

Formverfahren. Gebräuchlich sind:

1. Die Formgebung der Zahnflanken in Gießformen durch Modelle oder Schablonen; Anwendung bei Zahnrädern aus Gusseisen oder Stahlguss mit gegossenen Zähnen für Umfangsgeschwindigkeiten $v \leq 1{,}5$ m/s.

2. Die Herstellung der vollständigen Zahnräder in Druckgussformen; Anwendung bei Zahnrädern aus Nichteisenmetallen.

3. Die Herstellung der vollständigen Zahnräder aus Kunstharzpressstoffen in Spritzgussformen; Anwendung bei Zahnrädern mit geringer Belastung und für große Laufruhe.

4. Die Flankenerzeugung durch spangebende Formung; sie erfolgt mit Modulwerkzeugen auf Universalfräsmaschinen mit Teilkopf. Die Werkzeuge, wie Profilscheibenfräser, Profilfingerfräser, Profilstoßmeißel, sind nach den Zahnlücken profiliert (**8.24**). Jede Zahnlücke wird längs der Radachse einzeln gefräst. Darum ist die Form des Werkzeugs von der Zähnezahl des Rades abhängig. Man verzichtet beim Formverfahren auf eine theoretisch genaue Flankenform und benutzt jeweils ein Werkzeug für mehrere Zähnezahlen. Die hierfür verwendeten Fräser nennt man Modulfräser, da sie nach den Moduln gestuft und in Sätzen zusammengestellt sind.

Anwendung: Nur dann, wenn keine zu große Genauigkeit der Flankenform und der Teilung gefordert wird.

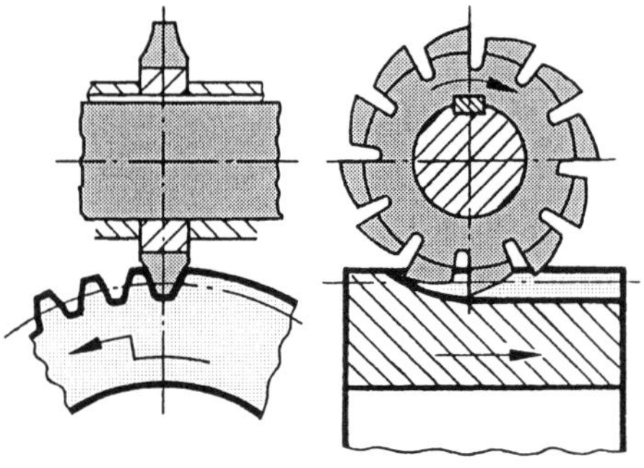

8.24
Fräsen der Zahnlücke mit Profilscheibenfräser

Wälzverfahren. Die spangebende Formung im Wälzverfahren kann durch Hobeln, Fräsen, Stoßen, Schaben und Schleifen erfolgen. Bei diesem Verfahren bestehen während der spangebenden Formung die gleichen kinematischen Verhältnisse wie beim Lauf der Räder im Getriebe.

Wälzhobeln (**8.25**). Das zahnstangenförmige Werkzeug (Kammmeißel) ist in seiner Länge begrenzt und erfordert darum während der Verzahnung ein Zurückschieben des Werkstücks in seine Ausgangslage. Beim Verzahnen rollt der (Erzeugungs-)Wälzkreis, der dem Teilkreis mit $d = z \cdot m$ entspricht, auf der Wälzgeraden des Werkzeugs ab. Das Werkstück dreht sich und wird parallel zur Wälzgeraden bewegt, wenn das Werkzeug außer Eingriff ist. Während der oszillierenden Schneidbewegung des Kammmeißels steht das Werkstück. Dabei entsteht die Zahnflanke als Hüllschnitt (**8.26**).

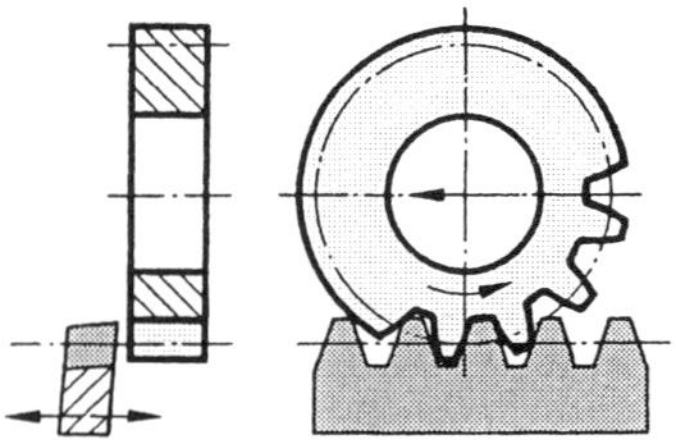

8.25
Wälzhobeln mit Kammmeißel

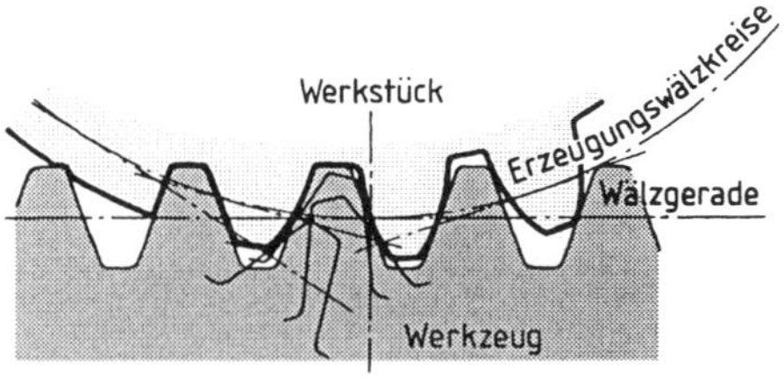

8.26
Erzeugen der Evolventenverzahnung durch Hüllschnitte

Wälzfräsen (**8.27**). Der Wälzfräser kann als Grundzylinder mit mehreren zahnstangenförmigen Werkzeugen angesehen werden. Beim Verzahnen führt das Werkzeug eine Drehbewegung und eine Vorschubbewegung aus. Das Werkstück dreht sich so schnell, dass es nach einer Umdrehung des Wälzfräsers um eine Teilkreisteilung weitergedreht ist.

Wälzstoßen (**8.28**). Anstelle des zahnstangenförmigen Werkzeugs kann ein Schneidrad (= Stoßrad) verwendet werden. Das Stoßrad schneidet bei der Abwärtsbewegung. Ist das Stoßrad nach dem Rückschub außer Eingriff, so führen Werkstück und Werkzeug schrittweise eine Wälzbewegung aus, die dem Vorschub entspricht.

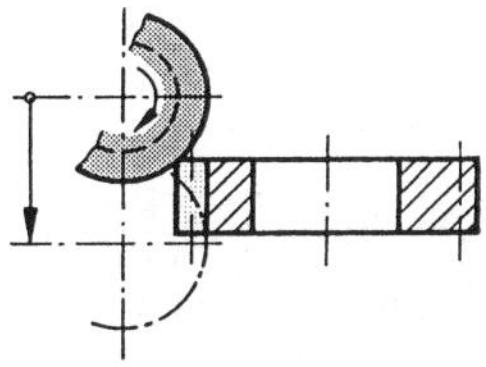

8.27
Fräsweg beim Abwälzfräsen

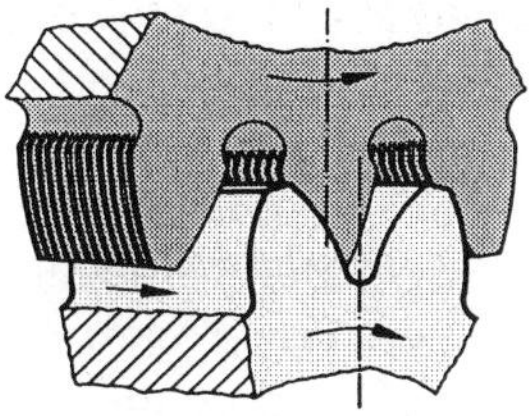

8.29
Verzahnungsschaben

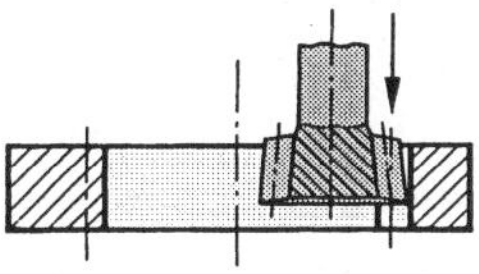

8.28
Wälzstoßen

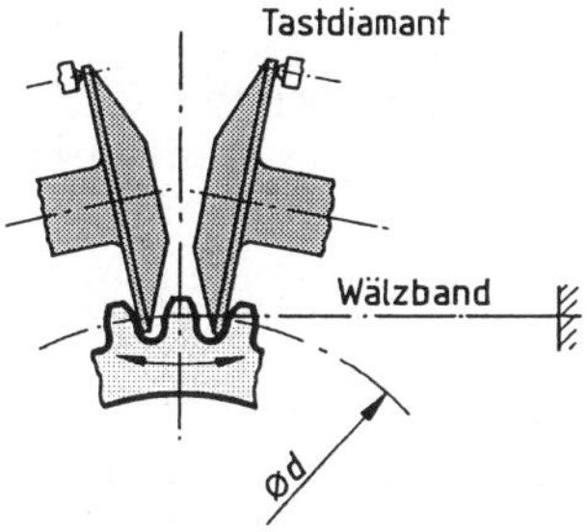

8.30
Verzahnungsschleifen

Feinstbearbeitungsverfahren. Um die Genauigkeit des Eingriffs der Zahnräder zu erhöhen, werden die Zahnflanken insbesondere durch Schaben (**8.29**) und Schleifen (**8.30**) im Wälzverfahren nachbearbeitet. Beim Verzahnungsschaben entsteht durch eine Achskreuzung (5° bis 15°) von Werkzeug und Werkstück ein Gleiten der Zahnradflanken aufeinander in Längsrichtung. Damit kann die Verzahnungsqualität ungehärteter Räder erhöht werden.

Das Verzahnungsschleifen erfolgt auf einer Zahnradschleifmaschine mit zwei tellerförmigen Schleifscheiben. Das Verfahren wird zur Feinbearbeitung gehärteter Zahnflanken angewendet.

Zahnräder in Schaltgetrieben müssen eine gerundete Zahnstirn haben, damit die Räder leichter in Eingriff zu bringen sind. Das Runden erfolgt auf Sondermaschinen.

Profilwalzen von Zahnrädern und Glattfeinwalzen von Zahnflanken ist ein wirtschaftliches Fertigungsverfahren, wie es sinngemäß vom Gewindewalzen bekannt ist.

8.3.2 Profilverschiebung an Geradstirnrädern mit Evolventenverzahnung

Die Evolventenverzahnung ist gegen Achsabstandsänderungen unempfindlich (s. Abschn. 8.3.1). Diese wichtige Eigenschaft wird genutzt, um

1. Zahnräder mit Zähnezahlen $z < z'_g$ ohne Unterschnitt herzustellen
2. Gleit- und Eingriffsverhältnisse zu verbessern
3. Fuß- und Wälzfestigkeit der Zähne zu erhöhen
4. den Achsabstand an bestimmte Einbauverhältnisse anzupassen.

Arten der Profilverschiebung. Je nach Lage der Profilmittellinie $\overline{BB}$ (s. Abschn. 8.3.1) zum Teilkreis unterscheidet man bei der Herstellung von Außenverzahnungen V-Räder und Null-Räder.

V-Räder mit positiver Profilverschiebung werden V_{plus}-Räder genannt. Bei ihnen ist die Profilmittellinie $\overline{BB}$ um den Betrag der Profilverschiebung

$$\boxed{v = x \cdot m} \tag{8.17}$$

vom Radmittelpunkt weg radial verschoben. Dadurch wird die Zahndicke größer (**8.31**). Die Profilverschiebung v ist das Produkt aus Profilverschiebungsfaktor x und Modul m (**8.32**).

V-Räder mit negativer Profilverschiebung. Bei diesen V_{minus}-Rädern ist die Profilmittellinie $\overline{BB}$ um den Betrag v zum Radmittelpunkt hin radial verschoben. Der Profilverschiebungsfaktor x ist negativ.

Null-Räder. Bei ihnen tangiert die Profilmittellinie $\overline{BB}$ den Teilkreis. Null-Räder sind ein Sonderfall der V-Räder mit der Profilverschiebung $v = 0$.

V-Räder mit $x = 0{,}5$ sollten zu Steigerung der Tragfähigkeit anstatt der Null-Räder verwendet werden, wenn kein besonderer Achsabstand vorgeschrieben ist. Diese geradverzahnten Stirnräder mit der Bezeichnung 05-Verzahnung sind in DIN 3994 und 3995 genormt.

Die Verzahnung mit Profilverschiebung erfolgt im Wälzverfahren mit normalen Werkzeugen.

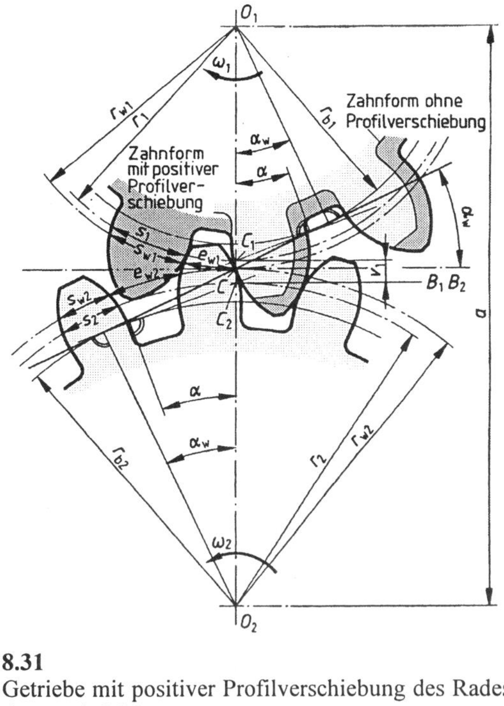

8.31
Getriebe mit positiver Profilverschiebung des Rades *1*, s. auch **8.38**

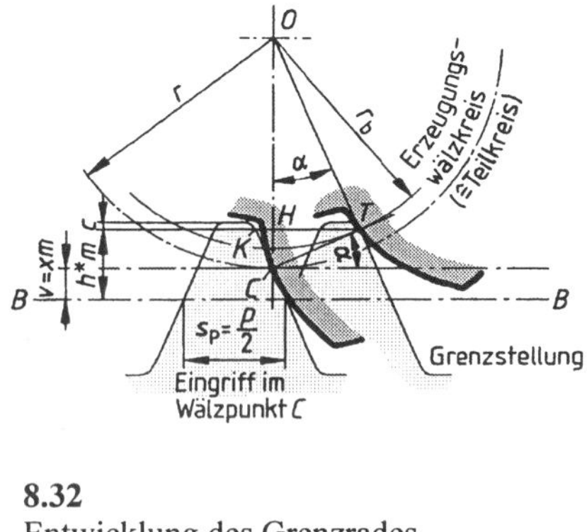

8.32
Entwicklung des Grenzrades

Einfluss der Profilverschiebung auf die Zahnform. Bei der Profilverschiebung ändern sich die Kopf- und Fußkreisdurchmesser des Rades.

Die positive Profilverschiebung ergibt eine größere Zahndicke und einen spitzeren Zahn (s. Bild **8.31**).

Die Profilverschiebung ist durch die Profilüberdeckung $\varepsilon_{\alpha\,min}$ oder durch Spitzenbildung des Zahnes begrenzt. Die Zahndicke am Kopfkreis soll bei ungehärteten Zähnen $s_a \geq 0{,}2 \cdot m$ und bei gehärteten Zähnen $s_a \geq 0{,}4 \cdot m$ sein.

Profilverschiebung zur Vermeidung von Unterschnitt. Im Bild **8.32** ist die positive Profilverschiebung $v = x \cdot m$ gerade so groß, dass ein theoretisch unterschnittfreies Rad (= Grenzrad) entsteht. Die Berechnung des hierzu erforderlichen Profilverschiebungsfaktors x folgt aus der Beziehung

$$\sin\alpha = \frac{\overline{HC}}{\overline{TC}} = \frac{h^* \cdot m - x \cdot m}{\overline{TC}}$$

Hieraus ergibt sich mit $\overline{TC} = r \cdot \sin\alpha$ und $r = \dfrac{z \cdot m}{2}$ der Ausdruck

$$\sin\alpha = 2 \cdot \frac{m \cdot (h^* - x)}{z \cdot m \cdot \sin\alpha}$$

Daraus folgt $x = h^* - \dfrac{z}{2/\sin^2\alpha}$. Wird für $\dfrac{2}{\sin^2\alpha} = \dfrac{z_g}{h^*}$ aus der Beziehung für die Grenzzähnezahl $z_g = \dfrac{2}{\sin^2\alpha} \cdot h^*$ eingesetzt, so ergibt sich der erforderliche Profilverschiebungsfaktor

$$x = \frac{z_g - z}{z_g} \cdot h^*$$

Für die Normverzahnung mit $h^* = 1$ und $z_g = 17$ ist $x = (17 - z)/17$. Für das Grenzrad mit der praktischen Zähnezahl $z'_g = 14$ bzw. $h^* \approx 5/6$ ist der **praktische Mindest-Profilverschiebungsfaktor**

$$\boxed{x_{min} = \frac{14 - z}{17}} \tag{8.18}$$

Den Zusammenhang von Profilverschiebungsfaktor x und Zähnezahl z s. Bild **8.33**. Je kleiner die Zähnezahl ist, um so größer ist die festigkeitssteigernde Wirkung der positiven Profilverschiebung.

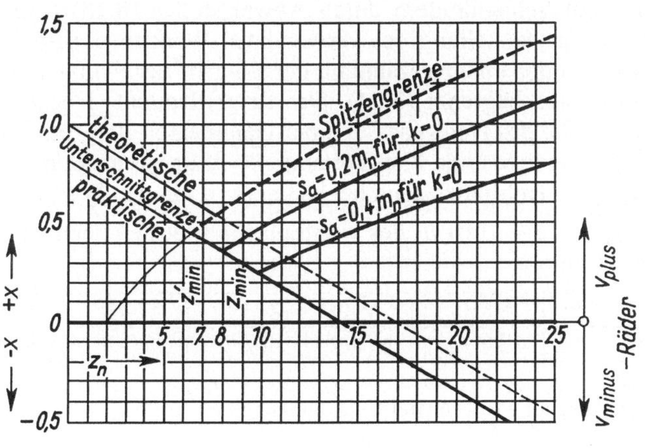

8.33
Unterschnitt- und Spitzengrenze
Zahndicke am Kopfkreis für $\alpha = 20°$ und $h^* = 1$; $s_a = 0{,}4 \cdot m_n$ für gehärtete, $s_a = 0{,}2 \cdot m_n$ für ungehärtete Zähne

8.3.3 Innenverzahnung

Innenverzahnte Stirnräder nennt man Hohlräder. Die Zahnflanken eines evolventenverzahnten Hohlrades sind konkav. Der Kopfkreis ist kleiner als der Teilkreis (**8.34**). Beim Innengetriebe haben die Flanken von Hohlrad und Ritzel (als Außenrad) gleiche Krümmungsrichtungen. Dadurch ergeben sich gegenüber Außengetrieben Vorteile:

1. größere Profilüberdeckung und damit größere Laufruhe
2. geringere *Hertz*sche Pressung (s. Abschn. 8.3.8) an der Flankenberührung und damit größere Belastbarkeit der Flanken
3. größere Zahnfüße und dadurch geringere Beanspruchung im Zahnfuß
4. geringerer Raumbedarf des Getriebes.

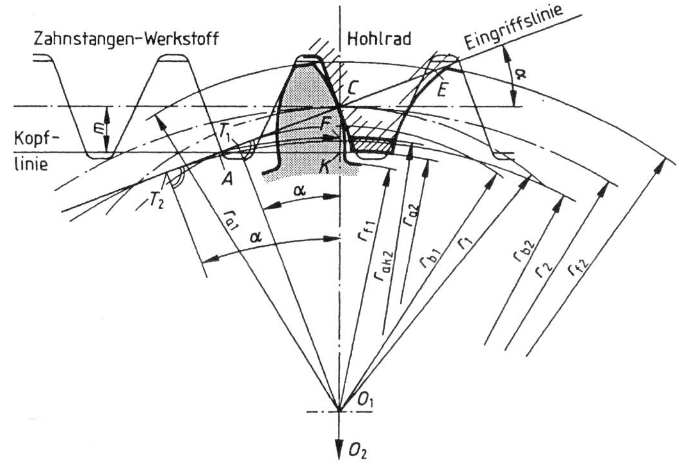

8.34
Kopfkürzung des Hohlrades zur Vermeidung der Eingriffsstörung bei der Herstellung bzw. im Betrieb

Eingriffspunkt A = Schnittpunkt der Zahnstangen-Kopflinie mit der Eingriffslinie

Eingriffspunkt E = Schnittpunkt des Schneidrad- bzw. Ritzelkopfkreises ($r_{a\,1}$) mit der Eingriffslinie

Damit die Berechnung der geometrischen Abmessungen und der Tragfähigkeiten mit den gleichen Formeln wie für Außenverzahnungen durchgeführt werden kann, erhalten bei der Innenverzahnung (gemäß DIN 3960) folgende Größen ein negatives Vorzeichen: die Zähnezahl z_2 des Hohlrades und alle von ihr abgeleiteten Größen, alle Durchmesser des Hohlrades, der Achsabstand a beim Hohlradgetriebe und das Zähnezahlverhältnis $u = z_{\text{Hohlrad}}/z_{\text{Ritzel}}$. Die Zahnhöhe und die Prüfmaße bleiben positiv.

Die Herstellung der Innenverzahnung ist teurer als die der Außenverzahnung. Hohlräder werden mit Schneidrädern durch Abwälzstoßen (**8.28**) oder Scheibenwälzfräsen hergestellt. Erfolgt die Herstellung des verwendeten Werkzeugs selbst durch ein Zahnstangenwerkzeug, so wird bei der Innenverzahnung der Eingriff der Flanken durch die Kopfkante des Zahnstangenwerkzeugs begrenzt (**8.34**). Der Eingriffspunkt A bestimmt die aktive Profillänge bzw. die Kopfhöhe des Hohlrades $h_{a\,2}$, der Halbmesser $\overline{AO_2}$ bestimmt den Kopfkreis des Hohlrades $r_{a\,2}$ und die notwendige Kopfkürzung $\overline{KF}$. Zur Vermeidung einer Eingriffsstörung ist die Kopfhöhe h_a des Hohlrades dann bei $|z_2| \geq z_1+10$ mit den Werten in Bild **8.35** zu vergleichen.

Bei $|z_2| < z_1+10$ ist h_a des Hohlrades (am besten nach zeichnerischer Ermittlung) noch kleiner auszuführen.

z_2	20...22	23...26	27...31	32...39	40...51	52...74	75...130	>130
$h_{a\,2}$	$0{,}6 \cdot m$	$0{,}65 \cdot m$	$0{,}7 \cdot m$	$0{,}75 \cdot m$	$0{,}8 \cdot m$	$0{,}85 \cdot m$	$0{,}9 \cdot m$	$0{,}95 \cdot m$

8.35
Zahnkopfhöhe $h_{a\,2}$ für Innenverzahnungen mit $|z_2| \geq z_1+10$ zur Vermeidung der Eingriffsstörung

Damit die Zähne eines Zahnradgetriebes aus dem Eingriff frei austreten können, soll die Zähnezahl des Hohlrades (bei axialer Montage des Ritzels) $|z_2| \geq z_1+10$ betragen. Müssen beide Zahnräder in radialer Richtung montiert werden, soll $|z_2| \geq z_1+15$ sein.

Innenzahnräder können wie Außenzahnräder mit Profilverschiebung ausgeführt werden. Sie ist positiv, wenn (wie bei Außenverzahnungen) die Zahndicke damit vergrößert wird. Dies geschieht durch Verschiebung des Verzahnungswerkzeugs radial zum Radmittelpunkt hin.

Für die Wahl der Profilverschiebung sind folgende Gesichtspunkte maßgebend (DIN 3993): Vermeiden von Eingriffsstörungen bei Betrieb und Zusammenbau, Tragfähigkeit und Laufeigenschaften des Radpaares, Vermeiden von Eingriffsstörungen bei Erzeugung des Hohlrades.

V-Null-Radpaare sind bei Innenradpaaren vorteilhafter anwendbar als bei Außenradpaaren. Die 05-V-Null-Verzahnung mit $x_1 = +\,0{,}5$ und $x_2 = -0{,}5$ soll hierbei bevorzugt werden. V-Radpaare sind vorwiegend mit negativer Profilverschiebungssumme vorzusehen.

Für Planetengetriebe der Bauart nach Bild **8.140a** bietet sich an, jedes Rad der Außenradpaarung mit positiver Profilverschiebung und die Innenradpaarung als entsprechend passendes V-Null-Getriebe oder mit dem Betrag nach nur kleiner Profilverschiebungssumme auszulegen (s. Beispiel 6).

Sind beim einfachen Planeten-Minusgetriebe die Zähnezahlen des Sonnen- und des Hohlrades z_1 und z_2 durch die Montierbarkeitsbedingungen nach Gl. (8.229) und durch die geforderte Übersetzung festgelegt, so ergibt sich oft für die Zähnezahl des Planetenrades nach der Bedingung, bei der die Teil- und Wälzkreise zusammenfallen, $z_p = (|z_2|-z_1)/2$, ein gebrochener Wert. Dieser kann auf die nächste ganze Zahl ab- oder aufgerundet werden. Die dadurch bedingten ungleichen Achsabstände zwischen Planeten- und Zentralrädern werden durch Profilverschiebung wieder gleich groß gemacht. Die Räderpaare laufen dann wieder spielfrei.

Die Ableitung der Gleichung für die Profilüberdeckung ε_α erfolgt ähnlich wie die der Gl. (8.15). Hier ist jedoch für die Eingriffsstrecke $\overline{AE} = \overline{T_1E} - \overline{T_2E} + \overline{T_1T_2}$ einzusetzen. Die Profilüberdeckung wird damit $\varepsilon_\alpha = \varepsilon_1 - \varepsilon_2 + |\,\varepsilon_a\,|$ mit ε_1 für das Ritzel und ε_2 für das Hohlrad.

8.3.4 V-Getriebe mit Geradstirnrädern

Der Achsabstand a eines V-Getriebes ist nicht gleich der Summe der Teilkreishalbmesser ($a \neq r_1 + r_2$).

Ist der Achsabstand a nicht besonders vorgeschrieben, so soll (nach Abschn. 8.3.2) möglichst ein V-Getriebe mit 05-Verzahnung ($x = 0{,}5$ für beide Räder) ausgeführt werden.

Anwendung der V-Getriebe

1. Zur Vermeidung von Unterschnitt: Sind die Zähnezahlen $z_1 < z'_g$ und $z_2 < z'_g$ oder $z_1 < z'_g$ und $z_2 > z'_g$, aber $z_1 + z_2 < 2 \cdot z'_g$, so müssen die Mindestprofilverschiebungsfaktoren x_1 und x_2 nach Gl. (8.18) berücksichtigt werden (Bild **8.33**).

2. Zur Einhaltung eines bestimmten Achsabstandes a: Oft ergibt sich bei vorgegebener Übersetzung für ein Getriebe mit Bezugsprofil nach DIN 867 ein Achsabstand a, welcher nicht gleich der Summe der Teilkreishalbmesser ($r_1 + r_2$) ist.

3. Zur Paarung eines V-Rades mit einem Null-Rad.

4. Zur Verbesserung der Tragfähigkeit und der Gleitverhältnisse.

Das V-Null-Getriebe ist ein Sonderfall des V-Getriebes (s. auch Abschn. 8.3.2).

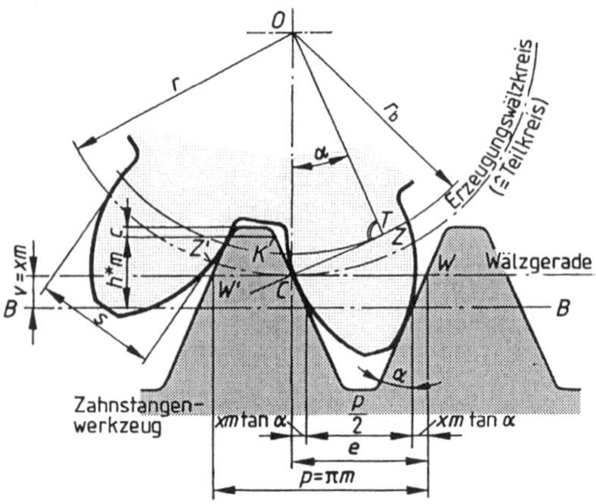

8.36
Zahndicke s am Teilkreis bei V-Rädern

Berechnung der Zahndicke. Die Zahndicke am Teilkreis (= Erzeugungswälzkreis) ergibt sich bei Zahnrädern mit Profilverschiebung nach Bild **8.36**.

Der Erzeugungswälzkreis rollt stets auf der Wälzgeraden des Werkzeugs ab. Also ist das Maß der Zahndicke s am Rad gleich der Zahnlücke e auf der jeweiligen Wälzgeraden des Werkzeugs

$$\widehat{CZ} = \overline{CW} \quad \text{und} \quad \widehat{ZZ'} = \overline{WW'} = p = \pi \cdot m$$

Bei positiver Profilverschiebung $v = x \cdot m$ (V_{plus}-Rad) ist die **Zahndicke s am Teilkreis** (ohne Flankenspiel)

$$\boxed{s = \frac{p}{2} + 2 \cdot x \cdot m \cdot \tan\alpha = m \cdot \left(\frac{\pi}{2} + 2 \cdot x \cdot \tan\alpha\right)} \qquad (8.19)$$

Bei V_{minus}-Rädern ist das Vorzeichen des Profilverschiebungsfaktors x umzukehren.

Die Zahndicke s'' an beliebiger Stelle eines Zahnes erhält man mit Hilfe der Evolventenfunktion (s. Abschn. 8.3.1). Nach Bild **8.37** ist

$$\widehat{AC} = \overline{DC} = r_b \cdot \tan\alpha''$$

$$\widehat{AB} = r_b \cdot \text{inv}\,\alpha'' = r_b \cdot (\tan\alpha'' - \widehat{\alpha}'')$$

und

$$\widehat{AE} = r_b \cdot \text{inv}\,\alpha = r_b \cdot (\tan\alpha - \widehat{\alpha})$$

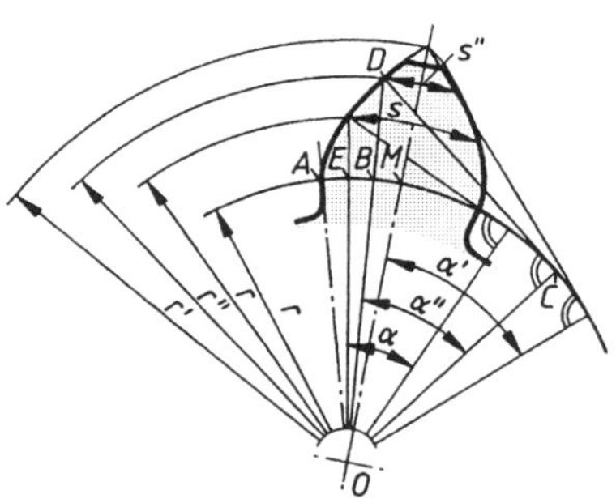

8.37
Anwendung der Evolventenfunktion

Ferner verhalten sich

$$\frac{\widehat{EM}}{\frac{s}{2}} = \frac{r_b}{r} \quad \text{und} \quad \frac{\widehat{EM} - \widehat{EB}}{\frac{s''}{2}} = \frac{r_b}{r''}$$

Also ist $\quad \dfrac{s''}{2} = (\widehat{EM} - \widehat{EB}) \cdot \dfrac{r''}{r_b}$

Mit $\quad \widehat{EM} = \dfrac{s}{2} \cdot \dfrac{r_b}{r} \quad$ und $\quad 2 \cdot r = z \cdot m \quad$ sowie $\quad \widehat{EB} = r_b \cdot (\text{inv}\,\alpha'' - \text{inv}\,\alpha) \quad$ folgt

$$\boxed{s'' = 2 \cdot r'' \cdot \left[\frac{s}{z \cdot m} - (\text{inv}\,\alpha'' - \text{inv}\,\alpha)\right]} \qquad (8.20)$$

Der Winkel α'' folgt aus

$$\boxed{r_b = r \cdot \cos\alpha = r'' \cdot \cos\alpha''} \qquad (8.21)$$

Die Zahndicke s ist nach Gl. (8.19) zu errechnen.

Die **Zahndicke s_b am Grundkreis** ergibt sich nach Gl. (8.20) mit $\mathrm{inv}\,\alpha'' = \mathrm{inv}\,\alpha_b = 0$

$$s_b = 2 \cdot r_b \cdot \left(\frac{s}{z \cdot m} + \mathrm{inv}\,\alpha \right) \tag{8.22}$$

Für die **Zahndicke s_a am Kopfkreis** erhält man mit dem Winkel α_a aus $r_b = r_a \cdot \cos\alpha_a$, also aus $\cos\alpha_a = r_b / r_a$

$$s_a = 2 \cdot r_a \cdot \left[\frac{s}{z \cdot m} - (\mathrm{inv}\,\alpha_a - \mathrm{inv}\,\alpha) \right] \tag{8.23}$$

Für die Zahndicke am Kopfkreis siehe auch Abschn. 8.3.2. Durch die erforderliche Mindestzahndicke ist die positive Profilverschiebung nach oben begrenzt (Bild **8.33**; $z = z_n$, $m = m_n$).

Berechnung des Achsabstandes bei Außengetrieben. Der **Achsabstand a_p bei Deckung des Bezugsprofils zweier Räder** (**8.38a**), bei denen also die Bezugs-Profil-Mittellinien aufeinanderfallen, ergibt sich zu

$$a_p = r_1 + r_2 + \overline{C_1 C_2} = a_d + m \cdot (x_1 + x_2) \tag{8.24}$$

Hierin ist $\overline{C_1 C_2} = v_1 + v_2 = x_1 \cdot m + x_2 \cdot m$.

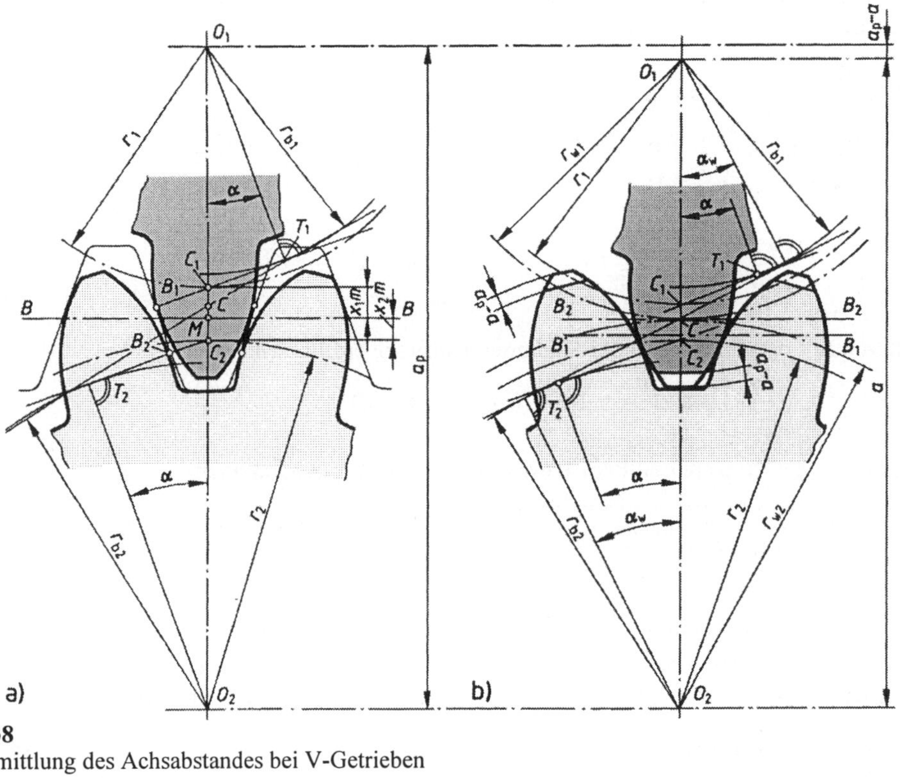

8.38
Ermittlung des Achsabstandes bei V-Getrieben

a) Achsabstand a_p bei Bezugs-Profil-Deckung
b) Achsabstand a bei flankenspielfreiem Eingriff (die Profilmittellinie B_2 läuft hier zufällig durch C)

Bei diesem theoretischen Achsabstand a_p besteht Flankenspiel. Da bis zur Festlegung von Herstellungstoleranzen die Radabmessungen für flankenspielfreien Eingriff berechnet werden, sind die Räder in V-Getrieben auf den Achsabstand a ($< a_p$) zu verschieben (**8.38b**). Die Bezugs-Profil-Mittellinien B_1 und B_2 fallen hierbei nicht mehr aufeinander.

Der Achsabstand a bei flankenspielfreiem Eingriff (**8.38b**), wie er bis zur Festlegung des Betriebsflankenspiels (nach Abschn. 8.3.5) für die Ermittlung der geometrischen Abmessungen stets zugrunde liegt, ist die Summe der Betriebswälzkreis-Halbmesser $a = r_{w\,1} + r_{w\,2}$. Nach Gl. (8.21) ist $r \cdot \cos\alpha = r_w \cdot \cos\alpha_w$; damit ergeben sich die **Betriebswälzkreis-Durchmesser**

$$\boxed{d_w = d \cdot \frac{\cos\alpha}{\cos\alpha_w}} \qquad (8.25)$$

Mit Gl. (8.25) errechnet man den Achsabstand

$$\boxed{a = \frac{d_{w1} + d_{w2}}{2} = \frac{d_1 + d_2}{2} = \frac{\cos\alpha}{\cos\alpha_w} = \frac{z_1 + z_2}{2} \cdot m \cdot \frac{\cos\alpha}{\cos\alpha_w}} \qquad (8.26)$$

Die Teilung p_w muss bei flankenspielfreiem Eingriff gleich der Summe der Zahndicken ($s_{w\,1} + s_{w\,2}$) sein (**8.31**). Mit Gl. (8.20) ergibt sich dann

$$p_w = s_{w1} + s_{w2} = 2 \cdot r_{w1} \cdot \left[\frac{s_1}{z_1 \cdot m} - (\operatorname{inv}\alpha_w - \operatorname{inv}\alpha)\right] + 2 \cdot r_{w2} \cdot \left[\frac{s_2}{z_2 \cdot m} - (\operatorname{inv}\alpha_w - \operatorname{inv}\alpha)\right]$$

Mit $2 \cdot r_w = \dfrac{p_w \cdot z}{\pi}$ und Gl. (8.19) wird

$$p_w = \frac{p_w \cdot z_1}{\pi} \cdot \left[\frac{1}{z_1} \cdot \left(\frac{\pi}{2} + 2 \cdot x_1 \cdot \tan\alpha\right) - (\operatorname{inv}\alpha_w - \operatorname{inv}\alpha)\right]$$
$$+ \frac{p_w \cdot z_2}{\pi} \cdot \left[\frac{1}{z_2} \cdot \left(\frac{\pi}{2} + 2 \cdot x_2 \cdot \tan\alpha\right) - (\operatorname{inv}\alpha_w - \operatorname{inv}\alpha)\right]$$

Durch Kürzen mit p_w und Ordnen der Klammerausdrücke ergibt sich

$$0 = 2 \cdot (x_1 + x_2) \cdot \tan\alpha - (z_1 + z_2) \cdot (\operatorname{inv}\alpha_w - \operatorname{inv}\alpha)$$

Daraus lässt sich die **Summe der Profilverschiebungsfaktoren** errechnen

$$\boxed{x_1 + x_2 = (z_1 + z_2) \cdot \frac{\operatorname{inv}\alpha_w - \operatorname{inv}\alpha}{2 \cdot \tan\alpha}} \qquad (8.27)$$

Ist $\sum x = x_1 + x_2$ gegeben, so kann die Aufteilung wie folgt vorgenommen werden:

1. Ist $z_1 < z_2$, so erhält Rad *1* $x_1 > x_2$; x_1 ist mindestens x_{min} nach Gl. (8.18) und höchstens bis zum Erreichen der Mindestzahndicke am Kopfkreis nach Abschn. 8.3.2 oder Bild **8.33** (s. auch Gl. (8.23)) zu wählen.

2. Näherungsweise kann mit dem reziproken Zähnezahlverhältnis $\dfrac{x_1}{x_2} = \dfrac{z_2}{z_1}$ gerechnet werden.

Danach sollte geprüft werden, ob beide Räder etwa gleiche Tragfähigkeiten und Gleitverhältnisse haben.

3. Eine graphisch-analytische Ermittlung kann aus DIN 3992 entnommen werden.

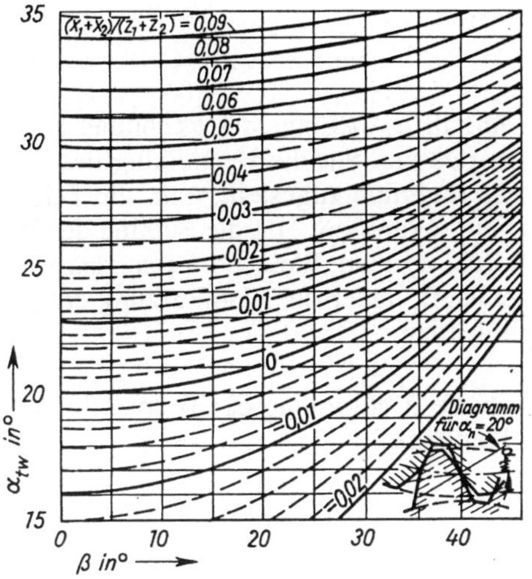

8.39
Betriebseingriffswinkel im Stirnschnitt für $\alpha = \alpha_n = 20°$ und $\alpha_w = \alpha_{t\,w}$

Den **Betriebseingriffswinkel** α_w erhält man bei gegebenem Achsabstand a aus Gl. (8.26)

$$\boxed{\cos\alpha_w = \frac{z_1 + z_2}{2 \cdot a} \cdot m \cdot \cos\alpha} \tag{8.28}$$

und bei gegebenen Profilverschiebungsfaktoren aus Gl. (8.27)

$$\boxed{\operatorname{inv}\alpha_w = \frac{2 \cdot (x_1 + x_2) \cdot \tan\alpha}{z_1 + z_2} + \operatorname{inv}\alpha} \tag{8.29}$$

Für Überschlagsrechnungen kann der Betriebseingriffswinkel α_w ($\alpha_{t\,w} = \alpha_w$ für $\beta = 0°$) aus Bild **8.39** entnommen werden, dem Gl. (8.29) zugrunde liegt.

Berechnung des Kopfkreisdurchmessers. Ohne Kopfkürzung erhält man mit Gl. (8.21)

$$\boxed{d_a = d + 2 \cdot m + 2 \cdot x \cdot m} \tag{8.30}$$

Mit Kopfkürzung ist dann zu rechnen, wenn bei V-Rädern das Kopfspiel c erhalten bleiben soll. Denn durch Verringern des Achsabstandes a_p auf a wegen des geforderten flankenspielfreien Eingriffs verringert sich auch c um $a_p - a = k{\cdot}m$; hierbei ist k der Kopfkürzungsfaktor.

Mit Gl. (8.24) erhält man die **Kopfkürzung**

$$\boxed{k \cdot m = a_p - a = a_d + m \cdot (x_1 + x_2) - a} \tag{8.31}$$

Damit ergeben sich bei Kopfkürzung die **Kopfkreisdurchmesser**

$$\boxed{d_{ak} = d + 2 \cdot m + 2 \cdot x \cdot m - 2 \cdot k \cdot m = d_a - 2 \cdot k \cdot m} \tag{8.32}$$

Vorhandenes Kopfspiel. Für den Fall, dass die Kopfkreisdurchmesser von V-Rädern ohne Kopfkürzung bestimmt wurden, ermittelt man das **vorhandene Kopfspiel** aus der Beziehung

$$c = a - \frac{d_{a1} + d_{f2}}{2} = a - \frac{d_{a2} + d_{f1}}{2} \geq c_{min} \tag{8.33}$$

Hierin bedeutet d_f Fußkreisdurchmesser.

Das praktisch vorhandene Spiel darf etwas kleiner sein, als es sich aus der Rechnung ergibt. Als kleinstes rechnerisches Kopfspiel ist $\boldsymbol{c_{min} = 0{,}12 \cdot m}$ zulässig. Für die Herstellung des Flankenspiels wird entweder das Verzahnungswerkzeug zur Radmitte zugestellt, d. h. die Zahndicke wird kleiner, oder es wird (seltener) der Achsabstand vergrößert. Hat die Summe der Profilverschiebungsfaktoren in einem V-Getriebe einen sehr großen Wert, so kann, damit der Zahnkopf nicht in die Fußausrundung des Gegenrades läuft, außer der Kopfkürzung entsprechend Gl. (8.31) eine zusätzliche Kürzung erforderlich werden.

Ermittlung der Profilüberdeckung ε_α. Sie kann durch die Bestimmung der Teilprofilüberdeckungen ε_k aus Bild **8.40** [15] erfolgen. Hierzu ist die **Kennzahl**

$$z_k = \frac{2 \cdot d_w}{d_a - d_w} \tag{8.34}$$

zu berechnen, für die man in Bild **8.40** als Funktion des Betriebseingriffswinkels α_w für geradverzahnte Stirnräder die Beiwerte ε'_k findet (es ist $\alpha_w = \alpha_{t\,w}$ für $\beta = 0°$). Damit erhält man die **Teilprofilüberdeckung**

$$\varepsilon_k = \varepsilon'_k \cdot \frac{z}{z_k} \tag{8.35}$$

und die **Profilüberdeckung**

$$\varepsilon_\alpha = \varepsilon_{k1} + \varepsilon_{k2} \tag{8.36}$$

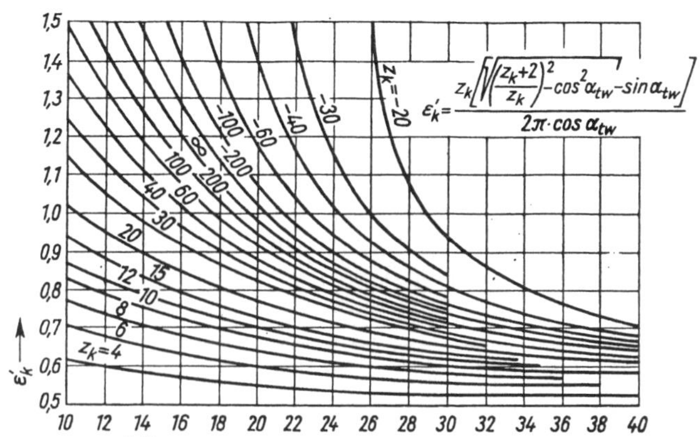

8.40
Beiwert ε'_k für die Teilprofilüberdeckung mit
$\alpha_w = \alpha_{t\,w}$
$z_k = 2 \cdot d_w / (d_a - d_w)$

Null-Getriebe mit Geradstirnrädern. Sind die Profilverschiebungsfaktoren $x_1 = x_2 = 0$, so liegt ein Null-Getriebe vor. Der **Achsabstand** beträgt

$$a = a_d = r_1 + r_2 = \frac{z_1 + z_2}{2} \cdot m \tag{8.37}$$

Das Null-Rad stellt demnach den Sonderfall für $x = 0$ dar. Es gelten daher auch die Formeln, die für die Verzahnung mit Profilverschiebung abgeleitet wurden.

Anwendung der Null-Getriebe. Nach Abschn. 8.3.2 sollen bei Neukonstruktionen anstatt Null-Räder Zahnräder mit 05-Verzahnung ($x = 0{,}5$) verwendet werden, um bessere Eingriffs- und Belastungsverhältnisse zu erhalten. Damit kein Unterschnitt auftritt, ist für die Herstellung und Paarung von Nullrädern die Bedingung $z_1 \geq z'_g$ und $z_2 \geq z'_g$ zu beachten. Null-Räder sind auch Satzräder (s. Abschn.8.3.1).

V-Null-Getriebe mit Geradstirnrädern. Sind bei Außengetrieben die Profilverschiebungen $v = x \cdot m$ gleich groß, aber entgegengesetzt, so liegt ein V-Null-Getriebe vor. Die Teilkreise berühren sich im Wälzpunkt C. Darum ist der Achsabstand wie beim Null-Getriebe $a = a_d = r_1 + r_2$. Siehe auch Gl. (8.24) bei $x_1 = -x_2$ und Gl. (8.26) bei $\alpha_w = \alpha$.

Anwendung der V-Null-Getriebe. Soll die Zähnezahl des Ritzels $z_1 < z_2$ und die Summe der Zähnezahlen $z_1 + z_2 \geq 2 \cdot z'_g$ sein, so kann ein V-Null-Getriebe konstruiert werden. Für die Anwendung des V-Null-Getriebes können die Vorteile der Profilverschiebung maßgebend sein (s. Abschn. 8.3.2).

8.3.5 Flankenspiel bei Geradstirnrad-Getrieben

Das für den Betrieb notwendige Flankenspiel wird entweder bei der Herstellung der Zahnräder durch Zustellung des Werkzeugs zur Radmitte oder (seltener) durch Vergrößern des Achsabstandes erreicht. Hierbei sind die Toleranzen für Stirnradverzahnungen nach DIN 3963 zu beachten. Die geometrischen Beziehungen des Verdrehflankenspiels S_d und Eingriffsflankenspiels S_e sind in den Bildern **8.41** und **8.42** dargestellt. Im Bild **8.42** sind zwei Bezugsprofile durch gleiche negative Profilverschiebungen ($-v = -v_1 = -v_2$) so weit auseinandergeschoben, dass rechts und links das halbe Eingriffsflankenspiel $S_e/2 = 2 \cdot (-v) \cdot \sin\alpha$ entsteht. Daraus folgt das **Eingriffsflankenspiel S_e** und das **Verdrehflankenspiel S_d**

$$S_e = 4 \cdot (-v) \cdot \sin\alpha \quad \text{und} \quad S_d = \frac{S_e}{\cos\alpha} \tag{8.38) (8.39}$$

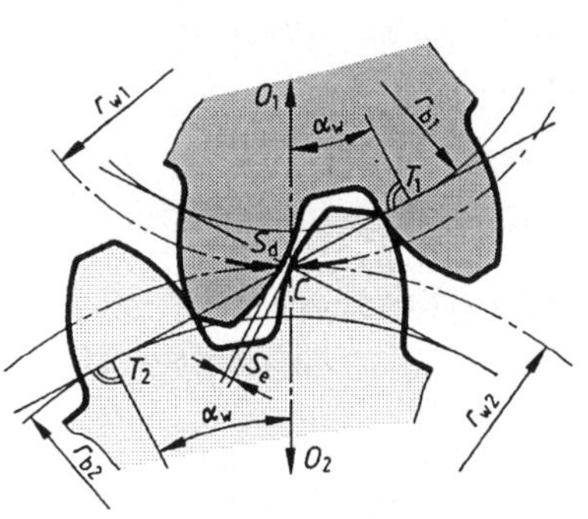

8.41
Eingriffs- und Verdrehflankenspiel

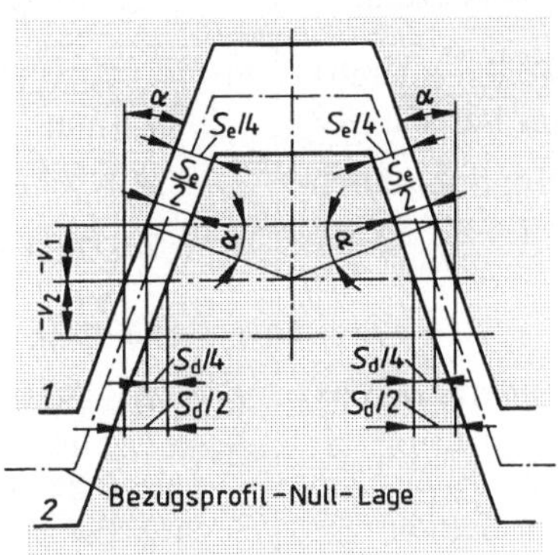

8.42
Erzeugen des Eingriffsflankenspiels durch negative Profilverschiebung

Die maximalen und minimalen Flankenspiele $S_{e\,max}$ und $S_{e\,min}$ ergeben sich aus den Zahndicken- und Achsabstand-Abmaßen nach DIN 3963 und 3964.

Bei Zahnrädern aus Kunststoffen ist aufgrund der großen Längenänderungen durch Temperaturzunahme und Quellen (aus der Wasseraufnahme) eine zusätzliche negative Profilverschiebung erforderlich.

Beispiel 1

Das im Bild **8.43** dargestellte dreistufige Schaltgetriebe ist zu berechnen.

Stufe I: $i_I = -1{,}58 \pm 1\%$, Ausführung als V-Null-Getriebe mit $x = 0{,}4$

Stufe II: $i_{II} = -2{,}5 \pm 1\%$, Ausführung als V-Getriebe

Stufe III: $i_{III} = -3{,}94 \pm 1\%$, Ausführung als V-Getriebe mit Rad *6* als Null-Rad

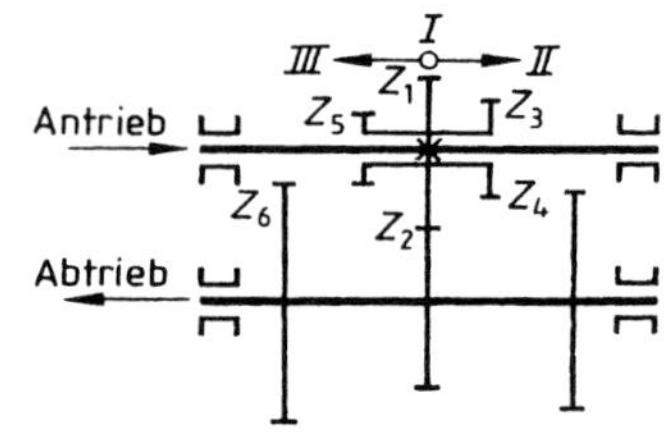

8.43
Schaltgetriebe

Verzahnung nach DIN 867, $\alpha = 20°$, Ausführung mit gehärteten Zähnen; Achsabstand $a = 100$ mm, Modul für alle Räder $m =$ 2,5 mm.

Benennung und Bemerkung	Stufe I: Rad *1*	Stufe I: Rad *2*
Zähnezahl, Gl. (8.1), (8.37)	aus $i_I = -\frac{z_2}{z_1}$ und $a = a_{dI} = \frac{z_1 + z_2}{2} \cdot m$ folgt	
	$z_1 = \frac{2 \cdot a}{(1 - i_I) \cdot m} = \frac{2 \cdot 100\,mm}{(1 + 1{,}58) \cdot 2{,}5\,mm}$	$z_2 = -i_1 \cdot z_1 = 1{,}58 \cdot 31 = 48{,}98$
	$z_1 = 31$	gewählt: $z_2 = 49$
Achsabstand, Gl. (8.37)	$a_{dI} = \frac{z_1 + z_2}{2} \cdot m = \frac{31 + 49}{2} \cdot 2{,}5\,mm = 100\,mm = a$	
vorhandene Übersetzung	$i_I = -\frac{z_2}{z_1} = -\frac{49}{31} = -1{,}58$	
Teilkreisdurchmesser, Gl. (8.8)	$d_1 = z_1 \cdot m = 31 \cdot 2{,}5\,mm = 77{,}5\,mm$	$d_2 = z_2 \cdot m = 49 \cdot 2{,}5\,mm = 122{,}5\,mm$
Kopfkreisdurchmesser, Gl. (8.30)	$d_{a1} = d_1 + 2 \cdot m + 2 \cdot x_1 \cdot m$	$d_{a2} = d_2 + 2 \cdot m + 2 \cdot x_2 \cdot m$
	$d_{a1} = 77{,}5\,mm + 2 \cdot 2{,}5\,mm + 2 \cdot 0{,}4 \cdot 2{,}5\,mm$	$d_{a2} = 122{,}5\,mm + 2 \cdot 2{,}5\,mm - 2 \cdot 0{,}4 \cdot 2{,}5\,mm$
	$d_{a1} = 84{,}5\,mm$	$d_{a2} = 125{,}5\,mm$
Fußkreisdurchmesser, Gl. (8.13), $c = 0{,}25 \cdot m$	$d_{f1} = d_1 - 2 \cdot m - 2 \cdot c + 2 \cdot x_1 \cdot m$	$d_{f2} = d_2 - 2 \cdot m - 2 \cdot c + 2 \cdot x_2 \cdot m$
	$d_{f1} = 77{,}5\,mm - 2 \cdot 2{,}5\,mm - 2 \cdot 0{,}25 \cdot 2{,}5\,mm + 2 \cdot 0{,}4 \cdot 2{,}5\,mm$	$d_{f2} = 122{,}5\,mm - 2 \cdot 2{,}5\,mm - 2 \cdot 0{,}25 \cdot 2{,}5\,mm - 2 \cdot 0{,}4 \cdot 2{,}5\,mm$
	$d_{f1} = 73{,}25\,mm$	$d_{f2} = 114{,}25\,mm$

Beispiel 1, Fortsetzung

Benennung und Bemerkung	Stufe I Rad *1*	Rad *2*
Prüfung auf Zahnspitzenbildung bzw. Unterschnitt; Bild **8.33** und Gl. (8.18)	für gehärtete Zähne mit $s_a = 0{,}4 \cdot m$ besteht bei $z_1 = 31$ und $x_1 = 0{,}4$ keine Gefahr der Zahnspitzbildung	für $z_2 = 49$ und $x_2 = -0{,}4$ besteht keine Gefahr von Unterschnitt, weil nach Gl. (8.18) ist: $x_{2\min} = \dfrac{14 - z_2}{17} = \dfrac{14 - 49}{17} = -2{,}06$
Profilverschiebung, Gl. (8.17)	$v_1 = x_1 \cdot m = 0{,}4 \cdot 2{,}5\,\text{mm}$ $= 1{,}00\,\text{mm}$	$v_2 = x_2 \cdot m = -0{,}4 \cdot 2{,}5\,\text{mm}$ $= -1{,}00\,\text{mm}$
Profilüberdeckung, Gl. (8.36) oder (8.15)	$\varepsilon_{\alpha\text{I}} = \varepsilon_{\text{k}1} + \varepsilon_{\text{k}2}$	
Kennzahlen für die Teilprofilüberdeckung, Gl. (8.34)	$z_{\text{k}1} = \dfrac{2 \cdot d_{\text{w}1}}{d_{\text{a}1} - d_{\text{w}1}}$; hier ist $d_{\text{w}1} = d_1$ $z_{\text{k}1} = \dfrac{2 \cdot 77{,}5\,\text{mm}}{(84{,}5 - 77{,}5)\,\text{mm}} = 22{,}15$	$z_{\text{k}2} = \dfrac{2 \cdot d_{\text{w}2}}{d_{\text{a}2} - d_{\text{w}2}}$; hier ist $d_{\text{w}2} = d_2$ $z_{\text{k}2} = \dfrac{2 \cdot 122{,}5\,\text{mm}}{(125{,}5 - 122{,}5)\,\text{mm}} = 81{,}7$
aus Bild **8.40** folgt für $\alpha_w = \alpha = 20°$	$\varepsilon'_{\text{k}1} = 0{,}79$	$\varepsilon'_{\text{k}2} = 0{,}91$
Teilprofilüberdeckung, Gl. (8.35)	$\varepsilon_{\text{k}1} = \varepsilon'_{\text{k}1} \cdot \dfrac{z_1}{z_{\text{k}1}}$ $= 0{,}79 \cdot \dfrac{31}{22{,}15} = 1{,}106$	$\varepsilon_{\text{k}2} = \varepsilon'_{\text{k}2} \cdot \dfrac{z_2}{z_{\text{k}2}}$ $= 0{,}91 \cdot \dfrac{49}{81{,}7} = 0{,}546$
Profilüberdeckung	$\varepsilon_{\alpha\text{I}} = 1{,}106 + 0{,}546 = 1{,}652 \approx 1{,}6$	

Benennung und Bemerkung	Stufe II Rad *3*	Rad *4*
Zähnezahl; wie bei Stufe I	$z_3 = 22$	$z_4 = 55$
vorhandene Übersetzung, Gl. (8.1)	$i_{\text{II}} = -\dfrac{z_4}{z_3} = -\dfrac{55}{22} = -2{,}5$	
Achsabstand, Gl. (8.37) (Rechengröße)	$a_{\text{d II}} = \dfrac{z_3 + z_4}{2} \cdot \text{m} = \dfrac{22 + 55}{2} \cdot 2{,}5\,\text{mm} = 92{,}25\,\text{mm}$	
Teilkreisdurchmesser, Gl. (8.8)	$d_3 = z_3 \cdot m = 22 \cdot 2{,}5\,\text{mm}$ $= 55\,\text{mm}$	$d_4 = z_4 \cdot m = 55 \cdot 2{,}5\,\text{mm}$ $= 137{,}5\,\text{mm}$
Betriebseingriffswinkel bei angegebenem Achsabstand, Gl. (8.12), (8.28)	$\cos\alpha_{\text{w II}} = \dfrac{z_3 + z_4}{2a} \cdot m \cdot \cos\alpha = \dfrac{22 + 55}{2 \cdot 100\,\text{mm}} \cdot 2{,}5\,\text{mm} \cdot \cos 20°$ $\alpha_{\text{w II}} = 25°15' = 25{,}25°$	

Beispiel 1, Fortsetzung

Benennung und Bemerkung	Stufe II: Rad *3*	Stufe II: Rad *4*
Summe der Profilverschiebungsfaktoren, Gl. (8.27)	$x_3 + x_4 = \frac{(z_3 + z_4) \cdot (\text{inv} 25{,}25° - \text{inv} 20°)}{2 \cdot \tan\alpha}$ $= \frac{(22+55) \cdot (\text{inv} 25{,}25° - \text{inv} 20°)}{2 \cdot \tan 20°} = 1{,}6957$	
Aufteilung von $\sum x$, z. B. im umgekehrten Zähneverhältnis	$\frac{x_3}{x_4} = \frac{z_4}{z_3} = u_{\text{II}}$ und $\sum x = x_3 + x_4$ ergeben	
	$x_3 = \frac{u_{\text{II}} \cdot \sum x}{1 + u_{\text{II}}} = \frac{2{,}5 \cdot 1{,}6957}{1 + 2{,}5} = 1{,}211$	$x_4 = \sum x - x_3 = 1{,}657 - 1{,}211$ $= 0{,}4847$
Prüfung auf Zahnspitzenbildung, Bild **8.33**	Wert zu groß, da für gehärtete Zähne mit $s_a = 0{,}4 \cdot m$ bei $z_3 = 22$ $x_{3\,\max} = 0{,}71$ betragen darf.	für $z_4 = 55$ kann $x_4 > 1$ sein
Profilverschiebungsfaktor	gewählt: $x_3 = 0{,}71$	$x_4 = \sum x - x_3 = 1{,}6957$ $- 0{,}71 = 0{,}9857$
Profilverschiebung, Gl. (8.17)	$v_3 = x_3 \cdot m = 0{,}71 \cdot 2{,}5\,\text{mm}$ $= 1{,}775\,\text{mm}$	$v_4 = x_4 \cdot m = 0{,}9857 \cdot 2{,}5\,\text{mm}$ $= 2{,}4643\,\text{mm}$
Betriebswälzkreisdurchmesser, Gl. (8.25)	$d_{w3} = d_3 \cdot \frac{\cos\alpha}{\cos\alpha_{w\,\text{II}}}$ $= 55\,\text{mm} \cdot \frac{\cos 20°}{\cos 22{,}25°}$ $d_{w3} = 57{,}14\,\text{mm}$	$d_{w4} = d_4 \cdot \frac{\cos\alpha}{\cos\alpha_{w\,\text{II}}}$ $= 137{,}5\,\text{mm} \cdot \frac{\cos 20°}{\cos 22{,}25°}$ $d_{w4} = 142{,}86\,\text{mm}$
Kopfkreisdurchmesser, Gl. (8.30)	$d_{a3} = d_3 + 2 \cdot m + 2 \cdot x_3 \cdot m$ $d_{a3} = 55\,\text{mm} + 2 \cdot 2{,}5\,\text{mm}$ $+ 2 \cdot 0{,}71 \cdot 2{,}5\,\text{mm}$ $= 63{,}55\,\text{mm}$	$d_{a4} = d_4 + 2 \cdot m + 2 \cdot x_4 \cdot m$ $d_{a4} = 137{,}5\,\text{mm} + 2 \cdot 2{,}5\,\text{mm}$ $+ 2 \cdot 0{,}9857 \cdot 2{,}5\,\text{mm}$ $= 147{,}42\,\text{mm}$
Fußkreisdurchmesser, Gl. (8.13), $c = 0{,}25 \cdot m$	$d_{f3} = d_3 - 2 \cdot m - 2 \cdot c + 2 \cdot x_3 \cdot m$ $d_{f3} = 55\,\text{mm} - 2 \cdot 2{,}5\,\text{mm}$ $- 2 \cdot 0{,}25 \cdot 2{,}5\,\text{mm}$ $+ 2 \cdot 0{,}71 \cdot 2{,}5\,\text{mm}$ $d_{f3} = 52{,}3\,\text{mm}$	$d_{f4} = d_4 - 2 \cdot m - 2 \cdot c + 2 \cdot x_4 \cdot m$ $d_{f4} = 137{,}5\,\text{mm} - 2 \cdot 2{,}5\,\text{mm}$ $- 2 \cdot 0{,}25 \cdot 2{,}5\,\text{mm}$ $+ 2 \cdot 0{,}9857 \cdot 2{,}5\,\text{mm}$ $d_{f4} = 136{,}18\,\text{mm}$
vorhandenes Kopfspiel, Gl. (8.33)	$c_{\text{II}} = a - \frac{d_{a3} + d_{f4}}{2} = 100\,\text{mm} - \frac{(63{,}55 + 136{,}18)\,\text{mm}}{2}$ $= 0{,}135 < c_{\min} = 1{,}12 \cdot m = 0{,}3\,\text{mm}$	
Kopfkürzung sei z. B. nach Gl. (8.31) durchzuführen	$k_{\text{II}} \cdot m = a_{d\,\text{II}} + (x_3 + x_4) \cdot m - a = 96{,}25\,\text{mm} + 1{,}6957 \cdot 2{,}5\,\text{mm}$ $- 100\,\text{mm} = 0{,}4893\,\text{mm}$	

Beispiel 1, Fortsetzung

Benennung und Bemerkung	Stufe II	
	Rad *3*	Rad *4*
Kopfkreisdurchmesser, Gl. (8.32), nach Kürzung	$d_{ak3} = d_{a3} - 2 \cdot k_{II} \cdot m$ $d_{ak3} = 63{,}55\,\text{mm} - 2 \cdot 0{,}4893\,\text{m}$ $= 62{,}57\,\text{mm}$	$d_{ak4} = d_{a4} - 2 \cdot k_{II} \cdot m$ $d_{ak4} = 147{,}42\,\text{mm} - 2 \cdot 0{,}4893\,\text{mm}$ $= 146{,}44\,\text{mm}$
Grundkreishalbmesser, Gl. (8.21)	$r_{b3} = r_3 \cdot \cos\alpha$ $= \dfrac{55\,\text{mm}}{2} \cdot \cos 20°$ $= 25{,}84\,\text{mm}$	$r_{b4} = r_4 \cdot \cos\alpha$ $= \dfrac{137{,}5\,\text{mm}}{2} \cdot \cos 20°$ $= 64{,}6\,\text{mm}$
Profilüberdeckung, Gl. (8.15) oder Gl. (8.36)	$\varepsilon_{\alpha II} = \dfrac{g_\alpha}{p_e} = \dfrac{g_\alpha}{p \cdot \cos\alpha} = \varepsilon_3 + \varepsilon_4 - \varepsilon_{aII}$ $\varepsilon_3 = \dfrac{\sqrt{r_{ak3}^2 - r_{b3}^2}}{\pi \cdot m \cdot \cos\alpha} = \dfrac{\sqrt{(31{,}29^2 - 25{,}84^2)\,\text{mm}^2}}{\pi \cdot 2{,}5\,\text{mm} \cdot \cos 20°} = 2{,}39$ $\varepsilon_4 = \dfrac{\sqrt{r_{ak4}^2 - r_{b4}^2}}{\pi \cdot m \cdot \cos\alpha} = \dfrac{\sqrt{(73{,}22^2 - 64{,}6^2)\,\text{mm}^2}}{\pi \cdot 2{,}5\,\text{mm} \cdot \cos 20°} = 4{,}66$ $\varepsilon_{aII} = \dfrac{a \cdot \sin\alpha_{wII}}{\pi \cdot m \cdot \cos\alpha} = \dfrac{100\,\text{mm} \cdot \sin 25{,}25°}{\pi \cdot 2{,}5\,\text{mm} \cdot \cos 20°} = 5{,}78$ $\varepsilon_{\alpha II} = 2{,}39 + 4{,}66 - 5{,}78 = 1{,}27$	

Benennung und Bemerkung	Stufe III	
	Rad *5*	Rad *6*
Zähnezahl; wie bei Stufe I	$z_5 = 16$	$z_6 = 63$
vorhandene Übersetzung, Gl. (8.1)	$i_{III} = -\dfrac{z_6}{z_5} = -\dfrac{63}{16} = -3{,}94$	
Achsabstand, Gl. (8.37) (Rechengröße)	$a_{dIII} = \dfrac{z_5 + z_6}{2} \cdot m = \dfrac{16 + 63}{2} \cdot 2{,}5\,\text{mm} = 98{,}75\,\text{mm}$	
Teilkreisdurchmesser, Gl. (8.8)	$d_5 = z_5 \cdot m = 16 \cdot 2{,}5\,\text{mm}$ $= 40{,}0\,\text{mm}$	$d_6 = z_6 \cdot m = 63 \cdot 2{,}5\,\text{mm}$ $= 157{,}5\,\text{mm}$
Betriebseingriffswinkel bei geg. Achsabstand, Gl. (8.12), (8.28)	$\cos\alpha_{wIII} = \dfrac{z_5 + z_6}{2 \cdot a} \cdot m \cdot \cos\alpha = \dfrac{16 + 63}{2 \cdot 100\,\text{mm}} \cdot 2{,}5\,\text{mm} \cdot \cos 20°$ $\alpha_{wIII} = 21°51'45'' = 21{,}879°$	
Summe der Profilverschiebungsfaktoren, Gl. (8.27)	$x_5 + x_6 = \dfrac{(z_5 + z_6) \cdot (\text{inv}\,\alpha_{wIII} - \text{inv}\,\alpha)}{2 \cdot \tan\alpha}$ $= \dfrac{(16 + 63) \cdot (\text{inv}\,\alpha_{wIII} - \text{inv}\,20°)}{2 \cdot \tan 20°} = 0{,}52168$	

Beispiel 1, Fortsetzung

Benennung und Bemerkung	Stufe III Rad *5*	Rad *6*
Aufteilung von Σx	$x_5 = 0{,}5216$	$x_6 = 0$ (lt. Aufgabe)
Prüfung auf Zahnspitzenbildung, Bild **8.33**	für gehärtete Zähne mit $s_a = 0{,}4 \cdot m$ darf bei $z_5 = 16$ $x_{5\,max} \approx 0{,}5$ betragen.	da $x_5 = 0{,}52168$ nur wenig über $x_{5\,max}$ liegt, wird $x_6 = 0$ gemäß Aufgabe gewählt
Profilverschiebung, Gl. (8.17)	$v_5 = x_5 \cdot m = 0{,}52168 \cdot 2{,}5\,\text{mm}$ $= 1{,}304\,\text{mm}$	$v_6 = x_6 \cdot m = 0{,}0\,\text{mm}$
Betriebswälzkreisdurchmesser, Gl. (8.25)	$d_{w5} = d_5 \cdot \frac{\cos\alpha}{\cos\alpha_{w\,III}}$ $= 40{,}0\,\text{mm} \cdot \frac{\cos 20°}{\cos 21{,}879°}$ $d_{w5} = 40{,}51\,\text{mm}$	$d_{w6} = d_6 \cdot \frac{\cos\alpha}{\cos\alpha_{w\,III}}$ $= 157{,}5\,\text{mm} \cdot \frac{\cos 20°}{\cos 21{,}879°}$ $d_{w6} = 159{,}49\,\text{mm}$
Kopfkreisdurchmesser, Gl. (8.30)	$d_{a5} = d_5 = 2 \cdot m + 2 \cdot x_5 \cdot m$ $d_{a5} = 40{,}0\,\text{mm} + 2 \cdot 2{,}5\,\text{mm}$ $+ 2 \cdot 0{,}52168 \cdot 2{,}5\,\text{mm}$ $= 47{,}61\,\text{mm}$	$d_{a6} = d_6 = 2 \cdot m + 2 \cdot x_6 \cdot m$ $d_{a6} = 157{,}5\,\text{mm} + 2 \cdot 2{,}5\,\text{mm} + 0$ $= 162{,}5\,\text{mm}$
Fußkreisdurchmesser, Gl. (8.13), $c = 0{,}25 \cdot m$	$d_{f5} = d_5 - 2 \cdot m - 2 \cdot c + 2 \cdot x_5 \cdot m$ $d_{f5} = 40\,\text{mm} - 2 \cdot 2{,}5\,\text{mm}$ $- 2 \cdot 0{,}25 \cdot 2{,}5\,\text{mm}$ $+ 2 \cdot 0{,}52168 \cdot 2{,}5\,\text{mm}$ $= 36{,}36\,\text{mm}$	$d_{f6} = d_6 - 2 \cdot \text{m} - 2 \cdot c + 2 \cdot x_6 \cdot m$ $d_{f6} = 157{,}5\,\text{mm} - 2 \cdot 2{,}5\,\text{mm}$ $- 2 \cdot 0{,}25 \cdot 2{,}5\,\text{mm} + 0$ $= 151{,}25\,\text{mm}$
vorhandenes Kopfspiel, Gl. (8.33)	$c_{III} = a - \frac{d_{a5} + d_{f6}}{2} = 100\,\text{mm} - \frac{(47{,}61 + 151{,}25)\,\text{mm}}{2}$ $= 0{,}57\,\text{mm} > c_{min} = 0{,}3\,\text{mm}$ also Kopfkürzung nicht zwingend notwendig	
Grundkreishalbmesser, Gl. (8.21)	$r_{b5} = r_5 \cdot \cos\alpha$ $= \frac{40\,\text{mm}}{2} \cdot \cos 20°$ $= 18{,}78\,\text{mm}$	$r_{b6} = r_6 \cdot \cos\alpha$ $= \frac{157{,}5\,\text{mm}}{2} \cdot \cos 20°$ $= 74\,\text{mm}$
Profilüberdeckung, Gl. (8.36) oder Gl. (8.15)	$\varepsilon_{\alpha III} = \varepsilon_{k5} + \varepsilon_{k6}$	
Kennzahlen für die Teilprofilüberdeckung, Gl. (8.34)	$z_{k5} = \frac{2 \cdot d_{w5}}{d_{a5} - d_{w5}}$ $= \frac{2 \cdot 40{,}51\,\text{mm}}{(47{,}61 - 40{,}51)\,\text{mm}}$ $= 11{,}41$	$z_{k6} = \frac{2 \cdot d_{w6}}{d_{a6} - d_{w6}}$ $= \frac{2 \cdot 159{,}49\,\text{mm}}{(162{,}5 - 159{,}49)\,\text{mm}}$ $= 106$
aus Bild **8.40** folgt	$\varepsilon'_{k5} = 0{,}67$	$\varepsilon'_{k6} = 0{,}87$

Beispiel 1, Fortsetzung

Benennung und Bemerkung	Stufe III Rad *5*	Stufe III Rad *6*
Teilprofilüberdeckung, Gl. (8.35)	$\varepsilon_{k5} = \varepsilon'_{k5} = \frac{z_5}{z_{k5}}$ $= 0{,}67 \cdot \frac{16}{11{,}41} = 0{,}946$	$\varepsilon_{k6} = \varepsilon'_{k6} = \frac{z_6}{z_{k6}}$ $= 0{,}67 \cdot \frac{63}{106} = 0{,}517$
Profilüberdeckung	$\varepsilon_{\alpha III} = 0{,}946 + 0{,}517 = 1{,}463 \approx 1{,}4$ oder nach Gl. (8.15): $\varepsilon_{\alpha III} = \frac{g_\alpha}{p_e} = \frac{g_\alpha}{p \cdot \cos\alpha} = \varepsilon_5 + \varepsilon_6 - \varepsilon_{a III}$ $\varepsilon_5 = \frac{\sqrt{r_{a5}^2 - r_{b5}^2}}{\pi \cdot m \cdot \cos\alpha} = \frac{\sqrt{(23{,}81^2 - 18{,}78^2)\,\text{mm}^2}}{\pi \cdot 2{,}5\,\text{mm} \cdot \cos 20°} = 1{,}98$ $\varepsilon_6 = \frac{\sqrt{r_{a6}^2 - r_{b6}^2}}{\pi \cdot m \cdot \cos\alpha} = \frac{\sqrt{(81{,}25^2 - 74{,}0^2)\,\text{mm}^2}}{\pi \cdot 2{,}5\,\text{mm} \cdot \cos 20°} = 4{,}54$ $\varepsilon_{a III} = \frac{a \cdot \sin\alpha_{w III}}{\pi \cdot m \cdot \cos\alpha} = \frac{100\,\text{mm} \cdot \sin 21{,}879°}{\pi \cdot 2{,}5\,\text{mm} \cdot \cos 20°} = 5{,}04$ $\varepsilon_{\alpha III} = 1{,}98 + 4{,}54 - 5{,}06 = 1{,}46 \approx 1{,}4$ ■	

8.3.6 Tragfähigkeitsberechnung der Geradstirnräder

Allgemeine Grundlagen für die Berechnung. Bei Zahnrädergetrieben treten außer den statischen Umfangskräften, die sich aus den Nenndrehmomenten errechnen, noch zusätzliche dynamische Kräfte auf.

Äußere dynamische Zusatzkräfte. Sie sind abhängig von der Charakteristik der Antriebs- und Arbeitsmaschine, von den bewegten Massen und von der Art der Kupplung. So haben Messungen an Kraftfahrzeuggetrieben ergeben, dass beim plötzlichen Einschalten der Kupplung Stöße auftreten, die das Nenndrehmoment bis um das Vierfache überschreiten können [6] (s. auch Abschn. Kupplungen).

Innere dynamische Zusatzkräfte. Sie sind abhängig von der Zahnform, der Zahnsteifigkeit, von den Verzahnungs- und Achsrichtungsfehlern, von der Profilüberdeckung, der Umfangsgeschwindigkeit, den Drehmassen, von der statischen Belastung des Getriebes und von der Gehäuse-, Wellen- und Radkörperverformung.

Die rechnerische Erfassung der dynamischen Zusatzkräfte ist schwierig. Wesentliche Größen dieser Kräfte sind experimentell an Getrieben bestimmt worden [20]. Für den Entwurf eines Getriebes können Richtwerte für die Betriebsbedingungen auf Grund von Erfahrungen, Messungen oder Schätzungen verwendet werden [5]. Richtwerte für den Einfluss des Betriebszustandes durch den Betriebsfaktor (Stoßfaktor) φ s. Bild **4.36**. Besonders ungünstige Betriebszustände sind zusätzlich zu berücksichtigen.

Die Forschung auf dem Gebiet der Zahnräder ergibt immer wieder neue Erkenntnisse, die schließlich in den Normen aufgenommen werden; s. die verschiedenen Teile der DIN 3990 von 1970, 1987, 1988 und 1989. Der stoffliche Inhalt dieser Normen ist bereits sehr umfangreich geworden. Aus didaktischen Gründen ist es erforderlich, dem Studierenden zunächst das Wesentliche zum Verständnis des Stoffgebietes darzulegen; so wurde z. B. die Tragfähigkeitsberechnung unter Beachtung insbesondere der Anschaulichkeit und der in der Praxis immer noch verwendeten Normenwerke dargestellt.

Die seit dem Jahre 1987 in mehreren Teilen herausgegebene Norm DIN 3990 empfiehlt Verfahren für die Berechnung der Tragfähigkeitsgrenzen gegen Grübchenbildung, Zahnbruch und Fressen. Die Benutzung dieser Verfahren erfordert für den jeweiligen Anwendungsfall Abschätzungen aller Einflüsse und die Festlegung des Sicherheitsfaktors unter Beachtung des angemessenen Schadensrisikos. Die unterschiedlichen Anwendungsgebiete erfordern eine angepasste Auslegung. So werden Zahnräder zum einen als Verbrauchsgut mit einem relativ hohen Schadensrisiko und zum anderen als Maschinenelemente mit höchster Betriebssicherheit und langer Lebensdauer benötigt. Aber auch größte Zuverlässigkeit bei kurzer Lebensdauer (z. B. in Raumfahrzeugen) oder große Wartungsfreiheit mit geringer Schadenswahrscheinlichkeit (z. B. im Landmaschinenbau) können Anforderungskriterien für Zahnräder sein.

Belastungen am Zahn. Im Allgemeinen sind die Nennleistung P, die Drehfrequenz n bzw. die Winkelgeschwindigkeit ω und damit das Nenndrehmoment $T_1 = P_1/\omega_1$ bekannt. Das größte Drehmoment folgt dann unter Berücksichtigung des Betriebsfaktors φ nach Bild **4.36** aus der Zahlenwertgleichung

$$T_{1\max} = \varphi \cdot T_1 = \varphi \cdot 9{,}55 \cdot 10^6 \cdot \frac{P_1}{n_1} \quad \text{in Nmm mit } P_1 \text{ in kW und } n_1 \text{ in min}^{-1} \tag{8.40}$$

Hiermit erhält man die **größte Umfangskraft F_t am Teilkreis**

$$F_t = \varphi \cdot \frac{2 \cdot T_1}{d_1} = \frac{2 \cdot T_{1\max}}{d_1} \tag{8.41}$$

Es wird angenommen, dass die gesamte Zahnkraft F_n (Normalkraft) in Richtung der Eingriffslinie als Einzelkraft in der Mitte der Zahnbreite b im Wälzpunkt C wirkt (**8.44**). Dann ist bei Vernachlässigung der Reibung

die **Normalkraft**

$$F_n = F_{n1} = F_{n2} = \frac{F_t}{\cos\alpha} = \frac{F_w}{\cos\alpha_w} \tag{8.42}$$

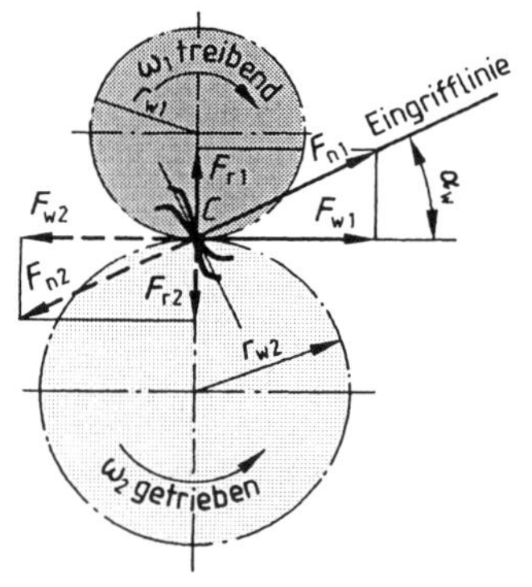

8.44
Zahnkräfte am Geradstirngetriebe

und die **Radialkraft**

$$F_r = F_{r1} = F_{r2} = F_n \cdot \sin\alpha_w = F_t \cdot \tan\alpha = F_w \cdot \tan\alpha_w \tag{8.43}$$

Die Komponenten F_t und F_r der Normalkraft F_n sind von der Verzahnung zu übertragen und von den Auflagern der Welle aufzunehmen.

Verlustleistung. Die Leistungsübertragung durch ein Zahnrädergetriebe ist mit Verlusten verbunden, die in der Regel bei der Kräfteermittlung berücksichtigt werden müssen. Als Anhaltswert für den Leistungsverlust kann in die Rechnung eingesetzt werden:

1. je Eingriffsstelle (je Zahnradpaar) bei guter Ausführung der Verzahnung: (1 ... 2)%
2. je Lagerstelle: bei Wälzlagern (0,5 ...1)%, bei Gleitlagern: (1 ... 3)%
3. bei Planschwirkung der Räder im Ölbad und für Wellenabdichtungen: (1 ... 5)%

Auflagerkräfte und Biegemomente an Wellen mit Zahnrädern

Wellen mit einem Zahnrad (8.45). Bringt man im Mittelpunkt des Rades parallel zur Normalkraft F_n zwei gleich große, aber entgegengesetzt gerichtete Kräfte an, so bilden die mit Querstrich gekennzeichneten Kräfte ein Kräftepaar, das die Welle auf Verdrehung beansprucht. Die übrigbleibende Einzelkraft bestimmt die Auflagerkräfte und damit die Biegungsbeanspruchung der Welle (Bild **8.46**).

Mit den Gleichgewichtsbedingungen ergeben sich die Kräfte bzw. Momente an der Welle *1*:

$$F_{A1} = F_{n1} \cdot \frac{b_1}{l_1} \quad \text{und} \quad F_{B1} = F_{n1} \cdot \frac{a_1}{l_1}$$

Kontrolle:

$$F_{n1} - F_{A1} - F_{B1} = 0 \qquad M_{b1} = F_{A1} \cdot a_1 = F_{B1} \cdot b_1$$

An der Welle *2* gilt:

$$F_{A2} = F_{n2} \cdot \frac{b_2}{l_2} \quad \text{und} \quad F_{B2} = F_{n2} \cdot \frac{a_2}{l_2}$$

Kontrolle:

$$F_{n2} - F_{A2} - F_{B2} = 0 \qquad M_{b2} = F_{A2} \cdot a_2 = F_{B2} \cdot b_2$$

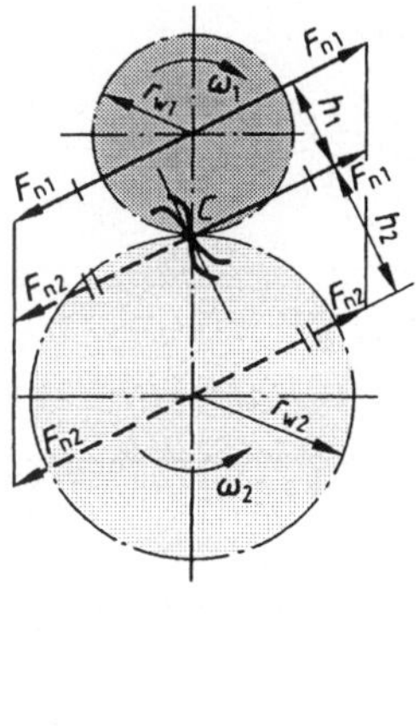

8.45
Ermittlung des Kräftepaares F_n

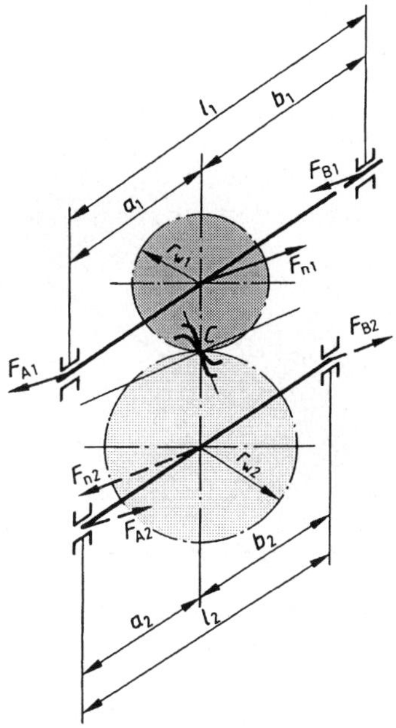

8.46
Ermittlung der Auflagerkräfte bei einer Welle mit einem Zahnrad

Wellen mit mehreren Zahnrädern (**8.47**). Jede einzelne Zahnkraft F_n kann in ihre Komponenten F_z und F_y zerlegt und in den Ebenen *x*-z und *x*-*y* übersichtlich dargestellt werden (**8.48**). Für die Zwischenwelle (**8.47**) ergeben sich dann die Kräfte

am Rad *2*:

$$F_{z2} = F_{w2} = \frac{2 \cdot T_2}{d_{w2}} \quad \text{und} \quad F_{y2} = F_{w2} \cdot \tan \alpha_{w2}$$

am Rad *3*:

$$F_{z3} = F_{w3} = \frac{2 \cdot T_2}{d_{w2}} \quad \text{und} \quad F_{y3} = F_{w3} \cdot \tan \alpha_{w3}$$

am Lager *A*:

$$F_{Az} = \frac{F_{z3} \cdot (b+c) - F_{z2} \cdot c}{l} \quad \text{und} \quad F_{Ay} = \frac{F_{y3} \cdot (b+c) + F_{y2} \cdot c}{l}$$

$$F_A = \sqrt{F_{Az}^2 + F_{Ay}^2}$$

am Lager *B*:

$$F_{Bz} = \frac{F_{z2} \cdot (a+b) - F_{z3} \cdot a}{l} \quad \text{und} \quad F_{By} = \frac{F_{y2} \cdot (a+b) + F_{y3} \cdot a}{l}$$

$$F_B = \sqrt{F_{Bz}^2 + F_{By}^2}$$

und die Biegemomente

$$M_{b2} = F_B \cdot c \quad \text{und} \quad M_{b3} = F_A \cdot a$$

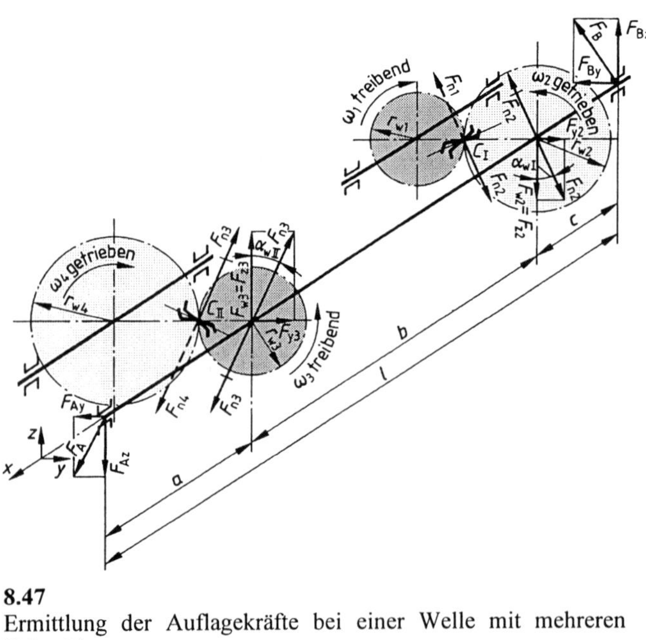

8.47
Ermittlung der Auflagekräfte bei einer Welle mit mehreren Zahnrädern

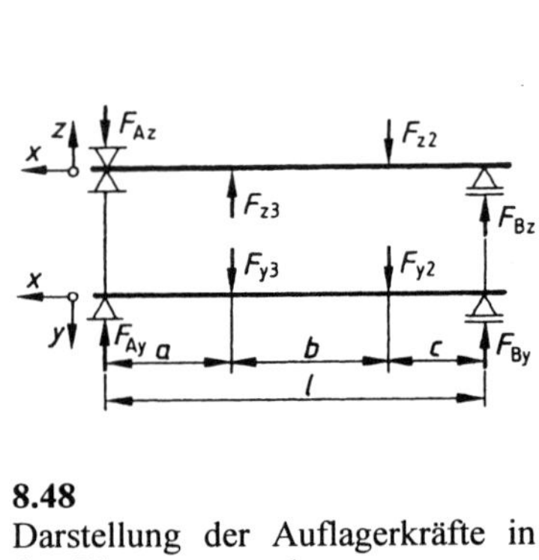

8.48
Darstellung der Auflagerkräfte in den Ebenen *x-z* und *x-y*

Entwurfsberechnung für Wellendurchmesser. Die Beanspruchung auf Biegung kann zunächst vernachlässigt werde, wenn mit einer zulässigen Verdrehspannung gerechnet wird (s. Abschn. 1.2.2). Aus $\tau_t = T/W_t = 16/(\pi \cdot d_{Wl}^3)$ ergibt sich der **Wellendurchmesser**

$$d_{Wl} \geq \sqrt[3]{\frac{16 \cdot T_{max}}{\pi \cdot \tau_{t\,zul}}}$$

und mit Gl. (8.40) die **Zahnwertgleichung** für den **Wellendurchmesser**

$$\boxed{d_{Wl} \geq 365 \cdot \sqrt[3]{\frac{\varphi \cdot P}{n \cdot \tau_{t\,zul}}}} \quad \text{in mm} \qquad (8.44)$$

mit $\tau_{t\ zul}$ in N/mm², P in kW, n in min⁻¹ und φ aus Bild **4.36**. Für E295 (St50) wird mit $\tau_{t\ zul} = 20$ N/mm²

$$\boxed{d_{Wl} \geq 135 \cdot \sqrt[3]{\frac{\varphi \cdot P}{n}}} \quad \text{in mm} \qquad (8.45)$$

Zahnradwerkstoffe. Ihre Auswahl richtet sich nicht nur nach der Getriebeleistung, Drehzahl und Lebensdauer, sondern auch nach der Wirtschaftlichkeit. Neuere Untersuchungen mit gehärteten Zahnflanken lassen eine weitere Erhöhung der Tragfähigkeit erwarten. So kann durch Einsatzhärtung der Zahnflanken bei gleicher Leistung das Gewicht der Räder bis auf etwa 35% im Vergleich zu vergüteten Zahnrädern verringert werden. Dadurch ist dann der Achsabstand der Räder bis auf 60% zu verkleinern.

Man verwendet

1. Grauguss und schwarzen Temperguss für leichte Beanspruchung,
2. Stahlguss und unlegierten Stahl für mittlere Beanspruchung,
3. Vergütungs- und Einsatzstahl für hohe Beanspruchung,
4. Kunststoffe für leichte Beanspruchung und geräuscharmen Lauf.

Damit bei Rädern aus Stahl mit ungehärteten Zahnflanken der Verschleiß am höher beanspruchten Ritzel nicht zu groß wird, soll die Brinell-Härte des Ritzels betragen [12]

$$\boxed{HB_{Ritzel} \geq HB_{Rad} + 15} \qquad (8.46)$$

Kunststoffe als Zahnradwerkstoffe nehmen ständig an Bedeutung zu, da sie auf Grund ihres niedrigen E-Moduls besondere Vorteile bieten, wie z. B. niedrige *Hertz*sche Pressung (s. Flankenbeanspruchung), hohe Profilüberdeckung und gute Lastverteilung wegen der relativ großen Zahnverformungen.

Die Umfangsgeschwindigkeit darf höchstens 15 m/s betragen. Zu beachten ist die erforderliche niedrige Betriebstemperatur zwischen –40 °C bis +120 °C, die oft nur durch gute Kühlung erzielt wird.

Das Gegenrad soll möglichst aus Stahl sein und glatte Zahnflanken aufweisen. Stahl leitet die Wärme schneller ab als Kunststoff und vermindert Wärmestau.

Kunststoff-Räder fallen meistens durch Ermüdungsbruch im Zahnfuß aus. Grübchen-Bildung (Ausbrüche an den Flanken im Bereich der Wälzkreise) kommt wegen der niedrigen *Hertz*-schen Pressung nur selten vor. Darum ist die maximal zulässige Profilverschiebung zu empfehlen. Der Modul sollte so klein und die Zähnezahl so groß wie möglich gewählt werden. Dadurch wird eine große Profilüberdeckung und eine gute Lastverteilung erzielt. Damit nimmt auch die Laufruhe zu und der Verschleiß ab.

Von den thermoplastischen Kunststoffen eignen sich für Zahnräder besonders die Polyamid- und Polyoxymethylen-Werkstoffe. Die Zahnradherstellung erfolgt sehr wirtschaftlich durch Spritzguss oder Zerspanung.

Die Tragfähigkeitsberechnung von Zahnrädern aus Kunststoff darf nicht ohne Weiteres nach den Methoden der Berechnung von Metallrädern durchgeführt werden. Die besonderen Festigkeitseigenschaften der Kunststoffe, z. B. ihre starke Temperaturabhängigkeit [9], müssen berücksichtigt werden. Gültige Festigkeitswerte sind z. B. nur für Hartgewebe bekannt. Werte für die Zahnfuß- und Zahnflanken-Tragfähigkeit zu den Gl. (8.53) und (8.60) s. Bild **8.50**.

Beanspruchungsarten. Die im Eingriff stehenden Zähne werden durch die Normalkraft F_n beansprucht. Durch die Relativbewegung an den Flanken entsteht die Reibungskraft $\mu \cdot F_n$ (μ = Gleitreibungszahl) (**8.49**). Sie hat an der Einlaufseite stemmende und an der Auslaufseite streichende Wirkung (s. Abschn. 8.1).

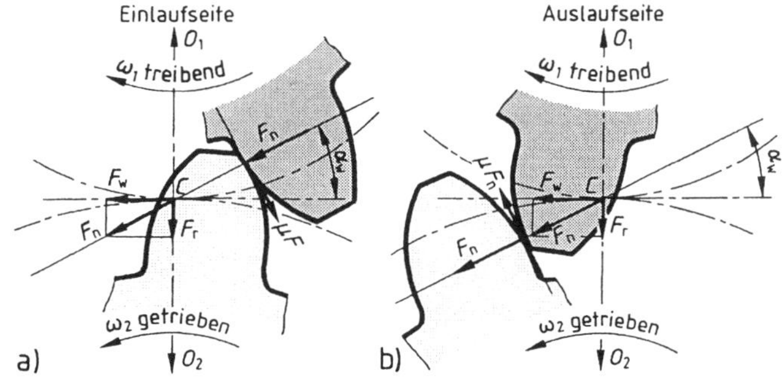

8.49
Wirkung der Reibkraft $\mu \cdot F_n$
a) stemmende auf der Einlaufseite
b) streichende auf der Auslaufseite

Diese Kräfte und ihre Komponenten beanspruchen jeden Zahn bzw. jedes Flankenpaar hauptsächlich auf Biegung, Flankenpressung und Verschleiß. DIN 3979 behandelt Zahnschäden an Zahnradgetrieben. Die Tragfähigkeit eines Zahnrädergetriebes setzt sich zusammen aus

1. der Zahnfuß-Tragfähigkeit; sie berücksichtigt die Gefahr des Zahnbruchs durch Biegung, Druck und Schub und ist bei Zähnen mit gehärteten Flanken von ausschlaggebender Bedeutung,

2. der Flanken-Tragfähigkeit; sie berücksichtigt die Gefahr der Grübchenbildung durch muschelförmige Ausbröckelungen an ungehärteten Zahnflanken und

3. der Gleit- und Fressverschleiß-Tragfähigkeit. Bei ungünstigen Kombinationen, z. B. von Belastung, Gleitgeschwindigkeit, Ölviskosität, Oberflächengüte und Zahnform, kann der Schmierfilm entweder zum Teil (bei Mischreibung) oder gänzlich (bei Trockenreibung) unterbrochen werden. Dabei kommt es zu metallischer Berührung der aufeinander gleitenden Zahnflanken. Die Oberflächen werden hierbei durch Verschleiß zerstört.

Den Gleitverschleiß und das Anfressen oder Ausglühen der Zähne formelmäßig darzustellen ist problematisch, da die vielfältigen Einflussgrößen zahlenmäßig schwierig zu erfassen sind. Praktisch kann die Zahnfressfestigkeit durch bessere Werkstoffe (Chrom- und Molybdän-Zusät-

Werkstoffgruppe	Kurzzeichen nach DIN	Behandlungs-zustand	mittlere Rauhtiefe *Rz* [2] µm	Härtewert am Zahnrad		Dauerfestigkeitswert für		statische Festig-keit für Zahnfuß σ
				Kern-werkstoff	Flanken-oberfläche	*Hertz*sche Pressung $\sigma_{H\,l}$	Zahnfuß-Festigkeit Schwellast [3] $\sigma_{F\,l}$ N/mm²	
Gusseisen mit Lamellen-graphit, DIN EN 1561	EN-GJL-250 (GG-25)	-	6	HB = 210	HB = 210	310	60	260
	EN-GJL-350 (GG-35)		6	HB = 230	HB = 230	360	80	350
Gusseisen mit Kugelgra-phit, DIN EN 1563	EN-GJS-400 (GGG-40)		6...7	HB = 170	HB = 170	360	200	800
	EN-GJS-600 (GGG-60)	-	6...7	HB = 250	HB = 250	490	220	1000
	EN-GJS-1000 (GGG-100)		6...7	HB = 300	HB = 300	610	240	1300
schwarzer Temperguss DIN EN 1562	EN-GJMB-350 (GTS-35)	-	6	HB = 140	HB = 140	360	190	800
	EN-GJMB-650 (GTS-65)		6...7	HB = 235	HB = 235	490	230	1000
Stahlguss, DIN 1681	GS-52	-	4...5	HB = 150	HB = 150	340 [4]	150	470
	GS-60		4...5	HB = 175	HB = 175	420 [4]	170	520
allgemeine Baustähle DIN EN 10 027	E295 (St50)	-	6	HB = 150	HB = 150	340 [4]	190	550
	E335 (St60)		6	HB = 180	HB = 180	400 [4]	200	650
	E360 (St70)		6	HB = 280	HB = 208	460 [4]	220	800
Vergütungsstähle, DIN EN 10 083	Ck45	normalisiert	3	HV10 = 185	HV10 = 185	590 [4]	200	800
	Ck60	vergütet	3	HV10 = 210	HV10 = 210	620 [4]	220	900
	37Cr4	vergütet	3	HV10 = 260	HV10 = 260	650 [4]	270	950
	34CrNiMo7	vergütet	3	HV10 = 310	HV10 = 310	770 [4]	320	1300
Vergütungsstähle brenn- oder induktionsgehärtet	Ck45	umlaufge-härtet, ein-schließlich Zahngrund	3	HV10 = 220	HV10 = 560	1100	270	1000
	37Cr4		3	HV10 = 270	HV10 = 610	1280	310	1150
	42CrMo6		3	HV10 = 275	HV10 = 650	1360	350	1300

8.50
Werkstoffe für Zahnräder, Richtwerte für die Festigkeit nach Prüfversuchen [1]; Fortsetzung und Fußnoten s. nächste Seite

Werkstoffgruppe	Kurzzeichen nach DIN	Behandlungszustand	mittlere Rauhtiefe *Rz* 2) µm	Härtewert am Zahnrad		Dauerfestigkeitswert für		statische Festigkeit für Zahnfuß σ
				Kernwerkstoff	Flankenoberfläche	*Hertz*sche Pressung $\sigma_{H\,l}$	Zahnfuß-Festigkeit Schwellast 3) $\sigma_{F\,l}$ N/mm²	
Vergütungsstähle nitriert	Ck45		3	HV10 = 220	HV1 = 400	1100	350	1100
	42CrMo4		3	HV10 = 275	HV1 = 500	1220	430	1450
	42CrMo4		3	HV10 = 275	HV1 = 550	1220	430	1450
Einsatzstähle, DIN EN 10 084	C15		3	HV10 = 190	HV1 = 720	1600	230	900
	16MnCr5		3	HV10 = 270	HV1 =720	1630	460	1400
	20MnCr5		3	HV10 = 330	HV1 =720	1630	480	1500
	15CrNi6		3	HV10 = 310	HV1 = 720	1630	500	1600
	18CrNi8		3	HV10 = 400	HV1 = 740	1630	500	1700
Duroplast-Schichtstoffe	Hartgewebe, grob		bei Lauf gegen gehärtetes, feingeschliffenes Stahlrad, Ölschmierung ≤ 60 °C, Umfangsgeschwindigkeit $v \leq 5$ m/s			110 5)	50	–
	Hartgewebe, fein					130 5)	60	–

Bei der Festlegung der Dauerfestigkeitswerte (oder der Sicherheiten) sind folgende Fußnoten zu beachten:

1) Die Verwendung der Dauerfestigkeitswerte an der oberen Grenze erfordert große Sorgfalt in der Wahl des Werkstoffes, der Werkstoffprüfung, der Wärmebehandlung und der werkstoff- und wärmebehandlungsgerechten Gestaltung der Zahnräder

Die Dauerfestigkeitswerte der Werkstoffe von GG-25 bis GS-60 ergeben sich an gefrästen Rädern der Qualitäten 7 bzw. 8 und die der Werkstoffe von St 50 bis 18CrNi8 mit geschliffenen bzw. geschabten Rädern der Qualitäten 5 bzw. 6

2) Die Rauhtiefe der Zahnflanken beeinflusst die zulässige Hertzsche Pressung $\sigma_{H\,P}$. Setzt man Bei $Rz \leq 3$ µm den Rauheitsfaktor gleich 1, so ist bei $Rz \approx 6$ µm $\sigma_{H\,P}$ um 15...20% zu reduzieren

3) Herstellungsmängel, wie Randentkohlung, Randoxydation, Anlasswirkungen durch Schleifen, Schleifkerben und Härterisse am Zahnfuß, können die Dauerfestigkeit erheblich mindern

4) Bei Lauf gegen Stahlzahnrad mit gehärteten und feingeschliffenen Flanken können die Werte bis um 20% erhöht werden.

5) Gültig für $\approx 10^8$ Überrollungen

8.50
Werkstoffe für Zahnräder, Richtwerte für die Festigkeit nach Prüfversuchen; Fortsetzung

ze), durch glatte und gehärtete Oberflächen sowie durch geeignete Schmiermittel erhöht werden. Auch hat der Modul einen großen Einfluss auf die Fressgefahr [8]. So zeigt sich bei $m \leq$ 1,25 mm kein Fressen, bei $m >$ (1,25 ... 2,5) mm Fressen bei großen Geschwindigkeiten und sehr dünnflüssigen Ölen, bei $m >$ (2,5 ... 5) mm Fressen bei mittleren Geschwindigkeiten und bei $m >$ (5 ... 10) mm Fressen bei kleinen Geschwindigkeiten und zähflüssigen Ölen.

Für die richtige Dimensionierung der Zahnräder sind neben den genannten Beanspruchungsarten und den dynamischen Zusatzkräften weitere Anforderungen zu beachten, z. B.

1. Starrheit der Wellen, Radkörper und Lagerungen
2. Lebensdauer; Dauerfestigkeit, Zeitfestigkeit
3. Laufruhe; Schwingungen, Geräuschbildung
4. Austauschbarkeit; Genauigkeit der Einbaumaße

Stand der Forschung: Die Forschung und Entwicklung auf dem Gebiet der Festigkeitsberechnung von Zahnrädern ist auch noch nicht abgeschlossen. Die rechnerische Beherrschung der Zahnfuß- und Flanken-Tragfähigkeit ist von besonderer Bedeutung und auch rechnerisch zuverlässig. Beide Verfahren werden in den folgenden Abschnitten zur Dimensionierung der Zahnräder benutzt. Darüber hinaus sind weitere Beanspruchungen ggf. durch zusätzliche Faktoren oder durch Erhöhung der Sicherheitsfaktoren bei der Festlegung der Zahnfuß- und Flanken-Tragfähigkeit zu berücksichtigen.

Zahnfußbeanspruchung von Geradstirnrädern mit Außen- und Innenverzahnung. Die Nachrechnung der Spannung im Zahnfuß ist stets getrennt für Ritzel und Rad durchzuführen. Im Allgemeinen genügt die Ausrechnung auf eine Stelle hinter dem Komma.

Allgemeines: Die durch die Normalkraft F_n im Zahn verursachten Spannungen kann man mit Hilfe der Spannungsoptik an Modellkörpern aus durchsichtigem Kunstharz in polarisiertem Licht sichtbar machen. Die Isochromaten (im Wechsel hell und dunkel auftretende Linien) zeigen, dass auf der Druckseite des gebogenen Zahnes die größten Spannungen auftreten (**8.51**). Der belastete Zahn wird gleichzeitig auf Biegung, Druck und Schub beansprucht (**8.52**).

Da die Profilüberdeckung $\varepsilon_\alpha > 1$ sein muss, verteilt sich die Normalkraft F_n zeitweise auf zwei Zahnpaare (**8.53a**). Diese Lastverteilung läuft bei Geradstirnrädern wie folgt ab (**8.53**):

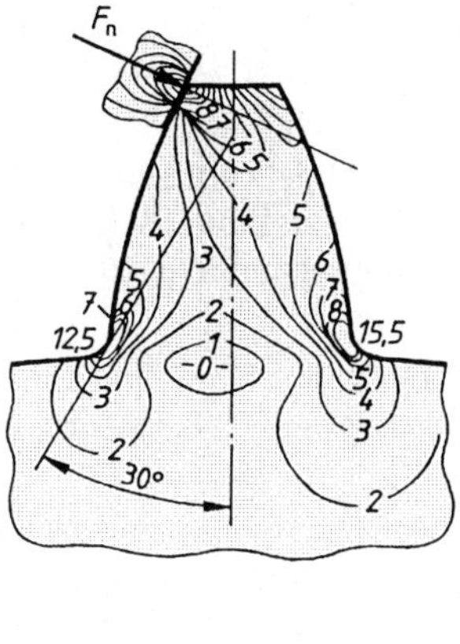

8.51
Spannungsoptische Aufnahme der Zahnfußbeanspruchung (nach Niemann)

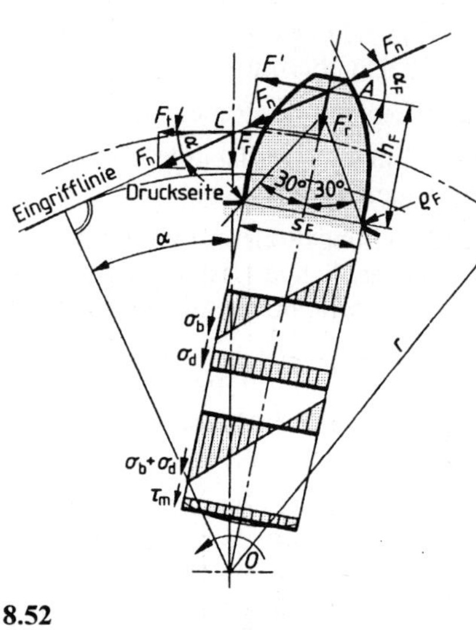

8.52
Spannungen am Zahnfuß bei Belastung am Kopfeingriffspunkt *A*

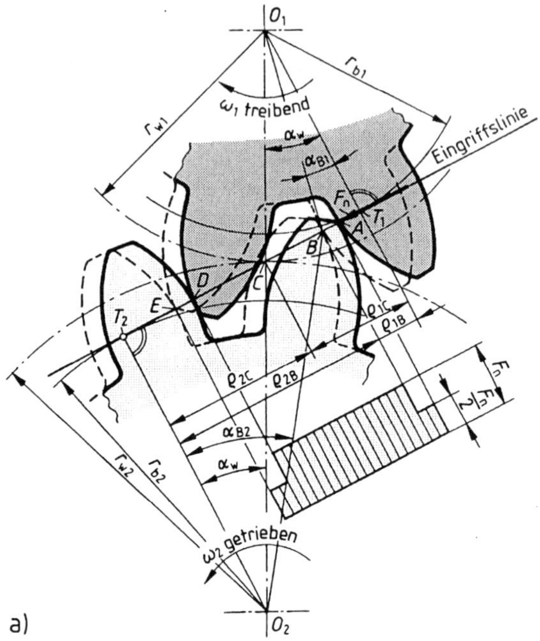

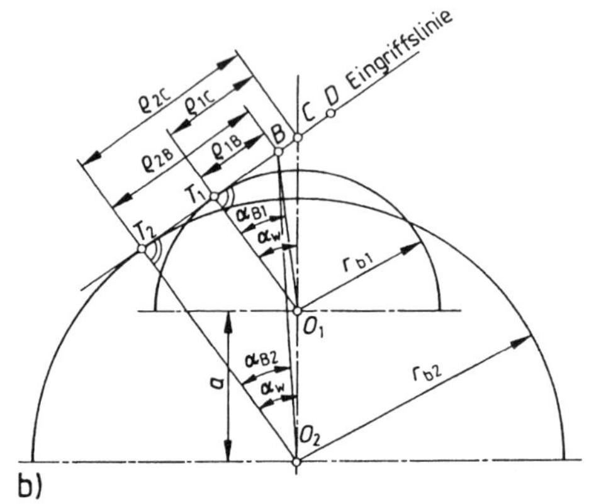

8.53
Verteilung der Belastung durch Doppeleingriff
a) ς_1 und ς_2 sind die Krümmungshalbmesser der Zahnflanken im jeweiligen Einzeleingriffspunkt
b) Krümmungshalbmesser ς_1 und ς_2 am Innenzahnradgetriebe

A Fußeingriffspunkt des Ritzels; der Eingriff beginnt, also wird F_n von zwei Zahnpaaren aufgenommen

B innerer Einzeleingriffspunkt des Ritzels; ein Zahnpaar geht bei Punkt *E* außer Eingriff, also wird F_n vom Zahnpaar im Punkt *B* allein übertragen

C Wälzpunkt

D innerer Einzeleingriffspunkt des Rades; es erfolgt jetzt der Übergang vom Einzel- zum Doppel-Eingriff, also übertragen zwei Paare die Kraft F_n

E Fußeingriffspunkt des Rades; der Eingriff ist beendet

Der innere Einzeleingriffspunkt des einen Rades ist gleichzeitig der äußere Einzeleingriffspunkt des anderen Rades.

Form- und Teilungsfehler sowie elastische Verformung der Zähne verursachen eine Abweichung der tatsächlichen Lastverteilung von der theoretischen Darstellung (**8.53**). Nur für Verzahnungen mit sehr hoher Genauigkeit treffen die Doppeleingriffsgebiete $\overline{AB}$ und $\overline{DE}$ nach Bild (**8.53a**) zu.

Bei Normalverzahnung (DIN 867) wird der Einzeleingriffspunkt am Kopfeingriffspunkt angenommen (**8.52**), weil die Ermittlung der Einzeleingriffspunkte *B* und *D* (**8.53**) sehr zeitraubend ist und den praktischen Verhältnissen nicht entspricht.

Nach Überschreiten der Elastizitätsgrenze kann auf Grund der plastischen Verformung auf der Zugseite des Zahnes ein Anriss eintreten, obgleich die größten Spannungen auf der Druckseite auftreten (**8.51**). Bei dieser Betrachtung ist zu beachten, dass mit der plastischen Verformung eine Änderung der Elastizitätsgrenze (*Bauschinger*-Effekt) [3] erfolgt und aus dem rechteckigen Zahnfußquerschnitt ein trapezförmiger wird, was mit einer Verlagerung der Hauptträgheitsachsen verbunden ist.

Ermittlung der Spannung im Zahnfuß. Der Berechnungsquerschnitt des Zahnfußes ist durch den Berührungspunkt der 30°-Tangenten an die Fußausrundungen festgelegt (**8.52**). Man bestimmt

die Biegespannung

$$\sigma_b = \frac{F' \cdot h_F}{W} = \frac{F' \cdot h_F \cdot 6}{b \cdot s_F^2} = \frac{F_t}{b} \cdot \frac{6 \cdot h_F \cdot \cos\alpha_F}{s_F^2 \cdot \cos\alpha}$$

die Druckspannung

$$\sigma_d = \frac{F'_r}{b \cdot s_F} = \frac{F_t}{b} \cdot \frac{\sin\alpha_F}{s_F \cdot \cos\alpha}$$

und die (mittlere) Schubspannung

$$\tau_m = \frac{F'}{b \cdot s_F} = \frac{F_t}{b} \cdot \frac{\cos\alpha_F}{s_F \cdot \cos\alpha}$$

Diese Einzelspannungen ergeben zusammen eine Vergleichsspannung. Untersuchungen haben aber gezeigt, dass die Rechnung hinreichend genau ist, wenn der Dimensionierung nur die Biegespannung zugrunde gelegt wird. Damit ergibt sich, erweitert mit dem Modul *m*, die **Zahnfußspannung**

$$\boxed{\sigma_b = \frac{F_t}{b \cdot m} \cdot \frac{6 \cdot m \cdot h_F \cdot \cos\alpha_F}{s_F^2 \cdot \cos\alpha} = \frac{F_t}{b \cdot m} \cdot Y_F} \tag{8.47}$$

Der **Zahnformfaktor** Y_F kann **für Außenverzahnungen** mit Bezugsprofil nach DIN 867 für $z = z_n$, x und $\beta = 0°$ aus Bild **8.54** entnommen werden.

Der **Zahnformfaktor für die Innenverzahnung** ist gleich dem für eine Zahnstange mit Bezugsprofil nach DIN 867 und mit $c = 0{,}25 \cdot m$, die mit dem Ritzel der Innenverzahnung kämmt und gleiche Zahnhöhe wie die Innenverzahnung hat,

$$\boxed{Y_F = 2{,}06 - 1{,}18 \cdot \left(2{,}25 - \frac{d_{a2} - d_{f2}}{2 \cdot m}\right)} \tag{8.48}$$

In diese Gleichung ist bei Kopfkürzung $d_{a\,k}$ nach Gl. (8.32) einzusetzen.

Die näherungsweise Umrechnung des Kraftangriffs am Zahnkopf auf den äußeren Einzeleingriffspunkt *B* (**8.53**) berücksichtigt der **Lastanteilfaktor**

$$\boxed{Y_\varepsilon = \frac{1}{\varepsilon_\alpha}} \tag{8.49}$$

Bei hoher Verzahnungsqualität und relativ großer Belastung kann mit einer Lastverteilung auf mehr als einem Zahnpaar gerechnet werden. Diese Einflüsse erfasst ein Stirnlastverteilungsfaktor $K_{F\alpha}$, der von einem Hilfsfaktor q_L und von der Profilüberdeckung ε_α abhängt. Verzahnungsqualität bzw. der Eingriffsteilungsfehler f_{pe} in µm und die Belastung je mm Zahnbreite F_t/b in N/mm bestimmen den Hilfsfaktor durch die Zahlenwertgleichung

$$\boxed{q_L = 0{,}4 \cdot \left(1 + \frac{9{,}81 \cdot (f_{pe} - 2)}{F_t / b}\right)} \tag{8.50}$$

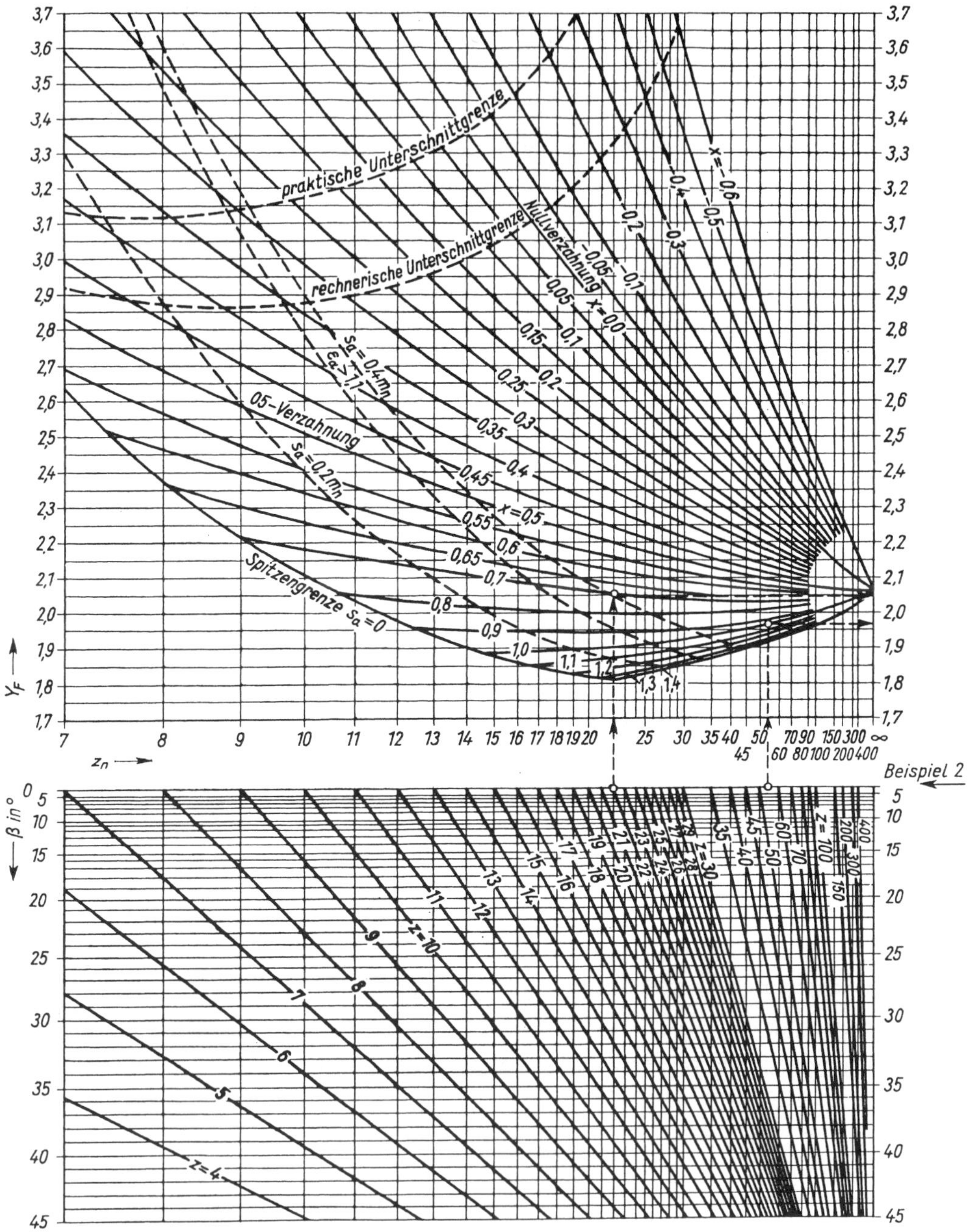

8.54
Zahnformfaktor Y_F für Außenverzahnung
Geltungsbereich: Bezugsprofil nach DIN 867 mit $\alpha_n = 20°$, Werkzeugkopfhöhe $h_{a\,O} = 1{,}25 \cdot m_n$, Werkzeugkopfabrundung $\rho_{a\,O} = 0{,}25 \cdot m_n$ und für $d_a \approx d_{a\,k}$
für Beispiel 2: $z_3 = 22$ $x_3 = 0{,}71$ $Y_{F\,3} = 2{,}05$ $z_4 = 55$ $x_4 = 0{,}9857$ $Y_{F\,4} = 1{,}97$

Erhält man hieraus $q_L < 0{,}5$, so setzt man $q_L = 0{,}5$ bzw. für $q_L > 1$ den Hilfsfaktor $q_L = 1$ in die weitere Berechnung ein. Der Wert $q_L = 0{,}5$ bedeutet, dass die Umfangskraft auf die im Eingriff befindlichen Zahnpaare gleichmäßig verteilt ist; bei $q_L = 1$ überträgt nur ein Zahnpaar die gesamte Umfangskraft. Aus Bild **8.56** kann abhängig vom Teilkreisdurchmesser d_2 des größeren Rades, vom Modul $m = m_n$ und von der Verzahnungsqualität der Faktor q_L und auch der zulässige Eingriffsteilungsfehler f_{pe} des Rades entnommen werden (DIN 3962).

Für die Profilüberdeckung $\varepsilon_\alpha < 2$ besteht für den Stirnlastverteilungsfaktor der Zusammenhang

$$\boxed{1 \geq K_{F\alpha} \geq q_L \cdot \varepsilon_\alpha} \qquad (8.51)$$

Für $q_L > \frac{1}{\varepsilon_\alpha}$ wird $K_{F\alpha} \geq q_L \cdot \varepsilon_\alpha$ und für $q_L \leq \frac{1}{\varepsilon_\alpha}$ wird $K_{F\alpha} = 1$ gesetzt. Für grobe Verzahnung und für Überschlagsrechnung wird mit $q_L = 1$ der **Stirnlastverteilungsfaktor**

$$\boxed{K_{F\alpha} = \varepsilon_\alpha} \qquad (8.52)$$

Beim Nachrechnen eines vorhandenen Radpaares mit bekannten (gemessenen) Eingriffsteilungsfehlern geht man mit den Werten $f_{pe} = \bar{f}_{pe1} - \bar{f}_{pe2}$ und F_t/b in das Bild **8.56** und ermittelt q_L. Dabei sind die Vorzeichen für die mittleren Fehler $\bar{f}_{pe1}, \bar{f}_{pe2}$ zu beachten.

Unter Berücksichtigung der genannten Faktoren lautet die allgemeine Gleichung für die **Zahnfußspannung**

$$\boxed{\sigma_F = \frac{F_t}{b \cdot m} \cdot Y_F \cdot Y_\varepsilon \cdot K_{F\alpha} \leq \sigma_{FP}} \qquad (8.53)$$

Die **zulässige Zahnfußspannung** σ_{FP} ergibt sich aus der Schwellfestigkeit $\sigma_{F\,l}$ der Zähne (**8.50**) unter Beachtung der erforderlichen Sicherheit S_F (Bild **8.55**)

$$\boxed{\sigma_{FP} = \frac{\sigma_{Fl}}{S_F}} \qquad (8.54)$$

Die Auswahl der Festigkeit und Sicherheit geschieht unter Beachtung der Wirtschaftlichkeit sowie aller Einflussgrößen auf das Getriebe (s. auch Fußnoten zu **8.50**). Bei Wechselbeanspruchung der Zähne (z. B. bei Zwischenrädern) wird der 0,6...0,7fache Wert der Schwellfestigkeit in Gl. (8.54) eingesetzt: $\sigma'_{F\,l} = (0{,}6...0{,}7) \cdot \sigma_{F\,l}$.

Herstellungsmängel, wie Randentkohlung, Randoxydation und örtliche Anlasswirkung durch Schleifen, mindern die Dauerfestigkeit.

Für hochbeanspruchte Zahnräder aus Stahl ist bevorzugt geschmiedetes Ausgangsmaterial zu verwenden, damit die Beanspruchung quer zur Faser im Zahnfuß vermieden wird.

Sicherheit gegen	Dauergetriebe	Zeitgetriebe
Zahnbruch S_F	1,5 ... 3,5	1,3 ... 2,0
Grübchenbildung S_H	1,3 ... 3,0	1,0 ... 1,5

8.55
Erforderliche Sicherheiten (Mindestwerte)

Flankenbeanspruchung von Geradstirnrädern mit Außen- und Innenverzahnung. Es ist die Flankenpressung im Wälzpunkt und in manchen Fällen auch die Pressung in den inneren Einzeleingriffspunkten zu ermitteln.

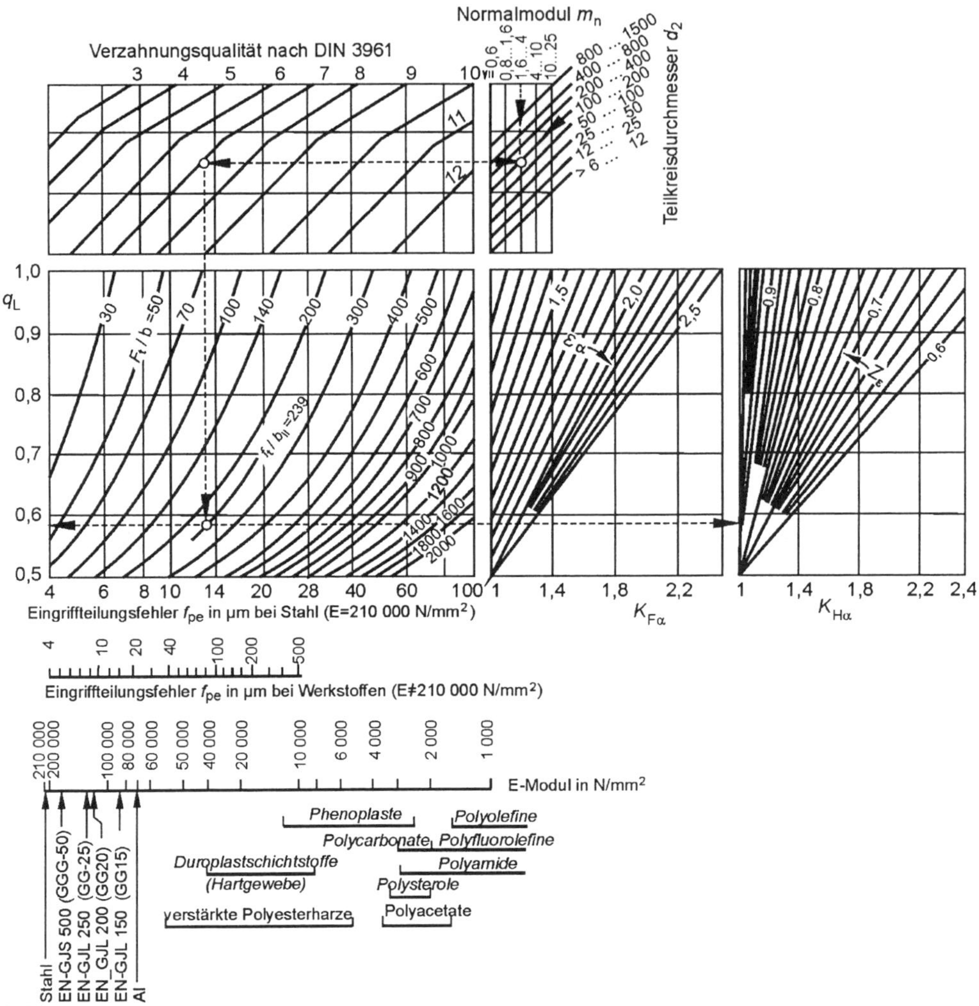

8.56
Hilfsfaktor q_L und Stirnlastverteilungsfaktor $K_{F\alpha}$ und $K_{H\alpha}$

Beispiel 2: $d_4 = 137{,}5$ mm, $m = m_n = 2{,}5$ mm, Qualität 7, $F_{t\,II}/b_{II} = 239$ N/mm, $\varepsilon_{\alpha\,II} = 1{,}28$, $Z_{\varepsilon\,II} = 0{,}95$: $q_{L\,II} = 0{,}585$, $K_{F\alpha} = 1$, $K_{H\alpha} \approx 1$

Allgemeines. Unter Last stehende Zahnflanken platten sich an der Berührungsstelle ab (**8.57**). Bei ungleichmäßiger Pressung können Druckspitzen die Streckgrenze des Werkstoffes überschreiten. An den Zahnflanken entstehen dadurch feine Risse, in die Öl eindringt, das infolge hoher Druckentwicklung kleine muschelförmige Werkstoffteilchen heraussprengt. Es bilden sich Grübchen (Pittings) aus, die nicht mit Rillen, die durch Reibverschleiß entstehen, verwechselt werden sollten (s. auch DIN 3979). Grübchenbildung wurde hauptsächlich an ungehärteten und vergüteten Werkstoffen und nur bei Vorhandensein von Schmiermitteln beobachtet. Außer der zu hohen Flächenpressung beeinflussen ungeeignete Schmiermittel, Relativgeschwindigkeit und Oberflächenbeschaffenheit der Zahnflanken die Grübchenbildung maßgebend. Es ist zwischen degressiver (Einlaufgrübchen) und progressiver Grübchenbildung zu unterscheiden. Um Schaden zu vermeiden, soll im Betrieb eine mehrfache Kontrolle vorgenommen werden, von der die erste nicht vor 10^6 Lastwechseln zu erfolgen braucht. Zum Beurteilen der Sicherheit gegen Grübchenbildung wird die *Hertz*sche Pressung benutzt.

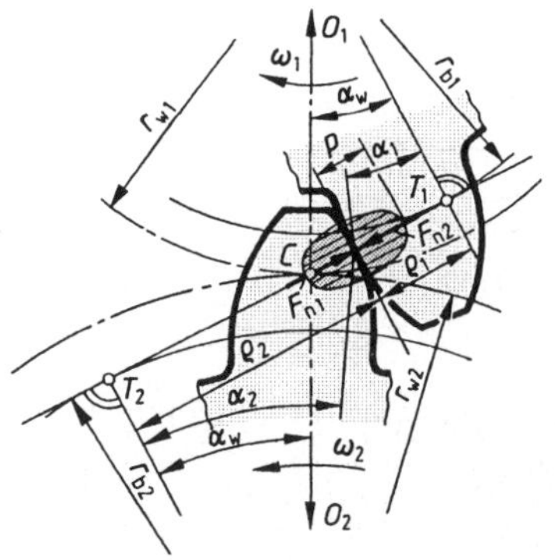

8.57
Wälzpressung an den Zahnflanken

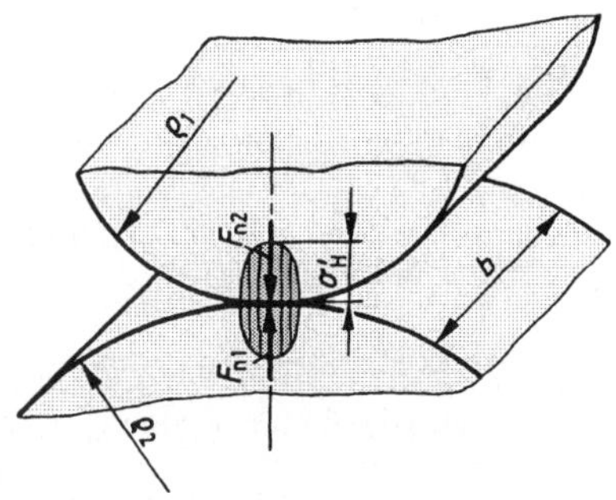

8.58
*Hertz*sche Pressung σ_H zwischen zwei zusammengepressten Kreiszylindern

***Hertz*sche Pressung**. Werden zwei Zylinder (**8.58**) mit der Normalkraft F_n zusammengepresst, so stellt sich im Bereich der Mantellinien eine elliptische Spannungsverteilung ein. Bei dieser ist die **maximale Pressung** (*Hertz*sche Pressung)

$$\boxed{\sigma'_H = \sqrt{\frac{F_n \cdot E}{2 \cdot \pi \cdot \rho \cdot b \cdot (1-\nu^2)}} = \sqrt{0{,}175 \cdot \frac{F_n \cdot E}{\rho \cdot b}}} \tag{8.55}$$

Hierhin bedeuten:

F_n die Normalkraft am Zahn

E der Elastizitätsmodul; aus $\frac{1}{E} = \frac{1}{2}\left(\frac{1}{E_1} + \frac{1}{E_2}\right)$ folgt $E = \frac{2 \cdot E_1 \cdot E_2}{E_1 + E_2}$

(E_1 = E-Modul des Ritzels und E_2 = E-Modul des Rades)

ρ der Krümmungshalbmesser; aus $\frac{1}{\rho} = \frac{1}{\rho_1} + \frac{1}{\rho_2}$ folgt $\rho = \frac{\rho_1 \cdot \rho_2}{\rho_1 + \rho_2}$

b die Wälzbreite

ν die Poissonsche Konstante (Querzahl); für Stahl und Leichtmetall $\nu \approx 0{,}3$

***Hertz*sche Pressung, angewendet auf Zahnräder**. Die Gl. (8.55) ist nur bei ruhig beanspruchten Walzen und bei Druckspannungen unterhalb der Proportionalitätsgrenze anzuwenden. Die *Hertz*sche Pressung nach Gl. (8.55) erfasst die wirkliche Beanspruchung der Zahnräder nur annähernd, weil zusätzlich die Reibkraft $\mu \cdot F_n$ und der hydrodynamische Druck im Ölfilm eine Rolle spielen.

Für den beliebigen Berührungspunkt zweier Flanken (**8.57**) besteht die Beziehung

$$\sin\alpha_w = \frac{\rho_1 + \rho_2}{r_{w1} + r_{w2}} \quad \text{oder} \quad \rho_1 + \rho_2 = (r_{w1} + r_{w2}) \cdot \sin\alpha_w$$

Mit dem Zahnverhältnis $u = \frac{z_{\text{Rad}}}{z_{\text{Ritzel}}} = \frac{z_2}{z_1} = \frac{d_2}{d_1} = \frac{r_{w2}}{r_{w1}} \geq 1$ ergibt sich

$$\rho_1 + \rho_2 = (u \cdot r_{w1} + r_{w1}) \cdot \sin\alpha_w = r_{w1} \cdot (u+1) \cdot \sin\alpha_w$$

Mit $\rho_1 = r_{b1} \cdot \tan\alpha_1$ (**8.57**) und $\rho_2 = r_{b2} \cdot \tan\alpha_2 = u \cdot r_{b1} \cdot \tan\alpha_2$

folgt $$\rho = \frac{\rho_1 \cdot \rho_2}{\rho_2 + \rho_2} = \frac{r_{b1} \cdot \tan\alpha_1 \cdot u \cdot r_{b1} \cdot \tan\alpha_2}{r_{w1} \cdot (u+1) \cdot \sin\alpha_w} = \frac{r_{b1}^2 \cdot u \cdot \tan\alpha_1 \cdot \tan\alpha_2}{(u+1) \cdot r_{w1} \cdot \sin\alpha_w}$$

und mit $r_{w1} = r_1 \cdot \dfrac{\cos\alpha}{\cos\alpha_w}$, Gl. (8.25), und $r_{b1} = r_1 \cdot \cos\alpha$, Gl. (8.21),

folgt $$\rho = \frac{r_1^2 \cdot \cos^2\alpha \cdot u \cdot \tan\alpha_2 \cdot \cos\alpha_w}{(u+1) \cdot r_1 \cdot \cos\alpha \cdot \sin\alpha_w} = \frac{d_1 \cdot u \cdot \cos\alpha \cdot \tan\alpha_1 \cdot \tan\alpha_2}{2 \cdot (u+1) \cdot \tan\alpha_w}$$

Damit ergibt sich mit $F_n = \dfrac{F_t}{\cos\alpha}$ entsprechend Gl. (8.55) für einen **beliebigen Zahneingriffspunkt die *Hertz*sche Pressung** in beiden sich berührenden Flanken

$$\sigma''_H = \sqrt{0{,}175 \cdot \frac{F_t \cdot E}{b \cdot \cos\alpha} \cdot \frac{2 \cdot (u+1) \cdot \tan\alpha_w}{d_1 \cdot u \cdot \cos\alpha \cdot \tan\alpha_1 \cdot \tan\alpha_2}}$$

oder $$\boxed{\sigma''_H = \sqrt{0{,}35 \cdot \frac{u+1}{u} \cdot \frac{F_t \cdot E}{b \cdot d_1} \cdot \frac{\tan\alpha_w}{\cos^2\alpha \cdot \tan\alpha_1 \cdot \tan\alpha_2}}} \qquad (8.56)$$

***Hertz*sche Pressung σ_H im Wälzpunkt *C*.** Bei Flankenüberführung im Wälzpunkt C ist $\alpha_1 = \alpha_2 = \alpha_w$. Damit folgt aus Gl. (8.56)

$$\boxed{\sigma_H = \sqrt{0{,}35 \cdot \frac{u+2}{u} \cdot \frac{F_t \cdot E}{b \cdot d_1} \cdot \frac{1}{\cos^2\alpha \cdot \tan\alpha_w}}} \qquad (8.57)$$

mit $u = z_{Rad}/z_{Ritzel} \geq 1$ und mit dem Teilkreisdurchmesser des Ritzels d_1. Zur Vereinfachung der Berechnung werden folgende Faktoren eingeführt:

1. Materialfaktor

$$\boxed{Z_M = \sqrt{0{,}35 \cdot E}} \quad \text{in } \sqrt{\text{N/mm}^2} \quad \text{mit } E \text{ in N/mm}^2 \qquad (8.58)$$

Vorstehende Gleichung gilt für Stahl und Leichtmetall mit $\nu = 0{,}3$ (Poisson-Zahl). Für die hauptsächlich vorkommenden Werkstoffpaarungen ist Z_M aus Bild **8.59** [22] zu entnehmen.

2. Flankenformfaktor

$$\boxed{Z_H = \frac{1}{\cos\alpha} \cdot \sqrt{\frac{1}{\tan\alpha_w}}} \qquad (8.59)$$

Für Verzahnungen mit $\alpha = \alpha_n = 20°$ (DIN 867) ist Z_H als Funktion von $z_1 + z_2$ und $x_1 + x_2$ mit $\beta = 0°$ dem Bild **8.60** [22] zu entnehmen.

Rad Werkstoff	Rad Kurzzeichen	Elastizitätsmodul E N/mm^2	Gegenrad Werkstoff	Gegenrad Kurzzeichen	Elastizitätsmodul E N/mm^2	Materialfaktor Z_M $\sqrt{\text{N/mm}^2}$
Stahl	St	210 000	Stahl	St	210 000	268
			Stahlguss	GS-60	205 000	267
				GS-52	205 000	258
			Gusseisen mit Kugelgraphit	EN-GJS-500 (GGG-50)	176 000	257
				EN-GJS-400 (GGG-40)	175 000	256
			Guss-Zinnbronze	G-SnBz41	105 000	219
			Kupfer-Zinn (Zinnbronze)	CuSn8	115 000	226
			Gusseisen mit Lamellengraphit (Grauguss)	EN-GJL-250 (GG-25)	128 000	234
				EN-GJL-200 (GG-20)	120 000	229
Stahlguss	GS-60	205 000	Stahlguss	GS-52	205 000	265
			Gusseisen mit Kugelgraphit	EN-GJS-500 (GGG-50)	176 000	255
			Gusseisen mit Lamellengraphit (Grauguss)	EN-GJL-200 (GG-20)	120 000	228
Gusseisen mit Kugelgraphit	EN-GJS-500 (GGG-50)	176 000	Gusseisen mit Kugelgraphit	EN-GJS-400 (GGG-40)	175 000	246
			Gusseisen mit Lamellengraphit (Grauguss)	EN-GJL-250 (GG-20)	120 000	221
Gusseisen mit Lamellengraphit (Grauguss)	EN-GJL-250 (GG-25)	128 000	Gusseisen mit Lamellengraphit (Grauguss)	EN-GJL-200 (GG-20)	120 000	206
	EN-GJL-200 (GG-20)	120 000				203

8.59
Materialfaktor Z_M in $\sqrt{\text{N/mm}^2}$

Mit den Faktoren Z_M und Z_H erhält man für die ***Hertz*sche Pressung im Wälzpunkt *C***

$$\sigma_H = Z_M \cdot Z_H \cdot \sqrt{\frac{u+1}{u} \cdot \frac{F_t}{b \cdot d_1}} \tag{8.60}$$

Den Einfluss der Profilüberdeckung berücksichtigt der **Überdeckungsfaktor** (DIN 3990)

$$Z_\varepsilon = \sqrt{\frac{4-\varepsilon_\alpha}{3}} \tag{8.61}$$

Entsprechend den Ausführungen zu Gl. (8.49), (8.50) und (8.52) wird hier mit einem **Stirnlastverteilungsfaktor**

$$K_{H\alpha} = 1 + 2 \cdot (q_L - 0{,}5) \cdot \left(\frac{1}{Z_\varepsilon^2} - 1\right) \tag{8.62}$$

gerechnet (s. auch Bild **8.56**). Bei grober Verzahnung und für die Überschlagsrechnungen setzt man mit $q_L = 1$ für

$$K_{\mathrm{H}\alpha} = \frac{1}{Z_\varepsilon^2} \tag{8.63}$$

Somit lautet die Festigkeitsbedingung für die ***Hertz*sche Pressung im Wälzpunkt *C***

$$\sigma_\mathrm{H} = Z_\mathrm{M} \cdot Z_\mathrm{H} \cdot Z_\varepsilon \cdot \sqrt{\frac{u+1}{u} \cdot \frac{F_\mathrm{t}}{b \cdot d_1} \cdot K_{\mathrm{H}\alpha}} \leq \sigma_\mathrm{HP1} \quad \text{bzw.} \quad \leq \sigma_\mathrm{HP2} \tag{8.64}$$

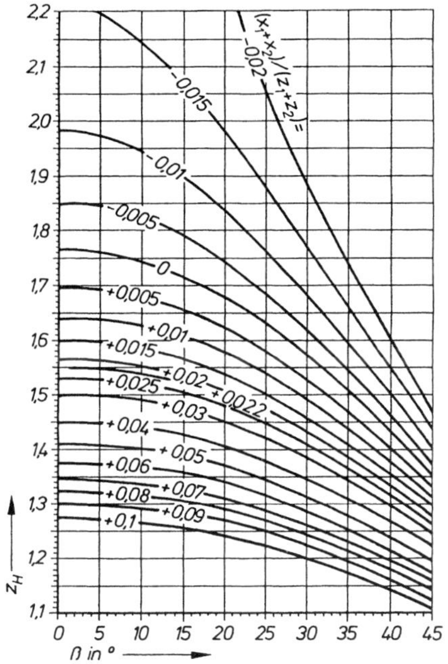

8.60
Flankenformfaktor Z_H
Geltungsbereich: Bezugsprofil nach DIN 867 mit $\alpha_\mathrm{n} = 20°$

Beispiel 2: $\frac{x_3 + x_4}{z_3 + z_4} = \frac{0{,}71 + 0{,}9857}{22 + 55} = 0{,}022$

$\beta = 0°$ $Z_\mathrm{H} = 1{,}55$

Die zulässige *Hertz*sche Pressung σ_HP ist stets getrennt für Ritzel und Rad zu berechnen. Sie ergibt sich aus der Dauerfestigkeit σ_Hl der Zähne (s. Bild **8.50**) unter Beachtung der erforderlichen Sicherheit S_H (s. Bild **8.55**)

$$\sigma_\mathrm{HP} = \frac{\sigma_\mathrm{Hl}}{S_\mathrm{H}} \tag{8.65}$$

Bei Außenverzahnung mit $z_\mathrm{n} \leq 20$ und Innenverzahnung mit $z_\mathrm{n} \leq 30$ ist die ***Hertz*sche Pressung σ_HB im inneren Einzeleingriffspunkt *B* des Ritzels** nachzuweisen, da hier der Krümmungshalbmesser ρ_1 kleiner ist als im Wälzpunkt *C* (s. Bild **8.53**). Bei Geradverzahnung ist $z_\mathrm{n} = z$. Mit den Pressungswinkeln $\alpha_1 = \alpha_\mathrm{B\,1}$ und $\alpha_2 = \alpha_\mathrm{B\,2}$ folgt aus Gl. (8.56) für die Pressung

$$\sigma_\mathrm{HB} = \sqrt{0{,}35 \cdot \frac{u+1}{u} \cdot \frac{F_\mathrm{t} \cdot E}{b \cdot d_1} \cdot \frac{\tan \alpha_\mathrm{w}}{\cos^2 \alpha \cdot \tan \alpha_\mathrm{B1} \cdot \tan \alpha_\mathrm{B2}}} \tag{8.66}$$

Zur Vereinfachung setzt man $\sigma_\mathrm{HB} = \sigma_\mathrm{H} \cdot Z_\mathrm{B} \leq \sigma_\mathrm{HP}$. Hierbei ist der Ritzeleingriffsfaktor

$$\boxed{Z_B = \sqrt{\frac{\rho_{1C} \cdot \rho_{2C}}{\rho_{1B} \cdot \rho_{2B}}}} \quad (8.67)$$

Die Krümmungshalbmesser können aus einer graphischen Darstellung (**8.53**) entnommen werden. Berechnung der Faktoren Z_B und Z_D s. auch DIN 3990 Bl. 7.

***Hertz*sche Pressung $\sigma_{H\,D}$ im inneren Einzeleingriffspunkt *D* des Rades**. Entsprechend den Ausführungen für den Einzeleingriffspunkt *B* setzt man auch für Punkt *D*

$$\boxed{\sigma_{HD} = \sigma_H \cdot Z_D \le \sigma_{HP}} \quad \text{mit} \quad \boxed{Z_D = \sqrt{\frac{\rho_{1C} \cdot \rho_{2C}}{\rho_{1D} \cdot \rho_{2D}}}} \quad (8.68) \ (8.69)$$

Laufruhe. Geräuschprüfung und Geräuschmessung an Zahnradgetrieben geben zwar keinen direkten Einblick in die Funktionsfähigkeit, gehören aber im modernen Getriebebau zur Qualitätsprüfung. In der Praxis werden vielfach zwei Methoden angewendet:

1. (Subjektive) Methode durch Abhören: Die Beurteilung erfolgt durch Vergleich der Geräusche von Prüfling und Grenzmuster oder durch Abhören einer bekannten Tonbandaufnahme.

2. Exakte Geräuschmessung mit Schallmesseinrichtungen: Die Lautstärke in dB (Dezibel) ist ein Maß der Schallenergie.

Geräuschursachen an Zahnrädern: Bei der Gleit- und Wälzbewegung der Zahnflanken können Oberflächenschwingungen mit (2000 ... 5000) Hz entstehen. Diese sehr lauten Geräusche beruhen auf Schwingungen, die durch Formabweichungen, Teilungsfehler und elastische Verformung der Zähne verursacht werden. Die Schwingungen der Zähne werden durch die wechselnde Belastung infolge Einzel- und Doppeleingriff angeregt. Um den Einfluss der Teilungsfehler klein zu halten, soll das Zähnezahlverhältnis nicht ganzzahlig sein. Reibgeräusche können durch Verbesserung der Oberflächengüte der Zahnflanken, durch geeignete Schmiermittel und durch kleine Relativgeschwindigkeiten ($w = w_1 - w_2$; s. Abschn. 8.3.1) vermindert werden.

Beispiel 2

Für die Getriebestufe II nach Beispiel 1 (**8.37**) ist die Tragfähigkeitsberechnung für einsatzgehärtete Zahnräder mit der Verzahnungsqualität 7 nach DIN 3962, 3963, 3967 durchzuführen. Die Antriebsleistung beträgt P = 20,4 kW bei n = 1420 min^{-1} und der Betriebsfaktor φ = 1,2.

Benennung und Bemerkung	Tragfähigkeitsberechnung der Getriebestufe II Rad *3*	 Rad *4*
aus Beispiel 1 sind bekannt	$z_3 = 22$; $d_3 = 55\,\text{mm}$ $d_{w3} = 57{,}14\,\text{mm}$; $x_3 = 0{,}71$	$z_4 = 55$; $d_4 = 137{,}5\,\text{mm}$ $d_{w4} = 142{,}86\,\text{mm}$; $x_4 = 0{,}9857$
	$m = 2{,}5\,\text{mm}$; $\alpha_{wII} = 25°15' = 25{,}25°$; $\varepsilon_3 = 2{,}39$; $\varepsilon_4 = 4{,}66$; $\varepsilon_{aII} = 5{,}78$; $\varepsilon_{\alpha II} = 1{,}27$	
Zahnfußspannung, Gl. (8.53)	$\sigma_{F3} = \dfrac{F_{tII}}{b_{II} \cdot m} \cdot Y_{F3} \cdot Y_{\varepsilon II} \cdot K_{F\alpha III} \le \sigma_{FP3}$	$\sigma_{F4} = \dfrac{F_{tII}}{b_{II} \cdot \text{m}} \cdot Y_{F4} \cdot Y_{\varepsilon II} \cdot K_{F\alpha III} \le \sigma_{FP4}$

Beispiel 2, Fortsetzung

Benennung und Bemerkung	Tragfähigkeitsberechnung der Getriebestufe II Rad *3*	Rad *4*
Nenn-Drehmoment, Gl. (8.40)	$T_3 = T_1 = 9{,}55 \cdot 10^6 \cdot \dfrac{P_1}{n_1} = 9{,}55 \cdot 10^6 \cdot \dfrac{20{,}4}{1420} = 137100\,\text{Nmm}$	
Umfangskraft, Gl. (8.41)	$F_{\text{t II}} = \varphi \cdot \dfrac{2 \cdot T_3}{d_3} = 1{,}2 \cdot \dfrac{2 \cdot 137100\,\text{Nmm}}{55\,\text{mm}} = 5980\,\text{N}$	
Zahnbreite, Bild **8.54**	$b_{\text{II}} = 25$ mm gewählt, da Schieberad schmaler als nach Bild **8.54**	
Zahnformfaktor, Bild **8.54**	$Y_{\text{F3}} = f(z_3; x_3) = 2{,}05$ (für $\beta = 0°$)	$Y_{\text{F4}} = f(z_4; x_4) = 1{,}97$ (für $\beta = 0°$)
Lastenteilfaktor, Gl. (8.49)	$Y_{\varepsilon\,\text{II}} = \dfrac{1}{\varepsilon_{\alpha\,\text{II}}} = \dfrac{1}{1{,}27} = 0{,}788$	
Hilfsfaktor, Bild **8.56** oder Gl. (8.50)	$q_{\text{L II}} = f\left(d_4; m; \text{Qualität}; \dfrac{F_{\text{t II}}}{b_{\text{II}}}\right) = 0{,}585$	d_4, m und Qualität führen zunächst auf den zul. Eingriffsteilungsfehler f_{pe} des Rades *4*
Stirnlastverteilungsfaktor, Gl. (8.50)	da $q_{\text{L II}} = 0{,}585 < \dfrac{1}{\varepsilon_{\alpha\,\text{II}}} = 0{,}78$ ist, wird $K_{\text{F II}} = 1$	
Zahnfußspannung	$\sigma_{\text{F3}} = \dfrac{5980\,\text{N}}{25\,\text{mm} \cdot 2{,}5\,\text{mm}} \cdot 2{,}05$ $\cdot 0{,}78 \cdot 1 = 153\,\text{N/mm}^2$	$\sigma_{\text{F4}} = \dfrac{5980\,\text{N}}{25\,\text{mm} \cdot 2{,}5\,\text{mm}} 21{,}97$ $\cdot 0{,}78 \cdot 1 = 147\,\text{N/mm}^2$
zul. Zahnfußspannung, Gl. (8.54)	$\sigma_{\text{FP3}} = \dfrac{\sigma_{\text{F13}}}{S_{\text{F3}}}$	$\sigma_{\text{FP4}} = \dfrac{\sigma_{\text{F14}}}{S_{\text{F4}}}$
Werkstoff, Bild **8.50**	gewählt: C15 $\sigma_{\text{F13}} = 230\,\text{N/mm}^2$ $\sigma_{\text{H13}} = 1600\,\text{N/mm}^2$	gewählt: C15 $\sigma_{\text{F14}} = 230\,\text{N/mm}^2$ $\sigma_{\text{H14}} = 1600\,\text{N/mm}^2$
Sicherheitsfaktor gegen Zahnfußdauerbruch, Bild **8.55**	$S_{\text{F3}} = 1{,}5$ (entsprechend den Betriebsverhältnissen)	$S_{\text{F4}} = 1{,}5$ (entsprechend den Betriebsverhältnissen)
zul. Zahnfußbeanspruchung	$\sigma_{\text{FP3}} = \dfrac{230\,\text{N/mm}^2}{1{,}5}$ $= 153\,\text{N/mm}^2$	$\sigma_{\text{FP4}} = \dfrac{230\,\text{N/mm}^2}{1{,}5}$ $= 153\,\text{N/mm}^2$
Nachweis der Spannung	$\sigma_{\text{F3}} = 153\,\text{N/mm}^2 (\leq) \sigma_{\text{FP3}}$ $\sigma_{\text{FP3}} = 153\,\text{N/mm}^2$	$\sigma_{\text{F4}} = 147\,\text{N/mm}^2 < \sigma_{\text{FP4}}$ $\sigma_{\text{FP3}} = 153\,\text{N/mm}^2$
*Hertz*sche Pressung im Wälzpunkt *C*, Gl. (8.64)	$\sigma_{\text{H II}} = Z_{\text{M II}} \cdot Z_{\text{H II}} \cdot Z_{\varepsilon\,\text{II}} \cdot \sqrt{\dfrac{u_{\text{II}} + 1}{u_{\text{II}}} \cdot \dfrac{F_{\text{t II}}}{b_{\text{II}} \cdot d_3} \cdot K_{\text{H}\alpha\,\text{II}}} \leq \sigma_{\text{HP II}}$	
Materialfaktor, Bild **8.59** oder Gl. (8.58)	für Stahl gegen Stahl: $Z_{\text{M II}} = 268\sqrt{\text{N/mm}^2}$	

Beispiel 2, Fortsetzung

Benennung und Bemerkung	Tragfähigkeitsberechnung der Getriebestufe II Rad *3*	Rad *4*
Flankenformfaktor, Bild **8.60**	$Z_{\mathrm{HII}} = f\left(\dfrac{x_3 + x_4}{z_3 + z_4}\right) = f(0{,}022) = 1{,}55$ (für $\beta = 0°$)	
Überdeckungsfaktor, Gl. (8.61)	$Z_{\varepsilon \mathrm{II}} = \sqrt{\dfrac{4 - \varepsilon_{\alpha \mathrm{II}}}{3}} = \sqrt{\dfrac{4 - 1{,}27}{3}} = 0{,}95$	
Zähnezahlverhältnis, Gl. (8.2)	$u_{\mathrm{II}} = \dfrac{z_4}{z_3} = \dfrac{55}{22} = 2{,}5$	
Stirnlastverteilungsfaktor, Gl. (8.62) oder Bild **8.56**	$K_{\mathrm{H\alpha II}} = 1 + 2 \cdot (q_{\mathrm{LII}} - 0{,}5) \cdot \left(\dfrac{1}{Z_{\varepsilon \mathrm{II}}^2} - 1\right)$ $= 1 + 2 \cdot (0{,}585 - 0{,}5) \cdot \left(\dfrac{1}{0{,}95^2} - 1\right) \approx 1$	
*Hertz*sche Pressung im Wälzpunkt *C*	$\sigma_{\mathrm{HP3,4}} = 268\sqrt{\mathrm{N/mm^2}} \cdot 1{,}55$ $\cdot 0{,}95\sqrt{\dfrac{2{,}5 + 1}{2{,}5} \dfrac{5980\,\mathrm{N}}{25\,\mathrm{mm} \cdot 50\,\mathrm{mm}} 1} = 965\,\mathrm{N/mm^2}$	
Sicherheitsfaktor gegen Grübchenbildung, Bild **8.55**	gewählt: $S_{\mathrm{H1,2}} = 1{,}3$ entsprechend den Betriebsverhältnissen	
zul. *Hertz*sche Pressung, Gl. (8.65)	$\sigma_{\mathrm{HP3,4}} = \dfrac{\sigma_{\mathrm{H13,4}}}{S_{\mathrm{H3,4}}} = \dfrac{1600\,\mathrm{N/mm^2}}{1{,}3} = 1230\,\mathrm{N/mm^2}$	
Nachweis der *Hertz*schen Pressung	$\sigma_{\mathrm{HII}} = 965\mathrm{N/mm^2} < \sigma_{\mathrm{HP3,4}} = 1230\mathrm{N/mm^2}$ ■	

8.3.7 Entwurf und Gestaltung von Geradstirnrad-Getrieben

Beim Neuentwurf eines Getriebes sind meistens zuerst einige Annahmen zu treffen. Die Hauptabmessungen sind entweder vorgegeben (z. B. in einer bestimmten Maschine) oder zu wählen. Dann sind diese Daten (an Hand der Konstruktion) nachzurechnen und, wenn notwendig, zu verändern.

Richtlinien für den Entwurf; Zähnezahlen. Sie sind so zu wählen, dass die Profilüberdeckung $\varepsilon_\alpha \geq 1{,}15$ und bei schnelllaufenden Getrieben wegen der Laufruhe $\varepsilon_\alpha \geq 1{,}5$ beträgt. Die Übersetzung soll nicht ganzzahlig sein. Sollen die Zähne ohne Profilverschiebung ausgeführt werden, so muss $z_1 \geq z'_g$ sein. Die Mindestzähnezahlen für Ritzel betragen für Geradstirnräder

$z_{1\,\mathrm{min}} = 16$ bei Rädern mit $v = (12...60)$ m/s
$z_{1\,\mathrm{min}} = 12$ bei Rädern mit $v = (4...12)$ m/s
$z_{1\,\mathrm{min}} = 10$ bei Rädern mit $v = (0{,}8...4)$ m/s

$z_{1\,\mathrm{min\,s}} = z_{1\,\mathrm{min}} \cdot \cos^3 \beta$ für Schrägstirnräder

Für geradverzahnte Stirnräder im Präzisionsgetriebebau gilt

$z_{1\,min}$ = 20 ... 25 für die erste Stufe
$z_{1\,min}$ = 14 ... 17 für die weiteren Stufen
$z_{1\,min}$ = 33 für Hochleistungsgetriebe (z. B. Turbinenbau)

Übersetzung. Aus baulichen Gründen ist je Stufe $i \leq 8$ und in Schaltgetrieben je Stufe $i \leq 4$ zu wählen.

Teilkreisdurchmesser. Bestehen Ritzel und Welle aus einem Stück (**8.61**) und (**8.62**), so soll

$$\boxed{d_1 \geq 1{,}2 \cdot d_{Wl\,1}} \qquad (8.70)$$

sein. Für den Wellendurchmesser $d_{Wl\,1}$ s. Gl. (8.44). Ist das Ritzel mit Nabe auf der Welle befestigt, so ist für den Teilkreisdurchmesser zu wählen

$$\boxed{d_1 \geq 2 \cdot d_{Wl\,1}} \qquad (8.71)$$

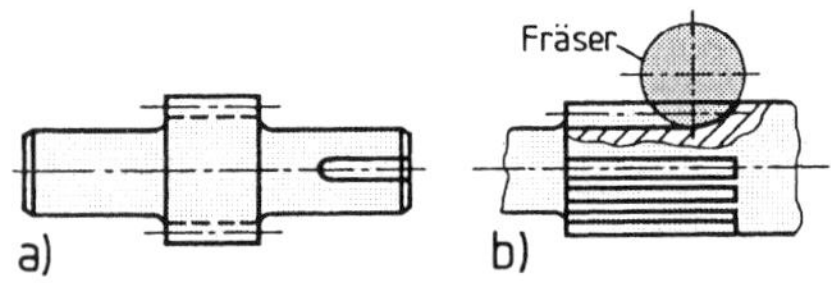

8.61
Ausführungsformen von Ritzelwellen (Schafträder)

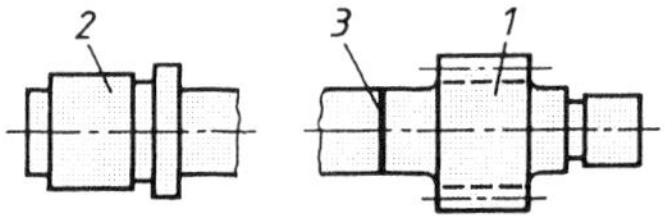

8.62
Ritzel *1* aus hochwertigem Werkstoff an Welle *2* mit normaler Festigkeit angeschweißt; *3* Schweißnaht

Zahnbreite. Je starrer die Wellen- und Lagerkonstruktionen sind, um so größer darf die Zahnbreite sein. Ist Achsparallelität unter Last gewährleistet, so wählt man bei beidseitiger guter Lagerung der Welle

$$\boxed{b \geq 1{,}2 \cdot d_1} \qquad (8.72)$$

bei einseitig (fliegend) gelagertem Ritzel

$$\boxed{b \leq 0{,}75 \cdot d_1} \qquad (8.73)$$

Abhängig von der Lagerart entnimmt man aus dem Bild **8.63** das **Zahnbreitenverhältnis**

$$\boxed{\lambda = b/m} \qquad (8.74)$$

Verzahnung	Art der Lagerung	λ
sauber gegossen		10
geschnitten oder geschliffen	Lagerung auf Stahlkonstruktionen, Träger usw.	15
	Ritzel einseitig gelagert	15
	gute Lagerung in Getriebegehäusen	25
	Wälz- oder sehr gute Gleitlager auf starrem Unterbau	30

8.63
Zahnbreitenverhältnis $\lambda = b_{max}/m_n$ in Abhängigkeit von der Lagerung

Modul. Er ist nach oben durch den Teilkreisdurchmesser und die kleinste Zähnezahl festgelegt und nach unten durch die Zahnfußfestigkeit und Zahnbreite begrenzt.

$$\boxed{m_{\max} = d_1 / z_{1\min}} \tag{8.75}$$

Modul-Berechnung unter Beachtung der **Zahnfuß-Tragfähigkeit**. Sie ist für gehärtete Zahnräder maßgebend und für den Fall, dass der Modul nicht vorgegeben ist. Aus Gl. (8.53) ergibt sich mit Gl. (8.41), (8.74), (8.75) für den Modul

$$\boxed{m \geq \sqrt[3]{\frac{2 \cdot T_{1\max}}{z_1 \cdot \lambda \cdot \sigma_{\mathrm{F\,P}}} \cdot Y_{\mathrm{F}} \cdot Y_{\varepsilon} \cdot K_{\mathrm{F}\,\alpha}}} \tag{8.76}$$

Hierin bedeuten:

m	in mm	Modul, Bild **8.15**
$T_{1\max}$	in Nmm	Drehmoment, Gl. (8.40)
z_1		Zähnezahl
λ		Zahnbreitenverhältnis
$\sigma_{\mathrm{F\,P}}$	in N/mm²	zulässige Zahnfußspannung, Gl. (8.54)
Y_{F}		Zahnformfaktor, für Entwurf: $Y_{\mathrm{F}} = 2{,}2$
Y_{ε}		Lastanteilfaktor, für Entwurf: $Y_{\varepsilon} = 1$
$K_{\mathrm{F}\,\alpha}$		Stirnlastverteilungsfaktor, für Entwurf: $K_{\mathrm{F}\,\alpha} = 1$

Modul-Berechnung unter Beachtung der **Flanken-Tragfähigkeit**. Sie ist für ungehärtete Zahnräder maßgebend und für den Fall, dass der Modul nicht vorgegeben ist. Aus Gl. (8.64) ergibt sich mit Gl. (8.41), (8.74), (8.75) für den Modul die Zahlenwertgleichung

$$\boxed{m \geq \sqrt[3]{\frac{u+1}{u} \cdot \frac{2 \cdot T_{1\max}}{\lambda \cdot z_1^2 \cdot \sigma_{\mathrm{HP}}^2} \cdot K_{\mathrm{H}\alpha} \cdot Z_{\mathrm{M}}^2 \cdot Z_{\mathrm{H}}^2 \cdot Z_{\varepsilon}^2}} \tag{8.77}$$

Hierin bedeuten:

m	in mm	Modul, Bild **8.15**
$T_{1\max}$	in Nmm	Drehmoment, Gl. (8.40)
λ		Zahnbreitenverhältnis
u		Zähneverhältnis, Gl. (8.2)
z_1		Zähnezahl des kleinen Rades
$\sigma_{\mathrm{H\,P}}$	in N/mm²	zulässige *Hertz*sche Pressung, Gl. (8.65)
$K_{\mathrm{H}\,\alpha}$		Stirnlastverteilungsfaktor, für Entwurf: $K_{\mathrm{H}\,\alpha} = 1$
Z_{M}	in $\sqrt{\mathrm{N/mm^2}}$	Materialfaktor, für Entwurf bei St/St oder GS: $Z_{\mathrm{M}} = 270\ \sqrt{\mathrm{N/mm^2}}$, bei St/GG: $Z_{\mathrm{M}} = 232\ \sqrt{\mathrm{N/mm^2}}$ und bei GG/GG: $Z_{\mathrm{M}} = 204\ \sqrt{\mathrm{N/mm^2}}$
Z_{H}		Flankenformfaktor, für Entwurf: $Z_{\mathrm{H}} = 1{,}7$
Z_{ε}		Überdeckungsfaktor, für Entwurf: $Z_{\varepsilon} = 1$

Gestaltung. Im Zahnräder-Getriebebau werden Guss- und Schweißkonstruktionen verwendet. Kleinere Zahnräder werden geschmiedet, als Scheiben von der Stange abgestochen oder im Gesenk geschlagen. Räder aus Kunststoffen sind möglichst in Formen zu pressen; bei spangebender Herstellung ist besonders auf die Struktur des Grundwerkstoffes zu achten.

Ritzel und Wellen werden oft aus einem Stück (Schaftrad) gefertigt (**8.61**) oder durch Abbrennschweißen (aus wirtschaftlichen Gründen) aus hochwertigem und normalem Werkstoff metallurgisch vereinigt (**8.62**); kleine Stirnräder können auch auf eine breitere Nabe aufgeschweißt werden (**8.64**).

8.64
Ausführungsformen kleiner geschweißter Stirnräder
a) angeschweißte Nabe
b) einseitig durchgehende Nabe
c) beidseitig durchgehende Nabe

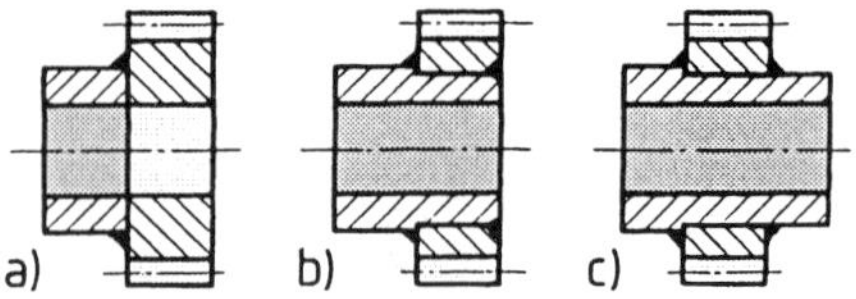

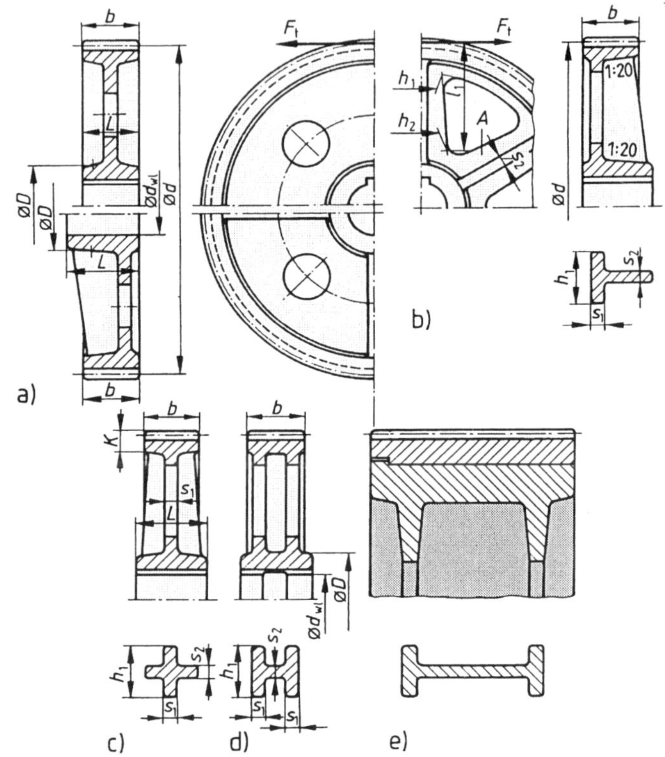

8.65
a) bis e) Gussräder-Ausführungen mit Scheiben (a) oder mit Armen: T-förmig (b), kreuzförmig (c), H-förmig (d und e). Bei (e) ist der Zahnkranz aus Stahl oder Bronze auf einem Radkörper gepresst. Abmessungen für gegossene Radkörper s. Bild **8.66**

Benennung	Abmessung	Benennung	Abmessung
Zahnkranz	$K = (3{,}85...4{,}25)\cdot m$	Armdicke	$s_1 \approx 1{,}6\cdot m$
Nabendurchmesser bei Grauguss	$D = 1{,}8\cdot d_{Wl} + 20$ mm	Armhöhe	$h_1 = (5...7)\cdot s_1$ $h_2 \approx 0{,}8\cdot h_1$
bei Stahlguss	$D = 1{,}6\cdot d_{Wl} + 20$ mm		
Nabenlänge	$L \geq 1{,}5\cdot d_{Wl}$	Armzahl	$b = \left(\frac{1}{7}...\frac{1}{8}\right)\cdot\sqrt{d}$ d in mm
Sitz langer Naben	$l_1 = (0{,}4...0{,}5)\cdot d_{Wl}$		

8.66
Richtwerte für Abmessungen gegossener Radkörper (**8.65**)

Räder: In Bild **8.65** sind Ausführungen in Guss und in Bild **8.67** Schweißkonstruktionen dargestellt. Für die Bemessung gegossener Räder gelten die in Bild **8.66** angegebenen Richtwerte. Getriebegehäuse werden als Guss- und Schweißkonstruktionen hergestellt (s. auch Abschn. 8.9). Bei der Konstruktion ist zu beachten, dass

1. die Zahnräder dicht an den Lagerstellen angeordnet sind, damit die Durchbiegung der Wellen so klein wie möglich bleibt,

2. die Gehäuse möglichst durch Rippen oder geeignete Formgebung gegen elastische Verformungen und Schwingungen starr sind.

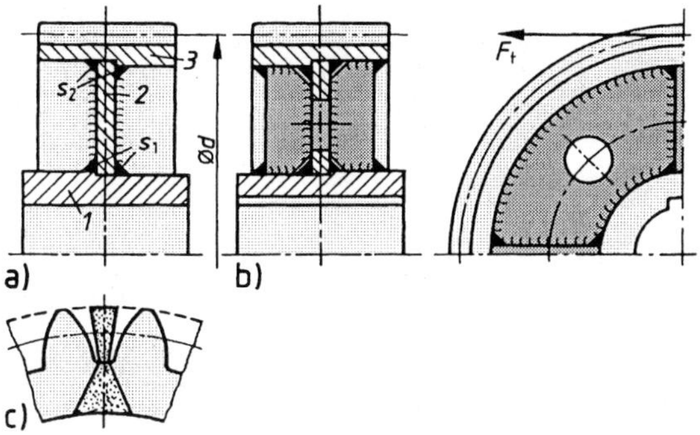

8.67
Ausführungsformen geschweißter Stirnräder
a) Nabe *1* und Zahnkranz *3* mit Scheibe *2* verbunden
b) geschweißtes Stirnrad mit Rippen verstärkt
c) Zahnkranz aus Flachstahl gebogen und stumpf geschweißt

Schmierung: Die für Zahnradgetriebe geeigneten Schmierungsarten sind in Bild **8.68** zusammengestellt (s. auch Abschn. 8.9.1), Allgemein gilt: je kleiner die Umfangsgeschwindigkeit des Zahnrades und je größer die Wälzpressung und die Rauheit der Zahnflanken sind, um so höher muss die Viskosität des Schmiermittels (Öls) sein.

Umfangsgeschwindigkeit v in m/s	Schmierung	Verzahnung	Verzahnungs-Qualität DIN 3962
0 ... 0,8	Fett aufgetragen	gegossen geschruppt	12 11 10
0,8 ... 4	Fett- oder Öltauchschmierung	geschlichtet	9 8
4 ... 12	Öltauchschmierung	feingeschlichtet, geschabt	7 6
12 ... 90	Spritzschmierung	feingeschliffen (Lehrzahnrad)	5 4

8.68
Richtwerte für Schmierung

Angaben in Zeichnungen, einschließlich Verzahnungsqualitäten. Für die Herstellung und Prüfung der Verzahnung werden nach DIN 3966 T1 auf der Zeichnung in einer Tabelle die wichtigsten Bestimmungsgrößen angegeben (Bild **8.71**). Bild **8.72** enthält in gekürzter Form geometrische Bestimmungsgrößen. Für Stirnradgetriebe in der Feinwerktechnik sind entsprechende Angaben aus DIN 58405 T3 zu entnehmen.

Für die Herstellgenauigkeiten und die Betriebsbedingungen sind für Stirnräder mit Modul 1 bis 70 mm und Teilkreisdurchmesser bis 100 000 mm 12 Verzahnungsqualitäten (DIN 3961) festgelegt. Die Toleranzen sind genormt in DIN 3962 T1 bis T3, 3963 und 3967. Wegen der besonderen Bedeutung der 05-Verzahnung werden wichtige Einzelverzahnungsgrößen (Prüfgrößen) in DIN 3995, Blatt 4 bis 6, behandelt.

Bei der Wahl der Verzahnungsqualität muss der Konstrukteur prüfen, ob die Qualitätsvorschriften mit der Aufgabe des Getriebes und mit der Wirtschaftlichkeit der Fertigung zu vereinbaren sind (s. Bild **8.69** und Bild **8.70**).

Art und Umfang der Tabelle auf der Zeichnung (z. B. Bild **8.72**) für Außen- und Innenverzahnungen sind nach DIN 3966 auszurichten. Bild **8.73** zeigt beispielhaft Eintragungen für Achslagetoleranzen an einem Getriebegehäuse nach DIN 3964.

Die messtechnische Prüfung für Zahnräder, Verzahnungen und Getriebegehäuse wird im Abschnitt 8.8 behandelt.

Umfangsgeschwindigkeit am Teilkreis v in m/s	≤ 3	> 3 ... 6	> 6 ... 20	> 20 ... 50	> 50
ungehärtete Zahnflanken	10 ... 12	> 10 ... 8	> 8 ... 6	> 6 ... 5	> 5 ... 4
gehärtete Zahnflanken	12 ... 9	> 9 ... 7	> 7 ... 5	> 5 ... 4	–

8.69
Richtwerte für die Wahl der Verzahnungsqualität

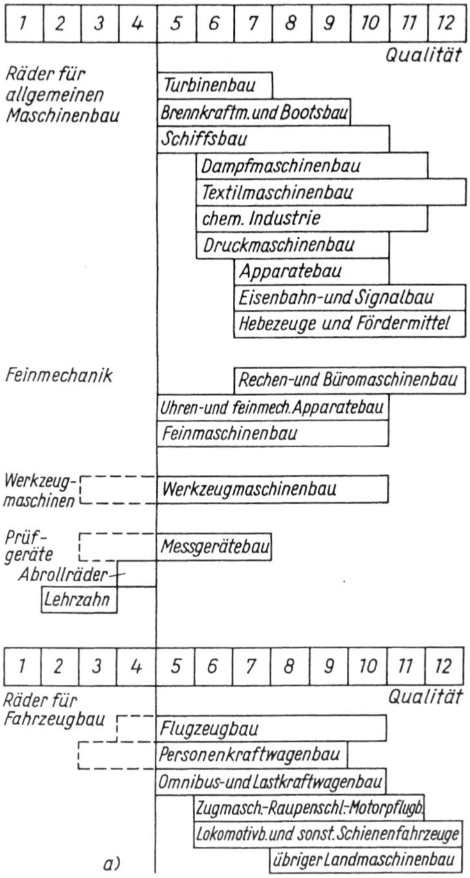

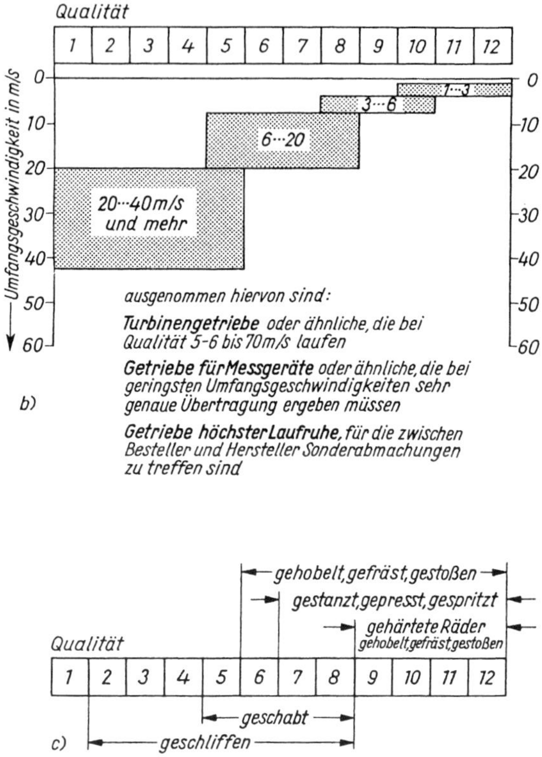

8.70
Verzahnungsqualität

a) Einteilung nach Verwendungsgebieten
b) Einteilung nach Umfangsgeschwindigkeiten
c) Einteilung nach Herstellungsverfahren

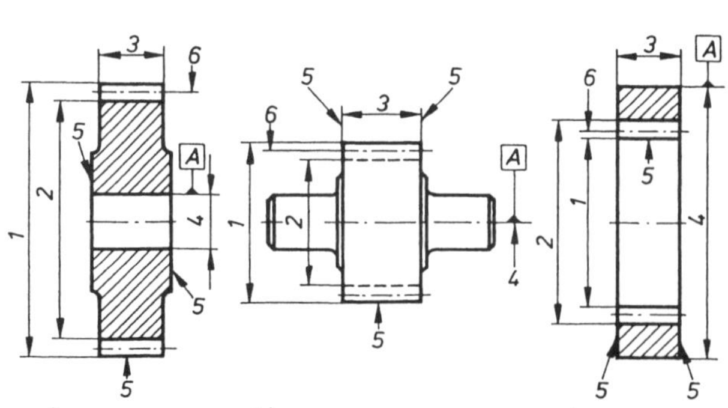

8.71
Maße und Kennzeichen in Zeichnungen nach DIN 3966 T1

a) Außenverzahnung mit Lagerbohrung
b) Außenverzahnung mit Lagerzapfen
c) Innenverzahnung

1 Kopfkreisdurchmesser d_a
2 Fußkreisdurchmesser d_f
3 Zahnbreite b
4 Kennzeichen der Bezugselemente Bezugselement für Rundlauf- und Planlauftoleranzen ist die Radachse
5 Rundlauf- und Planlauftolerierung, s. auch DIN ISO 2768 bzw. DIN ISO 1101
6 Oberflächenkennzeichen für Zahnflanken nach DIN ISO 1302

Stirnrad		außenverzahnt
Modul	m_n	5
Zähnezahl	z	81
Bezugsprofil		DIN 867
Schrägungswinkel	β	10°
Flankenrichtung		links
Profilverschiebungsfaktor	x	0
Verzahnungsqualität, Toleranzfeld		8 d 25
Zahnweite über k Zähne	W_k $k = 10$	$131{,}586\,^{-0{,}100}_{-0{,}160}$
Achsabstand im Gehäuse mit Abmaßen		200 ± 0,050

8.72
Geometrische Bestimmungsgrößen (gekürzte Tabelle) nach DIN 3966 T1, sowie Verzahnungsqualität mit Angaben für Zahndickenabmaße nach DIN 3967 und das Prüfmaß für die Zahndicke
Beispiel: Außenverzahntes Schrägstirnrad; für Geradstirnrad ist $m_n = m$ und $\beta = 0°$

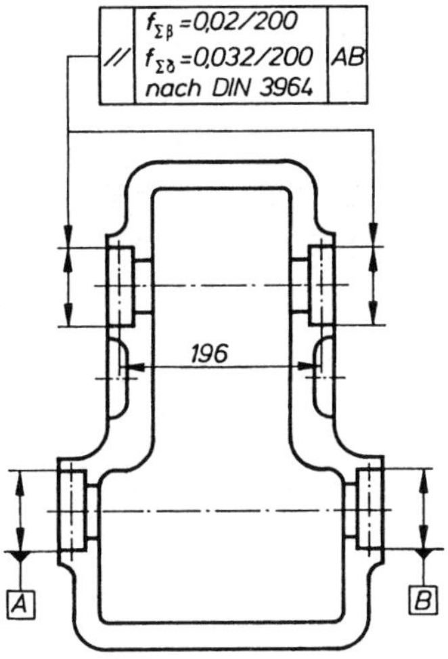

8.73
Eintragung von Achslagetoleranzen bei Getriebegehäuse nach DIN 3964
Achslagetoleranzen:
Achsschränkungen $f_{\Sigma\beta}$ in µm
Achsneigung $f_{\Sigma\delta}$ in µm

Beispiel 3

Es ist ein Geradstirnrad-Getriebe aus unlegiertem Stahl zu entwerfen. Getriebe-Daten: Antriebsleitung P = 20,4 kW, Drehfrequenz n = 1420 min^{-1}, Übersetzung i = –2,5; Betriebsfaktor φ = 1,2.

Benennung und Bemerkung	Entwurfs- und Überschlagsrechnung
da die Zahnflanken ungehärtet sein sollen, gilt Gl. (8.77)	$m \geq \sqrt[3]{\frac{u+1}{u} \cdot \frac{2 \cdot T_{1\max}}{z_1^2 \cdot \lambda \cdot \sigma_{\mathrm{HP}}^2} \cdot K_{\mathrm{H}\alpha} \cdot Z_{\mathrm{M}}^2 \cdot Z_{\mathrm{H}}^2 \cdot Z_\varepsilon^2}$
Zähneverhältnis, Gl. (8.2)	$u = \frac{z_{\mathrm{Rad}}}{z_{\mathrm{Ritzel}}} = \frac{z_2}{z_1} = i = 2{,}5$ Drehrichtung wird nicht berücksichtigt
maximales Drehmoment, Gl. (8.40)	$T_{1\max} = 9{,}55 \cdot 10^6 \cdot \frac{P}{n} \cdot \varphi = 9{,}55 \cdot 10^6 \cdot \frac{20{,}4}{14{,}20} \cdot 1{,}2 = 164\,800\,\mathrm{Nmm}$
Zähnezahl, s. Abschn. 8.3.7	$z_1 = 22$ angenommen

Beispiel 3, Fortsetzung

Benennung und Bemerkung	Entwurfs- und Überschlagsrechnung
Zahnbreitenverhältnis	$\lambda = \frac{b}{m} = 12$ angenommen, da das Rad ein Schieberad sein soll; sonst Werte nach Bild **8.63**
Werkstoffwahl, s. Bild **8.50**	Ritzel E335 (St60) mit $\sigma_{H\,l} = 400$ N/mm^2 Rad E295 (St50) mit $\sigma_{H\,l} = 340$ N/mm^2
Sicherheitsfaktor gegen Grübchenbildung s. auch Bild **8.55**	$S_H = 1{,}3$ gewählt unter Beachtung der Betriebsbedingungen und Fußnoten zu Bild **8.50**
zul. *Hertz*sche Pressung, Gl. (8.65)	$\sigma_{HP} = \frac{\sigma_{Hl}}{S_H} = \frac{400\,\text{N/mm}^2}{1{,}3} = 308\,\text{N/mm}^2$
Stirnlastverteilungsfaktor	$K_{H\alpha} = 1$
Materialfaktor	$Z_M = 270\sqrt{\text{N/mm}^2}$ für Stahl auf Stahl
Flankenformfaktor	$Z_H = 1{,}7$ für Entwurf zu wählen
Überdeckungsfaktor	$Z_\varepsilon = 1$
Modul	$m \geq \sqrt[3]{\frac{2{,}5+1}{2{,}5} \cdot \frac{2 \cdot 164800\,\text{Nmm}}{22^2 \cdot 12 \cdot (308\,\text{N/mm}^2)^2} 1 \cdot 270^2\,\text{N/mm}^2 \cdot 1{,}7^2 \cdot 1^2}$ $= 5{,}6\,\text{mm}$ gewählt nach Bild **8.15** (DIN 780): $m = 6$ mm
Prüfung des Teilkreisdurchmessers, Gl. (8.71)	$d_1 \geq 2 \cdot d_{Wl1}$ für auf der Welle befestigtes Ritzel
angenäherter Wellendurchmesser, Gl. (8.44)	$d_{Wl1} \geq 365 \cdot \sqrt[3]{\varphi \cdot \frac{P}{n \cdot \tau_{t\,zul}}}$ $d_{Wl1} \geq 365 \cdot \sqrt[3]{1{,}2 \cdot \frac{20{,}4}{1420 \cdot 20}} = 34{,}7\,\text{mm}$ mit $\tau_{t\,zul} = 20$ N/mm^2 für E335 (St50); gewählt: $d_{Wl\,1} = 38$ mm
Teilkreisdurchmesser, Gl. (8.8) und (8.71)	$d_1 = z_1 \cdot m = 22 \cdot 6\,\text{mm} = 132\,\text{mm} > 2\,d_{Wl1} = 2 \cdot 38\,\text{mm} = 76\,\text{mm}$

Ergeben diese Abmessungen eine brauchbare konstruktive und wirtschaftliche Lösung, so kann die Getriebestufe endgültig dimensioniert und berechnet werden (s. Beispiel 1 und 2). Andernfalls sind z. B. Zähnezahlen und Werkstoffe zu verändern, um ggf. besondere Anforderungen, wie bestimmte Baumaße, zu erfüllen. ■

Beispiel 4

Es ist ein Geradstirnrad-Getriebe aus einsatzgehärtetem Stahl zu entwerfen. Getriebe-Daten: Antriebsleitung P = 20,4 kW, Drehfrequenz n = 1420 min^{-1}, Übersetzung i = –2,5; Betriebsfaktor φ = 1,2.

Beispiel 4, Fortsetzung

Benennung und Bemerkung	Entwurfs- und Überschlagsrechnung
da die Zahnflanken ungehärtet seien sollen, gilt Gl. (8.77)	$m \geq \sqrt[3]{\frac{2 \cdot T_{1\max}}{z_1 \cdot \lambda \cdot \sigma_{FP}} \cdot Y_F \cdot Y_\varepsilon \cdot K_{F\alpha}}$
maximales Drehmoment	$T_{1\max} = 164\,800\,\text{Nmm}$ (s. Beispiel 3)
Zähnezahl	$z_1 = 22$ angenommen
Zahnbreitenverhältnis	$\lambda = \frac{b}{m} = 12$ angenommen, da das Rad ein Schieberad sein soll; sonst Werte nach Bild **8.63**
Werkstoffwahl, s. Bild **8.50**	Ritzel und Rad: C15 mit $\sigma_{Fl} = 230\,\text{N/mm}^2$
Sicherheitsfaktor gegen Zahnfußdauerbruch, s. auch Bild **8.55**	$S_H = 1{,}3$ gewählt unter Beachtung der Betriebsbedingungen und Fußnoten zu Bild **8.50**
zul. Zahnfußspannung, Gl. (8.54)	$\sigma_{FP} = \frac{\sigma_{Fl}}{S_F} = \frac{230\,\text{N/mm}^2}{1{,}5} = 153\,\text{N/mm}^2$
Zahnformfaktor	$Y_F = 2{,}2$ für Entwurf zu wählen
Lastenteilfaktor	$Y_\varepsilon = 1$ für Entwurf zu wählen
Stirnverteilungsfaktor	$K_{F\alpha} = 1$ für Entwurf zu wählen
Modul	$m \geq \sqrt[3]{\frac{2 \cdot 164800\,\text{Nmm}}{22 \cdot 12 \cdot 153\,\text{N/mm}^2} \cdot 2{,}2 \cdot 1 \cdot 1} = 2{,}62\,\text{mm}$; gewählt nach Bild **8.15** (DIN 780): $m = 2{,}75$ mm. Damit liegt die Größenordnung des Moduls fest. Ob ein etwas kleinerer Modul zulässig ist, kann nur die Nachrechnung ergeben (s. Beispiel 2).
Prüfung des Teilkreisdurchmessers, Gl. (8.70)	$d_1 \geq 1{,}2 \cdot d_{W11}$ für Ritzelwelle (s. Bild **8.61**)
angenäherter Wellendurchmesser, Gl. (8.44)	$d_{W11} \geq 365 \cdot \sqrt[3]{\varphi \cdot \frac{P}{n \cdot \tau_{tzul}}}$ für Welle aus C15: $\tau_{t\,zul} = 24\,\text{N/mm}^2$ $d_{W11} \geq 365 \cdot \sqrt[3]{1{,}2 \cdot \frac{20{,}4}{1420 \cdot 24}} = 32{,}6\,\text{mm}$ gewählt $d_{W11} = 35\,\text{mm}$
Teilkreisdurchmesser, Gl. (8.8) und (8.70)	$d_1 = z_1 \cdot m = 22 \cdot 2{,}75\,\text{mm} = 60{,}5\,\text{mm} > 1{,}2 \cdot d_{W11}$ $= 1{,}2 \cdot 35\,\text{mm} = 42\,\text{mm}$

■

8.4 Schrägstirnräder mit Evolventenverzahnung

8.4.1 Grundbegriffe

Die Flankenlinien der Schrägstirnräder sind Schraubenlinien. Schrägstirnrad-Getriebe laufen geräuscharmer als Geradstirnrad-Getriebe, weil die Zähne allmählich in Eingriff kommen und entsprechend belastet werden. Da stets mehrere Zähne im Eingriff stehen, also die gesamte Überdeckung größer ist, wird die Mindest-Zähnezahl kleiner als bei Geradstirnrädern. Diese erwünschten Eigenschaften kommen besonders bei großen Umfangsgeschwindigkeiten zur Geltung.

Stirn- und Normalschnitt an Schrägstirnrädern. Aus Bild **8.74** sind die Eingriffsverhältnisse zu ersehen. Für den Normalschnitt wurde das Bezugsprofil nach DIN 867 mit $\alpha_n = 20°$ (**8.18**) gewählt. Darum entsprechen die Bezeichnungen und Angaben im Normalschnitt denen beim Gradstirnrad. Die Bestimmungsgrößen im Normalschnitt erhalten den Index "n", die im Stirnschnitt "t" (**8.75**).

Der Schrägungswinkel β (**8.75**) ist durch die Tangente der Flankenlinie auf dem Teilzylinder und der Radachse gegeben. Üblich sind $\beta = 10°...30°$; bei $\beta < 10°$ sind die Vorteile der Schrägverzahnung nur gering, bei $\beta > 30°$ werden die Axialkräfte ungünstig groß.

Stirn- und Normalmodul (**8.75**): Zwischen Stirn- und Normalteilung besteht die Beziehung

$$\cos\beta = \frac{p_n}{p_t} = \frac{\pi \cdot m_n}{\pi \cdot m_t} = \frac{m_n}{m_t}$$

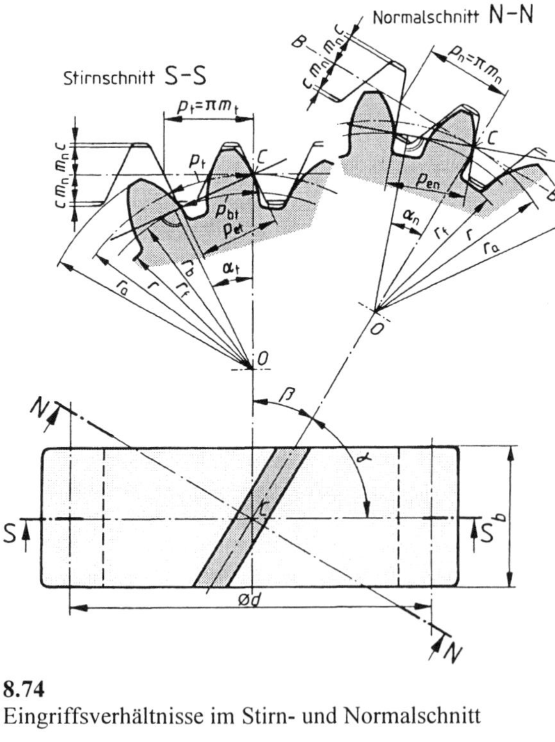

8.74
Eingriffsverhältnisse im Stirn- und Normalschnitt

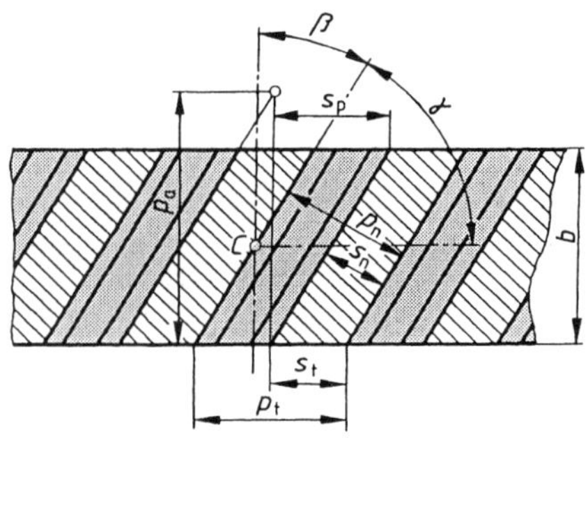

8.75
Abwicklung des Teilzylinders am Schrägstirnrad

Demnach ist der **Stirnmodul**

$$\boxed{m_t = \frac{m_n}{\cos\beta}} \tag{8.78}$$

Hierbei entspricht m_n dem in DIN 780 genormten Modul ($m = m_n$), s. Bild **8.15**. Nach Gl. (8.78) folgt für den **Teilkreisdurchmesser (8.74** und **8.75)**

$$\boxed{d = z \cdot m_t = z \cdot \frac{m_n}{\cos\beta}} \tag{8.79}$$

Entsprechend Gl. (8.6) erhält man mit Gl. (8.79) für den **Grundkreisdurchmesser**

$$\boxed{d_b = d \cdot \cos\alpha_t = z \cdot m \cdot \cos\alpha_t} \tag{8.80}$$

Der **Schrägungswinkel** $\boldsymbol{\beta_b}$ am Grundzylinder ergibt sich nach Bild **8.76** aus der Beziehung

$$\tan\beta_b = \frac{d_b \cdot \pi}{p_z} = \frac{d \cdot \pi \cdot \cos\alpha_t}{p_z} \quad \text{und} \quad \tan\beta = \frac{d \cdot \pi}{p_z}$$

zu

$$\boxed{\tan\beta_b = \tan\beta \cdot \cos\alpha_t} \tag{8.81}$$

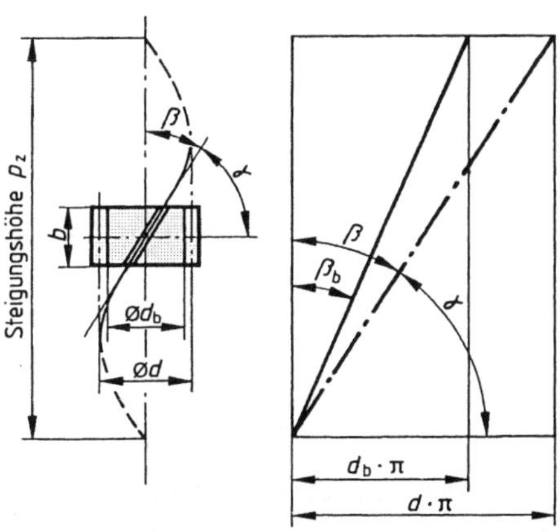

8.76
Schrägungswinkel am Teil- und Grundzylinder

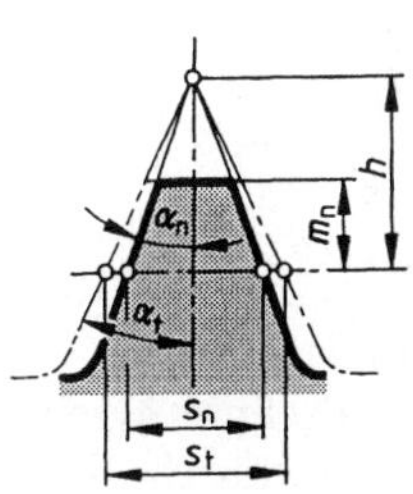

8.77
Zahn im Stirn- und Normalschnitt

Eingriffswinkel (**8.77**): Der Normaleingriffswinkel $\alpha_n = 20°$ ist durch das Verzahnwerkzeug bestimmt. Der **Stirneingriffswinkel** $\boldsymbol{\alpha_t}$ ergibt sich nach Bild **8.77** aus der Beziehung

$$\tan\alpha_t = \frac{s_t}{2 \cdot h} \quad \text{und} \quad \tan\alpha_n = \frac{s_n}{2 \cdot h}$$

Mit der Zahndicke, (**8.75**), $s_t = \dfrac{s_n}{\cos\beta}$ wird

$$\boxed{\tan\alpha_t = \frac{\tan\alpha_n}{\cos\beta}} \tag{8.82}$$

Eingriffsteilung (**8.75**): Die Stirneingriffsteilung p_{et} ist die Entfernung paralleler Tangenten an zwei aufeinanderfolgenden Rechts- oder Linksflanken im Stirnschnitt. Entsprechend Gl. (8.6) wird

$$\boxed{p_{et} = p_t \cdot \cos\alpha_t = \pi \cdot m_t \cdot \cos\alpha_t} \tag{8.83}$$

Die Entfernung paralleler Tangentialebenen an zwei aufeinanderfolgenden Rechts- oder Linksflanken nennt man die Normaleingriffsteilung p_{en} mit der Beziehung

$$\boxed{p_{en} = p_n \cdot \cos\alpha_n = \pi \cdot m_n \cdot \cos\alpha_n} \tag{8.84}$$

Beim Prüfen von Schrägstirnrädern wird p_{en} gemessen, da p_{et} schlecht messbar ist (**8.74**).

Profil- und Sprungüberdeckung: Durch den schraubenförmigen Verlauf der Flankenlinien (**8.76**) liegen die Stirnflächen eines Zahnes um den Sprung $Sp = b \cdot \tan\beta$ versetzt (**8.75**). Dadurch wird die gesamte Überdeckung eines Radpaares um die **Sprungüberdeckung**

$$\varepsilon_\beta = \frac{\text{Sprung}}{\text{Stirnteilung}} = \frac{Sp}{p_t} = \frac{b \cdot \tan\beta}{p_t}$$

größer. Mit Gl. (8.78) ergibt sich

$$\boxed{\varepsilon_\beta = \frac{b \cdot \tan\beta \cdot \cos\beta}{p_n} = \frac{b \cdot \sin\beta}{\pi \cdot m_n}} \tag{8.85}$$

Eine ganzzahlige Sprungüberdeckung ergibt eine gleichmäßige Verteilung der Belastung auf die im Eingriff stehenden Zähne; damit wird der Lauf ruhiger.

Die Profilüberdeckung ε_α entspricht Gl. (8.14). Sie kann auch mit den Gleichungen (8.34) bis (8.36) ermittelt werden. Die Summe der Profil- und der Sprungüberdeckung ergibt die **gesamte Überdeckung**

$$\boxed{\varepsilon_s = \varepsilon_\alpha + \varepsilon_\beta} \tag{8.86}$$

Geradzahn-Ersatzstirnrad

Der ebene Normalschnitt durch ein Schrägstirnrad ist nur näherungsweise eine Ellipse; die exakte Schnittführung durch die Evolventen-Verzahnung unter dem Schrägungswinkel β ergibt als Schnittfläche eine Schraubenfläche. Den praktischen Anforderungen jedoch genügt die Näherung.

Im Normalschnitt $N - N$ (**8.78**) hat die Schnittfläche des Teilzylinders die Halbachsen $r/\cos\beta$ und r (Ellipsenkonstruktion mit den Krümmungshalbmessern in den Scheiteln). Der große Krümmungshalbmesser der Ellipse ist gleich dem Halbmesser r_n des Geradzahn-Ersatzstirnrades im Wälzpunkt C, dessen Teilung gleich der Normalteilung p_n des Schrägstirnrades ist. Damit ergibt sich aus dem Verhältnis

$$\frac{r_n}{r/\cos\beta} = \frac{r/\cos\beta}{r}$$

der **Teilkreishalbmesser des Geradzahn-Ersatzstirnrades**

$$r_n = \frac{r}{\cos^2 \beta} \tag{8.87}$$

Mit den Gl. (8.87) und (8.79) und entsprechend Gl. (8.7) ist die

Zähnezahl des Ersatzstirnrades

$$z_n = \frac{d_n}{m_n} = \frac{d}{m_n \cdot \cos^2 \beta} = \frac{z \cdot m_n}{m_n \cdot \cos^2 \beta \cdot \cos \beta} = \frac{z}{\cos^3 \beta} \tag{8.88}$$

Die genaue Beziehung lautet für z_n

$$z_n = \frac{z}{\cos^2 \beta_b \cdot \cos \beta}$$

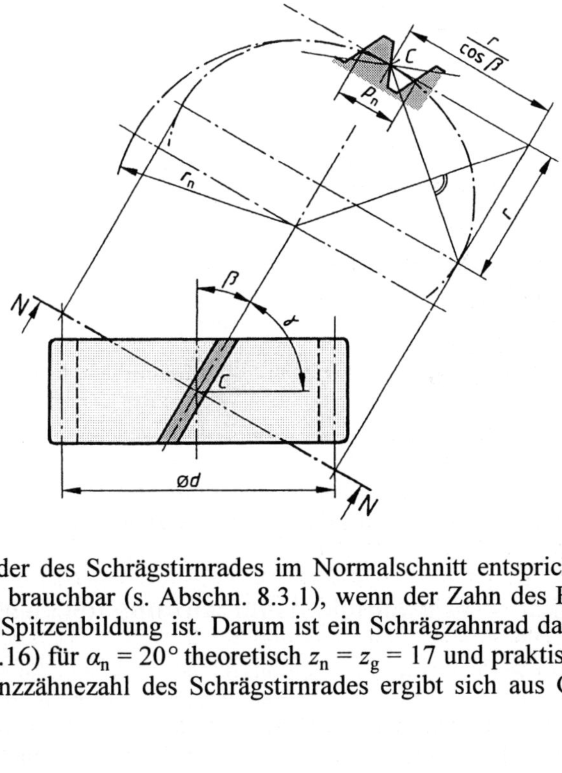

8.78
Geradzahn-Ersatzstirnrad

Da die Zahnform des Ersatzstirnrades der des Schrägstirnrades im Normalschnitt entspricht, sind Schrägzahnräder kinematisch dann brauchbar (s. Abschn. 8.3.1), wenn der Zahn des Ersatzstirnrades unterschnittfrei und ohne Spitzenbildung ist. Darum ist ein Schrägzahnrad dann ein Grenzrad, wenn entsprechend Gl. (8.16) für $\alpha_n = 20°$ theoretisch $z_n = z_g = 17$ und praktisch $z'_n = z'_g = 14$ ist. Die wirkliche Grenzzähnezahl des Schrägstirnrades ergibt sich aus Gl. (8.88). Man unterscheidet:

theoretische Grenzzähnezahl

$$z_{gs} \approx z_g \cdot \cos^3 \beta \tag{8.89}$$

praktische Grenzzähnezahl

$$z'_{gs} \approx z'_g \cdot \cos^3 \beta \tag{8.90}$$

Für die genormte Verzahnung mit $\alpha_n = 20°$ ist $z_{gs} \approx 17 \cdot \cos^3 \beta$ und $z'_{gs} \approx 14 \cdot \cos^3 \beta$. Praktische Grenzzähnezahlen in Abhängigkeit vom Schrägungswinkel β s. Bild **8.79**.

z'_{gs}	14	13	12	11	10	9	8	7	6	5
$\beta \approx$	0°	13°	19°	23°	28°	32°	35°	39°	43°	47°

8.79
Praktische Grenzzähnezahlen für α_n=20° und h^* = 1 (nach DIN 3960)

Profilverschiebung an Schrägstirnrädern. Ist z_n < 14 Zähne, dann ist zur Vermeidung von Unterschnitt eine Profilverschiebung auf die gleiche Art wie bei Geradstirnrädern notwendig (s. Abschn. 8.3.2). Entsprechend Gl. (8.18) gilt mit Gl. (8.88) für den **praktischen Profilverschiebungsfaktor**

$$x_{\min} = \frac{z'_g - z_n}{z_g} = \frac{z'_g - \dfrac{z}{\cos^3\beta}}{z_g} = \frac{14 - \dfrac{z}{\cos^3\beta}}{17} \tag{8.91}$$

Die **Profilverschiebung** im Stirnschnitt ist gleich der im Normalschnitt

$$v = v_t = v_n = x_n \cdot m_n = x \cdot m_n \tag{8.92}$$

Für die Zahndicke am Kopfkreis gelten mit $m = m_n$ und für die Arten der Profilverschiebung die Ausführungen nach Abschn. 8.3.2. Erfolgt die Herstellung des Schrägstirnrades nicht im Wälzverfahren, so ist bei Verwendung von Formfräsern im Teilverfahren die Zähnezahl des Ersatzstirnrades für die Wahl des Fräsers maßgebend.

Für V-Getriebe mit Schrägstirnrädern gelten die gleichen Bedingungen wie für Geradstirnräder nach Abschn. 8.3.4. Bei Unterschnitt ist stets wenigstens der Mindest-Profilverschiebungsfaktor $x_{\min}$ nach Gl. (8.91) zu berücksichtigen. Unterschnitt liegt vor bei $z < z'_{gs}$ (s. Gl. (8.90)).

Im Übrigen bestehen für Null-Getriebe und V-Null-Getriebe mit Schrägstirnrädern, für Innenverzahnung sowie für das Flankenspiel die gleichen Zusammenhänge wie für Geradstirnräder (s. Abschn. 8.3.3 ... 8.3.5). Die Toleranzen (DIN 3963) für die Zahndicke s_t werden auf den Stirnschnitt bezogen. Die Achsabstandmaße werden nach DIN 3964 mit einem Faktor multipliziert, der dem Normblatt zu entnehmen ist. Bei der Konstruktion von Getrieben ist wegen des Schrägungswinkels auf die Axialkräfte zu achten (s. Abschn. 8.4.2).

8.4.2 Tragfähigkeitsberechnung der Schrägstirnräder

Die Überlegungen zur Tragfähigkeitsberechnung für Geradstirnräder nach Abschn. 8.3.6 lassen sich auch auf den Normalschnitt (**8.80**) übertragen, jedoch ist zu beachten, dass bei der Schrägverzahnung wegen der Sprungüberdeckung ε_β stets mehrere Zahnpaare im Eingriff stehen (extrem schmale Räder ausgenommen). Im Bild **8.81** sind in die ebene Eingriffsfläche (Eingriffsfeld) der Schrägstirnräder die als gerade Linien auftretenden Flankenberührungen eingezeichnet. Danach beträgt die gesamte Länge der Flankenberührung $l = l_1 + l_2 + l_3$. Ist die Zahnbreite b gleich einem ganzen Vielfachen der Achsteilung p_a, so ist die Länge der Flankenberührung in jeder Eingriffsstellung konstant (**8.75**, **8.81**). In den anderen Fällen erreicht die Länge der Flankenberührung ihr Minimum ($l_{\min}$) dann, wenn ein Zahnpaar bei A neu in Eingriff geht (**8.81**).

Längs der Berührungslinien ist die Last nicht gleichmäßig verteilt, weil sich die Steifigkeit der Zähne laufend ändert.

Belastung am Zahn (8.80). Ausgehend von der allgemeinen nach Gl. (8.41) bekannten Umfangskraft erhält man über die Komponente F' bzw. über die Normalkraft F_n die **Axialkraft**

$$\boxed{F_a = F_t \cdot \tan\beta} \tag{8.93}$$

bzw. die **Radialkraft**

$$\boxed{F_r = F_t \cdot \frac{\tan\alpha_n}{\cos\beta}} \tag{8.94}$$

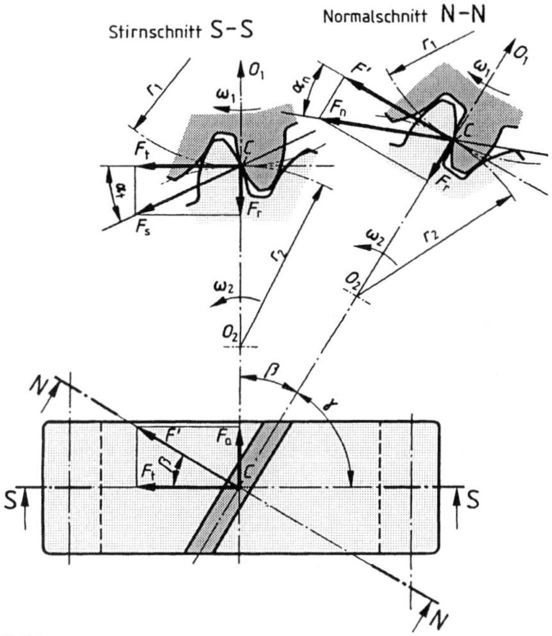

8.80
Normalkraft und ihre Komponenten

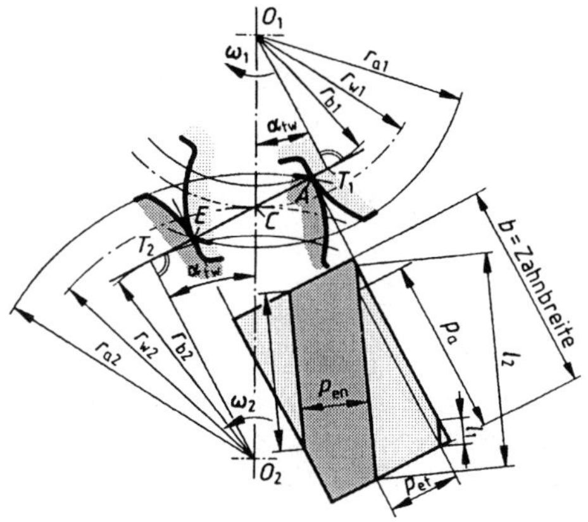

8.81
Eingriffsfeld bei beliebiger Eingriffsstellung von Schrägstirnrädern

Auflagerkräfte und Biegemomente

Wellen mit einem Zahnrad (8.82). Ergänzend zu Wellen mit Geradstirnrädern (**8.45**) kommt der Einfluss der Axialkraft hinzu. In Bild **8.82** sind $F_{t\,1} = F_{t\,2}$, $F_{r\,1} = F_{r\,2}$ und $F_{a\,1} = F_{a\,2}$. Nach dem Belastungsschema (**8.82**) ergeben sich die Auflagerkräfte

$$F_{\mathrm{Az1}} = \frac{F_{\mathrm{r1}} \cdot b - F_{\mathrm{a1}} \cdot r_1}{l_1} \qquad F_{\mathrm{Ay1}} = F_{\mathrm{t1}} \cdot \frac{b_1}{l_1} \qquad F_{\mathrm{A1}} = \sqrt{F_{\mathrm{Az1}}^2 + F_{\mathrm{Ay1}}^2}$$

$$F_{\mathrm{Bz1}} = \frac{F_{\mathrm{r1}} \cdot a - F_{\mathrm{a1}} \cdot r_1}{l_1} \qquad F_{\mathrm{By1}} = F_{\mathrm{t1}} \cdot \frac{a_1}{l_1} \qquad F_{\mathrm{B1}} = \sqrt{F_{\mathrm{Bz1}}^2 + F_{\mathrm{By1}}^2}$$

die Biegemomente

$$M_{\mathrm{b1}} = F_{\mathrm{A1}} \cdot a_1 \qquad \text{sowie} \qquad M'_{\mathrm{b1}} = F_{\mathrm{B1}} \cdot \mathrm{b}_1$$

und als resultierendes Biegemoment

$$M_{b1} = \sqrt{M_{z1}^2 + M_{y1}^2}$$

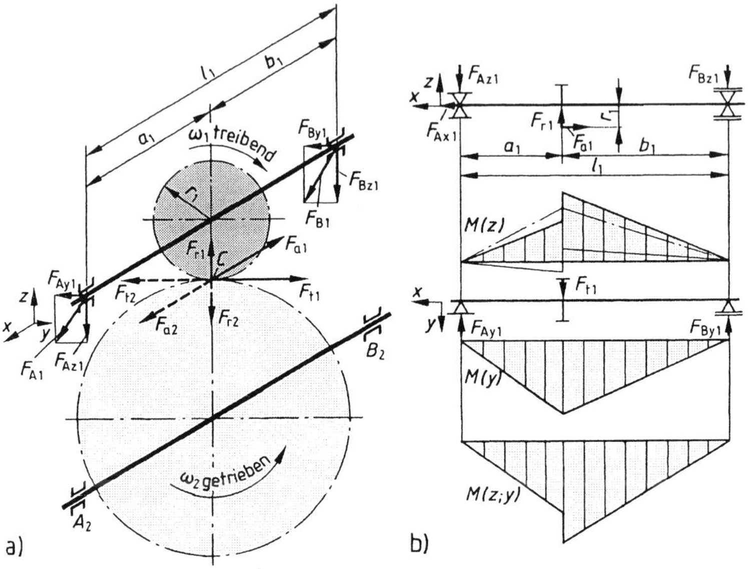

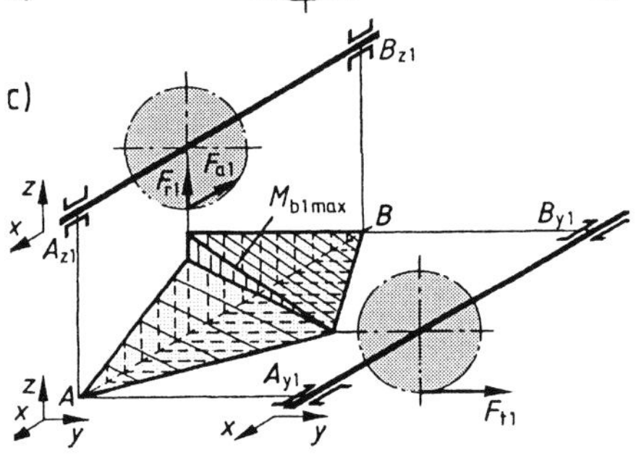

8.82
a) Zahnkräfte am Schrägstirnrad
b) Darstellung der Kräfte und Momente in den Ebenen $x-z$ und $x-y$
c) räumliche Darstellung

Für die Wellenberechnung ist das größte Moment maßgebend

$$M_{b1max} = \sqrt{M_{z1max}^2 + M_{y1max}^2}$$

mit $\quad M_{z1max} = F_{Az1} \cdot a_1 + F_{a1} \cdot r_1 = F_{Bz1} \cdot b_1 \quad$ und mit $\quad M_{y1max} = F_{Ay1} \cdot a_1 = F_{By1} \cdot b_1$

Die Axialkraft $F_{a\,1}$ verursacht in der Ebene $x-z$ den Sprung im Biegemoment $M_{z\,1} = F_{a\,1} \cdot r_1$.

Wellen mit mehreren Zahnrädern (8.83) (s. auch **8.47** und **8.48**). Die Flankenrichtungen der Schrägstirnräder sind so zu wählen, dass sich die Axialkräfte am Festlager annähernd aufheben (**8.82**). Für Entwurfsberechnungen kann der Wellendurchmesser d_{Wl} nach Gl. (8.44) ermittelt werden.

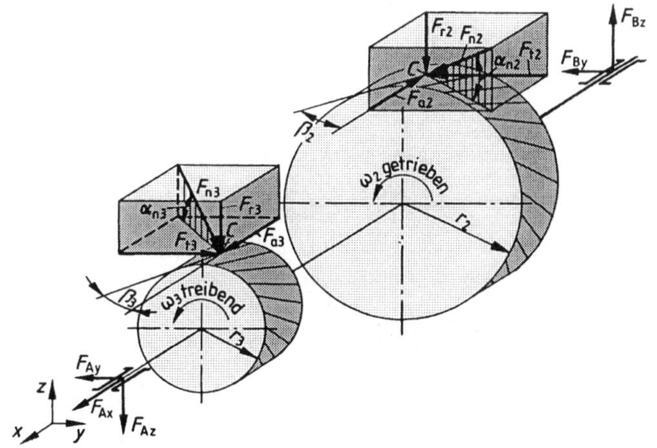

8.83
Zwischenwelle mit Schrägstirnrädern (s. auch Bild **8.47**)

Zahnfußspannung von Schrägstirnrädern mit Außen- und Innenverzahnung. Auf den Normalschnitt bezogen lautet Gl. (8.53) für die **Zahnfußspannung**

$$\sigma_F = \frac{F_t}{b \cdot m_n} \cdot Y_F \cdot Y_\varepsilon \cdot Y_\beta \cdot Y_{F\alpha} \leq \sigma_{FP} \qquad (8.95)$$

Hierin bedeuten:

F_t	in N	Umfangskraft am Teilzylinder, Gl. (8.41)
b	in mm	Zahnbreite, Gl. (8.72) bis (8.74) mit $m = m_n$
m_n	in mm	Modul, Bild **8.15** mit $m = m_n$
Y_F		Zahnformfaktor, Bild **8.54**, Gl. (8.48) mit $m = m_n$
Y_ε		Lastanteilfaktor, Gl. (8.49)
Y_β		Schrägungswinkelfaktor, Gl. (8.96)
$K_{F\alpha}$		Stirnlastverteilungsfaktor, Bild **8.56**, Gl. (8.51) und (8.52)
σ_{FP}	in N/mm²	zulässige Zahnfußspannung, Gl. (8.54)

Der **Schrägungswinkelfaktor** $\boldsymbol{Y_\beta}$ (s. DIN 3990) berücksichtigt den Einfluss des Schrägungswinkels β auf die Verteilung der Zahnfußspannung und kann nur angewendet werden, wenn auf die Dauer ein gleichmäßiges Tragen der Flanken über die ganze Breite zu erwarten ist. In der Praxis ist diese Vorraussetzung häufig dann nicht erfüllt, wenn der Nabensitz auf der Welle infolge Bildung von Reibungsrost lose wird. Diese Gefahr ist umso größer, je schmaler der Nabensitz und je größer der Schrägungswinkel ist. Der Schrägungswinkelfaktor berechnet sich aus

$$Y_\beta = 1 - \frac{\beta}{120°} \qquad (8.96)$$

Auf Grund von Messergebnissen ist $Y_\beta = 0{,}75$ für $\beta \geq 30°$ zu setzen.

Flankenbeanspruchung von Schrägstirnrädern mit Außen- und Innenverzahnung (hierzu s. Bild **8.84**). Die *Hertz*sche Pressung ist wie bei Geradstirnrädern für den Wälzpunkt C und die inneren Einzeleingriffspunkte B und D nachzuweisen. Entsprechend Gl. (8.64) lautet die Festigkeitsberechnung für **die *Hertz*sche Pressung** im **Wälzpunkt** $\boldsymbol{C}$ des Schrägstirnrad-Getriebes

$$\sigma_H = Z_M \cdot Z_H \cdot Z_\varepsilon \cdot \sqrt{\frac{u+1}{u} \cdot \frac{F_t}{b \cdot d_1} \cdot K_{H\alpha}} \le \sigma_{HP1} \text{ bzw. } \le \sigma_{HP2} \tag{8.97}$$

Hierin bedeuten:

Z_M	in $\sqrt{N/mm^2}$	Materialfaktor, Bild **8.59**
Z_H		Flankenformfaktor, Gl. (8.98) oder Bild **8.60**
Z_ε		Überdeckungsfaktor, Gl. (8.99)
u		Zähnezahlverhältnis, Gl. (8.2)
F_t	in N	Umfangskraft am Teilzylinder, Gl. (8.41)
b	in mm	Zahnbreite, Gl. (8.72) bis (8.74) mit $m = m_n$
σ_{HP}	in N/mm²	zul. *Hertz*sche Pressung, Gl. (8.65)
d_1	in mm	Teilkreisdurchmesser, des kleinen Rades, Gl. (8.65)
$K_{H\alpha}$		Stirnlastverteilungsfaktor, Bild **8.56**, Gl. (8.62) und (8.63)

Entsprechend Gl. (8.59) errechnet sich der Flankenformfaktor aus

$$Z_H = \frac{1}{\cos\alpha} \cdot \sqrt{\frac{\cos\beta_b}{\tan\alpha_{tw}}} \tag{8.98}$$

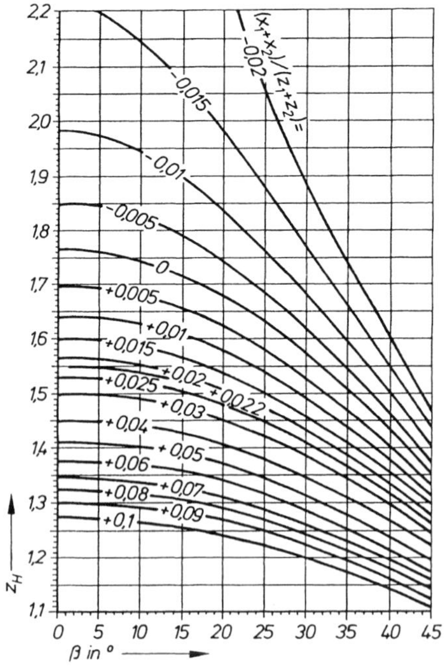

8.84
Flankenformfaktor Z_H
Geltungsbereich:
Bezugsprofil nach DIN 867 mit $\alpha_n = 20°$

Beispiel 2: $\frac{x_3 + x_4}{z_3 + z_4} = \frac{0{,}71 + 0{,}9857}{22 + 55} = 0{,}022$

$\beta = 0°$; $Z_H = 1{,}55$

Die Einflüsse der Profilüberdeckung ε_α und Sprungüberdeckung ε_β erfasst der Überdeckungsfaktor Z_ε [22] durch die Beziehung

$$Z_\varepsilon = \sqrt{\left[\frac{4-\varepsilon_\alpha}{3} \cdot (1-\varepsilon_\beta) + \frac{\varepsilon_\beta}{\varepsilon_\alpha}\right] \cdot \cos\beta_b} \tag{8.99}$$

Für $\varepsilon_\beta > 1$ ist $\varepsilon_\beta = 1$ zu setzen. Dann wird

$$Z_\varepsilon = \sqrt{\frac{1}{\varepsilon_\alpha} \cdot \cos \beta_b} \tag{8.100}$$

Für die Ermittlung der *Hertz*schen Pressung in den inneren Einzeleingriffspunkten B und D gelten sinngemäß die Ausführungen der Geradstirnräder unter Beachtung der Zähnezahl des Ersatzstirnrades mit $z_n \leq 20$ für Außenverzahnung und $z_n \leq 30$ für Innenverzahnung, s. Gl. (8.64) bis (8.69), und für z_n die Gl. (8.88).

Laufruhe: Da bei Schrägstirnrädern stets mehrere Zahnpaare im Eingriff sind und die Zähne allmählich in Eingriff kommen, haben sie einen wesentlich ruhigeren Lauf als Geradstirnrad-Getriebe. Schrägstirnrad-Getriebe werden besonders bei großen Umfangsgeschwindigkeiten angewendet.

8.4.3 Entwurf und Gestaltung von Schrägstirnrad-Getrieben

Richtlinien für den Entwurf (s. auch Abschn. 8.3.7), **Zähnezahl**. Aus den Angaben für $z_{1\,min}$ der Geradstirnräder erhält man näherungsweise für Schrägstirnräder die **Mindestzähnezahl**

$$z_{1\,min\,s} \approx z_{1\,min} \cdot \cos^3 \beta \tag{8.101}$$

Zahnbreite. Es gelten die Gl. (8.72) bis (8.74) mit $m = m_n$ und die Werte aus Bild **8.63** für das **Zahnbreitenverhältnis**

$$\lambda = b/m_n \tag{8.102}$$

Modul. Analog zu Gl. (8.75) wird mit Gl. (8.79)

$$m_{n\,max} = d_1 \cdot \cos \beta / z_{1\,min\,s} \tag{8.103}$$

Modul-Berechnung unter Beachtung der **Zahnfuß-Tragfähigkeit**. Entsprechend Gl. (8.76) wird aus Gl. (8.95) mit Gl. (8.40), (8.79) und (8.103)

$$m_n \geq \sqrt[3]{\frac{2 \cdot T_{1\,max} \cdot \cos \beta}{z_1 \cdot \lambda \cdot \sigma_{FP}} \cdot Y_F \cdot Y_\varepsilon \cdot Y_\beta \cdot K_{F\alpha}} \tag{8.104}$$

Hierin bedeuten:

m_n	in mm	Modul, Bild **8.69**
$T_{1\,max}$	in N mm	Drehmoment, Gl. (8.40)
z_1		Zähnezahl, Gl. (8.101)
λ		Zahnbreitenverhältnis, Gl. (8.102) und Bild **8.61**
$\sigma_{F\,P}$	in N/mm²	zulässige Zahnfußspannung, Gl. (8.54)
Y_F		Zahnformfaktor, für Entwurf $Y_F = 2{,}2$
Y_ε		Lastanteilfaktor, für Entwurf $Y_\varepsilon = 1$
Y_β		Schrägungswinkelfaktor, für Entwurf $Y_\beta = 1$
$K_{F\,\alpha}$		Stirnlastverteilungsfaktor, für Entwurf $K_{F\,\alpha} = 1$

Modul-Berechnung unter Beachtung der **Flanken-Tragfähigkeit**. Entsprechend Gl. (8.77) wird aus Gl. (8.97) mit Gl. (8.40), (8.79) und (8.103)

$$m_n \geq \sqrt[3]{\frac{u+1}{u} \cdot \frac{2 \cdot T_{1\max} \cdot \cos^2 \beta}{z_1^2 \cdot \lambda \cdot \sigma_{HP}^2} \cdot K_{H\alpha} \cdot Z_M^2 \cdot Z_H^2 \cdot Z_\varepsilon^2} \qquad (8.105)$$

Hierin bedeuten:

m_n in mm — Modul, Bild **8.15**
u — Zähnezahlverhältnis, Gl. (8.2)
$T_{1\max}$ in N mm — Drehmoment, Gl. (8.40)
β — Schrägungswinkel am Teilkreis, möglichst ganzzahlig wählen
z_1 — Zähnezahl des kleinen Rades, Gl. (8.101)
λ — Zahnbreitenverhältnis, Gl. (8.102) und Bild **8.61**
σ_{HP} in N/mm² — zulässige *Hertz*sche Pressung, Gl. (8.65)
$K_{H\alpha}$ — Stirnlastverteilungsfaktor, für Entwurf $K_{H\alpha} = 1$
Z_M in $\sqrt{\text{N/mm}^2}$ — Materialfaktor, für Entwurf bei St/St oder GS: $Z_M = 270\ \sqrt{\text{N/mm}^2}$
St/GG: $Z_M = 232\ \sqrt{\text{N/mm}^2}$; GG/GG: $Z_M = 204\ \sqrt{\text{N/mm}^2}$
Z_H — Flankenformfaktor, für Entwurf $Z_H = 1{,}7$
Z_ε — Überdeckungsfaktor, für Entwurf $Z_\varepsilon = 1$

Gestaltung. Die Hinweise zur Konstruktion von Geradstirnrädern gelten auch für Schrägstirnräder, jedoch ist zusätzlich zu beachten, dass die Axialkraft eine erhöhte Lagerbelastung sowie ein Kippen der Räder und damit einseitiges Tragen der Flanken verursacht.

Pfeilzahnräder (**8.85a**) und Doppel-Schrägzahnräder (**8.85b**) mit Axialkraftausgleich lassen sich herstellen, wenn folgende Bedingungen eingehalten werden:

1. spiegelbildlich genaue Herstellung der Zähne,
2. starre Ausführung aller Getriebeelemente,
3. genauer achsparalleler Einbau der Wellen,
4. das Ritzel muss sich gegen das auf der Welle axial festgelegte Rad selbsttätig axial einstellen können.

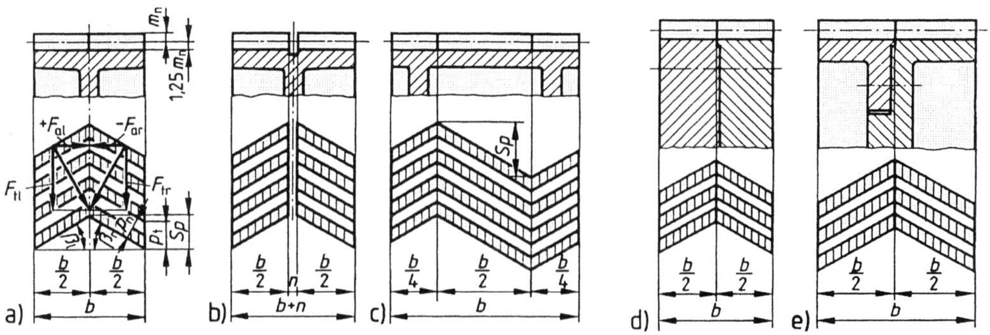

8.85
Axialkraftausgleich durch Pfeil- und Doppelschrägung

a) Pfeilschrägung, b) Doppelschrägung, c) Doppel-Pfeilschrägung, d) und e) zusammengeschraubte Halbradscheiben

Laufen die Räder vorwiegend in einer Drehrichtung, so soll aus Gründen der Festigkeit die Winkelspitze der Zähne in Drehrichtung laufen. Dann tritt auch kein Ölstau auf, weil das Öl aus der Winkelspitze herausgedrängt wird.

Die Schrägungswinkel für Pfeilzahnräder betragen $\beta = 30°...45°$. Damit lassen sich sehr kleine Zähnezahlen und große Übersetzungen erreichen. Bei beidseitiger Lagerung kann die Radbreite $b \leq 3 \cdot d_1$ betragen.

Die Herstellung der Pfeilräder erfordert einen größeren Aufwand als die der Schrägstirnräder. Daher werden Pfeilräder hauptsächlich bei großen Kräften und stoßweise wechselnder Belastung verwendet. Für extrem große wechselnde Kräfte eignet sich die Doppel-Pfeilverzahnung (**8.85c**); Getriebe mit Pfeilverzahnung ergeben gedrängte Bauweise und große Laufruhe.

Beispiel 5

Ein Stirnradgetriebe (**8.86**) ist zu entwerfen und zu berechnen. Der Antrieb erfolgt durch einen Elektromotor mit $P = 20{,}4$ kW und $n = 1420\ \text{min}^{-1}$. Die Abtriebsdrehzahl des Getriebes beträgt $n_3 = 300\ \text{min}^{-1}$ und der Betriebsfaktor $\varphi = 1{,}2$. Die Ausführung soll als Schrägstirnradgetriebe mit großen Profilverschiebungsfaktoren und mit der Verzahnungsqualität 7 nach DIN 3962, 3963, 3967 erfolgen.

Stufe I: $m_{\text{n I}} = 2{,}5$ mm, $i_\text{I} = -2{,}5$, $\beta_\text{I} = 20°$, Zähne einsatzgehärtet

Stufe II: $m_{\text{n II}} = 3{,}0$ mm, $\beta_\text{II} = 20°$, Rad 3 aus E335 (St60), Rad 4 aus EN-GJL250 (GG-25). (Die Drehrichtung wurde in der Rechnung berücksichtigt.)

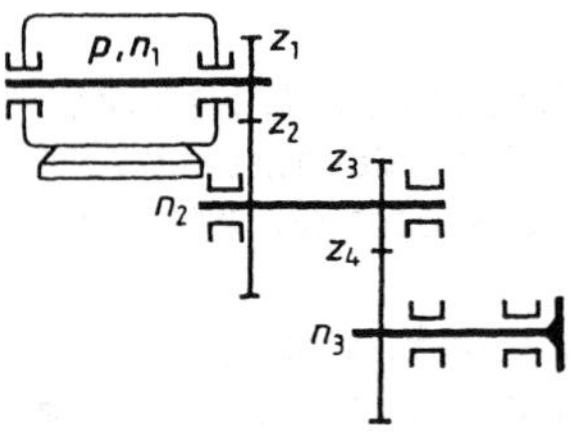

8.86
Schrägstirnrad-Getriebe

Benennung und Bemerkung	Entwurfs- und Überschlagsrechnung zur Vordimensionierung Getriebestufe I: $i_\text{I} = -\frac{z_2}{z_1}$	Getriebestufe II: $i_\text{II} = -\frac{z_4}{z_3}$
Befestigung des Ritzel	Ritzel mit z_1 sei mit Passfeder auf Wellenende des Motors befestigt	Ritzel mit z_3 sei als Ritzelwelle auszuführen
Mindest-Teilkreis-Durchmesser, Gl. (8.70) und (8.71)	$d_1 \geq 2 \cdot d_{\text{WI}1}$ $d_{\text{WI}1} = 45\,\text{mm}$ nach Motorenkatalog	$d_3 \geq 1{,}2 \cdot d_{\text{WI}2}$ $d_{\text{WI}2} \geq 365 \cdot \sqrt[3]{\frac{\varphi \cdot P}{\tau_{\text{t zul}} \cdot \lvert n_2 \rvert}}$ Für Wellenwerkstoff E355 (St50) wird gewählt $\tau_{\text{t zul}} = 20\ \text{N/mm}^2$ $n_2 = \frac{n_1}{i_\text{I}} = \frac{1420\,\text{min}^{-1}}{-2{,}5} = -568\,\text{min}^{-1}$

Beispiel 5, Fortsetzung

Benennung und Bemerkung	Entwurfs- und Überschlagsrechnung zur Vordimensionierung	
	Getriebestufe I: $i_I = -\frac{z_2}{z_1}$	Getriebestufe II: $i_{II} = -\frac{z_4}{z_3}$
		$d_{W12} \geq 365 \cdot \sqrt[3]{\frac{1{,}2 \cdot 20{,}4}{2 \cdot 568}} = 47\,\text{mm}$ gewählt: $d_{W1\,2} = 50$ mm
Mindest-Teilkreis-Durchmesser	$d_1 \geq 2 \cdot 45\,\text{mm} = 90\,\text{mm}$	$d_3 \geq 1{,}2 \cdot 50\,\text{mm} = 60\,\text{mm}$
Zähnezahl, Gl. (8.79)	$z_1 \geq \frac{d_1 \cdot \cos\beta_I}{m_{n\,I}}$ $= \frac{90\,\text{mm} \cdot \cos 20°}{2{,}5\,\text{mm}} = 33{,}8$ gewählt: $z_1 = 34$ $z_2 = -i_I \cdot z_1 = 2{,}5 \cdot 34 = 85$	$z_3 \geq \frac{d_3 \cdot \cos\beta_{II}}{m_{n\,II}}$ $= \frac{60\,\text{mm} \cdot \cos 20°}{3{,}0\,\text{mm}} = 18{,}8$ gewählt: $z_3 = 19$ $z_4 = -i_{II} \cdot z_3 = -\frac{i}{i_I} \cdot z_3$ $= -\frac{\frac{1420\,\text{min}^{-1}}{300\,\text{min}^{-1}}}{-2{,}5} \cdot 19 = 36$
vorhandene Übersetzung	$i_I = -\frac{z_2}{z_1} = -\frac{85}{34} = -2{,}5$	$i_{II} = -\frac{z_4}{z_3} = -\frac{36}{19} = -1{,}9$
Zahnbreite, Bild **8.61**	$\lambda_I = \frac{b_I}{m_{n\,I}} = 15$; also $b_I = 15 \cdot m_{n\,I}$ $b_I = 15 \cdot 2{,}5\,\text{mm} = 37{,}5\,\text{mm}$ gewählt: $b_1 = 40\,\text{mm}$	$\lambda_{II} = \frac{b_{II}}{m_{n\,II}} = 25$; also $b_{II} = 25 \cdot m_{n\,II}$ $b_{II} = 25 \cdot 3{,}0\,\text{mm} = 75\,\text{mm}$ (gewählt)

Benennung und Bemerkung	Abmessung der Getriebestufe I	
	Rad *1*	Rad *2*
Teilkreisdurchmesser, Gl. (8.79)	$d_1 = z_1 \cdot \frac{m_{n\,I}}{\cos\beta_I} = 34 \cdot \frac{2{,}5\,\text{mm}}{\cos 20°}$ $= 90{,}5\,\text{mm}$	$d_2 = z_2 \cdot \frac{m_{n\,I}}{\cos\beta_I} = 85 \cdot \frac{2{,}5\,\text{mm}}{\cos 20°}$ $= 226{,}1\,\text{mm}$
Teilkreishalbmesser des Ersatzstirnrades, Gl. (8.87)	$r_{n1} = \frac{r_1}{\cos^2\beta_I}$ $= \frac{90{,}5\,\text{mm}}{2 \cdot \cos^2 20°} = 51{,}2\,\text{mm}$	$r_{n2} = \frac{r_2}{\cos^2\beta_I}$ $= \frac{226{,}1\,\text{mm}}{2 \cdot \cos^2 20°} = 128\,\text{mm}$

Beispiel 5, Fortsetzung

Benennung und Bemerkung	Abmessung der Getriebestufe I Rad *1*	Rad *2*
Zähnezahl des Ersatzstirnrades, Gl. (8.88)	$z_{n1} = \dfrac{z_1}{\cos^3 \beta_I}$ $= \dfrac{34}{\cos^3 20°} = 41$	$z_{n2} = \dfrac{z_2}{\cos^3 \beta_I}$ $= \dfrac{85}{\cos^3 20°} = 102$
größter Profilverschiebungsfaktor	$x_1 = 1{,}0$ gewählt (nach Bild **8.33**) (extrapoliert)	$x_2 = 1{,}0$ gewählt (s. auch Bild **8.33**)
Stirneingriffswinkel	$\tan\alpha_{tI} = \dfrac{\tan\alpha_n}{\cos\beta_I} = \dfrac{\tan 20°}{\cos 20°}$; $\alpha_{tI} = 21°10'22'' = 21{,}1726°$	
Schrägungswinkel am Grundkreis, Gl. (8.81)	$\tan\beta_{bI} = \tan\beta_I \cdot \cos\alpha_{tI} = \tan 20° \cdot \cos 21{,}1726°$ $\beta_{bI} = 18°44'50'' = 18{,}747°$	
Betriebseingriffswinkel; gegeben Σx, Gl. (8.29)	$\operatorname{inv}\alpha_{twI} = \dfrac{2 \cdot \tan\alpha_n \cdot (x_1 + x_2)}{z_1 + z_2} + \operatorname{inv}\alpha_{tI}$ $= \dfrac{2 \cdot \tan 20° \cdot (1+1)}{34+85} + \operatorname{inv} 21{,}1726°$ $\operatorname{inv}\alpha_{twI} = 0{,}012234 + 0{,}017793 = 0{,}030027$; $\alpha_{twI} = 25{,}0108°$	
Betriebswälzkreis-Durchmesser, Gl. (8.25)	$d_{w1} = d_1 \cdot \dfrac{\cos\alpha_{tI}}{\cos\alpha_{twI}}$ $d_{w1} = 90{,}5\,\text{mm} \cdot \dfrac{\cos 21{,}1726°}{\cos 25{,}0108°}$ $= 93{,}12$ mm	$d_{w2} = d_2 \cdot \dfrac{\cos\alpha_{tI}}{\cos\alpha_{twI}}$ $d_{w2} = 226{,}1 \cdot \dfrac{\cos 21{,}1726°}{\cos 25{,}0108°}$ $= 232{,}65\,\text{mm}$
Kopfkreisdurchmesser, Gl. (8.30)	$d_{a1} = d_1 + 2 \cdot m_{nI} + 2 \cdot x_1 \cdot m_{nI}$ $d_{a1} = (90{,}5 + 2 \cdot 2{,}5 + 2 \cdot 1 \cdot 2{,}5)\,\text{mm}$ $d_{a1} = 100{,}5\,\text{mm}$	$d_{a2} = d_2 + 2 \cdot m_{nI} + 2 \cdot x_2 \cdot m_{nI}$ $d_{a2} = (226{,}1 + 2 \cdot 2{,}5 + 2 \cdot 1 \cdot 2{,}5)\,\text{mm}$ $d_{a2} = 236{,}1\,\text{mm}$
Fußkreisdurchmesser, Gl. (8.11); $c = 0{,}25 \cdot m_n$	$d_{f1} = d_1 - 2 \cdot m_{nI} - 2 \cdot c + 2 \cdot x_1 \cdot m_{nI}$ $d_{f1} = (90{,}5 - 2 \cdot 2{,}5 - 2 \cdot 0{,}25 \cdot 2{,}5 + 2 \cdot 1 \cdot 2{,}5)\,\text{mm}$ $d_{f1} = 89{,}25\,\text{mm}$	$d_{f2} = d_2 - 2 \cdot m_{nI} - 2 \cdot c + 2 \cdot x_1 \cdot m_{nI}$ $d_{f2} = (226{,}1 - 2 \cdot 2{,}5 - 2 \cdot 0{,}25 \cdot 2{,}5 + 2 \cdot 1 \cdot 2{,}5)\,\text{mm}$ $d_{f2} = 224{,}85\,\text{mm}$
Stirnmodul, Gl. (8.78)	$m_{tI} = \dfrac{m_{nI}}{\cos\beta} = \dfrac{2{,}5\,\text{mm}}{\cos 20°} = 2{,}66\,\text{mm}$	

Beispiel 5, Fortsetzung

Benennung und Bemerkung	Abmessung der Getriebestufe I Rad *1*	Rad *2*
Achsabstand (Rechengröße), Gl. (8.37)	$a_{\mathrm{d\,I}} = \dfrac{d_1 + d_2}{2} = \dfrac{(90{,}5 + 226{,}1)\,\mathrm{mm}}{2} = 158{,}3\,\mathrm{mm}$	
Achsabstand, Gl. (8.26)	$a_{\mathrm{I}} = \dfrac{d_{\mathrm{w}1} + d_{\mathrm{w}2}}{2} = \dfrac{(93{,}12 + 232{,}65)\,\mathrm{mm}}{2} = 162{,}885\,\mathrm{mm}$	
vorhandenes Kopfspiel, Gl. (8.33)	$c_{\mathrm{I}} = a_{\mathrm{I}} - \dfrac{d_{\mathrm{a}1} + d_{\mathrm{f}2}}{2} = \left(162{,}885 - \dfrac{100{,}5 + 224{,}85}{2}\right)\mathrm{mm}$ $= 0{,}21$	
praktisches Mindest-Kopfspiel, Gl. (8.33)	$c_{\mathrm{I\,min}} = 0{,}12 \cdot m_{\mathrm{n\,I}} = 0{,}12 \cdot 2{,}5\,\mathrm{mm} = 0{,}3\,\mathrm{mm}$	
Kopfkürzung	$c_{\mathrm{I}} = 0{,}21\,\mathrm{mm} < c_{\mathrm{I\,min}} = 0{,}3\,\mathrm{mm}$	
	Mindest-Kopfkürzung: $c_{\mathrm{I\,min}} - c_{\mathrm{I}} = 0{,}3 - 0{,}21 = 0{,}09\,\mathrm{mm}$ maximale Kopfkürzung nach Gl. (8.31)	
gewählte Kopfkürzung, Gl. (8.31)	$k \cdot m_{\mathrm{n\,I}} = a_{\mathrm{d\,I}} + m_{\mathrm{n\,I}} \cdot (x_1 + x_2) - a_{\mathrm{I}} = 158{,}3\,\mathrm{mm}$ $+ 2{,}5\,\mathrm{mm} \cdot (1 + 1) - 162{,}885\,\mathrm{mm} = 0{,}415\,\mathrm{mm}$	
Kopfkreisdurchmesser mit Kopfkürzung, Gl. (8.32)	$d_{\mathrm{ak}1} = d_{\mathrm{a}1} - 2 \cdot k \cdot m_{\mathrm{n\,I}}$ $d_{\mathrm{ak}1} = (100{,}5 - 2 \cdot 0{,}415)\,\mathrm{mm}$ $= 99{,}67\,\mathrm{mm}$	$d_{\mathrm{ak}2} = d_{\mathrm{a}2} - 2 \cdot k \cdot m_{\mathrm{n\,I}}$ $d_{\mathrm{ak}2} = (236{,}1 - 2 \cdot 0{,}415)\,\mathrm{mm}$ $= 235{,}27\,\mathrm{mm}$
Grundkreishalbmesser, Gl. (8.80)	$r_{\mathrm{b}1} = \dfrac{90{,}5\,\mathrm{mm}}{2} \cdot \cos 21{,}1726°$ $= 42{,}195\,\mathrm{mm}$	$r_{\mathrm{b}2} = \dfrac{226{,}1\,\mathrm{mm}}{2} \cdot \cos 21{,}1726°$ $= 105{,}42\,\mathrm{mm}$
Profilüberdeckung, Gl. (8.36)	$\varepsilon_{\alpha\,\mathrm{I}} = \varepsilon_{\mathrm{k}1} + \varepsilon_{\mathrm{k}2}$	
Kennzahlen für Teil-Profilüberdeckung	$z_{\mathrm{k}1} = \dfrac{2\,d_{\mathrm{w}1}}{d_{\mathrm{ak}1} - d_{\mathrm{w}1}}$ $z_{\mathrm{k}1} = \dfrac{2 \cdot 93{,}12\,\mathrm{mm}}{(99{,}67 - 93{,}12)\,\mathrm{mm}}$ $= 28{,}45$	$z_{\mathrm{k}2} = \dfrac{2\,d_{\mathrm{w}2}}{d_{\mathrm{ak}2} - d_{\mathrm{w}2}}$ $z_{\mathrm{k}2} = \dfrac{2 \cdot 232{,}65\,\mathrm{mm}}{(235{,}27 - 232{,}65)\,\mathrm{mm}}$ $= 177{,}7$
aus Bild **8.78**	$\varepsilon'_{\mathrm{k}1} = 0{,}72$ $\varepsilon_{\mathrm{k}1} = \varepsilon'_{\mathrm{k}1} \cdot \dfrac{z_1}{z_{\mathrm{k}1}} = 0{,}72 \cdot \dfrac{34}{28{,}45}$ $= 0{,}873$	$\varepsilon'_{\mathrm{k}2} = 0{,}81$ $\varepsilon_{\mathrm{k}2} = \varepsilon'_{\mathrm{k}2} \cdot \dfrac{z_2}{z_{\mathrm{k}2}} = 0{,}81 \cdot \dfrac{85}{177{,}7}$ $= 0{,}388$
Profilüberdeckung	$\varepsilon_{\alpha\,\mathrm{I}} = 0{,}873 + 0{,}388 \approx 1{,}24$	

Beispiel 5, Fortsetzung

Benennung und Bemerkung	Abmessung der Getriebestufe I Rad *1*	Rad *2*
Profilüberdeckung, Gl. (8.14) (Nachrechnung)	$\varepsilon_{\alpha I} = \varepsilon_1 + \varepsilon_2 - \varepsilon_{a I}$ $\varepsilon_1 = \frac{\sqrt{r_{ak1}^2 - r_{b1}^2}}{\pi \cdot m_{tI} \cdot \cos\alpha_{tI}} = \frac{\sqrt{(49{,}83^2 - 42{,}2^2)\,\text{mm}^2}}{\pi \cdot 2{,}66\,\text{mm} \cdot \cos 21{,}17°} = 3{,}41$ $\varepsilon_2 = \frac{\sqrt{r_{ak2}^2 - r_{b2}^2}}{\pi \cdot m_{tI} \cdot \cos\alpha_{tI}} = \frac{\sqrt{(117{,}64^2 - 105{,}42^2)\,\text{mm}^2}}{\pi \cdot 2{,}66\,\text{mm} \cdot \cos 21{,}17°} = 6{,}68$ $\varepsilon_{aI} = \frac{a_I \cdot \sin\alpha_{twI}}{\pi \cdot m_{tI} \cdot \cos\alpha_{tI}} = \frac{162{,}9\,\text{mm} \cdot \sin 25{,}01°}{\pi \cdot 2{,}66\,\text{mm} \cdot \cos 21{,}17°} = 8{,}86$ $\varepsilon_{\alpha I} = 3{,}41 + 6{,}68 - 8{,}86 = 1{,}23$	
Sprungüberdeckung, Gl. (8.85)	$\varepsilon_{\beta I} = \frac{b_I \cdot \sin\beta_I}{\pi \cdot m_{nI}} = \frac{40\,\text{mm} \cdot \sin 20°}{\pi \cdot 2{,}5\,\text{mm}} = 1{,}74$	
Gesamtüberdeckung, Gl. (8.86)	$\varepsilon_{sI} = \varepsilon_{\alpha I} + \varepsilon_{\beta I} = 1{,}23 + 1{,}74 = 2{,}97$	

Benennung und Bemerkung	Tragfähigkeitsberechnung der Getriebestufe I Rad *1*	Rad *2*
Zahnfußspannung, Gl. (8.95)	$\sigma_{F1} = \frac{F_{tI}}{b_I \cdot m_{nI}} \cdot Y_{F1} \cdot Y_{\varepsilon I} \cdot Y_{\beta I} \cdot K_{F\alpha I}$ $\leq \sigma_{FP1}$	$\sigma_{F2} = \frac{F_{tI}}{b_I \cdot m_{nI}} \cdot Y_{F2} \cdot Y_{\varepsilon I} \cdot Y_{\beta I} \cdot K_{F\alpha I}$ $\leq \sigma_{FP2}$
Nenn-Drehmoment, Gl. (8.40)	$T_1 = 9{,}55 \cdot 10^6 \cdot \frac{P}{n_1} = 9{,}55 \cdot 10^6 \cdot \frac{20{,}4}{1420} = 137100\,\text{Nmm}$	
Umfangskraft am Teilzylinder, Gl. (8.41)	$F_{tI} = \varphi \cdot \frac{2 \cdot T_1}{d_1} = 1{,}2 \cdot \frac{2 \cdot 137100\,\text{Nmm}}{90{,}5\,\text{mm}} = 3640\,\text{N}$	
Zahnformfaktor, Bild **8.54**	$Y_{F1} = f(z_1; x_1; \beta_I) = 1{,}95$	$Y_{F2} = f(z_2; x_2; \beta_I) = 2{,}01$
Lastanteilfaktor, Gl. (8.49)	$Y_{\varepsilon I} = \frac{1}{\varepsilon_{\alpha I}} = \frac{1}{1{,}23} = 0{,}833$	
Schrägungswinkelfaktor, Gl. (8.96)	$Y_{\beta I} = 1 - \frac{\beta_I}{120} = 1 - \frac{20}{120} = 0{,}833$	
Hilfsfaktor, Bild **8.56** oder Gl. (8.80)	$q_{LI} = f\left(d_2; m_{nI}; \text{Qualität}; \frac{F_{tI}}{b_I}\right) = 0{,}95$	

Beispiel 5, Fortsetzung

Benennung und Bemerkung	Tragfähigkeitsberechnung der Getriebestufe I Rad *1*	Rad *2*
Stirnlastverteilungsfaktor, Gl. (8.51) oder Bild **8.56**	da $q_{\text{L I}} = 0{,}95 > \dfrac{1}{\varepsilon_{\alpha\text{I}}} = 0{,}813$ ist, gilt: $K_{\text{F}\alpha\text{I}} = q_{\text{L I}} \cdot \varepsilon_{\alpha\text{I}} = 0{,}95 \cdot 1{,}23 = 1{,}17$	
Zahnfußspannung	$\sigma_{\text{F1}} = \dfrac{3640\,\text{N}}{40\,\text{mm} \cdot 2{,}5\,\text{mm}} \cdot 1{,}95 \cdot 0{,}813 \cdot 0{,}833 \cdot 1{,}17$ $\sigma_{\text{F1}} = 56{,}3\,\text{N/mm}^2$	$\sigma_{\text{F2}} = \dfrac{3640\,\text{N}}{40\,\text{mm} \cdot 2{,}5\,\text{mm}} \cdot 2{,}01 \cdot 0{,}813 \cdot 0{,}833 \cdot 1{,}17$ $\sigma_{\text{F2}} = 57{,}9\,\text{N/mm}^2$
zul. Zahnfußspannung, Gl. (8.54)	$\sigma_{\text{FP1}} = \dfrac{\sigma_{\text{F1 1}}}{S_{\text{F1}}}$	$\sigma_{\text{FP2}} = \dfrac{\sigma_{\text{F12}}}{S_{\text{F2}}}$
Werkstoff, Bild **8.49**	gewählt: C15 $\sigma_{\text{F 1 1}} = 230\ \text{N/mm}^2$ $\sigma_{\text{H 1 1}} = 1600\ \text{N/mm}^2$	gewählt: C15 $\sigma_{\text{F 1 2}} = 230\ \text{N/mm}^2$ $\sigma_{\text{H 1 2}} = 1600\ \text{N/mm}^2$
Sicherheitsfaktor gegen Zahnfußdauerbruch, Bild **8.55**	$S_{\text{F1}} = 2{,}0$ entsprechend den Betriebsbedingungen und unter Beachtung der Fußnoten nach Bild **8.50**	$S_{\text{F2}} = 2{,}0$ entsprechend den Betriebsbedingungen und unter Beachtung der Fußnoten nach Bild **8.50**
zul. Zahnfußspannung	$\sigma_{\text{FP1}} = \dfrac{230\,\text{N/mm}^2}{2} = 115\,\text{N/mm}^2$	$\sigma_{\text{FP2}} = \dfrac{230\,\text{N/mm}^2}{2} = 115\,\text{N/mm}^2$
Nachweis der Spannung	$\sigma_{\text{F1}} = 53{,}3\,\text{N/mm}^2 < \sigma_{\text{FP1}}$ $\sigma_{\text{FP1}} = 115\,\text{N/mm}^2$	$\sigma_{\text{F2}} = 57{,}9\,\text{N/mm}^2 < \sigma_{\text{FP2}}$ $\sigma_{\text{FP2}} = 115\,\text{N/mm}^2$
*Hertz*sche Pressung im Wälzpunkt *C*, Gl. (8.97)	$\sigma_{\text{HI}} = Z_{\text{MI}} \cdot Z_{\text{HI}} \cdot Z_{\varepsilon\text{I}} \cdot \sqrt{\dfrac{u_{\text{I}} + 1}{u_{\text{I}}} \cdot \dfrac{F_{\text{tI}}}{b_{\text{I}} \cdot d_1} \cdot K_{\text{H}\alpha\text{I}}} \le \sigma_{\text{HPI}}$	
Materialfaktor, Bild **8.59** oder Gl. (8.58)	für Stahl gegen Stahl: $Z_{\text{MI}} = 268\sqrt{\text{N/mm}^2}$	
Flankenformfaktor, Bild **8.60**	$Z_{\text{HI}} = f\left(\dfrac{x_1 + x_2}{z_1 + z_2}; \beta_{\text{I}}\right) = f\left(\dfrac{1+1}{34+85}; 20°\right) = 1{,}53$	
Überdeckungsfaktor, Gl. (8.100)	da $\sigma_{\beta\text{I}} \ge 1: Z_{\varepsilon\text{I}} = \sqrt{\dfrac{1}{\varepsilon_{\alpha\text{I}}} \cdot \cos\beta_{\text{bI}}} = \sqrt{\dfrac{1}{1{,}23} \cdot \cos 18{,}747°} = 0{,}88$	
Zähnezahlverhältnis, Gl. (8.2)	$u_{\text{I}} = \dfrac{z_2}{z_1} = \dfrac{85}{34} = 2{,}5$	

Beispiel 5, Fortsetzung

Benennung und Bemerkung	Tragfähigkeitsberechnung der Getriebestufe I Rad *1* | Rad *2*
Stirnlastverteilungsfaktor, Gl. (8.62)	$K_{\mathrm{H}\alpha \mathrm{I}} = 1 + 2 \cdot (q_{\mathrm{LI}} - 0{,}5) \cdot \left(\frac{1}{Z_{\varepsilon \mathrm{I}}^2} - 1 \right)$ $= 1 + 2 \cdot (0{,}95 - 0{,}5) \cdot \left(\frac{1}{0{,}88^2} - 1 \right) = 1{,}262$
*Hertz*sche Pressung im Wälzpunkt *C*	$\sigma_{\mathrm{HI}} = 268 \sqrt{\mathrm{N/mm}^2} \cdot 153$ $\cdot 0{,}88 \cdot \sqrt{\frac{2{,}5+1}{2{,}5} \cdot \frac{3640\,\mathrm{N}}{40\,\mathrm{mm} \cdot 90{,}5\,\mathrm{mm}} \cdot 1{,}262} = 481\,\mathrm{N/mm}^2$
Sicherheitsfaktor gegen Grübchenbildung, Bild **8.55**	$S_{\mathrm{HI}} = 1{,}8$ entsprechend den Betriebsbedingungen und unter Beachtung der Fußnoten nach Bild **8.50**
zul. *Hertz*sche Pressung, Gl. (8.65)	$\sigma_{\mathrm{HP}1,2} = \frac{\sigma_{\mathrm{H}1\,1,2}}{S_{\mathrm{H}\,1,2}} = \frac{1600\,\mathrm{N/mm}^2}{1{,}8} = 890\,\mathrm{N/mm}^2$
Nachweis der *Hertz*schen Pressung	$\sigma_{\mathrm{HI}} = 481\,\mathrm{N/mm}^2 < \sigma_{\mathrm{HP}\,1,2} = 890\,\mathrm{N/mm}^2$

Die Getriebestufe II ist sinngemäß wie Stufe I zu berechnen. ■

Beispiel 6

Ein Schrägstirnrad-Getriebe eines Trommel-Antriebes mit den Stufen I und II (**8.87**) ist zu berechnen. Die Umfangsgeschwindigkeit der Trommel (Fördergeschwindigkeit) soll v = (5...6) m/s und der Trommeldurchmesser d_{Tr} = 250 mm betragen. Arm *S* mit Achse steht gegenüber Welle *1* und Lager *L* still. Der Antrieb erfolgt durch einen Elektromotor mit P_1 = 19 kW bei n_1 = 1450 min^{-1}. Betriebsfaktor φ = 1,5. Verzahnungsqualität 8 nach DIN 3962, 3963, 3967. (Vgl. Planeten-Minusgetriebe mit feststehendem Steg; Abschn. 8.10.)

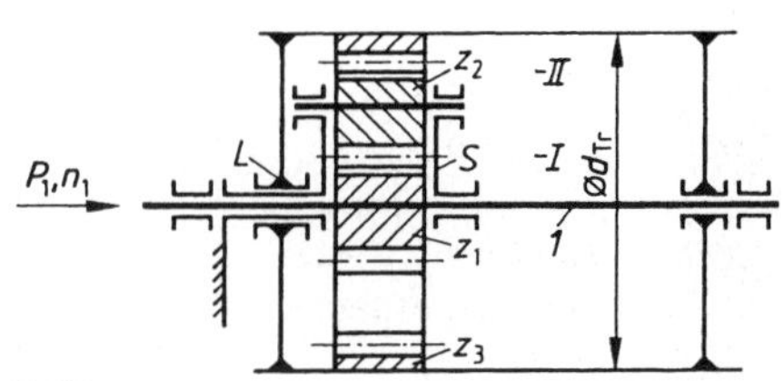

8.87
Antriebstrommel eines Förderbandes

Benennung und Bemerkung	Überschlagsrechnung zur Vordimensionierung
Wahl des Moduls, wenn Räder *1* und *2* gehärtet sein sollen, Gl. (8.104)	$m_{\mathrm{n}} \geq \sqrt[3]{\frac{2 \cdot T_{1\max} \cdot \cos \beta}{z_1 \cdot \lambda \cdot \sigma_{\mathrm{FP}1}} \cdot Y_{\mathrm{F}1} \cdot Y_{\varepsilon \mathrm{I}} \cdot Y_{\beta \mathrm{I}} \cdot K_{\mathrm{F}\alpha \mathrm{I}}}$ für Entwurf: $Y_{\mathrm{F}\,1} = 2{,}2$; $Y_{\varepsilon\,\mathrm{I}} = 1$; $K_{\mathrm{F}\,\alpha\,\mathrm{I}} = 1$; $Y_{\beta\,\mathrm{I}} = f(\beta)$

Beispiel 6, Fortsetzung

Benennung und Bemerkung	Überschlagsrechnung zur Vordimensionierung
Annahmen: Schrägungswinkel	$\beta = 20°$
Durchmesser der Welle *1* aus Werkstoff 20MnCr5	$\tau_{t\,zul} = 50\ \text{N/mm}^2$ für 20MnCr5, geschätzt $d_{W1\,1} \geq 365 \cdot \sqrt[3]{\dfrac{\varphi \cdot P}{\tau_{t\,zul} \cdot n_1}}$ $d_{W1\,1} \geq 365 \cdot \sqrt[3]{\dfrac{1{,}5 \cdot 19}{50 \cdot 1450}} = 26{,}7\ \text{mm}$; gewählt: $d_{W1\,1} = 30$ mm
nach Gl. (8.71) ist	$d_1 \geq 2 \cdot d_{W1\,1} = 2 \cdot 30\ \text{mm} = 60\ \text{mm}$
Mindestzähnezahl Gl. (8.101)	$z_{1\min s} \approx z_{1\min} \cdot \cos^3 \beta = 16 \cdot \cos^3 20° = 13{,}3$ gewählt: $z_{1\min s} = z_1 = 14$
Einfluss der Art der Lagerung, Bild **8.63**	gewählt: $\lambda = \dfrac{b}{m_n} = 15$
Werkstoffe	nach Bild **8.50**
Rad *1* (Ritzel)	C15 mit $\sigma_{F\,1\,1} = 230\ \text{N/mm}^2$ und $\sigma_{H\,1\,1} = 1600\ \text{N/mm}^2$
Rad *2* (Zwischenrad)	C15 mit Beanspruchung auf Biegewechselfestigkeit $\sigma'_{F\,1\,2} = 0{,}65 \cdot \sigma_{F\,1\,2} = 0{,}65 \cdot 230\ \text{N/mm}^2 = 150\ \text{N/mm}^2$ (s. Abschn. 8.3.6)
Rad *3* (Hohlrad)	GS60 mit $\sigma_{F\,1\,3} = 170\ \text{N/mm}^2$ und $\sigma_{H\,1\,3} = 420\ \text{N/mm}^2$; da Rad 3 gegen gehärtete Flanken von Rad 2 läuft, ist $\sigma'_{H\,1\,3} = 1{,}2 \cdot \sigma_{H\,1\,3} = 1{,}2 \cdot 420\ \text{N/mm}^2 = 504\ \text{N/mm}^2$ (s. Bild **8.50**, Fußnote 4)
Sicherheitsfaktor gegen Zahnfußdauerbruch, Bild **8.55**	$S_F = 1{,}6$, da Dauerbetrieb vorausgesetzt wird
zul. Biegespannung, Gl. (8.54)	$\sigma_{FP1} = \dfrac{\sigma_{F11}}{S_F} = \dfrac{230\ \text{N/mm}^2}{1{,}6} = 143{,}8\ \text{N/mm}^2$
Schrägungswinkelfaktor, Gl. (8.96)	$Y_\beta = 1 - \dfrac{\beta}{120} = 1 - \dfrac{20}{120} = 0{,}833$
Drehmoment, Gl. (8.40)	$T_{1\max} = \varphi \cdot 9{,}55 \cdot 10^6 \cdot \dfrac{P_1}{n_1} = 1{,}5 \cdot 9{,}55 \cdot 10^6 \cdot \dfrac{19}{1450} \approx 188\,000\ \text{N/mm}^2$
Normalmodul	$m_n \geq \sqrt[3]{\dfrac{2 \cdot 188\,000\ \text{N/mm}^2 \cdot \cos 20°}{14 \cdot 15 \cdot 143{,}8\ \text{N/mm}^2} \cdot 2{,}2 \cdot 1 \cdot 0{,}833 \cdot 1} = 2{,}72\ \text{mm}$ gewählt nach Bild **8.15**: $m_n = 3{,}0$ mm

Beispiel 6, Fortsetzung

Benennung und Bemerkung	Überschlagsrechnung zur Vordimensionierung
Teilkreisdurchmesser, Gl. (8.79)	$d_1 = z_1 \cdot \frac{m_n}{\cos\beta} = 14 \cdot \frac{3{,}0\,\text{mm}}{\cos 20°} = 44{,}7\,\text{mm} < 2\,d_{\text{W}11} = 60\,\text{mm}$ darum werden neu festgelegt: $z_1 = 15$ und $m_n = 3{,}5$ mm $d_1 = 15 \cdot \frac{3{,}5\,\text{mm}}{\cos 20°} = 55{,}87\,\text{mm}$ (Rad *1* z. B. durch Presspassung auf Welle *1* befestigt)
Übersetzung, Gl. (8.1)	$i = \frac{n_1}{-n_{\text{Tr}}} \qquad n_{\text{Tr}} = \frac{v \cdot 60}{\pi \cdot d_{\text{Tr}}} = \frac{(5...6)\,\text{m/s} \cdot 60\,\text{s/min}}{\pi \cdot 0{,}25\,\text{m}}$ gewählt: $n_{\text{Tr}} = 420\ \text{min}^{-1}$ $i = \frac{1450\,\text{min}^{-1}}{-420\,\text{min}^{-1}} = -3{,}45$
Zahnbreite	$b = \lambda \cdot m_n = 15 \cdot 3{,}5\,\text{mm} = 52{,}5\,\text{mm}$; gewählt: $b = 55\,\text{mm}$

Benennung und Bemerkung	Verzahnungsgeometrie für $m_n = 3{,}5$ mm, $\beta = 20°$, $z_1 = 15$, $d_1 = 55{,}87$ mm
Teilkreisdurchmesser von Rand *3* (s. Abschn. 8.3.3)	$d_3 = z_3 \cdot \frac{m_n}{\cos\beta} = -51 \cdot \frac{3{,}5\,\text{mm}}{\cos 20°} = -189{,}96\,\text{mm}$ d_3 ist nun anhand der Konstruktion für d_{Tr} zu prüfen
Teilkreisdurchmesser von Rand *2* (s. Abschn. 8.3.3)	$d_2 \le \frac{d_3 - d_1}{2} = \frac{(189{,}96 - 55{,}87)\,\text{mm}}{2} = 67{,}04\,\text{mm}$
Zähnezahl von Rad *2*, Gl. (8.79)	$z_2 \le \frac{67{,}04\,\text{mm} \cdot \cos\beta}{m_n} = \frac{67{,}04\,\text{mm} \cdot \cos 20°}{3{,}5\,\text{mm}} = 18$ gewählt: $z_2 = 17$
Teilkreisdurchmesser von Rad *2*, Gl. (8.79)	$d_2 = z_2 \cdot \frac{m_n}{\cos\beta} = 17 \cdot \frac{3{,}5\,\text{mm}}{\cos 20°} = 63{,}32\,\text{mm}$
Zähnezahl des Ersatzstirnrades, Gl. (8.88)	$z_{n1} = \frac{z_1}{\cos^3\beta} = \frac{15}{\cos^3 20°} = 18{,}1 \quad z_{n2} = \frac{z_2}{\cos^3\beta} = \frac{17}{\cos^3 20°} = 20{,}5$
Profilverschiebungsfaktoren für Rad *1* und Rad *2*	nach Bild **8.33** kann gewählt werden für $z_{n1} = 18$, $z_{n2} = 20$: $x_1 = 0{,}57$ bei $s_{a1} = 0{,}4 \cdot m_n$, $x_2 = 0{,}65$ bei $s_{a1} = 0{,}4 \cdot m_n$. Zur Verbesserung der Eingriffsverhältnisse und der Tragfähigkeit werden gewählt $x_1 = 0{,}5$ und $x_2 = 0{,}6$
Stirneingriffswinkel, Gl. (8.82)	$\tan\alpha_{tI} = \frac{\tan\alpha_n}{\cos\beta_I} = \frac{\tan 20°}{\cos 20°} \qquad \alpha_{tI} = 21°10'22'' = 21{,}1728°$
Schrägungswinkel am Grundkreis, Gl. (8.81)	$\tan\beta_{bI} = \tan\beta_I \cdot \cos\alpha_{tI} = \tan 20° \cdot \cos 21{,}1728$ $\beta_{bI} = 18°44'49''$

Beispiel 6, Fortsetzung

Benennung und Bemerkung	Verzahnungsgeometrie für $m_n = 3{,}5$ mm, $\beta = 20°$, $z_1 = 15$, $d_1 = 55{,}87$ mm
Betriebseingriffswinkel bei gegebener Summe Σx, Gl. (8.29)	$\text{inv}\,\alpha_{\text{tw I}} = \dfrac{2\cdot\tan\alpha_n\cdot(x_1+x_2)}{z_1+z_2} + \text{inv}\,\alpha_{\text{t I}}$ $\text{inv}\,\alpha_{\text{tw I}} = \dfrac{2\cdot\tan 20°\cdot(0{,}5+0{,}6)}{15+17} + \text{inv}\,21{,}1726° = 0{,}042817$ $\alpha_{\text{tw I}} = 27°57'33'' = 27{,}9591°$
Betriebswälzkreisdurchmesser, Gl. (8.25)	$d_{\text{w1}} = d_1\cdot\dfrac{\cos\alpha_{\text{t I}}}{\cos\alpha_{\text{tw I}}} = 55{,}87\,\text{mm}\cdot\dfrac{\cos 21{,}1728°}{\cos 27{,}9591°} = 58{,}982\,\text{mm}$ $d_{\text{w2I}} = d_2\cdot\dfrac{\cos\alpha_{\text{t I}}}{\cos\alpha_{\text{tw I}}} = 63{,}32\cdot\dfrac{\cos 21{,}1728°}{\cos 27{,}9591°} = 66{,}847\,\text{mm}$
Achsabstand	$a_1 = \dfrac{d_{\text{w1}}+d_{\text{w21}}}{2} = \dfrac{(58{,}982+66{,}847)\,\text{mm}}{2} = 62{,}914\,\text{mm}$
Betriebseingriffswinkel bei gegebenem Achsabstand, Gl. (8.28)	$\cos\alpha_{\text{tw II}} = \dfrac{z_2+z_3}{2\cdot a_{\text{II}}}\cdot\dfrac{m_n}{\cos\beta_{\text{II}}}\cdot\cos\alpha_{\text{t II}}$ Es ist $\beta_{\text{II}} = \beta_{\text{I}}$, also ist $\alpha_{\text{t II}} = \alpha_{\text{t I}}$ Bedingung: $a_{\text{I}} = -a_{\text{II}}$ $\cos\alpha_{\text{tw II}} = \dfrac{17-51}{2\cdot(-62{,}914)\,\text{mm}}\cdot\dfrac{3{,}5\,\text{mm}}{\cos 20°}\cdot\cos 21{,}1728°$ $\alpha_{\text{tw II}} = 20°12' = 20{,}2°$
Summe der Profilverschiebungsfaktoren	$x_2+x_3 = \dfrac{(z_2+z_3)\cdot(\text{inv}\,\alpha_{\text{tw I}} - \text{inv}\,\alpha_{\text{t II}})}{2\tan\alpha_n}$ $x_2+x_3 = \dfrac{(17-51)\cdot(\text{inv}\,20{,}2° - \text{inv}\,21{,}1728°)}{2\tan 20°} = 0{,}11312$
Profilverschiebungsfaktor für Rad *3*	$x_3 = 0{,}11312 - x_2 = 0.11312 - 0{,}6 = -0{,}48688$
Betriebswälzkreisdurchmesser	$d_{\text{w2II}} = d_2\cdot\dfrac{\cos\alpha_{\text{t II}}}{\cos\alpha_{\text{tw II}}} = 63{,}32\,\text{mm}\cdot\dfrac{\cos 21{,}1728°}{\cos 20{,}2°} = 62{,}914\,\text{mm}$ $d_{\text{w3}} = d_3\cdot\dfrac{\cos\alpha_{\text{t II}}}{\cos\alpha_{\text{tw II}}} = -189{,}96\,\text{mm}\cdot\dfrac{\cos 21{,}1728°}{\cos 20{,}2°} = -188{,}742\,\text{mm}$
Bedingung: $a_{\text{I}} = -a_{\text{II}}$ Achsabstand (Kontrolle)	$a_{\text{II}} = \dfrac{d_{\text{w2II}}+d_{\text{w3}}}{2} = \dfrac{(62{,}914-188{,}742)\,\text{mm}}{2} = -62{,}914\,\text{mm}$
Achsabstand (Rechengröße), Gl. (8.37)	$a_{\text{dI}} = \dfrac{d_1+d_2}{2} = \dfrac{(55{,}87+63{,}32)\,\text{mm}}{2} = 59{,}595\,\text{mm}$ $a_{\text{dII}} = \dfrac{d_2+d_3}{2} = \dfrac{(63{,}32+189{,}96)\,\text{mm}}{2} = -63{,}32\,\text{mm}$

Beispiel 6, Fortsetzung

Benennung und Bemerkung	Verzahnungsgeometrie für $m_n = 3{,}5$ mm, $\beta = 20°$, $z_1 = 15$, $d_1 = 55{,}87$ mm
Kopfkreisdurchmesser, Gl. (8.30)	$d_{a1} = d_1 + 2 \cdot m_n + 2 \cdot x_1 \cdot m_n = 55{,}87\,\text{mm} + 2 \cdot 3{,}5\,\text{mm} + 2 \cdot 0{,}5 \cdot 3{,}5\,\text{mm} = 66{,}37\,\text{mm}$ $d_{a2} = d_2 + 2 \cdot m_n + 2 \cdot x_2 \cdot m_n = 63{,}32\,\text{mm} + 2 \cdot 3{,}5\,\text{mm} + 2 \cdot 0{,}6 \cdot 3{,}5\,\text{mm} = 74{,}52\,\text{mm}$ $d_{a3} = d_3 + 2 \cdot m_n + 2 \cdot x_3 \cdot m_n = -189{,}96\,\text{mm} + 2 \cdot 3{,}5\,\text{mm} + 2 \cdot (-0{,}48688) \cdot 3{,}5\,\text{mm} = -186{,}368\,\text{mm}$
Fußkreisdurchmesser, Gl. (8.11), $c = 0{,}25 \cdot m_n$	$d_{f1} = d_1 - 2 \cdot m_n - 2 \cdot c + 2 \cdot x_1 \cdot m_n$ $d_{f1} = 55{,}87\,\text{mm} - 2 \cdot 3{,}5\,\text{mm} - 2 \cdot 0{,}5 \cdot 3{,}5\,\text{mm} + 2 \cdot 0{,}5 \cdot 3{,}5\,\text{mm} = 50{,}62\,\text{mm}$ $d_{f2} = d_2 - 2 \cdot m_n - 2 \cdot c + 2 \cdot x_2 \cdot m_n$ $d_{f2} = 63{,}32\,\text{mm} - 2 \cdot 3{,}5\,\text{mm} - 2 \cdot 0{,}5 \cdot 3{,}5\,\text{mm} + 2 \cdot 0{,}6 \cdot 3{,}5\,\text{mm} = 58{,}77\,\text{mm}$ $d_{f3} = d_3 - 2 \cdot m_n - 2 \cdot c + 2 \cdot x_3 \cdot m_n$ $d_{f3} = -189{,}96\,\text{mm} - 2 \cdot 3{,}5\,\text{mm} - 2 \cdot 0{,}5 \cdot 3{,}5\,\text{mm} + 2 \cdot (-0{,}48688) \cdot 3{,}5\,\text{mm} = -202{,}12\,\text{mm}$
vorhandenes Kopfspiel, Gl. (8.33)	$c_I = a_I - \frac{d_{a1} + d_{f2}}{2} = 62{,}914 - \frac{(66{,}37 + 58{,}77)\,\text{mm}}{2} = 0{,}344\,\text{mm}$ $c_{II} = a_{II} - \frac{d_{a2} + d_{f3}}{2} = -62{,}914 - \frac{(74{,}52 - 202{,}12)\,\text{mm}}{2} = 0{,}886\,\text{mm} > c_{min}$
praktisches Mindest-Kopfspiel	$c_{min} = 0{,}12 \cdot m_n = 0{,}12 \cdot 3{,}5$ mm $= 0{,}42$ mm da $c_1 = 0{,}344$ mm $< c_{min} = 0{,}42$ mm ist, muss d_{a1} mindestens um $c_{min} - c_1 = 0{,}42 - 0{,}344 = 0{,}076 \approx 0{,}1$ mm gekürzt werden
Kopfkreisdurchmesser bei Kopfkürzung	Also wird: $d_{ak1} = d_{a1} - 2 \cdot 0{,}1\,\text{mm} = 66{,}37 - 2 \cdot 0{,}1 = 66{,}17\,\text{mm}$ $d_{ak2} = d_{a2} - 2 \cdot 0{,}1\,\text{mm} = 74{,}52\,\text{mm} - 0{,}2\,\text{mm} = 74{,}32\,\text{mm}$ Zur Vermeidung der Eingriffsstörung wird mit $h_{a3} = 0{,}8 \cdot m_n$ nach Bild **8.35** $d_{ak3} = d_{a3} - 2 \cdot 0{,}2 \cdot m_n = -186{,}368 - 2 \cdot 0{,}2 \cdot 3{,}5\,\text{mm} = -187{,}768\,\text{mm}$
Kopfspiel nach Kopfkürzung zwischen d_{ak2} und d_{f3}	$c_{II} = a_{II} - \frac{d_{ak2} + d_{f3}}{2} = -62{,}914 - \frac{(74{,}32 - 202{,}12)\,\text{mm}}{2} = 0{,}986\,\text{mm}$
und zwischen d_{ak3} und d_{f2}	$c_{II} = a_{II} - \frac{d_{ak3} + d_{f3}}{2} = -62{,}914 - \frac{(-187{,}768 - 58{,}77)\,\text{mm}}{2} = 1{,}585\,\text{mm}$
Profilüberdeckung, Gl. (8.36)	$\varepsilon_{\alpha I} = \varepsilon_{k1} + \varepsilon_{k2}$ und $\varepsilon_{\alpha II} = \varepsilon_{k2} + \varepsilon_{k3}$

Beispiel 6, Fortsetzung

Benennung und Bemerkung	Verzahnungsgeometrie für $m_n = 3{,}5$ mm, $\beta = 20°$, $z_1 = 15$, $d_1 = 55{,}87$ mm
Kennzahlen für die Teil-Profilüberdeckung, Gl. (8.34) und Bild **8.40** für $\alpha_{t\,w\,I}$ bzw. $\alpha_{t\,w\,II}$	$z_{k1} = \frac{2 \cdot d_{w1}}{d_{ak1} - d_{w1}} = \frac{2 \cdot 58{,}98\,\text{mm}}{(66{,}17 - 58{,}98)\,\text{mm}} = 16{,}4;\ \varepsilon'_{k1} = 0{,}655$ $z_{k2I} = \frac{2 \cdot d_{w2I}}{d_{ak2} - d_{w2I}} = \frac{2 \cdot 66{,}85\,\text{mm}}{(74{,}32 - 66{,}85)\,\text{mm}} = 17{,}89;\ \varepsilon'_{k2I} = 0{,}655$ $z_{k2II} = \frac{2 \cdot d_{w2II}}{d_{ak2} - d_{w2II}} = \frac{2 \cdot 62{,}91\,\text{mm}}{(74{,}32 - 62{,}91)\,\text{mm}} = 11{,}02;\ \varepsilon'_{k2II} = 0{,}7$ $z_{k3} = \frac{2 \cdot d_{w3}}{d_{ak3} - d_{w3}} = \frac{2 \cdot (-188{,}74)\,\text{mm}}{[-187{,}77 - (-188{,}74)]\,\text{mm}} = -389;\ \varepsilon'_{k3} = 1{,}05$
Teil-Profilüberdeckung, Gl. (8.35)	$\varepsilon_{k1} = \varepsilon'_{k1} \cdot \frac{z_1}{z_{k1}} = 0{,}665 \cdot \frac{15}{16{,}4} = 0{,}60$ $\varepsilon_{k2I} = \varepsilon'_{k2I} \cdot \frac{z_2}{z_{k2I}} = 0{,}665 \cdot \frac{17}{17{,}89} = 0{,}63$ $\varepsilon_{k2II} = \varepsilon'_{k2II} \cdot \frac{z_2}{z_{k2II}} = 0{,}72 \cdot \frac{17}{11{,}02} = 1{,}11$ $\varepsilon_{k3} = \varepsilon'_{k3} \cdot \frac{z_3}{z_{k3}} = 1{,}05 \cdot \frac{-51}{-389} = 0{,}14$
Profilüberdeckung	$\varepsilon_{\alpha I} = \varepsilon_{k1} + \varepsilon_{k2I} = 0{,}60 + 0{,}63 = 1{,}23$ $\varepsilon_{\alpha II} = \varepsilon_{k2II} + \varepsilon_{k3} = 1{,}11 + 0{,}14 = 1{,}25$
Sprungüberdeckung, Gl. (8.85)	$\varepsilon_{\beta I} = \varepsilon_{\beta II} = \frac{b \cdot \sin \beta_I}{\pi \cdot m_n} = \frac{55\,\text{mm} \cdot \sin 20°}{\pi \cdot 3{,}5\,\text{mm}} = 1{,}71$
Gesamtüberdeckung, Gl. (8.86)	$\varepsilon_{sI} = \varepsilon_{\alpha I} + \varepsilon_{\beta I} = 1{,}23 + 1{,}71 = 2{,}94$ $\varepsilon_{sII} = \varepsilon_{\alpha II} + \varepsilon_{\beta II} = 1{,}25 + 1{,}71 = 2{,}96$

Benennung und Bemerkung	Tragfähigkeitsberechnung Rad *1*	Rad *2*
Zahnfußspannung, Gl. (8.95)	$\sigma_{F1} = \frac{F_{tI}}{b \cdot m_n} \cdot Y_{F1} \cdot Y_{\varepsilon I} \cdot Y_{\beta I} \cdot K_F \leq \sigma_{FP1}$	$\sigma_{F2} = \frac{F_{tI}}{b \cdot m_n} \cdot Y_{F2} \cdot Y_{\varepsilon I} \cdot Y_{\beta I} \cdot K_{F\alpha} \leq \sigma_{FP2}$
Drehmoment, Gl. (8.40)	$T_{1\,max} = \varphi \cdot 9{,}55 \cdot 10^6 \cdot \frac{P_1}{n_1} = 1{,}5 \cdot 9{,}55 \cdot 10^6 \cdot \frac{19}{1450} \approx 188\,000\,\text{N/mm}^2$	
Umfangskraft am Teilzylinder	$F_{tI} = \frac{2 \cdot T_{1\,max}}{d_1} = \frac{2 \cdot 188\,000\,\text{N mm}}{55{,}87\,\text{mm}} = 6730\,\text{N}$	

Beispiel 6, Fortsetzung

Benennung und Bemerkung	Tragfähigkeitsberechnung Rad *1*	Rad *2*
Zahnformfaktor, Bild **8.54**	$Y_{F1} = f(z_1; x_1; \beta_I) = 2{,}26$	$Y_{F2} = f(z_2; x_2; \beta_I) = 2{,}14$
Lastanteilfaktor, Gl. (8.49)	$Y_{\varepsilon I} = \frac{1}{\varepsilon_{\alpha I}} = \frac{1}{1{,}25} = 0{,}8$	
Schrägungswinkelfaktor, Gl. (8.96)	$Y_{\beta I} = 1 - \frac{\beta_I}{120} = 1 - \frac{20}{120} = 0{,}833$	
Hilfsfaktor, Bild **8.56** oder Gl. (8.50)	$q_{LI} = f\left(d_2; m_n; \text{Qualität}; \frac{F_{tI}}{b}\right) = 0{,}86$	
Stirnlastverteilungsfaktor, Gl. (8.51) oder Bild **8.56**	da $q_{LI} = 0{,}86 > \frac{1}{\varepsilon_{\alpha I}} = 0{,}8$ gilt $K_{F\alpha I} = q_{LI} \cdot \varepsilon_{\alpha I} = 0{,}86 \cdot 1{,}25 = 1{,}07$	
Zahnfußspannung	$\sigma_{F1} = \frac{6730\,\text{N}}{55\,\text{mm} \cdot 3{,}5\,\text{mm}} \cdot 2{,}26 \cdot 0{,}8 \cdot 0{,}833 \cdot 1{,}07$ $\sigma_{F1} = 56{,}3\,\text{N/mm}^2$	$\sigma_{F21} = \frac{6730\,\text{N}}{55\,\text{mm} \cdot 3{,}5\,\text{mm}} \cdot 2{,}14 \cdot 0{,}8 \cdot 0{,}833 \cdot 1{,}07$ $\sigma_{F2I} = 53{,}4\,\text{N/mm}^2$
zul. Spannung	$\sigma_{FP1} = \frac{\sigma_{Fl1}}{S_{F1}} = 143{,}8\,\text{N/mm}^2$	$\sigma_{FP\,2} = \frac{\sigma_{Fl2}}{S_{F2}} = 93{,}7\,\text{N/mm}^2$
Nachweis der Spannung	$\sigma_{F1} = 56{,}3\,\text{N/mm}^2 < \sigma_{FP1}$	$\sigma_{F2I} = 53{,}4\,\text{N/mm}^2 < \sigma_{FP2}$
*Hertz*sche Pressung im Wälzpunkt C_I, Gl. (8.97)	$\sigma_{HI} = Z_{MI} \cdot Z_{HI} \cdot Z_{\varepsilon I} \cdot \sqrt{\frac{u_I + 1}{u_I} \cdot \frac{F_{tI}}{b_I\, d_1} \cdot K_{H\alpha I}} \leq \sigma_{HP\,1,2}$	
Materialfaktor, Bild **8.59**	für Stahl gegen Stahl: $Z_{MI} = 268\sqrt{\text{N/mm}^2}$	
Überdeckungsfaktor, Gl. (8.100)	da $\varepsilon_{\alpha I} \geq 1$: $Z_{\varepsilon I} = \sqrt{\frac{1}{\varepsilon_{\alpha I}} \cdot \cos\beta_{bI}} = \sqrt{\frac{1}{1{,}25} \cdot \cos 18°45'} = 0{,}87$	
Zähnezahlverhältnis, Gl. (8.2)	$u_I = \frac{z_2}{z_1} = \frac{17}{15} = 1{,}13$	
Stirnlastverteilungsfaktor, Gl. (8.62) oder Bild **8.56**	$K_{H\alpha I} = 1 + 2 \cdot (q_{LI} - 0{,}5) \cdot \left(\frac{1}{Z_{\varepsilon I}^2} - 1\right) = 1 + 2 \cdot (0{,}97 - 0{,}5) \cdot \left(\frac{1}{1{,}13^2} - 1\right)$ $= 1{,}16$	
*Hertz*sche Pressung im Wälzpunkt C_I	$\sigma_{HI} = 268\sqrt{\text{N/mm}^2} \cdot 1{,}435 \cdot 0{,}87 \cdot \sqrt{\frac{1{,}13 + 1}{1{,}13} \cdot \frac{6730\text{N}}{55\text{mm} \cdot 55{,}87\text{mm}} \cdot 1{,}16}$ $= 732\,\text{N/mm}^2$	

Beispiel 6, Fortsetzung

Benennung und Bemerkung	Tragfähigkeitsberechnung Rad *1*	Rad *2*
Sicherheitsfaktor gegen Grübchenbildung, Bild **8.55**	$S_{\mathrm{H1}} = 1{,}8$ und $S_{\mathrm{H2}} = 2{,}0$ (Betriebsverhältnisse und Fußnoten nach Bild **8.50** beachten)	
zul. *Hertz*sche Pressung Gl. (8.65)	$\sigma_{\mathrm{HP1}} = \dfrac{\sigma_{\mathrm{Hl1}}}{S_{\mathrm{H1}}} = \dfrac{1600\,\mathrm{N/mm^2}}{1{,}8} = 890\,\mathrm{N/mm^2}$	$\sigma_{\mathrm{HP2}} = \dfrac{\sigma_{\mathrm{Hl2}}}{S_{\mathrm{H2}}} = \dfrac{1600\,\mathrm{N/mm^2}}{2{,}0} = 800\,\mathrm{N/mm^2}$
Nachweis der *Hertz*schen Pressung	$\sigma_{\mathrm{HI}} = 732\,\mathrm{N/mm^2} < \sigma_{\mathrm{HP1}}$ $\sigma_{\mathrm{HP1}} = 890\,\mathrm{N/mm^2}$	$\sigma_{\mathrm{HI}} = 732\,\mathrm{N/mm^2} < \sigma_{\mathrm{HP2}}$ $\sigma_{\mathrm{HP2}} = 800\,\mathrm{N/mm^2}$
*Hertz*sche Pressung in den Eingriffspunkten *B* und *D*, Gl. (8.66) und (8.68)	$\sigma_{\mathrm{HB}} = \sigma_{\mathrm{H}} \cdot Z_{\mathrm{B}} \le \sigma_{\mathrm{HP}}$ und $\sigma_{\mathrm{HD}} = \sigma_{\mathrm{H}} \cdot Z_{\mathrm{D}} \le \sigma_{\mathrm{HP}}$ sind nachzuweisen (s. Abschn. 8.3.6); hier nicht durchgeführt ($z_{\mathrm{n}\,1} > 20$; $z_{\mathrm{n}\,2} = 18$)	

	Rad *2*	Rad *3*
da Rad *3* ungehärtet, zuerst Nachweis der *Hertz*schen Pressung im Wälzpunkt C_{II}, Gl. (8.97)	$\sigma_{\mathrm{HII}} = Z_{\mathrm{MII}} \cdot Z_{\mathrm{HII}} \cdot Z_{\varepsilon\mathrm{II}} \cdot \sqrt{\dfrac{u_{\mathrm{II}}+1}{u_{\mathrm{II}}} \cdot \dfrac{F_{\mathrm{tII}}}{b \cdot d_2} \cdot K_{\mathrm{H\alpha II}}} \le \sigma_{\mathrm{HP2,3}}$ $F_{\mathrm{tII}} = F_{\mathrm{tI}} = 6730\,\mathrm{N}$, da Rad *2* als Zwischenrad wirkt	
Materialfaktor, Bild **8.59**	für Stahl gegen Stahlguss: $Z_{\mathrm{MII}} = 267\sqrt{\mathrm{N/mm^2}}$	
Flankenformfaktor, Bild **8.60**	$Z_{\mathrm{HII}} = f\left(\dfrac{x_2+x_3}{z_2+z_3}; \beta_{\mathrm{II}}\right) = f\left(\dfrac{0{,}6+0{,}48688}{17-51}; 20°\right) = 1{,}72$	
Zähnezahlverhältnis, Gl. (8.2)	$u_{\mathrm{II}} = \dfrac{z_2}{z_1} = \dfrac{-51}{17} = -3$	
Hilfsfaktor, Bild **8.56** oder Gl. (8.50)	$q_{\mathrm{LII}} = f\left(\lvert d_3\rvert; m_{\mathrm{n}}; \mathrm{Qualität}; F_{\mathrm{tII}}/b\right) = 0{,}93$	
Stirnlastverteilungsfaktor, Gl. (8.62) oder Bild **8.56**	$K_{\mathrm{H\alpha I}} = 1 + 2 \cdot (q_{\mathrm{LII}} - 0{,}5) \cdot \left(\dfrac{1}{Z_{\varepsilon\mathrm{II}}^2} - 1\right)$ $= 1 + 2 \cdot (0{,}93 - 0{,}5) \cdot \left(\dfrac{1}{0{,}87^2} - 1\right) = 1{,}276$	
*Hertz*sche Pressung im Wälzpunkt C_{II}	$\sigma_{\mathrm{HII}} = 267\sqrt{\mathrm{N/mm^2}} \cdot 1{,}72 \cdot 0{,}87\sqrt{\dfrac{-3+1}{-3} \cdot \dfrac{6730\,\mathrm{N}}{55\,\mathrm{mm} \cdot 67{,}04\,\mathrm{mm}} 1{,}276}$ $= 498\,\mathrm{N/mm^2}$	
Sicherheitsfaktor gegen Grübchenbildung, Bild **8.55**	$S_{\mathrm{H2}} = 2{,}0$	$S_{\mathrm{H3}} = 1{,}5$

Beispiel 6, Fortsetzung

Benennung und Bemerkung	Tragfähigkeitsberechnung Rad *1*	Rad *2*
zul. *Hertz*sche Pressung, Gl. (8.65)	$\sigma_{HP2} = 800\,\text{N/mm}^2$	$\sigma_{HP3} = \dfrac{\sigma'_{H13}}{S_{H3}} = \dfrac{504\,\text{N/mm}^2}{1{,}5} = 336\,\text{N/mm}^2$
	Da $\sigma_{HP} = 498\ \text{N/mm}^2 > \sigma_{HP3} = 336\ \text{N/mm}^2$ ist, muss für Rad *3* ein Vergütungsstahl gewählt werden; nach Bild **8.50**: 42CrMo4 mit $\sigma_{F13} = 430\ \text{N/mm}^2$; $\sigma_{H13} = 1220\ \text{N/mm}^2 + 20\%$ $\sigma'_{H13} = 1{,}2 \cdot \sigma_{H13} = 1{,}2 \cdot 1220\ \text{N/mm}^2 = 1464\ \text{N/mm}^2$	
		$\sigma_{HP3} = \dfrac{1464\,\text{N/mm}^2}{1{,}5} = 976\,\text{N/mm}^2$
Nachweis der *Hertz*schen Pressung	$\sigma_{HII} = 498\,\text{N/mm}^2 < \sigma_{HP2}$ $\sigma_{HP2} = 800\,\text{N/mm}^2$	$\sigma_{HII} = 498\,\text{N/mm}^2 < \sigma_{HP3}$ $\sigma_{HP3} = 976\,\text{N/mm}^2$
Zahnfußspannung, Gl. (8.95)	$\sigma_{F2\,II} = \dfrac{F_{tII}}{b \cdot m_n} \cdot Y_{F2} \cdot Y_{\varepsilon II} \cdot Y_{\beta II} \cdot K_{F\alpha II} \leq \sigma_{FP2}$	$\sigma_{F3} = \dfrac{F_{tII}}{b \cdot m_n} \cdot Y_{F3} \cdot Y_{\varepsilon II} \cdot Y_{\beta II} \cdot K_{F\alpha II} \leq \sigma_{FP3}$
Zahnformfaktor für Innenverzahnung, Gl. (8.48)	$Y_{F2} = 2{,}14$, da $\beta_{II} = \beta_I$ ist	$Y_{F3} = 2{,}06 - 1{,}18 \cdot \left(2{,}25 - \dfrac{d_{ak3} - d_{f3}}{2 \cdot m_n}\right)$ $Y_{F3} = 2{,}06 - 1{,}18 \cdot \left(2{,}25 - \dfrac{-187{,}77 + 202{,}12}{2 \cdot 3{,}5}\right)$ $Y_{F3} = 1{,}824$
Lastanteilfaktor, Gl. (8.49)	$Y_{\varepsilon II} = \dfrac{1}{\varepsilon_{\alpha II}} = \dfrac{1}{1{,}24} = 0{,}806$	
Schrägungswinkelfaktor, Gl. (8.51)	$Y_{\beta II} = Y_{\beta I} = 0{,}833$, da $\beta_{II} = \beta_I$ ist	
Stirnlastverteilungsfaktor, Gl. (8.51)	$K_{F\alpha II} = q_{LII} \cdot \varepsilon_{\alpha II} = 0{,}93 \cdot 1{,}24 = 1{,}15$	
Zahnfußspannung	$\sigma_{F2II} = \dfrac{6730\,\text{N}}{55\,\text{mm} \cdot 3{,}5\,\text{mm}} \cdot 2{,}26 \cdot 2{,}14 \cdot 0{,}806 \cdot 0{,}833 \cdot 1{,}15$ $\sigma_{F2II} = 57{,}8\,\text{N/mm}^2$	$\sigma_{F3} = \dfrac{6730\,\text{N}}{55\,\text{mm} \cdot 3{,}5\,\text{mm}} \cdot 1{,}824 \cdot 0{,}806 \cdot 0{,}833 \cdot 1{,}15$ $\sigma_{F3} = 49{,}2\,\text{N/mm}^2$
Sicherheitsfaktor gegen Zahnfußdauerbruch, Bild **8.55**		$S_{F3} = 1{,}6$

Beispiel 6, Fortsetzung

Benennung und Bemerkung	Tragfähigkeitsberechnung Rad *1*	Rad *2*
zul. Zahnfußspannung, Gl. (8.54)	$\sigma_{FP2} = 93{,}7\,\text{N/mm}^2$	$\sigma_{FP3} = \dfrac{\sigma_{F13}}{S_{F3}} = \dfrac{430\,\text{N/mm}^2}{1{,}6} = 268\,\text{N/mm}^2$
Nachweis der Spannung	$\sigma_{F2II} = 57{,}8\,\text{N/mm}^2 < \sigma_{FP2}$ $\sigma_{FP2} = 93{,}7\,\text{N/mm}^2$	$\sigma_{F3} = 49{,}2\,\text{N/mm}^2 < \sigma_{FP3}$ $\sigma_{FP3} = 268\,\text{N/mm}^2$

■

8.5 Kegelräder

Kegelräder dienen zur Übertragung der Drehbewegung in Wälzgetrieben mit sich schneidenden Achsen. Getriebe mit sich kreuzenden Achsen sind Schraubgetriebe (s. Abschn. 8.6 und 8.7).

8.5.1 Grundbegriffe für geradverzahnte Kegelräder

Die Kegelradverzahnung ist festgelegt durch den Teilkegelwinkel und die zugehörige Planverzahnung. Das Bezugs-Planrad (mit planer Teilebene $\delta = 90°$) hat für das Kegelrad die gleiche kinematische Bedeutung wie die Zahnstange für das Stirnrad (**8.88**).

Erzeugung der Geradverzahnung. Rollt eine Wälzscheibe auf einem Grundkegel ab (**8.90**), so entsteht eine Kugelevolvente. Da die Kugeloberfläche und damit die sphärische Verzahnung nicht in die Ebene abzuwickeln ist, ersetzt man sie durch eine Kegeloberfläche (Rückenkegel), deren Abwicklung ein Kreissektor ist (**8.88**). Die Abwicklung stellt das Ersatz-Stirnrad dar, auf dem alle am Rücken-Kegel vorhandenen Maßgrößen unverändert bleiben. Die Planverzahnung ergibt dabei eine Zahnstange (**8.88**).

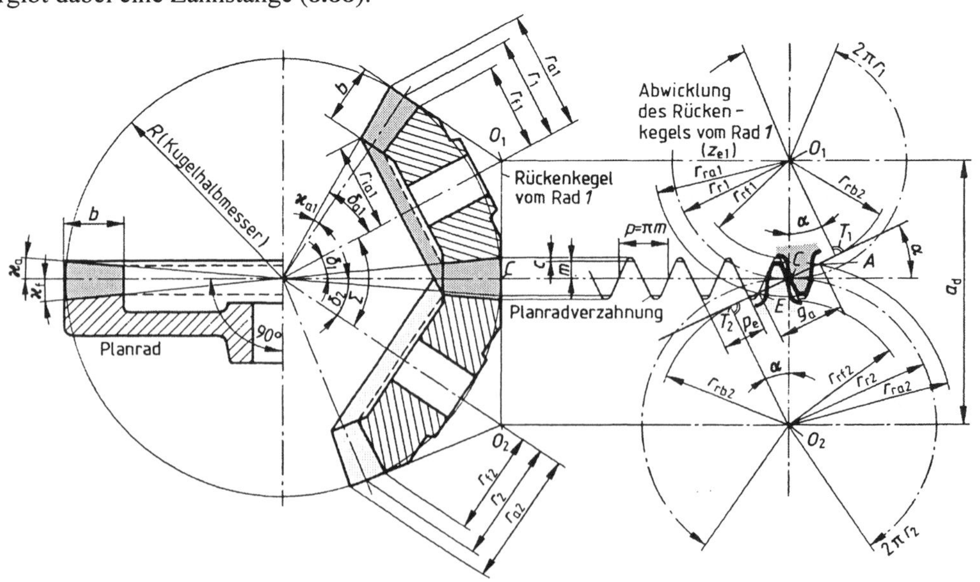

8.88
Geradzahn-Kegelradgetriebe mit Planrad und Abwicklung der Rückenkegel

Die Herstellung des doppelt gekrümmten Profils der Zahnflanke eines Planrades mit Kugelevolvente (**8.90a**) kann nur im Schablonenverfahren mit einem Spitzstichel erfolgen.

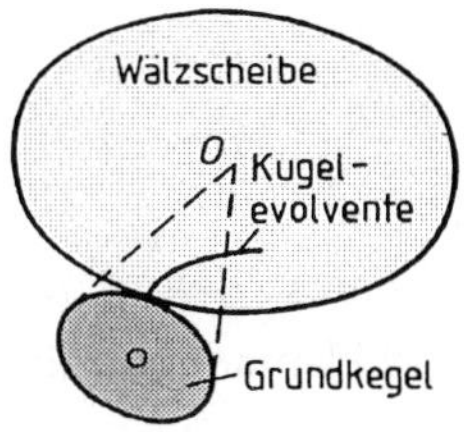

8.89
Entstehung der sphärischen Evolvente

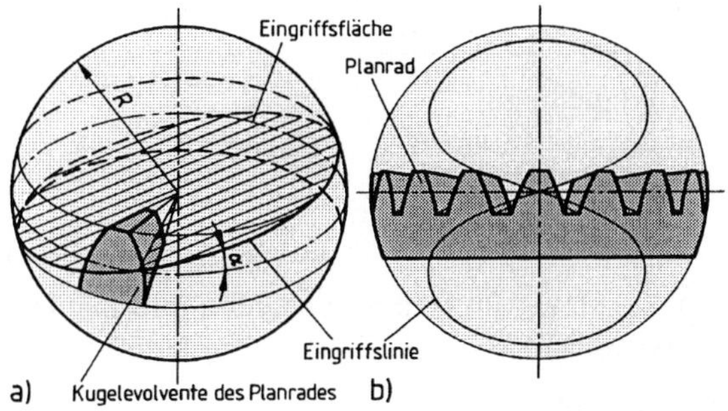

8.90
a) Kugelevolventen-Verzahnung des Planrades mit Neigung der Eingriffsfläche unter $\alpha = 20°$ zur Teilebene des Planrades
b) Oktoidenverzahnung des Planrades mit ebenen Flanken (nach DIN 3971)

Allgemein wird das wirtschaftlichere Verfahren mit Oktoidenverzahnung angewendet (**8.90b**), die eine 8-förmige, auf der Kugeloberfläche verschlungene Eingriffslinie und am Planrad ebene Zahnflanken hat. Diese Verzahnung wird mit geradflankigem Werkzeug im Wälzverfahren hergestellt.

Bestimmungsgrößen des Kegelrades. Auf der Mantelfläche des Rückenkegels (**8.88**) ist die Teilkreisteilung $p = \pi \cdot m$ festgelegt. Der Modul m ist in DIN 780 (s. Bild **8.15**) tabelliert. Damit sind folgende Verzahnungsgrößen bekannt:

Teilkreisdurchmesser

$$\boxed{d = z \cdot m = \frac{p \cdot z}{\pi}} \qquad (8.106)$$

Zahnhöhe

$$\boxed{h = h_a + h_f = 2 \cdot m + c} \qquad (8.107)$$

Kopfkreisdurchmesser

$$\boxed{d_a = d + 2 \cdot h_a \cdot \cos\delta} \qquad (8.108)$$

Kopfwinkel, s. Bild **8.89**

$$\boxed{\tan\kappa_a = \frac{h_a}{R}} \qquad (8.109)$$

Kopfkegelwinkel, s. Bild **8.89**

$$\boxed{\delta_a = \delta + \kappa_a} \qquad (8.110)$$

Innerer Kopfkreisdurchmesser

$$d_{\mathrm{ia}} = d_{\mathrm{a}} - 2 \cdot \frac{b \cdot \sin \delta_{\mathrm{a}}}{\cos \kappa_{\mathrm{a}}} \qquad (8.111)$$

Äußere Teilkegellänge

$$R = \frac{r}{\sin \delta} \qquad (8.112)$$

Das einem Kegelrad mit Teilkegelwinkel δ und Zähnezahl z zugehörige Planrad hat folgende Bestimmungsgrößen:

Planradzähnezahl

$$z_{\mathrm{P}} = \frac{2 \cdot R}{m} = \frac{z}{\sin \delta} \qquad (8.113)$$

Übersetzung

$$i = \frac{n_1}{n_2} = \frac{r_2}{r_1} = \frac{z_2}{z_1} = \frac{\sin \delta_2}{\sin \delta_1} \qquad (8.114)$$

Zähnezahlverhältnis

$$u = \frac{z_{\mathrm{Rad}}}{z_{\mathrm{Ritzel}}} = \frac{z_2}{z_1} = \frac{\sin \delta_2}{\sin \delta_1} \qquad (8.115)$$

Achsenwinkel

$$\Sigma = \delta_1 + \delta_2 \qquad (8.116)$$

Mit Gl. (8.114) und (8.116) erhält man aus

$$u = \frac{\sin \delta_2}{\sin \delta_1} = \frac{\sin(\Sigma - \delta_1)}{\sin \delta_1} = \frac{\sin \Sigma \cdot \cos \delta_1 - \cos \Sigma \cdot \sin \delta_1}{\sin \delta_1} = \sin \Sigma \cdot \cot d_1 - \cos \Sigma$$

den **Teilkegelwinkel δ_1**

$$\cot \delta_1 = \frac{u + \cos \Sigma}{\sin \Sigma} = \frac{\dfrac{z_2}{z_1} + \cos \Sigma}{\sin \Sigma} \qquad (8.117)$$

Mit dem Halbmesser

$$r_{\mathrm{r}} = r / \cos \delta \qquad (8.118)$$

aus dem Rückenkegel des Ersatzstirnrades (**8.88**) ergibt sich aus der Beziehung $2 \cdot \pi \cdot r_{\mathrm{r}} = z_{\mathrm{e}} \cdot \pi \cdot m = 2 \cdot \pi \cdot r / \cos \delta = \pi \cdot m \cdot z / \cos \delta$ die **Zähnezahl des Ersatzstirnrades**

$$\boxed{z_{\mathrm{e}} = \frac{z}{\cos\delta}} \tag{8.119}$$

Das Ersatzstirnradgetriebe hat folgende Geometriegrößen:

Kopfkreisdurchmesser

$$\boxed{d_{\mathrm{r\,a}} = d_{\mathrm{r}} + 2 \cdot h_{\mathrm{a}}} \tag{8.120}$$

Grundkreisdurchmesser

$$\boxed{d_{\mathrm{r\,b}} = d_{\mathrm{r}} \cdot \cos\alpha} \tag{8.121}$$

Achsabstand (Rechengröße)

$$\boxed{a_{\mathrm{d}} = \frac{d_{\mathrm{r1}} + d_{\mathrm{r2}}}{2}} \tag{8.122}$$

Die **Profilüberdeckung**

$$\boxed{\varepsilon_{\alpha} = \frac{g_{\alpha}}{p_{\mathrm{e}}} = \varepsilon_1 + \varepsilon_2 - \varepsilon_{\mathrm{a}}} \tag{8.123}$$

setzt sich entsprechend Gl. (8.14) aus den Faktoren

$$\varepsilon_1 = \frac{\sqrt{r_{\mathrm{ra1}}^2 - r_{\mathrm{rb1}}^2}}{p \cdot \cos\alpha} \qquad \varepsilon_2 = \frac{\sqrt{r_{\mathrm{ra2}}^2 - r_{\mathrm{rb2}}^2}}{p \cdot \cos\alpha} \qquad \text{und} \qquad \varepsilon_{\mathrm{a}} = \frac{a_{\mathrm{d}} \cdot \sin\alpha_{\mathrm{w}}}{p \cdot \cos\alpha}$$

zusammen, für die alle Größen auf die Ersatz-Stirnräder (**8.88**) bezogen sind.

Grenzzähnezahl. Die kleinste unterschnittfreie Zähnezahl ist (wie beim Schrägstirnrad) auf das Ersatz-Stirnrad (**8.88**) bezogen. Darum darf die Zähnezahl $z_{\mathrm{e\,1}} = z_1/\cos\delta_1$, Gl. (8.119), die praktische Grenzzähnezahl z'_{g} für Geradstirnräder nicht unterschreiten. Damit ergibt sich aus Gl. (8.119) für den Eingriffswinkel $\alpha = 20°$ die **praktische unterschnittfreie Mindestzähnezahl**

$$\boxed{z'_{\mathrm{gk1}} \approx z'_{\mathrm{g}} \cdot \cos\delta_1 = 14 \cdot \cos\delta_1} \tag{8.124}$$

Profilverschiebung an geradverzahnten Kegelrädern. Wie bei den Stirnradverzahnungen (s. Abschn. 8.3.2 und 8.4.1) ist bei Zähnezahlen $z < z'_{\mathrm{g\,k}}$ zur Vermeidung von Unterschnitt eine Profilverschiebung notwendig (s. auch DIN 3971). Bezogen auf das Bezugsprofil (nach DIN 867) wirkt sie sich als Zahndickenänderung (**8.91**) oder als Zahnhöhenänderung (**8.92**) aus. Mit einer Profilhöhenverschiebung (Bild **8.92**) ist eine Profil-Seitenverschiebung verbunden.

V-Getriebe mit geradverzahnten Kegelrädern entstehen, wenn zwei Kegelräder gepaart werden, deren Erzeugungs- und Betriebswälzkreise nicht gleich sind. Entsprechend der geringen allgemeinen Bedeutung werden V-Getriebe hier nicht näher behandelt.

Bei Null-Getrieben mit geradverzahnten Kegelrädern sind die Erzeugungs- und Betriebswälzkreise theoretisch gleich. Für die Anwendung von Null-Getrieben gelten sinngemäß die Ausführungen des Abschn. 8.3.5 und, um Unterschnitt zu vermeiden, die Bedingungen

$$z_1 \geq z'_{\mathrm{gk}1} = z'_{\mathrm{g}} \cdot \cos\delta_1 \quad \text{und} \quad z_2 \geq z'_{\mathrm{gk}2} \cdot \cos\delta_2$$

Für V-Null-Getriebe mit geradverzahnten Kegelrädern gelten sinngemäß die Bedingungen nach Abschn. 8.3.4. Danach ist ein V-Null-Getriebe nur möglich, wenn bei $z_1 < z'_{\mathrm{gk}1}$ die Bedingungen erfüllt sind ($z'_{\mathrm{g}} = 14$)

$$z_1 < z'_{\mathrm{g}} \cdot \cos\delta_1 = z'_{\mathrm{gk}1} \quad \text{und} \quad \frac{z_1}{\cos\delta_1} + \frac{z_2}{\cos\delta_2} \geq 2 \cdot z'_{\mathrm{g}}$$

Das **Eingriffsflankenspiel S_e** bei geradverzahnten Kegelrädern ist im Abstand R von der Kegelspitze entsprechend Abschn. 8.3.5 zu bestimmen (s. auch DIN 3971).

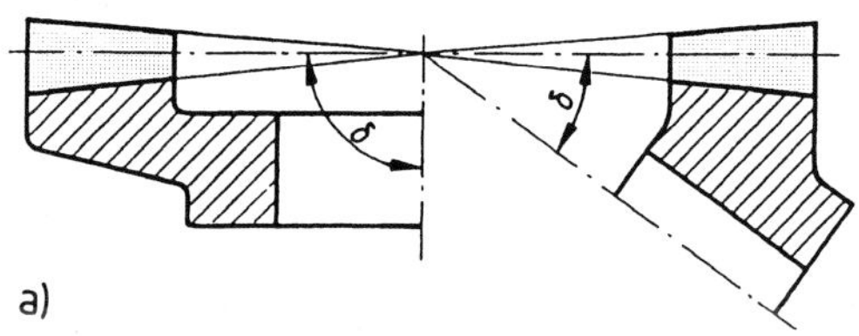
a)

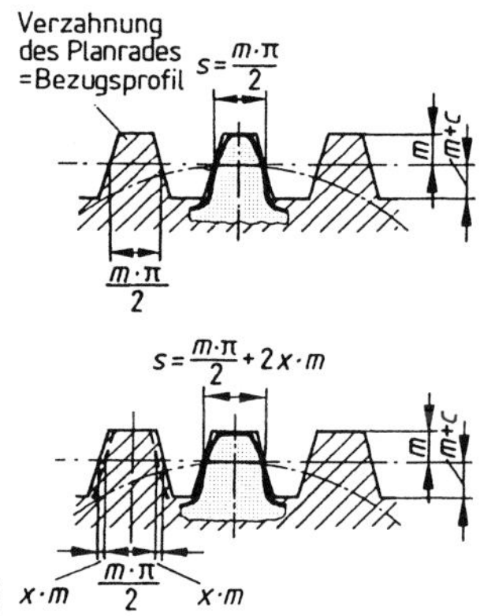

8.91
Verzahnung des Plan- und Kegelrades
a) ohne Profilverschiebung
b) mit Profil-Seitenverschiebung

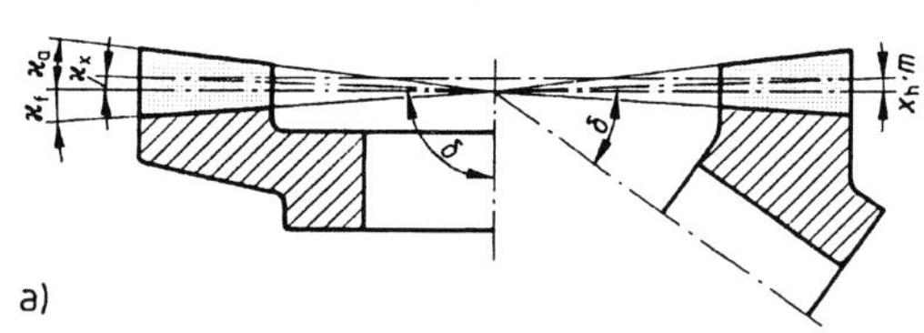
a)

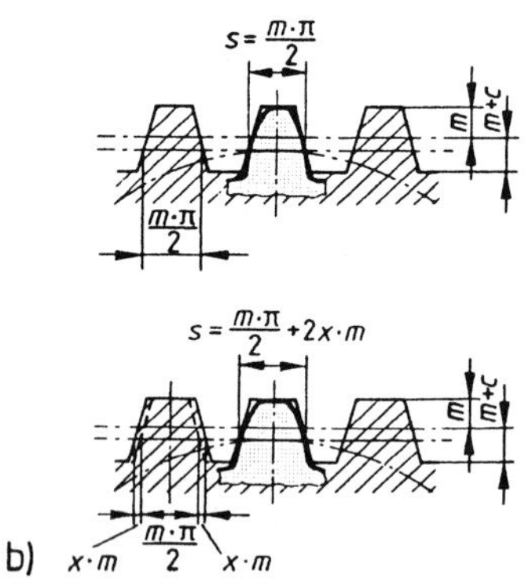

8.92
Verzahnung des Plan- und Kegelrades
a) mit Profil-Höhenverschiebung
b) mit Profil-Seiten- und Höhenverschiebung

8.5.2 Tragfähigkeitsberechnung der geradverzahnten Kegelräder

Der Tragfähigkeitsberechnung werden mittlere Ersatzstirnräder mit äquivalenten Stirnverzahnungen (virtuelle Stirnräder) zugrunde gelegt (**8.93**). Die in den Normen DIN 3991, Ausgabe-Datum 9.88, empfohlene Tragfähigkeitsberechnung findet hier zugunsten einer vereinfachten Methode keine Anwendung. Die Berechnung gleicht daher im Grundsätzlichen der für Geradstirnräder (s. Abschn. 8.3.6). Das mittlere Ersatzstirnrad hat die gleiche Zahnbreite wie das Kegelrad. Aus dem **mittleren Durchmesser** des Kegelrades

$$\boxed{d_{\mathrm{m}} = d - b \cdot \sin\delta} \qquad (8.125)$$

ergibt sich der **Teilkreisdurchmesser des mittleren** (virtuellen) **Ersatzstirnrades**

$$d_{vm} = \frac{d_m}{\cos\delta} = \frac{z \cdot m_m}{\cos\delta} \tag{8.126}$$

und hieraus der **Modul des mittleren Ersatzstirnrades** (Rechengröße)

$$m_m = \frac{d_m}{z} \tag{8.127}$$

Belastung am Zahn (8.93 und 8.94). Setzt man in Gl. (8.41) $d_1 = d_{m\,1}$, so erhält man mit der bekannten Umfangskraft $F_t = F_{t\,m}$ die Komponenten der Normalkraft F_n

die **Radialkraft**

$$F_r = F_{tm} \cdot \tan\alpha \cdot \cos\delta \tag{8.128}$$

und die **Axialkraft**

$$F_a = F_{tm} \cdot \tan\alpha \cdot \sin\delta \tag{8.129}$$

Mit diesen Kräften werden sinngemäß wie bei Schrägstirnrädern (8.61 und 8.62) die Auflagerkräfte und Biegemomente an Wellen mit geradverzahnten Kegelrädern bestimmt (s. Beispiel 9).

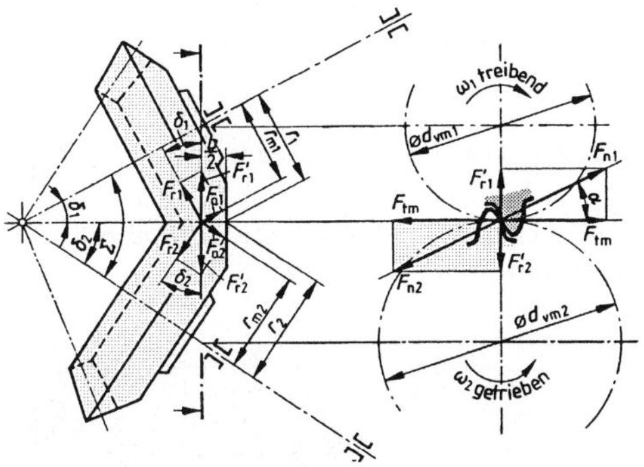

8.93
Kräfte am geradverzahnten Kegelrad

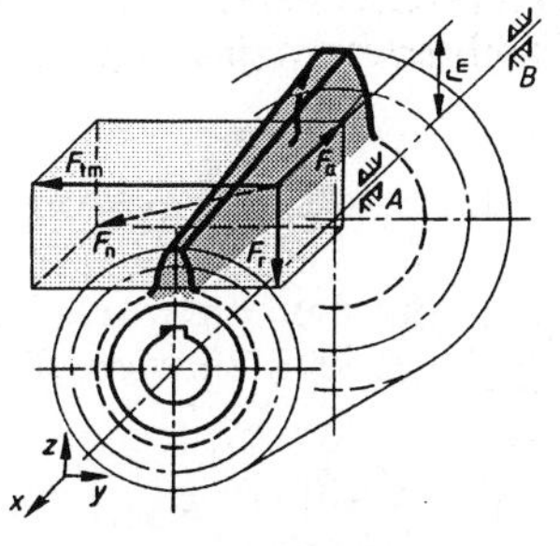

8.94
Räumliche Darstellung der Kräfte am geradverzahnten Kegelradgetriebe

Zahnfußbeanspruchung von geradverzahnten Kegelrädern. Wie für Gerad- und Schrägstirnräder ist auch hier der Festigkeitsnachweis für die **Spannung im Zahnfuß für Ritzel und Rad** getrennt zu erbringen.

$$\sigma_F = \frac{F_{tm}}{b \cdot m_m} \cdot Y_F \cdot Y_{\varepsilon v} \cdot K_{F\alpha} \le \sigma_{FP} \tag{8.130}$$

Hierin bedeuten:

$F_{t\,m}$	in N	Umfangskraft am Teilzylinder, Gl. (8.41) mit $F_{t\,m} \triangleq F_t$ und $d_{m\,1} \triangleq d_1$
b	in mm	Zahnbreite, Gl. (8.133)
m_m	in mm	Modul (Rechengröße), Gl. (8.127)
Y_F		Zahnformfaktor, Bild **8.54** mit $z_e = z_n$, $m_m \approx m_n$ und $\beta = 0°$

$Y_{\varepsilon\,v}$ Lastanteilsfaktor, $Y_{\varepsilon\,v} = 1$
$K_{F\,\alpha}$ Stirnlastverteilungsfaktor, $K_{F\,\alpha} = 1$
$\sigma_{F\,P}$ in N/mm² zulässige Zahnfußspannung, Gl. (8.54)

Flankenbeanspruchung von geradverzahnten Kegelrädern. Hier genügt der Festigkeitsnachweis für die ***Hertz*****sche Pressung im Wälzpunkt *C***

$$\sigma_H = Z_M \cdot Z_{Hv} \cdot Z_{\varepsilon v} \cdot \sqrt{\frac{u_v + 1}{u_v} \cdot \frac{F_{tm}}{b \cdot d_{vm1}}} \cdot K_{H\alpha} \leq \sigma_{HP1} \text{ bzw. } \leq \sigma_{HP2} \tag{8.131}$$

Hierin bedeuten:

Z_m in $\sqrt{N/mm^2}$ Materialfaktor, Bild **8.59**
$Z_{H\,v}$ Flankenformfaktor; für Null- und V-Null-Getriebe $Z_{H\,v} = 1{,}76$
$Z_{\varepsilon\,v}$ Überdeckungsfaktor, $Z_{\varepsilon\,v} = 1$
u_v Zähnezahlverhältnis der mittleren Ersatzstirnräder; mit Gl. (8.115) und (8.126) ist

$$u_v = \frac{z_{v2}}{z_{v1}} = \frac{d_{vm2}}{d_{vm1}} = \frac{d_{m2} \cdot \cos\delta_1}{d_{m1} \cdot \cos\delta_2} = u \cdot \frac{\cos\delta_1}{\cos\delta_2}$$

$F_{t\,m}$ in N Umfangskraft am mittleren Teilzylinder, Gl. (8.41) mit $F_{t\,m} \triangleq F_t$ und $d_{m\,1} \triangleq d_1$
b in mm Zahnbreite, Gl. (8.133)
$d_{v\,m\,1}$ in mm (virtueller) Teilkreisdurchmesser des Ritzels, Gl. (8.126)
$K_{H\,\alpha}$ Stirnlastverteilungsfaktor, $K_{H\,\alpha}$
$\sigma_{H\,P}$ in N/mm² zul. *Hertz*sche Pressung, Gl. (8.65)

8.5.3 Entwurf und Gestaltung von geradverzahnten Kegelrädern

Richtlinien für den Entwurf. Zähnezahlen. Die nach Gl. (8.119) zu ermittelnden **Zähnezahlen** z_e sollen die Richtwerte für Stirnräder nicht unterschreiten (s. Abschn. 8.37).

$$z_{e1} = \frac{z_1}{\cos\delta_1} \geq z_{1\min} \tag{8.132}$$

Zahnbreite. Unter Berücksichtigung des Zahnbreitenverhältnisses nach Bild **8.63** und der äußeren Teilkegellänge R ist für geradverzahnte Kegelräder zu setzen

$$b \leq \frac{\lambda}{2} \cdot m_m \leq \frac{R}{3} \tag{8.133}$$

Modul (Rechengröße). Aus Gl. (8.133) folgt

$$m_m \geq \frac{2 \cdot b}{\lambda} \tag{8.134}$$

In erster Näherung kann für den **mittleren Modul** gesetzt werden

$$m_m \approx \frac{4}{5} \cdot m \tag{8.135}$$

Modul m siehe DIN 780 oder Bild **8.15**.

Modul-Berechnung unter Beachtung der **Zahnfuß-Tragfähigkeit**. Entsprechend Gl. (8.76) errechnet man aus Gl. (8.130) mit Gl. (8.41), (8.133), (8.126), (8.135) den Modul

$$m \geq 2 \cdot \sqrt[3]{\frac{T_{1\max} \cdot \cos\delta_1}{z_1 \cdot \lambda \cdot \sigma_{\mathrm{F\,P}}} \cdot Y_{\mathrm{F}}} \qquad (8.136)$$

Hierin bedeuten:

m	in mm	Modul, Bild **8.15**
$T_{1\max}$	in Nmm	Drehmoment, Gl. (8.40)
z_1		Zähnezahl, Gl. (8.106)
δ_1	in ° (Grad)	Teilkegelwinkel, Gl. (8.117)
λ		Zahnbreitenverhältnis, Gl. (8.133) und Bild **8.63**
$\sigma_{\mathrm{F\,P}}$	in Nmm²	zulässige Zahnfußspannung, Gl. (8.54)
Y_{F}		Zahnformfaktor, für Entwurf: $Y_{\mathrm{F}} = 2{,}2$

Modul-Berechnung unter Beachtung der **Flanken-Tragfähigkeit**. Entsprechend Gl. (8.77) errechnet man aus Gl. (8.131) mit Gl. (8.41), (8.133), (8.126), (8.135) den Modul

$$m \geq 2 \cdot \sqrt[3]{\frac{u_{\mathrm{v}}+1}{u_{\mathrm{v}}} \cdot \frac{T_{1\max} \cdot \cos^2\delta_1}{\lambda \cdot z_1^2 \cdot \sigma_{\mathrm{HP}}^2} \cdot Z_{\mathrm{M}}^2 \cdot Z_{\mathrm{H\,v}}^2} \qquad (8.137)$$

Hierin bedeuten:

m	in mm	Modul, Bild **8.15**
u_{v}		Zähnezahlverhältnis, s. Gl. (8.131)
$T_{1\max}$	in Nmm	Drehmoment, Gl. (8.40)
δ_1	in ° (Grad)	Teilkegelwinkel, Gl. (8.117)
z_1		Zähnezahl, Gl. (8.106)
λ		Zahnbreitenverhältnis, Gl. (8.133) und Bild **8.63**
$\sigma_{\mathrm{H\,P}}$	in Nmm²	zulässige *Hertz*sche Pressung, Gl. (8.65)
$K_{\mathrm{H}\,\alpha}$		Stirnlastverteilungsfaktor, für Entwurf: $K_{\mathrm{H}\,\alpha} = 1$
Z_{M}	in $\sqrt{\mathrm{N/mm^2}}$	Materialfaktor, für Entwurf bei St/St oder GS: $Z_{\mathrm{M}} = 270\ \sqrt{\mathrm{N/mm^2}}$, bei St/GG: $Z_{\mathrm{M}} = 232\ \sqrt{\mathrm{N/mm^2}}$, und bei GG/GG: $Z_{\mathrm{M}} = 204\ \sqrt{\mathrm{N/mm^2}}$
$Z_{\mathrm{H\,v}}$		Flankenformfaktor, für Entwurf: $Z_{\mathrm{H}} = 1{,}76$

Gestaltung. Bei der Kegelradherstellung müssen die Zähne zur in Wirklichkeit nicht vorhandenen Teilkegelspitze fehlerfrei stehen.

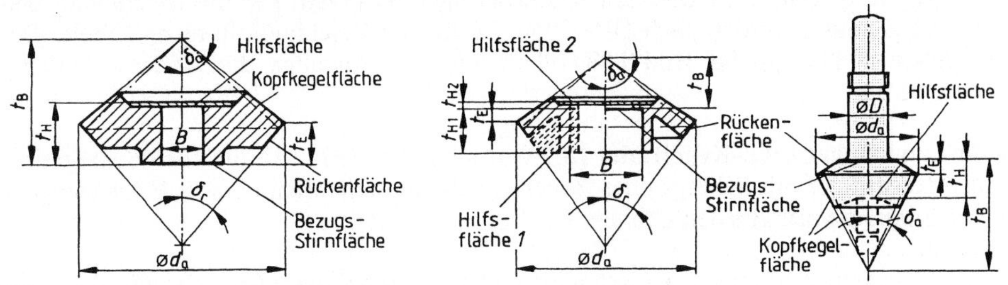

8.95
Wahl der Bezugs- und Hilfsfläche an einem Kegelrad (nach DIN 3971)

Beim Zusammenbau müssen die Teilkegelspitzen zur Deckung gebracht werden. Um das zu erreichen, sind die in DIN 3971 aufgestellten Grundsätze über Bezugsflächen der Kegelradverzahnung zu beachten (**8.95**).

Bezugsfläche der Verzahnung (**8.95**): Die Bezugsfläche ist eine zur Radachse senkrechte Ebene. Sie ist an Stelle der am Rad nicht vorhandenen Teilkegelspitze diejenige Fläche, auf die die Verzahnung beim Herstellen, Messen und Einbauen bezogen wird. Die Lage der Bezugsfläche zur Teilkegelspitze wird als fehlerfrei angenommen. Die am Zahnrad vorhandenen Fehler werden von der Bezugsfläche aus als wirksame Fehler der Verzahnung erfasst.

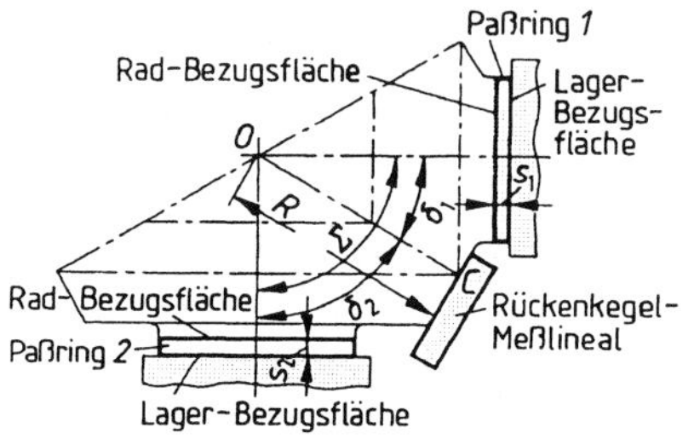

8.96
Genauer Kegelrad-Einbau durch Passringe zwischen den Rad- und Lagerbezugsflächen

Spitzenabstand t_B der Bezugsfläche (**8.95**). Er ist die Entfernung der Teilkegelspitze von der Bezugsfläche.

Kopfkreisabstand t_E (**8.95**). Er ist die Entfernung des Kopfkreises von der Bezugsfläche.

Hilfsflächenabstand t_H (**8.95**). Er ist die Entfernung einer frei wählbaren, zur Radachse rechtwinklig ebenen Hilfsfläche von der Bezugsfläche.

Beim Einbau der Kegelräder können die Axiallagen der Räder durch Distanzteile gesichert werden (**8.96**). Die Distanzteile, z. B. Passringe, werden nach dem Ausmessen der Spaltdicken zwischen Rad- und Lagerbezugsflächen auf die genauen Dicken s_1 und s_2 hergestellt und eingebaut. Die Lagerbezugsflächen können direkt Lagerstirnflächen, indirekt auch Wellenabsätze oder Gehäuseflächen sein.

Zur konstruktiven Gestaltung geschweißter Kegelräder s. Bild **8.97**

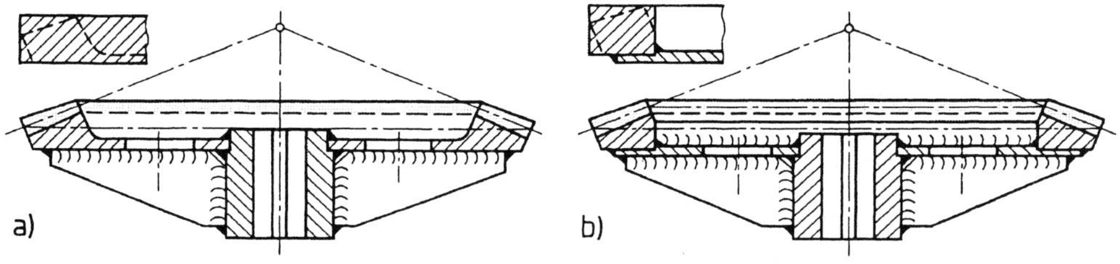

8.97
Geschweißte Kegelräder
a) Herstellung des Zahnkranzes aus dem Vollen
b) Herstellung des Zahnkranzes aus gebogenem Flachstahl

Angaben in Zeichnungen, einschließlich Verzahnungstoleranzen. Für die Herstellung und Prüfung der Verzahnung werden nach DIN 3966 T2 auf der Zeichnung in einer Tabelle Bestimmungsgrößen (**8.98**) benötigt; Bild **8.98** enthält außerdem Angaben, die auf der Zeichnung aufzuführen sind.

Schrägzahn- und Bogenzahn-Kegelräder (**8.99**) s. auch DIN 3971. Ähnlich den Schrägstirnrädern haben Kegelräder mit Schräg- oder Bogenverzahnung erheblich bessere Betriebseigenschaften als Kegelräder mit geraden Zähnen.

Die Achsen der Kegelräder können sich schneiden oder kreuzen (Hypoidgetriebe, (**8.1i**)).

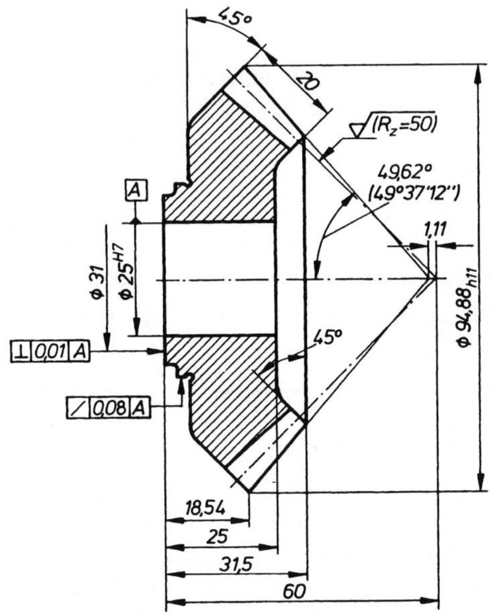

Geradzahn-Kegelrad		
Modul	$m = m_P$	4,233
Zähnezahl	z	21
Teilkegelwinkel	δ	45°
Äußerer Teilkreisdurchmesser	d	88,90
Äußere Teilkegellänge	R	62,862
Planradzähnezahl	z_P	29,69848
Fußwinkel oder Fußkegelwinkel	κ_f / δ_f	4,62° (4°37′12″)
Profilwinkel	$\alpha = \alpha_P$	20°
Verzahnungsqualität		-
Prüfmaße der Zahndicke: Zahndickensehne im Rückenkegel	$\bar{s}$	$6{,}64^{-0{,}05}_{-0{,}10}$
Prüfmaße der Zahndicke: Höhe über der Sehne	$\bar{h}$	4,32
Zusätzliche Verzahnungstoleranzen und Prüfangaben:		
Gegenrad: Sachnummer		789,03
Gegenrad: Zähnezahl	z	21
Achsenwinkel im Gehäuse mit Abmaßen	Σ	90° ± 0,025°
Ergänzende Angaben (bei Bedarf):		

8.98
Beispiel für Angaben und Bestimmungsgrößen bei Geradzahn-Kegelradverzahnungen in Zeichnungen nach DIN 3966 T2 sowie Toleranzangaben nach DIN 3965 T1

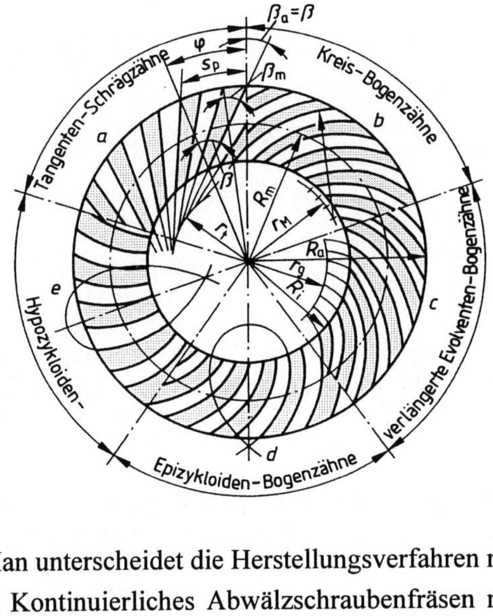

8.99
Fünf wichtige Kegelrad-Schräg- und Bogenzahnformen

Man unterscheidet die Herstellungsverfahren nach der Flankenlinie:

1. Kontinuierliches Abwälzschraubenfräsen mit kegeligem oder zylindrischem Fräser (Klingelnberg-Verzahnung). Die Flankenlinien haben die Form der Evolvente oder Palloide (Griech. pallein, d. h. schwingen).

2. Kontinuierliches Abwälzspiralfräsen mit Messerkopf (Oerlikon-Verzahnung). Die Flankenlinien haben die Form der Epi- oder Hypozykloide.

3. Teilabwälzverfahren mit Messerkopf (Gleason-Verfahren). Hier hat die Flankenlinie Kreisbogenform.

Zur genauen Berechnung, Herstellung und Prüfung sowie der wirtschaftlichen Anwendung von Schräg- und Bogenzahn-Kegelrädern sind die Erfahrungen und Sachkenntnisse der Verzahnmaschinen-Hersteller unerlässlich.

Beispiel 7

Ein Kegelradgetriebe (**8.100**) mit Geradverzahnung (ungehärtet) ist zu berechnen. Die Ausführung soll als V-Null-Getriebe mit $x_1 = 0{,}4$ und $x_2 = -0{,}4$ erfolgen.

Gegeben: Modul $m = 5$ mm; Eingriffswinkel $\alpha = 20°$; Achsenwinkel $\Sigma = 90°$; Drehfrequenz $n_1 = 940\ \text{min}^{-1}$, $n_2 \approx 300\ \text{min}^{-1}$

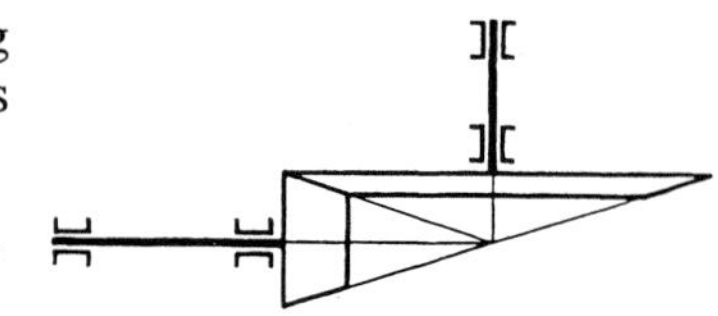

8.100
Kegelradgetriebe

Benennung und Bemerkung	Rad *1*	Rad *2*
Zähnezahlen, Gl. (8.114), Gl. (8.1)	z_1 gewählt: $z_1 = 10$ (s. auch Bild **8.33**)	$z_2 = i \cdot z = \frac{n_1}{n_2} \cdot z_1 = \frac{940\text{min}^{-1}}{300\text{min}^{-1}} \cdot$ $= 31{,}3$ gewählt: $z_2 = 31$
vorhandene Übersetzung, Gl. (8.100)	$i = \frac{z_2}{z_1} = \frac{31}{10} = 3{,}1$ ohne Beachtung der Drehrichtung	
Teilkreisdurchmesser, Gl. (8.106)	$d_1 = z_1 \cdot m = 10 \cdot 5\,\text{mm}$ $= 50\,\text{mm}$	$d_2 = z_2 \cdot m = 31 \cdot 5\,\text{mm}$ $= 155\,\text{mm}$
Teilkegelwinkel, Gl. (8.117)	$\cot\delta_1 = \frac{\frac{z_2}{z_1} \cdot \cos\Sigma}{\sin\Sigma}$ $\cot\delta_1 = \frac{3{,}1 + \cos 90°}{\sin 90°}$ $\delta_1 = 17°52'43''$	$\delta_2 = \Sigma - \delta_1$ $\delta_2 = 90° - 17°7'17''$ $\delta_2 = 72°7'17''$
Zahnkopfhöhe	$h_{a1} = (1 + x_1) \cdot m$ $h_{a1} = (1 + 0{,}4) \cdot 5\,\text{mm}$ $= 7{,}0\,\text{mm}$	$h_{a2} = (1 + x_2) \cdot m$ $h_{a2} = (1 - 0{,}4) \cdot 5\,\text{mm}$ $= 3{,}0\,\text{mm}$
Kopfkreisdurchmesser, Gl. (8.108)	$d_{a1} = d_1 + 2 \cdot h_{a1} \cdot \cos\delta_1$ $d_{a1} = 50\,\text{mm} + 2 \cdot 7{,}0\,\text{mm} \cdot \cos 17°52'43''$ $d_{a1} = 63{,}324\,\text{mm}$	$d_{a2} = d_2 + 2 \cdot h_{a2} \cdot \cos\delta_2$ $d_{a2} = 155\,\text{mm} + 2 \cdot 3{,}0\,\text{mm} \cdot \cos 72°7'17''$ $d_{a2} = 156{,}842\,\text{mm}$

Beispiel 7, Fortsetzung

Benennung und Bemerkung	Rad *1*	Rad *2*
äußere Teilkegellänge, Gl. (8.112)	$R = \dfrac{d_1}{2 \cdot \sin \delta_1} = \dfrac{50\,\text{mm}}{2 \cdot \sin 17°52'43''} = 81{,}43\,\text{mm}$	
Kopfwinkel, Gl. (8.110)	$\tan \kappa_{a1} = \dfrac{h_{a1}}{R} = \dfrac{7{,}0\,\text{mm}}{81{,}63\,\text{mm}}$ $\kappa_{a1} = 4°54'47''$	$\tan \kappa_{a2} = \dfrac{h_{a2}}{R} = \dfrac{3{,}0\,\text{mm}}{81{,}63\,\text{mm}}$ $\kappa_{a2} = 2°6'35''$
Kopfkegelwinkel, Gl. (8.110)	$\delta_{a1} = \delta_1 + \kappa_{a1}$ $\delta_{a1} = 17°52'43'' + 4°54'47''$ $\delta_{a1} = 22°47'30''$	$\delta_{a2} = \delta_2 + \kappa_{a2}$ $\delta_{a2} = 72°7'17'' + 2°6'35''$ $\delta_{a2} = 74°13'52''$
Zahnbreite, Gl. (8.133)	$b \leq \dfrac{1}{3} \cdot R = \dfrac{1}{3} \cdot 81{,}63\,\text{mm} = 27{,}2\,\text{mm}$; gewählt: $b = 25$ mm	
innerer Kopfkreisdurchmesser, Gl. (8.111)	$d_{ia1} = d_{a1} - 2 \cdot \dfrac{b \cdot \sin \delta_{a1}}{\cos \kappa_{a1}}$ $d_{ia1} = 63{,}324\,\text{mm} - 2 \cdot \dfrac{25\,\text{mm} \cdot \sin 22°44'8''}{\cos 4°54'47''}$ $d_{ia1} = 43{,}883\,\text{mm}$	$d_{ia2} = d_{a2} - 2 \cdot \dfrac{b \cdot \sin \delta_{a2}}{\cos \kappa_{a2}}$ $d_{ia2} = 156{,}842\,\text{mm} - 2 \cdot \dfrac{25\,\text{mm} \cdot \sin 74°13'52''}{\cos 2°6'35''}$ $d_{ia2} = 108{,}691\,\text{mm}$
Teilkreisdurchmesser am Ersatz-Stirnrad, Gl. (8.118)	$d_{r1} = \dfrac{d_1}{\cos \delta_1}$ $d_{r1} = \dfrac{50\,\text{mm}}{\cos 17°52'43''} = 52{,}54\,\text{mm}$	$d_{r2} = \dfrac{d_2}{\cos \delta_2}$ $d_{r2} = \dfrac{155\,\text{mm}}{\cos 72°7'17''} = 504{,}88\,\text{mm}$
Kopfkreisdurchmesser am Ersatz-Stirnrad, Gl. (8.120)	$d_{ra1} = d_{r1} + 2 \cdot h_{a1}$ $d_{ra1} = (52{,}54 + 2 \cdot 7{,}0)\,\text{mm} = 66{,}54\,\text{mm}$	$d_{ra2} = d_{r2} + 2 \cdot h_{a2}$ $d_{ra2} = (504{,}88 + 2 \cdot 3{,}0)\,\text{mm} = 510{,}88\,\text{mm}$
Grundkreisdurchmesser am Ersatz-Stirnrad, Gl. (8.121)	$d_{rb1} = d_{r1} \cdot \cos \alpha$ $d_{rb1} = 52{,}54\,\text{mm} \cdot \cos 20° = 49{,}4\,\text{mm}$	$d_{rb2} = d_{r2} \cdot \cos \alpha$ $d_{rb1} = 504{,}88\,\text{mm} \cdot \cos 20° = 474{,}43\,\text{mm}$
Achsabstand (Rechengröße), Gl. (8.122)	$a_d = \dfrac{d_{r1} + d_{r2}}{2} = \dfrac{(52{,}54 + 504{,}88)\,\text{mm}}{2} = 278{,}70\,\text{mm}$	
Profilüberdeckung, Gl. (8.123)	$\varepsilon_\alpha = \dfrac{g_\alpha}{p_e} = \dfrac{g_\alpha}{p \cdot \cos \alpha} = \dfrac{g_\alpha}{\pi \cdot m \cdot \cos \alpha} = \varepsilon_1 + \varepsilon_2 - \varepsilon_a$ $\varepsilon_1 = \dfrac{\sqrt{r_{ra1}^2 - r_{rb1}^2}}{\pi \cdot m \cdot \cos \alpha} = \dfrac{\sqrt{(33{,}27^2 - 24{,}7^2)\,\text{mm}^2}}{\pi \cdot 5\,\text{mm} \cdot \cos 20°} = 1{,}51$	

Beispiel 7, Fortsetzung

Benennung und Bemerkung	Rad *1*	Rad *2*
	$\varepsilon_2 = \frac{\sqrt{r_{\text{ra}2}^2 - r_{\text{rb}2}^2}}{\pi \cdot m \cdot \cos\alpha} = \frac{\sqrt{(255{,}44^2 - 237{,}21^2)\,\text{mm}^2}}{\pi \cdot 5\,\text{mm} \cdot \cos 20°} = 6{,}46$ $\varepsilon_\text{a} = \frac{a_\text{d} \cdot \sin\alpha_\text{w}}{\pi \cdot m \cdot \cos\alpha} = \frac{278{,}7\,\text{mm} \cdot \sin 20°}{\pi \cdot 5\,\text{mm} \cdot \cos 20°} = 6{,}46$ $\varepsilon_\alpha = 1{,}51 + 6{,}42 - 6{,}46 = 1{,}47$	

■

Beispiel 8

Für das geradverzahnte Kegelradgetriebe nach Beispiel 7 ist die Tragfähigkeitsberechnung durchzuführen. Geforderte Verzahnungsqualität 9 nach DIN 3962, 3963, 3967. Die Antriebsleistung beträgt P = 0,612 kW bei n = 940 min^{-1}. Der Betriebsfaktor ist $\varphi = 1$.

Der Berechnung von Beispiel 7 und 8 ist z. B. eine Entwurfsberechnung (s. Beispiel 3 und 4) vorausgegangen

Benennung und Bemerkung	Tragfähigkeitsberechnung Rad *1*	Rad *2*
aus Beispiel 7 ist bekannt	$z_1 = 10$ $x_1 = 0{,}4$ $\delta_1 = 17°52'43''$	$z_2 = 31;\ d_2 = 155\,\text{mm}$ $x_2 = -0{,}4$ $\delta_2 = 72°7'17''$
Bedingung: ungehärtete Zahnräder, St/GGG	$m = 5\,\text{mm};\ b = 25\,\text{mm};\ \Sigma = 90°;\ \varepsilon_\alpha = 1{,}47$	
*Hertz*sche Pressung im Wälzpunkt *C*, Gl. (8.131)	$\sigma_\text{H} = Z_\text{M} \cdot Z_{\text{Hv}} \cdot Z_{\varepsilon\text{v}} \cdot \sqrt{\frac{u_\text{v}+1}{u_\text{v}} \cdot \frac{F_\text{tm}}{b \cdot d_{\text{vm}1}} \cdot K_{\text{H}\alpha}} \le \sigma_\text{HP}$ $Z_{\text{Hv}} = 1{,}76;\ Z_{\varepsilon\text{v}} = 1;\ K_{\text{H}\alpha} = 1$	
Materialfaktor, Bild **8.59**	für Stahl gegen Gusseisen mit Kugelgraphit: $Z_\text{M} = 256\sqrt{\text{N/mm}^2}$	
Zähnezahlverhältnis, Gl. (8.131)	$u_\text{v} = \frac{z_{\text{v}2}}{z_{\text{v}1}}$ $\quad z_{\text{v}1} = \frac{z_1}{\cos\delta_1} = \frac{10}{\cos 17°52'43''} = 10{,}5$ $z_{\text{v}2} = \frac{z_2}{\cos\delta_2} = \frac{31}{\cos 72°7'17''} = 101$ $u_\text{v} = \frac{101}{10{,}5} = 9{,}62$	

Beispiel 8, Fortsetzung

Benennung und Bemerkung	Tragfähigkeitsberechnung Rad *1*	Rad *2*
mittlerer Durchmesser des Kegelrades, Gl. (8.125)	$d_{m1} = d_1 - b \cdot \sin\delta_1 = 50\,\text{mm} - 25\,\text{mm} \cdot \sin 17°52'43'' = 42{,}32\,\text{mm}$	
Modul des mittleren Ersatzstirnrades (Rechengröße), Gl. (8.127)	$m_m = \dfrac{d_{m1}}{z_1} = \dfrac{42{,}32\,\text{mm}}{10} = 4{,}232\,\text{mm}$	
(virtueller) Teilkreisdurchmesser, Gl. (8.126)	$d_{vm1} = \dfrac{z_1 \cdot m_m}{\cos\delta_1} = \dfrac{10 \cdot 4{,}232\,\text{mm}}{\cos 17°52'43''} = 44{,}4\,\text{mm}$	
Nenn-Drehmoment, Gl. (8.40)	$T_1 = 9{,}55 \cdot 10^5 \cdot \dfrac{P}{n_1} = 9{,}55 \cdot 10^6 \cdot \dfrac{0{,}612}{940} = 6217\ \text{N mm}$	
Umfangskraft, Gl. (8.41)	$F_{tm} = \varphi \cdot \dfrac{2 \cdot T_1}{d_{m1}} = \dfrac{2 \cdot T_{1\max}}{d_{m1}} = \dfrac{2 \cdot 6217\,\text{N mm}}{42{,}32\,\text{mm}} = 293\,\text{N}$	
*Hertz*sche Pressung	$\sigma_H = 256\sqrt{\dfrac{\text{N}}{\text{mm}^2}} \cdot 1{,}76 \cdot 1 \cdot \sqrt{\dfrac{9{,}62+1}{9{,}62} \cdot \dfrac{293\,\text{N}}{25\,\text{mm} \cdot 44{,}4\,\text{mm}} \cdot 1} = 243\,\text{N/mm}^2$	
Sicherheitsfaktor gegenüber Grübchenbildung, Bild **8.56**	$S_{H1} = 1{,}6$	$S_{H2} = 2{,}0$
Werkstoff, Bild **8.56**	E335 (St60): $\sigma_{Hl} = 400\,\text{N/mm}^2$ $\sigma_{Fl} = 200\,\text{N/mm}^2$	EN-GJS-600 (GGG60): $\sigma_{Hl} = 490\,\text{N/mm}^2$ $\sigma_{Fl} = 220\,\text{N/mm}^2$
zul. *Hertz*sche Pressung, Gl. (8.65)	$\sigma_{HP1} = \dfrac{\sigma_{Hl1}}{S_{H1}} = \dfrac{400\,\text{N/mm}^2}{1{,}6} = 250\,\text{N/mm}^2$	$\sigma_{HP2} = \dfrac{\sigma_{Hl2}}{S_{H2}} = \dfrac{490\,\text{N/mm}^2}{2{,}0} = 245\,\text{N/mm}^2$
Nachweis der *Hertz*schen Pressung	$\sigma_H = 243\,\text{N/mm}^2 < \sigma_{HP1}$ $\sigma_{HP1} = 250\,\text{N/mm}^2$	$\sigma_H = 243\,\text{N/mm}^2 < \sigma_{HP2}$ $\sigma_{HP2} = 245\,\text{N/mm}^2$
Zahnfußspannung Gl. (8.130)	$\sigma_{F1} = \dfrac{F_{tm}}{b \cdot m_m} \cdot Y_{F1} \cdot Y_{\varepsilon v} \cdot K_{F\alpha} \le \sigma_{FP1}$ $Y_{\varepsilon v} = 1;\ K_{F\alpha} = 1$	$\sigma_{F2} = \dfrac{F_{tm}}{b \cdot m_m} \cdot Y_{F2} \cdot Y_{\varepsilon v} \cdot K_{F\alpha} \le \sigma_{FP2}$ $Y_{\varepsilon v} = 1;\ K_{F\alpha} = 1$
Zahnformfaktor Bild **8.54**	$Y_{F1} = f(z_{v1}; x_1; \beta = 0°) = 2{,}68$	$Y_{F2} = f(z_{v2}; x_2; \beta = 0°) = 2{,}34$
Zahnfußspannung	$\sigma_{F1} = \dfrac{293\,\text{N}}{25\,\text{mm} \cdot 4{,}23\,\text{mm}} 2{,}68 \cdot 1 \cdot 1 = 7{,}4\,\text{N/mm}^2$	$\sigma_{F2} = \dfrac{293\,\text{N}}{25\,\text{mm} \cdot 4{,}23\,\text{mm}} 2{,}34 \cdot 1 \cdot 1 = 6{,}5\,\text{N/mm}^2$

Beispiel 8, Fortsetzung

Benennung und Bemerkung	Tragfähigkeitsberechnung Rad *1*	Rad *2*
Sicherheitsfaktor gegen Zahnfußdauerbruch, Bild **8.56**	$S_{F1} = 1{,}8$	$S_{F2} = 2{,}0$
zul. Zahnfußspannung Gl. (8.54)	$\sigma_{FP1} = \dfrac{\sigma_{Fl1}}{S_{F1}} = \dfrac{200\,\text{N/mm}^2}{1{,}8}$ $= 111\,\text{N/mm}^2$	$\sigma_{FP2} = \dfrac{\sigma_{Fl2}}{S_{F2}} = \dfrac{220\,\text{N/mm}^2}{2{,}0}$ $= 110\,\text{N/mm}^2$
Nachweis der Spannung	$\sigma_{F1} = 7{,}4\,\text{N/mm}^2 < \sigma_{FP1}$ $\sigma_{FP1} = 111\,\text{N/mm}^2$	$\sigma_{F2} = 6{,}5\,\text{N/mm}^2 < \sigma_{FP2}$ $\sigma_{FP2} = 110\,\text{N/mm}^2$

■

Beispiel 9

Für das Kegelradgetriebe nach Beispiel 7 und 8 (**8.100**) sind für Welle *1* die Auflagerkräfte und Biegemomente zu bestimmen (**8.101**), s. auch (**8.82**).

$l_1 = 40$ mm, $l_2 = 80$ mm

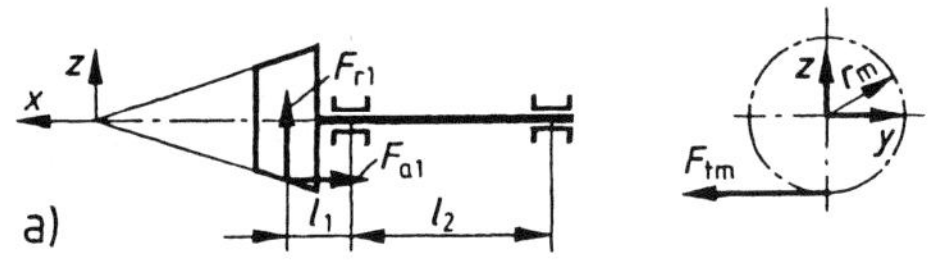

8.101
Kegelradlagerung
(b) und c) s. nächste Seite)

Benennung und Bemerkung	Auflagerkräfte und Biegemomente
Aus Beispiel 7 und 8 sind bekannt	$z_1 = 10$; $m = 5$ mm; $d_{m\,1} = 42{,}34$ mm; $\delta_1 = 17°52'43''$; $\alpha = 20°$; $F_{t\,m} = 293$ N
Radialkraft, Gl. (8.128)	$F_{r1} = F_{tm} \cdot \tan\alpha \cdot \cos\delta = 293\,\text{N} \cdot \tan 20° \cdot \cos 17°52'43'' = 101\,\text{N}$
Axialkraft, Gl. (8.129)	$F_{a1} = F_{tm} \cdot \tan\alpha \cdot \sin\delta = 293\,\text{N} \cdot \tan 20° \cdot \sin 17°52'43'' = 32\,\text{N}$ Aus ΣM ergibt sich $F_{Az} = \dfrac{1}{l_2} \cdot \left[F_{r1} \cdot (l_1 + l_2) - F_{a1} \cdot r_m\right]$ $F_{Az} = \dfrac{1}{80\,\text{mm}} \cdot \left[101\,\text{N} \cdot (40 + 80)\text{mm} - 32\,\text{N} \cdot 21{,}16\,\text{mm}\right]$ $F_{Az} = 143\,\text{N}$ $F_{Bz} = \dfrac{1}{l_2} \cdot \left[F_{r1} \cdot l_1 - F_{a1} \cdot r_m\right]$

Beispiel 9, Fortsetzung

Benennung und Bemerkung	Auflagerkräfte und Biegemomente
	$F_{Bz} = \frac{1}{80\,\text{mm}} \cdot [101\,\text{N} \cdot 40\,\text{mm} - 32\,\text{N} \cdot 21{,}16\,\text{mm}]$ $F_{Bz} = 42\,\text{N}$ $\Sigma F(z) = 0 = F_{r1} - F_{Az} + F_{Bz}$
Auflagerkräfte: Teilauflagerkräfte in Ebene $x-z$ und graphische Darstellung der Biegemomentenfläche (**8.101b**): $M(z)$	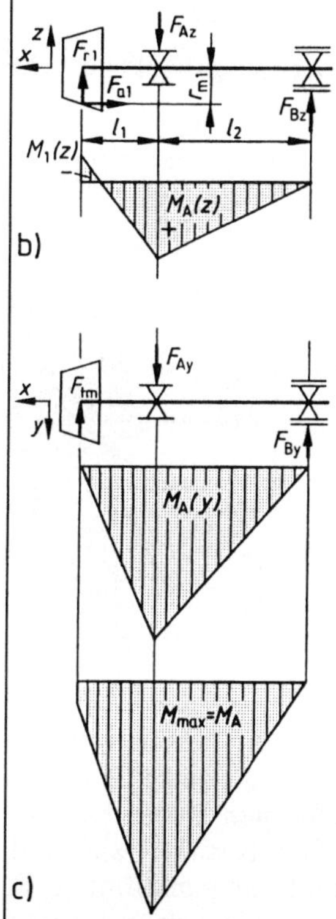 $F_{Ay} = \frac{1}{l_2} \cdot [F_{tm} \cdot (l_1 + l_2)]$ $F_{Ay} = \frac{1}{80\,\text{mm}} \cdot [293\,\text{N} \cdot (40+80)\,\text{mm}]$ $=440\,\text{N}$
Teilauflagerkräfte in Ebene $x-y$ und graphische Darstellung der Biegemomentenfläche (**8.101c**): $M(y)$	$F_{By} = \frac{1}{80\,\text{mm}} 293\,\text{N} \cdot 40\,\text{mm}$ $=147\,\text{N}$ $\Sigma F(y) = 0 = -F_{tm} + F_{Ay} - F_{By}$
Auflagerkraft F_A	$F_A = \sqrt{F_{Az}^2 + F_{Ay}^2}$ $F_A = \sqrt{(143\,\text{N})^2 + (440\,\text{N})^2}$ $=463\,\text{N}$
Auflagerkraft F_B	$F_B = \sqrt{F_{Bz}^2 + F_{By}^2}$ $F_B = \sqrt{(42\,\text{N})^2 + (147\,\text{N})^2}$ $=153\,\text{N}$
Biegemomente in Ebene $x-z$	**8.101 b** und **c**
a) am Lager A	$M_A(z) = F_{Bz} \cdot l_2 = 42\,\text{N} \cdot 80\,\text{mm} = 3360\,\text{N mm}$
b) in Mitte Rad	$M_1(z) = -F_{a1} \cdot r_{m1} = -32\,\text{N} \cdot 21{,}16\,\text{mm} = -677\,\text{N mm}$
Biegemoment in Ebene $x-y$	$M_A(y) = F_{tm} \cdot l_1 = 293\,\text{N} \cdot 40\,\text{mm} = 11720\,\text{N mm}$
resultierende Biegemomente	
a) am Lager	$M_A = \sqrt{M_A^2(z) + M_A^2(y)} = \sqrt{3360^2 + 11720^2}\,\text{N/mm}^2$ $=12192\,\text{N mm}$
b) in Mitte Rad	$M_1 = \sqrt{M_1^2(z) + 0} = \sqrt{(-677)^2}\,\text{N mm} = 677\,\text{N mm}$
größtes Biegemoment	$M_{max} = M_A = F_B \cdot l_2 = 153\,\text{N} \cdot 80\,\text{mm} = 12240\,\text{N mm}$

■

8.6 Stirnrad-Schraubgetriebe

8.6.1 Grundbegriffe

Bringt man zwei Schrägstirnräder mit gleichem Modul m_n und gleichem Eingriffswinkel α_n, aber mit Schrägungswinkeln $\beta_1 \neq \beta_2$ in Eingriff, so entsteht ein Stirnrad-Schraubgetriebe (nur bei $\beta_1 = -\beta_2$ liegt ein Schrägstirnradgetriebe vor), dessen Achsen sich unter dem Winkel δ schneiden (**8.102**). Die meistens gleichsinnigen Schrägungswinkel beider Räder ergeben als Summe den **Kreuzungswinkel**

$$\boxed{\delta = \beta_1 + \beta_2} \qquad (8.138)$$

Oft werden Schraubgetriebe mit dem Kreuzungswinkel $\delta = 90°$ ausgeführt.

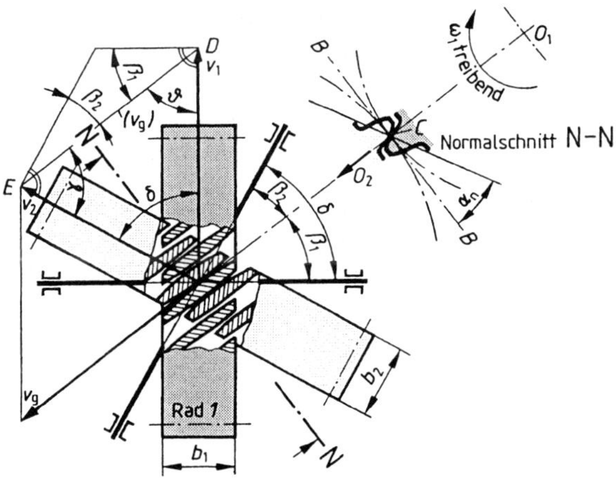

8.102
Bewegungsverhältnisse an der Berührungsstelle des Stirnrad-Schraubgetriebes

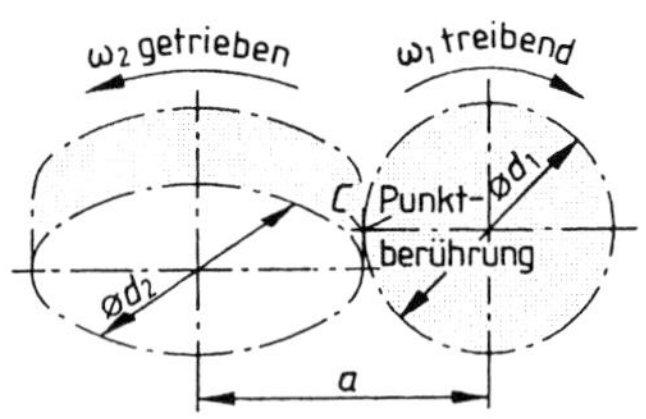

8.103
Punktberührung der Wälzzylinder

Um einen besseren Wirkungsgrad zu erzielen, sollte der Schrägungswinkel des treibenden Rades größer als der des getriebenen Rades sein: $\beta_1 \geq \beta_2$. Wälzzylinder und Zahnflanken berühren sich auf der Eingriffslinie im Normalschnitt nur punktförmig (**8.103**). Die Profilüberdeckung ist für die Geradzahn-Ersatzstirnräder (im Normalschnitt) zu ermitteln (**8.105**). Stirnrad-Schraubradgetriebe werden für Übersetzungen $i \leq 5$ angewendet. Für $i > 5$ sind Schneckengetriebe zu wählen (s. Abschn. 8.7).

Bestimmungsgrößen. Für die Radabmessungen gelten grundsätzlich die geometrischen Beziehungen der Schrägstirnräder.

Übersetzung

$$\boxed{i = \frac{n_1}{n_2} = \frac{z_2}{z_1} = \frac{d_2 \cdot \cos\beta_2}{d_1 \cdot \cos\beta_1}} \qquad (8.139)$$

Für $\delta = \beta_1 + \beta_2 = 90°$ wird mit $\cos\beta_2 = \sin\beta_1$ die Übersetzung $i = d_2/(d_1 \cdot \tan\beta_1)$.

Achsabstand

$$a = \frac{d_1 + d_2}{2} = \frac{m_n}{2} \cdot \left(\frac{z_1}{\cos\beta_1} + \frac{z_2}{\cos\beta_2} \right) \qquad (8.140)$$

Stirnrad-Schraubgetriebe sind (im Gegensatz zu Schrägstirnradgetrieben) gegen größere Achsabstandsänderungen empfindlich, da sich mit den Betriebswälzkreisdurchmessern die Schrägungswinkel auf den Betriebswälzzylindern ändern. In axialer Richtung kann man sie gegeneinander verschieben, also sind sie leicht zu montieren.

Bei V-Getrieben mit Schraubenrädern ist zu beachten, dass die Summe der Schrägungswinkel auf den Betriebswälzzylindern gleich dem Kreuzungswinkel δ ($= \beta_{w\,1} + \beta_{w\,2}$) ist. Dann ist aber die Summe der Schrägungswinkel auf den Teilzylindern ungleich dem Kreuzungswinkel. Die Berechnung der V-Getriebe ist darum etwas umständlich und wird entsprechend der praktischen Bedeutung hier nicht behandelt.

Gleitgeschwindigkeit. Bei Wälzgetrieben (Stirnradgetrieben) erfolgt außer der Wälzbewegung ein Wälzgleiten in Richtung der gemeinsamen Tangente, s. Gl. (8.12).

Bei Schraubgetrieben gleiten die Zahnflanken zusätzlich längs der Flankenlinie in Richtung der Zahnschräge mit der Gleitgeschwindigkeit v_g aufeinander (**8.102**). Sind v_1 und v_2 die Umfangsgeschwindigkeiten der Räder, so ergibt sich für das Dreieck *CDE* nach dem Sinussatz

$$\frac{v_g}{v_1} = \frac{\sin\delta}{\sin\gamma} = \frac{\sin\delta}{\cos\beta_2} \quad \text{und} \quad \frac{v_g}{v_2} = \frac{\sin\delta}{\sin\vartheta} = \frac{\sin\delta}{\cos\beta_1}$$

und damit die **Gleitgeschwindigkeit**

$$v_g = v_1 \cdot \frac{\sin\delta}{\cos\beta_2} = v_2 \cdot \frac{\sin\delta}{\cos\beta_1} \qquad (8.141)$$

Für den Kreuzungswinkel $\delta = 90°$ ist $v_g = \dfrac{v_1}{\cos\beta_2} = \dfrac{v_2}{\cos\beta_1}$

Hierin sind

$$v_1 = \pi \cdot d_1 \cdot 10^{-3} \cdot \frac{n_1}{60} = \frac{\pi \cdot z_1 \cdot m_n \cdot 10^{-3}}{\cos\beta_1} \cdot \frac{n_1}{60} \quad \text{in m/s} \qquad (8.142a)$$

und

$$v_2 = v_1 \cdot \frac{\cos\beta_1}{\cos\beta_2} = \pi \cdot d_2 \cdot 10^{-3} \cdot \frac{n_2}{60} \quad \text{in m/s} \qquad (8.142b)$$

mit d, m_n in mm und n in mm^{-1}. (Zahlenwertgleichung aus $v = r \cdot \omega$ entwickelt.)

Wirkungsgrad am Schraubgetriebe. Vernachlässigt man die Reibung, so gilt für die Leistung

$$F_{t1} \cdot v_1 = F'_{t2} \cdot v_2$$

Hierin bedeuten:

F_{t1} Umfangskraft des treibenden Rades nach Gl. (8.41)
F'_{t2} Umfangskraft des getriebenen Rades
v_1, v_2 Umfangsgeschwindigkeiten nach Gl. (8.142)

Unter Berücksichtigung des Wirkungsgrades η_s für den Gleitverlust folgt

$$F_{t1} \cdot v_1 \cdot \eta_s = F_{t2} \cdot v_2$$

Vernachlässigt man die Reibung, so ist die normal zur Schrägung wirkende Kraft (**8.104**)

$$F' = F_{t1} / \cos \beta_1 = F'_{t2} / \cos \beta_2$$

Daraus folgt die Umfangskraft des getriebenen Rades

$$F'_{t2} = F_{t1} \cdot \cos \beta_2 / \cos \beta_1$$

Mit dem Reibungswinkel (vgl. Teil 1, Abschn. Schrauben) erhält man für die unter dem Winkel α_n geneigte Fläche den **reduzierten Reibungswinkel ρ'**

$$\boxed{\tan \rho' = \frac{\tan \rho}{\cos \alpha_n} = \frac{\mu}{\cos \alpha_n} = \mu'} \qquad (8.143)$$

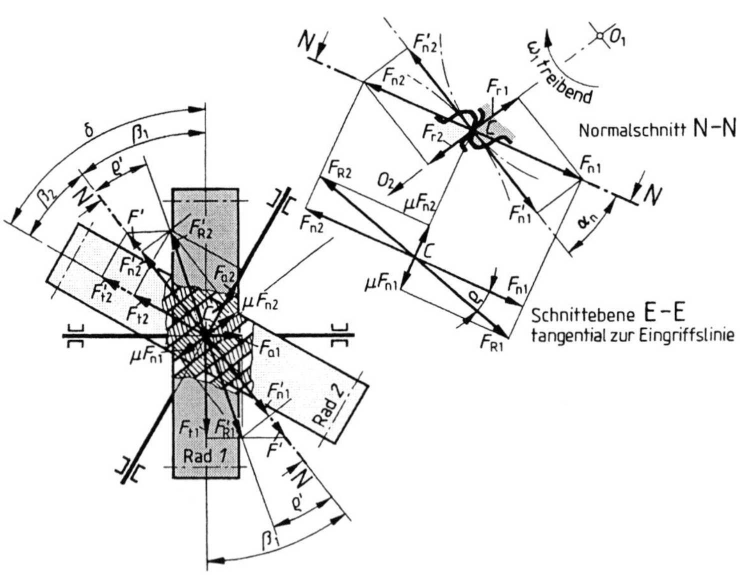

8.104
Zahnkräfte am Stirnrad-Schraubgetriebe

Damit ergibt sich die um den reduzierten Reibungswinkel ρ' zur Normalen geneigte Zahnkraft (**8.104**)

$$F'_R = F'_{R1} = F'_{R2} = \frac{F_{t1}}{\cos(\beta_1 - \rho')} = \frac{F_{t2}}{\cos(\beta_2 + \rho')}$$

Daraus folgt die tatsächliche Umfangskraft

$$F_{t2} = F_{t1} \cdot \frac{\cos(\beta_2 + \rho')}{\cos(\beta_1 - \rho')} \tag{8.144}$$

Hierin ist die **Umfangskraft am Teilzylinder vom Rad 1** entsprechend Gl. (8.41)

$$F_{t1} = \varphi \cdot \frac{2 \cdot T}{d_1} = \frac{\varphi \cdot P}{v_1} \tag{8.145}$$

Mit diesen Kräften und den geometrischen Beziehungen lassen sich die **Axialkräfte** am Rad *1* und am Rad *2* berechnen

$$F_{a1} = F_{t1} \cdot \tan(\beta_1 - \rho') \tag{8.146}$$

$$F_{a2} = F_{t2} \cdot \tan(\beta_1 + \rho') \tag{8.147}$$

Für die **Radialkräfte** gilt

$$F_{r1} = F_{r2} = F_{t1} \cdot \frac{\tan\alpha_n \cdot \cos\rho'}{\cos(\beta_1 - \rho')} \tag{8.148}$$

Mit F'_{t2} ergibt sich der **Wirkungsgrad der Schraubung**

$$\eta_s = \frac{F_{t2}}{F'_{t2}} = \frac{F_{t1} \cdot \cos(\beta_2 + \rho') \cdot \cos\beta_1}{\cos(\beta_1 - \rho') \cdot F_{t1} \cdot \cos\beta_2} = \frac{\cos\beta_1 \cdot \cos(\beta_2 + \rho')}{\cos\beta_2 \cdot \cos(\beta_1 - \rho')}$$

Unter Anwendung der Additionstheoreme und $\tan\rho' = \mu'$ (reduzierte Reibungszahl) ergibt sich für den Wirkungsgrad die Formel

$$\eta_s = \frac{\cos\beta_1 \cdot (\cos\beta_2 \cdot \cos\rho' - \sin\beta_2 \cdot \sin\rho')}{\cos\beta_2 \cdot (\cos\beta_1 \cdot \cos\rho' + \sin\beta_1 \cdot \sin\rho')} = \frac{\cos\rho' - \tan\beta_2 \cdot \sin\rho'}{\cos\rho' + \tan\beta_1 \cdot \sin\rho'}$$

$$\eta_s = \frac{1 - \tan\beta_2 \cdot \tan\rho'}{1 + \tan\beta_1 \cdot \tan\rho'} = \frac{1 - \mu' \cdot \tan\beta_2}{1 + \mu' \cdot \tan\beta_1} \tag{8.149}$$

Bei guter Schmierung der Zahnflanken setzt man die Reibungszahl $\mu' = \tan\rho' \approx 0{,}1$ bzw. den Reibungswinkel $\rho' \approx 5{,}8°$ ein. Für den Kreuzwinkel $\delta = 90°$ ist der Wirkungsgrad

$$\eta_s = \frac{\tan(\beta_1 - \rho')}{\tan\beta_1}$$

Setzt man den Winkel $\beta_1 = 30°...60°$ ein, so ergeben sich günstige Wirkungsgrade. Ist Rad *2* treibend, so sind die Indizes in Gl. (8.149) zu vertauschen.

Zahnbreite. Der punktförmige Zahneingriff kann sich nur im Durchdringungsbereich beider Kopfkreiszylinder (Überschneidungslinsen) abspielen (**8.105**). Die Halbmesser der Geradzahn-Ersatzstirnräder sind entsprechend Gl. (8.87) $r_{n1} = r_1/\cos^2\beta_1$ und $r_{n2} = r_2/\cos^2\beta_2$.

Sie legen die Eingriffsstrecke $\overline{AE}$ fest. Die in der Projektion verkürzt erscheinende Eingriffsstrecke $\overline{A'E'}$ bestimmt die Mindest-Radbreiten $b_{1\,\text{min}}$ und $b_{2\,\text{min}}$ (**8.105**). Ausgeführt wird die Zahnbreite in der Regel mit $b \approx 10 \cdot m_n$.

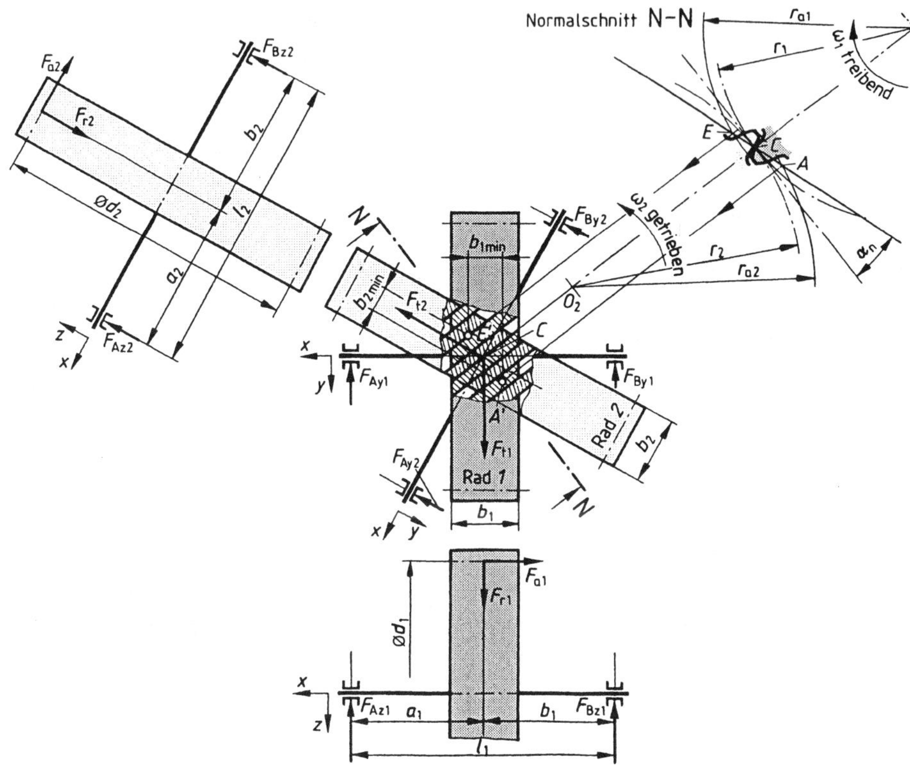

8.105
Lagerkräfte am Stirnrad-Schraubgetriebe; Ersatzstirnräder und Mindestzahnbreiten

8.6.2 Tragfähigkeitsberechnung der Stirnrad-Schraubgetriebe

Schraubgetriebe werden meistens nur zur Übertragung kleinerer Leistungen verwendet. Die Punktberührung der Flanken und die großen Gleitgeschwindigkeiten verlangen eine besondere Werkstoffauswahl. Häufig verwendet man gehärtete Räder und Hypoidöl als Schmiermittel.

Bezieht man die Umfangskraft F_t nach Gl. (8.41) auf die Normalteilung $p_n = \pi \cdot m_n$ und auf die Mindest-Randbreite b, die am bequemsten zeichnerisch über b_{min} geprüft wird, so erhält man den Belastungsfaktor $c = F_t/(b \cdot p_n)$. Mit den Werten für c_{zul} aus Bild **8.106** ermittelt man die am Teilkreiszylinder übertragbare **Umfangskraft**

$$\boxed{F_t = c_{zul} \cdot b \cdot p_n} \qquad (8.150)$$

Mit der übertragbaren Umfangskraft $F_{t\,1}$ des Rades *1* in N erhält man die **maximale übertragbare Leistung**

$$\boxed{P_{max} = \frac{F_{t1} \cdot v_1}{1000} = \frac{b \cdot \pi \cdot m_n \cdot c_{zul} \cdot v_1}{1000}} \quad \text{in kW} \qquad (8.151)$$

Werkstoff-Paarung	Gleitgeschwindigkeit v_g in m/s	c_{zul} in N/mm²	q_T	Bemerkung
Gusseisen/Gusseisen Gusseisen/Stahl, ungehärtet	≤ 5	$\frac{6}{2+v_g}$	7	bei gehärtetem und geschliffenem Gegenrad zu Gusseisen oder Gussbronze ist c_{zul} um 25% größer
Gusseisen/Gussbronze Gussbronze/Stahl, ungehärtet	$> 5...10$	$\frac{10}{2+v_g}$	4	
Stahl/Stahl, gehärtet/gehärtet beide geschliffen	> 10	$\frac{20}{2+v_g}$	2	sehr gute Schmierung vorausgesetzt

8.106
Stirnrad-Schraubgetriebe: Belastungswert c_{zul} und Temperaturbeiwert q_T

In dieser Zahlenwertgleichung bedeuten b in mm vorhandene Zahnbreite ($b \geq 10 \cdot m_n$), m_n in mm Normalmodul (**8.15**), c_{zul} in N/mm² zulässiger Belastungswert (**8.106**) und v_t in m/s Umfangsgeschwindigkeit von Rad *1* nach Gl. (8.142).

Wird für den ersten Entwurf die Radbreite $b \approx 10 \cdot m_n$ gewählt und mit diesem Wert die Gl. (8.150) nach m_n aufgelöst, so ergibt sich die Zahlenwertgleichung für den erforderlichen Normalmodul

$$m_n \geq \sqrt{\frac{F_{t1}\cdot}{10 \cdot \pi \cdot c_{zul}}} \quad \text{in mm} \qquad (8.152)$$

Abnutzungsfestigkeit. Sie wird als die Sicherheit S_T gegen zu hohe Erwärmung der Zahnflanken infolge der Verlustleistung P_v nach Gl. (8.153) bestimmt. Die Verlustleistung P_v besteht aus den Verlusten durch Wälzreibung $P_{v\,z}$ und Längsgleitreibung $P_{v\,g}$. Für diese **Verlustleistung P_v** gilt als Anhaltswert

$$P_v = P_{vz} + P_{vg} \approx P_1 \cdot \left(\frac{i+1}{7 \cdot z_2} \cdot \frac{h_a}{m_n} + 1 - \eta_s \right) \quad \text{in kW} \qquad (8.153)$$

Hierin bedeuten:

P_1	in kW	Eingangsleistung
h_a	in mm	Zahnkopfhöhe, vom Wälzkreis aus gemessen

Die **Sicherheit gegen zu hohe Temperatur** wird damit und mit Bild **8.106** wie folgt berechnet:

$$S_T = \frac{d_1 \cdot b}{1360 \cdot P_v \cdot q_T} \qquad (8.154)$$

Belastung am Zahn. Die Beziehungen für Umfangs-, Axial- und Radialkraft, wie sie sich aus Bild **8.81** ergeben, s. Gl. (8.145) bis Gl. (8.148).

Für Welle *1* (**8.105**) betragen die Auflagerkräfte

$$F_{A1} = \sqrt{F_{Az1}^2 + F_{Ay1}^2} \quad \text{und} \quad F_{B1} = \sqrt{F_{Bz1}^2 + F_{By1}^2}$$

sowie die Biegemomente

$$M_{b1} = F_{A1} \cdot a_1 \quad \text{und} \quad M'_{b1} = F_{B1} \cdot b_1$$

Beispiel 10

Ein Stirnrad-Schraubgetriebe mit Kreuzungswinkel δ = 90° soll die Leistung P_1 = 3,06 kW bei n_1 = 900 min^{-1} und $i \approx 2{,}5$ übertragen; Verzahnung nach DIN 867.

Benennung und Bemerkung	Überschlagsrechnung zur Vordimensionierung	
Zähnezahl	$z_1 = 15$ gewählt; ggf. nachprüfen nach Gl. (8.101)	$z_2 = i \cdot z_1 = 2{,}5 \cdot 15 = 37{,}5$ $z_2 = 37$ gewählt
Schrägungswinkel, Gl. (8.138)	$\beta_1 = 50°$ gewählt	$\beta_2 = \delta - \beta_1 = 90° - 50° = 40°$
Normalmodul, Gl. (8.152)	$m_n \geq \sqrt{\dfrac{F_{t1}}{10 \cdot \pi \cdot c_{zul}}}$	
Umfangskraft, Gl. (8.41)	$F_{t1} = \varphi \cdot \dfrac{2T_1}{d_1}$	
Teilkreisdurchmesser	$d_1 = 90\,\text{mm}$ vorläufig geschätzt	
Betriebsfaktor	$\varphi = 1$ gesetzt	
Nenndrehmoment, Gl. (8.40)	$T_1 = 9{,}55 \cdot 10^6 \cdot \dfrac{P_1}{n_1} = 9{,}55 \cdot 10^6 \cdot \dfrac{3{,}06}{900} = 32\,460\,\text{Nmm}$	
Umfangskraft	$F_{t1} = \dfrac{2 \cdot 32\,460\,\text{N mm}}{90\,\text{mm}} = 720\,\text{N}$	
zul. Belastungswert, Bild **8.106**	$c_{zul} = \dfrac{6}{2 + v_g}$ für GG/St$_{\text{gehärtet}}$ (+25%)	
Gleitgeschwindigkeit, Gl. (8.141)	$v_g = v_1 \cdot \dfrac{\sin\delta}{\cos\beta_2}$	
Umfangsgeschwindigkeit, Gl. (8.1)	$v = d_1 \cdot 10^{-3} \cdot \pi \cdot \dfrac{n_1}{60} = 90 \cdot 10^{-3} \cdot \pi \cdot \dfrac{900}{60} = 4{,}24\,\text{m/s}$	
Gleitgeschwindigkeit	$v_g = 4{,}24 \cdot \dfrac{\sin 90°}{\cos 40°} = 5{,}53\,\text{m/s}$	
zul. Belastungswert	$c_{zul} = \dfrac{6}{2 + 5{,}53} \cdot 1{,}25 \approx 1\,\text{N/mm}^2$	
Normalmodul	$m_n \geq \sqrt{\dfrac{720\,\text{N}}{10 \cdot \pi \cdot 1\,\text{N/mm}^2}} = 4{,}79\,\text{mm}$ gewählt: m_n = 5 mm aus Bild **8.15**	
Zahnbreite, Gl. (8.150)	$b \approx 10 \cdot m_n = 10 \cdot 5\,\text{mm} = 50\,\text{mm}$ gewählt: b = 45 mm	

Beispiel 10, Fortsetzung

Benennung und Bemerkung	Abmessung und Kräfte des Stirnrad-Schraubgetriebes Rad *1*	Rad *2*
Teilkreisdurchmesser, Gl. (8.79)	$d_1 = \frac{z_1 \cdot m_n}{\cos\beta_1}$ $d_1 = \frac{15 \cdot 5\,\text{mm}}{\cos 50°} = 116{,}6\,\text{mm}$	$d_2 = \frac{z_2 \cdot m_n}{\cos\beta_2}$ $d_2 = \frac{37 \cdot 5\,\text{mm}}{\cos 40°} = 241{,}5\,\text{mm}$
Kopfkreisdurchmesser, Gl. (8.30)	$d_{a1} = d_1 + 2 \cdot m_n$ $d_{a1} = 116{,}6\,\text{mm} + 2 \cdot 5\,\text{mm} = 126{,}6\,\text{mm}$	$d_{a2} = d_2 + 2 \cdot m_n$ $d_{a2} = 241{,}5\,\text{mm} + 2 \cdot 5\,\text{mm} = 251{,}5\,\text{mm}$
Stirnmodul, Gl. (8.78)	$m_{t1} = \frac{m_n}{\cos\beta_1}$ $m_{t1} = \frac{5\,\text{mm}}{\cos 50°} = 7{,}7787\,\text{mm}$	$m_{t2} = \frac{m_n}{\cos\beta_2}$ $m_{t2} = \frac{5\,\text{mm}}{\cos 40°} = 6{,}5271\,\text{mm}$
Umfangsgeschwindigkeit, Gl. (8.142)	$v_1 = d_1 \cdot 10^{-3} \cdot \pi \cdot \frac{n_1}{60}$ $v_1 = 11{,}66 \cdot 10^{-3} \cdot \pi \cdot \frac{900}{60} = 5{,}49\,\text{m/s}$	$v_2 = d_2 \cdot 10^{-3} \cdot \pi \cdot \frac{n_2}{60}$ $v_2 = 24{,}15 \cdot 10^{-3} \cdot \pi \cdot \frac{900 \cdot 15}{60 \cdot 37} = 4{,}61\,\text{m/s}$
Achsabstand, Gl. (8.140)	$a = \frac{d_1 + d_2}{2} = \frac{(116{,}6 + 241{,}5)\,\text{mm}}{2} = 179{,}05\,\text{mm}$	
Umfangskraft, Gl. (8.145)	$F_{t1} = \varphi \cdot \frac{2 \cdot T_1}{d_1} = 1 \cdot \frac{2 \cdot 32460\,\text{N mm}}{116{,}6\,\text{mm}} = 556\,\text{N} \qquad \varphi = 1$	
Umfangskraft, Gl. (8.144)	$F_{t2} = F_{t1} \cdot \frac{\cos(\beta_2 + \rho')}{\cos(\beta_1 - \rho')} \qquad \rho' \approx 5{,}8°$ aus $\tan\rho' = \mu' = 0{,}1$ $F_{t2} = 556\,\text{N} \cdot \frac{\cos(40° + 5{,}8°)}{\cos(50° - 5{,}8°)} = 541\,\text{N}$	
Axialkräfte, Gl. (8.146), (8.147)	$F_{a1} = F_{t1} \cdot \tan(\beta_1 - \rho')$ $F_{a1} = 556\,\text{N} \cdot \tan(50° - 5{,}8°)$ $F_{a1} = 541\,\text{N}$	$F_{a2} = F_{t2} \cdot \tan(\beta_2 - \rho')$ $F_{a2} = 541\,\text{N} \cdot \tan(40° + 5{,}8°)$ $F_{a2} = 556\,\text{N}$
Radialkräfte, Gl. (8.148)	$F_{r1} = F_{t1} \cdot \frac{\tan\alpha_n \cdot \cos\rho'}{\cos(\beta_1 - \rho')}$ $F_{r1} = 556\,\text{N} \cdot \frac{\tan 20° \cdot \cos 5{,}8°}{\cos(50° - 5{,}8°)}$ $F_{r1} = 281\,\text{N}$	$F_{r2} = F_{r1} = 281\,\text{N}$
übertragbare Leistung, Gl. (8.151)	$P_{max} = \frac{b \cdot \pi \cdot m_n \cdot c_{zul} \cdot v_1}{1000}$	b, m_n in mm; c_{zul} in N/mm²; v_1 in m/s

Beispiel 10, Fortsetzung

Benennung und Bemerkung	Abmessung und Kräfte des Stirnrad-Schraubgetriebes Rad *1*	Rad *2*
Gleitgeschwindigkeit, Gl. (8.141)	$v_g = v_1 \cdot \frac{\sin\delta}{\cos\beta_2} = 5{,}46\,\text{m/s} \cdot \frac{\sin 90°}{\cos 40°} = 7{,}17\,\text{m/s}$	
zul. Belastungswert, Bild **8.106**	$c_{zul} = \frac{10}{2+v_g} = \frac{10}{2+7{,}17} = 1{,}09\,\text{N/mm}^2$	
übertragbare Leistung	$P_{max} = \frac{40\cdot\pi\cdot 5\cdot 1{,}09\cdot 5{,}49}{1000} = 3{,}76\,\text{kW} > P_1 = 3\,\text{kW}$	
Sicherheit gegen zu hohe Temperatur, Gl. (8.154)	$S_T = \frac{d_1\cdot b}{1360\cdot P_v\cdot q_T} \geq 1$	
Verlustleistung, Gl. (8.153)	$P_v \approx P_1\cdot\left(\frac{i+1}{7\cdot z_2}\cdot\frac{h_a}{m_n}+1-\eta_s\right)$	
Übersetzung, Gl. (8.139)	$i = \frac{z_2}{z_1} = \frac{37}{15} = 2{,}47$	
Wirkungsgrad der Schraubung, Gl. (8.143) und (8.149)	$\eta_s = \frac{1-\mu'\cdot\tan\beta_2}{1+\mu'\cdot\tan\beta_1} = \frac{1-0{,}1\cdot\tan 40°}{1+0{,}1\cdot\tan 50°} = 0{,}819$	
Verlustleistung	$P_v \approx 3\,\text{kW}\cdot\left(\frac{2{,}47+1}{7\cdot 37}\cdot\frac{5\,\text{mm}}{5\,\text{mm}}+1-0{,}819\right) = 0{,}194\,\text{kW}$	
Temperaturbeiwert, Bild **8.106**	$q_T = 4$	
Sicherheit gegen zu hohe Temperatur	$S_T = \frac{116{,}6\cdot 45}{1360\cdot 0{,}194\cdot 4} = 4{,}97 > 1$ gefordert	

■

8.7 Schneckengetriebe

Schneckengetriebe sind Schraubgetriebe, deren Achsen in der Regel unter einem Winkel von 90° gekreuzt sind. Schnecke und Rad berühren sich in einer Linie. Im Normalfall wird die Schnecke in der zylindrischen Grundform und die Verzahnung des Rades in Globoidform hergestellt (**8.1k**). Besondere Hochleistungsschneckentriebe bestehen aus einer Globoidschnecke mit Globoidrad (**8.12**).

8.7.1 Grundbegriffe

Besondere Merkmale der Schneckentriebe mit Zylinderschnecke (DIN 3975 und 3976) sind:

1. die hohe Belastbarkeit im Vergleich zu Stirnrad-Schraubgetrieben, da Linienberührung besteht
2. der geräuscharme Lauf und die gute Schwingungsdämpfung

3. der große Übersetzungsbereich ins Langsame, $i \leq 110$

4. der hohe Wirkungsgrad bei großer Übersetzung; ein hoher Wirkungsgrad ($\eta \leq 98\%$) lässt sich mit besonders ausgereiften Konstruktionen und unter guten Betriebsbedingungen erreichen; mit abnehmendem Steigungswinkel (mit größerer Übersetzung) und bei kleineren Geschwindigkeiten nimmt der Wirkungsgrad (bis unter 50%) ab

5. die Selbsthemmung. Für selbsthemmende Schnecken soll der Steigungswinkel $\gamma \leq 3{,}5°$ und die Schnecke im Stillstand erschütterungsfrei sein

6. die kleinere und leichtere Bauweise im Vergleich zu Stirn- und Kegelrad-Getrieben mit größerer Übersetzung

Zylinderschnecke. Man kann die Zylinderschnecken nach der Flankenform, die durch das Werkzeug (Drehmeißel, Wälzfräser, Schneidrad) gegeben ist, unterscheiden:

Flankenform A (ZA-Schnecke). Die Flanke hat im Achsschnitt Trapezprofil, im Stirnschnitt (⊥ zum Achsschnitt) eine archimedische Spirale **(8.107a)** (selten ausgeführt).

Flankenform N (ZN-Schnecke). Die Flankenform entsteht durch einen trapezförmigen Drehmeißel, der in Achshöhe eingestellt wird und in der Mitte der Zahnlücke um den Mittensteigungswinkel geschwenkt ist (**8.107b**).

Flankenform K (ZK-Schnecke). Fräser oder Schleifscheibe haben ein Trapezprofil und werden im Normalschnitt senkrecht zum Lückenverlauf angestellt **(8.107c)**.

Flankenform I (ZI-Schnecke). Die Flanke entspricht der eines Schrägstirnrades mit Evolventenverzahnung (**8.107d**). Der Stirnschnitt weist eine Evolvente auf.

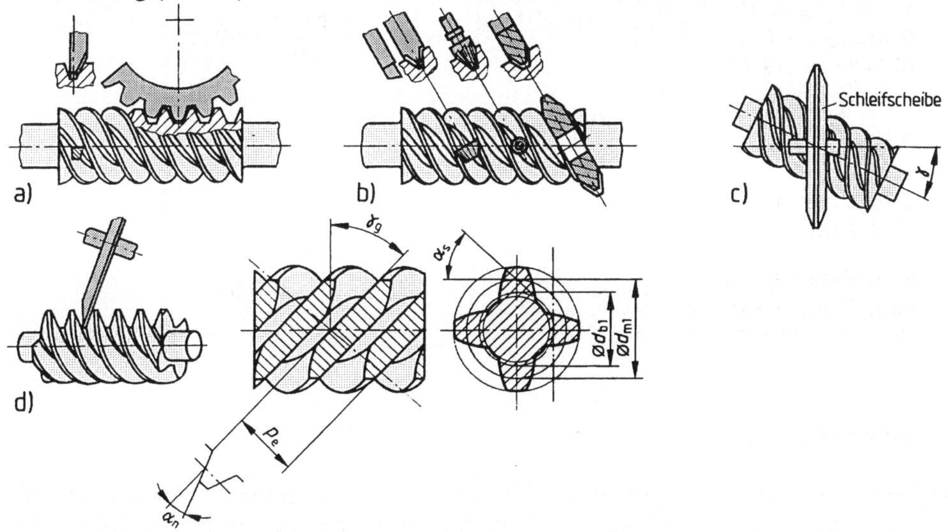

8.107
Zahnformen der Schnecke; a) Form A; b) Form N; c) Form K; d) Form I

Bestimmungsgrößen für Getriebe mit Kreuzungswinkel $\delta = 90°$

DIN 3976 enthält in zwei Tabellen Zahlenwerte für geometrische Größen an Zylinderschnecken; Tabelle 1: Maße der Zylinderschnecken; Tabelle 2: Empfohlene Zuordnung der Achsabstände zu den Schnecken.

Aus den Gleichungen der Schrägzahnräder und Schraubengetriebe lassen sich mit den Bezeichnungen in Bild **8.108** die in Bild **8.109** zusammengestellten Gleichungen für das Schneckengetriebe ableiten.

Zylinderschnecken (8.108) werden ohne Profilverschiebung ausgeführt. Die Steigungshöhe p_z ist der Abstand zweier Windungen von Rechts- oder Linksflanken ein und desselben Teilkreisdurchmessers. Für Schnecken im Achsschnitt und für Schneckenräder im Stirnschnitt gelten die Moduln (Achsmoduln) nach DIN780 (Bild **8.15b**).

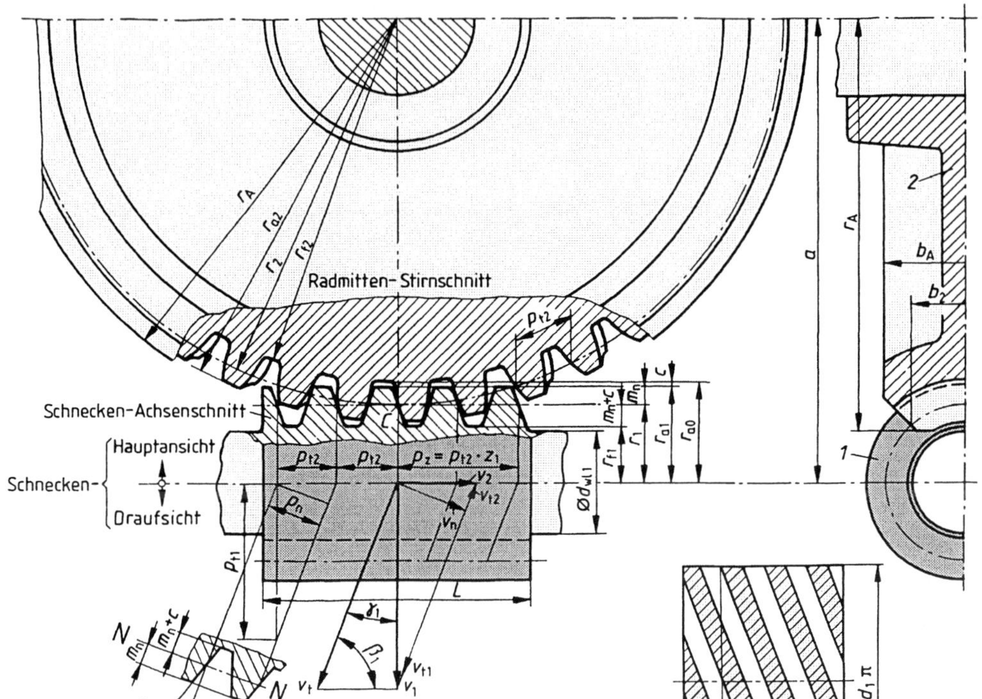

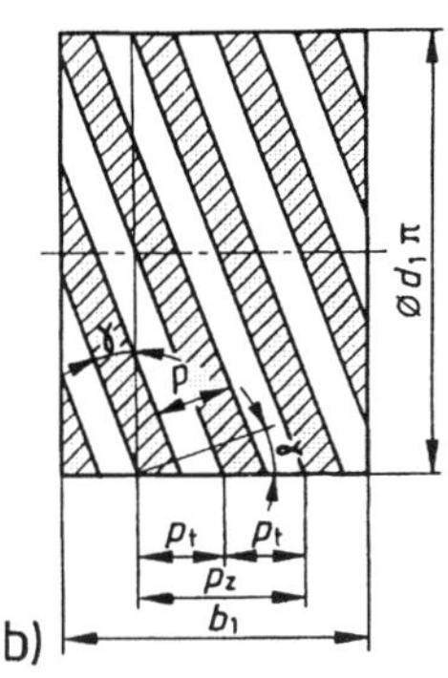

8.108
Geometriegrößen am Schneckentrieb

a) Schneckentrieb mit Evolventenschnecke, $z_1 = 2$
b) Abwicklung des mittleren Zylinders der Schnecke mit $z_1 = 2$

Verzahnungsgeometrie (s. Bild **8.108**)		
Schnecke		
Mittenkreisdurchmesser	$d_1 = 2 \cdot r_1$ Anhaltswert: $d_1 \approx (0{,}25...0{,}6) \cdot a$ Vorzugswert $d_1 \approx 0{,}45 \cdot a$ Achsabstand a s. Gl. (8.200)	(8.155)
Mittensteigungswinkel	$\tan\gamma = \dfrac{z_1 \cdot m}{d_1}$	(8.156)
Modul (Achsmodul)	$m = \dfrac{p_t}{\pi}$	(8.157)

8.109
Gleichungen für Schneckengetriebe (Fortsetzung s. nächste Seite)

Verzahnungsgeometrie (s. Bild **8.108**)		
Normalmodul	$m_n = m \cdot \cos\gamma$	(8.158)
Normalteilung	$p_n = p_t \cdot \cos\gamma$	(8.159)
Steigungshöhe	$p_z = z_1 \cdot p_t = z_1 \cdot \pi \cdot m = d_1 \cdot \pi \cdot \tan\gamma$	(8.160)
Kopfkreisdurchmesser	$d_{a1} = d_1 + 2 \cdot h_{a1}$	(8.161)
Fußkreisdurchmesser	$d_{f1} = d_1 - 2 \cdot h_{f1}$	(8.162)
Zahnhöhe	$h_1 = h_{a1} + h_{f1}$	(8.163)
	für $\gamma \leq 15°$: $h_{a1} = m$ und $h_{f1} = 1{,}2 \cdot m$	(8.164)
	für $\gamma > 15°$: $h_{a1} = m_n$ und $h_{f1} = 1{,}2 \cdot m_n$	(8.165)
Eingriffswinkel im Achsschnitt	$\tan\alpha_t = \dfrac{\tan\alpha_n}{\cos\gamma}$ $\gamma = f(\alpha_n)$ nach Bild **8.120** vorzugsweise $\alpha_n = 20°$	(8.166)
Schneckenlänge allgemeiner Fall	$b_1 \approx \sqrt{d_{a2}^2 - d_2^2}$	(8.167)
ohne Profilverschiebung	$b_1 \approx 2 \cdot m \cdot \sqrt{z_2 + 1}$	(8.168)
Schneckenrad		
Teilkreisdurchmesser	$d_2 = z_2 \cdot m$	(8.169)
Mittelkreisdurchmesser	$d_{m2} = d_2 + 2 \cdot x \cdot m = 2 \cdot a - d_1$	(8.170)
Kopfkreisdurchmesser	$d_{a2} = d_2 + 2 \cdot h_{a2}$	(8.171)
Fußkreisdurchmesser	$d_{f2} = d_{a2} - 2 \cdot h_2; \quad h_2 = h_1$	(8.172)
	für $\gamma \leq 15°$: $h_{a2} = m + x \cdot m$	(8.173)
	für $\gamma > 15°$: $h_{a2} = m_n + x \cdot m$	(8.174)
Zähnezahl	$z_2 \geq z_g = \dfrac{2}{\sin^2\alpha_t}$	(8.175)
Zahnwurzelbogen	$b_2' = r_{a0} \cdot \pi \cdot \dfrac{\varphi}{180°}$	(8.176)
Zentriwinkel	$\sin\dfrac{\varphi}{2} = \dfrac{b_2'}{2 \cdot r_{a0}}$	(8.177)
Außendurchmesser	$d_A \approx d_{a2} + m$ für $\gamma \leqq 15°$	(8.178)
	$d_A \approx d_{a2} + m_n$ für $\gamma > 15°$	(8.179)
Zahnbreite für Bronzerad	$b_2 \approx 0{,}45 \cdot (d_{a1} + 4 \cdot m)$	(8.180)
für Leichtmetallrad	$b_2 \approx 0{,}45 \cdot (d_{a1} + 4 \cdot m) + 1{,}8 \cdot m$	(8.181)

8.109
Gleichungen für Schneckengetriebe (Fortsetzung s. nächste Seite)

Verzahnungsgeometrie (s. Bild **8.108**)		
Rad-Außenbreite	$b_A \approx b_2 + m$	(8.182)
Schneckengetriebe Übersetzung	$i = \dfrac{n_1}{n_2} = \dfrac{z_2}{z_1}$	(8.183)
Achsabstand	$a = \dfrac{d_1 + d_2}{2} + x \cdot m$	(8.184)

8.109
Gleichungen für Schneckengetriebe (Fortsetzung)

Schneckenrad. Profilverschiebung wird beim Schneckenrad erforderlich, wenn ein bestimmter Achsabstand erzielt werden muss und/oder Unterschnitt zu vermeiden ist; s. auch Gl. (8.15), also bei Zähnezahlen $z_2 < z_g = 2/\sin^2 \alpha_t$. Für Eingriffswinkel $\alpha_t = 20°$ ist $z_g = 17$ und für $\alpha_t = 15°$ ist $z_g = 30$. Der Profilverschiebungsfaktor x ist positiv, wenn durch die Profilverschiebung der Zahnfuß dicker wird (s. auch Abschn. 8.3.2).

8.7.2 Wirkungsgrad

Wirkungsgrad der Schraubung

Treibende Schnecke (8.110). Während einer Umdrehung der Schnecke beträgt die Nutzarbeit am Rad $W_n = F_{t\,2} \cdot p_z = F_{t\,2} \cdot z_1 \cdot p_t$ und die in der gleichen Zeit an der Schnecke aufgewendete Arbeit $W_a = F_{t\,1} \cdot d_1 \cdot \pi$. Damit ergibt sich der **Wirkungsgrad**

$$\boxed{\eta_S = \frac{W_n}{W_a} = \frac{F_{t2}}{F_{t1}} \cdot \tan\gamma = \frac{\tan\gamma}{\tan(\gamma + \rho')}} \quad \text{mit} \tan\rho' = \mu' = \frac{\mu}{\cos\alpha_n} \qquad (8.185)$$

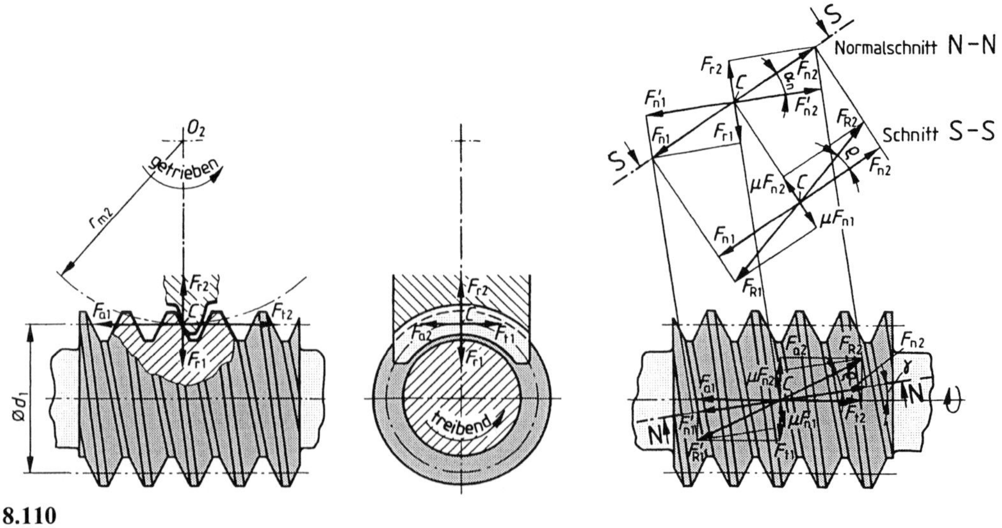

8.110
Kräfte am Schneckentrieb

Treibendes Rad (8.110). Erfolgt der Antrieb vom Rad aus, dann ist der **Wirkungsgrad**

$$\eta_S' = \frac{\tan(\gamma - \rho')}{\tan\gamma} \tag{8.186}$$

Bei Evolventenschnecken mit $\gamma \approx 45°$ kann man $\eta_S \leq 0{,}97$ erreichen. Für Selbsthemmung ist $\eta_S < 0{,}50$ anzustreben; ein Antrieb über das Rad ist dann nicht möglich. Für Selbsthemmung bei absolut ruhiger Schnecke sollte der **Steigungswinkel** $\gamma \leq 3{,}5°$ gewählt werden.

Die Reibung zwischen Schnecke und Rad soll im Gebiet der Flüssigkeitsreibung erfolgen, was bei ununterbrochenem Betrieb im Allgemeinen zu erreichen ist (vgl. Abschn. Gleitlager). Als Reibungszahl setzt man je nach Oberflächenbeschaffenheit der Werkstoffe bei der Paarung Stahl gegen Bronze $\mu = 0{,}01...0{,}03$ in die Rechnung ein.

Wirkungsgrad der Lagerung

Der gesamte Wirkungsgrad für Schnecken- und Rad-Wellenlagerung beträgt bei Wälzlagern $\eta_{l\,1\,2} \approx 0{,}99$ und bei Gleitlagern $\eta_{l\,1\,2} \approx 0{,}97$.

Gesamtwirkungsgrad

Die getrennte Erfassung der Verluste am Zahneingriff, der Reibungsverluste in Lagern und an Dichtungen sowie der Verluste durch Planschwirkung ist schwierig. Versuche ergaben Beziehungen für eine **ideelle Reibungszahl,** die alle Verluste bei Wälzlagerung annähernd erfasst und durch folgende Zahlenwertgleichung dargestellt wird:

$$\mu_i = \tan\rho_i \geq \frac{0{,}051}{q_3 \cdot \sqrt{0{,}4 + v_g}} \tag{8.187}$$

Hierin bedeuten:

q_3 Werkstoff-Paarungsbeiwert nach Bild **8.111** [7]
v_g in m/s Gleitgeschwindigkeit, Gl. (8.188). Bei Gleitlagern ist μ_i etwas zu erhöhen.

Für die Gleitgeschwindigkeit gilt

$$v_g = \frac{v_1}{\cos\gamma} \quad \text{mit} \quad v_1 = \frac{\pi \cdot d_1 \cdot n_1}{60} \quad \text{in m/s mit } d_1 \text{ in m, } n_1 \text{ in min}^{-1} \tag{8.188}$$

Werkstoff Schnecke	Werkstoff Rad	Beiwert q_3
Stahl	Cu-Sn-Schleuderbronze	1,00
gehärtet	Al-Legierung	0,87
geschliffen	Gusseisen	0,80
Stahl	Cu-Sn-Bronze, Zn-Legierung	0,67
vergütet	Al-Legierung, Sintereisen	0,58
nicht geschliffen	Gusseisen	0,55
Gusseisen	Cu-Sn-Schleuderbronze	0,87
nicht geschliffen	Gusseisen	0,8

8.111
Schneckengetriebe: Werkstoff-Paarungsbeiwert q_3 für Schneckenformen A, I, K, N

Damit wird der **Gesamtwirkungsgrad** bei treibender Schnecke

$$\eta_S = \frac{\tan\gamma}{\tan(\gamma + \rho_i)} \tag{8.189}$$

und der Gesamtwirkungsgrad bei treibendem Rad

$$\eta'_S = \frac{\tan(\gamma - \rho_i)}{\tan\gamma} \tag{8.190}$$

An der Radwelle kann somit die Leistung P_2 abgenommen werden:

$$P_2 = \eta_S \cdot P_1 \tag{8.191}$$

8.7.3 Tragfähigkeitsberechnung und Konstruktion

Die Tragfähigkeitsberechnung erfolgt durch Bestimmung der Sicherheiten gegen die durch verschiedene Einflüsse begrenzte Leistung. Die übertragbare Leistung ist begrenzt durch:

1. Erwärmung: Sicherheit S_T gegen Verschleiß und Gefahr des Fressens
2. Wälzpressung: Sicherheit S_H gegen Gefahr der Grübchenbildung
3. Biegung: Sicherheit S_F gegen Zahnfußbruch am Rad
4. Durchbiegung: Sicherheit S_D gegen Verformung der Schneckenwelle

Kräfte am Schneckentrieb. Nach Bild **8.110** wirken die Normalkräfte $F_{n\,1}$ und $F_{n\,2}$ im Wälzpunkt C normal zur Flanke unter dem Eingriffswinkel α_n. Senkrecht zu $F_{n\,2}$ wirkt die Reibkraft $\mu{\cdot}F_{n\,2}$. Die Resultierende $F_{R\,2}$ ist um den Reibungswinkel ρ geneigt. Die Komponenten von $F_{n\,2}$ sind die Radialkraft $F_{r\,2} = F_{n\,2}{\cdot}\sin\alpha_n$ und $F'_{n\,2} = F_{n\,2}{\cdot}\cos\alpha_n$. In der Draufsicht ergeben sich die Projektionen von $F_{n\,2}$ und $F_{R\,2}$: $F'_{n\,2}$ und $F'_{R\,2}$. Damit folgt

$$\tan\rho' = \frac{\mu \cdot F_{n2}}{F'_{n2}} = \frac{\mu \cdot F_{n2}}{F_{n2} \cdot \cos\alpha_n} = \frac{\mu}{\cos\alpha_n} = \mu'$$

Mit

$$F'_{R2} = \frac{F'_{n2}}{\cos\rho'} = \frac{F_{n2} \cdot \cos\alpha_n}{\cos\rho'}$$

ergibt sich die Umfangskraft des Rades

$$F_{t2} = F'_{R2} \cdot \cos(\gamma + \rho') = \frac{F_{n2} \cdot \cos\alpha_n}{\cos\rho'} \cdot \cos(\gamma + \rho') \tag{8.192}$$

Die Radialkraft des Rades ist

$$F_{r2} = F_{n2} \cdot \sin\alpha_n \tag{8.193}$$

und die Axialkraft des Rades

$$F_{a2} = F'_{R2} \cdot \sin(\gamma + \rho') = \frac{F_{n2} \cdot \cos\alpha_n}{\cos\rho'} \cdot \sin(\gamma + \rho') \tag{8.194}$$

Aus Gl. (8.192) und Gl. (8.194) erhält man

$$F_{n2} = F_{t2} \cdot \frac{\cos\rho'}{\cos\alpha_n \cdot \cos(\gamma + \rho')} = F_{a2} \cdot \frac{\cos\rho'}{\cos\alpha_n \cdot \sin(\gamma + \rho')} \qquad (8.195)$$

Ferner ist die **Umfangskraft der Schnecke** gleich der **Axialkraft des Rades (8.110)**

$$F_{t1} = F_{a2} = \frac{2 \cdot T_{1\max}}{d_1} \qquad (8.196)$$

Mit Gl. (8.193) und Gl. (8.195) und mit $F_{t\,1} = F_{a\,2}$ ergibt sich die **Radialkraft der Schnecke** gleich der **Radialkraft des Rades**

$$F_{r1} = F_{r2} = F_{t2} \cdot \frac{\tan\alpha_n \cdot \cos\rho'}{\cos(\gamma + \rho')} = F_{t1} \cdot \frac{\tan\alpha_n \cdot \cos\rho'}{\sin(\gamma + \rho')}$$

Anstelle des schwer zu bestimmenden Reibungswinkel ρ' kann man den ideellen Wert ρ_i nach Gl. (8.187) einführen, der Ergebnisse mit genügender Genauigkeit liefert.

Damit wird die **Radialkraft der Schnecke**

$$F_{r1} = F_{r2} \approx F_{t2} \cdot \frac{\tan\alpha_n \cdot \cos\rho_i}{\cos(\gamma + \rho_i)} = F_{t1} \cdot \frac{\tan\alpha_n \cdot \cos\rho_i}{\sin(\gamma + \rho_i)} \qquad (8.197)$$

Die **Axialkraft der Schnecke** ist gleich der Umfangskraft des Rades (**8.110**). Mit Gl. (8.195) und mit $F_{t\,1} = F_{n\,2}$ wird

$$F_{a1} = F_{t2} = \frac{F_{t1}}{\tan(\gamma + \rho')} \approx \frac{F_{t1}}{\tan(\gamma + \rho_i)} \qquad (8.198)$$

Sicherheit gegen Verschleiß. Für Getriebe mit Kühlrippen am Gehäuse im Bereich des Ölstandes errechnet sich die Sicherheit gegen zu hohe Temperaturen, wenn als Temperaturerhöhung ≈ 55 °C zugelassen wird, aus der Zahlenwertgleichung

$$S_T = \frac{\vartheta_{zul}}{\vartheta_{max}} \approx \left(\frac{a}{100}\right)^2 \cdot \frac{q_1 \cdot q_2 \cdot q_3 \cdot q_4}{1{,}36 \cdot P_1} \geq 1 \qquad (8.199)$$

Hierin bedeuten:

ϑ_{zul}	in °C	Höchsttemperatur des Öles; allg. $\vartheta_{zul} = 80$ °C
ϑ_{max}	in °C	Betriebstemperatur des Öles
a	in mm	Achsabstand
q_1		Kühlbeiwert, Gl. (8.201) ... Gl. (8.203)
q_2		Übersetzungsbeiwert, Bild **8.112** [12]
q_3		Werkstoff-Paarungsbeiwert, Bild **8.111**
q_4		Beiwert für Bauart des Getriebes, Bild **8.113** [12]
P_1	in kW	Eingangsleistung des Getriebes

$i=\frac{n_1}{n_2}$	5	7,5	10	15	20	25	30	40	50	60
q_2	1,16	1,10	1,00	0,81	0,68	0,59	0,52	0,41	0,32	0,28

8.112
Schneckengetriebe: Übersetzungsbeiwert q_2 bei treibender Schnecke

$q_4 = 1,0$	bei unten liegender Schnecke (Schnecke fördert Öl)
$q_4 = 0,8$	bei anders liegender Schnecke (Rad fördert Öl)
$q_4 > 1,0$	bei zusätzlicher Ölkühlung (Strahlschmierung)

8.113
Schneckengetriebe: Beiwert q_4 für Bauart

Aus Gl. (8.199) ergibt sich die Zahlenwertgleichung für den **erforderlichen Achsabstand**

$$a \geq 100 \cdot \sqrt{\frac{1{,}36 \cdot P_1}{q_1 \cdot q_2 \cdot q_3 \cdot q_4}} \quad \text{in mm} \tag{8.200}$$

Für Getriebe in Räumen mit genügender Luftzirkulation ermittelt man den Kühlbeiwert q_1 aus der Beziehung

$$q_1 = \left(1 + \frac{y}{1+y}\right) \cdot \left(\frac{100}{D_E} + y\right) \tag{8.201}$$

Hierin bedeuten:

y — der Beiwert nach den Zahlenwertgleichungen (8.202) bzw. (8.203)

D_E in % — die Einschaltdauer in Prozent vom Dauerbetrieb je Stunde; z. B. $D_E = 50\%$, wenn das Getriebe während einer Stunde durchschnittlich 30 Minuten unter Volllast läuft

Für die Ausführung ohne Blasflügel auf der Schneckenwelle ist

$$y = 1{,}4 \cdot \sqrt[3]{\left(\frac{n_1}{100}\right)^2} \tag{8.202}$$

mit der Drehfrequenz der Schneckenwelle n_1 in min^{-1} und für Ausführung mit Blasflügel auf der Schneckenwelle

$$y = 3{,}1 \cdot \sqrt[3]{\left(\frac{n_1}{1000}\right)^2} \tag{8.203}$$

Die Sicherheit gegen Gefahr der Grübchenbildung wird durch das Verhältnis der zulässigen zur vorhandenen Wälzpressung gebildet

$$S_H = \frac{k_{zul}}{k_{max}} = \frac{k_{zul} \cdot d_1 \cdot d_{m2} \cdot q_5}{F_{t2\,max}} = 0{,}6...2{,}2 \tag{8.204}$$

Hierin bedeuten:

k_{zul} zulässige Wälzpressung, Bild **8.114** [12]
k_{max} vorhandene maximale Wälzpressung
d_1 Mittenkreisdurchmesser der Schnecke, zu wählen: $d_1 = (0{,}25...0{,}6)\cdot a$
$d_{m\,2}$ Mittenkreisdurchmesser des Rades, $d_{m\,2} = d_2 + 2\cdot x\cdot m = 2\cdot a - d_1$
q_5 Beiwert für mittlere Steigungswinkel nach Bild **8.115** [12]; diese Werte sind für Achsmodul $m = 0{,}1\cdot d_1$ und Radbreite $b_2 = 0{,}81\cdot d_1$ genau
$F_{t\,2\,max}$ Umfangskraft des Schneckenrades, Gl. (8.198)

Werkstoff des Radkranzes	Schnecke aus Stahl			
	k_{zul} in N/mm²		c_{zul} in N/mm²	
			Flankenform	
	ungehärtet	gehärtet und geschliffen	A und N	I und K
Cu-Sn-Schleuderbronze	3,6	6,0	24,0	30,0
Al-Legierung	1,5	3,2	11,5	14,3
Al-Si-Legierung	-	3,4	7,6	9,5
Zn-Legierung, Erwärmung ≤ 60 °C	1,3	-	7,6	9,5
Sintereisen $v_g \leq 2$ m/s	1,2	2,5	-	-
Gusseisen $v_g \leq 2$ m/s	1,8	3,0	12,0	15,0

8.114
Schneckengetriebe: Wälzpressung k_{zul} und Beanspruchung c_{zul} in N/mm²

$\tan\gamma$	0,0	0,1	0,2	0,3	0,4	0,5	0,6	0,7	0,8	0,9
q_5	0,41	0,36	0,32	0,29	0,265	0,248	0,233	0,233	0,215	0,213

8.115
Schneckengetriebe: Beiwert q_5 für mittleren Steigungswinkel

Die Sicherheit gegen Zahnfußbruch am Rad durch die Biegespannung ist

$$S_F = \frac{c_{zul}}{c_{max}} = \frac{\pi\cdot m_n \cdot \widehat{b}_2' \cdot c_{zul}}{F_{t\,2\,max}} \geq 1 \text{ (bis 2)} \tag{8.205}$$

Hierin bedeuten:

c_{zul} zulässige Beanspruchung für den Radwerkstoff, Bild **8.114** [12]
c_{max} vorhandene maximale Zahnfußspannung
m_n Normalmodul, Gl. (8.158)
$\widehat{b}_2'$ Zahnbreite (Zahnwurzelbogen), Gl. (8.176)
$F_{t\,2\,max}$ maximale Umfangskraft am Rad, Gl. (8.198)

Der Zahnwurzelbogen (**8.116**) folgt aus der Beziehung $\widehat{b}_2' = \pi\cdot r_{a0}\cdot\varphi/180°$ mit $r_{a\,0} = c + d_{a\,1}/2$, wobei $c = 0{,}2\cdot m$ ist, und mit dem Zentriwinkel φ aus $\sin\varphi/2 = b'_2/(2\cdot r_{a\,0})$, Gl. (8.176) und (8.177).

Sicherheit gegen Durchbiegung der Schneckenwelle. Damit die Formänderung der Schneckenwelle möglichst klein bleibt, sind der Durchmesser der Schneckenwelle groß und der Lagerabstand klein zu halten. Als **Sicherheit gegen Durchbiegung** setzt man

$$S_D = \frac{f_{D\,zul}}{f_D} \geq 1 \tag{8.206}$$

wobei $\boxed{f_{\text{D zul}} = \frac{d_1}{1000}}$ und f_D bzw. auch d_1 in mm einzusetzen sind. (8.207)

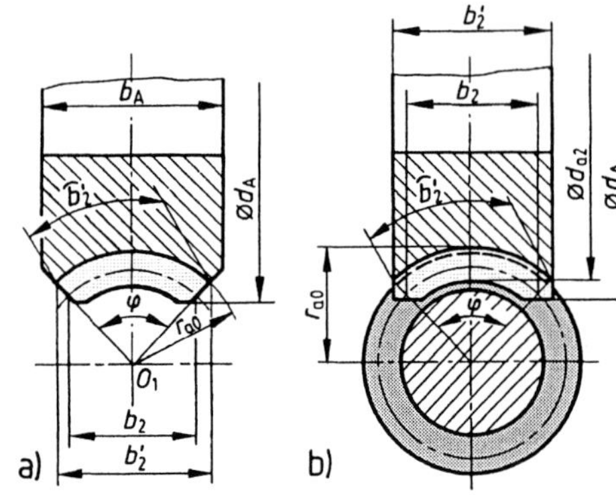

8.116
Zahnkranzformen der Schneckenräder
a) Leichtmetallrad
b) Bronzerad

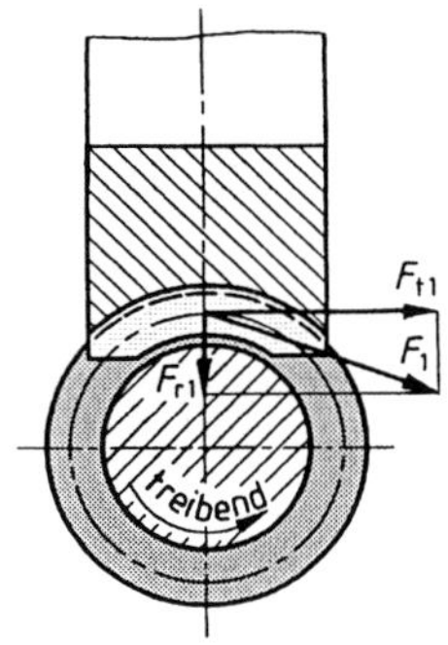

8.117
Ermittlung der resultierenden Kraft am Schneckenrad

Bei Belastungen der Schneckenwelle in der Mitte zwischen den Lagern ist die **Durchbiegung**

$$\boxed{f_\text{D} = \frac{F_1 \cdot l_1^3}{48 \cdot E \cdot I}} \qquad (8.208)$$

Hierin bedeuten:

$F_1 = \sqrt{F_{t1}^2 + F_{r1}^2}$ die resultierende Kraft aus Bild **8.117**
l_1 Lagerentfernung der Schneckenwelle; $l_1 \approx 1{,}5 \cdot a$
E Elastizitätsmodul des Schneckenwellen-Werkstoffs
I Flächenträgheitsmoment der Schneckenwelle

Auflagerkräfte am Schneckengetriebe

Nach Bild **8.118** ergeben sich für die Schneckenwelle

$$F_{\text{A z1}} = \frac{F_{\text{a1}} \cdot r_1 + F_{\text{r1}} \cdot b_1}{l_1} \qquad F_{\text{Ay1}} = F_{\text{t1}} \cdot \frac{b_1}{l_1} \qquad F_{\text{A1}} = \sqrt{F_{\text{Az1}}^2 + F_{\text{Ay1}}^2}$$

$$F_{\text{Bz1}} = \frac{F_{\text{r1}} \cdot a_1 + F_{\text{a1}} \cdot r_1}{l_1} \qquad F_{\text{By1}} = F_{\text{t1}} \cdot \frac{a_1}{l_1} \qquad F_{\text{B1}} = \sqrt{F_{\text{Bz1}}^2 + F_{\text{By1}}^2}$$

und für die Radwelle

$$F_{\text{Az2}} = \frac{F_{\text{a2}} \cdot r_2 + F_{\text{r2}} \cdot b_2}{l_2} \qquad F_{\text{Ay2}} = F_{\text{t2}} \cdot \frac{b_2}{l_2} \qquad F_{\text{A2}} = \sqrt{F_{\text{Az2}}^2 + F_{\text{Ay2}}^2}$$

$$F_{\text{Bz2}} = \frac{F_{\text{r2}} \cdot a_2 + F_{\text{a2}} \cdot r_2}{l_2} \qquad F_{\text{By2}} = F_{\text{t2}} \cdot \frac{a_2}{l_2} \qquad F_{\text{B2}} = \sqrt{F_{\text{Bz2}}^2 + F_{\text{By2}}^2}$$

Zur Ermittlung der Biegemomente s. Abschn. Schrägstirnräder.

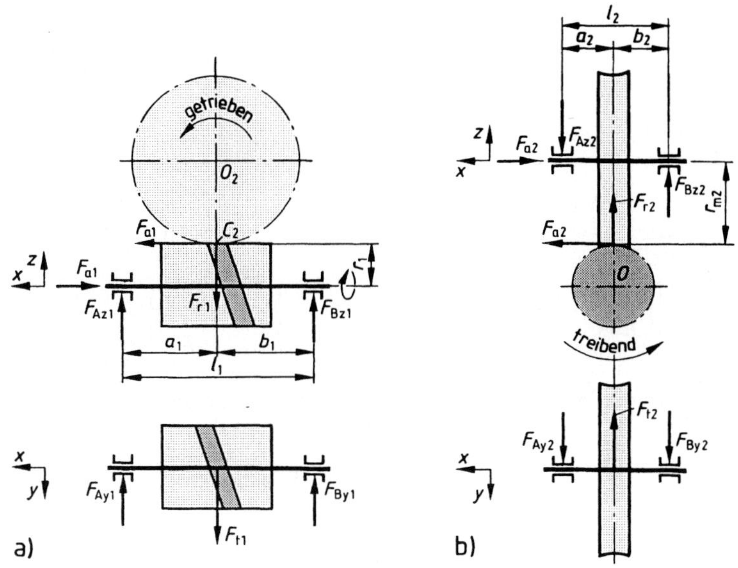

8.118
Auflagerkräfte am Schneckentrieb
a) Schneckenwelle, b) Schneckenrad

Hinweise zur Konstruktion. Die Gestaltung und Bemessung der Radkörper kann nach den in Abschn. 8.3.7 angegebenen Gesichtspunkten und Richtwerten erfolgen. Fertigungskosten, Genauigkeits- und Einbau-Anforderungen können die Zweiteilung größerer Räder erforderlich machen, z. B. Radscheibe aus GG, GS oder St und Radzahnkranz aus z. B. Bronze (**8.121** und **8.122**).

Die Wahl der **Zähnezahl** z_1 erfolgt in Abhängigkeit vom Übersetzungsverhältnis nach Bild **8.119**. Soll der Eingriffswinkel α_n nicht zu $\alpha_n = 20°$ gewählt werden, können empfohlene Richtwerte in Abhängigkeit vom Steigungswinkel γ Bild **8.120** entnommen werden. Der **Mittenkreisdurchmesser** d_1 sollte bei einer Schnecke, die mit der Welle aus einem Stück gefertigt wird, etwa $d_1 = (4...10) \cdot m_n$ betragen, bei einer Aufsteck-Schnecke $d_1 = (10...50) \cdot m_n$. Bei der Aufsteck-Schnecke ist auf einwandfreie Lage der Zahnflanken der Schnecke zur Wellenachse zu achten; daher ist der Flankenschliff erst nach dem Aufstecken der Schnecke auf die Welle durchzuführen. Als Anhaltswert für die **Lagerentfernung** l_1 der Schneckenwelle sollte ungefähr $l_1 \approx 1{,}5 \cdot a$ gewählt werden, s. auch Gl. (8.208).

$i = \frac{n_1}{n_2}$	> 5 ... 10	> 10 ... 15	> 15 ... 30	> 30
z_1	4	3	2	1

8.119
Richtwerte für die Wahl der Zähnezahl z_1

γ	≤ 15°	> 15° ... 25°	> 25° ... 35°	> 35°
α_n	20°	22,5°	25°	30°

8.120
Richtwerte für die Wahl des Eingriffswinkels $\alpha_n = f(\gamma)$ (vorzugsweise $\alpha_n = 20°$)

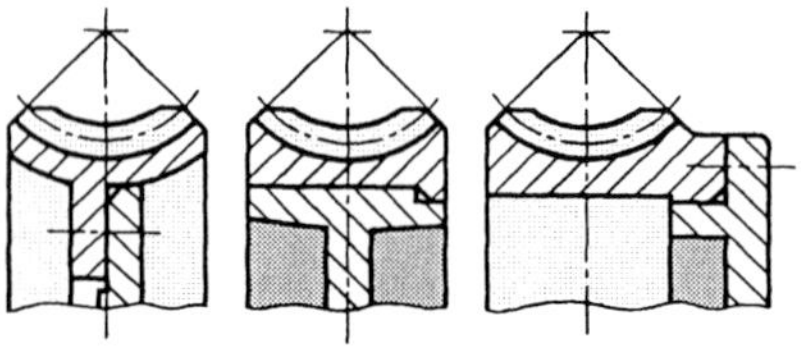

8.121
Ausführungsformen von Schneckenrad-Zahnkränzen bei geteilten Rädern

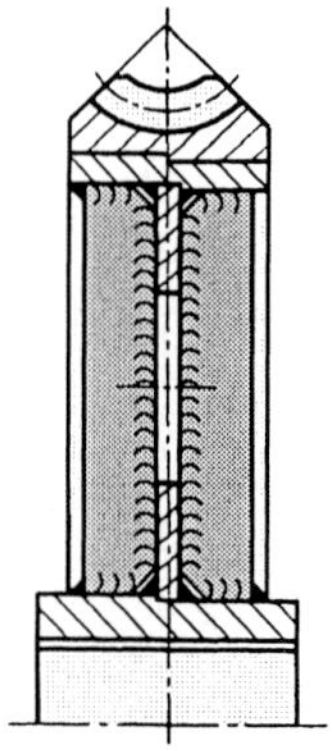

8.122
Schneckenrad mit geschweißtem Radkörper mit Zahnkranz aus Bronze

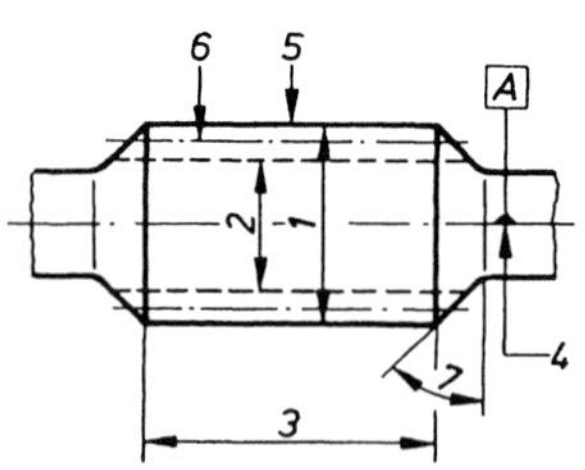

1 Kopfkreisdurchmesser $d_{a\,1}$
2 Fußkreisdurchmesser $d_{f\,1}$
3 Zahnbreite b_1
4 Kennzeichen der Bezugselemente
Bezugselemente für Rundlauftolerierung sind im Allg. die Lagerflächen der Schnecke
5 Rundlauftoleranzen des Schneckenkörpers, s. auch DIN ISO 2768 bzw. DIN ISO 1101
6 Oberflächenkennzeichen für Zahnflanken nach DIN ISO 1302
7 Übergang nach Angabe des Herstellers

Schnecke			
Zähnezahl		z	
Mittenkreisdurchmesser		d_1	
Modul (Axialmodul)		m	
Zahnhöhe		h	
Flankenrichtung			rechtssteigend linkssteigend
Steigungshöhe		$p_{z\,1}$	
Mittensteigungswinkel		$\gamma = \gamma_m$	
Flankenform nach DIN 3975			A, N, K, I
Axialteilung		p_t	
Sachnummer des Schneckenrades			
Verzahnungsqualität			
Zahndicke mit Abmaßen		$s_{m\,n}$	
Prüfmaße der Zahndicke [1])	Zahndickensehne bei Messhöhe		
	Prüfmaß bei Messrollendurchmesser	M D_M	
Erzeugungswinkel			
Flankenform I	Grundkreisdurchmesser	$d_{b\,1}$	
	Grundsteigungswinkel	γ_b	
Zusätzliche Verzahnungstoleranzen und Prüfangaben			
Ergänzende Angaben (bei Bedarf) :			

[1]) Diese Prüfungen sind dem Hersteller freigestellt, wenn keine Angaben erfolgen.

8.123
Maße und Kennzeichen in Zeichnungen sowie Bestimmungsgrößen nach DIN 3966 T3 für Schnecken

Angaben in Zeichnungen, einschließlich Verzahnungstoleranzen. Auf der Herstellungszeichnung sind neben den üblichen Angaben weitere Kennzeichnungen für die Schnecken- und Schneckenradverzahnung erforderlich; s. Bild **8.123** und **8.124**. Bild **8.123** enthält empfohlene Bestimmungsgrößen für die Schnecke und Bild **8.124** für das Schneckenrad.

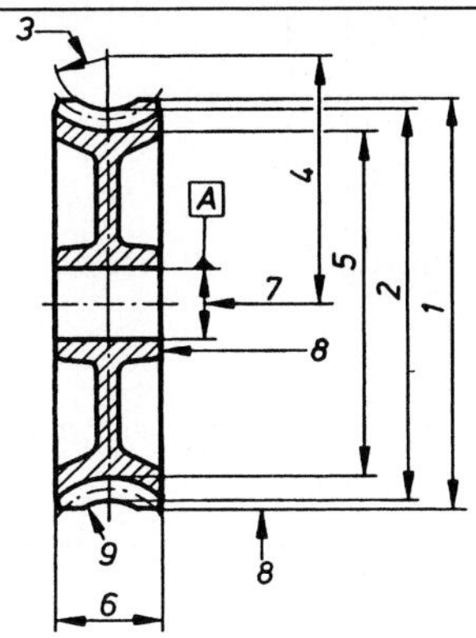

1 Außendurchmesser $d_{A\,2}$
2 Kopfkreisdurchmesser $d_{a\,2}$
3 Kopfkehlhalbmesser r_k
4 Kehlkreis-Mittenabstand
5 Fußkreisdurchmesser $d_{f\,2}$
6 Zahnbreite $b_{A\,2}$ bzw. b_2
7 Bezugselement für Rundlauf- und Planlauftolerierung ist die Radachse.
8 Rundlauf- und Planlauftoleranzen
9 Oberflächenkennzeichen nach DIN ISO 1302

Schneckenrad		
Zähnezahl	z_2	
Modul (Stirnmodul)	m	
Teilkreisdurchmesser	d_2	
Profilverschiebungsfaktor	x_2	
Zahnhöhe	h	
Flankenrichtung		rechtssteigend linkssteigend
Verzahnungsqualität		
Flankenspiel (bei Bedarf):		
Zusätzliche Verzahnungstoleranzen und Prüfangaben		
Schnecke	Sachnummer	
	Zähnezahl z_1	
Achsabstand im Gehäuse mit Abmaßen		
Ergänzende Angaben (bei Bedarf):		

8.124
Maße und Kennzeichen sowie Bestimmungsgrößen nach DIN 3966 T3 für Schneckenräder

Beispiel 11

Ein stationärer Schneckentrieb mit der Übersetzung $i \approx 19$ soll die Leistung $P_1 = 15$ kW bei $n_1 = 1450\ \text{min}^{-1}$ übertragen. Als Ausführung ist ein Getriebe mit unten liegender Schnecke der Flankenform *K* und mit Blasflügel auf der Schneckenwelle vorgesehen. Die Einschaltdauer beträgt $D_E = 75\%$. Betriebsfaktor $\varphi = 1$.

Benennung und Bemerkung	Überschlagsrechnung zum Vorentwurf
Achsabstand, Gl. (8.200)	$a \geq 100 \cdot \sqrt{\dfrac{1{,}36 \cdot P_1}{q_1 \cdot q_2 \cdot q_3 \cdot q_4}}$
Kühlbeiwert, Gl. (8.201)	$q_1 = \left(1 + \dfrac{y}{1+y}\right) \cdot \left(\dfrac{100}{D_E} + y\right)$
Beiwert für Ausführung mit Blasflügel, Gl. (8.203)	$y = 3{,}1 \cdot \sqrt[3]{\left(\dfrac{n_1}{1000}\right)^2} = 3{,}1 \cdot \sqrt[3]{\left(\dfrac{1450}{1000}\right)^2} = 3{,}97$

Beispiel 11, Fortsetzung

Benennung und Bemerkung	Überschlagsrechnung zum Vorentwurf
Kühlbeiwert	$q_1 = \left(1 + \frac{3{,}97}{1+3{,}97}\right) \cdot \left(\frac{100}{75} + 3{,}97\right) = 9{,}53$
Übersetzungsbeiwert, Bild **8.112**	$q_2 = 0{,}706$
Werkstoffwahl, Bild **8.111**	Schnecke: Stahl gehärtet und geschliffen Rad: Al-Legierung
Werkstoff-Paarungsbeiwert, Bild **8.111**	$q_3 = 0{,}87$
Beiwert für Bauart des Getriebes, Bild **8.113**	$q_4 = 1{,}0$
Achsabstand, Gl. (8.200)	$a \geq 100 \cdot \sqrt{\frac{1{,}36 \cdot 15}{9{,}53 \cdot 0{,}706 \cdot 0{,}87 \cdot 1{,}0}} = 187\,\text{mm}$ nach DIN 3976, Tab. 2 wird gewählt: $a = 200$ mm
Mittenkreisdurchmesser der Schnecke, Gl. (8.155)	$d_1 \approx 0{,}35 \cdot a = 0{,}35 \cdot 200\,\text{mm} = 70\,\text{mm}$ nach DIN 3976, Tab. 2 wird gewählt: $d_1 = 80$ mm
Schneckenwellendurchmesser, Gl. (8.45)	$d_{\text{Wl}1} \geq 135 \cdot \sqrt[3]{\frac{\varphi \cdot P}{n_1}} = 135 \cdot \sqrt[3]{\frac{15}{1450}} = 29{,}4\,\text{mm}$ mit $\tau_{\text{t zul}} = 20$ N/mm² für E335 (St50); gewählt: $d_{\text{Wl}\,1} = 45$ mm
Zähnezahl, Bild **8.119**	$z_1 = 2$ für $i = \frac{z_2}{z_1} \approx 19$; $z_2 = i \cdot z_1 = 2 \cdot 19 = 38$
Modul, Gl. (8.157)	$m \geq 0{,}1 \cdot d_1 = 0{,}1 \cdot 80\,\text{mm} = 8\,\text{mm}$

Benennung und Bemerkung	Abmessung des Schneckentriebs für $a = 200$ mm, $d_1 = 80$ mm, $z_1 = 2$, $z_2 = 38$, $m = 8$ mm
Mittensteigungswinkel Gl. (8.156)	$\tan\gamma = \frac{z_1 \cdot m}{d_1} = \frac{2 \cdot 8\,\text{mm}}{80\,\text{mm}} = 0{,}2;\ \gamma = 11{,}31°$
Normalmodul, Gl. (8.158)	$m_n = m \cdot \cos\gamma = 8\,\text{mm} \cdot \cos 11{,}31° = 7{,}845\,\text{mm}$
Teilkreisdurchmesser, Gl. (8.169)	$d_2 = z_2 \cdot m = 38 \cdot 8\,\text{mm} = 304\,\text{mm}$
Mittenkreisdurchmesser, Gl. (8.170)	$d_{m2} = d_2 + 2 \cdot x \cdot m = 2 \cdot a - d_1 = 2 \cdot 200\,\text{mm} - 80\,\text{mm}$ $= 320\,\text{mm}$
Profilverschiebungsfaktor aus Gl. (8.170)	$x = \frac{d_{m2} - d_2}{2 \cdot m} = \frac{320\,\text{mm} - 304\,\text{mm}}{2 \cdot 8\,\text{mm}} = 1{,}0$

Beispiel 11, Fortsetzung

Benennung und Bemerkung	Abmessung des Schneckentriebs für $a = 200$ mm, $d_1 = 80$ mm, $z_1 = 2$, $z_2 = 38$, $m = 8$ mm
Kopfkreisdurchmesser Gl. (8.161), (8.163) Gl. (8.171), (8.173)	$d_{a1} = d_1 + 2 \cdot h_{a1} = 80\,\text{mm} + 2 \cdot 8\,\text{mm}$ $= 96\,\text{mm}$ mit $h_{a1} = m$ $d_{a2} = d_2 + 2 \cdot h_{a2} = 304\,\text{mm} + 2 \cdot (8 + 1{,}0 \cdot 8)\,\text{mm}$ $= 336\,\text{mm}$ mit $h_{a2} = m + x \cdot m$
Fußkreisdurchmesser Gl. (8.162), (8.163) Gl. (8.172), (8.173)	$d_{f1} = d_{a1} - 2 \cdot h_1 = 96\,\text{mm} - 2 \cdot (8 + 1{,}2 \cdot 8)\,\text{mm}$ $= 60{,}8\,\text{mm}$ mit $h_1 = h_{a1} + h_{f1}$ $d_{f2} = d_{a2} - h_2 = 336\,\text{mm} - 2 \cdot (8 + 1{,}2 \cdot 8)\,\text{mm}$ $= 300{,}8\,\text{mm}$ mit $h_2 = h_1$
Steigungshöhe, Gl. (8.160)	$p_z = z_1 \cdot \pi \cdot m = 2 \cdot \pi \cdot 8\,\text{mm} = 50{,}24\,\text{mm}$
Schneckenlänge Gl. (8.167)	$b_1 \approx \sqrt{d_{a2}^2 - d_2^2} = \sqrt{(336^2 - 304^2)\,\text{mm}^2} = 140\,\text{mm}$
Zahnbreite Gl. (8.180)	$b_2 \approx 0{,}45 \cdot (d_{a1} + 4 \cdot m) + 1{,}8 \cdot m$ $= 0{,}45 \cdot (96\,\text{mm} + 4 \cdot 8\,\text{mm}) + 1{,}8 \cdot 8\,\text{mm} = 72\,\text{mm}$ gewählt für Al-Legierungen: $b_2 = 70$ mm
Außendurchmesser, Gl. (8.178)	$d_A \approx d_{a2} + m = (72 + 8)\,\text{mm} = 80\,\text{mm}$ gewählt: $d_a = 345\,\text{mm}$
Rad-Außenbreite, Gl. (8.182)	$b_a \approx b_2 + m = (72 + 8)\,\text{mm} = 80\,\text{mm}$
Zahnwurzelbogen, Gl. (8.176)	$\widehat{b}_2' = r_{a0} \cdot \pi \cdot \frac{\varphi}{180°}$ $r_{a0} = \frac{d_1}{2} + 1{,}2 \cdot m = \frac{80\,\text{mm}}{2} + 1{,}2 \cdot 8\,\text{mm} = 49{,}6\,\text{mm}$
Zentrierwinkel, Gl. (8.177)	$\sin\frac{\varphi}{2} = \frac{b_2'}{2 \cdot r_{a0}} = \frac{70\,\text{mm}}{2 \cdot 49{,}6\,\text{mm}}$ $\quad \frac{\varphi}{2} = 44{,}8°; \varphi = 89{,}6°$
Zahnwurzelbogen	$\widehat{b}_2' = 49{,}6\,\text{mm} \cdot \pi \cdot \frac{89{,}6°}{180°} = 77{,}6\,\text{mm}$

Benennung und Bemerkung	Tragfähigkeitsberechnung des Schneckentriebs
max. Drehmoment, Gl. (8.40)	$T_{1\max} = \varphi \cdot 9{,}55 \cdot 10^6 \cdot \frac{P_1}{n_1} = 1 \cdot 9{,}55 \cdot 10^6 \cdot \frac{15}{1450}$ $= 98\,800\,\text{N\,mm}$
Umfangskraft der Schnecke = Axialkraft des Rades, Gl. (8.196)	$F_{t1} = F_{a2} = \frac{2 \cdot T_{1\max}}{d_1} = \frac{2 \cdot 98\,800\,\text{N\,mm}}{80\,\text{mm}} = 2470\,\text{N}$
Axialkraft der Schnecke = Umfangskraft des Rades, Gl. (8.198)	$F_{a1} = F_{t2} \approx \frac{F_{t1}}{\tan(\gamma + \rho_i)}$

Beispiel 11, Fortsetzung

Benennung und Bemerkung	Tragfähigkeitsberechnung des Schneckentriebs
ideeller Reibungswinkel, Gl. (8.187)	$\tan \rho_i \geq \frac{0{,}051}{q_3 \cdot \sqrt{0{,}4 + v_g}}$ $\quad q_3 = 0{,}87$ nach Bild **8.111**
Gleitgeschwindigkeit, Gl. (8.188)	$v_g = \frac{v_1}{\cos\gamma} = \frac{d_1 \cdot \pi \cdot n_1}{60 \cdot \cos\gamma} = \frac{0{,}08 \cdot \pi \cdot 1450}{60 \cdot \cos 11{,}31°} = 6{,}21\,\text{m/s}$
ideeller Reibungswinkel	$\tan \rho_i \geq \frac{0{,}051}{0{,}87 \cdot \sqrt{0{,}4 + 6{,}21}} = 0{,}0228 \quad \rho_i = 1°17' = 1{,}28°$
Axialkraft der Schnecke = Umfangskraft des Rades	$F_{a1} = F_{t2} \approx \frac{2470\,\text{N}}{\tan(11{,}31° + 1{,}28°)} = 11060\,\text{N}$
Radialkräfte, Gl. (8.197)	$F_{r1} = F_{r2} \approx F_{t1} \cdot \frac{\tan\alpha_n \cdot \cos\rho_i}{\sin(\gamma + \rho_i)}$ nach Bild **8.120**: $\alpha_n = 20°$ $F_{r1} = F_{r2} \approx 2470 \cdot \frac{\tan 20° \cdot \cos 1{,}28°}{\sin(11{,}31° + 1{,}28°)} = 4120\,\text{N}$
Gesamtwirkungsgrad, Gl. (8.189)	$\eta_s = \frac{\tan\gamma}{\tan(\gamma + \rho_i)} = \frac{\tan 11{,}31°}{\tan(11{,}31° + 1{,}28°)} = 0{,}897$
Sicherheit gegen Verschleiß, Gl. (8.199)	$S_T \approx \left(\frac{a}{100}\right)^2 \cdot \frac{q_1 \cdot q_2 \cdot q_3 \cdot q_4}{1{,}36 \cdot P_1} \geq 1$ $S_T \approx \left(\frac{200}{100}\right)^2 \cdot \frac{9{,}53 \cdot 0{,}706 \cdot 0{,}87 \cdot 1{,}0}{1{,}36 \cdot 15} = 1{,}15 > 1{,}0$
Leistung an der Radwelle, Gl. (8.191)	$P_2 = \eta_s \cdot P_1 = 0{,}897 \cdot 15\,\text{kW} = 13{,}47\,\text{kW}$
Sicherheit gegen Grübchenbildung, Gl. (8.204)	$S_H = \frac{k_{zul} \cdot d_1 \cdot d_{m2} \cdot q_5}{F_{t2\,max}} \geq 1{,}5$ gefordert $k_{zul} = 3{,}2\,\text{N/mm}^2$ nach Bild **8.114** $q_5 = 0{,}32$ nach Bild **8.115** $S_H = \frac{3{,}2\,\text{N/mm}^2 \cdot 80\,\text{mm} \cdot 320\,\text{mm} \cdot 0{,}32}{11060\,\text{N}}$ $= 2{,}37 > 1{,}5$
Sicherheit gegen Zahnbruch am Rad, Gl. (8.205)	$S_F = \frac{\pi \cdot m_n \cdot \widehat{b}_2' \cdot c_{zul}}{F_{t2\,max}} \geq 1$ gefordert $c_{zul} = 14{,}3\,\text{N/mm}^2$ nach Bild **8.114** $S_F = \frac{\pi \cdot 7{,}845\,\text{mm} \cdot 77{,}6\,\text{mm} \cdot 14{,}3\,\text{N/mm}^2}{11060\,\text{N}}$ $= 2{,}47 > 1$

Beispiel 11, Fortsetzung

Benennung und Bemerkung	Tragfähigkeitsberechnung des Schneckentriebs
Sicherheit gegen Durchbiegung, Gl. (8.206)	$S_D = \dfrac{f_{D\,zul}}{f_D} \geq 1$ gefordert
zul. Durchbiegung, Gl. (8.207)	$f_{D\,zul} = \dfrac{d_1}{1000} = \dfrac{80\,mm}{1000} = 0{,}08\,mm$
vorhandene Durchbiegung, Gl. (8.208)	$f_D = \dfrac{F_1 \cdot l_1^3}{48 \cdot E \cdot I}$
resultierende Kraft am Schneckenrad	$F_1 = \sqrt{F_{t1}^2 + F_{r1}^2} = \sqrt{(2470^2 + 4120^2)\,N^2}$ $= 4800\,N$
Lagerentfernung der Schneckenwelle	$l_1 \approx 1{,}5 \cdot a = 1{,}5 \cdot 200\,mm = 300\,mm$
Trägheitsmomente der Schneckenwelle	$I = \dfrac{\pi \cdot d_{W11}^4}{64} = \dfrac{\pi \cdot 45^4\,mm^4}{64} = 201288\,mm^4$

■

8.8 Prüfung der Verzahnung und der Zahnradgeometrie

Abweichungen der Zahnräder von ihrer geometrisch genauen Form verringern die Lebensdauer und verursachen verstärkte Geräuschentwicklung. Zur Verbesserung der Laufeigenschaften und Beurteilen der Qualität der Zahnradgetriebe sind die Abweichungen wichtiger Verzahnungsgrößen zu erfassen und zu beurteilen.

Um den Prüfaufwand und deren Kosten im Verhältnis zu den Herstellungskosten niedrig zu halten, werden in der Regel nur ausgewählte Einzelverzahnungsgrößen und einige Gesamtabweichungen geprüft.

8.8.1 Prüfen der Einzelabweichungen an Stirnrädern

Geprüft werden Zahndicke, Durchmesser, Teilung, Rundlauf, Profilform und Flankenlinie (**8.125**).

Zahndicke s. Sie wird über die Zahndickensehne $\bar{s}$ mit einem Zahndicken-Messschieber bestimmt. Da der Messschieber in der Höhe $\bar{h}_a$ am Kopfkreisdurchmesser abgestützt wird, ist die Messung nicht bezugsfrei, zumal übliche Abweichungen am Kopfkreis relativ groß sind. Eine bezugsfreie Bestimmung der Zahndicke kann über die Messung der Zahnweite W_k (**8.125**) erfolgen. Die Anzahl k der Zähne und die Berechnungsgrößen sind den Normen DIN 3960, 3962 und 3967 zu entnehmen.

Muss die Zahndicke bezugsfrei bestimmt werden und ist die Zahnweitenmessung nicht anzuwenden, so kann mit dem diametralen Zweikugelmaß $M_{d\,k}$ gemessen werden. Bei diesem Zweikugelmaß ist darauf zu achten, ob der Prüfling eine gerade oder ungerade Zähnezahl hat. Berechnungsgrundlagen und Tafelwerte enthält DIN 3960.

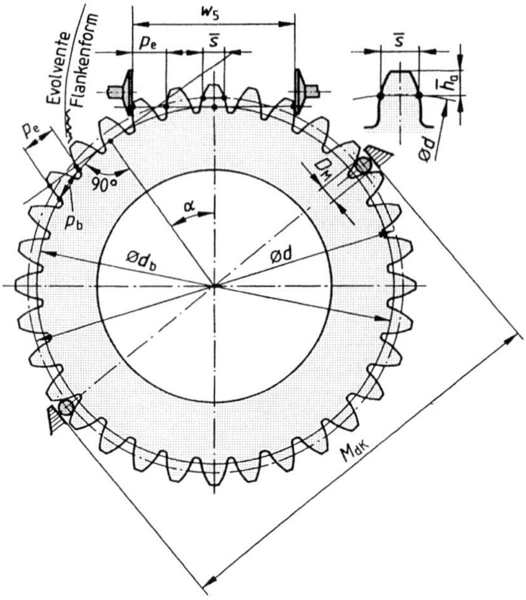

8.125
Prüfung von Einzelabweichungen
$\bar{s}$ Zahndickensehne
W_k Zahnweite, hier $k = 5$

Für das Messen von $M_{d\,k}$ eignen sich in der Werkstatt Messschrauben oder Feinzeiger-Rachenlehren mit kugelförmigen Einsätzen.

Teilung *p*. Eine weitere wichtige Prüfgröße ist die Eingriffsteilung p_e, die mit einem Eingriffsteilungs-Prüfgerät gemessen wird. Zur Bestimmung der Abweichungen vom Nennmaß wird das Prüfgerät mit einer Einstelllehre justiert. Gemessen wird an zwei rechten oder zwei linken Zahnflanken. Der beim Durchschwenken des Prüfgerätes angezeigte Umkehrpunkt ist das Istmaß der Eingriffsteilung p_e. Zeigen Messergebnisse an verschiedenen Messebenen Unterschiede, so liegen Profil-Formabweichungen vor. Die Eingriffsteilung kann bereits am Prüfling auf der Verzahnungsmaschine genau geprüft werden und erlaubt so die Überprüfung der Einstellgrößen an der Maschine.

Rundlauf. Abweichungen vom Rundlauf sind bei Zahnrädern stark geräuschbildend. Zur Prüfung wird das Zahnrad auf einen Aufnahmedorn gesteckt und mit einem Messbolzen mit kugeligem Einsatz in den Zahnlücken angetastet. Nach der ersten Antastung erfolgt der Nullabgleich. Die weiteren Messungen (in der Regel auf einer Zweiflanken-Wälzprüfmaschine) ergeben die Rundlaufabweichungen. Rundlauffehler haben ihre Ursache in der Außermittigkeit der Verzahnung zur Radachse und in der Ungleichförmigkeit der Teilung.

Profilform und **Flankenlinie** bestimmen im Wesentlichen die Laufeigenschaften und die Güte des Zahnrades. Ihre Überprüfung ist besonders bei feinbearbeiteten Zahnflanken wichtig. Die Prüfung beider Einzelabweichungen kann auf einer Prüfmaschine nacheinander durchgeführt werden.

Das Evolventenprofil wird durch Abwälzen einer Geraden auf dem Soll-Grundkreis aufgezeichnet (**8.126**). Aus diesem Flankenprüfbild können abgelesen werden: Gesamtabweichung F_f, Formabweichung f_f, Winkelabweichung $f_{H\alpha}$ und Welligkeit f_{fw}. Zur Prüfung der Profilform gibt es Prüfmaschinen mit festen Grundkreisscheiben und mit stufenloser Einstellung des Grundkreises.

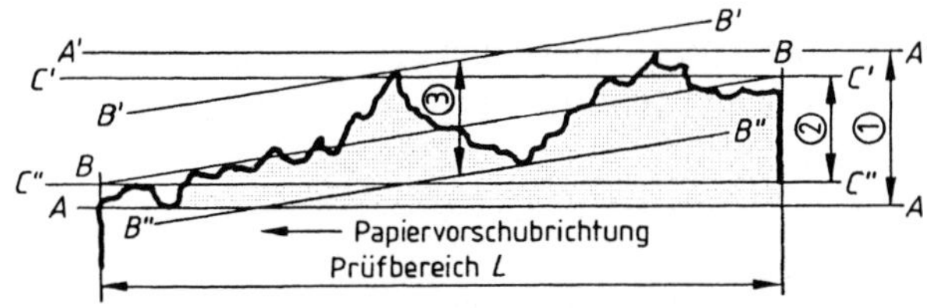

8.126
Flankenabweichungen (nach DIN 3960)
Prüfbild und Übersicht über die Abweichungen

	Profil	Flankenlinie	Erzeugende
1	Profil-Gesamtabweichung F_f	Flankenlinien-Gesamtabweichung F_β	Erzeugenden-Gesamtabweichung F_E
2	Profil-Winkelabweichung $f_{H\alpha}$	Flankenlinien-Winkelabweichung $f_{H\beta}$	Erzeugenden-Winkelabweichung f_{HE}
3	Profil-Formabweichung f_f	Flankenlinien-Formabweichung $f_{\beta f}$	Erzeugenden-Formabweichung f_{Ef}

Die Prüfung der Flankenlinie erfolgt ebenfalls durch Abtasten der Zahnflanke. Dabei wird der Messtaster auf einem fehlerfreien Schrägungswinkel geführt. Aus der Aufzeichnung können ähnlich wie für die Profil-Formabweichung unterschieden werden: die Gesamtabweichung F_β, Formabweichung $f_{\beta f}$, Winkelabweichung $f_{H\beta}$ und die Welligkeit $f_{\beta w}$ (**8.126**). Für die Auswertung der Diagramme wird die ausgleichende Gerade BB gezeichnet. Die Einzelwerte sind nach DIN 3960 zu ermitteln.

8.8.2 Prüfen der Gesamtabweichungen an Stirnrädern

Vier Prüfungsarten sind bei Zahnrädern für die Ermittlung der Gesamtabweichungen gebräuchlich: Tragbild-Aufnahme, Geräusch-Prüfung, Zweiflanken- und Einflanken-Wälzprüfung.

Das **Tragbild** wird auf einfachen Rundlaufprüfeinrichtungen mit dem Gegenrad oder einem Lehrzahnrad durch Antuschieren und Abrollen gewonnen. Damit können Abweichungen der Profilform, der Flankenlinie und des Rundlaufs erkannt werden.

Die **Geräusch-Prüfung** liefert eine Beurteilung für die Laufruhe im Betriebszustand. Die Geräuschanalyse ist besonders wichtig bei schnelllaufenden Zahnradgetrieben. Mit der Geräuschprüfmaschine wird unter betriebsmäßigen Bedingungen, also mit Flankenspiel, Nenndrehzahlen und ggf. mit wechselnden Drehrichtungen gearbeitet.

Die **Zweiflanken-Wälzprüfung (8.127)** ist im allgemeinen die wichtigste Zahnradprüfung. Auf der Zweiflanken-Wälzprüfmaschine werden zwei Zahnräder mit einer definierten Kraft spielfrei miteinander abgewälzt. Mit den auf dem Wälzdiagramm (**8.128**) aufgezeichneten Abweichungen kann der Prüfling einer der Qualitätsgruppen nach DIN 3963 und 3967 zugeordnet werden.

Bei der Zweiflanken-Wälzprüfung sind drei Prüfmethoden üblich:

- Paarweise Prüfung der im Betrieb miteinander laufenden Räder. Die auftretenden Abweichungen sind ein Maß für die Laufeigenschaften.
- Prüfung mit Lehrzahnrad (als Wälznormal) nach DIN 3970 ist dort anzuwenden, wo die Zahnräder austauschbar sein sollen. Schrägstirnräder werden mit einem Lehrzahnrad gleichen Schrägungswinkels, aber mit entgegengesetzter Schrägungsrichtung geprüft.

– Prüfung mit Lehrschnecken (als Wälznormal). In einer schwenkbaren Aufnahmevorrichtung kann der Schrägungswinkel des Prüflings eingestellt werden. Damit können mit einer Lehrschnecke alle Zahnräder gleichen Moduls und gleichen Eingriffswinkels geprüft werden.

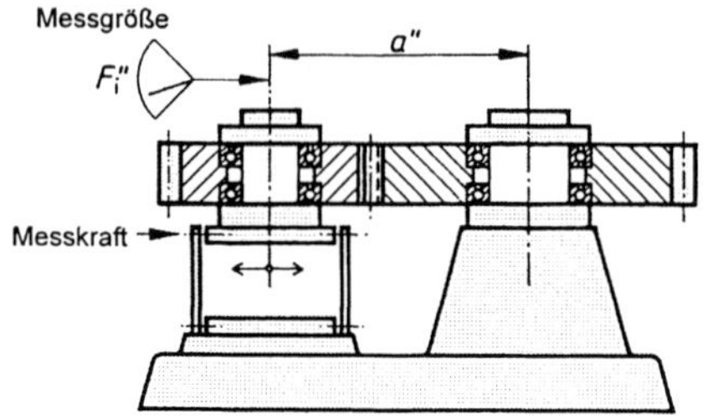

8.127
Messanordnung für die Zweiflanken-Wälzprüfung (nach DIN 3960)
Wälzabweichungen = Achsabstandsänderung

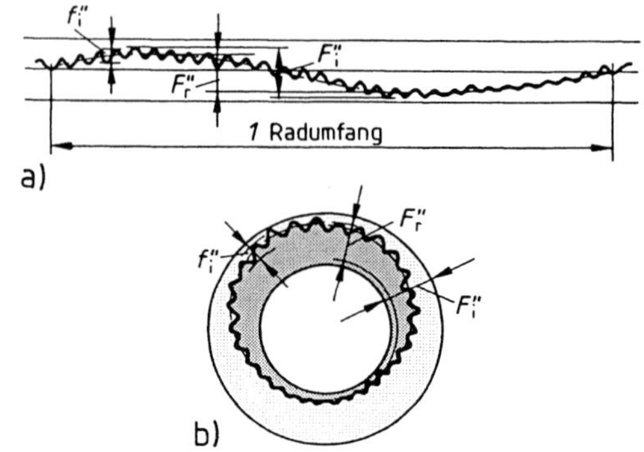

8.128
Zweiflanken-Wälzdiagramme
a) Streifen-Diagramm, b) Kreis-Diagramm

F_i'' Zweiflanken-Wälzabweichung
F_r'' Wälz-Rundlaufabweichung
f_i'' Zweiflanken-Wälzsprung

Die **Einflanken-Wälzprüfung** ist dadurch gekennzeichnet, dass zwei Zahnräder unter dem vorgeschriebenen Achsabstand entweder mit Rechts- oder Linksflanken-Eingriff miteinander abwälzen. Der messtechnische Aufwand ist größer als bei der Zweiflanken-Wälzprüfung. Die analogen Bestimmungsgrößen ergeben keine wesentlich genaueren Prüfergebnisse. Darum hat sich dieses Prüfverfahren nicht umfassend durchgesetzt.

Prüfen von Kegelradgetrieben. Da die Kegelradspitze als Ausgangspunkt für die Herstellung und Prüfung von Kegelrädern nicht vorhanden ist, sind nach DIN 3971 Bezugs- und Hilfsflächen (**8.95**) festgelegt. Kegelräder lassen sich ähnlich den Stirnrädern mit Zweiflanken-Wälzprüfmaschinen prüfen. Eine besonders wichtige Prüfung ist jedoch die des Tragbildes, das Aufschluss über den späteren Betriebszustand geben kann.

Die Normen DIN 3965 T1 bis T4 enthalten Toleranzen für Kegelradgetriebe.

Prüfen von Zylinderschneckentrieben. Schnecken und Schneckenräder werden wie Stirnräder bevorzugt auf Zweiflanken-Wälzprüfmaschinen geprüft. Mit Steigungsmessgeräten ist die Steigungshöhe p_z festzustellen. Abweichungen der einzelnen Bestimmungsgrößen behandelt DIN 3975.

8.9 Aufbau der Zahnrädergetriebe

8.9.1 Gestaltung der Getriebe

Die Gestaltung der Zahnrädergetriebe kann nach den in den vorangegangenen Abschnitten angegebenen Gesichtspunkten und Richtlinien erfolgen.

In der Regel entscheiden Wirtschaftlichkeitsbetrachtungen, ob Getriebegehäuse in Schweiß- oder Gusskonstruktion ausgeführt werden. Wesentliche Entscheidungsmerkmale dafür sind die Stückzahl, die Formgebung und die Baugröße.

Schweißkonstruktionen erlauben z. T. erhebliche Werkstoffersparnis, sind bruchsicherer und können in Leichtbauweise ausgeführt werden. Die Gestaltung erfolgt aus Profilen und vorgeformten Blechen mit Rippen zur Versteifung der Konstruktion, die vor der Fertigverarbeitung ggf. spannungsfrei zu glühen ist. Bild **8.129** zeigt die Ausführung eines Schneckenradgetriebes in Schweißkonstruktion, Bild **8.130** die einer Gusskonstruktion.

Gusskonstruktionen zeichnen sich durch hohe Dämpfung von Schwingungen (geräuschmindernd) und große Steifigkeit aus. Kleinere Getriebegehäuse werden ungeteilt mit genügend großem Deckel ausgeführt. Die Teilung von Gehäusen liegt allgemein in Wellenmitte (**8.130**). Die Teilfugenflansche sind mit zwei Passstiften zu versehen. Bei schweren Gehäusen werden Transportösen benötigt. Auch sind Ölschaugläser zur Kontrolle der Schmierung und Öleinfüll- und Ölablassschrauben vorzusehen.

Für Getriebegehäuse aus Gusseisen sollten folgende Wanddicken gewählt werden: für das Gehäuse-Unterteil $s \approx 0{,}01 \cdot L + 6$ mm mit L in mm als die Gehäuse-Innenlänge (**8.131**), für das Gehäuse-Oberteil $s' \approx 0{,}9 \cdot s$, für den Gehäuse-Flansch $s_g \approx 1{,}5 \cdot s$ und für den Fußflansch $s_f \approx 2 \cdot s$.

Die Lagerung der Getriebewellen im Gehäuse erfolgt meistens mittels Wälzlager, deren Lebensdauer in der Regel $L_h \geq 16\,000$ Betriebsstunden betragen soll. Bei sehr schnell laufenden Getriebewellen verwendet man hydrodynamisch geschmierte Gleitlager, die erheblich ruhiger laufen als Wälzlager.

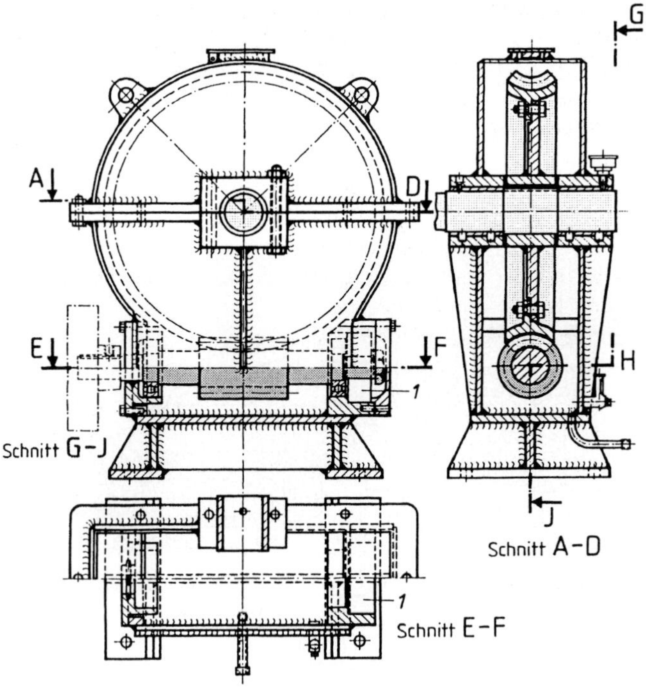

8.129
Schneckengetriebe mit unten liegender Schnecke *1*; Einbauraum für ein Axial-Rillenkugellager, einseitig wirkend nach DIN 711 T1 oder zweiseitig wirkend nach DIN 715

Besonderheiten der Zahnflanken. Fertigungsungenauigkeiten der Getriebeelemente und Montagefehler führen dazu, dass Zahnräder unter Last nicht auf der ganzen Zahnbreite tragen. Zu große elastische Verformungen der belasteten Zähne (besonders bei Zahnrädern aus Kunststoffen) wirken sich wie Teilungsfehler aus, die zu Kanteneingriff (Stößen) führen. Dieses kann bei Stirn- und Kegelrädern verhindert werden, indem man die Flankenflächen etwas ballig nacharbeitet.

Dabei wird unterschieden zwischen

1. Höhenballigkeit; eine Zurücknahme von Zahnkopf und Zahnfuß verglichen zum theoretischen Profil, und
2. Breitenballigkeit; eine Zurücknahme der Enden des Zahnes verglichen zur theoretischen Flankenlinie (DIN 3998 T1 bis T3).

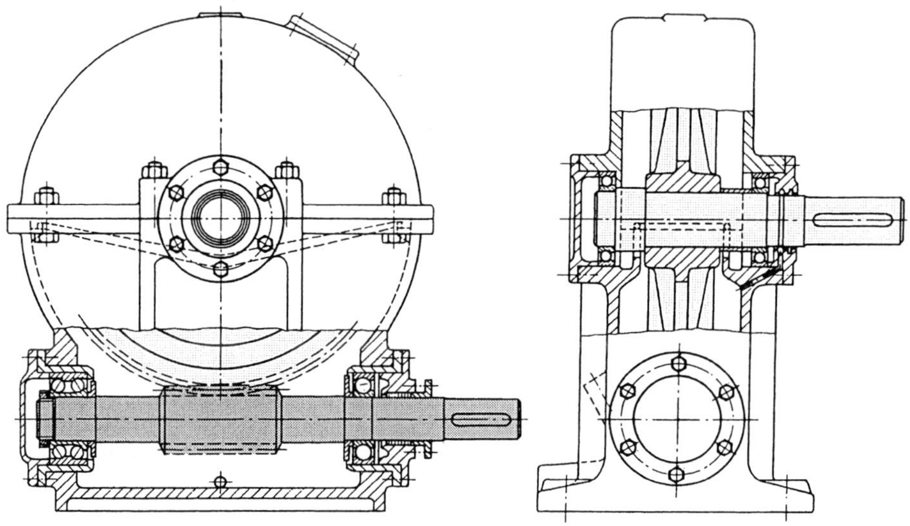

8.130
Schneckenradgetriebe in Gusskonstruktion

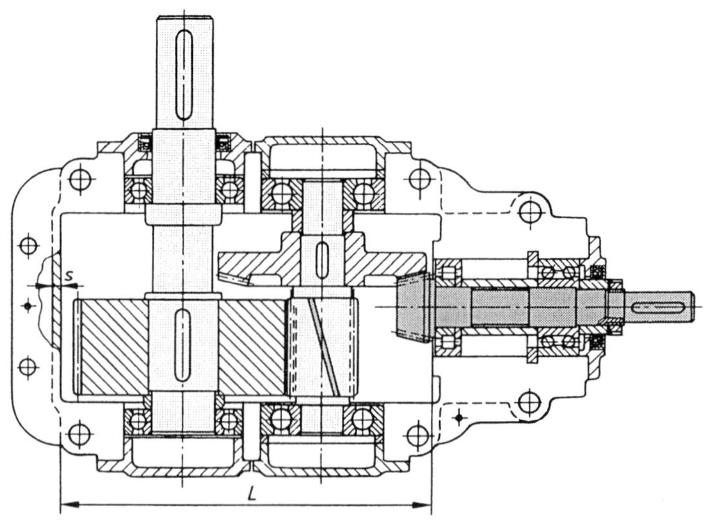

8.131
Schrägstirnrad- und Kegelradgetriebe

Schmierung und Kühlung. Die wichtigsten Aufgaben der Schmierung und Kühlung sind bei Zahnrädern die Verringerung von Flankenreibung, Flankenverschleiß und Erwärmung. Bei

Getrieben mit höchster Laufgenauigkeit (wie bei Zahnflanken-Schleifmaschinen) muss der Schmierfilm so stabil sein, dass die Arbeitsgenauigkeit konstant bleibt und sich nicht durch kurzzeitiges Abreißen des Ölfilms sprunghaft ändert.

Im Dauerbetrieb unter Höchstlast soll die Schmiermitteltemperatur weniger als 80 °C betragen. Hochleistungsgetriebe und Getriebe mit Zahnrädern aus Kunststoffen sind zusätzlich mit Luft oder Wasser zu kühlen. Es ist darauf zu achten, dass die zur Schmierung der Zahnräder verwendeten Schmiermittel nicht an Lager und Kupplungen gelangen, wenn dadurch deren besondere Funktion beeinträchtigt wird. Bild **8.68** gibt Richtwerte für verschiedene Schmierarten an. Die geeigneten Schmiermittel sind abhängig von den Betriebsbedingungen und am besten nach den Angaben der Schmiermittelhersteller zu bestimmen (s. auch DIN 51501 und DIN 51509).

8.9.2 Räderpaarungen

Die wichtigsten Zahnrädergetriebe (**8.1**) sind Mehrwellengetriebe mit Zwischenräder-, Stufenräder- und Umlaufräder-Paarungen. Die gewünschten Bewegungen und Leistungen sollen mit möglichst wenig Teilen bei kleinstem Gewicht und Volumen sowie bei niedrigsten Energieverlusten übertragen werden.

Zwischenräder-Paarungen. Die durch Zwischenräder entstandenen Mehrwellengetriebe (**8.132**) dienen

1. zur Erzielung wechselnder Drehrichtungen,
2. zum gleichzeitigen Antrieb mehrerer Wellen von einem Antriebsrad bei verschiedenen Übersetzungen mit wenigen Rädern und
3. zur Überbrückung größerer Achsabstände durch verhältnismäßig kleine Räder.

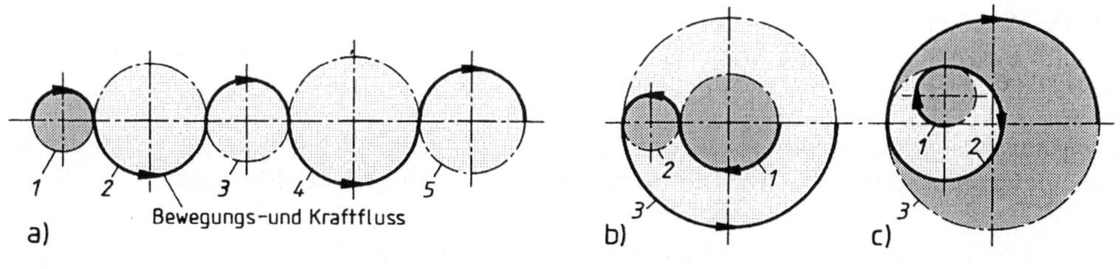

8.132
Zwischenräderpaarungen
a) alle Räder außenverzahnt; b) Rad *3*: innenverzahnt;
c) Rad *2*: außen- und innenverzahnt, Rad *3*: innenverzahnt

Stufenräder-Paarungen. Stufenrädergetriebe gestatten große Übersetzungen durch mehrere kleine Stufen. Das Getriebe mit Doppelräderpaar (**8.133a**) baut verglichen zum rückkehrenden Doppelräderpaar (**8.133b**) groß. Beide Getriebe sind auch als Wechselrädergetriebe gebräuchlich, bei denen verschiedene Übersetzungen durch Auswechseln der Räder erreicht werden.

Das zweistufige Zweiwellengetriebe mit Verschieberäderblock (**8.134a**) ist in der Konstruktion einfach, da es aus wenigen Bauteilen besteht. Nur die unter Last stehenden Räder kämmen. Das Schaltgetriebe (**8.134b**) lässt sich im Vergleich zum Getriebe mit Verschieberädern leichter umschalten (z. B. durch Elektromagnet-Kupplung).

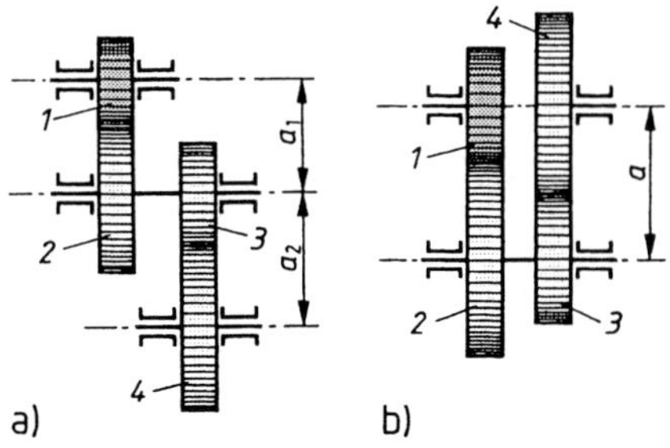

8.133
Stufenrädergetriebe
a) Doppelräderpaar
b) rückkehrendes Doppelräderpaar

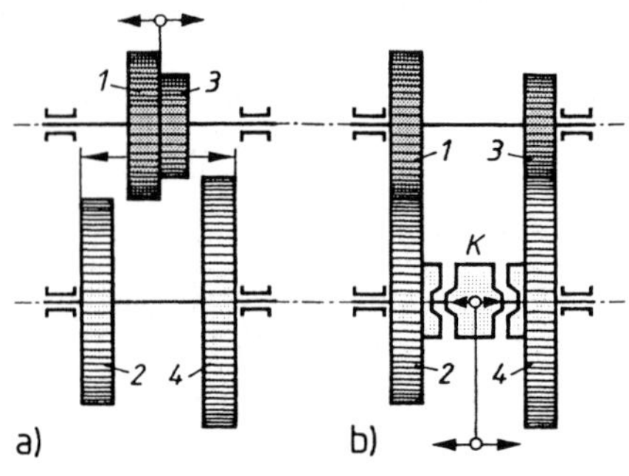

8.134
Zweistufengetriebe
a) mit Stufenschieberäder-Schaltung
b) mit Schaltkupplung *K*

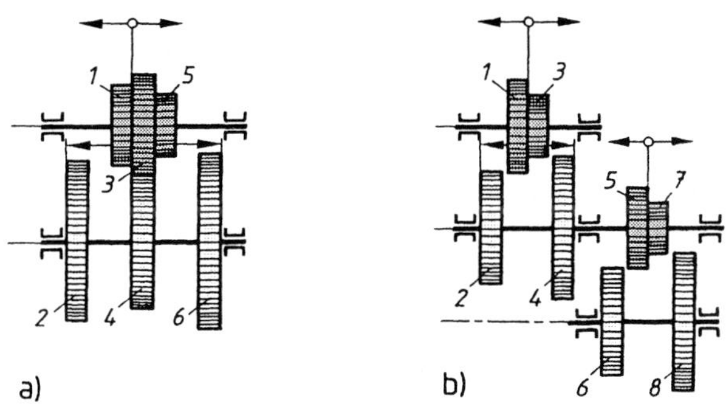

8.135
Mehrstufige Mehrwellengetriebe
a) dreistufiges Zweiwellengetriebe
b) vierstufiges Dreiwellengetriebe

Stufenräderpaarungen (**8.133**, **8.134** und **8.135**) können zu beliebigstufigen Mehrwellengetrieben weiterentwickelt werden (**8.136**). Auch lassen sich Zwischenräderpaarungen mit Stufenräderpaarungen vereinigen, indem man bestimmte Wellen als Zwischenräderwellen benutzt; es entstehen dann die gebundenen Stufengetriebe in ein- oder mehrfach gebundener Form.

Gebundene Getriebe, bei denen jeweils ein Rad mit zwei anderen Rädern im Eingriff steht, haben weniger Räder und bauen kürzer als einfache Getriebe mit gleicher Stufenzahl.

Umlaufräder-Paarungen. Umlaufräder (Planetenräder) sind Räder, die sich um ihre eigene Achse drehen, wobei diese Achse eine Drehung um eine Zentralachse durchführen kann (s. Abschn. 8.10, Planetengetriebe).

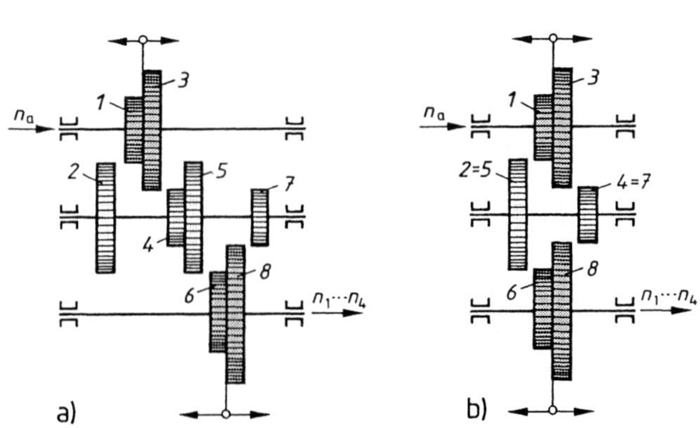

8.136
Entwicklung eines doppelt gebundenen vierstufigen Dreiwellengetriebe
a) ungebundene Ausführung
b) doppelt gebundene Ausführung

8.9.3 Gefährliche Zahnkräfte in Mehrwellengetrieben

Bei einem Zahnräderpaar streben die beiden Wellen infolge der Normalkräfte F_n und der daraus sich ergebenden Radialkräfte F_r auseinander. Dadurch werden Achsabstand und Flankenspiel vergrößert, deren Werte sich für einfache Getriebe leicht berechnen und bei der Konstruktion berücksichtigen lassen. Dagegen ist die Ermittlung und geometrische Addition der Zahnkräfte in Mehrwellengetrieben schwieriger, weil sich bei den verschiedenen Belastungszuständen die theoretisch möglichen und praktisch auftretenden Verrückungen der Räder durch Lagerspiel und elastische Verformungen der Zähne, Radkörper, Wellen, Lager und Gehäuse überlagern. Die gefährlichen Folgen solcher Verrückungen sollen am Beispiel eines Mehrwellengetriebes (**8.137**) erläutert werden.

Liegen die Drehpunkte (**8.137**) von drei im Eingriff stehenden Rädern nicht auf einer Geraden, sondern bilden sie ein flaches Dreieck $O_1O_2O_3$, so wirken bei Antrieb durch Rad *1* auf Rad *2* nach Gl. (8.41) und (8.42) die Normalkräfte $F_{n\,2} = F_{n\,2\,r} = F_{t\,w}/\cos\alpha_n = 2 \cdot T_{1\,max}/(d_1 \cdot \cos\alpha_w)$.

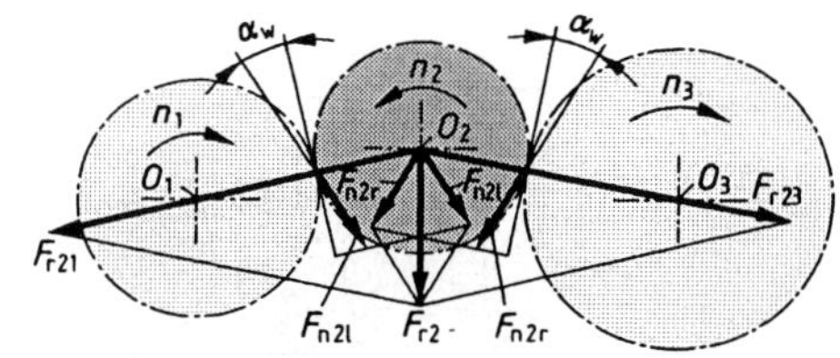

8.137
Entstehung gefährlicher Zahnkräfte in Mehrwellengetriebe bei flankenspielfreiem Lauf unter Last

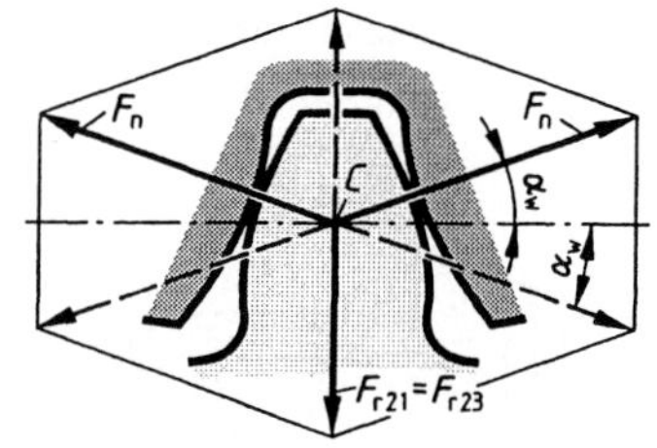

8.138
Gefährliche Erhöhung der Normalkräfte durch zusätzliche Radialkräfte

Diese Kräfte addieren sich geometrisch (vektoriell) in O_2 zu der Radialkraft $F_{r\,2}$, die das Rad *2* zwischen die Räder *1* und *3* hineinzuziehen versucht. Dadurch können besonders aufgrund der elastischen Bewegung der Welle von Rad *2* in Richtung von $F_{r\,2}$ nach Aufhebung der Flankenspiele die Zähne aller Räder mit den stark anwachsenden Kräften $F_{r\,2\,1} = F_{r\,2\,3}$ gegeneinandergepresst werden, die ihrerseits sehr große Zahnnormalkräfte F_n hervorrufen. Diese Normalkräfte F_n (**8.138**) können in kurzer Zeit das Getriebe zerstören. Darum ist besonders auf die Anordnung der Wellenlage und die Steifigkeit der Bauelemente zu achten.

8.10 Planetengetriebe

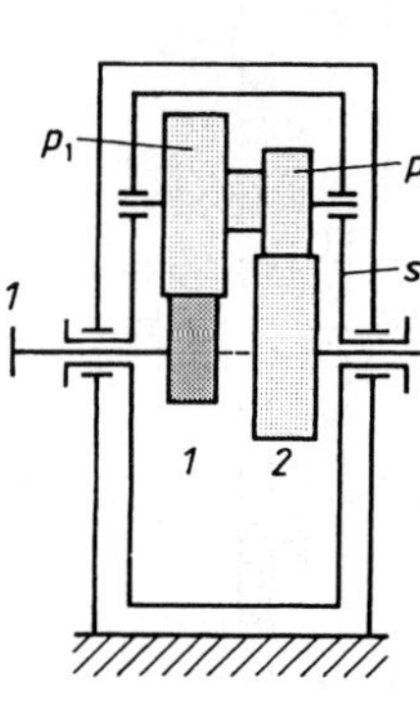

8.139
Umlaufgetriebe (Plusgetriebe)

1, 2 Zentralwellen bzw. Zentral- oder Sonnenräder
p_1, p_2 Planetenräder
s Steg

Die Entstehung eines Umlaufräder- oder Planetengetriebes lässt sich aus einem koaxialen Standgetriebe ableiten, dessen Gehäuse drehbar gelagert wird, so dass eine dritte Anschlusswelle s entsteht (**8.139**). Die An- und Abtriebswellen *1* und *2* werden zu Zentralwellen, um die sich die Planetenräder unter gleichzeitiger Eigenrotation drehen. Das ursprüngliche Gehäuse schrumpft konstruktiv auf einen drehbaren Planetenträger oder Steg s zusammen. Das Drehmoment dieser dritten Welle s stimmt mit dem Reaktionsmoment überein, mit dem sich das Standgetriebe (Steg s feststehend) auf seinem Fundament abstützt.

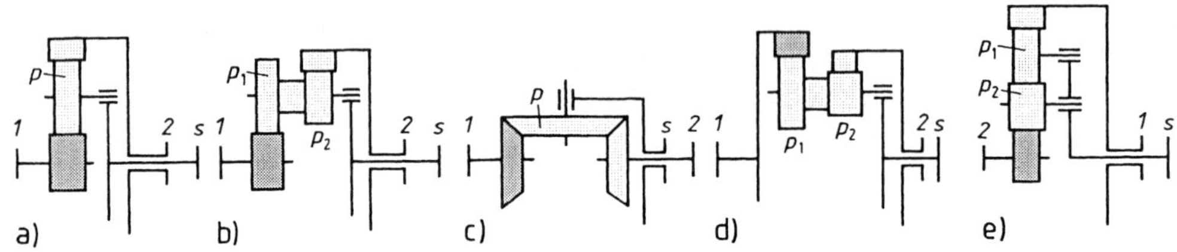

8.140
Zwei Bauarten von Planetengetrieben
a, b, c) Minusgetriebe, $i_0 < 0$; d, e) Plusgetriebe, $i_0 > 0$

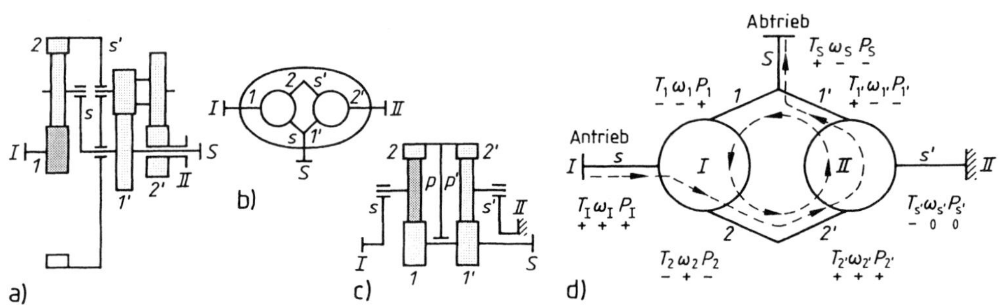

8.141
Einfaches Planeten-Koppelgetriebe
a) Getriebe mit Bezeichnung der Wellen und äußeren Anschlüsse
b) Symbol dieses Getriebes mit Übertragung der Bezeichnungen aus dem Schema
c) zwei Minus-Getriebe mit einer festgelegten Welle (zwangsläufiges Koppelgetriebe), s. Beispiel 14
d) Leistungsfluss im Koppelgetriebe nach c) und Beispiel 14, mit Leistungsrückfluss (Blindstellung)

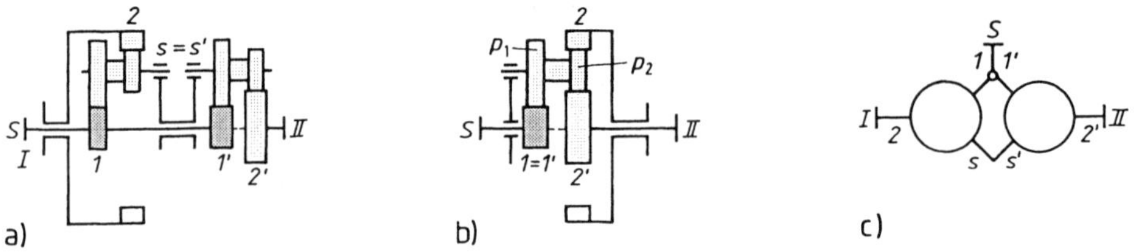

8.142
Reduziertes Koppelgetriebe
a) einfaches Koppelgetriebe
b) das aus a) entstandene reduzierte Koppelgetriebe
c) symbolische Darstellung

Einfache Planetengetriebe (**8.140**) lassen sich beliebig zu zusammengesetzten Planetengetrieben (Koppelgetriebe) vereinigen (**8.141**). Wird bei solchen Getrieben der Bauaufwand durch

Vereinigung von Stegen, gleich großen Zentralrädern und gleich großen Planetenrädern vereinfacht, so bezeichnet man diese als reduzierte Planetengetriebe (**8.142**).

Große Übersetzungen lassen sich mit Umlaufgetrieben erreichen (**8.143**), bei denen das Sonnenrad *1* über ein Schneckengetriebe *1'*, *2'* angetrieben wird; $i_{ges} = i_{1's} = i_{1'2'} \cdot i_{1\,s} = 50...500$.

Berechnungsgrundlagen. Ausgehend von der Standübersetzung i_0 und dem Standwirkungsgrad η_0 lassen sich aus den gegebenen Drehfrequenzen, Drehmomenten und Reibungsverlusten alle weiteren Größen wie Drehzahlverhältnisse, Relativdrehfrequenzen, Übersetzungen, Drehmomente, Leistungen und Wirkungsgrade ermitteln. Sind die Wellen *1* und *2* An- und Abtrieb, so ist bei **stillstehendem Steg *s*** die **Standübersetzung** nach Gl. (8.1)

$$i_0 = \frac{n_{an}}{n_{ab}} = \frac{n_1}{n_2} > 0 \text{ bzw. } < 0 \qquad (8.209)$$

Hierbei muss die Drehrichtung der Wellen durch das Vorzeichen ihrer Drehfrequenz gekennzeichnet werden. Alle parallelen Wellen eines Getriebes, die im gleichen Drehsinn rotieren, haben Drehfrequenzen mit gleichen Vorzeichen.

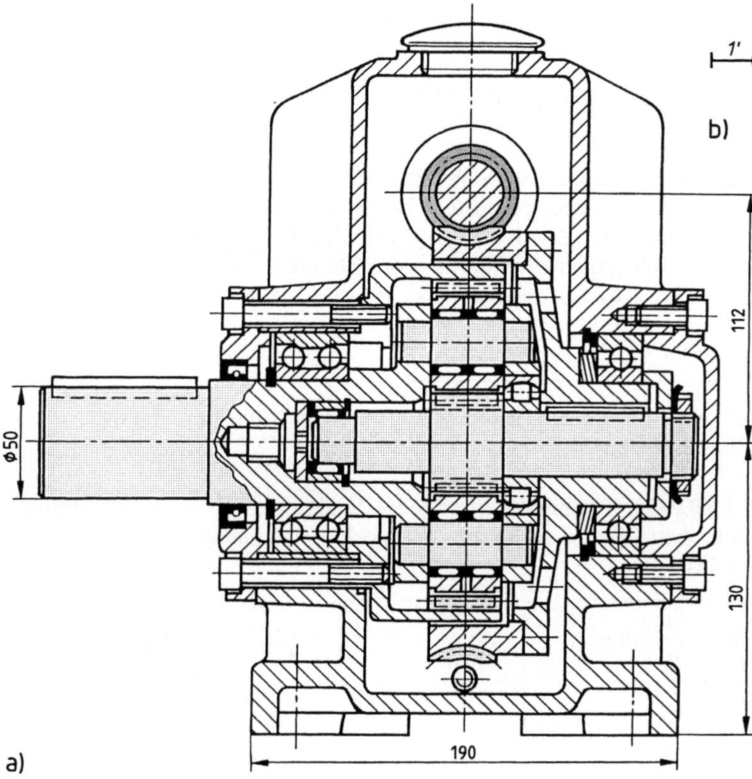

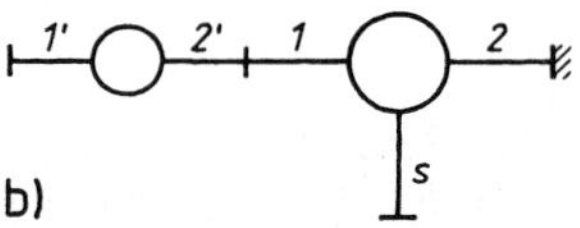

8.143
Schneckenumlaufgetriebe (Stolzenberg & Co. GmbH, Berlin)
a) Zusammenstellung
b) symbolische Darstellung

Für ein Plusgetriebe ($i_0 > 0$), bei dem An- und Abtriebswelle des Standgetriebes im gleichen Drehsinn rotieren (**8.139**), ist die Ableitung der Standübersetzung nach Gl. (8.209) bzw. (8.1).

$$i_0 = \frac{+n_1}{+n_2} = \left(-\frac{z_2}{z_{p2}}\right) \cdot \left(-\frac{z_{p1}}{z_1}\right) > 0 \qquad (8.210)$$

Für ein Minusgetriebe ($i_0 < 0$), bei dem An- und Abtriebswelle des Standgetriebes gegenläufig drehen (**8.140a**), ist (s. Gl. (8.210) bzw. (8.1))

$$\boxed{i_0 = \left(\frac{+n_1}{-n_\text{p}}\right) \cdot \left(\frac{-n_\text{p}}{-n_2}\right) = -\frac{n_1}{n_2}} \quad \text{bzw.} \tag{8.211a}$$

$$\boxed{i_0 = \left(-\frac{z_\text{p}}{z_1}\right) \cdot \left(-\frac{-z_2}{z_\text{p}}\right) = -\frac{z_2}{z_1} < 0} \tag{8.211b}$$

Hierbei wurde die Zähnezahl z_2 des Hohlrades mit negativem Vorzeichen eingesetzt.

Den **Standwirkungsgrad η_0** kann man aus den Übertragungswirkungsgraden der einzelnen Zahneingriffe berechnen. Mit der Annahme von $\eta = 0{,}99$ je Zahneingriff ergibt sich für das Getriebe nach Bild **8.140a**

$$\eta_0 = \eta_{12} = \eta_{1\text{p}} \cdot \eta_{\text{p}2} = 0{,}99 \cdot 0{,}99 = 0{,}98$$

Eine genaue Berechnung von η_0 berücksichtigt die Zähnezahlen und den Unterschied zwischen Stirnrad- und Hohlradstufen.

Für die Drehzahlverhältnisse aller Bauarten gilt die 1841 von *Willis* angegebene Gl. (8.212), die wie folgt abgeleitet werden kann:

Vom rotierenden Steg aus gesehen erkennt der Beobachter die Relativfrequenz ($n_1 - n_\text{s}$) des Rades *1* und ($n_2 - n_\text{s}$) des Rades *2* gegenüber dem Steg. Der Steg selbst scheint für den Beobachter stillzustehen wie ein Standgetriebe. Somit stimmt für den Beobachter das Verhältnis der Relativdrehfrequenzen mit dem Drehfrequenzverhältnis i_0 des Standgetriebes überein:

$$\boxed{\frac{n_1 - n_\text{s}}{n_2 - n_\text{s}} = i_0 \quad \text{bzw.} \quad n_1 - i_0 \cdot n_2 - (1 - i_0) \cdot n_\text{s} = 0} \tag{8.212}$$

In diese **„*Willis*-Gleichung"** wird bei Plusgetrieben i_0 mit positivem und bei Minusgetrieben mit negativem Vorzeichen eingesetzt.

Aus der Grundgleichung Gl. (8.212) geht hervor, dass jedes Umlaufgetriebe mit zwei laufenden Wellen, bei dem also die dritte Welle stillgesetzt ist, sechs verschiedene Übersetzungen verwirklichen kann (Bild **8.144**)

$$\boxed{i_{12} = i_0 = \frac{n_1}{n_2}} \quad \boxed{i_{1\text{s}} = \frac{n_1}{n_\text{s}} = 1 - i_0} \quad \boxed{i_{2\text{s}} = \frac{n_2}{n_\text{s}} = 1 - \frac{1}{i_0}} \qquad (8.213) \quad (8.214) \quad (8.215)$$

$$\boxed{i_{21} = \frac{1}{i_0} = \frac{n_2}{n_1}} \quad \boxed{i_{\text{s}1} = \frac{n_\text{s}}{n_1} = \frac{1}{1 - i_0}} \quad \boxed{i_{2\text{s}} = \frac{n_\text{s}}{n_2} = \frac{1}{1 - \frac{1}{i_0}}} \qquad (8.216) \quad (8.217) \quad (8.218)$$

Bei drei laufenden Wellen eines Planetengetriebes, das auch als Überlagerungsgetriebe bezeichnet wird, müssen zwei Drehfrequenzen gegeben sein, um die dritte mit der Grundgleichung Gl. (8.212) bestimmen zu können. Dabei ist zu beachten, dass in der Regel das Verhältnis $n_1 / n_2 \neq i_0$ ist, wenn z. B. n_s und n_i beliebig vorgegeben werden. Man darf also in Gl. (8.212) die Standübersetzung i_0 nicht gegen n_2/n_i kürzen. Die Standübersetzung i_0 ist hier durch das Zähnezahl- und Durchmesserverhältnis bei stillstehendem Steg festgelegt, s. z. B. Gl. (8.210) und (8.211).

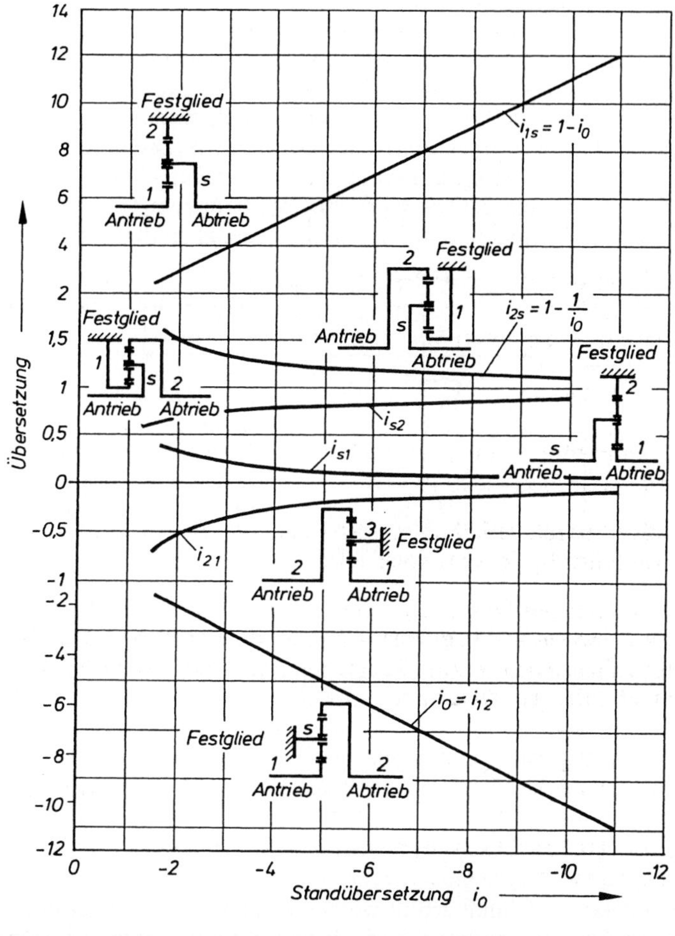

8.144
Erreichbare Übersetzungen mit einem einfachen Minusgetriebe bei zwei laufenden Wellen in Abhängigkeit von der Standübersetzung $i_0 = (|z_2|/|z_1|)$

Die **Relativdrehfrequenz der Planetenräder gegenüber dem Steg,** $n_{p\,s} = (n_p - n_s)$, welche für die Auslegung der Planetenradlager erforderlich ist, erhält man ähnlich wie Gl. (8.212) mit der Absolutdrehfrequenz der Planetenräder n_p (bezogen auf die Zentralachse) aus

$$(n_p - n_s) = \pm i_{p1} \cdot (n_1 - n_s) = \pm \frac{z_1}{z_p} \cdot (n_1 - n_s) \tag{8.219}$$

oder aus

$$(n_p - n_s) = \pm i_{p2} \cdot (n_2 - n_s) = \pm \frac{z_2}{z_p} \cdot (n_2 - n_s) \tag{8.220}$$

mit positivem Vorzeichen für Hohlradstufen und mit negativem Vorzeichen für Stirnradstufen.

Für die Zähnezahl z_p des Planetenrades beim Minusgetriebe gilt gemäß Bild **8.140a**

$$\boxed{z_p = (|z_2| - z_1)/2} \qquad (8.221)$$

Die graphische Bestimmung der Drehfrequenzen nach *Kutzbach* gibt einen guten Überblick über die gesamte Drehbewegung. In den Dreh- und Wälzpunkten der Glieder eines maßstäblich dargestellten Getriebes wird über dem jeweiligen Radius r die zugehörige Umfangsgeschwindigkeit $v = r \cdot \omega$ aufgetragen (Geschwindigkeitsplan) (**8.145**). Die Umfangsgeschwindigkeiten sind den Drehfrequenzen proportional, wenn sie auf gleichen Polabstand h (Maßstabgröße) und gemeinsamen Pol P_0 bezogen werden (Drehfrequenzplan); $\tan \alpha_1 = r_1 \cdot \omega_1 / r_1 = \overline{OA} / h$. Die Drehfrequenzen n_p und $n_{p\,s}$ des Planetenrades können auch im Drehfrequenzplan ermittelt werden. Zu diesem Zweck wird eine Parallele zum Geschwindigkeitsstrahl des Planetenrades durch den Pol gelegt und mit der Drehfrequenzgeraden zum Schnitt gebracht (**8.145a**).

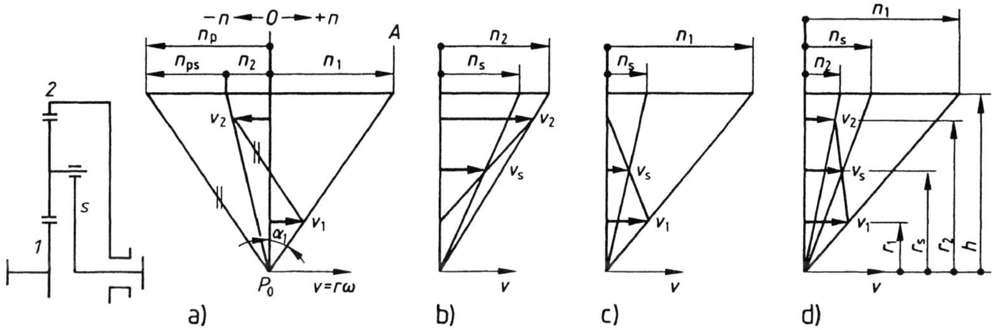

8.145
Geschwindigkeits- und Drehfrequenzplan für einfache Planetengetriebe
a), b), c) mit unterschiedlichen Festgliedern; a) $n_s = 0$; b) $n_1 = 0$, c) $n_2 = 0$
d) mit drei laufenden Wellen

Drehmoment und Leistungen. Nach der Gleichgewichtsbedingung ist die Summe aller drei von außen auf das Getriebe wirkenden **Wellendrehmomente** gleich Null

$$\boxed{T_1 + T_2 + T_s = 0} \qquad (8.222)$$

Damit diese Gleichung erfüllt werden kann, muss eines der drei Momente das entgegengesetzte Vorzeichen der anderen besitzen und damit gleich deren Summe sein. Diese Summenwelle ist bei Minusgetrieben die Stegwelle.

Ein Drehmoment, welches in der bereits als positiv festgelegten Drehrichtung auf das Getriebe wirkt, ist positiv, die entgegengesetzte Wirkungsrichtung ist negativ. Daraus folgt, dass eine Antriebsleistung positiv und eine Abtriebsleistung negativ ist.

Aus der Leistungsbilanz des Standgetriebes ergibt sich: Antrieb bei Welle *1*: $T_2 \cdot \omega_2 = -\eta_{12} \cdot T_1 \cdot \omega_1$; Antrieb bei Welle *2*: $T_2 \cdot \omega_2 = -(1/\eta_{21}) \cdot T_1 \cdot \omega_1$.

Diese Gleichungen können zusammengefasst werden, indem man $\eta_{21} \approx \eta_{12}$ setzt und einen Exponenten w 1 = ±1 an den Wirkungsgrad schreibt. Man erhält mit Hilfe der Gl. (8.209) die **Drehmomentverhältnisse**

$$\boxed{\frac{T_1}{T_2} = -i_0 \cdot \eta_0^{\mathrm{w}1}} \qquad \boxed{\frac{T_s}{T_1} = i_0 \cdot \eta_0^{\mathrm{w}1} - 1} \qquad \boxed{\frac{T_s}{T_2} = \frac{1}{i_0 \cdot \eta_0^{\mathrm{w}1}} - 1} \qquad (8.223) \quad (8.224) \quad (8.225)$$

Das Vorzeichen von w 1 kann aus der Wälzleistung der Welle *1*, $P_{W\,1} = T\cdot(\omega_1 - \omega_2)$, bestimmt werden

$$\boxed{\mathrm{w}\,1 = \frac{P_{W1}}{\left|P_{W1}\right|} = +1 \text{ oder } -1} \tag{8.226}$$

Arbeitet das Umlaufgetriebe ohne Relativbewegung zwischen Steg und Zahnrädern, d. h. bei $n_1 = n_2 = n_s$, dann wirkt es wie eine Kupplung. Die Leistung wird ohne Reibungsverluste im Zahneingriff übertragen. Die so übertragene Leistung heißt Kupplungsleistung. Die Leistung jeder Welle ist gleich der Summe ihrer Kupplungsleistung P_K und ihrer Wälzleistung P_W.

$$P_1 = P_{K\,1} + P_{W\,1} = T_1\cdot\omega_s + T_1\cdot(\omega_1 - \omega_s) = T_1\cdot\omega_1$$
$$P_2 = P_{K\,2} + P_{W\,2} = T_2\cdot\omega_s + T_2\cdot(\omega_2 - \omega_s) = T_2\cdot\omega_2$$
$$P_s = P_{K\,s} + 0 = T_s\cdot\omega_s$$

Für die **Wälzleistung $P_{W\,1}$** der Welle *1* gilt

$$\boxed{P_{W1} = T\cdot(\omega_1 - \omega_s)} \tag{8.227}$$

Wird der Energiesatz auf die Teilbewegungen angewendet, so ergibt sich, dass die Summe der Wälzleistungen einschließlich der Verlustleistung P_V ebenso wie die Summe der Kupplungsleistungen gleich Null sind. Die Kupplungsleistungen $P_{K\,1} + P_{K\,2} + P_{K\,s} = 0$ addiert zu den Wälzleistungen $P_{W\,1} + P_{W\,2} + P_V = 0$ ergeben die Wellenleistungen $P_1 + P_2 + P_s + P_V = 0$.

Bei Umlaufgetrieben mit drei laufenden Wellen (Überlagerungsgetriebe) müssen entweder eine davon die Antriebswelle und die anderen beiden die Abtriebswellen sein oder umgekehrt. In beiden Fällen führt eine der drei Wellen als Gesamtleistungswelle die gesamte Leistung allein zu oder ab, wogegen die anderen beiden Teilleistungswellen nur je einen Teil der Gesamtleistung übertragen.

Sobald bei einem Überlagerungsgetriebe zwei Drehzahlen vorgegeben werden, ist die Gesamtleistungswelle und damit der äußere Leistungsfluss nicht mehr frei wählbar. Ist die Gesamtleistungswelle Antriebswelle, so erfolgt im Getriebe eine Leistungsteilung. Ist sie Abtriebswelle, so erfolgt eine Leistungssummierung der beiden Antriebsleistungen.

Der **Gesamtwirkungsgrad η** hängt von den Reibungsverlusten an den Zahneingriffsstellen und somit von der Wälzleistung der Wellen *1* und *2* ab. Je nach Drehzahl und Drehrichtung des Steges kann diese Wälzleistung größer oder kleiner als die durchgesetzte Gesamtleistung sein. Somit ist der Gesamtwirkungsgrad größer oder kleiner als der Standwirkungsgrad η_0. Bei Minusgetrieben ist der Gesamtwirkungsgrad stets höher als der Standwirkungsgrad. Bei Plusgetrieben sinken die Wirkungsgrade bei Annäherung von i_0 an +1 bis zur Möglichkeit der Selbsthemmung ab.

$$\boxed{\eta = \frac{-\sum P_{ab}}{\sum P_{an}}} \tag{8.228}$$

Durch Einbau mehrerer Planeten am Umfang wird die übertragbare Leistung erhöht. Um die vorgesehene **Anzahl p** von Planeten am Stegumfang gleichmäßig verteilen und einbauen zu können, müssen die folgenden Gleichungen (8.229) bis (8.232) jeweils eine beliebige **positive** oder **negative ganze Zahl f** ergeben. Hierbei bedeutet **q den größten gemeinsamen Teiler**

der Zähnezahlen $z_{p\,1}$ und $z_{p\,2}$ eines Stufenplaneten. Der Teiler wird gleich 1, wenn sich der Bruch $z_{p\,1}/z_{p\,2}$ nicht kürzen lässt.

Montierbarkeitsbedingung für Getriebe nach Bild **8.140 a, c** (Minusgetriebe)

$$\boxed{\frac{|z_2|+|z_1|}{p}=f} \tag{8.229}$$

Bild **8.140e** (Plusgetriebe)

$$\boxed{\frac{|z_2|-|z_1|}{p}=f} \tag{8.230}$$

Bild **8.140b** (Minusgetriebe)

$$\boxed{\frac{|z_{p1}\cdot z_2|+|z_1\cdot z_{p2}|}{p\cdot q}=f} \tag{8.231}$$

Bild **8.139** und **8.140d** (Plusgetriebe)

$$\boxed{\frac{|z_{p1}\cdot z_2|-|z_1\cdot z_{p2}|}{p\cdot q}=f} \tag{8.232}$$

Sind beim einfachen Planeten-Minusgetriebe die Zähnezahlen des Sonnen- und des Hohlrades z_1 und z_2 durch die Montierbarkeitsbedingungen nach Gl. (8.229) und die geforderte Übersetzung festgelegt, so ergibt sich oft für die Zähnezahl des Planetenrades nach der Bedingung, bei der die Teil- und Wälzkreise zusammenfallen, $z_p = (|z_2| - z_1)/2$, ein gebrochener Wert. Dieser kann auf die nächste ganze Zahl ab- oder aufgerundet werden. Dadurch bedingte ungleiche Achsabstände zwischen Planet und Zentralrädern werden durch Profilverschiebung wieder gleich groß gemacht. Die Räderpaare laufen dann wieder spielfrei (s. Abschn. 8.3.3).

Die Berechnung zusammengesetzter Planetengetriebe wird durch Verwendung einer symbolischen Darstellung von *Wolf* übersichtlicher (**8.141** und **8.142**). Damit lässt sich das zusammengesetzte Getriebe analog mit den Gleichungen der einfachen Planetengetriebe berechnen, wenn für die Standübersetzung i_0 die Reihenübersetzung $i_{\mathrm{I\,II}}$ und für den Standwirkungsgrad η_0 der Reihenwirkungsgrad $\eta_{\mathrm{I\,II}}$ eingeführt wird.

Die Gleichungen (8.212) und (8.222) bis (8.225) erhalten an Stelle der Auszeichnung 1, 2 und s die Indizes I, II und S. Für das Koppelgetriebe im Bild **8.141a** sind $i_{\mathrm{I\,II}} = i_{1\,2'}\cdot i_{s'2'}$ und $\eta_{\mathrm{I\,II}} = \eta_{1\,2'}\cdot\eta_{s'2'}$ und für das Koppelgetriebe im Bild **8.141c** gilt $i_{\mathrm{I\,II}} = i_{2\,s'}\cdot i_{s'2'}$ und $\eta_{\mathrm{I\,II}} = \eta_{2\,s'}\cdot\eta_{s'2'}$. Zur Aufstellung dieser Gleichungen stellt man sich den Steg S feststehend vor.

Beispiel 12

Bei einem Minus-Getriebe nach Bild **8.140a** erfolgt der Antrieb über das Sonnenrad *1* und der Abtrieb über den Steg *s*. Das innenverzahnte Zentralzahnrad *2* ist fest mit dem Gehäuse verbunden.

Beispiel 12, Fortsetzung

Gegeben: Zähnezahl des Sonnenrades $z_1 = 20$ und des Zentralrades $z_2 = 70$. Antriebsfrequenz $n_1 = 1500$ min^{-1}, ($\omega_1 = 157$ s^{-1}) mit positiver Drehrichtung. Antriebsmoment $T_1 = 10$ Nm (dreht in positiver Richtung). Standwirkungsgrad $\eta_0 = 0{,}98$. Anzahl der Planetenräder $p = 3$.

Gesucht: 1. Zähnezahl des Planetenrades z_p, 2. Kontrolle der Montierbarkeit, 3. Antriebsleistung P_1, 4. Standübersetzung i_0, 5. Drehfrequenz n_s des Steges, 6. Drehmoment T_s des Steges, Drehmoment T_2 des Zentralrades *2*, 7. Leistung P_s am Abtrieb, 8. Wirkungsgrad $\eta_{1\,s}$ zwischen Antrieb und Abtrieb, 9. Drehfrequenz n_p des Planetenrades.

Lösung:

1. Gl. (8.221) Zähnezahl der Planetenräder $z_p = (|z_2| - z_1)/2 = (70 - 20)/2 = 25$.

2. Gl. (8.229) Kontrolle der Montierbarkeit $(|z_2| + |z_1|)/p = f = (20 + 70)/3 = 30$ = ganze Zahl, folglich ist die Bedingung für die Montierbarkeit erfüllt.

3. Antriebsleistung $P_1 = T_1 \cdot \omega_1 = 10\ \text{Nm} \cdot 157\ \text{s}^{-1} = 1570\ \text{Nm s}^{-1} = 1{,}57$ kW.

4. Gl. (8.211) Standübersetzung $i_0 = -(z_2/z_1) = -(70/20) = -3{,}5$

5. Gl. (8.212) oder Gl. (8.214) Drehfrequenz $n_s = n_1/(1 - i_0) = 1500\ \text{min}^{-1}/(1 - (-3{,}5))$ $= 1500/(+4{,}5) = +333{,}33\ \text{min}^{-1}$ (positive Drehrichtung!), $\omega_s = 2 \cdot \pi \cdot n/60 = +34{,}9\ \text{s}^{-1}$.

6. Gl. (8.224) Abtriebsdrehmoment $T_s = (i_0 \cdot \eta_0^{w1} - 1) \cdot T_1 = (-3{,}5 \cdot 098^{+1} - 1) \cdot 10\ \text{Nm} = -44{,}3$ Nm (mit negativem Vorzeichen!). In die vorstehende Gleichung wurde für w 1 = +1 eingesetzt, da die Welle *1* Antriebswelle ist. Das Vorzeichen für w 1 ergibt sich aus Gl. (8.226) w 1 $= P_{w\,1}/|P_{w\,1}| = (+...)/|...| = +1$. Mit $P_{w\,1} = T_1 \cdot (\omega_1 - \omega_s) = +10\ \text{Nm} \cdot (157\ \text{s}^{-1} - 34{,}9\ \text{s}^{-1}) = + ...$ nach Gl. (8.227). Mit Gl. (8.223) ist das Drehmoment $T_2 = (-i_0 \cdot \eta_0^{w1}) \cdot T_1 = -(-3{,}5 \cdot 0{,}98) \cdot 10\ \text{Nm} = +34{,}3$ Nm (mit positivem Vorzeichen!). Probe nach Gl. (8.222) $T_1 + T_2 + T_s = +10 + 34{,}3 - 44{,}3 = 0$.

7. Abtriebsleistung am Steg $P_s = T_s \cdot \omega_s = -44{,}3\ \text{Nm} \cdot (+34{,}9\ \text{s}^{-1}) = -1546\ \text{Nm s}^{-1}$. (Die Abtriebsleistung muss ein negatives Vorzeichen haben, da die Antriebsleistung mit positivem Vorzeichen eingesetzt wurde!)

8. Gl. (8.228) Wirkungsgrad $\eta_{1\,s} = -P_s/P_1 = -(-1546\ \text{Nm s}^{-1})/(+1570\ \text{Nm s}^{-1}) = +0{,}9847$. Beachte: Der Wirkungsgrad $\eta_{1\,s}$ ist größer als der Standwirkungsgrad $\eta_{1\,2}$.

9. Gl. (8.219) mit negativen Vorzeichen, da Stirnradstufe! Relativdrehfrequenz gegenüber dem Steg $n_{p\,s} = (n_p - n_s) = -i_{p1} \cdot (n_1 - n_s) = -(z_1/z_p) \cdot (n_1 - n_s) = -(20/25) \cdot (1500 - 333{,}33)\ \text{min}^{-1} = -933{,}33\ \text{min}^{-1}$. Die Absolutdrehfrequenz $n_p = n_{p\,s} + n_s = (-933{,}33 + 333{,}33)\ \text{min}^{-1} = -600\ \text{min}^{-1}$ (beide Werte mit negativen Vorzeichen!).

10. Zur Veranschaulichung und zur Probe kann der Geschwindigkeits-Drehfrequenzplan nach Bild **8.145c** mit der Ergänzung durch die Parallele zur Ermittlung von n_p bzw. $n_{p\,s}$ nach Bild **8.145a** gezeichnet werden. ■

Beispiel 13

Für ein Minus-Getriebe nach Bild **8.140a** mit drei laufenden Wellen sind folgende Werte gegeben: Zähnezahlen $z_1 = 20$, $z_2 = 70$, $z_p = 25$. Standübersetzung $i_0 = -3{,}5$. Standwirkungsgrad $\eta_0 = 0{,}98$. Anzahl der Planetenräder $p = 3$. Die Montierbarkeit ist gegeben, s. Beispiel 12.

Beispiel 13, Fortsetzung

Der Antrieb erfolgt an der Stegwelle *s*, an der z. B. ein Förderband angeschlossen ist. Das Zentralrad *2* soll angetrieben werden mit der Drehfrequenz $n_2 = -1000\ \text{min}^{-1}$, $\omega_2 = -104{,}7\ \text{s}^{-1}$, und mit dem Drehmoment $T_2 = -34{,}3$ Nm, entsprechend einer Antriebsleistung $P_2 = T_2 \cdot \omega_2 = +3591{,}21$ Nm s^{-1} (positives Vorzeichen!).

Das Sonnenrad *1* dreht mit $n_1 = +1500\ \text{min}^{-1}$, $\omega_1 = +157\ \text{s}^{-1}$.

Gesucht: 1. Abtriebsdrehfrequenz n_s des Steges; 2. Drehmoment T_1 und Leistung P_1 an der Welle des Sonnenrades *1*; 3. Drehmoment T_s an der Abtriebswelle (Steg); 4. Abtriebsleistung an der Stegwelle; 5. Leistungsfluss; 6. Gesamtwirkungsgrad; 7. Drehfrequenz des Planetenrades.

Lösung:

1. Gl. (8.212) Drehfrequenz $n_s = (n_1 - n_2 \cdot i_0)/(1 - i_0) = +1500 - (-1000\ \text{min}^{-1} \cdot (-3{,}5)) / (1 + 3{,}5) = -444{,}44\ \text{min}^{-1}$ (negative Drehrichtung), $\omega_s = -46{,}54\ \text{s}^{-1}$.

2. Gl. (8.223) Drehmoment $T_1 = T_2/(-i_0 \cdot \eta_{12}^{\text{w}\,1})$. Das Vorzeichen von w 1 = ± 1 ist noch nicht bekannt. Um dieses nach Gl. (8.226) zu bestimmen, wird das Vorzeichen von T_1 benötigt. Man rechnet zunächst mit $\eta_{12} = 1$. Mit diesem Wert wird $T_1 = T_2/(-i_0) = -34{,}3\ \text{Nm}/(-(-3{,}5)) = -9{,}8$ Nm, mit negativem Vorzeichen. Um den genauen Wert von T_1 ermitteln zu können, wird nach Gl. (8.227) die Wälzleistung $P_{\text{w}\,1} = T_1 \cdot (\omega_1 - \omega_2) = -9{,}8\ \text{Nm}\ (+157\ \text{s}^{-1}) - (-46{,}54\ \text{s}^{-1})) = -\cdots$, ein Wert mit negativem Vorzeichen, in die Gleichung (8.226) eingesetzt. Es ergibt sich w $1 = P_{\text{w}\,1}/|P_{\text{w}\,1}| = (-\cdot\cdot)/(\cdot\cdot) = -1$. Mit diesem negativen Wert, w 1 = –1, lautet die Gleichung (8.223) $T_1 = (T_2 \cdot \eta_{1\,2})/(-i_0) = -9{,}8\ \text{Nm} \cdot 0{,}98 = -9{,}60$ Nm. Die Leistung an der Sonnenradwelle $P_1 = T_1 \cdot \omega_1 = -9{,}6\ \text{Nm} \cdot (+157\ \text{s}^{-1}) = -1507{,}82\ \text{Nm s}^{-1}$ hat ein negatives Vorzeichen. Sie ist daher eine Abtriebsleistung.

3. Gl. (8.225) Drehmoment $T_s = ((1/i_0 \cdot \eta_0^{\text{w}\,1}) - 1) \cdot T_1 = ((1/i_0) - 1) \cdot T_1 = ((0{,}98/-3{,}5) - 1) \cdot (-34{,}3\ \text{Nm}) = +43{,}904$ Nm (positives Vorzeichen!). Probe: $T_1 + T_2 + T_s = 0$; –9,6 Nm – 34,3 Nm + 43,9 Nm = 0.

4. Abtriebsleistung $P_s = T_s \cdot \omega_s = +43{,}904\ \text{Nm} \cdot (-46{,}54\ \text{s}^{-1}) = -2043{,}36\ \text{Nm s}^{-1}$ (Abtriebsleistung mit negativem Vorzeichen!).

5. Aus der Rechnung ist ersichtlich, dass auch die Welle *1* Leistung abgibt. Der dort angeschlossene Motor wird übersynchron angetrieben und wirkt als Bremse. Die Welle *s* war laut Vorgabe eine Abtriebswelle. Daraus folgt, dass die Welle *2* die Gesamtleistungs-Welle ist und die Wellen *1* und *s* Teilleistungs-Wellen sind. Der Motor an der Welle *2* ist alleiniger Antriebsmotor. Die Leistung fließt von Welle *2* nach Welle *1* und Welle *s* (Leistungsteilung).

6. Gl. (8.228) Gesamt-Wirkungsgrad $\eta = -(P_1 + P_s)/P_2 = +3551{,}18\ \text{Nm s}^{-1}/3591{,}2\ \text{Nm s}^{-1} = 0{,}9888$.

7. Gl. (8.219) mit negativem Vorzeichen, da Stirnradstufe! Relativdrehfrequenz der Planetenräder gegenüber dem Steg $(n_p - n_s) = -(z_1/z_p) \cdot (n_1 - n_s) = -(20/25) \cdot (1500 + 444{,}444)\ \text{min}^{-1} = -1555{,}55\ \text{min}^{-1}$. Absolutdrehfrequenz $n_p = n_{p\,s} + n_s = (-1555{,}55 - 444{,}44)\ \text{min}^{-1} = -2000\ \text{min}^{-1}$.

■

Beispiel 14

Bei einem zwangsläufigen elementaren Koppelgetriebe nach Bild **8.141 c, d** erfolgt der Antrieb über die Welle *1* und der Abtrieb über die angeschlossene Koppelwelle *S*.

Gegeben: Für den Antrieb: $n_1 = n_s = 150$ min^{-1}, $\omega_1 = 15{,}70$ s^{-1}, $T_1 = 1273{,}9$ Nm, $P_1 =$ 20 kW. Zähnezahlen für das Teilgetriebe I: $z_1 = 25$, $z_2 = 110$, $z_p = 41$ und für das Teilgetriebe II: $z_{1'} = 40$, $z_{2'} = 80$, $z_{p'} = 20$. Anzahl der Planeten $p = 3$. Standwirkungsgrad $\eta_0 = \eta_{1\,2} = \eta_{2'1'} = 0{,}985$.

Gesucht: 1. Kontrolle der Montierbarkeit; 2. Standübersetzung i_0 und Reihenübersetzung $i_{\text{I II}}$; 3. Drehfrequenz an der Welle *S* des Koppelgetriebe; 4. Drehfrequenzen der Wellen des Teilgetriebe; 5. Drehfrequenzen der Planetenräder; 6. Reihenwirkungsgrad $\eta_{\text{I II}}$; 7. Drehmoment an den Wellen des Koppelgetriebes; 8. Drehmoment an den Wellen des Teilgetriebes I; 9. Drehmoment an den Wellen des Teilgetriebes II; 10. Leistungen, Wirkungsgrad und Leistungsfluss.

Lösung:

1. Nach Gl. (8.229) (s. auch Bild **8.140**) ist wegen $(|z_1| + |z_2|)/p = (28+110)/3 = 46$ (= ganze Zahl!) das Teilgetriebe I und wegen $(40+80)/3 = 40$ auch das Teilgetriebe II montierbar.

2. Gl. (8.211) Standübersetzung Teilgetriebe I: $i_0 = i_{1\,2} = -(z_2/z_1) = -(110/28) = -3{,}9286$. Für das Teilgetriebe II: $i_{0'} = i_{1'2'} = -(z_{2'}/z_{1'}) = -(80/40) = -2$. Zur Aufstellung der Reihenübersetzung stellt man sich den Steg *S* feststehend vor; $i_{\text{I II}} = n_{\text{I}}/n_{\text{II}} = i_{s\,2} \cdot i_{1's'}$ $= (1/(1-1/i_0)) \cdot (1-1/i_0) = (1/1{,}254544) \cdot 1{,}5 = 1{,}195653$. (Die Übersetzung $i_{s\,2}$ siehe Gl. (8.218) und $i_{2's'}$ Gl. (8.215) Bild **8.228**.)

3. Analog zur Gl. (8.212) mit $n_{\text{II}} = 0$; Drehfrequenz $n_S = n_{\text{I}}/(1-i_{\text{I II}}) = 150$ min^{-1}/ $(1-1{,}195653) = -766{,}663$ min^{-1} (negatives Vorzeichen!), $\omega_S = -80{,}28$ s^{-1}.

4. Gl. (8.212) mit $n_1 = n_S$; Drehfrequenz der freien Koppelwelle $n_2 = (n_1 - (1-i_0) \cdot n_s)/i_0$ $= (-766{,}663$ min^{-1} $- (1+3{,}9286) \cdot 150$ min$^{-1}/(-3{,}9286)) = +383{,}33$ min^{-1} (positives Vorzeichen). Damit sind auch die Drehfrequenzen des Teilgetriebes II bekannt: $n_{2'} = n_2 =$ $+383{,}33$ min^{-1}; $n_{s'} = 0$; $n_{1'} = n_1 = n_S = -766{,}663$ min^{-1}; $\omega_{2'} = +40{,}14$ s^{-1}; $\omega_{1'} = -80{,}28$ s^{-1}.

5. Gl. (8.219) mit negativem Vorzeichen, da Zahnradstufe! Teilgetriebe I: Relativ-Drehfrequenz der Planetenräder gegenüber dem Steg *s*: $n_{p\,s} = (n_p - n_s) = -i_{p\,1} \cdot (n_1 - n_s)$ $= -(28/41) \cdot (-766{,}663 - 150)$ min^{-1} $= +626$ min^{-1}. Absolut-Drehfrequenz $n_p = n_{p\,s} + n_s =$ $(626 + 150)$ min^{-1} $= +776$ min^{-1}. Für das Teilgetriebe II: $n_{p's'} = (n_{p'} - n_{s'}) = -(z_{1'}/z_{p'}) \cdot (n_{1'} - n_{s'}) = -(40/20) \cdot (-766{,}663 - 0) = +1533{,}32$ min^{-1}. Wegen $n_s = 0$ ist $n_p = n_{p\,s}$.

Zur Überprüfung der Vorzeichen ist es zweckmäßig, zunächst einen Drehzahl-Geschwindigkeits-Plan ohne Maßstab überschlägig zu skizzieren. Ein genauer Geschwindigkeitsplan lässt sich erst dann anfertigen, wenn nach Wahl der Moduln und nach Überprüfung der Konstruierbarkeit die Durchmesser der Zahnräder und Wellen festliegen.

6. Reihen-Wirkungsgrad $\eta_{\text{I II}} = \eta_{s\,2} \cdot \eta_{2's'} = (i_0 - 1)/(i_0 - (1/\eta_{1\,2})) \cdot (i_{0'} - \eta_{2'1'})/(i_0 - 1)$ $=$ $(-4{,}9286)/(-3{,}9286)$ $-$ $(1/0{,}985)) \cdot (-2 - 0{,}9982)/(-3) = 0{,}9919$; (Die Gleichungen für $\eta_{s\,2}$ und $\eta_{2's'}$ bei $i_0 < 0$ s. vorn.)

Beispiel 14, Fortsetzung

7. Analog zur Gl. (8.223) und Gl. (8.224) mit T_1 = 1273,9 Nm und w 1 = +1 (positives Vorzeichen, da der Antrieb über die Welle *1* erfolgt) ist das Drehmoment an der Welle *II* (Abstützmoment im Gehäuse) $T_{II} = -i_{I\,II'} \cdot \eta_{III}^{w1} \cdot T_1$ = –1,195653·0,9919·1273,9 Nm = –1510,8 Nm (negatives Vorzeichen).

Abtriebsmoment an der angeschlossenen Koppelwelle *S*: $T_S = (i_{I\,II'} \cdot \eta_{III}^{w1} - 1)$ = (1,195653·0,9919 – 1) · 1273,9 Nm = +236,9 Nm (positives Vorzeichen). Probe: T_I + T_{II} + T_S = +1273,9 – 1510,8 + 136,9 = 0.

8. Gl. (8.224) und Gl. (8.225), $T_s = T_I$ = 1273,9 Nm; $T_1 = T_s/(i_0 \cdot \eta_0^{w1} - 1)$ = 1273,9 Nm/(–3,9286·0,985 – 1) = –261,6 Nm und $T_2 = T_s/[(i_0 \cdot \eta_0^{w1}) - 1]$ = 1273,9 Nm/[1/–3,9286·0,985) – 1] = –1012,3 Nm. Probe: $T_1 + T_2 + T_s$ = –261,6 – 1012,3 + 1273,9 = 0.

In die Gleichungen (8.224) und (8.225) wurde w 1 = +1 eingesetzt. Um das Vorzeichen von w 1 nach Gl. (8.226) mit der Wälzleistung nach Gl. (8.227) $P_{w\,1} = T_1 \cdot (\omega_1 - \omega_s)$ ermitteln zu können, wurde das Vorzeichen von T_1 nach Gl. (8.224) ohne Berücksichtigung des Wirkungsgrades ($\eta_{1\,2}$ = 1) berechnet. Für das Drehmoment T_1 ergibt sich ein negatives Vorzeichen und damit dann für $P_{W\,1} = -|T_1| \cdot (-80\ s^{-1} - 15\ s^{-1})$ ein positiver Wert. Es wird w 1 = +1.

9. Es sind bekannt: $T_{2'} = -T_2$ = +1012,3 Nm und $T_{s'} = T_{II}$ = –1510,8 Nm. Nach Gl. (8.223) ist $T_{1'} = T_{2'}/(-i_{0'} \cdot \eta_{0'}^{w1})$. In diese Gleichung wird w 1 = –1 eingesetzt, da die Wälzleistung $P_{w\,1'} = +T_{1'} \cdot (-80\ s^{-1} - 0)$ ein negatives Vorzeichen hat. Somit ist $T_{1'} = \eta_{0'} \cdot T_{2'}/(-i_{0'})$ = 0,985·1012,3 Nm/2 = +498,55 Nm. Probe: $T_{1'} + T_{2'} + T_{s'}$ = 498,55 + 1012,3 – 1510,8 = 0. Außerdem muss sein: $T_S = T_1 + T_{1'}$ = –261,6 Nm + 498,55 Nm = +236,95 Nm (vgl. 7.).

10. Leistung des Koppelgetriebes: Antriebsleistung $P_I = T_I \cdot \omega_I$ = 1273,9 Nm · 15,70 s^{-1} = 20 000,23 Nm s^{-1}. Abtriebsleistung an der Koppelwelle $P_S = T_S \cdot \omega_S$ = 236,9 Nm·(–80,28 s^{-1}) = –19 018,33 Nm s^{-1} (negatives Vorzeichen). Wirkungsgrad $\eta_{I\,S} = -P_S/P_I$ = +19 018,33/20 000,23 = 0,950.

Leistung an den Wellen des Teilgetriebes I: $P_s = P_I$ = 20 kW. An der freien Koppelwelle *2*: $P_2 = T_2 \cdot \omega_2$ = –1012,3 Nm·40,14 s^{-1} = –40 633,72 Nm s^{-1} (Abtriebsleistung, negatives Vorzeichen!). An der angeschlossenen Koppelwelle: $P_1 = T_1 \cdot \omega_1$ = –261,6 Nm·(–80,28 s^{-1}) = +21 001,24 Nm s^{-1} (Antriebsleistung, positives Vorzeichen).

Leistung an den Wellen des Teilgetriebes II: $P_{2'} = -P_2$ = + 40 663,72 Nm s^{-1} (Antriebsleistung). $P_{1'} = T_{1'} \cdot \omega_{1'}$ = +198,55 Nm·(–80,28 s^{-1}) = –40 023,59 Nm s^{-1}. Probe: $P_S = P_1 + P_{1'}$ = 21 001,24 Nm s^{-1} – 40 023,59 Nm s^{-1} = –19 022,35 Nm s^{-1}.

Leistungsfluss (**8.141d**): Die Leistung fließt von der Antriebswelle *I* bzw. Welle *s* über die freie Koppelwelle *2, 2'* und über die Welle *1'* zur Abtriebswelle *S*. Außerdem fließt im Koppelgetriebe eine Blindleistung über die angeschlossene Koppelwelle *1', 1* und über die freie Koppelwelle *2, 2'* zurück (Leistungsrücklauf). ■

Beispiel 15

Bild **8.146** zeigt den Aufbau eines rückkehrenden Umlaufgetriebes mit Stirnrädern (vgl. Bild **8.143**). In dem kastenförmigen Steg *s* sind die Mittenräder *1* und *2* zentral

Beispiel 15, Fortsetzung

gelagert. Zwecks Massenausgleich sind die Umlaufräder p_1 und p_2 auf der Planetenbahn zweifach gegenüber angeordnet. Der kastenförmige Steg wird von außen über ein Stirnradgetriebe *1'2'* angetrieben. Rad *1* ist mit dem Getriebegehäuse fest verbunden (s. Schraffur im Bild **8.146**), so dass $n_1 = 0$ ist.

Gesucht: Es ist die Übersetzung $i_{1'2} = i_{1'2'} \cdot i_{s\,2}$ des im Bild **8.146** dargestellten Umlaufrädergetriebes zu ermitteln.

Gegeben: Zähnezahlen $z_1 = 31$, $z_{p\,1} = 30$, $z_{p\,2} = 29$, $z_2 = 30$, $z_{1'} = 30$, $z_{2'} = 120$.

Lösung: Mit der Standübersetzung nach Gl. (8.210) $i_0 = (-z_2/z_{p\,2'}) \cdot (-z_{p\,1}/z_1) = (-30/29) \cdot (-30/31) = 1{,}00111$ wird nach Umformung aus Gl. (8.210) oder nach Gl. (8.218) die Übersetzung zwischen Steg und Antriebswelle *2* $n_s/n_2 = i_{s\,2} = i_{1'2'} \cdot i_{s\,2} = (-z_{2'}/z_{1'}) \cdot i_{s\,2} = -(120/30) \cdot 900 = -3600$.

Das negative Vorzeichen zeigt an, dass die Abtriebswelle *2* entgegengesetzt der Antriebswelle dreht.

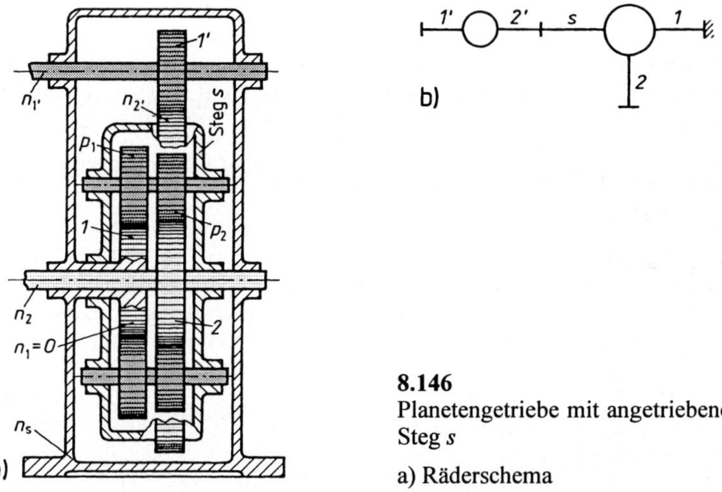

8.146
Planetengetriebe mit angetriebenem kastenförmigen Steg *s*

a) Räderschema
b) symbolische Darstellung

■

Literatur

[1] Bach, F.-W.; Doege, E.; Kutlu, I.; Huskic, A.: Verbundschmieden von Zahnrädern. Neue Wege zu verschleißfesten Zahnrädern. In: Technica, Rupperswil, Band 51 (2002), Heft 22, S. 38-41.

[2] Bartz, W.-J.: Schäden an geschmierten Maschinenelementen – Gleitlager, Wälzlager, Zahnräder. Renningen-Malmsheim 1999.

[3] Bauschinger, I.: Mitteilungen des mechanischen Labors der Technischen Hochschule München (1886) H. 13.

[4] Bayersdörfer, I.; Michaelis, K.; Höhn, B.-R.: Untersuchungen zum Einfluss von Schmierstoff und Betriebsbedingungen auf das Verschleißverhalten von Zahnrädern. In: DGMK Forschungsbericht (1996), S. 1-122, Hamburg: DGMK, Report-Nr. 377-01.

[5] Brugger, H.: Laufversuche an gehärteten Zahnrädern als Grundlage für ihre Bemessung. ATZ 5 (1955) S. 128-132.

[6] Dietrich, G.: Berechnung von Stirnrädern mit geraden und schrägen Zähnen. Düsseldorf 1952.

[7] Dubbel, H.: Taschenbuch für den Maschinenbau. 20. Aufl. Berlin – Heidelberg – New York 2001.

[8] Dudley, D. W.: Zahnräder. Berlin 1984.

[9] Hachmann, H.; Strickle, E.: Polyamide als Zahnradwerkstoffe. Z. Konstruktion 3 (1966).

[10] Haupt, T.: Zahnbeschädigungen erkennen und eliminieren. Zweiflanken-Wälzmessung in der Getriebefertigung. In: Antriebstechnik, Band 37 (1998), Heft 2, S. 44, 46.

[11] Hertz, H.: Über die Berührung fester elastischer Körper. Bd. 1 d. Gesam. Werke Leipzig 1895.

[12] Hütte: Des Ingenieurs Taschenbuch. 29. Aufl. Berlin 1971.

[13] Kage, R.: Maximale Beanspruchbarkeit und statische Kerbempfindlichkeit einsatzgehärteter Zahnräder. Dissertation. TU Dresden, 2002.

[14] Kissling, U.-L.: Berechnung und Optimierung von Zahnrädern mit moderner Software. Software unterstützt Auslegung und Berechnung. In: VDI-Zeitschrift Special (2000), Heft VI - Antriebstechnik, S. 24, 26, 28-29.

[15] Klingenberg: Technisches Hilfsbuch. 15. Aufl. (Abschn. Zahnräder und Getriebe) Berlin-Heidelberg-New York 1967.

[16] Lechner, G.; Naunheimer, H.: Fahrzeuggetriebe. 1. Aufl. Berlin 2001.

[17] Loomann, J.: Zahnradgetriebe. Grundlagen, Konstruktionen, Anwendungen in Fahrzeugen (Konstruktionsbücher Bd. 26). 3. Aufl. Berlin 1996.

[18] Müller, H. W.: Einheitliche Berechnung von Planetenradgetrieben. Antriebstechnik 15 (1976) Nr. 1, 2 und 3.

[19] Müller, H.-W.: Die Umlaufgetriebe. Auslegung und vielseitige Anwendungen (Konstruktionsbücher Bd. 28). 2. Aufl. Berlin 1998.

[20] Richter, W.; Ohlendorf, H.: Kurzberechnung von Leistungsgetrieben. Z. Konstruktion 11 (1959) S. 421.

[21] Spalek, J.: Die Auswahlkriterien von Öl zur Schmierung der Industriezahnradgetriebe. In: Konferenz-Einzelbericht. Lubricants, Materials, and Lubrication Engineering, 13th International Colloquium Tribology, Band 1 (2002), S. 469-473. Ostfildern: Tech. Akad. Esslingen (TAE), 2002.

[22] Thomas, A. K.; Charchut, W.: Die Tragfähigkeit der Zahnräder. 7. Aufl. München 1971.

[23] Thuswaldner, A.; Geräuscharme Schiffsgetriebe mit Einfachschrägverzahnung. In: Antriebstechnik, Band 41 (2002), Heft 10, S. 20, 22-25.

[24] Volmer, J.: Getriebetechnik. Grundlagen. 2. Aufl. Berlin 1995.

Sachverzeichnis

Abzieh|hülse 127, 177
-vorrichtung 160
Achsabstand, Kettentrieb 353ff.
-, Riementrieb 336ff.
-, Zahnrädergetriebe 375, 385, 387, 468, 484
Achsabstands|änderung 372f., 381
-unempfindlichkeit 373, 381
Achsen 11ff.
-, Beispiel 16ff.
-, Biege|beanspruchung 13f.
-, -momentverlauf 14
-, Drehsicherung 58
-, Durchmesser 15f.
-, feststehende 12ff.
-, Flächenpressung 16
-, Gestaltfestigkeit 18
-, Hohl- 15
-, Kerbwirkung 18
-, Lochleibung 16
-, Punktlast 13
-, schwellende Beanspruchung 14
-, Seilrolle 16f.
-, Sicherheit 14, 18
-, umlaufende 12, 17f.
-, Vollachse 15
-, Vorderachse 12
-, Widerstandsmoment 15
-, -, Kreisring 15
-, -, Kreisquerschnitt 15
-winkel, Kegelräder 452f., 454
Achs|halter 16, 58
-kraft, Riementrieb 336ff.
Amontonssches Gesetz 238
Anlaufkupplung 254f.
Anlaufreibung 79f.
Anlauf-(Schalt-)vorgang 219ff., 237f., 254f.
-, -zeit 222, 224, 237
-, Schaltarbeit 225, 237
Anlaufvorgang, thermische Belastung 225f.
-, Verlustarbeit 219ff., 238
Anstrengungsverhältnis 24
Antriebsmoment s. Drehmoment
Äquidistanz 373
äquivalente Belastung 150f., 155ff.
Arbeit, mittlere 277f.
Arbeits|maschine 210, 275
-vermögen 299
Auflager|entfernung 13, 17, 29, 47, 49f.
-kräfte 13f., 16f., 19, 29, 49ff.
Auswuchten 57
Autothermikkolben 306
Axial|faktor 151, 157, 180ff.
-lager 98, 114ff., 143ff., 179ff., 187f.
- -, Beispiel 119f.
- -, Gleitraumformen 77, 116
- -, Keilspaltlänge 118
-last 130, 150ff., 155f.
- -, Reibungszahlfaktor 118
- -, Ringbreite 117f.

Backenbremse 266ff.
Beanspruchungsarten, Zahnräder 402, 405
Berechnung, Achsen 13ff.
-, Bremsen 242f., 266ff.
-, Gleitlager 94ff., 116ff.
-, Kegelrad 460ff.
-, Kettentrieb 352, 359
-, Kupplungen 199f., 209ff., 219ff., 228ff.
-, Kurbeltriebe 273ff.
-, Kurbelwellen 317ff.
-, Kurvengetriebe 324ff.
-, Planetenrädergetriebe 501ff.
-, Riementrieb 336ff.
-, Schneckenräder 476ff.
-, Schraubenräder 468ff.
-, Wälzlager 149ff., 169ff.
-, Wellen 20ff.
-, Zahnrädergetriebe 392ff., 415ff., 423ff., 437ff., 462ff., 474ff., 489ff., 508ff.
-, Zugmittelgetriebe 336ff., 352ff.
Berührungswinkel, Wälzlager 130f.
Beschleunigung, Kolben- 284ff.
-, Stößel- 325f., 327
Beschleunigungsparabel 286
Betriebs|faktor 210ff.
-eingriffswinkel 373f., 389
-kraft 328
-wälzkreis 367, 374
Bewegungsgesetz, Kurbeltrieb 279ff.
-, Kurvengetriebe 325ff.
Bezugsprofil (s. Verzahnung) 375
Biegeschwingungen, Wellen 53ff.
-, Betriebsdrehfrequenz 57
-, Biegesteife 55
-, Dunkerley-Formel 57
Bolzen 305ff.
-augen 305f.
-durchmesser 306
-kraft 301
-toleranzen 307
-werkstoff 307
Bremsen 261ff.
-, Außenbacken- 266ff.
-, Backen- 266ff.
-, Band- 270f.
-, Berechnung 261f., 266ff.
-, Differentialband- 270
-, DIN-Normen 194
-, Doppelbacken- 266f.
-, Duplex- 269
-, Einflächen-Reibscheiben- 262
-, Einteilung 261
-, Innenbacken- 268
-, Kraftfahrzeugscheiben- 262ff.
-, Reibklotzscheiben- 262ff.
-, Scheiben- 262ff.
-, -, federkraftbetätigt 263f.
-, Servo- 269f.
-, Simplex- 269
-, Summenband- 270
-, Trommel- 266ff.
-, Verschleißnachstellung 262, 265

Buchsen, Achsen 13ff.
-, Distanz- 166
-, Fett- 121
-, Gleitlager 111
-, Lauf- 110f.
-, Stauffer- 121
Bundesbahnvorschrift 19

Coulombsches Gesetz 69, 79, 238

Dauerfestigkeit, Gummikupplung 210
-, Stahl 33
-, Zahnräder 403f.
Dehnschrauben 309ff.
Desaxierung 308
DIN-Normen, Achsen 11
-, Bremsen 194
-, Gleitlager 64f.
-, Kolbenbolzen 273
-, Kolbenringe 273
-, Kupplungen 194
-, Kurbeltrieb 273
-, Schmierstoffe 65
-, Viskosimetrie 65
-, Wälzlager 126f.
-, Wellen 11
-, Zahnrädergetriebe 362ff.
-, Zugmittelgetriebe 334f.
Drehbeanspruchung, Wellen 21f.
-, -, zulässige 21f.
Dreh-Biegebeanspruchung 22ff.
-, Sicherheit 21, 25
-, Vergleichsmoment 25
-, Vergleichsspannung 26ff.
drehelastisches Zweimassensystem 53, 214
Drehkraftdiagramm 297
Drehmoment|ausschlag 210f., 214f.
-, Begrenzung 253
-, Beschleunigungs- 219f., 254
-, Betriebs- 212
-, gleichbleibendes 212
-, Kupplungs- 219f., 237ff., 254
-, Last- 219f., 237, 302f.
-, maximales 212f.
-, mittleres 210f., 215f., 299f.
-, Nenn- 210f., 237
-, periodisch veränderliches 210f., 300
Drehmoment, Spitzen- 212f.
-, Stöße 213f.
-, übertragbares 210, 237f., 250,
-, Wechsel- 214ff.
Drehmomentendiagramm 237, 254, 260, 300
drehnachgiebige Kupplungen 204ff.
- -, Anfahrtbelastung 213f.
- -, Bauarten 207
- -, Beispiel 217ff.
- -, Betriebsfaktor 210ff.
- -, Dämpfung 205f., 216
- -, Drehsteife 205
- -, Eigenkreisfrequenz 214f.
- -, elastische Bauelemente 204
- -, Geschwindigkeitsstoß 213
- -, Gestaltung 206ff.
- -, Kennlinie 205
- -, Schwingungsrechnung 209ff.
- -, Ungleichförmigkeitsgrad 218f., 299
- -, Vergrößerungsfaktor 214ff.
- -, Wechselfestigkeit 210, 217
Dreh|punkt 274, 324
-schwingungen 52f., 214ff.
-, -, Drehsteife 52f.
-, -, Massenträgheitsmoment 52, 215
-, -, Verdrehungswinkel 46, 52, 205
-, -, Zwei-Massensystem 52f.
-winkel 324
Druck 289
-, effektiver 277f.
-, indizierter 290
Durchbiegung, Welle 29, 46ff.
-, Biegelinie 29, 47ff.
-, Beispiel 49ff.
-, Mohr-Verfahren 48ff.
-, Neigungswinkel 48, 51
-, Superposition 48
-, zulässige 46, 51
Dynamodraht 232

Eigen|kreisfrequenz 52ff., 214f.
-schwingung, Welle 52ff., 214f.
Eingriffs|bogen 370, 377
-flankenspiel 387f., 391f.
-glied 322
Eingriffs|länge 377
-linie 369, 373
-profil 370
-stelle 322
-strecke 369, 375
-teilung 373, 427
-winkel 374, 427
Eisenbahnwagen|achse 13, 18ff.
-, Achslager 175
Elastizitätsmodul 47, 56, 95, 317, 411, 413
Energieverlust, Gleitlager 69, 87f.
Entlastungskerbe 60, 313
Epizykloide 370
Eulersche Knickung 317
Evolventen|funktion 372, 386
-verzahnung 372ff.
Exzentrizität 55, 81f., 313

Fadenkonstruktion 372f.
Falzsche Formel 239
Federkraft (Kurvengetriebe) 328f., 331
Fertigung (Herstellung), Achsen 57f.
-, Kolben 304ff.
-, Kurbelwellen 313
-, Schubstange 309
-, Wälzlager 135
-, Wellen 57ff.
-, Zahnräder 378f., 417f., 459ff.
Festigkeit, Achsen 13f.
-, Gleitlager 113
-, Schwell- 33
-, Wechsel- 33
-, Wellen 20ff.
-, Zahnräder 472ff.
Festlager 58, 160f.
Flächenpressung, Achsen 16
-, Bandbremsen 270f.
-, Gleitlager 67ff., 79, 81, 95f., 320
-, Kette 349f., 352
-, Kupplungen 239, 240, 250
-, Zahnräder 410ff.
Flachriemen, Bemessung 340ff.
Flanken|formfaktor 412, 419, 434
-kreis 324f.
-spiel 387f., 391
-tragfähigkeit 409ff., 433f., 458

Fliehkräfte, Zugmittelgetriebe 240f., 352
Flüssigkeits|kupplung 258ff.
-reibung 70f., 80f., 83, 239
Form|faktor α_k 27
-schliff 305f.
-schluss, Kurvengetriebe 322f.
-, -, Zugmittelgetriebe 336
-toleranz 86, 101
-zahlen 319
Freilauf, Federband 256
-, Klemmklotz 255f.
-, Klemmrollen 256
-, Klinken 256
-, Kupplung 198, 255f.
Freistich 59, 62

Gebaute Kolben 305
- Kurbelwellen 312
Gegen|gewichte 293ff., 311f.
-profil 370
Gelenkwelle 61ff.
Geradstirnräder 372ff.
-, Abmessung 420
-, Achsabstand 375, 385, 387
-, -unempfindlichkeit 373, 381
-, Achsverschiebung 374
-, Äquidistanz 373f.
-, Auflagerkräfte 399ff.
-, Beanspruchungsarten 402
-, Beispiel, Entwurf 423ff.
-, -, Geometrie 392ff.
-, -, Tragfähigkeit 415f.
-, Belastung 398
-, Betriebseingriffswinkel 374f.
-, Bezeichnungen 366
-, Bezugsprofil 375
-, dynamische Zusatzkräfte 397
-, Eingriff, flankenspielfrei 387f.
-, Entwurf 417ff.
-, -, Angabe in Zeichnungen 421ff.
-, -, Beispiel 423ff.
-, -, Gestaltung 419f.
-, -, Getriebegehäuse 420
-, -, Modul 374, 418f.
-, -, Modul-Berechnung 419
-, -, Teilkreis 418
-, -, Übersetzung 418
-, -, Zahnbreite 418
-, -, Zähnezahlen 417f.
Geradstirnräder, Entwurf, Verzahnungsqualität 421f.
-, Flankenbeanspruchung 409ff.
-, -, Formfaktor 412, 414
-, Flankenspiel 391f.
-, -, zulässige Pressung 414
-, Fußhöhe 375
-, Gegenprofil 370
-, Grundkreisteilung 373
-, Grenzrad 378
-, Hertzsche Pressung im Wälzpunkt 412ff.
-, - - im Einzeleingriffspunkt 414f.
-, Innenverzahnung 384f.
-, Kreisevolvente 372f.
-, Lastanteilfaktor 407
-, Materialfaktor 412f.
-, Modul 374
-, Stirnlastverteilungsfaktor 409f., 413
-, Tragfähigkeit, Flanken- 409ff.
-, Tragfähigkeitsberechnung 397ff.
-, Überdeckungsfaktor 413
-, Zahn|dicke 383, 387
-, -flanken, Herstellung 379f.
-, -fußbeanspruchung 403, 405ff.
-, -formfaktor 407f.
-, -spitzengrenze 383
-, -rad, Werkstoff 401
-, -stangenprofil 375
-, Zähnezahlverhältnis 367
Geschwindigkeit, Kolben- 278, 282ff.
-, Kurbelzapfen- 279, 283
-, Stößel- 325f.
-, Winkel- 83f., 104, 219ff., 238, 247, 277, 299
Gestaltung, Achsen 57ff.
-, Kupplungen 206ff., 227ff., 241
-, Triebwerksteile 304ff.
-, Wellen 57ff.
-, Zahnradgetriebe 496ff.
Getriebegehäuse 159f., 496f.
Getriebe, Geradstirnräder- 372ff.
-, Kegelräder- 366, 452ff., 498
-, Kurbel- 273ff.
-, Kurven- 322ff.
-, Schnecken- 366, 476ff.
-, Schrägstirnräder- 366, 426ff.
Getriebe, Schraub- 366, 468ff.
-, Zugmittel- 334ff.
Gleit|flächen 67, 69ff., 80, 83, 112, 116
-geschwindigkeit 69, 71f., 77, 376, 469
Gleitlager 64ff.
-, Abdichtung 114
-, Arten 67
-, Axiallager 114ff., 117ff.
-, Bauarten 109ff., 112
-, Belastung 81, 96
-, -, zulässige 95f.
-, Berechnen 94ff.
-, Berechnungsziel 67f.
-, Breitenverhältnis 67ff.
-, Betrieb 95
-, Coulomb-Gesetz 69, 79
-, Deckel 113f.
-, Druckverlauf 77f., 81
-, Erwärmungsfaktor 90f., 98, 103
-, Exzentrizität 81f., 88
-, Falz 84
-, Fertigungsspiel 99f.
-, Festigkeit 113
-, Flüssigkeitsdruck 81
-, Geschwindigkeitsgefälle 77
-, Gleit|flächen 68
-, -geschwindigkeit 68
-, -raum 68, 77, 116
-, -reibung 69ff.
-, -vorgang 80
-, Grundkörper 112ff.
-, Gümbel-Kennzahl 83
-, hydrodynamische Schmiertheorie 75ff.
-, Kalottenlager 116
-, Kennzahlen 79ff.
-, Korrektur 96f.
Gleitlager, Kraftrichtung 67
-, Kühlmitteldurchsatz 90ff.
-, Kühlung 89ff.
-, Lagensicherung 112
-, Lagerbuchse 110ff.
-, Lagerdruck 69, 77ff.
-, Lagerschalen 110f.
-, Lagerspiel, absolutes 68, 100
-, -, relatives 68f., 98, 100f.
-, Lagertemperatur 90ff.
-, Mehrflächen- 112
-, Mineralöle 72ff., 120

Gleitlager, Newton-Schubspannung 71f.
-, Notlaufeigenschaft 106
-, Ölbedarf 93
-, Pascal 72
-, Passungen 99ff.
-, Petroff-Formel 84
-, Rechnungsgang 97ff.
-, - für So > 1 98ff.
-, - für So < 1 99ff.
-, Reibung 69ff., 79ff.
-, -, Übergangsdrehzahl 83, 86f.
-, Reibungs|kennzahl 84f.
-, -leistung 87f.
-, -moment 79
-, -verlauf 83
-, -wärme 89
-, -zahl 69f., 79, 83ff.
-, Reynold-Gleichung 78
-, Richtwerte 70
-, Ringschmierlager 110
-, Schergefälle 72
-, Schmier|einrichtungen 120ff.
-, -fähigkeit 121
-, -filmdicke 68, 70, 82, 86f., 98, 101
-, -mittel 72, 120f.
-, -nuten 81, 111f.
-, -ölbedarf 93
-, -stoffdurchsatz 93f.
-, Schmierung 71, 81, 120ff.
-, Segmentlager 115f.
-, Seitenabströmung 94
-, selbständige 109
-, Sommerfeld-Zahl 83ff.
-, Stribeck-Kurve 79, 83
-, Temperatur 90ff.
-, Tragfähigkeit 81ff.
-, Übergangsdrehfrequenz 80, 86f.
-, Umfangsgeschwindigkeit 69
-, unselbständige 109f.
-, Viskosität 71ff.
-, Viskositätsindex 74f.
-, Vogelpohl 84f.
-, Wärmeabfuhr 89f.
-, Werkstoff 106ff.
Gleitmodul, Stahl- 46
Gleitraumform 77, 116
Gleitreibungszahl 84f.
Gleitvorgang 79f.
Globoidschnecke 366, 476
graphische Verfahren 33, 251
- -, Biegelinie 47ff.
- -, Kolben|beschleunigung 286
- -, -geschwindigkeit 283
- -, -weg 280f.
- -, Radialkraft 298
- -, Tangentialkraft 298
Grenz|reibung 69f., 95
-zähnezahl 378, 429f., 455
Größenbeiwert *b* 18, 21, 25f.
Grübchenbildung 398, 402, 410
Gümbel-Falz-Formel 239
Gümbelsche Kennzahl 83, 160
Grund|kreis 370f., 373
-lager 178

Harmonische Analyse, Kolben|beschleunigung 284ff.
- -, -geschwindigkeit 282ff.
Hertzsche Pressung 95, 411ff., 433, 458
Hingang 276
Hohlachse 16
Hohlrad 384, 444
Hub 276f.
-verhältnis 277
-volumen 277
Hydraulikkolben 305
Hydrodynamik, Elasto- 76
-, erweiterte 75
-, klassische 75
-, Thermo-Elasto- 76
-, Thermo- 75
hydro|dynamische Schmiertheorie 75ff.
-statische Schmierung 71, 80, 114
Hypozykloide 371

Indikatordiagramm 290
Innenverzahnung 384f., 443ff.

Käfigankermotor 254
Kegelplanrad 452ff.
-, Schrägungsformen 461f.
-, Zähnezahl 455f., 458
Kegelrad 366, 452ff., 462ff.
-, Achsenwinkel 454
-, Angaben in Zeichnungen 460f.
-, Beispiele 462ff.
-, Berechnung 453ff.
Kegelrad, Bestimmungsgrößen 453ff.
-, Bezugsfläche 459f.
-, Bogenzahn 460ff.
-, Eingriffsflankenspiel 456
-, Entwurf 458ff.
-, Ersatzstirnrad 452f., 456f.
-, Flanken|beanspruchung 458
-, -spiel 456
-, Geradverzahnung 452f.
-, Gestaltung 459f.
-, Getriebe 498f.
-, Grenzzähnezahl 455
-, Hilfsfläche 460
-, Kugelevolvente 452f.
-, Modul-Berechnung 459
-, Null-Getriebe 455f.
-, Paarungen 499f.
-, Planrad 452f.
-, Profilüberdeckung 455
-, Profilverschiebung 455
-, Prüfen 496
-, Schrägzahn 460f.
-, Spitzenabstand 456
-, Teilkegellänge 454
-, Teil|kreis 453
-, -kegelwinkel 452, 454
-, Tragfähigkeit 456ff.
-, Überschlagsrechnung 458f.
-, Übersetzung 454
-, V-Null-Getriebe 456
-, Zahn|fußbeanspruchung 457f.
-, -höhe 453
-, Zähnezahlverhältnis 454
Kegelrädergetriebe 498
Keilriemen 342, 346ff.
-, Bauarten 346ff.
-, Beispiel 359
-, Doppel- 347
-, Korrekturfaktoren 340ff.
-, Kräfte 346
-, Längen 344
-, Nennleistung 342f.
-profil 344, 346f.
-, Reibungskräfte 346
-, Riemenzahl 342
-scheiben 344
-, Schmal- 344, 347
-, Verbund- 347
-, Wellenbelastung 342
Kennlinie 205, 237, 254, 258, 260

Kennlinie, drehnachgiebige Kupplung 205
-, elektrische Kupplung 258
-, Fliehkraftkupplung 254
-, Induktionskupplung 258
-, Käfigankermotor 254
-, Reibkupplung 237
-, Schlupfkupplung 258
-, Strömungskupplung 260
Kerb|faktor (-wirkungszahl) 18, 21, 25ff., 319
-verzahnung 198
-wirkung 319
Ketten 348ff.
-, Bauarten 348f.
-, Berechnen 352
-, Diagrammleistung 350, 352
-, Gelenkflächenpressung 350, 352
-, Geschwindigkeitsfaktor 353
-, Leistungsfaktor 353
-rad 349ff., 354
-, Reibwegfaktor 353
-, Schmierungsart 350
-trieb, Bauformen 359ff.
-, Zahn- 348
Knickspannung, Euler- 317
-, Sicherheit 317
-, Tetmajer- 317
Kolbenabmessungen 306
Kolben|beanspruchung 314f.
-beschleunigung 284ff., 288
-boden 305f.
-bolzen 307, 315
-fläche 277
-formen 305
-, gebaute 305
-geschwindigkeit 282ff., 288
- -, mittlere 277
-, Gestaltung 305f., 307f.
-kräfte 295, 301
-mantel 308
-maschine 277f.
-, Plunger- 305
-ringe 307f.
-, Scheiben- 305
-spiele 306
-stange 275
-, Tauch- 275, 305
-temperaturen 305f.
-weg 279ff., 287f.
Kolbenzubehör 307
Kompressions|höhe 306
-ring 307
Kraft, Bolzen- 301
-, Kolben- 296, 301
-, Lager- 301
-maschine 291
-, Massen- 291ff.
-, Normal- 296, 301
-, Radial- 296, 301
-schluss 323, 329
-, Stangen- 296
-, Stoff- 289, 296
-, Tangential- 296f., 301
-, Verlauf- 296
-, Zapfen- 302
-, Zugmittelgetriebe 336ff.
-, Zünd- 289
Kreis|bogennocken 323ff.
-evolvente 372f.
-, Flanken- 323ff.
-, Grund- 323
-, Kurbel- 280
-, Rast- 325
-, Spitzen- 323f.
Kreuz|gelenk 202ff.
-kopf 275
-, Schubkurbel 280, 282, 285
Kupplungen 194ff.
-, Anlauf- 237, 254
-, Anlauf|vorgang 219ff., 237, 254f.
-, -zeit 222, 224, 237
-, Ausgleichs- 200ff.
-, Berechnung 199f., 209ff., 228ff., 238ff.
-, Betriebsfaktor 210f.
-, bewegliche 201ff.
-, Bibby- 207
-, Bolzen- 201
-, Cardeflex- 207
-, Dämpfung 205f.
-, Dämpfungsfaktor 206, 216f.
-, DIN-Normen 194
-, drehfrequenzbetätigte 254f.
-, Drehmoment 210ff., 215, 219ff., 236ff., 254, 256
-, -betätigte 253
-, drehnachgiebige 204ff.
-, Drehschwingungen 214ff.
-, Druckluft- 247f., 251
Kupplungen, Eigenkreisfrequenz 214f.
-, elastische Bauelemente 204
-, -, Bolzen- 207
-, Elastoflex- 207
-, elektrische 257
-, Erregerspule 230ff.
-, Eupex- 208
-, Federband-Freilauf- 257
-, Federdruckzahn- 228
-, Fliehkraft- 254f.
-, formschlüssige 196, 198, 200ff., 227ff.
-, Föttinger- 259
-, Freilauf- 255f.
-, Gelenkwellen- 201ff.
-, Geschwindigkeitsstoß 213
-, Gestalten 206, 227, 241
-, Gümbel-Falz-Formel 239
-, Gummi-Element- 209, 247, 251
-, -Ring- 208
-, -Zahn- 208
-, hydrodynamische 258f.
-, Hysteresis 205
-, Induktions- 257
-, Käfigankermotor 254
-, Kegelreibungs- 250f.
-, Kennlinien 205, 237, 254, 258, 260
-, Kerbverzahnung 198
-, Klauen- 201
-, -, schaltbare 227
-, Klemmklotzfreilauf 256
-, Klemmrollenfreilauf 256
-, Klinkenfreilauf 256
-, Kraftfahrzeug 177, 254
-, kraftschlüssige 236ff.
-, Kreuzgelenk 202f.
-, kritische Drehfrequenz 214
-, Kühlfläche 226, 243
-, Lamellen- 245ff.
-, Lastmoment 219ff., 237, 254
-, Luftschlauch-Zylinder-Reibungs- 252
-, Magnetkreisberechnung 230ff.
-, Magnet|öl- 252
-, -pulver- 252
-, Metalluk- 254
-, nichtschaltbare 200ff.
-, Öldruck- 247
-, Oldham-Kreuzscheiben- 201

Kupplungen, Ordnungszahl 213, 215
-, Periflex- 208f.
-, Plan-Kerb-Verzahnung 198
-, Polreibungs- 245
-, Reibflächen, Wärmebelastung 240, 226
-, Reib- 236ff.
-, Reibring- 252
-, Reibscheiben- 238ff.
-, Reibung 238f.
- Reibungszahlen 238f.
-, Reibwerkstoffe 239f., 241
-, richtungsbetätigte 255
-, Ringpann-Wellen-Ausgleichs- 203
-, Schalen- 199f.
-, Schaltarbeit 221
-, schaltbare 219ff.
-, Scheiben- 200
-, Schlupf- 257f.
-, Schwingungsrechnung 214ff.
-, Sicherheits- 198, 253
-, Stahlfederband 252, 257
-, starre 198ff.
-, Stift- 198
-, Temperaturspitze 240
-, thermische Belastung 225f.
-, Trockenlauf- 244f., 249f.
-, Unterteilung 196f.
-, VDI-Richtlinien 194
-, veränderliches Moment 212f.
-, Vergrößerungsfaktor 216f.
-, Verlustarbeit bzw. -wärme 219ff., 223
-, Verlustleistung 220, 259
-, Voith-Maurer- 207
-, Vulkan-EZ- 209
-, Wärmeberechnung 225f., 240ff.
-, Wechsel|festigkeit 210
-, -moment 213f.
-, Wellengelenk 201f.
-, -verlagerung 196
-, Zahn-, mit balligen Zähnen 204
-, -, Berechnung 228ff.
-, -, elektromagnetisch betätigte 228ff.
Kurbelkröpfung 312
Kurbeltrieb 273ff.
-, Arbeitsvermögen 299
-, Aufbau 275
Kurbeltrieb, Bauarten 275
-, Berechnung 277ff.
-, Bewegungsgleichungen 280f.
-, DIN-Normen 273
-, Drehmoment 296, 299
-, Dynamik 289ff.
-, Festigkeit 314
-, gerader 275
-, geschränkter 276
-, Gestaltung 305ff.
-, Hauptabmessung 277f.
-, indizierter Druck 290
-, Kinematik 279
-, Kolben, s. unter Kolben
-, Kraftverlauf 296f.
-, Kräfte 295ff.
-, Leistung 278, 290
-, Massen|ausgleich 294
-, -Kräfte 291ff.
-, -Momente 293
-, Planschwirkung 286f.
-, Schubstangenverhältnis 277, 279f., 284
-, Schwungrad 299f.
-, Stoffkraft 289
-, Tangentialkraft 296f.
-, Triebwerksanordnung 276
-, Ungleichförmigkeitsgrad 299
Kurbelwangen 276, 314
Kurbelwellen|beanspruchung 314
-formen 311ff.
-, gebaute 312
-, Gegengewichte 293, 294f., 312
-, Gestaltfestigkeit 313
-, Herstellung 313
-kröpfung 312
-lagerung 312
-massen 292
-, Sonderbauarten 313
-, Zeichnung 318f.
Kurbelwinkel 279
Kurbelzapfen 276
Kurvengetriebe 322ff.
-, Abmessungen 326
-, Bewegungsgesetze 323, 325f.
-, Gestaltung 331f.
-, Kräfte 328f.
-, Kreisbogennocken 323f., 329f.
-, ruckfreier Nocken 327f.
Kurvenscheiben 332
Kurventräger 322
Kutzbach-Plan 506

Lagensicherung, Gleitlager 112
-, Wälzlager 166f.
Lager 64ff., 126ff., 320
-, Abdichtung 114, 167
-, Achs-, 122f., 175
-, Axial-114ff., 118, 128, 130, 143, 145ff., 164, 175, 179, 187f.
-belastung 81, 95, 150ff., 156
-breite 96
-buchsen 14, 16, 111
-, Bund- 115
-deckel 109f., 113, 316
-, Fest- 58, 160f.
-, Genauigkeits- 136
- Gleit- 64ff.
-, Grund- 276, 314
-, Kalotten- 116
-, Kolbenbolzen- 311
-, Kühlung 92ff., 101f.
-, Kugel- 126ff.
-, Kunststoff- 107f.
-, Kurbelzapfen- 311
-, Längs- 109, 114ff.
-, Längsführung 58, 165f.
-, Los- 160f., 176, 178
-, Ölzuführung 81, 93f., 112, 168f., 311, 314
-, Pleuel- 178, 309ff.
-, Quer- 109
-, Radial- 110f., 140f.
-, Reibung 69f., 79f., 83, 132
-reihe 137f., 145ff.
-schale 107, 110ff.
- -, Ausguss 107
- -, gerollte 107
-schmierung 120ff., 167ff.
-spiel 68f., 98f., 100, 136, 162, 164f.
- -, relatives 68f., 99
-, Segment- 115
-, Spur- 114f.
-, Temperatur 90f., 91f.
-, Wälz- 126ff.
-, Werkstoff 106ff.
Lamellenkupplung, druckluftbetätigte 246f.
-, elektromagnetisch betätigte 246f.
-, handbetätigte 246

Lamellenkupplung, Köcherbürstenhalter 249
-, Leerlaufmoment 246
-, öldruckbetätigte 247
-, Schleifringe 249
-, schleifringlose 249
Last, Punkt-(Einzel-) 162f.
-, Strecken- 13
-, Umfangs- 162f.
Lebensdauer 149ff.
-gleichung 152f.
-, Maschinen 153
-, modifizierte 154
-, Wälzlager 152f., 169ff.
Leistung, effektive 278
-, indizierte 290
-, Reibungs- 290
Leistungsbilanz 290
Literatur, Achsen, Wellen 63
-, Lager, Gleit- 124ff.
-, -, Wälz- 193
-, Kupplungen 271
-, Kurbeltrieb 321
-, Kurvengetriebe 333
-, Zahnräder 513f.
-, Zugmittelgetriebe 361

Magnetisierungskurve 231
Magnetkreisberechnung 230f.
Massen|ausgleich 294
-kraft 291ff., 328
- -, I., II. Ordnung 292f.
- -, oszillierende 292f.
- -, rotierende 292ff.
Mehr|flächen-Gleitlager 112
-stoffriemen 340, 346
Mineralöl 72ff., 120
-, Dichte 73, 75
-, Druck 73, 75
-, Temperatur 75
-, Viskosität 71ff.
-, -, dynamische 71ff.
-, -, kinematische 71f., 74
-, Index 74
-, Klassifikation 74
-, Wärmekapazität 75
Minutenring 308
Mittelpunktabstand 322ff.
Modul 374, 427
Mohrsches Verfahren 48
Moment, Biege- 13ff., 113, 315ff., 432f., 466f.
-, Dreh- 21, 212, 219ff., 278, 296, 299f.
-, I., II. Ordnung 293
-, rotierend 294
Momentenperiode 299

Nadellager 142, 148, 178f., 192
Newtonsches Gesetz 72
Nocken|aufbau 323f.
-, Beispiel 329f.
-breite 326
-drehwinkel 323f.
-gipfel 324
-, harmonischer 323
-kräfte 328f.
-, Kreisbogen- 323f., 329
-, Rast- 323, 325
-, ruckfreier 327
-, Tangent- 325
-welle 331f.
-winkel 324
Normal|beschleunigung 285
-kraft 69, 79f., 199f., 228f., 238, 266ff.
Null-Getriebe 390f., 455

Oberflächen|beiwert 18, 21, 25f.
-rautiefe 70f., 101
Öl|abstreifring 307
-bedarf 93
-bohrung 311, 313
-druck 81f.
-koks 307
-schmierung 122, 168
-zähigkeit (Viskosität) 71f., 74
Orthozykloide 370

Packung 305
Pascal 72
Passungen 99f., 100, 135f., 164f.
Petroffsche Formel 84
Pfeilzahnräder 366, 436f.
Planetengetriebe 51ff.
-, Beispiele 508ff.
-, Berechnung 503ff.
-, Drehfrequenzen 505f.
-, Drehfrequenzen, graphische Bestimmung 506
-, -, Grundgleichung 504
-, Drehmomente 506f.
Planetengetriebe, Einbaubedingungen 507f.
-, einfache 502
-, Gesamtwirkungsgrad 507
-, Kutzbach-Plan 506
-, Leistungen 507
-, Minusgetriebe 502
-, Plusgetriebe 501f.
-, reduzierte 502
-, Reihen|übersetzung 508
-, -wirkungsgrad 508
-, Stand|übersetzung 503ff.
-, -wirkungsgrad 504
-, symbolische Darstellung 501f.
-, Übersetzungen 504f.
-, Willis-Gleichung 504
-, Zähnezahlbedingungen 507f.
-, zusammengesetzte 502f., 508
Planrad, Kegel- 452f., 456
Planschwirkung 286f.
Pleuelstange, (Schub-) 309f.
Plungerkolben 305
Profil, Bezugs- 375, 391
-, Eingriffs- 369
-, Gegen- 370
-, -überdeckung 370, 377f., 390, 428, 455
-verschiebung 379, 381ff.
- -, Faktor 382f.
- -, negative 382
- -, Null-Räder 382
- -, positive 382
Prüfen der Verzahnung 493ff.

Qualität, Zahnräder 410, 421f.
Querzahl 411

Räderpaarungen 499f.
Radial|faktor 151, 156, 180f.
-gleitlager 64ff.
-kraft 296
Radiallager 79ff., 140, 181ff.
Rast 323, 329
-nocken 323, 325
-winkel 324
Rautiefe 70, 87, 101, 165
Reibklotzscheibenbremse 262ff.
Reibscheiben|bremse 262f.
-kupplung 236ff., 253
- -, Anlaufzeit 222, 224, 237
- -, Berechnung 238ff.

Reibscheiben|kupplung, Einflächenbauart 244f.
- -, Flächenpressung 238, 240
- -, Gestaltung 241
- -, Kennlinie 237
- -, Lamellen- 246ff.
- -, Reibungszahlen 238f.
- -, Reibwerkstoffe 240f.
- -, Temperaturspitze 240
- -, Verlustarbeit 220ff., 238
- -, Wärmebelastung 225f., 233, 240
- -, Zweiflächenbauart 244f.,
Reibung, Anlauf- 79ff., 83, 237
-, Festkörper- 70
-, Flüssigkeits- 70, 80, 83
-, Gleit- 69f., 79f.
-, Grenz- 70, 80, 95
-, Lager- 79f., 83f.
-, Misch- 70, 80, 83, 95
-, Ruhe- 80
-, Übergangsdrehzahl 83, 86f.
Reibungs|beiwert(zahl), Flachriemen 339, 346f.
- -, Gleitlager 69f., 79, 83f.
- -, Keilriemen 346
- -, Kupplungen 229, 237ff.
- -, Wälzlager 131f.
-kennzahl 84f.
-kraft 69, 199f., 229
-kupplung, Flächenpressung 238f., 240, 250
- -, Gestaltung 241
- -, Gleit- und Ruhereibung 238f.
-leistung 69, 87, 89, 90, 132
-moment 79, 132, 199, 236ff. 250
-verlust 69, 88ff., 219ff., 259, 290
-wärme 219ff., 238, 259
Reihenmaschine 276, 312
Resonanzfaktor 216
Riemen 336ff.
-ausbeute 338
-, Biegefrequenz 338
-, -breite 341, 344
-länge 339, 344
-leistung, spezifische 340f., 343
-scheiben 341f., 344
-trieb 336ff.
Rollenlager 128ff., 142f. 147, 152
Rollenlager 161, 172, 175, 176, 179, 182, 188f., 190
Ruck 323
ruckfreier Nocken 327f.
- -, Beschleunigung 327
- -, Form 327f.
- -, Hub 327
- -, Polargleichung 327
- -, Geschwindigkeit 327
Rückgang 276

Satzräder 379
Schaftquerschnitte 309f.
schaltbare Kupplung, 219ff.
- -, Anlaufzeit 222ff.
- -, Verlustarbeit 220f., 225, 237
- -, Wärmeabgabewert 226
- -, zulässige Wärmemenge 226, 240
Scheiben s. Riemenscheibe
Scheiben|bremse, Kraftfahrzeuge 262f.
-kolben 305
-kupplung 236ff.
Schergefälle 72
Schlupf|kupplung, elektrische 257f.
-, Riementrieb 336
Schmier|fähigkeit 120f.
-fett 121, 168
-filmdicke 68f., 70f., 82, 86, 98, 101
-kopf 105
-mittel 72, 120f.
-nuten 81, 111f.
-öl 120f., 72ff.
-spalt 68, 71
Schmierung 71, 121f., 167ff.
-, Brikett- 121
-, Dauer- 167
-, Docht- 122
-, Drucköl- 123
-, Fett-121, 167
-, hydrostatische 71, 80, 114
-, Ketten- 122
-, Kühlung 89ff., 111, 123
-, Kurbeltrieb- 310f.
-, Minimal- 169
-, Nachschmierung 168
-, Öl- 122, 168f.
-, Ölbad- 168
Schmierung, Öleinspritz- 168
-, Öl-Luft- 169
-, Ölnebel- 169
-, Ring- 110, 123
-, Schleuder- 123
-, turbulente 76
-, Umlauf 123, 168
-, Zahnräder 421, 498f.
Schnecken (Zahnrädergetriebe) 476ff., 498, 503
-, Angaben in Zeichnungen 488f.
-, Achsabstand 484
-, Beiwerte 484
-, Berechnung 480ff.
-, Flankenform 477
-Getriebe, Auflagerkräfte 486f.
- -, Ausführungen 497f.
- -, Beispiel 489ff.
- -, Prüfen 495f.
-, Grundbegriffe 476f.
-, Kräfte am Schneckentrieb 482f.
-, Kreuzungswinkel 477
-, Lagerung 175, 497f.
-rad 480
- -, Ausführungen 487f.
-, Reibungszahl 481
-, Sicherheit gegen Durchbiegung 485f.
-, Sicherheit gegen Grübchenbildung 484f.
-, - - Verschleiß 483
-, - - Zahnbruch 485
-, Zähnezahl 487
-, Tragfähigkeit 482f.
-, Wirkungsgrad 480ff.
-, Zylinderschnecke 477f.
Schrägstirnräder 426ff.
-, Belastung 431f.
-, Entwurf 435f.
-, Ersatzstirnrad 428f.
-, Flanken|beanspruchung 433f.
-, -formfaktor 434
-, Gestaltung 419f., 436f.
-, Getriebe, Beispiel 437ff.
-, Grenzzähnezahl 429f.
-, Kräfte an Wellen 431ff.
-, Lastanteilfaktor 433, 435
-, Materialfaktor 413, 434
-, Mindestzähnezahlen 435, 487
-, Normal|modul 374, 426
-, -schnitt 426

Schrägstirnräder, Profilverschiebung 320
-, Schrägungswinkel 427
-, Sprungüberdeckung 318, 428
-, Stirn|modul 427
-, -schnitt 426
-, Überdeckungsfaktor 434, 436
-, V-Getriebe 430
-, Zahn|breite 418, 435
-, -formfaktor 435
-, -fußbeanspruchung 409, 433f.
-, Zähnezahlverhältnis 367, 434
Schraubgetriebe 468ff.
-, Achsabstand 469
-, Beispiel 474ff.
-, Belastung am Zahn 473
-, Belastungswert 473
-, Berechnung 468ff.
-, Bestimmungsgrößen 468
-, Ersatzstirnrad 471f.
-, Gleitgeschwindigkeit 469
-, Grundbegriffe 468
-, Kräfte 470f.
-, Kreuzungswinkel 468
-, Normalmodul 473
-, Sicherheit 473
-, Temperaturbeiwert 473
-, Tragfähigkeit 472f.
-, übertragbare Umfangskraft 472
-, Verlustleistung 473
-, Wirkungsgrad 471
-, Zahnbreite 471f.
Schubmodul 46f.
Schubstangen|beanspruchung 309ff.
-bewegung 279ff.
-formen 309
-, Gestaltung 309, 311
-köpfe 309
-kräfte 296f., 301
-lagerung 309
-massen 291f.
-, Platzbedarf 310
-schaft 309
-verhältnis 277, 279f.
-winkel 275, 279
Schwingung, Biege- 52ff.
-, Dreh- 52f., 214f.
-, Einmassensystem 52f.
-, Kupplung 214f.
-, mehrere Massen 53, 214f.
Schwingung, Welle 52ff.
Schwungrad 217, 276., 299f.
-größe 300
-, Trägheitsmoment 52f., 214ff., 219ff., 242, 299f.
-, -, Reduzierung 215, 262
Segmentlager 115f.
Sicherheit, Achse, feste 14
-, -, umlaufende 18
-, Ketten 352
-, Welle 20, 24ff.
- gegen Grübchenbildung 409, 484
- - Zahnbruch 409, 485
Sommerfeldzahl 83ff., 88
Sonnenrad 501, 508
Spannrollentrieb 345
Spiralrillen-Kalottenlager 116
Spitzenkreis 324
Spulendraht 232
Stähle, Kennwerte 33, 403f., 413
Staufferbuchse 121
Steg 501
-, Feuer- 306
Steghöhe 306
Stirnkurbel 313
Stirnräder, geradeverzahnt 372ff.
-, geschweißt 420f.
-, pfeilverzahnt 436
-, schrägverzahnt 426ff.
-, Schraubgetriebe 468ff.
Stoffkraft 289, 296
Stößel 322ff., 332
-, Abheben 329f.
-abmessungen 326
-beschleunigung 326f.
-bewegung 325
-durchmesser 326
-, Flach- 329
-geschwindigkeit 326f.
-hub 323ff.
-kräfte 328f.
-, Rollen- 332
-, Teller- 323f., 332
Stoßfaktor (s. Betriebsfaktor) 211
Stribeck 79, 83
Stufengetriebe 499f.

Tangentialkraft 296f.
Tetmajersche Knickung 317
Totpunkte 276, 296
Trägheitsmoment 52f., 214ff., 219ff., 242, 299f.
-, Reduzieren 262
Trag|lager 109
-zahl 150ff.
- -, dynamische 152f.
- -, statische 150ff.
Triebwerksanordnungen 276
Triebwerk, Boxer- 276
-, Kreuzkopf- 275
-, Reihen- 276
-, Tauchkolben 275
-, *V*- 276
Tropföler 122
Turbinenlager 117

Über|deckungsfaktor 413, 419
-gänge, Nocken 323
Übersetzung 337, 367, 418, 454, 468, 477, 405f.
Umfangskraft, Bremsen 266ff.
-, Gleitlager 84
-, Kupplungen 199f., 228f.
-, Zahnrad 398
-, Zugmittelgetriebe 336ff.
Umlaufräder 500, 502ff.
Umschlingungswinkel 336, 339f.
Ungleichförmigkeitsgrad 219, 299

Ventil 307
-spiel 324
-steuerung 332
Vergleichs|moment 25
-spannung 23ff.
Verdrehung, Kupplungen 204f.
-, Wellen 45f.
Verschieberäderblock 499
Verschleißnachstellung 262, 265
Verzahnung (s. Zahnrädergetriebe)
-, Äquidistanz 373
-, Außen- 366ff.
-, Berechnung 392ff.
-, Berührungstangente 368
-, Betriebswälzkreis 374f.
-, Bogen- 366, 460ff.
-, DIN-Bezugsprofil 375, 391
-, Eingriffs|bogen 370, 377
-, -länge 377
-, -linie 369, 374
-, -profil 369

Verzahnung, Eingriffs|strecke 369, 377
-, -teilung 373, 375, 377, 428
-, -winkel 373ff., 389, 427
-, Erzeugungswälzkreis 386
-, Evolventen- 372ff.
-, -, -funktion 372, 386
-, Fadenkonstruktion 373
-, Fußkreisdurchmesser 367, 382, 384
-, Gerad- 372ff.
-, Gesamtüberdeckung 428
-, Gesetz 368f.
-, Gleitbewegung 368, 376f., 469
-, Grenzzähnezahl 378f., 429f., 455
-, Grundkreis 370f.
-, -, Durchmesser 373
-, -, Teilung 373
-, Hilfsflächenabstand 460
-, Innenverzahnung 384, 443
-, Kegelrad 452ff.
-, Kopfkreisdurchmesser 389
-, Kopfkürzung 389
-, Kopfspiel 390
-, Modul 374, 427, 436, 457ff.
-, 0,5- 382, 385
-, Normalschnitt 426
-, Nullrad- 382
-, Oktoiden- 453
-, Pfeil- 366, 436
-, Pfeilschrägung 436f.
-, Profilüberdeckung 370, 377, 385, 390, 428, 430
-, Profilverschiebung 381ff., 430, 455
-, -, Faktor 381ff., 430
-, Prüfen 493ff.
-, Qualität 410, 421f.
-, Relativgeschwindigkeit 375
-, Schräg- 426ff.
-, Schrägungswinkel 426f.
-, Schraub- 468ff.
-, Sprungüberdeckung 428, 430
-, Stirnmodul 427
-, Stirnschnitt 426
-, Teilkegel|länge 454
-, -winkel 454
-, Teilkreis 373, 427, 453
-, -teilung 373
-, Teilprofilüberdeckung 390
Verzahnung, Unterschnitt 378, 383
-, Verzahnungsgesetz 368
-, Wälzgleiten 376f.
-, Wälzkreis 367f.
-, Wälzpunkt 367, 377
-, Zykloiden- 370f.
Viertakt 278, 289, 300
-, -Dieselmotor 289, 294
Viskosität 71ff., 76
-, Druckverhalten 75
-, dynamische 71ff., 76
-, kinematische 74f.
-, Klassifikation 74f.
-, Temperatur-Verhalten 75
Viskositätsindex 73ff.
Vogelpohl 83, 85

Wälzkörper 129
Wälzkreis 367f., 374f.
Wälzlager 126ff.
-, Abdichtung 167
-, äquivalente Belastung 150f., 155, 156f.
-, -, dynamisch 152ff.
-, -, statisch 150f.
-, -, veränderliche Bedingungen 156ff.
-, äquivalente Drehfrequenz 159
-, Anlaufreibung 132
-, Aufbau 127ff.
-, Außenmaße 133ff.
-, Austauschbarkeit 135
-, Axialbelastung 150, 155f.
-, Axial|kugellager 143, 146, 187
-, -Pendel|rollenlager 144f., 192
-, -Zylinder- 143, 147, 188
-, Bauarten 127ff., 133ff.
-, -, besondere 144
-, -, Übersicht 145ff.
-, Befestigung auf langen Wellen 166
-, Benennung 136
-, Beispiele 169ff.
-, -, Achslager 175
-, -, Abziehhülse 177
-, -, Axial-Nadellager 179
-, -, Berechnung 169ff.
-, -, Kraftwagenkupplung 177
-, -, Pleuellager 178
-, -, Reibungskupplung 179
Wälzlager, Beispiele, Reitstockspitze 174f.
-, -, Schneckenlagerung 176
-, -, Schneckenpresse 179
-, -, Transmissionswelle 177
-, Belastung 150f., 152f.
-, -, äquivalente 150f., 155ff.
-, -, veränderliche Bedingungen 156ff.
-, Berührungswinkel 130
-, Bezeichnungen 136ff.
-, Bezeichnungsbeispiel 139
-, Bohrung 137f.
-, Bord 128, 142, 147f.
-, Breitenreihe 134f.
-, C-Klassifikation 136
-, Dauerbruch 149
-, DIN-Normen 126
-, Drehfrequenz 133, 157f.
-, Drehverbindungen 144f.
-, dynamische Belastung 152ff.
-, Durchmesser|reihe 134f., 136
-, -zeichen 134, 137f., 145ff.
-, Eigenschaften 140ff.
-, Einbau (Ausbau) 159, 174ff.
-, Einstelllager 140
-, Erlebenswahrscheinlichkeit 152
-, Faktor, axial 180
-, -, radial 180
-, Festlager 160f.
-, Festlegen 165f.
-, Führungslager 140
-, Funktionsfähigkeit 149
-, Gebrauchsdauer 149
-, Gehäuse 159f.
-, Genauigkeitslager 135
-, Geradführungen 144
-, Herstellgenauigkeit 135
-, Höhenreihe 136
-, Käfig 129
-, Kegelrollenlager 142, 145, 191
-, Kraft|verteilung 129f.
-, -wirkung 130
-, Kurzzeichen 136ff.
-, Lagerart 140ff., 145ff.
-, Lagerluft 136
-, Lagerreihe 137ff.
-, Lagerung, Anordnung 160f.
-, -, Gestalten 159
-, Lastübergang 130
-, Lebensdauer 149ff., 153f.

Wälzlager, Lebensdauer, modifizierte 154
-, -, nominelle 152
-, Literatur 193
-, Loslager 161f.
-, Maßplan 133ff., 183ff.
-, Maßreihe 135, 183
-, modifizierte Lebensdauer 154
-, -, Beiwerte 154
-, Normbezeichnung 136f.
-, Nadellager 142, 148, 192
-, Passungen 136, 163ff.
-, -, Auswahl 162
-, Pendel-Kugellager 141, 145, 186
-, -Rollenlager 143, 145
-, Punktlast 162f.
-, Radial-Rollenlager 142ff., 189f.
-, Radialspiel 136
-, Rauheit, Welle und Bohrung 164f.
-, Reibleistung 132
-, Reibung 131f.
-, Reibungs|beiwerte 132
-, -moment 132
-, Rillenkugellager 140, 183f.
-, Schiefstellung 131
-, Schmierung 167f.
-, Schrägkugellager 140, 147, 149, 185
-, Schräglager 140
-, Schulterkugellager 149
-, Schwenkwinkel 131f.
-, schwimmende Lagerung 160f.
-, Spannhülsen 166
-, Spiel 136
-, Stützlager 140
-, Symbole 145ff., 161
-, Temperatureinfluss 164
-, Toleranzen 135f., 163ff.
-, Tonnenlager 143, 145
-, Tragfähigkeit, dynamische 152ff.
-, -, statische 150f.
-, Trag|sicherheit 152
-, -zahlen 150ff., 184ff.
-, -, erforderliche 151
-, Umfangslast 162f.
-, Übersicht 145ff.
-, Umfangsgeschwindigkeit 133
-, Verformbarkeit 161f.
Wälzlager, Verlustleistung 132
-, Verschleiß 150
-, Verwendungsgruppen 140ff.
-, Vorspannen 166f.
-, Wellen, mehrfach gelagert 160
-, Werkstoffe 129
-, Zeichen, Basis- 136f.
-, -, Kurz- 136
-, -, Lagerbohrungs- 137ff.
-, -, Nachsetz- 136f., 139
-, -, Vorsetz- 136f., 139
Wärmeausdehnung 51
Wechselräder 499
Wellen 11, 20ff.
-, abgesetzte 28, 59
-, Anstrengungsverhältnis 24
-, Auswuchten 57
-, Beispiele 28ff., 40ff., 49f.
-, -, Getriebe- 28, 49f.
-, Belastung, Riementrieb 338
-, -, Zahnrädergetriebe 399, 424, 432, 467
-, Berechnung, überschläglich 21f.
-, Betriebsdrehfrequenz 57
-, Biegebeanspruchung 23
-, -, zulässige 25f.
-, Biegelinie 29, 47ff.
-, Biegeschwingungen 53ff.
-, Biegesteife 55
-, Biegewechselfestigkeit 33
-, biegsame 61f.
-, DIN-Normen 11
-, Drehfrequenz, biegekritische 54ff.
-, -, torsionskritische 52f., 214
-, Drehmoment, zulässiges 22ff.
-, Drehbeanspruchung 21f.
-, Dreh- und Biegebeanspruchung 23ff.
-, Drehschwingungen 52f., 214ff.
-, Drehsteife 52f.
-, Durchbiegung, elastische 46ff.,
-, -, zulässige 51
-durchmesser 21, 25, 46
-, Eigenkreisfrequenz 52ff.
-enden 24
- -, kegelige 23
- -, mit Wellenbund 24
- -, ohne Wellenbund 24
- -, zylindrische 24
-, Entlastungskerben 60
Wellen, Fertigen 57, 59f.
-, Festigkeits|erhöhung 60, 313
-, -werte 33
-, Fluchtungsfehler 196f.
-, Freistich 59, 62
-gelenk 201ff.
-, Gestalten 57ff.
-, Getriebe- 28ff., 49f.
-, Größenbeiwert 25
-, Kerbwirkung 25ff.
-, -, Zahl $\beta_{k\,b}$ 25ff.
-, Lagerung, dreifache 48ff.
-, Längsführung 58
-, Literatur 63
-, Neigungswinkel 47f., 51
-, Nitrieren 60
-, Normung 60
-, Oberflächenverdichten 60
-, Punktlast 47
-, Querschnittsänderung 59f.
-schulter 59
-, Spannungsgefälle 27
-, Stellringe 63
-, Streckenlast 47
-, Umrechnungsformel 28
-, Verdrehfestigkeit 33
-, Verdrehung 45f.
-, -, abgesetzte Welle 46
-, -, Winkel 46f.
-, -, zulässige 46
-, Verformung, elastische 45ff.
-, Vergleichsspannung 23ff., 31
-, Wälzlager, Toleranzen 162ff.
-, Wärmedehnung 51
-, Werkstoff 33, 57f.
-, Widerstandsmoment 21
-, zulässige Biegebeanspruchung 22f.
-, -Durchbiegung 51
-, -Neigungswinkel 51
-, -Verdrehung 46
Werkstoffe, Gleitlager 106ff.
-, Reib- 239ff.
-, Wälzlager 129f.
-, Wellen 26, 33, 57
-, Zahnräder 401ff.
Widerstandsmoment, Biegung 15, 315
-, Verdrehung 22ff.
Winkelgeschwindigkeit 83f., 104, 220ff., 237, 247, 277, 299

Winkel, Kurbel- 279
-, Nocken- 324
-, Rast- 325
-, Schubstangen- 279, 283
-, Spiel- 324
-, Übergangs- 324
Wirkungsgrad, hydrodynamische Kupplung 258f.
-, Riementrieb 339ff.
-, Schneckengetriebe 480ff.
-, Schraubgetriebe 469ff.

Zahn, Beanspruchung 402ff.
-, Belastung 398, 430f.
-, Biegefestigkeit 407, 431f.
-, Breitenverhältnis 418, 435
-dicke 383, 386, 493
-, Eingriffsflankenspiel 391, 456
Zahnflanken, Tragfähigkeit 409ff., 403, 419, 433f.
-form 477
Zahnform 382
-faktor 407f.
Zahnfuß, Beanspruchung 403ff., 433
-, Tragfähigkeit 403ff., 430ff., 456ff.
-, Gleitgeschwindigkeit 368f., 376f., 473, 469
Zahnhöhenfaktor 378f., 382f.
Zahnkopf|höhe 375
-kreis 389
-kürzung 389
-spiel 375, 390
-profil 370f.
-, Relativgeschwindigkeit 368
Zahnstange 375, 378f.
Zahnstangenprofil 377
Zähnezahlverhältnis 367, 411, 459
Zahnräder (s. Verzahnung und Zahnrädergetriebe)
Zahnräder, Angaben in Zeichnungen 421ff., 460
-, Austauschräder 379
-, Beanspruchungsarten 402
-, Doppel-Pfeilschrägung 436
-, Doppelräderpaar, rückkehrendes 500
-, Doppel-Schrägung 436
-, Geradstirnräder 372ff.
-, Globoid- 366, 476
-, Guss-, 420
-, Hohl- 384, 406, 443ff., 499, 501ff.
-, Innen- 384f., 406, 443ff., 499, 501ff.
-, Kunststoff- 420
-, Laufruhe 415
-, Mindestradbreiten 471f.
-, Mindestzähnezahlen 417f., 435, 455
-, Normalkraft 398
-, Radialkraft 398
-, Reibgeräusch 415
-, Satzräder 379
-, Schaftrad 420
-, Schrägstirnräder 426ff.
-, Stufenräderpaarungen 500
-, Umfangskraft 398
-, Umlaufräder 501ff.
-, Verdrehflankenspiel 391
-, V-Minus-Räder 382
-, V-Plus-Räder 382
-, V-Räder 382
-, Werkstoffe 401ff., 413, 481
Zahnrädergetriebe (s. Verzahnung)
-, Achsabstand 374f., 381, 385, 387ff., 469, 484
-, Achsabstandsänderung, Unempfindlichkeit 381
-, Achslagertoleranzen 423
Zahnrädergetriebe, Achsenwinkel 454
-, Achsverschiebung 374
-, Aufbau 493ff.
-, Auflagerkräfte 399f., 431ff.
-, Festigkeitsberechnung 397ff., 415ff., 430ff., 440ff., 456f., 464ff., 472f., 482ff., 491ff.
-, Geräuschursachen 415
-, Gestaltung 496ff.
-, Kühlung 483, 498f.
-, Mehrwellengetriebe 500
-, Null-Getriebe 390f., 430
-, Räderpaarungen 499f.
-, Schaltgetriebe 499f.
-, Schmierung 421, 498f.
-, Schnecken- 476ff., 497f.
-, Schneckenumlaufgetriebe 503
-, Schraubenräder 468ff.
-, Übersetzung 367, 418, 454, 468, 477, 504f.
-, Übersetzungsbeiwert 484
-, Verlustleistung 398f.
-, V-Getriebe 309, 391
-, V-Null- 309, 391, 455f.
-, Wirkungsgrad 398f., 469ff., 480ff.
Zapfen, Kurbel- 275, 311
-, Wellen- 311ff.
Zapfenhohlkehle 317
Zugmittelgetriebe 334ff.
-, Bemessung 336ff., 352f.
Zusatzschwungmasse 217
Zwanglauf 323
Zweitakt 278, 290f.
-, -Dieselmotor 281
Zykloidenverzahnung 370f.
Zylinder 275
-abstand 312
-, Druckverlauf 289
-kräfte 302